실용기구학

Machines and Mechanisms: Applied Kinematic Analysis

제4판

실용기구학

Machines and Mechanisms: Applied Kinematic Analysis

제4판

David H. Myszka 지음
정태은 · 이경원 · 김남웅 옮김

PEARSON

옮긴이 소개

정태은
인덕대학교 메카트로닉스과 교수

이경원
한국산업기술대학교 기계설계공학과 교수

김남웅
동양미래대학 기계공학과 교수

실용기구학 제4판

Machines & Mechanisms: Applied Kinematic Analysis, 4th Edition

저　자 | David H. Myszka
역　자 | 정태은 · 이경원 · 김남웅
발행인 | 채희선
발행처 | 성진미디어
발행일 | 2015년 2월 23일
등　록 | 제311-2010-23호

전 화 | 02)374-4363(대표)
팩 스 | 02)375-4362
주 소 | 서울시 은평구 증산동 248 중앙하이츠상가 B101호

ISBN 978-89-98308-11-7

값 26,000원

Authorized Translation from the English language edition, entitled MACHINES & MECHANISMS: APPLIED KINEMATIC ANALYSIS, 4th Edition ISBN: 0132157802 by MYSZKA, DAVID H., published by Pearson Education, Inc, Copyright ©2012

역자 서문

많은 학생들이 공학의 여러 과목을 수강하면서 "왜 이런 것을 배울까?" 또는 "이런 것을 배워서 무슨 도움이 될까?" 하는 의문을 한 번씩은 가져볼 것이다. 한편 현장에서 일하는 엔지니어가 어려운 문제를 해결하기 위해 참고할 만한 교재를 찾다보면, 다양한 이론들을 기술한 책은 많으나 어떤 이론이 자신의 문제를 풀어줄 수 있는지를 알게 되기는 쉽지 않다.

이 책은 '실용 기구학' 이라는 제목에서 나타내는 바와 같이 기구학의 이론들을 실생활의 기계에 적용하고자 하는 목적으로 만들어졌다. 기구학은 기구, 기계 장치의 움직임을 파악할 수 있고 설계자가 생각한 대로 기구가 운동하도록 기구를 꾸밀 수 있는 능력을 배양해 주는 학문이다. 따라서 기계, 자동화, 메카트로닉스 분야를 전공하는 학생들이 기구학 과목을 이수함으로써 기구나 기계의 구성과 운동에 대한 개념을 확립하고 앞으로 배우게 될 역학이나 설계 교과목을 공부하는 데 많은 도움이 되리라고 생각한다.

우리가 일상생활에서 흔히 접할 수 있는 기구의 예와 함께 기구를 해석하는 방법과 기구학의 이론들을 배움으로써 학생들 스스로가 이 책을 공부하는 목적과 그 성과를 느낄 수 있을 것이다. 또한 기존의 기계를 분석하거나 새로운 기구를 설계하고자 하는 이들에게는 이 책이 기본적인 이론과 실용 기계 사이를 긴밀하게 연결해 주는 안내자의 역할을 해 줄 것으로 기대한다. 책의 내용과 관련하여 학생들이 간단한 기구를 직접 제작하거나 시중에 나와 있는 여러 가지 기구 동역학 관련 프로그램을 활용하여 기구의 운동을 재현해 봄으로써 학생 자신이 직접 기구를 다루고 만들 수 있다는 자신감을 갖게 되길 바란다.

끝으로 알기 쉽고 실용적인 기구학 원서를 집필한 원저자와 알찬 책으로 엮어질 수 있도록 도움을 준 (주)피어슨 에듀케이션 코리아의 관계자 여러분께 감사드린다.

역자 일동

저자 서문

이 책의 목적은 기계의 운동을 공부하는 데 필요한 기술을 제공하고자 하는 것이다. 기구학의 이론들을 실제 기계장치에 적용하는 데 초점을 맞추어, 이론 공부와 실용 기구에의 적용 간에 발생하는 괴리를 줄이고자 한다. 이 책으로 기구학 과목을 이수하고자 하는 학생들은 기계의 운동 특성을 결정할 수 있어야 한다. 이 책에서 제시하는 주제들은 모두 기계의 운동을 최적화한다는 개념하에 그 해석이 수행되므로 기계 설계 과정에서 매우 중요하다.

본 4판은 이전 판본을 사용해온 교수님과 학생들로부터 받은 다양한 피드백을 통해 개정되었다. 몇 가지 강화된 부분을 소개하면 다음과 같다. 특수 목적의 기구에 대한 소개, 보다 명확한 기구학적 속성 정의를 위한 설명 보강, 볼드체 표기방식을 통한 보다 명확한 벡터양 정의, 타이밍 차트 추가, 해석적 합성법(analytica synthesis methods) 소개, 캠-종동절 운동 테이블 개선, 체인 피치 선정을 위한 테이블 명확화 등이 그것이다. 각 장의 문제들을 재검토하였고, 새로운 문제들도 추가되었다.

이 책을 사용하는 학생들은 기술적인 작도, 대학에서 배우는 대수학과 삼각법에 대해 상당한 이해가 가능하게 될 것이다. 기초적인 미적분의 개념들이 언급될 것이나 학생들이 미적분에 대해 꼭 사전지식을 가져야 할 필요는 없다. 한편 벡터와 역학에 대한 지식, 스프레드시트와 같은 컴퓨터 응용 소프트웨어 사용 지식 등을 갖고 있다면 기구학을 학습하는 데 유용할 것이다. 물론 관련되는 기본 개념들은 본 책에서 소개될 것이다.

실제 문제에 이론을 적용하고자 하는 접근 방법은 공학 기술 교육과정의 철학과도 일치한다. 이 책은 주로 기계 및 생산 관련 공학 기술 교육과정에 그 방향을 두고 있으며, 다른 관련 전문학사나 학사 학위 프로그램에도 사용될 수 있을 것이다.

다음에 이 책의 몇 가지 특장점에 대해 소개한다.

1. 기구를 포함한 기계장치의 사진과 그림들이 교재 전체에 수록되어 있다.
2. 기구학 이론을 실제 기구에 적용하는 데 초점을 두고 있다.
3. 도식적 방법과 해석적 방법 모두 기구 해석에 사용하고 있다.
4. 상용 기구/동역학 해석 소프트웨어 패키지 Working Model®에 대해 소개하고 책 전반에서 사용하고 있다. 이 소프트웨어에 대한 설명서와 문제를 이 책에 통합하고 있다.
5. 컴퓨터 설계(CAD) 시스템을 이용하여 도식적 방법을 달성하기 위한 제안을 포함하고 있다.
6. 모든 장은 적어도 하나 이상의 사례 연구(Case Study)로 종료된다. 각 사례는 산업 장비에 사용되는 기구에 대해 다루고 있고, 학생들로 하여금 설계에 담긴 이론적 배경에 대해 토의하여 개선안을 내놓도록 요구한다.

7. 정역학적/동역학적 기구 힘 해석법에 대해 소개하고 있다.
8. 중요한 개념을 어떻게 실제 기구에 적용할 수 있는지 설명하기 위해 매번 중요한 개념 뒤에 관련된 예제를 다루고 있다.
9. 매 예제마다 기구를 분석하는 것과 관련이 있는 실제 기계를 도입하고 있다.
10. 매 장의 끝에 수록한 많은 문제들은 교재의 실용 접근법과 일치한다. 매 장에서 소개한 개념마다 한 개 이상의 관련된 실제 문제를 수록하고 있다. 이런 문제들의 대부분은 해석하고자 하는 기구와 관련 있는 기계를 포함하고 있다.
11. 해석적 방법을 사용하도록 매 장의 끝에 실용적인 문제들을 제공하고 있으며, 이런 문제들은 프로그램 도구들(계산기, 스프레드시트, 수학 소프트웨어 등)을 사용하는 데 매우 적합하다.

나는 오랫동안 기구학을 가르쳐 오면서 학생들이 정작 학습된 내용의 실제 응용 사례를 보지 못한다는 점 때문에 본 교재를 집필하였다. 때문에 나는 사례 연구 문제들을 늘리는 것을 좋아했으며 매 수업을 하나의 사례 문제를 통해 시작하였다. 학생들은 이런 것을 "그날의 기구"라고 부른다. 나는 이것이 학생들로 하여금 기계장치의 작동에 주목하게 하는 매우 값진 기회라는 것을 알게 되었다. 아울러 이런 수업 방식은 학급 내에서 대화를 증진시키고, 서로 함께 배우는 공동체를 만드는 데 기여하게 된다.

마지막으로, 어떠한 교재도 그 목적은 학생들이 효과적인 방법으로 배우는 경험을 갖도록 안내하는 것이다. 나는 이 책이 이런 의도를 충족시켰기를 진심으로 바란다. 나는 모든 제안과 비평을 환영한다. 고견이 있다면 이메일 주소(dmyszka@udayton.edu)로 연락해 주기 바란다.

감사의 글

이 교재를 감수해 주신 여러분께 감사 드립니다 – Dave Brock, Kalamazoo Valley Community College; Laura Calswell, University of Cincinnati; Charles Drake, Ferris State University; Lubambala Kabengela, University of North Carolina at Charlotte; Sung Kim, Piedmont Technical College; Michael J. Rider, Ohio Northern University; and Gerald Weisman, University of Vermont.

Dave Myszka

차례

CHAPTER 1 메커니즘과 기구학

1.1 서론 1
1.2 기계와 기구 2
1.3 기구학 3
1.4 용어 정의 3
1.5 기구 해석도 6
1.6 기구 반전 10
1.7 자유도 10
1.7.1 그루블러 방정식 10
1.7.2 액추에이터와 구동기 15
1.8 널리 사용되는 링크와 조인트 17
1.8.1 편심 크랭크 17
1.8.2 핀-슬롯 조인트 18
1.8.3 스크류 조인트 18
1.9 자유도 방정식의 특수 경우 20
1.9.1 조인트 중첩 21
1.9.2 그루블러 방정식이 적용되지 않는 경우 22
1.9.3 공 자유도 23
1.10 4절 기구 23
1.10.1 그래스호프 조건 24
1.10.2 이중 크랭크 25
1.10.3 크랭크-로커 26
1.10.4 이중 로커 26
1.10.5 전환점 기구 26
1.10.6 삼중 로커 26
1.11 슬라이더-크랭크 기구 28
1.12 특수 목적 기구 28
1.12.1 직선 기구 28
1.12.2 평행사변형 기구 29
1.12.3 급속 이송 기구 29

1.12.4 스카치 요크 기구 30
1.13 기구 해석 기법 30
1.13.1 전통적인 제도 기법 30
1.13.2 CAD 시스템 31
1.13.3 해석적 기법 31
1.13.4 컴퓨터 접근법 31
연습문제 32
사례연구 37

CHAPTER 2 기구 해석 컴퓨터 시뮬레이션

2.1 서론 39
2.2 기구학 컴퓨터 시뮬레이션 40
2.3 Working Model 구하기 41
2.4 Working Model을 사용하여 4절 기구 모델링하기 41
2.5 Working Model을 사용하여 슬라이더-크랭크 기구 모델링하기 50
연습문제 55
사례연구 56

CHAPTER 3 벡터

3.1 서론 57
3.2 스칼라와 벡터 57
3.3 도식적 벡터 해석 58
3.4 도식적 벡터 해석의 제도 기법 58
3.5 도식적 벡터 해석에서 요구되는 CAD 지식 59
3.6 해석적 벡터 해석의 삼각함수법 59
3.6.1 직각 삼각형 59
3.6.2 일반 삼각형 62
3.7 벡터 처리 65
3.8 도식적 벡터 더하기(+>) 66
3.9 해석적 벡터 더하기(+>) : 삼각형법 68
3.10 벡터의 분해 70
3.11 해석적 벡터 더하기(+>) : 분해법 72

3.12 벡터 빼기(->) 74
3.13 도식적 벡터 빼기(->) 75
3.14 해석적 벡터 빼기(->) : 삼각형법 77
3.15 해석적 벡터 빼기(->) : 분해법 78
3.16 벡터 방정식 80
3.17 벡터 방정식의 응용 83
3.18 벡터 크기의 도식적 결정 83
3.19 벡터 크기의 해석적 결정 87
연습문제 88
사례연구 93

CHAPTER 4 위치 및 변위 해석

4.1 서론 95
4.2 위치 96
 4.2.1 점의 위치 96
 4.2.2 링크의 각도 위치 96
 4.2.3 기구의 위치 96
4.3 변위 97
 4.3.1 직선 변위 97
 4.3.2 각 변위 97
4.4 변위 해석 98
4.5 변위 : 도식적 해석 99
 4.5.1 단일 구동 링크의 변위 99
 4.5.2 나머지 종속 링크의 변위 100
4.6 위치 : 해석적 해석 106
 4.6.1 인라인 슬라이더-크랭크의 폐쇄형 위치 해석 해 108
 4.6.2 오프셋 슬라이더-크랭크 폐쇄형 위치 해석 해 111
 4.6.3 4절 기구의 폐쇄형 위치 해석식 115
 4.6.4 4절 기구의 진로 116
4.7 한계 위치 : 도식적 해석 116
4.8 한계 위치 : 해석적 방법 121
4.9 전달각 123
4.10 완전 사이클 : 도식적 위치 해석 125
4.11 완전 사이클 : 해석적 위치 해석 127

4.12 변위도 130
4.13 커플러 곡선 132
연습문제 133
사례연구 141

CHAPTER 5 기구 설계

5.1 서론 143
5.2 시간비 144
5.3 타이밍 차트 145
5.4 슬라이더-크랭크 기구의 설계 149
  5.4.1 인라인 슬라이더-크랭크 기구 150
  5.4.2 편심 슬라이더-크랭크 기구 151
5.5 크랭크-로커 기구의 설계 153
5.6 크랭크-쉐이퍼 기구의 설계 156
5.7 두 점을 지나는 링크를 구동시키는 기구 157
  5.7.1 한 피벗 링크가 있는 두 점 합성 157
  5.7.2 4절 기구의 커플러의 두 점 합성 158
5.8 세 점을 지나는 링크를 구동시키는 기구 158
5.9 회로 결함과 분기 결함 159
연습문제 160
사례연구 162

CHAPTER 6 속도 해석

6.1 서론 164
6.2 선속도 164
  6.2.1 직선 운동하는 점의 선속도 165
  6.2.2 일반 운동하는 점의 선속도 166
  6.2.3 직선 운동의 속도선도 166
6.3 링크의 속도 168
6.4 선속도와 각속도 간의 관계 169
6.5 상대속도 171
6.6 도식적 속도 해석 : 상대속도법 174

6.6.1 단순 회전 또는 단순 병진 운동만 하는 링크 상의 점 174
6.6.2 유동 링크 상의 점 178
6.6.3 서로 다른 링크 상의 일치되는 점 181
6.7 속도 사상 183
6.8 해석적 속도 해석 : 상대속도법 184
6.9 일반 기구의 수학적 해법 189
6.9.1 슬라이더-크랭크 기구 189
6.9.2 4절 기구 189
6.10 순간 회전중심 190
6.11 순간 중심 위치 찾기 191
6.11.1 1차 순간 중심 191
6.11.2 케네디 정리 193
6.11.3 순간 중심 도식도 194
6.12 도식적 속도 해석 : 순간 중심법 200
6.13 해석적 속도 해석 : 순간 중심법 204
6.14 속도 곡선 206
6.14.1 도식적 미분법 209
6.14.2 수치 미분 211
연습문제 214
사례연구 224

CHAPTER 7 가속도 해석

7.1 서론 227
7.2 선가속도 227
7.2.1 직선 운동 하는 점의 선가속도 227
7.2.2 직선 등가속도 운동 228
7.2.3 가속도와 속도 선도 230
7.2.4 일반 운동을 하는 점의 선가속도 231
7.3 링크의 가속도 232
7.3.1 각가속도 232
7.3.2 등 각가속도 233
7.4 법선가속도 및 접선가속도 234
7.4.1 접선가속도 234
7.4.2 법선가속도 234

7.4.3 총가속도 235
7.5 상대운동 237
7.5.1 상대가속도 238
7.5.2 상대가속도의 성분 241
7.6 상대가속도 해석 : 도식적 기법 243
7.7 상대가속도 해석 : 해석적 기법 250
7.8 일반 기구의 수치적 해법 254
7.8.1 슬라이더-크랭크 기구 254
7.8.2 4절 기구 255
7.9 유동 링크 상에 있는 점의 가속도 256
7.10 가속도 사상 261
7.11 코리올리 가속도 262
7.12 상당 링키지 268
7.13 가속도곡선 269
7.13.1 도식적 미분 269
7.13.2 수치적 미분 271
연습문제 274
사례연구 284

CHAPTER 8 컴퓨터 활용 기구 해석

8.1 서론 286
8.2 스프레드시트 286
8.3 사용자가 작성한 컴퓨터 프로그램 294
8.3.1 편심 슬라이더-크랭크 기구 294
8.3.2 4절 기구 295
연습문제 296
사례연구 297

CHAPTER 9 캠 : 설계와 기구학적 해석

9.1 서론 299
9.2 캠의 종류 300
9.3 종동절의 종류 301
9.3.1 종동절의 운동 301
9.3.2 종동절의 위치 302
9.3.3 종동절의 형상 302
9.4 규정된 종동절의 운동 303
9.5 종동절의 운동 분류 306
9.5.1 일정 속도 307
9.5.2 일정 가속도 308
9.5.3 조화 운동 310
9.5.4 사이클로이드 운동 312
9.5.5 조합된 운동 방법 317
9.6 도식적인 원판 캠 형상 설계 319
9.6.1 일렬 칼끝 종동절 320
9.6.2 일렬 롤러 종동절 321
9.6.3 편심 롤러 종동절 321
9.6.4 이동 평면 종동절 324
9.6.5 피벗 롤러 종동절 325
9.7 압력각 326
9.8 설계 제한 328
9.9 해석적 캠 형상 설계 329
9.9.1 칼끝 종동절 330
9.9.2 일렬 롤러 종동절 331
9.9.3 편심 롤러 종동절 335
9.9.4 이동 평면 종동절 336
9.9.5 피벗 롤러 종동절 336
9.10 원통 캠 338
9.10.1 도식적 원통 캠 형상 339
9.10.2 해석적 원통 캠 형상 339
9.11 제네바 기구 340
연습문제 343
사례연구 349

CHAPTER 10 기어 : 기구학적 해석과 선택

10.1 서론 352
10.2 기어의 종류 354
10.3 평기어의 용어 356
10.4 인벌류트 기어 치형 359
10.5 표준 기어 362
10.6 맞물리는 기어의 관계식 364
10.6.1 중심거리 364
10.6.2 접촉비 365
10.6.3 간섭 367
10.6.4 언더컷 369
10.6.5 백래시 370
10.6.6 작동 압력각 371
10.7 평기어 기구학 372
10.8 평기어의 선정 375
10.8.1 지름 피치 375
10.8.2 압력각 377
10.8.3 잇수 378
10.9 래크와 피니언의 운동학 382
10.10 헬리컬 기어의 기구학 384
10.11 베벨 기어의 기구학 388
10.12 웜 기어의 기구학 391
10.13 기어열 394
10.14 아이들러 기어 397
10.15 유성 기어열(Planetary Gear Trains) 398
10.15.1 중첩법에 의한 유성 기어 해석 399
10.15.2 식에 의한 유성 기어 해석 402
연습문제 404
사례연구 411

CHAPTER 11 벨트와 체인구동 기구

11.1 서론 414
11.2 벨트 414
11.3 벨트 구동의 기하학적 관계 418
11.4 벨트 구동 방식의 기구학적 관계 420
11.5 체인 424
    11.5.1 체인의 종류 424
    11.5.2 체인 피치 426
    11.5.3 다줄 체인 426
    11.5.4 스프로킷 428
11.6 체인 구동의 기하학적 관계 429
11.7 체인 구동 방식의 기구학적 관계 430
연습문제 433
사례연구 435

CHAPTER 12 나사 기구

12.1 서론 438
12.2 나사의 특징 438
12.3 나사의 형태 439
    12.3.1 유니파이 나사 439
    12.3.2 미터 나사 440
    12.3.3 사각 나사 440
    12.3.4 ACME 나사 440
12.4 볼 나사 441
12.5 리드 443
12.6 나사 기구학 444
12.7 나사 힘과 토크 448
12.8 차동 나사 451
12.9 송곳 나사 453
연습문제 454
사례연구 456

CHAPTER 13 정적 힘의 해석

13.1 서론 459

13.2 힘 459

13.3 모멘트와 토크 460

13.4 운동의 법칙 463

13.5 자유 물체도 463

13.5.1 자유 물체도 그리기 463

13.5.2 접촉력 설정 464

13.6 정적 평형 466

13.7 2개 힘 부재의 해석 467

13.8 미끄럼 마찰력 474

연습문제 477

사례연구 480

CHAPTER 14 동적 힘의 해석

14.1 서론 481

14.2 질량과 중량 481

14.3 무게 중심 482

14.4 질량 관성 모멘트 484

14.4.1 기본 형상의 질량 관성 모멘트 485

14.4.2 회전 반경 486

14.4.3 평행축 정리 487

14.4.4 복합 물체 488

14.4.5 질량 관성 모멘트 : 실험적 결정 489

14.5 관성력 490

14.6 관성 토크 496

연습문제 504

사례연구 507

발췌된 짝수번호 문제 해답 509

참고문헌 513

찾아보기 514

CHAPTER 1

메커니즘과 기구학

교육 목표

1. 기구에 대한 기구학적 해석의 필요성을 이해한다.
2. 기구를 구성하는 기본 부품을 정의한다.
3. 복잡한 기계를 기구학적으로 표현한다.
4. 기구의 자유도를 계산한다.
5. 4절 기구를 정의하고 그 운동을 분류한다.
6. 슬라이더-크랭크 기구를 정의한다.

1.1 서론

자동차 전면 유리의 와이퍼 시스템을 설계하고 개발하는 팀이 있다고 하자. 개발 대상은 공기역학적인 외관과 곡면 형상의 전면 유리를 갖는 스포츠카이다. 와이퍼 시스템의 목적은 유리에서 물과 먼지를 제거하여 운전자에게 깨끗한 시야를 제공하는 것이다. 유리 위를 한 쌍의 와이퍼가 스쳐 지나가게 하여 이러한 목적을 달성할 수 있다.

첫 번째 설계 작업은 와이퍼가 본래의 기능을 수행하기 위해 필요한 적절한 운동을 정하는 것이다. 이 운동은, 즉 운전 중 시야 확보를 위하여 시야 범위에 해당하는 유리 부분을 청소하는 동작을 의미한다. 철저한 통계학적 조사를 통해 다양한 운전자로부터 시야 확보를 위해 필요한 전면 유리의 청소 영역을 밝혔다. 이 정보는 와이퍼 운동의 설계 가이드라인을 제공한다. 먼저 탠덤식(tandem)과 역방향식(opposed) 와이핑 방식 중 어느 쪽이 대상 차량에 더욱 잘 맞는 것인지에 대해 근본적인 결정을 해야 한다. 여기에 더하여 운전석과 조수석의 와이퍼 각도를 결정하고 피벗의 위치를 설정하여야 한다. 그림 1.1은 역방향식 와이퍼 운동 방식을 통합한 설계 개념을 보여 준다.

그림 1.1 제안된 차량용 와이퍼 운동

원하는 운동 형태를 일단 선정하고 나면, 그에 맞춰 와이퍼가 동작할 수 있도록 부품과 조립이 구성되어야 한다. 이어 와이퍼의 타이밍이나 휘둘림(whipping) 경향 등 다른 이슈에 대한 분석이 수행된다. 대부분의 기계와 같이 와이퍼 시스템에 대해서도, 적절한 작동을 하기 위해 운동을 이해하고 해석하는 것이 필요하다. 이 책에서는 이러한 운동 방식과 운동 해석을 중점적으로 다루고 있다.

기계장치의 설계에서 또 다른 주요한 업무는 기계에 작용하는 힘을 결정하는 것이다. 이러한 힘은 기계를 작동하기 위한 동력원을 말하며, 부품 요소의 필요한 강도를 말하기도 한다. 예를 들어, 와이퍼 시스템은 나무 아래에 주차된 자동차의 유리가 수액으로 덮였을 때, 수액과 와이퍼 간에 발생하는 마찰을 이겨내야만 동작이 가능하다. 이러한 힘의 해석은 이 책의 후반부에서 중요한 주제로 다루고 있다.

1.2 기계와 기구

기계(machine)는 특정 목적을 위하여 힘을 변환하고, 전달하고, 유도하는 장치이다. 친숙한 한 예로서, 사슬톱은 나무 자르기의 목적을 위하여 체인에 힘을 유도하는 기계이다. 기구(mechanism)는 기계의 한 부분으로서 구동력으로부터 운동과 힘을 출력부에 전달하는 기능을 한다. 말하자면 기계의 심장에 해당한다. 동력 사슬톱의 경우 소형 엔진으로부터의 동력을 톱날에 전달시키는 역할을 한다.

그림 1.2의 가변 높이 플랫폼은 높이가 유압실린더로 가변된다. 비록 전체는 기계라 할 수 있지만, 실린더로부터 동력을 끌어내는 부분과 플랫폼을 높이고 낮추는 부분은 기구를 포함하고 있다.

기구는 임의의 원하는 운동을 하도록 조합되고 연결된 강체들로 구성된다. 그림 1.2에서 나타낸 기구의 목적은 플랫폼과 그 위에 올려져 있는 물체를 들어 올리는 것이다. 임의의 조합된 강체의 구성에 대해 어떤 운동을 하는지 알아보는 것이 기구 해석(kinematic analysis)이고, 반대로 임의 운동을 하도록 강체를 구성하는 것은 기구 합성(kinematics synthesis)이다.

그림 1.2 가변 높이 플랫폼(Courtesy Advance Lifts)

1.3 기구학

기구학(Kinematics)은 사물의 움직이는 방식에 대해 다루고, 운동의 기하학에 대해 연구하는 학문이다. 기구 해석을 통해 우리는 기구의 위치, 변위, 회전, 속력, 속도 및 가속도를 구할 수 있다.

기구 해석의 중요성에 대해 설명하기 위해 그림 1.2의 플랫폼의 예를 들자. 기구해석은 다음과 같이 설계에 필요한 중요한 질문에 대해 통찰력을 제공한다.

- 플랫폼을 지지하는 데 있어 다리 길이는 중요한 것인가?
- 지지 다리가 중간에서 교차하거나 연결될 필요가 있는가? 아니면, 플랫폼 쪽에 보다 가깝게 연결되도록 하는 것이 좋은가?
- 플랫폼을 20cm 들어올리기 위해서 실린더는 얼마나 늘어나야만 하는가?

다음 단계는 플랫폼의 동적 힘 해석으로 또 다른 중요한 설계에 관한 질문을 제공할 수 있다.

- 유압실린더의 용량(최대 추진력)은 얼마나 되어야 하는가?
- 경사지며 넘어질 가능성은 없는가?
- 견고한 지지를 위하여 부재의 단면적과 재질은 어떻게 선정하여야 하는가?

대부분의 기구는 2차원의 평형운동면에서 운동을 한다. 즉 그림 1.2에서처럼 안정을 위해 교차 지지부가 서로 대칭되는 구조를 가진다. 이러한 기구의 운동은 일반적으로 한 평면에서 운동으로 기술할 수 있으며 이 기구를 평면 기구(planar mechanism)라 하며 반대로 3차원 공간에 대한 기술이 필요한 경우를 공간 기구(spatial mechanism)라 한다. 대부분의 상용 기구는 평면 기구로서 이 책에서는 주로 이에 대해 다루고 있다.

1.4 용어 정의

기구는 전술한 바와 같이 상호 연결된 부품으로 구성된다. 링키지(linkage : 연쇄)는 모든 부품들이 결합되어 폐회로를 구성하는 기구다. 그 부품들 중 하나는 기저(frame)이며 다른 모든 부품들의 기준이 된다. 일반적으로 기저는 운동하지 않는 부품으로 선택된다. 그림 1.3에 일립티

그림 1.3 일립티컬 트레이너 기계(www.precor.com)

컬 트레이너 운동 기계를 보였다. 이 기계는 2개의 평행한 링키지가 팔의 운동을 포함하여 사람의 걷기 운동을 모사하도록 구성되어 있다. 밑판이 바닥에 높여진 채로 구동 중 정지해 있기 때문에 밑판은 기저로 볼 수 있다.

링크(link)는 기구의 독립된 부품으로 강체(rigid body)이며 힘과 운동을 전달하기 위해 인접 링크와 연결된다. 강체의 정의는 운동 중 변하지 않는 물체이다. 자연계에서 완전한 강체는 존재하지 않는다. 단 일반적인 링크는 변형이 최소가 되게 설계되므로 강체로 취급할 수 있다. 운동 기계의 발판 및 손잡이는 서로 다른 링크이지만 연결 링크를 따라 서로 연결되어 제한된 운동을 만들어 낸다.

일반적으로 스프링과 같은 탄성부품은 강체가 아닌 유연체로서 링크는 아니다. 그러므로 기구에 대한 기구 해석 과정에서는 무시되지만 힘 해석 과정에서는 힘 발생원으로 고려된다.

조인트(joint)는 링크 간의 이동 가능한 연결부이며 두 링크 간 상대운동을 가능하게 한다. 대표적인 조인트 그림 1.4와 같이 회전(revolute)과 미끄럼(sliding) 조인트를 들 수 있는데 이들을 기본 조인트(primary joint) 혹은 완전 조인트(full joint)라 한다. 회전 조인트(revolute joint)는 핀(pin)또는 힌지(hinge) 조인트로도 불리며 두 링크 간의 회전운동을 하게 한다. 미끄럼 조인트는 피스톤 또는 프리즘(prism) 조인트로도 불리우며 두 링크 간의 직선 미끄럼운동을 하게 한다.

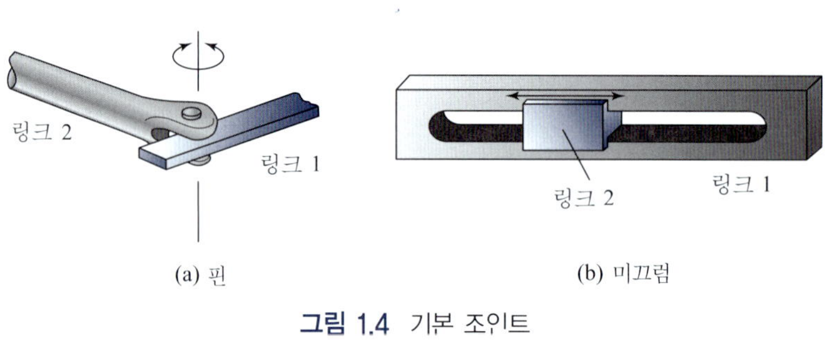

(a) 핀 (b) 미끄럼

그림 1.4 기본 조인트

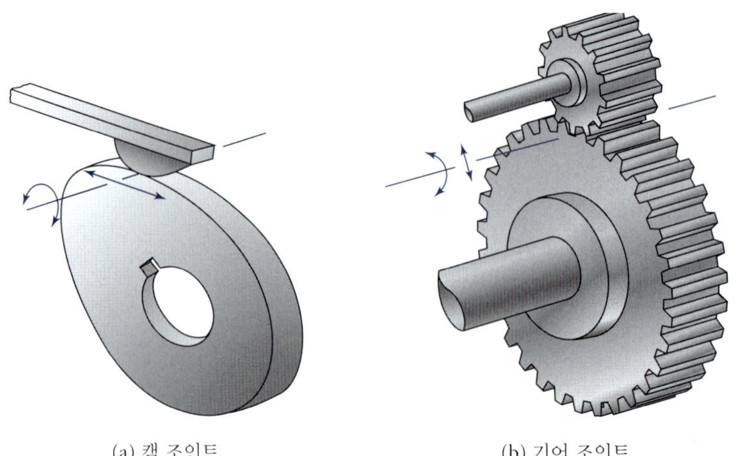

(a) 캠 조인트 (b) 기어 조인트

그림 1.5 고차 조인트

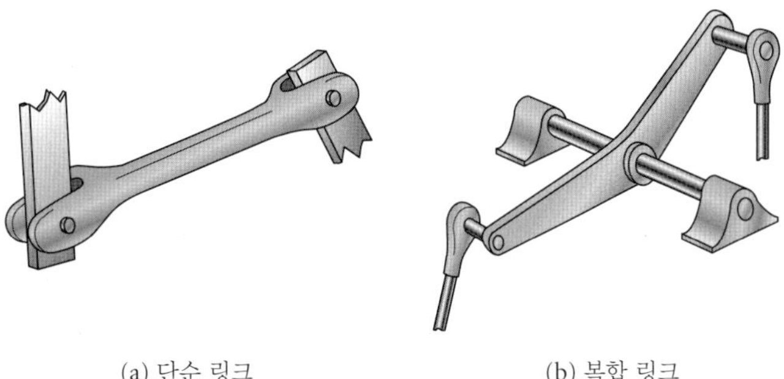

그림 1.6 링크

그림 1.5a의 캠 조인트는 두 링크 간의 회전과 미끄럼이 동시에 발생된다. 즉, 복잡한 운동이 가능하므로 캠 조인트는 고차 조인트(higher-order joint) 혹은 반 조인트(half joint)라 한다. 기어 결합은 그림 1.5b와 같이 두 기어와의 회전과 미끄럼이 가능하며 고차 조인트이다.

단순 링크(simple link)는 그림 1.6a와 같이 2개의 조인트만을 가지는 강체이다. 그리고 크랭크(crank)는 고정점을 중심으로 완전 회전이 가능한 단순 링크이며 로커(rocker)는 일정한 각도 범위를 왕복하는 단순 기구이다.

복합 링크(complex link)는 그림 1.6b와 같이 3개 이상의 조인트를 포함하는 강체이다. 그림 1.4b의 벨 크랭크(bell crank)는 가운데가 굽은 로커 암(rocker arm)으로서 복합 링크이다.

관심점(point of interest)은 링크에서 변위, 속도 그리고 가속도 등 기구학 해석의 관심 대상이 되는 점이다. 전술한 와이퍼의 끝단의 경우 관심점이 될 수 있다. 일단 기구 해석이 수행되고 나면, 관심점의 변위, 속도, 가속도를 계산할 수 있다.

마지막으로 기구의 요소 중 하나인 액추에이터(actuator)를 소개한다. 액추에이터란 기구를 구동하는 요소이다. 일반적으로 액추에이터에는 모터(전기, 유압), 엔진, 실린더(유압, 공압) 볼-스크류 모터, 솔레노이드가 포함된다. 수동 조작 기계의 경우, 예를 들어 크랭크의 복귀 같은 것은 인간의 운동을 액추에이터로 사용하는 것으로 볼 수 있다.

링키지는 개회로(open-chain) 혹은 폐회로(close-chain) 중 하나에 속한다. 폐회로에 속하는 각각의 링크는 2개나 그 이상의 다른 링크와 연결된다. 그림 1.2의 리프트나 그림 1.3의 일립티컬 트레이너는 폐회로를 구성한다. 개회로를 구성하는 기구는 하나의 링크가 오직 하나의 다른 링크와 연결된다. 개회로 링키지의 대표적인 예로서 그림 1.7에 나타낸 로봇 암과 굴삭기, 크레인을 들 수 있다.

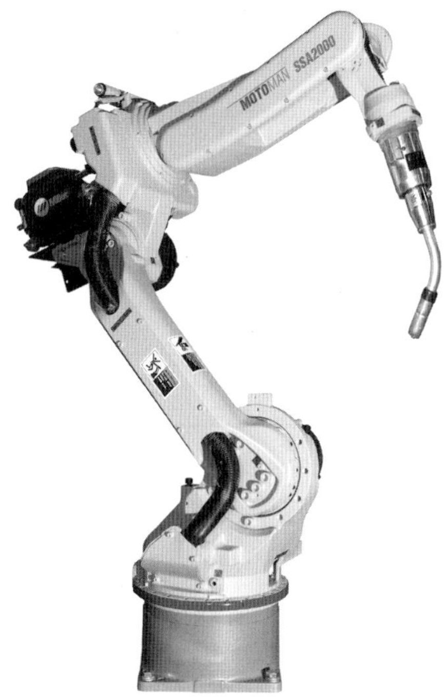

그림 1.7 다관절 로봇(Articulated robot, Courtesy of Motoman Inc.)

그림 1.8 이중 암 동기 장착기(Two-armed synchro loader, Courtesy PickOmatic Systems, Ferguson Machine Co.)

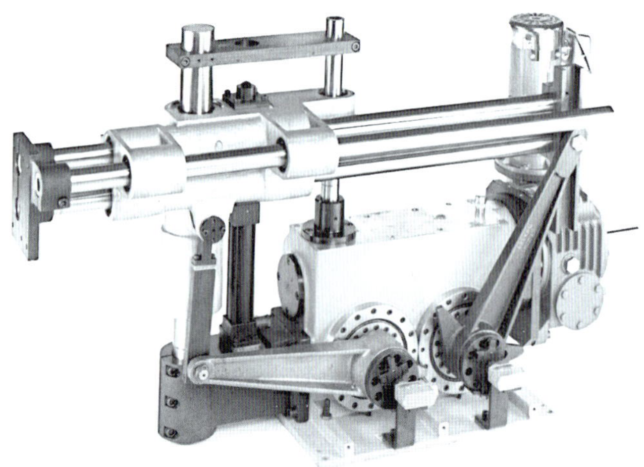

1.5 기구 해석도

기계운동 해석의 경우 일반적으로 각 부품의 실제 모양을 제대로 고려하면서 운동을 가시화하기는 어렵다. 그림 1.8은 조립라인에서의 부품이동 장치다. 모터가 회전력을 생성시키고 기구로 암(arm)을 동기 형태로 전 · 후진시킨다. 전체 장치에 대한 조립도만 보아서는 이 기구가 어떤 식으로 작동하는지 이해하기가 쉽지 않다. 그러므로 기구에서 해석에 영향을 미치는 중요한 길이와 조합만을 빼내서 뼈대 형식으로 표시하여 해석을 단순화할 필요가 있는데 이를 기구 해석도(kinematic diagram)라 칭한다. 기구 해석도는 전기 회로도나 파이프 배치도와 같이 기구의 주요 기능에 영향을 미치는 변수로 표현된다. 표 1.1은 기구 해석도에 사용되는 규약을 나타낸다.

표 1.1 기구 해석도용 기호

구분	물리적 형태	기구학적 표현
단순 링크		
단순 링크 (관심점 포함)		

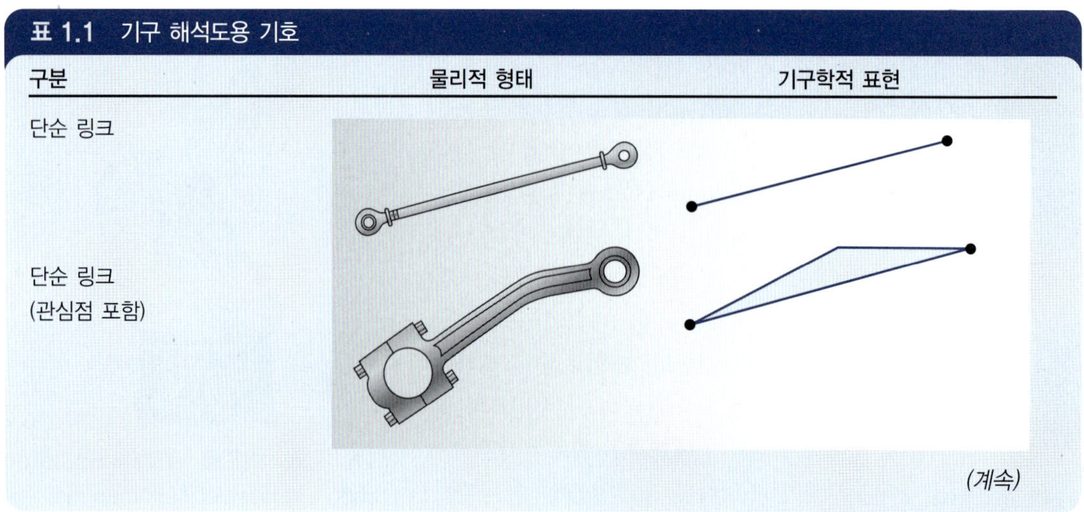

(계속)

표 1.1 (계속)

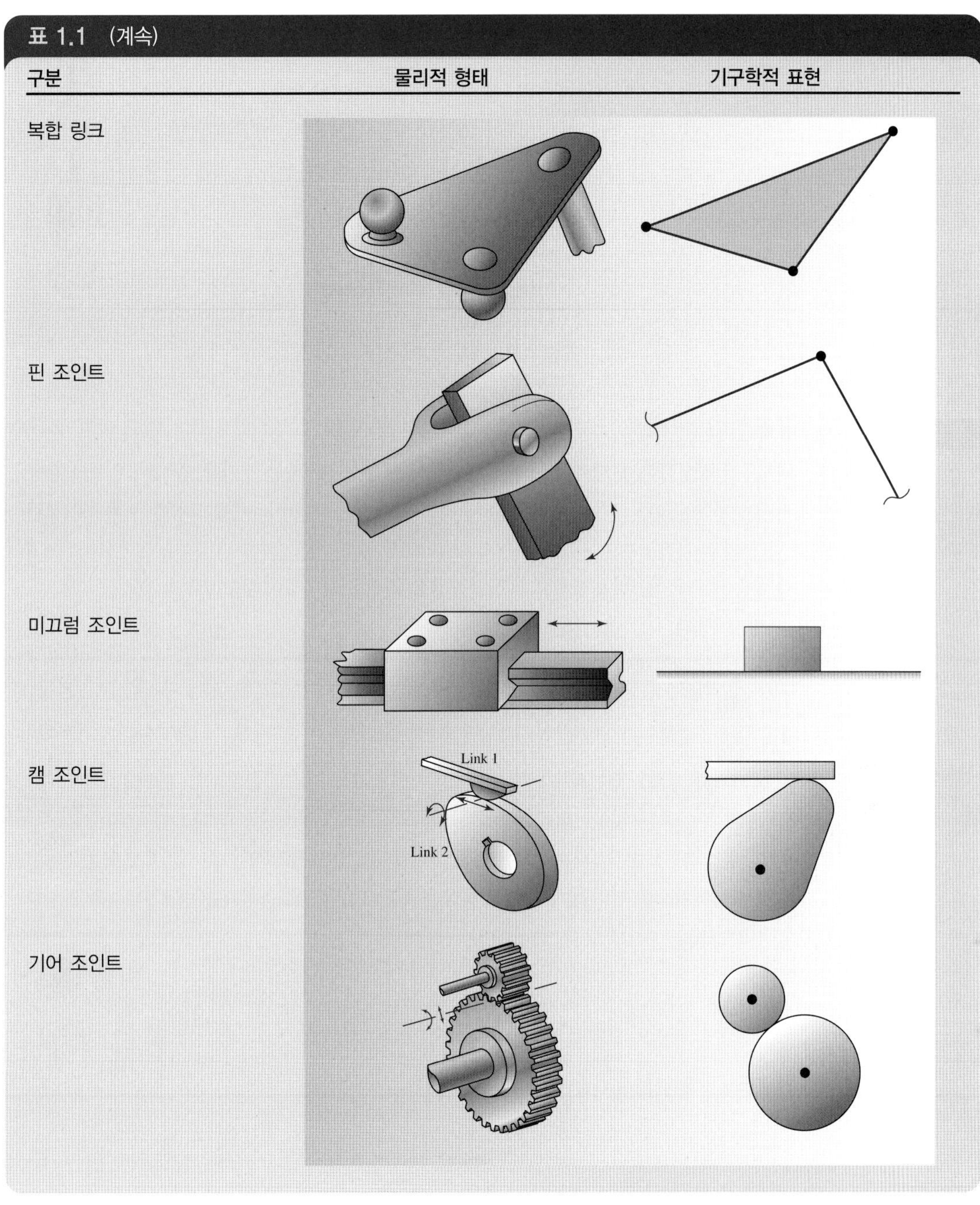

예제 1.1

그림 1.9는 전자회로판 절단기이다. 기구 해석도를 그려라.

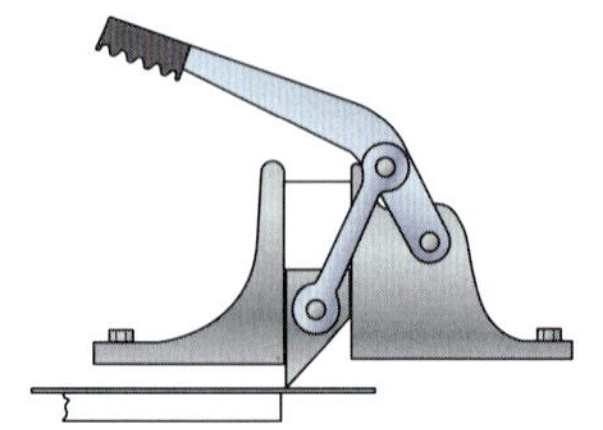

그림 1.9 예제 1.1의 전단 프레스

풀이

1. **기저 정의**

   기구 해석도를 작성하는 첫 단계는 기저에 해당하는 부품을 결정하는 것이다. 즉 나머지 링크 운동은 기저에 상대운동으로 고려할 수 있다. 일반적으로 기저는 땅(ground)에 고정된 부품으로 선택된다.

   이 예제에서는 테이블 위에 볼트로 고정된 부품을 기저로 선택하여 링크 1로 정한다.

2. **나머지 링크 정의**

   주의 깊게 기구를 관찰하여 다음의 3개의 이동 부품을 나타내었다.

   링크 2 : 핸들

   링크 3 : 커터

   링크 4 : 커터와 핸들을 연결하는 바(bar)

3. **조인트 정의**

   링크 1과 2, 링크 2와 3, 링크 3과 4는 핀 조인트로 연결되어 있다. 이 조인트를 A, B, C로 표기한다.

   한편 커터는 베이스를 따라 상하 미끄럼 운동을 한다. 이 미끄럼 조인트는 링크 4와 1을 연결하고 D로 표기한다.

4. **관심점 정의**

   마지막으로 핸들 끝부분의 운동이 관심 대상이므로 관심점 X로 정한다.

5. **기구 해석도 작성**

   기구 해석도를 그림 1.10에 나타내었다.

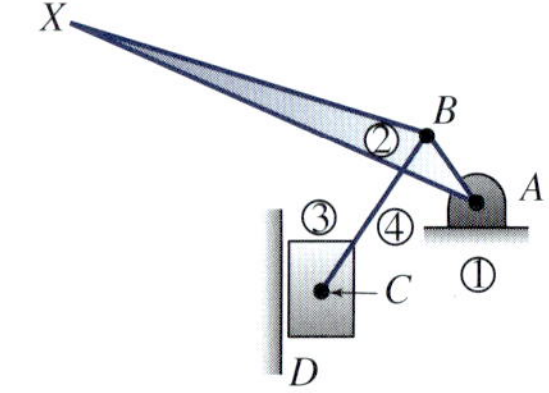

그림 1.10 예제 1.1의 기구 해석도

예제 1.2

그림 1.11은 바이스 그림이다. 기구 해석도를 그려라.

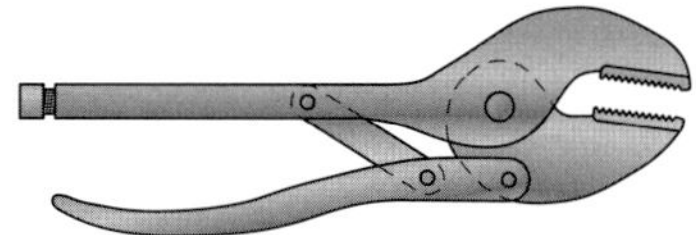

그림 1.11 예제 1.2의 바이스 그림

풀이

1. **기저 정의**

   첫 번째 단계로 기저로 나타낼 수 있는 부품을 결정한다. 이 문제에서는 어떤 부품도 땅에 고정되어 있지 않다. 따라서 기저의 정의는 사람에 따라 달라질 수 있다.

   이 예제에서는 상부 핸들을 기저로 정한다. 나머지 부품의 운동은 이 상부 핸들에 상대적으로 운동하는 것으로 정한다. 상부 핸들을 링크 1이라 하자.

2. **나머지 링크 정의**

   주의 깊게 기구를 관찰하여 나머지 3개의 이동 부품을 나타내었다.

   링크 2 : 하부 핸들

   링크 3 : 하부 턱(jaw)

   링크 4 : 상하부 핸들을 연결하는 바

3. **조인트 정의**

   4개의 핀 포인트가 4개의 서로 다른 링크를 연결하고 있다(링크 1과 2, 2와 3, 3과 4, 4와 1). 이 4개의 조인트를 $A \sim D$로 표기한다.

4. **관심점 정의**

   하부 턱 끝의 운동에 대한 정보가 필요하므로 이 점을 관심점 X로 표기한다. 마지막으로 하부 핸들 끝 부분의 운동에 대해서도 알고 싶기 때문에 관심점 Y로 한다.

5. **기구 해석도 작성**

   그림 1.12에 기구 해석도를 나타내었다.

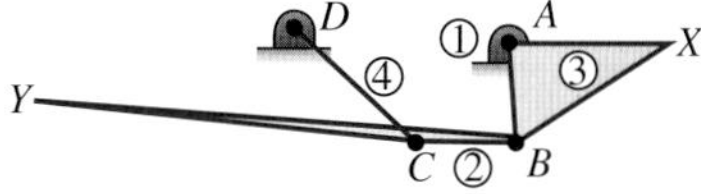

그림 1.12 예제 1.2의 기구 해석도

1.6 기구 반전

절대운동(absolute motion)은 정지된 기저(stationary frame)에 대해 측정된다. 점 또는 링크의 상대운동(relative motion)은 특정 링크에 대해 측정된다. 전술하였듯이, 기구 해석도를 그리는 첫 단계는 고정 링크, 즉 기저에 해당하는 부품을 정하는 것이다. 예제 1.2의 바이스 그림과 같은 경우의 예에서는 기저를 해석하는 사람이 임의로 선택할 수 있다. 어떤 부품을 기저로 정하는가에 따라 상대운동에는 변하는 것이 없지만 절대운동은 그 양상이 완전히 달라진다. 예제 1.2의 바이스 그림과 같이 정지 링크가 없는 기구의 경우에 해석하는 사람이 원하는 것은 결국 상대운동이다.

예제 1.2에서 기구 해석의 목적은 두 턱을 벌리기 위하여 움직여야 하는 두 핸들 간의 거리를 구하는 것이다. 이것은 즉, 핸들과 턱 링크의 상대적인 위치에 관한 물음이다. 링크 간의 상대운동은 기저의 선택에 따라 변하지 않으므로 기저의 선택은 종종 중요하게 간주되지 않는다. 기저를 다르게 정하여 사용하는 것을 기구 반전(kinematic inversion)이라 한다.

1.7 자유도

기구 해석에서 중요한 것 중 하나는 링키지의 자유도(degree of freedom)을 계산하는 것이다. 자유도는 땅에 대하여 기구의 모든 링크 위치를 결정하는 데 필요한 독립된 좌표의 개수로 정의한다. 다른 한편, 기구 구동에 필요한 액추에이터의 개수라고도 정의할 수 있다. 여기에 구동은 수동, 모터 그리고 유공압 등으로 임의 링크를 상대운동시키는 것을 의미한다.

기구의 자유도 개수는 이동성(mobility)이라고도 하며 기호는 M으로 표기한다. 어떤 기구에서는 링크 하나의 직선 위치 또는 각도 위치가 정해지면, 이에 의해 나머지 모든 링크의 위치가 종속적으로 정해질 수 있는데, 이러한 기구를 1자유도계 기구라 한다. 대부분의 상용 기계에 사용되는 기구는 1자유도를 갖는다. 반면 로봇암은 3개 및 그 이상의 자유도를 갖는다.

1.7.1 그루블러 방정식

일반적인 조인트로 조립된 평면 기구의 자유도는 그루블러 방정식(Gruebler's equation)을 이용해 계산할 수 있다.

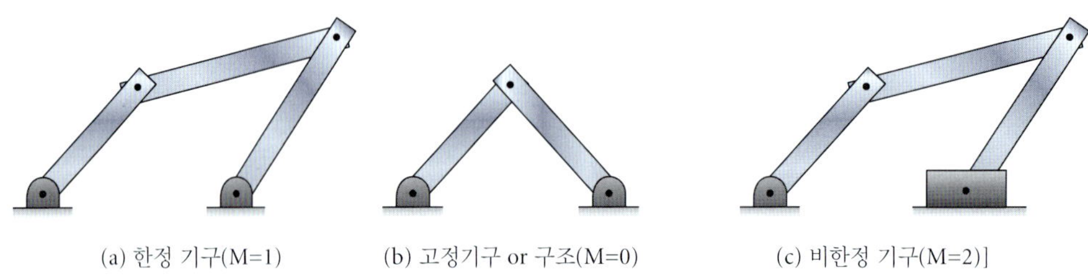

(a) 한정 기구(M=1) (b) 고정기구 or 구조(M=0) (c) 비한정 기구(M=2)]

그림 1.13 자유도의 변화에 따른 기구와 구조

$$M = \text{자유도} = 3(n-1) - 2j_p - j_h$$

여기에서

n = 기구의 총 링크 개수

j_p = 기본 조인트의 총 개수(핀 및 미끄럼 조인트)

j_h = 고차 조인트의 총 개수(캠 및 기어 조인트)

전술하였듯이 대부분 기계의 링키지는 1자유도를 갖는다. 그림 1.13a는 1자유도 링키지를 나타낸다. 영 또는 음수의 자유도를 갖는 기구는 고정 기구(locked mechanism) 혹은 구조(structure)라고 부른다. 트러스(truss)의 경우 핀 조인트로 결합된 단순 링크로서 구조에 해당하며 0자유도를 갖는다.

2개 이상의 자유도를 갖는 기구는 정확한 구동을 위해서 2개 이상의 구동기가 필요하다. 굴삭기나 로봇암과 같은 다자유도 기구는 개회로 형태의 구성(open-loop kinematic chain)을 이룬 채로 위치제어에 사용된다. 일반적으로 다자유도 기구는 링크의 정밀 위치제어 능력이 뛰어나다. 그림 1.13c에 다자유도 기구의 예를 보였다.

》 예제 1.3

그림 1.14는 토글 클램프이다. 클램핑 턱(clamping jaw)과 핸들을 관심점으로 하여 기구 해석도를 작성하고 자유도를 계산하라.

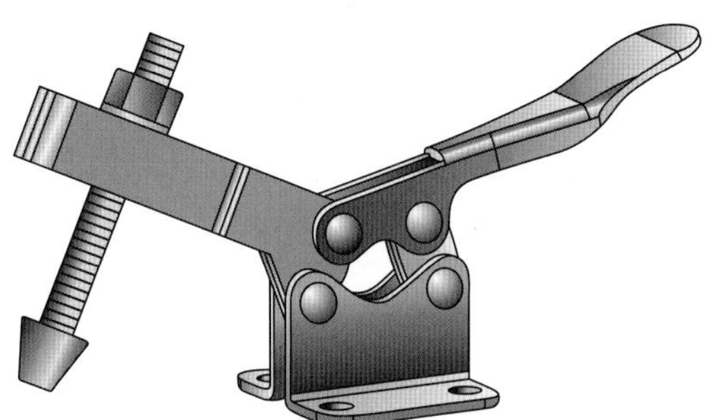

그림 1.14 예제 1.3의 토글 클램프

풀이

1. **기저 정의**
   볼트로 테이블에 고정된 부품을 기저로 정한다. 다른 부품은 이에 상대적으로 운동하는 것으로 정한다. 먼저 기저를 링크 1이라 한다.
2. **나머지 링크 정하기**
   주의 깊게 관찰하여 다음 3개의 움직이는 부품을 나타냈다.
   링크 2 : 핸들
   링크 3 : 조임력을 제공하는 암

링크 4 : 암과 핸들을 연결하는 연결대

3. **조인트 정의**

4개의 핀 조인트가 사용된다(링크 1과 2, 2와 3, 3과 4, 4와 1). 이들 조인트를 A~D로 나타낸다.

4. **관심점 정의**

클램핑 턱의 정보가 필요하므로 이를 관심점 X로 정한다. 또한 핸들도 관심 대상이므로 관심점 Y로 정한다.

5. **기구 해석도 작성**

그림 1.15에 기구 해석도를 상세히 나타냈다.

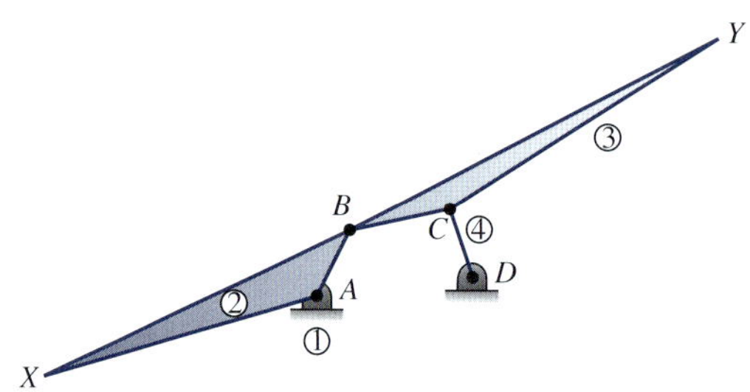

그림 1.15 예제 1.3의 기구 해석도

6. **자유도 계산**

4개의 링크와 4개의 핀 조인트를 가지므로 자유도는 아래와 같이 계산된다.

$$n = 4,\ j_p = 4 \text{ pins},\ j_h = 0$$
$$M = 3(n-1) - 2j_p - j_h = 3(4-1) - 2(4) - 0 = 1$$

즉, 클램프 기구는 1자유도로 한정(constrained)된다. 단 하나의 링크(여기서는 핸들)를 움직이면 다른 모든 링크의 위치가 결정되는 기구이다.

》 예제 1.4

그림 1.16은 캔 압축기를 나타내며 재활용을 위해 부피를 최소한으로 줄이는 데 이용된다. 핸들의 끝점을 관심점으로 하여 기구 해석도를 그리고 자유도를 계산하라.

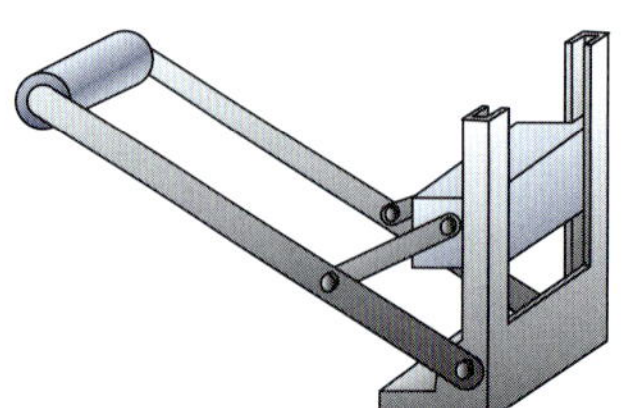

그림 1.16 예제 1.4의 캔 압축기

풀이

1. **기저 정의**

기구의 뒷부분이 벽에 고정되어 사용되므로 기저로 정한다. 다른 링크는 기저에 상대적으로 운동한다. 기저를 링크 1로 한다.

2. **나머지 링크 정의**

평면기구로서 다음의 3개의 이동하는 부품을 갖는다.

링크 2 : 핸들

링크 3 : 압축블록

링크 4 : 핸들과 압축블록 간의 연결대

3. **조인트 정의**

3개의 핀 각 링크를 연결하는 데 사용되고 있다. 핸들과 기저를 연결하는 핀을 *A*로 하고, *B*는 핸들과 연결대 간의 핀 조인트, 그리고 *C*는 압축블록과 연결대 간의 핀 조인트이다.

압축블록은 수직으로 미끄러지므로 기저와 압축블록 간에는 미끄럼 조인트를 지정하며 *D*로 표기한다.

4. **관심점 정의**

마지막으로 핸들 끝부분이 관심 대상이므로 이를 관심점 *X*로 정한다.

5. **기구 해석도 작성**

그림 1.13에 기구 해석도를 나타내었다.

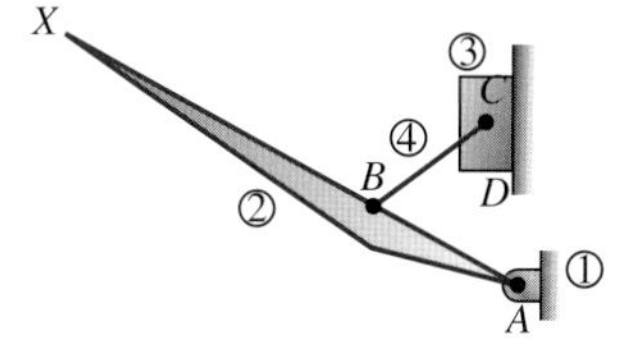

그림 1.17 예제 1.4의 기구 해석도

6. **자유도 계산**

4개의 링크를 갖는 기구로서, 3개의 핀 조인트와 1개의 미끄럼 조인트를 갖는다.

$$n = 4,\ j_p = (3 \text{ pins} + 1 \text{ slider}) = 4,\ j_h = 0$$

$$M = 3(n-1) - 2j_p - j_h = 3(4-1) - 2(4) - 0 = 1$$

즉 캔 압축기는 1자유도로서 한정기구이다. 단지 하나의 링크, 즉 핸들을 움직임으로써 다른 모든 링크 위치가 정해지고, 이에 따라 압축블록 아래 놓여진 음료수 캔은 압축된다.

예제 1.5

그림 1.18은 물체를 전단시키는 또 다른 장치이다. 이 전단 프레스에서 핸들 끝부분과 칼날부를 관심점으로 하여 기구 해석도를 작성하고 자유도를 계산하라.

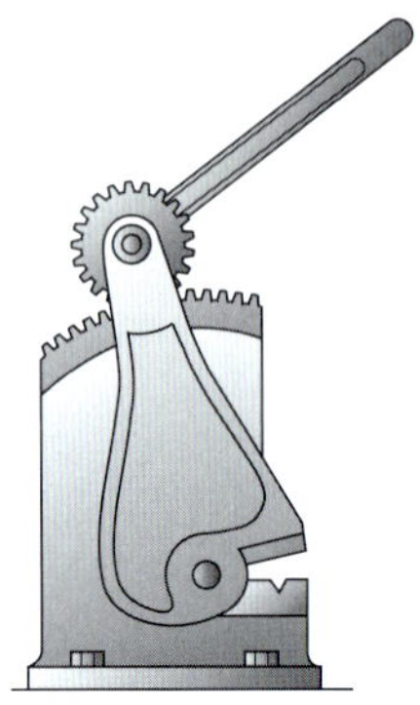

그림 1.18 예제 1.5의 전단 프레스

풀이

1. **기저 정의**

   베이스가 작업장 바닥에 볼트로 고정되어 있어 기저로 정의할 수 있다. 이를 링크 1로 표기한다.

2. **나머지 링크 정의**

   2개의 링크가 있다.

   링크 2 : 기어/핸들

   링크 3 : 절단 레버

3. **조인트 정의**

   2개의 핀 조인트가 사용되고 있다. 절단 레버와 기저를 잇는 핀 조인트를 *A*로 표기하고, 기어/핸들과 절단 레버를 잇는 핀 조인트를 *B*로 표기한다.

   기어/핸들은 기저와 기어 조인트로 연결되어 있다. 이 고차 조인트를 *C*로 표기한다.

4. **관심점 정의**

   핸들 끝과 칼날의 동작이 관심 대상이므로 각각을 관심점 *X*와 *Y*로 표기한다.

5. **기구 해석도 작성**

   그림 1.19에 기구 해석도를 나타내었다.

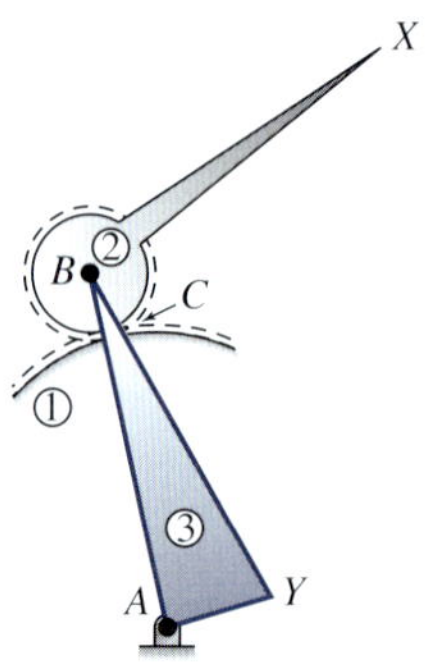

그림 1.19 예제 1.5의 기구 해석도

6. **자유도 계산**

3개의 링크, 2개의 핀 조인트 그리고 1개의 기어 조인트가 있으므로 자유도는 다음과 같이 계산된다.

$$n = 3,\ j_p = (2\text{pins}) = 2,\ j_h = (1\text{gear connection}) = 1$$
$$M = 3(n-1) - 2j_p - j_h = 3(3-1) - 2(2) - 1 = 1$$

이 전단 프레스는 1자유도의 한정기구이다. 오직 하나의 링크, 즉 핸들을 움직임으로써 나머지 모든 링크의 위치가 결정되어 대상물을 자를 수 있다.

1.7.2 액추에이터와 구동기

기구를 동작시키기 위해서는 액추에이터나 구동기가 입력운동과 에너지를 공급할 필요가 있다. 기구를 정밀하게 동작시키기 위해서 하나의 자유도마다 적어도 하나의 구동기가 필요하다. 산업용 또는 상용 기계 및 기구에는 다양한 액추에이터가 사용되고 있는데 그중 대표적인 것들을 다음에 나타낸다.

전기 모터(교류, AC)는 연속적인 회전 운동을 생성해내는 가장 값싼 방법을 제공한다. 그러나 전기 모터는 전력선 주파수에 해당하는 몇 개의 기준 속도만의 구동으로 제한된다. 북미에서는 전력선 주파수가 60Hz로서 여기서 얻을 수 있는 속도는 3,600, 1,800, 900, 720, 그리고 600rpm이다. 단상 모터는 주거용으로 사용되는데 1/50~2마력 정도를 낸다. 3상 모터는 3상 전원이 필요하므로 대개 산업용으로 제한되는데, 1/4~500마력 정도의 동력을 발생시킨다.

전기 모터(직류, DC)도 연속적인 회전운동을 만들어 낸다. 속도와 방향이 즉시 변환될 수 있으나 발전기나 배터리 등의 동력원을 필요로 한다. 직류(DC) 모터는 30,000rpm 이상의 매우 빠른 속도를 낼 수 있으며 자동차, 무선 장치 혹은 재봉틀 같이 여러 속도와 방향 전환이 필요한 응용에 사용된다.

엔진 또한 연속적인 회전운동을 생성해낸다. 속도는 약 1,000~8,000rpm 정도에서 가변된다. 고출력 응용에 필요한 일반적이고 간편한 구동기로서, 연료의 연소에 기반하므로 옥외에서 사용된다.

서보 모터는 프로그램된 운동을 하거나 정지된 위치를 유지할 수 있게 하는 컨트롤러와 모터를 조합한 것이다. 컨트롤러는 위치, 속도, 가속도 등의 되먹임(feedback) 정보를 제공하는 센서를 필요로 한다. 서보 모터는 일반 모터에 비해 낮은 용량을 갖고, 상당히 비싸나 로봇과 같이 원하는 운동을 정밀히 하는 기계에 사용될 수 있다.

공압 혹은 유압 모터는 전기 모터와 같이 연속적인 회전운동을 발생시키나 훨씬 제한된 응용범위를 갖는다. 이것은 압축 공기나 유압원이 필요하기 때문이다. 대개 건설 장비와 항공기와 같이 고압의 유압 유체를 사용할 수 있는 기계의 내부에 사용된다.

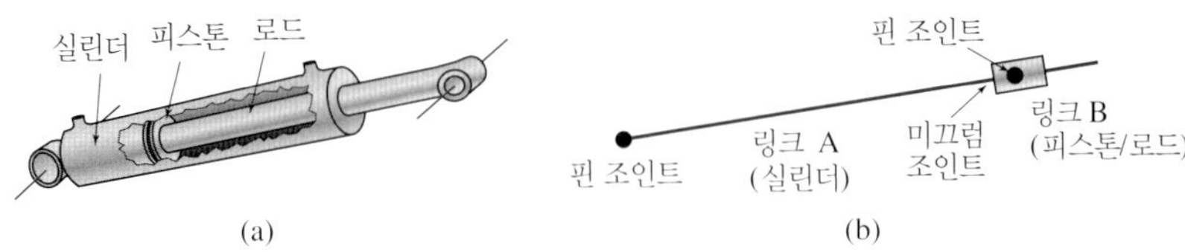

그림 1.20 유압 실린더

공압 혹은 유압실린더는 제한된 선형 행정(stroke)의 기구를 구동하는 데 사용된다. 그림 1.20a는 유압실린더를, 그림 1.20b는 실린더 유닛의 일반적 기구 해석도를 나타낸다. 실린더 유닛은 미끄럼 운동을 하는 로드(rod)와 피스톤 조립체로 구성된다. 기구학적으로 이 2링크(피스톤/로드 및 실린더)는 미끄럼 조인트로 연결된다. 또한 실린더와 로드 끝은 보통 보통 핀 조인트로 연결되어 있는 것으로 간주한다.

스크류 액추에이터는 또한 제한된 직선 행정 범위 내의 운동을 만들어 내는 구동기로서 모터와 회전 스크류로 구성되어 있다. 스크류와 쌍인 너트가 선형 운동을 만들어 낸다. 이 액추에이터는 정확히 제어될 수 있어 실린더를 직접적으로 대체할 수 있다. 그러나 공압원 혹은 유압원이 기확보된 상황이라면, 실린더에 비해 훨씬 비싸다. 실린더와 유사하게 스크류 액추에이터도 양 끝에 핀 조인트가 있는 것으로 해석한다. 때문에 기구 해석도는 그림 1.20b와 동일하다.

수동 기구는 많은 기계와 수동 툴에 사용된다. 인간으로부터 제공되는 운동은 매우 복잡한 양상을 갖는다. 그러나 만일 운동이 반복적이라면 이로부터 발생하는 피로감이나 긴장 장애에 유의해야만 한다.

〉〉 예제 1.6

그림 1.21은 정지한 트럭을 안정적으로 지지하기 위한 아웃트리거(outrigger)를 나타낸다. 시시내의 바닥을 관심점으로 설정하여 기구 해석도를 작성하고 자유도를 계산하라.

그림 1.21 예제 1.6의 아웃트리거

풀이

1. 기저 정의

아웃트리거가 동작하는 동안 트럭은 정지 상태이다. 따라서 트럭을 기저로 정하고 링크 1로 표기하자. 다른 모든 링크의 운동은 트럭에 상대적으로 결정된다.

2. **나머지 링크 정의**

나머지 3개의 움직임이 가능한 부품이 존재한다.

링크 2 : 아웃트리거 다리

링크 3 : 실린더

링크 4 : 피스톤/실린더

3. **조인트 정의**

3개의 핀 조인트가 사용된다. *A*는 아웃트리거 다리와 트럭 기저 간의 핀 조인트이며, *B*는 아웃트리거 다리와 실린더 간의 핀 조인트, 그리고 *C*는 실린더와 트럭 기저 간의 핀 조인트이다.

실린더와 피스톤 간에는 미끄럼 조인트 *D*가 존재한다.

4. **관심점 정의**

링크 2에는 스태필라이저 발이 있다. 이 발의 끝점을 관심점으로 설정하여 *X*로 표기한다.

5. **기구 해석도 작성**

그림 1.22에 기구 해석도를 나타내었다.

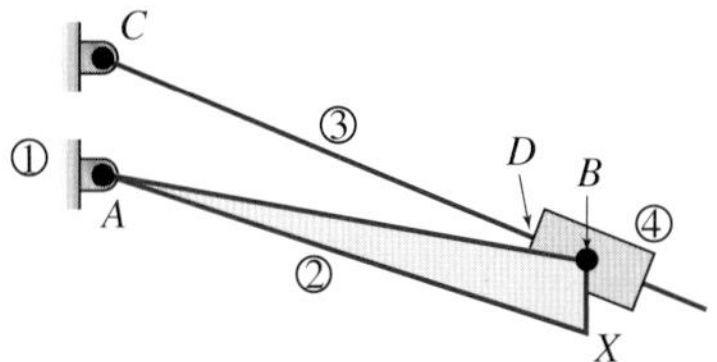

그림 1.22 예제 1.6의 기구 해석도

6. **자유도 계산**

4개 링크와 3개의 핀 조인트 그리고 1개의 미끄럼 조인트를 고려하여 자유도를 계산한다.

$$n = 4,\ j_p = (3 \text{ pins} + 1 \text{ slider}) = 4,\ j_h = 0$$
$$M = 3(n-1) - 2j_p - j_h = 3(4-1) - 2(4) - 0 = 1$$

이 경우도 자유도는 1이므로 한정 기구이다. 따라서 피스톤의 운동에 따라서 나머지 링크 운동이 결정되어 스태빌라이저 발을 땅에 위치시킬 수 있다.

1.8 널리 사용되는 링크와 조인트

1.8.1 편심 크랭크

많은 기구에서 크랭크의 소요 길이가 너무 짧아서 양단 핀 조인트에 베어링을 적절히 맞춤하기가 어려워진다. 이에 대한 일반적인 해법은 그림 1.23a에 보인 편심 크랭크축으로 링크를 설계하는 것이다. 이 방법은 대부분의 엔진과 압축기(compressor)에서 사용되는 설계법이다.

움직이는 링크 끝단의 핀의 경우 전체 링크를 포함하도록 확장될 수 있다. 그림 1.23b에 보였듯이 크랭크축 상의 원판의 외주는 움직이는 핀 조인트가 될 수 있다. 고정된 베어링의 위치는 편심 원판으로부터 일정 거리만큼 오프셋되어 있다. 여기서 크랭크축의 편심량 e는 크랭크의 유효 길이가 된다. 그림 1.23c는 편심 크랭크(eccentric crank)의 기구 해석도를 나타낸다. 편심 크랭크의 장점은 움직이는 핀이 넓은 표면을 갖기 때문에 마모를 줄일 수 있다는 것이다.

1.8.2 핀-슬롯 조인트

일반적인 조인트의 한 종류로서 핀-슬롯 조인트(pin-in-a-slot joint)를 그림 1.24a에 보였다. 이 조인트는 두 링크의 상대 회전 및 미끄럼 운동을 허용하므로 고차 조인트에 해당한다. 기구 해석 단순화의 입장에서 이 고차 조인트는 기본 조인트를 사용하여 모델링할 수 있다. 즉, 그림 1.24b에 보인 바와 같이 핀 조인트와 미끄럼 조인트의 조합으로 나타낼 수 있다. 여기에서 링크 하나가 부가적으로 사용되고 있음을 주의하라. 결국 이 방법은 실제 기구를 구성하는 링크 간의 상대운동을 똑같이 나타낼 수 있으며 기구 해석을 용이하게 한다.

1.8.3 스크류 조인트

그림 1.25a에 나타낸 스크류 조인트(screw joint)는 또 하나의 널리 사용되는 조인트로서 12장에서 보다 상세히 설명될 것이다. 이 조인트는 조립된 두 링크 간에 상대적이고 종속적인 운동을 하게 한다. 한 링크의 회전은 두 링크 간의 상대적인 평행 이동을 야기한다. 예를 들어 스크류가 한 바퀴 회전하면 너트는 스크류의 나사산 방향으로 0.1in.만큼 이동할 수 있다. 따라서 오직 평행 이동이라는 독립적인 운동이 발생하는 것으로 간주할 수 있다.

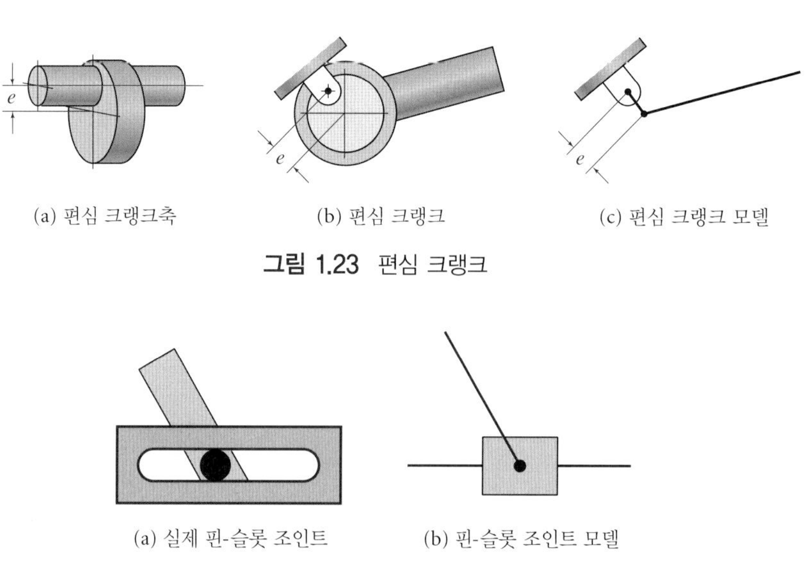

(a) 편심 크랭크축 (b) 편심 크랭크 (c) 편심 크랭크 모델

그림 1.23 편심 크랭크

(a) 실제 핀-슬롯 조인트 (b) 핀-슬롯 조인트 모델

그림 1.24 핀-슬롯 조인트

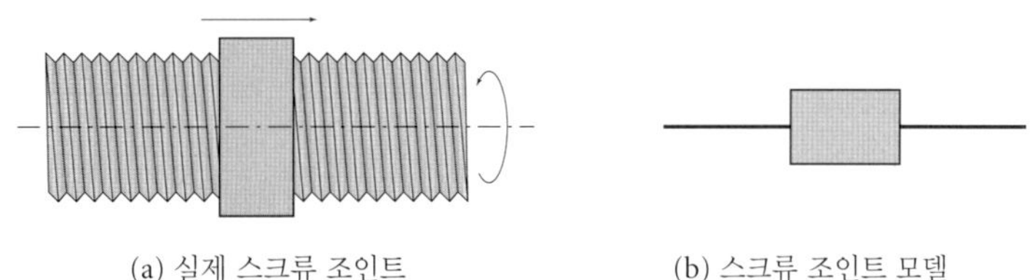

그림 1.25 스크류 조인트

스크류 조인트는 그림 1.25b에 보인 바와 같이 보통 미끄럼 조인트로 모델링된다. 실제로는 면외(out-of-plane) 회전운동이 있다는 것을 이해해야 한다. 하지만 평면 기구 해석에서는 오직 스크류와 너트 간의 상대적인 평행 이동만이 고려된다.

핸드 크랭크 같은 액추에이터에서는 보통 면외 회전이 발생한다. 일정량의 회전은 스크류 조인트로 연결된 링크 간의 상대적 평행 이동을 야기한다. 이 상대적 평행 이동은 이어지는 기구 해석에서 구동기로 사용될 것이다.

예제 1.7

그림 1.26은 높이를 조정하는 데 사용되는 리프트 테이블을 나타낸다. 기구 해석도를 그리고 자유도를 계산하라.

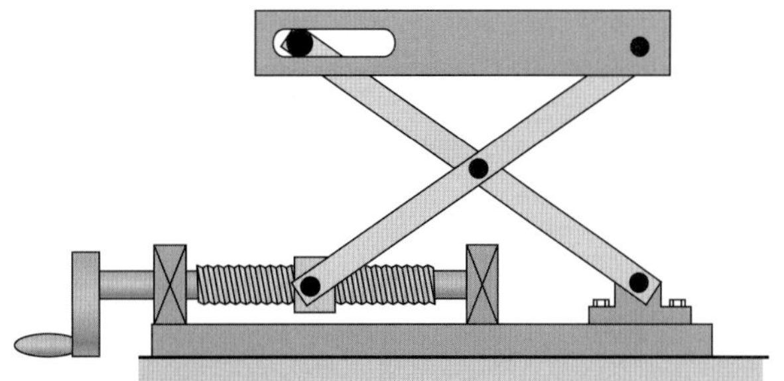

그림 1.26 예제 1.7의 리프트 테이블

풀이

1. **기저 정의**

밑판이 바닥면에 고정되어 있기 때문에 기저로 설정한다. 그림 1.26의 우하단부의 베어링은 밑판에 볼트로 고정되어 있다. 비슷한 방법으로 스크류의 양단을 지지하는 2개의 베어링도 밑판에 볼트로 고정되어 있다.

이전 절에서 설명하였듯이 스크류의 면외 회전은 고려되지 않는다. 기구 해석 모델에는 오직 너트의 상대 평행 이동만이 포함된다. 때문에 스크류도 기저의 한 부분으로 고려될 것이다. 나머지 모든 링크의 운동은 링크 1로 설정된 밑판에 상대적으로 결정된다.

2. 나머지 링크 정의

링크 2 : 너트

링크 3 : 테이블에 너트를 연결시키는 지지대

링크 4 : 테이블 슬롯에 고정 베어링을 연결시키는 지지대

링크 5 : 테이블

링크 6 : 핀-슬롯 조인트를 별도의 핀 및 미끄럼 조인트로 모델링하는 데 사용되는 별도의 부가적 링크

3. 조인트 정의

스크류와 너트 간의 운동은 미끄럼 조인트로 모델링할 수 있다. 점 *A*로 나타낸 핀 조인트는 너트를 링크 3 지지대와 연결한다. 점 *B*로 나타낸 핀 조인트는 2개의 지지대, 즉 링크 3과 4를 연결한다. 점 *C*로 나타낸 또 다른 핀 조인트는 링크 3과 6을 연결한다. 미끄럼 조인트는 링크 6을 테이블에 결합시킨다. 점 *D*로 나타낸 핀 조인트는 테이블을 링크 3 지지대로 연결시킨다. 마지막으로 점 *D* 핀 조인트는 밑판을 링크 4 지지대에 연결시킨다.

4. 기구 해석도 작성

기구 해석도를 그림 1.27에 나타내었다.

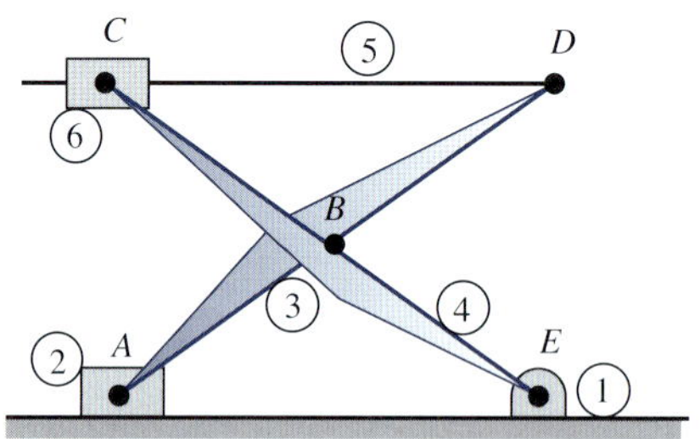

그림 1.27 예제 1.7의 기구 해석도

5. 자유도 계산

이 기구에는 6개의 링크와 5개의 핀 조인트 2개의 미끄럼 조인트가 있다.

$$n = 6, j_p = (5 \text{ pins} + 2 \text{ sliders}) = 7, j_h = 0$$
$$M = 3(n - 1) - 2j_p - j_h = 3(6 - 1) - 2(7) - 0 = 15 - 14 = 1$$

1자유도이므로 리프트 테이블은 한정기구이다. 스크류를 회전시키는 핸들을 움직이면, 나머지 모든 링크의 위치가 정확히 결정되어 테이블을 들어 올리거나 내리게 된다.

1.9 자유도 방정식의 특수 경우

자유도는 기구학에서 가장 중요한 개념이다. 일반적으로 자유도의 개수는 기구를 구동하기 위해 필요한 액추에이터의 개수를 나타낸다. 하지만 올바른 결과를 얻기 위해서는 그루블러 방정식을 적용함에 있어 주의를 요한다. 다음에 특수 경우에 대해 소개한다.

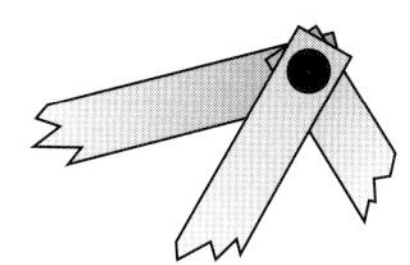
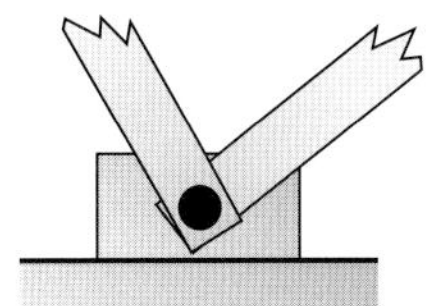

(a) 3개의 회전 링크　　(b) 2개의 회전 및 1개의 미끄럼 링크

그림 1.28 중첩 조인트(common pin joint)에 연결된 3개의 링크

1.9.1 조인트 중첩

어떤 기구에서는 3개의 링크가 그림 1.28과 같이 공통의 핀 조인트에 연결되는 경우가 있다. 이는 기구 모델링에 있어 혼동스러운 상황이다. 물리적으로 그림의 조인트는 3개의 링크를 연결하고 있지만 정의에 따르면, 핀 조인트는 오직 2개의 링크만을 연결하는 것이기 때문이다.

기구 해석에서는 이러한 경우 수학적으로 2개의 별도 조인트로 취급한다. 즉 하나의 조인트가 첫 번째, 두 번째 링크를, 다른 조인트는 두 번째와 세 번째 링크를 연결하는 것이다. 따라서 3개의 링크가 하나의 공통된 핀 조인트에 같이 한다면, 이 조인트는 2개의 별도 조인트로 모델링하여야 한다. 이에 대해서는 예제 1.8에서 자세히 설명된다.

》 예제 1.8

그림 1.29는 작은 부품을 삽입하여 큰 물체로 압축시키기 위해 큰 힘을 작용시킬 수 있는 기계식 수동 프레스를 나타낸다. 핸들 끝부분을 관심점으로 하여 기구 해석도를 그리고, 자유도를 계산하라.

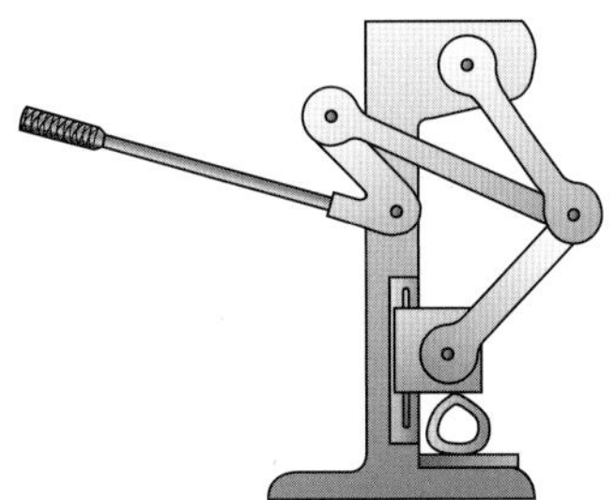

그림 1.29 예제 1.8의 기계식 프레스

풀이

1. 기저 정의

기계식 프레스의 바닥 베이스가 작업대에 올려져 동작하는 동안 정지 상태에 있으므로 이것을 기저로 한다. 다른 나머지 모든 링크의 운동은 바닥 베이스에 상대적으로 이루어지는 것으로 설정한다. 기저를 링크 1로 표기한다.

2. 나머지 링크 정의

링크 2 : 핸들

링크 3 : 핸들을 다른 암(arm)에 연결시키는 암

링크 4 : 바닥 베이스를 다른 암에 연결시키는 암

링크 5 : 프레스 헤드

링크 6 : 프레스 헤드를 다른 암에 연결시키는 암

3. 조인트 정의

총 4개의 핀 조인트가 여러 링크에 상용되고 있다. 핸들을 바닥 베이스에 연결하는 핀 조인트를 조인트 *A*, 링크 3을 핸들에 연결시키는 핀 조인트를 조인트 *B*, 링크 4를 바닥 베이스에 연결시키는 핀 조인트를 조인트 *C*, 마지막으로 링크 6을 프레스 헤드에 연결시키는 핀 조인트를 조인트 *D*라 하자.

그리고 링크 3, 4, 6 사이에 하나의 핀 조인트가 있는 것처럼 보이지만 실제로는 분리하여 고려해야 한다. 즉, 조인트 *E*는 링크 3과 링크 4 그리고 조인트 *F*는 링크 4와 링크 6 간의 핀 조인트이다.

마지막으로 프레스 헤드와 바닥 베이스 간에 미끄럼 조인트가 존재하며 조인트 *G*로 표기한다.

4. 관심점 정의

핸들 끝부분 운동이 본 기구 해석의 관심 대상이므로 관심점 *X*로 설정한다.

5. 기구 해석도 작성

기구 해석도를 그림 1.30에 나타내었다.

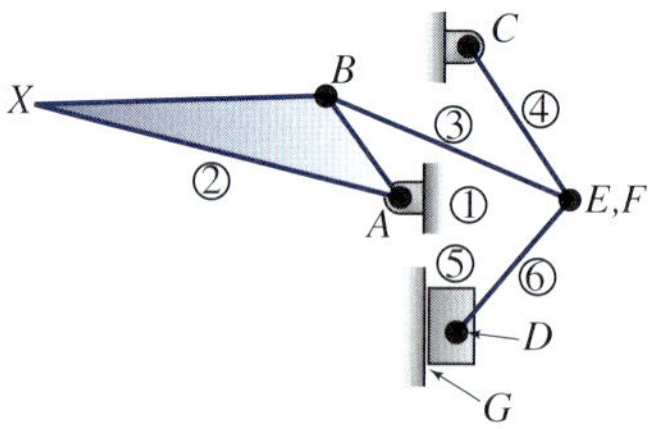

그림 1.30 예제 1.8의 기구 해석도

6. 자유도 계산

6개의 링크와 6개의 핀 조인트, 1개의 미끄럼 조인트를 고려하여 자유도를 계산하면 다음과 같다.

$$n = 6,\ j_p = (6 \text{ pins} + 1 \text{ slider}) = 7,\ j_h = 0$$

$$M = 3(n-1) - 2j_p - j_h = 3(6-1) - 2(7) - 0 = 15 - 14 = 1$$

기계식 프레스의 자유도는 1이므로 한정기구이다. 핸들을 움직임으로써 나머지 모든 링크의 운동이 결정된다. 따라서 시편을 가압하기 위하여 프레스 헤드를 시편으로 미끄럼 운동시킬 수 있다.

1.9.2 그루블러 방정식이 적용되지 않는 경우

또 다른 특수 경우의 하나를 소개한다. 그루블러 방정식에서는 링크 형상에 관련한 정보가 포함되어 있지 않기 때문에, 아주 드문 사례이긴 하지만 자유도 계산에 오류가 발생할 수 있다. 대표적인 한 경우를 그림 1.31에 나타내었다.

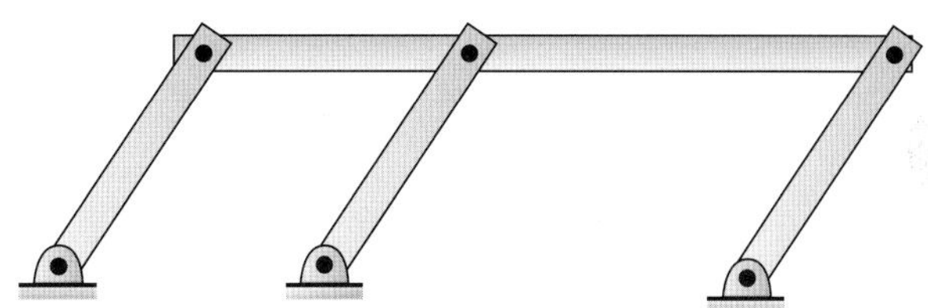

그림 1.31 그루블러 방정식에 위배되는 기구

이 링키지는 6개의 핀 조인트와 5개의 링크를 가지고 있다. 그루블러 방정식을 사용하면 링크는 0개의 자유도를 갖는다. 물론 이 결과는 이 기구가 고정(locked)되어 있음을 나타낸다. 그러나 만일 모든 피벗 링크가 같은 길이를 갖는다면 기저에 고정되어 있는 핀 조인트끼리 서로 같은 거리를 갖게 되고 1자유도의 운동이 가능해진다. 이 경우, 가운데 피벗 링크가 과잉(redundant)되어 이 링크의 유무와 상관없이 전체 링키지의 운동에는 아무런 변화가 없게 되는 것이다.

이것 외에도 특이한 형상 때문에 그루블러 방정식을 위배하는 예가 존재한다. 따라서 설계자는 자유도 방정식을 사용함에 있어 주의를 요한다.

1.9.3 공 자유도

어떤 기구에서는 링크가 기구의 입출력과 전혀 관계없이 운동을 하기도 한다. 이러한 공 자유도(idle degrees of freedom)는 그루블러 방정식이 적용되지 않는 또 다른 예이다. 그림 1.32의 캠-롤러 종동절(cam with a roller follower)이 그 한 예로서, 그루블러 방정식에 의하면 2자유도(링크 4개, 핀 조인트 3개, 고차 조인트 1개)를 갖는다. 캠이 구동되어 회전하게 되면 롤러 종동절이 그 중심을 구르는 동안 피벗 링크는 요동하게 된다. 그러나 여기서 피벗 링크의 운동만이 기구의 출력 역할을 한다. 캠 표면의 마찰과 마모를 줄이는 것은 설계 고려사항이긴 하지만, 기본적으로 롤러의 회전은 공 자유도로서 기구의 출력 운동에 영향을 미치지 않는다. 그루블러 방정식은 이 기구가 2자유도를 갖는 것으로 평가하지만, 설계자는 전형적으로 사실상 특정 1자유도에만 관심을 보이므로 사실상 1자유도의 기구로 평가할 수 있다. 공 자유도를 갖는 다른 예도 존재한다.

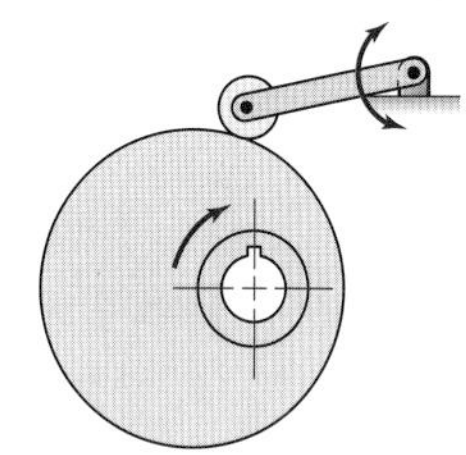

그림 1.32 캠과 롤러 종동절

1.10 4절 기구

4절 기구는 가장 일반적이고 간단한 기구이다. 하나의 기저를 포함한 4개의 링크가 4개의 핀 조인트로 연결된 구조이다. 설계시 자주 다루게 되는 기구이므로 자세한 설명을 순차적으로 제시한다.

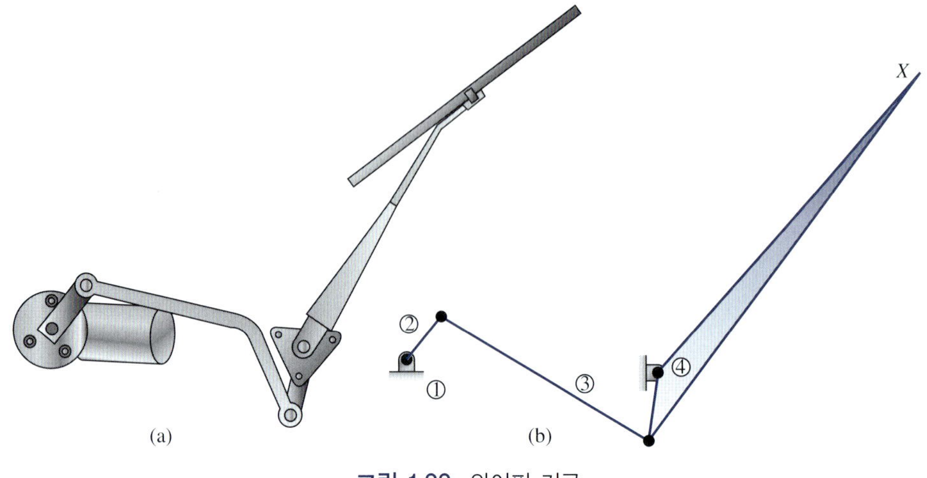

그림 1.33 와이퍼 기구

그림 1.33a는 차창 와이퍼 기구로서, 그림 1.33b에 그 기구 해석도를 나타내었다. 이 기구는 4개의 링크가 4개의 핀 조인트로 연결되어 있으며, 그중 하나는 움직일 수 없는 기저에 해당되므로 4절 기구이다. 4절 기구의 자유도는 다음과 같이 계산할 수 있다.

$$n = 4,\ j_p = 4 \text{ pins},\ j_h = 0$$
$$M = 3(n-1) - 2j_p - j_h = 3(4-1) - 2(4) - 0 = 1$$

이 4절 기구의 자유도는 1이므로 한정기구이며 그림 1.33에 나타낸 직류 모터의 회전으로 나머지 모든 링크 위치가 정해진다.

당연히 움직일 수 없는 링크는 기저로 나타낸다. 일반적으로 구동기에 연결된 피벗 링크는 입력 링크(input link)라 하며, 기저에 결합된 또 다른 피벗 링크는 출력 링크(output link) 또는 종동 링크(follower)라 한다. 커플러(coupler) 또는 연결봉(connecting arm)은 입력과 출력 링크의 운동을 결합시킨다.

1.10.1 그래스호프 조건

다음의 기호는 4절 기구 링크의 길이를 나타낸다.

s = 가장 짧은 링크의 길이
l = 가장 긴 링크의 길이
p = 2개의 중간 길이 링크 중 하나의 길이
q = 2개의 중간 길이 링크 중 다른 하나의 길이

그래스호프 정리(Grashof's theorem)에 의하면, 4절 기구가 다음 조건을 만족할 경우, 적어도 하나 이상의 회전 링크를 갖는다고 한다.

$$s + l \leq p + q$$

바꾸어 말하면, 다음의 조건을 만족하면 3개의 고정되지 않은 링크가 단지 떨게 된다.

$$s + l > p + q$$

모든 4절 기구는 표 1.2에 나타낸 총 다섯 가지의 유형으로 분류할 수 있다.

표 1.2 4절 기구의 분류

분류	조건	가장 짧은 링크	유형
1	$s+l<p+q$	기저	이중 크랭크
2	$s+l<p+q$	사이드	크랭크-로커
3	$s+l<p+q$	커플러	이중 로커
4	$s+l=p+q$	관계 없음	전환점
5	$s+l>p+q$	관계 없음	삼중 로커

서로 다른 4절 기구의 유형을 그림 1.34에 나타내었고 다음 절에서 설명한다.

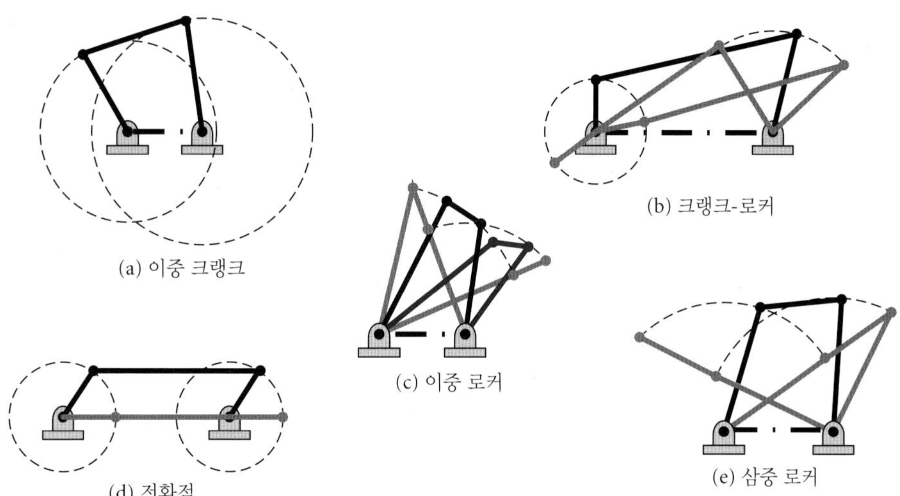

그림 1.34 4절 기구의 유형

1.10.2 이중 크랭크

그림 1.34a에 이중 크랭크(double crank) 또는 크랭크-크랭크를 나타내었다. 표 1.2의 첫 번째 분류 조건에 의하면 기저, 즉 고정 링크의 길이가 가장 짧은 경우이다. 하나의 피벗 링크가 완전 회전하면, 다른 피벗 링크도 완전 회전한다. 즉 2개의 피벗 링크 2, 4가 모두 완전 회전할 수

있다. 일반적으로 피벗 링크 중 짧은 것이 입력 링크이다. 이중 크랭크 기구는 또한 드래그 링크 기구(drag link mechanism)라고도 한다.

1.10.3 크랭크-로커

그림 1.34b에 크랭크-로커(crank-rocker)를 나타내었다. 표 1.2의 두 번째 분류 조건에 의하면, 기저에 연결된 링크의 길이가 가장 짧은 경우이다. 이 최소 길이 링크가 연속적으로 회전하게 되면 출력 링크는 일정각도 범위를 요동치게 된다. 여기서 최소 길이 링크를 크랭크, 출력 링크를 로커(rocker)라 한다. 그림 1.33의 와이퍼 시스템은 크랭크-로커로 설계되었다. 모터가 입력 링크를 연속적으로 회전시키면 출력 링크는 요동한다. 와이퍼 암과 날은 출력 링크에 견고히 부착되어 창 전체를 닦는다.

1.10.4 이중 로커

이중 로커(double rocker) 또는 로커-로커를 그림 1.34c에 나타내었다. 표 1.2의 세 번째 분류 조건에 의하면 최소 링크의 맞은 편 링크가 기저에 고정되어 있는 경우이다. 이 조건하에서는 기저에 연결되어 있는 어떠한 링크도 완전 회전이 불가능하다. 따라서 입력과 출력 링크가 한정된 범위에서 요동하게 되므로 로커라고 명명된 것이다. 그러나 커플러는 완전 회전이 가능할 수 있다.

1.10.5 전환점 기구

전환점(change point) 기구를 그림 1.34d에 나타내었다. 표 1.2의 네 번째 분류 조건에 의하면 양쪽 사이드 링크 길이의 합이 다른 2개의 합과 같은 경우이다. 전환점 기구는 모든 링크가 일직선의 형태로 될 수 있다. 가장 친숙한 전환점 기구의 한 예가 평행사변형 기구이다. 기저와 커플러는 같은 길이이고, 다른 2개의 피벗 링크도 마찬가지이다. 따라서 4개의 링크는 서로 일직선 형태로 겹쳐질 수 있다. 기구학의 관점에서 이렇게 겹쳐진 형태에서는 운동이 정확히 정의되지 않는다. 이 경우 4절 기구는 평행사변형 형태를 유지하거나 그러지 못하고 비평행사변형의 형태(또는 나비 형태)로 바뀌어 운동하게 된다. 이러한 이유로 전환점을 특이 구성(singularity configuration)이라 한다.

1.10.6 삼중 로커

삼중 로커(triple rocker)를 그림 1.34e에 나타내었다. 표 1.2의 다섯 번째 분류 조건에 의하면 어떤 링크도 완전 회전을 할 수 없다. 따라서 3개의 링크가 모두 요동하게 된다.

》 예제 1.9

소형 항공기용 바퀴 조립체를 그림 1.35에 나타내었다. 4절 기구로서의 운동을 분류하라.

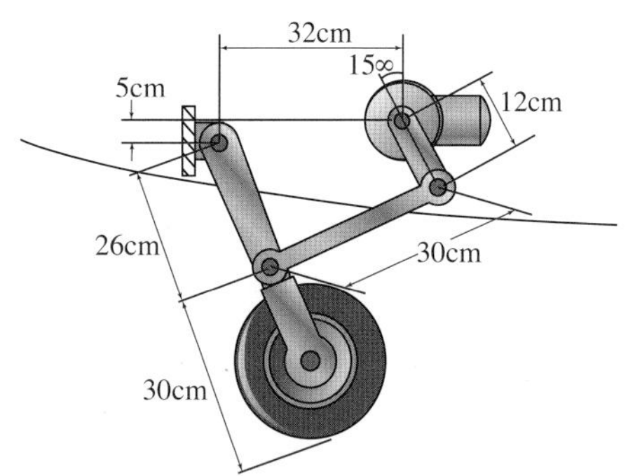

그림 1.35 예제 1.9의 소형 항공기용 착륙 바퀴 기구

풀이

1. 길이에 따른 링크 구분

착륙 기어에 초점을 맞추어 해석을 수행하면, 바퀴 기구의 운동은 비행기 동체에 상대적으로 결정된다. 그러므로 비행기 동체를 기저로 설정한다. 그림 1.36은 바퀴 기구의 기구 해석도이다. 바퀴 끝을 관심점 *X*로 한다. 링크 길이는 다음과 같다.

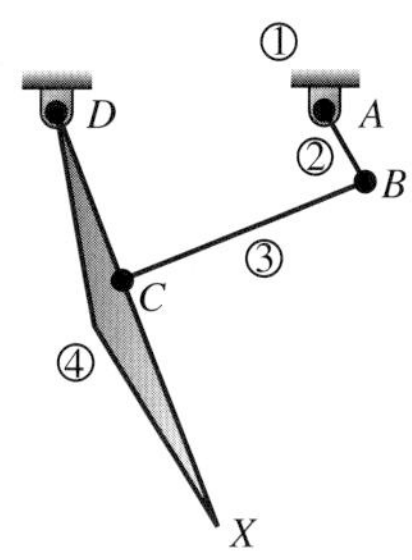

그림 1.36 예제 1.9의 기구 해석도

$$s = 12\text{cm},\ l = 32\text{cm},\ p = 32\text{cm},\ q = 26\text{cm}$$

2. 조건 검토

기저에 인접한 사이드 링크가 최소 링크이다. 표 1.2의 조건에 의하면 이 기구는 크랭크-로커, 전환점 기구, 삼중 로커 중 하나가 될 수 있다. 각각의 유형에 대해 검토가 수행되어야 한다.

3. 크랭크-로커(분류 2) 조건 검토

$$s + l < p + q$$

$$(12 + 32) < (30 + 26)$$

$$44 < 56 \rightarrow \{\text{yes}\}$$

1.11 슬라이더-크랭크 기구

일상적으로 접하게 되는 또 다른 기구로서 슬라이더-크랭크 기구를 소개한다. 이것은 1개의 기저를 포함하는 4개의 링크 그리고 3개의 핀 조인트와 1개의 미끄럼 조인트로 구성된다.

그림 1.37a에 수동 물 펌프를 작동시키는 기구가, 이의 기구 해석도가 그림 1.37b에 주어져 있다.

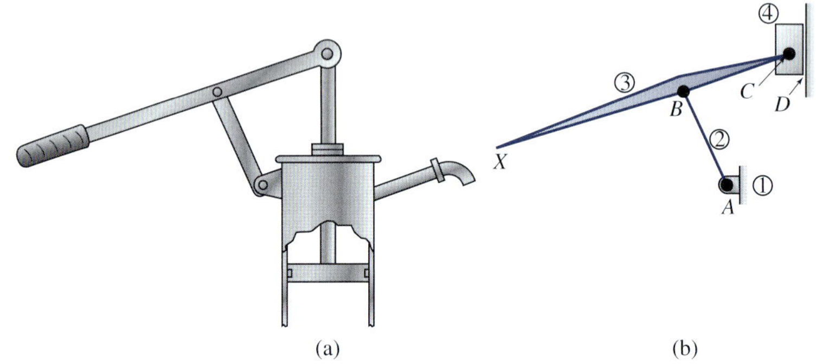

그림 1.37 수동 펌프 기구: (a) 기구, (b) 기구 해석도

슬라이더-크랭크 기구의 자유도는 다음과 같다.

$$n = 4,\ j_p = (3 \text{ pins} + 1 \text{ slider}) = 4,\ j_h = 0$$
$$M = 3(n-1) - 2j_p - j_h = 3(4-1) - 2(4) - 0 = 1$$

슬라이더-크랭크 기구는 하나의 자유도를 가지므로 하나의 구동원으로 모든 링크의 운동이 정해지는 한정 기구이다. 그림 1.37의 펌프는 핸들(링크 3)을 눌러 작동된다.

일반적으로 기저에 연결된 피벗 링크를 크랭크라 부른다. 이 링크가 항상 완전 회전을 할 수 있는 것은 아니다. 직선 운동하는 링크는 슬라이더라 칭하는데 그림 1.37에서는 피스톤/로드(piston/rod)에 해당된다. 커플러 또는 커넥팅 로드는 크랭크의 회전운동을 슬라이더의 직선 운동과 결합시킨다.

1.12 특수 목적 기구

1.12.1 직선 기구

직선 기구(straight-line mechanisms)란 평평한 면의 도움 없이도 직선의 이동 궤적을 움직이는 링크 상의 점을 갖는 기구를 말한다. 역사적으로 백래시 없이 부드러운 직선운동을 구현하는 질 좋은 미끄럼 조인트를 제조하는 것은 어려운 일로 여겨져 왔다. 이에 대한 대안으로 몇 가지 기구는 회전 조인트와 회전 구동을 통해 직선(혹은 거의 직선에 가까운)운동을 구현할 수 있는 것으로 알려져 있다. 그 예로서, 그림 1.38a는 와트 링키지(Watt linkage)를, 그림 1.38b는 포셀리에-립킨 링키지(Peaucellier-Lipkin linkage)를 나타내었다.

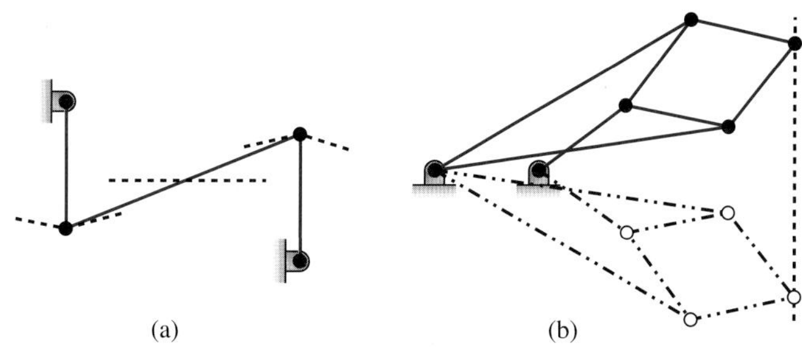

그림 1.38 직선 기구

1.12.2 평행사변형 기구

기구는 종종 피치 변화 없이 물체를 옮길 수 있도록 평행사변형의 형태를 갖는 링크로 구성되기도 한다. 이러한 기구는 저울, 흔들 의자, 미늘창(jalousie window) 등과 같은 응용에서 평행운동을 구현하게 된다. 평행사변형 기구(parallelogram mechanisms)의 두 종류를 그림 1.39에 나타내었다. 그림 1.39a는 가위 기구를, 그림 1.39b는 제도기에 사용되는 기구를 나타낸다.

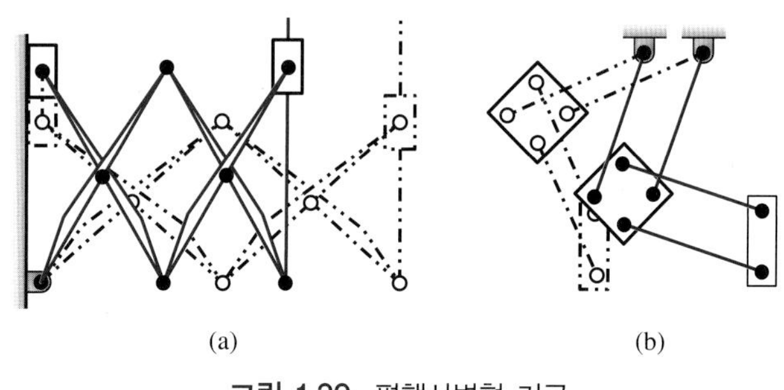

그림 1.39 평행사변형 기구

1.12.3 급속 이송 기구

급속 이송 기구(quick-return mechanisms)는 일정 속도로 액추에이터가 회전 구동할 때, 한 방향의 행정(stroke)이 다른 방향에 비해 빠른 거동을 보이는 기구이다. 이 기구는 느린 절삭 행정과 빠른 귀환 행정을 필요로 하는 공작기계에 널리 사용된다. 그림 1.40a에 이의 기구 해석도를 나타냈고, 그림 1.40b에는 크랭크-샤퍼(crank-sharper) 링키지를 보였다.

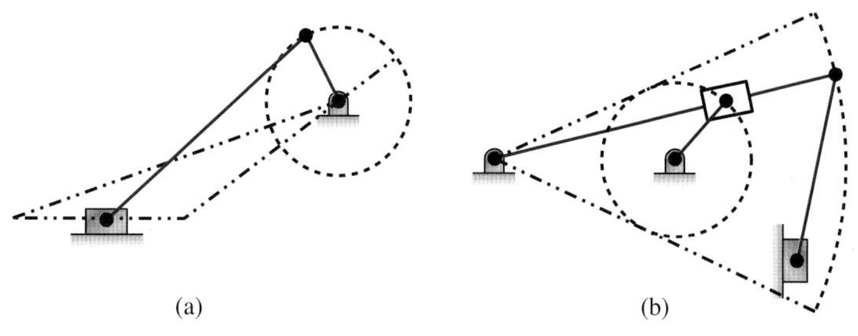

그림 1.40 급속 귀환 기구

1.12.4 스카치 요크 기구

스카치 요크 기구(scotch yoke mechanism)는 회전운동을 직선 미끄럼 운동으로 혹은 그 반대로 변환시키는 대표적인 기구이다. 그림 1.41에 보인 바와 같이 회전 링크 상의 핀 조인트는 미끄럼 요크의 슬롯에 꼽혀 있다. 입출력 운동의 관계에서 본다면, 스카치 요크는 슬라이더-크랭크에 가깝지만 직선 미끄럼 운동은 완전한 정현파이다. 슬라이더-크랭크와 비교해보면, 스카치 요크는 보다 크기가 작고, 가동 부품의 개수가 적은 장점을 갖는다. 단 슬롯의 마모가 큰 단점도 있다.

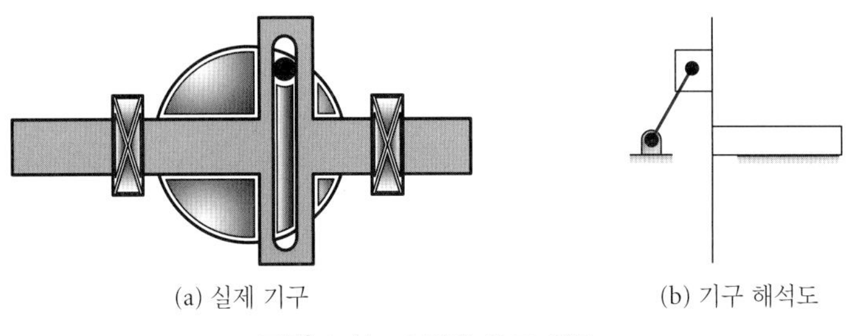

(a) 실제 기구 (b) 기구 해석도

그림 1.41 스카치 요크 기구

1.13 기구 해석 기법

대부분의 기구 해석은 기하학을 이용한다. 기하학에 근거하는 도식적 방법은 기구의 운동을 명확하게 그림으로 보여 주기 때문에 널리 사용되고 있다. 도식적 방법에서는 해석 대상이 되는 기구의 각도를 실제 문제와 똑같이 원래 크기 그대로 고려한다. 즉, 실제 링크 간 각도가 30°라면 해석시 30°를 고려한다. 반면 길이는 실제 기구의 길이에 대해 비례적으로 축소 또는 확대하여 수행된다. 예를 들어, 길이 10m를 1/100로 축적하면 해석시 0.1m, 즉 10cm로 고려한다. 이의 한 예가 바로 기구 해석도이다.

이런 도식적 방법은 개념이 간단하고, 운동의 가시화 측면에서 장점을 갖지만 계산적인 측면에서는 해석적 방법에 비해 정확도가 떨어진다. 컴퓨터가 발달하기 전에는 주로 도식적 방법이 많이 사용되어 왔다. 그럼에도 불구하고 그 부정확성 때문에 경원시되어 왔다. 그러나 CAD 시스템의 발전에 힘입어 도식적 방법은 정확성을 담보할 수 있게 되었다. 이 절에서는 기구 해석에 가장 널리 사용되는 방법에 대해 설명할 것이다.

1.13.1 전통적인 제도 기법

과거 모든 도식적 방법은 전통적인 제도 기법을 이용하여 수행되었다. 이 방법에서는 삼각자, 컴퍼스, 각도기, 자 등 제도용 도구를 이용하여 특정 각도의 축적된 선을 그린다. 물론 이 방법은 태생적으로 정확성에 문제가 있지만, 주의 깊게 수행하면 정확한 결과를 얻을 수 있다.

이 방법은 CAD 소프트웨어의 도입으로 유용성이 현저히 떨어지게 되었다. 따라서 CAD

소프트웨어를 설계에 도입하고 있는 산업계에서는 잘 사용되지 않는다. 그럼에도 불구하고 학생들에게 도식적 기구 해석의 기본 개념을 정확히 전달한다는 관점에서 전통적인 제도 기법은 그만의 가치가 있다고 하겠다. 물론 기본 개념 전달은 CAD 시스템을 사용해도 가능한 것이지만, 전통적 제도 기법은 학생들로 하여금 CAD 명령어를 배우는 데 시간을 뺏지 않고, 기구학 이론에 집중할 수 있게 한다.

1.13.2 CAD 시스템

전술한 대로 도식적 해석은 전통적 제도 기법이나 CAD 시스템을 이용하여 수행된다. CAD 시스템은 종류에 상관없이 기구 해석에 사용될 수 있다. 대표적인 2차원 CAD 시스템의 예로 AutoCAD라는 소프트웨어를 들 수 있다. CAD 시스템마다 명령어는 다르지만 모두 주어진 각도와 길이의 선을 정확히 그릴 수 있다. 이 기능이 도식적 해석의 핵심 요구사항이다. 향상된 정확도 외에도 CAD 시스템은 제도 용지에 맞게 선을 축적하지 않아도 되는 장점을 갖는다. 컴퓨터에서 선은 무한대의 크기를 갖는 가상의 종이에 그려지기 때문이다.

더욱이 Inventor, Solidworks, ProEngineer 등의 솔리드 모델링 시스템의 구속 조건 기반 스케치 모드는 평면 기구 해석에 매우 유용하다. 길이, 수직 조건, 평행 조건 등의 기하학적 구속 조건이 기구 해석을 수행함에 있어 필요하기 때문이다.

이 책은 선을 그리는 데 사용되는 특정 명령어에 대해서는 다루지 않지만, 예제에서 CAD 시스템을 이용하여 문제를 풀기도 한다. 이 책의 최종 목적은 학생들에게 기구 해석의 개념을 이해시키는 것으로서, 어떤 CAD 시스템을 사용하는가는 사실 중요하지 않다. 따라서 학생들은 CAD 시스템에 지나치게 구애될 필요는 없다. 또한 기구 해석을 배울 때 손으로 기구 해석도를 그리던, 컴퓨터를 사용하던, 개념만 잘 전달할 수 있다면 문제가 되지 않는다.

1.13.3 해석적 기법

해석적 기법은 정확한 결과를 구하기 위한 방법이다. 고급의 해석 기법에는 이 책의 범위를 넘어서는 복잡한 수학 함수를 사용하기도 한다.

해석적 기법은 기하학, 삼각함수 그리고 도식적 기구 해석 등의 이론과 결합되어 있다. 이 접근법은 정확한 해를 제공하고, 기하학 이론은 해의 가시화를 가능케 한다. 보다 복잡한 기구에 이 접근법이 적용될 경우 매우 힘든 계산을 필요로 할 수 있다. 이 책의 상당 부분에서 해석적 기법에 대해 다룰 것이다.

1.13.4 컴퓨터 접근법

해석적 기법으로 도출되는 해의 정확성을 보다 높이고자 한다면, 그에 비례하여 연산량이 증가하여 손계산으로는 도저히 감당할 수 없게 된다. 이 경우 컴퓨터가 적절한 해법이 될 수 있다. 컴퓨터는 반복 계산을 필요로 할 때 가치가 있는 것이다. 기구 해석에 대한 컴퓨터 접근법을 다음에 소개한다.

- **스프레드시트 :** 이 방법은 기구 해석에서 대중적으로 빈번히 사용된다. 스프레드시트의 가장 큰 장점은 입력 데이터가 들어 있는 셀의 값을 변경하면 그에 따른 결과 값도 자동으로 업데이트 된다는 것이다. 문제가 복잡해질수록 스프레드시트에서 다루는 것이 어려워질 수 있다. 그럼에도 불구하고 이 방법은 이 책에서 다루는 여러 문제의 풀이에 사용될 것이다.
- **상용 동역학 해석 프로그램 :** 여기에는 Working Model, ADAMS(Automatic Dynamic Analysis of Mechanical Systems), Dynamic Designer 등이 있다. 동역학 모델은 프로그램의 메뉴로부터 생성된다. 보통 동역학 해석 프로그램은 솔리드 모델러를 포함하고 있다. 기구학 및 동역학 해석이 주된 일이라면, 모든 기능이 포함된 소프트웨어 패키지가 필요할 것이다. 2장은 동역학 해석 프로그램에 할애되어 있다.
- **사용자 작성 프로그램 :** Matlab, Mathematica, VisualBasic이나 C 언어 등의 언어로 작성된 프로그램을 말한다. 기구 해석 프로그램을 개발하기 위해서는 선택된 언어가 삼각함수 및 그의 역함수를 계산할 수 있어야 한다. 특수 목적의 프로그램을 개발하기 위해서는 시간과 노력이 필요하므로 일반적으로 자주 볼 수 없는 복잡한 문제를 풀 때 가장 효과적이라 할 수 있다. 기초적인 기구 해석의 목적으로 몇 가지 간단한 알고리즘이 8장에 제공될 것이다.

〉〉〉 연습문제

기구 해석도 작성 관련 문제

1-1. 그림 P1.1은 열처리로(heat-treating furnace)의 문 개폐장치이다. 핸들의 끝점을 관심점으로 하여 기구 해석도를 그려라.

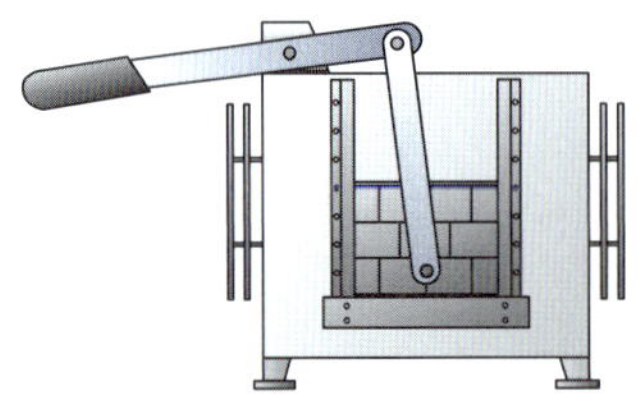

그림 P1.1 문제 1, 26

1-2. 그림 P1.2는 볼트 절단기(bolt cutter)이다. 윗쪽 핸들의 끝점과 턱(jaw)의 전단면의 끝점을 관심점으로 하고, 아래 핸들을 기저로 하여 기구 해석도를 그려라.

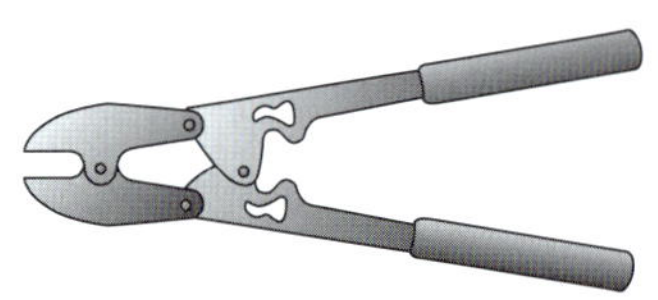

그림 P1.2 문제 2, 27

1-3. 그림 P1.3은 접이 의자(folding chair)로서 완전히 펼쳐진 모양이다. 기구 해석도를 그려라.

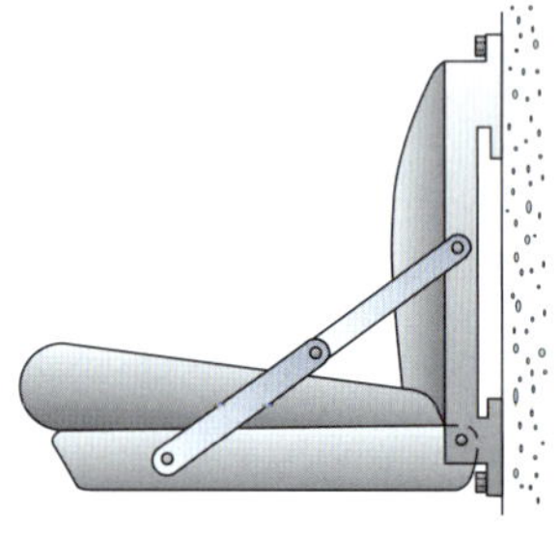

그림 P1.3 문제 3, 28

1-4. 그림 P1.4는 자전거 타이어, 장남감 등에 이용되는 수동 공기 펌프(foot pump)이다. 발판(foot pad)의 끝점을 관심점으로 하여 기구 해석도를 그려라.

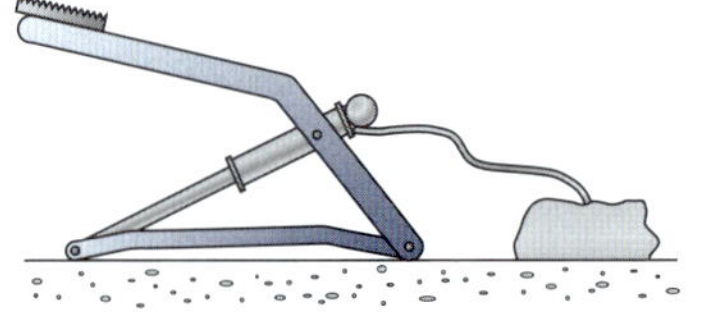

그림 P1.4 문제 4, 29

1-5. 그림 P1.5의 집게 혹은 플라이어(pliers)에 대해 기구 해석도를 그려라.

그림 P1.5 문제 5, 30

1-6. 그림 P1.6의 또 다른 구성의 플라이어에 대해 기구 해석도를 그려라.

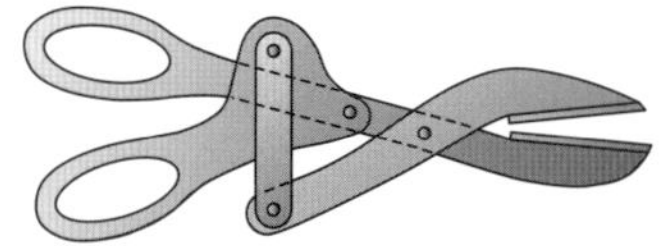

그림 P1.6 문제 6, 31

1-7. 그림 P1.7의 창문 개폐장치에 대해 기구 해석도를 그려라.

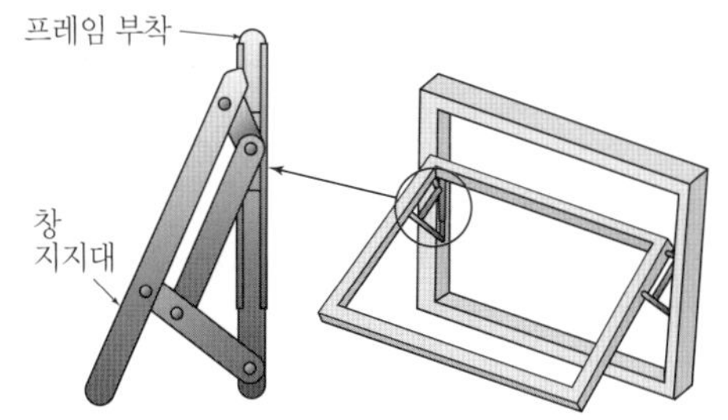

그림 P1.7 문제 7, 32

1-8. 그림 P1.8의 또 다른 구성의 창문 개폐장치에 대해 기구 해석도를 그려라.

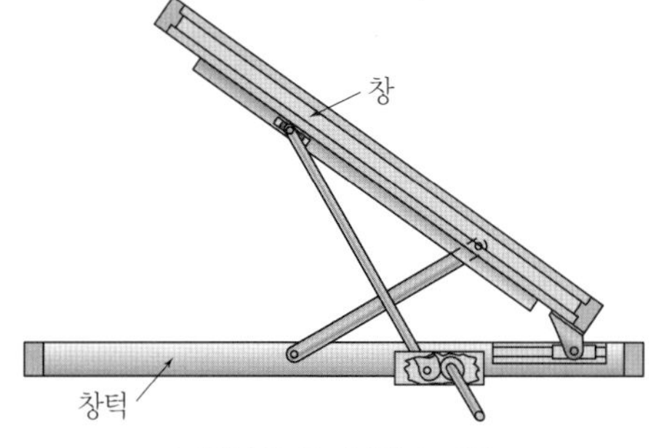

그림 P1.8 문제 8, 33

1-9. 그림 P1.9의 토글 클램프(toggle clamp)에 대해 기구 해석도를 그려라.

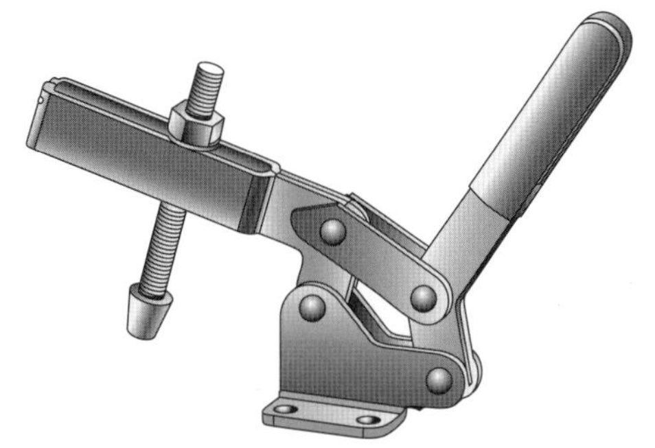

그림 P1.9 문제 9, 34

1-10. 그림 P1.10의 땅파기 장난감의 기구 해석도를 그려라.

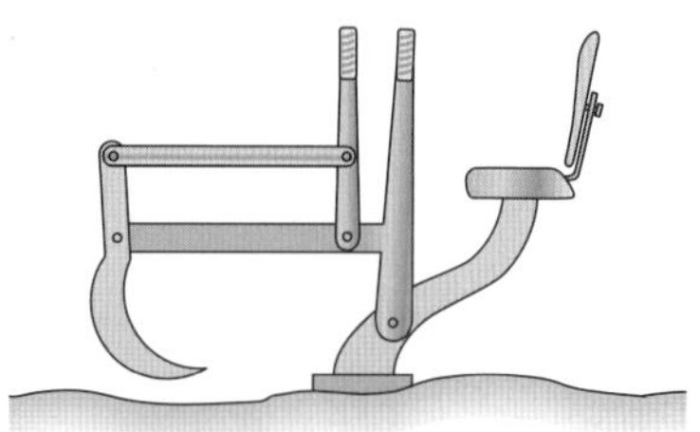

그림 P1.10 문제 10, 35

1-11. 그림 P1.11의 전동 톱에 대해 톱날의 왕복운동을 만들어 내는 기구의 기구 해석도를 그려라.

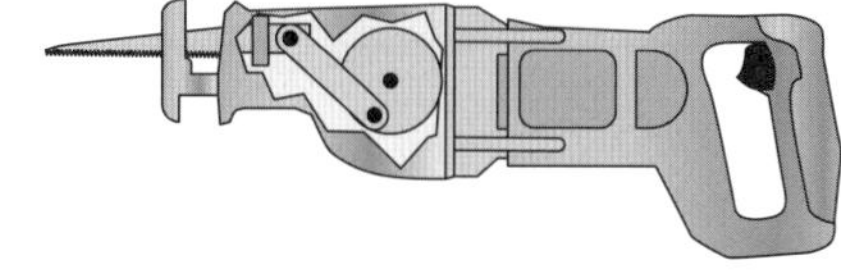

그림 P1.11 문제 11, 36

1-12. 그림 P1.12의 소형 프론트 로더의 기구 해석도를 그려라.

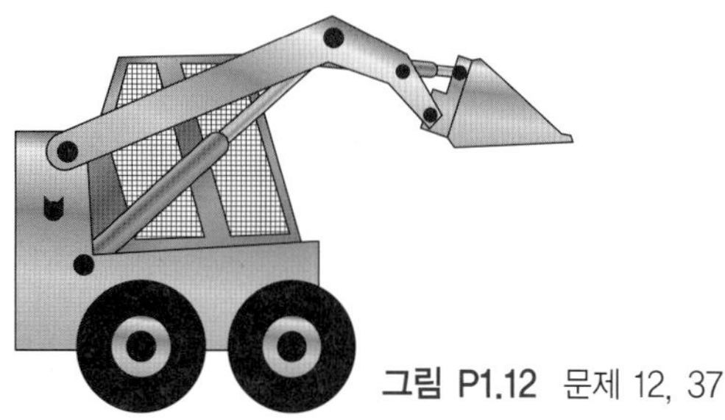

그림 P1.12 문제 12, 37

1-13. 그림 P1.13의 전자레인지(microwave oven) 이동 기구에 대해 기구 해석도를 그려라.

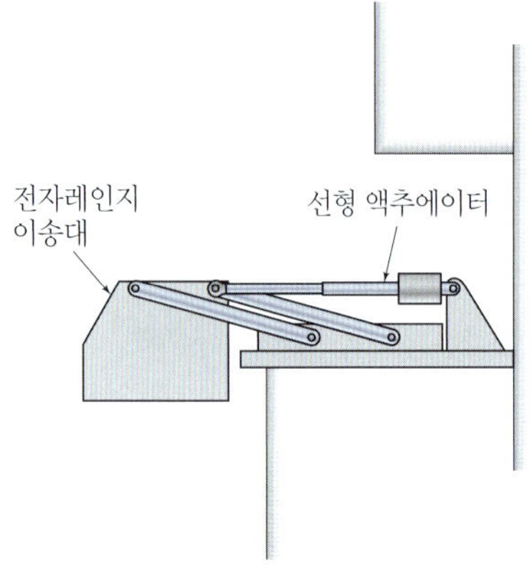

그림 P1.13 문제 13, 38

1-14. 그림 P1.14의 콘테이너 상승기구에 대해 기구 해석도를 그려라.

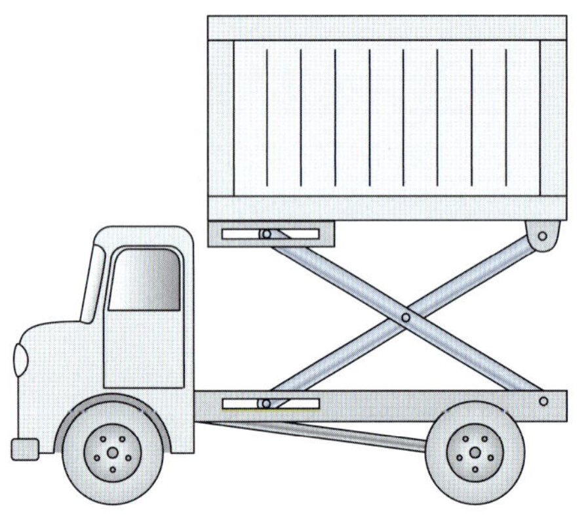

그림 P1.14 문제 14, 39

1-15. 그림 P1.15의 수평 이송기는 조립 테이블 상의 부품을 수평으로 이송시켜 컨베이어 위에 올려놓는다. 기구 해석도를 그려라.

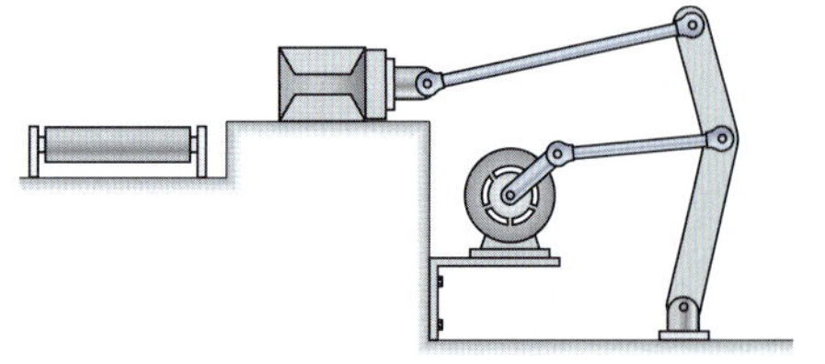

그림 P1.15 문제 15, 40

1-16. 그림 P1.16의 리프트 플랫폼에 대해 기구 해석도를 그려라.

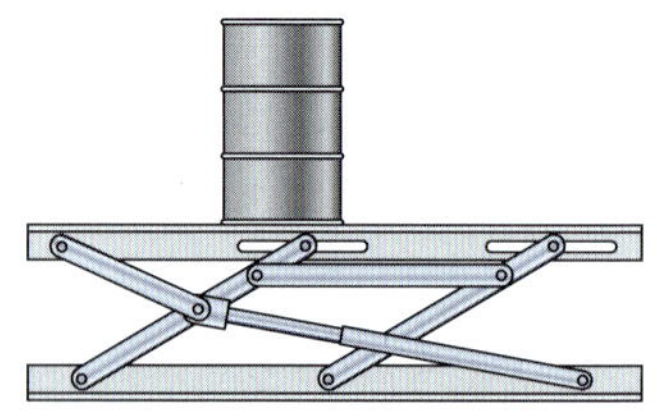

그림 P1.16 문제 16, 41

1-17. 그림 P1.17의 또 다른 리프트 플랫폼에 대해 기구 해석도를 그려라.

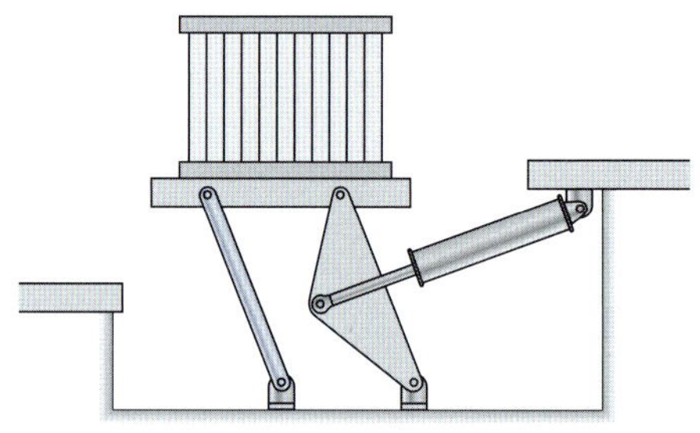

그림 P1.17 문제 17, 42

1-18. 그림 P1.18의 굴삭기(backhoe)에 대해 기구 해석도를 그려라.

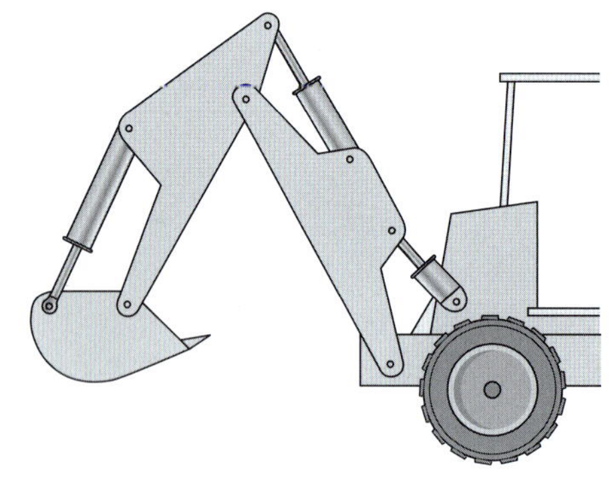

그림 P1.18 문제 18, 43

1-19. 그림 P1.19의 프론트 로더에 대해 기구 해석도를 그려라.

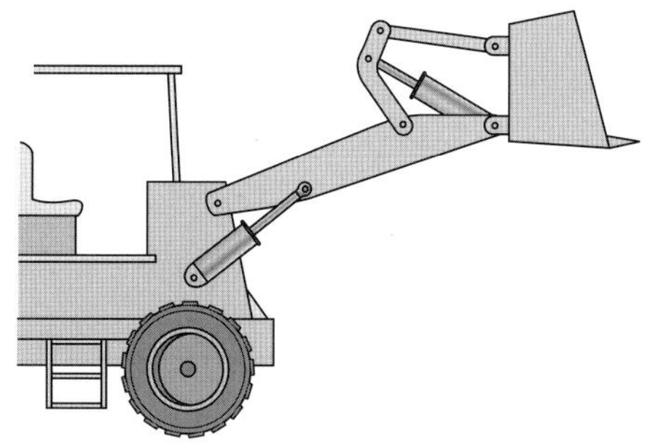

그림 P1.19 문제 19, 44

1-20. 그림 P1.20의 하역작업용 가변 높이 플랫폼에 대해 기구 해석도를 그려라.

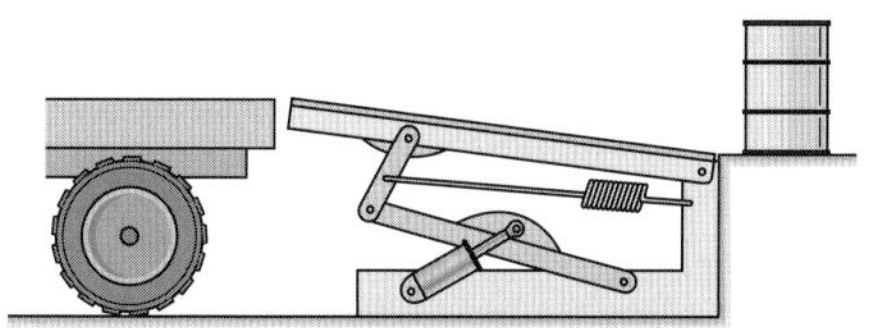

그림 P1.20 문제 20, 45

1-21. 그림 P1.21의 주방기기용 취부대의 기구 해석도를 그려라.

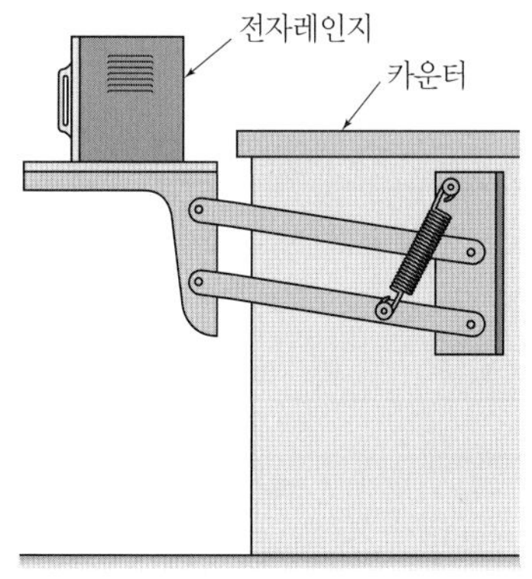

그림 P1.21 문제 21, 46

1-22. 그림 P1.22의 자동 파워 윈도우의 기구 해석도를 그려라.

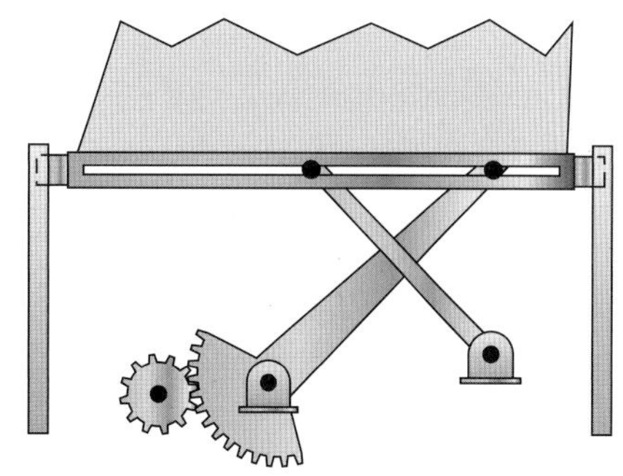

그림 P1.22 문제 22, 47

1-23. 그림 P1.23의 박스 덮개용 장치에 대해 기구 해석도를 그려라.

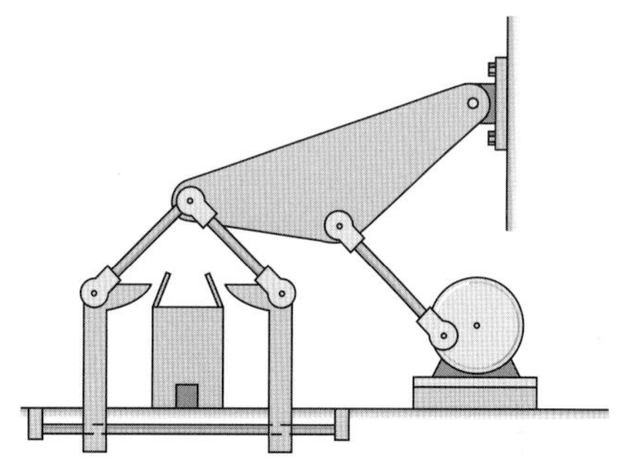

그림 P1.23 문제 23, 48

1-24. 그림 P1.24의 재봉 기계(sewing machine)에 대해 기구 해석도를 그려라.

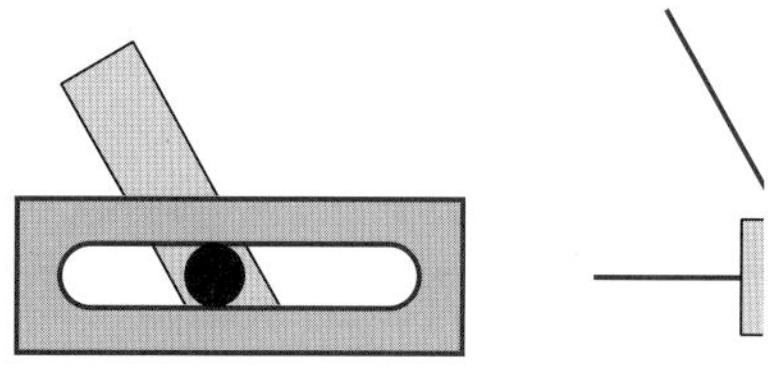

그림 P1.24 문제 24, 49

1-25. 그림 P1.25의 마모실험 장치(wear test fixture)에 대해 기구 해석도를 그려라.

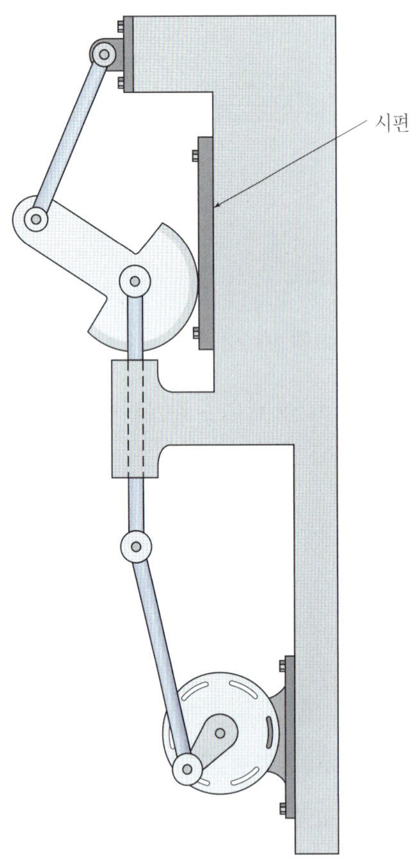

그림 P1.25 문제 25, 50

자유도 계산 문제

1-26. 그림 P1.1

1-27. 그림 P1.2

1-28. 그림 P1.3

1-29. 그림 P1.4

1-30. 그림 P1.5

1-31. 그림 P1.6

1-32. 그림 P1.7

1-33. 그림 P1.8

1-34. 그림 P1.9

1-35. 그림 P1.10

1-36. 그림 P1.11

1-37. 그림 P1.12

1-38. 그림 P1.13

1-39. 그림 P1.14

1-40. 그림 P1.15

1-41. 그림 P1.16

1-42. 그림 P1.17

1-43. 그림 P1.18

1-44. 그림 P1.19

1-45. 그림 P1.20

1-46. 그림 P1.21

1-47. 그림 P1.22

1-48. 그림 P1.23

1-49. 그림 P1.24

1-50. 그림 P1.25

자유도 계산 문제

1-51. 그림 P1.51은 자동차의 자동세차용 물 분사 장치이다. a = 12cm, b = 1.5cm, c = 14cm, 그리고 d = 4cm일 때, 이 4절 기구가 가능한 운동의 양상에 따라 기구 유형을 분류하라.

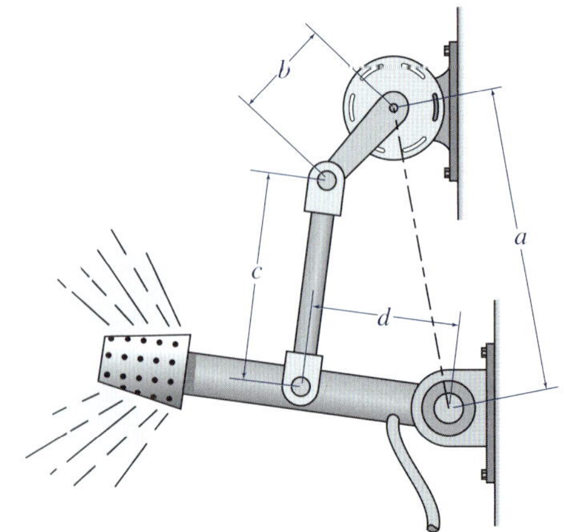

그림 P1.51 문제 51–54

1-52. 그림 P1.51에서 a = 12cm, b = 5cm, c = 12cm, 그리고 d = 4cm일 때, 이 4절 기구

가 가능한 운동의 양상에 따라 기구 유형을 분류하라.

1-53. 그림 P1.51에서 $a = 12\text{cm}$, $b = 3\text{cm}$, $c = 8\text{cm}$, 그리고 $d = 4\text{cm}$일 때, 이 4절 기구가 가능한 운동의 양상에 따라 기구 유형을 분류하라.

1-54. 그림 P1.51에서 $a = 12\text{cm}$, $b = 3\text{cm}$, $c = 12\text{cm}$, 그리고 $d = 5\text{cm}$일 때, 이 4절 기구가 가능한 운동의 양상에 따라 기구 유형을 분류하라.

〉〉〉 사례연구

1-1. 그림 C1.1은 자동 볼 베어링 조립 기계의 피드 장치를 나타낸 것이다. 전기 모터가 링크 *A*에 체결되어 있다. 부품의 구성을 주의 깊게 살피고, 다음의 일련의 질문에 답하여 기계의 동작에 대한 직관을 얻기 바란다.

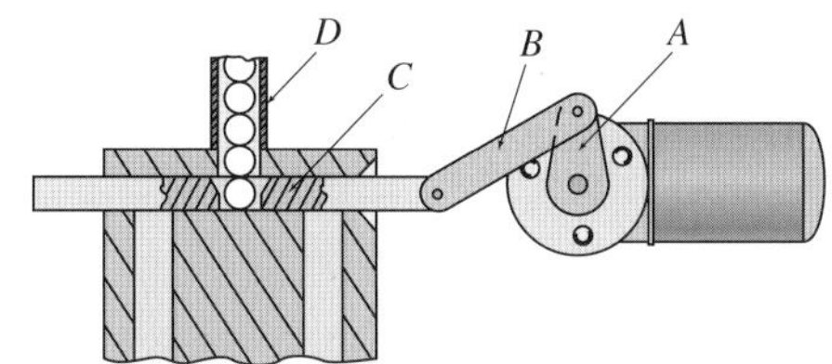

그림 C1.1 (Industrial Press에서 게재 허용)

1. 링크 *A*가 시계 방향으로 90° 회전할 때, 슬라이드 *C*에는 어떤 일이 발생하겠는가?
2. 그림의 구성에서 슬라이드 *C*에 끼인 볼에는 어떤 일이 발생하는가?
3. 링크 *A*가 시계 방향으로 90° 더 회전할 때, 어떤 동작이 발생하는가?
4. 이 장치의 목적은 무엇이겠는가?
5. 슬라이드 *C*의 입구에 왜 면취(chamfer)가 공을 했는가?
6. 이 장치의 용도에 대해 상상해 보라.

1-2. 그림 C1.2는 양변기의 전형적인 물탱크를 보인다. 부자(float) *D*의 내부는 공기로 채워져 있음을 유의하라. 기구를 이루는 부품의 구성을 주의 깊게 살피고, 아래에 등장하는 일련의 질문에 답하라.

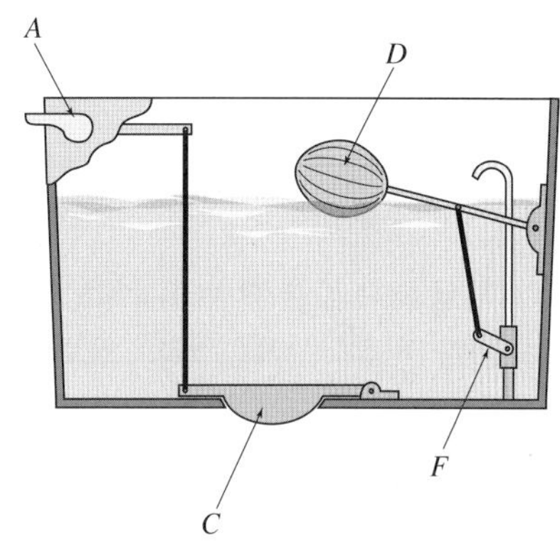

그림 C1.2 (Industrial Press에서 게재 허용)

1. 핸들 *A*가 반시계 방향으로 90° 회전할 때, 플래퍼(flapper) *C*에는 어떤 운동이 발생하는가?
2. 플래퍼 *C*가 상승할 때 어떤 효과가 나타나는가?
3. 플래퍼 *C*가 들어 올려지면, 한동안 올려진 위치를 유지하는 경향이 있다. 이런 경향을 만드는 요인은 무엇인가?
4. 3번 문항의 플래퍼 *C*의 경향은 언제 끝나게 될까?
5. 어떤 효과가 부자 *D*를 움직이게 하는가?
6. 부자 *D*가 반시계 방향으로 회전한다면 링크 *F*에는 어떤 일이 발생하는가?
7. 무엇이 링크 *F*를 제어하는가?
8. 이 기구의 전반적인 동작에 대해 설명하라.
9. 이 기구의 용도는 무엇인가?

1-3. 그림 C1.3은 막 생산된 스틸 선재를 릴에 감는 장치로 이송하는 기구이다. 선재는 가공될 때 고온상태이기 때문에 물이 냉각 공

정에 사용되고 있다. 선재는 수천 feet에 달하는 길이로 가공될 수 있고 채널 S를 타고 1시간에 25miles의 속도로 미끄러진다.

릴에 선재가 코일 형상으로 다 감기고 나면 빼낸다. 효율을 높이기 위하여 선재는 바로 뒤따라 투입된다. 릴을 조속히 교체하는 것은 불가능하기 때문에 2개의 릴을 교대로 사용하는 것이 바람직하다. 이 기구는 릴에 선재를 이송하기 위하여 설계되었다.

물통(bucket) B_1과 B_2는 바닥에 구멍이 나 있다. 공급되는 물은 구멍으로 새는 물의 양보다 많다. 기구를 이루는 부품의 구성을 주의 깊게 살피고, 다음에 등장하는 일련의 질문에 답하라.

1. 그림의 구성이라면, 물통 B_1의 수위에 어떤 일이 발생하는가?
2. 그림의 구성이라면, 물통 B_2의 수위에 어떤 일이 발생하는가?

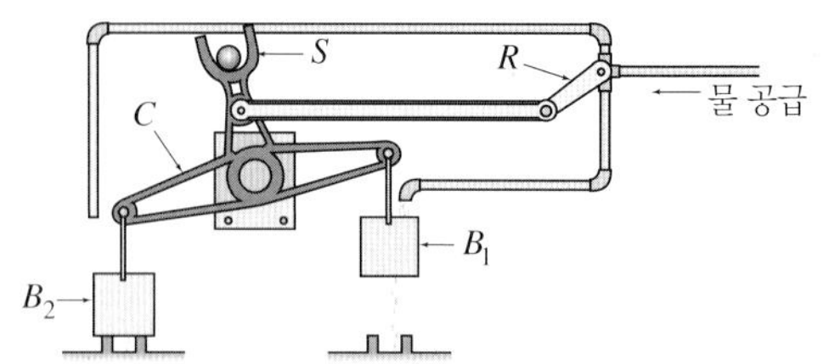

그림 C1.3 (Industrial Press에서 게재 허용)

3. 물통 B_2가 위로 힘을 받으면, 로커 암 C에는 어떤 일이 발생하는가?
4. 물통 B_2가 위로 힘을 받으면, 로커 암 R에는 어떤 일이 발생하는가?
5. 무엇이 로커 암 R을 제어하는가?
6. 이 장치의 지속적 운동은 어떻게 나타나는가?
7. 이 장치는 어떻게 문제의 설명대로 2개의 별도의 릴이 사용될 수 있게 하는가?
8. 이 기구에서 물이 동력원으로 사용되고 있는지 생각해 보라.

CHAPTER 2

기구 해석 컴퓨터 시뮬레이션

교육 목표

1. 기구 해석을 위한 상용 소프트웨어에 대해 알아본다.
2. Working Model®을 사용하여 컴퓨터 시뮬레이션용 기구학적 모델을 생성한다.
3. Working Model®을 사용하여 기구의 운동을 애니메이션한다.
4. Working Model®을 사용하여 기구의 기구학적 가치를 결정한다.

2.1 서론

컴퓨터와 소프트웨어가 급속히 발전함에 따라 공학적 업무를 수행하는 방법이 많이 변하고 있다. 기구를 연구할 때도 소프트웨어 패키지의 발전으로 설계자가 기구를 실제로 만들지 않고 가상 모델로 구성할 수 있게 되었다. 설계자는 이러한 가상의 모델로, 기계나 장치를 충분히 시뮬레이션할 수 있다. 시뮬레이션을 수행함으로써 엔지니어는 자신의 컴퓨터에서 제품 프로토타입(prototype)을 만들고 시험할 수 있으며, 설계의 결함을 빠르게 분리하여 제거하고, 프로토타이핑(prototyping) 비용을 줄이고 제품 개발주기를 단축시킬 수 있다.

소프트웨어 패키지는 기구학 및 동역학 식을 풀고 작동 중인 메커니즘의 운동과 힘의 값을 구할 수 있다. 또한 소프트웨어는 수치 해석을 하여 메커니즘의 컴퓨터 모델을 애니메이션하여 설계가 작동하도록 가시화할 수 있다.

이 장에서는 기계장치나 메커니즘의 시뮬레이션을 수행할 수 있는 상용 소프트웨어에 대해 다루고자 한다. 해석으로 얻어진 기구 해석의 세부 이론적 내용에 대해서는 잘 이해하지 못한다 하여도, 기구의 동작을 가시화하는 것만으로도 충분한 영감을 줄 것이다. 이 장을 통하여 학생들이 기구 및 동역학 소프트웨어의 수치 해석의 결과를 이해하는 데 도움을 주고자 한다. 기구학 및 동역학에 대한 이해를 바탕으로 기구 해석 소프트웨어를 능숙하게 잘 다룰 수 있다면, 그 사람은 기계 설계에 큰 강점을 갖게 될 것이다.

2.2 기구학 컴퓨터 시뮬레이션

기구 및 동역학 해석 프로그램에는 Working Model®, ADAMS®(Automatic Dynamic Analysis of Mechanical System), Dynamic Designer®, LMS Virtual.Lab 그리고 Analytix® 등이 있다. 이 밖에도 국내에서 개발된 프로그램으로는 RecurDyn® (Recursive Dynamic Analysis Software, http://www.functionbay.co.kr), DAFUL® (http://www.virtualmotion. co.kr) 또한 1 자유도계의 평면 기구에 대해 기구 해석이 가능한 Mass® (http://www.ondemandsoft.com/mass) 프로그램 등이 있다.[1] 일반적으로 이러한 컴퓨터 프로그램에는 메뉴나 아이콘으로부터 메커니즘의 일반 요소들을 생성할 수 있는 기능이 있다. 일반적인 요소란 1장에서 소개한 단순 링크, 복합 링크, 핀 조인트, 미끄럼 조인트, 기어 조인트 등을 말한다. 메커니즘은 메뉴에서 모터나 유압실린더와 같은 구동 요소를 선택하여 작동된다.

기계 설계시 솔리드 모델링을 널리 사용하는 이유는 솔리드 모델링 소프트웨어가 다양한 부가 기능, 즉 3D 모델링 후의 2차원 도면 자동 출도, 실제 제품과 가시적으로 거의 유사하게 가상 모델을 만들 수 있는 렌더링 기능 그리고 쾌속 시제품을 제작할 수 있는 기능들을 제공하기 때문이다. 솔리드 모델링 소프트웨어로 작업된 제품들은 기계요소로서의 구조적 완전성을 분석할 수 있다. 움직이는 기구와 조립체의 운동과 힘에 대한 연구도 솔리드 모델링의 당연한 기능이기도 하다. 그림 2.1은 Autodesk Inventor® 환경의 Dynamic Designer®로 분석된 솔리드 모델을 나타낸다.

소프트웨어의 종류에 상관없이 동역학 해석을 수행하기 위한 전략을 요약하면 다음과 같다.

1. 강체 세트를 정한다(크기, 무게, 관성값). 솔리드 모델링 설계 패키지에서 수행된다.

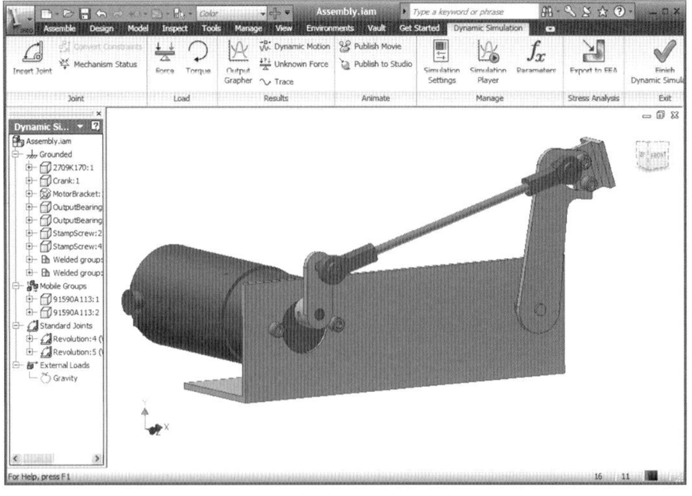

그림 2.1 솔리드 모델을 사용한 동역학 해석

[1] 원서에서 소개되지 않은 국산 기구학/동역학 프로그램의 내용을 추가하였음.

2. 강체에 구속 조건을 둔다(강체와 강체를 조인트로 연결한다).
3. 입력 운동과 힘을 정의한다(구동 모터, 실린더 등의 값을 정한다).
4. 해석을 수행한다.
5. 기구에서 링크의 운동과 힘에 대해 살펴본다.

물론 패키지의 종류에 따라 명령어는 달라지기 마련임을 명심하라. 이 장에서는 Working Model 2D®를 사용한 메커니즘의 해석 예를 간단히 소개하기로 한다. 어떤 소프트웨어를 사용하든지 제대로 된 지식을 얻으려면 소프트웨어를 통한 실험과 튜토리얼을 넘어서는 해석을 시도하기를 게을리 하지 말아야 한다. 따라서 학생들은 이 책에서 소개되는 소프트웨어를 이용하여 다양한 가상 기계를 발명해 보기를 권장한다.

2.3 Working Model 구하기

Working Model 2D는 Design Simulation Technologies 사에 의해 제작되어 배급되고 있다. 학생들은 http://www.workingmodel.com이나 http://www.designsimulation.com의 웹사이트에서 이 소프트웨어를 교육 목적의 할인된 가격으로 싸게 구입할 수 있다. 무료 데모 버전도 제공되고 있다. 이 데모 버전을 통해 학생들은 복잡하게 설계된 기계의 가상 프로토타입을 만들어 볼 수 있다. 그러나 모델의 저장과 인쇄 기능 등 몇 가지 기능은 사용할 수 없게 막아 놓았다. 그럼에도 불구하고 이 버전은 기구의 컴퓨터 모델을 만드는 길잡이로 충분한 역할을 할 것이다. Design Simulation Technologies 사의 연락처는 43111 Joy Road, #237, Canton, MI 48187, USA, (714) 446-6935이다.

이 소프트웨어는 지속적으로 업데이트되고 있으므로 이 책에서 보이는 메뉴나 아이콘과 최근 버전과는 차이가 있을 수 있다. 그러나 학생들은 직관을 사용하여 적응하는 데 문제가 없을 것으로 본다.

2.4 Working Model을 사용하여 4절 기구 모델링하기

전술한 바와 같이 Working Model은 대중적인 상용 운동 해석 패키지이다. 컴퓨터 상에서 기계 시스템의 모델을 빠르게 만들어 동역학 해석을 수행할 수 있다. 이 절에서는 Working Model을 사용하여 4절 기구를 모델링하고, 시뮬레이션을 수행할 것이다[참고문헌 16 참조]. 이는 Working Model의 튜토리얼 역할을 할 것이다. 교재 외의 해석을 시도하는 데 학생들은 절대 주저하지 말기 바란다.

Step 1 : Working Model을 실행하라

1. Working Model 아이콘을 클릭하여 프로그램을 실행시킨다.
2. "File" 메뉴의 "New"를 선택하여 새로운 모델을 생성한다.

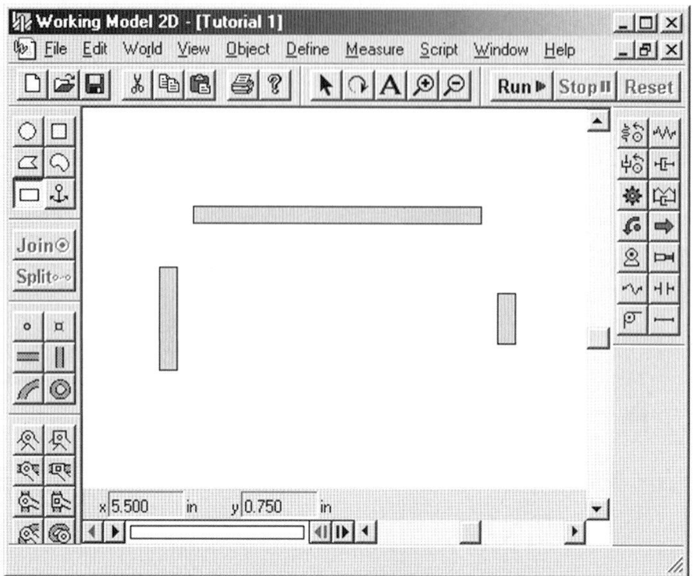

그림 2.2 Rectangle 툴을 사용하여 스케치된 3개의 링크

Working Model의 유저 인터페이스에서 링크, 조인트, 기구 액추에이터를 생성하는 데 사용하는 툴바는 화면의 옆쪽에 나타난다. 해석을 수행하고 결과를 확인하는 데 사용하는 Tape Controls는 화면의 하단부에 나타난다.

3. 해석에 사용되는 단위를 설정한다. "View" 메뉴에서 "Numbers and Units"를 선택하고 "Unit System"을 영국 단위계를 나타내는 English(pounds)로 바꾼다.
이에 의해 길이는 인치, 각도는 도(degree), 힘은 파운드로 계산될 것이다.

Step 2 : 링크를 생성하라

이 스텝에서는 4절 기구에서 3개의 움직이는 링크를 생성할 것이다. 백그라운드는 고정된 네 번째 링크 역할을 한다.

1. 3개의 고정되지 않은 링크를 생성하여 링키지를 구축한다. 툴바에서 rectangle 툴을 더블 클릭하라.
툴이 하이라이트 되는 것은 여러 번 사용할 수 있다는 것을 나타내는 것이다.
2. Rectangle 툴을 사용하여 그림 2.2와 같이 3개의 바디를 스케치하라.
첫 번째 코너에 마우스를 위치시켜 먼저 한 번 클릭하고, 이번에는 마우스를 반대 코너 쪽으로 움직여 다시 클릭하면 직사각형이 그려질 것이다. 이 직사각형은 매개변수 모델링 되어 추후 정확한 사이즈가 지정될 것이다.
3. "Window" 메뉴에서 "Properties" 박스와 "Geometry" 박스를 연다.
이것은 링크에 대한 정보를 보여 주는 것인데 여기에서 정보를 바꿀 수도 있다.

4. 수평 링크의 중심 좌표를 $x = 0$, $y = 0$, $\phi = 0$으로 바꾸기 위하여 "Properties" 박스를 사용하라.
   직사각형의 위치가 데이터 입력란에서 고쳐져야만 한다.
5. 수평 직사각형의 폭을 8.5in.로, 높이를 0.5in.로 변경하기 위하여 "Geometry" 박스를 사용하라.
   직사각형의 형상이 변경될 것이다.
6. 비슷한 방법으로 수직 링크의 중심을 $x = -5$, $y = -3$ 그리고 폭 0.5, 높이 0.5in.로 수정하기 위하여 "Properties" 및 "Geometry" 박스를 사용하라. 또한 짧은 수직 링크를 $x = 5$, $y = -3$에 위치시키고, 그 폭과 높이를 각각 0.5 및 1.5in.로 변경하라.
   또한 직사각형의 형상과 위치는 데이터 입력으로 고쳐져야 한다.
7. "Properties" 및 "Geometry" 박스를 닫는다.
8. 링크를 적절히 확인하기 위하여 zoom 아이콘이 사용될 수 있다.

Step 3 : 링크에 관심점을 설정하라

이 스텝에서는 점을 정확히 선택하기 위하여 "Object Snap"의 사용법을 배운다. "Object Snap"은 선의 중심값이 자주 사용되는 위치를 "*X*"로 하이라이트 시킨다. 점이 "Object Snap" 기능을 이용하여 설정될 때에는 점의 위치가 매개변수식(parametric equation)으로 자동적으로 정의된다. 이 식들은 점이 리사이징이나 다른 조정을 거친 후에도 그 상대 위치를 보존케 한다.

1. 작은 원의 아이콘을 갖는 포인트 툴(point tool)을 이중 클릭한다.
   포인트 툴이 하이라이트 될텐데 이는 새로운 점이 스케치되기 전에는 이 기능을 재선택하지 않고 여러 번 사용할 수 있음을 의미한다.
2. 링크 중 하나 위로 커서를 이동하라.
   커서를 직사각형 선의 중심이나 코너나 혹은 중심에 위치시키면, "X"가 커서 근처에 나타날 것이다. 이렇게 링크의 자주 쓰는 부분을 하이라이트 시키는 기능을 "Object Snap"이라 한다.
3. 커서를 수직 링크 중 하나의 윗부분에 위치시켜라. "*X*"가 커서 주위로 나타나면(그림 2.3) 마우스 버튼을 클릭하라.
4. 그림 2.3에 나오는 것처럼 다른 점들을 위치시켜라.
   이들 점들은 커서에 나타나는 "X"에 의해 "snap point"에 위치되는 것임을 명심하라.
5. 화살이 좌상단을 향하는 아이콘을 갖는 포인터 툴을 선택하라.
6. "Properties" 윈도우를 띄우기 위해 스텝 3과 4에 스케치된 점들 중 하나를 골라 더블 클릭하라.
7. 그 점이 세 모서리로부터 바디 폭의 절반 거리로 "snapped"된 점임을 확인하라. 이것은 링크의 유효길이를 8.0, 2.5 그리고 1.0in.가 되게 할 것이다.

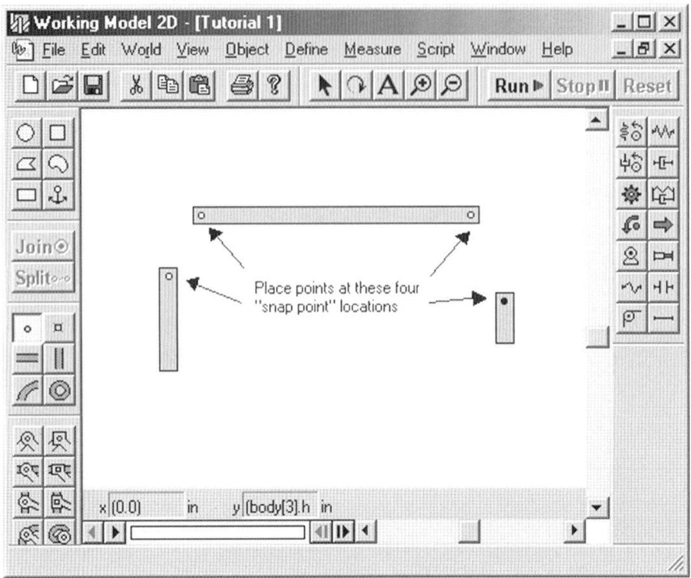

그림 2.3 점의 위치

Step 4 : 핀 조인트를 형성하여 점들을 연결하라

이 스텝에서는 핀 조인트를 형성하기 위하여 점들을 연결한다. 핀 조인트는 2개의 바디 사이에서 힌지 역할을 한다. SmartEditior는 마우스를 드래그하는 동안 조인트가 깨지는 것을 막아줄 것이다.

1. 앵커(anchor) 툴을 선택하라.
2. 링크를 임시 고정(anchor down)시키기 위하여 수평 링크를 클릭하라.
   앵커를 건 링크는 SmartEditor가 작업하는 동안 움직이지 않게 된다. 핀 조인트가 형성되면 앵커는 지워질 것이다.
3. 포인터 툴을 선택하라.
4. 그림 2.4에 나타낸 좌측 2개의 점들을 둘러싸는 선택 박스를 만들기 위하여 배경을 클릭한 채로 드래그하라. 마우스의 클릭을 해제하면 2개의 점들이 하이라이트(검게 됨) 될 것이다.
   물체 선택에 대한 이 방법을 "box select" 라고 한다.
5. 툴바에서 "Join" 버튼을 클릭하여 2개의 점을 하나의 핀 조인트로 모아라.
   SmartEditor는 선택된 두 점 사이에 핀 조인트를 생성하고 앵커되지 않은 링크를 옮길 것이다. 움직여진 링크는 더 이상 수직이 아닐 것이다.
6. 2개의 우측 점에 핀 조인트를 생성하기 위하여 스텝 4와 5를 수행하라.
   여기에서도 수평 링크는 수평 상태를 유지할 것이다. SmartEditor는 핀 조인트를 생성하기 위하여 수직 링크를 움직일 것이다.

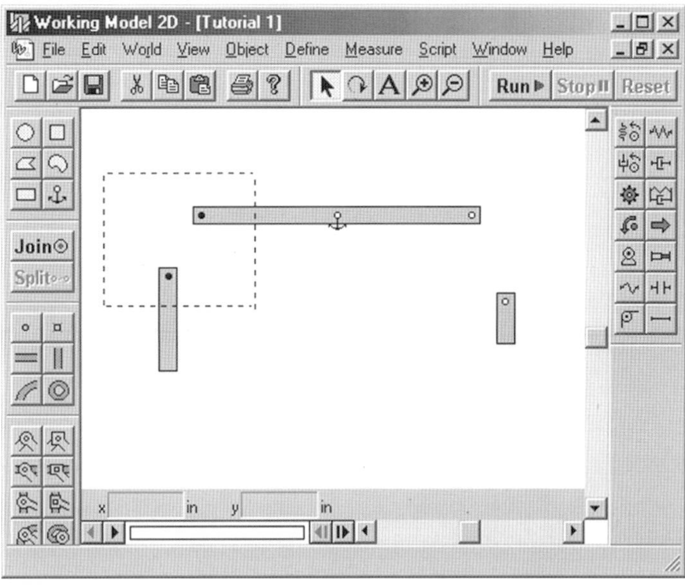

그림 2.4 핀 조인트로 연결하기 위하여 두 점 선택하기

7. 포인트 툴로 좌측 수직 링크를 클릭하여 선택한다.
   링크가 선택되었다는 표시로 링크 주위에 4개의 검은 박스가 나타날 것이다. 이 박스를 핸들(handles)이라고 부르며 물체를 리사이즈 하기 위하여 드래그될 수 있다.
8. 화면 하단의 좌표 바(coordinates bar)를 이용하여 ϕ (rotation) 필드에 "0"을 입력하라.
   화면 하단의 좌표 필드는 Working Model 옵젝트의 정보를 얻는 데 사용된다. 이 필드는 또한 옵젝트의 정보를 편집하는 데에도 사용된다. 회전(rotation)을 0°로 입력하면 링크는 원래의 자세, 즉 수직 자세로 바뀔 것이다.
9. 필요하다면, 우측 수직 링크에 대해 스텝 7과 8을 완료하라.
10. 조인트를 생성하는 동안 수직 링크의 자세를 그대로 유지하기 위해 사용되었던 앵커를 지우기 위하여 앵커를 선택한 후 delete key를 눌러라.
11. 그림 2.5에 나타낸 좌측 수직 링크의 하단 끝에 핀 조인트를 위치시키기 위하여 "Pin Joint" 툴을 선택하고 스냅 포인트를 이용하여 핀 조인트를 생성하라. "Pin Joint" 툴은 두 링크가 원 하나로 합쳐질 때 나타날 것이다.
    "Pin Joint" 툴은 마지막 2개의 핀 조인트를 생성하는 데 사용한 포인트 툴과 흡사하다. 핀 툴은 자동으로 2개의 점을 생성하여 그것들을 커서 밑의 바디에(혹은 경우에 따라 바디와 백그라운드) 붙이고 바로 조인트를 생성한다. 핀 조인트는 직사각형 바디를 백그라운드에 연결한다.
12. "Properties" 윈도우를 열기 위하여 핀 조인트를 이중 클릭하라. 핀 조인트가 아래 모서리로부터 바디 폭의 절만에 해당되는 위치에 만들어졌는지 확인하라. 링크의 유효 길이는 2.5in.이다.

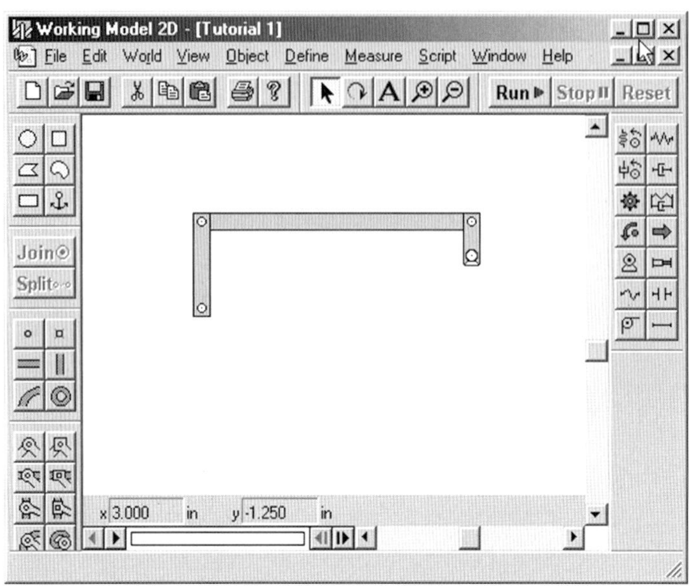

그림 2.5 링키지에 마지막 핀 조인트와 모터 달기

Step 5 : 링키지에 모터를 달아라

이 스텝에서는 링키지를 구동하는 링크에 모터를 단다.

1. 툴박스의 모터 툴을 클릭하라. 모터 툴의 아이콘은 베이스 위에 원과 그 중심에 점이 그려져 있다.
   모터 툴이 선택되면 어둡게 보일 것이다. 커서는 작은 모터로 변하게 된다.
2. 우측 수직 링크의 하단의 “snap point” 위에 커서를 위치하고 클릭한다.
   그림 2.5와 같이 4절 링크에 모터가 나타날 것이다. 핀 조인트와 마찬가지로 모터는 2개의 부착점을 가지고 있다. 모터는 상부 2개의 바디를 자동적으로 연결할 것이다. 한 바디만이 모터 밑에 있다면 모터는 바디와 백그라운드를 연결한다. 모터는 핀 조인트로 연결된 두 바디 사이에 토크를 전달한다.
3. 모터를 이중 클릭하여 “Properties” 박스를 연다. 핀 조인트가 아래 모서리로부터 바디 폭의 절반 거리에 위치하고 있는지 확인하라. 링크 길이는 1.0in.이다.
4. 모터 속도를 360deg/s로 지정하라. 이 속도는 60rpm에 해당된다.
5. 툴 박스에서 “Run”을 클릭하라.
   4절 기구나 동작 범위로 천천히 회전하기 시작할 것이다.
6. 툴 박스에서 “Reset”을 클릭하라.
   시뮬레이션이 프레임 0으로 리셋될 것이다.
7. 모터를 이중 클릭하여 “Properties” 박스를 연다.
   이 방법 외에, 모터를 선택하고 난 후, “Window” 메뉴에서 “Properties”를 선택해도 된다.

8. "Properties" 박스에서 모터 속도를 600deg/s로 높여라.
   사용자는 특정 토크를 공급하거나 지정된 회전 위치로 움직이거나 지정된 속도 및 가속도로 회전하는 모터를 정의할 수 있다. 회전, 속도(velocity) 및 가속도(acceleration) 모터는 자동적으로 필요한 토크를 계산하는 빌트인 제어 시스템을 갖는다. 이 데모 문제에서는 우리는 속도 모터를 사용하기로 한다.
9. 툴 박스에서 "Run"을 클릭하라.
   4절 기구가 이번에는 훨씬 빠른 속도로 회전하기 시작할 것이다.

Step 6 : 링크를 리사이즈하라

이 스텝에서는 링크의 사이즈와 각도를 조절하기 위하여 화면 하단의 Coordinates Bar를 사용한다. 이 부분에서 특히 Working Model의 특장점인 매개변수 모델링 기능에 대해 강조한다. 링크가 리사이즈될 때, 모든 점들은 적정 위치를 유지하고, 조인트도 연결 상태를 유지함에 주목하라. 이 점들은 "Object Snap"을 이용하여 위치가 잡혔기 때문에 디자인이 변경되는 중에도 수식에 따라 자동적으로 조정된다.

1. 포인터 툴을 클릭하라.
2. 좌측 수직 링크를 선택하기 위해 클릭하라.
3. 화면 하단의 Coordinates Bar에 선택된 링크의 "*h*"(높이) 박스에 적당히 큰 값을 입력하라.
   이 링크는 화면에서 리사이즈될 것이다. SmartEditor가 각 조인트 위치에 입력된 매개변수식에 근거하여 어떻게 모델을 자동적으로 리사이즈, 리포지션, 리빌드하는지 주목하라.
4. 마찬가지로, 다른 링크들을 리사이즈하고, 조인트의 위치를 옮겨라. SmartEditor가 모델을 리빌드하는 것을 보라.
   Working Model의 매개변수 기능을 사용하는 동안 모델의 다른 구성이 발견될 것이다.

Step 7 : 점의 위치를 측정하라

1. 툴바에서 "Reset"을 클릭하라.
   시뮬레이션이 frame 0에서 멈춰 리셋될 것이다.
2. 툴바에서 포인트 툴을 선택하라. 포인트 툴의 아이콘은 속빈 작은 원의 그림이다.
3. 4절 기구의 수평 링크에 커서를 위치시켜 클릭하라.
   점이 링크에 붙게 될 것이다. 이것은 단일 점(single point)으로서 백그라운드에 링크를 붙이지는 않는다. 이것은 단순히 "point of interest"(관심점)일 뿐이다.
4. 점이 이미 선택되어 있지 않다면(어두운 색으로), 클릭하라.
5. "Measure" 메뉴에서 "Position"을 선택함에 따라 이 점의 위치를 측정할 수 있는 미터기를 생성하라.

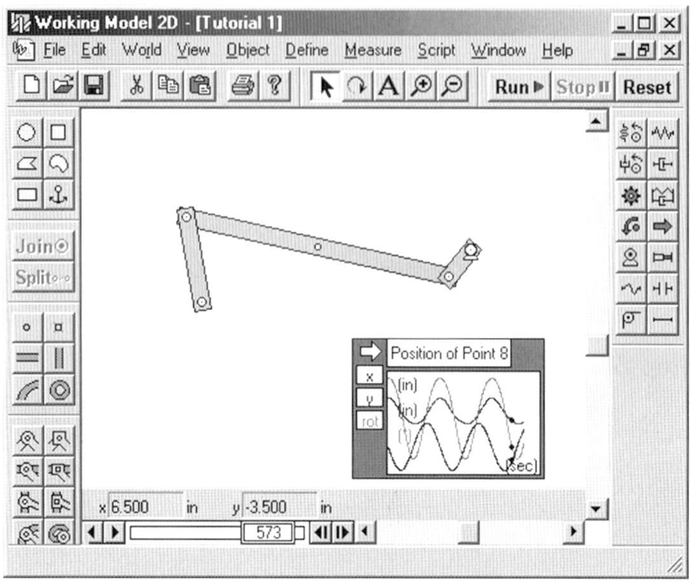

그림 2.6 미터기를 띄우고 시뮬레이션 실행하기

새로운 미터기가 나타날 것이다. 위치 미터기는 기본적으로 숫자 정보를 표시한다. 디지털 미터기는 상부 좌측 코너를 한 번 클릭함에 따라 그래프로 전환될 수 있다.

6. 툴바의 "Run"을 클릭하기.

   시뮬레이션이 곧바로 시작되면서 그림 2.6과 같이 측정 정보가 미터기에 나타날 것이다. 미터기의 데이터는 해석을 더 진행시키기 위하여 ASCII 파일로 외부로 뽑아낼 수 있고, 클립 보드에 복사되어 스프레드시트에 붙여질 수 있다.

7. 시뮬레이션을 수정하고 재실행시켜라.

   Working Model의 에디팅과 동역학 엔진 실행 기능의 통합 기능은 유저로 하여금 재빠르게 다양한 시뮬레이션 구성을 조사할 수 있게 한다. 예를 들어 "Properties" 박스를 이용하여 수평 링크의 질량을 변화시키고 재실행시켜라. 핀 위치가 수정되고 링크가 리사이즈될 수 있고 이에 따라 속도와 힘을 측정할 수 있게 된다. 4절 링크는 "World" 메뉴에서 중력을 제거하고 조사될 수 있다.

Step 8 : 관심점 경로의 자취를 구하라

이 스텝에서는 선택된 점의 이동 자취를 생성한다.

1. 전술한 박스 선택 방법으로 모든 옵젝트를 선택하라.

   모든 요소들이 검게 보일 것이다.

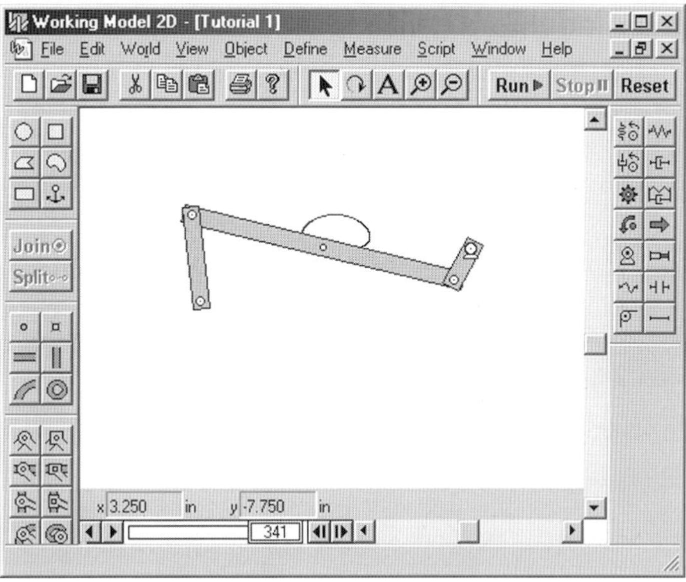

그림 2.7 점의 경로 추적하기

2. "Window" 메뉴에서 "Appearance" 옵션을 선택하라.
3. "Appearance" 윈도우에서 "Track Center of Mass", "Track Connect" 그리고 "Track Outline"을 꺼라.
   이 기능들은 체크 마크를 클릭함에 따라 끌 수 있다.
4. 모든 옵젝트의 선택을 해제하기 위하여 백그라운드를 클릭하라.
5. 스텝 7에서 생성된 관심점만을 선택하라.
   이 점만이 검게 보여야만 한다.
6. "Window" 메뉴에서 "Appearance" 옵션을 선택하라.
7. "Appearance" 창에서 "Track Connect" 옵션을 켜라. 한 점만이 선택되었는지 확인하라.
   이 기능들은 체크 마크를 클릭함에 따라 켤 수 있다.

시뮬레이션을 실행하라. 화면은 그림 2.7과 같이 나와야 한다.

Step 9 : 배운 것을 응용하라

지금까지 데모 문제를 통해 Working Model에서 모델링은 어떻게 수행하고, 시뮬레이션을 어떻게 실행하는지에 대해 살펴보았다. 학생들은 이 시뮬레이션을 통해 실험하고, 독창적인 기구를 만들어보길 권장한다. Working Model은 매우 다양한 기능을 제공하여 가장 복잡한 종류의 기구 장치까지도 분석할 수 있게 할 것이다.

2.5 Working Model을 사용하여 슬라이더-크랭크 기구 모델링하기

이 절은 Working Model을 사용하여 슬라이더-크랭크 기구를 모델링하고 시뮬레이션할 수 있는 튜토리얼이다. 다시 한 번 강조하는 바이지만 학생들은 이 소프트웨어를 가지고 실험과 다른 모델의 해석을 스스로 찾아서 하는 데 주저하지 말기 바란다.

Step 1 : 이전 장의 스텝 1에 설명한 대로 Working Model을 실행시켜라

Step 2 : 링크를 생성하라

이 스텝에서는 슬라이더-크랭크 기구에서 3개의 움직이는 링크를 생성한다. 다시 한 번 얘기하지만 백그라운드는 고정된 제 4의 링크이다.

1. "File" 메뉴의 "New"를 선택하여 새로운 모델을 생성한다.
2. 해석에 사용되는 단위를 설정한다. "View" 메뉴에서 "Numbers and Units"를 선택하고 "Unit System"을 SI(degrees)로 바꾼다.
   이에 따라 직선 변위의 단위는 미터(m), 각도의 단위는 도(degree), 힘은 뉴턴(Newtons)으로 될 것이다.
3. 3개의 고정되지 않은 링크를 생성하여 링키지를 구축한다. 툴바에서 rectangle 툴을 더블 클릭하라.
   툴이 하이라이트 되는 것은 여러 번 사용할 수 있다는 것을 나타내는 것이다.

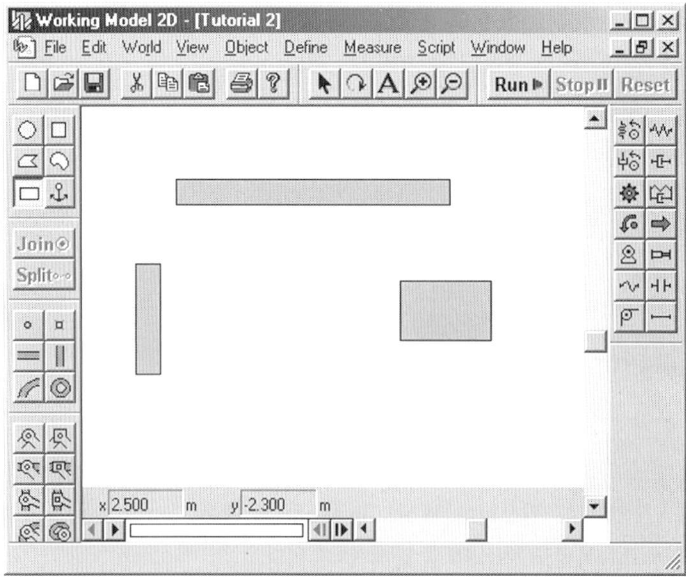

그림 2.8 Rectangle 툴을 이용하여 스케치된 3개의 링크

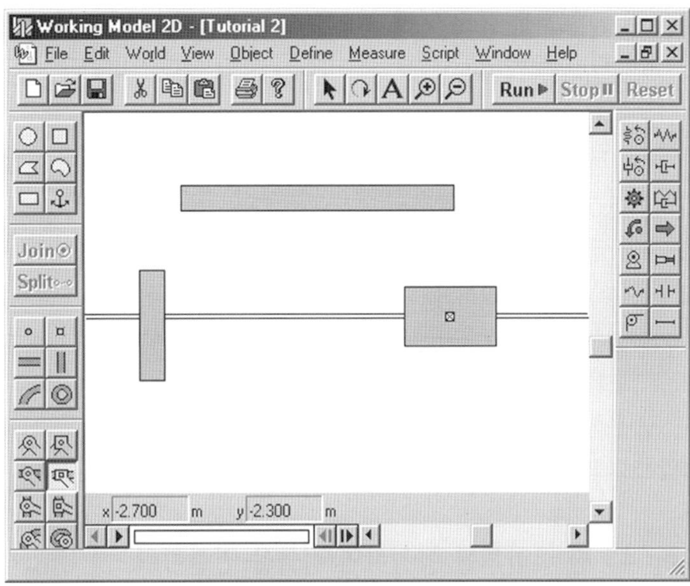

그림 2.9 점과 슬롯의 위치

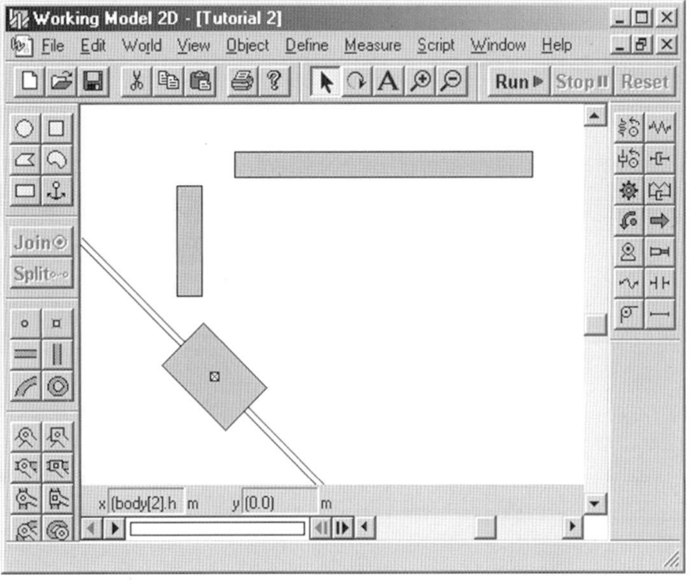

그림 2.10 미끄럼 조인트

4. Rectangle 툴을 사용하여 그림 2.8과 같이 3개의 바디를 스케치하라.
첫 번째 코너에 마우스를 위치시켜 먼저 한 번 클릭하고, 이번에는 마우스를 반대 코너 쪽으로 움직여 다시 클릭하면 직사각형이 그려질 것이다. 이 직사각형은 매개변수 모델링되어 추후 정확한 사이즈가 지정될 것이다.

Step 3 : 미끄럼 링크를 백그라운드와 연결하기 위하여 슬롯 조인트를 사용하라

1. "keyed slot" 조인트 아이콘을 선택하라. 이 아이콘은 수평 슬롯 위를 직사각형이 타고 있는 그림을 하고 있다.
2. 직사각형 미끄럼 링크의 중앙에 있는 스냅 포인트에 커서를 이동시켜라. 그러면 그림이 2.9와 같이 될 것이다.
3. 포인터 툴을 선택하라.
4. 슬롯을 이중 클릭하라.
   이렇게 하면 슬롯에 대한 "Properties"창이 뜰 것이다.
5. 각도를 −45°로 고쳐라.
   슬롯의 경사각이 바뀔 것이다.

화면이 그림 2.10과 비슷하게 되도록 다른 링크들을 드래그하라.

Step 4 : 핀 조인트를 형성하여 점들을 연결하라

이 스텝에서는 핀 조인트를 형성하기 위하여 점들을 연결한다. 핀 조인트는 2개의 바디 사이에 힌지 역할을 한다.

1. 앵커(anchor) 툴을 선택하라.
2. 링크를 임시 고정(anchor down)시키기 위하여 수직 링크를 클릭하라.
   앵커를 건 링크는 SmartEditor가 작업하는 동안 움직이지 않게 된다. 핀 조인트가 형성되면 앵커는 지워질 것이다.

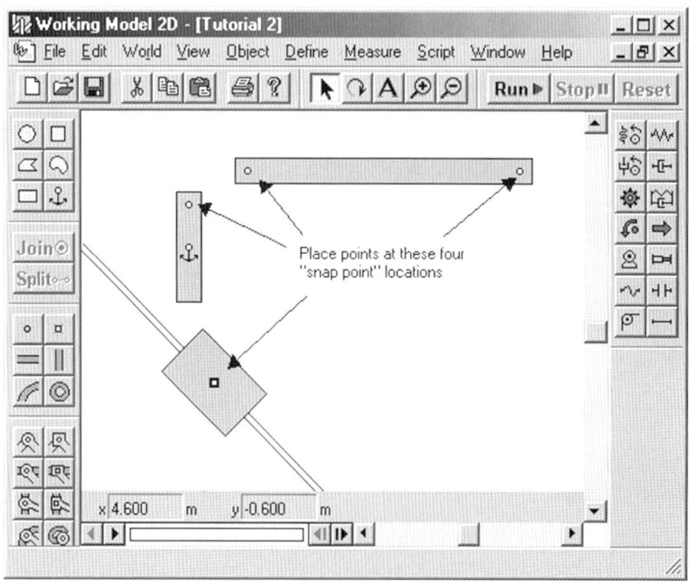

그림 2.11 나머지 링크들에 점 설정하기

3. 포인트 툴을 이중 클릭하여 선택하라. 아이콘은 작은 원이다.
포인트 툴이 하이라이트 될텐데 이는 새로운 점이 스케치되기 전에는 이 기능을 재선택하지 않고 여러 번 사용할 수 있음을 의미한다.
4. 커서를 수직 링크 중 하나의 윗부분에 위치시켜라. "*X*"가 커서 주위로 나타나면(그림 2.11), 마우스 버튼을 클릭하라.
5. 그림 2.11에 나오는 것처럼 수평 링크의 끝에 다른 점들을 위치시켜라.
이들 점들은 커서에 나타나는 "X"에 의해 "snap point"에 위치되는 것임을 명심하라.
6. 슬라이딩 rectangle의 중앙에 또 다른 점을 위치시켜라.
이 점은 커플러에 핀 조인트를 생성하는 데 사용된다.
7. 포인터 툴을 선택하라.
8. *포인터 툴이 선택되면 핀 조인트로 연결될 한 점을 선택하라. 이후 shift 키를 누른 채로 핀 조인트를 형성할 두 번째 점을 선택하라. 두 점이 모두 하이라이트(어둡게) 되어야 함에 유의하라.*
9. 툴바에서 "Join" 버튼을 클릭하여 2개의 점을 하나의 핀 조인트로 모아라.
SmartEditor는 선택된 두 점 사이에 핀 조인트를 생성하고 앵커되지 않은 링크를 옮길 것이다. 움직여진 링크는 더 이상 수직이 아닐 것이다. 이상의 일이 순간 벌어질 것이다.
10. 다른 핀 조인트를 형성하는 다른 두 점에 대해서 스텝 8과 9를 수행하라. 화면은 그림 2.12와 비슷해질 것이다.
다시 한번 수직 링크는 원래 위치를 유지할 것이다. SmartEditor는 핀 조인트를 생성하기 위해 수직 링크를 옮길 것이다.

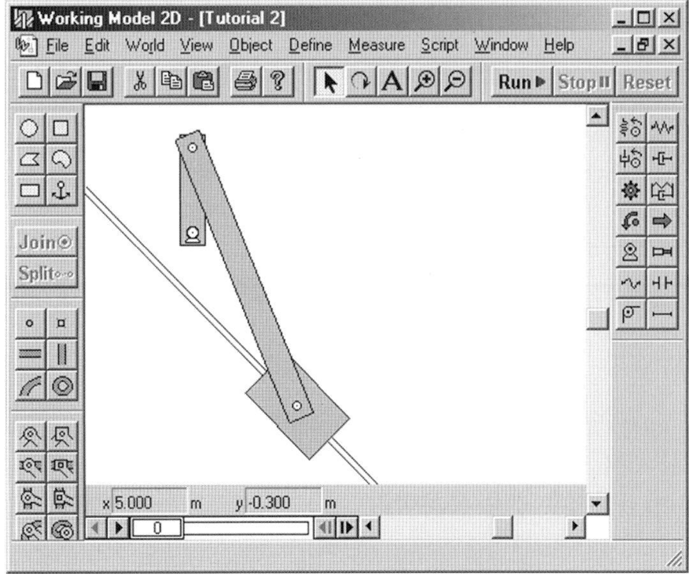

그림 2.12 링키지에 핀 조인트와 모터 달기

11. 수직 링크를 선택하라.
링크가 선택되었다는 표시로 링크 주위에 4개의 검은 박스가 나타날 것이다.
12. "Object" 메뉴에서 "Move to Front" 옵션을 선택하라.
이렇게 하면 수직 링크를 연결 링크의 전면에 나오게 할 것이고 앵커를 보이게 할 것이다.
13. 조인트를 생성하는 동안 수직 링크의 자세를 그대로 유지하기 위해 사용되었던 앵커를 지우기 위하여 앵커를 선택한 후 delete key를 눌러라.
앵커는 더 이상 필요하지 않으며 없애야만 한다.

Step 5 : 링키지에 모터를 달아라

이 스텝에서는 링키지를 구동하는 링크에 모터를 단다.

1. 툴박스의 모터 툴을 클릭하라. 모터 툴의 아이콘은 베이스 위에 원과 그 중심에 점이 그려져 있다.
모터 툴이 선택되면 어둡게 보일 것이다. 커서는 작은 모터로 변하게 된다.
2. 우측 수직 링크의 하단의 "snap point" 위에 커서를 위치하고 클릭한다.
그림 2.12와 같이 슬라이더-크랭크 링키지에 모터가 나타날 것이다. 핀 조인트와 마찬가지로 모터는 2개의 부착점을 가지고 있다. 모터는 상부 2개의 바디를 자동적으로 연결할 것이다. 한 바디만이 모터 밑에 있다면 모터는 바디와 백그라운드를 연결한다. 모터는 핀 조인트로 연결된 두 바디 사이에 토크를 전달한다.
3. 툴 박스에서 "Run"을 클릭하라.
슬라이더-크랭크 링키지가 동작 범위 내에서 천천히 회전하기 시작할 것이다.
4. 툴 박스에서 "Reset"을 클릭하라.
시뮬레이션을 frame 0으로 리셋한다.
5. 모터를 이중 클릭하여 "Properties" 박스를 연다.
이 방법 외에, 모터를 선택하고 난 후 "Window" 메뉴에서 "Properties"를 선택해도 된다.
6. "Properties" 박스에서 모터 속도를 −300deg/s로 높여라.
사용자는 특정 토크를 공급하거나 지정된 회전 위치로 움직이거나 지정된 속도 및 가속도로 회전하는 모터를 정의할 수 있다. 회전, 속도 및 가속도 모터는 자동적으로 필요한 토크를 계산하는 빌트인 제어 시스템을 갖는다. 이 데모 문제에서는 우리는 속도 모터를 사용하기로 한다.
7. 툴 박스에서 "Run"을 클릭하라.
슬라이더-크랭크 링키지가 이번에는 훨씬 빠른 속도로 회전하기 시작할 것이다.

Step 6 : 배운 것을 응용하라

학생들은 새로운 실험과 독창적인 기구를 만들어보길 권장한다. Working Model은 매우 다양한 기능을 제공하여 가장 복잡한 종류의 기구 장치까지도 분석할 수 있게 할 것이다.

⟩⟩⟩ 연습문제

4절 기구의 모델을 생성하는 데 Working Model 소프트웨어를 사용하라. 다음 값을 사용하라.

2-1. frame = 9in.; crank = 1in.; coupler = 10in.; follower = 3.5in.; crank speed = 200rad/s

2-2. frame = 100mm; crank = 12mm; coupler = 95mm; follower = 24mm; crank speed = 30rad/s

2-3. frame = 2ft; crank = 0.5ft; coupler = 2.1ft; follower = 0.75ft; crank speed = 25rpm

슬라이더-크랭크 기구의 모델을 생성하는 데 Working Model 소프트웨어를 사용하라. 다음 값을 사용하라.

2-4. offset = 0in.; crank = 1.45in.; coupler = 4.5in.; crank speed = 200rad/s

2-5. offset = 0mm; crank = 95mm; coupler = 350mm; crank speed = 200rad/s

2-6. offset = 50mm; crank = 95mm; coupler = 350mm; crank speed = 200rad/s

2-7. 그림 P2.7은 소형 항공기의 착륙 기어의 동작 기구를 보이고 있다. Working Model 소프트웨어를 사용하여 링키지 모델을 생성하라. 모터는 20rpm 시계 방향으로 정속 회전한다.

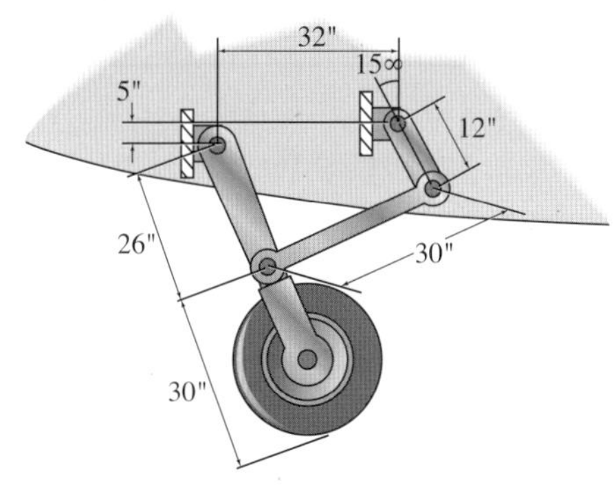

그림 P2.7 문제 7

2-8. 그림 P2.8은 어린이용 놀이 기구의 동작 기구를 나타내고 있다. Working Model 소프트웨어를 사용하여 링키지 모델을 생성하라. 모터는 60rpm 반시계 방향으로 정속 회전한다.

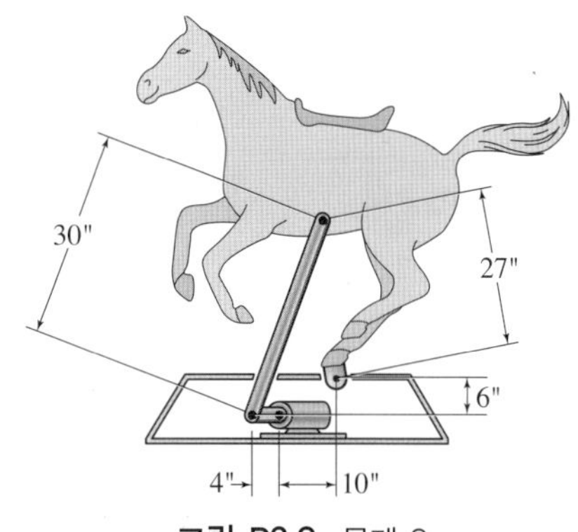

그림 P2.8 문제 8

2-9. 그림 P2.9는 나무 상자를 컨베이어 간에 이송시키는 기구를 보이고 있다. Working Model 소프트웨어를 사용하여 링키지 모델을 생성하라. 모터는 20rpm 반시계 방향으로 정속 회전한다.

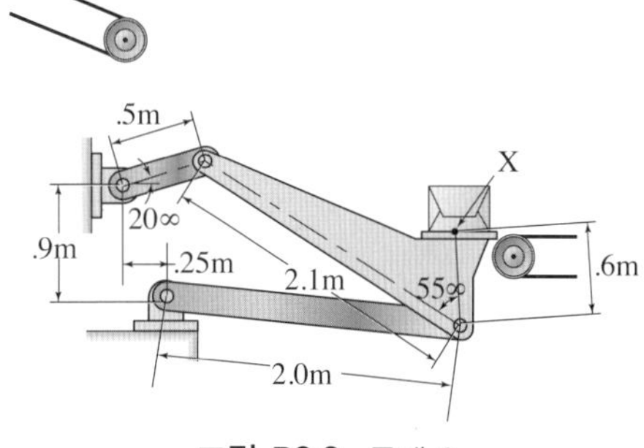

그림 P2.9 문제 9

2-10. 그림 P2.10은 나무 상자를 한 컨베이어에서 다른 컨베이어로 밀어내는 데 사용되는 기구를 보이고 있다. Working Model 소프트웨어를 사용하여 링키지 모델을 생성하라. 모터는 40rpm 시계 방향으로 정속 회전한다.

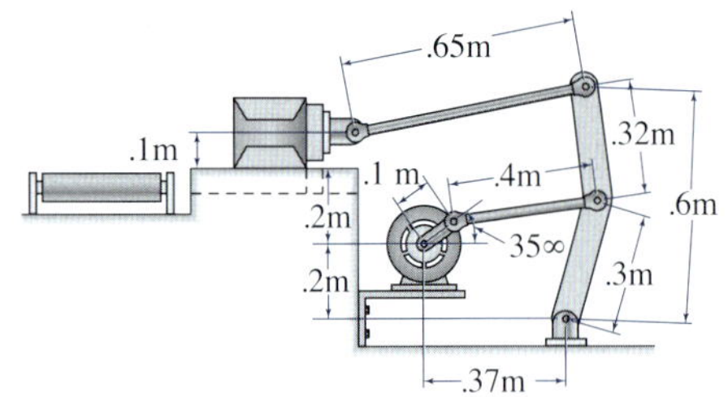

그림 P2.10 문제 10

2-11. 그림 P2.11은 나무 상자를 높은 컨베이어에서 낮은 컨베이어로 옮기는 기구를 나타낸다. Working Model 소프트웨어를 사용하여 링키지 모델을 생성하라. 실린더는 1fpm의 정속으로 신장한다.

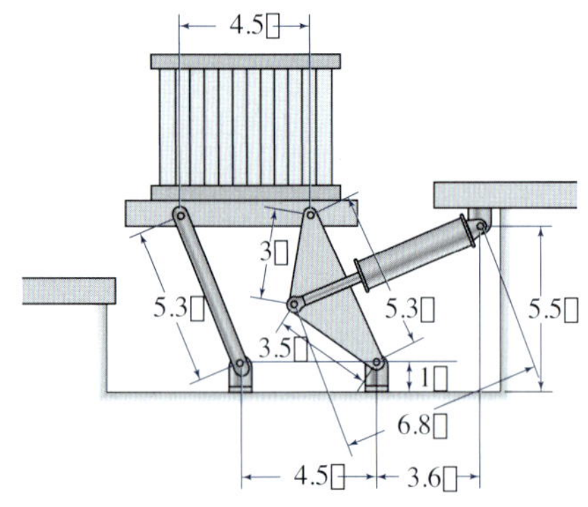

그림 P2.11 문제 11

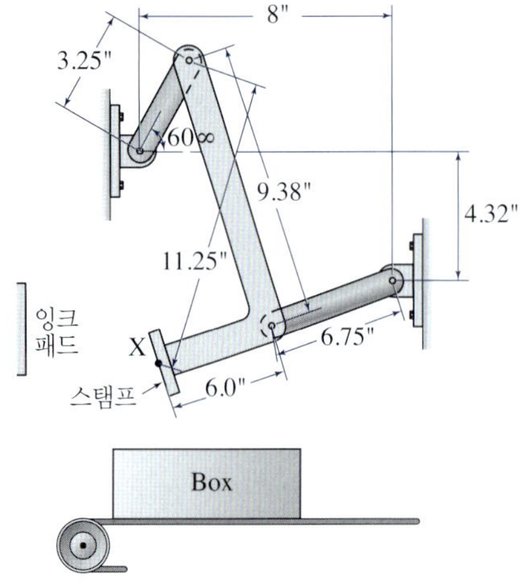

그림 P2.12 문제 12

2-12. 그림 P2.12는 라벨을 패키지에 부착하는 기구를 나타낸다. Working Model 소프트웨어를 사용하여 링키지 모델을 생성하라. 모터는 300rpm 반시계 방향으로 정속 회전한다.

››› 사례연구

2-1. 그림 C2.1은 기계 가공용 설비의 평면도를 나타내고 있다. 부품의 구성을 주의 깊게 살피고, 다음의 일련의 질문에 답하라.

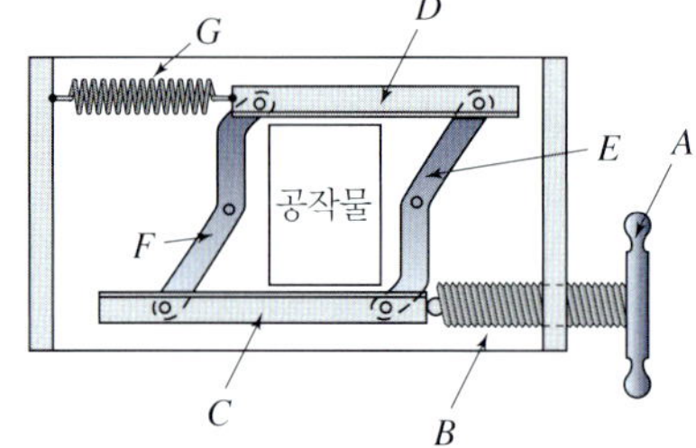

그림 C2.1 사례연구 2.1의 기구

1. 핸들 *A*가 회전하면, 나사산 봉 *B*가 좌측으로 움직인다. 그림 *C*의 운동에 대해 설명하라.
2. 핸들 *A*가 회전하면, 나사산 봉 *B*가 좌측으로 움직인다. 그림 *D*의 운동에 대해 설명하라.
3. 이 기구의 목적 혹은 용도는 무엇인가?
4. 어떤 동작이 링크 *D*를 위로 움직이게 하겠는가?
5. 스프링 *G*의 목적 혹은 용도는 무엇인가?
6. 링크 *E*와 *F*가 특이한 형태를 갖는 이유에 대해 논하라.
7. 이런 장치를 무엇이라 부르면 좋겠는가?
8. 나사산 봉 *B*의 라운드 처리된 끝을 사용하는 이면에 있는 논리를 이론적으로 설명하라.

CHAPTER

3

벡터

교육 목표

1. 스칼라와 벡터를 구별한다.
2. 직각 삼각형에 삼각법 원리를 적용한다.
3. 일반 삼각형에 삼각법 원리를 적용한다.
4. 도식적 방법과 해석적 방법을 이용하여 두 벡터를 합성한다.
5. 임의 벡터의 수평 및 수직 방향을 분해한다.
6. 도식적 방법과 해석적 방법을 이용하여 두 벡터를 뺀다.
7. 벡터 방정식을 처리한다.
8. 두 벡터의 크기를 결정하기 위해 벡터 방정식을 이용한다.

3.1 서론

기구 해석에는 벡터양의 취급이 필수적이다. 변위(displacement), 속도(velocity), 가속도(acceleration) 그리고 힘(force)은 기구 해석의 결과이며 모두 벡터양이다. 기구 해석을 다루기 전에 벡터에 대한 개념 이해 및 취급이 필요하다. 이 장에는 도식적 및 해석적 방법이 소개된다. 역학 과목을 이수한 학생들은 이 장을 생략하거나, 벡터 계산을 복습하는 참고자료로 활용하여도 된다.

3.2 스칼라와 벡터

기구의 해석에서 다음 두 가지의 물리량에 대한 개념 이해가 필요하다. 먼저 스칼라(scalar)는 단순히 크기만으로 정의될 수 있는 양이다. 예로서, 누군가 “도넛 12개”라고 말하는 것은 박스 안 도넛의 양을 설명하는 것이다. 왜냐하면 “12”라는 숫자는 박스 안에 있는 도넛의 양을 완전하게 정의하는 것이고, 그 양은 스칼라양이기 때문이다. 다음은 스칼라양에 대한 다양한 예시이다: 판자의 길이가 2.5m, 수업이 50분 혹은 온도가 78 °F – 길이, 시간, 온도는 모두 스칼라양이다.

대조적으로, 벡터(vector)는 크기만 표현해서는 완전히 정의될 수 없고, 크기 및 방향을 모두 필요로 한다. 예를 들어, 골프공이 200야드 날아갔다고 표현하는 것은 그 경로를 완전하게 묘사하는 것이 아니다. 날아간 방향을 표현하지 않는 것은 골프공이 호수에 빠졌다는 사실을 숨기는 것이다. 그러므로 이러한 양을 표현하기 위해서는 방향이 반드시 포함되어야 한다. 벡터를 적절히 표현하는 예시로 “상자가 5N의 힘으로 오른쪽으로 끌려가고 있다.” 혹은

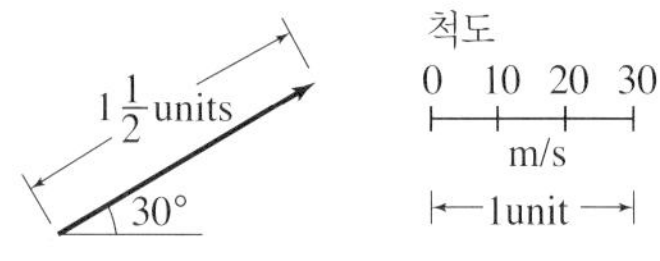

그림 3.1 45m/s 속도 벡터

"80km/h 속도의 기차가 북쪽으로 이동하고 있다." 등이 있다. 변위, 힘 그리고 속도는 벡터양이다.

이 책에서 벡터는 굵은 글씨체를 사용함으로써 스칼라양과 구분한다. 도식적으로 나타내는 일반적인 표현법은 한쪽 끝에 화살표를 표시하는 선분 형태이다. 선분의 길이는 벡터가 표시하는 양에 비례하여 그려진다. 그리고 방향은 화살표가 가리키는 방향, 즉 기준 축에 대하여 선분이 기울어진 정도로 정의된다. 방향은 항상 화살표 끝이 아닌 선분의 시작 부분에서 기울어진 정도가 측정된다. 그림 3.1은 완전히 정의된 속도 벡터를 보여 준다.

3.3 도식적 벡터 해석

기구 해석 및 벡터 처리에 있어서 기하학적 접근이 필요하다. 일반적으로 도식적 방법은 기구 운동을 가시화 할 수 있다. 복잡한 기구의 경우 벡터를 포함하는 해석적 계산은 오히려 쉽지 않을 수 있다.

도식적 접근법은 주어진 각도와 비율이 조절된 길이를 표현된 화살표를 이용한다. 해석적 기법의 결과와 정확히 일치되기 위해서는 도식적 접근법에서는 정확도를 확인해야 한다. 과거 기구 해석의 정확도는 제도 장비에 좌우되었다. 많은 사람들에게 친숙하게 사용되어 왔지만, 부정확한 결과로 인하여 도식적 방법은 무시당하기 일쑤였다. 그러나 오늘날에는 컴퓨터 응용 설계(CAD)의 발달과 정확한 기하학적 표현 덕분에 도식적 방법도 정확한 결과를 제공할 수 있다.

3.4 도식적 벡터 해석의 제도 기법

도식적 기구 해석법과 벡터 해석법은 그 수단이 제도장비와 CAD 프로그램으로 다르지만 그 개념은 같다. 비록 제도 장비는 산업 현장에서 구식 방법이지만, 성공적으로 기술을 학습하고 이해하기 위해 사용되기도 한다.

제도 기구를 사용하는 경우, 정확한 결과를 얻기 위하여 정교한 직선과 원호가 요구된다. 그리고 정확한 교점을 얻기 위해서는 정확한 직선 표현이 필요하다. 즉, 제도 장비를 날카롭게 유지해야만 하는 주의가 필요하다.

정확한 측정(measurement)도 직선의 정밀도만큼 중요하다. 직선의 길이는 정확한 눈금으로 그려져야 하며 직선의 직진성에 대한 측정도 가능하면 정확히 해야 한다. 그러므로 공학적으로 적합한 눈금자라면, 적어도 1cm를 20개로 나눈 정도, 즉 0.05cm 정도의 눈금 표시가 가능한 눈금자를 사용하여야 한다. 각도 측정도 똑같이 정밀하게 이루어져야 한다.

마지막으로, 현명한 제도 척도(drawing scale)의 선택 또한 매우 중요한 요소이다. 일반적으로, 구조물이 커질수록 보다 더 정확한 측정 결과를 가져온다. 즉, 정밀도를 0.1mm까지 구현할 수 있다면, 25mm 길이가 2.5mm보다 적은 오차가 발생한다. 너무 큰 구조물의 경우 특별한 장비를 요구한다는 크기상의 제약이 있지만 가능한 한 크게 그리려는 시도가 더 바람직하다.

제도 교재는 일반적인 제도법과 기하학적 구조에 대하여 자세하게 기술되어야 한다.

3.5 도식적 벡터 해석에서 요구되는 CAD 지식

앞서 언급했듯이, 도식적 기구 해석법과 벡터 해석법은 제도 장비와 CAD 프로그램 사용에 관계 없이 개념적으로 같다. CAD 시스템을 이용하면 더욱 정확한 기구 해석이 가능하다. 다행히도 도식적 벡터 해석법을 적절히 익히기 위해 필요한 CAD 시스템에 대한 숙달 수준은 그리 높지 않다. 요약하면, CAD 시스템의 활용이 선호되고 있지만 학습에 많은 투자를 요구하는 것은 아니다.

앞서 밝혔듯이 벡터 해석법의 도식적 접근에는 정확한 길이와 각도의 표시가 수반되어야 한다. CAD 시스템에서 벡터 해석을 성공적으로 수행하기 위해서는 다음과 같은 기능이 필요하다.

- 명시된 길이와 각도로 직선 그리기
- 주어진 직선에 수직인 직선 그리기
- 기존 직선을 다른 직선과의 교점까지 확장하기
- 기존 직선을 다른 직선과의 교점에서 잘라내기
- 명시된 중심과 반경으로 원호를 그리기
- 두 원호의 교점 결정하기
- 직선의 길이 계산하기
- 두 직선 간의 내각 계산하기

물론, 학생들이 상기 기능 이상을 숙달한다면 더욱 효율적인 해석이 가능할 것이다. 그러나 벡터 해석법을 구사하는 데는 상기 기능의 CAD 명령어를 익히는 것만으로도 충분하다.

3.6 해석적 벡터 해석의 삼각함수법

벡터에 대해 해석적 해법에서 삼각함수법(trigonometry)에 대한 이해는 절대적으로 필요하다. 삼각함수법이란 삼각형에서의 여러 성질에 관한 공식이다. 먼저 직각 삼각형에 대해 알아본다.

3.6.1 직각 삼각형

벡터 해석을 수행할 때 기본적인 삼각함수 공식은 아주 중요하다. 기본적인 삼각함수 공식을 직각 삼각형(right triangle)에 적용시켜보자. 그림 3.2에 각 변의 길이가 a, b 및 c 그리고 이들과 마주보는 내각을 A, B 및 C라고 표시한다. 여기서 C는 90°, 직각이다. 즉, 이 삼각형은 직각 삼각형이다.

기본적 삼각함수법 관계는 다음과 같이 정의된다.

$$\text{sine}\angle A = \sin\angle A = \frac{\text{수직변}}{\text{빗변}} = \frac{a}{c} \tag{3.1}$$

$$\text{cosine}\angle A = \cos\angle A = \frac{\text{수평변}}{\text{빗변}} = \frac{b}{c} \tag{3.2}$$

$$\text{tangent}\angle A = \tan\angle A = \frac{\text{수직변}}{\text{수평변}} = \frac{a}{b} \tag{3.3}$$

마찬가지로 각 B에 대해서도 표현할 수 있다.

$$\sin\angle B = \frac{b}{c}$$

$$\cos\angle B = \frac{a}{c}$$

$$\tan\angle B = \frac{b}{a}$$

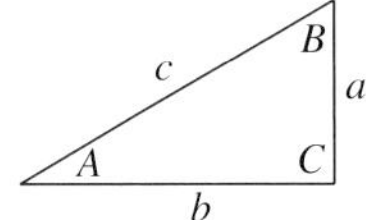

그림 3.2 직각 삼각형

피타고라스의 정리(Pythagorean theorem)에 의하면, 직각 삼각형의 세 변의 관계는 다음과 같다.

$$a^2 + b^2 = c^2 \tag{3.4}$$

마지막으로 삼각형 세 내각의 합은 180°이고 각 C가 90°이므로, 다른 두 내각의 합은

$$\angle A + \angle B = 90° \tag{3.5}$$

이다.

》 예제 3.1

그림 3.3에는 실린더 BC로써 물체를 수직 상승시키는 기중기(front loader)를 나타낸다. 삼각함수법을 이용하여 암 AB를 그림과 같이 위치시키기 위한 실린더의 요구 길이를 구하라.

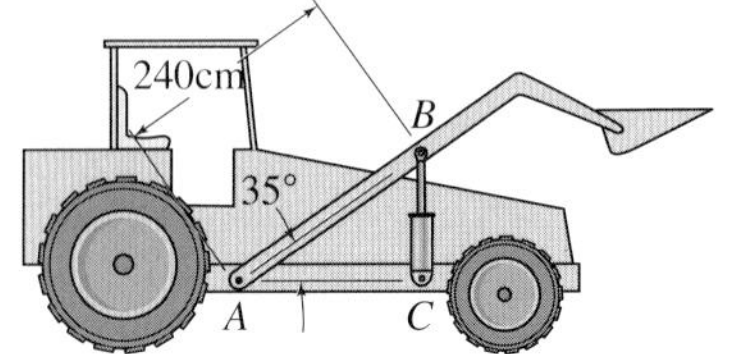

그림 3.3 예제 3.1의 기중기

풀이

1. **BC 길이 결정**

   그림 3.3에서 점 *A*, *B* 그리고 *C*에 의해 만들어지는 삼각형에 의해, 수직변 *BC*는 식 3.1을 이용하여

$$\sin\angle A = \frac{\text{수직변}}{\text{빗변}}$$

$$\sin 35^\circ = \frac{BC}{(240\text{cm})}$$

   즉,

$$BC = (240\text{cm})\sin 35^\circ = 137.66\text{cm}$$

2. **AC 길이 결정**

   수평변 *AC*는 마찬가지로 식 3.2를 이용하여

$$\cos\angle A = \frac{\text{수평변}}{\text{빗변}}$$

$$\cos 35^\circ = \frac{AC}{(240\text{cm})}$$

   즉,

$$AC = (240\text{cm})\cos 35^\circ = 196.60\text{cm}$$

예제 3.2

그림 3.4는 25° 각도로 기울어진 240cm 길이의 견인봉을 가진 레커 트럭(tow truck)이다. 삼각함수법을 이용하여 견인봉 끝이 트럭으로부터 벗어나는 최대 길이를 구하라.

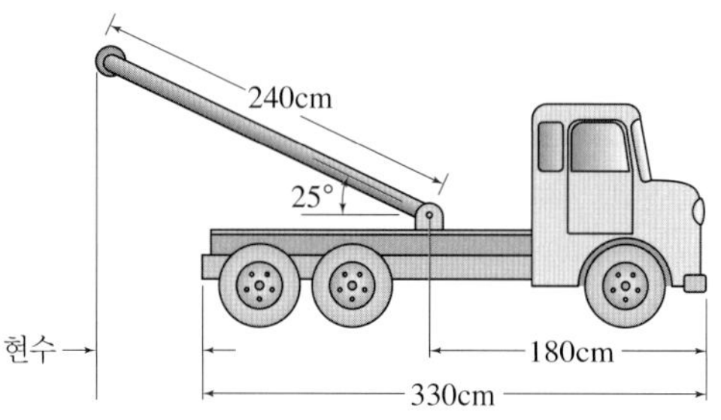

그림 3.4 예제 3.2의 레커 트럭

풀이

1. **견인봉의 수평 방향 투영 길이**

   견인봉의 수평 투영 길이는 식 3.2로부터

$$\cos 25^\circ = \frac{\text{수평 투영 길이}}{(240\text{cm})}$$

$$\text{수평 투영 길이} = (240\text{cm})\cos 25^\circ = 217.5\text{cm}$$

2. 견인봉과 트럭의 수평 방향 투영 길이

트럭의 전면 끝에서 견인봉의 수평 방향 투영 길이 끝까지의 길이는

$$180\text{cm} + 217.51\text{cm} = 397.51\text{cm}$$

3. 벗어나는 최대 길이

트럭의 길이가 330cm이므로 견인봉의 끝이 트럭으로부터 벗어나는 최대 길이는

$$397.51\text{cm} - 330\text{cm} = 67.51\text{cm}$$

3.6.2 일반 삼각형

앞 절에서는 해석이 직각 삼각형에 대하여 제한적이었다. 기구 해석에 있어서 일반적인 삼각형(oblique triangle)에 대한 접근은 매우 중요하다. 그림 3.5는 일반적인 삼각형을 보여 준다. 역시 a, b 그리고 c는 삼각형의 세 변의 길이이고, $\angle A$, $\angle B$ 그리고 $\angle C$는 세 각을 나타낸다.

일반적인 경우에 대하여, 앞선 기본 삼각함수 공식은 적합하지 않다. 일반 삼각형을 해석하기 위해서 사인 법칙(law of sines)과 코사인 법칙(law of cosines)을 설명한다.

먼저 사인 법칙은 다음과 같다.

$$\frac{a}{\sin\angle A} = \frac{b}{\sin\angle B} = \frac{c}{\sin\angle C} \tag{3.6}$$

그리고 코사인 법칙은

$$c^2 = a^2 + b^2 - 2ab \quad \cos\angle C \tag{3.7}$$

이다.

그리고 일반 삼각형의 내각 3개의 합은 180°가 되어야 한다.

$$\angle A + \angle B + \angle C = 180° \tag{3.8}$$

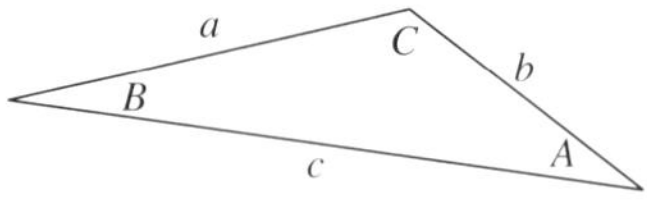

그림 3.5 일반 삼각형

일반 삼각형에 대한 해법은 다른 네 가지 경우로 정리된다.

경우 1 : 한 변 길이(a)와 두 내각($\angle A$, $\angle B$)이 주어질 때

먼저 식 3.8을 이용하여 각도 C를 구하라.

$$\angle C = 180° - \angle A - \angle B$$

다음 사인 법칙으로부터 나머지 변의 길이를 구할 수 있다.

$$b = a\left\{\frac{\sin\angle B}{\sin\angle A}\right\}$$

$$c = a\left\{\frac{\sin\angle C}{\sin\angle A}\right\}$$

경우 2 : 두 변의 길이(a, b)와 한 변 끝의 내각($\angle A$)이 주어질 때

먼저 사인 법칙 식 3.6으로부터 내각 $\angle B$를 다음과 같이 구한다.

$$\angle B = \sin^{-1}\left\{\left(\frac{b}{a}\right)\sin\angle A\right\}$$

식 3.8을 이용하여 나머지 내각 $\angle C$를 구한다.

$$\angle C = 180° - \angle A - \angle B$$

마지막으로 코사인 법칙 식 3.7을 이용하여 나머지 변의 길이 C를 구할 수 있다.

$$c = \sqrt{\{a^2 + b^2 - 2ab\ \cos\angle C\}}$$

경우 3 : 두 변의 길이(a, b)와 그 사잇각($\angle C$)이 주어질 때

먼저 코사인 법칙으로 나머지 변의 길이 C를 구한다.

$$c = \sqrt{a^2 + b^2 - 2ab\cos\angle C}$$

그리고 사인 법칙을 이용하여 내각 $\angle A$를 구한다. 식 3.6은 다음과 같이 쓰여진다.

$$\angle A = \sin^{-1}\left\{\left(\frac{a}{c}\right)\sin\angle C\right\}$$

식 3.8을 이용하여 나머지 내각 $\angle B$를 구할 수 있다.

$$\angle B = 180° - \angle A - \angle C$$

경우 4 : 세 변의 길이 (a, b, c)가 주어질 때

먼저 코사인 법칙으로 하나의 내각을 구한다. 식 3.7은 다음과 같이 쓰여진다.

$$\angle C = \cos^{-1}\left\{\left(\frac{a^2 + b^2 - c^2}{2ab}\right)\right\}$$

그리고 사인 법칙을 이용하여 또 하나의 내각을 구한다.

$$\angle A = \sin^{-1}\left\{\left(\frac{a}{c}\right)\sin\angle C\right\}$$

마지막으로 식 3.8을 이용하면 마지막 내각을 구할 수 있다.

$$\angle B = 180° - \angle A - \angle C$$

예제 3.3

그림 3.6은 기중기를 나타낸다. 암 *AB*를 그림과 같이 자세를 유지하기 위한 실린더의 길이를 계산하라.

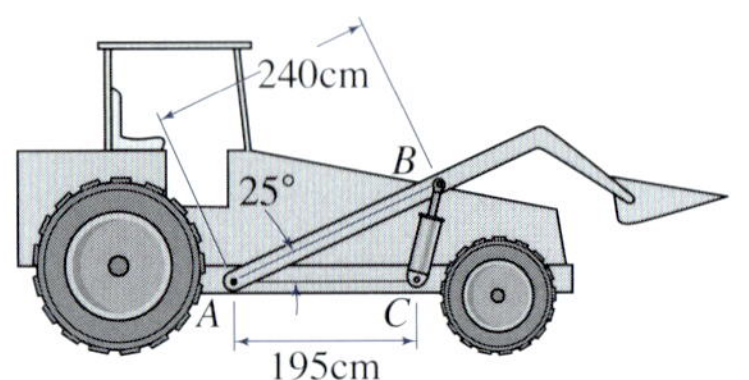

그림 3.6 예제 3.3의 기중기

풀이

1. BC 길이 결정

세 점 *A*, *B* 그리고 *C*로 구성된 삼각형에서 본 예제는 앞의 경우 3에 해당한다. 코사인 법칙을 사용하여 표시하면 다음과 같다.

$$BC = \sqrt{AC^2 + AB^2 - 2(AC)(AB)\cos\angle BAC}$$

$$= \sqrt{\{(195\text{ cm})^2 + (240\text{ cm})^2 - 2(195\text{ cm})(240\text{ cm})\cos 25°\}}$$

$$= 103.88\text{ cm}$$

예제 3.4

그림 3.7에서는 엔진에서의 구동 기구를 보이고 있다. 그림의 자세 경우 크랭크 각도를 구하라.

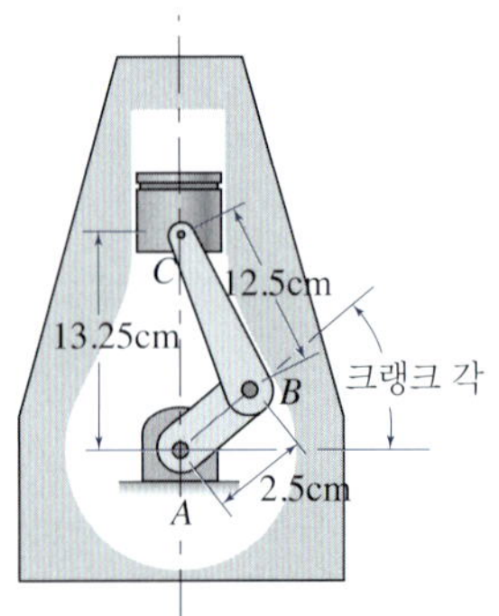

그림 3.7 예제 3.4의 엔진 링키지

풀이

1. **BAC 각도 결정**

세 점 A, B 그리고 C로 이루어진 삼각형에서 본 예제는 앞의 경우 4에 해당한다. 각 BAC는 코사인 법칙을 변형하여 다음과 같이 결정된다.

$$\angle BAC = \cos^{-1}\left\{\frac{AC^2 + AB^2 - BC^2}{2(AC)(AB)}\right\}$$

$$= \cos^{-1}\left\{\frac{(13.25\text{cm})^2 + (2.5\text{cm})^2 - (12.5\text{cm})^2}{2(13.25\text{cm})(2.5\text{cm})}\right\} = 67.3^\circ$$

2. **크랭크 각도 결정**

각 BAC는 선분 AB와 선분 AC 사이의 각도이다. 크랭크 각도는 수평축으로부터 정의되므로 다음과 같이 계산된다.

$$\text{크랭크 각} = 90^\circ - 67.3^\circ = 22.7^\circ$$

3. **다른 내각 결정**

비록 각도 ACB를 묻지는 않지만 다음과 같이 계산된다.

$$\angle ACB = \sin^{-1}\left\{\left(\frac{AB}{BC}\right)\sin\angle BAC\right\}$$

$$= \sin^{-1}\left\{\left(\frac{2.5\text{cm}}{12.5\text{cm}}\right)\sin 67.3^\circ\right\} = 10.6^\circ$$

마지막으로 각도 ABC는 다음과 같다.

$$\angle ABC = 180^\circ - 67.3^\circ - 10.6^\circ = 102.1^\circ$$

3.7 벡터 처리

기구 해석에 있어서 벡터양(예로서 변위, 속도)은 별도로 취급되어야 한다. 비록 스칼라양과 같이 더하기와 빼기가 가능하지만 단순히 대수학적 연산이 되지 않는다. 즉 벡터를 정의하기 위해서는 방향이 수식 표현에 포함되어야 한다. 다음 절에서 벡터 더하기와 벡터 빼기에 대해 설명한다.

벡터를 더하는 것은 두 물리량의 조합된 결과 또는 순수 효과를 구하는 것이다. 예를 들면, 골프 경기를 할 때, 첫 번째 티샷은 공이 약간 오른쪽으로 200야드 날아가고, 두 번째 샷은 120야드를 날아 홀의 왼쪽에 위치하고, 세 번째 샷은 70야드를 굴러서 그린에 놓일 경우를 생각한다. 결국 총 이동거리는 "200 + 120 + 70 = 390야드"이지만 시작부터의 최종 위치까지 직선거리는 310야드로 총 이동거리보다 작아진다.

반복해서 말하지만, 벡터의 방향은 크기만큼이나 중요하다. 벡터 합에서는 "1 + 1"이 항상 "2"가 되지는 않는다. 각 벡터의 방향에 따라 달라지게 된다.

3.8 도식적 벡터 더하기(+>)

도식적 더하기는 벡터의 최종결과를 결정하는 것이다. 도식적 접근법에 따라 벡터 합을 해보면, 먼저 벡터의 크기를 조절하고 적절한 원점에 첫 번째 벡터의 꼬리를 위치시킨다. 그리고 다른 벡터의 꼬리를 처음 위치시킨 벡터의 화살표 끝에 위치시킨다. 이러한 과정을 남은 모든 벡터에 대하여 반복한다. 이는 한 벡터의 화살표가 다른 벡터의 꼬리로 향해가는 벡터 다각형의 모양에서 이름 지어져 "tip-to-tail" 방법이라고 한다.

첫 벡터의 꼬리에서 마지막 벡터의 화살표 끝을 연결한 것이 최종 결과 벡터가 된다. 즉 수학적으로 벡터 더하기를 다음과 같이 표현한다.

$$\mathbf{R} = \mathbf{A} +> \mathbf{B} +> \mathbf{C} +> \mathbf{D} +> \cdots$$

벡터 R은 합성(resultant)의 의미이다. +>는 벡터에 대한 합을 의미하며 대수적 합과는 구별되어야 한다.

벡터 더하기에 대한 교환 및 결합법칙은 성립하고, 이는 벡터의 순서가 결과를 바꾸지 않는다는 것을 의미한다.

$$R = (A +> B +> C) = (C +> B +> A) = (B +> A +> C) = \cdots$$

벡터를 합성하는 과정은 수동제도기법 또는 CAD 프로그램으로 완전한 도식화가 가능하다. 어떠한 방법이든 근본적인 개념은 같다. 다음 예제는 이러한 개념을 보여 준다.

〉〉 예제 3.5

그림 3.8에서 두 속도 벡터 **A**, **B**의 합성을 구하라.

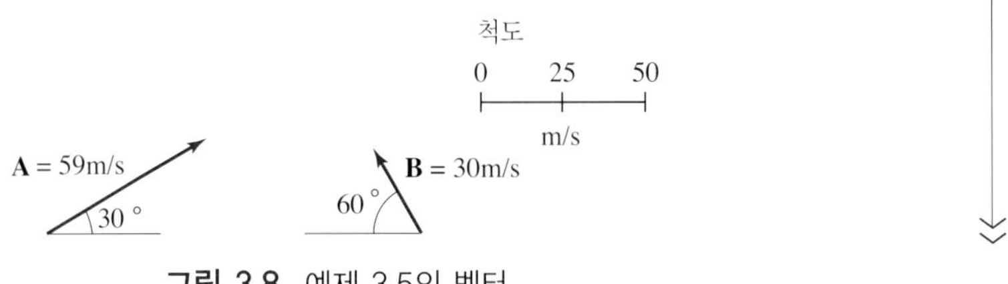

그림 3.8 예제 3.5의 벡터

풀이

1. **벡터도 구성**

   합성 결과를 결정하기 위하여 벡터 **B**의 꼬리가 벡터 **A**의 화살표 끝에 오도록 위치시켜야 한다. 교환법칙을 보이기 위하여 벡터 **A**의 꼬리를 벡터 **B**의 화살표 끝에 그려보는 것 또한 해본다. 첫 번째 벡터의 화살표 끝에 두 번째 벡터의 꼬리를 연결하고 원점에서 두 번째 벡터의 끝을 연결한 벡터가 합성 결과이다. 두 경우에 대한 결과가 그림 3.9에 나타나 있다.

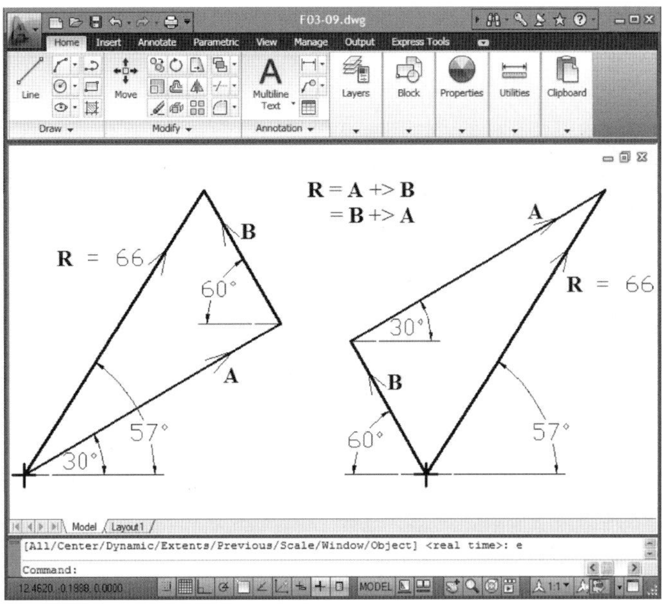

그림 3.9 예제 3.5에 대한 두 벡터의 합성

2. **합성 결과 측정**

합성 벡터의 길이는 66m/s이고 방향도 벡터로서 완벽히 정의된다. 합성 벡터의 수평 축으로부터의 각도는 57°이므로 결과는 다음과 같다.

$$\mathbf{R} = 66\,\text{m/s}\angle 57°$$

〉〉 예제 3.6

그림 3.10에서 4개의 힘 벡터 **A**, **B**, **C** 그리고 **D**의 합력을 구하라.

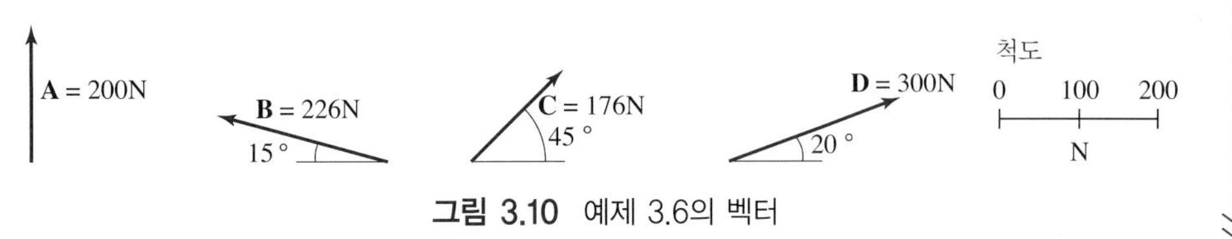

그림 3.10 예제 3.6의 벡터

풀이

1. **벡터도 구성**

합성 결과를 결정하기 위하여 벡터 **B**의 꼬리를 벡터 **A**의 화살표 끝에 위치시킨다. 그리고 벡터 **C**의 꼬리를 벡터 **B**의 화살표 끝에 위치시킨다. 마지막으로 벡터 **D**의 꼬리를 벡터 **C**의 화살표 끝에 위치시킨다. 벡터의 순서는 중요하지 않기 때문에 어떠한 조합도 가능하다. 합성 벡터는 처음 벡터의 꼬리(원점)에서 네 번째 벡터의 화살표 끝을 연결한 벡터이다. 벡터도가 그림 3.11에 나타나 있다.

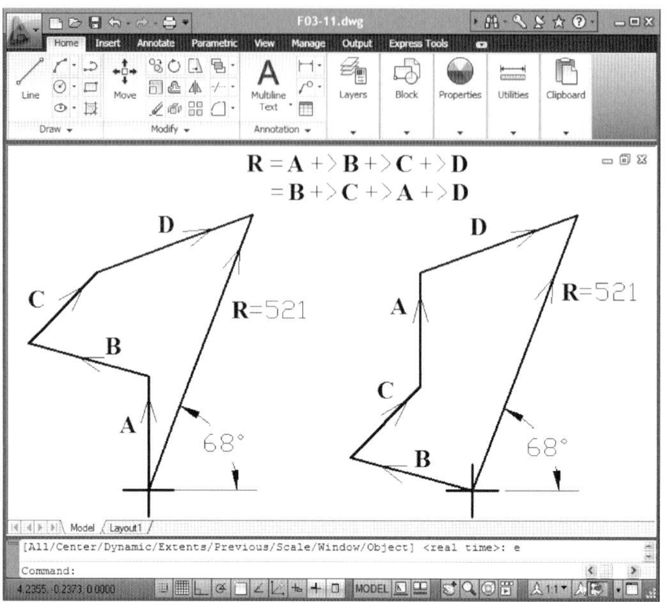

그림 3.11 예제 3.6의 벡터 A, B, C, D의 합성

2. **합성 결과 측정**

벡터 **R**은 길이가 521N이고, 방향도 완전히 정의가 되어 있다. 수평축으로부터 각도는 68°이므로 결과는 다음과 같다.

$$\mathbf{R} = 521\,\mathrm{m/s}\angle 68°$$

3.9 해석적 벡터 더하기(+>) : 삼각형법

벡터 합성에는 두 가지의 해석적 방법이 있다. 첫 번째 삼각형법은 오직 두 벡터의 합성일 때 가장 적합하다. 먼저, 도식적 방법을 통하여 두 벡터를 첫 번째 벡터의 화살표 끝에 두 번째 벡터의 시점을 연결한다(tip-to-tail 방법). 여기에 합성 벡터는 첫 번째 벡터의 꼬리를 두 번째 벡터의 화살표 끝과 연결하여 찾을 수 있다. 그러므로 합성 벡터는 삼각형의 세 번째 변이 되는 것이다. 보통은 일반 삼각형이 만들어지므로 3.6.2절의 법칙들이 사용된다. 세 번째 변의 길이와 각도는 사인 법칙과 코사인 법칙을 통하여 결정되어야 한다. 이 방법은 예제를 통하여 알아본다. 물리량을 구별하기 위하여 벡터는 굵은 글씨체를 사용하고 벡터의 크기는 이탤릭 글씨체를 사용한다.

》 예제 3.7

그림 3.12에 나타나 있는 두 가속도 벡터의 합성을 해석적으로 결정하여라.

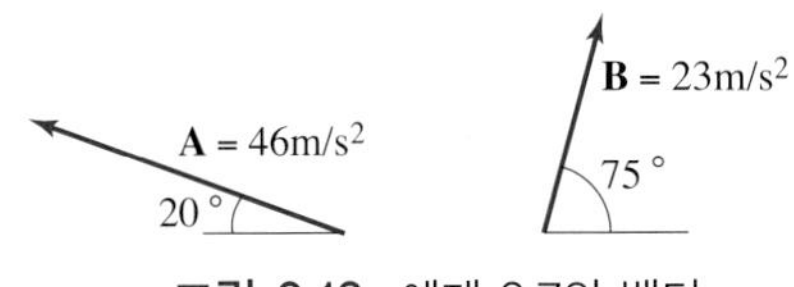

그림 3.12 예제 3.7의 벡터

풀이

1. **벡터도 그리기**

   그림 3.13과 같이 벡터 합성도를 그린다. 단 해석적 방법이므로 정확한 배율은 필요 없다.

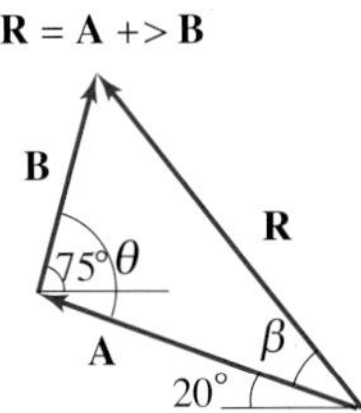

그림 3.13 예제 3.7의 벡터 AB의 합성

2. **내부 각도 결정**

   벡터 **A**와 수평선과의 각도는 20°이다. 즉 그림 3.13에서 보듯이 벡터 **A**와 **B**의 사잇각은

$$\theta = 20° + 75° = 95°$$

   이다. 그러므로 3.6.2절에서 경우 3에 해당된다.

3. **합성 벡터 크기 결정**

   경우 3에 대한 순서에 따라 코사인 법칙을 적용하면 다음과 같다.

$$\begin{aligned} R &= \sqrt{A^2 + B^2 - 2AB\cos\theta} \\ &= \sqrt{(46\,\text{m/s}^2)^2 + (23\,\text{m/s}^2)^2 - 2(46\,\text{m/s}^2)(23\,\text{m/s}^2)\{\cos 9°\}} = 53.19\,\text{m/s}^2 \end{aligned}$$

4. **합성 벡터 각도 결정**

   벡터 **A**와 벡터 **R** 사이의 각도는 사인 법칙으로 찾을 수 있다.

$$\begin{aligned} \beta &= \sin^{-1}\left\{\left(\frac{B}{R}\right)\sin\theta\right\} \\ &= \sin^{-1}\left\{\frac{(23\,\text{m/s}^2)}{(53.19\,\text{m/s}^2)\sin 95°}\right\} = 25.5° \end{aligned}$$

5. **완전히 정의된 합성 벡터**

   수평 축으로부터 각도는 20° + 25.5° = 45.5°이다. 결과는 다음과 같다.

$$\mathbf{R} = 53.19\,\text{m/s}^2 \;\underline{45.5°}\nwarrow$$

또는

$$\mathbf{R} = 53.19\ \text{m/s}^2 \angle 134.5^\circ$$

3.10 벡터의 분해

해석적으로 합성 벡터를 결정하는 두 번째 방법으로서 벡터의 분해 방법은 2개 이상의 벡터 합성에 가장 적합한 방법이다. 이 방법은 벡터를 직교 성분으로 분해하는 것이다.

벡터의 분해는 합성의 역과정이다. 하나의 벡터는 원하는 방향을 따라 2개의 벡터로 분해될 수 있고 이 두 벡터 성분은 원래 벡터와 동일한 효과를 가진다.

대부분의 경우, 벡터를 수직과 수평 방향으로 나누는 것이 바람직하다. 그러므로 일반적인 문제에서는 벡터가 수평과 수직 성분을 가지게 된다. 이때 tip-to-tail 방법이 사용될 수 있지만 역과정이 된다. 그림 3.14에 일반적인 벡터 **A**에 대하여 이 방법을 설명하고 있다.

두 벡터가 수평과 수직을 따라 원래 벡터와 효과가 같은 tip-to-tail로 그려질 수 있는데, 수평 벡터의 꼬리에 원래 벡터의 꼬리를 위치시키고 수직 벡터의 화살표 끝을 원래 벡터의 화살표 끝에 위치시키면 된다. 수평 성분 A_h와 수직 성분 A_v의 벡터 합성이 그림 3.14b에 나타나 있다. 벡터 합에서 순서는 중요하지 않다는 것을 상기하면 수직 혹은 수평 벡터 중 어떤 것을 먼저 그리느냐에 상관 없이 그림 3.14c에 나타나 있듯이 반대 순서로 그리면 같아지게 된다.

각 성분의 크기는 그림 3.14에 나타난 것처럼 삼각형의 세 변으로 나타나야 한다. 이 삼각형은 항상 직각 삼각형이 되므로, 3.3절의 방법이 사용될 수 있다. 즉, 그림 3.14b 또는 c처럼 각 성분의 방향이 그려져야 한다. 표준 표기법은 수평 방향은 오른쪽이 양의 방향, 수직 방향은 위쪽이 양의 방향이다. 이런 경향으로 성분의 방향은 대수적인 부호로서 결정될 수 있다.

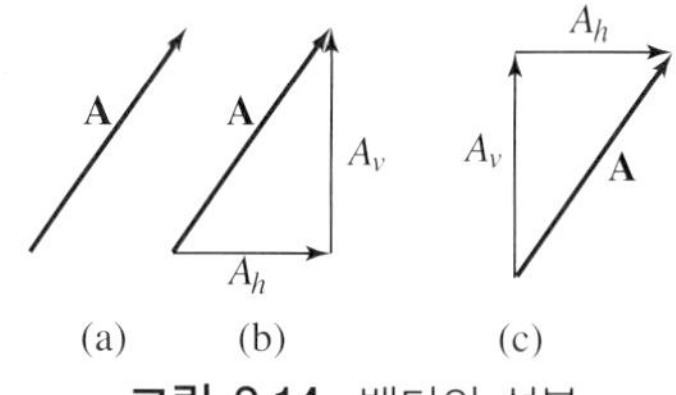

그림 3.14 벡터의 성분

다른 방법으로 기존의 직교 좌표계에서 양의 x 방향과 이루는 각도에 따라 벡터의 각도를 결정하여 사각형 성분으로 표현되기도 한다. 이 각도를 θ라고 하면 두 성분은 기본 삼각형법에 따라 다음과 같이 계산된다.

$$A_h = A\cos\theta_x \tag{3.9}$$

$$A_v = A\sin\theta_x \tag{3.10}$$

이 방법의 중요한 점은 각 성분의 방향은 삼각함수로부터 나온 부호에 의해서 결정된다는 것이다. 예를 들면, 직교 좌표계의 2사분면에 위치한 벡터의 경우는 90°에서 180° 사이가 되고,

코사인 값은 음수, 사인 값은 양수가 된다. 즉, 식 3.9와 3.10에서 수평 방향은 음수(일반적으로 왼쪽 방향)이고 수직 방향은 양수(일반적으로 위쪽 방향)의 값을 가지게 된다.

예제 3.8

그림 3.15는 3.5kN의 힘을 나타낸다. 이 힘의 수평 및 수직 분력을 구하라.

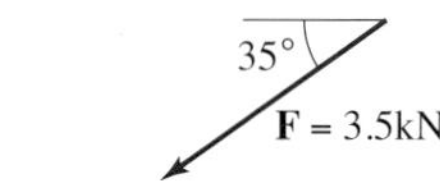

그림 3.15 예제 3.8의 힘 벡터

풀이

1. **벡터 성분 표시**

   벡터 **F**의 시작점에서 수평 분력을 그리고 그 끝점에서 다시 수직 분력을 그리면 그림 3.16과 같다.

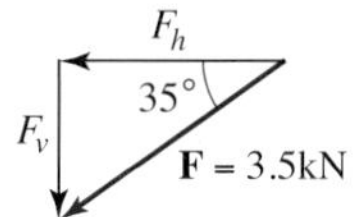

그림 3.16 예제 3.8의 힘 벡터의 성분

2. **삼각함수의 적용**

   직각 삼각형에 대해서 삼각함수를 이용하면

$$\sin 35° = \frac{\text{수직길이}}{\text{빗변길이}} = \frac{F_v}{3.5\text{ kN}}$$

$$\cos 35° = \frac{\text{수평길이}}{\text{빗변길이}} = \frac{F_h}{3.5\text{ kN}}$$

   이제 위 식을 풀면

$$\begin{aligned} F_h &= (3.5\,\text{kN})\cos 35° = 2.87\,\text{kN}\leftarrow \\ &= -2.87\text{ kN} \\ F_v &= (3.5\,\text{kN})\sin 35° = 2.00\text{ kN}\downarrow \\ &= -2.00\text{ kN} \end{aligned}$$

3. ***x*축 각도 방법 사용**

   식 3.9와 3.10을 사용하여 다른 방법으로 풀이할 수 있다. 벡터 **F**의 *x*축의 양의 방향으로부터의 각도를 θx라고 하면 성분은 다음과 같이 계산된다.

$$\begin{aligned} F_h &= F\cos\theta_x = (3.5\text{ kN})\ \cos 215° = -2.87\text{ kN} \\ &= 2.87\,\text{kN}\leftarrow \\ F_v &= F\sin\theta_x = (3.5\text{ kN})\ \sin 215° = -2.0\text{ kN} \\ &= 2.0\text{ kN}\downarrow \end{aligned}$$

3.11 해석적 벡터 더하기(+>) : 분해법

각 벡터의 수평과 수직으로의 성분 분해를 이용하여 모든 벡터의 합성을 구할 수 있다. 앞서 밝혔듯이 이 방법은 2개 이상의 벡터를 합성할 때 가장 적합하다. 이 방법은 각각의 벡터를 수평과 수직 성분으로 분해한 후 앞 절과 같이 성분의 대수적 부호를 이용하게 된다.

모든 수평 성분은 하나의 벡터 성분으로 합쳐질 수 있다. 이 성분은 합성된 벡터의 수평 방향 효과를 표현한다. 성분의 크기는 쉽게 더해질 수 있는데 이는 모두 같은 방향에 놓여 있는 스칼라양이기 때문이다. 이러한 개념으로 다음과 같은 식으로 정리할 수 있다.

$$R_h = A_h + B_h + C_h + D_h + \cdots \tag{3.11}$$

비슷한 방법으로 모든 수직 성분들도 하나의 벡터 성분으로 합쳐질 수 있다. 이 성분은 합성된 벡터의 수직 방향 효과를 표현한다.

$$R_v = A_v + B_v + C_v + D_v + \cdots \tag{3.12}$$

두 합성 성분은 벡터 합으로 나타낼 수 있고 삼각형법에 의한 관계 식은 다음과 같이 표현된다.

$$R = \sqrt{R_h^2 + R_v^2} \tag{3.13}$$

$$\theta_x = \tan^{-1}\left(\frac{R_v}{R_h}\right) \tag{3.14}$$

이 합성 결과는 모든 벡터를 합성한 효과를 나타낸다. 이러한 과정은 다음 예제에 나와 있는 것처럼 표 형태로 배열되었을 때 매우 효과적으로 계산할 수 있다.

예제 3.9

그림 3.17에는 후크에 작용하는 세 가지 힘을 나타낸다. 해석적 성분 방법을 사용하여 합력을 구하라.

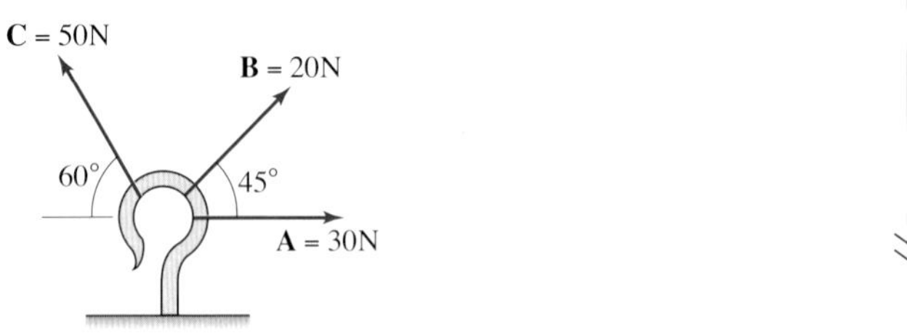

그림 3.17 예제 3.9의 힘

풀이

1. ***x*축 각도 방법을 사용하여 합력 성분 결정**

   각 힘 벡터의 수평 수직 성분은 그림 3.18처럼 tip-to-tail 방법을 통하여 삼각형법으로 결정된다. 성분들이 표 3.1에 나타나 있다.

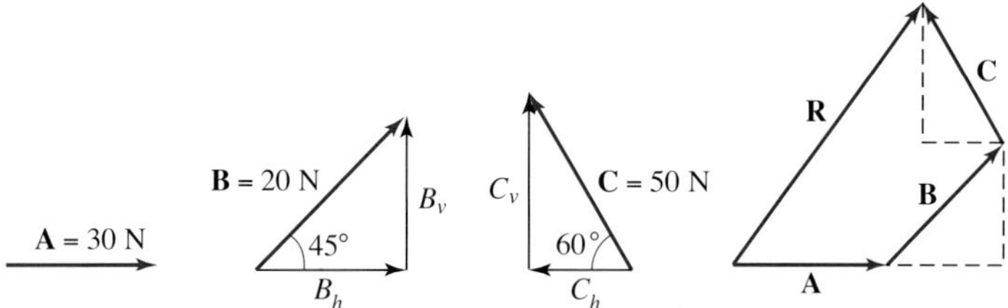

그림 3.18 예제 3.9의 벡터 성분

표 3.1 예제 3.9의 벡터 성분

벡터	기준 각도	수평 성분(N) $F_h = F \cos \theta x$	수직 성분(N) $F_v = F \sin \theta x$
A	0°	$A_h = (30)\cos 0° = +30\,\text{N}$	$A_v = (30)\sin 0° = 0$
B	45°	$B_h = (20)\cos 45° = +14.14\,\text{N}$	$B_v = (20)\sin 45° = +14.14\,\text{N}$
C	120°	$C_h = (50)\cos 120° = -25\,\text{N}$ $R_h = 19.14$	$C_v = (50)\sin 120° = +43.30\,\text{N}$ $R_v = 57.44$

그림 3.18과 같이 수평 성분의 크기의 합은 수평 방향을 따라 이동한 총 거리를 더하여 얻을 수 있다. 같은 방법으로 수직 성분의 크기도 구할 수 있다. 이는 벡터를 성분으로 합성하는 방법의 기본 논리이다. 이 문제에서 수평 수직 성분의 합으로 합성 벡터의 성분을 알 수 있다.

$$\text{R}_h = 19.14\,\text{N}$$
$$\text{R}_v = 57.44\,\text{N}$$

2. 성분 벡터 합성

합성 벡터는 그림 3.19와 같이 2개의 직교하는 벡터의 벡터합이다.

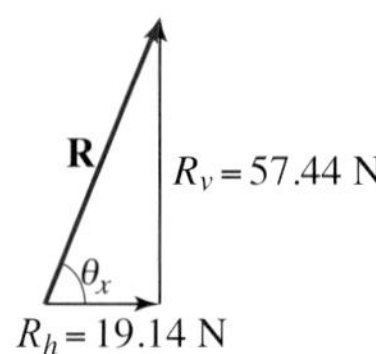

그림 3.19 예제 3.9의 벡터의 합력

합성 벡터의 크기는 식 2.13으로부터

$$R = \sqrt{R_h^2 + R_v^2}$$
$$= \sqrt{(19.14\,\text{N})^2 + (57.44\,\text{N})^2} = 60.54\,\text{N}$$

합력의 각도는 다음과 같다.

$$\theta_x = \tan^{-1}\left(\frac{R_v}{R_h}\right) = \tan^{-1}\left(\frac{57.44\,\text{N}}{19.14\,\text{N}}\right) = 71.6°$$

그러므로 세 힘 벡터의 합은

$$\mathbf{R} = 60.54\ \text{N}\ \angle 71.6^\circ$$

이다.

3.12 벡터 빼기(−>)

벡터양 사이의 차이를 구할 때 벡터 빼기가 이용된다. 기호 −>는 대수적 빼기와 구별되는 벡터 빼기이다. 벡터 빼기는 벡터 더하기와 유사한 면을 갖고 있다. 실제로 빼기는 벡터 크기를 음수로 하여 더한 것과 같다. 즉 벡터의 음수화는 그 크기는 같으나 방향이 반대인 경우이다. 그림 3.20은 벡터 **A**와 그 벡터의 음수화를 나타낸 것이다.

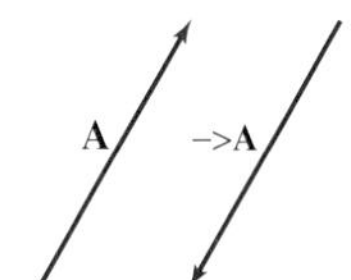

그림 3.20 벡터의 음수화

도식화 혹은 해석적 방법 모두 벡터도는 정해진 절차를 따라 이루어져야 한다. 일반적인 경우로 그림 3.21에서 보듯이 벡터 **A**로부터 벡터 **B**를 빼는 경우를 다루어 보자.

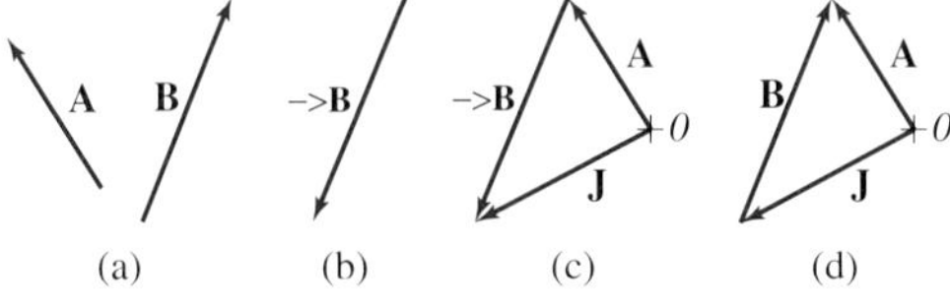

그림 3.21 벡터 빼기

벡터 빼기는 먼저 −>**B**로 표기되는 벡터 **B**의 음수화를 시작으로 한다. 이는 그림 3.21b에 나타나 있다. 다음으로 그림 3.21c에 나타난 것과 같이 벡터 −>**B**를 벡터 **A**에 더할 수 있다. 이 빼기 과정을 수학적으로 다음과 같이 표현할 수 있다.

J = **A** −> **B** = **A** +> (−>**B**)

이 표현은 기본 대수 방법을 통한 스칼라양 빼기와 유사하다. 그리고 벡터 더하기의 결과를 벡터 **R**로 표기하는 것과 같은 맥락으로 벡터 빼기의 결과는 벡터 **J**로 표기한다.

그림 3.21d는 tip-to-tail 방법에서 방향을 반대로 하여 벡터 **B**를 벡터 **A**에 위치시키면 벡터 빼기 결과와 같다는 것을 보여 주고 있는데, 이 방법은 벡터의 음수화를 할 필요가 없기 때문에 벡터 계산에 능숙해진 이후 종종 선호되곤 한다. 즉, 벡터 더하기는 tip-to-tail 방법의 형

태라면 벡터 빼기는 tip-to-tip이라고 할 수 있다. 이러한 개념은 앞으로 나올 예제에서 별도의 풀이 방법으로 좀 더 익힐 수 있다.

3.13 도식적 벡터 빼기(−>)

앞 절에서 보듯이, 벡터 빼기는 벡터 더하기와 거의 유사하다. 도식적 벡터 빼기는 tip-to-tip 방법을 통하여 벡터를 재위치시킴으로써 만들어 낼 수 있다. 제도 기법을 이용하든지 CAD 프로그램을 이용하든지 그 개념은 같다. 예제를 통하여 알아보자.

〉〉 예제 3.10

그림 3.22에서 벡터 **A**에서 벡터 **B**를 뺀 결과, 즉 **J** = **A** −>**B**를 도식적 방법으로 구하여라.

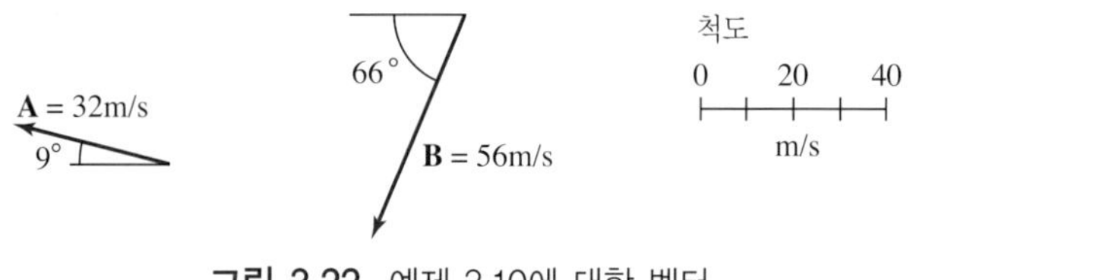

그림 3.22 예제 3.10에 대한 벡터

풀이

1. **벡터도 구성**

   결과를 구하기 위하여 벡터 **B**의 화살표를 벡터 **A**의 화살표 끝으로 향하게 하고 tip-to-tail 방법으로 위치시킨다. 이는 벡터 **B**가 반대 방향으로 더해지는 효과, 즉 빼기 효과를 가진다. 그림 3.23에 벡터도가 잘 나타나 있다.

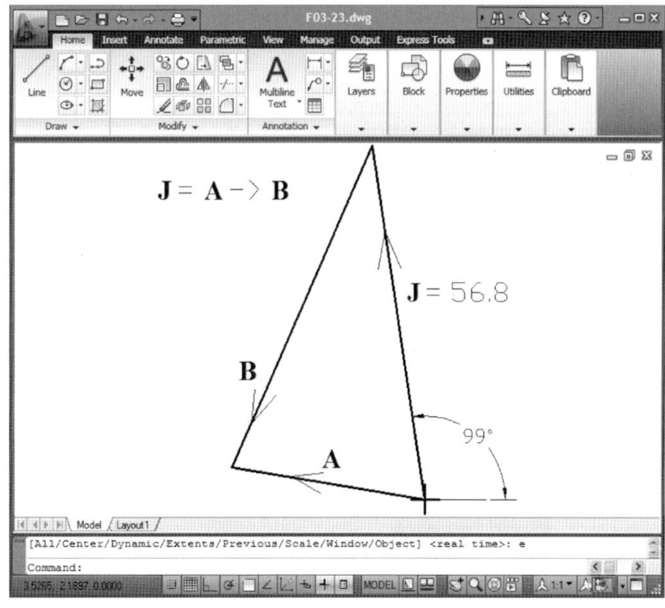

그림 3.23 예제 3.10의 J = A −> B

2. **결과 측정**

결과 벡터는 벡터 **A**의 꼬리, 즉 원점에서 벡터 **B**의 꼬리를 연결한 벡터이다. 벡터 **J**의 길이는 56.8 m/s이다.

벡터 **J**의 방향도 잘 정의되어 있고, 수평 방향으로부터 99°를 나타낸다. 그러므로 다음과 같이 표현된다.

$$\mathbf{J} = 56.8\,\mathrm{m/s}\ \angle 81^\circ$$

$$\mathbf{J} = 56.8\,\mathrm{m/s}\ 99^\circ\angle$$

〉〉 예제 3.11

그림 3.24에서 합력 **J** = **A** −> **B** −> **C** +> **D**를 도식적 방법으로 구하라.

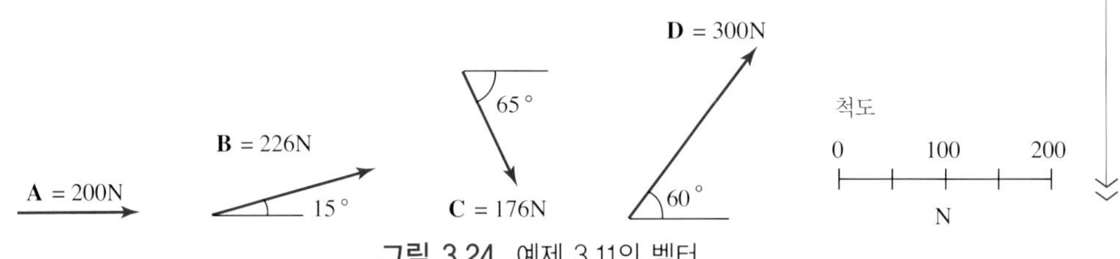

그림 3.24 예제 3.11의 벡터

풀이

1. **벡터도 구성**

결과를 구하기 위하여 벡터들을 더하기인지 빼기인지에 따라 tip-to-tail 혹은 tip-to-tip 방법으로

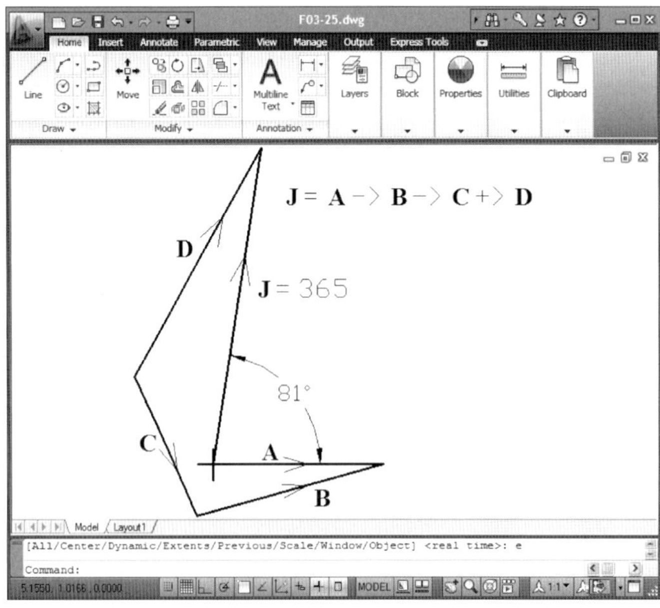

그림 3.25 예제 3.11의 벡터 연산 결과

재배치시킨다. 벡터 **B**는 빼기이기 때문에 벡터 **A**의 화살표 끝 방향으로 그려져야 한다. 비슷하게 벡터 **C**도 그린다. 벡터 **D**는 앞의 식에서 더하기이므로 벡터 **D**의 꼬리를 벡터 **C**의 꼬리에 위치시킨다. 그 결과가 그림 3.25에 나타나 있다.

그림 3.25를 살펴보면, 벡터 **B**와 **C**는 빼기이므로 반대 방향으로 그려져 있음을 알 수 있다.

2. **결과 측정**

벡터 **J**의 길이는 365 N이고 수평 방향으로부터 각도는 81°이다. 그러므로 결과는 다음과 같다.

$$\mathbf{J} = 365\,\text{N} \angle 81°$$

3.14 해석적 벡터 빼기(−>) : 삼각형법

단 2개의 벡터의 빼기를 해석적으로 구하는 과정으로 삼각형법은 가장 효과적이다. 앞 절과 같이 벡터도를 먼저 그린 후 벡터 빼기의 결과를 삼각형법을 이용하여 결정할 수 있다. 일반적인 방법이 다음 예제에 소개되어 있다.

〉〉 예제 3.12

그림 3.26에서 **J** = **A** −> **B**의 벡터를 해석적 방법으로 구하라.

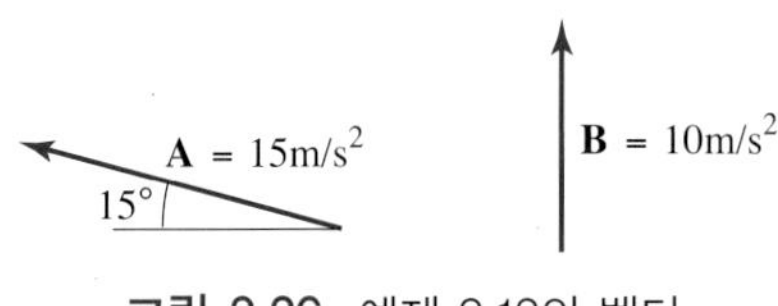

그림 3.26 예제 3.12의 벡터

풀이

1. **벡터도 그리기**

각 벡터를 그림 3.27과 같이 벡터 다각형으로 표현한다. 그리고 벡터 **B**의 끝점을 벡터 **A**의 끝점에 위치시킨다. 여기서 각 벡터 크기는 변수로 처리되므로 실제 가속도 값에 대한 비율은 필요 없다.

J = A -> B

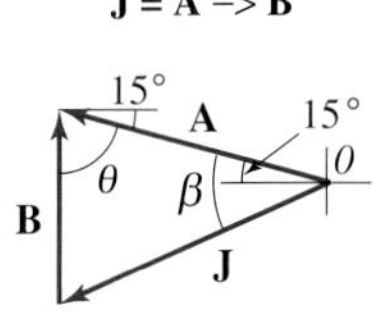

그림 3.27 예제 3.12의 벡터 빼기

2. **내각 결정**

벡터 **A**와 수평선과의 각도는 15°이므로 θ로 표현된 각도는 75°이다. 여기서 두 변 길이와 사잇각이 주어진 경우이므로 3.6.2절에서 경우 3에 해당된다.

3. 결과 벡터 크기 결정

3.6.2절의 경우 3에서 코사인 법칙을 적용시키면 빼기 결과는 다음과 같다.

$$J = \sqrt{A^2 + B^2 - 2AB\cos\theta}$$
$$= \sqrt{(15\,\text{m/s}^2)^2 + (10\,\text{m/s}^2)^2 - 2(15\,\text{m/s}^2)(10\,\text{m/s}^2)\cos 75^\circ} = 15.73\,\text{m/s}^2$$

4. 결과 벡터의 방향 결정

사인 법칙으로 벡터 **A**와 벡터 **J**의 사잇각은 다음과 같다.

$$\beta = \sin^{-1}\left\{\left(\frac{B}{J}\right)\sin\theta\right\}$$
$$= \sin^{-1}\left\{\frac{10\,\text{m/s}^2}{15.73\,\text{m/s}^2}\sin 75\right\} = 37.9^\circ$$

5. 결과 벡터

그림 3.27에서 벡터 **J**의 수직 방향으로부터 각도는 37.9° − 15° = 22.9°이다. 그러므로 결과 벡터는 다음과 같다.

$$\mathbf{J} = 15.73\,\text{m/s}^2 \ \overline{22.9^\circ \swarrow}$$

3.15 해석적 벡터 빼기(−>) : 분해법

성분 분해법은 2개 이상의 벡터에 대한 빼기를 해석적으로 구할 때 매우 적합하다. 이 방법은 벡터 더하기와 유사하다. 일반적인 경우로 다음과 같이 정의된 식을 고려하자.

$$\mathbf{J} = \mathbf{A} +\!> \mathbf{B} -\!> \mathbf{C} +\!> \mathbf{D} +\!> \cdots$$

먼저 각 벡터를 수평 및 수직 성분으로 분해한다. 그리고 성분의 부호 결정이 필요하다. 3.10절과 같이 수평의 경우 오른쪽 방향을 양수로, 수직의 경우 위 방향을 양수로 부호 규약을 정한다.

수평 및 수직으로 분해된 값은 스칼라양이므로 부호를 고려하여 대수적으로 더하기 또는 빼기를 하면 된다. 위의 일반적 경우에 대해 수평과 수직 성분을 적용하면 다음과 같다.

$$J_h = A_h + B_h - C_h + D_h + \cdots$$
$$J_v = A_v + B_v - C_v + D_v + \cdots$$

여기서 벡터 **C**는 빼기로 표현되어 있는데, 이는 벡터 연산에서 빼기로 표현되어 있기 때문이다. 식 3.13과 3.14를 이용하여 뒤의 두 성분 벡터를 합성할 수 있고, 이 합성 벡터가 전체 벡터의 연산 결과이다. 또한 표로 배열하여 이 과정을 보다 효과적으로 진행할 수 있다.

예제 3.13

그림 3.28의 4개의 벡터에 대해 J = A −> B +> C +> D를 해석적으로 구하라.

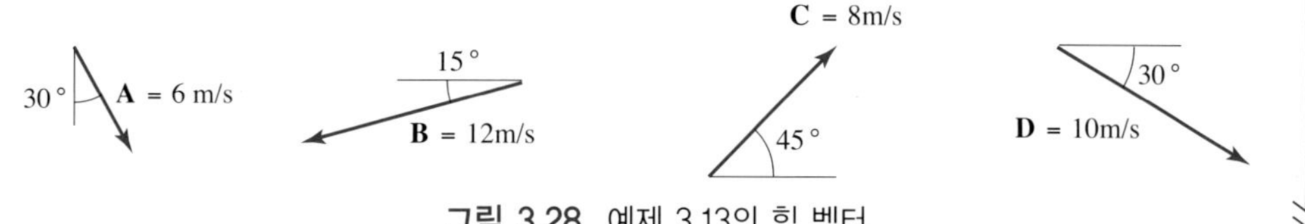

그림 3.28 예제 3.13의 힘 벡터

풀이

1. 벡터도 그리기

먼저 각 벡터의 수평 및 수직 성분을 식 3.9 및 식 3.10의 삼각함수를 이용하여 그림 3.29와 같이 표현한다. 그리고 더하기는 tip-to-tail, 빼기는 tip-to-tip 방법으로 재배열한다.

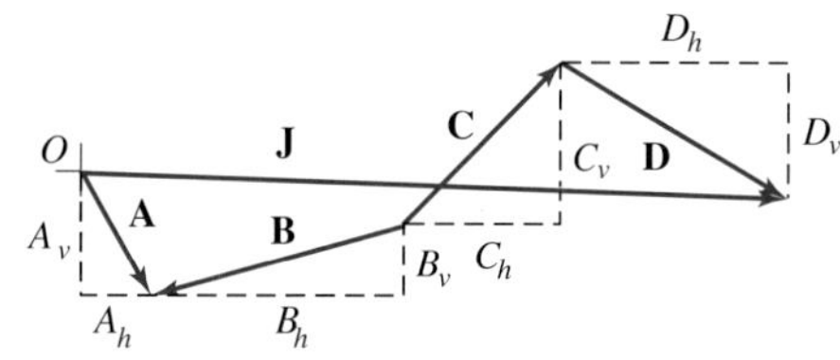

그림 3.29 예제 3.13의 벡터 연산 결과

2. *x*축 각도 방법을 이용하여 성분 구하기

표 3.2에 각 성분의 값이 나열되어 있다.

표 3.2 예제 3.13의 각 벡터의 성분

벡터	기준 각도 θx	수평 성분(N) $V_h = V\cos\theta x$	수직 성분(N) $V_v = V\sin\theta x$
A	300°	+3.00	−5.19
B	195°	−11.59	−3.11
C	45°	+5.66	+5.66
D	330°	+8.66	−5.00

3. 합성 결과의 성분 결정

각각의 수평 및 수직 성분에 대해 대수적으로 더하기 또는 빼기를 한다.

$$J_h = A_h - B_h + C_h + D_h$$
$$= (+3.0) - (-11.59) + (+5.66) + (+8.66) = +28.91\text{m/s}$$
$$J_v = A_v - B_v + C_v + D_v$$
$$= (-5.19) - (-3.11) + (+5.66) + (-5.00) = -1.42\text{m/s}$$

4. 성분 벡터의 합성

그림 3.30과 같이 결과 벡터의 크기는 성분 벡터를 벡터 합성을 통하여 구할 수 있다.

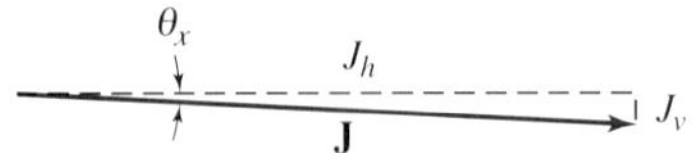

그림 3.30 예제 3.13의 결과 벡터

식 3.13에 의해 결과 벡터의 크기는 다음과 같다.

$$
\begin{aligned}
J &= \sqrt{J_h^2 + J_v^2} \\
&= \sqrt{(28.91\,\mathrm{m/s})^2 + (-1.42\,\mathrm{m/s})^2} = 28.94\,\mathrm{m/s}
\end{aligned}
$$

탄젠트 함수로부터 결과 벡터의 각도를 결정할 수 있다.

$$\theta_x = \tan^{-1}\left(\frac{J_v}{J_h}\right) = \tan^{-1}\left(\frac{-1.42\,\mathrm{m/s}}{28.91\,\mathrm{m/s}}\right) = -2.8^\circ$$

그러므로 결과 벡터는 다음과 같이 표현된다.

$$\mathbf{J} = 28.94\,\mathrm{m/s}\ \overline{\diagdown 2.8^\circ}$$

3.16 벡터 방정식

앞에 3.8절에서와 같이 벡터 연산은 방정식 형태로 나타낼 수 있다. 즉 두 벡터의 빼기를 나타내는 표현 **R** = **A** −> **B**는 실제로 벡터 방정식이다. 벡터 방정식은 대수 방정식과 유사하게 취급될 수 있다. 각 항은 부호를 반대로 함으로써 이항이 가능하다. 예를 들면 다음과 같은 식은

A +> **B** −> **C** = **D**

다음과 같은 식으로 표현이 가능하다.

A +> **B** = **C** +> **D**

벡터 방정식의 중요한 사항은 벡터 더하기 및 빼기를 쉽게 표현할 수 있다는 점이다. 벡터 합에서는 tip-to-tail 방법으로 벡터들을 위치시킨 결과 첫 벡터의 원점에서 마지막 벡터의 끝을 연결하면 결과 벡터가 된다. 그림 3.31a에 다음의 벡터 방정식에 대한 벡터도를 나타낸다.

R = **A** +> **B** +> **C**

위 방정식은 다음과 같이 표현할 수도 있다.

B +> **C** = **R** −> **A**

이 방정식은 그림 3.31b에 나타나 있는데 벡터 **A**는 벡터 **R**에서 빼기이므로 벡터 **A**는 벡터 **R** 방향으로 향해야 한다. 이는 벡터 빼기는 벡터 더하기와 반대로 tip-to-tail 방법이 이루어져

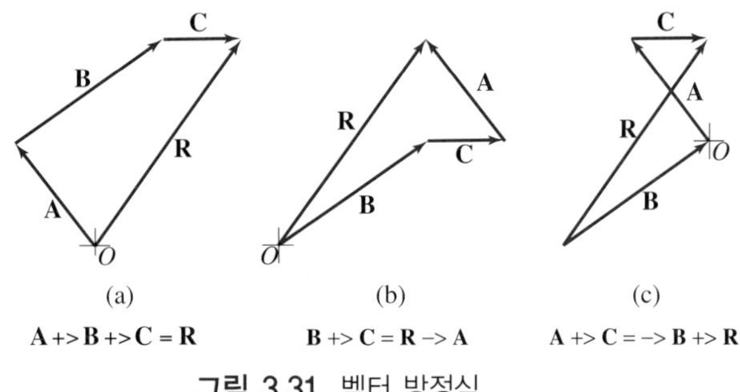

그림 3.31 벡터 방정식

야 하기 때문이다.

그리고 모든 벡터에 대해서 크기와 각도를 유지한 채 벡터도가 다각형을 이루고 있다는 것을 알 수 있다. 이는 벡터 방정식이 연산의 의미를 바꾸지 않고서 수행될 수 있음을 의미한다. 앞의 방정식은 그림 3.31c에 따르면 다음과 같이 표현될 수도 있다.

−> B +> R = A +> C

그림 3.31에 나타나 있듯이 벡터 방정식은 몇몇 다른 표현으로 쓰여질 수 있다. 비록 벡터 다각형이 다른 모양으로 바뀔 수도 있지만 각각의 벡터들은 변하지 않고 유지된다. 이 개념을 이용하여 벡터 방정식은 벡터도를 그리는 데 이용될 수 있다.

예제 3.14

그림 3.32의 벡터 다각형에 대한 벡터 방정식을 표현하라.

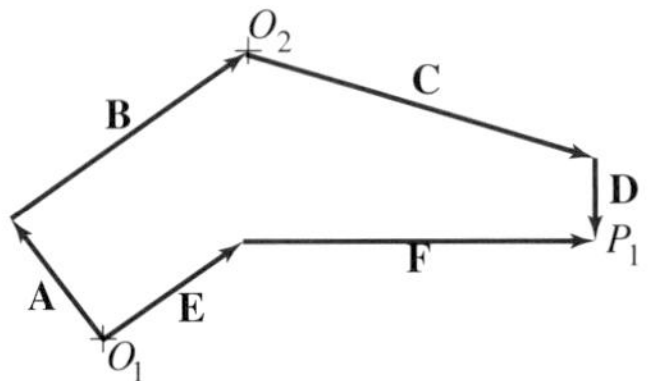

그림 3.32 예제 3.14의 벡터 도해

풀이

1. O_1에서 P_1까지 경로를 따라 방정식 쓰기

O_1을 원점으로 하고 P_1까지 가는 경로를 찾아보자.

위쪽 경로 : **A +> B +> C +> D**

아래쪽 경로 : **E +> F**

공통 점에서 출발하여 공통 점으로 도달하였기 때문에 두 경로는 벡터 연산으로 같아야 한다.

O_1P_1 = A +> B +> C +> D = E +> F

2. O_2에서 P_1까지 경로를 따라 방정식 쓰기

O_2를 원점으로 하여 P_1까지 향하는 경로를 통해 다른 방정식을 만들 수 있다.

위쪽 경로 : **C +> D**

아래쪽 경로 : **-> B -> A +> E -> F**

그러므로 방정식은 다음과 같이 표현할 수 있다.

O₂P₁ = C +> D = -> A -> B +> E +> F

이는 같은 방정식을 두 가지 형태로 표현한 것이다.

예제 3.15

그림 3.33에서의 벡터도에 대한 벡터 방정식을 표현하라. 단, 벡터 빼기가 아닌 벡터 더하기만으로 나타내고 그 경우의 벡터도를 그려라.

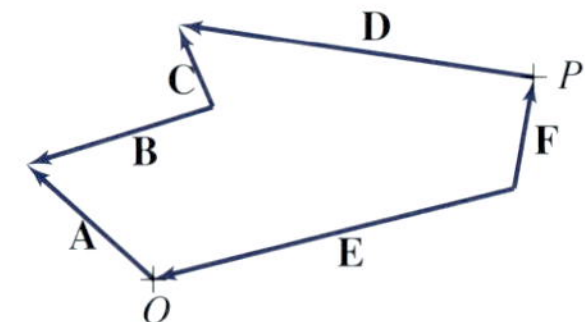

그림 3.33 예제 3.15의 벡터 도해

풀이

1. O_1에서 P_1까지 경로를 따라 방정식 쓰기

먼저 O_1을 원점으로 하여 점 P까지의 경로를 다음 두 가지로 한다.

위쪽 경로 : **A -> B +> C -> D**

아래쪽 경로 : **-> E +> F**

즉 이 경우의 벡터 방정식은 다음과 같다.

O₁P₁ = A -> B +> C -> D = -> E +> F

2. 방정식 다시 쓰기

음수 항을 없애기 위해 벡터 **B**, **D** 그리고 **E**는 모두 이항해야 한다. 그렇게 만들어진 식은 다음과 같다.

A +> C +> E = B +> D +> F

여기서 더하기의 순서는 중요하지 않다. 재배열된 벡터도가 그림 3.34에 나타나 있다.

벡터 방정식은 기구 해석학에서 널리 사용되기 때문에 친숙해질 필요가 있다. 예를 들어 간단한 기구의 가속도를 결정할 때 6개 혹은 그 이상의 벡터들로 벡터 방정식이 사용된다.

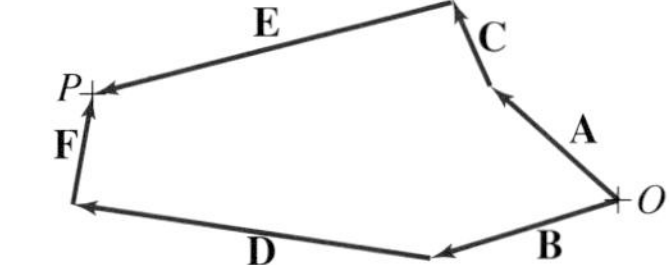

그림 3.34 예제 3.15의 재구성 벡터도

3.17 벡터 방정식의 응용

방정식에서 각 벡터는 크기와 방향이라는 2개의 물리량을 가진다. 그러므로 벡터 방정식은 벡터의 크기와 방향에 대해 등식이 성립해야 한다는 2개의 제약 조건이 따른다. 즉, 벡터 방정식은 2개의 미지수에 대해서 풀이되어야 한다. 앞서 보듯이 더하기와 빼기 연산 문제에서 합성 벡터의 크기와 방향이 결정되었다.

보통 기구 해석 문제에서는 모든 벡터의 방향을 알고 있을 때 두 벡터의 크기를 결정하는 경우가 많다. 벡터의 더하기처럼 이 문제는 2개의 미지수가 존재하고 하나의 벡터 방정식이면 해석을 완료하기에 충분하다.

3.18 벡터 크기의 도식적 결정

하나의 방정식에서 두 벡터의 크기가 결정되어야 하는 문제에서 방정식은 하나의 모르는 벡터가 방정식의 각 변의 마지막에 위치하도록 재배열해야 한다. 즉, 벡터 **A**와 **B**의 크기를 고려하는 문제인 경우 다음과 같은 벡터 방정식에서

$$\mathbf{A} +> \mathbf{B} +> \mathbf{C} = \mathbf{D} +> \mathbf{E}$$

재배열을 통하여

$$\mathbf{C} +> \mathbf{B} = \mathbf{D} +> \mathbf{E} +> \mathbf{A}$$

이렇게 쓰여져야 한다.

벡터 **A**와 **B**는 크기를 모르는 벡터이고 방정식의 각 변의 마지막에 위치해 있다.

이 문제를 도식적으로 풀기 위하여 방정식의 양변에서 알고 있는 벡터에 대해 공통된 원점으로부터 tip-to-tail 방법으로 위치시킨다. 물론 방정식의 양변은 같은 지점에서 끝나야 하므로 벡터 다각형을 만들기 위해 미지수 벡터의 방향을 따라 직선을 그을 수 있다. 이 두 직선의 교점이 주어진 방정식을 만족하는 지점이 되고, 문제는 풀리게 된다. 직선의 길이는 측정을 통해 구해질 수 있고, 이는 미지수 벡터의 크기를 구하는 것과 같다.

이렇게 벡터의 크기를 구하는 과정은 도식적으로 제도 장비를 이용하거나 CAD 프로그램을 이용할 수 있다. 어떤 방법이든 개념은 같다. 예제를 통하여 확인해 보자.

》 예제 3.16

벡터 방정식 **A** +> **B** +> **C** = **D** +> **E**에서 그림 3.35와 같이 각 벡터의 크기 및 방향은 주어졌으나 벡터 **A**와 벡터 **E**의 크기만이 미지수이다. 도식적으로 2개의 크기 값을 구하라.

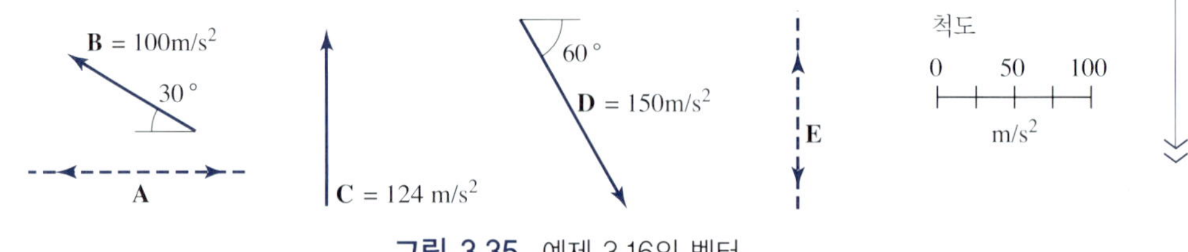

그림 3.35 예제 3.16의 벡터

풀이

1. **벡터 방정식 다시 쓰기**

   먼저 크기가 미지수인 벡터를 각 변의 마지막에 위치시킨다.

   B +> **C** +> **A** = **D** +> **E**

2. **알고 있는 벡터들을 벡터도에 위치시키기**

   다음 *O*점은 공통 원점으로 하여 벡터 **B**와 벡터 **C**를 연속으로 연결시킨다. 벡터 **D**는 우변에 있으므로 그림 3.36a와 같이 원점에서 출발하여 그린다.

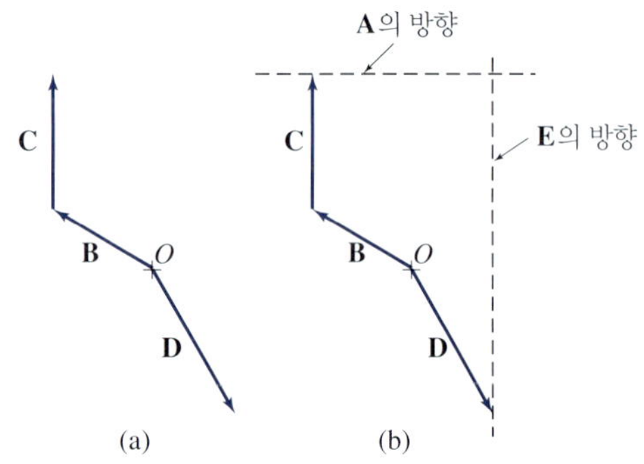

그림 3.36 예제 3.16의 벡터도

3. **미지수 벡터의 방향으로 직선 긋기**

   벡터 **A**와 **E**는 벡터 **C**와 **D**의 끝 사이에서 공간을 메워 다각형을 만들어야 한다. 그림 3.36b와 같이 벡터 **A**의 방향에 따라 벡터 **C**의 끝에서 직선을 그을 수 있고, 마찬가지로 벡터 **E**의 방향을 따라 벡터 **D**의 끝에서 직선을 표시할 수 있다.

4. **교점을 구하고 측정**

   두 직선의 교점까지의 거리는 벡터 **A**와 **E**의 크기라고 정의할 수 있다. 그림 3.36c와 같이 완전한 벡터 다각형이 벡터 방정식에 의해 그려질 수 있다. 벡터 **A**와 **E**의 크기를 측정하여 표기하면 다음과 같다.

$$\mathbf{A} = 160\,\mathrm{m/s^2} \rightarrow$$

$$\mathbf{E} = 306\,\mathrm{m/s^2} \uparrow$$

(c)

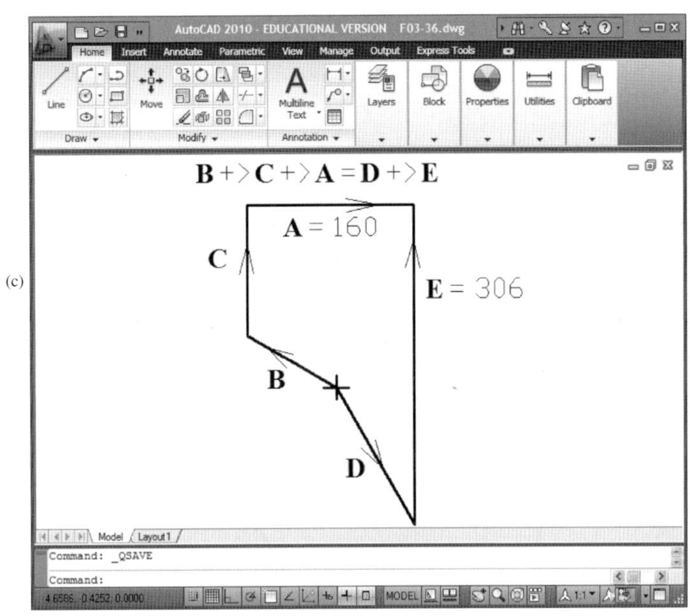

그림 3.36 (계속)

예제 3.17

벡터 방정식이 다음과 같이 나타난다.

$$\mathbf{A} +> \mathbf{B} -> \mathbf{C} +> \mathbf{D} = \mathbf{E} +> \mathbf{F}$$

모든 벡터의 방향은 그림 3.37과 같이 주어지고 크기의 경우 벡터 **A**와 벡터 **D**만의 크기가 미지수이다. 도식적 방법으로 2개의 미지수를 구하라.

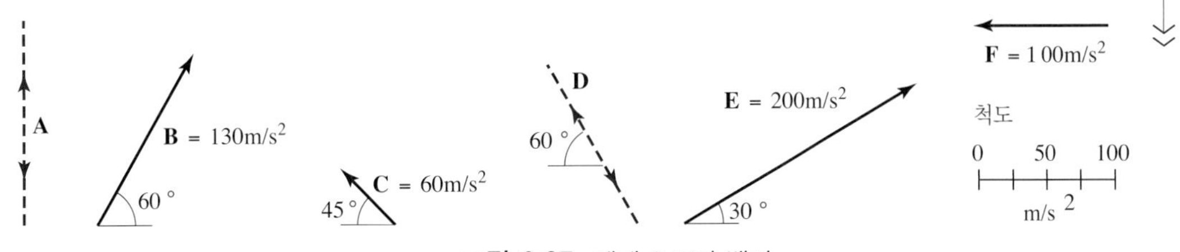

그림 3.37 예제 3.17의 벡터

풀이

1. **벡터 방정식 다시 쓰기**

먼저 크기가 미지수인 벡터를 좌우 각 변의 마지막에 위치시킨다.

$$\mathbf{B} -> \mathbf{C} +> \mathbf{A} = \mathbf{E} +> \mathbf{F} -> \mathbf{D}$$

2. **알고 있는 벡터들을 벡터도에 위치시키기**

   O점을 원점으로 하여 벡터 **B**와 벡터 **C**를 연결시킨다. 단 벡터 **C**의 경우 끝점을 벡터 **B**의 끝에 위치시킨다. 벡터 **E**와 **F**는 우변에 있으므로 원점에서 출발하여 위치시킨다. 결국 그림 3.38a와 같이 표현된다.

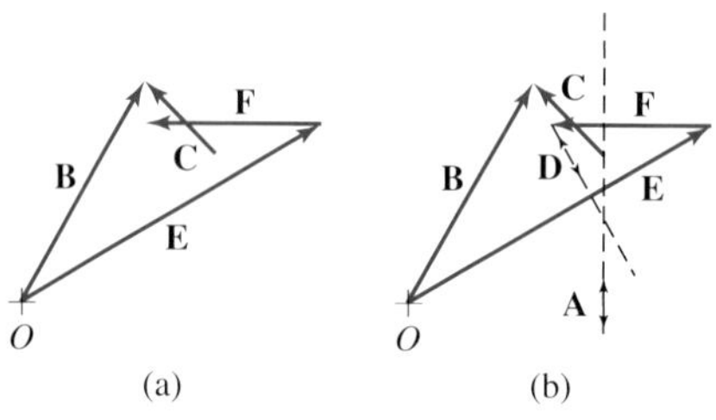

(c)

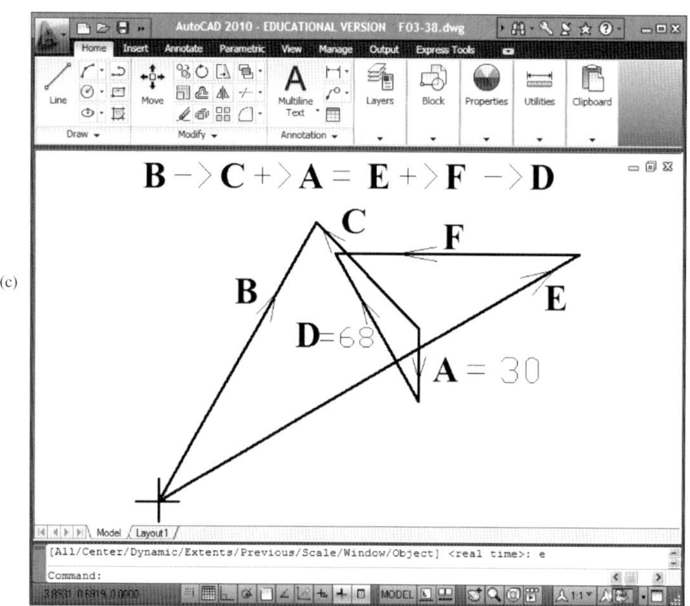

그림 3.38 예제 3.17의 벡터도

3. **미지수 벡터 방향으로 직선 위치시키기**

   예제 3.16에서 벡터 **A**와 **D**는 다각형을 만들기 위해 벡터 **C**와 **D**의 끝에 위치하였다. 마찬가지로 방정식의 좌변을 통해 벡터 **C**의 끝에서 벡터 **A**의 방향으로 직선을 긋고 같은 방법으로 벡터 **F**의 끝에서 벡터 **D**의 방향으로 직선을 긋는다. 결과는 그림 3.38b와 같다.

4. **교점을 구하고 측정**

   두 직선의 교점까지의 거리가 벡터 **A**와 벡터 **D**의 크기로 정의할 수 있다. 벡터 **D**는 우변에서 빼기이므로 벡터 **F**의 끝 방향을 향해야 한다. 완전한 다각형이 그림 3.38c에 나타나 있다. 즉 벡터 **A**와 벡터 **D**는 다음과 같이 표현된다.

$$\mathbf{A} = 30\,\mathrm{m/s^2}\downarrow$$

$$\mathbf{D} = 68\,\mathrm{m/s^2}\ \underline{60°}\nwarrow$$

3.19 벡터 크기의 해석적 결정

벡터 방정식에서 두 벡터의 크기가 미지수인 경우 해석적 방법이 사용될 수 있다. 이 경우 모든 벡터의 수평 수직 성분이 결정되어야 한다. 모르는 벡터의 크기 성분들은 미지수 항으로 쓰여질 수 있고, 앞서 성분 방법에서와 같이 대수적 부호에 따라 성분들은 계산되어야 한다. 그러므로 여기에서 모르는 벡터들의 방향을 임의로 가정하는 것이 필요하다.

벡터들의 수평 성분들은 주어진 벡터 방정식을 만족해야 한다. 수직 성분들도 마찬가지이다. 그러므로 2개의 대수 방정식이 만들어지고 이는 2개의 미지수가 결정됨을 의미한다. 이 두 방정식을 풀게 되면 원하는 결과를 얻을 수 있다. 크기가 음수로 결정된다면 우리가 가정한 벡터의 방향이 틀렸다는 것을 의미한다. 하지만 크기는 결정된 것이므로 모르는 벡터의 방향만 반대로 설정해 주면 된다.

다음 예제에 이 방법이 잘 나타나 있다.

예제 3.18

다음과 같이 표현되는 벡터 방정식이 있다.

$$\mathbf{A} +\!\!> \mathbf{B} -\!\!> \mathbf{C} +\!\!> \mathbf{D} = \mathbf{E} +\!\!> \mathbf{F}$$

그림 3.39에서처럼 벡터 **A**와 벡터 **D**의 크기가 미지수이다. 해석적 방법으로 그 크기를 구하라.

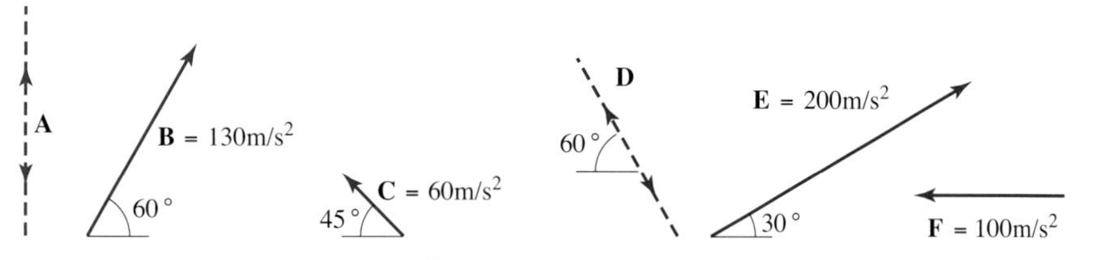

그림 3.39 예제 3.18의 벡터

풀이

1. ***x*축 각도 방법으로 성분 구하기**

각 벡터의 수평 수직 성분은 삼각형법으로 구해질 수 있다. 모르는 벡터에 대해서는 임의로 방향을 설정하고 미지의 크기에 대한 항으로 표현한다. 이 예제에서는 벡터 **A**를 위쪽 방향 벡터 **D**를 아래쪽 방향이라고 가정하겠다. 성분들이 표 3.3에 주어져 있다.

표 3.3 예제 3.18의 벡터 성분

벡터	기준 각도 θx	h 수평 성분(m/s^2) $a_h = a \cos \theta x$	v 수직 성분(m/s^2) $a_v = a \sin \theta x$
A	90°	0	+A
B	60°	+65.0	+112.6
C	135°	−42.4	+42.4
D	300°	+.500D	−.866*D*
E	30°	+173.2	+100
F	180°	−100	0

2. 미지의 크기에 대한 벡터 방정식 세우기

주어진 벡터 방정식으로부터 각 성분에 대한 대수 방정식을 만들 수 있다.

$$\mathbf{A} \mathbin{+\!\!>} \mathbf{B} \mathbin{-\!\!>} \mathbf{C} \mathbin{+\!\!>} \mathbf{D} = \mathbf{E} \mathbin{+\!\!>} \mathbf{F}$$

수평 방향

$$A_h + B_h - C_h + D_h = E_h + F_h$$

$$(0) + (+65.0) - (-42.4) + (+0.500\,D) = (+173.2) + (-100.0)$$

수직 방향

$$A_v + B_v - C_v + D_v = E_v + F_v$$

$$(+A) + (+112.6) - (42.4) + (-0.866\,D) = (+100.0) + (0)$$

이 경우 수평 방향 방정식에서 **D**의 값이 독립적으로 계산 가능하다. 일반적으로 두 방정식은 연립 방정식으로 주어진다. 이 예제에서 수평 방향 성분 방정식을 풀면

$$D = -68.4\,\text{m/s}^2$$

이 값을 수직 성분 방정식에 대입하면

$$A = -29.4\,\text{m/s}^2$$

으로 표현된다.

3. 완전한 벡터 형태로 표현

두 값 모두 음수이므로 실제 방향은 가정한 방향과 맞지 않다. 그러므로 최종 결과는 다음과 같다.

$$\mathbf{A} = 29.4\,\text{m/s}^2 \downarrow$$

$$\mathbf{D} = 68.4\,\text{m/s}^2\ \underline{60^\circ}\!\nwarrow$$

연습문제

도식적 해법의 경우 제도 장비를 이용하는 것이 교육적 측면에서 좋지만 정확성과 편의를 위하여 CAD 프로그램 사용을 권장한다.

삼각형 문제

3-1. 각도를 해석적으로 구하라.

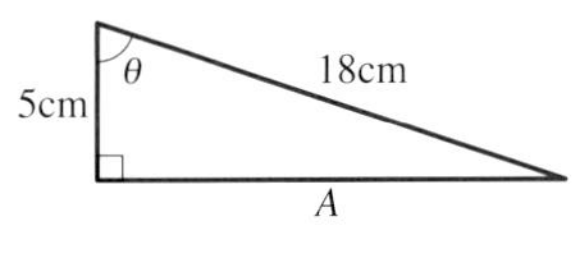

그림 P3.1 문제 1, 2

3-2. 변 A 길이를 해석적으로 구하라.

3-3. 변 X 길이를 해석적으로 구하라.

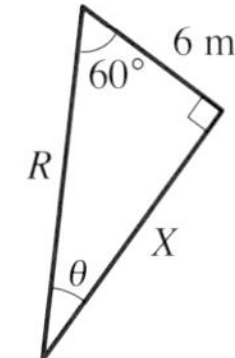

그림 P3.3 문제 3, 4

3-4. 각도 θ와 빗변 R을 계산하라.

3-5. 각도 θ와 빗변 R을 계산하라.

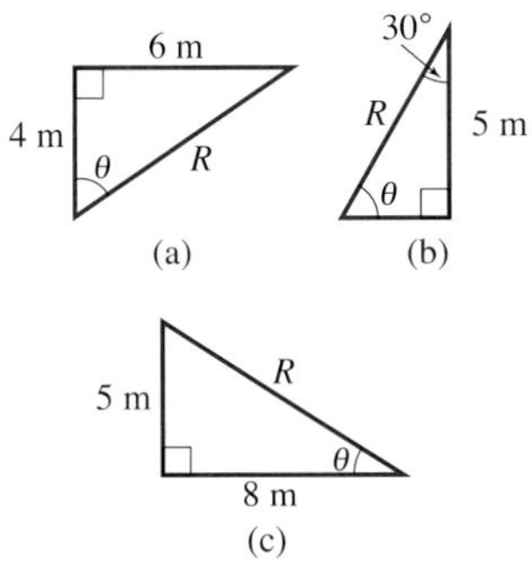

그림 P3.5 문제 5

3-6. 길이 x, y가 각각 150mm, 275mm일 때 각도 β, 길이 s를 구하라.

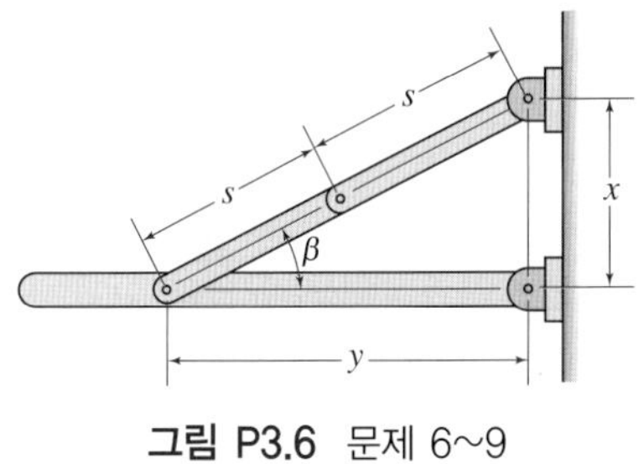

그림 P3.6 문제 6~9

3-7. 각도 $\beta = 35°$이고 $s = 25$cm일 때 거리 x와 길이 s를 구하라.

3-8. 각도 $\beta = 35°$이고 $s = 10$cm일 때 거리 x와 y를 구하라.

3-9. 수평거리 12cm에 대해 수직거리 8cm가 되는 경사판의 경사 각도를 계산하라.

3-10. $x = 850$mm, $d = 500$mm, 그리고 $\beta = 35°$일 때 길이 s를 구하라.

3-11. $x = 60$cm, $d = 40$cm, 그리고 $s = 17.5$cm일 때 각도 β를 구하라.

3-12. 트랙터 높이 $h = 130$cm일 때 각도 $\beta = 30°$를 유지하기 위한 램프의 길이를 구하라.

3-13. 트랙터 높이 $h = 1.5$m이고 램프의 길이가 4m일 때 각도 β를 구하라.

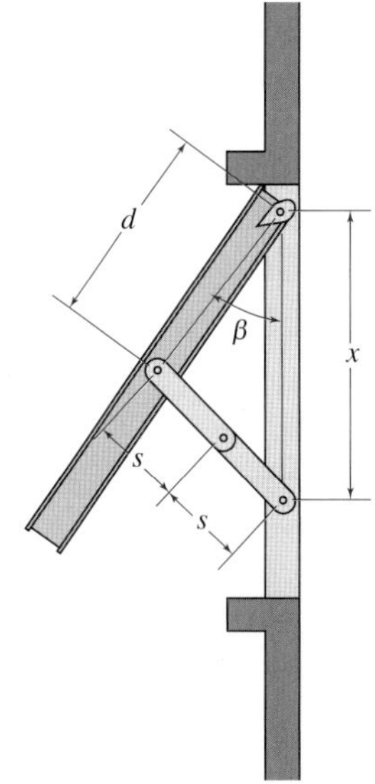

그림 P3.10 문제 10, 11

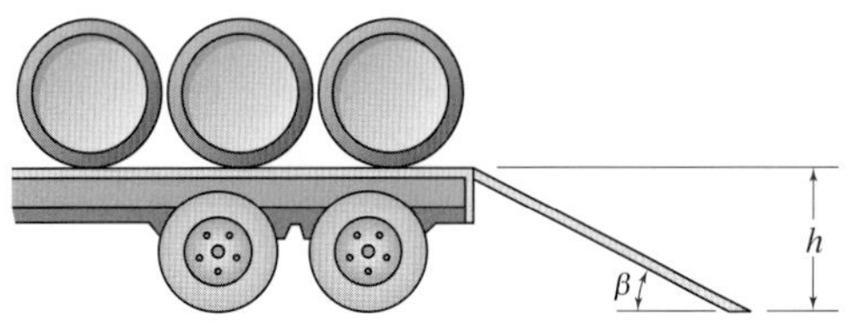

그림 P3.12 문제 12, 13

3-14. 사다리의 길이가 3.6m이고 각도 β가 70°일 때 수직 높이를 구하라.

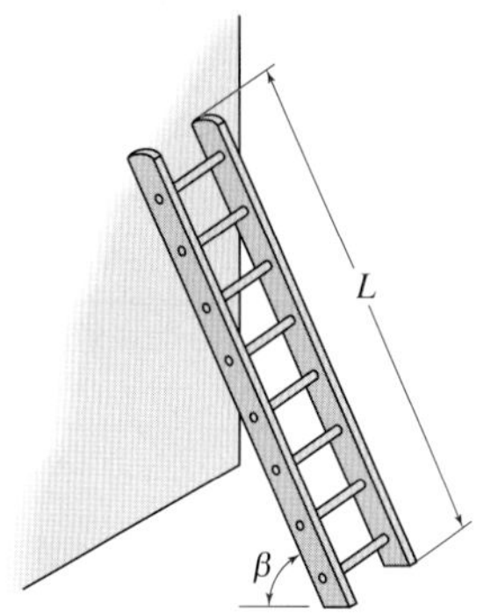

그림 P3.14 문제 14, 15

3-15. 사다리의 길이가 7m이고 바닥점이 벽면으로부터 2m 떨어져 있을 때 각도 β를 구하라.

3-16. 각도 $\beta = 28°$이고 $x = 6$m, $d = 4.8$m일 때 지지막대의 거리를 구하라. 또한 $L = 7.5$m일 때 끝점의 수직 높이를 구하라.

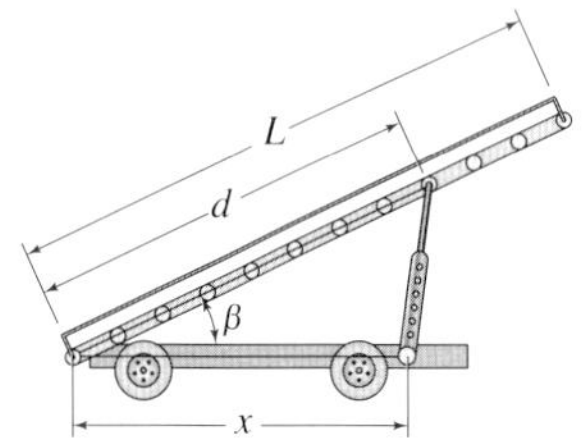

그림 P3.16 문제 16, 17

3-17. 끝점의 수직 높이가 8m이고 $x = 8$m, $d = 10$m, 그리고 $L = 13$m일 때 각도 β를 구하라.

3-18. $a = 60$cm, $b = 90$cm, $c = 75$cm, $d = 150$cm, $e = 1.8$m, 그리고 $f = 3$m일 때 바스켓의 수직 높이를 구하라.

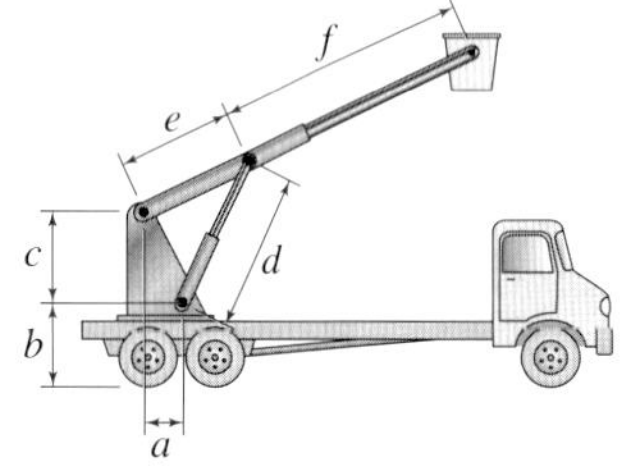

그림 P3.18 문제 18, 19

3-19. 유압 실린더 길이 $d = 125$cm일 때 바스켓의 수직 높이를 구하라.

도식적 벡터 더하기

3-20. 그림 P3.20에서 도식적으로 합성 $\mathbf{R} = \mathbf{A} +> \mathbf{B}$를 구하라.

3-21. 그림 P3.21에서 도식적으로 합성 $\mathbf{R} = \mathbf{A} +> \mathbf{B}$를 구하라.

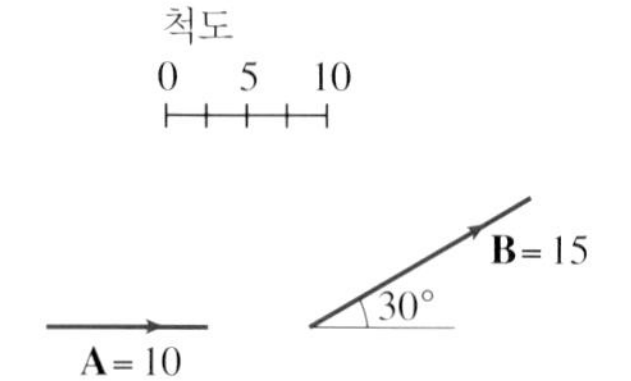

그림 P3.20 문제 20, 26, 32, 33, 38, 39

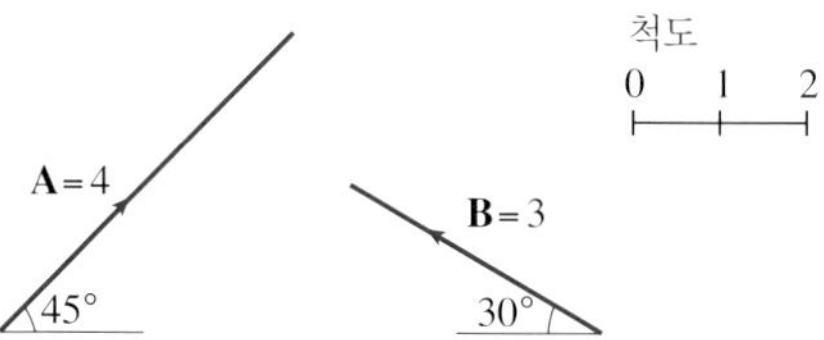

그림 P3.21 문제 21, 27, 34, 35, 40, 41

3-22. 그림 P3.22에서 도식적으로 합성 $\mathbf{R} = \mathbf{A} +> \mathbf{B}$를 구하라.

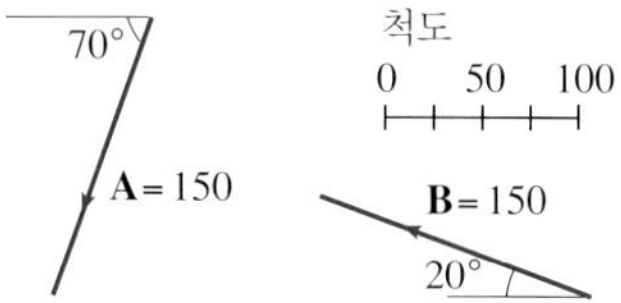

그림 P3.22 문제 22, 28, 36, 37, 42, 43

3-23. 그림 P3.23에서 도식적으로 합성 $\mathbf{R} = \mathbf{A} +> \mathbf{B} +> \mathbf{C}$를 구하라.

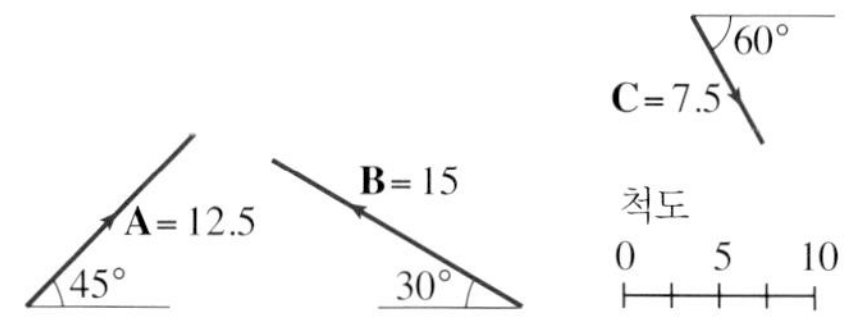

그림 P3.23 문제 23, 29, 44, 45, 52, 53

3-24. 그림 P3.24에서 도식적으로 합성 $\mathbf{R} = \mathbf{A} +> \mathbf{B} +> \mathbf{C} +> \mathbf{D}$를 구하라.

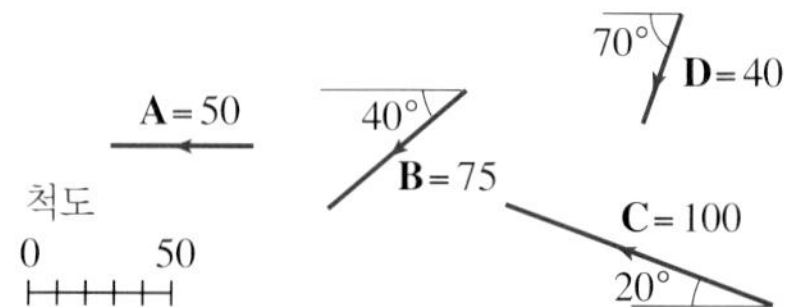

그림 P3.24 문제 24, 30, 46, 47, 54, 55

3-25. 그림 P3.25에서 도식적으로 합성 **R** = **A** +> **B** +> **C** +> **D** +> **E**를 구하라.

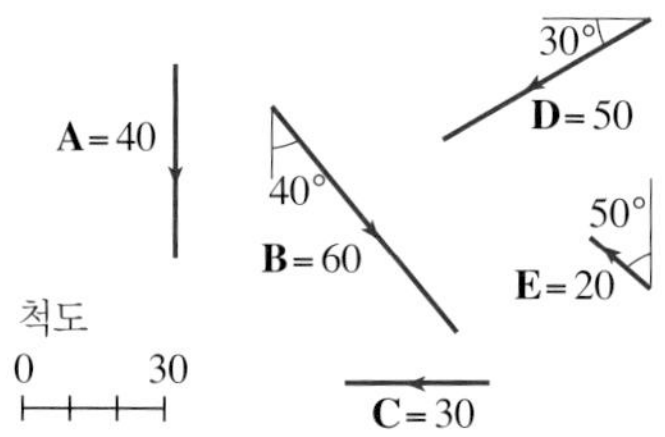

그림 P3.25 문제 25, 31, 48, 49, 56, 57

해석적 벡터 더하기

3-26. 그림 P3.20에서 해석적으로 합성 **R** = **A** +> **B**를 구하라.

3-27. 그림 P3.21에서 해석적으로 합성 **R** = **A** +> **B**를 구하라.

3-28. 그림 P3.22에서 해석적으로 합성 **R** = **A** +> **B**를 구하라.

3-29. 그림 P3.23에서 해석적으로 합성 **R** = **A** +> **B** +> **C**를 구하라.

3-30. 그림 P3.24에서 해석적으로 합성 **R** = **A** +> **B** +> **C** +> **D**를 구하라.

3-31. 그림 P3.25에서 해석적으로 합성 **R** = **A** +> **B** +> **C** +> **D** +> **E**를 구하라.

도식적 벡터 빼기

3-32. 그림 P3.20에서 도식적으로 빼기 **J** = **A** -> **B**를 구하라.

3-33. 그림 P3.20에서 도식적으로 빼기 **K** = **B** -> **A**를 구하라.

3-34. 그림 P3.21에서 도식적으로 빼기 **J** = **A** -> **B**를 구하라.

3-35. 그림 P3.21에서 도식적으로 빼기 **K** = **B** -> **A**를 구하라.

3-36. 그림 P3.22에서 도식적으로 빼기 **J** = **A** -> **B**를 구하라.

3-37. 그림 P3.22에서 도식적으로 빼기 **K** = **B** -> **A**를 구하라.

해석적 벡터 빼기

3-38. 그림 P3.20에서 해석적으로 빼기 **J** = **A** -> **B**를 구하라.

3-39. 그림 P3.20에서 해석적으로 빼기 **K** = **B** -> **A**를 구하라.

3-40. 그림 P3.21에서 해석적으로 빼기 **J** = **A** -> **B**를 구하라.

3-41. 그림 P3.21에서 해석적으로 빼기 **K** = **B** -> **A**를 구하라.

3-42. 그림 P3.22에서 해석적으로 빼기 **J** = **A** -> **B**를 구하라.

3-43. 그림 P3.22에서 해석적으로 빼기 **K** = **B** -> **A**를 구하라.

일반적인 벡터 방정식(도식적)

3-44. 그림 P3.23에서 도식적으로 **J** = **C** +> **A** -> **B**를 구하라.

3-45. 그림 P3.23에서 도식적으로 **K** = **B** -> **A** -> **C**를 구하라.

3-46. 그림 P3.24에서 도식적으로 **J** = **C** +> **A** -> **B** +> **D**를 구하라.

3-47. 그림 P3.24에서 도식적으로 **K** = **B** -> **D** +> **A** -> **C**를 구하라.

3-48. 그림 P3.25에서 도식적으로 **J** = **C** +> **A** -> **B** +> **D** -> **E**를 구하라.

3-49. 그림 P3.25에서 도식적으로 **K** = **B** -> **D** +> **A** -> **C** +> **E**를 구하라.

3-50. 그림 P3.50에서

a. 벡터도를 표현하는 벡터 방정식을 기술하라.

b. 음수가 나타나지 않도록 다시 기술하라.

c. b에서의 내용대로 벡터도를 다시 그려라.

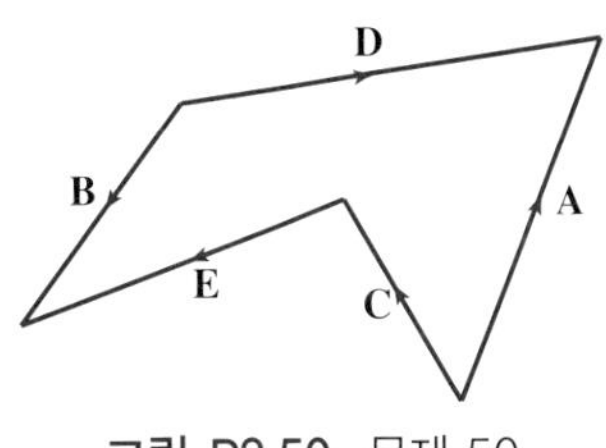

그림 P3.50 문제 50

3-51. 그림 P3.51에서

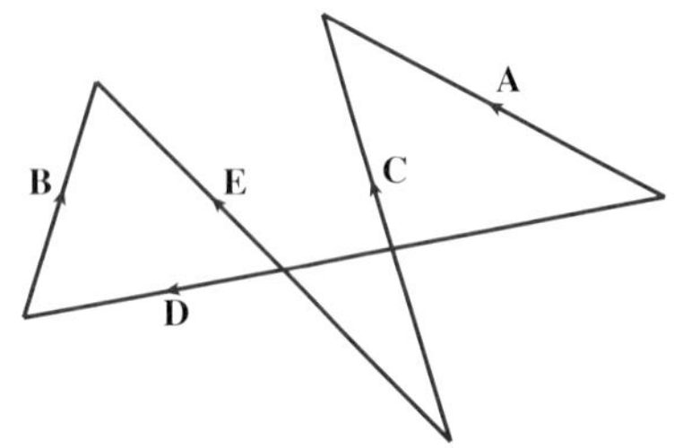

그림 P3.51 문제 51

a. 벡터도를 표현하는 벡터 방정식을 기술하라.

b. 음수가 나타나지 않도록 다시 기술하라.

c. b에서의 내용대로 벡터도를 다시 그려라.

3-52. 그림 P3.23에서 해석적으로 **J** = **C** +> **A** –> **B**를 구하라.

3-53. 그림 P3.23에서 해석적으로 **K** = **B** –> **A** –> **C**를 구하라.

3-54. 그림 P3.24에서 해석적으로 **J** = **C** +> **A** –> **B** +> **D**를 구하라.

3-55. 그림 P3.24에서 해석적으로 **K** = **B** –> **D** +> **A** –> **C**를 구하라.

3-56. 그림 P3.25에서 해석적으로 **J** = **C** +> **A** –> **B** +> **D** –> **E**를 구하라.

3-57. 그림 P3.25에서 해석적으로 **K** = **B** –> **D** +> **A** –> **C** +> **E**를 구하라.

벡터 크기 구하기(도식적)

3-58. 그림 P3.58에서 벡터 방정식이 **A** +> **B** –> **C** = **D** –> **E**로 표현된다. 도식적으로 **C**와 **E**의 크기를 구하라.

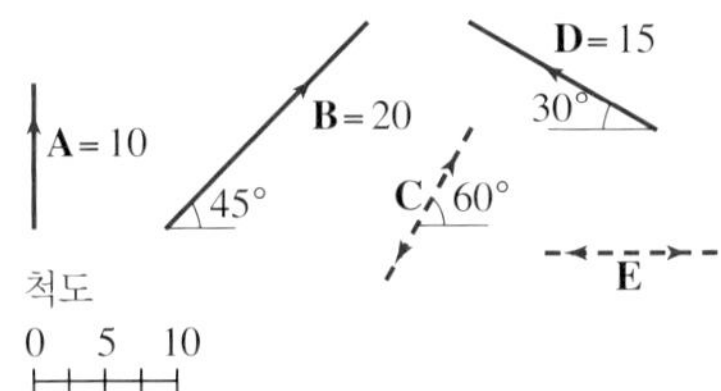

그림 P3.58 문제 58, 61

3-59. 그림 P3.59에서 벡터 방정식이 **A** +> **B** +> **C** –> **D** = **E** +> **F**로 표현된다. 도식적으로 **D**와 **F**의 크기를 구하라.

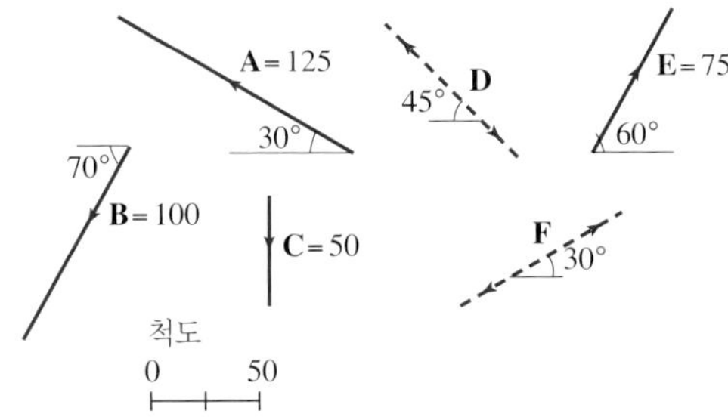

그림 P3.59 문제 59, 62

3-60. 그림 P3.60에서 벡터 방정식이 **A** –> **B** –> **C** +> **D** = –> **E** +> **F**으로 표현된다. 도식적으로 **B**와 **C**의 크기를 구하리.

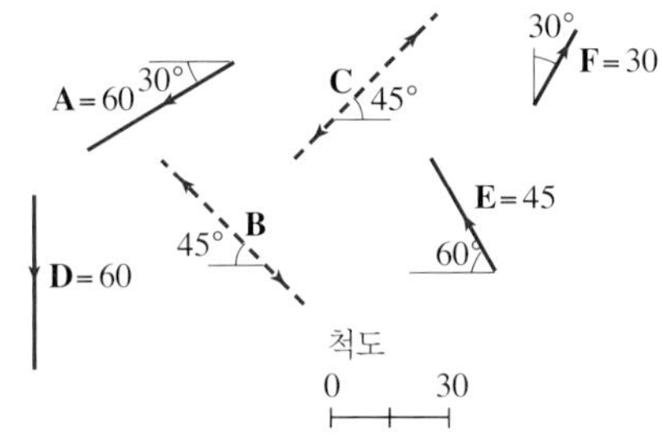

그림 P3.60 문제 60, 63

벡터 크기 구하기(해석적)

3-61. 문제 3-58의 **C**와 **E**의 크기를 해석적으로 구하라.

3-62. 문제 3-59의 **D**와 **F**의 크기를 해석적으로 구하라.

3-31. 문제 3-60의 **B**와 **C**의 크기를 해석적으로 구하라.

〉〉〉 사례연구

3-1. 그림 C3.1은 예전에 널리 쓰이던 계산기의 많은 버튼 중 2개이다. 양 옆에 그려진 그림은 버튼 1과 2의 동작을 자세히 보여 준다. 이 기구에서 각 구성을 주의 깊게 비교해보고, 다음 내부 작동 원리에 대한 질문에 답해 보자.

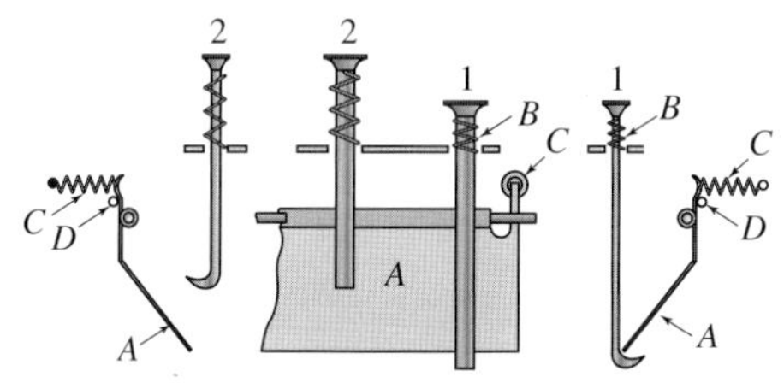

그림 C3.1 (Industrial Press에서 게재 허용)

1. 버튼 2가 눌려지면 기판 *A*는 무슨 일이 일어나는가?
2. 용수철 *C*의 목적은 무엇인가?
3. 용수철 *B*의 목적은 무엇인가?
4. 버튼 2가 눌려지면 버튼 1에 무슨 일이 일어나는가?
5. 이 장치의 목적이 무엇인가?
6. 힘은 벡터이기 때문에 방향이 중요하다. 용수철 *B*가 움직임에 따라 버튼 1에 가해지는 힘의 방향은 어떻게 되는가?
7. 용수철 *C*가 움직임에 따라 기판 *A*에 가해지는 힘의 방향은 어떻게 되는가?
8. 계산기 외에 이러한 장치를 사용할 수 있는 기계는 어떤 것이 있는지 나열하여라.
9. 핀 *D*의 기능은 무엇인가?

3-2. 원자재의 크기가 초과되었을 때 철선을 만드는 자동화 기계는 가끔 고장이 나게 된다. 기계에 심각한 피해를 주는 것을 막기 위해 기계가 고장 났을 때 순간적으로 전력을 끊는 사람이 필요하다. 그러나 기계의 피해를 막기 위해 이 사람이 가까이에서 계속 지켜보는 것은 불가능하다. 이러한 문제를 해결하기 위하여 다음과 같은 기구가 제안되었다.

그림 C3.2에서 기어 *C*는 철선 만드는 기계를 조작하는 메이팅 기어를 움직인다. 구동축 *A*는 고리 *B*에 묶여 있다. 기어 *C*는 축 *A*와 미끄러질 수 있다. 링크 *F*와 *D*는 핀 *G*와 *E*로 기어 *C*와 각각 연결되어 있다. 기어 *C*의 추가적인 핀으로 용수철 *H*의 끝을 붙잡고 있다. 이 기구에서 주의 깊게 각 성분의 구성을 비교해 보고, 이 기구의 동작에 관한 다음의 질문에 대답해 보자.

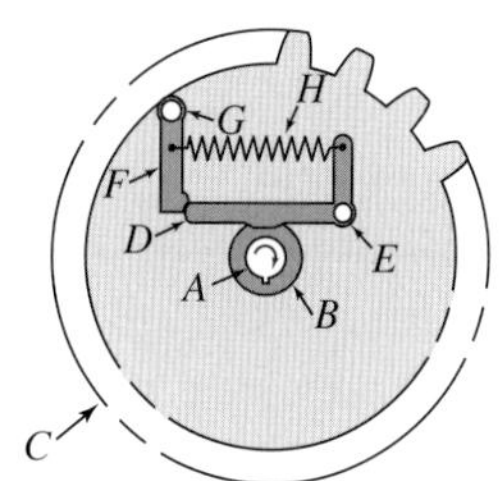

그림 C3.2 (Industrial Press에서 게재 허용)

1. 구동축 *A*가 시계 방향으로 돌 때 고리 *B*는 어떤 움직임을 보이는가?
2. 만약 기어 *C*가 고리 *B*에 고정되어 있지 않다면 축으로부터의 시계 방향 움직임이 기어를 어떻게 돌리게 되는가?
3. 링크 *D*가 위쪽으로 힘이 작용하면 기어 *C*의 움직임에 무슨 일이 일어나는가?

4. 링크 D가 위쪽으로 움직이면 어떤 동작이 발생하는가?
5. 링크 D가 위쪽으로 움직이는 것을 방해하는 것은 무엇인가?
6. 이 장치의 목적은 무엇인가?
7. 이런 장치를 무엇이라고 부르겠는가?
8. 이 장치를 자동 철선 제조 기계에 어떻게 장착하겠는가?
9. 이 장치는 가끔 초기화시켜야 한다. 왜 그리고 어떻게 해야 하는가?
10. 힘은 벡터이므로 방향이 중요하다. 용수철 H가 움직임에 따라 힘의 방향이 어떻게 되는가?
11. 이러한 장치를 사용할 수 있는 이 기계 외의 기계를 나열하여라.

CHAPTER

4

위치 및 변위 해석

교육 목표

1. 임의 점에 대해 위치와 변위를 정의한다.
2. 구동 링크가 운동함에 따라 기구의 모든 링크 위치를 도식적/해석적 방법으로 결정한다.
3. 기구의 한계 위치를 도식적/해석적 방법으로 결정한다.
4. 기구 운동 전체 사이클에서 모든 링크의 위치를 도식적/해석적 방법으로 결정한다.
5. 기구의 임의 점의 운동에 대한 변위도를 작성한다.

4.1 서론

대부분의 기구 해석에 있어서 그 목적은 임의 운동 자세에서 모든 링크의 위치를 구하는 것이다. 그림 4.1의 클램프를 고려해 보자. 만일 이 클램프가 기계에 조립되어 사용된다면, 클램프 각 링크의 운동이 어떻게 이루어지는지를 조사하는 것은 당연히 해야 할 일이다. 예를 들어 턱을 잠그는 데 필요한 핸들의 운동을 결정하는 일 따위가 이에 해당한다. 클램프를 잠그거나 푸는 일은 기계 조작자가 일상적으로 수행해야 할 일로서, 이 같은 인간 요소는(human factor)는 클램프를 사용함에 있어 반드시 고려하여야 한다. 위치 해석(position analysis)은 변화하는 기구의 정렬에 대해 링크를 어떻게 위치시켜야 하는가를 조사하는 일이기도 하다.

클램핑 과정에서 각 부품의 위치 변화를 구하는 것도 또 하나의 조사 대상이다. 부품들 간에는 적절한 크기의 간극이 유지되어야 한다. 위치 해석은 동작 사이클의 모든 단계에서 각 링크의 위치를 결정하기 위해 일정 시간 간격으로 반복적으로 수행된다. 이 장은 주로 위치 및 변위 해석의 유형에 대해 초점이 맞추어져 있다.

그림 4.1 클램프(Carr Lane Mfg에서 게재 허용)

4.2 위치

위치(position)는 물체가 존재하는 장소의 좌표 정보이다. 다음 절에서는 링크와 점의 위치에 대해 논하게 될 것이다.

4.2.1 점의 위치

기구 상의 한 점의 위치는 그 점이 놓여 있는 곳의 공간 배치를 나타낸다. 위치는 원점으로부터 점이 있는 곳까지를 각각 원점과 시점으로 하는 위치 벡터(position vector)로 나타낼 수 있다. 그림 4.2는 점 *P*의 2차원 위치를 정의하는 위치 벡터 $\mathbf{R}_P$를 보인다. 점의 위치는 원점으로부터의 거리(벡터의 크기)와 기준축으로부터의 각도(벡터의 방향)로 규정될 수 있다.

점의 위치는 또한 관례적으로 기준좌표계 상의 위치 벡터의 수평 및 수직 방향 성분으로 나타낼 수 있다. 그림 4.2의 점 *P*의 위치는 그 x 방향 및 y 방향 성분인 $\mathbf{R}^x{}_P$ 와 $\mathbf{R}^y{}_P$로 나타낼 수 있음에 주목하라.

4.2.2 링크의 각도 위치

링크의 각도는 또 하나의 중요한 값이다. 각도 위치(angular position) θ는 링크 상의 두 점을 연결한 선이 기준축과 이루는 각도로 정의된다. 그림 4.2에 의하면 선 *MN*은 링크 4 위에 놓여 있다. 링크 4의 각도 위치는 선 *MN*과 x 축과의 각도를 의미하는 θ_4에 의해 정의된다. 일관성을 담보하기 위하여 각도 위치는 기준축에 대해 반시계 방향으로 측정될 경우 양의 값으로, 시계 방향으로 측정되면 음의 값으로 정의한다.

4.2.3 기구의 위치

기구 해석의 주요한 목직은 운동을 연구하기 위함이다. 운동은 링크의 위치와 기구를 구성하는 기준점이 변하게 될 경우 발생한다. 링크의 위치가 변하기 때문에 기구는 다른 형상으로 강제되며 이에 따라 운동이 발생하는 것이다.

1장에서 이동성 혹은 자유도는 기구의 중요한 성질이라고 전술했던 점을 떠올려 보라. 1자

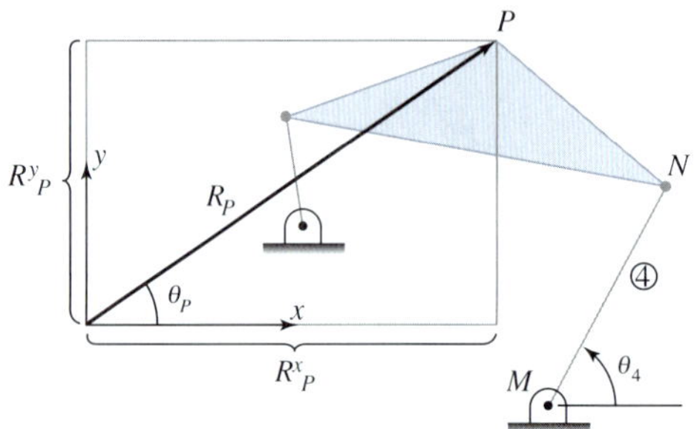

그림 4.2 점 P의 위치 벡터

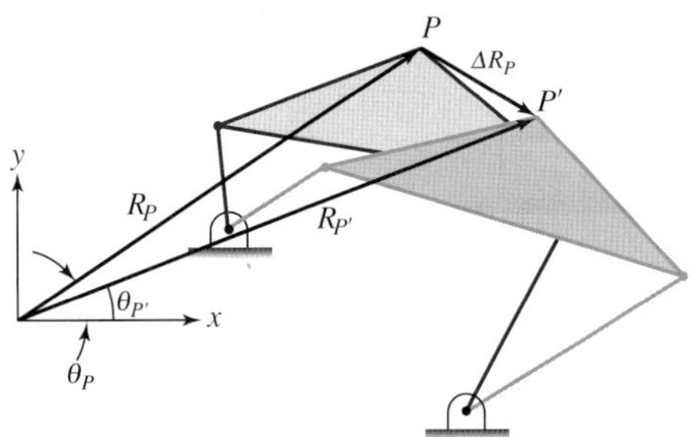

그림 4.3 점 P의 변위 벡터

유도를 갖는 링키지에서 하나의 링크나 점의 위치가 정해지면, 다른 모든 링크나 점의 위치를 정확히 정의할 수 있다. 비슷하게 2자유도를 갖는 링키지의 경우에는 두 링크의 위치에 의해 다른 모든 링크의 위치가 종속적으로 정확히 정해질 수 있다.

그렇기 때문에 기구 상의 모든 점과 링크의 위치는 임의적이지도 독립적이지도 않다. 특정 구동 링크나 구동 점의 위치는 독립적이다. 위치 해석의 주요한 목표는 기구 상의 점의 위치를 구동 링크나 점의 위치 함수로서 나타내는 것이다.

4.3 변위

변위(displacement)는 운동의 결과이다. 바로 점이나 링크의 시작 위치로부터 끝 위치까지의 거리를 나타내는 벡터를 나타낸다. 변위에는 두 가지 형태, 즉 직선 변위와 각 변위가 있다.

4.3.1 직선 변위

직선 변위(linear displacement) **ΔR**은 일정시간 동안 이동한 한 점의 시작점과 운동 후 끝점 사이의 직선 거리를 나타낸다. 그림 4.3은 위치 P'으로 변위된 기구 상의 한 점 P를 나타낸다.

점 P의 직선 변위는 ΔR_P로 표기하며 초기 위치와 최종 위치 간 벡터의 차로 계산되며 다음 식과 같다.

$$\Delta \mathbf{R}_P = \mathbf{R}_{P'} -> \mathbf{R}_P \tag{4.1}$$

직선 변위는 단순히 점이 운동하는 동안 이동한 거리가 아님을 명심하라.

변위 벡터의 크기는 초기 및 최종 위치 간의 거리이다. 이 크기는 선형 단위(인치, 피트, 밀리미터 등)로 나타낸다. 방향은 기준축으로부터 선까지의 각도로 규정될 수 있다.

4.3.2 각 변위

각 변위(angular displacement) $\Delta\theta$는 회전하는 링크의 특정 두 자세 간의 각도이다. 그림 4.4에 보인 바와 같이 바로 링크의 초기 각 위치와 최종 각 위치 간의 차이를 말한다. 크기와 방향

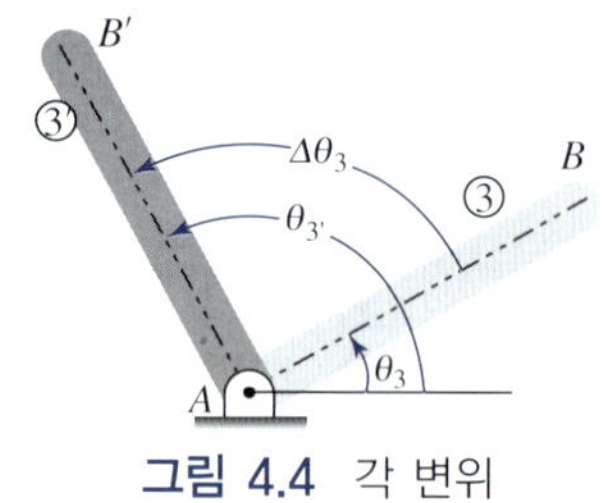

그림 4.4 각 변위

(시계 방향 혹은 시계 반대 방향)을 가지고 있지만 각 변위는 벡터 합의 교환 법칙과 결합 법칙을 따르지 않으므로 기술적으로는 벡터가 아니다.

링크의 각 변위(이를테면 링크 3의 각 변위)는 $\Delta\theta_3$로 표기하면 식 4.2와 같이 결정된다.

$$\Delta\theta_3 = \theta_{3'} - \theta_3 \tag{4.2}$$

각 변위의 크기는 링크의 초기 및 최종 자세 간의 각도이다. 이 크기는 도(degree), 라디안(radians), 회전수(revolutions)의 단위를 갖고 방향을 특정하기 위하여 시계 방향, 반시계 방향이라고 나타낸다.

4.4 변위 해석

통상 기구학적 조사를 수행하는 것은 구동 링크가 움직일 때 기구를 구성하는 모든 링크의 위치를 정하는 것을 의미한다. 4.2절에서 설명하였듯이 기구의 자유도는 독립적인 구동 링크의 개수를 결정한다. 보통 대부분의 1자유도를 갖는 기구에서 변위 해석은 한 링크의 위치가 변경되었을 때, 다른 모든 링크의 위치를 결정하는 것을 포함한다. 기구의 모든 링크의 위치를 결정하는 것을 기구 구성(configuration of mechanism)이라 한다.

그림 4.1은 4절 기구로서 하나의 고정 링크, 즉 프레임과 4개의 회선, 즉 핀 조인트를 가진다. 식 1.1로부터 자유도는 다음과 같이 계산된다.

$$M = 3(4 - 1) - 2(4) = 1$$

1자유도를 갖는 4절 기구는 하나의 링크를 움직임으로써 다른 모든 링크의 위치를 결정한다. 따라서 우리는 전형적인 문제로서 그림 4.5의 링크 2가 특정한 변위만큼 움직일 때 링크 3,

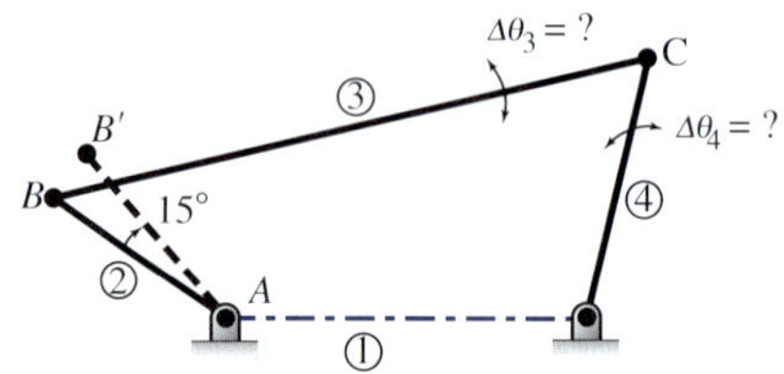

그림 4.5 전형적인 위치 해석

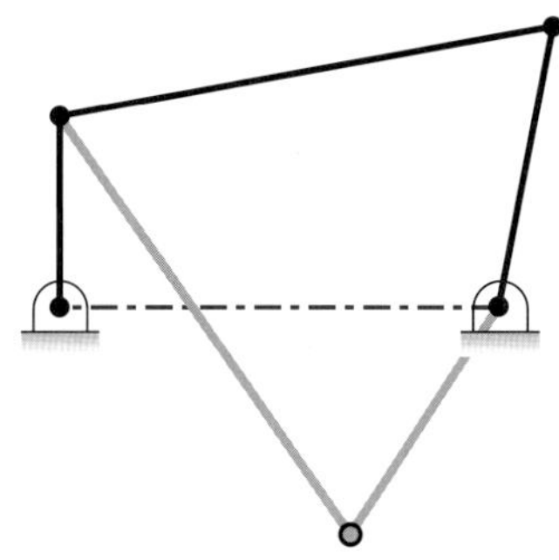

그림 4.6 4절 기구에서 발생하는 2개의 기구 반전

4의 위치를 결정하는 일 따위를 자주 접하게 될 것이다. 예제에서 구동 변위는 각 변위로서 $\Delta\theta_2 = 15°$ 시계 방향이다.

거의 모든 링키지가 구동 링크의 주어진 위치에 대해 별개의 구성을 보인다. 4절 기구에서 크랭크 위치가 같은 경우 발생하는 2개의 구성을 그림 4.6에 나타내었다. 이러한 대체 구성을 기하 반전(geometric inversion)이라 한다. 링키지가 분해되거나 사점(dead point)를 통과하지 않고 하나의 기하 반전으로부터 다른 기하 반전으로 이행하는 것은 드문 일이다. 따라서 기구 해석을 수행할 때에는 관심 대상의 기하 반전을 결정하기 위하여 기구의 원래 구성을 조사하는 것이 필요하다.

4.5 변위 : 도식적 해석

4.5.1 단일 구동 링크의 변위

새로운 구성으로 기구를 변화시키려면 구동 링크의 새로운 위치에 대하여 링크 각각의 위치를 재설정할 필요가 있다. 고정 중심을 회전하는 단순 링크의 새로운 위치는 고정 중심을 원점으로 하고, 움직이는 피벗까지의 거리를 반지름으로 하여, 지정된 각도만큼 원호를 그려서 구할 수 있다. 그림 4.5에 링크 2가 15° 시계 방향으로 회전하는 것을 나타내었다.

어떤 해석에서는 기저에 부착된 복합 링크가 또한 회전하는 경우가 있다. 이는 몇 가지 방법을 통하여 처리할 수 있다. 대부분의 경우 가장 단순한 방법은 먼저 링크의 한 선만을 옮기는 것이다. 링크를 구성하는 다른 선들은 이미 옮겨진 선을 기준으로 재구축될 수 있다.

그림 4.7은 복합 링크의 회전 과정을 나타낸다. 그림 4.7a에서 링크 상의 선 AB가 시계 방향으로 $\Delta\theta_2 = 80°$ 회전하는 과정을 나타내었다. 점 B가 이동한 위치를 B'이라고 표기한 점에 주목하라.

다음 스텝은 새롭게 옮겨진 점 C, 즉 C'의 위치를 결정하는 것이다. 복합 링크는 강체이며 움직이는 동안 그 형상이 변하지 않으므로 선 AC와 BC의 길이는 변하지 않을 것이다. 따라서 그림 4.7b에 나타낸 바와 같이 점 C' 선 AC와 BC의 길이를 측정하고 점 A와 B'으로부터 원호를 그려서 재설정될 수 있다.

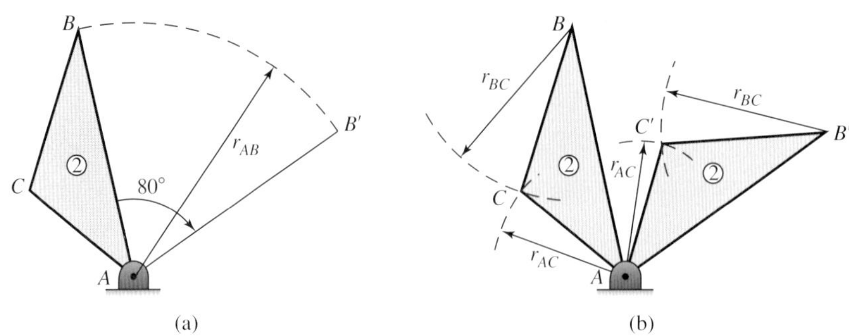

그림 4.7 복합 링크의 회전

또 다른 방법으로 CAD 시스템을 사용하는 방법이 있다. 링크를 구성하는 선을 복사, 회전하여 옮겨진 링크를 구할 수 있다. 어떤 CAD 시스템을 사용하든지 기하학적 요소들을 회전시키거나 복사할 수 있는 기능은 기본으로 들어 있다. 이러한 명령은 링크의 모든 라인을 원하는 점에 대해 원하는 각 변위만큼 회전시키는 데 사용될 수 있다. 회전된 링크는 다른 색깔의 레이어로 설정하는 것이 좋을 것이다.

4.5.2 나머지 종속 링크의 변위

일단 구동 링크의 위치가 재설정되면, 다른 모든 링크들의 위치가 그에 따라 결정되어야 한다. 이를 위해 기저에 연결되어 있는 모든 링크의 실현 가능한 이동 경로를 구축하여야 한다. 기저에 핀 조인트로 연결되어 있는 링크의 경우, 링크 상의 모든 점은 기저에 상대적인 회전만이 가능하다. 따라서 이 점이 지날 수 있는 궤적은 링크를 기저에 연결하는 핀 조인트를 중심으로 형성되는 원호가 된다.

그림 4.8은 링크 2, 4, 6이 모두 기저에 핀 조인트로 연결되어 있는 기구의 기구 해석도를 나타낸다. 점 *B*, *C* 그리고 *E*가 각각 링크 2, 4, 6에 위치하기 때문에 구속 경로(contrained path)가 즉각 만들어질 수 있다. 점 *B*의 구속 경로는 링크 2를 기저에 연결시키는 핀 조인트에 중심을 둔 원호가 된다. *C*와 *E*의 구속 경로는 비슷한 방법으로 결정할 수 있다.

미끄럼 조인트로 기저와 연결되어 있는 링크 상의 한 점의 구속 경로는 쉽게 결정될 수 있다. 이 링크 상의 모든 점은 미끄럼면 방향과 평행한 직선 경로를 갖는다.

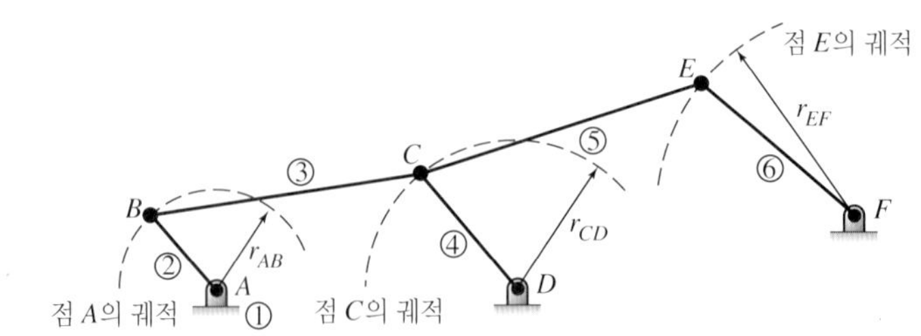

그림 4.8 기저에 핀 조인트된 링크 상의 점의 구속 경로

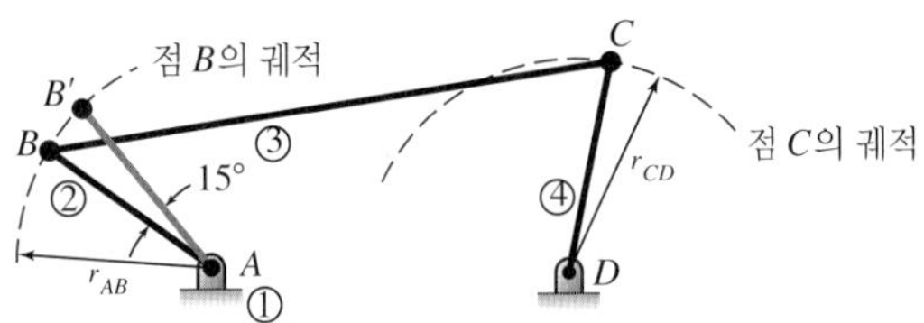

그림 4.9 점 C의 구속 경로 구하기

기저에 연결되어 있는 모든 링크의 구속 경로를 밝히고 나면 연결 링크의 위치를 결정할 수 있다. 이는 모든 링크는 강체라는 사실로부터 비롯되는 논리 추론이다. 여기서 강체성(rigidity)이라 함은 운동 중에 링크의 형상이나 길이가 변하지 않는 것을 의미한다.

그림 4.5에서 링크 3과 4의 위치는 링크 2가 시계 방향으로 15° 회전함에 따라 결정된다. 4.5.1절에서 설명한 절차를 밟아 그림 4.9는 링크 2가 새로운 위치로 옮겨지는 것을 보인다. 이것은 점 *B′*으로 정의된다. 점 *C*의 구속 경로 또한 그림 4.9에 보이고 있다.

강체성 때문에 링크 3의 길이는 운동 중 변하지 않는다. 링크 2의 위치가 바뀐다 할지라도 점 *B*와 점 *C* 간의 길이 r_{BC}는 변하지 않는다. 이 변위 해석을 정리하면 다음과 같다.

1. 점 *B*가 *B′*으로 이동한다.
2. 점 *C*는 항상 점 *D*로부터 길이 r_{BC}의 거리에 있는 구속 경로 상에 있고,
3. 점 *B*와 점 *C* 간의 길이는 일정한 값을 유지한다(*C*은 점 *B′*으로부터 길이 r_{BC} 만큼 떨어진 위치에 있어야 함).

이러한 사실로부터 링크 3의 새로운 위치를 설정할 수 있다. 선 *BC*의 길이는 정확히 측정되어야 한다. 점 *B*가 *B′*으로 이동하기 때문에 길이 r_{BC}를 갖는 원호는 *B′*을 중심으로 형성된다. 이 원호를 따라가면서 점 *C′*의 경로가 결정되는 것이다. 한편 점 *C*는 또한 그림 4.9에 나타낸 구속 경로 상에 있어야만 한다. 따라서 점 *C′*은 두 원호의 교차점에 설정되어야만 한다. 이러한 과정을 그림 4.10에 보였다. 2개의 원호가 또한 또 다른 두 번째 점에서 만나고 있음에 주목하라. 이 두 번째 교차점은 점 *C*로부터 일정 거리에 있고, 링키지의 두 번째 기구 반전을 나

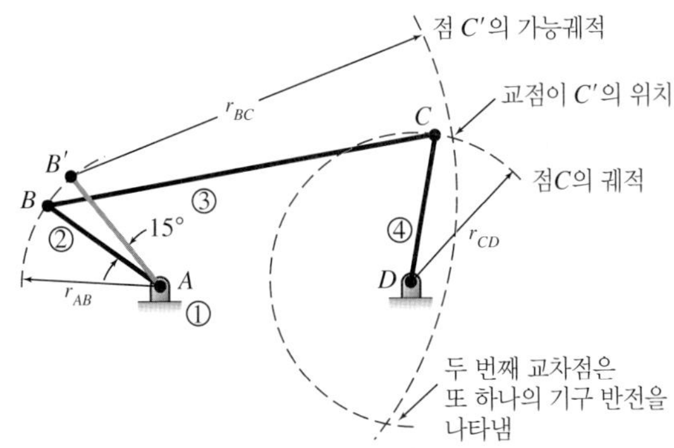

그림 4.10 점 C′의 위치 정하기

타낸다. 이렇게 다른 구성(alternate configuration)이 되려면 링키지는 분해되고 재조립되어야 한다. 그러니 이 교차점은 무시될 수 있다.

두 원호는 전혀 교차하지 않을 수도 있다. 구속 경로와 가능 경로가 교차하지 않는 경우는 개별 링크들의 현재 길이로는 구동 링크가 지정된 변위를 얻을 수 없음을 나타낸다.

일단 C'이 설정되고 나면 링크 3과 4의 위치가 그려질 수 있다. 따라서 구동 링크가 재설정될 때의 기구 구성이 결정되었다.

이 절에서는 도식적 위치 해석 방법의 논리, 즉 구속 경로와 가능 경로의 교차에 의해 옮겨진 점을 결정하는 방법에 대해 설명하였다. 이러한 논리는 기구가 더욱 복잡해지더라도 단순 반복될 것이다. 실제 해법은 컴퍼스와 자를 이용한 손 그림이나 CAD 시스템을 통해서 구해질 수 있다. 두 방법에서 해를 얻는 논리는 동일하다. CAD 시스템은 충분히 제도의 정확도가 높기 때문에 해의 부정확성에 대해 걱정할 필요가 없다.

예제 4.1

그림 4.11은 링크 2의 운동으로 구동되는 기구의 기구 해석도를 나타낸다. 링크 2가 30° 반시계 방향으로 이동할 때, 각 링크의 이동 위치를 도식적으로 구하라. 또한 링크 4의 각 변위와 점 E의 직선 변위도 구하라.

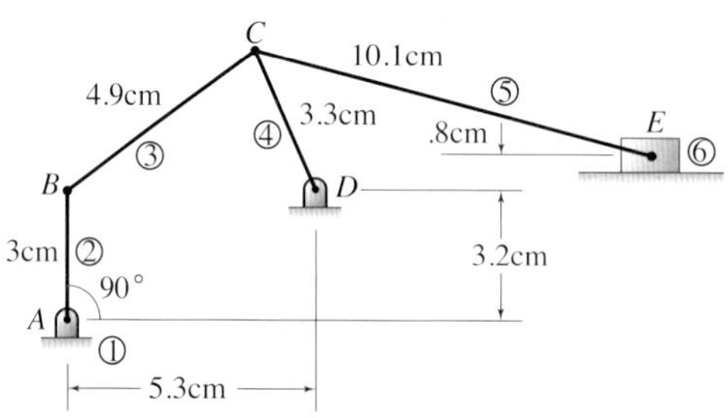

그림 4.11 예제 4.1의 기구 해석도

풀이

1. 자유도 계산

구동 링크의 작동에 의해 기구가 유일한 위치로 바뀌는지 검증하기 위하여 자유도를 계산할 수 있다. 6개의 링크가 설정되었다. 3개의 링크가 점 C에 연결되어 있음에 주목하라. 1장에서 이러한 정렬은 2개의 핀 조인트가 되는 중첩 조인트였음을 기억하라. 따라서 총 6개의 핀 조인트가 있는 것이다. 하나의 미끄럼 조인트는 링크 1과 6을 연결한다. 기어와 캠 조인트는 없다. 따라서,

$$n = 6,\ j_p = (6 \text{ pins} + 1 \text{ sliding}) = 7,\ j_h = 0 \text{ 이고,}$$

$$M = 3(n-1) - 2j_p - jh = 3(6-1) - 2(7) - 0 = 15 - 14 = 1\text{이 된다.}$$

자유도가 1이므로 하나의 링크 움직임으로 나머지 모든 링크는 위치가 정해진다.

2. 구동 링크 위치 재설정

링크 2가 30° 반시계 방향으로 회전함에 따라 그림 4.12a에 나타낸 바와 같이 점 B'이 결정된다.

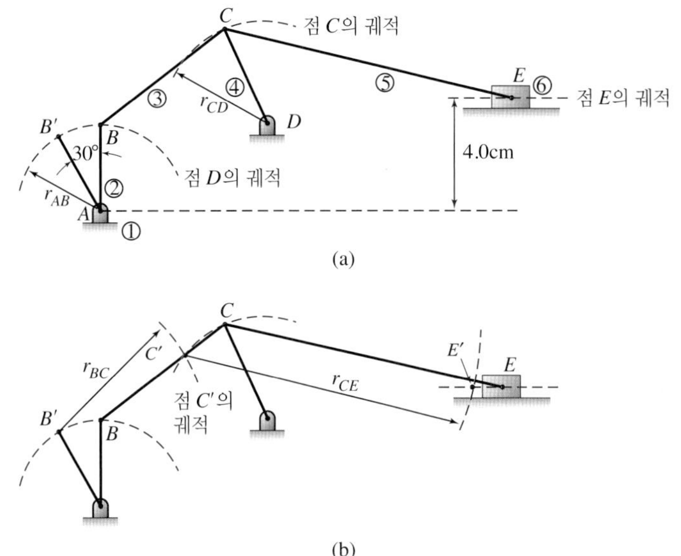

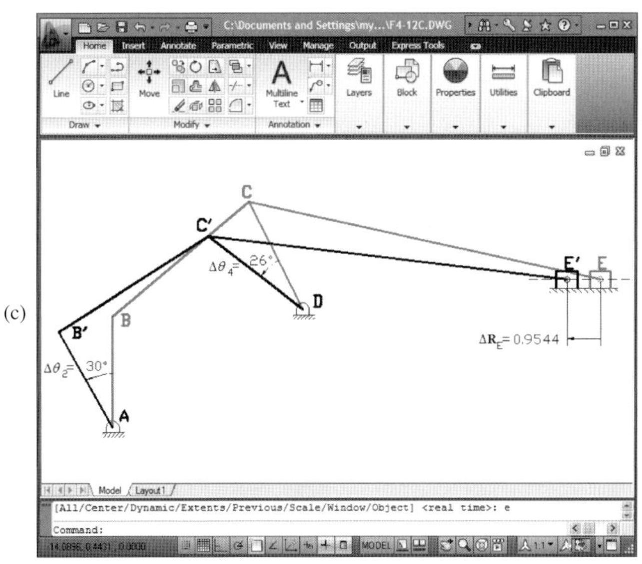

그림 4.12 예제 4.1의 변위 구성

3. 기저와 직접 연결되어 있는 모든 링크의 경로 정하기

기구를 재위치시키기 위하여 기저와 연결되어 있는 링크의 모든 점(B, C, E)의 구속 경로를 그림 4.12a에 그렸다.

4. **점 C'의 정확한 위치 구하기**

강체성 가정에 따라 링크 3의 길이는 변하지 않고, 점 B와 C 간 길이 r_{BC}는 상수값이다. 점 B가 B'으로 움직이므로 점 B'을 중심으로 하고 길이 r_{BC}를 반지름으로 하는 원호를 그릴 수 있다. 이 원호가 점 C'의 이동 가능한 경로이다. 그림 4.12b에 보이듯이 이 원호와 점 C의 구속 경로 간의 교차점에서 점 C'의 위치가 결정된다.

5. **점 E'의 정확한 위치 구하기**

같은 논리로 점 E'의 위치를 구한다. 강체성 가정에 따라 링크 5의 길이는 변하지 않고, 점 C와 E 간 길이 r_{CE}는 상수값이다. 점 C가 C'으로 움직이므로 점 C'을 중심으로 하고 길이 r_{CE}를 반지름으로 하는 원호를 그릴 수 있다. 이 원호가 점 E'의 이동 가능한 경로이다. 그림 4.12b에 보이듯이 이 원호와 점 E의 구속 경로 간의 교차점에서 점 E'의 위치가 결정된다.

6. **점 E′과 링크 4의 변위 측정**

마지막으로 결정된 점 C'과 E'의 위치를 통해 그림 4.12c와 같이 링크 3에서 6까지가 그려질 수 있다. 링크 4의 변위는 신, 구위치 간의 각 변위이므로 다음과 같이 측정된다.

$$\Delta\theta_4 = 26^\circ \text{ 반시계 방향}$$

점 E의 변위는 점 E의 신, 구위치 간의 직선 변위이다. 점 E와 E' 간의 거리는 그려진 축적에 맞추어 다음과 같이 측정된다.

$$\Delta\mathbf{R}_E = .9544\,\text{cm} \leftarrow$$

〉〉 예제 4.2

그림 4.13의 복합 레버 가위는 큰 절단력이 필요할 때 이용된다. 상부 핸들을 고정 프레임으로 하고 턱의 삭노가 15°로 벌어진 후의 각 링크 위치 및 하부 핸들의 변위를 구하라.

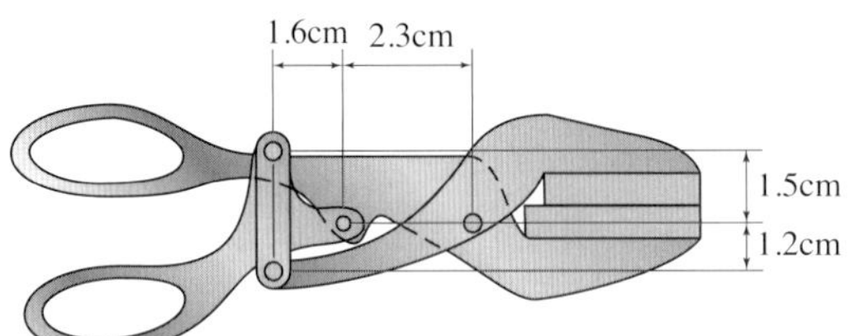

그림 4.13 예제 4.2의 복합 레버 가위

풀이

1. **기구 해석도 작성 및 자유도 계산**

그림 4.14a에 기구 해석도를 나타내었다. 상부 핸들을 기저로, 하부 턱 끝을 관심점 X로, 하부 핸들의 끝을 관심점 Y로 한다. 이것이 우리에게 친숙한 1자유도의 4절 기구임을 확인하라. 단순히 턱 링크 하나를 움직이게 되면, 나머지 모든 링크의 위치가 정해진다.

2. **구동 링크 위치 재설정**

기구를 재위치시키기 위하여 상부 턱, 즉 링크 2를 15° 반시계 방향으로 회전시킨다. 관심점 *X*도 이에 따라 링크 2와 함께 회전한다.

3. **점 *C′*의 정확한 위치 구하기**

4절 기구이기 때문에 점 *C′*의 위치는 구속 경로와 이동 가능 경로 간의 교점에서 결정된다. 그림 4.14b에 이를 나타내었다.

4. **점 *Y′*의 정확한 위치 구하기**

마지막으로 관심점 *Y*의 위치를 결정하여야 한다. 강체 가정 하에 사이드 *C′D*가 이미 설정되었으므로 점 *Y′*도 즉각적으로 결정할 수 있다.

그림 4.7b에 설명한 과정과 비슷하게 사이드 *DY*의 길이도 변하지 않기 때문에 점 *Y*의 경로는 점 *D*로부터 만들 수 있다. 한편 사이드 *CY*의 길이도 변하지 않는다. 점 *C*는 *C′*으로 옮겨진다. 이

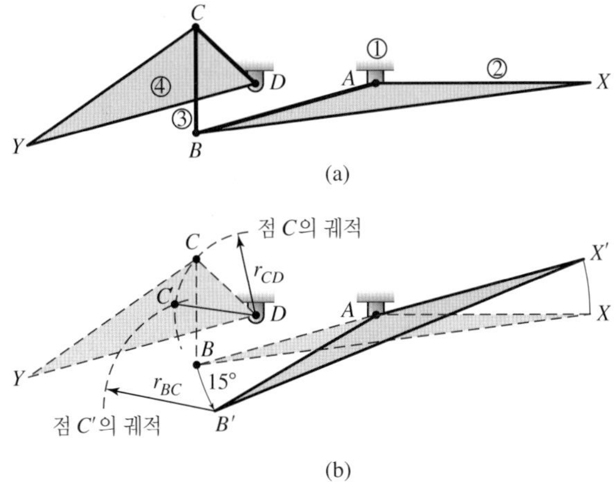

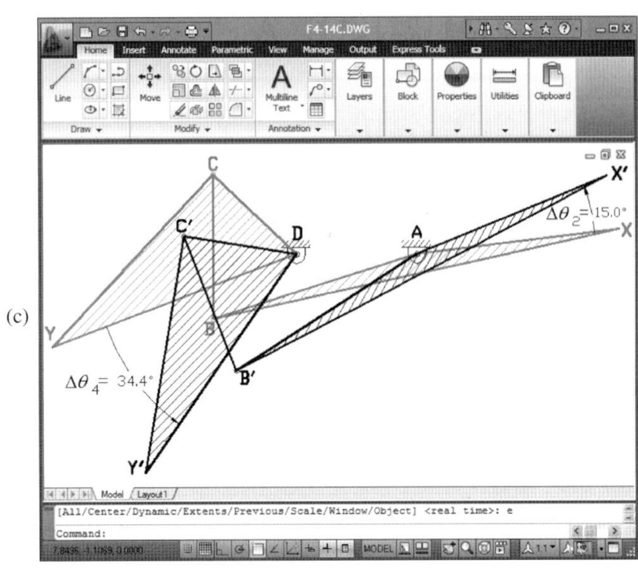

그림 4.14 예제 4.2의 기구 구성

Y'의 또 다른 이동 가능 경로가 C'으로부터 결정될 수 있다. 이 두 경로의 교차점에서 그림 4.14c에 나타낸 바와 같이 Y'의 최종 위치를 구할 수 있다.

5. **링크 4의 변위 측정**

   턱이 15°만큼 회전하기 위한 하부 핸들의 변위는 그림 14.4c로부터 다음과 같이 측정된다.

$$\Delta\theta_4 = 35^\circ \text{ 반시계 방향}$$

4.6 위치 : 해석적 해석

위치 해석에 있어 해석적 방법(analytical analysis)은 측정이 아닌 계산이므로 보다 정확한 결과를 얻을 수 있다. 이 방법은 정확한 결과를 주긴 하지만 밀도있는 수치 계산을 필요로 한다. 더불어 복잡한 용어 정의에 의한 고등 수학이 사용되기도 한다[참고문헌 4, 9, 11, 12 참조].

설계적인 관점에서라면 기구 해석이란 것이 일상적인 업무는 아니기 때문에 이러한 복잡한 방법을 이해하고 사용하는 것이 어려운 일이 될 수 있다. 그냥 복잡한 고등수학 없이 간단하게 삼각함수법을 사용하는 것이 더 낫다. 두말할 것 없이 이 방법은 우악스러운 방법으로 기구학을 전문적으로 연구하는 집단에게는 비효율적인 방법이다. 그러나 일반적인 설계 엔지니어에게 때로는 단순함이 효율성보다 더 훌륭한 미덕일 수 있다. 이 책에서는 이 삼각함수법을 이용하는 위치 해석을 사용할 것이다.

일반적으로 이 방법은 기구에 기준선을 삽입하여 삼각형을 분석하는 방법을 포함한다. 삼각형의 수학 법칙들이 삼각형 변의 길이와 내각을 구하는 데 사용될 것이다. 삼각형 형상의 세부사항이 정해져서 기구 전체를 분석하기 위한 정보로 통합된다.

해석적 방법의 근본적인 장점은 기구 부품의 치수를 언제든지 바꾸어 즉시 계산할 수 있다는 것이다. 즉 치수가 바뀐다고 도식적 방법에서처럼 그림을 다시 그리거나 하지 않아도 된다. 기계를 설계할 때에는 기계의 구성과 치수가 지속적으로 평가되고 바뀐다. 도식적 방법은 이럴 경우 처음부터 다시 해야 하지만, 해석적 방법은 스프레드시트나 컴퓨터 기반 툴을 사용할 경우 즉시 해를 업데이트할 수 있다.

위치 해석의 해석적 방법은 다음 예에서 잘 볼 수 있다.

〉〉 예제 4.3

그림 4.15는 물체를 강하게 조일 수 있는 토글 클램프를 나타낸다. 핸들이 15° 눌러질 때 클램프의 수평 변위를 해석적 방법으로 구하라.

풀이

1. **기구 해석도 작성**

   기구 해석도를 그림 4.16a에 표시하였고, 핸들 끝을 관심점 X로 한다.

2. **원 기구 구성(original configuration)의 형상 분석**

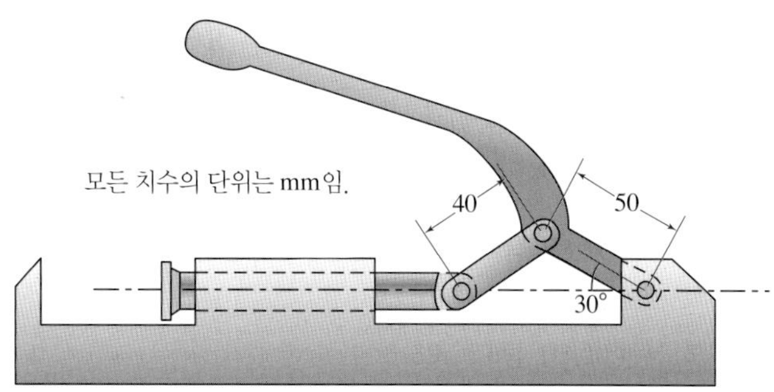

그림 4.15 예제 4.3의 토글 클램프

이 기구는 슬라이더-크랭크 기구로서 그림 4.16b와 같이 핀 조인트 A, B, C 세 점 사이에 삼각형이 형성된다.

재위치된 기구 구성을 구하기 전에 먼저 원 기구 구성의 모든 값들을 정해야 한다. 조인트 C의 내각 $\angle BCA$는 식 3.6과 같이 사인 법칙으로부터 결정될 수 있다.

$$\frac{\sin\angle BAC}{(BC)} = \frac{\sin\angle BCA}{(AB)}$$

$$\angle BCA = \sin^{-1}\left[\left(\frac{AB}{BC}\right)\sin\angle BAC\right] = \sin^{-1}\left[\left(\frac{50\,\text{mm}}{40\,\text{mm}}\right)\sin 30^\circ\right] = 38.68^\circ$$

조인트 B의 내각 $\angle ABC$는 삼각형 내각의 합이 180°라는 조건으로부터 구해질 수 있다.

$$\angle ABC = 180^\circ - (30^\circ + 38.68^\circ) = 111.32^\circ$$

변 AC의 길이는 슬라이더의 원 위치를 나타내는 것으로서 식 3.7과 같이 코사인 법칙으로부터 계산할 수 있다.

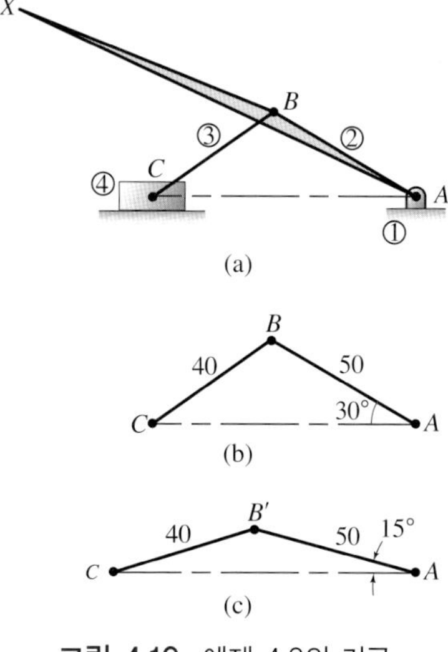

그림 4.16 예제 4.3의 기구

$$
\begin{aligned}
AC &= \sqrt{AB^2 + BC^2 - 2(AB)(BC)\cos\angle ABC} \\
&= \sqrt{(50\,\text{mm})^2 + (40\,\text{mm})^2 - 2(50\,\text{mm})(40\,\text{mm})\{\cos 111.32^\circ\}} \\
&= 74.52\,\text{mm}
\end{aligned}
$$

3. 이동된 기구 구성(displaced configuration)의 형상 분석

핸들이 15° 눌러질 때, 이동된 기구 구성을 그림 4.16c에 나타내었다. 이 조건은 조인트 A의 내각 $\angle C'AB'$이 15°가 되는 것임을 명심하라. 이동 전과 마찬가지로 사인 법칙을 통해 조인트 C'의 내각 $\angle B'C'A$를 다음과 같이 구할 수 있다.

$$
\angle B'C'A = \sin^{-1}\left[\left(\frac{AB'}{B'C'}\right)\sin\angle C'AB'\right] = \sin^{-1}\left[\left(\frac{50\,\text{mm}}{40\,\text{mm}}\right)\sin 15^\circ\right] = 18.88^\circ
$$

다시 조인트 B'의 내각 $\angle AB'C'$은 삼각형 내각의 합은 180° 조건을 이용하여 구할 수 있다.

$$
\angle AB'C' = 180^\circ - (15^\circ + 18.88^\circ) = 146.12^\circ
$$

변 AC'의 길이는 슬라이더의 이동된 위치를 나타낸다. 이전과 마찬가지로 이 값은 코사인 법칙으로부터 결정된다.

$$
\begin{aligned}
AC' &= \sqrt{AB'^2 + B'C'^2 - 2(AB')(B'C')\cos\angle AB'C'} \\
&= \sqrt{(50\,\text{mm})^2 + (40\,\text{mm})^2 - 2(50\,\text{mm})(40\,\text{mm})\cos(146.12^\circ)} = 86.14\,\text{mm} \\
&= 86.14\,\text{mm}
\end{aligned}
$$

4. 변위 계산

운동 중 발생한 점 C의 변위는 삼각형 변 AC'과 AC의 차이가 된다.

$$
\Delta \mathbf{R}_C = AC' - AC = 86.14 - 74.52 = 11.62\,\text{mm} \leftarrow
$$

4.6.1 인라인 슬라이더-크랭크의 폐쇄형 위치 해석 해

예제 4.3의 클램프 기구는 슬라이더-크랭크 링키지이다. 슬라이더의 핀 조인트가 크랭크 회전 중심을 통과해서 움직이므로 특별히 이를 인라인 슬라이더-크랭크라 칭한다. 그림 4.17은 인라인 슬라이더-크랭크 링키지의 기본 구성을 나타낸다.

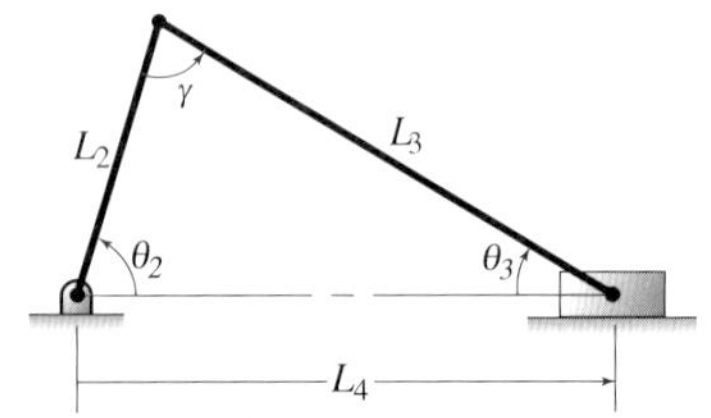

그림 4.17 인라인 슬라이더-크랭크 기구

이것은 일반적인 슬라이더-크랭크 기구이므로 이전 문제로부터의 결과를 적용할 수 있다 [참고문헌 12 참조]. 주어진 길이(L_2 and L_3)와 크랭크 각(θ_2)이 주어졌을 때, 링크의 위치를 설정하자. 특별히 슬라이더의 위치(L_4)와 조인트 각(θ_3 and θ)이 결정되어야 한다.

예제 4.3에 쓰인 수식이 L_2, L_3 그리고 θ_2에 대해 정리된다.

$$\theta_3 = \sin^{-1}\left[\frac{L_2}{L_3}\sin\theta_2\right] \quad \textbf{(4.3)}$$

$$\gamma = 180^\circ - (\theta_2 + \theta_3) \quad \textbf{(4.4)}$$

$$L_4 = \sqrt{L_2^2 + L_3^2 - 2(L_2)(L_3)\cos\gamma} \quad \textbf{(4.5)}$$

이 수식들을 통해 인라인 슬라이더-크랭크 기구의 어떠한 구성에 대해서도 링크의 위치를 결정할 수 있다.

》 예제 4.4

그림 4.18에 유압실린더의 압력을 증가시키는 수동 펌프를 보이고 있다. 핸들을 15° 반시계 방향 회전시킬 때 발생하는 피스톤의 변위를 구하라.

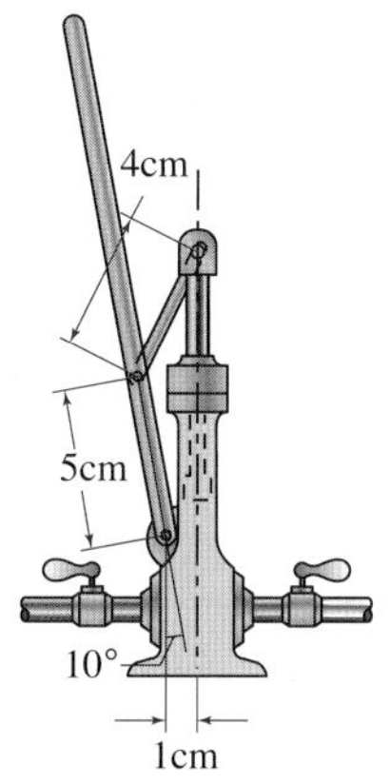

그림 4.18 예제 4.4의 수동 펌프

풀이

1. 기구 해석도 작성

그림 4.19a의 기구 해석도에서 핸들 끝이 관심점 X로 표기되고 있다.

2. 원 기구 구성의 형상 분석

이전 예제와 달리 이 기구는 오프셋 슬라이더-크랭크 기구(offset slider-crank mechanism)이다. 그림 4.19b에 나타낸 바와 같이 이 기구에서는 2개의 직각 삼각형에 초점을 맞추는 것이 효과적이다. 10° 각과 그 여각인 80°에 주목하자.

재위치된 기구 구성을 구하기 전에 먼저 원 기구 구성의 모든 값들을 정해야 한다. 다음의 직각 삼각형에 주목하면, 변 AD와 BD의 길이는 다음의 삼각함수로부터 구할 수 있다.

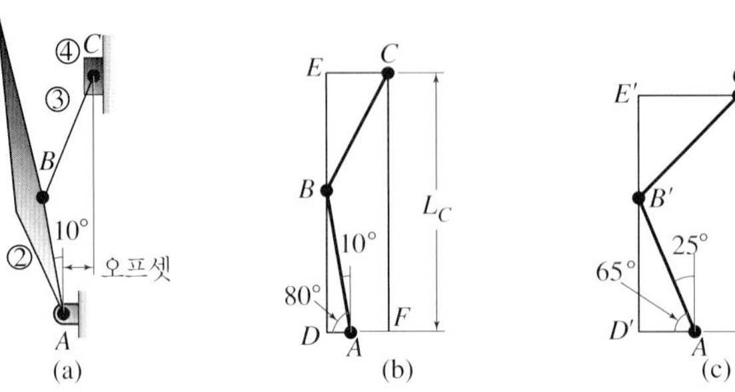

그림 4.19 예제 4.4의 기구도

$$\cos\angle BAD = \frac{AD}{AB}$$

$$AD = (AB)\cos\angle BAD = (5\text{cm})\ \{\cos 80°\} = 0.87\text{cm}$$

$$\sin\angle BAD = \frac{BD}{AB}$$

$$BD = (AB)\sin\angle BAD = (5\text{cm})\ \{\sin 80°\} = 4.92\text{cm}$$

위쪽의 직각 삼각형에서 변 CE의 길이는 오프셋 거리와 아래 직각 삼각형의 변 AD 길이의 합이다.

$$CE = \text{offset} + AD = 1.0 + 0.87 = 1.87\text{cm}$$

변 BE의 길이를 구하기 위해 식 3.4의 피타고라스의 정리를 이용하면 다음과 같다.

$$BE = \sqrt{BC^2 - CE^2} = \sqrt{(4)^2 - (1.87)^2} = 3.54\text{cm}$$

피스톤의 원래 위치 점 C는 BD와 BE의 합으로 결정된다.

$$L_c = BD + BE = 4.92 + 3.54 = 8.46\text{cm}$$

이 문제에서는 구할 필요가 없을지라도 링크 3의 방향을 정의하는 각도가 종종 필요할 때가 있다. 각 $\angle BCE$는 코사인 역함수를 이용하여 구할 수 있다.

$$\angle BCE = \cos^{-1}\left(\frac{CE}{BC}\right) = \cos^{-1}\left(\frac{1.87\text{cm}}{4\text{cm}}\right) = 62.13°$$

3. 이동된 기구 구성의 형상 분석

핸들을 15° 눌렀을 때 변화되는 기구 구성을 그림 4.19c에 보였다. 이 변위는 조인트 A의 각도를 25°(여각은 65°)로 바꾸었음에 주목하자. 아래 직각 삼각형에서 변 AD'과 $B'D'$은 다음의 삼각함수를 통해 구할 수 있다.

$$AD' = (AB')\cos\angle B'AD' = (5\text{cm})\ \{\cos 65°\} = 2.11\text{cm}$$

$$B'D' = (AB')\sin\angle B'AD' = (5\text{cm})\ \{\sin 65°\} = 4.53\text{cm}$$

위쪽의 삼각형에 주목하면 변 $C'E'$의 길이는 오프셋 거리(AF)와 아래쪽 삼각형의 변 AD'의 길이의 합이 된다.

$$C'E' = AF + AD' = 1.0 + 2.11 = 3.11\text{cm}$$

변 $B'E'$은 다음과 같이 계산된다.

$$B'E' = \sqrt{(B'C')^2 - (C'E')^2} = \sqrt{(4\,\text{cm})^2 - (3.11\,\text{cm})^2} = 2.52\,\text{cm}$$

피스톤의 이동 위치는 $B'D'$과 $B'E'$의 합으로 결정된다.

$$L'_C = B'D' + B'E' = 4.53 + 2.52 = 7.05\text{ cm}$$

4. 변위 계산

움직이는 동안 점 C가 이동한 거리, 즉 피스톤의 변위는 길이 L_C로부터 L'_C을 빼면 구해진다.

$$\Delta \mathbf{R}_C = 8.46 - 7.05 = 1.41\text{cm} \downarrow$$

4.6.2 오프셋 슬라이더-크랭크의 폐쇄형 위치 해석 해

예제 4.4의 기구는 슬라이더의 핀 조인트의 이동 경로가 크랭크의 회전 중심과 만나지 않으므로 오프셋 슬라이더-크랭크 기구라 칭한다. 그림 4.20은 오프셋 슬라이더-크랭크 기구의 기본 구성을 나타낸다.

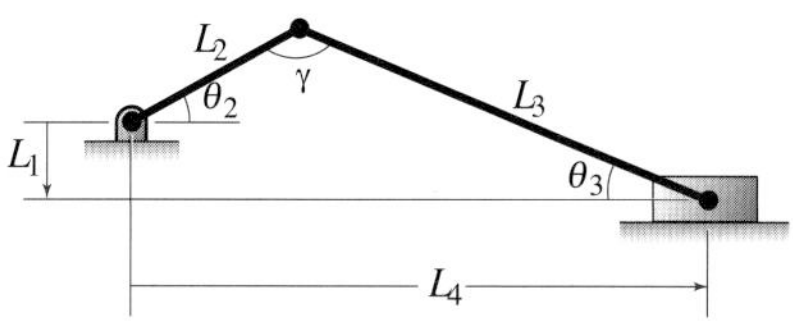

그림 4.20 오프셋 슬라이더-크랭크 기구

이 기구도 아주 일반적인 기구이므로 이전 문제의 풀이로부터 해를 일반화하겠다[참고문헌 12 참조]. 주어진 길이(L_1, L_2, and L_3)와 크랭크 각(θ_2)이 주어졌을 때, 링크의 위치를 설정하자. 특별히 슬라이더의 위치(L_4)와 조인트 각(θ_2 and θ_3)이 결정되어야 한다.

일반화 식은 다음과 같다.

$$\theta_3 = \sin^{-1}\left[\frac{L_1 + L_2\sin\ \theta_2}{L_3}\right] \qquad \textbf{(4.6)}$$

$$L_4 = L_2\ \cos\ \theta_2 + L_3\ \cos\ \theta_3 \qquad \textbf{(4.7)}$$

$$\gamma = 180° - (\theta_2 + \theta_3) \qquad \textbf{(4.8)}$$

이 식들을 통해 오프셋 슬라이더-크랭크 기구의 어떠한 구성에 대해서도 링크의 위치를 결정할 수 있다. 이 식은 그림 4.20과 같이 오프셋이 반대 방향으로 되어 있어도 적용할 수 있다. 단, 이 경우 식 4.6의 L_1은 음수 값으로 대체되어야 한다.

예제 4.5

그림 4.21은 절삭 가공을 하는 중에 피삭재를 고정시키는 데 사용하는 토글 클램프를 나타낸다. 클램프 암을 30° 시계 방향으로 올리기 위한 핸들의 회전각도를 구하라.

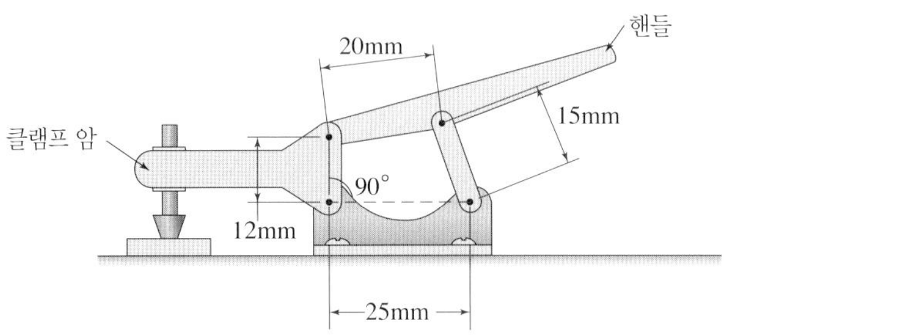

그림 4.21 예제 4.5의 클램프

풀이

1. 기구 해석도 작성

클램프의 기구 해석도를 그림 4.22a에 나타내었다. 핸들 끝을 관심점 *X*로, 클램프 끝을 관심점 Y로 지정한다.

2. 원 기구 구성의 형상 분석

이 기구는 통상의 4절 링크다. 편의를 위하여 그림 4.22b에 나타낸 기구 연쇄 *ABCD*에 집중하자. 여기에 삼각형 2개를 만들 수 있도록 대각선 *BD*를 그린다.

재위치된 기구 구성을 구하기 전에 먼저 원 기구 구성의 모든 값들을 정해야 한다. 아래의 직각 삼각형 *ABD*에 주목하면, 변 *BD*의 길이는 피타고라스의 정리를 이용해 구할 수 있다.

$$BD = \sqrt{(AB)^2 + (AD)^2} = \sqrt{(12)^2 + (25)^2} = 27.73\,\text{mm}$$

내각 $\angle ABD$와 $\angle BDA$는 다음의 삼각함수를 이용하여 계산된다.

$$\angle ABD = \sin^{-1}\left(\frac{25\,\text{mm}}{27.73\,\text{mm}}\right) = 64.4°$$

$$\angle BDA = \cos^{-1}\left(\frac{25\,\text{mm}}{27.73\,\text{mm}}\right) = 25.6°$$

위 삼각형에서 내각 $\angle BCD$는 코사인 법칙을 이용하여 구할 수 있다.

$$\angle BCD = \cos^{-1}\left(\frac{BC^2 + CD^2 - BD^2}{2(BC)(CD)}\right)$$

$$= \cos^{-1}\left(\frac{(20\,\text{mm})^2 + (15\,\text{mm})^2 - (27.73\,\text{mm})^2}{2(20\,\text{mm})(15\,\text{mm})}\right) = 103.9°$$

내각 $\angle CBD$는 사인 법칙을 이용하여 구할 수 있다.

$$\angle CBD = \sin^{-1}\left[\left(\frac{CD}{BD}\right)\sin\angle BCD\right] = \sin^{-1}\left[\left(\frac{15\,\text{mm}}{27.73\,\text{mm}}\right)\sin 103.9°\right] = 31.7°$$

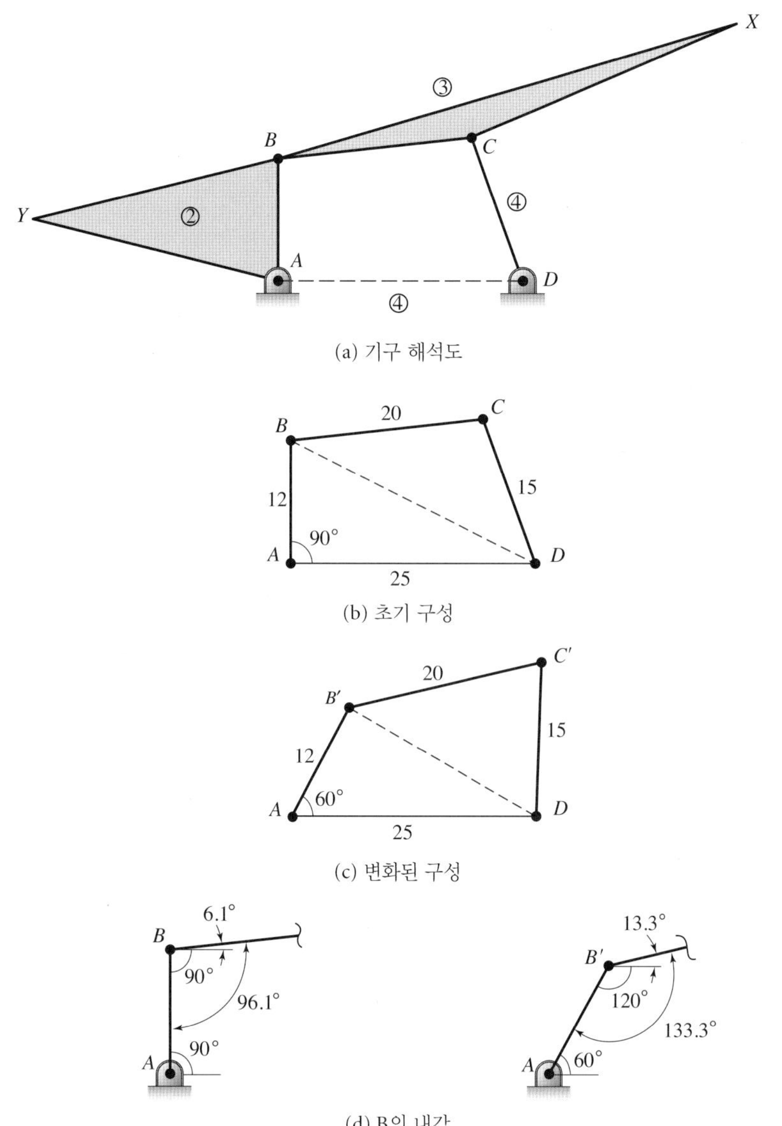

그림 4.22 예제 4.5의 기구

내각 ∠*BDC*는 삼각형 내각의 합 180° 조건을 통해 계산할 수 있다.

$$\angle BDC = 180° - (103.9° + 31.7°) = 44.4°$$

조인트 *B*(링크 2와 3 간의)와 조인트 D(링크 1과 4 간의)에서의 각도는 다음과 같이 결정된다.

조인트 B에서

$$\angle ABC = \angle ABD + \angle CBD = 64.4° + 31.7° = 96.1°$$

조인트 D에서

$$\angle CDA = \angle BDC + \angle BDA = 44.4° + 25.6° = 70.0°$$

3. 이동된 기구 구성의 형상 분석

클램프, 코 즉 링크 2가 시계 방향으로 30° 회전된 변화된 기구 구성을 그림 4.22c에 보였다. 이 구성에서 조인트 A의 각 $\angle DAB'$는 60°임을 주목하라. 또한 아래 삼각형도 더 이상 직각 삼각형이 아니다.

대각선 $B'D$의 길이는 아래 삼각형 ABD에서 코사인 법칙을 적용하여 구한다.

$$B'D = \sqrt{(12\,\text{mm})^2 + (25\,\text{mm})^2 - 2(12\,\text{mm})(25\,\text{mm})\cos 60°} = 21.66\,\text{mm}$$

내각 $\angle AB'D$는 코사인 법칙을 통해 구할 수 있다.

$$\angle AB'D = \cos^{-1}\frac{(AB)^2 + (B'D)^2 - (AD)^2}{2(AB')(B'D)}$$

$$= \cos^{-1}\left[\frac{(12)^2 + (21.66)^2 - (25)^2}{2(12)(21.66)}\right] = 91.3°$$

삼각형 내각의 합이 180°라는 조건으로부터 내각 $\angle B'DA$가 즉각적으로 결정된다.

$$\angle B'DA = 180° - (\angle DAB' + \angle AB'D)$$

$$= 180° - (60° + 91.3°) = 28.7°$$

윗쪽 삼각형에서 보면, 내각 $\angle B'C'D$가 코사인 법칙으로부터 구해진다.

$$\angle B'C'D = \cos^{-1}\left[\frac{(B'C')^2 + (C'D)^2 - (B'D)^2}{2(B'C')(C'D)}\right]$$

$$= \cos^{-1}\left[\frac{(20\,\text{mm})^2 + (15\,\text{mm})^2 - (21.66\,\text{mm})^2}{2(20\,\text{mm})(15\,\text{mm})}\right] = 74.9°$$

내각 $\angle C'B'D$는 사인 법칙으로부터 구해진다.

$$\angle C'B'D = \sin^{-1}\left[\left(\frac{C'D}{B'D}\right)\sin\angle B'C'D\right]$$

$$= \sin^{-1}\left[\left(\frac{15\,\text{mm}}{21.66\,\text{mm}}\right)\sin 74.9°\right] = 42.0°$$

윗쪽 삼각형의 마지막 내각 $\angle B'DC'$는 다음과 같이 계산된다.

$$\angle B'DC' = 180° - (\angle C'B'D + \angle B'C'D) = 180° - (42.0° + 74.9°) = 63.1°$$

조인트 B(링크 2와 3 간의)와 조인트 D(링크 1과 4 간의)의 각도는 다음과 같이 결정된다.
조인트 B에서

$$\angle AB'C' = \angle AB'D + \angle C'B'D = 91.3° + 42.0° = 133.3°$$

조인트 D에서

$$\angle C'DA = \angle B'DC' + \angle B'DA = 63.1° + 28.7° = 91.8°$$

4. 변위 계산

이제 링크 3의 각 변위는 그림 4.22d의 조인트 *B*에 집중하여 결정할 수 있다. 이동 전 기구 구성에서 링크 3은 수평에 대해 다음의 각을 이루고 있다.

$$\angle ABC - 90° = 96.1° - 90.0° = 6.1°$$

이동 후 기구 구성에서 링크 3은 수평에 대해 다음의 각을 이루고 있다.

$$\angle AB'C' - 120° = 133.3° - 120.0° = 13.3°$$

결과적으로 링크 3의 각변위는 다음과 같이 결정된다.

$$\Delta\theta_3 = 13.3° - 6.1° = 7.2°, \text{ 반시계 방향}$$

4.6.3 4절 기구의 폐쇄형 위치 해석식

그림 4.23에 나타낸 4절 기구는 실제로 가장 일반적인 기구이다.

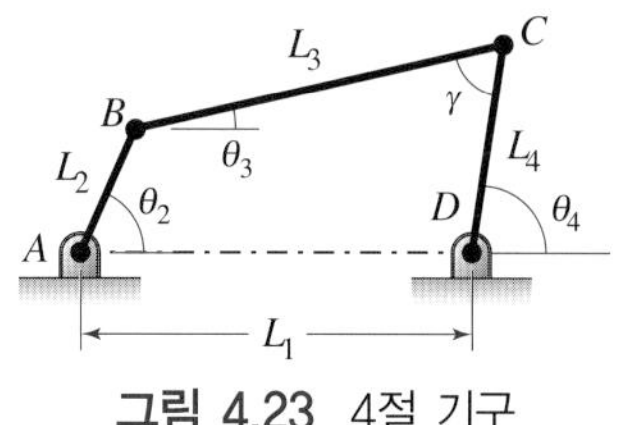

그림 4.23 4절 기구

예제 4.5의 문제에 맞게 유도된 식들은 모든 4절 링크에 적용할 수 있도록 일반화될 수 있다[참고문헌 12 참조]. 4절 기구의 위치 해석 문제는 보통 특정 크랭크 각(θ_2)에 알고 있는 링크의 길이(L_1, L_2, L_3, and L_4)에 대해 내각(θ_3, θ_4, and γ)을 구하는 문제로 귀결된다.

$$BD = \sqrt{L_1^2 + L_2^2 - 2(L_1)(L_2)\cos(\theta_2)} \tag{4.9}$$

$$\gamma = \cos^{-1}\left[\frac{(L_3)^2 + (L_4)^2 - (BD)^2}{2(L_3)(L_4)}\right] \tag{4.10}$$

$$\theta_3 = 2\tan^{-1}\left[\frac{-L_2\sin\theta_2 + L_4\sin\gamma}{L_1 + L_3 - L_2\cos\theta_2 - L_4\cos\gamma}\right] \tag{4.11}$$

$$\theta_4 = 2\tan^{-1}\left[\frac{L_2\sin\theta_2 - L_3\sin\gamma}{L_2\cos\theta_2 + L_4 - L_1 - L_3\cos\gamma}\right] \tag{4.22}$$

이 식들은 그림 4.23에 보인 바와 같이 조립된 어떤 4절 기구의 어떠한 기구 구성에 대해서도 링크의 위치를 계산하는 데 사용할 수 있다.

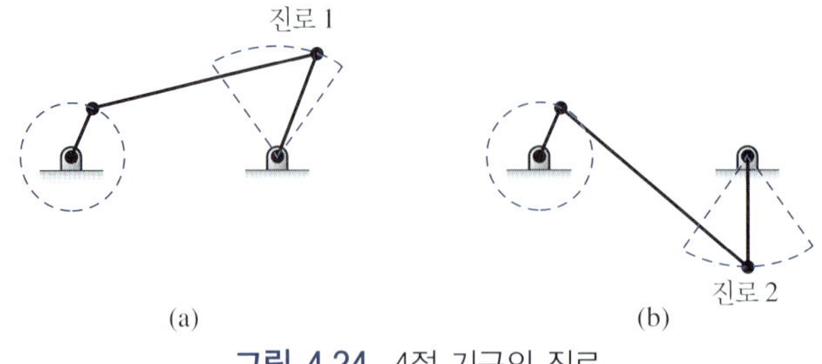

그림 4.24 4절 기구의 진로

4.6.4 4절 기구의 진로

크랭크-로커(1.10절에 설명한)로 분류되는 4절 기구는 2개의 기구 반전에 해당하는 운동이 가능한 2개의 영역을 갖는다. 이 영역을 집결 진로(assembly circuit)라 칭한다. 기구는 분해되지 않고는 서로 다른 집결 진로 사이에서 이동은 불가능하다. 그림 4.23에 보인 기구는 첫 번째 그림 4.24a에 나타낸 첫 번째 진로에서 동작한다.

4절 기구는 조인트 C의 연결을 물리적으로 해체하여 그림 4.24b에 보인 구성으로 재조립될 수 있다. 이 기구가 동작할 때는 두 번째 진로에서 운동하게 된다. 진로에 의존하는 운동이 마치 별개의 것으로 보일지 모르겠으나 기구 간의 상대 운동은 변하는 것이 없다. 그러나 기구의 절대 운동을 이해하기 위해서, 조립 상태에 따르는 진로는 반드시 지정되어야 한다.

두 번째 진로에서 동작하는 4절 기구에서 식 4.11은 다음과 같이 약간 다르다.

$$\theta_3 = 2\tan^{-1}\left[\frac{-L_2\sin\theta_2 - L_4\sin\gamma}{L_1 + L_3 - L_2\cos\theta_2 - L_4\cos\gamma}\right] \tag{4.13}$$

$$\theta_4 = 2\tan^{-1}\left[\frac{L_2\sin\theta_2 + L_3\sin\gamma}{L_2\cos\theta_2 + L_4 - L_1 - L_3\cos\gamma}\right] \tag{4.14}$$

4.7 한계 위치 : 도식적 해석

종동 링크 중 하나가 극한 위치에 존재하는 기구 구성을 한계 위치(limiting position)라 한다. 많은 기계들이 두 한계 위치에서 지속적으로 요동치는 링키지를 가지고 있다. 그림 4.25는 오프셋 슬라이더-크랭크 기구의 한계 위치를 나타낸다.

하나의 한계 위치로부터 다른 곳까지 이동할 때 발생하는 종동 링크의 변위를 종동 링크의 행정(stroke)이라 한다. 그림 4.25a에 나타낸 평행 이동 링크에 대해서 행정은 직선 변위이다. 그림 4.25b에 나타낸 단순 회전을 보이는 링크의 경우 행정은 각 변위로서 스로우(throw)라고도 한다. 크랭크와 커플러(크랭크와 로커를 연결하는 링크)가 일직선이 될 때 한계 위치에서의 기구 구성이 된다. 그림 4.25는 4절 기구와 크랭크-슬라이더의 한계 위치에서의 기구 구성을 보이고 있다. 불평형 각(imbalance angle) β는 두 한계 위치에서 커플러 구성 사이의 각도로

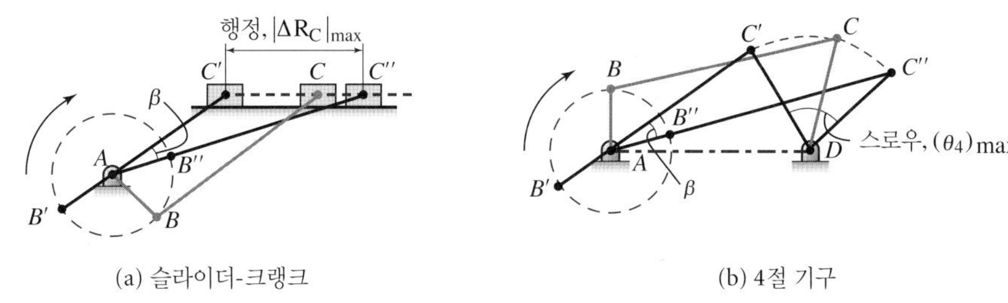

(a) 슬라이더-크랭크 (b) 4절 기구

그림 4.25 한계 위치

정의된다. 불평형 각은 입출 행정의 타이밍에 영향을 미치는 것으로 5장에서 광범위하게 사용될 것이다. 위치 해석을 하다 보면 종종 종동 링크를 한계 위치에 있게 하는 구동 링크의 위치를 구할 필요가 있다.

이러한 문제를 푸는 논리는 이 장에서 그간 다루었던 위치 해석과 유사하다. 다음 예제는 이러한 한계 위치 해석에 관한 것이다.

예제 4.6

그림 4.26은 왕복 운동을 하는 휴대용 전동 톱의 구동 링키지를 나타낸다. 톱날이 상하 한계 위치에 있을 때 기구 구성을 결정하라.

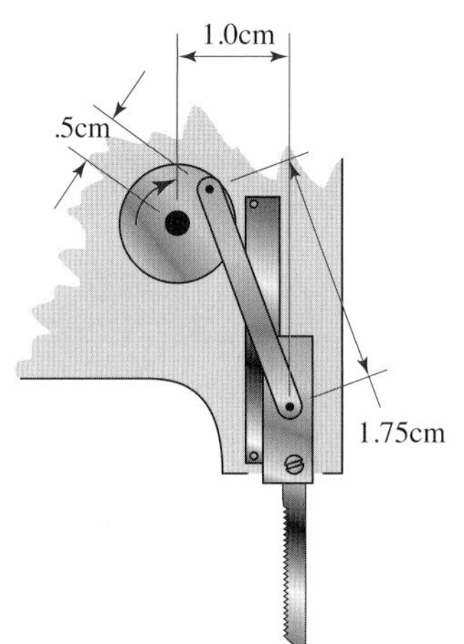

그림 4.26 예제 4.6의 휴대용 전동 톱

풀이

1. **기구 해석도 작성**

   전동 톱에 대한 기구 해석도를 그림 4.27a에 나타낸다. 이 기구는 1장에서 다루었던 슬라이더-크랭크 기구임에 주목하라. 따라서 자유도는 1이다.

2. **확장된 구성에서의 한계 위치 구하기**

   링크 2와 링크 3이 일직선을 이룰 경우, 톱날, 즉 링크 4는 하향 한계 위치에 도달하게 된다. 이 구성에서 점 A와 C 간의 거리는 최대치가 된다. 최대 거리를 구하기 위하여 다음과 같이 링크 2와 3의 길이가 더해져야 한다.

$$L_2 + L_3 = 0.5\text{cm} + 1.75\text{cm} = 2.25\text{cm}$$

링크 2와 3의 길이가 합해지면 점 A를 중심으로 하고, 이 길이를 반지름으로 하는 원호를 그린다. 그림 4.29b에 보였듯이 이 원호와 점 C의 이동 가능 경로의 교차점이 점 C의 한계 위치 C'을 결정하게 된다. 링크 2와 3의 길이를 고려하면 그림 4.29c에 보인 바와 같이 점 B'이 결정된다.

3. 수축된 구성에서의 한계 위치 구하기

다음으로는 톱날, 즉 링크 4의 상향 한계 위치가 결정되어야 한다. 이 구성에 링크 2와 3은 일직선으로 겹치게 된다. 이때 점 A와 C의 거리는 최소가 되며 그 값은 링크 3과 2의 차이가 된다.

$$L_3 - L_2 = 1.75\text{cm} - 0.5\text{cm} = 1.25\text{cm}$$

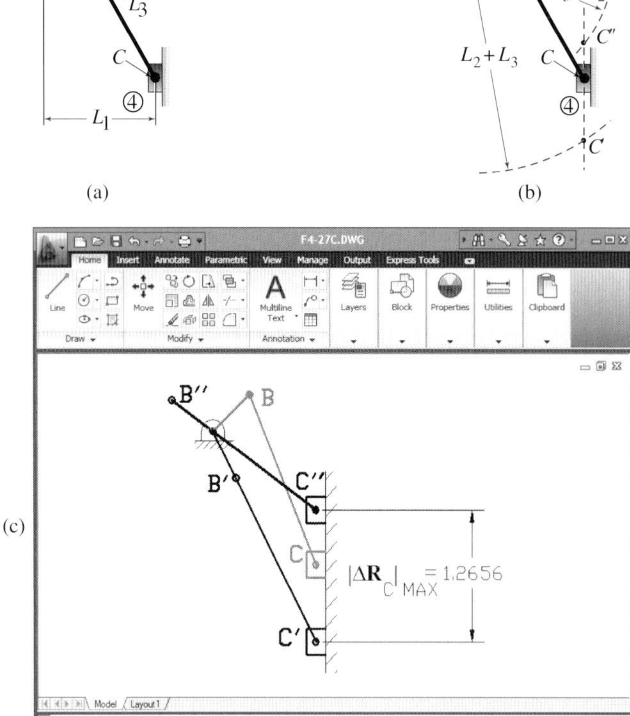

그림 4.27 예제 4.6에 대한 한계 위치

이 수축된 구성에서의 한계 위치는 전단계의 확장된 구성에서의 한계 위치를 구하는 방법과 유사하게 결정된다. 그림 4.27b에서 A와 C' 간의 거리는 링크 2와 3 길이의 합이었음을 기억하자. 비슷한 방법으로 A와 C'' 간의 거리는 링크 3과 2의 차와 같다.

$L_3 - L_2$ 거리를 이용하여, C''으로 정의된 점 C의 상향 한계 위치가 결정된다(그림 4.27b). 마지막으로 링크 2와 3을 그리면 점 B''의 위치를 결정할 수 있다.

4. **종동 링크의 행정 측정**

   그림 4.27c에 나타낸 바와 같이 톱날의 행정은 점 C의 한계 변위를 측정함으로써 구할 수 있다. 축적을 고려하여 기구 해석도로부터 다음의 결과를 얻을 수 있다.

$$|\Delta \mathbf{R}_C|_{max} = 1.27\text{cm}$$

》 예제 4.7

그림 4.28은 자동차 자동 세차기에서의 물 분사 노즐을 동작시키는 기구를 나타낸다. 기구의 분사 노즐의 한계 위치를 결정하라.

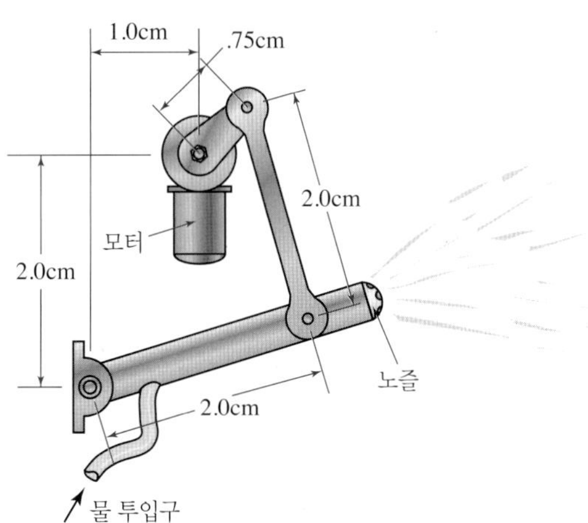

그림 4.28 예제 4.7의 물 분사 노즐 기구

풀이

1. **기구 해석도 작성**

   이 장치에 대한 기구 해석도를 그림 4.29에 나타냈다. 이 기구는 1 자유도를 갖는 4절 기구임에 주목하라.

2. **확장된 구성에서의 한계 위치 구하기**

   이 예제의 풀이 방법은 예제 4.6과 거의 유사하다. 노즐 즉, 링크 4는 링크 2와 3이 일직선일 될 때, 하향 한계 위치에 도달한다. 이 구성에서 점 A와 C의 거리는 최대가 된다. 최대 거리는 링크 2와 3의 길이를 더한 값이다.

$$L_2 + L_3 = 0.75\,\text{cm} + 2.00\,\text{cm} = 2.75\,\text{cm}$$

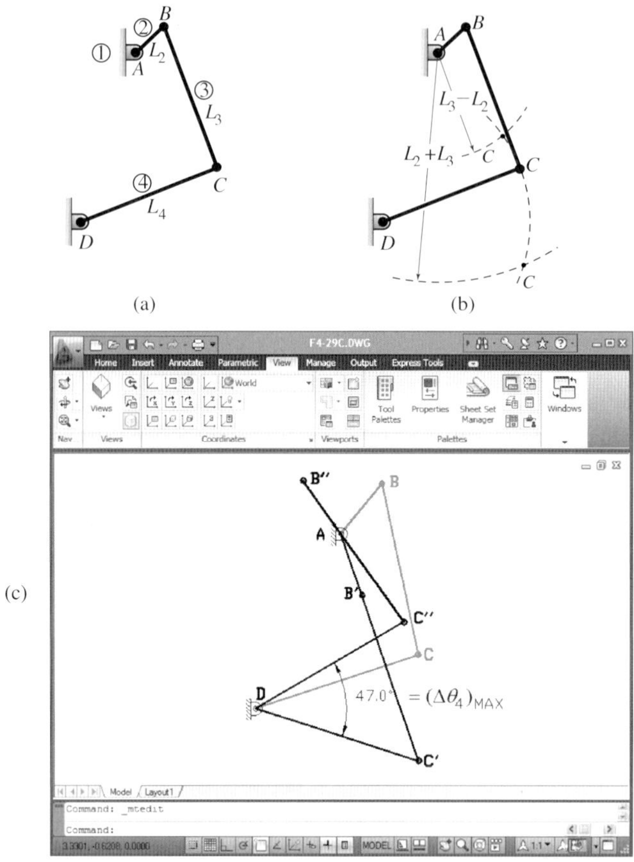

그림 4.29 예제 4.7에 대한 한계 위치

링크 2와 3의 길이 합이 계산되면, 점 A를 중심으로 하고, 이 길이를 반지름으로 하는 원호를 그린다. 그림 4.28b에 나타낸 바와 같이, 이 원호와 점 C의 이동 가능 경로와의 교점이 점 C의 하향 한계 위치, 즉 C'을 결정한다. 링크 2와 3의 길이를 고려하여 그림 4.29c와 같이 점 B'을 결정한다.

3. **수축된 구성에서의 한계 위치 구하기**

다음으로 노즐, 즉 링크 4의 하향 한계 위치가 결정되어야 한다. 예제 4.6에서 다룬 슬라이더-크랭크와 마찬가지로 수축된 구성은 링크 2와 3이 일직선으로 겹칠 때 나타난다. 이때 점 A와 C의 거리는 최소가 된다. 따라서 최소 거리는 링크 3과 2의 길이 차에 해당한다.

$$L_3 - L_2 = 2.00\,\text{cm} - .75\,\text{cm} = 1.25\,\text{cm}$$

이 최소 거리는 최대 거리를 구하는 방법과 마찬가지 방법으로 구해질 수 있다. 그림 4.29c에서 점 A와 C' 사이의 거리가 링크 2와 3의 길이의 합이었음을 기억하라. 마찬가지 방법으로 점 A와 C'' 간의 거리는 링크 3과 2의 길이의 차와 같다.

$L_3 - L_2$ 거리를 이용하여, C''으로 정의된 점 C의 상향 한계 위치가 결정된다(그림 4.29b). 마지

막으로 링크 2와 3을 그리면 점 B''의 위치를 결정할 수 있다.

4. 종동 링크의 행정 측정

그림 4.29c에 나타낸 바와 같이 노즐의 행정은 링크 4의 한계 각 변위로서 측정될 수 있다. 기구 해석도로부터 다음의 결과를 얻을 수 있다.

$$|\Delta\theta_4|_{max} = 47.0°$$

4.8 한계 위치 : 해석적 방법

기구의 한계 위치를 결정하는 해석적 방법으로 다음의 두 개념을 이용한다.

개념 I. 4.7절에서 다룬 도식적 해석과 마찬가지로 기구의 한계 위치를 구성한다.

개념 II. 4.6절에서 다룬 것처럼, 기구의 길이와 각도를 결정하기 위하여 기구를 삼각형으로 분해하여 삼각함수법을 적용한다.

한계 위치에서 모든 링크의 위치를 결정하기 위하여 이 두 개념을 사용하는 방법을 예제 4.8에 설명하였다.

예제 4.8

그림 4.30은 컨베이어 이송 기구를 나타낸다. 컨베이어의 기능은 화물을 실어서 원하는 위치까지 지정된 간격으로 이송하는 것이다. 구동 링크의 각도 조정으로 컨베이어 경사를 조정할 수 있다. 경사 컨베이어의 한계 각도를 구하라.

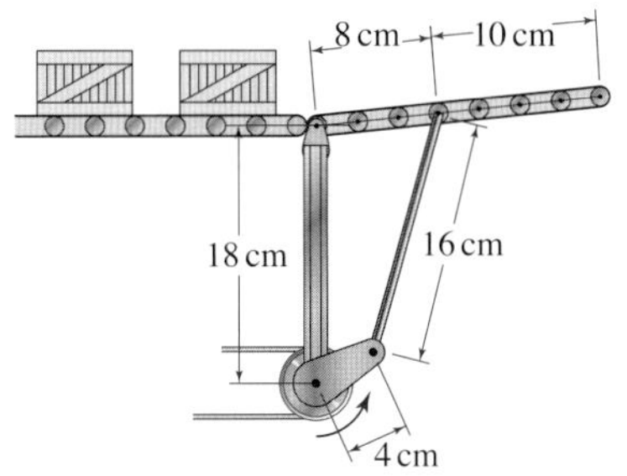

그림 4.30 예제 4.8의 컨베이어 이송 기구

풀이

1. 기구 해석도 작성

그림 4.231a에 기구 해석도를 나타냈다. 컨베이어 부의 끝을 관심점 X로 설정한다.

2. 확장 한계 위치에서 형상 분석

이 기구는 또 다른 4절 기구이다. 예제 4.7에서 보았듯이 4절 기구의 종동절은 링크 2와 3이 일직선이 될 때 확장된 한계 위치 상태가 된다. 그림 4.31b는 이 기구의 상향 한계 위치를 나타낸다. 링

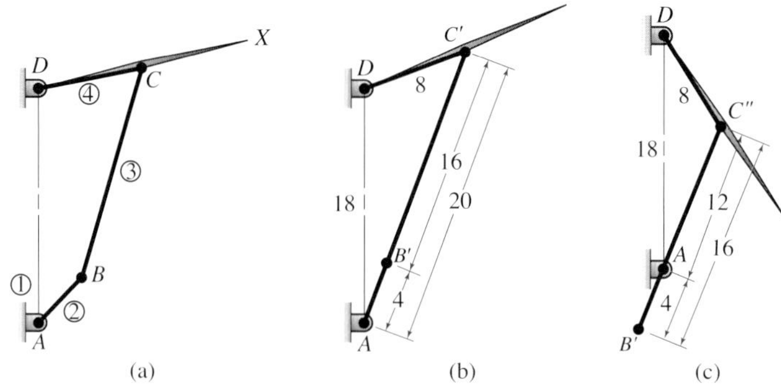

그림 4.31 예제 4.8의 기구

크들이 삼각형 $\Delta AC'D$를 형성하고 있음에 주목하라. 여기서 AC'의 길이는 20cm(= 16 + 4)이다.

상향 한계 위치는 내각을 구하면 결정된다. 조인트 A의 내각 $\angle C'AD$는 코사인 법칙을 통해 구해진다.

$$\angle C'AD = \cos^{-1}\left[\frac{AD^2 + AC' - C'D^2}{2(AD)(AC')}\right]$$

$$= \cos^{-1}\left[\frac{(18\text{cm})^2 + (20\text{cm})^2 - (8\text{cm})^2}{2(18\text{cm})(20\text{cm})}\right] = 23.6^\circ$$

나머지 두 내각 중 하나는 사인 법칙을 통해 구할 수 있다. 그러나 사인 법칙은 90°에서 180° 사이에 다음과 같은 관계를 갖기에 혼동이 될 수 있음을 유의하라.

$$\sin\theta = \sin(180^\circ - \theta)$$

계산기에서 사인 함수의 역함수를 사용할 경우 결과 각도는 0°에서 90° 사이의 값이 나온다. 그러나 원하는 결과값은 90°에서 180° 사이의 값이 될 수 있는 것이나. 혼동을 줄이기 위하여 삼각형을 그려 계산 결과를 검증하기를 권한다. 또한 사인 법칙은 0°에서 90° 사이의 각도에서 사용하는 것이 가장 좋다.

이러한 접근법을 통해 조인트 C'의 내각 $\angle AC'D$는 확실히 90° 이하이므로 사인 법칙을 통해 구한다.

$$\angle AC'D = \sin^{-1}\left[\left(\frac{AD}{DC'}\right)\sin\angle C'AD\right]$$

$$= \sin^{-1}\left[\left(\frac{18\text{cm}}{8\text{cm}}\right)\sin 23.6^\circ\right] = 64.1^\circ$$

조인트 D의 내각 $\angle ADC'$은 다음과 같이 구할 수 있다.

$$\angle ADC' = 180^\circ - (\angle C'AD + \angle ADC')$$
$$= 180^\circ - (23.6^\circ + 64.1^\circ) = 92.3^\circ$$

3. 확장 한계 위치에서 형상 분석

그림 4.31c는 종동절의 하향 한계 위치를 나타낸다. 또 다시 링크들이 삼각형 $\Delta AC'D$를 형성한다. 여기서 AC''의 길이는 12cm(= 16 − 4)이다.

구성을 완전히 정의하기 위하여 앞에서 설명한 방법을 그대로 사용하여 내각들을 구한다. 조인트 A의 내각 $\angle C''AD$은 다음과 같이 계산된다.

$$\angle C''AD = \cos^{-1}\left[\frac{AD^2 + AC'^2 - C''D^2}{2(AD)(AC'')}\right]$$

$$= \cos^{-1}\left[\frac{(18\text{cm})^2 + (12\text{cm})^2 - (8\text{cm})^2}{2(18\text{cm})(12\text{cm})}\right] = 20.7°$$

조인트 D에서의 내각은 0°에서 90° 사이의 값이다. 따라서 $\angle ADC''$은 다음과 같이 계산된다.

$$\angle ADC'' = \sin^{-1}\left[\left(\frac{AC'}{DC'}\right)\sin\angle C''AD\right]$$

$$= \sin^{-1}\left[\left(\frac{12\text{ cm}}{8\text{ cm}}\right)\sin 20.7°\right] = 32.1°$$

마지막으로 조인트 C''에서의 내각 $\angle AC''D$는 다음과 같이 계산된다.

$$\angle AC''D = 180° - (\angle C''AD + \angle ADC'')$$

$$= 180° - (20.7° + 32.1°) = 127.2°$$

4. 종동절 행정 측정

요약하면 컨베이어 부품(조인트 D에서의 내각 $\angle ADC$는 92.3°에서 32.1°의 범위의 사이클로 작동하게 된다.

$$32.1° < \theta_4 < 92.3°$$

그리고 행정은 다음과 같이 계산된다.

$$|\Delta\theta_4|_{max} = 92.3° - 32.1° = 60.2°$$

4.9 전달각

기구의 기계적 효율(mechanical advantage)은 출력 힘(혹은 토크)을 입력 힘(혹은 토크)으로 나눈 값이다. 링키지에서 전달각(transmission angle) γ는 링키지를 통해 전달된 힘을 정량화하고 기계 효율에 직접적으로 영향을 미친다. 전달각은 구동 링크의 선택에 따라 그 값이 달라진다. 크랭크로 구동되는 슬라이더-크랭크와 4절 기구를 그림 4.32에 나타냈다. 이들 링키지에서는 기계 효율이 각 γ의 사인값에 비례한다. 링키지가 움직이면서 모든 조인트 각과 연동하여 전달각과 기계 효율이 변화한다. 설계자의 입장에서는 한계 전달각을 구할 필요가 종종 발생한다.

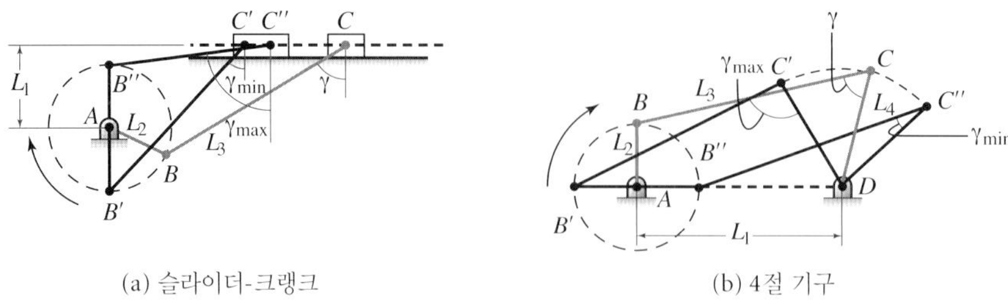

(a) 슬라이더-크랭크 (b) 4절 기구

그림 4.32 전달각

슬라이더-크랭크에서 전달각은 커플러와 미끄럼 방향에 수직한 선 사이의 각으로 측정된다. 전달각의 최소, 최대값은 그림 4.32a에 보인 기구 구성을 기하학적으로 구축함에 따라 결정된다. 슬라이더-크랭크의 최소, 최대 전달각은 다음 식을 통해 구할 수 있다.

$$\gamma_{\min} = \cos^{-1}\left[\frac{L_1 + L_2}{L_3}\right] \tag{4.15}$$

$$\gamma_{\max} = \cos^{-1}\left[\frac{L_1 - L_2}{L_3}\right] \tag{4.16}$$

4절 기구에서는 전달각이 출력 링크와 커플러 사이의 각으로 측정된다. 슬라이더-크랭크의 경우와 마찬가지로 전달각의 최소, 최대값은 그림 4.32b에 보인 기구 구성을 기하학적으로 구축함에 따라 결정된다. 4절 기구의 최소, 최대 전달각은 다음 식을 통해 구할 수 있다.

$$\gamma_{\min} = \cos^{-1}\left[\frac{L_3^2 + L_4^2 - (L_1 - L_2)^2}{2L_3L_4}\right] \tag{4.17}$$

$$\gamma_{\max} = \cos^{-1}\left[\frac{L_3^2 + L_4^2 - (L_1 + L_2)^2}{2L_3L_4}\right] \tag{4.18}$$

전달각은 기구로 전달되는 힘의 질을 평가하는 값이다. 일반적으로 커플러는 인장이나 압축을 받는 링크다. 따라서 커플러는 두 핀 조인트를 연결하는 방향으로만 밀거나 당길 수 있다. 토크가 출력 피벗에 전달될 때 최적 힘 전달(optimal force transmission)은 전달각이 90°일 때 발생한다. 전달각이 90°로부터 벗어나면서 커플러 방향의 힘 성분만이 피벗 토크로 전환된다. 따라서 전달각은 기계의 효율에 영향을 미치는 것이다. 최소, 최대 전달각이 발생하는 슬라이더-크랭크와 4절 기구의 기구 구성을 그림 4.32에 나타냈다. 경험적으로 전달각은 45°에서 135° 사이의 값이 되어야만 한다. 보다 자세한 설명은 5장에서 링키지 설계에 대해 토론하는 동안 주어질 것이다.

4.10 완전 사이클 : 도식적 위치 해석

특정 순간의 기구 구성은 기구의 위상(phase)으로 나타낼 수 있다. 지금까지 위치 해석은 입력 링크의 특정 위치에서 기구의 위상을 결정하는 데 집중되었다. 사이클 해석(cycle analysis)은 기계의 동작 중에 최초 위상(original phase)으로부터 이후 발생하는 일련의 위상을 단계적으로 분석하는 것이다. 최초 위상으로 어떤 기구 구성을 선택하여도 문제가 되지 않는다. 그러나 일반적으로는 한계 위치를 최초 위상으로 잡는 경우가 많다.

한 사이클이 완료되는 동안 위치 해석을 수행하려면 사이클을 균등 간격의 위상으로 나누어 기구 구성을 결정하여야 한다. 매 단계에서 위치 해석이 반복된다. 다음 예제에서 완전 사이클(full cycle) 동안 수행되는 위치 해석에 대해 설명한다.

〉〉 예제 4.9

그림 4.33은 휴대용 전동 풀깎이 기구의 구동 기구이다. 모터를 이용하여 디스크를 회전시키면 이동 칼날의 왕복 운동으로 풀을 깎을 수 있다. 동작 사이클의 몇 단계의 위상에 대해 구동 기구의 위치를 도식적 해석 방법으로 구하라.

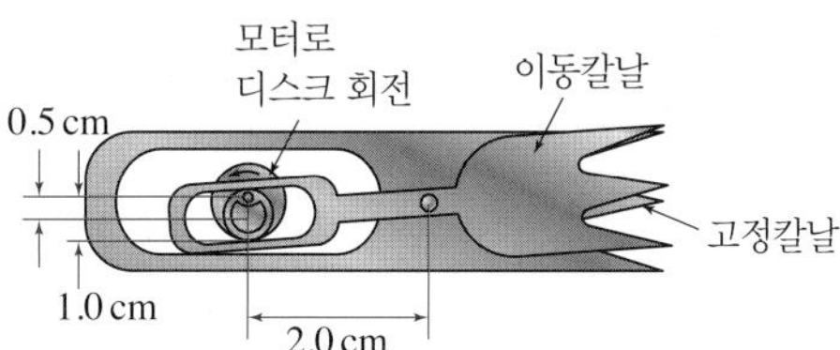

그림 4.33 예제 4.9의 풀깎이 기구

풀이

1. 기구 해석도 작성 및 자유도 계산

기구 해석도를 그림 4.34a에 나타냈다. 중간 절삭날의 끝부분을 관심점 X로 설정한다.

자유도는 다음과 같이 계산한다.

$$n = 4 \quad j_p = (3 \text{ pins} + 1 \text{ sliding}) = 4 \quad j_h = 0$$

$$M = 3(n-1) - 2j_p - j_h$$
$$= 3(4-1) - 2(4) - 0 = 1$$

자유도가 1이므로 입력 링크 하나가 절삭날을 구동시키는 것이다.

2. 기준 위상 설정

기준 위상(reference pahse)을 설정하기 위하여 입력 링크의 위치만 먼저 결정해 준다. 구동 디스크(링크 2)가 수직 위치에 있을 때, 즉 조인트 B가 바로 조인트 A의 아래에 있을 때의 기구 구성을 기준 위상으로 잡자.

3. 각 단계의 위상 설정

전체 사이클을 몇 단계로 나누어 각각의 위상에 대해 기구 해석도를 그리는 일은 적어도 매 단계에

(a)

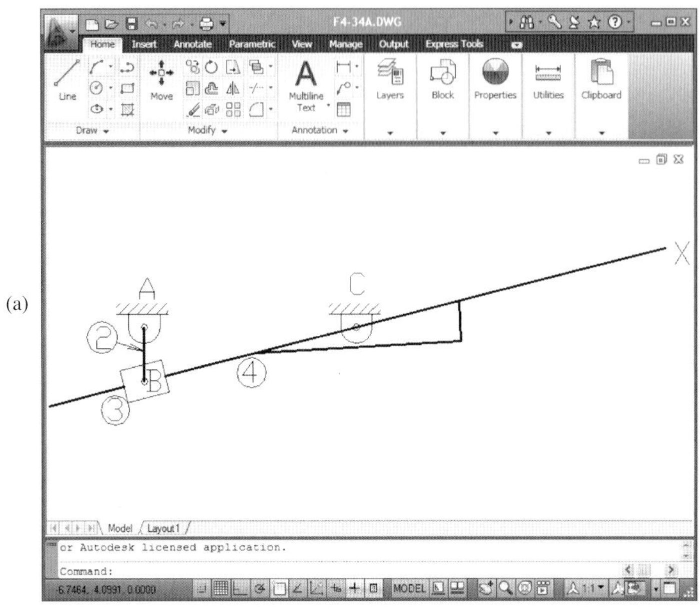

(b)

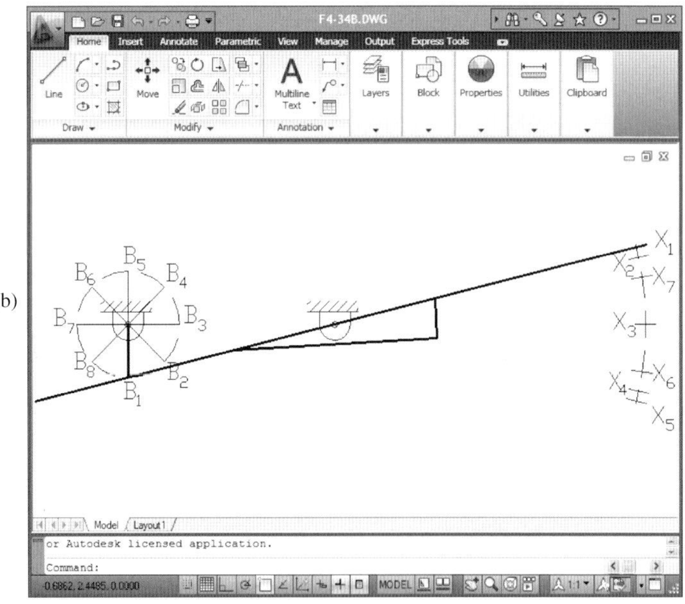

그림 4.34 예제 4.9의 기구 위상

서는 위치 해석시 하던 일과 똑같다. 다만 각 단계에서 반복적으로 수행할 뿐이다. 도식적 방법으로 각 단계를 같은 노트에 그리는 동안 기구 해석도가 지저분해질 수 있다. 따라서 각 단계의 위치 해석을 수행할 때는 다른 색과 폰트를 사용하기를 권장한다. CAD를 사용한다면 각 위상을 다른 레이어로 그리는 것이 좋다. 레이어를 언제든지 숨김 혹은 나타남 모드로 바꿀 수 있기 때문에 편리하다.

(c)

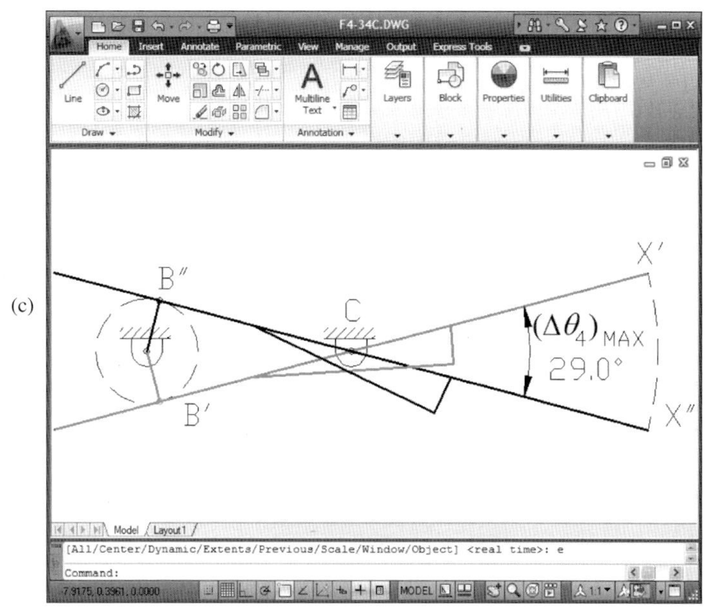

그림 4.34 (계속)

이 문제에서는 구동 링크(링크 2)를 전체 사이클 동안 45° 등간격으로 위치시킨다. 따라서 8개의 등간격의 위상이 생긴다. 이것들을 위상 1에서 위상 8로 표기하자. 점 *B*와 *X*의 8개의 위치가 그림 4.34b에 나타나 있다. 이 점들을 해당 위상과 같은 번호의 하첨자 1에서 8로 구분하고 있음에 유의하라. 기구의 운동을 보다 자세하게 해석할 경우 더 작은 간격의 위상이 필요하게 될 것이다.

4. 한계 위치 찾기

한계 위치와 관련된 위상 또한 결정되어야 한다. 절삭날은 링크 4가 가능한 가장 큰 각도로 회전할 때 최고 위치에 도달하게 된다. 이것은 링크 4가 점 *B*의 이동 가능 위치를 나타내는 원에 접하게 될 때 발생한다. 이 접점을 *B′*이라 표기한다. 한편 이 접점에 상응하는 절삭날의 점을 *X′*이라 한다. 이를 그림 4.34c에 나타내었다.

마찬가지 방법으로 절삭날은 링크 4가 가능한 가장 작은 각도에 있을 때 최저 위치에 도달한다. 이것은 링크 점 *B*의 이동 가능 위치를 나타내는 원에 접하게 될 때 발생한다. 최저 구성에 해당하는 점들을 그림 4.34c와 같이 *B″*과 *X″*이라 한다.

링크 4의 최대 변위는 기구 구성으로부터 다음과 같이 측정된다.

$$|\Delta\theta_4|_{max} = 29.0°$$

4.11 완전 사이클 : 해석적 위치 해석

한 사이클을 도는 동안 기구 구성을 결정할 목적으로 각 위상을 구하기 위하여 해석적 방법이 반복될 수 있다. 이것은 매우 번잡한 반복 작업이기 때문에 보통 8장에서 다룰 컴퓨터 프로그램을 사용하여 수행한다.

기구의 링크에서 정의된 삼각형으로부터 유도된 수식들이 식 4.1~4.12에 정의되어 있다. 이 식들을 한 사이클 동안 여러 단계를 거치게 될 구동기의 위치에 대해 적용하여 푼다. 이런 해석에는 8장에서 다룰 스프레드시트 프로그램이 이상적이다.

예제 4.10

그림 4.35는 한 컨베이어로부터 다른 컨베이어로 제품을 밀어 이송시키는 왕복 기구를 나타낸다. 이송되는 동안 제품은 그림에 나타낸 바와 같이 회전한다. 동작의 각 위상에서 밀대(push rod)의 위치를 해석적으로 결정하라.

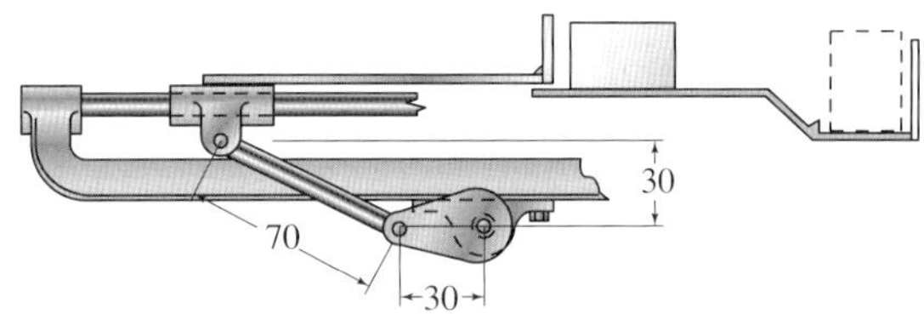

그림 4.35 그림 4.10의 컨베이어 이송 기구

풀이

1. **기구 해석도 작성**

   기구 해석도를 그림 4.36에 나타내었다. 이 기구는 1자유도를 갖는 오프셋 슬라이더-크랭크 기구임을 명심하라.

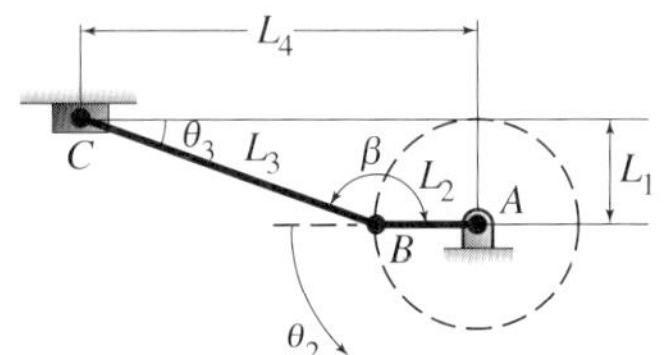

그림 4.36 예제 4.10의 기구 해석도

2. **초기 위상 설정**

   초기 위상은 임의로 크랭크가 수평을 이룰 때, 즉조인트 B가 조인트 A 바로 옆에 있을 때로 선택한다.

3. **위상 증분 설정**

   오프셋 슬라이더-크랭크 기구의 위치를 구하는 데 사용되는 식 4.6, 4.7 및 4.8을 기억해보자. 이 식들이 완전 사이클 해석(full-cycle analysis)에 사용될 것이다. 스프레드시트에 이 식들을 적용하여 낸 결과를 그림 4.37에 나타내었다. 만일 스프레드시트에 친숙하지 않다면 8장을 공부하기 바란다.

4. **한계 위치 구하기**

   링크 4의 위치에 집중해보면, 슬라이더의 요동은 다음과 같이 근사될 수 있다.

$$26.51\,\text{mm} < L_4 < 93.25\,\text{mm}$$

최대 변위는 다음과 같다.

$$|\Delta \mathbf{R}_4|_{max} = (L_4)_{max} - (L_4)_{min} \cong 93.25 - 26.51 = 66.74\,\text{mm}$$

이것은 단지 근사값일 뿐이다. 왜냐하면 15° 증분 간격의 위상으로는 한계 위치가 정확하게 구해지지 않기 때문이다. 한계 위치에 대한 정확한 정보를 얻기 위해서는 4.8절에서 논의된 방법이 적용될 수 있다.

크랭크 각 β가 360°가 될 때, 각 θ_2의 값을 보면 혼동이 생긴다. 이 값은 크랭크 각이 0°일 때와 동일해야만 한다. 360°일 때 값이 다름에 주의하라. 전자는 내각(inner angle)이고, 후자는 외각(outer angle)이다. 이러한 예는 수식으로부터 얻어진 결과를 무작정 신뢰하지 말고, 실제 기구에 검증할 필요가 있음을 반증한다.

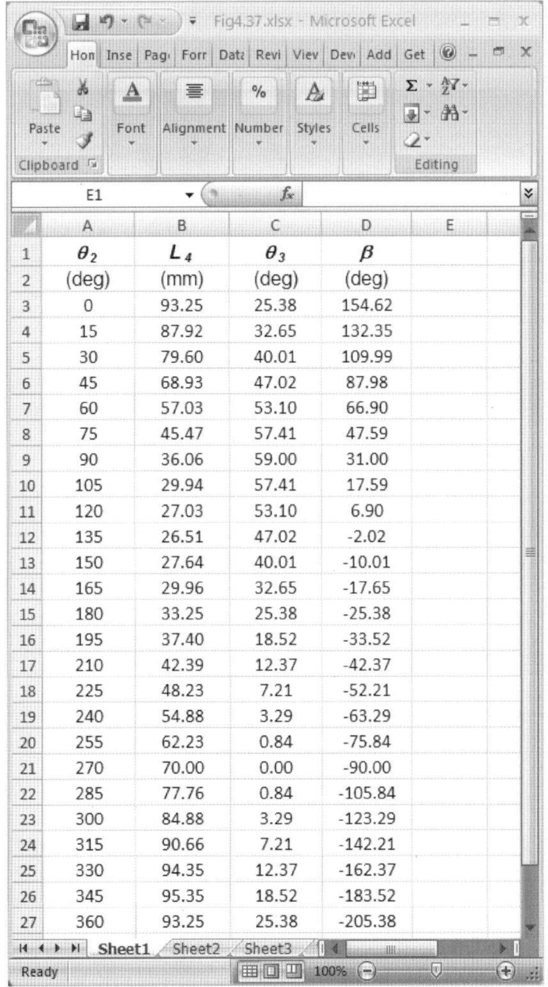

θ_2 (deg)	L_4 (mm)	θ_3 (deg)	β (deg)
0	93.25	25.38	154.62
15	87.92	32.65	132.35
30	79.60	40.01	109.99
45	68.93	47.02	87.98
60	57.03	53.10	66.90
75	45.47	57.41	47.59
90	36.06	59.00	31.00
105	29.94	57.41	17.59
120	27.03	53.10	6.90
135	26.51	47.02	-2.02
150	27.64	40.01	-10.01
165	29.96	32.65	-17.65
180	33.25	25.38	-25.38
195	37.40	18.52	-33.52
210	42.39	12.37	-42.37
225	48.23	7.21	-52.21
240	54.88	3.29	-63.29
255	62.23	0.84	-75.84
270	70.00	0.00	-90.00
285	77.76	0.84	-105.84
300	84.88	3.29	-123.29
315	90.66	7.21	-142.21
330	94.35	12.37	-162.37
345	95.35	18.52	-183.52
360	93.25	25.38	-205.38

그림 4.37 예제 4.10의 밀대의 위치

4.12 변위도

일단 전체 사이클에 대한 위치 해석이 완료되고 나면, 어떤 점의 변위에 대한 다른 점의 변위를 그래프로 그려보는 것은 설계적 측면에서 도움이 되는 일이다. 보통 구동 링크 상의 한 점의 변위에 대해 종동 링크 상의 한 점의 변위를 그리는 것이 일반적이다.

구동 링크의 변위는 수평축에 그리는 것이 보통이다. 크랭크가 구동 링크인 경우 변위는 한 바퀴이다. 이에 대한 종동 링크의 변위는 수직축에 그린다. 수직축 상에 그리는 변위는 기구에 따라 직선 변위가 될 수도 혹은 각 변위가 될 수도 있다.

예제 4.11

그림 4.38은 왕복 압축기의 구동 기구를 나타낸다. 크랭크축의 회전에 대한 피스톤의 변위도를 그려라.

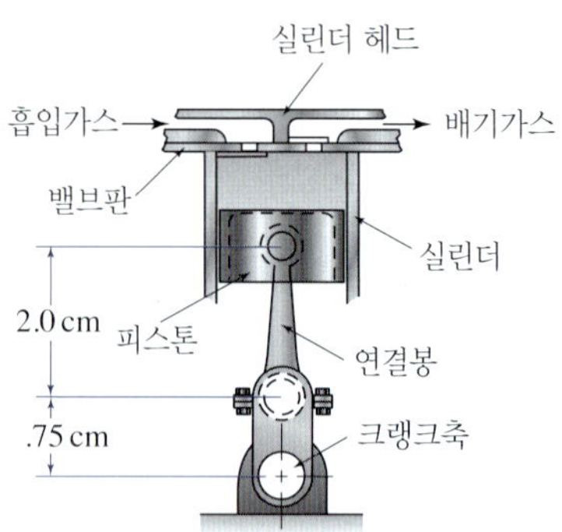

그림 4.38 예제 4.11의 압축기

풀이

1. 기구 해석도 작성

면밀한 검사 후에 이 압축기는 슬라이더-크랭크 기구임이 밝혀졌다. 이 기구는 1자유도를 가지고 크랭크의 회전에 의해 구동됨을 기억하라. 적절한 치수를 갖는 기구 해석도를 그림 4.39에 나타내었다.

2. 기준 위상 설정

그림 4.39에 나타낸 바와 같이 기준 위상은 임의로 크랭크가 수직이 될 때, 즉 조인트 B가 조인트 A 바로 위에 있을 때로 선택하였다. 피스톤 상의 점 C의 위치는 이 기준 위상으로부터 결정될 것이다.

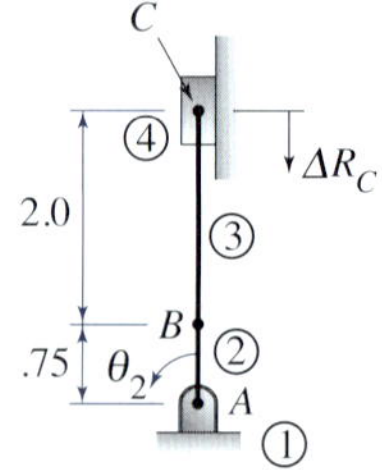

그림 4.39 예제 4.11의 기구 해석도

3. 위상 증분 설정

실제 변위는 전술한대로 도식적 혹은 해석적 방법을 통해 구할 수 있다. 이 슬라이더-크랭크 기구에 대해서는 식 4.3에서 4.5를 이용하여 해석적 방법으로 변위를 구하자. 스프레드시트를 사용한 결과를 그림 4.40에 나타냈다. 크랭크 변위(θ_2)와 피스톤 변위(ΔR_C)의 단위는 각각 도(degree)와 센티미터(cm)이다.

4. 한계 위치 결정

피스톤의 상하 한계 위치 사이를 요동하는 변위는 다음과 같이 근사된다.

$$|\Delta \mathbf{R}_c|_{max} \cong 1.50\ \text{cm}$$

이전 예제에서도 설명한 바와 같이, 원래대로라면 이 해석에서는 위상 증분 간격 30°를 고려하였기 때문에 정확한 한계 위치가 계산되지 않는다. 따라서 위의 변위값은 단지 근사값일 뿐이다. 그러나 우연하게도 이 예제에서 고려하고 있는 인라인 슬라이더-크랭크 기구는 0°와 80°에서 한계 위치를 갖기 때문에 위에 계산된 변위 1.50cm는 정확한 행정(stroke)이 된다.

5. 변위도 그리기

그림 4.40의 스프레드시트에서 계산된 값들을 이용해 그림 4.41에 변위도를 그렸다.

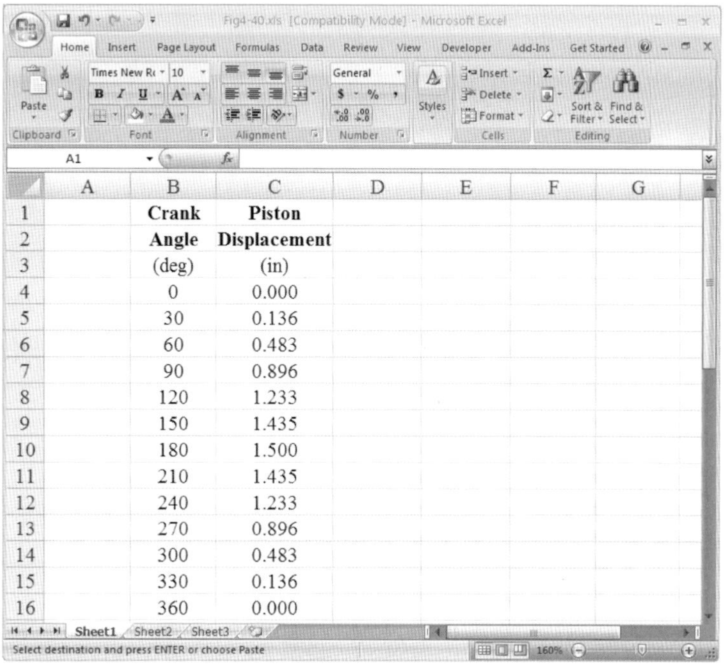

Crank Angle (deg)	Piston Displacement (in)
0	0.000
30	0.136
60	0.483
90	0.896
120	1.233
150	1.435
180	1.500
210	1.435
240	1.233
270	0.896
300	0.483
330	0.136
360	0.000

그림 4.40 예제 4.11의 변위

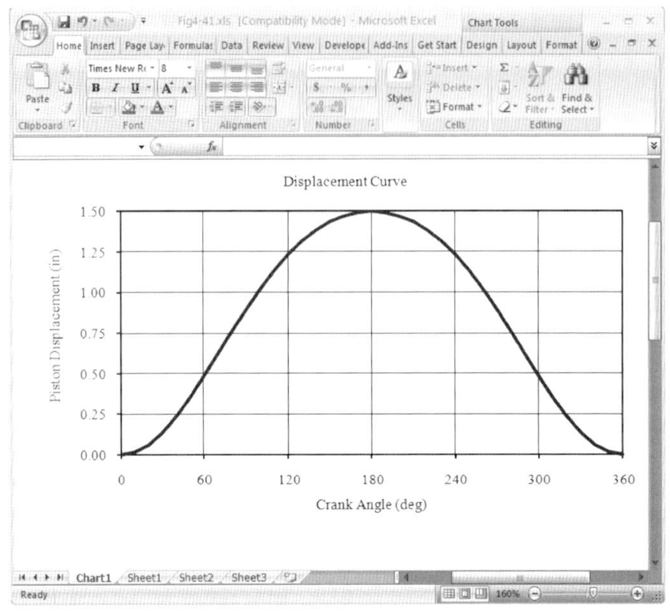

그림 4.41 예제 4.41의 변위도

4.13 커플러 곡선

기구의 기능은 어떤 링크를 특정 경로로 움직이게 하는 것이기도 하다. 4절 기구의 커넥팅 로드(연결봉) 혹은 커플러(연결봉)는 때로 복잡한 운동을 하기도 한다. 기구가 한 사이클을 운동하는 동안 발생하는 링크 상의 점의 경로를 점의 자취(trace of a point)라 한다. 커플러 상의 한 점의 자취를 특별히 커플러 곡선(coupler curve)이라 한다. 커플러의 양쪽 두 핀 조인트 점의 자취에 의해 그려지는 2개의 커플러 곡선은 양쪽의 피벗을 중심으로 하는 단순 원호가 된다. 그러나 커플러의 다른 점들은 복잡한 곡선이 된다. 그림 4.42는 4절 기구에서 커플러의 몇 개 점에 대한 커플러 곡선을 나타내고 있다.

이 장의 방법은 어떤 기구의 특정 점의 운동에 의한 자취를 구하는 데 사용될 수 있다. 4.10

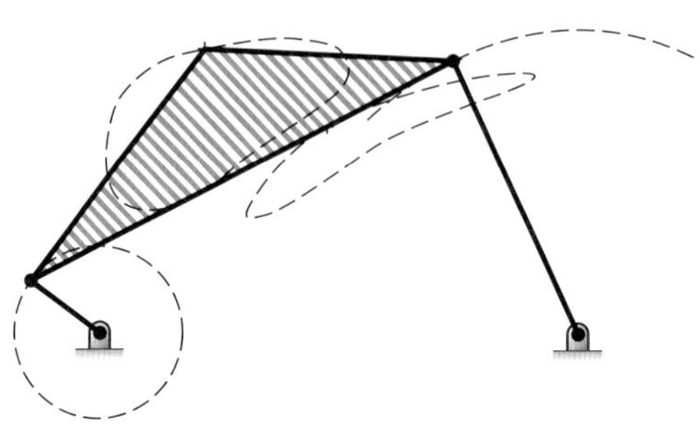

그림 4.42 커플러 곡선

절에서는 한 사이클 동안 몇 개의 위상에서의 기구 구성을 구하는 개념을 소개하였다. 이 위상이 만들어지면 특정 점의 위치를 구할 수 있다. 몇 개의 위상에서 이 점의 위치를 구해 합하면 그 점의 자취가 되는 것이다. 만일 부유 링크(floating link) 상의 점이 고려된다면 커플러 곡선은 복잡한 형태가 될 것이다. 이 자취는 기구가 운동하는 데 필요한 공간적 한계를 결정하여, 설치될 최소 공간을 확보하는 데 사용될 수 있다.

연습문제

비록 도식적 해석을 요구하는 문제에서는 손 그림을 이용하는 것이 보다 교육적이긴 하지만, 시대의 흐름상 혹은 정확한 결과를 구하기 위하여 CAD 시스템 사용을 적극 권장한다.

일반 변위

4-1. 그림 P4.1의 장치는 스카치 요크 기구이다. 링크 4의 수평 위치를 $x = 3\cos(50t + 40°)$로 나타낼 수 있다. 0.10*s*에서 1.50*s*까지의 링크 4의 변위를 구하라.

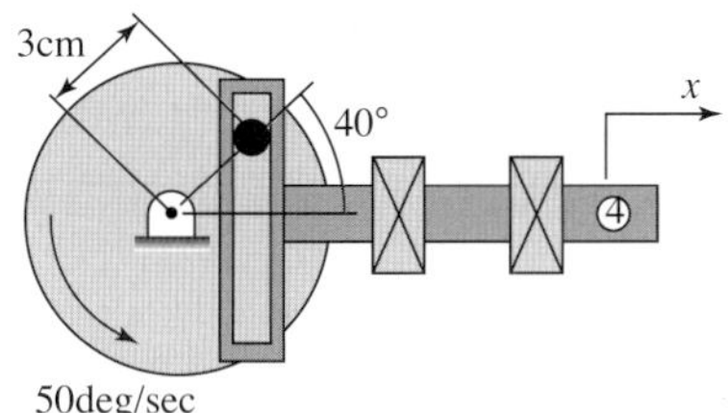

그림 P4.1 문제 1, 2

4-2. 그림 P4.1의 스카치 요크 기구에 대해서 링크 4의 수평 위치를 $x = 3\cos(50t + 40°)$로 나타낼 수 있다. 3.8*s*에서 4.7*s*까지의 링크 4의 변위를 구하라.

도식적 변위 해석

4-3. 그림 P4.3의 링크가 25° 반시계 방향으로 회전할 때 점 *P*와 *Q*의 변위를 도식적 방법으로 결정하라. 여기서, $\beta = 55°$이고 $\gamma = 30°$이다.

4-4. 그림 P4.3의 링크가 35° 시계 방향으로 회전할 때 점 *P*와 *Q*의 변위를 도식적 방법으로 결정하라. 여기서, $\beta = 65°$이고 $\gamma = 15°$이다.

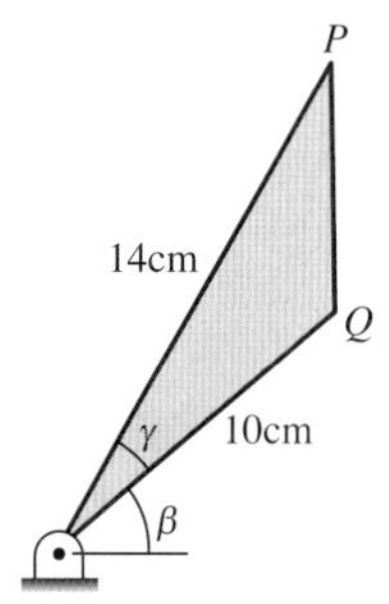

그림 P4.3 문제 3, 4, 38, 39

4-5. 그림 P4.5의 기구 구성에서 압축기 링크의 위치를 도식적 방법으로 결정하라. 그리고 45mm 크랭크가 90° 반시계 방향으로 회전할 때 링크를 재구성하고, 피스톤의 변위를 결정하라.

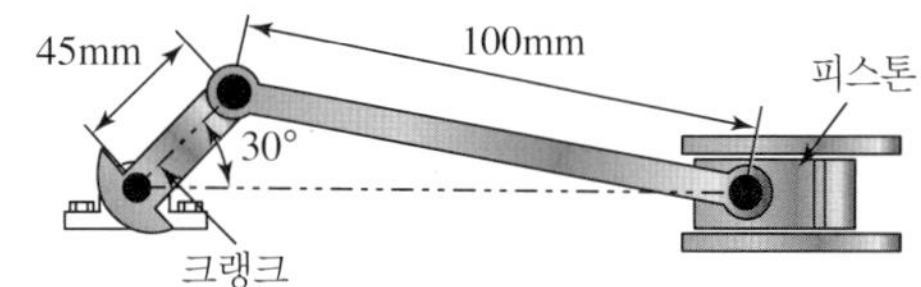

그림 P4.5 문제 5, 6, 40, 56, 63, 70, 76, 82

4-6. 그림 P4.5의 기구 구성에서 압축기 링크의 위치를 도식적 방법으로 결정하라. 그리고 45mm 크랭크가 120° 시계 방향으로 회전할 때 링크를 재구성하고, 피스톤의 변위를 결정하라.

4-7. 그림 P4.7에 나타낸 구성의 절삭 기구에 대해 링크의 위치를 도식적 방법으로 구하

라. 0.75cm 크랭크가 100° 시계 방향으로 회전할 때 링크를 재구성하고, 최종적으로 절삭날의 변위를 구하라.

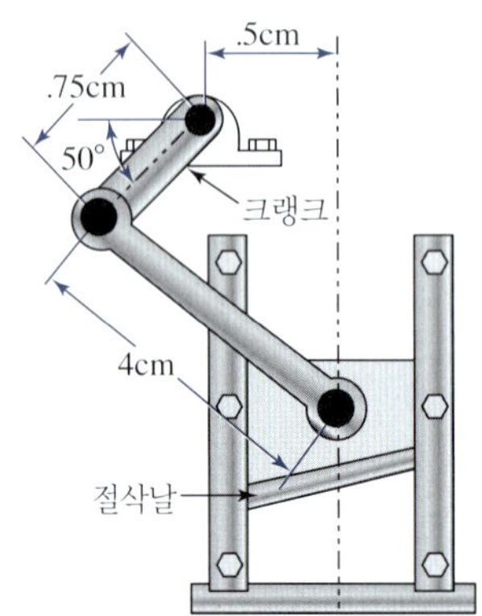

그림 P4.7 문제 7, 8, 41, 57, 64, 71, 77, 83

4-8. 그림 P4.7에 나타낸 구성의 절삭 기구에 대해 링크의 위치를 도식적 방법으로 구하라. 절삭날이 0.2cm 하향했을 때, 링크를 재구성하고, 최종적으로 크랭크의 각 변위를 구하라.

4-9. 그림 P4.9에 나타낸 구성의 엠보싱 기구의 기구 해석도를 그리고, 핸들이 15° 시계 방향으로 회전했을 때, 기구를 재구성하라. 마지막으로 핸들 끝의 직선 변위와 스탬프의 변위를 도식적 방법으로 계산하라.

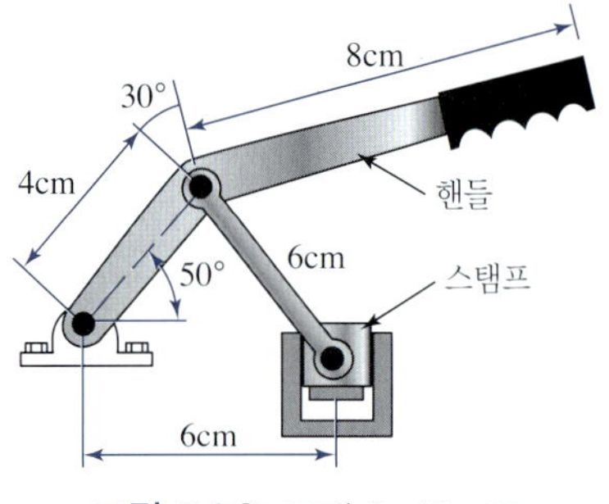

그림 P4.9 문제 9, 10, 42

4-10. 그림 P4.9에 나타낸 구성의 엠보싱 기구의 기구 해석도를 그리고, 핸들이 10° 반시계 방향으로 회전했을 때, 기구를 재구성하라. 마지막으로 핸들 끝의 직선 변위와 스탬프의 변위를 도식적 방법으로 계산하라.

4-11. 그림 P4.11에 나타낸 구성의 열처리로의 문 개폐 기구의 기구 해석도를 그려라. 최초 10°로 세팅된 핸들을 40° 반시계 방향으로 회전시켰을 때, 기구를 재구성하라. 마지막으로 문의 변위를 도식적 방법으로 구하라.

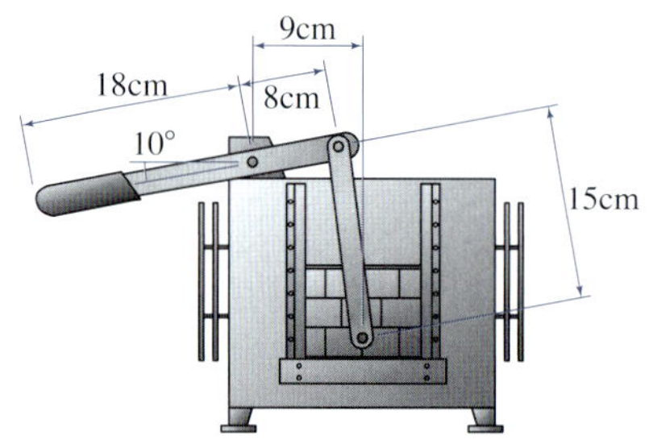

그림 P4.11 문제 11, 12, 43

4-12. 그림 P4.11에 나타낸 열처리로의 문 개폐 기구의 기구 해석도를 그려라. 문이 3cm 들어 올려졌을 경우, 기구를 재구성하라. 마지막으로 문을 3cm 들어 올리는 데 필요한 핸들의 각 변위를 도식적 방법으로 구하라.

4-13. 암석 파쇄기 기구를 그림 P4.13에 보였다. 현재 구성에서의 기구 해석도를 그려라. 크랭크가 30° 시계 방향으로 회전했을 경우 기구를 재구성하라. 마지막으로 파쇄단의 각 변위를 도식적 방법으로 구하라.

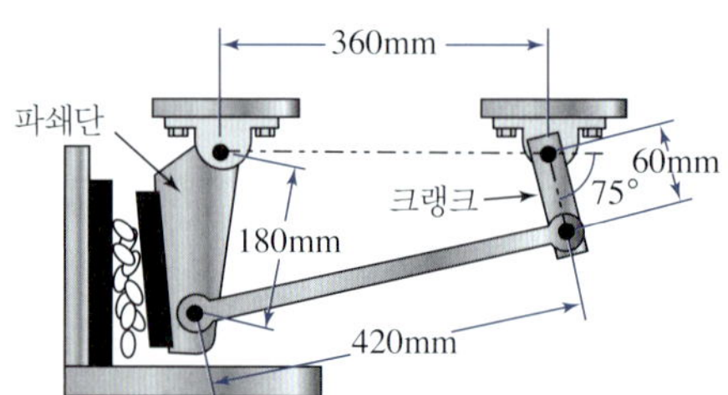

그림 P4.13 문제 13, 14, 44, 58, 65, 72, 78, 84

4-14. 암석 파쇄기 기구를 그림 P4.13에 보였다.

현재 구성에서의 기구 해석도를 그려라. 크랭크가 150° 반시계 방향으로 회전했을 경우 기구를 재구성하라. 마지막으로 파쇄단의 각 변위를 도식적 방법으로 구하라.

4-15. 차량 와이퍼 기구를 그림 P4.15에 나타냈다. 2cm 크랭크가 50° 시계 방향으로 회전했을 때 기구를 재구성하라. 마지막으로 이때 발생하는 와이퍼 암의 각 변위와 와이퍼 날 끝의 직선 변위를 도식적 방법으로 구하라.

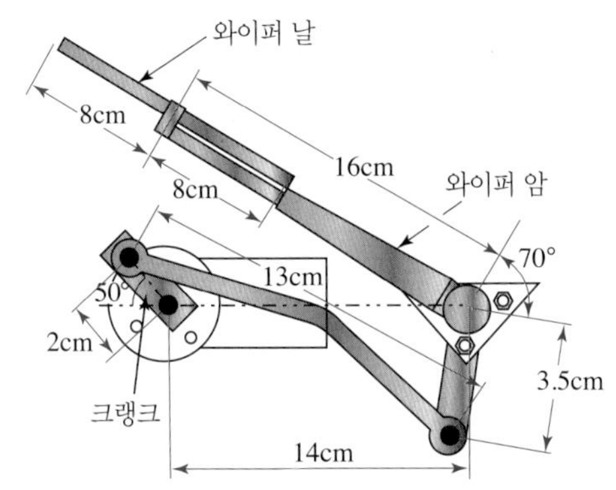

그림 P4.15 문제 15, 16, 45, 59, 66, 73, 79, 85

4-16. 차량 와이퍼 기구를 그림 P4.15에 나타냈다. 2cm 크랭크가 110° 시계 방향으로 회전했을 때 기구를 재구성하라. 마지막으로 이때 발생하는 와이퍼 암의 각 변위와 와이퍼 날 끝의 직선 변위를 도식적 방법으로 구하라.

4-17. 바이스 그립 기구를 그림 P4.17에 나타냈다. 그림의 자세로부터 아래턱을 고정시키고 위턱을 40°만큼 벌리는 경우를 상정하여 기구를 재구성하고, 이때 상부 핸들에 발생하는 각 변위를 도식적 방법으로 구하라.

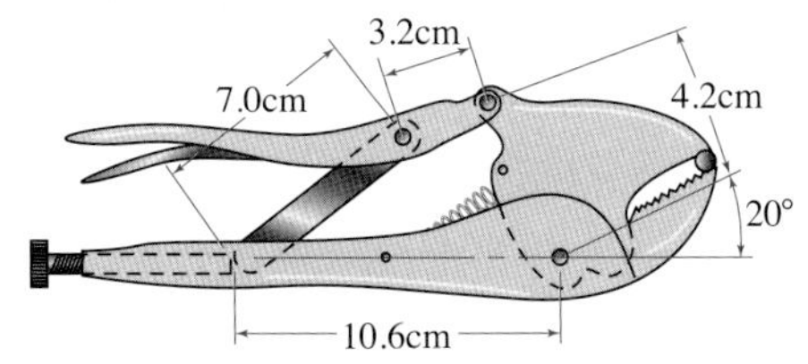

그림 P4.17 문제 17, 18, 19, 46

4-18. 바이스 그립 기구를 그림 P4.17에 나타냈다. 그림의 자세로부터 아래턱을 고정시키고 위턱을 20°만큼 벌리는 경우를 상정하여 기구를 재구성하고, 이때 상부 핸들에 발생하는 각 변위를 도식적 방법으로 구하라.

4-19. 그림 P4.17의 바이스 그립에서 스크류를 회전시키면 7.0cm 링크의 피벗 위치가 움직이게 된다. 움직이는 동안 스프링은 턱을 움직이는 것을 막는다. 피벗점이 2cm 우측으로 이동할 때 링크의 위치를 도식적으로 결정하라. 그러고 나서 아래턱을 고정시키고 위턱을 그림의 구성으로부터 40° 벌릴 때 바이스 그립 모든 링크의 위치를 결정하라. 마지막으로 이 운동을 발생시키는 상부 핸들의 각 변위를 도식적 방법으로 구하라.

4-20. 소형 항공기의 착륙 바퀴 구동 기구를 그림 P4.20에 보였다. 현재 상태에서 12cm 크랭크가 60° 시계 방향 회전하는 경우 기구를 재구성하고, 바퀴 조립 조립체의 각 변위를 도식적 방법으로 구하라.

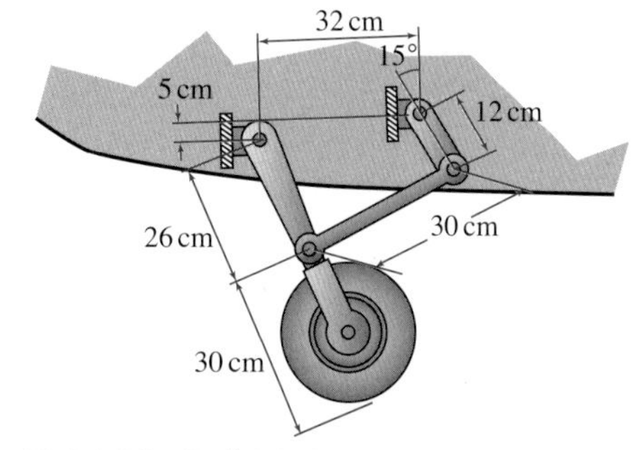

그림 P4.20 문제 20, 21, 47, 60, 67, 74, 80, 86

4-21. 소형 항공기의 착륙 바퀴 구동 기구를 그림 P4.20에 보였다. 현재 상태에서 12cm

크랭크가 110° 시계 방향 회전하는 경우 기구를 재구성하고, 바퀴 조립 조립체의 각 변위를 도식적 방법으로 구하라.

4-22. 그림 P4.22에 발로 구동되는 수동 에어 펌프를 나타냈다. 페달이 현재 상태에서 25° 반시계 방향 회전할 때 기구를 재구성하라. 관심점 *X*의 직선 변위와 공압 실린더의 수축 변위를 구하라. 마지막으로 실린더의 직경이 25mm일 경우, 이 운동에 의해 이동하는 공기의 체적을 계산하라.

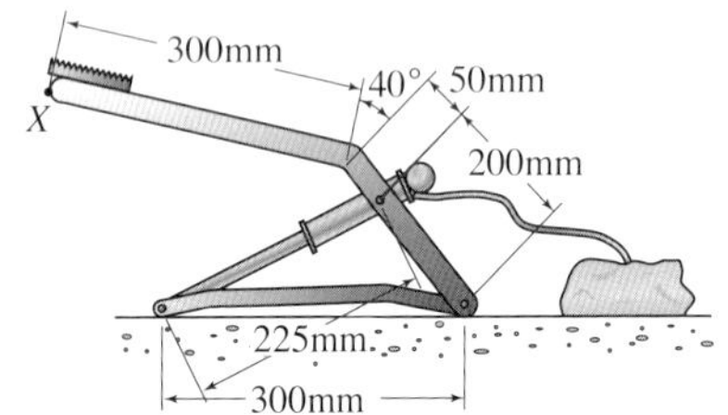

그림 P4.22 문제 22, 23, 28

4-23. 그림 P4.22에 발로 구동되는 수동 에어 펌프를 나타냈다. 공압 실린더를 175mm 압축시키기 위한 페달의 각 변위를 도식적 방법으로 결정하고, 레버 끝 관심점 *X*의 직선 변위를 구하라.

4-24. 그림 P4.24는 휠체어 사용자를 위한 전자레인지 이동 기구를 나타낸다. 직선 액추에이터가 400mm 길이로 축소될 때 발생하는 두 지지 링크의 각 변위와 레인지 이동대의 아무 한 점에서의 직선 변위를 도식적 방법으로 구하라.

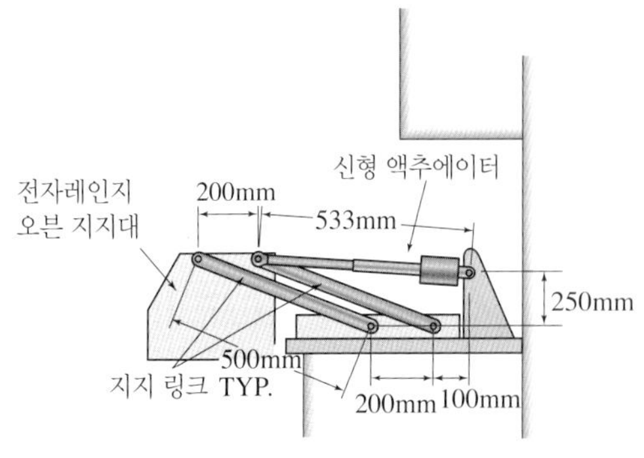

그림 P4.24 문제 24, 25, 49

4-25. 그림 P4.24는 휠체어 사용자를 위한 전자레인지 이동 기구를 나타낸다. 지지 링크가 현 상태에서 45° 올려지는 데 필요한 직선 액추에이터의 압축 길이를 도식적 방법으로 구하라.

4-26. 그림 P4.26은 항공기에 컨테이너를 선적하는 데 사용하는 수직 상승용 리프트 트럭이다. 하단 미끄럼 핀이 0.5m만큼 운전석 쪽으로 이동할 때 컨테이너 박스의 어떤 점에서든 발생하는 직선 변위를 도식적 방법으로 구하라.

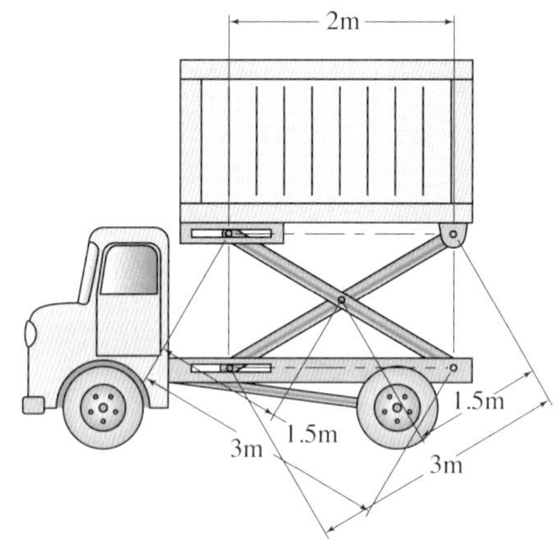

그림 P4.26 문제 26, 27, 50

4-27. 그림 P4.26은 항공기에 컨테이너를 선적하는 데 사용하는 수직 상승용 리프트 트럭이다. 하단 미끄럼 핀이 0.5m만큼 운전석 쪽에서 멀어질 때, 컨테이너 박스의 어떤 점에서든 발생하는 직선 변위를 도식적 방법으로 구하라.

4-28. 그림 P4.28은 리프트 플랫폼을 나타낸다. 유압실린더의 길이를 구하라. 플랫폼이 40cm 상승할 때 링크를 재구성하고, 이를 위해 유압실린더가 늘어나야만 하는 길이를 도식적 방법으로 구하라.

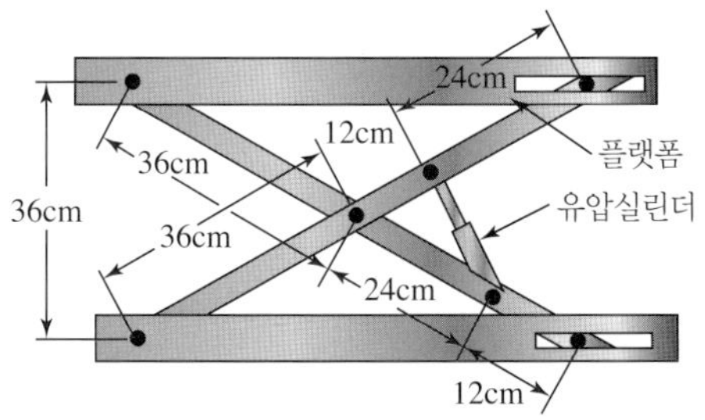

그림 P4.28 문제 28, 29, 51

4-29. 그림 P4.28은 리프트 플랫폼을 나타낸다. 유압실린더의 길이를 구하라. 플랫폼이 30cm 하강할 때 링크를 재구성하고, 이를 위해 유압실린더가 줄어들어야만 하는 길이를 도식적 방법으로 구하라.

4-30. 그림 P4.30에 극장 프로젝터용 필름 감기 기구를 보였다. 크랭크가 90° 시계 방향으로 회전할 때 기구를 재구성하고, 감기 발(advancing claw)의 변위를 도식적 방법으로 구하라.

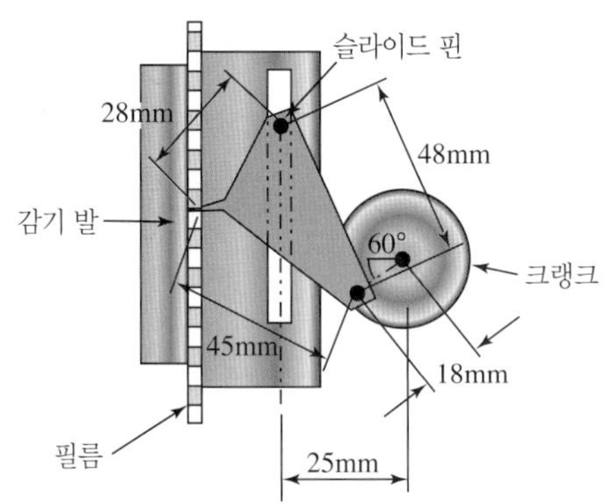

그림 P4.30 문제 30, 31, 52, 61, 68

4-31. 그림 P4.30에 극장 프로젝터용 필름 감기 기구를 보였다. 크랭크가 130° 시계 방향으로 회전할 때 기구를 재구성하고, 감기 발의 변위를 도식적 방법으로 구하라.

4-32. 그림 P4.32의 차량용 현가 장치 기구에서 상부 컨트롤 암이 20° 시계 방향으로 회전할 때 기구를 재구성하고, 타이어 바닥의 변위와 스프링의 길이 변화를 도식적 방법

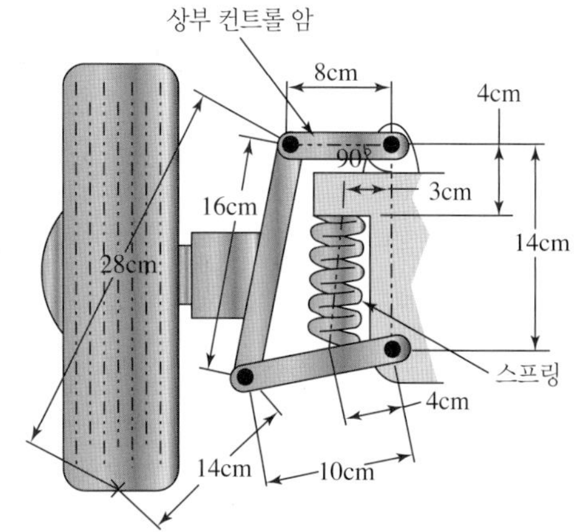

그림 P4.32 문제 32, 33, 53

으로 구하라.

4-33. 그림 P4.32의 차량용 현가 장치 기구에서 상부 컨트롤 암이 10° 반시계 방향으로 회전할 때 기구를 재구성하고, 타이어 바닥의 변위와 스프링의 길이 변화를 도식적 방법으로 구하라.

4-34. 그림 P4.34의 암석 파쇄 기구에서 크랭크가 120° 시계 방향으로 회전할 때 기구를 재구성하고, 파쇄단의 각 변위를 도식적 방법으로 구하라.

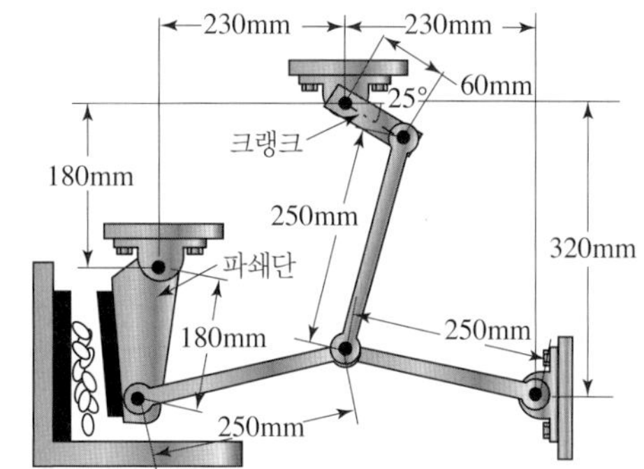

그림 P4.34 문제 34, 35, 54, 62, 69, 75, 81, 87

4-35. 그림 P4.34의 암석 파쇄 기구에서 크랭크가 75° 시계 방향으로 회전할 때 기구를 재구성하고, 파쇄단의 각 변위를 도식적 방법으로 구하라.

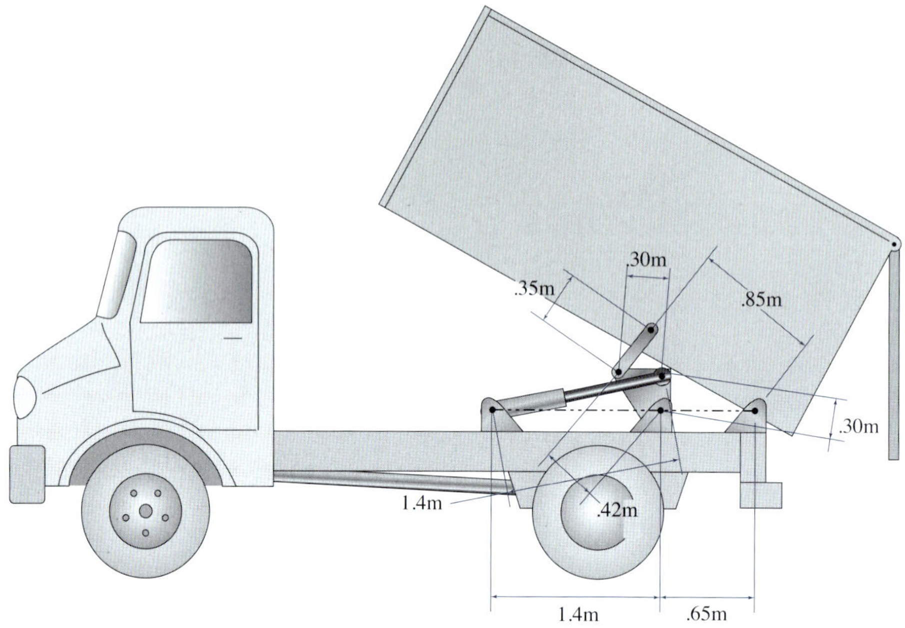

그림 P4.36 문제 36, 37, 55

4-36. 그림 P4.36의 덤프 트럭 기구에서, 실린더가 0.15m만큼 짧아질 때 기구를 재구성하고, 베드의 각 변위를 도식적 방법으로 구하라.

4-37. 그림 P4.36의 덤프 트럭 기구에서, 실린더가 0.2m만큼 늘어날 때 기구를 재구성하고, 베드의 각 변위를 도식적 방법으로 구하라.

해석적 변위 해석

4-38. 그림 P4.3에서 링크가 30° 반시계 방향으로 회전할 때, 점 *P*와 *Q*의 변위를 해석적 방법으로 구하라. $\beta = 55°$이고 $\gamma = 35°$를 사용할 것.

4-39. 그림 P4.3에서 링크가 40° 시계 방향으로 회전할 때, 점 *P*와 *Q*의 변위를 해석적 방법으로 구하라. $\beta = 65°$이고 $\gamma = 15°$를 사용할 것.

4-40. 그림 P4.5에서 45mm 링크가 현재 위치로부터 90°만큼 반시계 방향으로 회전할 때, 압축기 링키지의 피스톤의 직선 변위를 해석적 방법으로 구하라.

4-41. 그림 P4.7에서 0.75cm 크랭크가 현재 위치로부터 50°만큼 반시계 방향으로 회전할 때, 절삭날의 직선 변위를 해석적 방법으로 구하라.

4-42. 그림 P4.9에서 핸들이 현재 위치로부터 20°만큼 시계 방향으로 회전할 때, 스탬프의 직선 변위를 해석적 방법으로 구하라.

4-43. 그림 P4.11에서 26cm 핸들이 현재 위치로부터 25°만큼 반시계 방향으로 회전할 때, 열처리로 문의 직선 변위를 해석적 방법으로 구하라.

4-44. 그림 P4.13에서 60mm 크랭크가 현재 위치로부터 40°만큼 시계 방향으로 회전할 때, 파쇄단의 각 변위를 해석적 방법으로 구하라.

4-45. 그림 P4.15에서 2cm 크랭크가 현재 위치

로부터 100°만큼 시계 방향으로 회전할 때, 와이퍼 암의 각 변위를 해석적 방법으로 구하라.

4-46. 그림 P4.17에서 상부 턱이 현재 위치로부터 25°만큼 벌려질 때, 바이스 그립 상부 핸들의 각 변위를 해석적 방법으로 구하라.

4-47. 그림 P4.20에서 12cm 크랭크가 현재 위치로부터 60°만큼 반시계 방향으로 회전할 때, 바퀴 조립체의 각 변위를 해석적 방법으로 구하라.

4-48. 그림 P4.22에서 페달이 현재 위치로부터 20°만큼 시계 방향으로 회전할 때, 공압 실린더의 직선 변위를 해석적 방법으로 구하라. 또한 실린더의 직경을 25mm로 가정하고 이 작동에 의해 움직인 공기의 체적을 구하라.

4-49. 그림 P4.24에서 직선 액추에이터가 현재 위치로부터 425mm만큼 줄었을 때, 상단 지지 링크의 각 변위를 해석적 방법으로 구하라.

4-50. 그림 P4.26에서 바닥 핀이 2.0m에서 1.5m만큼 떨어져 있을 때, 박스 트럭의 수직 거리를 해석적 방법으로 구하라.

4-51. 그림 P4.28에서 플랫폼이 현재 위치로부터 45cm 위로 올리는 데 필요한 유압실린더의 신장량을 해석적 방법으로 구하라.

4-52. 그림 P4.30에서 크랭크가 현재 위치로부터 100°만큼 시계 방향으로 회전할 때, 감기 발의 변위를 해석적 방법으로 구하라.

4-53. 그림 P4.32에서 상부 컨트롤 암이 현재 위치로부터 15°만큼 시계 방향으로 회전할 때, 타이어 바닥의 변위를 해석적 방법으로 구하라.

4-54. 그림 P4.34에서 크랭크가 현재 위치로부터 95°만큼 시계 방향으로 회전할 때, 파쇄단의 각 변위를 해석적 방법으로 구하라.

4-55. 그림 P4.36에서 실린더가 현재 위치로부터 0.1m만큼 수축할 때, 덤프트럭 베드의 각 변위를 해석적 방법으로 구하라.

한계 위치 : 도식적 방법

4-56. 그림 P4.5에서 피스톤의 한계 위치를 구성하고, 그 행정(최대 직선 변위)을 도식적 방법으로 구하라.

4-57. 그림 P4.7에서 절삭날의 한계 위치를 구성하고, 그 행정(최대 직선 변위)을 도식적 방법으로 구하라.

4-58. 그림 P4.13에서 파쇄단의 한계 위치를 구성하고, 그 행정(최대 각 변위)을 도식적 방법으로 구하라.

4-59. 그림 P4.15에서 와이퍼의 한계 위치를 구성하고, 그 행정(최대 각 변위)을 도식적 방법으로 구하라.

4-60. 그림 P4.20에서 바퀴 조립체의 한계 위치를 구성하고, 그 행정(최대 각 변위)을 도식적 방법으로 구하라.

4-61. 그림 P4.30에서 미끄럼 핀의 한계 위치를 구성하고, 그 행정(최대 직선 변위)을 도식적 방법으로 구하라.

4-62. 그림 P4.30에서 파쇄단의 한계 위치를 구성하고, 그 행정(최대 각 변위)을 도식적 방법으로 구하라.

한계 위치 : 해석적 방법

4-63. 그림 P4.5에서 피스톤의 행정(최대 직선 변위)을 해석적 방법으로 계산하라.

4-64. 그림 P4.7에서 절삭날의 행정(최대 직선 변위)을 해석적 방법으로 계산하라.

4-65. 그림 P4.13에서 파쇄단의 행정(최대 각 변위)을 해석적 방법으로 계산하라.

4-66. 그림 P4.15에서 와이퍼의 행정(최대 각 변위)을 해석적 방법으로 계산하라.

4-67. 그림 P4.20에서 바퀴 조립체의 행정(최대 직선 변위)을 해석적 방법으로 계산하라.

4-68. 그림 P4.30에서 미끄럼 핀의 행정(최대 직선 변위)을 해석적 방법으로 계산하라.

4-69. 그림 P4.34에서 파쇄단의 행정(최대 각 변위)을 해석적 방법으로 계산하라.

변위도 : 도식적 방법

4-70. 그림 P4.5에서 크랭크가 시계 방향으로 한 바퀴 회전할 때, 피스톤의 위치에 대한 변위도를 도식적 방법으로 작성하라.

4-71. 그림 P4.7에서 크랭크가 시계 방향으로 한 바퀴 회전할 때, 절삭날의 위치에 대한 변위도를 도식적 방법으로 작성하라.

4-72. 그림 P4.13에서 크랭크가 시계 방향으로 한 바퀴 회전할 때, 파쇄단의 각도 위치에 대한 변위도를 도식적 방법으로 작성하라.

4-73. 그림 P4.15에서 크랭크가 시계 방향으로 한 바퀴 회전할 때, 와이퍼의 각도 위치에 대한 변위도를 도식적 방법으로 작성하라.

4-74. 그림 P4.20에서 크랭크가 시계 방향으로 한 바퀴 회전할 때, 바퀴 조립체의 각도 위치에 대한 변위도를 도식적 방법으로 작성하라.

4-75. 그림 P4.34에서 크랭크가 시계 방향으로 한 바퀴 회전할 때, 파쇄단의 각도 위치에 대한 변위도를 도식적 방법으로 작성하라.

변위도 : 해석적 방법

4-76. 그림 P4.5에서 크랭크가 시계 방향으로 한 바퀴 회전할 때, 피스톤의 위치에 대한 변위도를 해석적 방법으로 작성하라.

4-77. 그림 P4.7에서 크랭크가 시계 방향으로 한 바퀴 회전할 때, 절삭날의 위치에 대한 변위도를 해석적 방법으로 작성하라.

4-78. 그림 P4.13에서 크랭크가 시계 방향으로 한 바퀴 회전할 때, 파쇄단의 각도 위치에 대한 변위도를 해석적 방법으로 작성하라.

4-79. 그림 P4.15에서 크랭크가 시계 방향으로 한 바퀴 회전할 때, 와이퍼의 각도 위치에 대한 변위도를 해석적 방법으로 작성하라.

4-80. 그림 P4.20에서 크랭크가 시계 방향으로 한 바퀴 회전할 때, 바퀴 조립체의 각도 위치에 대한 변위도를 해석적 방법으로 작성하라.

4-81. 그림 P4.34에서 크랭크가 시계 방향으로 한 바퀴 회전할 때, 파쇄단의 각도 위치에 대한 변위도를 해석적 방법으로 작성하라.

Working Model을 사용하는 변위 문제

4-82. 그림 P4.5에서 크랭크가 시계 방향으로 한 바퀴 회전할 때, 피스톤의 위치에 대한 변위도를 Working Model을 사용하여 해석하고 변위도를 작성하라.

4-83. 그림 P4.7에서 크랭크가 시계 방향으로 한 바퀴 회전할 때, 절삭날의 위치에 대한 변위도를 Working Model을 사용하여 해석하고 변위도를 작성하라.

4-84. 그림 P4.13에서 크랭크가 시계 방향으로 한 바퀴 회전할 때, 파쇄단의 각도 위치에 대한 변위도를 Working Model을 사용하여 해석하고 변위도를 작성하라.

4-85. 그림 P4.15에서 크랭크가 시계 방향으로 한 바퀴 회전할 때, 와이퍼의 각도 위치에 대한 변위도를 Working Model을 사용하여 해석하고 변위도를 작성하라.

4-86. 그림 P4.20에서 크랭크가 시계 방향으로 한 바퀴 회전할 때, 바퀴 조립체의 각도 위치에 대한 변위도를 Working Model을 사용하여 해석하고 변위도를 작성하라.

4-87. 그림 P4.34에서 크랭크가 시계 방향으로 한 바퀴 회전할 때, 파쇄단의 각도 위치에 대한 변위도를 Working Model을 사용하여 해석하고 변위도를 작성하라.

〉〉〉 사례연구

4-1. 그림 C4.1은 머신 슬라이드용으로 설계된 기구를 나타내고 있다. 부품의 구성을 주의 깊게 살피고, 기계 동작에 대한 직관을 얻기 위해 만들어진 다음의 일련의 질문에 답하라.

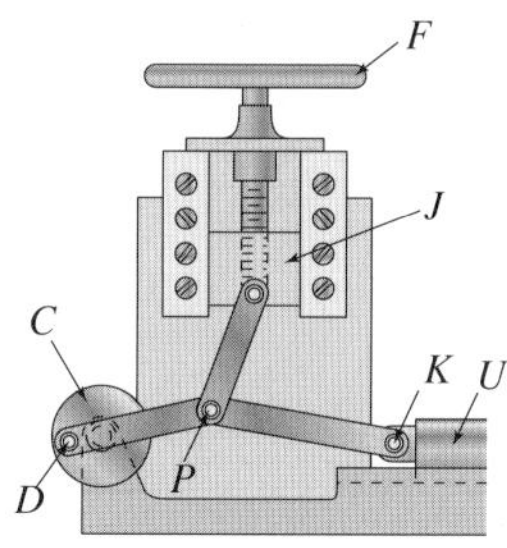

그림 C4.1 (Industrial Press에서 게재 허용)

1. 슬라이드 *J*가 정지한 채로 바퀴 *C*가 시계 방향으로 회전할 때 핀 조인트 *D*에는 어떤 운동이 발생하겠는가?
2. 핀 조인트 *P*에는 어떤 운동이 발생하는가?
3. 핀 조인트 *K*에는 어떤 운동이 발생하는가?
4. 손잡이 *F*를 돌리면 슬라이드 *J*에 어떤 영향을 미치겠는가?
5. 손잡이 *F*를 돌리는 것은 기구의 운동에 어떤 영향을 미치겠는가? 반드시 운동의 전체적인 성격에 대해 논하라.
6. 이 장치의 목적은 무엇인가?
7. 기구 해석도를 그리고, 자유도를 계산하라.

4-2. 그림 C4.2는 이송 트랙에 작은 부품을 공급하는 흥미로운 시스템이다. 기구를 이루는 부품의 구성을 주의 깊게 살피고, 다음에 등장하는 일련의 질문에 답하라.

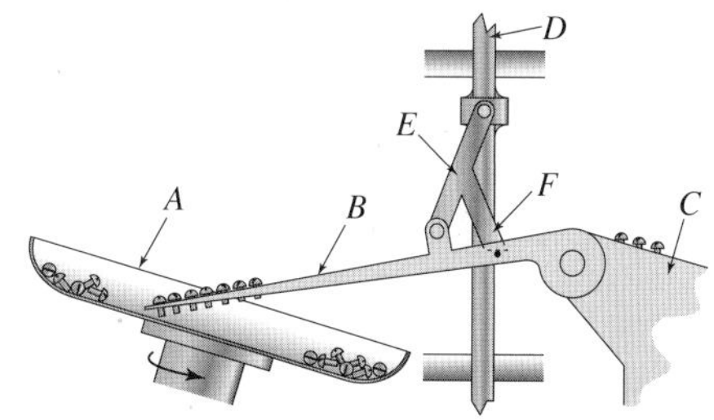

그림 C4.2 (Industrial Press에서 게재 허용)

1. 나사산 가공 전의 소형 원형 나사가 트랙 *B*와 *C*를 타고 나사산 가공 기계로 이송되고 있다. 나사는 용기 *A*로부터 트랙 *B*까지 어떻게 공급되는가?
2. 그림에 명확히 나타내지는 않았지만 트랙 B는 평행핑거(paralell finger)로 설계되었다. 왜 평행핑거가 나사를 이송하는 데 사용되었겠는가?
3. 두 번째 기구가 링크 *D*를 단속적으로 들어올릴 때, 트랙 *B*의 운동은 어떠한가?
4. 링크 *E*의 목적은 무엇인가?
5. 두 번째 기구가 링크 *D*를 단속적으로 들어올릴 때, 나사의 운동은 어떠한가?
6. 링크 *D*의 이동 가능한 가장 낮은 위치는 무엇에 의해 결정되는가? 트랙 *B*의 끝 단이 용기 *A*의 바닥과 접촉하지 않고 있음을 명심하라.
7. 트랙 *C*로 나사가 과도하게 채워질 때, 링크 *D*가 아래로 힘을 받으면 핑거 *F*에는 어떤 일이 발생하겠는가?
8. 트랙 *C*로 나사가 과도하게 채워질 때, 트랙 B의 끝 단에는 어떤 일이 발생하는가?
9. 이 장치의 목적은 무엇인가? 이 장치의 특징에 대하여 논하라.
10. 어떤 형태의 기구가 링크 *D*를 구동할 수 있겠는가?

4-3. 그림 C4.3은 클러치 하우징을 한 장소에서 다른 장소로 옮기는 기계를 나타낸다. 옮기는 동안 플랫폼 *A*는 하우징을 지지한다. 기구를 구성하는 부품의 구성을 주의 깊게 살핀 후, 다음에 등장하는 일련의 질문에 답하라.

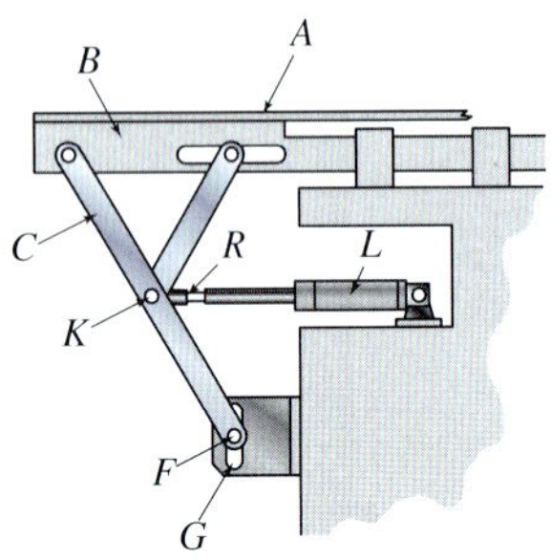

그림 C4.3 (Industrial Press에서 게재 허용)

1. 지지대 *B*의 운동은 어떤 형태로 제한되는가?
2. 공압 실린더 *L*이 수축되면, 링크 *C*는 어떤 운동을 하게 되는가?
3. 공압 실린더 *L*이 수축되면 점 *K*의 운동은 어떻게 되는가?
4. 어떤 이유로 조인트 *F*는 슬롯 *G* 내부에서 움직이는가?
5. 이 기구의 목적은 무엇인가?
6. 나사산이 있는 막대 끝 *R*을 회전시키는 것은 실린더의 길이에 어떤 영향을 미치는가?
7. 기구 해석도를 작성하라.
8. 이 기구의 자유도를 계산하라.

CHAPTER 5

기구 설계

교육 목표

1. 기구 합성 과정을 기술할 수 있다.
2. 인라인(in-line) 슬라이더-크랭크 기구를 설계할 수 있다.
3. 원하는 기구의 시간 비율을 알고서 적당한 불평형 각도(imbalance angle)를 결정할 수 있다.
4. 동시 운동에 대한 타이밍 차트를 이용하여 최대 속도와 가속도 크기를 추정할 수 있다.
5. 도식적 방법을 이용해서 편심 슬라이더-크랭크, 크랭크-로커 그리고 크랭크-쉐이퍼 기구를 설계할 수 있다.
6. 도식적 방법을 이용해서 두 점을 지나는 싱글-피벗(single-pivot) 기구를 설계할 수 있다.
7. 도식적 방법을 이용해서 커플러 링크가 두 점을 지나는 4절 기구를 설계할 수 있다.
8. 도식적 방법을 이용해서 커플러 링크가 세 점을 지나는 4절 기구를 설계할 수 있다.

5.1 서론

이 책에서는 지금까지 기구의 해석 과정이 기술되어 왔다. 앞 장에서는 링크의 길이가 주어진 기구의 변위(displacement)를 결정하기 위한 방법을 소개하였다. 이 해석과 비교하여 기구의 설계 과정은 반대의 문제를 갖고 있다. 즉, 원하는 움직임이 주어져 있을 때, 이 움직임을 구현하는 특정한 기구의 형태와 크기가 결정되어야 한다. **기구 합성(synthesis)** 과정은 주어진 입력에 대해서 원하는 출력 운동을 하는 기구를 설계하는 과정이다.

원하는 운동을 완성하기에 적합한 특별한 기구의 선택은 **유형 합성(type synthesis)**이라 칭한다. 설계자는 원하는 작업을 수행할 가장 간단한 기구를 선택하는 시도를 해야만 한다. 이런 이유로 슬라이더-크랭크와 4절 기구는 가장 널리 사용된다. 이 장에서는 이 두 기구에 중점을 둔다.

기구의 종류를 선택한 후에는 **치수 합성(dimensional synthesis)**이라 불리는 과정을 통해 적절한 링크 길이가 결정되어야 한다. 이 장에서는 치수 합성에 중점을 둔다. 기구를 설계하는 데는 앞 장에서 기술된 해석 방법과 함께 직관이 사용될 수 있다. 이것은 특히나 경험이 적은 설계자에게는 비효율적인 과정이 될 수 있는 여러 번의 반복계산과 방법론 분석이 종종 필요하다. 이런 반복, 해석 방법은 기구 합성 방법이 없는 문제에 대해서는 장점을 가질 수 있다. 그러나 몇 가지의 치수 합성 방법이 개발되어 있고 이는 기구 설계에 상당히 도움을 준다. 이 장에서는 이 기구 합성 방법을 소개하고자 한다. 해석적인 방법은 상당히 복잡하기 때문에, 주로 도식적 방법을 통해 설명할 것이다. 그동안 이 책에서 누누히 얘기했던바, CAD 시스템을 이용하는 도식적 방법은 일반적으로 정확한 결과를 나타낼 것이다.

5.2 시간비

왕복 운동을 하는 많은 기구들은 대칭 운동을 만들어 내도록 설계되어 있다. 이는 밖으로 향하는 운동과 안으로 향하는 운동 특성이 같기 때문이다. 이런 기구들은 종종 양방향으로 작업을 수행한다. 엔진 기구와 유리창 닦이 장치는 운동학적으로 균형 잡힌 기구(kinematically balanced mechanisms)의 예가 된다.

그러나 다른 기계 설계 응용에서는 전진과 되돌아오는 운동의 평균 속도가 차이가 나기를 요구하기도 한다. 이런 기계들은 일반적으로 전진 운동만 일을 하는 경우이다. 되돌아오는 운동은 가능한 빠를수록 좋기 때문에 일을 하는 구간에서 최대 시간이 허용되길 바란다. 절삭 기계와 이동 포장 기계는 이러한 빠른 귀환 기구의 예가 된다.

기구의 급속 귀환 운동에 대한 측정은 **시간비(time ratio)** Q로 정의할 수 있다.

$$Q = \frac{\text{느린 운동 시간}}{\text{빠른 운동 시간}} \geq 1 \tag{5.1}$$

불평형 각도 β는 운동 시간에 대하여 기하학적으로 특별히 연관 지을 수 있는 속성이다. 이 각도는 시간비 Q와 관련이 있게 된다.

$$Q = \frac{180° + \beta}{180° - \beta} \tag{5.2}$$

식 5.2는 다음과 같이 다시 쓸 수 있다.

$$\beta = 180° \frac{(Q - 1)}{(Q + 1)} \tag{5.3}$$

그러므로 기구의 치수 합성에서 원하는 시간비는 불평형 각도 β를 통하여 필요한 기하학적 조건으로 치환될 수 있다.

기구의 총 왕복 시간은 다음과 같다.

$$\Delta t_{\text{cycle}} = \text{느린 운동 시간} + \text{빠른 운동 시간} \tag{5.4}$$

일정 속도로 구동되는 회전 기구에서 크랭크 속도 ω_{crank}는 왕복 시간과 관련하여 다음과 같이 표현된다.

$$\omega_{\text{crank}} = (\Delta t_{\text{cycle}})^{-1} \tag{5.5}$$

〉〉 예제 5.1

바깥 방향 운동 시간은 1.2초, 귀환 운동은 0.8초에 이루어지는 급속 귀환 기구가 설계된다. 시간비, 불평형 각도, 왕복 시간 그리고 기구가 구동되는 회전 속도를 구하여라.

풀이

1. 시간비와 불평형 각도 계산

시간비는 식 5.1로부터 결정된다.

$$Q = \left(\frac{1.2\text{ s}}{0.8\text{ s}}\right) = 1.5$$

불평형 각도는 식 5.3으로부터 결정된다.

$$\beta = 180^\circ \frac{(1.5 - 1)}{(1.5 + 1)} = 36^\circ$$

2. 기구의 왕복 시간 계산

바깥 방향 운동과 귀환 운동에 걸리는 총 시간은 다음과 같다.

$$\Delta t_{\text{cycle}} = 1.2 + 0.8 = 2.0\text{ s/rev}$$

3. 크랭크 요구 속도

기계의 한 번 왕복은 바깥 방향 운동과 귀환 운동 모두 고려한다. 그러므로 한 번 왕복에 걸리는 총 시간은 2.0초이다. 크랭크 속도는 다음과 같이 결정된다.

$$\begin{aligned}\omega_{\text{crank}} &= \left(\Delta t_{\text{cycle}}\right)^{-1} \\ &= \frac{1}{2\text{ s/rev}} = 0.5\text{ rev/s}\left(\frac{60\text{ s}}{1\text{ min}}\right) \\ &= 30\text{ rev/min}\end{aligned}$$

각속도에 대한 개념은 6장에서 자세히 다루어진다.

5.3 타이밍 차트

타이밍 차트(timing chart)는 기구들 사이의 운동 동기화(motion synchronization)를 도와주는 기구 설계 과정에 자주 쓰인다. 예를 들면, 하나의 컨베이어에서 다른 곳으로 물건을 이송할 때 한 쌍의 기구가 이용된다고 하자. 한 기구가 물건을 낮은 컨베이어에서 들어 올리면, 다른 기구는 처음 기구가 정지하고 있는 동안 물건을 위쪽 컨베이어로 밀어낸다. 두 기구는 다시 시작 지점으로 되돌아 오고 다음 왕복을 준비한다. 타이밍 차트는 이러한 정보를 도식적으로 가시화 해준다. 또한 타이밍 차트는 뒤따르는 링크의 속도와 가속도의 크기를 추정할 수 있게 해

준다. 링크의 속도는 링크의 위치가 변화하는 지점에서의 시간 변화율을 말한다. 가속도는 링크의 속도가 변화하는 지점에서의 시간 변화율을 말하며, 기구를 작동시키기 위해 요구되는 힘과 직접적으로 연관되어 있다. 6장에서 링크의 속도 해석에 대해 포괄적인 범위로 다루고, 7장에서는 링크의 가속도에 중점을 둔다. 속도와 가속도는 벡터양이지만, 타이밍 차트에서는 단지 그들의 크기만이 중요하다.

여러 기구의 운동 동기화에 사용되는 타이밍 차트는 일반적으로 등가속도로 가정한다. 실제 기구에서 만들어지는 가속도 값은 상당히 다를 수 있지만(7장에서 나타나듯이) 등가속도 가정은 속도와 변위의 시간에 대한 함수를 다항식으로 제공해 준다. 타이밍 차트는 시간에 대한 출력 속도의 크기를 필요로 한다. 등가속도로 가정하면 속도-타이밍 차트는 직선으로 나타난다. 변위는 다음 식을 통하여 최고 속도, 가속도 그리고 시간과 관련이 있음을 알 수 있다.

$$\Delta R = \frac{1}{2} v_{peak} \Delta t \tag{5.6}$$

$$\Delta R = \frac{1}{4} a (\Delta t)^2 \tag{5.7}$$

앞서 기술한 물건을 옮기는 설정에서 들어 올리는 기구는 1.5초 동안 8.0cm를 들어 올려야 하고, 1.0초 동안 정지해 있다가 되돌아가는 데 1.0초가 걸린다고 하자. 또한 밀어내는 기구는 1.5초 동안 정지해 있어야 하고, 1.0초 동안 6.0cm를 밀어내야 하며, 되돌아오는 데 1.0초가 걸린다고 하자. 두 기구에 대한 타이밍 차트가 그림 5.1에 나타나 있다. 이 그림은 첫 번째 기구가 들어 올리고 있을 때(속도가 삼각형 모양으로 나타날 때), 두 번째 기구는 정지해 있는 것(속도가 없음)을 보여 준다. 또한, 두 번째 기구가 밀어내고 있을 때, 첫 번째 기구는 정지해 있다. 즉, 동기화 된 상태이다. 그리고 최고 속도와 가속도는 식 5.6과 5.7을 다시 써보면 시간과 변위에 관계 있음을 알 수 있다. 들어 올리는 기구에 대해서 식은 다음과 같다.

$$\text{들어 올리는 운동}: v_{peak} = 2\frac{\Delta R}{\Delta t} = 2\frac{(8.0\text{cm})}{(1.5\text{s})} = 10.67\text{cm/s}$$

$$a = 4\frac{\Delta R}{\Delta t^2} = 4\frac{(8.0\text{cm})}{(1.5\text{s})^2} = 14.22\text{cm/s}^2$$

이와 유사하게 계산해 보면, 되돌아오는 운동의 최대 속도는 -16.00cm/s, 가속도는 -32.00cm/s^2가 된다. 밀어내는 기구에서 미는 운동의 최대 속도는 12.00cm/s이고, 가속도는 24.00cm/s^2이 된다. 밀어내는 기구에서 되돌아오는 운동의 최대 속도는 -12.00cm/s, 가속도는 -24.00cm/s^2가 된다.

속도는 변위의 시간 변화율이므로, 미적분학의 개념에 따라 기구의 변위는 속도-타이밍 차트의 면적과 같다. 이는 식 5.6에서 나타난 대로 변위는 속도 삼각형에서 넓이를 구하는 식과 같다. 각 운동의 변위는 그림 5.1에 표시되어 있다. 속도와 가속도가 추정될 수 있다는 것을 강조하면서, 이는 다음 예제에서 보는 것처럼 초기 설계 단계에서 매우 유용하게 쓰일 수 있다.

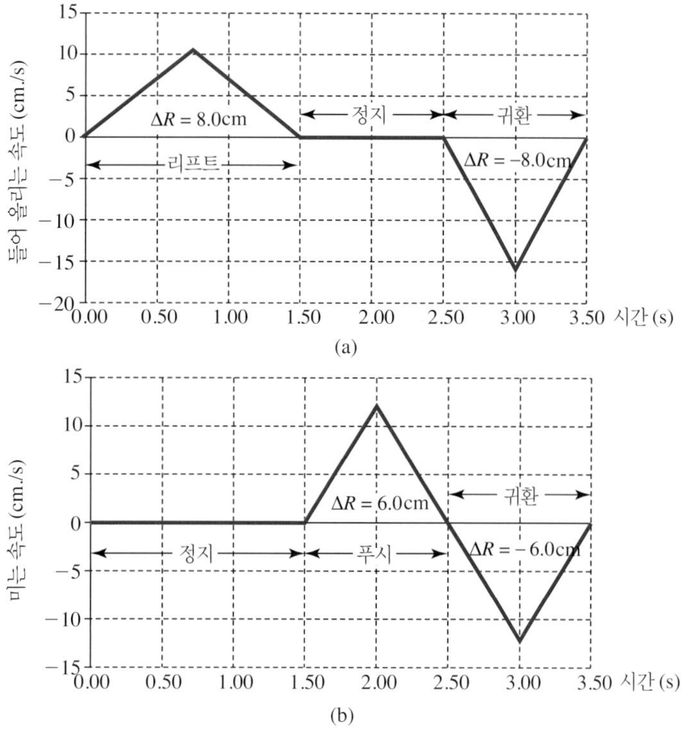

그림 5.1 타이밍 차트

예제 5.2

슬리브 베어링 삽입 공정에서 컨베이어는 0.4초 동안 8.0cm만큼 이동해야 하고, 베어링이 덮개를 컨베이어 위에서 누를 때까지 정지해 있어야 한다. 베어링은 덮개와 만나기 위해 4.0cm를 움직여야 하고 덮개 안에서 2.0cm 눌려야 한다. 전체 가압 운동은 0.6초이고 되돌아오는 데 0.4초 걸린다.

1. 시간비를 구하여라. 그리고 가압 기구의 크랭크 회전 속도를 구하여라.
2. 동기화된 타이밍 차트를 그려라.
3. 컨베이어 위 덮개의 최대 속도와 가속도를 추정하여라.
4. 베어링 가압 전진 운동의 최대 속도와 가속도를 추정하여라.
5. 베어링 가압 귀환 운동의 최대 속도와 가속도를 추정하여라.
6. 모든 부품의 최대 가속도가 1g($1g = 9.8m/s^2 = 980cm/s^2$) 이하가 되도록 운동을 최적화하라.

풀이

1. 시간비, 왕복 시간, 크랭크 속도 구하기

시간비는 식 5.1에서 결정된다.

$$Q = \left(\frac{0.6\,s}{0.4\,s}\right) = 1.5$$

전진과 귀환에 걸린 전체 시간은 다음과 같다.

$$\Delta t_{\text{cycle}} = 0.6 + 0.4 \text{ s/rev}$$

한 공정은 전진과 귀환 운동 모두를 포함하므로, 크랭크가 1회 완료하는 동안 1.0초 걸린다. 요구되는 크랭크 속도는 다음과 같다.

$$\begin{aligned}\omega_{\text{crank}} &= \left(\Delta t_{\text{cycle}}\right)^{-1} \\ &= \frac{1}{1.0 \text{ s/rev}} = 1.0 \text{ rev/s}\left(\frac{60 \text{ s}}{1 \text{ min}}\right) \\ &= 60.0 \text{ rev/min}\end{aligned}$$

2. 타이밍 차트 그리기

타이밍 차트는 그림 5.2와 같이 구성할 수 있다.

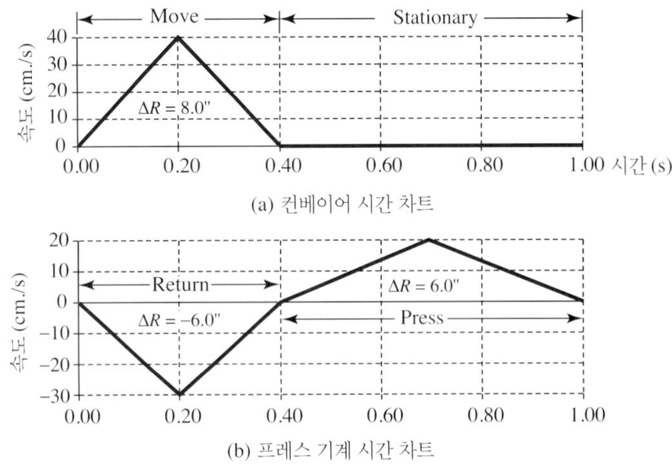

그림 5.2 예제 5.2에 대한 타이밍 차트

3. 컨베이어 위의 덮개에 대한 운동 물성치 계산

덮개에 대하여 추정된 속도와 가속도의 크기는 다음과 같다.

$$v_{\text{peak}} = 2\frac{\Delta R}{\Delta t_1} = 2\frac{(8.0\text{cm})}{(0.4 \text{ s})} = 40.00\text{cm/s}$$

$$a = 4\frac{\Delta R}{\Delta t_1^2} = 4\frac{(8.0\text{ cm})}{(0.4\text{ s})^2} = 200.00\text{cm/s}^2$$

4. 베어링 가압 귀환 운동에 대한 운동 물성치 계산

베어링 가압 귀환 운동에 대하여 추정된 속도와 가속도는 다음과 같다.

$$v_{\text{peak}} = 2\frac{\Delta R}{\Delta t_1} = 2\frac{(-6.0\text{cm})}{(0.4\text{s})} = -30.00\text{cm/s}$$

$$a = 4\frac{\Delta R}{\Delta t_1^2} = 4\frac{(-6.0\text{cm})}{(0.4\,\text{s})^2} = -150.00\,\text{cm/s}^2$$

5. 베어링 가압 전진 운동에 대한 운동 물성치 계산

베어링 가압 전진 운동에 대하여 추정된 속도와 가속도는 다음과 같다.

$$v_{\text{peak}} = 2\frac{\Delta R}{\Delta t_2} = 2\frac{(6.0\,\text{cm})}{(0.6\,\text{s})} = 20.00\,\text{cm/s}$$

$$a = 4\frac{\Delta R}{\Delta t_2^2} = 4\frac{(6.0\,\text{cm})}{(0.6\,\text{s})^2} = 66.67\,\text{cm/s}^2$$

6. 운동 최적화

가장 큰 가속도의 크기가 컨베이어 위의 덮개이고 크기는 $200\text{cm/s}^2 = 200/386.4 = 0.517g$이다. 이 운동은 최적화 될 수 있고, 식 5.7에서 가속도 $a = 386.4\text{cm/s}^2$로 대체하여 생산성을 증가시킬 수 있다. 줄어든 컨베이어 이동 시간은 다음과 같다.

$$\Delta t_1 = \sqrt{4\frac{\Delta R}{a}} = \sqrt{4\frac{(8.0\,\text{cm})}{(386.4\,\text{cm/s}^2)}} = 0.288\,\text{s}$$

시간비를 유지하면 줄어든 베어링 가압 운동 시간은 식 5.1에 의해 결정될 수 있다.

$$\Delta t_2 = Q\,\Delta t_1 = 1.5\,(0.288\text{s}) = 0.432\text{s}$$

증가한 크랭크 속도는 식 5.5에서 결정된다.

$$\begin{aligned}\omega_{\text{crank}} &= (0.288 + 0.432\,\text{s})^{-1}\\ &= \frac{1}{0.720\,\text{s/rev}}\\ &= 1.389\,\text{rev/s}\left(\frac{60\,\text{s}}{1\text{min}}\right) = 83.3\,\text{rev/min}\end{aligned}$$

제품 생산율은 공정 속도와 관계 있기 때문에, 타이밍 차트와 허용 가능한 가속도 한계 안에서 운동을 최적화 함으로써 제품 생산이 39% 증가하였다.

5.4 슬라이더-크랭크 기구의 설계

많은 기구들은 왕복 직선 미끄럼 운동을 요구한다. 엔진, 압축기는 크랭크가 연속적으로 회전할 때 피스톤이 정확한 직선운동을 하는, 소위 **행정(stroke)**이라고 하는 운동을 요구한다. 재봉틀이나 기계 활톱 같은 다른 응용 분야는 근사 직선왕복운동을 요구하기도 한다. 슬라이더-크랭크 기구의 형태는 상당히 많은 응용 분야에 사용된다.

5.4.1 인라인 슬라이더-크랭크 기구

인라인(in-line) 슬라이더-크랭크 기구는 커넥팅 암(connecting arm)과 피스톤 핀이 미끄럼 운동을 하는 직선 위에 크랭크 피벗(crank-pivot), 즉 크랭크 회전중심이 있는 기구이다. 이 기구는 그림 5.3과 같다. 행정은 $|\Delta \mathbf{R}_4|_{max}$로 표시되어 있고 두 끝점 사이를 움직이는 미끄럼 링크, 즉 슬라이더의 직선운동거리를 나타낸다. 크랭크와 커넥팅 암의 운동은 미끄럼축에 대해서 대칭이기 때문에 한쪽으로 직선운동을 할 때의 크랭크 회전각도는 반대쪽으로 직선귀환운동을 할 때와 같아진다. 이런 이유 때문에 일렬로 된, 인라인 슬라이더-크랭크 기구는 평형을 이루는 밸런싱 기구이다. 크랭크가 전기모터에 의해서 일정한 속도로 회전한다면, 한쪽 직선운동을 하는 데 걸리는 시간은 반대쪽으로 직선귀환운동을 할 때 걸리는 시간과 같게 된다.

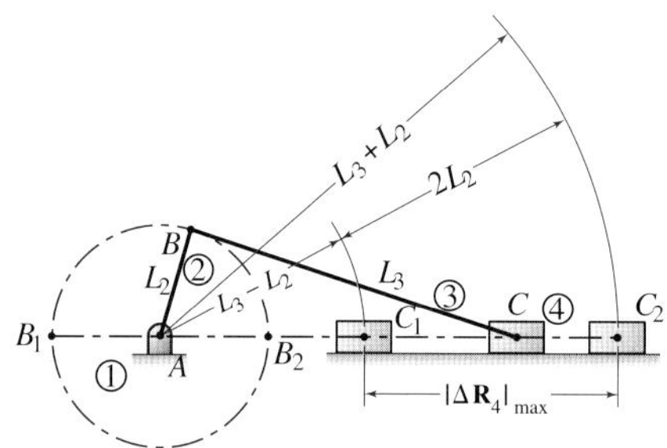

그림 5.3 인라인 슬라이더-크랭크 기구

인라인 슬라이더-크랭크 기구설계는 원하는 행정 $|\Delta \mathbf{R}_4|_{max}$를 만족하는, 두 링크의 길이 L_2, L_3를 결정하는 것이 중요하다. 그림 5.3과 같이 행정은 크랭크 길이의 2배가 된다. 즉, B_1과 B_2 사이의 거리는 C_1과 C_2 사이의 거리와 같다. 그러므로 크랭크 길이 L_2는 다음처럼 간단히 계산된다.

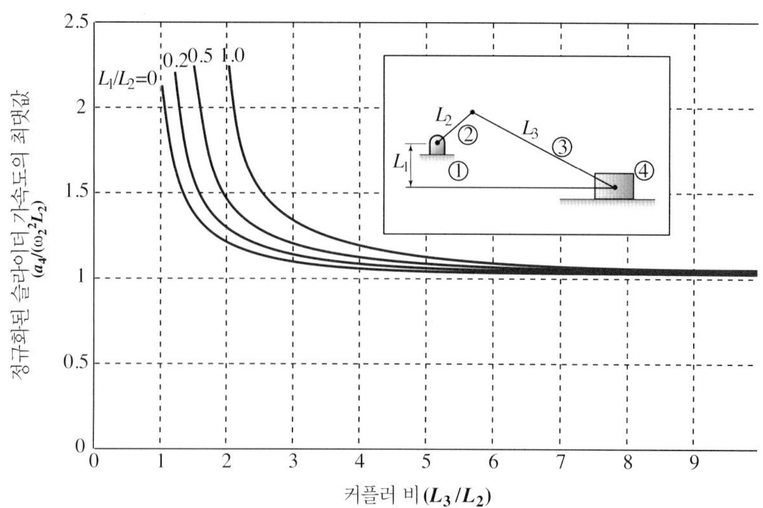

그림 5.4 슬라이더-크랭크 기구에서 최대 슬라이더 가속도

$$L_2 = \frac{|\Delta \mathbf{R}_4|_{max}}{2} \tag{5.8}$$

커넥팅 암의 길이 L_3는 행정에 영향을 받지 않는다. 다만 커넥팅 암의 길이가 짧을수록 속도, 가속도의 크기는 커진다. 그러므로 커넥팅 암의 길이는 가능한 한 길어야 한다. 그림 5.4는 슬라이딩 링크의 최대 가속도에 대한 커넥팅 암 길이와 편심거리의 영향을 설명하고 있다. 이 자료는 커넥팅 암 길이가 가능한 한 길어야 한다는 것을 분명하게 보여 준다(인라인 슬라이더-크랭크 기구에 대해서 편심값 L_1은 0이다). 일반적으로 연결 암은 적어도 크랭크 길이의 3배 이상이 되어야 한다. 7장에 나온 보다 상세한 해석에 의해 링크의 상세한 가속도와 관성력을 정할 수 있을 것이다.

5.4.2 편심 슬라이더-크랭크 기구

그림 5.5a에 기술된 기구가 편심(offset) 슬라이더-크랭크 기구이다. 이 기구에 의해서 편심된 직선운동이 얻어진다. 이 편심 변위 L_1이 크랭크 피벗과 미끄럼축 사이의 거리이다. 이 편심이 크랭크 운동과 커넥팅 암의 운동이 미끄럼축에 대해서 대칭이 아닌 운동을 하도록 한다. 그러므로 한쪽으로 직선운동을 할 때의 크랭크 회전각도는 반대쪽으로 직선귀환운동을 할 때의 회전각도와 달라진다. 편심 슬라이더-크랭크 기구는 더 늦은 행정 운동이 필요할 때, 급속 귀환운동을 하는 기구로 사용될 수 있다.

그림 5.5a에서 A, C_1그리고 C_2는 동일 선상이 아니며, 편심 슬라이더-크랭크 기구의 행정은 항상 크랭크 길이의 2배보다 크게 된다. 편심된 거리가 증가할수록 행정은 더 커진다. 그림 5.5a에서 가능한 편심거리의 범위는 다음과 같다.

$$L_1 < L_3 - L_2 \tag{5.9}$$

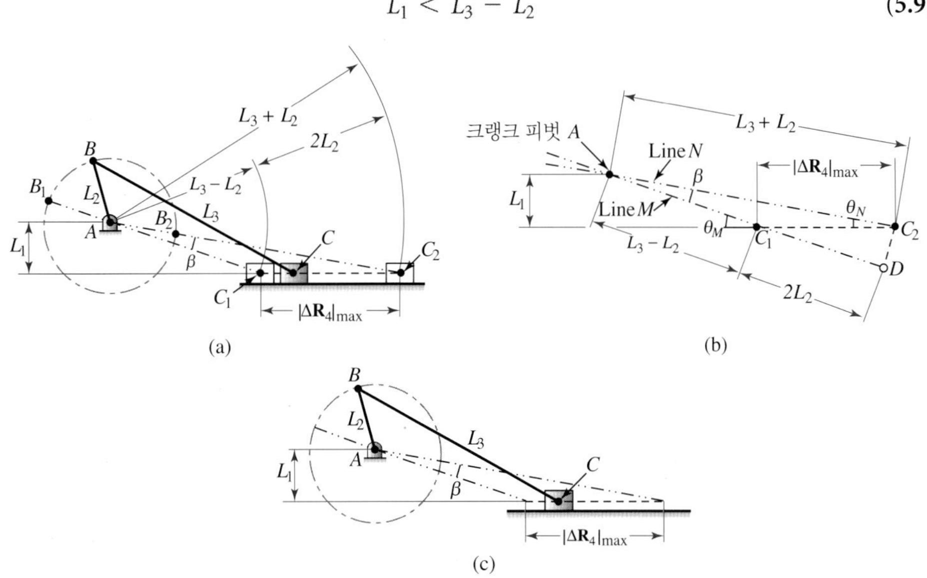

그림 5.5 편심 슬라이더-크랭크 기구

슬라이더 링크의 극한위치가 그림 5.5a에 나타나 있고, 4장에 설명되어 있다. 슬라이더-크랭크 기구의 설계는 원하는 행정 $|\Delta \mathbf{R}_4|_{max}$ 그리고 불평형 각도 β를 만들어 낼 수 있는 적정한 편심거리 L_1과 두 링크의 길이 L_2, L_3를 결정하는 것이다. 슬라이더-크랭크 기구를 합성하는 도식적 방법은 다음과 같다.

1. 슬라이더 링크상에 핀 조인트의 미끄럼축을 놓고, 그림 5.5a에서 보듯이, 점 C라고 기입한다.
2. 행정 $|\Delta \mathbf{R}_4|_{max}$만큼 떨어지는 두 극한위치를 그린다.
3. 한 극한위치에서 슬라이더 링크의 핀 조인트 점을 통과하는 직선 M을 그리고 미끄럼축과의 각도를 θ_M이라고 정한다. 그리고 이 점에 그림 5.5b에서 보듯이, 점 C_1이라고 기입한다.
4. 다른 극한 위치에서 슬라이딩 링크의 핀 조인트 점을 통과하는 직선 N을 그린다. 이 점에 그림 5.5b에서 보듯이, 점 C_2라고 기입한다. 이 직선 N은 직선 M과 β 각도로 교차해 있을 것이다. 즉, $\theta_N = \theta_M - \beta$가 된다.
5. 직선 M, N의 교점은 크랭크 피벗점 A로 정해진다. 편심거리 L_1은 작도에 의해서 결정된다(그림 5.5b).
6. 두 극한점의 작도에서 C_1과 D 사이의 원호 길이가 $2L_2$임을 알 수 있다. 원호 C_2D의 중심은 점 A가 된다. 두 직선은 모두 같은 원호의 반지름이고 그 반지름값 AC_2는 $AC_1 + C_1D$의 길이와 같다. 이 관계를 다시 쓰면 다음과 같다.

$$C_1D = AC_2 - AC_1$$

위 식을 다시 정리하면, 편심 슬라이더-크랭크 기구에서 크랭크 길이 L_2는 다음과 같이 결정된다.

$$L_2 = \frac{1}{2}(AC_2 - AC_1) \tag{5.10}$$

7. 두 극한위치의 작도로부터

$$AC_1 = L_3 - L_2$$

임을 알 수 있다. 커넥팅 암의 길이는 다음과 같이 구해진다.

$$L_3 = AC_1 + L_2 \tag{5.11}$$

완전한 기구는 그림 5.3c처럼 얻어진다. CAD 시스템에서 이 설계 과정이 구현되면 정확한 결과를 얻을 수 있다.

직선 M은 임의의 경사각 θ_M으로 점 C_1을 지나는 것으로 그려질 수 있는 것을 주의하라. 그러므로 적당한 기구가 무한히 많이 설계될 수 있다. 일반적으로 가장 긴 커넥팅 암을 갖는 슬라이더-크랭크 기구가 더 작은 가속도를 갖는다. 따라서 더 작은 관성력을 갖는다. 그림 5.4는 짧은 커넥팅 암을 사용할 때의 영향을 파악하는 데 이용될 수 있다. 일반적으로 커넥팅 암은 크랭크 길이의 3배보다 커져야 한다. 상세한 가속도 해석은 관성하중을 결정하기 위해서 수행되어야 한다(7장 참조).

그림 5.5b의 삼각형에 의해 해석적 방법을 사용하여 링크 길이 L_1, L_2 그리고 L_3는 행정 $|\Delta \mathbf{R}_4|_{max}$ 그리고 불평형 각도 β 그리고 임의의 경사를 갖는 직선 M, θ_M의 함수로 표현될 수 있다.

$$L_1 = |\Delta \mathbf{R}_4|_{max} \left[\frac{\sin(\theta_M)\sin(\theta_M - \beta)}{\sin(\beta)} \right] \tag{5.12}$$

$$L_2 = |\Delta \mathbf{R}_4|_{max} \left[\frac{\sin(\theta_M) - \sin(\theta_M - \beta)}{2\sin(\beta)} \right] \tag{5.13}$$

$$L_2 = |\Delta \mathbf{R}_4|_{max} \left[\frac{\sin(\theta_M) - \sin(\theta_M - \beta)}{2\sin(\beta)} \right] \tag{5.14}$$

5.5 크랭크-로커 기구의 설계

크랭크-로커 기구는 몇 가지 경우에 사용된다. 반복적인 요동운동이 요구되는 응용 분야에서 흔하게 사용된다. 그림 5.6a는 크랭크-로커 기구의 기하학적인 형태를 보여 준다. 슬라이더-크

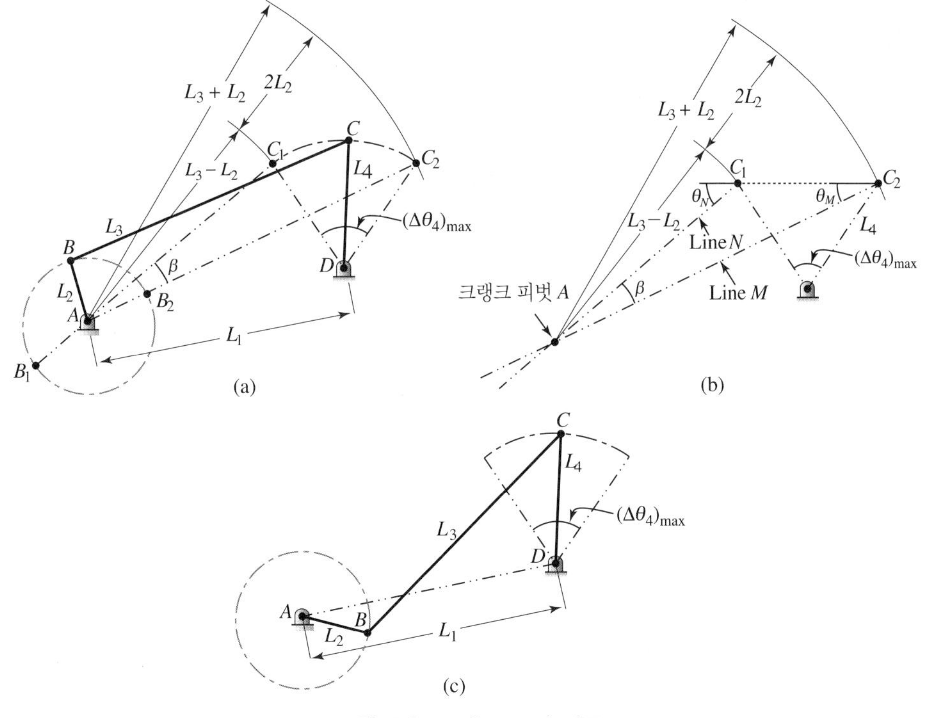

그림 5.6 크랭크-로커 기구

랭크 기구에 비해서 크랭크-로커 기구는 **요동각(throw angle)** $(\theta_4)_{max}$가 생긴다. 이 요동각은 로커 링크의 극한위치 사이의 각도로 정의된다.

크랭크-로커 기구가 편심 슬라이더-크랭크 기구와 유사하게 급속귀환기구로 사용될 수 있다. 식 5.1과 5.2에서 정의되는 시간비는 크랭크-로커 기구에 대해서도 똑같이 적용된다. 크랭크-로커 기구의 불평형 각도 β는 그림 5.6a에 나타나 있다.

크랭크-로커 기구의 극한위치는 그림 5.6a에 나타나 있고, 이 책의 4장에 기술되어 있다. 두 극한위치 사이의 반경방향 길이는 크랭크 길이의 2배임을 주의하라. 이 주의점은 크랭크-로커 기구를 설계하는 데 중요하다.

크랭크-로커 기구의 설계는 원하는 요동각 $(\theta_4)_{max}$과 불평형 각도 β를 만족하는 모든 4절 기구의 링크길이를 결정하는 것에 관계된다. 이 크랭크-로커 기구를 합성하는 과정은 다음과 같다.

1. 그림 5.6b에서 보듯이, 로커의 피벗점 D를 그린다.
2. 임의로 적당한 로커의 길이 L_4를 그린다. 이 길이는 이 기구의 허용공간에 의해서 실제적으로 제약을 받는다.
3. 요동각 $(\theta_4)_{max}$만큼 벌어진 두 극한위치를 그린다.
4. 한 극한위치에서 로커 링크의 끝점을 통과하는 경사각 θ_M의 직선 M을 그린다. 이 점에 그림 5.6b에서 보듯이, 점 C_2라고 기입한다.
5. 다른 극한위치에서 로커 링크의 끝점을 통과하는 직선 N을 그린다. 이 직선은 직선 M과 β 각도로 교차한다. 즉, $\theta_N = \theta_M - \beta$이다.
6. 직선 M, N의 교점은 크랭크의 피벗점 A로 정해진다. 두 피벗 사이 거리는 작도에 의해서 결정된다(그림 5.6c). 균형잡힌 시간($Q = 1$)이 요구될 경우 직선 M과 N은 동일 선상에 존재한다. 즉, 크랭크의 피벗점 A는 직선 M과 N을 따라 어떤 점도 될 수 있다.
7. 두 극한점의 작도에서 C_1과 E 사이의 원호 길이가 $2L_2$임을 알 수 있다. 이 원호 C_2E의 중심은 점 A이다. 두 직선은 모두 같은 원호의 반지름이고, 반지름 AC_2의 길이는 $AC_1 + C_1E$이다. 이 식을 다시 쓰면 다음과 같다.

   $$C_1E = AC_2 - AC_1$$

   식을 다시 정리하면 크랭크 길이를 다음과 같이 표현할 수 있다.

   $$L_2 = \frac{1}{2}(AC_2 - AC_1) \quad \textbf{(5.15)}$$

8. 두 극한위치의 작도로부터

   $$AC_1 = L_3 - L_2$$

   임을 알 수 있다. 커넥팅 암의 길이는 다음과 같이 구해진다.

   $$L_3 = AC_1 + L_2 \quad \textbf{(5.16)}$$

완전한 기구는 그림 5.6c처럼 얻어진다. 과정 4에서 직선 M은 점 C_1을 지나는 임의의 경사각 θ_M으로 그려질 수 있는 것을 주의하라. 그러므로 원하는 요동각과 시간비에 대하여 적당한 기구가 무한히 많이 설계될 수 있다. 슬라이더-크랭크 기구처럼, 일반적으로 가장 긴 커플러를 갖는 크랭크-로커 기구가 더 작은 가속도를 갖는다. 따라서 더 작은 관성력을 갖는다.

4절 기구의 성능을 측정하는 추가적인 것으로 **전달각(transmission angle)** γ가 있다. 전달각은 커플러와 로커 사이의 각도로서 그림 5.6c에 나타나 있다. 4절 링크의 공통된 기능은 회전운동을 왕복운동으로 전환하는 것이다. 실제 응용에서 큰 힘을 전달해야 하는 경우가 자주 발생한다. 이런 경우 전달각이 극히 중요해진다. 전달각이 작게 될 때, 로커 암을 구동하는 데 큰 힘이 필요하게 된다. 최고의 결과는 크랭크의 전체 회전 동안 전달각은 가능하다면 90°에 근접해야 한다. 이는 링크의 굽힘을 줄여주고 최적의 힘 전달 조건을 제공한다. 전달각의 극한값은 크랭크가 프레임(피벗을 잇는 직선)의 선상을 따라 놓여 있을 때 발생한다. 공통된 규칙은 4절 링크는 전달각이 45°에서 135° 범위 밖에 있을 때 사용될 수 없다는 것이다. 힘 해석은 13장과 14장에 소개될 것이고, 실제 전달각의 효과도 알아볼 수 있을 것이다.

링크 중 하나의 길이가 특정한 크기를 가져야 하는 경우가 있다. 가장 보통의 경우는 프레임의 목표 길이(L_1)가 명시된다. 그러나 단지 로커 길이(L_4)가 직접적으로 명시되어 있다면, 4절 기구는 분명한 각도 결과가 이루어지게 설계되어야 하므로, 모든 링크의 길이는 설계 목적을 유지하면서 원하는 링크 크기로 결정될 수 있다. CAD 시스템을 이용하여 그림 5.6b의 기하학적 형상을 구축할 수 있다.

그림 5.6b에 그려져 있는 삼각형에서 링크 길이 L_2, L_3 그리고 L_4를 요동각 $(\theta_4)_{\max}$ 그리고 불평형 각도 β 그리고 경사 θ_M을 갖는 임의의 직선 M의 함수로 표현하기 위하여 해석적인 방법이 사용될 수 있다.

$$L_4 = \frac{L_1 \sin\beta}{\sqrt{\kappa}} \tag{5.17}$$

여기에서,

$$\begin{aligned}\kappa = {} & \sin^2\beta + 4\sin^2\big((\Delta\theta_4)_{\max}/2\big)\sin^2(\theta_M + \beta) \\ & - 4\sin\beta\sin\big((\Delta\theta_4)_{\max}/2\big)\sin(\theta_M+\beta)\sin\big((\Delta\theta_4)_{\max}/2+\theta_M\big)\end{aligned}$$

$$L_3 = \frac{L_4\sin\big((\Delta\theta_4)_{\max}/2\big)}{\sin\beta}\big[\sin\theta_M + \sin(\theta_M+\beta)\big] \tag{5.18}$$

$$L_2 = L_3 - \frac{2L_4\sin\big((\Delta\theta_4)_{\max}/2\big)\sin\theta_M}{\sin\beta} \tag{5.19}$$

5.6 크랭크-쉐이퍼 기구의 설계

그림 5.7에 나타나 있는 크랭크-쉐이퍼 기구는 큰 시간비에 적합하다. 이 이름은 절삭시간이 긴 반면 작업을 하지 않는 복원 시간은 매우 빠른 금속 쉐이퍼 기계에서 따온 것이다. 크랭크-쉐이퍼 기구의 설계는 원하는 행정 $|\Delta \mathbf{R}_E|_{\max}$를 이룰 수 있는 3개의 주요한 링크($L_1$, L_2, L_3)의 길이를 결정하는 것이 중요하다. 크랭크-쉐이퍼 기구를 합성하는 도식적인 과정은 다음과 같다.

1. 원하는 행정 $|\Delta \mathbf{R}_E|_{\max}$와 같은 길이의 직선을 긋는다. 끝점은 그림 5.7a와 같이 D_1, D_2라고 기입한다.
2. 그림 5.7a와 같이 D_1과 D_2에서 각각 β/2만큼 경사진 직선을 그린다.
3. 두 경사진 직선의 교점이 로커 피벗(점 A)에 위치하도록 한다. 점 A와 D_1 혹은 A와 D_2 사이가 로커가 되고 길이는 L_3로 기입한다.
4. D_1D_2 직선과 수직이고 점 A를 지나는 직선을 그린다. 이 직선을 P라고 기입한다.
5. 크랭크 피벗 C는 직선 P의 어떤 지점이든 위치할 수 있다. 피벗 A에서 C까지는 프레임이 되고 L_1으로 기입한다.
6. 직선 AD_1과 수직이고 점 C를 지나는 직선을 그리고 그림 5.7a와 같이 교점을 B_1으로 표기한다. 직선 B_1C는 크랭크가 되고 길이는 L_2로 표기한다. 이와 유사하게 직선 AD_2에 수직이고 점 C를 지나는 직선을 그리고 교점을 B_2로 표기한다.
7. 그림 5.7b의 길이 L_4는 응용 범위에 따라 적절한 값으로 정할 수 있다. 다른 슬라이더-크랭크 기구와 같이 길이가 길수록 최대 가속도는 작아진다.

크랭크 피벗 C는 직선 P를 따라 위치시켜야 함을 주의하여라. 그러므로 무한히 많은 가능한 기구가 설계될 수 있다. L_1이 길어질수록 조인트 B에 힘은 적게 걸리지만, 미끄럼 속도는 증가하도록 L_2도 길어지는 영향을 미친다. 보통은 점 C를 직선 P의 가운데 근처에 위치시키도록 한다.

그림 5.7a의 삼각형에서 링크 길이 L_2와 L_3를 행정 $|\Delta \mathbf{R}_E|_{\max}$, 불평형 각도 β 그리고 프레

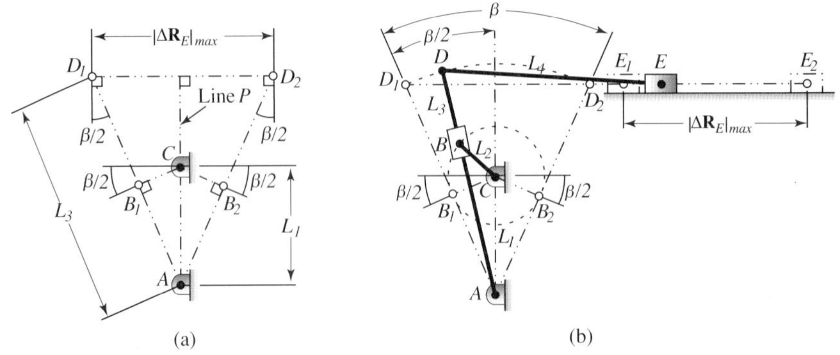

그림 5.7 크랭크-쉐이퍼 기구

임 길이 L_1의 함수로 표현하기 위하여 해석적 방법이 사용된다. L_4가 주어져 있을 때, 관계식은 다음과 같다.

$$L_3 = \frac{|\Delta \mathbf{R}_E|_{max}}{2\sin(\beta/2)} \tag{5.20}$$

$$L_2 = L_1 \sin(\beta/2) \tag{5.21}$$

5.7 두 점을 지나는 링크를 구동시키는 기구

물건을 나르는 기계에서 하나의 일반적인 점에서 다른 점으로 움직이는 링크가 있는 것이 흔한 경우이다. 한 링크의 두 점이 정해지면 이런 기구를 설계하는 문제를 **두 점 합성(two-point synthesis)**이라 한다. 이 일은 한 피벗점에 대한 링크의 회전으로 또는 4절 기구의 커플러를 사용해서 구현될 수 있다.

5.7.1 한 피벗 링크가 있는 두 점 합성

그림 5.8a는 한 링크 상에 있는 두 점 A, B를 보여 주고 그 링크는 A_1B_1에서 A_2B_2로 움직인다. 그 링크는 이 움직임이 발생되도록 설계될 수 있다. 이 문제는 이 링크의 피벗점과 이 링크가 원하는 움직임을 발생하기 위해서 회전해야 하는 각도를 결정하는 문제가 된다.

두 점 합성문제의 피벗 링크를 설계하는 도식적 방법은 다음과 같다.

1. A_1A_2와 B_1B_2를 연결하는 두 직선을 각각 그린다.
2. 직선 A_1A_2의 이등분 수직선을 그린다.
3. 직선 B_1B_2의 이등분 수직선을 그린다.
4. 이 두 이등분 수직선의 교점이 링크의 피벗점이 된다(그림 5.8b의 점 C). 두 작업 위치 사이의 회전 중심은 변위 극점(displacement pole)이라 칭한다. 점 C는 위치 1과 2의 변위 극점이다.
5. 피벗점 C와 A_1 그리고 A_2 사이의 각도는 원하는 변위를 발생시키기 위하여 링크가 회전해야만 하는 각도이다. 이 각도는 그림 5.8b에서 $\Delta\theta$로 나타나 있다. 만약 연속적으로

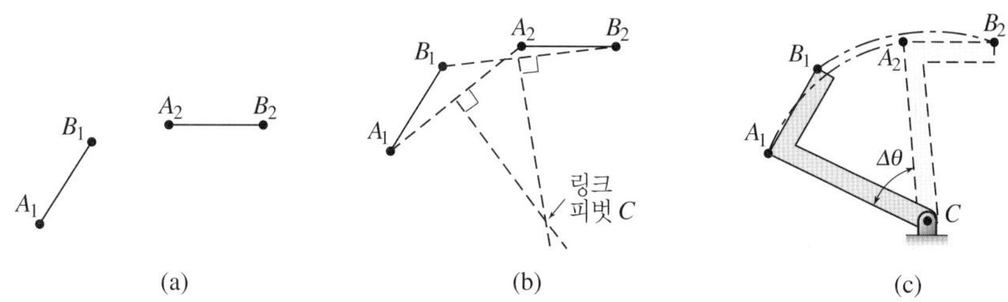

그림 5.8 한 피벗 링크가 있는 두 점 합성

회전하는 크랭크를 가진 기구를 원한다면, 크랭크-로커 링크로 이러한 회전운동을 만들어 내기 위해 설계할 수 있다.

5.7.2 4절 기구의 커플러의 두 점 합성

앞 절에서 설명된 같은 문제에서, 그림 5.9a는 한 링크 상에 있는 두 점 A, B를 보여 주고, 그 링크는 A_1B_1에서 A_2B_2로 움직인다. 몇몇 응용 분야는 한 링크의 피벗 링크를 얻기 어려울 때, 1개의 피벗 링크를 사용할 수 없게 될 수 있다. 이 경우 원하는 움직임을 할 수 있는 4절 기구의 커플러를 설계할 수 있다. 커플러가 원하는 움직임을 만족하는 커플러를 얻기 위해서 4절 기구에서의 적당한 4개의 링크 길이와 피벗점의 위치가 결정되어야 한다.

두 점 합성의 4절 기구를 설계하는 도식적 방법은 다음과 같다.

1. A_1A_2와 B_1B_2를 연결하는 두 직선을 각각 그린다.
2. 직선 A_1A_2의 이등분 수직선을 그린다.
3. 직선 B_1B_2의 이등분 수직선을 그린다.
4. 입력링크와 출력링크의 피벗점은 이등분 수직선상의 어느 점에나 위치할 수 있다. 이 피벗점이 그림 5.9b에서 점 C, D로 표시되어 있다.
5. 두 피벗 사이의 길이는 A_1C와 B_1D에 의해서 결정된다(그림 5.9c).

완전한 기구는 그림 5.9c처럼 얻어진다. 피벗점 C, D는 수직 이등분선상의 어느 곳에도 위치시킬 수 있기 때문에 무한개의 기구가 원하는 움직임을 발생시키는 기구로 설계될 수 있다. 커플러가 원하는 두 점을 지나는 기구는 더 긴 피벗 링크가 더 작은 각도에서 회전한다. 이 기구가 더 큰 전달각을 만들어 내고 기구를 구동하는 데 필요한 힘을 줄일 수 있다. CAD 시스템에서 이 설계 과정이 구현되면 정확한 결과를 얻을 수 있다.

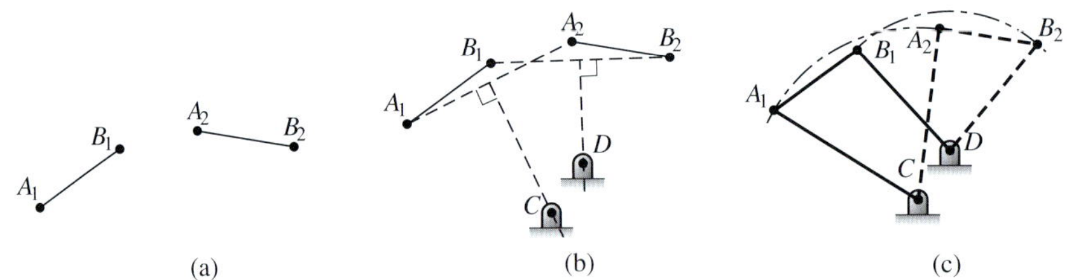

그림 5.9 커플러 링크가 있는 두 점 합성

5.8 세 점을 지나는 링크를 구동시키는 기구

물건을 나르는 기계에 있어서, 세 위치 사이를 움직이는 링크가 필요한 경우가 있다. 한 링크가 지나야 할 세 위치가 정해졌을 때, 이 세 위치를 지나는 링크의 설계를 **세 점 합성(three-point synthesis)**이라 한다. 세 점의 기구 합성에 있어, 일반적으로 한 피벗 링크를 사용하는 것은 불가능하다. 따라서 이 일은 4절 기구의 커플러를 사용해서 구현된다.

그림 5.10a는 한 링크상에 있는 두 점 A, B를 보여 주고 그 링크는 A_1B_1에서 A_2B_2로, A_3B_3로 움직인다. 커플러가 원하는 움직임을 만족하는 커플러를 얻기 위해서 4절 기구에서의 적당한 4개 링크의 길이와 피벗점의 위치가 결정되어야 한다.

세 점 합성의 4절 기구를 설계하는 도식적 방법은 다음과 같다.

1. A_1A_2, B_1B_2, A_2A_3와 B_2B_3를 연결하는 4개의 직선을 그린다.
2. 직선 A_1A_2의 이등분 수직선, B_1B_2의 이등분 수직선, A_2A_3의 이등분 수직선, B_2B_3의 이등분 수직선을 그린다.
3. 직선 A_1A_2의 이등분 수직선과 A_2A_3의 이등분 수직선과의 교점에 한 피벗점을 위치시키고, 그림 5.10b에서 점 C로 기입한다.
4. 직선 B_1B_2의 이등분 수직선과 B_2B_3의 이등분 수직선과의 교점에 또 다른 한 피벗점을 위치시키고 그림 5.10b에서 점 D로 기입한다.
5. 두 피벗 사이의 길이는 A_1C와 B_1D에 의해서 그림 5.10c처럼 결정된다.

완전한 기구는 그림 5.10c처럼 얻어진다. 또한 CAD 시스템은 정확한 결과를 줄 수 있다.

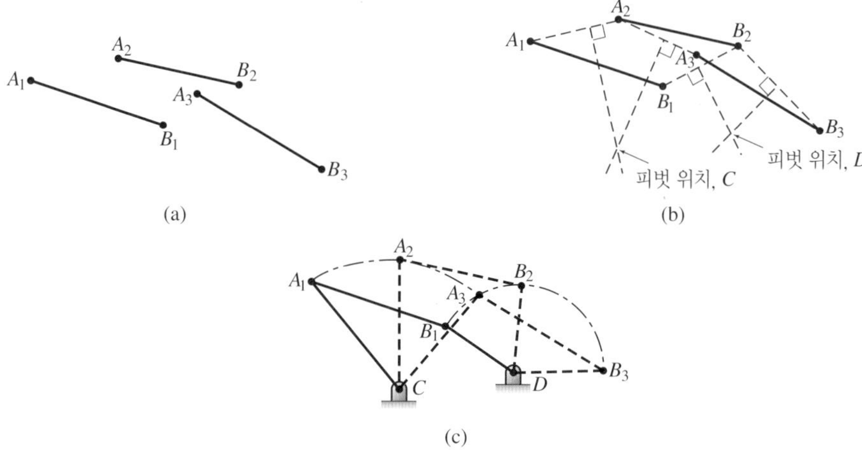

그림 5.10 커플러 링크가 있는 세 점 합성

5.9 회로 결함과 분기 결함

4절에서 소개되었던 것처럼, 조립 회로(assembly circuit)는 조인트의 끊어짐 없이 모든 가능한 기구의 링크들을 구성하는 것이다. 그림 4.24에 2개의 4절 기구에 대하여 조립 회로를 보여 준다. 5.5절과 5.6절의 과정을 따라 하다 보면, 한 위치에서 다른 조립 회로의 위치로 이동하지 못할 가능성이 있다. 이것을 **회로 결함(circuit defect)**이라 부르고 링크 설계에서 치명적인 결함이 된다. 4절 기구가 한 번 합성되면, 조인트의 끊어짐이 없는 원래 링크 구성으로부터 목표 위치로 도달할 수 있는지 확인하기 위하여 위치 해석이 수행되어야 한다.

만약 기구가 목표 위치 사이에 토글 구성(toggle configuration)에 도달하면 **분기 결함 (branch defect)**이 발생한다. 회로 결함과는 다르게, 분기 결함은 구동 링크의 선택에 의존된다. 토글 구성에서 기구는 고정되어 구동 링크가 움직일 수 없다. 분기 결함은 치명적인 결함은 될 수 없고, 링크의 교환을 통해서 목표 위치 사이에서 기구를 구동할 수 있다.

〉〉〉 연습문제

시간비 계산

문제 5-1에서 5-3은 바깥 방향 운동에 걸린 시간은 t_1, 귀환 운동은 t_2인 급속 귀환 기구의 설계이다. 시간비, 불평형 각도, 기구가 구동되는 속도를 결정하라.

5-1. $t_1 = 1.1\text{s}$; $t_2 = 0.8\text{s}$

5-2. $t_1 = 0.35\text{s}$; $t_2 = 0.20\text{s}$

5-3. $t_1 = 0.041\text{s}$; $t_2 = 0.027\text{s}$

문제 5-4에서 5-6은 ω rpm과 불평형 각도 β로 운동하는 급속 귀환 기구이다. 시간비와 완전하게 바깥 방향으로, 귀환 방향의 운동을 수행하는 시간을 결정하라.

5-4. $\omega = 180\text{rpm}$; $\beta = 25°$

5-5. $\omega = 75\text{rpm}$; $\beta = 37°$

5-6. $\omega = 500\text{rpm}$; $\beta = 20°$

타이밍 차트

5-7. 왕복톱의 칼날이 아래 방향으로 0.10초 동안 0.75in. 움직였다가 0.08초 만에 되돌아간다. 시간비와 크랭크 속도를 결정하라. 타이밍 차트를 그리고 이 운동의 최대 속도와 가속도를 추정하여라.

5-8. 구멍 뚫는 기구의 스탬프가 아래 방향으로 0.60초 동안 1.5in. 움직였다가 0.35초만에 되돌아간다. 시간비와 크랭크 속도를 결정하라. 타이밍 차트를 그리고 이 운동의 최대 속도와 가속도를 추정하여라.

5-9. 물건을 0.6초 동안 6.0in. 이동시키고, 스탬프가 물건에 작업을 하는 동안 멈추어 있는 컨베이어를 필요로 하는 공정이 있다. 스탬프 머리는 8.0in.를 움직여야 물건과 만날 수 있고, 전체 스탬프 운동은 0.8초가 소요된다. 이 기구의 시간비와 크랭크 속도를 결정하라. 동기화된 타이밍 차트를 그리고 운동 요소들의 최대 속도와 가속도를 추정하여라.

5-10. 캔을 0.12초 동안 2.0in. 이동시키고, 뚜껑이 캔에 압력을 가하는 동안 멈추어 있는 컨베이어를 필요로 하는 공정이 있다. 뚜껑은 3.0in.를 움직여야 캔에 접촉할 수 있다. 전체 뚜껑 장착 운동은 0.25초가 소요된다. 이 기구의 시간비와 크랭크 속도를 결정하라. 동기화된 타이밍 차트를 그리고 운동 요소들의 최대 속도와 가속도를 추정하여라.

슬라이더-크랭크 기구의 설계

문제 5-11에서 5-18에서 시간비 Q, 행정 $|\Delta \mathbf{R}_4|_{max}$ 그리고 사이클당 t의 시간이 소요되는 슬라이더-크랭크 기구를 설계하라. 도식적 혹은 해석적 방법을 사용하라. 링크 길이 L_2, L_3, 편심 거리 L_1 그리고 크랭크 속도를 명시하여라.

5-11. $Q = 1$; $|\Delta \mathbf{R}_4|_{max} = 2\text{in.}$; $t = 1.2\text{s}$

5-12. $Q = 1$; $|\Delta \mathbf{R}_4|_{max} = 8\text{mm}$; $t = 0.08\text{s}$

5-13. $Q = 1$; $|\Delta \mathbf{R}_4|_{max} = 0.9\text{mm}$; $t = 0.4\text{s}$

5-14. $Q = 1.25$; $|\Delta \mathbf{R}_4|_{max} = 2.75\text{in.}$; $t = 0.6\text{s}$

5-15. $Q = 1.37$; $|\Delta \mathbf{R}_4|_{max} = 46mm$; $t = 3.4s$

5-16. $Q = 1.15$; $|\Delta \mathbf{R}_4|_{max} = 1.2in.$; $t = 0.014s$

5-17. $Q = 1.20$; $|\Delta \mathbf{R}_4|_{max} = 0.375in.$; $t = 0.025s$

5-18. $Q = 1.10$; $|\Delta \mathbf{R}_4|_{max} = 0.625in.$; $t = 0.033s$

크랭크-로커 기구의 설계

문제 5-19에서 5-28에서 시간비 Q, 요동각 $(\theta_4)_{max}$ 그리고 사이클당 t의 시간이 소요되는 크랭크-로커 기구를 설계하라. 도식적 또는 해석적 방법을 사용하라. 링크 길이 L_1, L_2, L_3, L_4 그리고 크랭크 속도를 명시하여라.

5-19. $Q = 1$; $(\theta_4)_{max} = 78°$; $t = 1.2s$

5-20. $Q = 1$; $(\theta_4)_{max} = 100°$; $t = 3.5s$

5-21. $Q = 1.15$; $(\theta_4)_{max} = 55°$; $t = 0.45s$

5-22. $Q = 1.24$; $(\theta_4)_{max} = 85°$; $t = 1.8s$

5-23. $Q = 1.36$; $(\theta_4)_{max} = 45°$; $t = 1.2s$

5-24. $Q = 1.20$; $(\theta_4)_{max} = 96°$; $t = 0.3s$

5-25. $Q = 1.18$; $(\theta_4)_{max} = 72°$; $t = 0.08s$; $L_1 = 8.0in.$

5-26. $Q = 1.10$; $(\theta_4)_{max} = 115°$; $t = 0.2s$; $L_1 = 6.5in.$

5-27. $Q = 1.22$; $(\theta_4)_{max} = 88°$; $t = 0.75s$; $L_1 = 8.0in.$

5-28. $Q = 1.08$; $(\theta_4)_{max} = 105°$; $t = 1.50s$; $L_1 = 100.0mm$

크랭크-쉐이퍼 기구의 설계

문제 5-29에서 5-32에서 시간비 Q, 행정 $|\Delta \mathbf{R}_E|_{max}$ 그리고 사이클당 t의 시간이 소요되는 크랭크-쉐이퍼 기구를 설계하라. 도식적 혹은 해석적 방법을 사용하라. 링크 길이 L_1, L_2, L_3, L_4 그리고 크랭크 속도를 명시하여라.

5-29. $Q = 1.50$; $|\Delta \mathbf{R}_E|_{max} = 2.75in.$; $t = 0.6s$

5-30. $Q = 1.75$; $|\Delta \mathbf{R}_E|_{max} = 46mm$; $t = 3.4s$

5-31. $Q = 2.00$; $|\Delta \mathbf{R}_E|_{max} = 0.375in.$; $t = 0.014s$

5-32. $Q = 1.80$; $|\Delta \mathbf{R}_E|_{max} = 1.2in.$; $t = 0.25s$

두 점 합성문제, 1개의 피벗

문제 5-33에서 5-36에서 점 A와 B를 포함하는 링크는 각 문제의 표에 열거된 것과 같은 위치를 지나야 한다. 열거된 운동을 만족하는 1개 피벗의 고정피벗의 위치를 도식적으로 정하라. 또 링크가 위치 1에서 위치 2로 움직이기 위해서 돌아야 하는 각도를 구하라.

5-33.

Coordinates:	***Ax* (in.)**	***Ay* (in.)**	***Ax* (in.)**	***Ay* (in.)**
위치 1	0.0000	9.0000	5.0000	9.0000
위치 2	6.3600	6.3600	9.9005	2.8295

5-34.

Coordinates:	***Ax* (in.)**	***Ay* (in.)**	***Bx* (in.)**	***By* (in.)**
위치 1	2.2800	5.3400	6.8474	7.3744
위치 2	9.7400	8.5000	12.5042	4.336

5-35.

Coordinates:	***Ax* (mm)**	***Ay* (mm)**	***Bx* (mm)**	***By* (mm)**
위치 1	−53.000	41.000	75.205	19.469
위치 2	−36.000	40.000	87.770	−8.112

5-36.

Coordinates:	***Ax* (mm)**	***Ay* (mm)**	***Bx* (mm)**	***By* (mm)**
위치 1	25.507	47.312	83.000	11.000
위치 2	97.000	30.000	150.676	71.748

두 점 합성문제, 2개의 피벗

문제 5-37에서 5-40에서 점 A 와 B를 포함하는 링크는 문제의 표에 열거된 것과 같은 위치를 지나야 한다. 열거된 운동을 만족하는 커플러를 갖는 4절 기구의 4개 링크의 길이와 두 고정피벗의 위치를 도식적으로 정하라. 또 커플러가 위치 1에서 위치 2로 움직이기 위해서 피벗 링크가 회전해야 하는 양을 결정하라.

5-37.

Coordinates:	*Ax* (in.)	*Ay* (in.)	*Bx* (in.)	*By* (in.)
위치 1	−0.3536	4.8501	4.4000	3.3000
위치 2	−3.1000	3.2000	1.5562	5.0220

5-38.

Coordinates:	*Ax* (in.)	*Ay* (in.)	*Bx* (in.)	*By* (in.)
위치 1	0.9000	4.5000	9.0380	7.7150
위치 2	−1.0000	5.6000	5.5727	11.3760

5-39.

Coordinates:	*Ax* (mm)	*Ay* (mm)	*Bx* (mm)	*By* (mm)
위치 1	−40.000	−60.000	28.936	−30.456
위치 2	−65.350	−26.352	8.000	−42.000

5-40.

Coordinates:	*Ax* (mm)	*Ay* (mm)	*Bx* (mm)	*By* (mm)
위치 1	−37.261	−2.041	−18.000	1.000
위치 2	−18.000	−3.000	0.858	−7.963

세 점 합성문제

문제 5-27에서 5-44에서 점 A와 B를 포함하는 링크는 문제의 표에 열거된 것과 같은 세 위치를 지나야 한다. 열거된 운동을 만족하는 커플러를 갖는 4절 기구의 4개 링크의 길이와 두 고정피벗의 위치를 도식적으로 정하라. 또한 커플러가 위치 1에서 위치 2, 위치 2에서 위치 3으로 움직이기 위해서 피벗링크가 회전해야 하는 양을 정하라.

5-41.

Coordinates:	*Ax* (in.)	*Ay* (in.)	*Bx* (in.)	*By* (in.)
위치 1	−1.0000	−0.9000	5.2862	−1.7980
위치 2	−2.7000	−1.3000	3.6428	−0.9980
위치 3	−4.4000	−2.0000	1.7719	−0.5068

5-42.

Coordinates:	*Ax* (in.)	*Ay* (in.)	*Bx* (in.)	*By* (in.)
위치 1	−5.5000	−0.1000	7.9836	5.2331
위치 2	−2.4000	0.5000	12.0831	1.1992
위치 3	−0.6000	1.6000	13.6483	−1.0902

5-43.

Coordinates:	*Ax* (mm)	*Ay* (mm)	*Bx* (mm)	*By* (mm)
위치 1	0.000	40.000	54.774	44.980
위치 2	21.000	51.000	72.204	30.920
위치 3	39.000	49.000	82.143	14.887

5-44.

Coordinates:	*Ax* (mm)	*Ay* (mm)	*Bx* (mm)	*By* (mm)
위치 1	143.000	−76.000	149.890	−50.027
위치 2	3.000	−52.000	111.127	−72.211
위치 3	−12.000	−33.000	91.840	−69.294

››› 사례연구

5-1. 그림 C5.1은 블록 *I*가 미끄러지도록 구동하는 기구를 보여 준다. 블록 *I*는 결국 전동 쇠톱을 구동한다. 기구의 요소 구성을 주의 깊게 비교해 보고 기구의 작동을 이해하는 데 필요한 다음 문제에 답해 보자.

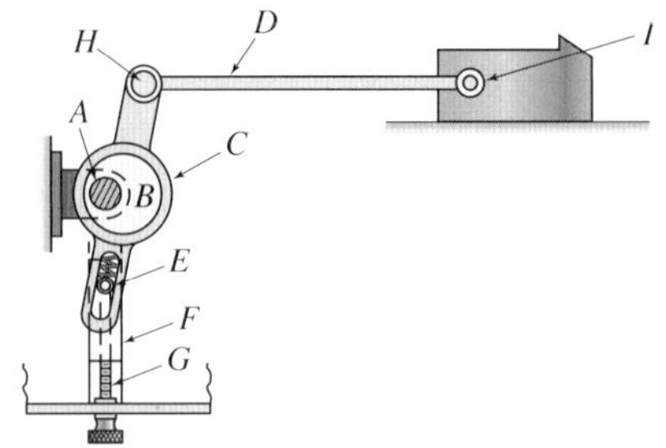

그림 C5.1 (Industrial Press에서 게재 허용)

1. 축 *A*가 시계 방향으로 90° 회전할 때 축 *A*에 붙어 있는 로브 *B*는 어떤 운동을 하는가?
2. 축 *A*가 시계 방향으로 90° 회전할 때 *C*는 어떤 운동을 하는가?

3. 롤러 E에서 구멍이 필요한가?
4. 축 A가 시계 방향으로 90° 회전할 때 핀 H는 어떤 운동을 하는가?
5. 축 A가 시계 방향으로 90° 회전할 때 핀 I는 어떤 운동을 하는가?
6. 이 기구의 이동성을 결정하라.
7. 롤러 E가 아래로 당겨지도록 G가 회전할 때 링크 C의 운동은 어떻게 변하는가?
8. 롤러 E가 아래로 당겨지도록 G가 회전할 때 핀 H의 운동은 어떻게 변하는가?
9. 이 기구의 목적은 무엇인가?

5-2. 그림 C5.2는 블록 B가 미끄러지도록 구동하는 기구를 보여 준다. 이 미끄러지는 블록은 결국 절삭 기구를 구동한다. 기구의 요소 구성을 주의 깊게 비교해 보고 기구의 작동을 이해하는 데 필요한 다음 문제에 답해 보자.

1. 막대 A가 오른쪽으로 이동할 때 블록 B는 어떤 운동을 하는가?

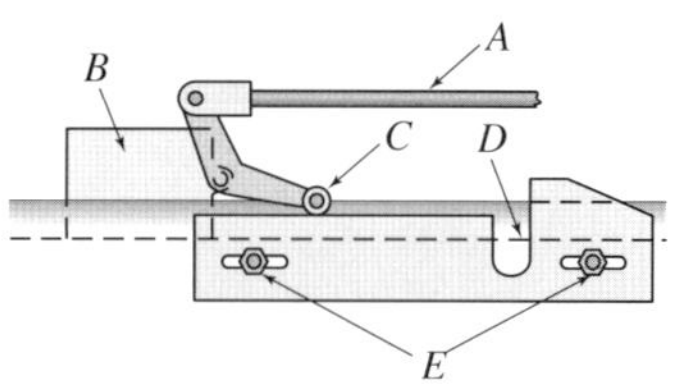

그림 C5.2 (Industrial Press에서 게재 허용)

2. 롤러 C가 홈 D에 도달할 때 미끄럼 블록 B의 운동을 설명하라.
3. 롤러 C가 홈 D를 빠져나와 막대 A가 왼쪽으로 움직일 때 미끄럼 블록 B의 운동을 설명하라.
4. 막대 A가 수평으로 진동할 때 미끄럼 블록 B의 운동을 연속적으로 설명하라.
5. 이 기구의 목적은 무엇인가?
6. 막대 A가 왼쪽과 오른쪽으로 움직일 수 있게 하는 장치는 무엇인가?
7. E의 홈을 수정함으로써 이 기구에 어떤 특징을 줄 수 있는가?

CHAPTER

6

속도 해석

교육 목표

1. 선속도, 회전속도, 상대속도를 정의한다.
2. 선속도와 각속도 간의 변환을 한다.
3. 링크 상 한 점의 속도를 알고 있을 때, 그 링크 상의 다른 점의 속도를 상대속도법을 사용하여 도식적으로 구한다.
4. 유동 링크 상에 있는 점의 속도를 상대속도법을 사용하여 도식적 및 해석적으로 구한다.
5. 링크 상 한 점의 속도를 알고 있을 때, 그 링크 상 다른 점의 속도를 상대속도법을 사용하여 해석적으로 구한다.
6. 한 점의 속도를 순간 중심법을 사용하여 도식적 및 해석적으로 구한다.
7. 속도의 극한치를 찾아서 속도곡선을 그린다.

6.1 서론

속도 해석은 기구를 구성하는 링크 상의 점이 "얼마나 빨리" 움직이는가를 결정하는 것에 관련되어 있다. 속도는 기구 상에 있는 점의 운동과 시간이 연관되어 있어서 중요하다. 종종 기계 장치에서 타이밍은 매우 중요하다.

예를 들면, 영화 필름을 영사기에 통과시키는 기구는 필름을 초당 30프레임의 비율로 이동시켜야만 한다. 재료를 상자에 넣고 포장하는 기구는 상자를 나르는 컨베이어와 연속적으로 동작해야 한다. 고속으로 동작하는 자동차 앞 유리 와이퍼 기구는 적어도 분당 45회 유리를 닦아야 한다. 이 장의 목적은 링크 기구의 속도를 결정하는 것이다. 따라서 두 가지 통용되는 해석 절차에 관하여 연구한다–상대속도법, 순간 중심법. 다른 장과의 일관성을 위하여 도식적인 기법과 해석적인 기법이 적용된다.

6.2 선속도

한 점의 **선속도(linear velocity)**는 단위 시간당 그 점의 선변위이다. 4.3절에서 점의 선 변위, 델타 $\Delta\mathbf{R}$은 그 점의 위치 변화로 정의되는 벡터라고 소개되었다.

4장에서 전술한 바와 같이, 점의 운동은 병진 운동으로 간주되며, 선형적으로 다루어졌다. 정의에 의하여, 점은 선 변위만 가질 수 있다. 변위의 경과 시간이 측정되면 속도를 결정할 수 있다.

변위에서와 같이, 속도도 벡터이다. 벡터는 굵은 글씨체로 표시된다. 속도의 크기는 일반적으로 "스피드"라고 언급되며 v

= 절대값 **V**(|v|)로 표시된다. 선속도의 방향을 알기 위해서는 어떤 순간에 점이 움직이는 방향이 필요하다.

점의 속도는 수학적으로 다음과 같이 정의된다.

$$\mathbf{V} = \lim_{\Delta t \to 0} \frac{d\mathbf{R}}{dt} \tag{6.1}$$

미소 시간 구간에서는 다음과 같이 표현할 수 있다.

$$\mathbf{V} \cong \frac{\Delta \mathbf{R}}{\Delta t} \tag{6.2}$$

변위는 벡터이므로 식 6.1은 속도 또한 벡터임을 나타내고 있다. 따라서 속도를 완전히 정의하기 위해서는 방향이 필요하다.

선속도는 시간당 길이 단위로 표현된다. 미국 규격 시스템(U.S. Customary System)에서는 단위는 초당 피트(ft/s 또는 fps), 분당 피트(ft/m 또는 fpm) 또는 초당 인치(in./s, ips)이며, 국제 규격(International System)에서는 단위가 초당 미터(m/s) 또는 초당 밀리미터(mm/s)이다.

6.2.1 직선 운동하는 점의 선속도

점은 직선 또는 곡선을 따라서 이동할 수 있다. 앞 장에서 봤듯이 많은 링크는 직선 운동 또는 병진 운동을 하게 구속되어 이동된다. 병진 운동만을 하게 구속된 링크에 연결된 점에 대하여 식 6.1과 식 6.2는 속도의 크기를 계산할 수 있게 해준다. 선형 속도 벡터의 방향은 운동의 방향으로 아주 간단하다.

예제 6.1

그림 6.1에서 보듯이 나무상자가 컨베이어 위에서 왼쪽으로 일정한 속도로 움직이고 있다. 25ft의 컨베이어를 움직이는 데 40초가 걸린다. 나무상자의 속도를 정하라.

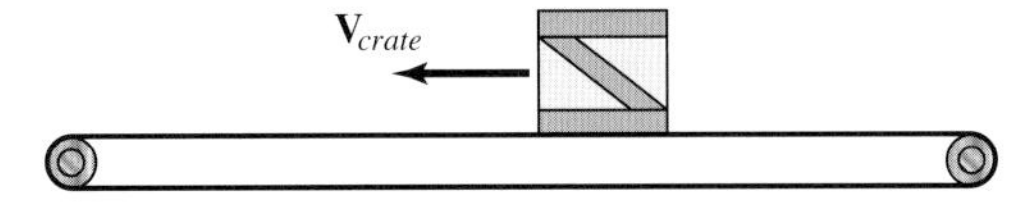

그림 6.1 예제 6.1의 나무상자가 병진운동을 하는 그림

풀이

나무상자가 일정한 속도로 움직이기 때문에 식 6.2를 사용하여 나무상자의 속도를 정할 수 있다.

$$V_{crate} = \frac{\Delta \mathbf{R}}{\Delta t} = \frac{25\,\text{ft}}{40\,\text{s}} = .625\,\text{ft/s}\left(\frac{12\,\text{in.}}{1\,\text{ft}}\right) = 7.5\,\text{in./s} \leftarrow$$

6.2.2 일반 운동하는 점의 선속도

일반적인 운동을 하는 링크 상의 점들에 대해서 식 6.1과 6.2는 계속 적용될 수 있다. 한 점의 선속도 방향은 그 점의 순간 운동의 방향과 같다. 그림 6.2는 링크 상의 두 점의 속도에 대한 그림이다.

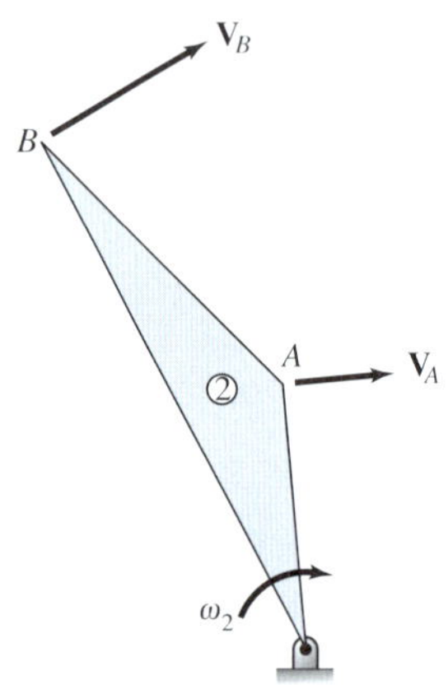

그림 6.2 링크 상의 두 점의 속도에 대한 그림

점 A와 점 B의 속도는 $\mathbf{V}_A$와 $\mathbf{V}_B$로 나타내었다. 두 점은 같은 링크에 있지만 두 점은 다른 선속도를 가질 수 있음에 유의하라. 회전 중심으로부터 먼 점이 더 빨리 움직인다. 이것은 회전 놀이기구의 바깥쪽에 앉았을 때 느낄 수 있다.

그림 6.2에 의하면, A 점의 속도, $\mathbf{V}_A$는 그 순간에 움직이는 점 A의 경로를 따라 바뀐다. 즉 A점은 회전 중심 O에 대한 접선 방향, 링크 OA의 수직 방향으로 움직인다. 만약 점 A가 어느 순간에 링크 2에서 떨어져 나간다면 점 A는 이 선형속도의 방향으로 운동할 것이다.

6.2.3 직선 운동의 속도선도

기술의 발전은 자동화, 시험, 측정 같은 많은 응용 분야에서 정밀하게 운동 제어를 하게 해주었다. 마이크로프로세서에 의해 제어되는 모터에 의해서 시스템의 서보 운동이 구현된다. 원하는 운동의 내용이 먼저 컨트롤러에 입력된다. 센서들은 실제 움직이는 링크의 운동을 모니터링하고 이 컨트롤러에 피드백을 준다. 원하는 운동과 실제 운동이 차이가 나는 것이 측정되면, 컨트롤러는 모터에 신호를 보내서 그 차이를 보정하게 한다. 정밀성, 응답성, 비용 절감을 위해서 서보 시스템의 사용은 많이 늘어나고 있다.

최적의 운동 제어를 위해서는 부드러운 고속 운동이 모터에 요구된다. 컨트롤러는 모터를 잘 제어하여 최적의 결과를 내게 한다. 직선 운동을 하는 서보 시스템에 대하여, 기계 구성 요소의 움직임의 특성은 항상 특정한 속도선도(velocity profile)을 따른다. 속도선도는 링크 움직임에 대하여 가속, 정상 속도 운행, 감속 운동으로 구성된다. 실제 움직임은 속도선도로 계산될 수 있다. 식 6.1은 다음처럼 재정의될 수 있다.

$$d\mathbf{R} = \mathbf{V}\,dt$$

변위 $\Delta\mathbf{R}$은 다음 식으로 계산된다.

$$\Delta\mathbf{R} = \int \mathbf{V}\,dt \qquad (6.3)$$

기본적인 미적분학 지식으로 식 6.3은 어느 시간 동안의 움직인 거리는 시간과 속도 곡선, v - t 곡선의 아래 면적이 된다.

》 예제 6.2

서보 구동 원동기가 명시된 속도 프로파일에 따라서 움직이게 프로그램되어 있다. 그림 6.3a처럼 직선 운동을 하는 원동기는 그림 6.3b의 속도선도를 따라서 움직이게 프로그래밍되어 있다. 이렇게 프로그램되어서 움직이는 시간 동안의 총 움직인 거리는 얼마인가를 정하라.

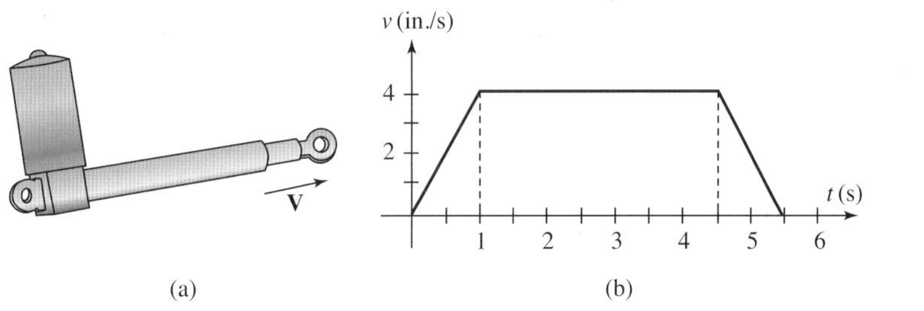

그림 6.3 문제 6.2의 속도 프로파일

풀이

1. **운동의 속도 상승 구간 동안 움직인 거리**

   처음 1초 동안의 운동 구간에서 원동기는 정지에서 일정한 속도(정상 상태)까지 일정하게 가속이 된다. 속도-시간(v - t) 곡선의 아래 부분 형태는 삼각형이고 그 면적이 다음과 같이 움직인 거리로 계산된다.

   $$\Delta\mathbf{R}_{\text{speed-up}} = \tfrac{1}{2}\left(\mathbf{V}_{\text{steady-state}}\right)\left(\Delta t_{\text{speed-up}}\right) = \tfrac{1}{2}\left(4\text{in./s}\right)\left[(1-0)\text{s}\right] = 2\text{in.} \longrightarrow$$

2. **일정한 속도의 운동 (정상 상태) 구간에서 움직인 거리**

   1초에서 4.5초 사이의 운동 구간에서 원동기는 일정한 속도로 움직인다. 속도-시간(v - t) 곡선의 아래 부분 형태는 직사각형이고 다음과 같이 움직인 거리로 계산된다.

   $$\Delta\mathbf{R}_{\text{steady-state}} = \left(\mathbf{V}_{\text{steady-state}}\right)\left(\Delta\mathbf{t}_{\text{steady-state}}\right) = \left(4\text{in./s}\right)\left[(4.5-1)\text{s}\right] = 14\text{in.} \longrightarrow$$

3. **속도가 일정하게 떨어지는 구간에서 움직인 거리**

   4.5초와 5.5초 사이의 운동 구간에서 원동기는 일정한 가속도로 속도가 떨어진다. 속도-시간(v - t) 곡선의 아래 부분 형태는 삼각형이고 다음과 같이 움직인 거리로 계산된다.

$$\Delta R_{slow\text{-}down} = \tfrac{1}{2}\left(V_{steady\text{-}state}\right)\left(\Delta t_{slow\text{-}down}\right) = \tfrac{1}{2}\left(4\,\text{in./s}\right)[(5.5-4.5)\text{s}] = 2\,\text{in.} \longrightarrow$$

4. 프로그래밍된 전체 구간에서의 총 움직인 거리

프로그래밍된 전체 구간에서의 총 움직인 거리는 일정한 속도 상승 구간, 일정한 속도 구간 그리고 일정한 속도 하락 구간의 움직인 거리의 총합이다.

$$\Delta R_{total} = \Delta R_{speed\text{-}up} + \Delta R_{steady\text{-}state} + \Delta R_{slow\text{-}down} = 2 + 14 + 2 = 18\,\text{in.} \longrightarrow \text{(extension)}$$

6.3 링크의 속도

링크상의 각각의 점들은 많이 다른 속도들을 가질 수 있다. 예를 들면 그림 6.1에서와 같이 링크가 고정 회전축을 중심으로 단순히 회전하는 경우에서 볼 수 있다. 일반적으로, 링크의 운동은 직선으로 병진 이동하고 또한 회전도 하므로 복잡하다. 운동이 복잡해도 직선 운동과 회전 운동의 조합으로 나눌 수 있다. 링크의 운동을 정확히 기술하려면 한 점의 직선 운동과 링크의 회전 운동을 알아야 한다.

링크상의 여러 점이 서로 다른 선속도를 가지더라도 링크 전체의 **회전 각속도(angular velocity)**는 같다. 링크의 회전 각속도는 그 링크의 단위 시간당 회전수 또는 각 변위이다. 4.3절에서 링크의 회전 변위, $\Delta\theta$는 그 링크 방향의 각 변화량으로 정의되는 벡터라고 소개하였다.

수학적으로, 링크의 회전하는 각속도는 다음과 같이 정의된다.

$$\omega = \lim_{\Delta t \to 0} \frac{\Delta\theta}{\Delta t} = \frac{d\theta}{dt} \tag{6.4}$$

미소 시간 구간이거나 속도가 선형적이라고 가정할 수 있을 때 다음과 같이 표현할 수 있다.

$$\omega \cong \frac{\Delta\theta}{\Delta t} \tag{6.5}$$

각속도의 방향은 링크가 회전하는 방향과 관계가 있다.

평면 운동인 경우, 각속도의 방향은 **시계 방향(clockwise)** 또는 **반시계 방향(counterclockwise)**으로 표시될 수 있다. 예를 들면 그림 6.2의 링크는 그 링크 상에 부착된 점의 선속도와 관련된 각속도를 갖는다. 따라서 그 링크는 시계 방향의 각속도를 가지고 있다.

각속도는 시간당 각 단위로 표현된다. IS 국제 규격에서는 분당 회전수(rpm), 초당 각도(deg/s), 초당 라디안(rad/s 또는 rps) 단위를 사용한다.

예제 6.3

그림 6.4의 기어는 일정한 속도로 반시계 방향으로 회전한다. 이 기어는 0.5초 만에 300°도를 회전한다. 이 기어의 각속도를 계산하라.

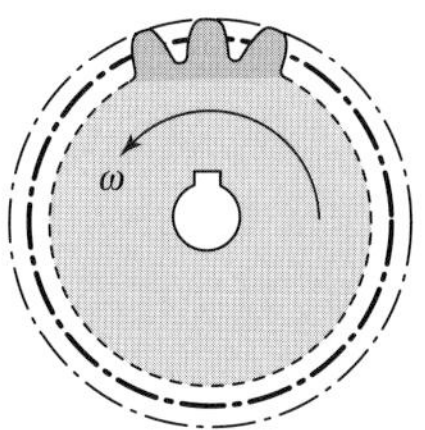

그림 6.4 예제 6.3의 회전하는 기어

풀이 기어가 일정한 속도로 회전하므로 식 6.3이 기어의 각속도를 계산하기 위해서 사용될 수 있다.

$$\omega_{gear} = \frac{\Delta\theta_{gear}}{\Delta t} = \frac{300°}{0.5\ \text{s}} = 600\text{deg/s}\left(\frac{1\text{rev}}{360\text{deg}}\right)\left(\frac{60\text{s}}{1\text{min}}\right) = 50\text{rpm},\ \text{반시계 방향}$$

6.4 선속도와 각속도 간의 관계

회전만 하는 링크에서는 링크에 부착된 점의 선속도는 그 링크의 각속도와 연관된다. 그 관계는 다음과 같이 표현된다.

$$v = r\omega \tag{6.6}$$

여기에서,

$|v|$ = 점의 선속도

r = 회전 중심에서 점까지의 거리

ω = 회전하는 링크의 각속도

점의 선속도는 링크의 회전 중심과 그 점을 연결한 선에 항상 수직이다. 따라서 회전만 하고 있는 링크 상의 점의 선속도는 접선 방향의 속도(tangential velocity)라고 한다. 이것은 선속도가 점의 원호 궤적에 접하고, 그 점과 회전축을 연결한 직선에 수직하기 때문이다.

식 6.6에서 각속도 ω는 단위시간당 라디안으로 표현되어야만 한다. 정확히 말하면, 라디안은 무차원의 각도 측정 단위로서 종종 생략할 수 있다. 식 6.6에서 알 수 있는 바와 같이 선속도는 시간당 길이 단위로 표현되며, "시간당 라디안 × 길이"가 아니다.

분당 회전수(rpm)로 많이 쓰이는 각속도를 시간당 라디안의 단위로 변환하면 다음과 같다.

$$\omega(\text{rad/min}) = \left[\omega(\text{rad/min})\right]\left[\frac{2\pi\,\text{rad}}{\text{rev}}\right] = 2\pi\left[\omega(\text{rad/min})\right] \tag{6.7}$$

그리고

$$\omega\,(\text{rad/s}) = \left[\omega\,(\text{rev/min})\right]\left[\left(\frac{2\pi\,\text{rad}}{1\text{rev}}\right)\left(\frac{1\text{min}}{60\text{s}}\right)\right] = \frac{\pi}{30}\left[\omega(\text{rev/min})\right] \qquad \textbf{(6.8)}$$

앞에서 언급한 것처럼 라디안은 무차원의 각도 측정 단위이다. 정확하게 라디안으로 표시된 각도는 반지름(r)과 각도에 따른 원호 간의 비율이다. 라디안으로 표시된 각도는 다른 것에 의해서 곱해질 때는 그 단위가 생략될 수 있다.

앞 절에서 기술된 바와 같이, 링크의 각속도와 그 링크 상에 있는 점의 선속도는 서로 관련성을 가지고 있다. 즉, 선속도(회전 속도 또는 직선 방향의 속도)는 물체가 순간적으로 움직이려고 하는 방향을 갖는다. 앞에서 언급한 것처럼 링크 상에 있는 점의 선속도는 항상 링크의 회전 중심과 그 점을 연결한 직선에 수직이다.

〉〉 예제 6.4

그림 6.5는 내연기관 엔진의 배기 포트를 구동하는 캠 메커니즘이다. 점 B는 로커판의 관심점이다. 이 순간에 캠은 점 B에 30mm/s의 상승속도를 낸다. 이때 로커판의 각속도와 점 C의 속도를 계산하라.

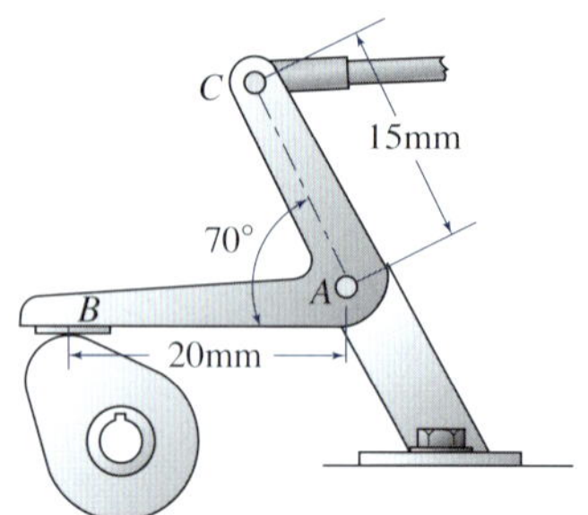

그림 6.5 예제 6.4의 캠 메커니즘

풀이

1. **기구 해석도를 그리고 자유도를 계산하라.**

   로커 판은 핀 조인트로 프레임에 연결되어 있다. 점 B의 속도는 30mm/s 크기의 위 방향으로의 속도 벡터이다. 그림 6.6은 기구 해석도를 보여 준다.

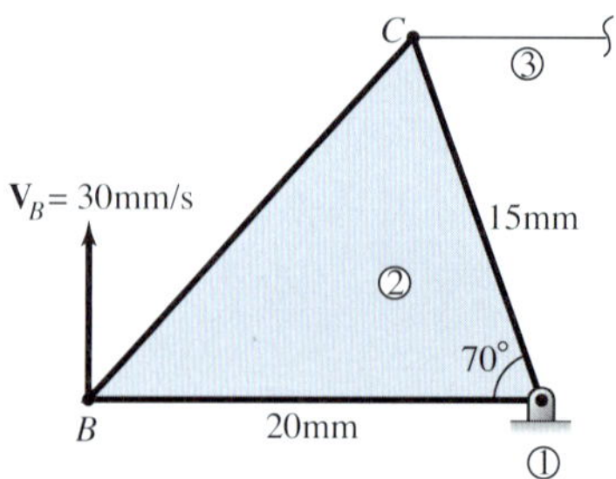

그림 6.6 예제 6.5의 기구해석도

2. **링크 2의 각속도를 계산하라.**

점 B가 위 방향으로 움직이면 로커판 링크 2는 시계 방향으로 회전하게 된다. 점 B가 위 방향으로 움직이므로 로커판은 시계 방향의 회전각속도가 생긴다. 각속도의 크기는 식 6.5에서 계산된다.

$$\omega_2 = \frac{v_B}{r_{AB}} = \frac{30\,\text{mm/s}}{20\,\text{mm}} = 1.5\,\text{rad/s}$$

이것은 식 6.6을 다음 수식으로 rpm으로 표시할 수 있다.

$$\omega_2\,(\text{rev/min}) = \frac{30}{\pi}\left[\omega_2\,(\text{rad/s})\right] = \frac{30}{\pi}\,[1.5\,\text{rad/s}] = 14.3\,\text{rpm}$$

방향을 포함하면

$$\omega_2 = 1.5\,\text{rad/s},\ \text{시계 방향}$$

3. **점 C의 속도를 계산하라.**

점 C의 속도는 식 6.5에 의해 계산될 수 있다.

$$v_C = r_{AC}\,\omega_2 = (15\,\text{mm})\,(1.5\,\text{rad/s}) = 22.5\,\text{mm/s}$$

C의 속도의 방향은 반드시 링크 2의 각속도의 방향과 일치해야 한다. 그 속도는 링크 2의 회전 중심인 점 A와 점 C를 잇는 선의 수직이다. 따라서 점 C의 속도는 수평에서 위로 20°(= 90° − 70°) 방향이다.

방향을 포함하면,

$$\mathbf{V}_C = 22.5\,\text{mm/s}\ \angle 20^\circ$$

6.5 상대속도

두 점의 운동 차이를 **상대운동(relative motion)**이라고 한다. 2대의 차가 고속도로를 달리고 있다고 하자. 왼쪽 차선의 차는 시간당 65마일로 달리고, 오른쪽 차선의 차는 시간당 55마일로 달린다. 속도를 고정 전파 탐지기로 측정한다면 **절대운동(absolute motion)**을 측정한 결과가 된다.

두 대의 차가 앞으로 달리고 있으면 빠른 차에 타고 있는 사람에게는 상대 차가 실제 뒤로 움직이는 것처럼 보인다. 즉 느린 차의 빠른 차에 대한 상대운동은 절대운동과 반대 방향이 된다. 반대로 느린 차에 타고 있는 사람에게는 빠른 차가 10mile/h 속도로 앞으로 달리는 것처럼 보인다. 즉 빠른 차의 느린 차에 대한 상대속도는 10mile/s이다.

상대속도(relative velocity)란 한 물체의 속도가 다른 기준 물체와 관계될 때 사용되는 용어이며 그 기준 물체는 움직일 수 있다. 다음의 표기는 절대속도와 상대속도를 구분하는 데 사용된다.

$\mathbf{V}_A$ = 점 A의 절대속도
$\mathbf{V}_B$ = 점 B의 절대속도
$\mathbf{V}_{B/A}$ = 점 A에 대한 B의 상대속도
= 점 A로부터 본 B의 속도

두 점의 운동 차이인 상대운동은 수학적으로 다음과 같이 표현된다.

$$\mathbf{V}_{B/A} = \mathbf{V}_B -> \mathbf{V}_A \tag{6.9}$$

정리하면 다음과 같다.

$$\mathbf{V}_B = \mathbf{V}_A +> \mathbf{V}_{B/A} \tag{6.10}$$

식 6.9와 6.10은 벡터식이다. 따라서 이 식을 이용하려면 이 식에 의한 벡터 다각형이 필요하다. 3.16절에서 소개한 기법이 적용된다.

》 예제 6.5

그림 6.7은 운송 트럭의 화물 운반 기구를 나타낸다. 이 순간, 점 A는 그림에 나타난 방향으로 12in./s의 속도를 가지고 있고, 점 B는 위 방향으로 10.4in./s의 속도를 갖고 있다. 아래쪽에 있는 링크의 회전 속도와 점 A에 대한 점 B의 상대속도를 구하라.

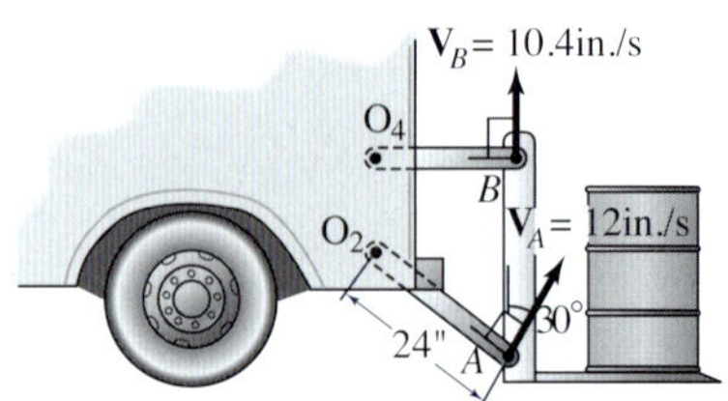

그림 6.7 예제 6.5의 기구

풀이

1. 기구 해석도를 그리고 운동성, 자유도를 정하라.

그림 6.8A는 이 기구의 기구 해석도를 나타내고 있다. 이 기구는 4절 기구이고 1자유도를 갖는다.

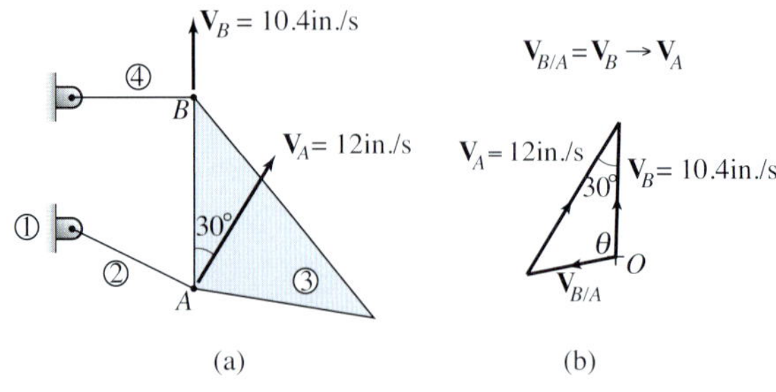

그림 6.8 예제 6.5의 기구 해석도

2. 링크 2의 각속도를 계산하라.

기구 해석도로부터 점 A가 우상 방향으로 이동함에 따라, 링크 2는 반시계 방향으로 회전한다. 따라서 링크 2는 반시계 방향 회전속도를 갖는다. 회전속도의 크기는 식 6.5를 재배치하여 다음과 같이 구할 수 있다.

$$\omega_2 = \frac{v_A}{r_{AO_2}} = \frac{(12\,\text{in./s})}{(24\,\text{in.})} = 0.5\,\text{rad/s}$$

식 6.7을 정리하면 rpm 단위로 바꾸면 다음과 같다.

$$\omega_2(\text{rev/min}) = \frac{30}{\pi}\left[\omega_2(\text{rad/s})\right] = \frac{30}{\pi}[0.5\,\text{rad/s}] = 4.8\,\text{rpm}$$

방향을 포함해서 나타내면 다음과 같다.

$$\omega_2 = 4.8\,\text{rpm},\ \text{반시계 방향}$$

3. 점 A에 대한 점 B의 상대속도를 계산하라.

점 A에 대한 점 B의 상대속도는 식 6.9로 다음과 같이 구할 수 있다.

$$\mathbf{V}_{B/A} = \mathbf{V}_B -> \mathbf{V}_A$$

이 식으로부터 벡터 다각형을 만들면 그림 6.8b와 같이 된다. 이것은 일반 삼각형 구조를 하고 있다. 벡터 $\mathbf{V}_{B/A}$를 구하는 데 도식적 해법 또는 해석적 해법이 사용될 수 있다.

해석적 방법을 사용하면 벡터 $\mathbf{V}_{B/A}$는 코사인 법칙으로부터 다음과 같이 구할 수 있다.

$$\begin{aligned} v_{B/A} &= \sqrt{[v_A{}^2 + v_B{}^2 - 2(v_A)(v_B)(\cos 30°)]} \\ &= \sqrt{(12\text{in./s})^2 + (10.4\text{in./s})^2 - 2(12\text{in./s})\,(10.4\,\text{in./s})(\cos 30°)} = 6.0\,\text{in./s} \end{aligned}$$

그림 6.8b에서 벡터 $\mathbf{V}_{B/A}$와 $\mathbf{V}_B$ 사이의 각을 θ로 나타내면, 이것은 사인 법칙을 사용하여 구할 수 있다.

$$\theta = \sin^{-1}\left[\frac{(12\,\text{in./s})}{6\,\text{in./s}}\sin 30°\right] = 90°$$

따라서 이 벡터 다각형은 실제로 직각 삼각형 구조를 한다. A점에 대한 B점의 상대속도는 다음과 같이 나타낼 수 있다.

$$\mathbf{V}_{B/A} = 6.0\,\text{in./s} \leftarrow$$

링크 상의 두 점의 상대속도는 링크의 속도 특성을 결정하는 데 유용하다. 특히, 링크 상의 임의의 두 점의 상대속도는 그 링크의 각속도를 결정하는 데 사용될 수 있다. 링크 상에 점 A, B, C가 있다고 하면 회전속도는 다음과 같이 된다.

$$\omega = \frac{v_{A/B}}{r_{AB}} = \frac{v_{B/C}}{r_{BC}} = \frac{v_{A/C}}{r_{AC}} \tag{6.11}$$

회전속도의 방향은 두 점 간의 상대속도와 일관성이 있다. A에 대한 B의 상대속도는 B가 A 주위로 회전하는 것처럼 보이는 것을 의미한다. 그러므로 "A에서 본" B의 상대속도의 방향은 점 A와 B를 공유하고 있는 링크의 회전 방향을 의미한다. 그림 6.9에서 $v_{B/A}$가 좌상 방향을 향하면, 링크의 회전속도는 반시계 방향이다. 반대로, $v_{B/A}$가 우하 방향을 향하면 링크의 회전속도는 시계 방향이다.

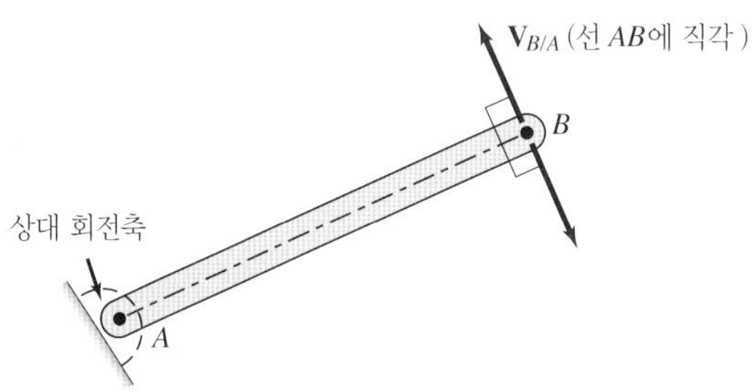

그림 6.9 같은 링크 상에 두 점 간의 상대속도

6.6 도식적 속도 해석 : 상대속도법

도식적 속도 해석은 기구의 한 형상에서 기구 상에 있는 점의 속도를 결정하는 것이다. 이 해석은 기구의 현 위치에서만 관계된다. 기구가 움직임에 따라 기구의 형상은 변하고 그에 따라 속도도 변한다.

상대속도 해석법의 근거는 다음의 사실로부터 유도된다.

같은 링크 상에 있는 두 점은 그 두 점을 연결하는 선에 직각 방향인 상대속도만 가질 수 있다.

이 사실은 상대속도 정의의 연장이다. 그림 6.9는 같은 링크 상에 있는 두 점 A, B를 나타내고 있다. $v_{B/A}$는 "A에서 본" B의 속도이다. A에 있는 관찰자에게는 A와 B가 같은 링크 상에 있는 한, B가 A 주위를 단순히 회전하는 것처럼 보인다. 따라서 A에 대한 B의 상대속도는 A와 B를 연결하는 선에 직각이어야만 한다.

이러한 사실과 벡터 해석 기법으로 기구상에 있는 점의 속도를 구할 수 있다.

6.6.1 단순 회전 또는 단순 병진 운동만 하는 링크 상의 점

상대속도법을 이용한 가장 기본적인 해석은 회전 운동만을 하거나 직선 병진 운동을 하는 링크 상에 있는 점들과 관계되어 있다. 그 이유는 그 점들의 운동 방향을 알 수 있다는 것이다. 핀 조인트는 편리한 점들이다. 왜냐하면 그 점들은 두 링크 상에 있고 하나는 실제로 회전만을 하거나 직선 병진 운동을 한다.

그림 6.10은 슬라이더-크랭크 기구를 보여 준다. 점 *B*는 링크 2와 링크 3 상에 있다. 링크 2가 점 *A*를 중심으로 회전 운동만을 하기 때문에 점 B의 운동 방향은 쉽게 알 수 있다. 점 *C*는 링크 3과 링크 4 상에 있다. 링크 4는 미끄럼 면을 따라서 직선 병진 왕복운동을 하므로 점 *C*의 운동 방향을 알 수 있다. 점 *B*의 속도를 알면 점 *C*의 속도를 그 속도 방향을 알기 때문에 바로 알 수 있다. 단지 점 *C*의 속도의 크기를 알면 된다.

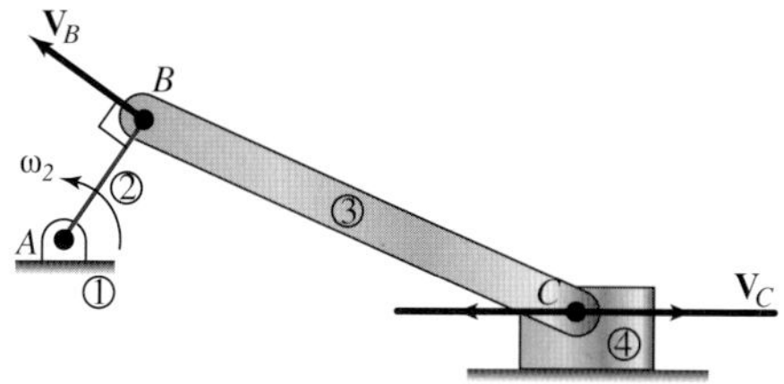

그림 6.10 회전 운동과 직선 병진 운동 링크들

이런 형태의 문제의 해결 과정은 다음과 같이 요약할 수 있다.

1. 조인트에 부과된 단순 회전 또는 단순 병진의 제한조건을 사용하여, 미지의 속도 방향을 결정한다.
2. 2개의 조인트 사이의 상대속도의 방향을 결정한다. 같은 링크 상에 있는 두 점의 상대속도는 항상 그 두 점을 연결하는 선에 직각이다.
3. 벡터 다각형을 그리기 위하여, 다음의 상대속도식을 사용한다.

$$\mathbf{V}_{\text{미지의 점}} = \mathbf{V}_{\text{알려진 점}} +> \mathbf{V}_{\text{미지의 점/알려진 점}}$$

4. 3.18절에 서술한 방법과 상기 벡터식을 사용하여 미지의 점의 속도 $\mathbf{V}_{\text{미지의 점}}$와 알려진 점에 관한 미지의 점의 상대속도 $\mathbf{V}_{\text{미지의 점 / 알려진 점}}$ 크기를 결정한다.

이러한 해석 절차는 도식적 속도 해석의 논리를 나타내고 있다. 실제 해는 손에 의한 작도나(자와 컴퍼스를 이용), CAD 시스템(rotate와 copy 명령) 상에서 구할 수 있다. 두 방법의 논리는 동일하지만, CAD 시스템은 정확한 작도 정밀도를 구현하므로 정확한 해를 구할 수 있다. 다음의 예제를 통하여 도식적 위치 해석의 개념을 확장하여 설명한다.

예제 6.6

그림 6.11은 암석 분쇄 장치이다. 큰 암석을 수직 호퍼를 통해 분쇄 용기에 넣어 분쇄한다. 체를 통과한 적당한 크기의 돌은 아래로 보내고, 통과하지 못한 돌은 다시 분쇄 용기에 넣는다.

60mm 크랭크가 120rpm, 시계 방향으로 돌 때, 주어진 위치에서 분쇄 암의 회전 속도를 구하라.

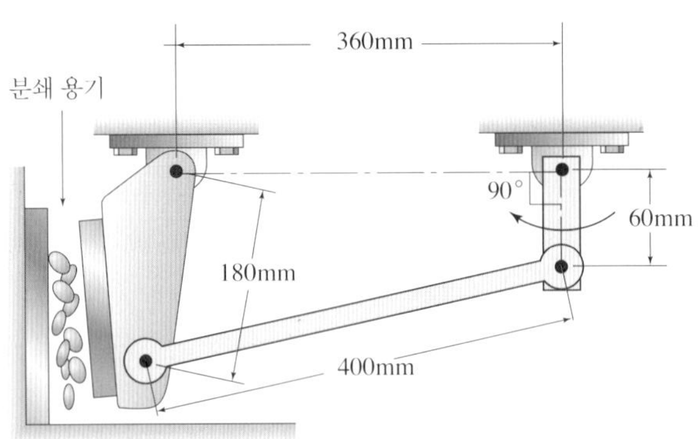

그림 6.11 예제 6.6의 기구

풀이

1. **기구 해석도를 그리고 자유도를 계산하라.**

   그림 6.12a는 이 기구의 기구 해석도를 보여 주고 있다. 이 기구는 4절 기구이고 1자유도를 갖는다. 1자유도의 기구는 1개의 입력 운동으로 완전히 기구의 운동을 동작 제어할 수 있다. 물론 링크 2는 120rpm으로 회전한다.

2. **적당한 상대속도 계산식은 정하라.**

   이 해석의 목적은 링크 4의 회전 속도를 구하는 것이다. 링크 2는 입력 운동(속도)을 한다. *B* 점은 링크 2와 3 상에 위치하고 있다. *C*점은 링크 3과 4 상에 위치하고 있다. *B*, *C*점은 링크 3 상에 있으므로 입력 속도(링크 2)와 구하고자 하는 속도(링크 4)를 연관시키는 데 상대속도법을 사용할 수 있다. 상대속도식은 다음과 같이 된다.

$$\mathbf{V}_C = \mathbf{V}_B +> \mathbf{V}_{C/B}$$

3. **입력 링크의 속도를 계산하라.**

   점 *B*의 속도는 다음과 같이 계산된다.

$$\omega_2 \left(\text{rad/s}\right) = \frac{\pi}{30}(120\text{rpm}) = 12.56\text{rad/s, cw}$$

$$\mathbf{V}_B = \omega_2\, r_{AB} = \left(12.56\text{rad/s}\right)(60\text{mm}) = 754\text{mm/s} \quad \leftarrow$$

4. **원하는 속도의 방향을 정하라.**

   링크 4는 *D*점에서 프레임에 고정되어 있으므로 *D*점을 중심으로 회전 운동만 할 수 있다. 따라서 *C*점의 속도는 *CD*선에 수직이다. 또한 전술한 바와 같이 점 *B*와 *C*는 링크 3상에 있으므로, *B*점에 대한 *C*점의 상대속도는 *BC*선에 수직이다.

5. **속도 다각형을 그려라.**

   상대속도식에서 $v_{C/B}$, v_C 크기만이 알려져 있지 않다. 이 문제는 3.18절에서 인용한 사례와 같다. 그림 6.12b에 벡터 작도법으로 이 문제에 대한 속도 다각형을 그린다. v_C와 $v_{C/B}$ 크기는 그 선분들의 교차점으로부터 결정된다. 완성된 속도 벡터 다각형 해석도의 결과를 그림 6.12c에 나타내었다.

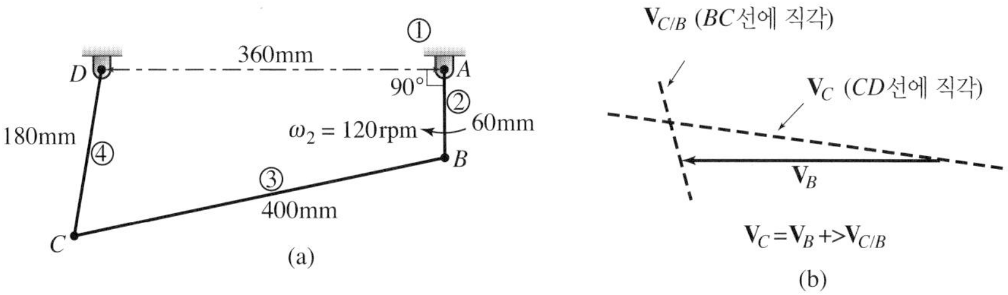

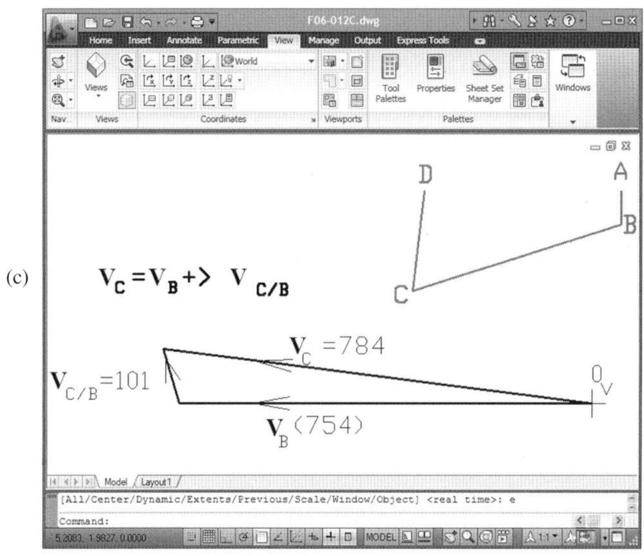

그림 6.12 문제 6.6의 속도 해석도

6. 속도 다각형 해석도에서 속도를 계산하라.

속도 해석도로부터 속도의 크기를 계산하면 다음과 같다.

$$V_C = 784.0\text{mm/s} \angle 7.0°$$

$$V_{C/B} = 101.1\text{mm/s} \angle 72.7°$$

7. 각 속도를 계산하라.

최종적으로 구하고자 하는 것은 링크 4의 각속도이다. 링크 3과 4의 각속도는 식 6.6으로부터 다음과 같이 구할 수 있다.

$$\omega_4 = \frac{v_C}{r_{CD}} = \frac{(789.4\,\text{mm/s})}{(180\,\text{mm})} = 4.36\,\text{rad/s},\ \text{시계 방향}$$

$$\omega_3 = \frac{v_{C/B}}{r_{BC}} = \frac{101.1\,\text{mm/s}}{(400\,\text{mm})} = 0.25\,\text{rad/s},\ \text{시계 방향}$$

6.6.2 유동 링크 상의 점

유동 링크 상에 있는 점의 속도를 결정하기 위해서는 다소 복잡한 해석이 필요하다. 유동 링크란 단순 회전 또는 단순 병진만 하지 않는 링크이다. 구하고자 하는 속도가 크기와 방향이 모두 알려져 있지 않다는 데 어려움이 있다. 이것은 예제 6.6에서 제시된 것과는 근본적으로 다르다.

유동 링크 상의 점의 속도를 구하기 위해서는 그 링크 상에 있는 다른 두 점의 속도가 결정되어야만 한다. 전술한 바와 같이 이 두 점은 주로 회전 구속을 하는 핀 조인트가 된다. 왜냐하면 이 점에서의 속도는 쉽게 결정할 수 있기 때문이다. 따라서 이러한 점의 속도를 구하기 위해서는 예제 6.6과 같은 해석이 완성된 것을 전제로 한다.

그림 6.13a는 점 A와 B의 속도가 이미 결정된 상태의 링크를 나타내고 있다.

다음 단계로 점 C의 속도를 구한다.

1. 다음 2개의 식을 쓴다.

$$\mathbf{V}_C = \mathbf{V}_A +> \mathbf{V}_{C/A}, \quad \mathbf{V}_C = \mathbf{V}_B +> \mathbf{V}_{C/B}$$

   $v_{C/A}$와 $v_{C/B}$의 방향은 CA선과 CB선 각각에 직각이다.

2. 상기 상대속도식을 서로 같게 하면, 다음과 같이 된다.

$$\mathbf{V}_C = \mathbf{V}_A +> \mathbf{V}_{C/A} = \mathbf{V}_B +> \mathbf{V}_{C/B}$$

3. 상대속도는 3.18절에서 설명한 방식으로 구한다.
   이것은 그림 6.13b와 같은 벡터 다각형 구성을 포함한다.

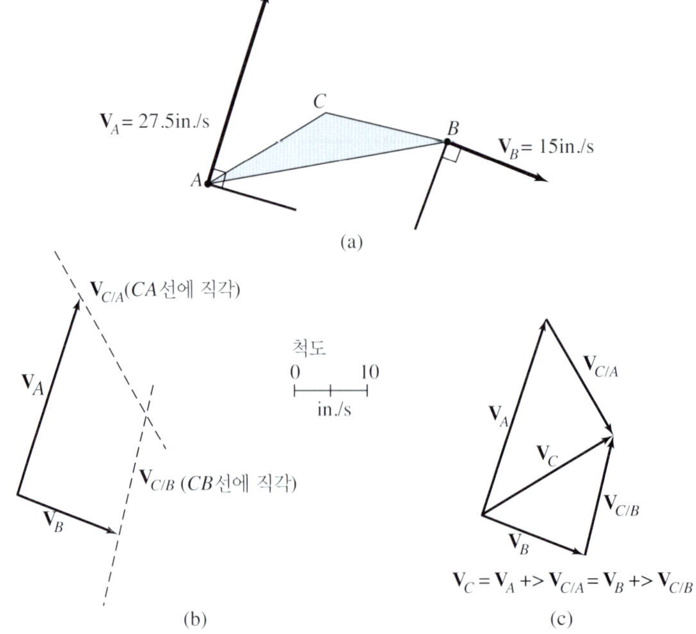

그림 6.13 관심점 C의 속도

4. 상대속도의 크기는 벡터 다각형으로부터 계산될 수 있다.
5. 상대속도를 구하면, 점 C의 속도는 단계 1의 2개의 식 중에서 1개를 이용하여 결정할 수 있다. 이것은 그림 6.13c에 보여 준 벡터 다각형으로부터 쉽게 결정할 수 있다.

또한 벡터 다각형은 손으로 직접 작도하거나 CAD를 이용하여, 전술한 단계와 같은 절차로 구성할 수 있다. 이 절차를 다음의 예제에서 설명한다.

예제 6.7

그림 6.14는 운송 트럭의 케이블 릴을 펼치는 기구를 나타낸다. 이것은 A의 유압실린더로 구동된다. 실린더는 5mm/s 속도로 안으로 수축한다. 상측 조인트, 점 E의 속도를 구하라.

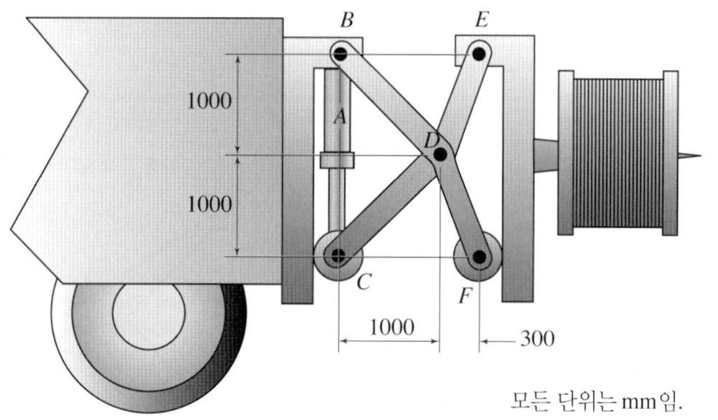

그림 6.14 예제 6.7의 기구

풀이

1. **기구 해석도를 그리고 자유도를 계산하라.**

그림 6.15a는 이 기구의 기구 해석도이다. 이 기구를 잘 이해하기 위해서 운동성, 자유도는 다음과 같이 계산된다.

$$n = 6 \qquad j_p = (5 \text{ pins} + 2 \text{ sliders}) = 7 \qquad j_h = 0$$

$$M = 3(n-1) - 2j_p - j_h = 3(6-1) - 2(7) - 0 = 1$$

이 기구는 4절 기구이고 1자유도를 갖는다. 1자유도의 기구는 1개의 입력 운동으로 완전히 기구의 운동을 동작 제어할 수 있다. 물론 이 운동은 5mm/s의 상향 방향의 속도로 올라가는 유압실린더 구동기구로 작동된다.

2. **원하는 속도를 구현하기 위한 방법을 정하라.**

링크 5는 점 C(알려진 속도)와 점 E(미지의 속도)를 함께 공유하고 있다. 그러나 링크 5는 단순 회전 또는 단순 병진운동만 하지 않는 유동 링크이다. 따라서 점 E의 속도를 결정하기 전에 링크 5 상에 있는 또 하나의 점의 속도를 구해야만 한다. 점 D는 단순 회전만 하는 링크 상에 있으므로 속도를 구하기 쉽다.

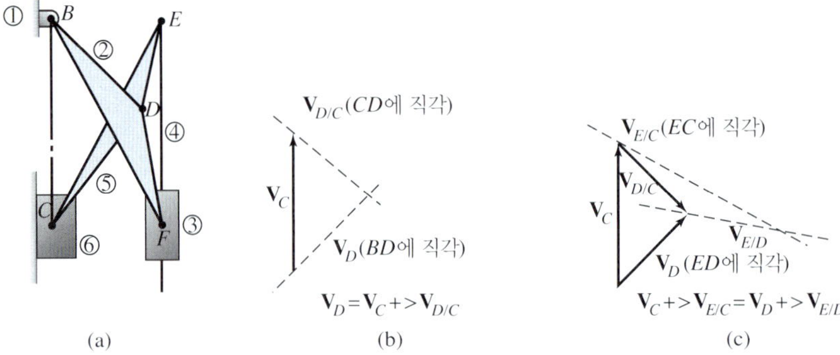

(d)

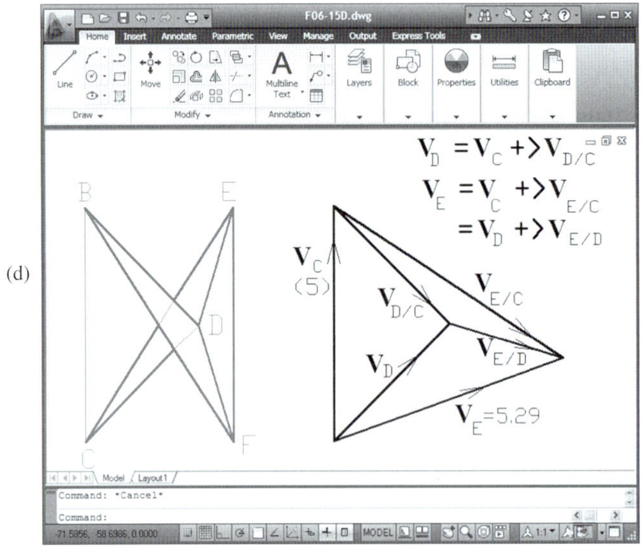

그림 6.15 예제 6.7의 속도 해석도

3. 편리점(점 D)의 속도를 계산하라.

점 *D*의 속도를 결정해주는 식은 다음과 같다.

$$\mathbf{V}_D = \mathbf{V}_C +> \mathbf{V}_{D/C}$$

링크 2는 점 *B*에서 프레임에 고정되어 있으므로 점 *D*는 *E*점을 회전 중심으로 회전 운동만 한다. 따라서 점 *D*의 속도는 *BD*선에 수직이다.

그리고 점 *D*와 *C*는 같은 링크, 즉 링크 5 상에 있다. 그러므로 *C*점에 대한 *D*점의 상대속도는 *DC*선에 수직이다. 전술한 바와 같이 속도 v_D와 $v_{D/C}$의 방향은 알려져 있다.

이 문제를 풀기 위한 속도 벡터 다각형은 그림 6.15b에 있다.

그 크기는 v_D와 $v_{D/C}$ 선의 교차점을 구하면 결정할 수 있다. 속도 크기는 다음과 같이 계산된다.

$$\mathbf{V}_{D/C} = 3.5\ \text{mm/s}\searrow 45^\circ$$
$$\mathbf{V}_{D} = 3.5\ \text{mm/s}\nearrow 45^\circ$$

4. **유동 링크 상의 점(점 5)의 속도를 계산하라.**

링크 5 상의 2개의 점의 속도를 구했으므로, 점 E의 속도를 결정할 수 있다. 상대속도식을 이용해서 관련된 점의 속도는 다음과 같은 관계가 있다.

$$\mathbf{V}_E = \mathbf{V}_C +> \mathbf{V}_{E/C} = \mathbf{V}_D +> \mathbf{V}_{E/D}$$

상대속도의 방향뿐만 아니라 점 C와 D의 속도가 알려져 있다. 벡터 다각형은 그림 6.15c와 같다.

일단 상대속도 크기가 결정되면, 속도 다각형을 완성할 수 있다. 완성된 다각형은 그림 6.15d와 같다. 점 E의 속도는 상기 벡터식에 의하여 다각형 속에 포함되어 있다. 벡터 크기를 감안하고, 각도를 측정하면 다음과 같다.

$$\mathbf{V}_{E/D} = 2.65\ \text{mm/s}\searrow 16.7^\circ$$
$$\mathbf{V}_{E/C} = 5.95\ \text{mm/s}\searrow 33.0^\circ$$
$$\mathbf{V}_{E} = 5.29\ \text{mm/s}\nearrow 19.4^\circ$$

6.6.3 서로 다른 링크 상에 일치되는 점

미끄럼 조인트로 연결된 유동 링크의 속도를 계산하려면 2개의 물체 상에 있으면서 일치하는 점을 이용한다. 미끄럼 운동의 방향은 알려져 있으므로 그 일치점의 상대속도의 방향도 알려져 있다. 이것을 이용하여 피동 링크의 운동을 결정할 수 있다. 그 개념을 예제를 통해서 설명한다.

〉〉 예제 6.8

그림 6.16은 덤프트럭의 베드를 기울이는 기구를 보여 주고 있다. 트럭을 5rad/min 속도로 기울이기 위한 유압실린더의 속도를 결정하라.

풀이

1. **기구 해석도를 그리고 자유도를 계산하라.**

이 기구는 운동학적으로 슬라이더-크랭크 기구의 역에 해당한다. 슬라이드-크랭크 기구는 1자유도이며, 이 경우에는 유압실린더의 압축과 팽창에 해당한다. 그림 6.17a에 이 기구의 기구 해석도를 나타내었다.

링크 1은 베드 프레임, 링크 2는 베드, 링크 3은 피스톤과 로드, 링크 4는 실린더를 표시한다. 링크 2와 3을 연결한 핀 조인트는 점 B로 표시되어 있다. 그러나 링크 2, 3, 4는 점 B에 위치하고 있으므로 그 일치점들을 B_1, B_2, B_3라고 구별한다.

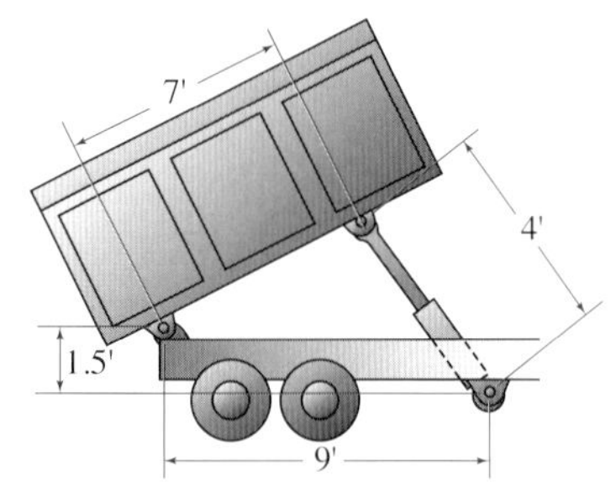

그림 6.16 예제 6.8의 덤프트럭 기구

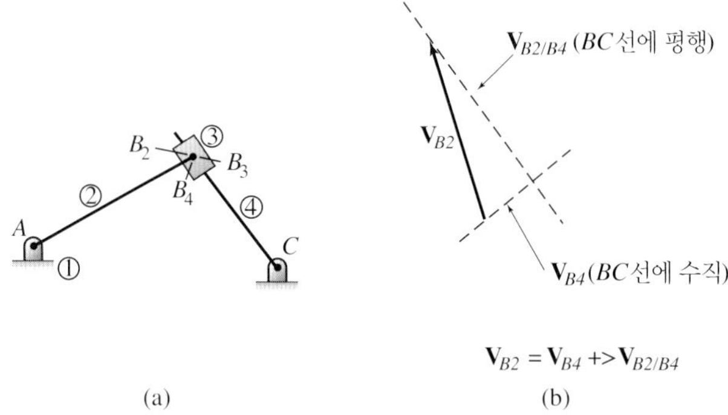

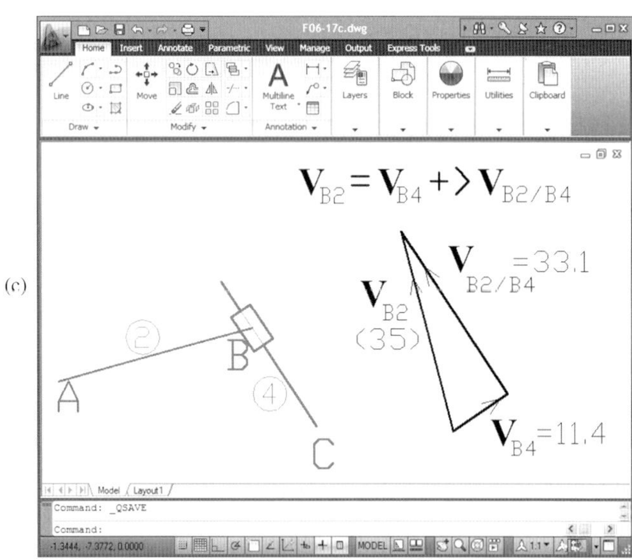

그림 6.17 예제 6.8의 속도 해석도

2. 원하는 속도를 구현하기 위한 방법을 정하라.

이 문제는 링크 2가 5rad/min, 반시계 방향으로 회전되게 하는 유압실린더의 속도를 결정하는 것이다. 즉 기구학적 모델에서는 점 B_4에 대한 점 B_2의 상대속도를 결정하는 것이다. 이 일치점들의 속도는 식 6.9에 의하여 다음과 같이 관계된다.

$$\mathbf{V}_{B2} = \mathbf{V}_{B4} +> \mathbf{V}_{B2/B4}$$

이 식에서 $\mathbf{V}_{B2}$의 크기는 링크 2의 회전속도로부터 계산될 수 있다. 그리고 링크 2와 4는 회전만 하므로, $\mathbf{V}_{B2}$, $\mathbf{V}_{B4}$는 링크 2, 4에 각각 수직이다. 또한 점 B_2와 점 B_4는 미끄럼 조인트로 연결되어 있으므로 미끄럼 방향이 알려져 있다. 상대속도 $v_{B2/B4}$는 미끄럼 방향을 따른다. 그러므로 속도 해석도를 작성하기 위한 충분한 정보가 제공되었다.

3. **입력 링크 상의 점(점 B_2)의 속도를 계산하라.**

B_2의 속도는 다음 식으로 계산된다.

$$v_{B2} = \omega_2 r_{AB2} = \left(5\text{rad/min}\right)(7\text{ft}) = 35\text{ft/min}$$

점 B_2의 속도 방향은 링크 2에 직각이고, 좌상 방향이다.

4. **종동 링크 상의 점(점 B_4)의 속도를 계산하라.**

그림 6.17b에 이 문제를 풀기 위한 벡터 다각형을 나타내었다. 속도의 크기는 $v_{B2/B4}$와 v_{B4}의 교차점을 구하여 결정할 수 있다. 벡터 다각형에서 속도 크기는 다음과 같다.

$$\mathbf{V}_{B2/B4} = 33.1\,\text{ft/min} \ \angle 56^\circ$$
$$\mathbf{V}_{B4} = 11.4\,\text{ft/min} \ \angle 34^\circ$$

따라서 이 순간 실린더는 베드를 5rad/min 속도로 기울이기 위해서 33ft/min 속도로 늘어나야 한다.

6.7 속도 사상

속도 해석에서 유용한 성질은 기구를 구성하는 각 링크는 벡터 다각형에서 상(image)을 가지고 있다는 것이다. 예를 들면 그림 6.18a의 기구는 그림 6.18b의 속도 해석도와 연결되어 있다.

3개의 절대 속도 벡터의 끝점을 연결하면 삼각형이 그려진다. 이 삼각형은 링크 그 자체로 구성되는 삼각형과 닮은꼴이다. 벡터 다각형에서 이와 같은 모양을 해당되는 링크의 **속도 사상 (velocity image)**이라고 한다.

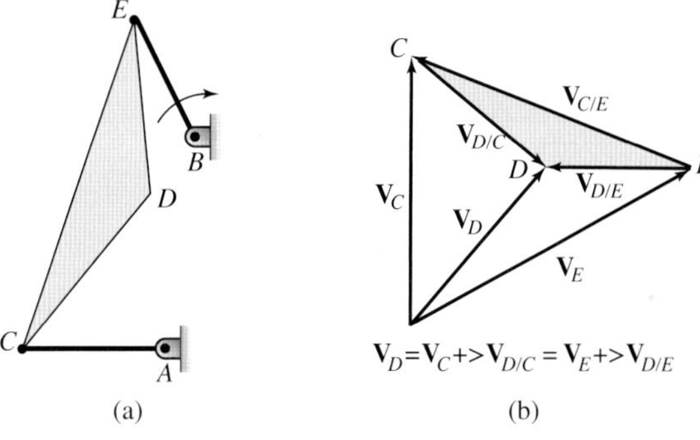

그림 6.18 속도 사상

이러한 속도 사상의 개념이 도입되면, 해법 절차가 상당히 간편해질 수 있다. 속도 사상 개념을 링크 상에 있는 두 점의 속도를 구하는 데 적용한다. 이 두 점을 속도 사상의 기초로 사용한다. 링크 상의 어떠한 점도 축척하여 속도 다각형에 포함시킬 수 있다. 링크의 모양이 기구 해석도와 속도 다각형 간에 뒤집히지 않도록 주의한다.

6.8 해석적 속도 해석 : 상대속도법

해석적 속도 해석은 작도법에 의한 해석에서 설명한 것과 같은 논리를 사용한다. 속도 다각형을 적절한 상대 속도식을 사용하여 만든다. 해석 기법을 사용하므로, 다각형의 정확성은 요구되지 않는다. 벡터식은 3장에서 제시된 해석 기법을 이용하여 풀 수 있다. 해석적 해법을 다음 예제에서 설명한다.

〉〉 예제 6.9

그림 6.19는 미개발 지역에서 흔히 사용되는 우물용 펌프이다. 유량을 최고로 하기 위해 피스톤은 상방향 50mm/s 속도로 이동해야만 한다. 보여 준 위치에서 원하는 피스톤 속도를 얻기 위해 핸들에 가해야 할 각속도를 결정하라.

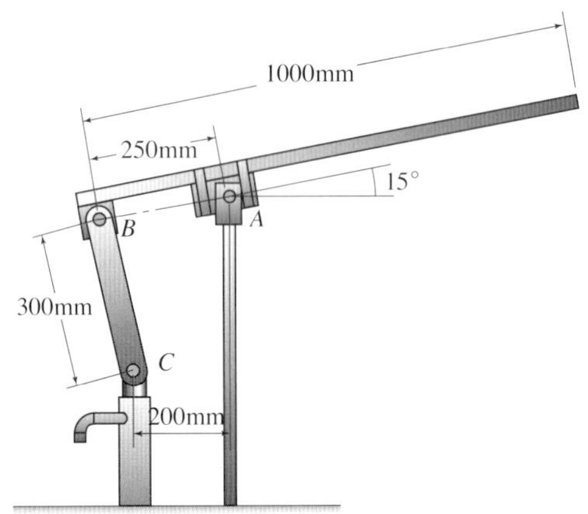

그림 6.20 예제 6.9의 우물용 펌프

풀이

1. **기구 해석도를 그리고 자유도를 계산하라.**
   그림 6.20a는 이 기구의 기구 해석도를 나타낸다. 이것은 1자유도를 갖는 슬라이더-크랭크 기구의 변형이다. 링크 2는 핸들을 나타내며, 이 문제의 목표는 ω_2를 구하는 것이다.

2. **기구를 기하학적으로 분석하라.**
   핵심 기구 링크를 분리시켜서 그림 6.20b에 그려 두었다. 이 그림은 2개의 직각 삼각형을 만드는 데 사용된다. 상측 삼각형 ABF에서 삼각함수를 사용하면, 변 BF와 AF의 길이가 다음과 같이 계산된다.

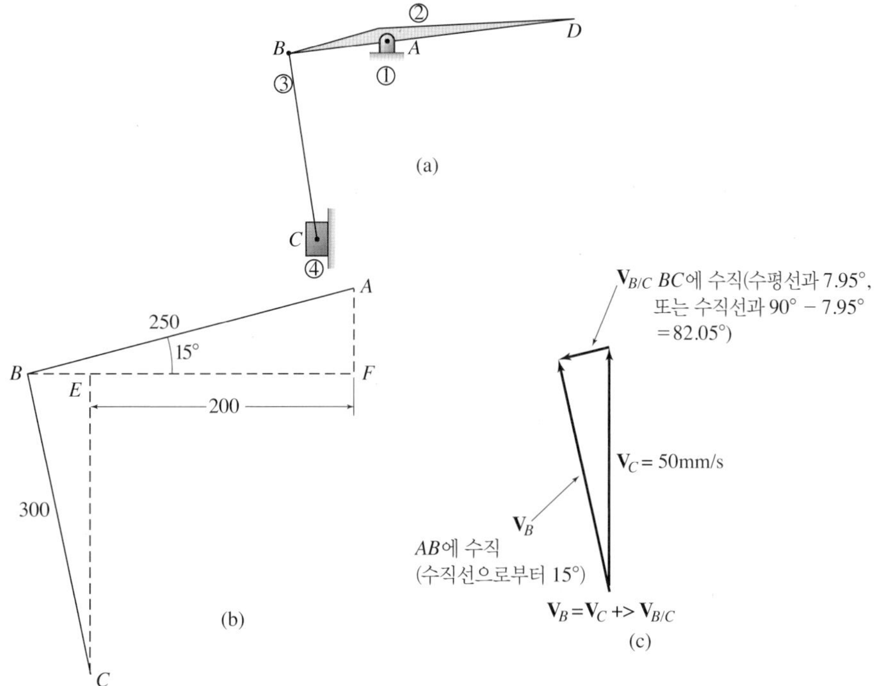

그림 6.20 예제 6.9의 속도 해석도

$$BF = (250\text{mm})\cos 15° = 241.48\text{mm}$$

$$AF = (250\text{mm})\sin 15° = 64.70\text{mm}$$

변 BE의 길이는 다음과 같이 계산된다.

$$BE = BF - EF = 241.48\text{mm} - 200\text{mm} = 41.48\text{mm}$$

하측 삼각형에서, C에서의 내각은 다음과 같이 된다.

$$\angle BCE = \sin^{-1}\left(\frac{41.48}{300}\right) = 7.95°$$

3. 속도 다각형으로 조립하라.

링크 2의 각속도를 구하기 위하여 링크 2 상에 있는 점 B 또는 D의 선속도를 구해야만 한다. 링크 3은 속도가 알려진 점 C와 속도가 알려지지 않은 점 B를 갖고 있어서 특별히 주목해야만 한다.

링크 2는 A점에서 프레임에 고정되어 있어, 점 B는 A를 회전 중심으로 회전만 한다. 따라서 B점의 속도는 AB선에 직각이다.

그리고 점 B와 C는 같은 링크(링크 3) 상에 있으므로, C에 대한 B의 상대속도는 BC선에 직각이어야만 한다.

전술한 바와 같이 속도 v_B와 $v_{B/C}$의 방향은 알려져 있고 속도 v_B는 AB에 직각, 즉 수직선과 15°를 이루고 있다. $v_{B/C}$는 BC에 직각, 즉 수평선과 7.95°를 이루거나 수직선과 90° − 7.95° = 82.05°

를 이루고 있다. 이 속도들은 식 6.10으로 서로 연관된다.

$$\mathbf{V}_B = \mathbf{V}_C +> \mathbf{V}_{B/C}$$

상기 식에서 v_B와 $v_{B/C}$의 크기만 알려져 있지 않다. 그림 5.16c에 이 문제를 풀기 위한 벡터 다각형을 나타내었다. 속도 크기를 구하기 위해서 일반 삼각형의 변(벡터의 크기)의 길이를 구한다.

이 벡터 삼각형의 나머지 한 각은 다음과 같다.

$$180° - 82.05° - 15° = 82.95°$$

4. 점 B의 속도를 계산하라.

사인 법칙을 이용하면, 속도의 크기는 다음과 같다.

$$\mathbf{V}_{B/C} = \mathbf{V}_C\left(\frac{\sin 15°}{\sin 82.95°}\right) = 13.04\,\text{mm/s} \;\; 7.95°$$

$$\mathbf{V}_B = \mathbf{V}_C\left(\frac{\sin 82.05°}{\sin 82.95°}\right) = 49.90\,\text{mm/s} \;\; 15° = 49.9\,\text{mm/s} \;\; 75°$$

5. 링크 2의 각속도를 계산하라.

B의 속도가 결정되면, 링크 2의 각속도를 구할 수 있다. 링크 2의 회전 방향은 v_B의 방향과 일관성이 있으므로 링크 2는 시계 방향으로 회전한다.

$$\omega_2 = \frac{v_B}{r_{AB}} = \frac{49.9\,\text{mm/s}}{250\,\text{mm}} = 0.20\,\text{rad/s, 시계 방향}$$

rpm 단위로 변환하면 다음과 같다.

$$\omega\left(\text{rev/min}\right) = \frac{30}{\pi}\left[\omega\left(\text{rad/s}\right)\right] = \frac{30}{\pi}\left[0.20\,\text{rad/s}\right] = 1.9\,\text{rpm, 시계 방향}$$

》 예제 6.10

그림 6.21은 지붕 재료 운송용 트럭의 컨베이어를 보여 주고 있다. 무거운 지붕 재료가 컨베이어 상에서부터 지붕으로 운송된다. 컨베이어는 유압실린더를 늘려서 지붕까지 들어 올려진다. 실린더는 8 m/min 속도로 늘어난다. 이때 컨베이어에 올려지는 속도를 구하라.

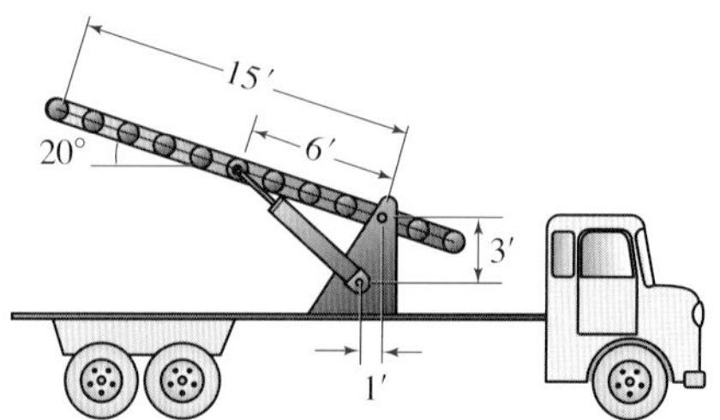

그림 6.21 예제 6.10의 컨베이어

풀이 1. **기구 해석도를 그리고 자유도를 계산하라.**

그림 6.22a는 이 기구의 기구 해석도를 나타낸다. 미끄럼 조인트가 2개의 회전 링크를 연결하고 있으므로 일치점을 정의하는 것이 문제를 푸는 데 유용하다. 점 B_2는 링크 2에 붙어 있고, 점 B_4는 링크 4에 기준점으로 붙어 있다. 링크 4는 컨베이어이므로 이 문제의 목표는 ω_4를 구하는 것이다.

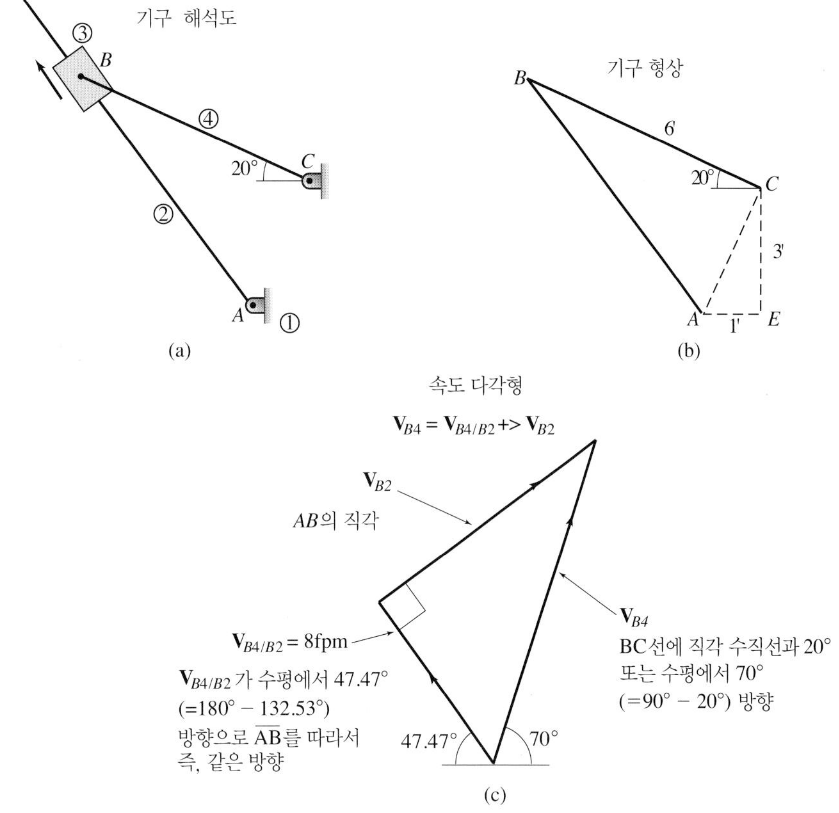

그림 6.22 예제 6.10의 속도 해석도

2. **기구를 기하학적으로 분석하라.**

핵심 기구 링크를 분리시켜서 그림 6.22b에 그려 두었다. 이 그림은 2개의 직각 삼각형을 만드는 데 사용된다. 하측 삼각형 ACE에서 다음과 같이 된다.

$$AC = \sqrt{[AE^2 + CE^2]}$$

$$= \sqrt{(1\,\text{ft})^2 + (3\,\text{ft})^2} = 3.16\,\text{ft}$$

$$\angle CAE = \tan^{-1}\left(\frac{CE}{AE}\right) = \tan^{-1}\left(\frac{3\,\text{ft}}{1\,\text{ft}}\right) = 71.57°$$

$$\angle ACE = \tan^{-1}\left(\frac{AE}{CE}\right) = \tan^{-1}\left(\frac{1\,\text{ft}}{3\,\text{ft}}\right) = 18.43°$$

링크 4는 수평선과 20° 기울어져 있으므로, C점에서의 각은 다음과 같이 된다.

$$\angle BCE = 90° + 20° = 110°$$

상측 삼각형에서 C점에서의 각은 다음과 같이 된다.

$$\angle ACB = \angle BCE - \angle ACE = 110° - 18.43° = 91.57°$$

상측 삼각형의 형상은 다음의 계산으로 완전히 결정된다.

$$AB = \sqrt{AC^2 + BC^2 - 2(AC)(BC)\cos\angle ACB}$$

$$= \sqrt{(3.16\,\text{ft})^2 + (6\,\text{ft})^2 - 2(3.16\,\text{ft})(6\,\text{ft})\cos 91.57°} = 6.86\,\text{ft}$$

$$\angle BAC = \sin^{-1}\left\{\left(\frac{6\,\text{ft}}{6.86\,\text{ft}}\right)\sin 91.57°\right\} = 60.96°$$

$$\angle CBA = \sin^{-1}\left\{\left(\frac{3.16\,\text{ft}}{6.86\,\text{ft}}\right)\sin 91.57°\right\} = 27.42°$$

A점에서의 전체 각은 다음과 같다.

$$\angle BAE = \angle CAE + \angle BAC = 71.57° + 60.96° = 132.53°$$

3. 속도 다각형으로 조립하라.

링크 2의 각속도를 풀기 위하여, 링크 2상에 있는 점 B_2의 선속도를 구해야만 한다. B_2에 대한 B_4의 상대속도, $\mathbf{V}_{B4/B2}$를 나타내는 유압실린더의 늘어난 양이 주어져 있다.

링크 4는 C에서 프레임에 고정되어 있고, 점 B_4는 C점을 중심으로 회전만 한다. 따라서 점 B_4의 속도는 BC선에 수직이다.

그리고 링크 2는 A에서 프레임에 고정되어 있고, 점 B_2는 A를 회전 중심으로 회전만 한다. 따라서 점 B_2의 속도는 AB선에 수직이다.

전술한 바와 같이, 속도 $\mathbf{V}_{B4}$와 $\mathbf{V}_{B2}$의 방향은 알려져 있다. 이 속도들은 식 6.10을 사용하면 다음과 같은 관계가 있다.

$$\mathbf{V}_{B4} = \mathbf{V}_{B4/B2} +> \mathbf{V}_{B2}$$

이 식에서 $\mathbf{V}_{B4}$와 $\mathbf{V}_{B2}$의 크기만 있지 않다. 이 문제를 풀기 위한 벡터 다각형을 그림 6.22c에 나타내었다. 이 벡터들은 직각 삼각형을 만든다. 그 크기는 직각 삼각형의 변(벡터의 크기)의 길이를 구하면 알 수 있다.

이 벡터 삼각형의 하측 내각은 다음과 같다.

$$180° - 70° - 47.47° = 62.53°$$

4. B점의 속도를 계산하라.

B_2에서의 속도는 삼각함수를 이용하여 다음과 같이 구할 수 있다.

$$\mathbf{V}_{B4} = \left(\frac{\mathbf{V}_{B4/B2}}{\cos 62.53°}\right) = 17.43\,\text{ft/min} \angle 70°$$

5. **링크 2의 각속도를 계산하라.**

B점에서의 속도를 구했으므로 링크 2의 각속도를 결정할 수 있다. 링크 2의 각속도는 $\mathbf{V}_{B4}$의 방향과 일관성이 있으므로 시계 방향이다.

$$\omega_4 = \frac{v_{B4}}{r_{BC}} = \frac{17.43\,\text{ft/min}}{6\,\text{ft}} = 2.89\,\text{rad/min},\ \text{시계 방향}$$

이 결과를 rpm 단위로 변환하면 다음과 같다.

$$\omega_4 = \left(\frac{2.89\,\text{rad}}{\text{min}}\right)\left(\frac{1\,\text{rev}}{2\pi\,\text{rad}}\right) = 0.46\,\text{rev/min},\ \text{시계 방향}$$

6.9 일반 기구의 수학적 해법

여기서는 일반 슬라이더-크랭크 기구와 4절 기구에 대해서 수학적 해법이 유도된다[참고문헌 12 참조]. 다음 절에서 소개한다.

6.9.1 슬라이더-크랭크 기구

일반 슬라이더-크랭크 기구가 그림 4.19에 설명되어 있으며, 치수 L_1, L_2, L_3로 일원적으로 결정된다. 1자유도이므로, 한 링크의 운동만 표현되면, 다른 모든 링크의 운동을 결정할 수 있으며, 대부분 크랭크가 구동된다. 따라서 θ_2, ω_2가 주어지면 다른 모든 링크의 위치를 식 4.6과 4.7로부터 알 수 있고, 또한 속도도 알 수 있다. 4장에서 제시된 바와 같이 위치에 대한 식은 다음과 같다.

$$\theta_3 = \sin^{-1}\left\{\frac{L_1 + L_2 \sin\,\theta_2}{L_3}\right\} \tag{4.6}$$

$$L_4 = L_2\cos(\theta_2) + L_3\cos(\theta_3) \tag{4.7}$$

속도에 대한 식은 다음과 같다[참고문헌 10, 11, 12, 14 참조].

$$\omega_3 = -\omega_2\left(\frac{L_2\,\cos\theta_2}{L_3\,\cos\theta_3}\right) \tag{6.12}$$

$$v_4 = -\omega_2 L_2\,\sin\,\theta_2 + \omega_3 L_3\,\sin\theta_3 \tag{6.13}$$

6.9.2 4절 기구

일반 4절 기구가 그림 4.23에 설명되어 있으며, 치수 L_1, L_2, L_3, L_4로 일원적으로 결정된다. 1자유도이므로, 한 링크의 운동만 표현되면 다른 모든 링크의 운동을 결정할 수 있고, 대부분 크랭크가 구동된다. 따라서 θ_2, ω_2가 주어지면, 다른 모든 링크의 위치를 식 4.9~4.12로부터 알 수 있고, 또한 속도도 알 수 있다. 4장에서 제시된 바와 같이 위치에 대한 식은 다음과 같다.

$$BD = \sqrt{L_1^2 + L_2^2 - 2(L_1)(L_2)\cos(\theta_2)} \tag{4.9}$$

$$\gamma = \cos^{-1}\left[\frac{(L_3)^2 + (L_4)^2 - (BD)^2}{2(L_3)(L_4)}\right] \tag{4.10}$$

$$\theta_3 = 2\tan^{-1}\left[\frac{-L_2\sin\theta_2 + L_4\sin\gamma}{L_1 + L_3 - L_2\cos\theta_2 - L_4\cos\gamma}\right] \tag{4.11}$$

$$\theta_4 = 2\tan^{-1}\left[\frac{L_2\sin\theta_2 - L_3\sin\gamma}{L_2\cos\theta_2 + L_4 - L_1 - L_3\cos\gamma}\right] \tag{4.12}$$

속도에 대한 식은 다음과 같다[참고문헌 10, 11, 12, 14 참조].

$$\omega_3 = -\omega_2\left[\frac{L_2\sin(\theta_4 - \theta_2)}{L_3\sin\gamma}\right] \tag{6.14}$$

$$\omega_4 = -\omega_2\left[\frac{L_2\sin(\theta_3 - \theta_2)}{L_4\sin\gamma}\right] \tag{6.15}$$

6.10 순간 회전중심

기구상에 있는 점의 속도를 결정하는 데 있어서, 순간 중심의 개념이 상대속도법에 대한 다른 대안으로 사용될 수도 있다. 이 방법은 어떠한 링크에서도 운동의 복잡성에 관계없이 순간적으로 한 점을 중심으로 회전한다는 사실에 근거를 두고 있다. 이 가상의 회전중심을 링크의 **회전 순간 중심(instantataeous center)**이라고 한다. 유동 링크, 링크 3의 순간 중심을 그림 6.23에 나타내었다.

이 개념을 사용하여, 모든 링크를 단순 회전을 하는 것처럼 해석할 수 있다. 순간 중심은 물체 상에 존재할 수도 있고 밖에 존재할 수도 있다. 또한 그 위치는 시간에 따라 변한다. 링크가 움직임에 따라 순간 중심 또한 이동한다. 그러나 기구상의 여러 점의 속도도 순간적이므로 이러한 사실은 해석을 심각하게 제한하지는 않는다.

이 개념은 또한 상대속도에까지 확장된다. 즉 한 링크에 대한 다른 링크의 운동은 순간적으로 어떤 한 점에 대해서 회전하고 있는 것처럼 보인다. 따라서 그 가상 회전점이 그 2개의 링크의 순간 중심이 된다. 예를 들어 2개의 링크를 1과 3이라고 표시하면, 순간 중심은 링크 3이 순간적으로 링크 1에 대하여 회전하는 것처럼 보이는 점이 될 것이다. 이 순간 중심을 (13)이라고 표시하고 "십삼"이 아닌 "일삼"이라고 부른다. 따라서 그림 6.23의 순간 중심은 (13)이라고 표시된다. 링크 1이 일반적으로 표시되는 바와 같이 프레임이라고 하면, 이 순간 중심은 링크 3의 절대운동을 나타낸다. 기구 역전(kinematic inversion) 효과로부터 이 점은 또한 링크 3에

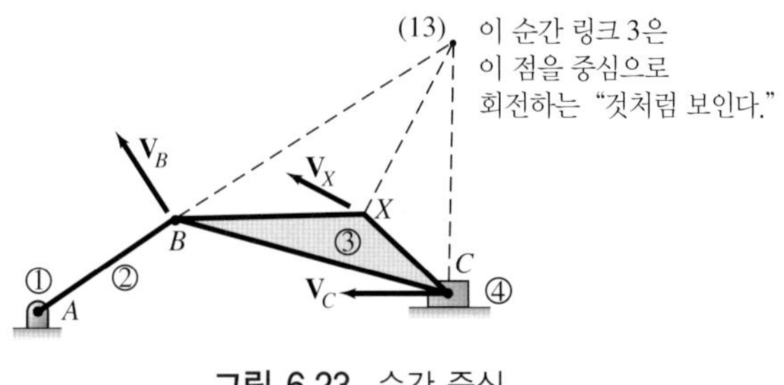

그림 6.23 순간 중심

대한 링크 1의 순간 운동 중심이 된다. 따라서 순간 중심(13)은 (31)과 같다. 모든 링크는 그 밖의 모든 다른 링크와 순간 중심을 가지므로, 각 링크는 여러 개의 순간 중심을 갖는다.

n 링크로 구성되는 기구의 순간 중심의 총수는 다음과 같다.

$$\text{순간 중심의 총수} = \frac{n(n-1)}{2} \tag{6.16}$$

6.11 순간 중심 위치 찾기

대부분 해석에서 모든 순간 중심이 이용되지는 않는다. 그러나 모든 순간 중심이 사용될 수도 있으므로 각 순간 중심의 위치를 찾는 절차를 파악해 두어야 한다.

6.11.1 1차 순간 중심

순간 중심 중 몇 개는 단순히 기구를 잘 관찰하면 발견할 수 있다. 이러한 중심을 **1차 순간 중심(primary center)**이라고 한다. 1차 순간 중심을 찾기 위해서는 다음의 규칙을 사용한다.

규칙 1. 2개의 링크가 핀 조인트로 연결되어 있을 때, 그 2개의 링크의 순간 중심은 그 회전 중심이 된다. 그림 6.24a에 설명하였다.

규칙 2. 미끄럼 없이 구름 접촉을 하는 2개의 링크의 순간 중심은 접촉점이 된다. 그림 6.24b에 설명하였다.

규칙 3. 직선 미끄럼 운동을 하는 2개의 링크의 순간 중심은 무한대에 위치한다. 한 링크에 대해서 직선 미끄럼 운동만 하는 다른 링크상의 모든 점의 속도는 동일하고, 미끄럼 방향으로 향한다. 직선은 무한대 반경을 갖는 원의 일부분으로 볼 수 있으므로, 이 직선 운동은 무한대에 중심을 둔 회전 운동으로 간주할 수 있다. 속도는 항상 회전 중심까지 그은 선에 수직이므로, 이 순간 중심은 미끄럼 방향에 수직 위치에 있어야만 한다. 따라서 이 순간 중심은 미끄럼 방향과 수직하고 무한대까지 그은 선상에 있어야만 한다. 그림 6.24c에 설명하였다.

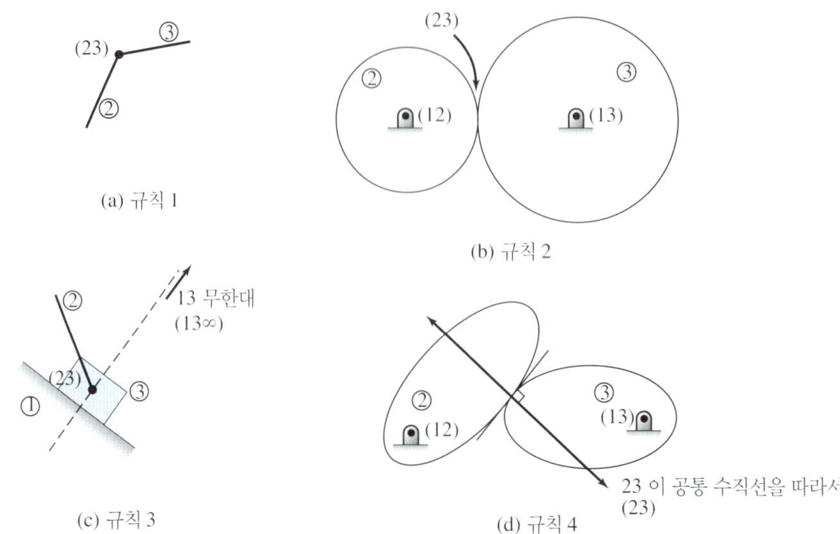

그림 6.24 1차 순간 중심 위치 찾기

규칙 4. 일반 미끄럼 접촉을 하는 2개 링크의 순간 중심은 미끄럼 접촉 방향에 수직한 선상에 있어야만 한다. 그림 6.24d에 설명하였다.

예제 6.11

그림 6.25은 압축기 기구를 나타내고 있다. 이 기구에서 모든 1차 순간 중심을 찾아라.

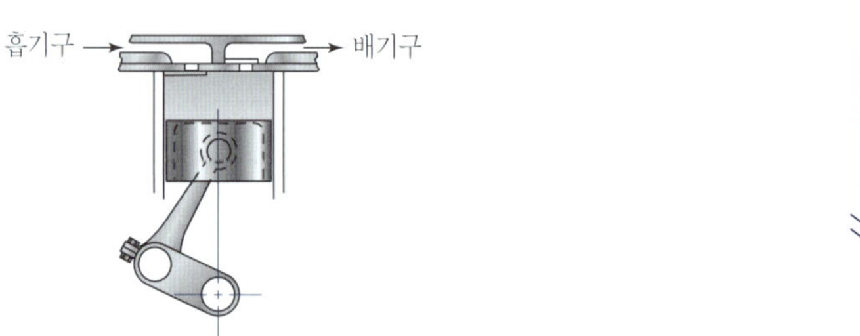

그림 6.25 예제 6.11의 공기 압축기

풀이

1. **기구 해석도를 그려라.**
   공기 압축기의 기구 해석도가 그림 6.26에 나타나 있다.
2. **1차 순간 중심의 위치를 알기 위해서 규칙 1을 이용하라.**
   기구 해석도의 4개의 링크에 번호가 매겨져 있다. 핀 조인트에는 문자가 매겨져 있다. 첫 번째 핀 조인트 A는 링크 1과 링크 2를 연결한다. 1차 순간 중심에 대한 규칙 1로부터, 이 조인트는 순간 중심 (12)의 위치이다. 유사하게 핀 조인트 B는 순간 중심 (23)이고 핀조인트 C는 순간 중심 (34)이다.

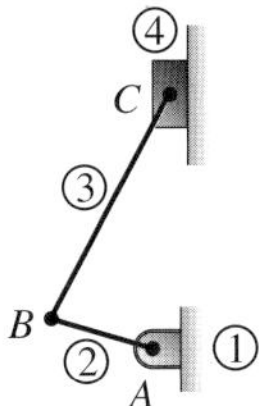

그림 6.26 예제 6.11의 기구 해석도

링크 4와 1 사이에는 직선 미끄럼 조인트가 있으므로, 이 순간 중심은 미끄럼 방향에 직각으로, 무한대에 형상화되어 있다. 그림 6.26은 이 순간 중심을 표시하는 데 사용되는 표기를 보여 주고 있으며 그밖의 모든 1차 순간 중심도 표기되어 있다.

3. **1차 순간 중심들의 위치를 알기 위해서 규칙 3을 이용하라.**
순간 중심 (1, 4)는 그림 6.27의 점선 외에 그 선과 평행한 어떠한 직선상에도 있을 수 있다는 것을 기억하라. 왜냐하면 이 선들도 무한대와 교차하고 있기 때문이다.

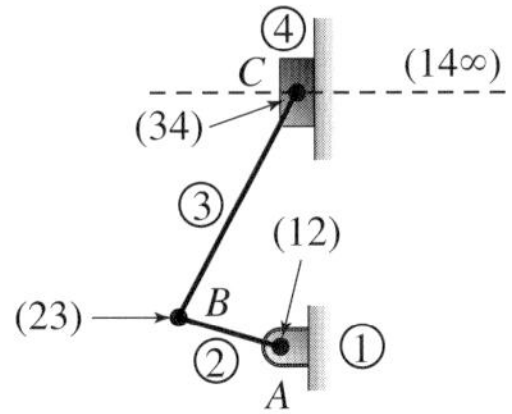

그림 6.27 예제 6.11의 1차 순간 중심

그림 6.26을 보면 일반적인 미끄럼 접촉을 하는 링크는 없다. 따라서 규칙 4는 이 기구에 적용되지 않는다.

6.11.2 케네디 정리

전술한 4개의 규칙으로 알 수 없는 순간 중심은 **케네디의 정리(Kennedy's theorem)**를 사용하여 그 위치를 알 수 있다. 이 정리는 다음과 같다.

"3개의 물체에 대응하는 3개의 순간 중심은 같은 직선상에 있다."

예를 들면, 3개의 링크, 링크 3, 4, 5가 있다고 하자. 케네디 정리에 의하면, 순간 중심 (34), (45), (35) 모두가 같은 직선에 있어야만 한다. 이 정리는 전술한 1차 순간 중심의 위치 파악법과 함께, 그밖의 모든 순간 중심의 위치를 알아내는 데 사용된다. 도식적 방법 또는 해석적 방법으로 순간 중심의 위치를 알아낼 수 있다. 물론 도식적 방법은 손에 의한 작도법이나 CAD를 의미한다.

6.11.3 순간 중심 도식도

순간 중심 도식도는 이미 찾은 순간 중심을 추적하여 미지의 순간 중심을 찾아내는 도식적 기법이다. 또한 케네디 정리를 적용할 수 있는 순간 중심의 조합을 알려준다. 순간 중심 도식도는 해석 대상 기구의 각 링크가 구역으로 나누어진 원이다. 각 구역 분리 지점은 각 링크에 해당하는 숫자로 명기된다. 그림 6.28a에 4링크 기구에 대한 순간 중심 도식도를 나타내었다.

이 도식도의 원상의 2점을 연결하는 직선은, 그 끝점이 나타내는 2개의 링크를 연관시키는 순간 중심을 나타낸다. 예를 들면, 점 1과 4를 연결하는 직선은 순간 중심 (14)를 나타낸다. 위치를 발견한 순간 중심에 대해서는 도식도상에 실선으로 직선을 그린다. 그림 6.28b는 이미 발견된 순간 중심 (12), (23), (34), (14)를 나타내고 있다. 찾고자 하는 순간 중심은 점선으로 표시한다. 그림 6.28c는 순간 중심 (13), (24)가 아직 발견되지 않았다는 것을 의미한다. 도식도의 원 상의 모든 점이 서로 연결되었을 때, 모든 순간 중심이 표기된 것이다.

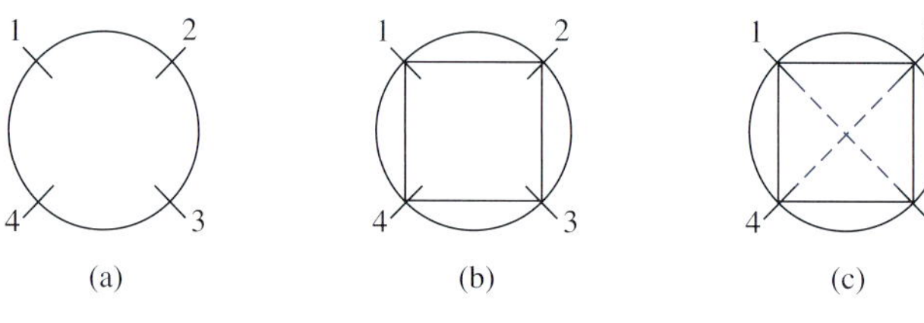

그림 6.28 순간 중심 도식도

도식도 상의 선들은 삼각형을 형성한다. 각 삼각형은 3개의 링크를 연관시키는 3개의 순간 중심을 의미한다. 케네디 정리로부터 삼각형의 변이 나타내는 3개의 순간 중심은 일직선 상에 있어야 한다. 예를 들어 그림 6.28c의 선분 (12), (23), (13)이 만드는 삼각형을 보면, 케네디 정리는 이 3개의 순간 중심이 일직선 상에 있다는 것을 알 수 있다.

삼각형의 2개의 변이 실선으로 그려진다면, 기구 해석도에 2개의 알려진 순간 중심을 연결하는 직선을 그릴 수 있다. 이 직선 상에는 세 번째 순간 중심이 있다. 같은 방법으로 두 번째 직선을 그리고, 첫 번째 직선과 교차점을 구하면, 이것이 세 번째 순간 중심이 된다. 요약하면 두 변이 알려져 있고, 한 변을 모르는 2개의 삼각형을 구하면 원하는 순간 중심을 찾을 수 있다는 것을 의미한다.

다음 예제는 그 절차를 설명하고 있다.

예제 6.12

그림 6.29는 선박 선거에 사용되는 승강단용 자동 자기 체결 버팀대를 나타내고 있다. 이 기구에서 모든 순간 중심을 찾아라.

풀이

1. **기구 해석도를 그려라.**

   승강단의 기구 해석도가 그림 6.30a에 나타나 있다. 기구 해석도에는 4개의 링크에 번호가 매겨져

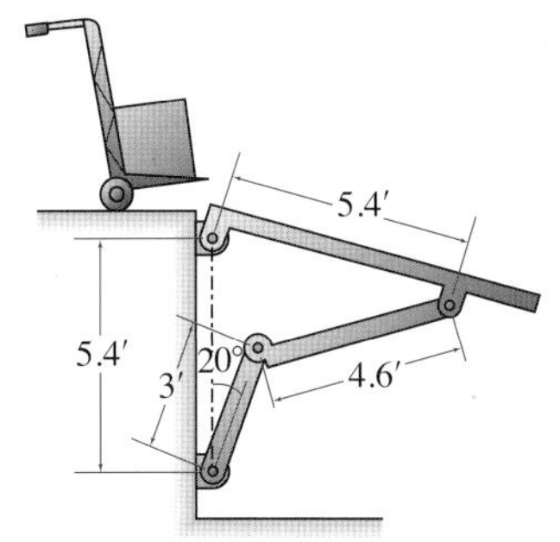

그림 6.29 예제 6.12의 체결 버팀대

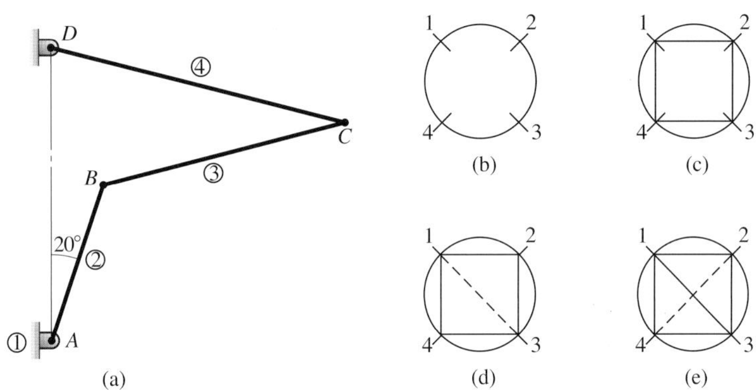

그림 6.30 예제 6.12의 기구 해석도와 순간 중심 도식도

있고, 핀 조인트에도 문자가 붙어 있다. 링크의 수 $n = 4$이므로 순간 중심의 총수는 다음과 같다.

$$\text{순간 중심의 총수} = \frac{n(n-1)}{2} = \frac{4(4-1)}{2} = 6$$

2. 순간 중심 도식도를 그려라.

순간 중심 도식도를 그림 6.30b에 나타내었다. 표 6.1은 기구의 모든 가능한 순간 중심을 체계적으로 기록하는 데 사용된다.

3. 순간 중심의 위치들을 정하라.

첫 번째 핀 조인트 A는 링크 1과 2를 연결한다. 1차 순간 중심에 대한 규칙 1로부터, 이 조인트는 순간 중심 (12)의 위치이다. 유사하게, 핀 조인트 *B*, *C*, *D*는 각각 순간 중심 (23), (34), (14)이다.

나머지 결정해야 할 순간 중심은 순간 중심 (13)과 (24)이다.

4. 순간 중심 (13)의 위치를 정하기 위해서 케네디 정리를 사용하라.

그림 6.30d의 순간 중심 도식도가 (13)을 구하기 위하여 사용된다. (13), (14), (34)로 구성되는 삼각형에 주목하라. 케네디 정리에 의하여, 순간 중심 (13)은 (14)와 (34)를 연결하는 직선 상에 있어야 한다.

표 6.1 기구(n = 4)의 가능한 순간 중심들

1	2	3	4
12	23	34	
13	24		
14			

여기서 (14)와 (34)는 그림 6.30d에서와 같이 실선으로 되어 있으며 이미 위치 파악이 완료된 순간 중심이다.

또한 (13), (12), (23)으로 만든 삼각형을 보자. 전과 유사하게 (13)은 이미 위치를 파악한 (12)와 (23)에 의해 형성된 직선 상에 있어야 한다. 따라서 (14)-(34)와 (12)-(23)선의 교차점은 (13)의 위치이다. 이 순간 링크 3은 (13)점을 중심으로 회전하고 있는 것처럼 보인다.

5. **순간 중심 (24)의 위치를 정하기 위해서 케네디 정리를 사용하라.**

순간 중심 (24)를 구하기 위한 순간 중심 도식도가 그림 6.30e에 나타나 있다. 케네디 정리에 의해서, 순간 중심 (13)은 (14), (34)와 같은 선상에 있어야 한다.

같은 절차로, 케네디 정리에 의하여, 순간 중심 (24)는 (14), (12)와 같은 선상에 있어야 한다. 마찬가지로 (24)는 또한 (23), (34)와 같은 선상에 있어야 한다. 따라서 (14)와 (12)를 통과하는 선을 긋고 (23)과 (34)를 통과하는 선을 그어서 만나는 점을 구하면, 순간 중심 (24)의 위치가 결정된다. 이 순간 링크 2는 링크 4에 대해서, (24)점을 중심으로 회전하는 것처럼 보인다. 그림 6.31은 모든 순간 중심을 나타낸 기구를 보여 준다.

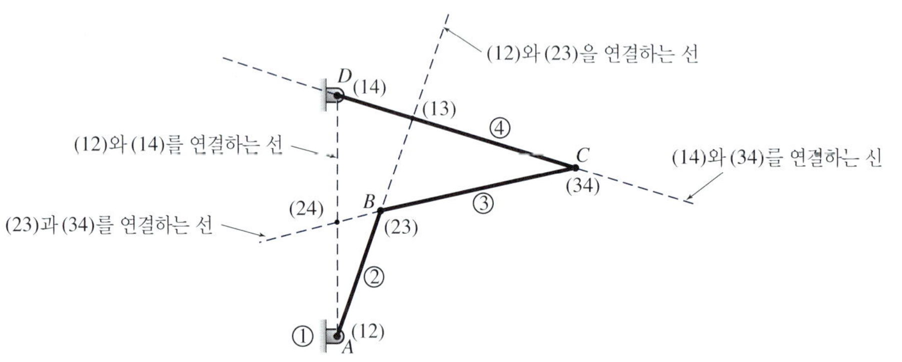

그림 6.31 예제 6.12의 순간 중심

예제 6.13

그림 6.32는 암석 분쇄기를 나타낸다. 이 기구의 모든 순간 중심을 찾아라.

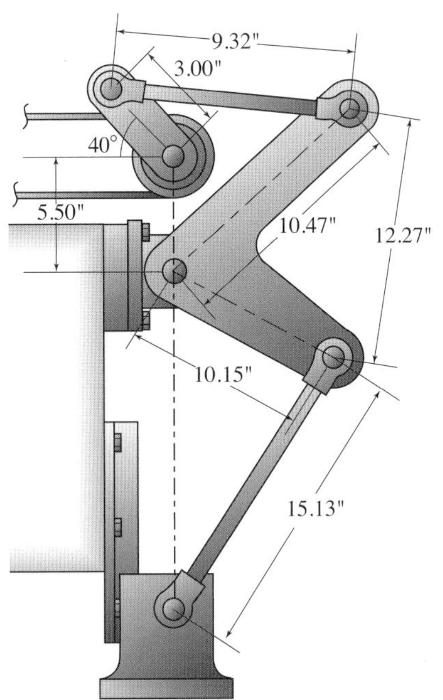

그림 6.32 예제 6.13의 암석 분쇄기

풀이

1. 기구 해석도를 그려라.

암석 분쇄기의 기구 해석도가 그림 6.33a에 설명되어 있다.

6개의 링크에 번호가 매겨져 있고, 핀 조인트도 문자가 붙어 있다. 링크의 수 $n = 6$이므로 순간 중심의 총 수는 다음과 같다.

$$\text{순간 중심의 총수} = \frac{n(n-1)}{2} = \frac{6(6-1)}{2} = 15$$

2. 순간 중심 도식도를 그려라.

순간 중심 도식도를 그림 6.33b에 나타내었고, 표 6.2에 기구의 모든 가능한 순간 중심을 체계적으로 기록하였다.

3. 순간 중심의 위치들을 정하라.

첫 번째 핀 조인트 A는 링크 1과 2를 연결한다. 1차 순간 중심에 대한 규칙 1로부터 이 조인트는 순간 중심 (12)의 위치이다. 유사하게 핀 조인트 $B-F$는 각각, 순간 중심 (23), (34), (14), (45), (56)이다.

링크 6과 1에 직선 미끄럼 조인트가 존재하므로, 순간 중심 (16)은 미끄럼 방향의 수직으로 무한대에 있다. 이 순간 중심은 이 수직선에 평행한 선상도 있을 수 있다는 것을 기억하라. 왜냐하면

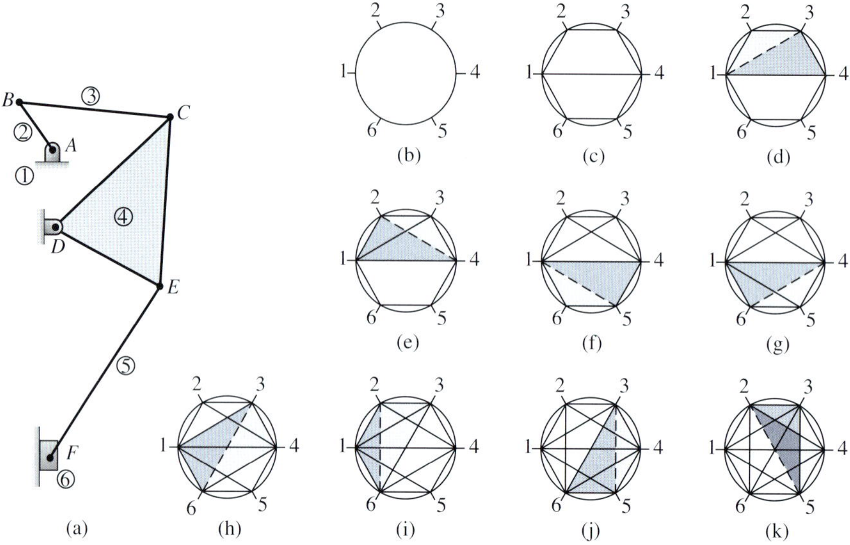

그림 6.33 예제 6.13의 기구 해석도

표 6.2 기구(n = 6)의 가능한 순간 중심

1	2	3	4	5	6
12	23	34	45	56	
13	24	35	46		
14	25	36			
15	26				
16					

평행한 선들도 무한대에서 만나기 때문이다. 그림 6.30c에 (12), (23), (34), (45), (56), (14), (16)의 위치를 나타내는 순간 중심 도식도를 나타내었다.

나머지 결정해야 할 순간 중심은 순간 중심 (13), (24), (35), (46), (25), (36), (15), (26)이다.

4. 순간 중심 (13)의 위치를 정하기 위해서 케네디 정리를 사용하라.

(13)을 구하기 위한 순간 중심 도식도를 그림 4.30d에 나타내었다. (12), (23), (13)으로 만들어지는 삼각형에서, 케네디 정리를 적용하면, 그림 6.30d에 실선으로 나타나 있고 이미 위치를 알고 있는 (12)와 (23)을 연결한 직선상에 (13)이 있어야 한다.

또한 (13) (34), (14)로 형성된 삼각형에서도 유사하게 (13)은 이미 위치를 알고 있는 (13), (34)를 연결한 직선상에 있어야 한다. 따라서 (12)-(23)과 (13)-(34)의 교차점이 (13)의 위치이다.

표 6.3은 남아 있는 모든 순간 중심의 위치를 나타내고 있다.

순간 중심을 찾는 순서는, 먼저 발견한 순간 중심의 장소에 따라 진행된다. 즉 순간 중심 한 장

표 6.3 예제 6.13의 순간 중심의 위치

찾고자 하는 순간 중심	교차선 이용	순간 중심 도식도
13	(12)-(23)과 (14)-(34)	그림 6.33d
24	(12)-(14)과 (23)-(34)	그림 6.33e
15	(16)-(56)과 (14)-(45)	그림 6.33f
46	(14)-(16)과 (45)-(56)	그림 6.33g
36	(13)-(16)과 (34)-(46)	그림 6.33h
26	(12)-(16)과 (23)-(36)	그림 6.33i
35	(56)-(36)과 (34)-(45)	그림 6.33j
25	(24)-(45)과 (23)-(35)	그림 6.33k

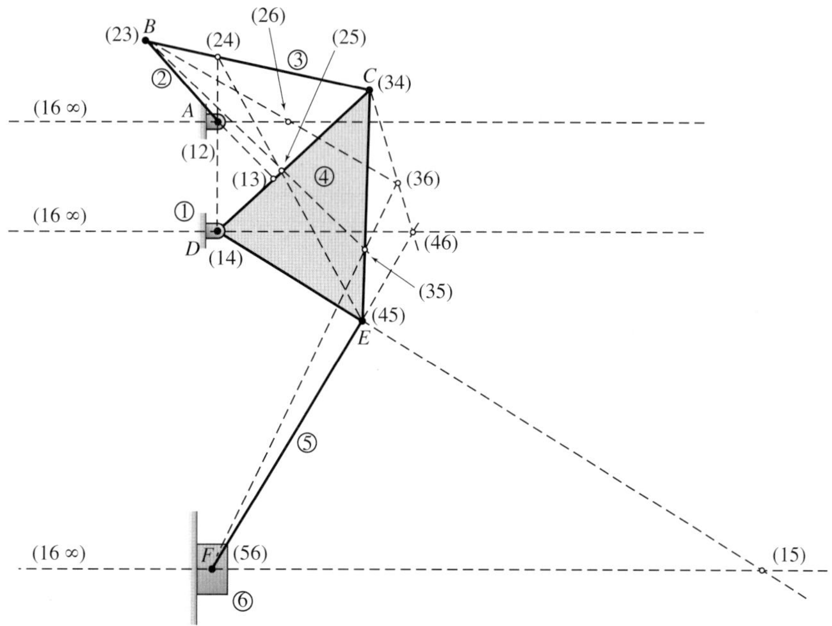

그림 6.34 예제 6.13의 순간 중심

소를 찾고, 그를 근거로 다음 순간 중심 장소를 찾는다. 그 다음 유사한 반복 절차로 다른 순간 중심 장소를 찾는다. 이때 순간 중심 도식도가 유용한 기준이 될 수 있다. 그림 6.34는 모든 순간 중심의 위치를 나타낸 기구를 나타내고 있다.

6.12 도식적 속도 해석 : 순간 중심법

순간 중심법은 다음의 세 가지 원칙에 근거한다.

1. 회전하는 물체의 속도는 회전 중심에서부터의 거리에 비례한다.
2. 2개의 링크에 공통인 순간 중심은 어느 링크에서도 고려될 수 있다.
3. 공통 순간 중심으로 사용되는 점의 절대속도는 그 점이 어느 링크에 고정되든지 같다.

이 원칙을 사용하면, 기구상의 어떠한 점의 속도도 다음의 일반적인 방법으로 쉽게 구할 수 있다. 이 방법은 다음의 6개의 절차에 의하여 실현된다.

1. 속도가 알려진 링크(링크 *A*), 속도를 구하고자 하는 점을 갖고 있는 링크(링크 *B*), 고정 링크(링크 *C*)를 격리시킨다.
2. 속도가 알려진 링크와 고정링크에 공통된 순간 중심(순간 중심 *AC*)의 위치를 찾는다.
3. 속도가 알려진 링크와 속도를 구하고자 하는 점을 갖고 있는 링크에 공통된 순간 중심(순간 중심 *AB*)의 위치를 찾는다.
4. 순간 중심 *AB*의 속도를 결정한다. 이것은 링크 상에 있는 점의 속도는 회전 중심으로부터의 거리에 비례한다는 사실에 근거하여 구할 수 있다. 순간 중심 *AC*가 회전 중심으로 사용된다. 링크 *A*상의 알려진 속도를 비례적으로 축적시켜서 순간 중심 *AB*의 속도를 구한다.
5. 속도를 구하고자 하는 점을 갖고 있는 링크와 고정링크에 공통된 순간 중심(순간 중심 BC)의 위치를 찾는다.
6. 구하고자 하는 속도를 구한다. 이것은 링크 상에 있는 점의 속도는 회전 중심으로부터의 거리에 비례한다는 사실에 근거하여 구할 수 있다. 순간 중심 *BC*가 회전 중심으로 사용된다. 공통 순간 중심(*AB*)의 속도를 비례적으로 축적하여 구하고자 하는 속도를 구한다.

벡터를 비례적으로 축적시키는 도식적 기법은 **중심선(line of center)** *LC*를 사용한다. 이것은 링크의 회전 중심에서 알려진 벡터의 시작점까지 그은 선이다. **비례선(line of proportion)** *LP*가 또한 구성되어야 한다. 이것은 회전중심에서 알려진 벡터의 끝점까지 그은 선이다. 그림

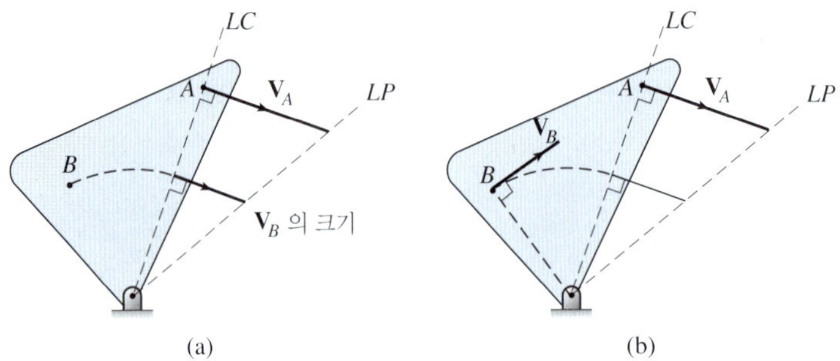

그림 6.35 중심선과 비례선의 사용법

6.35a는 중심선과 비례선을 보여 주고 있다. 회전 중심에서 해당 점까지의 거리가 중심선상에 이동된다. 비례적으로 축적된 벡터의 크기는 그 이동된 거리에서 알려진 벡터에 평행하게 *LC*에서 *LP*에 선을 그어서 구할 수 있다. 그림 6.35a에 이 과정이 설명되어 있다.

물론 속도의 방향은 속도가 알려진 점과 회전 중심을 연결한 선과 수직이다. 벡터는 크기와 위치를 결정하면 완전히 정의할 수 있다. 그 결과를 그림 6.35b에 나타내었다.

지금까지 도식적 기법을 사용한 속도 해석의 순간 중심법 논리를 설명했다. 실제의 해도 손에 의한 작도 또는 CAD를 사용하여 같은 논리적 전개로 구할 수 있다. 속도 해석의 순간 중심법에 대한 도식적 기법의 개념을 다음 예제에서 설명한다.

예제 6.14

그림 6.29는 선박 선거에 사용되는 승강단용 자동 자기 체결 버팀대를 보여 주고 있다. 예제 6.12에서 그 기구의 모든 순간 중심을 찾았다. 링크 2가 일정한 속도 3rad/sec로 시계 방향으로 회전한다면, 링크 4의 각속도를 결정하라.

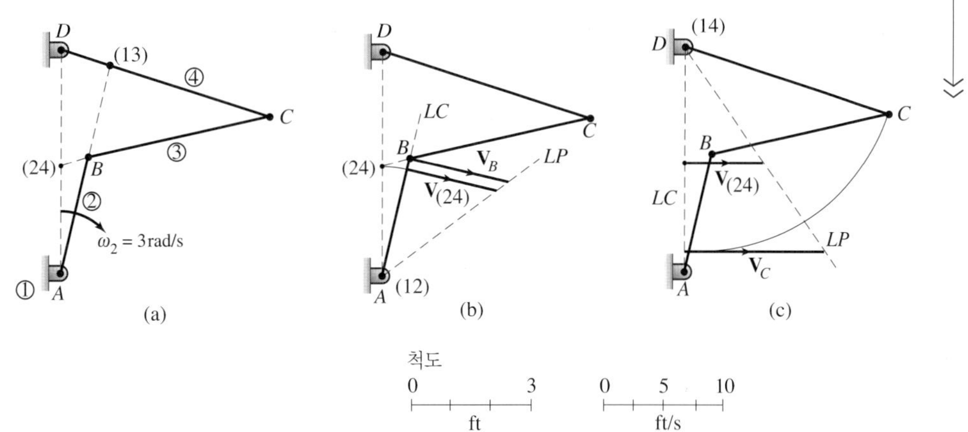

그림 6.36 예제 6.14의 기구 해석도

풀이

1. **순간 중심의 위치와 기구 해석도를 그려라.**

   그림 6.36a에 순간 중심과 축척 정보를 포함하여 기구 해석도를 다시 나타내었다.

2. **B점의 선속도를 계산하라.**

   점 *B*의 선속도는 링크 2의 회전 속도로부터 결정할 수 있다. 점 *B*는 링크 2의 회전 중심(점 *A*)에서 3ft 거리에 위치하고 있다.

$$\mathbf{V}_B = r_{AB}\omega_2 = (3\text{ft})\left(3\text{rad/s}\right) = 9\text{ft/s} \ \overline{\searrow 20^\circ}$$

3. **일반적인 순간 중심 속도 절차를 수행하라.**

   1. 다음의 링크를 격리한다.

      알려진 속도를 갖고 있는 링크 2

속도를 구하고자 하는 점이 있는 링크 4

고정링크, 링크 1

2. 알려진 속도의 링크와 고정링크 간의 공통 순간 중심은 (12)이다.
3. 속도가 알려진 링크와 알려지지 않은 링크 간의 공통 순간 중심은 (24)이다.
4. 순간 중심 (24)의 속도는 점 B의 속도와 도식적으로 비례한다. 링크 2는 점 B와 순간 중심 (24)를 갖고 있다. 따라서 속도는 순간 중심 (12)에 대해서 비례한다. 이 구조를 그림 6.36b에 나타내었다. 속도, $\mathbf{V}_{(24)}$의 크기는 7.4ft/sec로 축척되어 나타나 있다.
5. 속도가 알려진 링크와 고정링크 간의 공통 순간 중심은 (14)이다.
6. 점 C의 속도는 순간 중심 (24)의 속도와 도식적으로 비례한다. 링크 4는 점 C와 순간 중심 (24)를 갖고 있다. 따라서 속도는 순간 중심(14)에 대해서 비례한다. 이 구조를 그림 6.36c에 나타내었다. 속도, $\mathbf{V}_C$의 크기는 13.8ft/sec로 축척되어 나타나 있다.

4. 링크 4의 회전속도를 계산하라.

마지막으로 링크 4의 회전속도는 점 C의 속도로부터 구할 수 있다. 점 C는 링크 4의 회전중심(점 D)으로부터 5.4ft 거리에 위치하고 있다.

$$\omega_4 = \frac{v_C}{r_{CD}} = \frac{13.8\,\text{ft/s}}{5.4\,\text{ft}} = 2.6\,\text{rad/s}$$

회전 속도의 방향은 점 C의 속도와 일관성이 있으므로, 링크는 반시계 방향으로 회전한다. 따라서 회전 속도는 다음과 같다.

$$\omega_4 = 2.6\,\text{rad/s},\ \text{반시계 방향}$$

순간 중심 (24)는 링크 2와 4로 구성되어 있으므로 회전 속도는 이 순간 중심의 속도로부터 결정할 수 있다.

》 예제 6.15

그림 6.32는 암석 분쇄기를 보여 주고 있다. 예제 6.13에서 모든 순간 중심을 파악하였다. 크랭크가 시계 방향으로 일정한 속도 60rpm으로 회전할 때, 분쇄 램의 속도를 결정해라.

풀이

1. 순간 중심의 위치와 기구 해석도를 그려라.

그림 6.37a에 척도 정보와 함께 기구 해석도를 나타내었다.

2. B점의 선속도를 계산하라.

점 B의 선속도는 링크 2의 회전 속도로부터 결정할 수 있다. 점 B는 링크 2의 회전 중심(점 A)에서 3ft 거리에 위치하고 있다.

$$\omega_2 = 60\,\text{rpm}\left(\frac{\pi}{30}\right) = 6.28\,\text{rad/s}$$

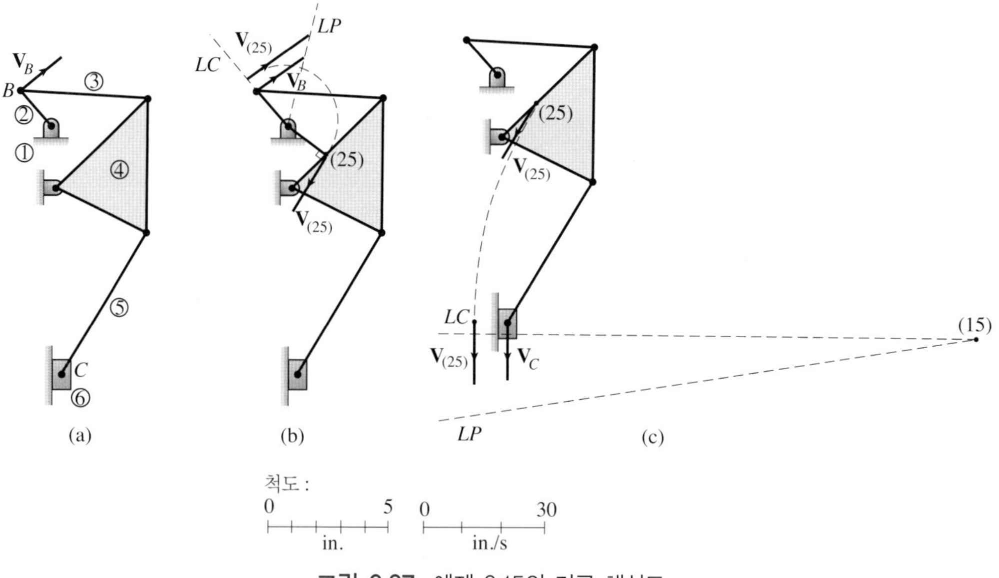

그림 6.37 예제 6.15의 기구 해석도

$$\mathbf{V}_B = r_{AB}\omega_2 = (4.5\,\text{in.})\left(6.28\,\text{rad/s}\right) = 28.3\,\text{in./s} \;\angle 40^\circ$$

이 문제의 목적은 점 C의 선속도를 정하는 것이다.

3. **일반적인 순간 중심 속도 절차를 수행하라.**
   1. 다음의 링크를 격리한다.
      알려진 속도를 갖고 있는 링크 2
      속도를 구하고자 하는 점이 있는 링크 5 또는 링크 6
      고정링크, 링크 1
   2. 알려진 속도의 링크와 고정링크 간의 공통 순간 중심은 (12)이다.
   3. 속도가 알려진 링크와 알려지지 않은 링크 간의 공통 순간 중심은 (25)이다.
   4. 순간 중심 (25)의 속도는 점 B의 속도와 도식적으로 비례한다. 링크 2는 점 B와 순간 중심 (25)를 갖고 있다. 따라서 속도는 순간 중심 (12)에 대해서 비례한다. 이 구조를 그림 6.37b에 나타내었다. 속도, $\mathbf{V}_{(25)}$의 크기는 37.1in./sec로 축척되어 나타나 있다.
   5. 속도가 알려진 링크와 고정링 크간의 공통 순간 중심은 (15)이다.
   6. 점 C의 속도는 순간 중심 (25)의 속도와 도식적으로 비례한다. 링크 4는 점 C와 순간 중심 (25)를 갖고 있다. 따라서 속도는 순간 중심 (15)에 대해서 비례한다. 이 구조를 그림 6.37c에 나타내었다. 속도, $\mathbf{V}_C$의 크기는 33.8in/sec로 축척되어 나타나 있다.

형식을 갖추어서 다시 쓰면

$$\mathbf{V}_C = 33.8\,\text{in./s} \downarrow$$

6.13 해석적 속도 해석 : 순간 중심법

해답을 구하는 데 한 해석적인 접근방법이 사용될 때 순간 중심법은 사실상 바뀌지 않는다. 단지 차이점은 순간 중심의 위치가 선들을 그리고 그 선들의 교점을 정하는 것에 대비해서, 삼각함수에 의해서 결정되어야 한다. 이것은 번거로운 작업일 수 있다. 그러므로 속도 해석에 요구되는 순간 중심들만의 위치를 정하는 것이 보통이다. 한 해석적인 접근 방법은 다음 예제를 통해서 증명된다.

예제 6.16

그림 6.38은 라벨을 상자 바닥에 붙이기 위해 상자를 돌리는 생산 라인의 기구를 나타낸다. 구동 암은 길이가 15cm이고, 이 순간 60° 기울어져 있으며, 시계 방향 5rad/sec 속도로 회전하고 있다. 종동 암의 길이는 16cm이고, 캐리지 설치 베어링 사이의 거리는 7.3cm이다. 캐리지와 종동 암의 각속도를 결정하라.

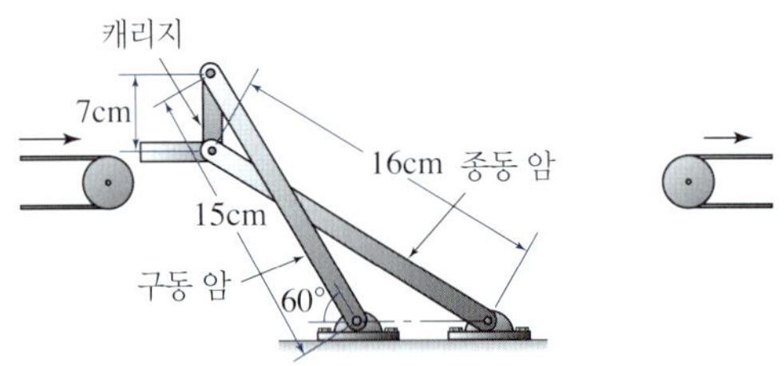

그림 6.38 예제 6.16의 돌리는 기구

풀이

1. 기구 해석도를 그려라.

그림 6.39a에 기구 해석도를 나타내었다. 관심점 X점은 캐리지 모서리에 표시되어 있다.

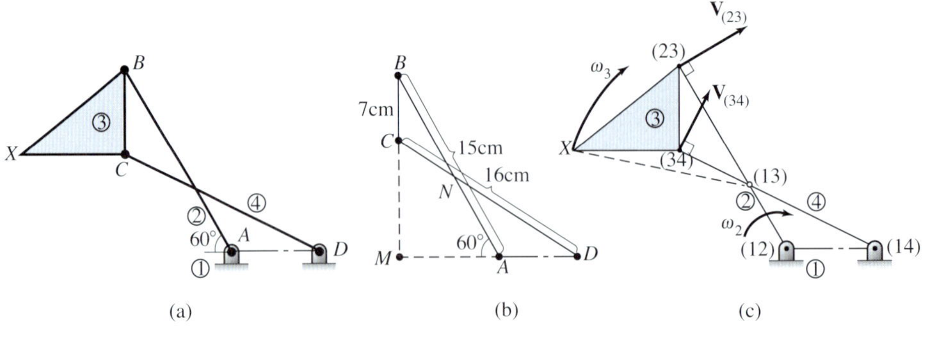

그림 6.39 예제 6.16의 기구 해석도

2. 기구의 기구학적 형상을 분석하라.

삼각함수는 이 기구 형상의 거리와 각을 구하는 데 사용된다. 그림 6.39b에 이것을 구하기 위한 삼각형을 나타내었다. 거리 BM과 AM은 삼각형 ABM으로부터 구할 수 있다.

$$BM = AB \sin(60°) = (15\text{cm}) \sin(60°) = 13.0\text{cm}$$

$$AM = AB \cos(60°) = (15\text{cm}) \cos(60°) = 7.5\text{cm}$$

수직선 VCM상에서 CM의 길이는 다음과 같다.

$$CM = BM - BC = 13.0 - 7.0 = 6.0\text{cm}$$

각도 ADC와 거리 DN은 삼각형 CDM에서 구할 수 있다.

$$\angle ADC = \sin^{-1}\left(\frac{CM}{CD}\right) = \sin^{-1}\left[\left(\frac{6\text{ cm}}{16\text{ cm}}\right)\right] = 22.0°$$

$$DM = CD \cos(22°) = (16\text{cm}) \cos(22°) = 14.8\text{cm}$$

3. 일반적인 순간 중심 속도를 구하는 절차를 따라라.

문제를 풀기 위하여 순간 중심법을 사용하는 다음의 일반 절차를 따른다.

1. 다음의 링크를 격리한다.
   알려진 속도를 갖고 있는 링크 2
   속도를 구하고자 하는 점이 있는 링크 3
   고정링크, 링크 1
2. 속도가 알려진 링크와 고정링크 간의 공통 순간 중심은 (12)이다. 직관적인 관찰로 이 순간 중심은 점 A에 위치함을 알 수 있다.
3. 속도가 알려진 링크와 알려지지 않은 링크 간의 공통 순간 중심은 (23)이다. 직관적인 관찰로 이 순간 중심은 점 B에 위치함을 알 수 있다.
4. 순간 중심 (23)의 속도는 단순히 점 B의 속도이다. 이것은 다음과 같다.

$$\mathbf{V}_B = r_{AB}\omega_2 = (15\text{cm})(5\text{rad/s}) = 75\text{cm/s} \angle 30°$$

5. 속도가 알려진 링크와 고정링크 간의 공통 순간 중심은 (13)이다. 이 순간 중심은 순간 중심 (12) − (23)과 순간 중심 (14) − (34)의 교차점에 위치한다. 직관적인 관찰로 순간 중심 (34)는 점 C에 위치하고, (14)는 점 D에 위치함을 알 수 있다. 따라서 순간 중심 (13)은 링크 2와 4의 교차점에 있다. 그림 6.39b에 이 점을 N으로 나타내었다. 각도 DAN, AND와 거리 AN은 일반 삼각형 AND로부터 다음과 같이 구할 수 있다.

$$\angle DAN = 180° - 60° = 120°$$

$$\angle AND = 180° - (120° + 22°) = 38°$$

$$AN = \left[\sin(\angle ADN)\left(\frac{AD}{\sin(\angle AND)}\right)\right] = \left[\sin 22°\left(\frac{7.3\text{ cm}}{\sin(38°)}\right)\right] = 5.5\text{ cm}$$

$$BN = BA - AN = 15 - 5.5 = 9.5\text{ cm}$$

유사하게

$$DN = \left[\sin \angle DAN \left(\frac{AN}{\sin \angle AND}\right)\right] = \left[\sin 120° \left(\frac{5.5\text{cm}}{\sin 38°}\right)\right] = 7.7\text{cm}$$

$$CN = CD - DN = 16 - 7.7 = 8.3\text{cm}$$

6. 링크 3은 순간적으로 순간 중심 (13)을 중심으로 회전한다. 따라서 링크 3의 회전 속도는 순간 중심 (14)에 대한 공통 순간 중심의 속도로부터 계산할 수 있다. 이것은 그림 6.39c에 설명되어 있고, 다음과 같이 계산된다.

$$\omega_3 = \frac{v_{23}}{r_{(13)-(23)}} = \frac{(75\text{cm/s})}{(9.5\text{cm})} = 7.9\text{rad/s}$$

회전 속도의 방향은 (13)점에 대한 (23)점의 속도와 일관성이 있어야 하므로 링크는 시계 방향으로 회전한다. 따라서 각속도는 다음과 같다.

$$\omega_3 = 7.9\text{rad/s}, \text{ 시계 방향}$$

(34)점의 속도는 링크 3의 회전 속도를 사용하여 구할 수 있다. 왜냐하면 링크 3은 순간 중심 (13)을 중심으로 회전하고 있기 때문이다.

$$\mathbf{V}_{(34)} = \omega_3\, r_{(13)-(34)} = \left(7.9\text{rad/s}\right)(8.3\text{cm}) = 65.6\text{cm/s}\ \angle 22° = 65.6\text{cm/s}\ \angle 68°$$

링크 4는 (14)에 대하여 회전하고 있으므로 종동 링크의 속도는 다음과 같다.

$$\omega_4 = \frac{v_{(23)}}{r_{(14)-(23)}} = \frac{65.6\text{cm/s}}{16\text{cm}} = 4.1\text{rad/s}, \text{ 시계 방향}$$

6.14 속도 곡선

현재까지의 해석은 어떤 특정한 순간에 기구상의 한 점의 속도를 계산하는 데 사용되었다. 이 결과가 유용하다고 하더라도, 이것은 운동의 한 장면에 지나지 않는다. 이러한 해석의 명백한 결점은 극한 조건을 결정하기가 어렵다는 것이다. 극한 형상을 발견하기 위해서 기구의 여러 위치를 조사할 필요가 있다. 기구가 한 사이클을 따라 움직일 때, 어떤 링크나 점의 속도를 추적하면 편리하다. 그렇게 추적된 궤적이 **속도 곡선(velocity curve)**이다. 속도 곡선은 4.11절에서 설명된 변위선도로부터 구할 수 있다. 변위선도는 한 점이나 링크의 운동을 입력점이나 링크의 운동 함수로 나타낸 것이다. 입력운동의 단위는 쉽게 시간으로 변환될 수 있다. 특히 이것은 구동부가 일정한 속도로 작동할 때 더욱 그렇다. 이 장에서 서술된 바와 같이, 속도는 변위의 시간 변화율이다. 식 6.1, 6.2를 다시 쓰면 다음과 같다.

선속도의 크기 = v = 시간 변화에 대한 선 변위의 변화

$$v = \frac{dR}{dt} \cong \frac{\Delta R}{\Delta t}$$

식 6.4, 6.5를 다시 쓰면 다음과 같다.

회전 속도 = ω = 시간 변화에 대한 각 변위의 변화

$$\omega = \frac{d\theta}{dt} \cong \frac{\Delta\theta}{\Delta t}$$

일반적으로 기구의 구동부는 일정한 속도로 작동한다. 예를 들어, 전기 모터로 구동되는 입력 링크는 안정 상태에서 일전한 속도로 동작한다. 즉 모터축은 크랭크를 300rpm으로 회전시키므로 일정한 각속도를 제공한다.

구동 링크의 속도가 일정하면, 변위선도의 x 축을 회전변위에서 시간으로 변환할 수 있다. 식 6.2를 선형적으로 다시 쓰면 다음과 같다.

$$\Delta t = \frac{\Delta R}{v} \tag{6.17}$$

식 6.5를 각도로 다시 쓰면 다음과 같다.

$$\Delta t = \frac{\Delta\theta}{\omega} \tag{6.18}$$

따라서 식 6.17과 6.18은 x축의 변위 증가분을 시간 증가분으로 변환하는 데 사용된다. 이것을 예제 6.17에서 설명한다.

예제 6.17

예제 4.11에 압축기에서 동작하는 피스톤의 변위선도를 나타내었다. 이 곡선은 크랭크축 회전에 대하여 그린 것이다. 크랭크축이 전기 모터에 의하여 1,750rpm으로 구동될 때 시간에 대한 피스톤 변위를 그리기 위하여 이 데이터를 사용하라.

풀이

1. 크랭크가 30° 회전하는 데 걸리는 시간을 계산하라.

이 문제의 주된 작업은 그림 4.11의 크랭크축 회전 증가를 시간으로 변환하는 것이다. x축 증가분이 30°이고, 크랭크축은 1,750rpm으로 회전한다. 단위를 일관성 있게 하기 위해서, x축 증가분을 회전수로 변환한다.

$$\Delta\theta = 30°\left(\frac{1\,\text{rev}}{360°}\right) = 0.08333\,\text{rev}$$

크랭크가 0.08333바퀴 회전 (30°)하는 데 필요한 시간 증가분이 식 6.18로부터 계산될 수 있다.

$$\Delta t = \frac{\Delta\theta}{\omega} = \frac{(0.08333\text{rev})}{(1750\text{rev/min})} = 0.0000476\text{min}$$

$$= (0.0000476\,\text{min})\left(\frac{60\,\text{s}}{1\,\text{min}}\right) = 0.00286\,\text{s}$$

	A	B	C	D	E	F
1		Crank		Piston		
2		Angle	Time	Displacement		
3		(deg)	(0.001 sec)	(in)		
4		0	0.00	0.000		
5		30	2.86	0.136		
6		60	5.72	0.483		
7		90	8.57	0.896		
8		120	11.43	1.233		
9		150	14.29	1.435		
10		180	17.15	1.500		
11		210	20.00	1.435		
12		240	22.86	1.233		
13		270	25.72	0.896		
14		300	28.58	0.483		
15		330	31.43	0.136		
16		360	34.29	0.000		
17						

그림 6.40 예제 6.17의 시간과 변위의 값

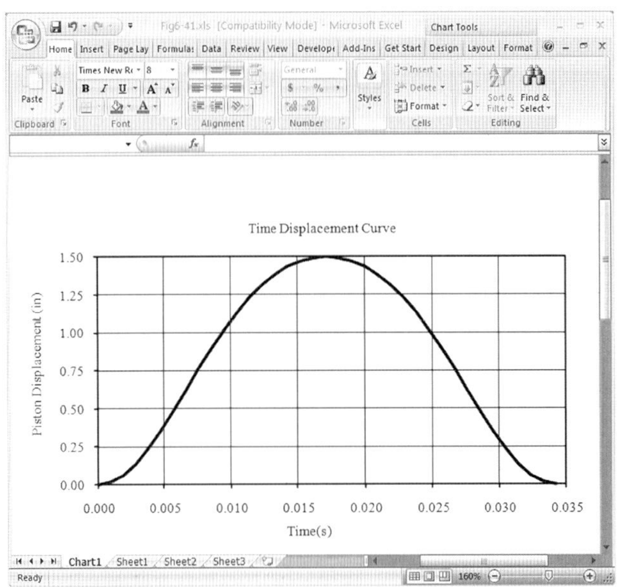

그림 6.41 예제 6.17의 시간-변위 선도

2. **변위 테이블에 시간을 열에 추가하라.**

위치 해석의 결과는 시간이 증가함에 따라서 계산되어 엑셀 스프레드시트에 들어가 있다. 그림 6.40처럼 시간은 1/1,000초 단위로 표에 기입되어 있다. 만약 스프레드시트에 익숙하지 않으면 8장을 참조하라.

3. 변위와 시간의 데이터를 변위 선도를 그리는 데 사용하라.

엑셀 스프레드시트를 이용해서 시간에 대해서 변위 해석의 결과가 그림 6.41 시간-변위 선도에 나타나 있다.

시간에 대한 변위선도는 속도 곡선을 만드는 데 사용된다.

$$속도 = \frac{d(변위)}{d(시간)}$$

이러한 미분 계산은, 어떤 특정한 순간의 속도는 그 순간의 변위선도 기울기라는 것을 의미하므로, 속도 곡선은 여러 점에서 변위선도의 기울기를 나타낸 것이다.

6.14.1 도식적 미분법

한 점의 기울기는 그 점에서 변위선도에 접하는 선을 그어서 나타낼 수 있다. 그 선의 기울기는 y값의 변화(변위, displacement)를 x값의 변화(시간, time)로 나누어서 결정할 수 있다.

그 절차를 그림 6.42에서 설명한다. t_1에서 변위선도에 접하도록 그려진 선은 수평선임을 주목하라. 이 접선의 기울기는 0이다. 그러므로 t_1에서의 속도의 크기는 0이다.

t_2에서 변위선도에 접하는 선은 보여 준 바와 같이 위쪽으로 기울어져 있다. 이 선의 기울기는 변위 변화를 그에 대응하는 시간의 변화로 나누어서 계산할 수 있다. 이러한 ΔR, Δt로 이루어지는 삼각형을 그리면, t_2에서의 속도는 $\Delta R/\Delta t$이고, 접선이 위로 기울어져 있으므로 양의 값을 갖는다. 이것은 변위선도 상측의 가파른 부분에 해당하고, 가장 큰 양의 속도를 가진다.

이 절차가 변위선도의 여러 지점에서 반복될 수 있다. 그러나 보통 속도 극한값과 급작스러운 변화분만 고려한다. 미분 계산과 기울기를 파악하면, 실제의 관심 위치를 발견할 수 있다. 일반적으로 관심 위치는 다음과 같다.

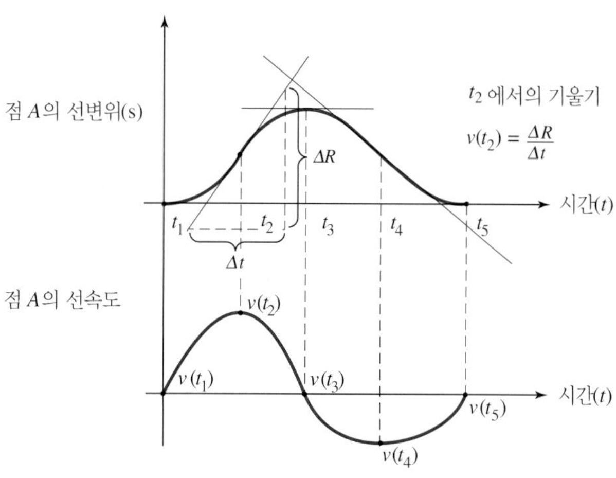

그림 6.42 속도곡선

- 극한 속도에 해당하는 변위선도의 가장 가파른 부분
- 속도의 갑작스런 변화에 해당하는 가장 큰 곡률을 가지는 변위선도 위치

전술한 바와 같이 t_2에서의 속도는 t_2가 변위선도의 가장 가파른 부분이므로 가장 크다. t_4에서의 속도는 t_4가 변위선도의 아래쪽으로 가장 가파른 부분이므로 음의 가장 큰 값이다.

극한 속도의 위치를 파악하는 것은 매우 중요하다. 전 절에서 설명한 바와 같이, 이 위치에서 완전한 속도 해석을 할 수 있다. 따라서 포괄적인 속도 해석은 중요한 기구 형상에서만 수행된다.

예제 6.18

시간에 대한 속도곡선이 예제 6.17의 압축기 기구에 대하여 작도되었다. 이 데이터를 사용하여 시간에 대한 속도곡선을 그려라.

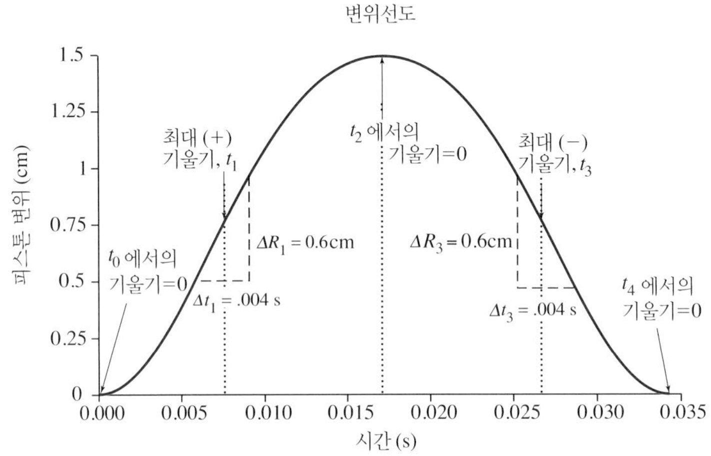

그림 6.43 예제 6.18의 변위선도

풀이

1. **속도곡선의 수평부를 정하라.**

   속도곡선을 만들기 위한 주된 작업은 변위선도의 여러 위치에서 기울기를 구하는 것이다. 이 곡선을 그림 6.43에 나타내었다.

   이 곡선은 0, 0.017, 0.034초에서 수평 접선, 즉 기울기 0을 가진다. 그러므로 피스톤의 속도는 0, 0.017, 0.034초에서 0이다. 이 점은 각각 t_0, t_2, t_4라고 라벨을 붙였다.

2. **속도곡선의 주목할 만한 점의 기울기를 계산하라.**

   최대 위쪽 기울기는 0.008초에 있다. 이 점은 t_1라고 라벨을 붙였다. 그 속도는 그래프에 있는 ΔR_1과 Δt_1 값으로부터 구할 수 있다. 0.008초에서의 속도는 다음과 같다.

$$v(t_1) = v_1 = \frac{0.60\,\text{cm}}{0.004\,\text{s}} = -150\,\text{cm/s}$$

유사하게 최대 아래쪽 기울기는 0.027초에 있다. 이 점은 t_3라고 라벨을 붙였다. 그 속도는 그래프에 있는 ΔR_3과 Δt_3 값으로부터 구할 수 있다. 0.027초에서의 속도는 다음과 같다.

$$v(t_3) = v_3 = \frac{-0.60\,\text{cm}}{0.004\,\text{s}} = -150\,\text{cm/s}$$

변위선도의 기울기를 결정하는 절차는 다른 시간에 대해서도 반복된다. 기울기와 시간 정보를 편집해서, 속도곡선을 만들 수 있다.

3. 속도곡선을 그려라.

기울기와 시간 정보를 편집해서, 그림 6.44와 같이 속도곡선을 그릴 수 있다.

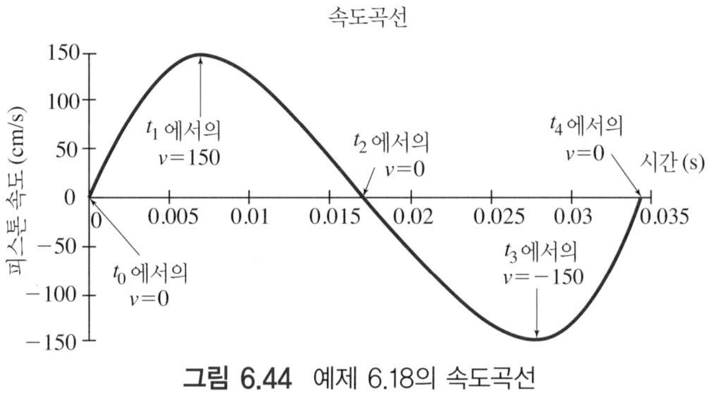

그림 6.44 예제 6.18의 속도곡선

6.14.2 수치 미분

도식적 미분을 사용하여 속도 곡선을 작도하는 데 있어서는 미분 계산 이론을 엄격히 따른다. 그러나 조금만 주의해서 보면, 접선을 작도하는 데 있어서 다소 부정확성이 존재함을 알 수 있다. 따라서 수치적 접근법과 같은 방법이 일련의 알려진 점들로 정의되는 곡선의 도함수를 결정하는 데에 사용된다. 도함수를 수치적으로 결정하는 가장 일반적인 방법은 Richardson법이다 [참고문헌 2 참조]. 이것은 독립변수 간의 증가분이 같을 때 유효하다. 이것은 일정한 시간 증가분으로 해석을 한정한다. 변위-시간 곡선의 도함수는 다음 식과 같이 수치적으로 근사된다.

$$v_i = \left[\frac{\Delta R_{i+1} - \Delta R_{i-1}}{2\Delta t}\right] - \left[\frac{\Delta R_{i+2} - 2\Delta R_{i+1} + 2\Delta R_{i-1} - \Delta R_{i-2}}{12\Delta t}\right] \tag{6.19}$$

여기에서, $i =$ 데이터 점 색인

$\Delta R_i =$ 데이터 점 i에서의 변위

$\Delta t = t_2 - t_1 = t_3 - t_2 = t_4 - t_3$

$t_i =$ 데이터 점 i에서의 시간

일반적 식이 i, i+1 문자 등으로 다소 혼동스럽지만 실제 적용은 간단하다. 이 식의 사용법을 설명하기 위하여, 다섯 번째 속도를 표현하면 다음과 같이 나타낼 수 있다.

$$v_5 = \left[\frac{\Delta R_6 - \Delta R_4}{2\,\Delta t}\right] - \left[\frac{\Delta R_7 - 2\Delta R_6 + 2\Delta R_4 - \Delta R_3}{12\Delta t}\right]$$

곡선의 끝점에서 도함수를 계산하는 데 다소 혼동이 생길 수 있다. 기구 해석에서는 크랭크의 매 회전마다 변위선도가 반복된다. 따라서 곡선이 반복되므로, 사이클의 시작 직전의 데이터 점은 사이클의 끝점과 같다. 점 1에서의 변위는 점 13에서의 변위와 같다. 따라서 점 1에서의 속도는 다음과 같이 계산된다.

$$v_1 = \left[\frac{\Delta R_2 - \Delta R_{12}}{2\Delta t}\right] - \left[\frac{\Delta R_3 - 2\Delta R_2 + 2\Delta R_{12} - \Delta R_{11}}{12\Delta t}\right]$$

이 식은 수치적 근사이므로, 관련된 오차는 크랭크 각도와 시간이 작을수록 줄어든다.

예제 6.19

압축기에서 작동되는 피스톤의 변위선도를 예제 4.11에 나타내었다. 이 곡선이 예제 6.14에서 시간에 대한 변위선도로 변환되었다. 이 데이터를 사용하여 수치적으로 곡선을 만들어라.

풀이

1. **위치 데이터 점들 사이의 시간 증가분을 정하라.**

예제 6.17의 스프레드시트에 피스톤 속도를 나타내는 열을 추가한다. 이 시간 증가분은 다음과 같이 된다.

$$\Delta t = t_2 - t_1 = (0.00289 - 0.0) = 0.00286\,\text{s}$$

2. **속도 데이터 점들을 계산하기 위해서 식 6.19를 사용하라.**

속도 계산을 설명하기 위하여 몇 개의 계산 실례를 나타내면 다음과 같다.

$$v_2 = \left[\frac{(\Delta R_3 - \Delta R_1)}{2\Delta t}\right] - \left[\frac{\Delta R_4 - 2\Delta R_3 + 2\Delta R_1 - \Delta R_{12}}{12\Delta t}\right]$$

$$= \left[\frac{(0.483 - 0.0)}{2(0.00286)}\right] - \left[\frac{0.896 - 2(0.483) + 2(0.0) - 0.136}{12(0.00286)}\right] = 142.67\text{cm/s}$$

$$v_9 = \left[\frac{(\Delta R_{10} - \Delta R_8)}{\Delta t}\right] - \left[\frac{\Delta R_{11} - 2\Delta R_{10} + 2\Delta R_8 - \Delta R_7}{12\Delta t}\right]$$

$$= \left[\frac{(0.896 - 1.435)}{2(0.00286)}\right] - \left[\frac{0.483 - 2(0.896) + 2(1.435) - 1.50}{12(0.00286)}\right] = -95.48\text{cm/s}$$

$$v_{12} = \left[\frac{(\Delta R_{13} - \Delta R_{11})}{2\Delta t}\right] - \left[\frac{\Delta R_2 - 2\Delta R_{13} + 2\Delta R_{11} - \Delta R_{10}}{12\Delta t}\right],$$

$$= \left[\frac{(0.0 - 0.483)}{2(0.00286)}\right] - \left[\frac{0.136 - 2(0.0) + 2(0.483) - 0.896}{2(0.00286)}\right] = -91.47\text{cm/s}$$

3. 속도 데이터를 계산하고 속도 곡선을 그려라.

이 결과들은 계산되어서 그림 6.45에 테이블 형태로 나타내었다. 스프레드시트는 반복적인 많은 계산을 하는 데 효과적으로 사용되었다. 만약 스프레드시트에 덜 친숙하다면 8장을 참조하라.

이 곡선은 다소 정밀도가 떨어진다. 정밀도를 높이기 위해서, 크랭크 각도 증가분을 10δ 내지 15δ로 감소시키는 것을 추천한다. 속도 데이터를 만들기 위하여 스프레드시트를 사용할 경우, 아주 작은 증가분을 추천한다.

Crank Angle (deg)	Time (0.001 sec)	Piston Displacement (in.)	Piston Velocity (in./sec)
0	0.00	0.000	0.00
30	2.86	0.136	91.47
60	5.72	0.483	142.67
90	8.57	0.896	137.50
120	11.43	1.233	95.48
150	14.29	1.435	46.03
180	17.15	1.500	0.00
210	20.00	1.435	-46.03
240	22.86	1.233	-95.48
270	25.72	0.896	-137.50
300	28.58	0.483	-142.67
330	31.43	0.136	-91.47
360	34.29	0.000	0.00

그림 6.45 예제 6.19의 속도 데이터

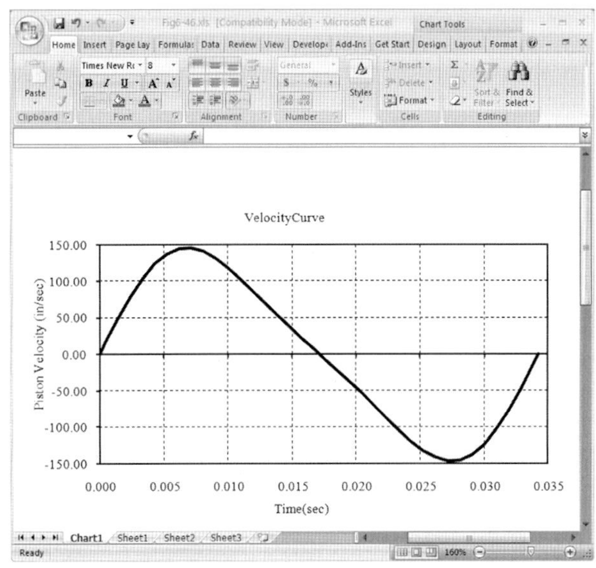

그림 6.46 예제 6.19의 속도곡선

〉〉〉 연습문제

일반 속도

6-1. 길이 25ft의 수평 컨베이어 한쪽 끝에서부터 다른 한쪽 끝까지 15초 만에 상자를 이동시킨다. 이 컨베이어 벨트의 속도를 결정하라.

6-2. 유압실린더가 일정한 속도 2ft/min으로 팽창한다. 15in.의 전 행정을 이동할 때, 걸리는 시간은 얼마인가?

6-3. 1마일을 4분 만에 뛰는 운동선수의 평균 스피드를 결정하라.

6-4. 100m를 10초 만에 뛰는 운동선수의 평균 스피드를 결정하라.

6-5. 기어가 2초에 270° 회전한다. rpm과 rad/s단위로 각속도를 구하라.

6-6. rpm 단위의 각속도를 시간당 초, 분, 시간으로 나타내어라.

6-7. 자동 운전 원동기가 그림 P6.7에 보이는 속도 개요를 따라 확장하도록 프로그램 되어있다. 프로그램이 움직일 동안의 총 변위를 결정하라.

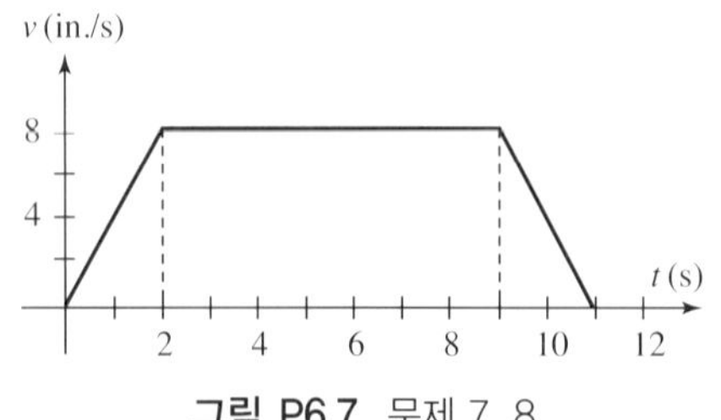

그림 P6.7 문제 7, 8

6-8. 자동 운전 원동기가 그림 6.7에 보이는 속도 개요를 따라 확장하도록 프로그램 되어 있다. 속도 대 시간과 변위 대 시간의 플롯을 생성하는 스프레드시트를 프로그램이 움직일 동안 사용하라.

6-9. 선형 모터가 그림 P6.9에 보이는 속도개요를 따라서 움직이도록 프로그래밍되어 있다. 프로그램이 움직일 동안의 총 변위를 결정하라.

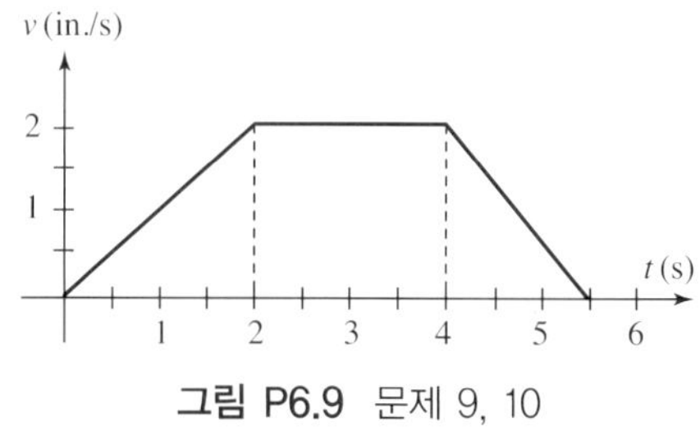

그림 P6.9 문제 9, 10

6-10. 선형 모터가 그림 P6.9에 보이는 속도개요를 따라서 움직이도록 프로그램 되어 있다. 속도 대 시간과 변위 대 시간의 플롯을 생성하는 스프레드시트를 프로그램이 움직일 동안 사용하라.

6-11. 그림 P6.11에 컨베이어 벨트의 구동 롤러를 나타내었다. 벨트가 10ft/min으로 동작할 때, 롤러의 속도를 결정하라.

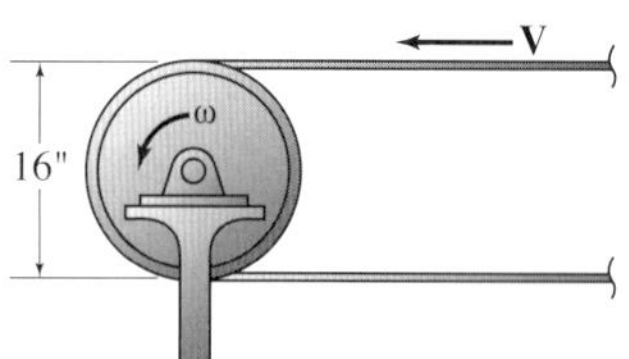

그림 P6.11 문제 11, 12

6-12. 컨베이어 벨트로 돌아가는 모터가 그림 P6.11에 보인다. 롤러가 반시계 방향으로 30rpm 속도로 작동할 때 벨트의 선속도를 결정하라.

6-13. 그림 P6.13의 기구 해석도에서 분리된 링크 2가 300rpm의 각 속도로 반시계 방향으로 회전하고 있다. 점 A와 점 B의 속도를 구하여라. ($\gamma = 50°, \beta = 60°$)

6-14. 그림 P6.13의 점 A의 속도가 40m/s ↗ 40°이다. 링크 2의 회전 속도와 점 B의 속도를 구하여라. ($\gamma = 50°, \beta = 60°$)

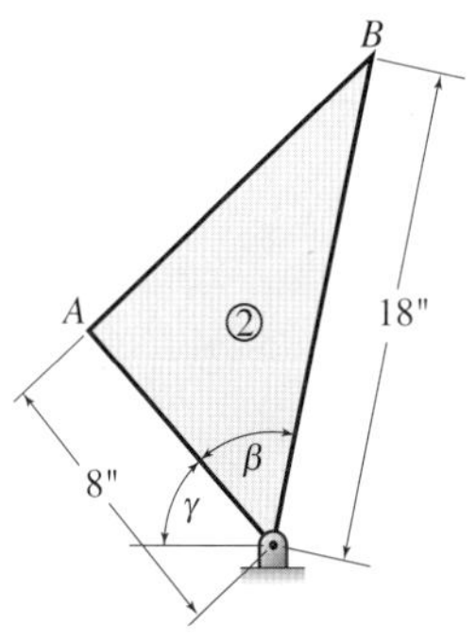

그림 P6.13 문제 13, 14

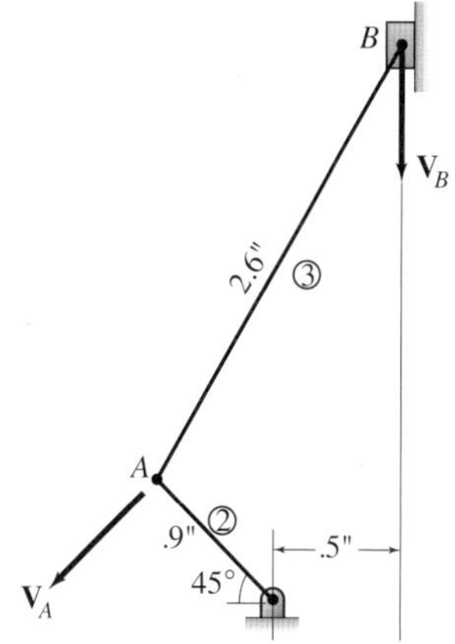

그림 P6.17 문제 17, 18

상대속도

6-15. 그림 P6.15는 4절 링크의 기구 해석도이다. v_A = 800mm/s, v_B = 888mm/s일 때 *A*점에 대한 *B*점의 상대속도를 도식적으로 결정하라. 그리고 링크 2와 4의 각속도를 구하여라.

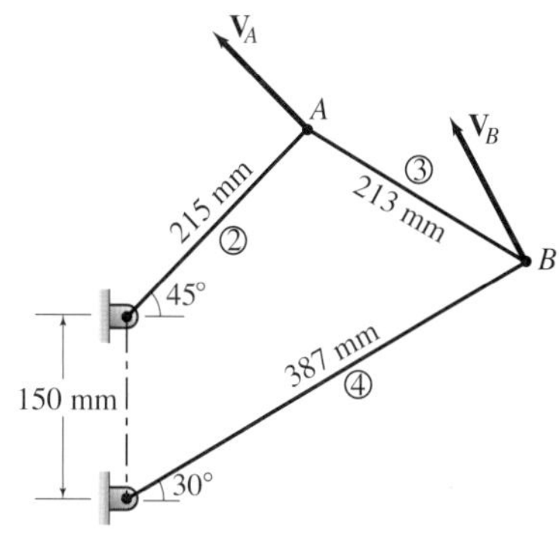

그림 P6.15 문제 15, 16

6-16. 그림 P6.15는 4절 링크의 기구 해석도이다. v_A = 20mm/s, v_B = 22.2mm/s일 때 A점에 대한 B점의 상대속도를 도식적으로 결정하라. 그리고 링크 2와 4의 각속도를 구하여라.

6.17. 그림 P6.17은 슬라이더-크랭크 기구의 기구 해석도이다. v_A = 380ft/s, v_B = 400 ft/s일 때 *A*점에 대한 *B*점의 상대속도를 도식적으로 결정하라. 그리고 링크 2와 4의 각속도를 구하여라.

6-18. 그림 P6.17은 슬라이더-크랭크 기구의 기구 해석도이다. v_A = 20ft/s, v_B = 21 ft/s일 때 *A*점에 대한 *B*점의 상대속도를 도식적으로 결정하라. 그리고 링크 2와 4의 각속도를 구하여라.

상대속도법에 의한 속도 해석

6-19. 그림 P6.19에 보이는 압축기 연결 장치에 대하여, 도식적 상대속도 방법을 사용하여 크랭크가 시계 방향으로 1,150rpm으로 돌아갈 때 피스톤의 선속도를 정하라.

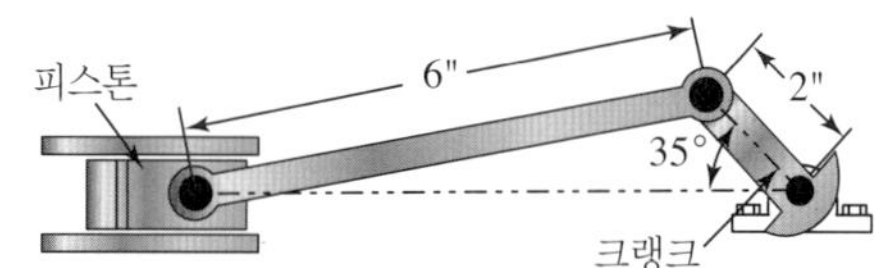

그림 P6.19 문제 19, 20, 41, 52, 63, 74, 85, 96, 104, 112

6-20. 그림 P6.19에 보이는 압축기 연결 장치에 대하여 도식적 상대속도법을 사용하여 크랭크가 반시계 방향으로 1,775rpm으로 돌아갈 때 피스톤의 선속도를 결정하라.

6-21. 그림 P6.21에 보이는 왕복 톱에 대하여 도식적 상대속도 방법을 사용하여 크랭

크 휠이 반시계 방향으로 1,500rpm으로 회전할 때 칼날의 선속도를 결정하라.

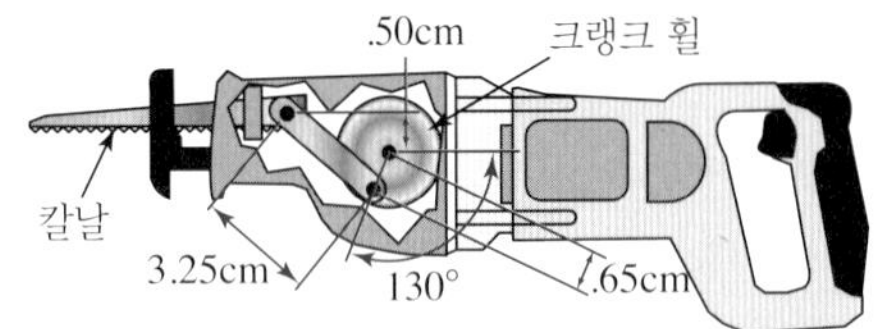

그림 P6.21 문제 21, 22, 42, 53, 64, 75, 86, 97, 105, 113

6-22. 그림 P6.21에 보이는 왕복 톱에 대하여, 도식적 상대속도법을 사용하여 크랭크 휠이 시계 방향으로 900rpm으로 회전할 때 칼날의 선속도를 결정하라.

6-23. 그림 P6.23에 보이는 전단 메커니즘에 대하여, 도식적 상대속도법을 사용하여 크랭크가 시계 방향으로 100rpm으로 회전할 때 칼날의 선속도를 결정하라.

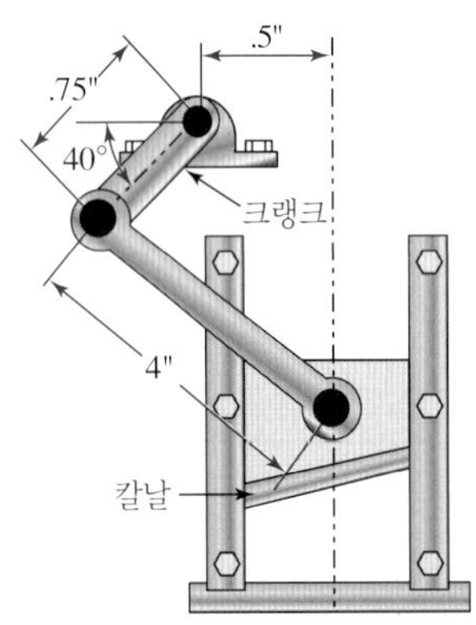

그림 P6.23 문제 23, 24, 43, 54, 65, 76, 87, 98, 106, 114

6-24. 그림 P6.23에 보이는 전단 메커니즘에 대하여, 도식적 상대속도 방법을 사용하여 크랭크가 반시계 방향으로 80rpm으로 회전할 때 칼날의 선속도를 결정하라.

6-25. 그림 P6.25에 보이는 뒷바람막이 와이퍼의 메커니즘에 대하여, 도식적 상대속도 방법을 이용하여 크랭크가 반시계 방향으로 40rpm으로 회전할 때 와이퍼 암의 각속도를 결정하라.

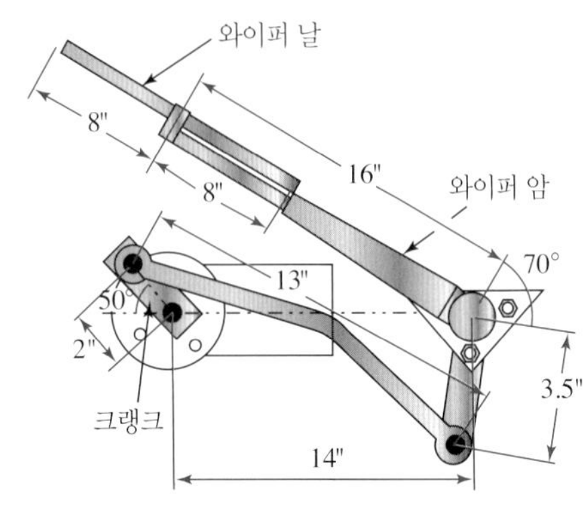

그림 P6.25 문제 25, 26, 44, 55, 66, 77, 88, 99, 107, 115

6-26. 그림 P6.25에 보이는 뒷바람막이 와이퍼의 메커니즘에 대하여, 도식적 상대속도 방법을 이용하여 크랭크가 시계 방향으로 60rpm으로 회전할 때 와이퍼 암의 각속도를 결정하라.

6-27. 그림 P6.27의 장치는 생산한 채소를 씻는 데 사용하는 슬로싱 욕조이다. 보이는 구성에 대하여, 도식적 상대속도법을 사용하여 크랭크가 반시계 방향으로 100 rpm으로 운전할 때 욕조의 가속도를 결정하라.

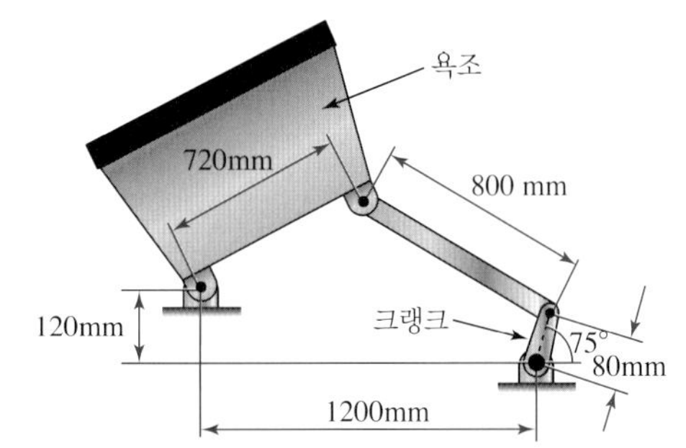

그림 P6.27 문제 27, 28, 45, 56, 67, 78, 89, 100, 108, 116

6-28. 그림 P6.27의 장치는 생산한 채소를 씻는

데 사용하는 슬로싱 욕조이다. 보이는 구성에 대하여, 도식적 상대속도법을 사용하여 크랭크가 시계 방향으로 75rpm으로 운전할 때 욕조의 각속도를 결정하라.

6-29. 그림 P6.29의 장치는 세탁기의 교반기에 대한 운전 메커니즘이다. 보이는 구성에 대하여, 도식적 상대속도법을 사용하여 크랭크가 시계 방향으로 50rpm으로 운전할 때 세그멘트 기어의 각속도를 결정하라.

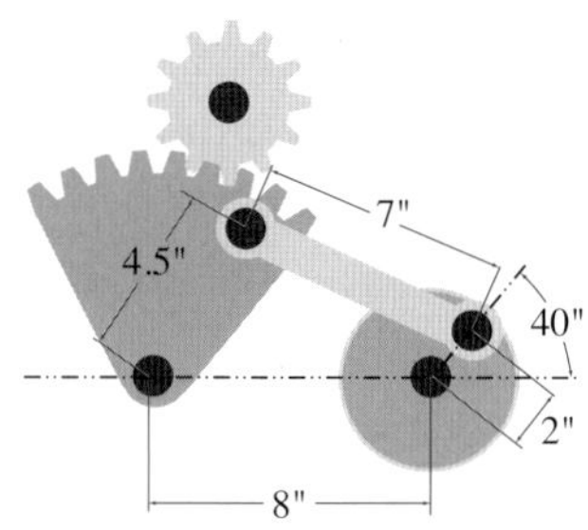

그림 P6.29 문제 29, 30, 46, 57, 68, 79, 90, 101, 109, 117

6-30. 그림 P6.29의 장치는 세탁기의 교반기에 대한 운전 메커니즘이다. 보이는 구성에 대하여, 도식적 상대속도법을 사용하여 크랭크가 반시계 방향으로 35rpm으로 운전할 때 세그멘트 기어의 각속도를 결정하라.

6-31. 그림 P6.31은 수동 금속 절단기를 나타내고 있다. 이 위치에서 3mm/s 속도로 자를 때 도식적으로 핸들의 각속도를 정하기 위해서 상대속도법을 사용하라. 그리고 관심점 X점의 선속도를 결정하라.

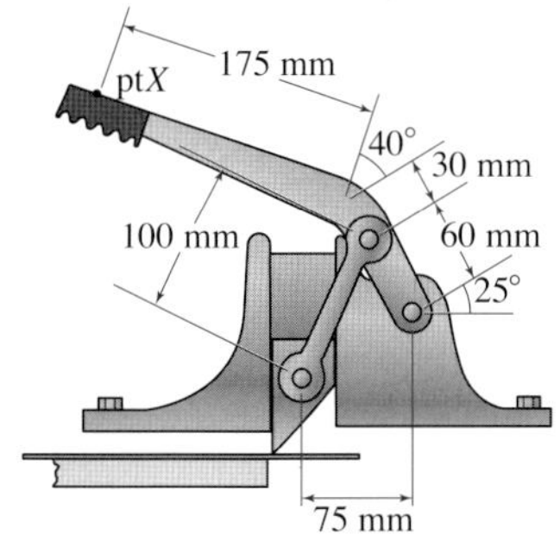

그림 P6.31 문제 31, 32, 47, 58, 69, 80, 91

6-32. 그림 P6.31은 수동 금속 절단기를 나타내고 있다. 이 위치에서 핸들이 2rad/s의 각속도로 시계 방향으로 회전할 때 도식적으로 블레이드의 선속도를 정하기 위해서 상대속도법을 사용하라. 그리고 관심점 X 점의 선속도를 결정하라.

6-33. 그림 P6.33은 발로 작동되는 공기 펌프이다. 이 위치에서 실린더가 5in./sec의 속도로 수축될 때, 발판의 회전 각속도를 도식적으로 정하기 위해서 상대속도법을 사용하라. 그리고 관심점 X점의 선속도를 결정하라.

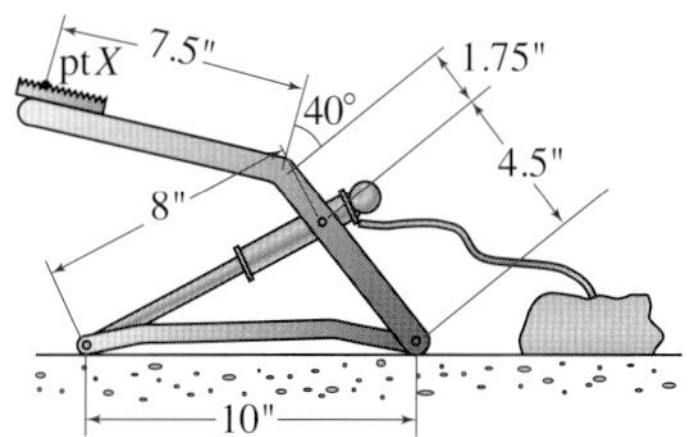

그림 P6.33 문제 33, 34, 48, 59, 70, 81, 92

6-34. 그림 P6.33의 발로 작동되는 공기 펌프에서 발판의 회전속도가 반시계 방향, 1 rad/sec일 때, 실린더의 수축률을 도식적으로 정하기 위해서 상대속도법을 사용하라. 그리고 관심점 X점의 선속도를 결정하라.

6-35. 2개의 실린더 압축 메커니즘이 그림 P6.35에 보인다. 보이는 구성에 대하여, 도식적 상대속도법을 사용하여 1.5in. 크랭크가 시계 방향으로 1,775rpm으로 운전할 때 양쪽 피스톤의 선속도를 결정하라. 또한 오른쪽 실린더의 순간 체적 유량을 결정하라.

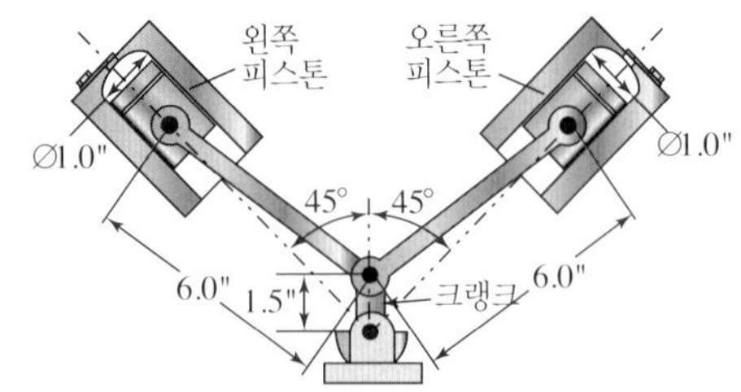

그림 P6.35 문제 35, 36, 49, 60, 71, 82, 93, 102, 110, 118

6-36. 2개의 실린더 압축 메커니즘이 그림 P6.35에 보인다. 보이는 구성에 대하여, 도식적 상대속도법을 사용하여 1.5in. 크랭크가 반시계 방향으로 1,150rpm으로 운전할 때 양쪽 피스톤의 선속도를 결정하라. 또한 오른쪽 실린더의 순간 체적 유량을 결정하라.

6-37. 그림 P6.37는 박스 이송 장치이다. 보여준 위치에서 크랭크가 시계 방향 40rpm으로 회전할 때, 박스의 선속도를 도식적으로 정하기 위해서 상대속도법을 사용하라.

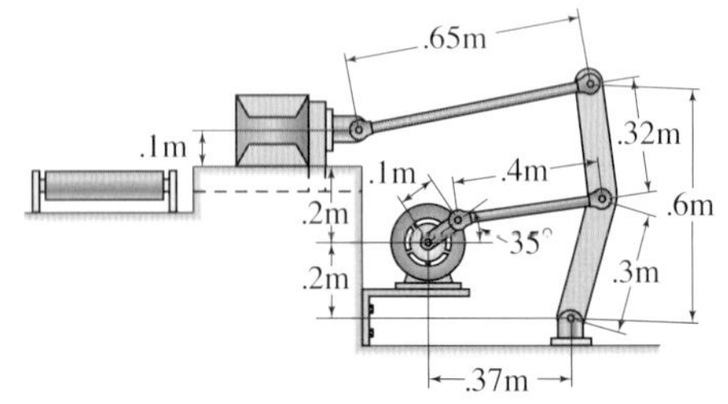

그림 P6.37 문제 37, 38, 50, 61, 72, 83, 94, 103, 111, 119

6-38. 그림 P6.37 박스 이송 장치의 위치에서 크랭크가 시계 방향 65rpm으로 회전할 때, 박스의 선속도를 도식적으로 정하기 위해서 상대속도법을 사용하라.

6-39. 그림 P6.39 박스 이송 장치의 위치에서 유압실린더가 16ft/min 속도로 팽창할 때 박스의 선속도를 도식적으로 정하기 위해서 상대속도법을 사용하라.

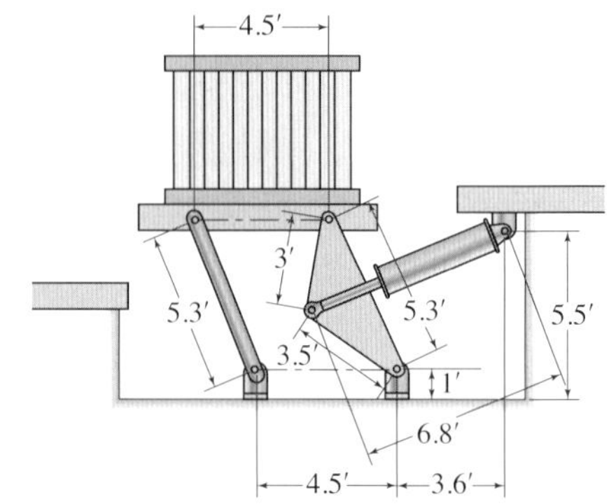

그림 P6.39 문제 39, 40, 51, 62, 73, 84, 95

6-40. 그림 P6.39 박스 이송 장치의 위치에서 유압실린더가 12ft/min 속도로 늘어날 때 박스의 선속도를 도식적으로 정하기 위해서 상대속도법을 사용하라.

상대속도법 : 해석적인 방법

6-41. 그림 P6.19에 보이는 압축 연결장치에 대하여, 해석적 상대속도법을 사용하여 크랭크가 시계 방향으로 950rpm으로 회전할 때 피스톤의 선속도를 결정하라.

6-42. 그림 P6.21에 보이는 왕복 톱에 대하여, 해석적 상대속도법을 사용하여 크랭크 휠이 반시계 방향으로 1,700rpm으로 회전할 때 길날의 신속도를 길정하라.

6-43. 그림 P6.23에 보이는 전단 메커니즘에 대하여, 해석적 대한 상대속도 방법을 사용하여 크랭크가 시계 방향으로 85rpm으로 회전할 때 칼날의 선속도를 결정하라.

6-44. 그림 P6.25에 보이는 뒷바람막이 와이퍼의 메커니즘에 대하여, 해석적 상대속도 방법을 이용하여 크랭크가 반시계 방향으로 45rpm으로 회전할 때 와이퍼 암의 각속도를 결정하라.

6-45. 그림 P6.27의 장치는 생산한 채소를 씻는데 사용하는 슬로싱 욕조이다. 보이는 위치에 대하여, 해석적 상대속도법을 사용

하여 크랭크가 반시계 방향으로 90rpm으로 운전할 때 욕조의 각속도를 결정하라.

6-46. 그림 P6.29의 장치는 세탁기의 교반기에 대한 운전 메커니즘이다. 보이는 위치에 대하여, 해석적 상대속도법을 사용하여 크랭크가 시계 방향으로 60rpm으로 운전할 때 세그멘트 기어의 각속도를 결정하라.

6-47. 그림 P6.31은 수동 금속 절단기의 링크에 대해서 2mm/s 속도로 자를 때 해석적으로 핸들의 각속도를 정하기 위해서 상대속도법을 사용하라.

6-48. 그림 P6.33은 발로 작동되는 공기 펌프에서 발 페달 조립체가 반시계 방향으로 1rad/sec의 속도로 회전할 때, 실린더의 압축 속도를 해석적으로 정하기 위해서 상대속도법을 사용하라.

6-49. 2개의 실린더 압축 메커니즘이 그림 P6.35에서 상대속도법을 사용하여 1.5 in. 크랭크가 시계 방향으로 2,000rpm으로 구동될 때 양쪽 피스톤의 선속도를 해석적으로 결정하라. 또한 오른쪽 실린더의 밖으로 나가는 순간 체적 유량을 결정하라.

6-50. 그림 P6.37는 박스 이송 장치에서 크랭크가 시계 방향 80rpm으로 회전할 때, 박스의 선속도를 해석적으로 정하기 위해서 상대속도법을 사용하라.

6-51. 그림 P6.39 박스 이송 장치의 위치에서 유압실린더가 10ft/min 속도로 들어갈 때 박스의 선속도를 해석적으로 정하기 위해서 상대속도법을 사용하라.

순간 중심의 위치를 정하라 : 도식적인 방법

6-52. 그림 P6.19의 슬라이더-크랭크 기구에서 도식적 기법을 사용하여 모든 순간 중심의 위치를 찾아라.

6-53. 그림 P6.21에 보이는 왕복 톱에 대하여 도식적 기법을 사용하여 모든 순간 중심의 위치를 찾아라.

6-54. 그림 P6.23에 보이는 전단 메커니즘에 대하여 도식적 기법을 사용하여 모든 순간 중심의 위치를 찾아라.

6-55. 그림 P6.25에 보이는 뒷바람막이 와이퍼의 메커니즘에 대하여 도식적 기법을 사용하여 모든 순간 중심의 위치를 찾아라.

6-56. 그림 P6.27의 장치는 생산한 채소를 씻는 데 사용하는 슬로싱 욕조이다. 도식적 기법을 사용하여 모든 순간 중심의 위치를 찾아라.

6-57. 그림 P6.29의 장치는 세탁기의 교반기에 대한 운전 메커니즘이다. 도식적 기법을 사용하여 모든 순간 중심의 위치를 찾아라.

6-58. 그림 P6.31은 수동 금속 절단기이다. 도식적 기법을 사용하여 모든 순간 중심의 위치를 찾아라.

6-59. 그림 P6.33은 발로 작동되는 공기 펌프에서 도식적 기법을 사용하여 모든 순간 중심의 위치를 찾아라.

6-60. 2개의 실린더 압축 메커니즘이 그림 P6.35에서 도식적 기법을 사용하여 모든 순간 중심의 위치를 찾아라.

6-61. 그림 P6.37은 박스 이송 장치에서 도식적 기법을 사용하여 모든 순간 중심의 위치를 찾아라.

6-62. 그림 P6.39 박스 이송 장치에서 도식적 기법을 사용하여 모든 순간 중심의 위치를 찾아라.

순간 중심의 위치를 정하라 : 해석적인 방법

6-63. 그림 P6.19의 슬라이더-크랭크 기구에서

해석적인 방법을 사용하여 모든 순간 중심의 위치를 찾아라.

6-64. 그림 P6.21에 보이는 왕복 톱에서 해석적인 방법을 사용하여 모든 순간 중심의 위치를 찾아라.

6-65. 그림 P6.23에 보이는 전단 메커니즘에서 해석적인 방법을 사용하여 모든 순간 중심의 위치를 찾아라.

6-66. 그림 P6.25에 보이는 뒷바람막이 와이퍼의 메커니즘에서 해석적인 방법을 사용하여 모든 순간 중심의 위치를 찾아라.

6-67. 그림 P6.27의 장치는 생산한 채소를 씻는데 사용하는 슬로싱 욕조이다. 해석적인 방법을 사용하여 모든 순간 중심의 위치를 찾아라.

6-68. 그림 P6.29의 장치는 세탁기의 교반기에 대한 운전 메커니즘이다. 해석적인 방법을 사용하여 모든 순간 중심의 위치를 찾아라.

6-69. 그림 P6.31의 수동 금속 절단기에서 해석적인 방법을 사용하여 모든 순간 중심의 위치를 찾아라.

6-70. 그림 P6.33의 발로 작동되는 공기 펌프에서 해석적인 방법을 사용하여 모든 순간 중심의 위치를 찾아라.

6-71. 그림 P6.35의 2개의 실린더 압축 메커니즘에서 해석적인 방법을 사용하여 모든 순간 중심의 위치를 찾아라.

6-72. 그림 P6.37의 박스 이송 장치에서 해석적인 방법을 사용하여 모든 순간 중심의 위치를 찾아라.

6-73. 그림 P6.39의 박스 이송 장치에서 해석적인 방법을 사용하여 모든 순간 중심의 위치를 찾아라.

순간 중심법 : 도식적 방법

6-74. 그림 P6.19에 보이는 압축기 연결장치에 대하여, 도식적 순간 중심법을 사용하여 크랭크가 반시계 방향으로 1,500rpm으로 돌아갈 때 피스톤의 선속도를 결정하라.

6-75. 그림 P6.21에 보이는 왕복 톱에 대하여, 도식적 순간 중심법을 사용하여 크랭크 휠이 시계 방향으로 1,200rpm으로 회전할 때 칼날의 선속도를 결정하라.

6-76. 그림 P6.23에 보이는 전단 메커니즘에 대하여, 도식적 순간 중심법을 사용하여 크랭크가 반시계 방향으로 65rpm으로 회전할 때 칼날의 선속도를 결정하라.

6-77. 그림 P6.25에 보이는 뒷바람막이 와이퍼의 메커니즘에 대하여, 도식적 순간 중심법을 이용하여 크랭크가 시계 방향으로 55rpm으로 회전할 때 와이퍼 암의 각속도를 결정하라.

6-78. 그림 P 6.27의 생산한 채소를 씻는 데 사용하는 슬로싱 욕조에서 도식적 순간 중심법을 사용하여 크랭크가 시계 방향으로 110rpm으로 운전할 때 욕조의 각속도를 결정하라.

6-79. 그림 P6.29의 세탁기의 교반기에 대한 운전 메커니즘에서 도식적 순간 중심법을 사용하여 크랭크가 반시계 방향으로 700rpm으로 운전할 때 세그멘트 기어의 각속도를 결정하라.

6-80. 그림 P6.31의 수동 금속 절단기에서 도식적 순간 중심법을 사용하여 칼날이 금속판을 4mm/s 속도로 자를 때 핸들의 각속도를 결정하라.

6-81. 그림 P6.33의 발로 작동되는 공기 펌프에서 도식적 순간 중심법을 사용하여 발 페달 조립체가 반시계 방향으로 0.75 rad/s로 회전할 때 실린더의 압축 속도를

결정하라.

6-82. 그림 P6.35 2개의 실린더 압축 메커니즘에서 도식적 순간 중심법을 사용하여 1.5in. 크랭크가 반시계 방향으로 2,200rpm으로 운전할 때 양쪽 피스톤의 선속도를 결정하라. 또한 오른쪽 실린더에서 나가는 순간 체적 유량을 결정하라.

6-83. 그림 P6.37의 박스 이송 장치에서 크랭크가 시계 방향 70rpm으로 회전할 때, 도식적 순간 중심법을 사용하여 박스의 선속도를 결정하라.

6-84. 그림 P6.39 박스 이송 장치의 위치에서 유압실린더가 8ft/min 속도로 늘어날 때 도식적 순간 중심법을 사용하여 박스의 선속도를 결정하라.

순간 중심법 : 해석적 방법

6-85. 그림 P6.19에 보이는 압축기 연결장치에 대하여, 순간 중심법을 사용하여 크랭크가 시계 방향으로 1,100rpm으로 돌아갈 때 피스톤의 선속도를 해석적으로 결정하라.

6-86. 그림 P6.21에 보이는 왕복 톱에 대하여, 순간 중심법을 사용하여 크랭크 휠이 반시계 방향으로 1,375rpm으로 회전할 때 칼날의 선속도를 해석적으로 결정하라.

6-87. 그림 P6.23에 보이는 전단 메커니즘에 대하여, 순간 중심법을 사용하여 크랭크가 시계 방향으로 55rpm으로 회전할 때 칼날의 선속도를 해석적으로 결정하라.

6-88. 그림 P6.25에 보이는 뒷바람막이 와이퍼의 메커니즘에 대하여, 순간 중심법을 이용하여 크랭크가 반시계 방향으로 35rpm으로 회전할 때 와이퍼 암의 각속도를 해석적으로 결정하라.

6-89. 그림 P 6.27의 생산한 채소를 씻는 데 사용하는 슬로싱 욕조에서 순간 중심법을 사용하여 크랭크가 반시계 방향으로 95rpm으로 운전할 때 욕조의 각속도를 해석적으로 결정하라.

6-90. 그림 P6.29의 장치는 세탁기의 교반기에 대한 운전 메커니즘에서 순간 중심법을 사용하여 크랭크가 시계 방향으로 85rpm으로 운전할 때 세그멘트 기어의 각속도를 해석적으로 결정하라.

6-91. 그림 P6.31 수동 금속 절단기에서 순간 중심법을 사용하여 블레이드가 금속판을 2.5mm/s 속도로 자를 때 핸들의 각속도를 해석적으로 결정하라.

6-92. 그림 P6.33의 발로 작동되는 공기 펌프에서 순간 중심법을 사용하여 발 페달 조립체가 반시계 방향으로 0.6rad/s로 회전할 때 실린더의 압축 속도를 해석적으로 결정하라.

6-93. 그림 P6.35의 2개의 실린더 압축 메커니즘에서 순간 중심법을 사용하여 1.5in. 크랭크가 시계 방향으로 1,775rpm으로 운전할 때 양쪽 피스톤의 선속도를 해석적으로 결정하라. 또한 오른쪽 실린더에서 나가는 순간 체적 유량을 결정하라.

6-94. 그림 P6.37의 박스 이송 장치에서 크랭크가 시계 방향 30rpm으로 회전할 때 순간 중심법을 사용하여 박스의 선속도를 해석적으로 결정하라.

6-95. 그림 P6.39의 박스 이송 장치의 위치에서 유압실린더가 7ft/min 속도로 들어갈 때 순간 중심법을 사용하여 박스의 선속도를 해석적으로 결정하라.

속도곡선 : 도식적 방법

6-96. 그림 P6.19의 압축 연결 장치의 크랭크가 1,750rpm의 일정한 속도로 시계 방

향으로 운전한다. 크랭크 각도의 함수로서 피스톤의 선형 변위에 대하여 곡선을 그려라. 크랭크 각도를 시간으로 변환하라. 그러면 시간의 함수로 피스톤의 속도 곡선을 얻기 위해서 경사를 도식적으로 계산하라.

6-97. 그림 P6.21의 왕복 톱의 크랭크 휠이 1,500rpm의 일정한 속도로 반시계 방향으로 운전한다. 크랭크 각도의 함수로서 톱날의 선형 변위에 대하여 곡선을 그려라. 크랭크 각도를 시간으로 변환하라. 시간의 함수로 톱날의 속도 곡선을 얻기 위해서 경사를 도식적으로 계산하라.

6-98. 그림 P6.23의 전단 메커니즘 크랭크가 80rpm의 일정한 속도로 시계 방향으로 운전한다. 크랭크 각도의 함수로서 전단 날의 선형 변위에 대하여 곡선을 그려라. 크랭크 각도를 시간으로 변환하라. 시간의 함수로 전단 날의 속도 곡선을 얻기 위해서 경사를 도식적으로 계산하라.

6-99. 그림 P6.25의 뒷바람막이 와이퍼 메커니즘 크랭크가 65rpm의 일정한 속도로 시계 방향으로 운전한다. 크랭크 각도의 함수로서 와이퍼 날의 선형 변위에 대하여 곡선을 그려라. 크랭크 각도를 시간으로 변환하라. 시간의 함수로 와이퍼 날의 속도 곡선을 얻기 위해서 경사를 도식적으로 계산하라.

6-100. 그림 P6.27의 슬로싱 욕조 크랭크가 90rpm의 일정한 속도로 반시계 방향으로 운전한다. 크랭크 각도의 함수로서 욕조의 선형 변위에 대하여 곡선을 그려라. 크랭크 각도를 시간으로 변환하라. 시간의 함수로 욕조의 속도 곡선을 얻기 위해서 경사를 도식적으로 계산하라.

6-101. 그림 P6.29의 세탁기의 교반기 메커니즘 크랭크가 80rpm의 일정한 속도로 시계 방향으로 운전한다. 크랭크 각도의 함수로서 세그먼트 기어의 선형 변위에 대하여 곡선을 그려라. 크랭크 각도를 시간으로 변환하라. 시간의 함수로 세그먼트의 기어의 속도 곡선을 얻기 위해서 경사를 도식적으로 계산하라.

6-102. 그림 P6.35의 2개의 실린더 압축기 메커니즘 크랭크가 1,250rpm의 일정한 속도로 시계 방향으로 운전한다. 크랭크 각도의 함수로서 양쪽 피스톤의 선형 변위에 대하여 곡선을 그려라. 크랭크 각도를 시간으로 변환하라. 시간의 함수로 양쪽 피스톤의 속도 곡선을 얻기 위해서 경사를 도식적으로 계산하라.

6-103. 그림 P6.37의 박스 이송 장치에서 크랭크가 시계 방향 25rpm으로 회전한다. 크랭크 각도의 함수로서 램(Ram)의 선형 변위에 대하여 곡선을 그려라. 크랭크 각도를 시간으로 변환하라. 시간의 함수로 램의 속도 곡선을 얻기 위해서 경사를 도식적으로 계산하라.

속도곡선 : 해석적 방법

6-104. 그림 P6.19의 압축 연결 장치의 크랭크가 2,150rpm의 일정한 속도로 반시계 방향으로 운전된다. 크랭크 각도의 함수로 양쪽 피스톤의 선형 변위에 대하여 곡선을 그리기 위해서 스프레드시트를 사용하라. 크랭크 각도 축을 시간으로 변환하라. 시간의 함수로 양쪽 피스톤의 속도 곡선을 얻기 위해서 경사를 수치적인 미분법으로 계산하라.

6-105. 그림 P6.21의 왕복 톱의 크랭크 휠이 1,900rpm의 일정한 속도로 시계 방향으로 운전한다. 크랭크 각도의 함수로 톱날

의 선형 변위에 대하여 곡선을 그리기 위해서 스프레드시트를 사용하라. 크랭크 각도 축을 시간으로 변환하라. 시간의 함수로 톱날의 속도 곡선을 얻기 위해서 경사를 수치적인 미분법으로 계산하라.

6-106. 그림 P6.23의 전단 메커니즘 크랭크가 80rpm의 일정한 속도로 시계 방향으로 운전한다. 크랭크 각도의 함수로 전단 날의 선형 변위에 대하여 곡선을 그리기 위해서 스프레드시트를 사용하라. 크랭크 각도 축을 시간으로 변환하라. 시간의 함수로 전단 날의 속도 곡선을 얻기 위해서 경사를 수치적인 미분법으로 계산하라.

6-107. 그림 P6.25의 뒷바람막이 와이퍼 메커니즘 크랭크가 55rpm의 일정한 속도로 반시계 방향으로 운전한다. 크랭크 각도의 함수로 와이퍼 날의 각 변위에 대하여 곡선을 그리기 위해서 스프레드시트를 사용하라. 크랭크 각도 축을 시간으로 변환하라. 시간의 함수로 양쪽 와이퍼 날의 각속도 곡선을 얻기 위해서 경사를 수치적인 미분법으로 계산하라.

6-108. 그림 P6.27의 슬로싱 욕조의 크랭크가 65rpm로 시계 방향으로 운전한다. 크랭크 각도의 함수로 욕조의 각 변위에 대하여 곡선을 그리기 위해서 스프레드시트를 사용하라. 크랭크 각도 축을 시간으로 변환하라. 시간의 함수로 욕조의 각속도 곡선을 얻기 위해서 경사를 수치적인 미분법으로 계산하라.

6-109. 그림 P6.29의 세탁기 교반기 메커니즘의 크랭크가 65rpm로 반시계 방향으로 운전한다. 크랭크 각도의 함수로 세그먼트 기어의 각 변위에 대하여 곡선을 그리기 위해서 스프레드시트를 사용하라. 크랭크 각도 축을 시간으로 변환하라. 시간의 함수로 세그먼트 기어의 각속도 곡선을 얻기 위해서 경사를 수치적인 미분법으로 계산하라.

6-110. 그림 P6.35의 2개의 실린더 압축기 메커니즘의 크랭크가 1,500rpm로 반시계 방향으로 운전한다. 크랭크 각도의 함수로 양쪽 피스톤의 선형 변위에 대하여 곡선을 그리기 위해서 스프레드시트를 사용하라. 크랭크 각도 축을 시간으로 변환하라. 시간의 함수로 양쪽 피스톤의 속도 곡선을 얻기 위해서 경사를 수치적인 미분법으로 계산하라.

6-111. 그림 P6.37 박스 이송 장치에서 크랭크가 반시계 방향 30rpm으로 회전한다. 랭크 각도의 함수로 램의 선형 변위에 대하여 곡선을 그리기 위해서 스프레드시트를 사용하라. 크랭크 각도 축을 시간으로 변환하라. 시간의 함수로 램의 속도 곡선을 얻기 위해서 경사를 수치적인 미분법으로 계산하라.

Working Model 소프트웨어를 이용한 속도 계산

6-112. 그림 P6.19의 압축 연결 장치의 크랭크가 1,750rpm의 일정한 속도로 시계 방향으로 운전한다. Working Model 소프트웨어를 사용하여 시뮬레이션을 만들고 크랭크 각도의 함수로 피스톤의 선속도를 그려라.

6-113. 그림 P6.21의 왕복톱의 크랭크 휠이 1,500rpm의 일정한 속도로 시계 방향으로 운전한다. Working Model 소프트웨어를 사용하여 시뮬레이션을 만들고 크랭크 각도의 함수로 톱날의 선속도를 그려라.

6-114. 그림 P6.23의 전단 메커니즘의 크랭크가 80rpm의 일정한 속도로 시계 방향으로

운전한다. Working Model 소프트웨어를 사용하여 시뮬레이션을 만들고 크랭크 각도의 함수로 전달 날의 선속도를 그려라.

6-115. 그림 P6.25의 뒷바람막이 와이퍼 메커니즘의 크랭크가 65rpm의 일정한 속도로 시계 방향으로 운전한다. Working Model 소프트웨어를 사용하여 시뮬레이션을 만들고 크랭크 각도의 함수로 와이퍼 날의 선속도를 그려라.

6-116. 그림 P6.27의 슬로싱 욕조의 크랭크가 90rpm의 일정한 속도로 반시계 방향으로 운전한다. Working Model 소프트웨어를 사용하여 시뮬레이션을 만들고 크랭크 각도의 함수로 욕조의 선속도를 그려라.

6-117. 그림 P6.29의 세탁기 교반기의 크랭크가 80rpm의 일정한 속도로 시계 방향으로 운전한다. Working Model 소프트웨어를 사용하여 시뮬레이션을 만들고 크랭크 각도의 함수로 세그먼트 기어의 선속도를 그려라.

6-118. 그림 P6.35의 압축 연결 장치의 크랭크가 1,250rpm의 일정한 속도로 시계 방향으로 운전한다. Working Model 소프트웨어를 사용하여 시뮬레이션을 만들고 크랭크 각도의 함수로 피스톤의 선속도를 그려라.

6-119. 그림 P6.37의 박스 이송 장치에서 크랭크가 시계 방향 25rpm으로 회전한다. Working Model 소프트웨어를 사용하여 시뮬레이션을 만들고 크랭크 각도의 함수로 램의 선속도를 그려라.

》》 사례연구

6-1. 그림 C6.1은 파워 활 톱에 사용되는 메커니즘을 보여 준다. 이 메커니즘은 전기 모터 축으로 구동되고 기어 *A*에 키로 꼽혀 있다. 형태를 주의 깊게 살펴봐라. 그런 다음 메커니즘의 작동을 이해하기 위해서 다음 질문에 답하여라.

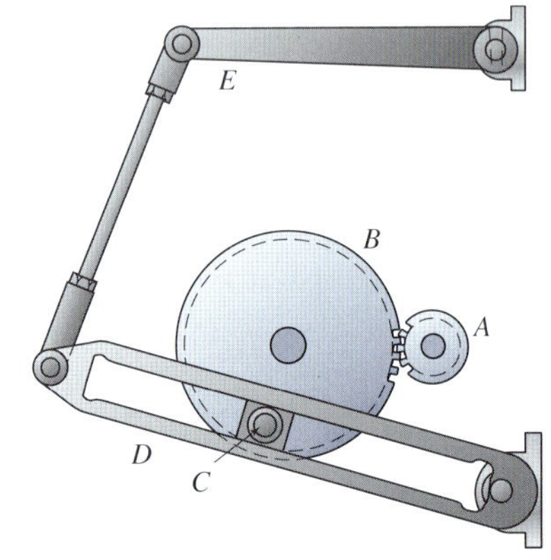

그림 C6.1 (Industrial Press에서 게재 허용)

1. 기어 *A*가 반시계 방향으로 회전하는 힘을 받는다면 맞물린 기어 *B*는 어떻게 움직이겠는가?
2. 기어 *A*가 반시계 방향으로 회전하는 힘을 받는다면 단추 핀 *C*는 어떻게 움직이겠는가?
3. 기어 *A*가 반시계 방향으로 회전하는 힘을 받는다면 레버 *D*는 어떻게 움직이겠는가?
4. 레버 *D*는 레버 *E*의 움직임과 어떻게 다르게 움직이는가?
5. 레버 *D*가 가장 낮은 위치에 있을 때 기어 *B*의 위치를 정해라.
6. 레버 *D*가 가장 높은 위치에 있을 때 기어 *B*의 위치를 정해라.
7. 레버 *D*를 올리기 위한 기어 *B*의 회전량과 레버를 낮추기 위한 기어 *B*의 회전량

을 조사하라.

8. 레버 D를 들어 올리는 시간과 낮추는 시간 사이의 차이는 대략 얼마인가?
9. 레버 E의 계속적인 움직임에 대해 설명하라.

6-2. 그림 C6.2는 특별한 분쇄 작동을 위해서 테이블을 구동하는 메커니즘을 보여 준다. 형태를 주의 깊게 살펴봐라. 그런 다음 메커니즘의 작동을 이해하기 위해서 다음 질문에 답을 하여라.

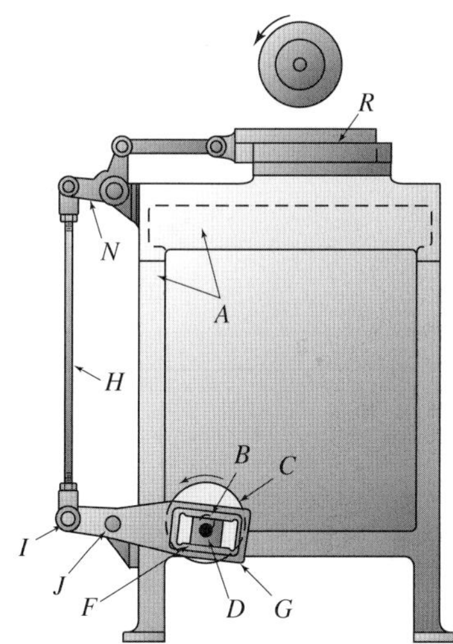

그림 C6.2 (Industrial Press에서 게재 허용)

1. 휠 C가 반시계 방향으로 회전하는 힘을 받을 때, 핀 D는 어떻게 움직이겠는가?
2. 휠 C가 반시계 방향으로 회전하는 힘을 받을 때, 링크 G는 어떻게 움직이겠는가?
3. 점 I가 가장 높은 위치에 있을 때 휠 C의 위치를 정하라.
4. 점 I가 가장 낮은 위치에 있을 때 휠 C의 위치를 정하라.
5. 점 I를 올리기 위한 휠 C의 회전량과 점 I를 낮추기 위한 휠 C의 회전량을 조사하라.
6. 점 I를 들어 올리는 시간과 낮추는 시간 사이의 차이는 대략 얼마인가?
7. 레버 E의 실린더 운동을 설명하라.
8. 테이블 R의 운동을 설명하라.
9. 이 메커니즘의 기능은 무엇인가?
10. 링크 H의 양쪽 끝에 나사산이 왜 있는가?
11. 이 메커니즘의 운동성(mobility)을 계산하라.

6-3. 그림 C6.3은 인공 호흡기를 위한 벨로우즈(Bellows, 주름 모양관)을 구동하는 메커니즘을 보여 준다. 형태를 주의 깊게 살펴봐라. 그런 다음 메커니즘의 작동을 이해하기 위해서 다음 질문에 답을 하여라.

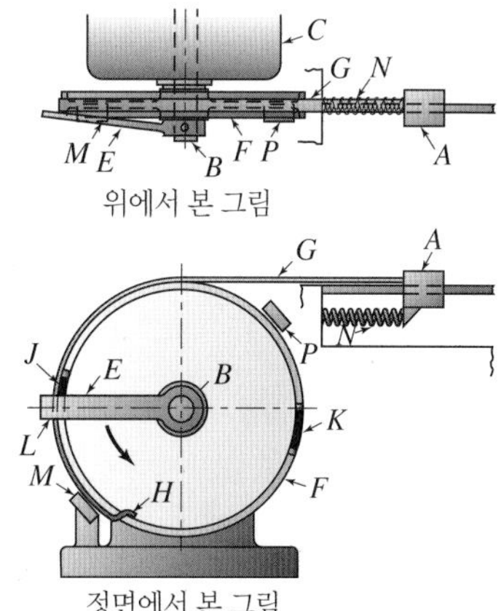

그림 C6.3 (Industrial Press에서 게재 허용)

1. 링크 E가 계속적으로 반시계 방향으로 운전되고 슬롯 J가 그때 올라갈 때, 디스크 F는 어떻게 움직이는가?
2. 링크 E가 계속적으로 반시계 방향으로 운전되고 슬롯 J가 그때 올라갈 때, 끈(스트랩) G는 어떻게 움직이는가?
3. 링크 E가 계속적으로 반시계 방향으로 운전되고 슬롯 J가 그때 올라갈 때, 슬라이드 A는 어떻게 움직이는가?

4. 링크 *E*가 경사진 패드 *M*에 다가갈 때, 스프링 *N*에 어떤 일이 일어나겠는가?
5. 링크 *E*가 경사진 패드 *M*에 접촉할 때, 링크 *E*에 어떤 일이 일어나겠는가?
6. 링크 *E*가 경사진 패드 *M*에 접촉할 때, 디스크 *F*는 어떻게 움직이는가?
7. 링크 *E*가 경사진 패드 *M*에 접촉할 때, 슬라이드 *A*는 어떻게 움직이는가?
8. 링크 *E*가 경사진 패드 *M* 이상으로 회전을 계속할 때, 디스크 *F*는 어떻게 움직이는가?
9. 링크 *E*가 슬롯 *K*를 잡을 때, 디스크 *F*는 어떻게 움직이는가?
10. 벨로우즈를 구동하는 슬라이드 *A*의 계속적인 움직임에 대해 설명하라.

CHAPTER 7

가속도 해석

교육 목표

1. 선가속도, 회전가속도, 법선가속도, 접선가속도, 코리올리 가속도, 상대가속도를 정의한다.
2. 링크상의 한 점의 가속도를 알고 있을 때, 그 링크 상에 있는 다른 점의 가속도를 상대가속도법을 사용하여 도식적으로 구한다.
3. 유동 링크 상에 있는 점의 가속도를 상대가속도법을 사용하여 도식적으로 구한다.
4. 코리올리 가속도가 발생하는 시기를 이해하고, 해석에 포함시킨다.
5. 상대가속도법을 사용하여, 점의 가속도를 해석적으로 구한다.
6. 상대가속도법을 사용하여, 유동 링크 상에 있는 점의 가속도를 해석적으로 구한다.
7. 가속도 극한치 위치를 알기 위하여, 가속도 곡선을 그린다.

7.1 서론

가속도 해석은 기구 링크 상의 점이 가속되는 또는 감속되는 양을 결정하는 것이다. 가속도의 양은 관성력과 관계되므로 중요하다. 뉴턴은 역학을 연구하면서, 물체의 관성력은 그 물체의 가속도에 비례한다는 것을 발견하였다.

기계는 링크와 조인트에 힘이 가해져도 충분히 견딜 수 있는 강도를 유지해야만 한다. 따라서 모든 힘, 특히 관성력을 파악하는 것은 중요하다. 힘 해석은 13, 14장에서 소개된다. 그러나 기구 링크의 가속도 해석은 첫 번째 단계로서 중요하다.

링크 기구에서 가속도 결정이 본 장의 목적이다. 이 해석에서 사용되는 주된 절차는 6장에서 소개된 상대속도법의 결과를 활용하는 상대가속도법이다. 이 책의 다른 장과 마찬가지로, 도식적 및 해석적 기법이 사용된다.

7.2 선가속도

한 점의 **선가속도(linear acceleration) A**는 시간 단위당 점의 선속도의 변화이다. 6장은 속도 해석을 위한 장이었다. 속도는 크기와 방향 둘 다 정의된 벡터의 양이다. 그러므로 속도가 만들어 내는 가속도의 크기나 방향 둘 중에 하나는 바뀐다. 가속도의 크기 벡터는 $a = |\mathbf{A}|$로 정해진다.

7.2.1 직선 운동을 하는 점의 선가속도

한 점의 선가속도는 단위 시간당 그 점의 선속도 변화이다. 6

장에서는 속도 해석에 관하여 설명했다. 속도는 벡터양이므로 크기와 방향으로 정의되며 그 두 가지의 변화가 가속도를 구성한다.

직선운동을 하는 점의 경우에 대해 고려한다. 그런 점은 미끄럼 조인트로 대개 프레임에 붙은 링크 상에서 발견된다. 이러한 경우, 속도 벡터의 크기만 변한다. 그 가속도는 수학적으로 다음과 같이 정의된다.

$$\mathbf{A} = \lim_{\Delta t \to 0} \frac{\Delta \mathbf{V}}{\Delta t} = \frac{\mathbf{dv}}{\mathbf{dt}} \tag{7.1}$$

한편

$$\mathbf{V} = \frac{d\mathbf{R}}{dt}$$

이므로 가속도는 다음과 같이 표현할 수 있다.

$$\mathbf{A} = \frac{d^2\mathbf{R}}{dt^2} \tag{7.2}$$

미소 시간 동안에는 가속도는 선형적으로 가정할 수 있으므로 다음과 같이 사용될 수 있다.

$$\mathbf{A} \cong \frac{\Delta \mathbf{V}}{\Delta t} \tag{7.3}$$

속도는 벡터이므로 식 7.1은 가속도도 역시 벡터임을 나타내고 있다. 링크가 가속될 때 선가속도의 방향은 직선운동 방향이다. 역으로 링크가 감속될 때는 선가속도의 방향은 직선운동의 반대 방향이다.

선가속도는 시간당 속도(시간 당 길이) 또는 시간 제곱당 길이 단위로 표현된다. 미국 규격에서는 초 제곱당 피트(ft/s^2) 또는 초 제곱당 인치(in/s^2)가 사용되고, IS(International system) 규격에서는 초 제곱당 미터(m/s^2) 또는 초 제곱당 밀리미터(mm/s^2)가 사용된다.

7.2.2 직선 등가속도 운동

식 7.3을 다시 쓰면 계속적인 가속도가 발생하는 기간에 속도의 변화는 다음과 같이 표현된다.

$$\Delta \mathbf{V} = \mathbf{V}_{\text{final}} - \mathbf{V}_{\text{initial}} = \mathbf{A}\,\Delta t \tag{7.4}$$

덧붙이자면 지속적인 가속도가 발생하는 동안의 상응하는 변위는 다음과 같이 쓸 수 있다.

$$\Delta \mathbf{R} = \frac{1}{2}\mathbf{A}\Delta t^2 + \mathbf{V}_{\text{initial}}\,\Delta t \tag{7.5}$$

식 7.4와 식 7.5를 결합하면

$$(\mathbf{V}_{\text{final}})^2 = (\mathbf{V}_{\text{initial}})^2 + 2\,\mathbf{A}\,\Delta\mathbf{R} \tag{7.6}$$

직선운동은 직선을 따라 움직이기 때문에 변위의 방향, 속도 그리고 가속도 r, v, a는 좌표축을 따라 대다수의 신호가 명시할 수 있다.

그러므로 식 7.4, 7.5 그리고 7.6은 벡터 크기 r, v, a의 관점으로 쓸 수 있다.

예제 7.1

고층 빌딩에 사용되는 급속 엘리베이터는 3초에 최고 속도 15mph에 도달할 수 있다. 엘리베이터의 가속도는 일정하다고 가정하고 3초 동안의 변위와 가속도를 구하라.

풀이

1. **가속도를 계산해라.**

   가속도가 일정하므로 식 7.3을 적용할 수 있다. 엘리베이터는 정지 상태에서 출발하므로 그 식은 다음과 같이 표현된다.

$$\Delta\mathbf{V} = (15\,\text{mph} - 0) = 15\,\text{mph}$$
$$= \left(\frac{15\ \text{miles}}{\text{hr}}\right)\left(\frac{5280\,\text{ft}}{1\text{mile}}\right)\left(\frac{1\text{hr}}{3600\ \text{s}}\right) = 22\,\text{ft/s}$$

따라서 가속도는 다음과 같이 계산된다.

$$\mathbf{A} = \frac{\Delta V}{\Delta t} = \frac{(22\,\text{ft/s})}{3\text{s}} = 7.3\text{ft/s}^2 \uparrow$$

2. **가속도를 중력에 대해서 표시하여라.**

   엘리베이터 안에서 사람이 가속될 때, 종종 가속도는 중력 가속도로 표준화된다. 지구상의 표준 중력가속도는 32.1740ft/s^2 또는 9.80665m/s^2이다. 따라서 엘리베이터 가속도는 다음과 같이 표현할 수 있다.

$$\mathbf{A} = 7.3\text{ft/s}^2\left(\frac{1\text{g}}{32.2\text{ft/s}^2}\right) = 0.22\text{g}$$

3. **3초 동안의 움직인 거리, 변위를 계산하여라.**

   변위는 식 7.5로부터 다음과 같이 결정된다.

$$\Delta\mathbf{R} = \frac{1}{2}a\Delta t^2 + v_{\text{initial}}\Delta t = \frac{1}{2}(7.3\text{ft/s}^2)(3\text{s})^2 + (0)(3\text{s})$$
$$= 32.9\text{ft} \uparrow \text{ (또는 대략 3층 정도)}$$

7.2.3 가속도와 속도 선도

식 7.1에 명시된 것처럼 순간 가속도는 시간에 대한 순간 속도의 첫 번째 미분한 값이다. 때때로 한 점의 순간 속도에 대한 해석적인 풀이가 가능한 폐쇄형(closed-form)의 식을 구할 수 있다. 이런 경우에 특정 시간에 식의 미분 값으로 순간가속도를 낼 수 있다. 자주 특히 자동화에 사용되는 프로그래밍할 수 있는 원동기의 속도 선도는 6장에 설명되어 있다. 시간에 대한 변위를 상기하면 시간에 대한 *v*-*t* 곡선 상에 위치한다. 반대로 어떤 특정 시간의 가속도는 *v*-*t* 곡선의 기울기이다.

〉〉 예제 7.2

자동 조립 작업은 서보 구동기로부터 직선 운동이 필요하다. 총 운동 변위는 10in.가 되어야 한다. 설계의 최고 속도는 2in./s가 되어야 하고, 최고 가속도 또는 감속은 4in./s²를 넘지 않아야 한다. 이 응용에 대한 속도 선도를 그려라.

풀이

1. 가속 구간 운동의 파라미터를 정하라.

서보 모터에 대한 표준 속도 선도에 의하면 가속 부분은 일정한 가속도이다. 속도 *v*와 가속도 *a*의 크기는 식 7.3에서 주어진 것처럼 시간의 증가에 대한 속도의 증가이다.

$$\Delta t = \frac{\Delta v}{a} = \frac{(2 - 0)\text{in./s}}{4\text{in./s}^2} = 0.5\text{s}$$

식 7.5는 시간이 가는 동안 움직인 변위의 크기를 계산하는 데 사용한다.

$$\Delta R = \frac{1}{2}a\Delta t^2 + v_{\text{initial}}\Delta t$$
$$= \frac{1}{2}\left(4\text{in./s}^2\right)(.5\text{s})^2 + (0)(.5\text{s}) = 0.5\text{in.}$$

2. 감속 구간 운동의 파라미터를 정하라.

표준 속도 선도에 의하면 감속 부분은 일정한 감속도이다. 속도가 감소하는 동안의 시간은

$$\Delta t = \frac{\Delta v}{a} = \frac{(0-2)\text{in./s}}{-4\text{in./s}^2} = 0.5\text{s}$$

속도가 감소하는 동안 운동의 변위 크기는

$$\Delta R = \frac{1}{2}a\Delta t^2 + v_{\text{initial}}\Delta t$$
$$= \frac{1}{2}\left(-4\text{in./s}^2\right)(.5\text{s})^2 + 22\text{in./s}(.5\text{s}) = 0.5\text{in.}$$

3. 등속 구간 운동 파라미터를 정하라.

속도가 증가하는 동안 0.5in. 변위가 발생하고 멈추는 동안 0.5in. 변위가 있기 때문에, 나머지 9.0in. 동안은 일정한 속도, 등속도 구간이다. 식 6.2는 등속 운동의 시간을 계산하는 데 사용된다.

$$\Delta t = \frac{\Delta R}{v} = \frac{9\,\text{in.}}{2\,\text{in./s}} = 4.5\,\text{s}$$

4. **전체 속도 선도를 그려라.**

   이 가속, 등속, 감속 요구 조건에 대한 속도와 시간을 이용하면 전체 속도 선도는 그림 7.1와 같이 만들어낸다.

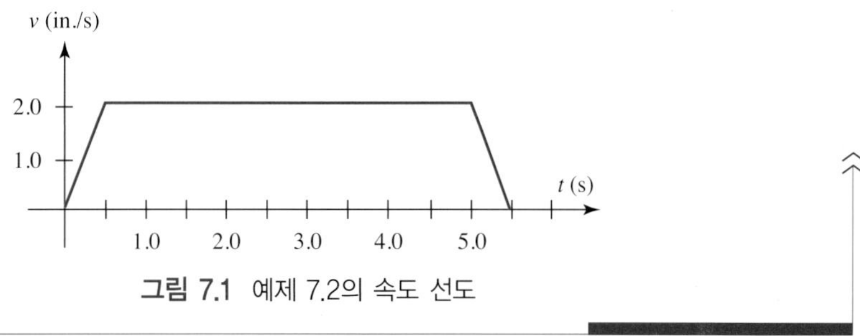

그림 7.1 예제 7.2의 속도 선도

7.2.4 일반 운동을 하는 점의 선가속도

앞서 언급한 것처럼 일반운동을 하는 점의 속도는 두 가지 방식으로 표현될 수 있다.

1. 속도의 크기가 변한다. 이것은 앞 절에서 제시된 바와 같이 운동궤적을 따라 작용하는 가속도를 만든다. 이 가속도를 **접선가속도(tangential acceleration)** A^t라고 한다.
2. 속도 벡터의 방향이 시간에 따라 변한다. 이것은 링크가 회전운동을 할 때, 그 링크 상에 있는 점의 운동에서 발생한다. 이것은 운동 궤적 방향에 직각으로 작용하는 원심가속도를 만든다. 이 가속도를 **법선가속도(normal acceleration)** A^n라고 한다.

그림 7.2은 곡선 궤적을 따라 가속되고 있는 점 A를 보여 주고 있다. 점 A의 접선가속도, $\mathbf{A}_A^t$는 운동 방향으로의 선가속도이다. 점 A는 가속되고 있기 때문에 접선가속도 벡터는 운동 방향으로 향한다. 만약 점 A가 감속되고 있다면 그 벡터는 운동 방향의 반대로 향한다. 물론 속도 벡터는 항상 운동 방향을 향한다. 접선가속도의 크기는 식 7.1, 7.2, 7.3을 사용하여 구할 수 있다.

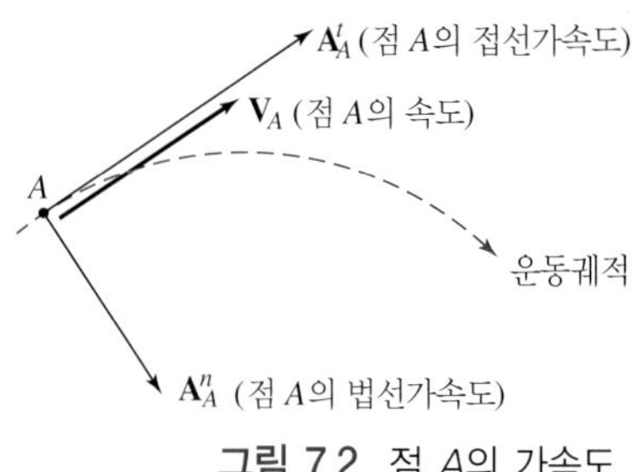

그림 7.2 점 A의 가속도

점 A의 법선가속도, A^n_A는 속도 벡터의 방향의 변화로 인하여 발생한다. 이것은 운동 방향에 직각인 선을 따라 작용하고, 그 궤적의 곡률 중심을 향한다. 법선가속도의 크기는 7.4절에서 소개한다.

7.3 링크의 가속도

6.3절에서 모든 운동은 아무리 복잡해도 병진운동과 회전운동의 조합으로 나타낼 수 있다고 했다. 링크의 운동을 완전히 나타내기 위해서는 한 점의 병진운동과 그 점에 대한 링크의 회전운동을 밝혀내야 한다. 속도에서와 마찬가지로 링크 상의 여러 점들은 서로 다른 가속도를 가질 수 있고 그 링크는 같은 회전가속도를 가진다.

7.3.1 각가속도

링크의 각가속도(angular acceleration) α는 링크의 시간당 각속도의 변화이다. 링크의 각속도는 수학적으로 다음과 같이 표현된다.

$$\alpha = \lim_{\Delta t \to 0} \frac{\Delta \omega}{\Delta t} = \frac{d\omega}{dt} \tag{7.7}$$

그러나

$$\omega = \frac{d\theta}{dt}$$

이다. 그러므로

$$\alpha = \frac{d^2\theta}{dt^2} \tag{7.8}$$

미소 시간 동안 또는 각가속도를 선형적이라고 가정할 수 있을 때 다음 관계가 성립한다.

$$\alpha \cong \frac{\Delta \omega}{\Delta t} \tag{7.9}$$

7.2절에서와 같이 회전 속도가 증가하거나 링크가 가속될 때 각가속도의 방향은 운동의 방향이다. 반대로 회전속도가 줄어들거나 링크가 감속할 때 각가속도의 방향은 운동의 반대 방향이다. 평면 운동에서 그 방향은 시계 방향 또는 반시계 방향으로 표기할 수 있다.

각가속도는 시간당 각속도(시간 당 각도) 또는 시간 제곱당 각도 단위로 나타낸다. 미국 규격과 IS 규격에서는 초 제곱당 도(deg/s^2), 초 제곱당 회전수(rev/s^2), 초 제곱당 라디안(rad/s^2)을 사용한다.

7.3.2 등 각가속도

식 7.7을 다시 쓰자면 일정한 각가속도의 기간 동안 발생하는 각가속도의 변화는 다음과 같이 표현된다.

$$\Delta\omega = \omega_{\text{final}} - \omega_{\text{initial}} = \alpha\,\Delta t \tag{7.10}$$

덧붙여서 일정한 각가속도의 기간 동안 발생하는 해당 각가속도 변위는 다음과 같이 쓸 수 있다.

$$\Delta\theta = \frac{1}{2}\alpha\Delta t^2 + \omega_{\text{initial}}\,\Delta t \tag{7.11}$$

식 7.10과 7.11은 다음과 같이 결합할 수 있다.

$$(\omega_{\text{final}})^2 = (\omega_{\text{initial}})^2 + 2\alpha\Delta\theta \tag{7.12}$$

》 예제 7.3

그림 7.3의 연삭 숫돌을 구동하는 전기 모터는 전원이 들어오면, 2초 만에 1,800rpm으로 속도가 올라간다. 가속도는 일정하다고 가정하고, 연삭 숫돌의 회전 각가속도를 구하라. 또한 숫돌이 그 속도에 도달할 때까지 숫돌이 회전한 회전수를 구하라.

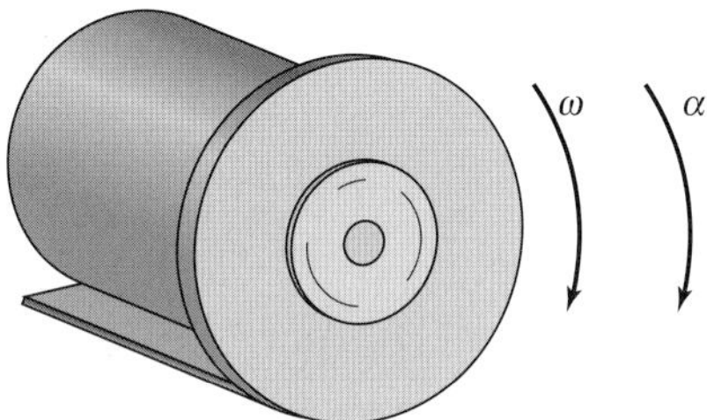

그림 7.3 예제 7.3의 연삭 숫돌

풀이

1. 가속도를 계산하라.

연삭 숫돌의 속도를 rad/sec 단위로 전환하면 다음과 같다.

$$\Delta\omega = 1800\,\text{rpm}\left(\frac{2\pi\,\text{rad}}{1\,\text{rev}}\right)\left(\frac{1\,\text{min}}{60\,\text{s}}\right) = 188.5\,\text{rad/s},\ \text{시계 방향}$$

일정한 가속도이므로 식 7.9를 사용하면 다음과 같다.

$$\begin{aligned}\alpha &= \frac{\Delta\omega}{\Delta t}\\ &= \left(\frac{188.5\,\text{rad/s} - 0}{2\,\text{s}}\right) = 94.2\,\text{rad/s}^2,\ \text{시계 방향}\end{aligned}$$

가속도의 방향은 연삭 숫돌의 속도가 증가하므로 운동 방향, 즉 시계 방향이다. 이 가속 기간 동안의 회전수는 식 7.11로부터 다음과 같이 결정된다.

$$\Delta\theta = \frac{1}{2}\alpha\Delta t^2 + \omega_{\text{initial}}\Delta t = \frac{1}{2}\left(94.2\,\text{rad/s}^2\right)(2\,\text{s})^2 + (0)(2\,\text{s})$$

$$= 188.4\,\text{rad}\left(\frac{1\,\text{rev}}{2\pi\,\text{rad}}\right) = 30.0\ \text{revolutions}$$

7.4 법선가속도 및 접선가속도

7.2.4절에서와 같이, 일반 궤적을 따라 움직이는 점의 속도는 두 가지 방식으로 표현된다. 속도 벡터는 크기 또는 방향이 시간에 따라 변할 수 있다. 물론 가속도는 속도의 시간 변화율이다. 따라서 가속도는 두 가지 요소, 법선과 접선 성분으로 구분된다. 법선 성분은 속도 벡터의 방향이 변화한 결과이다. 접선 성분은 속도 벡터의 크기가 변화한 결과이다.

7.4.1 접선가속도

회전하는 링크 상의 점에 대해서 이 가속도 성분의 방향을 쉽게 결정할 수 있다. 회전하는 링크 상에 있는 점의 순간 속도는 그 점과 회전 중심을 연결한 선에 직각이다.

또한 이 속도의 크기가 변화하면, 그 점과 회전 중심을 연결한 선에 직각인 접선가속도가 생긴다. 회전하는 링크 2 상에 있는 점 A의 접선가속도는 다음과 같이 나타낼 수 있다.

$$a_A^t = \frac{dv_A}{dt} = \frac{d(\omega_2 r_{OA})}{dt} = r_{OA}\frac{d\omega_2}{dt} = r_{OA}\alpha_2 \qquad \textbf{(7.13)}$$

식 7.13에서 각가속도 α는 시간 제곱당 라디안 단위를 사용해야만 한다. 초 제곱당 라디안 단위는 가장 흔히 쓰는 단위이다. 7.2절에서와 같이 접선가속도는 속도가 증가하거나 가속이 될 때, 운동의 방향이다. 반대로 접선가속도는 속도가 줄어들거나 감속될 때, 운동의 반대 방향이다.

7.4.2 법선가속도

속도 방향의 변화는 법선가속도를 발생시키고, 그 가속도는 항상 회전 중심을 향한다. 그림 7.4a는 일정한 속도로 회전하는 링크를 보여 주고 있고, 주어진 위치의 전후로 미소 각 $d\theta_2$만큼 떨어져서 점 A의 속도를 나타내었다. 링크는 일정한 속도로 회전하고 있으므로 $V_{A'}$, $V_{A''}$의 크기는 같다.

그림 7.4b는 속도 변화 dv를 벡터적으로 구하기 위한 벡터 다각형을 보여 주고 있다. 속도 벡터의 변화 dv는 링크의 회전 중심을 향하고 있는 것을 알 수 있다. 실제로 법선가속도는 **항상**

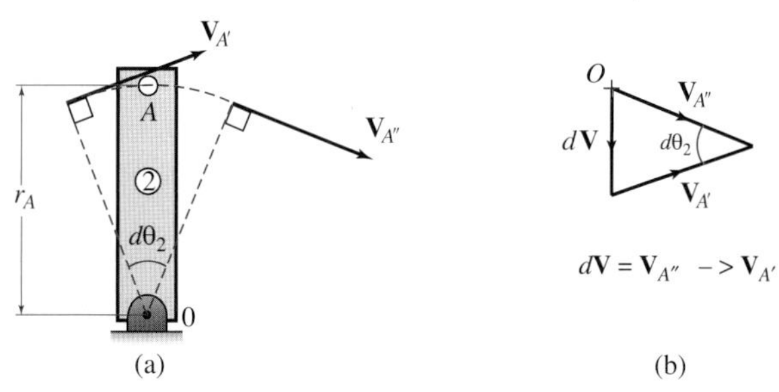

그림 7.4 법선가속도

링크의 회전 중심을 향한다. 이것은 점이 고정된 회전 중심 주위로 회전할 때, 속도 벡터는 운동 곡률에 따라 변하기 때문이다. 따라서 이 곡률의 법선은 항상 고정된 회전 중심을 향한다. 그림 7.3a에서, $d\theta_2$는 미소 각이므로 다음의 관계가 성립한다.

$$dv_A = v_A d\theta_2$$

가속도는 속도의 변화율로 정의되므로, 양변을 시간으로 나누면 다음과 같다.

$$a_A^n = \frac{dv_A}{dt} = v_A \frac{d\theta_2}{dt} = v_A \omega_2$$

선속도와 회전속도와의 관계는 식 6.6을 이용하면, 한 점에서의 법선가속도에 대한 다음 식을 유도할 수 있다.

$$a_A^n = v_A \omega_2 = (\omega_2 r_{OA})\omega_2 = \omega_2^2 r_{OA} \tag{7.14}$$

$$a_A^n = v_A \omega_2 = v_A\left(\frac{v_A}{r_{OA}}\right) = \frac{v_A^2}{r_{OA}} \tag{7.15}$$

7.4.3 총가속도

전술한 바와 같이 가속도는 관성력을 발생시키므로 가속도 해석은 중요하다. 기계는 이러한 동하중에 견딜 수 있도록 적절히 설계되어야만 한다. 물체의 관성력은 **총가속도(total acceleration)**에 비례한다. 총가속도는 전술한 법선가속도와 접선가속도를 합한 벡터이다. 수학적으로 다음과 같이 표현된다.

$$\mathbf{A}_A = \mathbf{A}_A^n +> \mathbf{A}_A^t \tag{7.16}$$

예제 7.4

그림 7.5에 보여 준 기구는 분배소에서 승강단을 따라 상자를 적재소로 밀어 넣는 데 사용된다. 구동 링크는 전기 모터로 구동되며, 이 순간 속도가 25rad/sec이고, 500rad/sec^{2}으로 가속되고 있다. 구동 링크의 길이가 250mm일 때 보여 준 위치에서 구동 링크 끝의 순간 가속도를 정하라.

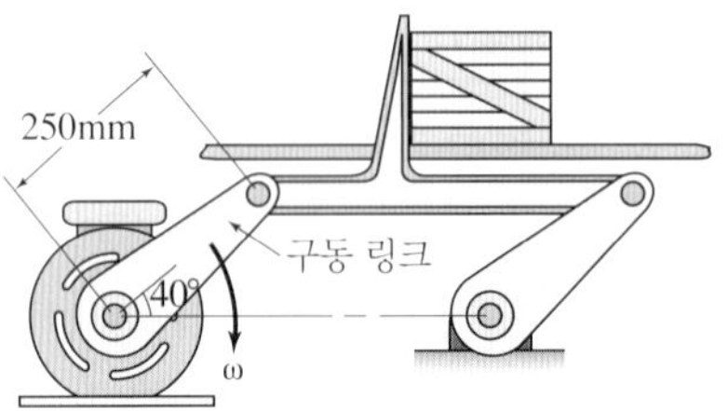

그림 7.5 예제 7.4의 수송 기구

풀이

1. 기구 해석도를 그리고 자유도를 계산하라.

이 수송 기구의 기구 해석도를 그림 7.6a에 나타내었다. 이것은 친숙한 4절 기구이다.

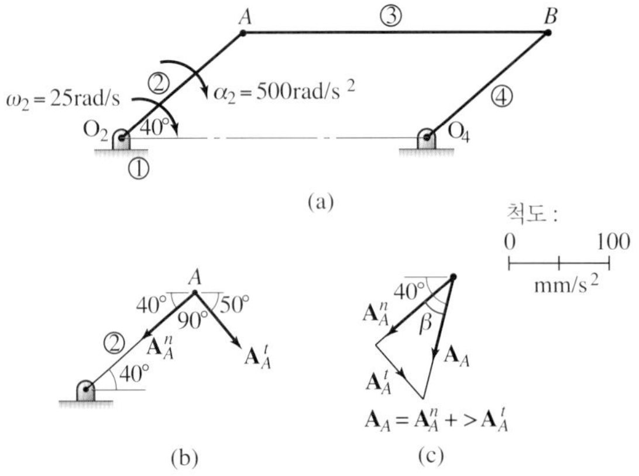

그림 7.6 예제 7.4의 도식도

2. 점 A의 접선가속도를 정하라.

구동 링크(링크 2)는 단순 회전만 하므로 구동 링크 끝의 가속도 성분은 간단히 구할 수 있다. 식 7.13을 사용하여 가속도의 접선 성분을 구하면 다음과 같다.

$$a_A^t = r\alpha_2 = (250\text{mm})\left(500\text{rad/s}^2\right) = 125{,}000\text{mm/s}^2 = 125.0\text{m/s}^2$$

구동 링크는 가속되고 있으므로 접선가속도는 링크 끝에서 운동의 방향이다. 따라서 접선가속도는 다음과 같다.

$$\mathbf{A}_A^t = 125.0\text{m/s}^2 \ \searrow 50^\circ$$

3. **점 A의 법선가속도를 정하라.**

식 7.14를 사용하여 가속도의 법선 성분을 구하면 다음과 같다.

$$a_A^n = r_{O_2A}\omega_2^2 = (250\,\text{mm})\left(25\,\text{rad/s}\right)^2 = 156{,}250\,\text{mm/s}^2 = 156.25\,\text{m/s}^2$$

법선가속도는 항상 회전 중심을 향하여 발생한다. 따라서 법선가속도는 다음과 같이 계산된다.

$$\mathbf{A}_A^n = 156.25\,\text{m/s}^2 \quad \overline{40^\circ\swarrow}$$

그림 7.6b에 가속도의 성분을 나타내었다.

4. **점 A의 총 가속도를 정하라.**

총가속도는 3장에서 제시된 해석적 기법을 사용하여 구할 수 있다. 법선과 접선 성분이 서로 직각이므로 그 크기는 다음과 같이 된다.

$$a_A = \sqrt{(a_A^n)^2 + (a_A^t)^2}$$
$$= \sqrt{(125.0\,\text{m/s}^2)^2 + (2156.25\,\text{m/s}^2)^2} = 200.10\,\text{m/s}^2$$

총가속도 벡터의 법선 성분과 이루는 각은 다음과 같이 계산된다.

$$\beta = \tan^{-1}\left(\frac{a_A^t}{a_A^n}\right) = \tan^{-1}\left(\frac{125.0\,\text{m/s}^2}{156.25\,\text{m/s}^2}\right) = 38.7^\circ$$

따라서 총가속도 벡터가 수평선과 이루는 각도는 다음과 같다.

$$40.0^\circ + 38.7^\circ = 78.7^\circ$$

정리하면 총가속도는 다음과 같이 된다.

$$\mathbf{A}_A = 200.10\,\text{m/s}^2 \quad \overline{78.7^\circ\swarrow}$$

총가속도는 3장에서 설명한 바와 같이 전통적인 도식적 기법이나 CAD를 사용하여 도식적으로 구할 수도 있다.

7.5 상대운동

6장에서 상세히 설명한 바와 같이, 두 점의 운동 차이가 **상대운동(relative motion)**이다. **상대속도(relative velocity)**는 움직이고 있는 기준 물체에서 본 다른 물체의 속도로 정의된다. 유사하게 **상대가속도(relative acceleration)**는 움직이고 있는 기준 물체에서 본 다른 물체의 가속도로 정의된다.

7.5.1 상대가속도

속도에서와 같이, 다음의 표기가 절대 및 상대가속도를 구별하는 데 사용된다.

$\mathbf{A}_A$ = 점 A의 절대 (총) 가속도
$\mathbf{A}_B$ = 점 B의 절대 (총) 가속도
$\mathbf{A}_{B/A}$ = 점 A에 대한 점 B의 상대 (총) 가속도
= 'A에서 본' 점 B의 (총) 가속도

식 6.10으로부터 절대속도와 상대속도의 관계는 다음과 같다.

$$\mathbf{V}_B = \mathbf{V}_A +> \mathbf{V}_{B/A}$$

위 식의 양변을 시간으로 미분하면, 절대가속도와 상대가속도 사이의 관계가 산출된다. 수학적으로 표현하면 다음과 같다.

$$\mathbf{A}_B = \mathbf{A}_A +> \mathbf{A}_{B/A} \tag{7.17}$$

식 7.17의 총가속도는 일반적으로 법선 성분과 접선 성분으로 분리하면 보다 편리하다. 각 가속도를 2개의 성분으로 분리하면 다음과 같다.

$$\mathbf{A}_B^n +> \mathbf{A}_B^t = \mathbf{A}_A^n +> \mathbf{A}_A^t +> \mathbf{A}_{B/A}^n +> \mathbf{A}_{B/A}^t \tag{7.18}$$

식 7.17과 7.18은 벡터 방정식이며 이 방정식을 풀기 위해서는 3장에서 다룬 기법을 사용하면 된다.

》 예제 7.5

그림 7.7은 전기 쇠톱을 나타낸다. 이 순간 전기 모터는 반시계 방향으로 회전하며 모터 크랭크의 자유단(B점)을 12in./s 속도로 구동한다. 크랭크는 37rad/s^{2}으로 가속된다. 또한 쇠톱의 상측부는 왼쪽으로 9.8in./s 속도와 82in./s^{2}의 가속도로 움직인다. B점에 대한 C점의 상대가속도를 정하라.

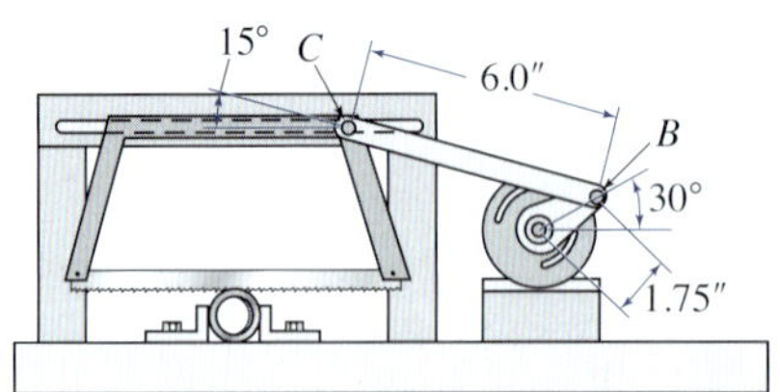

그림 7.7 예제 7.5의 전기톱

풀이

1. 기구 해석도를 그리고 자유도를 계산하라.

그림 7.8a는 이 쇠톱의 기구 해석도를 나타내고 있다. 이것은 친숙한 슬라이더-크랭크 기구이다.

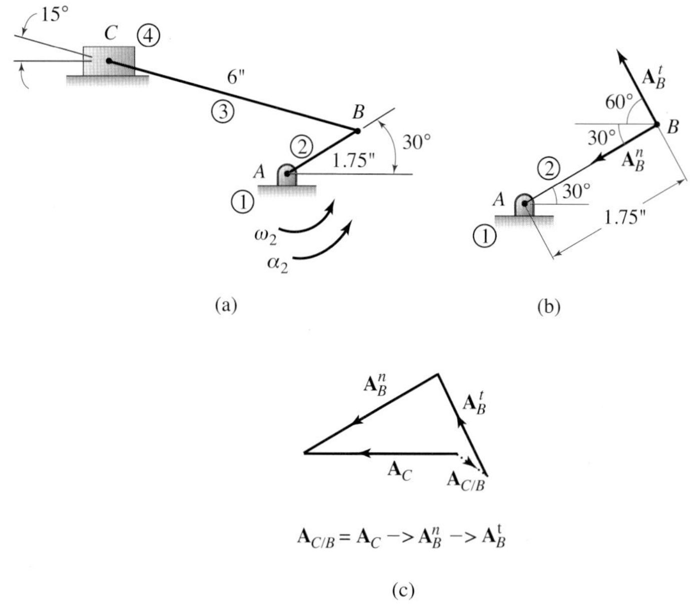

그림 7.8 예제 7.5의 기구 해석도

2. 점 *B*의 접선가속도를 정하라.

기구 해석도로부터 *B*점은 링크 2가 반시계 방향으로 회전함에 따라, 좌상 방향으로 이동하는 것이 분명하다. 모터 크랭크(링크 2)는 단순 회전을 하므로 그 링크 선단에서의 가속도 성분은 쉽게 얻을 수 있다. 식 7.13은 가속도의 접선 성분을 결정하는 데 사용되며 다음과 같이 된다.

$$a_B^t = r_{AB}\alpha_2 = (1.75\,\text{in.})\left(37\,\text{rad/s}^2\right) = 64.75\,\text{in./s}^2$$

링크 2는 가속되고 있으므로, 링크 선단에서 접선 성분의 방향은 운동의 방향이다. 따라서 접선 가속도는 다음과 같이 계산된다.

$$\mathbf{A}_B^t = 64.75\,\text{in./s}^2 \quad 60°$$

3. 점 *B*의 법선가속도를 정하라.

식 7.15는 가속도의 법선 성분을 구하는 데 사용되며 다음과 같다.

$$a_B^n = \frac{v_B^2}{r_{AB}} = \frac{(12\,\text{in./s})^2}{1.75\,\text{in.}} = 82.29\,\text{in./s}^2$$

법선가속도는 항상 회전중심을 향한다. 따라서 법선가속도는 다음과 같다.

$$\mathbf{A}_B^n = 82.29\,\text{in./s}^2 \quad 30°$$

링크 2를 격리시켜서 이 가속도 성분을 나타내면 그림 7.8b와 같다.

4. 점 C의 가속도를 정하라.

점 C의 운동은 직선운동이다. 따라서 법선가속도는 발생하지 않는다. 점 C의 총가속도는 문제에 서술된 바와 같이 다음과 같다.

$$\mathbf{A}_C = 82\,\text{in./s}^2 \leftarrow$$

5. 점 B에 점 C의 가속도를 정하기 위한 속도 다각형을 만들어라.

상대가속도를 정하기 위하여 식 7.16을 점 B와 C에 대해서 다시 쓰면 다음과 같다.

$$\mathbf{A}_{C/B} = \mathbf{A}_C -> \mathbf{A}_B$$

점 B는 두 가지 가속도 성분이 존재하므로 다음과 같이 다시 쓸 수 있다.

$$\mathbf{A}_{C/B} = \mathbf{A}_C -> (\mathbf{A}_B^n +> \mathbf{A}_B^t) = \mathbf{A}_C -> \mathbf{A}_B^n -> \mathbf{A}_B^t$$

이 식으로부터 벡터 다각형을 그렸다(그림 7.8c). 모르는 속도는 3장에서 제시된 방법을 사용하여 결정할 수 있다. 벡터 $\mathbf{A}_{C/B}$를 결정하는 데 도식적 기법이나 해석적 기법을 사용할 수 있다.

6. 모르는 벡터 크기를 구하라.

해석적 기법을 사용하여 가속도 $\mathbf{A}_{C/B}$를 수평 성분과 수직 성분으로 분리시켜서 구한다. 표 7.1을 참조하라.

표 7.1 가속도 $\mathbf{A}_{C/B}$에 대한 수평 및 수직 벡터 성분

벡터	기준각(θx)	수평 성분	수직 성분
$\mathbf{A}_C$	180°	−82.00	0
$\mathbf{A}_B^n$	210°	−71.26	−41.15
$\mathbf{A}_B^t$	120°	−32.83	56.08

수평과 수직 성분에 대해 분리된 방정식을 쓰면 다음과 같다.

$$\mathbf{A}_{C/B} = \mathbf{A}_C -> \mathbf{A}_B^n -> \mathbf{A}_B^t$$

수평 성분 : $\mathbf{A}^h_{C/B} = (-82.0) - (-71.27) - (-32.38) = +21.35 = 21.35\text{in./s}^2$

수직 성분 : $\mathbf{A}^v_{C/B} = (0) - (-41.15) - (+56.08) = -14.93\text{in./s}^2$

가속도의 크기는 다음과 같다.

$$\begin{aligned}\mathbf{A}_{C/B} &= \sqrt{\left(a^h_{C/B}\right)^2 + \left(a^v_{C/B}\right)^2} \\ &= \sqrt{(21.35)^2 + (-14.93)^2} = 26.05\text{in./s}^2\end{aligned}$$

방향은 다음과 같이 결정된다.

$$\theta_x = \tan^{-1}\left[\frac{a^h_{C/B}}{a^v_{C/B}}\right] = \tan^{-1}\left[\frac{-14.93\,\text{in./s}^2}{21.35\,\text{in./s}^2}\right] = -35^\circ = \searrow 35^\circ$$

마지막으로 B점에 대한 C점의 상대가속도는 다음과 같다.

$$\mathbf{A}_{C/B} = 26.05\ \text{in./s}^2\ \searrow 35^\circ$$

7.5.2 상대가속도의 성분

기구의 가속도는 법선 성분과 접선 성분으로 분리해서 보다 쉽게 해석할 수 있다. 프레임에 붙어 있는 링크에 대해서, 가속도 성분의 방향은 앞 절에서 설명한 바와 같이 명백하다. 법선 성분은 항상 회전 중심을 향하고, 접선 성분은 법선 성분에 직각이며 감속 또는 가속 상태와 일관된 방향을 가진다. 즉 접선가속도는 그 점이 가속될 때 운동 방향이며, 역으로 그 점이 감속될 때 운동 방향의 반대 방향이다.

같은 링크 상에 있는 점에 대해서, 특히 프레임에 직접 붙어 있지 않은 링크일 경우, 해석은 그 점의 상대가속도로 귀착된다. 그림 7.9는 프레임에 직접 붙어 있지 않은 링크, 즉 유동 링크를 나타내고 있다.

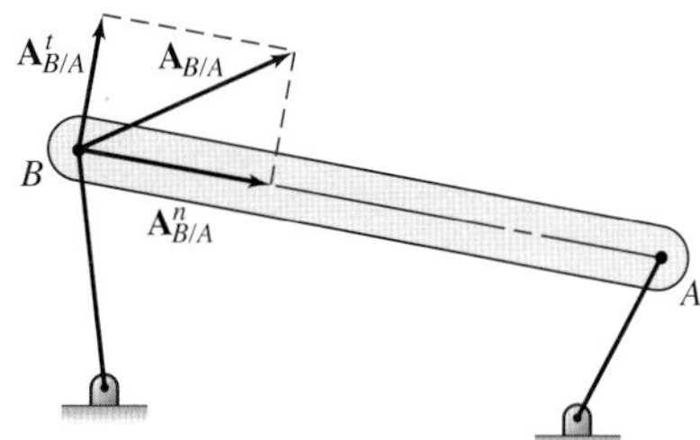

그림 7.9 상대적인 법선가속도와 접선가속도

그 링크 상에 있는 두 점의 상대가속도가 나타나 있다. 또한 이 가속도의 법선과 접선 성분이 함께 표시되어 있다. 다시 말해서 두 점의 상대가속도는 한 기준점에서 본 다른 점의 가속도이다.

속도 해석에서와 같이 상대 운동은 기준점에 대한 관찰점의 단순 회전운동으로 구성된다. 다시 말하면 A점에 대한 B점의 상대운동이 마치 점 B가 점 A를 중심으로 회전하는 것처럼 해석한다. 따라서 상대가속도의 법선 성분은 상대 회전 중심, 즉 기준점을 향한다. 상대접선가속도는 상대법선가속도에 직각 방향이다. 이 성분의 크기는 고정점을 중심으로 회전하고 있는 점의 절대가속도와 유사한 형식으로 계산된다.

$$a^t_{B/A} = \frac{dv_{B/A}}{dt} = \frac{d(\omega_3 r_{BA})}{dt} = r_{BA}\alpha_3 \tag{7.19}$$

$$a^n_{B/A} = r_{BA}\omega^2 = \frac{(v_{B/A})^2}{r_{BA}} \quad (7.20)$$

상대 접선가속도의 방향은 유동 링크의 각가속도와 일관된다. 그림 7.9에서, 상대접선가속도 $\mathbf{A}_{B/At}$는 점 B가 점 A의 주위를 회전할 때의 B점의 접선가속도라는 것을 보여 주고 있다. 또한 이것은 링크 3의 시계 방향 각가속도를 의미하고 있다.

〉〉 예제 7.6

예제 7.5의 전기쇠톱에 대해서 6in. 길이 연결 링크 (링크 3)의 각가속도를 구하라.

풀이

1. **상대적으로 링크의 기하학적인 것을 설명하라.**

B점에 대한 C점의 상대가속도는 다음과 같이 구할 수 있다.

$$\mathbf{A}_{C/B} = 26.05\text{in./s}^2 \quad \overline{\searrow 35^\circ}$$

또한 그림 7.7을 보면 연결 링크는 15° 기울어져 있다. 이 데이터를 사용해서 총 상대가속도가 법선과 접선 성분으로 분리될 수 있다. 이 성분들을 그림 7.10에 나타내었다.

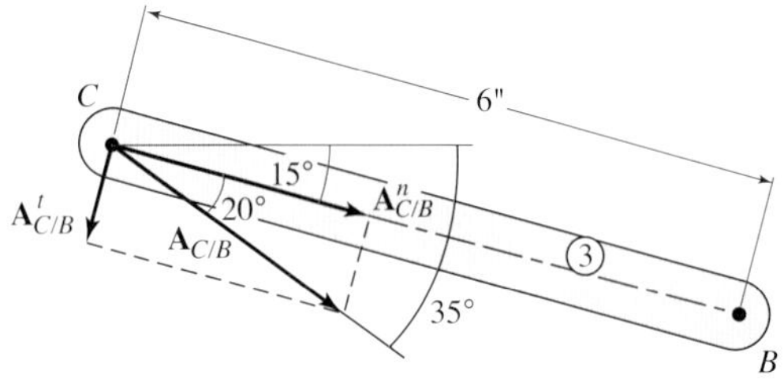

그림 7.10 예제 7.6의 상대가속도

그림 7.10은 총 상대가속도가 법선 성분에 대해 20°(35° − 15°) 벌어져 있음을 보여 주고 있다. 따라서 상대가속도 성분의 크기는 다음의 삼각법 관계에 의하여 쉽게 구할 수 있다.

$$\mathbf{A}^t_{C/B} = a_{C/B}(\sin 20^\circ) = 26.05\text{in./s}^2\,(\sin 20^\circ) = 8.91\text{in./s}^2 \quad \overline{\searrow 15^\circ}$$

$$\mathbf{A}^n_{C/B} = a_{C/B}(\cos 20^\circ) = 26.05\text{in/.s}^2\,(\cos 20^\circ) = 24.48\text{in./s}^2 \quad \overline{75^\circ \swarrow}$$

그림 7.10으로부터, 상대가속도의 접선 성분은 링크 3의 각가속도가 반시계 방향임을 의미하고 있다. 그 크기는 다음과 같다.

$$\alpha_3 = \frac{a^t_{C/B}}{r_{CB}} = \frac{8.91\text{in./s}^2}{6\text{in.}} = 1.49\text{rad/s}^2$$

그러므로 연결 링크의 각가속도는 다음과 같다.

$$\alpha_3 = 1.49\text{rad/s}^2, \text{ 반시계 방향}$$

7.6 상대가속도 해석 : 도식적 기법

가속도 해석은 주로 어떤 기구 형상에서 기구상에 있는 여러 점의 가속도를 결정하는 데 사용된다. 이 해석의 결과로 순간운동의 특성이 산출된다. 기구는 아무리 미소한 양만큼 움직이더라도 운동 특성이 변한다. 가속도는 기구의 링크 간에 관성력을 발생시킨다. 그 결과 발생되는 응력은 기계의 안전한 동작을 보장해야만 한다.

한 점의 가속도를 결정하기 위해서는 같은 링크 상에 있는 다른 점의 가속도를 알아야만 한다. 또한 구하고자 하는 점의 속도와 그 두 점 간의 상대속도를 알아야 한다. 이러한 정보는 6장에서 소개된 상대속도법을 사용하여 알 수 있다. 해석은 2링크 간에 공통인 점을 사용하여, 기구 전체에 대해 진행된다. 예를 들어, 조인트 상에 있는 점은 2링크에 공통이다. 그러므로 이 점의 속도를 알면 그 점과 연결된 링크 상의 점의 속도를 차례로 알 수 있다. 이런 식으로 기구상의 어떠한 점의 가속도도 입력 링크로부터 출력 쪽으로 해석하여 결정할 수 있다.

식 7.18에서 상대가속도 식은 법선 성분과 접선 성분을 포함시켜 다음과 같이 확장할 수 있다.

$$\mathbf{A}_B^n +> \mathbf{A}_B^t = \mathbf{A}_A^n +> \mathbf{A}_A^t +> \mathbf{A}_{B/A}^n +> \mathbf{A}_{B/A}^t$$

A점의 가속도가 알려져 있고 B점의 가속도를 구한다고 하자. 이 상황에서 총 6개 성분의 방향이 알려져 있다. 모든 법선 성분은 상대 회전 중심을 향한다. 모든 접선 성분은 법선 성분과 직각이다. 모든 법선가속도 벡터의 크기는 식 7.14 또는 7.15로부터 구할 수 있다. 물론 알려진 점, A점의 접선가속도의 크기도 알려져 있다. 따라서 해석은 해당 점의 접선가속도의 크기와 상대 접선가속도의 크기를 결정하는 것이다.

상대가속도 해석은 3.18, 3.19절에서 제시된 문제와 같은 벡터 문제를 형성한다. 3장에서와 같이, 도식적 및 해석적 해법이 가능하다. 많은 문제에서, 어떤 항목의 크기는 0이 되어 식 7.18의 6개의 벡터 성분들 중 일부가 줄어들 수도 있다. 예를 들어 알려진 점이 각속도가 일정한 링크에 공통인 조인트에 있다면 그 점의 접선가속도는 없다. 다른 예를 들면 점이 직선운동만 하는 링크에 공통인 경우를 들 수 있다. 이 점은 회전하지 않고 법선가속도를 갖지 않는다.

속도 해석에서와 같이 속도 다각형의 도식적 해법이 손에 의한 작도법이나 CAD 시스템을 사용하여 완성할 수 있다. 두 가지 방식의 논리는 동일하다. 그러나 CAD 해법이 작도 정밀도의 제한을 받지 않는다. 사용되는 방법에 관계없이 다음 예제를 통해 도식적 위치 해석의 개념을 설명한다.

〉〉 예제 7.7

그림 7.11의 기구는 부품을 컨베이어를 따라 이동시킨 다음, 회전시켜서 이 부품을 다른 컨베이어에 내려놓는다. 구동 바퀴는 12rpm의 일정한 각속도로 회전한다. 부품을 회전시켜서 내려놓는 요동 암의 각가속도를 결정하라.

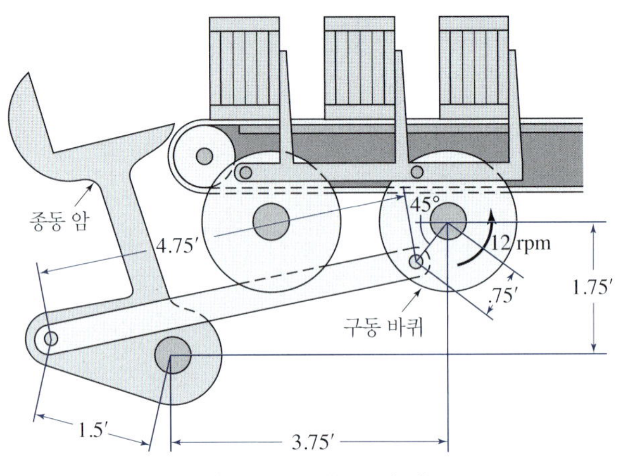

그림 7.11 예제 7.7의 기구

풀이

1. **기구 해석도를 그리고 자유도를 계산하라.**

   고려해야 할 기구 부분은 구동 바퀴, 종동 암, 그 두 가지를 연결하는 링크이다. 이것은 보통의 4절 기구이다. 축척된 기구 해석도는 그림 7.12a에 나타내었다.

2. **원하는 가속도를 얻기 위한 방법을 정하라.**

   요동 암(링크 4)의 각가속도는 점 C의 가속도 접선 성분으로부터 구할 수 있다. 따라서 이 문제의 요점은 C점의 가속도를 결정하는 것이다. 링크 3에 있는 C점의 가속도는 B점의 가속도를 알면 구할 수 있다. B점의 가속도는 입력 링크, 링크 2의 운동을 알면 구할 수 있다.

3. **점 B와 점 C의 속도를 정하라.**

   첫 번째 단계는 점 B와 C를 포함하여 속도 해석도를 그리는 것이다. B점의 속도 크기는 다음과 같이 계산할 수 있다.

$$\omega_2(\text{rad/s}) = \frac{\pi}{30}(\omega\,\text{rpm}) = \frac{\pi}{30}(12\text{rpm}) = 1.26\text{rad/s},\ \text{반시계 방향}$$

$$\mathbf{V}_B = \omega_2 \mathbf{r}_{\mathbf{AB}} = (1.26\text{rad/s})(0.75\text{ft}) = .943\text{ft/s} \quad \searrow 45^\circ$$

$\mathbf{V}_B$의 방향은 링크 2에 수직이며, ω_2의 방향으로 우하측을 향한다.

따라서 속도 해석도의 원점으로부터 이 벡터를 나타내도록 축척시켜 나타낼 수 있다.

점 B, C에 대한 상대속도 식은 다음과 같다.

$$\mathbf{V}_C = \mathbf{V}_B +\!> \mathbf{V}_{C/B}$$

따라서 속도 해석도의 원점에서 벡터 $\mathbf{V}_C$의 방향을 나타내도록 선을 그을 수 있다. 이 선은 점 C가 고정점을 중심으로 회전하는 링크 4에 있으므로 링크 4에 수직이다. 또한 벡터 $\mathbf{V}_B$의 끝에서 $\mathbf{V}_{C/B}$의 방향을 나타내도록 선을 그을 수 있다. 모든 상대속도에서와 같이, 그 선의 방향은 C와 B를 연결하는 선에 수직이다. $\mathbf{V}_C$와 $\mathbf{V}_{C/B}$ 방향의 두 선이 만나는 점은 그 두 벡터의 크기를 결정한다. 완성된 속도 해석도를 그림 7.12b에 나타내었다.

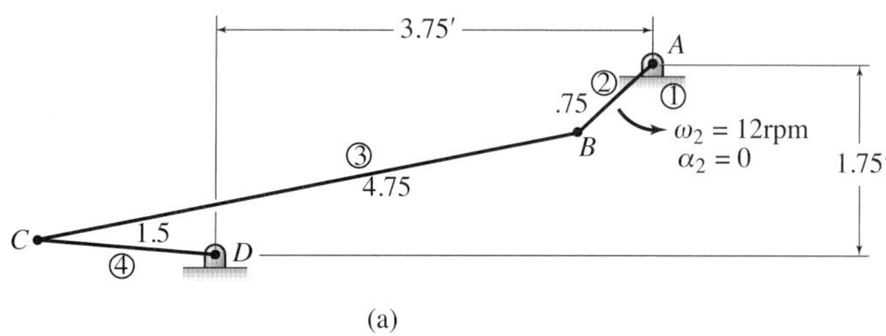

(a)

(b)

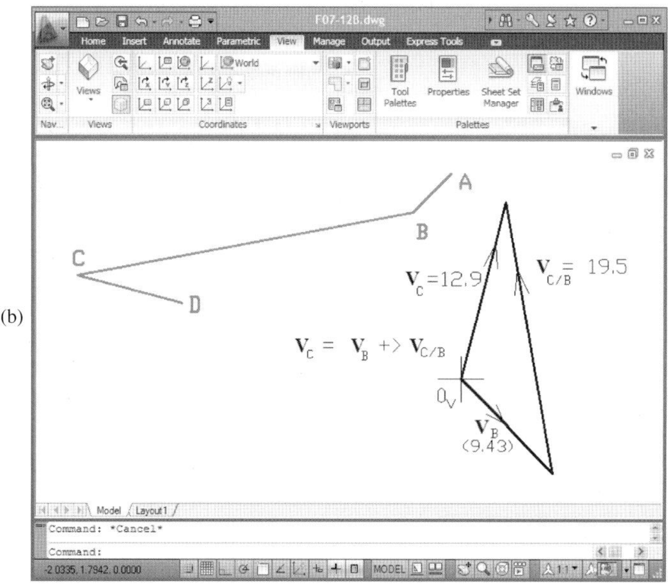

(c)

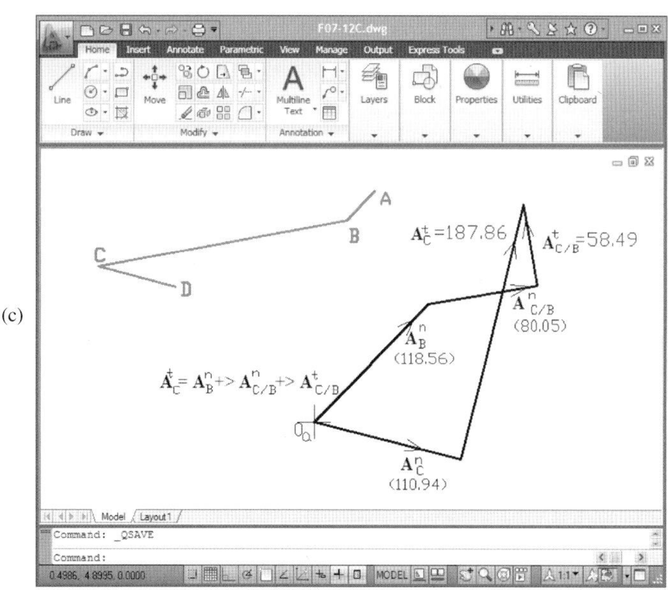

그림 7.12 예제 7.7의 해석도

해석도로부터 벡터 크기의 축척을 감안하면 다음과 같다.

$$\mathbf{V}_C = 1.290\,\text{ft/s} \quad \angle 76^\circ$$
$$\mathbf{V_{C/B}} = 1.950\,\text{ft/s} \quad 80^\circ$$

4. **가속도의 각 성분들을 계산하라.**

다음 단계는 점 B와 C를 포함하는 가속도 해석도를 만드는 것이다. 먼저 알 수 있는 가속도를 계산하여 다음에 나타내었다.

$$\mathbf{A}_B^n = \frac{(\mathbf{V}_B)^2}{r_{AB}} = \frac{(0.943\,\text{ft/s})^2}{0.75\,\text{ft}} = 1.186\,\text{ft/s}^2 \quad \angle 45^\circ$$

(회전 중심, A점을 향한다.)

$$a_B^t = \alpha_2 r_{AB} = (0)\,(0.75\,\text{ft}) = 0\,\text{ft/s}^2$$

$$\mathbf{A}_{C/B}^n = \frac{(\mathbf{V}_{C/B})^2}{r_{CB}} = \frac{(1.950\,\text{ft/s})^2}{4.75\,\text{ft}} = .800\,\text{ft/s}^2 \quad \angle 10^\circ$$

(C로부터 B를 향한다.)

$$\mathbf{A}_C^n = \frac{(\mathbf{V}_C)^2}{r_{CD}} = \frac{(1.290\,\text{ft/s})^2}{1.5\,\text{ft}} = 1.109\,\text{ft/s}^2 \quad 14^\circ$$

(회전 중심 D 점을 향한다.)

5. **가속도 해석도를 그려라.**

B, C점에 대한 상대가속도 식은 다음과 같다.

$$\mathbf{A}_C^n +> \mathbf{A}_C^t = \mathbf{A}_B^n +> \mathbf{A}_B^t +> \mathbf{A}_{C/B}^n +> \mathbf{A}_{C/B}^t$$

위 식의 우변에 있는 벡터에서부터 가속도 해석도를 완성하기로 한다. 가속도 해석도의 원점에서, 알려진 벡터 $\mathbf{A}_B^n$을 나타내도록 선을 긋는다. 벡터 $\mathbf{A}_B^t$의 크기는 0이므로 그 벡터는 가속도 해석도에서 제거될 수 있다. 따라서 벡터 $\mathbf{A}_B^n$의 끝에서 알려진 벡터 $\mathbf{A}_{C/B}^n$을 나타내도록 선을 그을 수 있다. 이 벡터의 끝에서, 벡터 $\mathbf{A}_{C/B}^t$의 방향을 나타내도록 선을 그을 수 있다. 이것은 크기는 모르고 법선 성분 $\mathbf{A}_{C/B}^n$에 수직이다.

$\mathbf{A}_C^n$은 위 식의 좌변에 있으므로, 가속도 해석도의 원점에서 출발한다. 알려진 벡터 $\mathbf{A}_C^n$을 나타내도록 선을 긋는다. 이 벡터 끝에, 벡터 $\mathbf{A}_C^t$의 방향을 나타내도록 선을 긋는다. 그러나 이 벡터의 크기는 모른다. 이 선은 법선 성분 $\mathbf{A}_C^n$에 수직이다. 마지막으로, $\mathbf{A}_C^t$와 $\mathbf{A}_{C/B}^t$ 방향의 선이 만나는 점이 그 두 벡터의 크기를 결정한다. 완성된 가속도 해석도를 그림 7.12c에 나타내었다.

6. **원하는 가속도 성분을 측정하라.**

가속도 해석도로부터 축척을 감안하면 다음과 같이 된다.

$$\mathbf{A}_C^t = 1.879\,\text{ft/s}^2 \angle 76^\circ$$
$$\mathbf{A}_{C/B}^t = .585\,\text{ft/s}^2 \quad 80^\circ$$

점 C의 접선 성분 방향은 운동 속도의 방향이다. 이것은 점 C가 감속이 아니고 가속이 되고 있음을 알려 준다.

7. **원하는 각 가속도를 계산하라.**

마지막으로 링크 4의 각가속도를 결정한다. 점 C의 접선 성분 방향을 보면 우상측이므로 링크 4는 시계 방향으로 가속되고 있음을 알 수 있다. 이 각가속도의 크기는 다음과 같이 계산된다.

$$\alpha_4 = \frac{a_C^t}{r_{CD}} = \frac{\left(1.879\,\text{ft/s}^2\right)}{1.5\,\text{ft}} = 1.25\,\text{rad/s}^2$$

따라서 종동 링크의 각가속도는 다음과 같다.

$$\alpha_4 = 1.25\,\text{rad/s}^2,\ \text{시계 방향}$$

〉〉 예제 7.8

그림 7.13에 보여 준 기구는 펀치 프레스이며 연속적인 스탬핑 동작을 하도록 설계되어 있다. 이 순간, 기계는 전원이 들어와서 최고 속도까지 올라가고 있다. 구동축은 각속도 72rad/sec, 가속도 250rad/sec^{2}으로 시계 방향으로 회전한다. 이 순간에서 공작물을 찍는 스탬핑 다이의 가속도를 구하라.

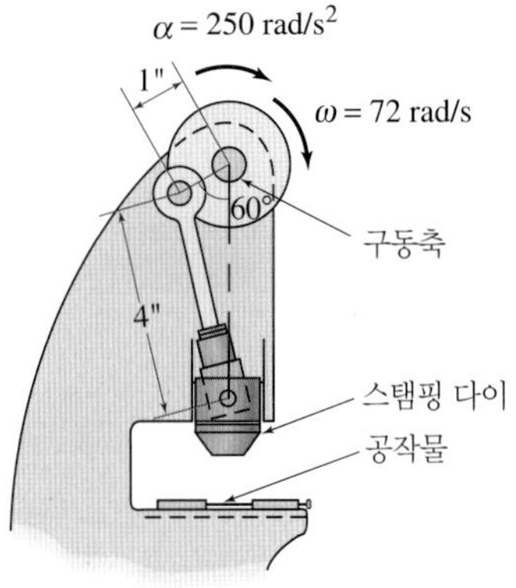

그림 7.13 예제 7.8의 기구

풀이

1. **기구 해석도를 그리고 자유도를 계산하라.**

고려하여야 할 기구 부분은 구동바퀴, 스탬핑 다이, 그 2개를 연결하는 링크이다. 이것은 통상의 슬라이더-크랭크 기구를 보여 주고 있다. 축척된 기구 해석도를 그림 7.14a에 나타내었다.

2. **원하는 가속도를 얻기 위한 방법을 정하라.**

다이(링크 4)의 가속도는 병진 운동이고, 점 A의 운동과 같다. 링크 3 상에 있는 점 A의 가속도는 점 B의 가속도를 알면 구할 수 있다. 점 B는 링크 2와 3에 위치하고 있다. 그러므로 점 B의 가속도는 입력 링크, 링크 2의 운동을 알면 구할 수 있다.

3. 점 *B*와 점 *C*의 속도를 정하라.

첫 번째 단계는 점 *A*와 *B*를 포함해서 속도 해석도를 그리는 것이다. 점 *B*의 속도의 크기를 계산하면 다음과 같다.

$$\mathbf{V}_B = \omega_2 r_{AB} = (72\text{rad/s})(1.0\text{in.}) = 72\text{in./s} \quad 60^\circ$$

v_B의 방향은 링크 2에 직각이고, ω_2의 방향으로 좌상측을 향한다. 따라서 CAD를 활용하여 속도 해석도의 원점에서부터 축척하여 이 벡터를 그릴 수 있다.

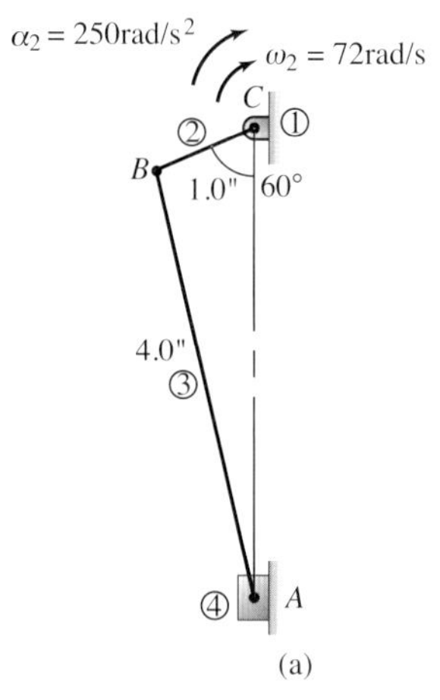

(a)

(b)

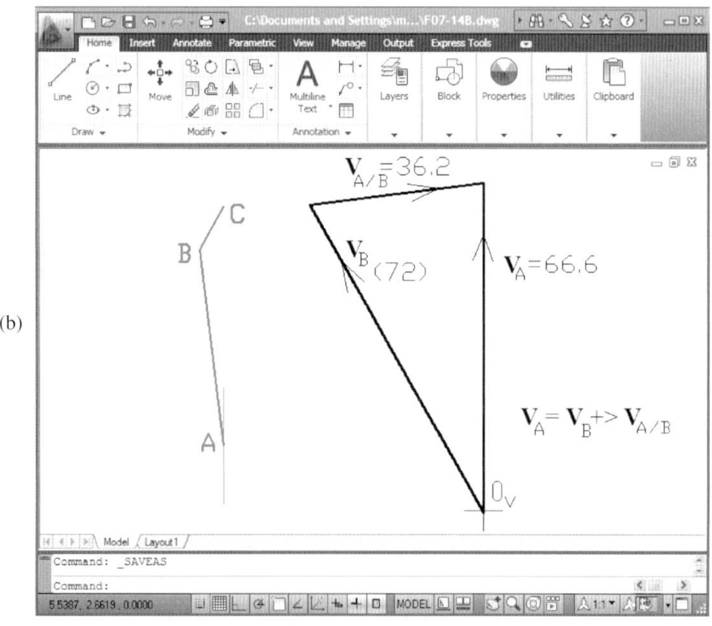

그림 7.14 예제 7.8의 해석도

(c)

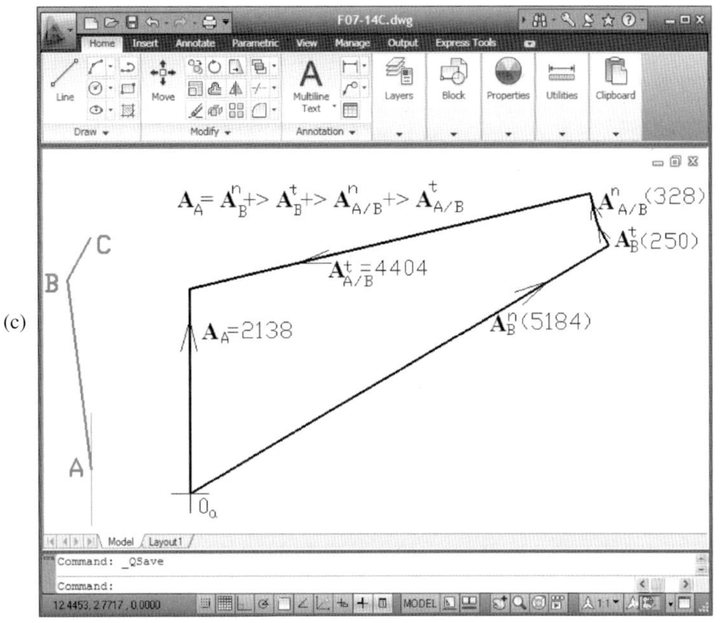

그림 7.14 (계속)

점 A와 B의 상대 속도식은 다음과 같다.

$$\mathbf{V}_A = \mathbf{V}_B +> \mathbf{V}_{A/B}.$$

따라서 속도 도식도의 원점에서 벡터 $\mathbf{V}_A$의 방향을 나타내도록 그릴 수 있다. 이것은 링크 4가 미끄럼 운동만 하도록 한정되어 있으므로 미끄럼 면에 평행이다. 벡터 v_B의 끝에서 $\mathbf{V}_{A/B}$의 방향을 나타내도록 선을 그릴 수 있다.

그 방향은 모든 상대속도 벡터에서와 같이 점 C와 B를 연결하는 선에 수직이다. $\mathbf{V}_A$와 $\mathbf{V}_{A/B}$ 방향의 선이 만나는 점이 두 벡터의 크기를 결정한다. 완성된 속도 해석도를 그림 7.14b에 나타내었다.

도식도로부터 벡터 크기의 축척을 감안하면 다음과 같다.

$$\mathbf{V}_A = 70.3\,\text{in./s} \uparrow$$
$$\mathbf{V}_{A/B} = 36.8\,\text{in./s} \angle 13^\circ$$

4. 가속도의 각 성분들을 계산하라.

다음 단계는 점 A와 B를 포함하는 가속도 해석도를 만드는 것이다. 먼저 알 수 있는 가속도를 계산하여 다음에 나타내었다.

$$\mathbf{A}_B^n = \frac{(v_B)^2}{r_{BC}} = \frac{(72\,\text{in./s})^2}{1.0\,\text{in.}} = 5184\,\text{in./s}^2 \angle 30^\circ$$

(회전 중심, C점을 향함.)

$$\mathbf{A}_B^t = \alpha_2 r_{AB} = (250\,\text{rad/s}^2)\,(1.0\text{in.}) = 250\text{in./s}^2 \quad \underline{60°}\nwarrow$$

(*BC*에 수직이고, 회전가속도 방향을 향함.)

$$\mathbf{A}_{A/B}^n = \frac{(v_{A/B})^2}{r_{AB}} = \frac{(36.8\,\text{in./s})^2}{4.0\,\text{in.}} = 338\text{in./s}^2 \quad \underline{77°}\nwarrow$$

(*A*로부터 *B*로 향함.)

점 *A*는 병진 운동만 하므로 법선가속도가 없다.

5. 가속도 해석도를 그려라.

A, *B*점에 대한 상대가속도식은 다음과 같다.

$$\mathbf{A}_A^n +> \mathbf{A}_A^t = \mathbf{A}_B^n +> \mathbf{A}_B^t +> \mathbf{A}_{A/B}^n +> \mathbf{A}_{A/B}^t$$

위 식의 우변에 있는 벡터에서부터 가속도 해석도를 완성하기로 한다. 가속도 해석도의 원점에서 알려진 벡터 $\mathbf{A}_B^n$을 나타내도록 선을 긋는다. 또한 이 벡터의 끝에서, 알려진 벡터 $\mathbf{A}_B^t$를 나타내도록 선을 긋는다. 벡터 $\mathbf{A}_B^t$의 끝에서 알려진 벡터 $\mathbf{A}_{A/B}^n$을 나타내도록 선을 긋는다. 이 벡터의 끝에서 벡터 $\mathbf{A}_{A/B}^t$의 방향을 나타내도록 선을 긋는다. 이것은 크기는 모르고 법선 성분 $\mathbf{A}_{A/B}^n$에 수직이다.

$\mathbf{A}_A^n$은 위 식의 좌변에 있으므로, 가속도 도식도의 원점에서 출발한다. 벡터 $\mathbf{A}_A^t$의 방향을 나타내도록 선을 긋는다. 그러나 그 크기는 모르는 상태이다. 그 선은 링크 4의 미끄럼 운동에 평행한 방향이다. 마지막으로, $\mathbf{A}_A^t$와 $\mathbf{A}_{A/B}^t$ 방향의 선이 만나는 점이 그 두 벡터의 크기를 결정한다. 완성된 가속도 해석도를 그림 7.14c에 나타내었다.

6. 원하는 가속도 성분을 측정하라.

가속도 해석도로부터 벡터 크기에 대한 축척을 감안하면 다음과 같이 된다.

$$\mathbf{A}_{A/B}^t = 4404\,\text{in./s}^2 \quad \overline{13°}\swarrow$$

$$\mathbf{A}_A^t = 2138\text{in./s}^2 \uparrow$$

점 *A*의 가속도를 정리하면 다음과 같다.

$$\mathbf{A}_A = \mathbf{A}_A^t = 2138\text{in./s}^2 = 178\text{ft/s}^2 = 5.53\,\text{g} \uparrow$$

*A*점의 접선가속도는 속도와 같은 방향이므로 점 *A*는 속도가 증가하고 있거나 감소하고 있는 상태이다.

7.7 상대가속도 해석 : 해석적 기법

기구상에 있는 여러 점의 가속도를 해석적으로 결정하는 방법은 앞 절에서 개괄한 방법과 동일하다. 차이점은 벡터 다각형이 일단 만들어지면, 3장에서 소개되고 6장과 이 장의 앞 절에서 활용된 해석적 기법을 사용하여 푼다는 것이다. 다음 예제 문제를 통해서 가속도 해석의 해석적 기법을 효과적으로 설명한다.

예제 7.9

그림 7.15에 보여 준 기구는 라벨 부착기에 상자를 이송하고 그와 동시에 쌓인 상자가 아래로 내려가지 않도록 한다. 최고 속도에서, 구동축은 200rpm 각속도로 시계 방향 회전을 한다. 보여 준 순간에서 연결 링크의 각가속도와 램의 가속도를 결정하라.

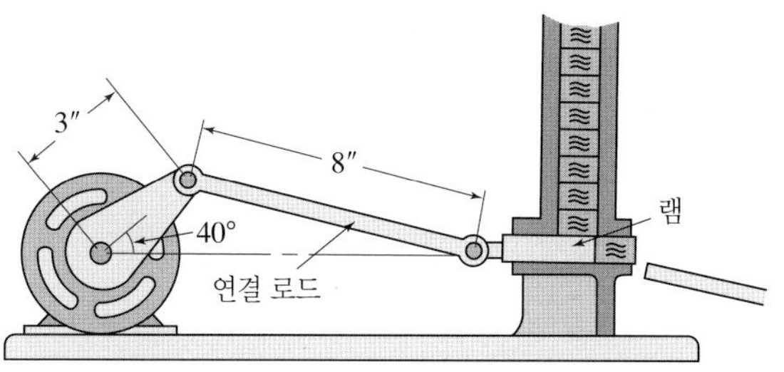

그림 7.15 예제 7.9의 기구

풀이

1. 기구 해석도를 그려라.

고려하여야 할 기구 부분은 구동 크랭크, 푸셔 램(pusher ram), 그 2개를 연결하는 링크이다. 이것은 통상의 슬라이더-크랭크 기구를 보이고 있다. 축척된 기구 해석도를 그림 7.16a에 나타내었다.

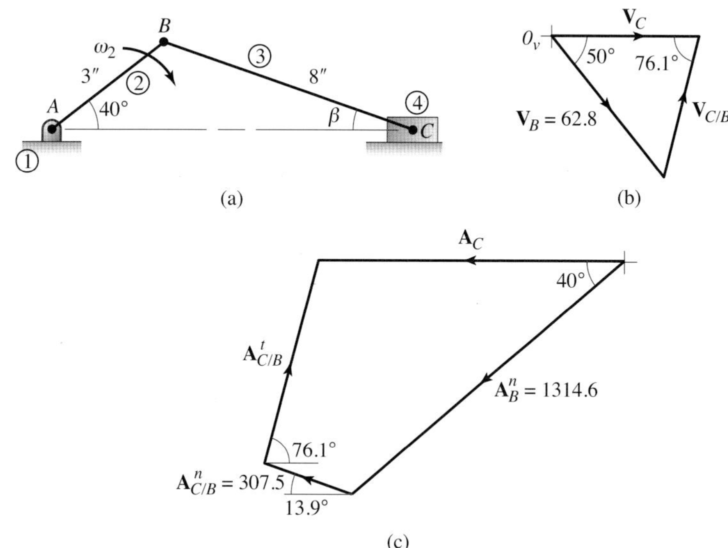

그림 7.16 예제 7.9의 도식도

2. 원하는 가속도를 얻기 위한 방법을 정하라.

예제 7.8에서와 같이 램(링크 4)의 가속도는 병진운동이고, 점 C의 운동과 같다. 링크 3 상에 있는 점 C의 가속도는 점 B의 가속도를 알면, 구할 수 있다. 점 B는 링크 2와 3에 위치하고 있다. 그러므로 점 B의 가속도는 입력 링크, 링크 2의 운동을 알면 구할 수 있다.

3. 기구를 기하학적으로 분석하라.

링크 3과 링크 4의 수평 미끄럼 면 사이의 각도, 그림 7.16a의 β는 사인 법칙으로부터 다음과 같이 구할 수 있다.

$$\beta = \sin^{-1}\left(\frac{r_{AB}\sin 40^\circ}{r_{BC}}\right) = \sin^{-1}\left(\frac{(3\text{ in.})\sin 40^\circ}{(8\text{ in.})}\right) = 13.9^\circ$$

4. 점 *B*와 점 *C*의 속도를 정하라.

첫 번째 단계는 점 *B*와 *C*의 속도를 계산하는 것이다. 점 *B*의 속도의 크기를 계산하면, 다음과 같다.

$$\omega_2 = \frac{\pi}{30}(200\,\text{rpm}) = 20.9\,\text{rad/s}$$

$$\mathbf{V}_B = \omega_2 r_{AB} = (20.9\,\text{rad/s})(3.0\,\text{in.}) = 62.8\,\text{in./s} \quad \angle 50^\circ$$

$\mathbf{v}_B$의 방향은 링크 2에 직각이고, ω_2의 방향으로 우하측을 향한다. *C*점의 속도는 수평 미끄럼 면에 평행하고, *B*점에 대한 *C*점의 상대속도는 *B*와 *C*를 연결한 선에 수직이다. 이 각을 계산하면 다음과 같다.

$$90^\circ + (-\beta) = 90^\circ + (-13.9^\circ) = 76.1^\circ$$

구하고자 하는 벡터의 방향을 알고 있으므로, 속도 다각형을 조합할 수 있다(그림 7.16b). 속도 다각형의 세 번째 내각의 크기는 삼각형의 세 내각의 합은 180°이므로 다음과 같이 된다.

$$180^\circ - (50^\circ + 76.1^\circ) = 53.9^\circ$$

속도 $\mathbf{V}_C$의 크기는 사인 법칙으로부터 다음과 같이 된다.

$$\mathbf{V}_C = \mathbf{V}_B\left(\frac{\sin 53.9^\circ}{\sin 76.1^\circ}\right) = 62.8\,\text{in./s}\left(\frac{\sin 53.9^\circ}{\sin 76.1^\circ}\right) = 52.3\,\text{in./s} \rightarrow$$

속도 $\mathbf{V}_{C/B}$의 크기는 다음과 같이 된다.

$$\mathbf{V}_{C/B} = \mathbf{V}_B\left(\frac{\sin 50^\circ}{\sin 76.1^\circ}\right) = 62.8\,\text{in./s}\left(\frac{\sin 50^\circ}{\sin 76.1^\circ}\right) = 49.6\,\text{in./s} \quad \angle 76.1^\circ$$

5. 각속도의 각 성분들을 계산하라.

다음 단계는 점 *B*와 *C*를 포함하는 가속도 해석도를 만드는 것이다. 먼저 알 수 있는 가속도를 계산하여 다음에 나타내었다.

$$\mathbf{A}_B^n = \frac{(V_B)^2}{r_{AB}} = \frac{(62.8\,\text{in./s})^2}{3.0\,\text{in.}} = 1314.6\,\text{in./s}^2 \quad \angle 40^\circ$$

(회전 중심, *A*점을 향함.)

구동 링크는 일정한 속도로 회전하므로, *B*점의 법선가속도는 다음과 같다.

$$\mathbf{A}_B^t = a_2 r_{AB} = (0\,\text{rad/s}^2)(3.0\,\text{cm}) = 0$$

$$A^n_{C/B} = \frac{(V_{C/B})^2}{r_{BC}} = \frac{(49.6\,\text{in./s})^2}{8.0\,\text{in.}} = 307.5\,\text{in./s}^2$$

(C로부터 B로 향함. ↙13.9°)

C점은 병진 운동만 하므로 법선 방향 가속도가 없다.

6. 벡터법을 이용해서 상대가속도 식을 풀어라.

B, C점에 대한 상대가속도 식은 다음과 같다.

$$\mathbf{A}^n_C +> \mathbf{A}^t_C = \mathbf{A}^n_B +> \mathbf{A}^t_B +> \mathbf{A}^n_{C/B} +> \mathbf{A}^t_{C/B}$$

위 식의 우변에 있는 벡터에서부터, 가속도 해석도를 완성하기로 한다. 가속도 해석도의 원점에서, 알려진 벡터 $\mathbf{A}^n_B$을 나타내도록 선을 긋는다. B점의 접선가속도 성분은 없으므로 벡터 $\mathbf{A}^n_B$의 끝에, 알려진 벡터 $\mathbf{A}^n_{C/B}$을 나타내도록 선을 긋는다. 이 벡터의 끝에서 벡터 $\mathbf{A}^t_{C/B}$의 방향을 나타내도록 선을 긋는다. 이것은 크기는 모르고 방향은 법선 성분 $\mathbf{A}^n_{C/B}$에 수직이다. 그 각을 계산하면 다음과 같다.

$$90^\circ + (-\beta) = 90^\circ + (-13.4^\circ) = 76.1^\circ$$

위 식의 좌변에 있는 첫 번째 항은 C점의 법선가속도 성분이 없으므로 무시한다. 따라서 C점의 접선가속도 성분만 원점에서부터 그린다.

그러나 이 벡터는 방향만 알려져 있고, 링크 4가 미끄럼 운동만 하도록 제한되어 있는 수평면에 평행하다. 그 벡터 다각형을 그림 7.16c에 나타내었다. 미지의 벡터 크기, $\mathbf{A}^t_{C/B}$와 $\mathbf{A}^t_C$는 3장에서 제시된 방법으로 결정할 수 있다. 먼저 각 벡터는 표 7.2에서와 같이 수평, 수직 성분으로 분리할 수 있다.

표 7.2 예제 7.9의 가속도 성분

벡터	기준각	수평 성분	수직 성분
$a^n_B\mathbf{A}^n_B$	220°	1007.0	845.0
$\mathbf{A}^n_{C/B}$	166.1°	−298.5	73.9
$\mathbf{A}^t_{C/B}$	76.1°	.240 $a^t_{C/B}$	.971 $a^t_{C/B}$
$\mathbf{A}_C$	180°	$-a_C$	0

즉 다음 식을 수평, 수직 성분으로 분리하여 방정식을 나타낼 수 있다.

$$\mathbf{A}_C = \mathbf{A}^n_B +> \mathbf{A}^n_{C/B} +> \mathbf{A}^t_{C/B}$$

수평 성분 : $+\,a_C = (-1007.0) + (-298.5) + \left(+0.240\,a^t_{C/B}\right)$

수직 성분 : $0 = (-845.0) + (+73.9) + \left(+0.971\,a^t_{C/B}\right)$

수직 성분의 방정식을 풀면 다음의 결과를 얻을 수 있다.

$$a^t_{C/B} = 794.1\text{in./s}^2$$

이 결과를 수평 성분 방정식에 대입하면 다음과 같다.

$$a_C = 1496.1\text{in./s}^2$$

7. **원하는 결과를 분명하게 기술하라.**
   램의 운동을 정리하면 다음과 같다.

$$\mathbf{V}_c = 52.3\text{in./s} \quad \rightarrow$$
$$\mathbf{A}_c = 1496.1\text{in./s} \leftarrow$$

가속도가 램의 운동과 반대 방향이므로 램은 감속하고 있다.

8. **각 가속도를 계산하라.**
   마지막으로 연결 암의 운동을 결정하기 위하여 ω_3를 계산한다.

$$\omega_3 = \frac{v_{C/B}}{r_{CB}} = \frac{49.6\text{in./s}}{8\text{in.}} = 6.2\,\text{rad/s},\ \text{반시계 방향}$$

B에 대한 C의 속도의 방향은 반시계 방향이다.

$$\alpha_3 = \frac{a^t_{C/B}}{r_{CB}} = \frac{794.1\text{in./s}}{8.0\text{in.}} = 99.3\ \text{rad/s}^2,\ \text{반시계 방향}$$

B에 대한 C의 접선가속도와 방향은 반시계 방향이다.

7.8 일반 기구의 수치적 해법

일반 슬라이더-크랭크 기구나 4절 기구에 대해 완결된 수치 해법이 유도된다[참고문헌 12 참조]. 그것을 다음 절에서 소개한다.

7.8.1 슬라이더-크랭크 기구

일반 슬라이더-크랭크 기구가 그림 4.20에 설명되어 있고, 치수 L_1, L_2, L_3로 일원적으로 정의된다. 1자유도이므로 한 링크의 운동이 정해지면 그 밖의 다른 링크의 운동이 결정된다.

대개 크랭크가 구동되므로 모든 링크의 위치, 속도와 θ_2, ω_2, α_2를 알면 그 밖의 다른 링크들의 가속도를 결정할 수 있다. 4장에서 제시된 바와 같이 위치에 관한 식은 다음과 같다.

$$\theta_3 = \sin^{-1}\left(\frac{L_1 + L_2 \sin\theta_2}{L_3}\right) \tag{4.6}$$

$$L_4 = L_2\cos(\theta_2) + L_3\cos(\theta_3) \tag{4.7}$$

6장에서 제시된 바와 같이 속도에 관한 식은 다음과 같다.

$$\omega_3 = -\omega_2\left(\frac{L_2 \cos\theta_2}{L_3 \cos\theta_3}\right) \tag{6.12}$$

$$v_4 = -\omega_2 L_2 \sin\theta_2 + \omega_3 L_3 \sin\theta_3 \tag{6.13}$$

가속도에 관한 식은 다음과 같이 된다[참고문헌 12 참조].

$$\alpha_3 = \frac{\omega_2^2 L_2 \sin\theta_2 + \omega_2^3 L_3 \sin\theta_3 - \alpha_2 L_2 \cos\theta_2}{L_3 \cos\theta_3} \tag{7.21}$$

$$\begin{aligned}\alpha_4 = &-\alpha_2 L_2 \sin\theta_2 - \alpha_3 L_3 \sin\theta_3 \\ &- \omega_2^2 L_2 \cos\theta_2 - \omega_3^2 L_3 \cos\theta_3\end{aligned} \tag{7.22}$$

7.8.2 4절 기구

일반 4절 기구가 그림 4.22에서 설명되었고, L_1, L_2, L_3, L_4로 일원적으로 정의된다. 1자유도이므로 한 링크의 운동이 정해지면 그 밖의 다른 링크의 운동이 결정된다. 대개 크랭크가 구동되므로, 모든 링크의 위치, 속도와 θ_2, ω_2, α_2를 알면, 그 밖의 다른 링크들의 가속도를 결정할 수 있다. 4장에서 제시된 바와 같이 위치에 관한 식은 다음과 같다.

$$BD = \sqrt{L_1^2 + L_2^2 - 2(L_1)(L_2)\cos(\theta_2)} \tag{4.9}$$

$$\gamma = \cos^{-1}\left(\frac{L_3^2 + L_4^2 - BD^2}{2(L_3)(L_4)}\right) \tag{4.10}$$

$$\theta_3 = 2\tan^{-1}\left[\frac{-L_2 \sin\theta_2 + L_4 \sin\gamma}{L_1 + L_3 - L_2 \cos\theta_2 - L_4 \cos\gamma}\right] \tag{4.11}$$

$$\theta_4 = 2\tan^{-1}\left[\frac{L_2 \sin\theta_2 - L_3 \sin\gamma}{L_2 \cos\theta_2 + L_4 - L_1 - L_3 \cos\gamma}\right] \tag{4.12}$$

6장에서 제시된 바와 같이 속도에 관한 식은 다음과 같다.

$$\omega_3 = -\omega_2\left[\frac{L_2 \sin(\theta_4 - \theta_2)}{L_3 \sin\gamma}\right] \tag{6.14}$$

$$\omega_4 = -\omega_2\left[\frac{L_2 \sin(\theta_3 - \theta_2)}{L_4 \sin\gamma}\right] \tag{6.15}$$

가속도에 관한 식은 다음과 같다[참고문헌 10 참조].

$$\alpha_3 = \frac{\alpha_2 L_2 \sin(\theta_2 - \theta_4) + \omega_2^2 L_2 \cos(\theta_2 - \theta_4) - \omega_4^2 L_4 + \omega_3^2 L_3 \cos(\theta_4 - \theta_3)}{L_3 \sin(\theta_4 - \theta_3)} \tag{7.23}$$

$$\alpha_4 = \frac{\alpha_2 L_2 \sin(\theta_2 - \theta_3) + \omega_2^2 L_2 \cos(\theta_2 - \theta_3) - \omega_3^2 L_4 \cos(\theta_4 - \theta_3) + \omega_3^2 L_3}{L_4 \sin(\theta_4 - \theta_3)} \quad (7.24)$$

7.9 유동 링크 상에 있는 점의 가속도

유동 링크는 고정 링크에 직접 연결되어 있지 않다. 따라서 유동 링크의 운동은 회전운동만으로 또는 병진운동만으로 제한되지 않고 그 두 가지 운동으로 복합된다. 또한 유동 링크 상에 있는 점의 운동 방향은 일반적으로 알려져 있지 않다. 이것을 고정 링크에 핀으로 연결된 링크 상에 있는 점의 운동과 비교해 보자. 이와 같은 점은 연결핀으로부터 고정된 거리에서 회전한다. 따라서 운동 방향을 알 수 있다.

앞 절에서 제시된 가속도 해석에서, 풀이의 전제는 운동 방향이 알려져 있다는 것이다. 유동 링크의 일반 점에 대해서는 그렇지 않다. 이러한 경우에는 2개의 상대가속도 식이 사용되고, 연립으로 풀어야 한다.

유동 링크 상에 있는 일반 점의 가속도를 구하는 절차를 설명하기 위하여 그림 7.17에 보여준 4절 기구의 기구 해석도를 참조한다.

링크 3은 고정 링크인 링크 1에 직접 붙어 있지 않으므로 유동 링크이다. 점 A와 B는 유동 링크뿐만 아니라 고정된 링크에 붙어 있는 링크 상에도 있으므로, 이 점들의 가속도를 앞 절에서 소개된 방법을 사용하여 쉽게 결정할 수 있다. 그러나 점 C는 고정 링크에 직접 붙어 있는 링크 상에 없으므로 정확한 운동 궤적을 알 수 없다. 그러나 2개의 상대가속도 식은 다음과 같이 된다.

$$\mathbf{A}_C = \mathbf{A}_B^n +> \mathbf{A}_B^t +> \mathbf{A}_{C/B}^n +> \mathbf{A}_{C/B}^t \quad (7.25)$$

$$\mathbf{A}_C = \mathbf{A}_A^n +> \mathbf{A}_A^t +> \mathbf{A}_{C/A}^n +> \mathbf{A}_{C/A}^t \quad (7.26)$$

식 7.25는 $\mathbf{A}_{C/B}^t$의 크기와 함께, $\mathbf{A}_C$의 방향과 크기를 모른다. 식 7.26에서 1개의 미지수, 즉 $\mathbf{A}_{C/A}^t$의 크기가 추가된다.

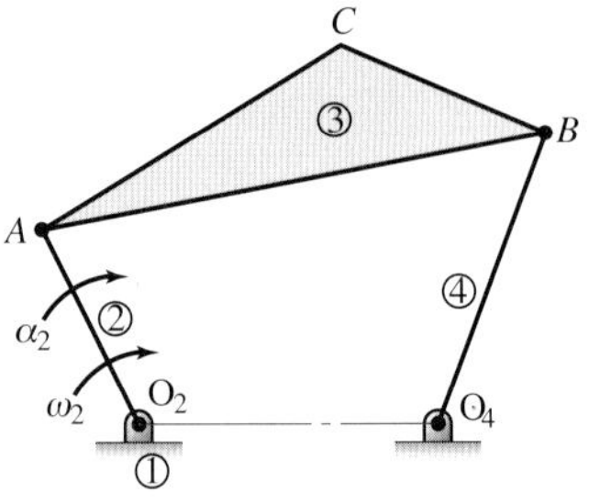

그림 7.17 유동 링크 상의 점

전체적으로는 2개의 벡터 방정식이 있고, 4개의 미지수가 있다. 2개의 식을 동시에 사용하여 C점의 가속도를 도식적 또는 해석적 절차를 사용하여 구할 수 있다. 다음 예제에서 이 방법을 설명한다.

》 예제 7.10

그림 7.18에 보여 준 기구는 영사기에서 영화 필름을 당기는 데 사용된다. 이 기구는 560rpm으로 회전하는 구동 바퀴에 의하여 구동된다. 그림의 필름을 거는 갈고리의 가속도를 도식적으로 결정하라.

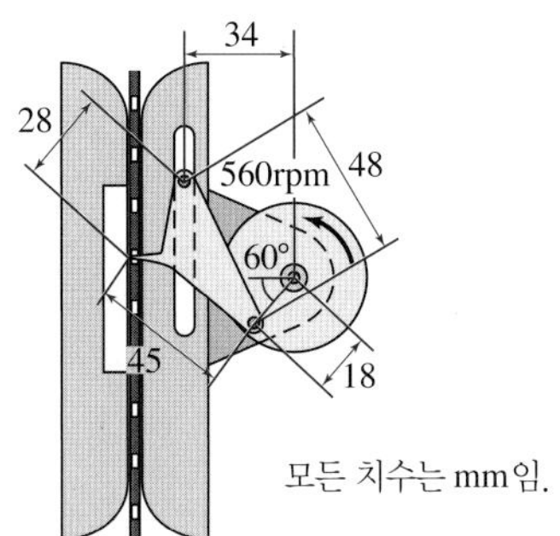

그림 7.18 예제 7.10의 필름 전진 기구

풀이

1. 기구 해석도를 그려라.

그림 7.19a에 이 기구의 축적된 기구 해석도를 나타내었다. 이것은 갈고리에 위치한 해당하는 점 X를 갖고 있는 기본적인 슬라이더-크랭크 기구이다.

첫 번째 단계는 점 B, C, X를 포함해서 속도 해석도를 만드는 것이다. 점 B의 속도를 계산하면 다음과 같다.

$$\omega = \frac{\pi}{30}(560\,\text{rpm}) = 58.6\,\text{rad/s, 반시계 방향}$$

$$\mathbf{V}_B = \omega_2 r_{AB} = 258.6\,\text{rad/s}(18\,\text{mm}) = 1055\,\text{mm/s} = 1.055\,\text{m/s} \quad \searrow 30^\circ$$

$\mathbf{V}_{B2}$의 속도는 링크 2에 수직이고, ω_2의 방향으로 우하측을 향한다. 따라서 이 속도를 나타내도록 속도 도식도의 원점에서부터 벡터를 축척하여 나타낼 수 있다.

점 B와 점 C의 상대 속도식은 다음과 같다.

$$\mathbf{V}_C = \mathbf{V}_B +> \mathbf{V}_{C/B}$$

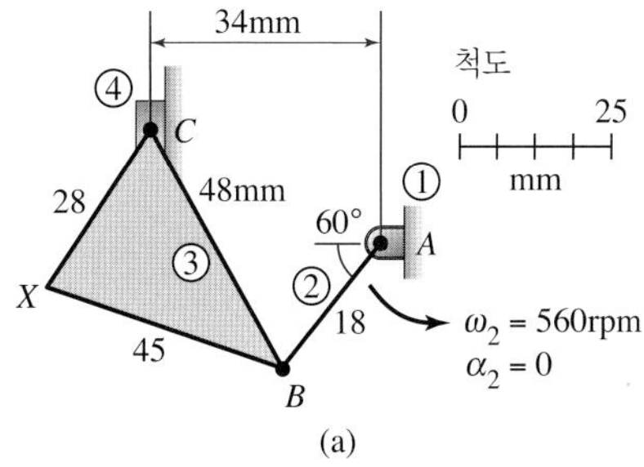

그림 7.19 예제 7.10의 도식도

(b)

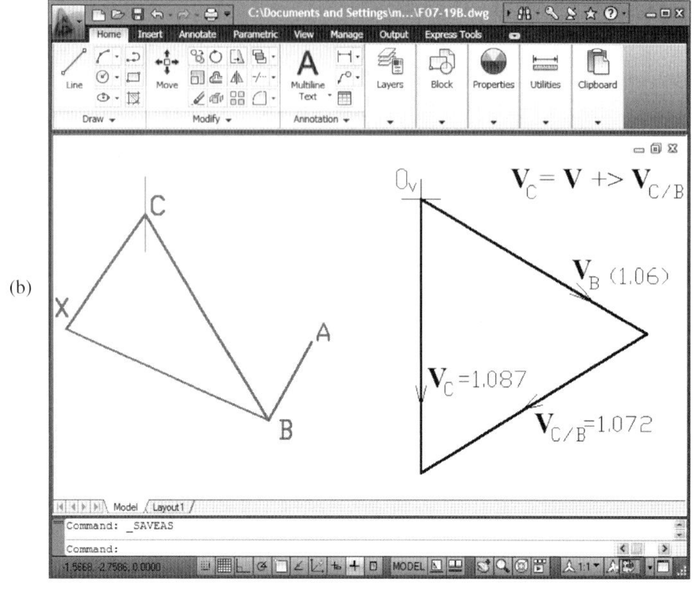

(c)

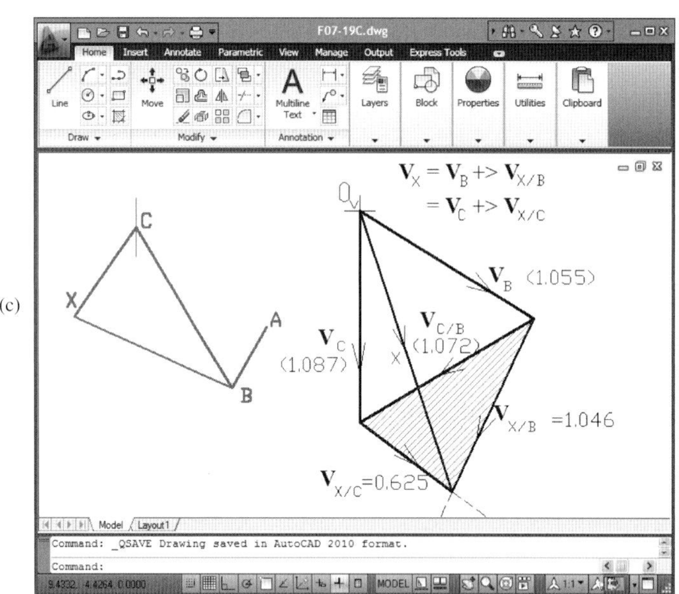

그림 7.19 (계속)

점 C의 속도는 수직 방향으로 병진운동을 하도록 구속되어 있다. 물론 B에 대한 C의 상대속도는 C와 B를 연결한 선에 수직이다. 그림 7.19b에서와 같이 속도 해석도를 축척하여 그려서 다음 속도의 크기를 알 수 있다.

$$\mathbf{V}_C = 1.087 \text{ m/s} \downarrow$$

$$\mathbf{V}_{C/B} = 1.072 \text{ m/s} \quad \overline{31.5°}\swarrow$$

(d)

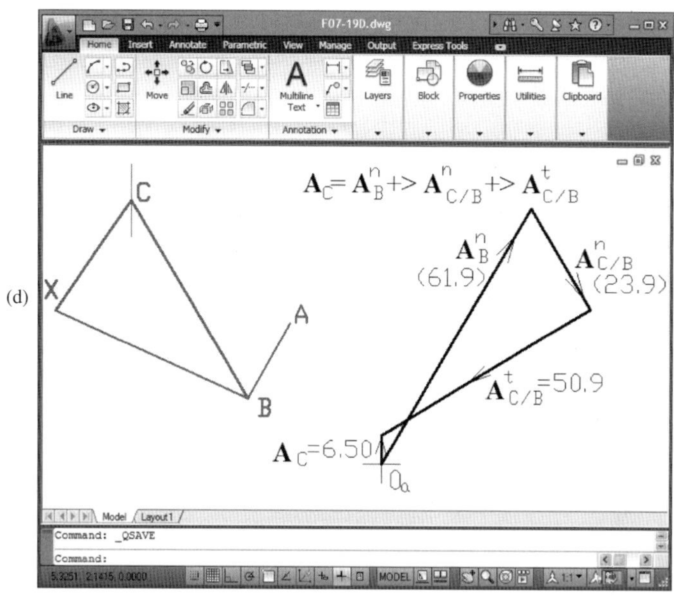

(e)

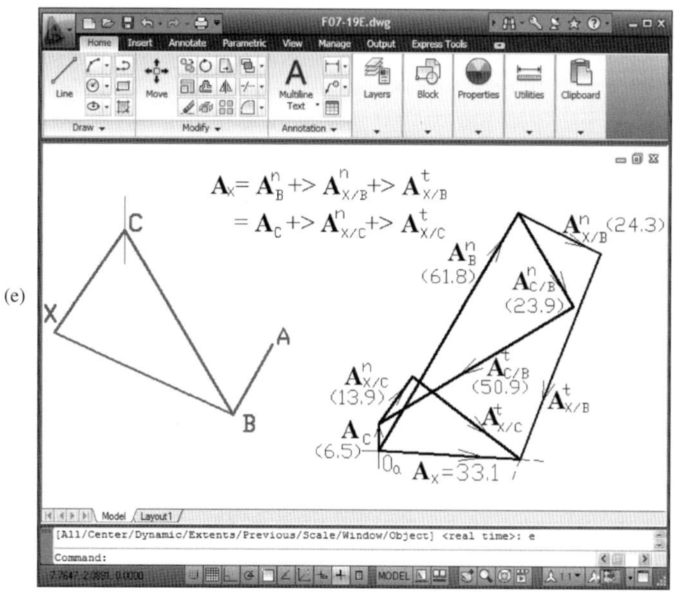

그림 7.19 (계속)

X점은 유동 링크 상에 있는 점이므로 다음의 벡터 방정식을 연립하여 풀어서 알 수 있다.

$$\mathbf{V}_X = \mathbf{V}_B + > \mathbf{V}_{X/B}$$

$$\mathbf{V}_X = \mathbf{V}_C + > \mathbf{V}_{X/C}$$

점 B와 C의 속도는 이미 알려졌고 $\mathbf{V}_{X/B}$와 $\mathbf{V}_{X/C}$는 각각 X와 B, X와 C를 연결한 선에 수직이다.

이 속도들을 축척하여 그려서 속도 다각형에 추가한다. 완성된 속도 해석도는 그림 7.19c와 같다. 모르는 속도는 다음과 같이 된다.

$$\mathbf{V}_{X/C} = 0.625\,\text{m/s} \; \overline{\searrow 35.2^\circ}$$

$$\mathbf{V}_{X/B} = 1.046\,\text{m/s} \; \overline{66.4^\circ \swarrow}$$

2. 가속도의 성분들을 계산하라.

다음 단계는 점 A, B, X를 포함하여 가속도 해석도를 구성하는 것이다. 알려진 가속도의 크기를 계산하면 다음과 같다.

$$\mathbf{A}_B^n = \frac{(v_B)^2}{r_{AB}} = \frac{(1055\,\text{mm/s})^2}{18\,\text{mm}} = 61{,}834\,\text{mm/s}^2 = 61.8\,\text{m/s}^2 \; \nearrow \underline{60^\circ}$$

(회전 중심, 점 A를 향함.)

$$\mathbf{A}_B^t = 0\,(\alpha_2 = 0\text{이므로})$$

$$\mathbf{A}_{C/B}^n = \frac{(v_{C/B})^2}{r_{CB}} = \frac{(1072\,\text{mm/s})^2}{48\,\text{mm}} = 23{,}941\,\text{mm/s}^2 = 23.9\,\text{m/s}^2 \; \overline{\searrow 58.5^\circ}$$

(C에서 B를 향함.)

점 C의 운동은 병진 운동으로 한정되기 때문에 법선가속도가 없다.

$$\mathbf{A}_{X/B}^n = \frac{(v_{X/B})^2}{r_{BX}} = \frac{(1046\,\text{mm/s})^2}{45\,\text{mm}} = 24{,}313\,\text{mm/s}^2 = 24.3\,\text{m/s}^2 \; \overline{\searrow 23.6^\circ}$$

(X에서 B로 향함.)

$$\mathbf{A}_{X/C}^n = \frac{(v_{X/C})^2}{r_{CX}} = \frac{(62.5\,\text{mm/s})^2}{28\,\text{mm}} = 13{,}950\,\text{mm/s}^2 = 13.9\,\text{m/s}^2 \; \nearrow \underline{54.8^\circ}$$

(X에서 C로 향함.)

3. 가속도 해석도를 그려라.

가속도 성분, $\mathbf{A}_B^t$와 $\mathbf{A}_C^n$이 없으므로 점 B와 C에 대한 상대가속도 식은 다음과 같이 된다.

$$\mathbf{A}_C = \mathbf{A}_C^t = \mathbf{A}_B^n +> \mathbf{A}_B^t +> \mathbf{A}_{C/B}^n +> \mathbf{A}_{C/B}^t$$

가속도 도식도를 축척하여 그려서 그림 7.18d에 나타내었다.

4. 모르는 성분들을 측정하라.

해석도로부터 벡터 크기의 축척을 감안하면 다음과 같다.

$$\mathbf{A}_{C/B}^t = 50.9\,\text{m/s}^2 \; \overline{31.5^\circ \swarrow}$$

$$\mathbf{A}_C = \mathbf{A}_C^t = 6.5\,\text{m/s}^2 \uparrow$$

5. **가속도 해석도를 그려라.**

속도에서와 같이 *X*점은 유동 링크상의 점이므로 그 가속도는 다음 벡터 방정식을 연립하여 풀어서 구할 수 있다.

$$\mathbf{A}_X = \mathbf{A}_B^n +> \mathbf{A}_B^t +> \mathbf{A}_{X/B}^n +> \mathbf{A}_{X/B}^t$$

$$\mathbf{A}_X = \mathbf{A}_C^n +> \mathbf{A}_C^t +> \mathbf{A}_{X/C}^n +> \mathbf{A}_{X/C}^t$$

위 식에서 가속도 $\mathbf{A}_B^t$와 $\mathbf{A}_C^n$은 0이고, $\mathbf{A}_B^n$, $\mathbf{A}_C^t$, $\mathbf{A}_{X/B}^n$과 $\mathbf{A}_{X/C}^t$는 이미 결정되었다.

속도 해석에서와 유사하게 2개의 가속도식은 가속도 다각형 상에 중첩된다. 그 가속도들을 축척하여 가속도 다각형을 완성하고 그림 7.19e에 나타내었다.

6. **원하는 성분들을 측정하라.**

모르는 가속도 크기는 다음과 같다.

$$\mathbf{A}_{X/C}^t = 31.6\,\text{m/s}^2 \quad 35.2°$$

$$\mathbf{A}_{X/B}^t = 48.1\,\text{m/s}^2 \quad 66.4°$$

그리고 마지막으로 다음으로 계산된다.

$$\mathbf{A}_X = 33.8\,\text{m/s}^2 \quad 0.3°$$

7.10 가속도 사상

속도 다각형에서와 같이 기구의 각 링크는 가속도 다각형에서도 사상을 가지고 있다[참고문헌 10 참조]. 이를 설명하기 위하여, 그림 7.20a의 기구에 대하여, 속도 다각형을 그림 7.20b에, 가속도 다각형을 그림 7.20c, 7.20d에 나타내었다. 그림 7.20c에 *B*점과 *C*점의 총 가속도 벡터를 사용하여 삼각형을 그렸다. 이 삼각형은 점 *B*, *X*를 포함하는 링크와 닮은꼴이다. 유사하게 그림 7.20d는 *B*, *C*, *Y* 점의 총 가속도 벡터를 이용하여 그린 삼각형을 나타내고 있다. 이 삼각형 또한 점 *B*, *C*, *Y*를 포함하는 링크와 닮은꼴이다. 가속도 다각형에서 이러한 모양을 링크의 **가속도 사상(acceleration image)**이라고 한다.

이러한 개념은 복잡한 링크 기구의 가속도 다각형을 그리는 데 편리한 수단을 제공한다. 링크 상의 모든 점에 대한 상대가속도 벡터의 크기는 점 사이의 거리에 비례한다. 즉 가속도 다각형 상의 점은 기구 해석도 상의 대응하는 점의 상을 만든다. 링크 상의 두 점의 가속도가 결정되면 나머지 점의 가속도는 쉽게 발견할 수 있다. 이 두 점을 가속도 사상의 기초로 사용할 수 있다. 그러나 속도 사상에서와 같이, 기구 해석도와 속도 다각형 간에 링크 모양이 뒤집어지지 않도록 주의하여야 한다.

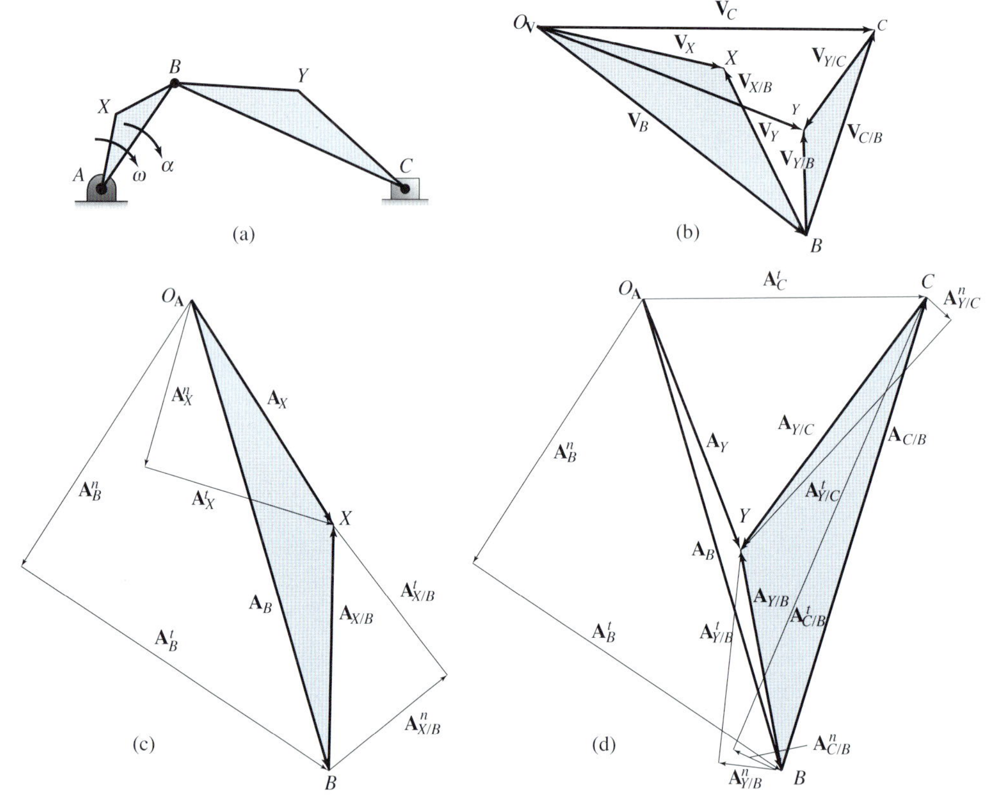

그림 7.20 가속도 사상

7.11 코리올리 가속도

전술한 해석을 통하여 가속도 벡터의 두 성분(접선, 법선)에 대해 철저하게 연구되었다. 어떤 조건에서는 세 번째 가속도 성분을 만날 수 있다. 이 추가의 성분은 **가속도의 코리올리 성분(Coriolis component of acceleration)**이라고 알려져 있고, 2개의 회전하는 링크 사이에 미끄럼 접촉이 있는 경우에 존재한다.

기계에 사용된 기구는 이 코리올리 성분을 고려하지 않고 설계하면 파괴될 수도 있다. 코리올리 성분을 고려하지 않으면 링크의 가속도를 저평가하게 되고, 결과적으로 관성력을 저평가하게 된다. 따라서 기계요소에 발생하는 실제 응력은 설계가 허용하는 것보다 크게 되어 파괴될 수도 있다. 그러므로 코리올리 성분의 존재를 파악하기 위하여 모든 상황을 고려해야만 한다.

특히 코리올리 성분은 다음의 세 가지 조건 모두가 동시에 존재하는 두 점의 상대가속도에서 만날 수 있다.

1. 두 점이 일치하지만 다른 링크 상에 있다.
2. 한 링크상의 점이 다른 링크상의 궤적을 따라 움직인다.

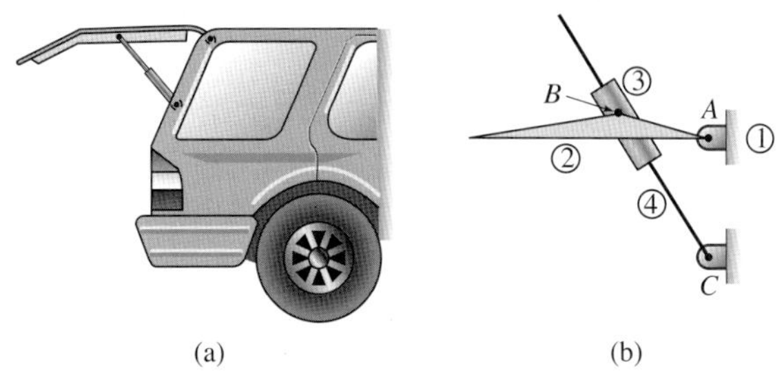

그림 7.21 코리올리 가속도가 있는 경우

3. 그 궤적을 갖고 있는 링크가 회전한다.

그림 7.21에 미니 밴의 뒷문과 관련된 기구 해석도를 나타내었다. 점 B는 링크 2, 3, 4와 관계된다. 각 링크와의 관계를 명확히 하게 하기 위하여, 점 B를 B_2, B_3, B_4로 표기한다. 지금까지는 서로 다른 링크 상의 일치점은 2개의 회전하는 링크를 연결하는 데 핀 조인트만이 사용되었으므로 같은 가속도를 가지고 있었다. 그림 7.21에서 핀과 미끄럼 조인트 두 가지가 2개의 회전하는 링크인 링크 2와 링크 4를 연결하는 데 사용되었다. 이 경우 B_2와 B_4의 속도와 가속도는 같지 않다.

속도와 가속도를 관계시키는 상대 운동 방정식은 다음과 같다.

$$\mathbf{V}_{B2} = \mathbf{V}_{B4} +> \mathbf{V}_{B2/B4}$$
$$\mathbf{A}_{B2} = \mathbf{A}_{B4} +> \mathbf{A}_{B2/B4}$$

이 상황은 코리올리 성분이 상대가속도 항, $\mathbf{A}_{B4/B2}$에 포함되는 경우에 나타난다. 다음 사항을 주목하라.

1. 점이 일치하지만 같은 링크 상에 있지 않다. (조건 1)
2. 점 B_2가 링크 4상의 궤적을 따라 움직인다. (조건 2)
3. 궤적이 있는 링크 4는 회전한다. (조건 3)

상대가속도 항을 성분으로 분리하면 다음과 같다.

$$\mathbf{A}_{B2/B4} = \mathbf{A}^n_{B2/B4} +> \mathbf{A}^t_{B2/B4} +> \mathbf{A}^c_{B2/B4} \tag{7.27}$$

여기에서 $\mathbf{A}^c_{B4/B2}$ = 가속도의 코리올리 성분이다.

코리올리 성분의 크기는 다음과 같이 유도된다[참고문헌 4 참조].

$$a^c_{B2/B4} = 2v_{B2/B4}\omega_4 \tag{7.28}$$

상대 선속도와 절대 각속도는 기구의 철저한 속도 해석으로 구할 수 있다. 각속도 ω는 미끄럼 운동을 하는 점의 궤적이 있는 링크의 각속도이다. 코리올리 성분을 계산할 때 자주 일어나

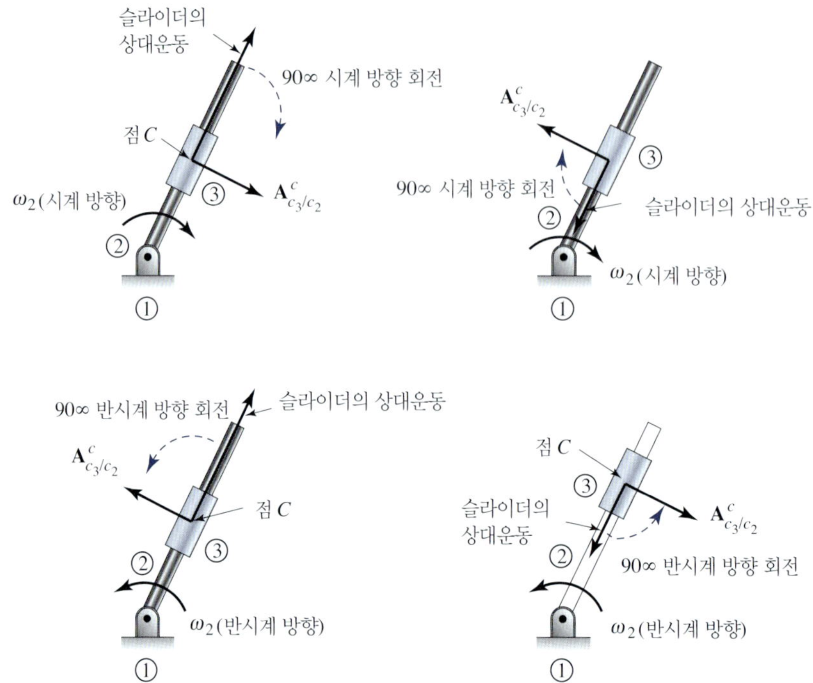

그림 7.22 코리올리 가속도 성분의 방향

는 실수는 잘못된 각속도를 선택하는 것이므로 조심해야 한다.

코리올리 성분의 방향은 상대속도 벡터, $\mathbf{V}_{B4/B2}$에 직각이다. 상대속도 벡터의 끝을 미끄럼 궤적의 각속도 방향으로 회전시키는 식으로 상대속도 벡터를 90° 회전시켜서 그 방향을 분별할 수 있다. 따라서 궤적의 각속도, ω_4가 시계 방향으로 회전할 때 코리올리의 방향은 상대속도 벡터를 90° 시계 방향으로 회전시켜서 얻을 수 있다. 반대로 궤적의 각속도, ω_4가 반시계 방향으로 회전할 때 코리올리의 방향은 상대속도 벡터를 90° 반시계 방향으로 회전시켜서 얻을 수 있다. 그림 7.22는 코리올리 성분의 방향이 결정되는 네 가지 경우를 보여 주고 있다.

코리올리 성분의 크기와 방향은 속도 데이터로 쉽게 계산될 수 있으므로 가속도 식에 추가되는 미지수는 없다. 그러나 문제를 풀 때 좌변에 추적하는 점을 놓고 가속도 식을 쓰는 것이 편리하다. 다음 예제 문제를 통해 그러한 가속도 해석에 대한 기법을 설명한다.

›› 예제 7.11

그림 7.23은 잔디 깎는 기계로, 깎기 어려운 지역의 잔디를 베기 위한 휴대용 기구이다. 구동바퀴는 400rpm으로 회전하고, 보여 준 순간에 요동 날의 각가속도를 결정하라.

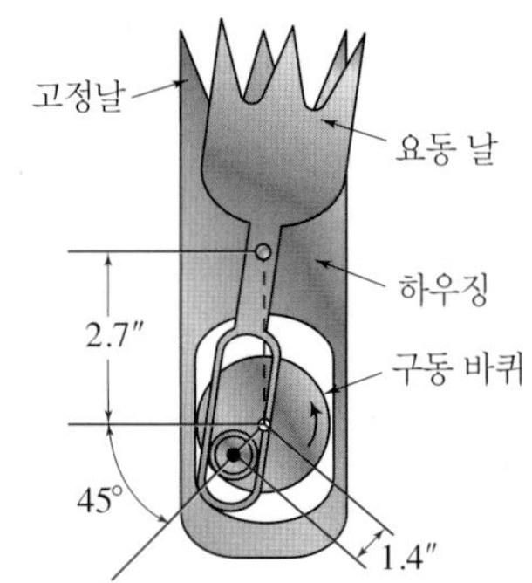

그림 7.23 예제 7.11의 잔디 깎는 기구

풀이

1. **기구 해석도를 그려라.**

   이 기구의 축척된 기구 해석도를 그림 7.24a에 나타내었다.

2. **원하는 가속도를 얻기 위한 방법을 결정하라.**

   B_2점의 가속도는 링크 2에 대한 입력 정보로부터 쉽게 결정할 수 있다. B_4의 가속도는 링크 4의 각가속도를 구하기 위하여 알아내야 한다. 링크 2와 링크 4 사이에 미끄럼이 발생하고 있다. 따라서 코리올리의 세 가지 조건을 모두 만족하고 있다. 링크 4의 가속도는 식 7.27과 7.28을 이용하여 구할 수 있다.

3. **속도 해석을 마무리하라.**

   첫 번째 단계는 점 B_2와 B_4를 포함해서 속도 해석도를 구성하는 것이다. 점 B_2의 속도를 계산하면 다음과 같다.

$$\omega_2 = \frac{\pi}{30}(400\text{rpm}) = 41.9\text{rad/s}, \text{ 반시계 방향}$$

$$\mathbf{V}_{B2} = \omega_2 r_{AB} = 241.9\text{rad/s}(1.4\text{in.}) = 58.6\text{in./s} \quad \searrow 45^\circ$$

$\mathbf{V}_{B2}$의 방향은 링크 2에 수직이고, ω_2의 방향으로 우하측이다.

따라서 이 속도를 속도 도식도에 축척하여 그릴 수 있다.

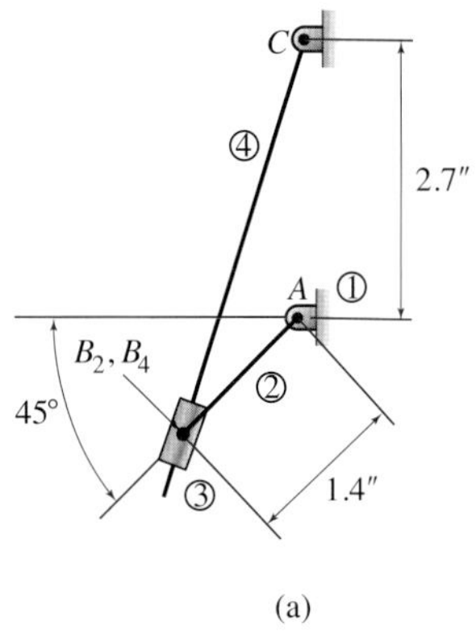

(a)

그림 7.24 예제 7.11에 대한 도식도

(b)

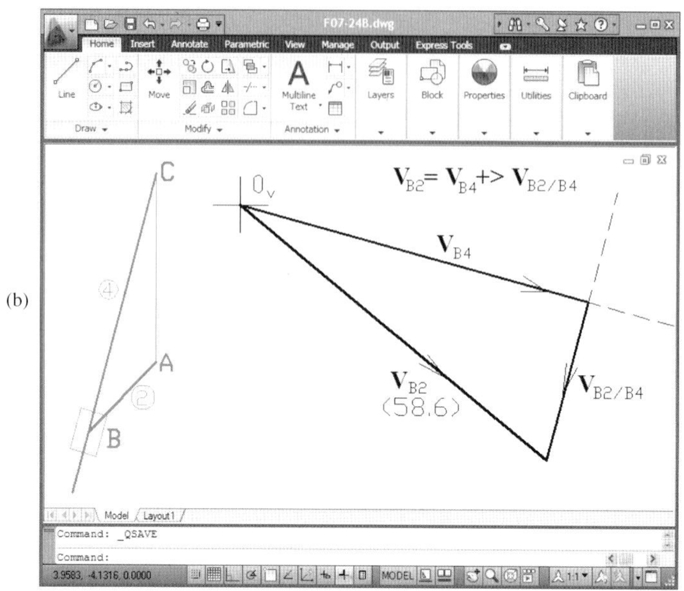

(c)

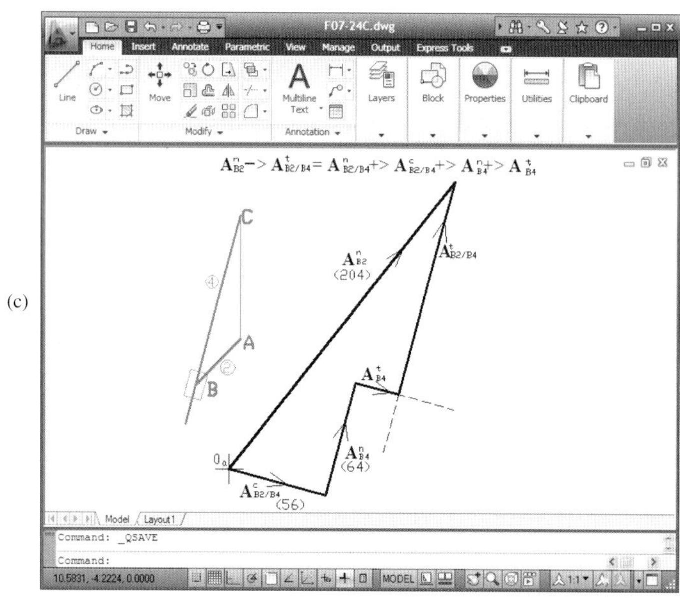

그림 7.24 (계속)

점 B_2와 B_4에 대한 상대 속도식은 다음과 같다.

$$\mathbf{V}_{B2} = \mathbf{V}_{B4} +> \mathbf{V}_{B2/B4}$$

링크 4는 고정링크에 핀으로 연결되어 있으므로 B_4의 속도는 B_4와 회전 중심을 연결한 선에 수직이다. 이 경우, B_4에 대한 B_2의 상대속도는 B_2가 링크 4를 따라 미끄러지므로 링크 4에 평행하다.

그림 7.24b의 속도 도식도로부터 다음의 속도를 알 수 있다.

$$\mathbf{V}_{B4} = 50.7\,\text{in./s} \quad 15°$$
$$\mathbf{V}_{B2/B4} = 29.3\,\text{in./s} \quad 75°$$

점 C와 B_4 사이의 거리는 CAD로 측정하면 3.8in.이다. 따라서 링크 4의 각속도는 다음과 같다.

$$\omega_4 = \frac{\mathbf{V}_{B4}}{r_{CB4}} = \frac{50.7\,\text{in/.s}}{3.8\,\text{in.}} = 13.3\,\text{rad/s},\ \text{반시계 방향}$$

B_4의 속도는 우하측으로 향하고 있으므로 링크 4의 각속도는 반시계 방향이다.

4. 가속도의 각 성분들을 계산하라.

알려진 가속도의 크기를 계산하면 다음과 같다.

$$\mathbf{A}^n_{B2} = \frac{(\mathbf{V}_{B2})^2}{r_{CB2}} = \frac{(58.6\,\text{in./s})^2}{1.4\,\text{in.}} = 2453\,\text{in./s}^2 = 204\,\text{ft/s}^2 \quad 45°$$

(회전 중심, A점을 향함.)

$$\mathbf{A}^t_{B2} = 0\ (\alpha_2 = 0)$$

$$\mathbf{A}^n_{B4} = \frac{(\mathbf{V}_{B4})^2}{r_{CB4}} = \frac{(50.7\text{in./s})^2}{3.8\text{in.}} = 676\text{in./s}^2 = 56\text{ft/s}^2 \quad 75°$$

(회전 중심, C점을 향함.)

$$\mathbf{A}^n_{B2/B4} = 0$$

(B_2는 B_4 상에서 미끄러지므로 상대운동은 단순 병진운동임.)

$$\mathbf{A}^c_{B2/B4} = 2(v_{B2/B4})(\omega_4) = 2(29.3\,\text{in./s})\,(13.3\,\text{rad/s})$$
$$= 779\text{in./s}^2 = 65\,\text{ft/s}^2 \quad 15°$$

코리올리 성분의 방향은 B_4에 대한 B_2의 궤적(75°) 과 평행한 $v_{B2/B4}$를 $\omega 4$(반시계 방향)의 방향으로 90° 회전시킨 것이다. 따라서 코리올리 성분은 링크 4에 직각이고 우하측이다(15°).

5. 각속도 해석도를 그려라.

다음 단계는 점 B_2와 B_4를 포함해서 가속도 해석도를 구성하는 것이다. 전술한 바와 같이 좌변에 추적하는 점 B_2를 놓고 가속도 식을 쓰면 편리하다. 가속도 식은 다음과 같다.

$$\mathbf{A}^n_{B2} +> \mathbf{A}^t_{B2} = \mathbf{A}^n_{B4} +> \mathbf{A}^t_{B4} +> \mathbf{A}^n_{B2/B4} +> \mathbf{A}^t_{B2/B4} +> \mathbf{A}^c_{B2/B4}$$

가속도식에서 알려지지 않은 양은 $\mathbf{A}^t_{B4}$ 와 $\mathbf{A}^t_{B2/B4}$이다. 가속도식을 양변에 미지수가 마지막 항이 되도록 다시 쓰면 다음과 같다.

$$\mathbf{A}^n_{B2} +> \mathbf{A}^t_{B2} +> \mathbf{A}^t_{B2/B4} = \mathbf{A}^n_{B2/B4} +> \mathbf{A}^c_{B2/B4} +> \mathbf{A}^n_{B4} +> \mathbf{A}^t_{B4}$$

축척해서 그린 가속도 해석도를 그림 7.24c에 나타내었다.

6. 원하는 가속도 성분들을 측정하라.

가속도 해석도로부터 벡터 크기의 척도를 감안하면 다음과 같다.

$$A^t_{B2/B4} = 112\,\text{ft/s}^2 \quad \angle 75°$$
$$A^t_{B4} = 37\,\text{ft/s}^2 = 444\,\text{in./s}^2 \quad \searrow 15°$$

그리고 마지막으로 다음이 구해진다.

$$\alpha_4 = \frac{a^t_{B4}}{r_{CB4}} = \frac{444\,\text{in./s}^2}{3.8\,\text{in.}} = 117\,\text{rad/s}^2$$

B_4의 접선가속도는 우하측이므로 그에 대응하는 링크 4의 회전가속도는 반시계 방향이다. 따라서 다음과 같이 구해진다.

$$\alpha_4 = 177\,\text{rad/s}^2,\ \text{반시계 방향}$$

7.12 상당 링키지

지금까지 운동 해석의 예는 1차 조인트, 즉 핀과 미끄럼 조인트를 가진 기구만 포함하였다. 1장에서 소개된 바와 같이 캠이나 기어 조인트와 같은 고차 조인트는 구름과 미끄럼 운동을 함께 포함한다. 캠과 기어는 차후에 중점적으로 다룰 것이다. 그러나 고차 조인트를 가진 기구의 운동 해석도 이미 제시된 개념을 사용하여 할 수 있다.

고차 조인트를 활용하는 기구의 속도 및 가속도 해석은 **상당 링키지(equivalent linkage)**를 구성함으로써 크게 단순화할 수 있다. 이 방법은 기구의 순간 형상을 링크가 1차 조인트로 연결된 상당 기구로 전환한다.

그림 7.25는 구름과 미끄럼 조인트를 포함하는 2개의 캠 기구를 설명하고 있다. 점선은 상당 링키지를 나타낸다.

이 상당 링키지의 연결 구조는 2개의 짝이 되는 링크의 각 곡률중심으로부터 그려진다. 그 2개의 짝이 되는 링크의 곡률중심 2개는 유한 시간 동안 일정한 거리를 유지한다. 따라서 2 개

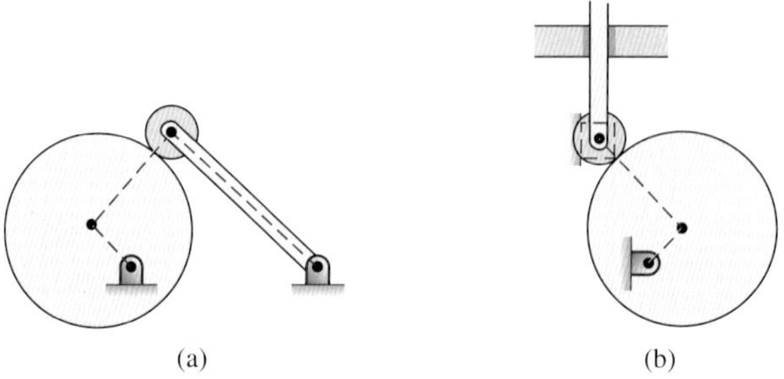

그림 7.25 상대 링키지

의 핀 조인트로 연결된 링크가 이 고차 미끄럼 조인트를 대신하는 데 사용된다. 곡률 중심은 기구가 움직임에 따라 변할 수 있다. 상당 링키지가 구성된 후 운동 해석 방법은 전술한 문제와 같다.

7.13 가속도곡선

지금까지의 해석은 어떤 특정한 순간, 기구상에 있는 점의 가속도를 계산하는 데 사용되었다. 그와 같은 해석이 중요하지만 그 결과는 운동의 한 장면에 불과하다. 이러한 해석의 명백한 결점은 한 사이클 동안 극한 조건을 결정하기가 어렵다는 것이다. 이러한 극한 조건을 찾기 위해서는 기구의 여러 위치를 조사할 필요가 있다.

속도에서와 같이 기구가 한 사이클을 진행할 때 어떤 점이나 링크의 가속도를 추적하는 것이 편리하다. 그러한 추적은 그 사이클에서의 극한적인 위치에 대한 정보를 제공한다. 가속도곡선은 이러한 추적을 제공한다. 가속도곡선은 점이나 링크의 가속도를 시간의 함수로 나타낸다. 6.14절에서 소개된 속도곡선으로부터 만들 수 있다.

속도곡선은 점이나 링크의 속도를 시간의 함수로서 나타낸다. 속도곡선은 4.11절에서 소개된 변위선도로부터 만들어진다. 따라서 변위선도는 속도곡선을 만드는 데 사용되며, 속도곡선은 다음 식에 의하여 가속도곡선을 만드는 데 사용된다.

$$\text{가속도} = \frac{d(\text{속도})}{dt}$$

미분 계산은 어떤 특정한 순간의 가속도는 그 순간에서의 속도곡선의 기울기라는 것을 의미하고 있다. 속도는 변위의 시간에 대한 미분이므로 가속도는 다음과 같이 나타낼 수 있다.

$$\text{가속도} = \frac{d^2(\text{변위})}{dt^2}$$

이 식은 어떤 특정한 순간의 가속도는 변위선도의 곡률이라는 것을 의미하고 있다. 명백히 곡률은 기울기만큼 결정하기 쉬운 것은 아니다. 그러나 변위선도에서 날카로운 곡선부의 위치를 찾아내어 극한 가속도의 위치를 나타내는 것은 쉽다. 값을 계산하기는 어렵지만 기구를 원하는 위치로 형상화할 수는 있다. 그 다음 전 절에서 제시된 대로 철저한 가속도 해석을 수행할 수 있다.

가속도곡선에 대한 값들을 결정하기 위해서는 속도곡선의 여러 부분에서 기울기를 결정하는 것이 가장 좋다(6.14절 참조).

7.13.1 도식적 미분

진행할 작업은 속도곡선의 여러 점에서 기울기를 구하는 것이다. 한 점에서의 기울기는 그 점을 지나고 속도곡선에 접하는 선을 그어 도식적으로 구할 수 있다. 그 선의 기울기는 y값(속도)

의 변화를 x값(시간)의 변화로 나누어 결정할 수 있다.

이 절차를 속도곡선의 여러 점에서 반복한다. 그러나 보통 가속도 극한값이나 급작스러운 가속도 변화만이 요구된다. 미분계산과 기울기를 알면 다음과 같은 관심 위치를 외관적으로 파악할 수 있다.

- 극한 가속도에 대응하는 속도곡선의 가파른 부분
- 가속도의 급작스런 변화에 대응하는, 곡률이 가장 큰 속도곡선 상의 위치

곡선의 기울기를 결정할 때, 실수가 쉽게 일어날 수 있다. 이러한 실수들은 속도곡선으로부터 가속도곡선을 유도할 때 기울기가 다시 결정되므로 확대된다. 따라서 가속도곡선용으로 구한 값들은 주의해서 사용해야만 한다. 극한 가속도의 위치를 알아내는 것은 중요하다. 이러한 기구 형상에서 정확한 가속도 값을 얻기 위하여 이 장의 앞 절에서 제시된 완벽한 가속도 해석을 행한다. 가속도 곡선의 장점은 중요한 기구 형상의 위치를 찾을 수 있다는 것이다. 그러므로 포괄적인 가속도 해석을 할 수 있다.

예제 7.12

예제 6.18의 압축기 기구에 대해 속도곡선이 구성되었다. 이 데이터를 사용하여 가속도곡선을 그려라.

풀이

1. 속도곡선의 수평 부분을 설명하라.

가속도 곡선을 구성할 때 주로 해야 할 작업은 속도곡선 상의 여러 점에서 기울기를 결정하는 것이다. 속도곡선을 그림 7.26에 다시 나타내었다.

이 곡선으로부터, 0.007초와 0.027초에 수평 접선, 즉 0 기울기라는 것을 알 수 있다. 따라서 0.007초와 0.027초에서 피스톤의 가속도는 0이다. 이 점을 각각 t_1, t_3라고 한다.

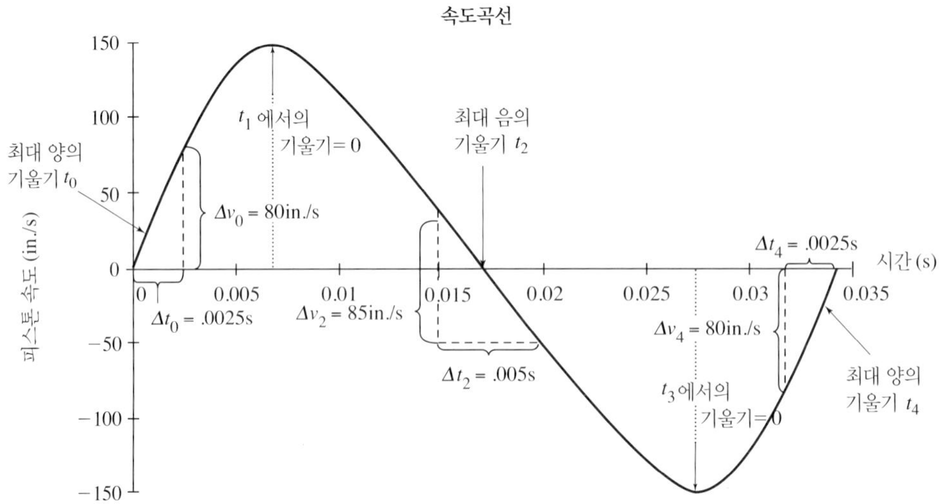

그림 7.26 예제 7.12의 속도곡선

2. 속도곡선의 주목할 만한 부분의 경사를 계산하라.

위쪽 최대 기울기는 0초에서 발생한다. 이 점을 t_0라고 한다. 그래프로부터 Δv_0, Δt_0를 읽어 0초에서의 가속도를 다음과 같이 계산한다.

$$a_0 = \frac{\Delta v_0}{\Delta t_0} = \frac{80\,\text{in./s}}{0.0025\,\text{s}} = 32{,}000\,\text{in./s}^2$$

유사하게 아래쪽 최대 기울기는 0.017초에 있다. 이 점을 t_2라고 한다. 그래프로부터 Δv_2, Δt_2를 읽어 0.017초에서의 가속도를 다음과 같이 계산한다.

$$a_2 = \frac{\Delta v_2}{\Delta t_2} = \frac{-85\,\text{in./s}}{0.005\,\text{s}} = -17{,}000\,\text{in./s}^2$$

3. 가속도 곡선을 그려라.

속도곡선의 기울기를 결정하는 절차가 여러 다른 시간에서도 반복한다. 각 기울기와 시간 정보를 편집하여서 가속도곡선을 그릴 수 있다(그림 7.27 참조).

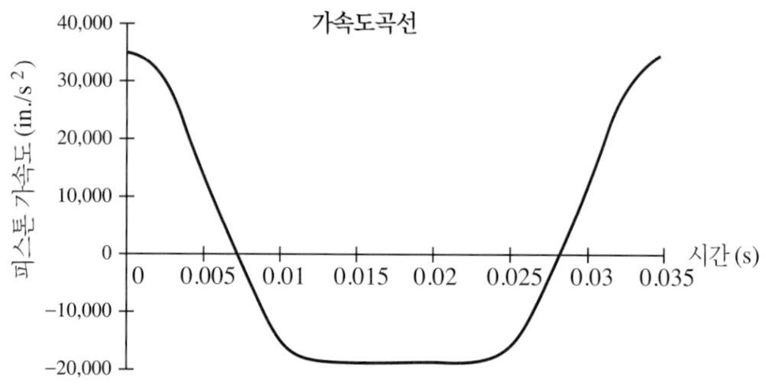

그림 7.27 예제 7.12의 가속도곡선

7.13.2 수치적 미분

6.14.2절의 속도곡선을 만들 때와 같이 가속도곡선은 수치적 미분으로도 결정될 수 있다. 독립변수이고 같은 간격인 일련의 데이터 점들에 대한 도함수를 결정하는 데 Richardson법[참고문헌 3 참조]을 다시 사용한다. 따라서 속도-시간 곡선의 도함수는 다음과 같이 수치적으로 근사된다.

$$a_i = \left[\frac{v_{i+1} - v_{i-1}}{2\,\Delta t}\right] - \left[\frac{v_{i+2} - 2v_{i+1} + 2v_{i-1} - v_{i-2}}{12\,\Delta t}\right] \tag{7.29}$$

여기에서,

i = 데이터 점 색인

v_i = 데이터 점 i에서의 속도

$\Delta t = t_2 - t_1 = t_3 - t_2 = t_4 - t_3$

t_i = 데이터 점 i에서의 시간

2차 도함수도 수치적 근사법으로 쉽게 결정할 수 있다. 이것을 이용하여 가속도곡선을 변위선도로부터 바로 구할 수 있다. Richardson법을 사용하여 다음과 같이 2차 도함수를 수치적으로 결정할 수 있다.

$$a_i = \left[\frac{\Delta R_{i+1} - 2\Delta R_i + \Delta R_{i-1}}{\Delta t^2}\right] \tag{7.30}$$

여기에서 위의 표기에 추가하여,

ΔR_i = 데이터 점 i에서의 변위이다.

》 예제 7.13

압축기에서 동작하는 피스톤의 변위선도를 예제 4.11에 나타내었다. 이 곡선으로부터 예제 6.18에서 속도곡선이 유도되었다. 이 데이터를 사용하여 수치적으로 가속도곡선을 구하라.

풀이

1. 데이터 점들 사이의 시간 증가분을 정하라.

예제 6.17(그림 6.40)의 스프레드시트 데이터에 피스톤 가속도를 포함시키기 위하여 열 1개를 추가하여 확장한다. 그리고 예제 6.18에서는 시간 증가분을 다음과 같이 하였다.

$$\Delta t = t_2 - t_1 = (0.00286 - 0.0) = 0.00286\,\text{s}$$

2. 데이터 점들의 가속도를 계산하기 위하여 식 7.28을 이용하라.

가속도 계산을 설명하기 위하여 식 7.28을 이용한 몇 개의 계산 결과를 다음에 나타내었다.

$$a_2 = \left[\frac{v_3 - v_1}{2\Delta t}\right] - \left[\frac{v_4 - 2v_3 + 2v_1 - v_{12}}{12\,\Delta t}\right]$$

$$= \left[\frac{142.67 - 0.0}{2(.00286)}\right] - \left[\frac{137.50 - 2(142.67) + 2(0.0) - (-91.47)}{12(.00286)}\right]$$

$$= 26{,}898\,\text{in./s}^2$$

$$a_9 = \left[\frac{v_{10} - v_8}{2\Delta t}\right] - \left[\frac{v_{11} - 2v_{10} + 2v_8 - v_7}{12\,\Delta t}\right]$$

$$= \left[\frac{(-142.67) - (-95.48)}{2(.00286)}\right] - \left[\frac{(-91.47) - 2(-142.67) + 2(-95.48) - (46.03)}{12(.00286)}\right]$$

$$= -17{,}305\,\text{in./s}^2$$

A	B	C	D	E	F
Data	**Crank**		**Piston**	**Piston**	**Piston**
Point	**Angle**	**Time**	**Displacement**	**Velocity**	**Acceleration**
Index	(deg)	(0.001 sec)	(in.)	(in./sec)	(in./sec^2)
1	0	0.00	2.000	0.00	34655
2	30	2.86	0.136	91.47	26898
3	60	5.72	0.483	142.67	7901
4	90	8.57	0.896	137.50	-10181
5	120	11.43	1.233	95.48	-17305
6	150	14.29	1.435	46.03	-16761
7	180	17.15	1.500	0.00	-15759
8	210	20.00	1.435	-46.03	-16761
9	240	22.86	1.233	-95.48	-17305
10	270	25.72	0.896	-137.50	-10181
11	300	28.58	0.483	-142.67	7901
12	330	31.43	0.136	-91.47	26898
13	360	34.29	0.000	0.00	34655

그림 7.28 예제 7.13의 가속도 데이터

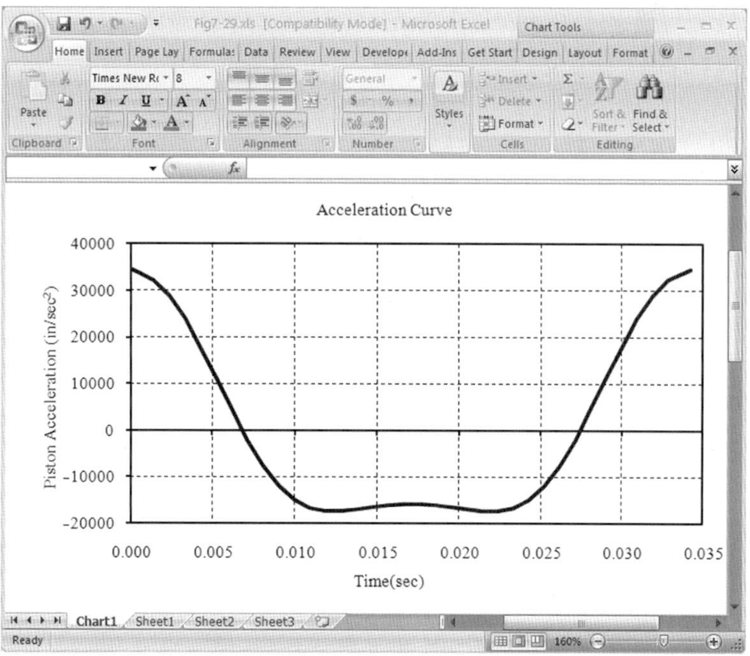

그림 7.29 예제 7.13의 가속도곡선

$$a_{12} = \left[\frac{v_{13} - v_{11}}{2\Delta t}\right] - \left[\frac{v_2 - 2v_{13} + 2v_{11} - v_{10}}{12\,\Delta t}\right]$$

$$= \left[\frac{(0.0) - (-142.67)}{2(.00286)}\right] - \left[\frac{(91.47) - 2(0.0) + 2(-91.47) - (142.67)}{12(.00286)}\right]$$

$$= 26{,}898\,\text{in./s}^2$$

3. 가속도 계산 결과를 정리하고 곡선으로 그려라.

모든 값을 계산하여 그림 7.28에 정리하여 나타내었다. 그림 7.29에 이 값들을 적용하여 시간에 대한 가속도곡선을 나타내었다.

이 곡선은 아직 거친 상태이다. 정밀도를 올리기 위하여, 크랭크 각도 증분을 10° 또는 15°로 줄일 필요가 있다. 가속도 데이터를 만들기 위하여 스프레드시트르 사용할 때, 보다 작은 증분이 바람직하다. 이것은 계산을 어렵게 하지는 않는다.

››› 연습문제

도식적 기법이 요구되는 문제에 대해서 손으로 직접 작도하는 것도 교훈적이지만, 정밀도를 높이기 위하여 CAD 시스템을 사용하는 것을 적극 권장한다.

일반 가속도

7-1. 상자가 컨베이어 벨트 상에 올려져 있고 컨베이어의 전원이 켜졌다. 벨트는 0.5초 동안 45m/min의 최고 속도에 도달하였다. 상자의 일정한 가속도를 구하라. 또한 상자의 이 가속 기간 동안 움직인 변위를 구하라.

7-2. 고성능 차량이 0~60mph가 되는 데 8.3초가 걸린다. 차량의 가속도와 60mph에 도달하는 동안에 움직인 거리를 계산하라.

7-3. 엘리베이터가 12ft/s로 위로 올라간다. 만약 일정한 감속이 10ft/s^{2}를 넘어서지 않는다면 멈추는 데 요구되는 거리를 계산하라.

7-4. 수직 직선 경로를 따라 균일하게 올라가는 슬라이드 위에 점 A가 있다. 슬라이드가 한 점을 지나는 데 100mm/s의 속도를 가지고 0.2초 뒤에 두 번째 점을 지나는 데 300mm/s의 속도를 가진다. 이 시간 간격 동안에 점 A의 가속도와 움직인 변위를 계산하라.

7-5. 선형 원동기가 짐을 왼쪽으로 민다. 정지한 상태에서 움직여서 일정한 가속도로 0.75m/s의 최고 속도에 도달하는 데 1.5초가 필요하다. 짐의 가속도는 얼마인가? 또한 가속 단계 동안에 짐이 움직인 변위를 계산하라.

7-6. 정지한 상태에서 움직여서 캠이 8초 안에 750rpm으로 시계 방향으로 균일하게 가속된다. 캠의 각가속도를 계산하라.

7-8. 축의 각속도가 20초 안에 시계 방향으로 1,000rpm에서 2,500rpm으로 일정하게 가속하며 증가한다. 축의 각가속도를 계산하라.

7-9. 1,100rpm에서 800rpm으로 감속되는 동안에 휠이 반시계 방향으로 400번 회전한다. 휠의 각가속도를 계산하라.

속도선도

7-10. 서보 모터가 그림 P7.10의 속도선도를 따라서 움직이도록 프로그래밍되어 있다. 이 프로그램으로 움직일 때 최고 가속도, 최고 감속도와 움직인 변위를 계산하라.

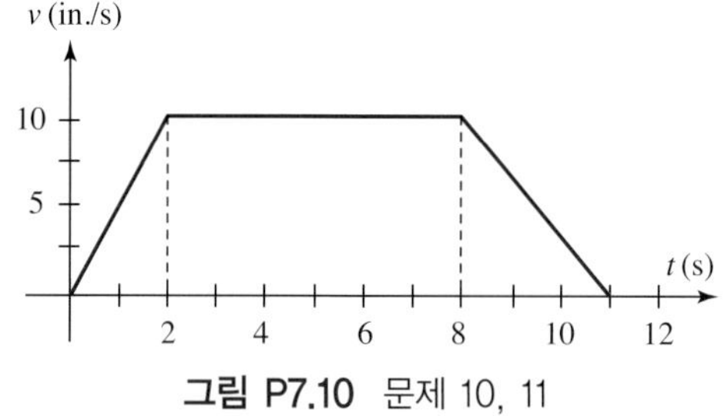

그림 P7.10 문제 10, 11

7-11. 서보 구동 원동기가 그림 P7.10에 보이는 속도선도를 따라서 움직이도록 프로그래밍되어 있다. 프로그램이 실행하는 동안에 스프레드시트를 사용하여 움직인 변위-시간의 그래프와 속도-시간과 가속도-시간 그래프를 그려라.

7-12. 선형 모터가 그림 P7.12에 보이는 속도선도를 따라서 오른쪽으로 움직이도록 프로그래밍되어 있다. 이 프로그램이 실행할 때 최고 가속도, 최소 감속도와 움직인 변위를 계산하라.

그림 P7.12 문제 12, 13

7-13. 선형 모터가 그림 P7.12에 보이는 속도선도를 따라서 오른쪽으로 움직이도록 프로그래밍되어 있다. 이 프로그램이 실행하는 동안에 스프레드시트를 사용하여 움직인 변위-시간의 그래프와 속도-시간과 가속도-시간 그래프를 그려라.

7-14. 선형 모터가 10in. 움직이도록 프로그래밍되어 있다. 최고 속도가 4in./s이고 일정한 가속도와 감속도는 6in./s^{2}의 제한이 있다. 이 프로그램이 실행하는 동안 스프레드시트를 사용하여 움직인 변위-시간의 그래프와 속도-시간과 가속도-시간 그래프를 그려라.

7-15. 선형 원동기가 75mm 움직이도록 프로그래밍되어 있다. 최고 속도가 50mm/s이고 일정한 가속도와 감속도는 100mm/s^{2}의 제한이 있다. 이 프로그램이 실행하는 동안에 스프레드시트를 사용하여 움직인 변위-시간의 그래프와 속도-시간과 가속도-시간 그래프를 그려라.

법선 방향과 접선 방향의 가속도 성분

7-16. 그림 P7.16에 보이는 운동학적 다이어그램으로부터 링크 2는 떨어져 있다. 링크는 300rpm의 일정한 속도로 반시계 방향으로 회전한다. 점 A와 B의 총 가속도를 계산하라. $\gamma = 50°$, $\beta = 60°$를 이용하라.

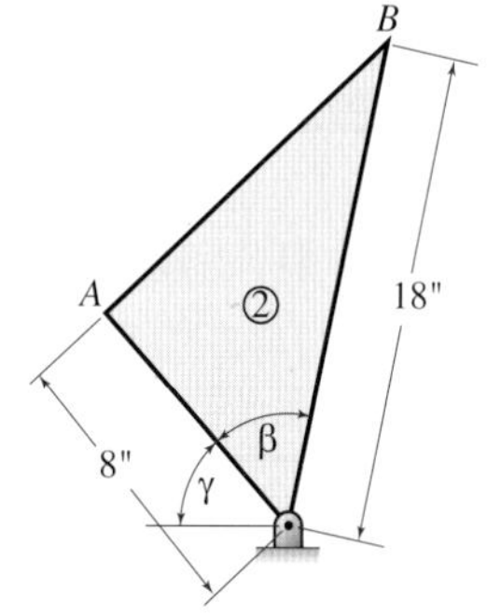

그림 P7.16 문제 16–18

7-17. 그림 P7.16에 보이는 운동학적 다이어그램으로부터 링크 2는 떨어져 있다. 링크는 200rpm의 일정한 속도로 반시계 방향으로 회전하고 400rad/s^{2}로 가속한다. 점 A와 B

의 총 가속도를 계산하라. $\gamma = 50°$, $\beta = 60°$를 이용하라.

7-18. 그림 P7.16에 보이는 운동학적 다이어그램으로부터 링크 2는 떨어져 있다. 링크는 300rpm의 일정한 속도로 반시계 방향으로 회전하고 800rad/s²로 가속한다. 점 A와 B의 총 가속도를 계산하라. $\gamma = 50°$, $\beta = 60°$를 이용하라.

그림 P7.19는 한계 회전 속도에서 두 축을 결합하는 원심 클러치를 나타내고 있다. 다음 문제에 답하여라.

7-19. 그림 P7.19의 원심 클러치의 마찰 패드 상의 A점의 총 가속도를 구하여라. 그림에서 보여지는 순간, 구동축이 300rpm으로 회전한다.

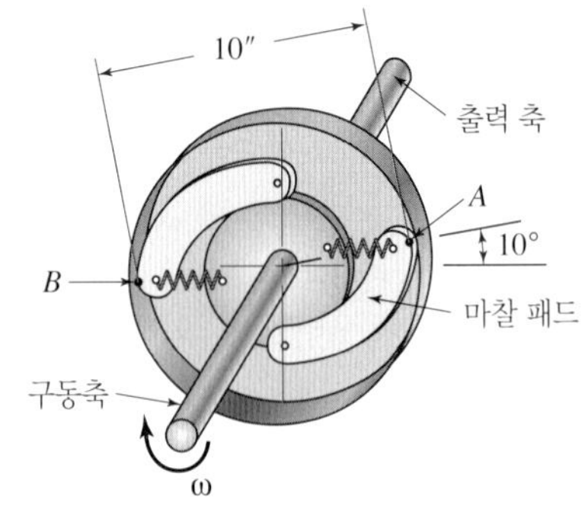

그림 P7.19 문제 19-21

7-20. 그림 P7.19의 원심 클러치의 마찰 패드 상의 A점의 총 가속도를 구하여라. 그림에서 보여지는 순간, 구동축이 300rpm으로 회전하고 300rad/s²으로 가속된다.

7-21. 그림 P7.19의 원심 클러치의 마찰 패드 상의 A점의 총 가속도를 구하여라. 그림에서 보여지는 순간, 구동축이 220rpm으로 회전하고 300rad/s²으로 감속된다.

상대가속도

7-22. 그림 P7.22에 보여 준 기구 해석도에서 링크 AB의 길이는 100mm이고 $\theta = 35°$이다. 상자 A는 아래쪽으로 10mm/s의 속도로 움직이고, 5mm/s²로 가속되고 있다. 같은 시각에 상자 B는 속도가 7mm/s이고 25mm/s²으로 가속되고 있다. 도식적 방법으로 B에 대한 A의 상대속도와 B에 대한 A의 상대가속도를 구하여라.

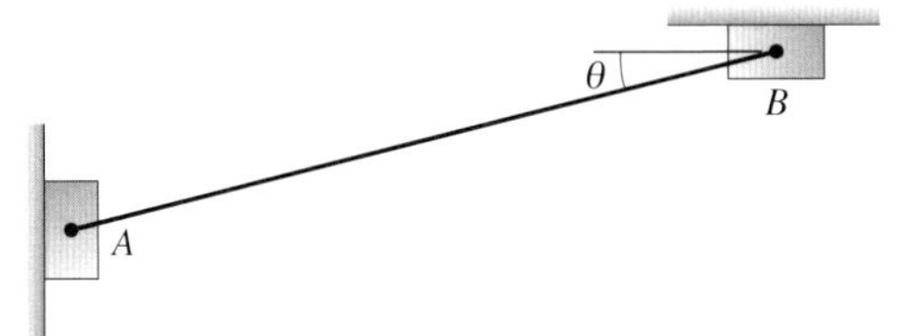

그림 P7.22 문제 22, 23

7.23. 그림 P7.22의 기구 해석도에서 링크 AB의 길이가 15in.이고, $\theta = 40°$이다. 상자 A는 위쪽으로 50in./s의 속도로 움직이고, 125in./s²로 감속되고 있다. 같은 시각에 상자 B는 속도가 42in./s이고 48.6in./s²으로 가속되고 있다. 해석적 방법으로 B에 대한 A의 상대속도와 B에 대한 A의 상대가속도를 구하여라.

7.24. 그림 P7.24는 공장이나 체육관의 높은 위치에 있는 창문을 자동 개폐하는 장치이다. $\theta = 25°$이고, 구동 너트가 오른쪽 1ft/s으로 이동하며 1ft/s²으로 가속되고 있다. 동시에 슬라이더의 속도는 0.47ft/s이며 0.91ft/s²으로 가속되고 있다. 도식적으로 B

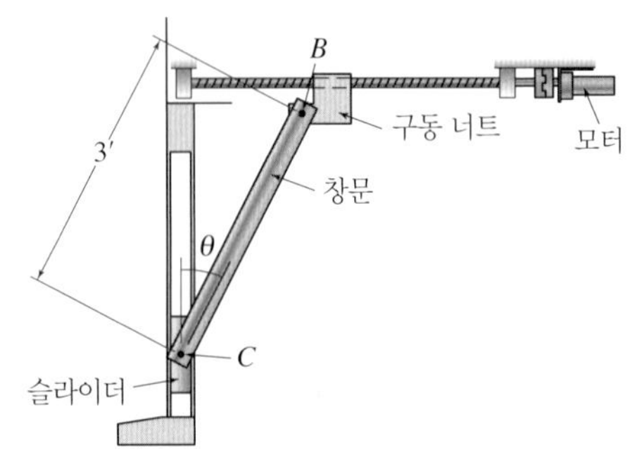

그림 P7.24 문제 25, 26

에 대한 C의 상대 속도와 B에 대한 C의 상대가속도를 구하여라.

7-25. 그림 P7.24의 자동 창문 개폐 기구에서 $\theta = 55°$이고 구동 너트가 오른쪽 2ft/s으로 이동하며 1ft/s^2으로 가속되고 있다. 동시에 슬라이더의 속도는 2.85ft/s이며 8.51ft/s^2으로 가속되고 있다. 도식적으로 B에 대한 C의 상대 속도와 B에 대한 C의 상대가속도를 구하여라.

상대가속도 방법 : 도식적 기법

7-26. 그림 P7.26의 압축기 연결 장치에 대하여 도식적 상대가속도법을 사용하여 1,150 rpm의 일정한 속도로 시계 방향으로 회전하는 크랭크의 피스톤의 속도와 가속도를 계산하라.

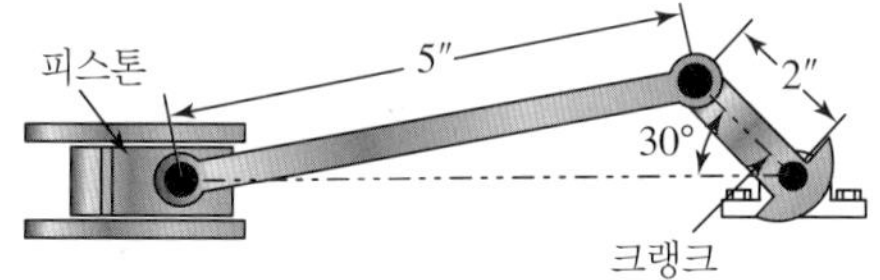

그림 P7.26 문제 26–28, 44, 75, 81, 87

7-27. 그림 P7.26의 압축기 연결 장치에 대하여, 그림에서 보여지는 순간에 크랭크가 2,000rpm으로 반시계 방향으로 회전하고 $10{,}000\text{rad/s}^2$으로 가속한다. 도식적 상대가속도법을 사용하여 피스톤의 속도와 가속도를 계산하라.

7-28. 그림 P7.26의 압축기 연결 장치에 대하여, 그림에서 보여지는 순간에 크랭크가 1,500rpm으로 시계 방향으로 회전하고 $12{,}000\text{rad/s}^2$으로 가속한다. 도식적 상대가속도법을 사용하여 피스톤의 속도와 가속도를 계산하라.

7-29. 그림 P7.29는 재봉틀의 바늘을 구동하는 기구를 보여 주고 있다. $\theta = 30°$일 때, 구동 바퀴는 반시계 방향으로 일정한 속도 200rpm으로 회전하고 있다. 상대가속도법을 사용하여 바늘의 선속도 및 선가속도를 도식적으로 정하여라.

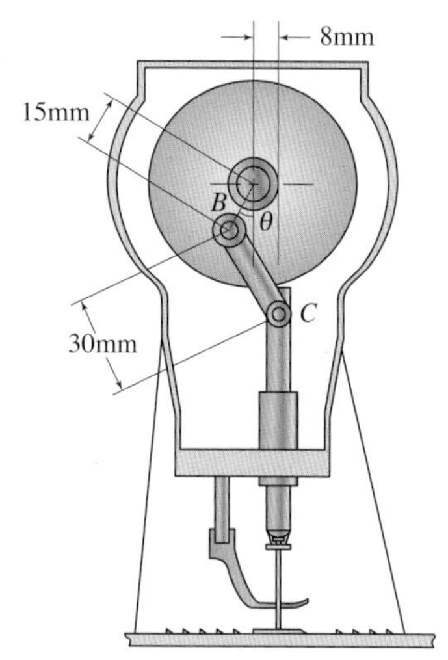

그림 P7.29 문제 29–31, 45, 76, 82, 88

7-30. 그림 P7.29는 재봉틀의 바늘을 구동하는 기구를 보여 주고 있다. $\theta = 30°$일 때, 구동 바퀴는 시계 방향으로 일정한 속도 300rpm으로 회전하고 800rad/s^2으로 가속하고 있다. 상대가속도법을 사용하여 바늘의 선속도 및 선가속도를 도식적으로 정하여라.

7-31. 그림 P7.29는 재봉틀의 바늘을 구동하는 기구를 보여 주고 있다. $\theta = 120°$일 때, 구동 바퀴는 시계 방향으로 일정한 속도 200rpm으로 회전하고 400rad/s^2로 감속되고 있다. 상대가속도법을 사용하여 바늘의 선속도 및 선가속도를 도식적으로 정하여라.

7-32. 그림 P7.32의 활톱에 대하여, 그림에서 보여지는 순간에 1.75in. 크랭크가 시계 방향 80rpm으로 회전한다. 도식적 상대가속도법을 사용하여 톱날의 속도와 가속도를 계산하라.

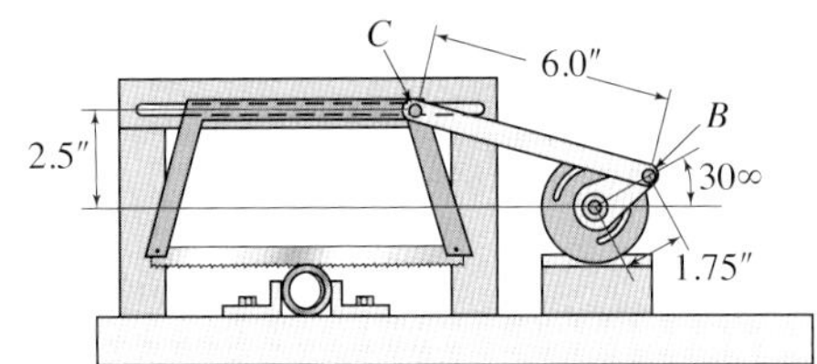

그림 P7.32 문제 32–34, 46, 77, 83, 89

7-33. 그림 P7.32의 활톱에 대하여, 그림에서 보여지는 순간에 크랭크가 60rpm으로 시계 방향으로 회전하고 40rad/s^{2}으로 가속한다. 도식적 상대가속도법을 사용하여 피스톤의 선형속도와 선형가속도를 계산하라.

7-34. 그림 P7.32의 활톱에 대하여, 그림에서 보여지는 순간에 크랭크가 70rpm으로 시계 방향으로 회전하고 45rad/s^{2}으로 가속한다. 도식적 상대가속도법을 사용하여 피스톤의 속도와 가속도를 계산하라.

7-35. 그림 P7.35는 흔히 상점에서 볼 수 있는, 동전으로 작동하는 목마로 90rpm으로 시계 방향으로 일정한 속도로 회전하고 있다. θ = 30°일 때, 상대가속도법을 사용하여 목마의 각속도 및 각가속도를 도식적으로 구하여라.

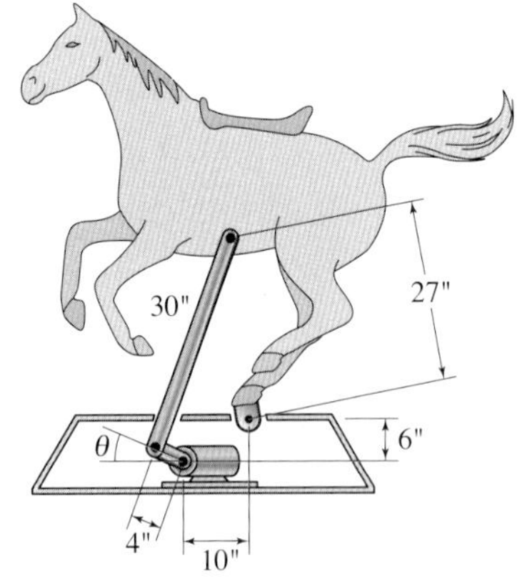

그림 P7.35 문제 35–37, 47, 78, 84, 90

7-36. θ = 45°일 때, 그림 P7.35는 동전으로 작동하는 목마로 60rpm으로 시계 방향으로 일정한 속도로 회전하고 30rad/s^{2}으로 가속되고 있다. 상대가속도법을 사용하여 목마의 각속도 및 각가속도를 도식적으로 구하여라.

7-37. θ = 120°일 때, 그림 P7.35는 동전으로 작동하는 목마로 40rpm으로 시계 방향으로 일정한 속도로 회전하고 20rad/s^{2}으로 감속되고 있다. 상대가속도법을 사용하여 목마의 각속도 및 각가속도를 도식적으로 구하여라.

7-38. 그림 P7.38의 세차 분무기의 모터가 120rpm의 일정한 속도로 반시계 방향으로 회전한다. θ = 40°의 순간에, 도식적인 상대가속도법을 사용하여 노즐암의 각속도와 각가속도를 계산하라.

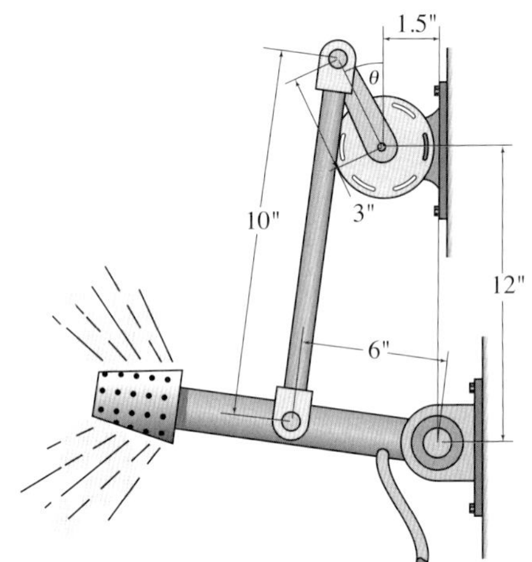

그림 P7.38 문제 38–40, 48, 79, 85, 91

7-39. θ = 90°의 순간에, 그림 P7.38의 세차 분무기의 모터가 150rpm으로 반시계 방향으로 회전하고 200rad/s^{2}로 가속한다. 도식적인 상대가속도법을 사용하여 노즐암의 각속도와 각가속도를 계산하라.

7-40. θ = 120°의 순간에, 그림 P7.38의 세차 분무기의 모터가 100rpm으로 반시계 방향으로 회전하고 100rad/s^{2}로 가속한다. 도식적

인 상대가속도법을 사용하여 노즐암의 각속도와 각가속도를 계산하라.

7-41. 그림 P7.41의 작은 항공기 랜딩 기어의 12 in. 크랭크가 20rpm의 일정한 속도로 반시계 방향으로 회전한다. 그림에서 보여지는 순간에 도식적인 상대가속도법을 사용하여 바퀴 조립체의 각속도와 각가속도를 계산하라.

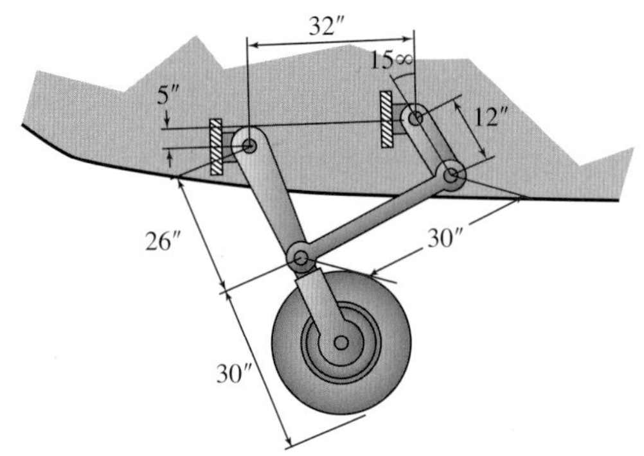

그림 P7.41 문제 41-43, 49, 80, 86, 92

7-42. 그림에서 보여지는 순간에, 그림 P7.41의 작은 항공기 랜딩 기어의 12in. 크랭크가 15rpm으로 반시계 방향으로 회전하고 4rad/s^{2}로 가속한다. 도식적인 상대가속도법을 사용하여 바퀴 조립체의 각속도와 각가속도를 계산하라.

7-43. 그림에서 보여지는 순간에, 그림 P7.41의 작은 항공기 랜딩 기어의 12in. 크랭크가 18rpm로 반시계 방향으로 회전하고 3.5rad/s^{2}로 가속한다. 도식적인 상대가속도법을 사용하여 바퀴 조립체의 각속도와 각가속도를 계산하라.

상대가속도 방법 : 해석적 기법

7-44. 그림 P7.26의 압축기 연결 장치에 대하여, 그림에서 보여지는 순간에 크랭크가 1,800rpm으로 시계 방향으로 회전하고 12,000rad/s^{2}으로 가속된다. 해석적인 상대가속도법을 사용하여 피스톤의 속도와 가속도를 계산하라.

7-45. 그림 P7.29는 재봉틀의 바늘을 구동하는 기구에서 $\theta = 300°$일 때, 구동 바퀴는 시계 방향으로 일정한 속도 250rpm으로 회전하고 6,000rad/s^{2}로 가속되고 있다. 해석적인 상대가속도법을 사용하여 바늘의 선속도 및 선가속도를 정하여라.

7-46. 그림 P7.32의 활톱에 대하여, 그림에서 보여지는 순간에 1.75in. 크랭크가 시계 방향 55rpm으로 회전하고 35rad/s^{2}로 감속된다. 해석적인 상대가속도법을 사용하여 톱날의 속도와 가속도를 계산하라.

7-47. $\theta = 45°$일 때, 그림 P7.35는 동전으로 작동하는 목마로 45rpm으로 시계 방향으로 일정한 속도로 회전하고 25rad/s^{2}으로 가속되고 있다. 해석적인 상대가속도법을 사용하여 목마의 각속도 및 각 가속도를 구하여라.

7-48. $\theta = 90°$의 순간에, 그림 P7.38의 세차 분무기의 모터가 130rpm로 반시계 방향으로 회전하고 180rad/s^{2}로 감속한다. 해석적인 상대가속도법을 사용하여 노즐암의 각속도와 각가속도를 계산하라.

7-49. 그림에서 보여지는 순간에, 그림 P7.41의 작은 항공기 랜딩 기어의 12in. 크랭크가 12rpm로 반시계 방향으로 회전하고 3rad/s^{2}로 가속한다. 해석적인 상대가속도법을 사용하여 바퀴 조립체의 각속도와 각가속도를 계산하라.

유동 링크상에 있는 점의 가속도 : 도식적 방법

7-50. 그림 P7.50의 도장 찍는 스탬프 기구에서 3.25in. 링크는 시계 방향으로 일정한 속도 20rpm으로 회전하고 있다. $\theta = 60°$일 때 도식적인 방법을 사용하여 스탬프 상의 X 점의 가속도를 구하여라.

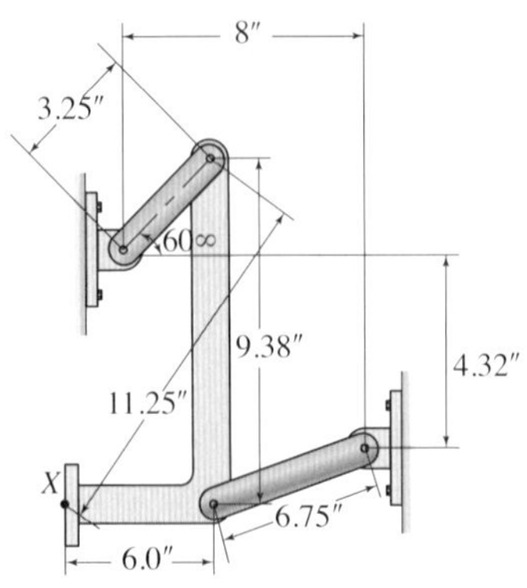

그림 P7.50 문제 50-53, 58

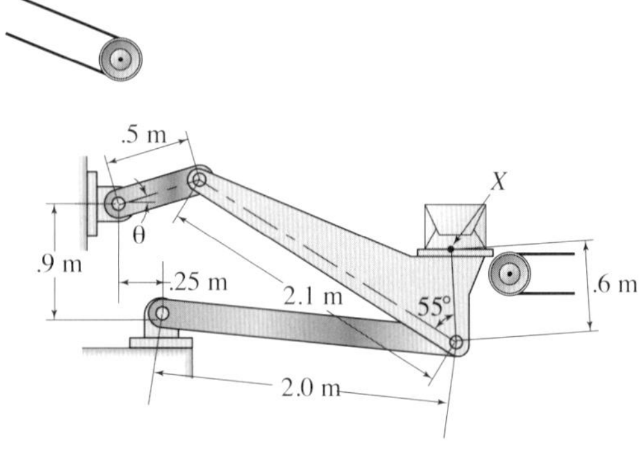

그림 P7.54 문제 54-57, 59

7-51. 그림 P7.50의 도장 찍는 스탬프 기구에서 3.25in. 링크는 시계 방향으로 일정한 속도 20rpm으로 회전하고 있다. $\theta = 120°$일 때 도식적인 방법을 사용하여 스탬프 상의 X점의 가속도를 구하여라.

7-52. 그림 P7.50의 도장 찍는 스탬프 기구에서 3.25in. 링크는 시계 방향으로 일정한 속도 30rpm으로 회전하고 6rad/s^{2}으로 가속하고 있다. $\theta = 90°$일 때 도식적인 방법을 사용하여 스탬프 상의 X점의 가속도를 구하여라.

7-53. 그림 P7.50의 도장 찍는 스탬프 기구에서 3.25in. 링크는 시계 방향으로 일정한 속도 20rpm으로 회전하고 6rad/s^{2}으로 감속하고 있다. $\theta = 90°$일 때 도식적인 방법을 사용하여 스탬프 상의 X점의 가속도를 구하여라.

7-54. 그림 P7.54는 한 컨베이어에서 다른 컨베이어로 상자를 들어 회전하는 기구로, 0.5m 링크가 반시계 방향으로 일정한 속도 12rpm으로 회전하고 있다. $\theta = 20°$일 때 X점의 가속도를 도식적으로 구하여라.

7-55. 그림 P7.54는 한 컨베이어에서 다른 컨베이어로 상자를 들어 회전하는 기구로, 0.5m 링크가 시계 방향으로 일정한 속도 20rpm으로 회전하고 있다. $\theta = 30°$일 때 X점의 가속도를 도식적으로 구하여라.

7-56. 그림 P7.54는 한 컨베이어에서 다른 컨베이어로 상자를 들어 회전하는 기구로, 0.5m 링크가 시계 방향으로 일정한 속도 30rpm으로 회전하고 있다. $\theta = 20°$일 때 X점의 가속도를 도식적으로 구하여라.

7-57. 그림 P7.54는 한 컨베이어에서 다른 컨베이어로 상자를 들어 회전하는 기구로, 0.5m 링크가 반시계 방향으로 일정한 속도 18rpm으로 회전하고 있다. $\theta = 0°$일 때 X점의 가속도를 도식적으로 구하여라.

유동 링크상에 있는 점의 가속도 : 해석적 방법

7-58. 그림 P7.50의 도장 찍는 스탬프 기구에서 3.25in. 링크는 시계 방향으로 일정한 속도 20rpm으로 회전하고 있다. $\theta = 60°$일 때 해석적인 방법을 사용하여 스탬프 상의 X점의 가속도를 구하여라.

7-59. 그림 P7.54는 한 컨베이어에서 다른 컨베이어로 상자를 들어 회전하는 기구로, 0.5m 링크가 반시계 방향으로 일정한 속도 12rpm으로 회전하고 있다. $\theta = 20°$일 때 X점의 가속도를 해석적으로 구하여라.

코리올리 가속도

7-60. 그림 P6.60의 기구에서, $\theta = 60°$이고, 링크 2의 회전 각속도가 시계 방향으로 30rad/s이다. 슬라이더 3은 링크 2 상에서 바깥쪽으로 15mm/s 속도로 미끄러지고 있다. 링크 2에 대한 링크 3 상에 있는 *B*점의 코리올리 가속도를 구하여라.

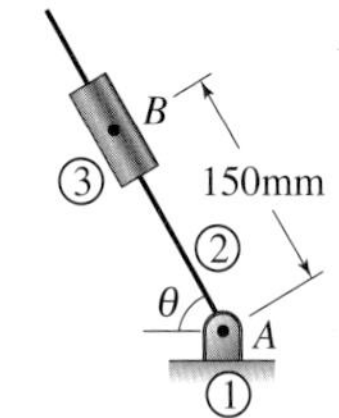

그림 P7.60 문제 60–62

7-61. 그림 P7.60의 기구에서, $\theta = 45°$이고, 링크 2 의 회전 각속도가 반시계 방향 30rad/s이다. 슬라이더 3은 링크 2 상에서 바깥쪽으로 15mm/s로 이동하고 있다. 링크 2에 대한 링크 3 상에 있는 *B*점의 코리올리 가속도를 구하여라.

7-62. 그림 P7.60의 기구에서, $\theta = 30°$이고, 링크 2의 회전 각속도는 시계 방향 30rad/s이다. 슬라이더 3은 링크 2 상에서 안쪽으로 15mm/s 속도로 미끄러지고 있다. 링크 2에 대한 링크 3 상에 있는 *B*점의 코리올리 가속도를 구하여라.

코리올리 효과가 있는 링크의 가속도 : 도식적 방법

7-63. 그림 P7.63의 기구 해석도에서 링크 2의 각속도는 반시계 방향 20rad/s이다. 링크 4의 각속도, 링크 4 상의 링크 3의 미끄러지는 슬라이딩 속도와 링크 4의 각 가속도를 도식적인 방법을 구하여라.

7-64. 그림 P7.63의 기구 해석도에서 링크 2의 각속도는 반시계 방향 20rad/s이고 5rad/s^{2}으로 가속되고 있다. 링크 4의 각속도, 링크 4 상의 링크 3의 미끄러지는 슬라이딩 속도와 링크 4의 각가속도를 도식적인 방법을 구하여라.

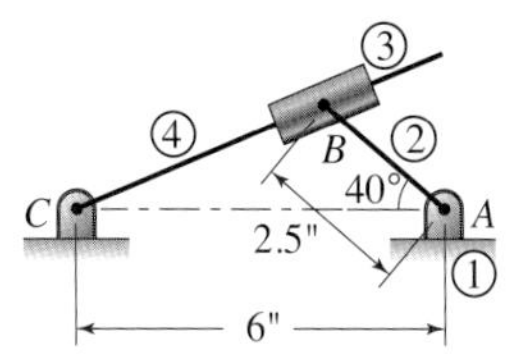

그림 P7.63 문제 63, 64, 71

7-65. 그림 P7.65은 휴대용 전기톱의 구동 기구이다. 이 순간, 크랭크가 시계 방향 300rpm의 일정한 속도로 회전하고 있다. 톱날의 가속도를 도식적으로 구하여라.

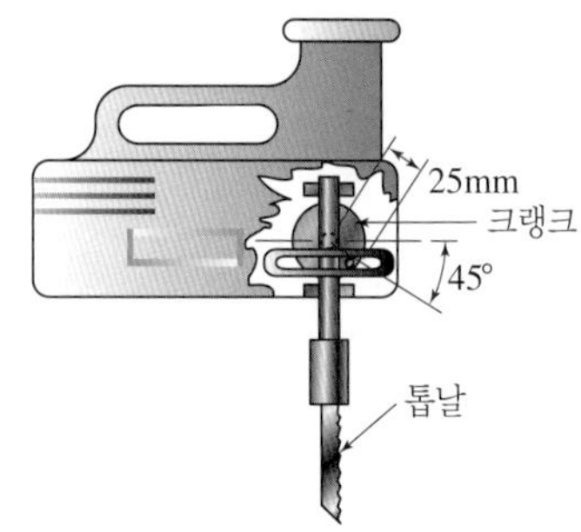

그림 P7.65 문제 65, 66, 72

7-66. 그림 P7.65 은 휴대용 전기톱의 구동 기구에서 이 순간, 크랭크가 시계 방향 200rpm의 속도로 회전하고, 45rad/s^{2}으로 가속되고 있다. 톱날의 가속도를 도식적으로 구하여라.

7-67. 그림 P7.67은 자전거 펌프 기구이다. 이 순

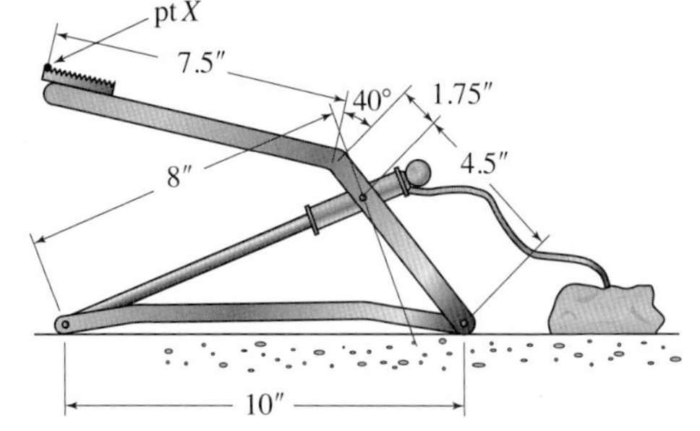

그림 P7.67 문제 67, 68, 73

간, 실린더가 일정한 속도 2in./s로 수축되고 있다. 도식적인 방법으로 발판의 회전 각속도를 구하고, X점의 가속도를 구하여라.

7-68. 그림 P7.67은 자전거 펌프 기구로 이 순간, 실린더가 2in./s로 수축되며, 3in./s^2으로 가속되고 있다. 도식적인 방법으로 발판의 회전 각속도를 구하고, X점의 가속도를 구하여라.

7-69. 그림 P7.69은 선박 조향용 방향키 기구이다. 이 순간 엑추에이터가 0.1m/s의 일정한 속도로 팽창하고 있다. 도식적인 방법으로 방향키 조립체의 회전 속도와 가속도를 구하여라.

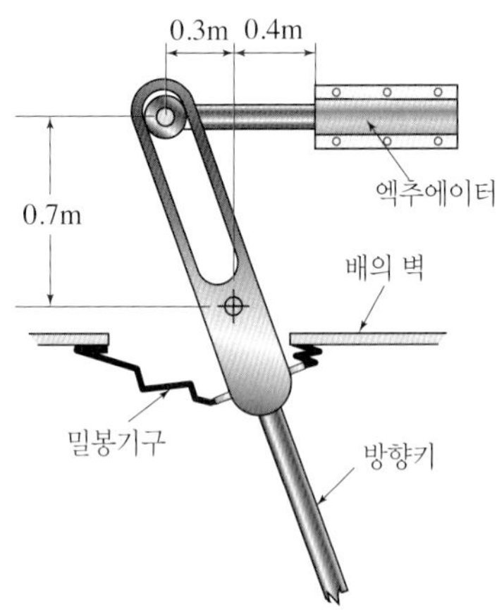

그림 P7.69 문제 69, 70, 74

7-70. 그림 P7.69의 방향키 기구에서, 엑추에이터가 0.1m/s의 속도로 팽창하며, 0.3m/s^2으로 감속되고 있다. 이때 도식적인 방법으로 방향키 조립체의 회전 속도와 가속도를 구하여라.

코리올리 효과가 있는 링크의 가속도 : 해석적 방법

7-71. 그림 P7.63의 기구 해석도에서 링크 2의 각속도는 반시계 방향 20rad/s이다. 링크 4의 각속도, 링크 4 상의 링크 3의 미끄러지는 슬라이딩 속도와 링크 4의 각가속도를 해석적인 방법을 구하여라.

7-72. 그림 P7.65은 휴대용 전기톱의 구동 기구이다. 이 순간, 크랭크가 시계 방향 300rpm의 일정한 속도로 회전하고 있다. 톱날의 가속도를 해석적으로 구하여라.

7-73. 그림 P7.67은 자전거 펌프 기구이다. 이 순간, 실린더가 일정한 속도 2cm/s로 수축되고 있다. 해석적인 방법으로 발판의 회전 각속도를 구하고, X점의 가속도를 구하여라.

7-74. 그림 P7.69은 선박 조향용 방향키 기구이다. 이 순간 엑추에이터가 0.1m/s의 일정한 속도로 팽창하고 있다. 해석적인 방법으로 방향키 조립체의 회전 속도와 가속도를 구하여라.

가속도 곡선 : 도식적 방법

7-75. 그림 P7.26의 압축기 연결 장치의 크랭크가 1,750rpm의 일정한 속도로 시계 방향으로 운전된다. 크랭크 각도의 함수에 피스톤의 운동한 변위에 대한 곡선을 도식적으로 만들어라. 시간에 대해 크랭크 각도축을 변환해라. 그리고 시간의 함수에 피스톤의 속도와 가속도의 곡선으로 얻은 경사를 도식적으로 계산하라.

7-77. 그림 P7.32의 파워 활톱 크랭크가 90rpm의 일정한 속도로 시계 방향으로 운전된다. 크랭크 각도의 함수에 톱날의 운동한 변위에 대한 곡선을 도식적으로 만들어라. 시간에 대해 크랭크 각도 축을 변환하라. 그리고 시간의 함수에 톱의 속도와 가속도의 곡선으로 얻은 경사를 도식적으로 계산하라.

7-79. 그림 P7.38의 세차 분무기 모터의 메커니즘 크랭크가 100rpm의 일정한 속도로 반시계 방향으로 운전된다. 크랭크 각도의 함수에 노즐암의 각 변위에 대한 곡선을 도식

적으로 만들어라. 시간에 대해 크랭크 각도축을 변환하라. 그리고 시간의 함수에 노즐암의 각속도와 각가속도의 곡선으로 얻은 경사를 도식적으로 계산하라.

7-80. 그림 P7.41의 랜딩 기어 메커니즘 크랭크가 18rpm의 일정한 속도로 반시계 방향으로 운전된다. 크랭크 각도의 함수에 바퀴 조립도의 각 변위에 대한 곡선을 도식적으로 만들어라. 시간에 대해 크랭크 각도축을 변환하라. 그리고 시간의 함수에 바퀴 조립도의 각속도와 각가속도의 곡선으로 얻은 경사를 도식적으로 계산하라.

가속도 곡선 : 해석적 방법

7-81. 그림 P7.26의 압축기 연결 장치의 크랭크가 1,450rpm의 일정한 속도로 시계 방향으로 운전된다. 스프레드시트를 사용하여 크랭크 각도의 함수에 피스톤의 운동한 변위에 대한 곡선을 해석적으로 만들어라. 시간에 대해 크랭크 각도축을 변환하라. 그리고 미분을 사용하여 시간의 함수에 피스톤의 속도와 가속도 곡선으로 얻어라.

7-83. 그림 P7.32의 파워 활톱 크랭크가 85rpm의 일정한 속도로 시계 방향으로 운전된다. 스프레드시트를 사용하여 크랭크 각도의 함수에 톱날의 운동한 변위에 대한 곡선을 해석적으로 만들어라. 시간에 대해 크랭크 각도축을 변환하라. 그리고 미분을 사용하여 시간의 함수에 피스톤의 속도와 가속도 곡선으로 얻어라.

7-85. 그림 P7.38의 세차 분무기 모터 메커니즘의 크랭크가 110rpm의 일정한 속도로 반 시계 방향으로 운전된다. 스프레드시트를 사용하여 크랭크 각도의 함수에 노즐의 각 변위에 대한 곡선을 해석적으로 만들어라. 시간에 대해 크랭크 각도축을 변환하라. 그리고 미분을 사용하여 시간의 함수에 피스톤의 각속도와 각가속도의 곡선으로 얻어라.

7-86. 그림 P7.41의 랜딩 기어 메커니즘의 크랭크가 16rpm의 일정한 속도로 반시계 방향으로 운전한다. 스프레드시트를 사용하여 크랭크 각도의 함수에 바퀴 조립도의 각 변위에 대한 곡선을 해석적으로 만들어라. 시간에 대해 크랭크 각도축을 변환하라. 그리고 미분을 사용하여 시간의 함수에 바퀴 조립도의 각속도와 각가속도의 곡선으로 얻어라.

Working Model을 이용한 가속도

7-87. 그림 P7.26의 압축기 연결 장치의 크랭크가 1,450rpm의 일정한 속도로 시계 방향으로 운전된다. Working Model 소프트웨어를 이용하여 시뮬레이션을 만들고 시간의 함수에 피스톤의 가속도 곡선을 그려라.

7-88. 그림 P7.29의 재봉틀 기구에서 크랭크가 175rpm의 일정한 속도로 반시계 방향으로 운전된다. Working Model 소프트웨어를 이용하여 시뮬레이션을 만들고 시간의 함수에 바늘의 가속도 곡선을 그려라.

7-89. 그림 P7.32의 파워 활톱 크랭크가 1,450 rpm의 일정한 속도로 시계 방향으로 운전된다. Working Model 소프트웨어를 이용하여 시뮬레이션을 만들고 시간의 함수에 톱날의 가속도 곡선을 그려라.

7-90. 그림 P7.35의 동전 구동 말놀이 기구가 70rpm의 일정한 속도로 시계 방향으로 운전된다. Working Model 소프트웨어를 이용하여 시뮬레이션을 만들고 시간의 함수에 톱날의 가속도 곡선을 그려라.

7-91. 그림 P7.38의 세차 분무기 모터 메커니즘의 크랭크가 100rpm의 일정한 속도로 반시계 방향으로 운전된다. Working Model

소프트웨어를 이용하여 시뮬레이션을 만들고 시간의 함수에 노즐암의 각가속도 곡선을 그려라.

7-92. 그림 P7.41의 랜딩 기어 메커니즘 크랭크가 18rpm의 일정한 속도로 반시계 방향으로 운전된다. Working Model 소프트웨어를 이용하여 시뮬레이션을 만들고 시간의 함수에 바퀴 조립도의 각가속도 곡선을 그려라.

⟩⟩⟩ 사례연구

7-1. 그림 C7.1은 크랭크축 *I*에 의해 구동되는 특수 기구이다. 위 캡(cap) *H*는 이 그림에서 보이지 않는 다른 메커니즘을 구동한다. 주의해서 기구의 구성 요소들을 살펴보고 이 기구의 작동을 이해하기 위해서 다음 질문에 답하라.

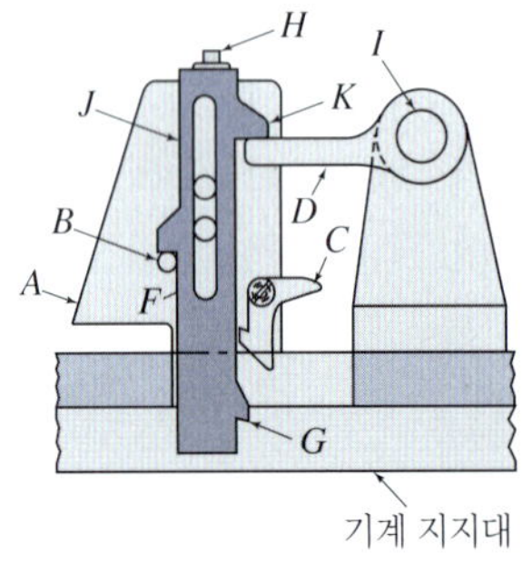

그림 C7.1 (Industrial Press에서 게재 허용)

1. 크랭크축 *I*가 그림에서 보여진 위치에서 시계 방향 30°로 회전할 때, 슬라이드 *J*는 어떻게 움직이겠는가?
2. 크랭크축 *I*가 시계 방향으로 약간의 각도로 더 회전할 때, 이 기구에는 어떤 일이 일어나는가?
3. 아이템 *C*는 무슨 목적인가?
4. 크랭크축 *I*가 계속 회전할 때 슬라이드의 운동을 설명하라.
5. 아이템 *B*는 무슨 목적인가?
6. 이 전체 기구의 목적을 설명하라.

7-2. 그림 C7.2는 자동 조립 기계의 피드 리벳 머신이다. 주의해서 기구의 구성 요소들을 살펴보고 이 기구의 작동을 이해하기 위해서 다음 질문에 답하라.

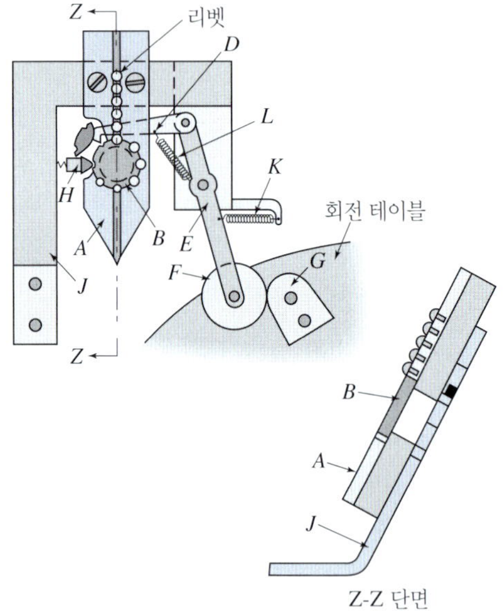

그림 C7.2 (Industrial Press에서 게재 허용)

1. 회전 기구 테이블이 반시계 방향으로 회전할 때 레버 *E*에는 어떤 일이 일어나겠는가?
2. 스프링 *K*는 무슨 목적인가?
3. 회전 테이블이 회전할 때 아이템 *D*는 어떻게 움직이겠는가?
4. 스프링 *L*은 무슨 목적인가?
5. 아이템 *B*와 *D* 사이의 연결체의 일반적인 이름은 무엇인가? 이 연결체의 기능을 상세히 설명하라.
6. 아이템 *H*의 구성 요소들의 목적은 무엇인가?
7. 이 기계가 작동하는 동안 일어나는 운동과 동작들을 설명하라.

7-3. 그림 C7.3은 슬롯 *B*로부터 부분적으로 포장하는 상자를 받아들이는 특수기계이다. 기계는 위에서 펼쳐지고 바닥으로 포장해서 내리고 다른 작동으로 상자를 이동시킨다. 그림의 이 위치에서 상자는 *A*에 보이고 상자는 기계로부터 배출된다. 주의해서 기구의 구성 요소들을 살펴보고 이 기구의 작동을 이해하기 위해서 다음 질문에 답하라.

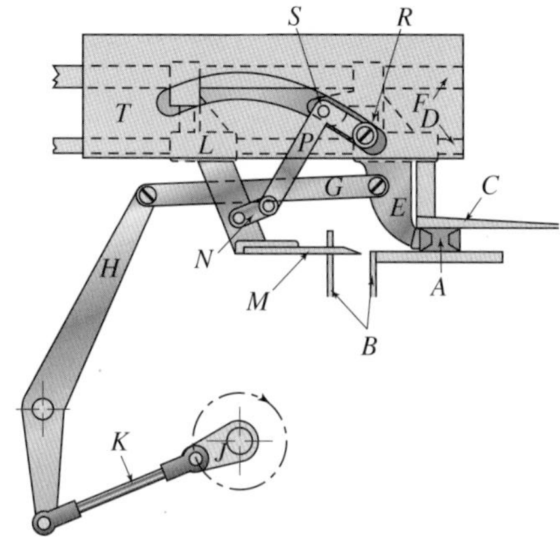

그림 C7.3 (Industrial Press에서 게재 허용)

1. 링크 *J*가 이 위치로부터 90° 시계 방향으로 회전할 때 벨 크랭크 *H*는 어떻게 움직이겠는가?
2. 링크 *J*가 이 위치로부터 90° 시계 방향으로 회전할 때 푸셔 *E*와 플레이트 *C*는 어떻게 움직이겠는가?
3. 링크 *J*가 이 위치로부터 90° 시계 방향으로 회전할 때 핀 *S*는 어떻게 움직이겠는가? (핀 S는 슬라이드 *D*에 부착되어 있고 홈 안을 타도록 강제되지 않는다.)
4. 링크 *J*가 이 위치로부터 90° 시계 방향으로 회전할 때 가이드 핀 *R*은 어떻게 움직이겠는가? (핀 *R*은 홈 안을 타도록 강제된다.)
5. 링크 *J*가 이 위치로부터 90° 시계 방향으로 회전할 때 벨 크랭크 *P*는 어떻게 움직이겠는가?
6. 링크 *J*가 이 위치로부터 90° 시계 방향으로 회전할 때 슬라이드 *L*과 플레이트 *M*은 어떻게 움직이겠는가?
7. 짧은 링크 *N*은 어디에 필요한가? 링크 *P*는 바로 슬라이드 *L*과 접촉할 수 있는가?
8. 링크 *J*가 90° 시계 방향으로 회전한 후에 플레이트 *C*와 *M* 사이의 상대적인 간격에 대해서 설명하라.
9. 푸셔 *E*와 함께 플레이트 *C*와 *M*의 계속적인 움직임에 대해서 설명하라.

CHAPTER 8

컴퓨터 활용 기구 해석

교육 목표

1. 일반적인 스프레드시트를 이해할 수 있다.
2. 기구 해석을 위한 일반적인 스프레드시트를 사용하는 방법을 이해할 수 있다.
3. 4절 기구 또는 슬라이더-크랭크 기구의 기구학적인 특성을 결정할 수 있는 컴퓨터 프로그램을 짤 수 있다.

8.1 서론

이 책에서는 기구 해석의 그래픽 방법과 해석적인 방법이 기술되어 왔다. 기구의 몇 위치를 지나는 기구 설계를 위한 더 정확한 해석적인 해가 요구되어 감에 따라서 계산되는 횟수가 꽤 많아진다. 이 상황에서 컴퓨터 프로그램의 사용이 적절해진다. 컴퓨터 프로그램은 몇 번의 설계 과정이 반복해서 해석되어야만 할 때 더 가치가 있어진다. 이 책의 2장 2절에서는 기구 시뮬레이션, 동력학적 해석 전용 소프트웨어가 소개되었다.

이 장에서는 기구 해석의 컴퓨터 활용의 다른 형태에 대해 중점적으로 설명하고 있다. 이 다른 형태란, 스프레드시트를 사용하는 방법과 컴퓨터 프로그램 언어를 이용해서 특정 해석 프로그램을 개발하는 방법을 말한다.

8.2. 스프레드시트

스프레드시트, 특히 Microsoft 사의 엑셀(Excel) 프로그램이 여러 가지 사무 환경에서 매우 유명한 프로그램이다. 스프레드시트는 여러 가지 내장 함수, 도표를 그리는 쉬운 기능과 수식을 인식하는 기능을 가지고 있다. 이 해석적인 특징이 많은 기구 문제 해석을 위해서 스프레드시트의 많은 사용을 가속화하고 있다. 스프레드시트는 이 장의 여러 곳에서 사용될 것이다. 이 절은 스프레드시트의 기본을 설명하고 있다. 물론 더 자세한 내용을 위해서는, 특정 소프트웨어의 매뉴얼이 참고되어야 한다.

스프레드시트는 행(row)과 열(column)의 배열(array)로 구성되어 있다. 행과 열의 수는 사용되는 각 소프트웨어마다 다양하다.

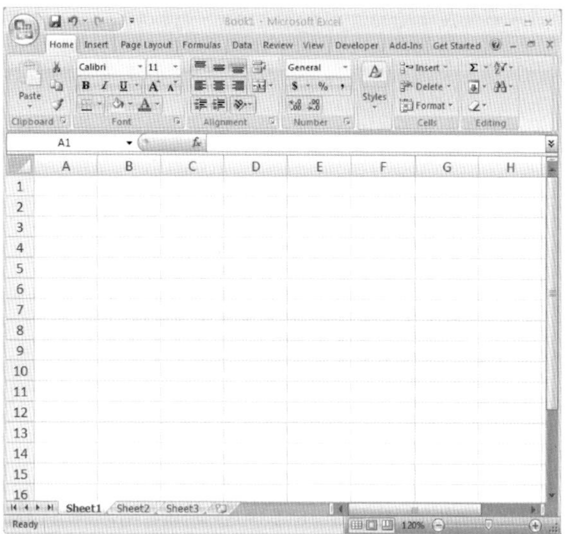

그림 8.1 일반적인 스프레드시트

열의 표제(heading)는 A부터 Z까지, AA에서 AZ까지, 그 다음 BA에서 BZ까지 표기되어 있다. 열의 표제는 1, 2, 3, …으로 표기되어 있다. 일반적인 스프레드시트가 그림 8.1에 나타나 있다.

한 행과 한 열의 교차하는 칸을 셀(cell)이라고 한다. 각 셀은 셀 주소(cell address)가 부여되어 있고 이 주소는 셀의 위치를 나타내는 행과 열의 기호, 번호로 구성되어 있다. 셀 D3는 4번째 열 D와 3번째 행이 만나는 칸의 주소를 정의한다. 컴퓨터의 커서는 키보드의 화살표와 마우스로 셀 간을 이동한다.

스프레드시트의 가치는 셀 안의 데이터를 저장, 편집, 화면에 표시하는 데 있다. 이 데이터는 문자, 숫자, 수식을 공히 다 사용할 수 있다. 그림 8.2의 스프레드시트에서는 셀 A1, F1, F2에는 문자가 들어 있고, 셀 A2부터 A24까지, G1, G2에는 숫자가 들어 있는 것을 볼 수 있다.

스프레드시트 프로그램마다 문법의 차이는 있을 수 있으나, 수식을 만드는 방법은 똑같다. 여기 주어진 문법은 마이크로소프트 엑셀에서 사용되는 것이다. 다른 스프레드시트의 사용자 매뉴얼이 상세한 문법의 차이에 대해서 참조되어야 한다.

셀 안에 수식을 집어 넣는 것은 '=' 이 함께 시작되어야 한다. 실제 수식은 어떤 값, '+, −, *, /' 과 참조되는 셀 주소(예 : G2)와 함수(예 : SIN, AVERGE, ATAN과 RADIANS)로 만들어진다. 기구 해석을 위한 수식은 더 복잡해질 수 있다. 예제로서 간단한 수식이 A8 셀에 다음처럼 쓰여질 수 있다.

$$= A7 + 10 \tag{8.1}$$

실제 셀의 내용이 이 수식을 갖더라도 스프레드시트는 셀 A8 안에 계산된 결과인 60을 보여준다. 계산은 자동적으로 수행된다. 다른 예제로, 다음 수식이 셀 B2 안에 들어 있는 것을 보자.

$$= \text{ASIN (G1 * SIN (A2 * PI ( ) / 180) / G2) * 180 / PI ( )} \quad \textbf{(8.2)}$$

이 수식은 인라인, 슬라이더-크랭크 기구의 커넥팅 암과 슬라이딩 미끄럼 면과의 각도를 나타낸다. 즉 식 4.3처럼 표현된다.

$$\theta_3 = \sin^{-1}\left(\frac{L_2}{L_3}\sin\theta_2\right) \quad \textbf{(4.3)}$$

스프레드시트 수식은 다음 값이 들어가 있는 것으로 간주된다.

- 셀 A2에는 θ_2
- 셀 G1에는 L_2
- 셀 G2에는 L_3

대부분의 컴퓨터 프로그램 내의 함수에서는 각도에 대해서 라디안이 사용됨을 주의해야 한다. 각도로 A2는 라디안으로 바꾸기 위해서는 π/180가 곱해져야 한다. 역 사인 함수 ASIN을 사용해서 결과값 역시 라디안에서 각도로 표시되어야 한다. 그러므로 180/π을 곱해서 다시 바꿔게 된다. 엑셀은 미리 정의된 내장 함수로 RADIANS와 DEGREES란 함수가 있어서 변환 시 편리하다. 식 4.3은 스프레드시트의 셀 B2 안에 다음처럼 집어 넣을 수 있다.

$$= \text{DEGREES (ASIN (G1 * SIN (RADIANS(A2)) / G2))} \quad \textbf{(8.3)}$$

식 8.1이 A8에 타이핑 되고, 식 8.2 또는 8.3이 B2에 타이핑 되면 스프레드시트의 결과는 그림 8.3처럼 표시된다. 셀 안에 포함된 값이 바뀌면 모든 결과들이 다 업그레이드 된다는 것을 기억하는 것이 중요하다. 이것이 설계의 반복 계산이 쉽게 수행되게 하는 것이다.

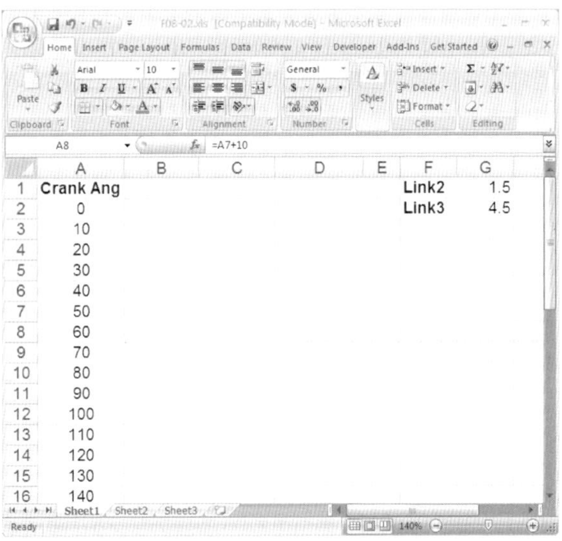

그림 8.2 스프레드시트의 셀 안에 입력된 문자와 숫자들

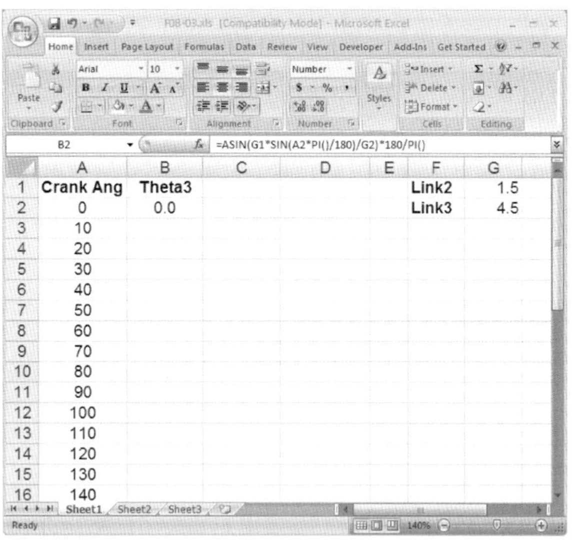

그림 8.3 스프레드시트의 셀 A8과 B2 안에 입력된 식에 의한 결과

또 다른 중요한 스프레드시트의 특징은 복사 기능이다. 한 셀의 내용은 쉽게 복사되어 새 셀에 값을 복사할 수 있다. 이 복사 기능이 셀 안에 식들의 중복되는 입력의 수고를 없앨 수 있다.

수식 안의 셀 참조는 상대값으로 또는 절대값일 수 있다. 상대값으로의 참조 방법은 셀의 복사본이 새 셀에 복사될 때, 자동적으로 변경된다. 다음 수식을 셀 A8 안에 집어넣어 보자.

$$= A7 + 10$$

그러면 참조하는 셀 A7은 위 수식을 포함하는 셀 A8에 상대적으로 참조된다. 이 식이 복사되고 셀 A9에 놓여지면 다음의 새 수식이 된다.

$$= A8 + 10$$

다시 참조하는 셀은 A8이 참조되므로 스프레드시트는 자동적으로 수식을 변경한다.

절대 주소는 자동적으로 셀 복사 후에도 셀 수식을 바꾸지 않는다. 그러나 절대 참조 주소를 정하기 위해서는 달러 표시가 그 행과 열 앞에 놓여져야 한다. 예를 들면 셀 G1의 절대 참조는 G1로 표시되어야 한다.

셀 B2 안에 복잡한 수식을 보자. 아주 효과적으로 하기 위해서, 아래 수식은 읽기 위해서 다소 수정되어야 한다.

= ASIN (G1 * SIN (A2 * PI ( ) / 180) / G2) * 180 / PI ( )

이런 식으로 셀 A2의 각도만이 상대적인 주소이다. 만약 이 식이 셀 B3에 복사되면 새 수식은 다음과 같이 될 것이다.

= ASIN (G1 * SIN (A3 * PI ( ) / 180) / G2) * 180 / PI ( )

즉 셀 A2의 주소는 "A3"를 읽기 위해서 자동적으로 변경됨을 주의하라.
커넥팅 로드의 각도는 셀 A3에 표시되는 크랭크 각도를 위해서 계산된다.
한 기구의 해석을 계속하기 위해서, 다음의 수식이 셀 C2에 타이핑 되어야 한다.

= 180 − (A2 + B2)

이 수식은 크랭크와 커넥팅 로드의 안쪽 각을 계산한다(식 4.4).

$$\gamma = 180^\circ - (\theta_2 + \theta_3) \tag{4.4}$$

이 각도는 단순히 더해지고 함수는 불려지지 않기 때문에 라디안 등가식이 요구되지 않는다.
또한 다음 수식이 셀 D2 안에 타이핑될 수 있다.

= SQRT((G1)^2 + (G2)^2 − (2 * G1 * G2 * COS(C2 * PI()/180)))

이 수식은 크랭크 피벗에서 슬라이더 핀 조인트까지의 거리를 계산한다(식 4.5).

$$L_4 = \sqrt{L_2^2 + L_3^2 - 2(L_2)(L_3)\cos\gamma} \tag{4.5}$$

이 두 식이 셀 C2, 셀 D2 안에, 문자 표기가 셀 B1, C1, D1 안에 타이핑 되면 스프레드시트의 결과는 그림 8.4처럼 될 것이다.

마지막으로, B2, C2와 D2 안에 수식을 만들면 절대적인 셀 주소와 상대적인 셀 주소 사이

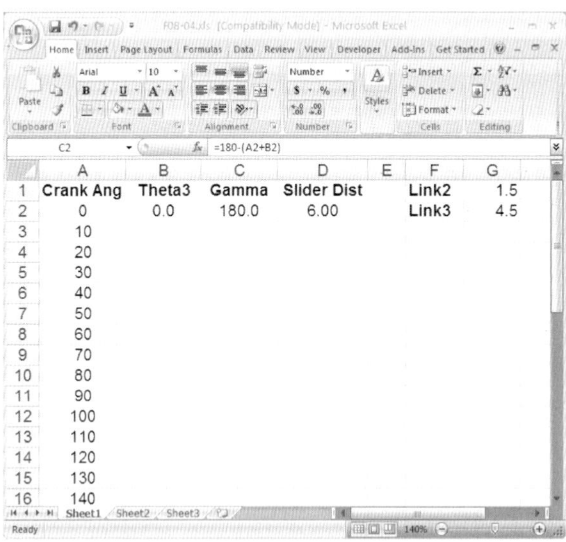

그림 8.4 셀 C2에 넣은 수식에 의한 결과

B2 =ASIN(G1*SIN(A2*PI()/180)/G2)*180/PI()

	A	B	C	D	E	F	G
1	Crank Ang	Theta3	Gamma	Slider Dist		Link2	1.5
2	0	0.0	180.0	6.00		Link3	4.5
3	10	3.3	166.7	5.97			
4	20	6.5	153.5	5.88			
5	30	9.6	140.4	5.74			
6	40	12.4	127.6	5.54			
7	50	14.8	115.2	5.32			
8	60	16.8	103.2	5.06			
9	70	18.3	91.7	4.79			
10	80	19.2	80.8	4.51			
11	90	19.5	70.5	4.24			
12	100	19.2	60.8	3.99			
13	110	18.3	51.7	3.76			
14	120	16.8	43.2	3.56			
15	130	14.8	35.2	3.39			
16	140	12.4	27.6	3.25			

그림 8.5 최종 스프레드시트의 결과

에 상당히 주의를 했기 때문에, 그 내용은 그 아래의 셀들로 복사될 수 있다. 나머지 셀 안에 데이터를 복사하는 것은 간단히 2개, 3개 과정인데, 마이크로소프트 엑셀의 사용자 매뉴얼을 참조할 수 있다. 스프레드시트의 결과는 그림 8.5에 나타나 있다.

〉〉 예제 8.1

그림 8.6은 자동차의 자동세척기의 물이 나오는 노즐을 구동하는 기구를 보여 주고 있다. 스프레드시트를 이용해서 크랭크가 1회전하는 동안 노즐의 각 운동을 해석적으로 구하여라.

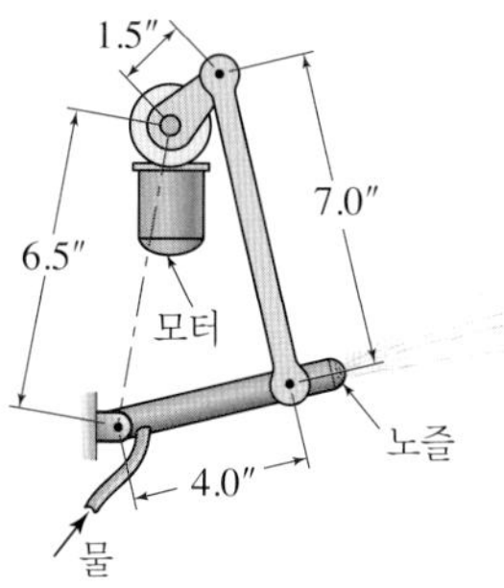

그림 8.6 예제 8.1의 물이 나오는 노즐을 구동하는 기구

풀이 이 노즐을 구동하는 기구는 친숙한 4절 기구이다. 그림 8.7은 이 기구의 기구학적으로 표현된 그림을 보여 주고 있다. 이 기구의 해석을 위한 스프레드시트는 그림 8.8처럼 만들어질 수 있다.

4절 기구의 링크의 운동을 나타내는 일반식은 4장에 주어져 있다. 식 4.7은 그림 8.7에서처럼, 점 B

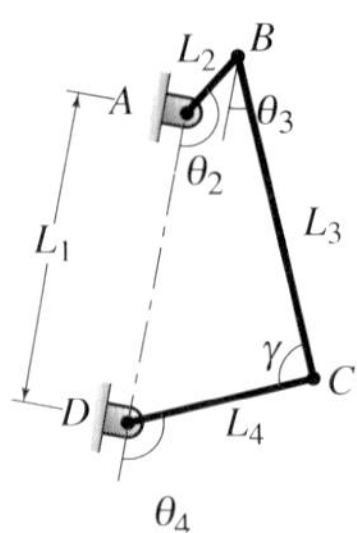

그림 8.7 예제 8.1의 물이 나오는 노즐을 구동하는 기구의 기구학적 표현

F08-08.xls [Compatibility Mode] - Microsoft Excel

A8 f_x =A7+10

	A	B	C	D	E	F	G	H
1	**Crank Ang**	**BC**	**Gamma**	**TH3**	**TH4**		**Link2**	1.5
2	0						**Link3**	4.5
3	10							
4	20							
5	30							
6	40							
7	50							
8	60							
9	70							
10	80							
11	90							
12	100							
13	110							
14	120							
15	130							
16	140							

그림 8.8 예제 8.1의 풀이를 위한 스프레드시트

와 점 D를 잇는 BD에 대한 일반적인 수식이다.

$$BD = \sqrt{L_1^2 + L_2^2 - 2(L_1)(L_2)\cos(\theta_2)}$$

이 식은 스프레드시트에 다음처럼 쓰여질 수 있고 열 B를 따라서 아래 셀로 복사될 수 있다. 셀 B2 안에 다음 식이 삽입된다.

= SQRT(H1^2 + H2^2 − 2 * H1* H2* COS(RADIANS(A2)))

이 식의 복사를 하기 위해서, 절대적인 주소와 상대적인 주소가 같이 쓰이고 있음에 주의하라. 식 4.8은 그림 8.7에서 보는 것처럼, 전달각 γ에 대한 일반적인 식을 나타낸다.

$$\gamma = \cos^{-1}\frac{L_3^2 + L_4^2 + BD^2}{2L_3L_4}$$

이 식은 스프레드시트에 다음처럼 쓰여질 수 있고 열 C를 따라서 아래 셀로 복사될 수 있다. 셀 C2

안에 다음 식이 삽입된다.

= DEGREES(ACOS((H3^2 + H4^2 − B2^2)/(2 * H3 * H4)))

식 4.11을 정리하면 그림 8.7에서 보는 것처럼, 링크 4의 각도, θ_4를 계산하기 위한 일반적인 식을 얻을 수 있을 것이다.

$$\theta_4 = 2\tan^{-1}\left[\frac{L_2\sin\theta_2 - L_3\sin\gamma}{L_2\cos\theta_2 + L_4 - L_1 - L_3\cos\gamma}\right]$$

이 식은 스프레드시트에 다음처럼 쓰여질 수 있고 열 E를 따라서 아래 셀로 복사될 수 있다. 셀 E2 안에 다음 식이 삽입된다.

= DEGREES(2 * ATAN((H2 * SIN(RADIANS(A2)) − H3 * SIN(RADIANS(C2)))/
(H2 * COS(RADIANS(A2)) + H4 − H1 − H3 * COS(RADIANS(C2)))))

마지막으로 식 4.12는 그림 8.7에서 보는 것처럼, 링크 3의 각도, θ_3을 계산하기 위한 일반적인 식을 얻을 수 있을 것이다.

$$\theta_3 = 2\tan^{-1}\left[\frac{-L_2\sin\theta_2 + L_4\sin\gamma}{L_1 + L_3 - L_2\cos\theta_2 - L_4\cos\gamma}\right]$$

이 식은 스프레드시트에 다음처럼 쓰여질 수 있고 열 D를 따라서 아래 셀로 복사될 수 있다. 셀 D2 안에 다음 식이 삽입된다.

= DEGREES(2 * ATAN((−H2 * SIN(RADIANS(A2)) + H4 * SIN(RADIANS(C2)))/
(H1 + H3 − H2 * COS(RADIANS(A2)) − H4 * COS(RADIANS(C2)))))

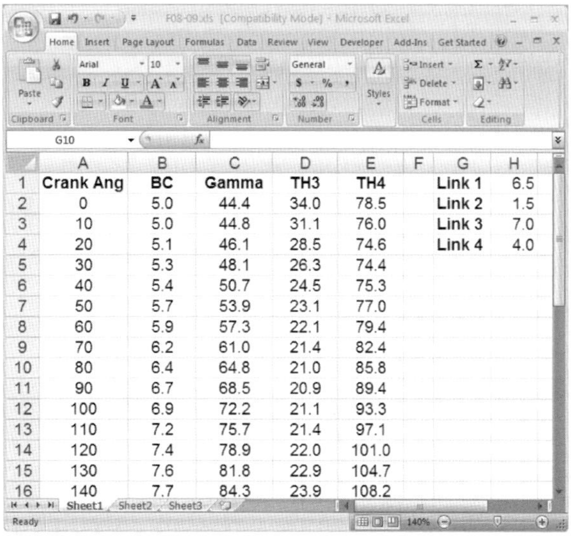

	A	B	C	D	E	F	G	H
1	Crank Ang	BC	Gamma	TH3	TH4		Link 1	6.5
2	0	5.0	44.4	34.0	78.5		Link 2	1.5
3	10	5.0	44.8	31.1	76.0		Link 3	7.0
4	20	5.1	46.1	28.5	74.6		Link 4	4.0
5	30	5.3	48.1	26.3	74.4			
6	40	5.4	50.7	24.5	75.3			
7	50	5.7	53.9	23.1	77.0			
8	60	5.9	57.3	22.1	79.4			
9	70	6.2	61.0	21.4	82.4			
10	80	6.4	64.8	21.0	85.8			
11	90	6.7	68.5	20.9	89.4			
12	100	6.9	72.2	21.1	93.3			
13	110	7.2	75.7	21.4	97.1			
14	120	7.4	78.9	22.0	101.0			
15	130	7.6	81.8	22.9	104.7			
16	140	7.7	84.3	23.9	108.2			

그림 8.9 예제 8.1의 스프레드시트 최종 결과

그 다음 셀 B2, C2, D2, E2 안의 이 수식은 복사되어 관련된 각 열 안의 셀로 복사될 수 있다. 이 스프레드시트의 결과가 그림 8.9에 나타나 있다.

8.3 사용자가 작성한 컴퓨터 프로그램

기구 문제를 풀기 위해서 사용자가 작성한 컴퓨터 프로그램은 프로그램이 가능한 계산기 또는 MATHCAD, MATLAB 또는 FORTRAN, 비주얼 BASIC, 비주얼 C++와 같은 고급 레벨 언어를 사용해서 만들어질 수 있다. 선택된 프로그램 언어는 삼각함수, 역삼각함수를 직접 처리할 수 있는 능력이 있어야 한다. 특정 프로그램을 만드는 데 필요한 시간과 노력 때문에 복잡하거나 자주 사용되는 문제를 해결해야 할 때, 이 컴퓨터 프로그램이 더 효과적이다.

기구학적 해석을 하기 위한 컴퓨터 프로그램을 쓰는 데 필요한 로직은 스프레드시트를 사용할 때와 똑같다. 서로 다른 고급 레벨의 프로그램의 언어의 구조 및 문법은 상당히 다양하다. 다음 절에서 2개의 가장 많이 쓰이는 기구인, 슬라이더-크랭크 기구와 4절 기구의 기구학적 특성을 알기 위한 컴퓨터 프로그램을 개발하는 주요 과정을 설명한다.

8.3.1 편심 슬라이더-크랭크 기구

다음 알고리즘은 크랭크가 일정 속도로 회전할 때, 편심 슬라이더-크랭크 기구의 모든 링크의 위치, 속도, 가속도를 계산한다. 일반적인 편심 슬라이더-크랭크 기구의 일반적인 기구학적 표현의 그림은 그림 8.10과 같다. 알고리즘에서 사용되는 일반적인 기구학적인 관계식은 이 책의 여러 절에서 언급되어 있다[참고문헌 12 참조].

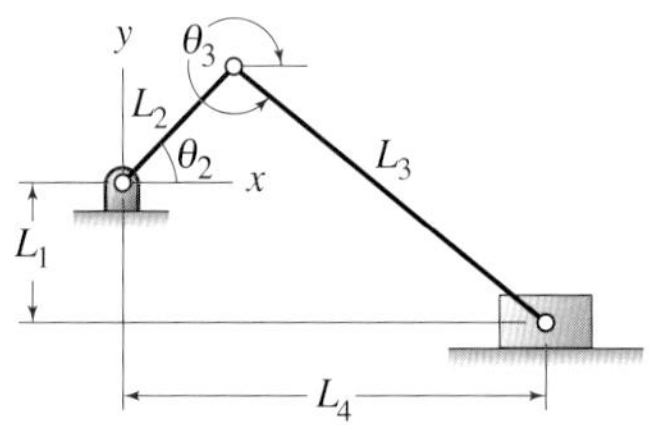

그림 8.10 편심 슬라이더-크랭크 기구

기구의 각 치수들은 데이터로 받아들여지고 알고리즘을 크랭크가 한 바퀴 회전하는 것에 대해서 각 회전 각도에서 계산을 수행하게 한다. 출력은 프린트되거나 파일 안에 쓰여질 수 있다. 그 다음 이 파일은 원한다면, 스프레드시트 안에 쓰여질 수 있다.

Step 1 : L_1, L_2, L_3, ω에 관한 데이터를 받아들이고 저장하라.

Step 2 : $\pi = \tan^{-1}(1.0)$으로 계산하라.

Step 3 : 인덱스 i를 0부터 360까지 증가시키며 반복 계산 루틴으로 들어가라.

Step 4 : $a = i(\pi/180)$로 계산하라.

Step 5 : $b = L_2 \sin a$로 계산하라.

Step 6 : $c = L_2 \cos a$로 계산하라.

Step 7 : $d = -\sin^{-1}\{(L_1 + a)/L_3)\}$로 계산하라.

Step 8 : $\theta_3 = d(180/\pi)t$로 계산하라.

Step 9 : $e = L_2 \sin d$로 계산하라.

Step 10 : $f = L_2 \cos d$로 계산하라.

Step 11 : $g = L_3 \sin d$로 계산하라.

Step 12 : $h = L_3 \cos d$로 계산하라.

Step 13 : $L_4 = c + f$로 계산하라.

Step 14 : $\omega_3 = -\omega_2(c/f)$로 계산하라.

Step 15 : $\nu_4 = -\omega_2(b) - \omega_3(g)$로 계산하라.

Step 16 : $\alpha_3 = \{b(\omega_2)^2 + g(\omega_3)^2\}/h$로 계산하라.

Step 17 : $\alpha_4 = -\{g(a_3) + c(\omega_2)^2 + h(\omega_3)^2\}$로 계산하라.

Step 18 : i, θ_3, ω_3, α_3, L_4, ν_4, α_4를 프린트하라(또는 파일 안에 써라).

Step 19 : i를 증가시킨 다음에 Step 3으로 가라.

컴퓨터 프로그램에서 함수에서 사용되는 각도는 모두 라디안으로 주어져야 함에 주의하라. 그러므로 Step 4와 8에서 사용되는 입력 각도, 출력 각도는 모두 라디안으로 바뀌어야 한다. 또한 이 알고리즘은 입력으로 $L_1 = 0$으로 잡으면, 인라인, 슬라이더-크랭크 기구에 대해서도 다 적용된다.

8.3.2 4절 기구

다음 알고리즘은 크랭크가 일정 속도로 회전할 때, 4절 기구의 모든 링크의 위치, 속도, 가속도를 계산한다. 일반적인 4절 기구의 일반적인 기구학적 표현의 그림은 그림 8.11과 같다. 알고리즘에서 사용되는 일반적인 기구학적인 관계식은 이 책의 여러 절에서 언급되어 있다[참고문헌 12 참조].

앞의 알고리즘처럼, 기구의 각 치수들은 데이터로 받아들여지고 알고리즘을 크랭크가 한 바퀴 회전하는 것에 대해서 각 회전 각도에서 계산을 수행하게 한다. 출력은 프린트되거나 파일 안에 쓰여질 수 있다. 그 다음 이 파일은 원한다면, 스프레드시트 안에 쓰여질 수 있다.

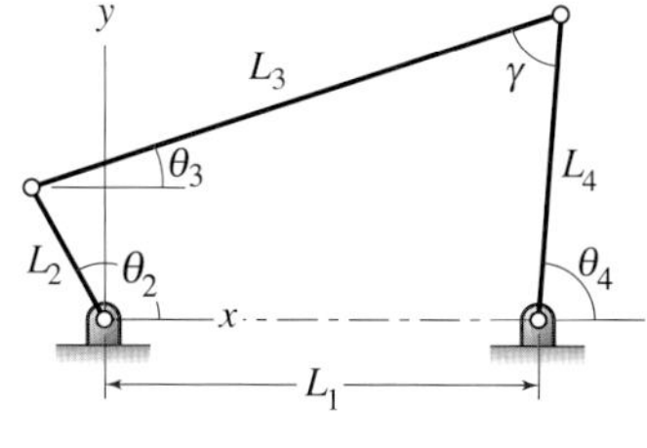

그림 8.11 4절 기구

Step 1 : L_1, L_2, L_3, L_4, ω_2에 관한 데이터를 받아들이고 저장하라.
Step 2 : $\pi = 4\tan^{-1}(1.0)$로 계산하라.
Step 3 : 인덱스 i를 0부터 360까지 증가시키며 반복 계산 루틴으로 들어가라.
Step 4 : $a = i(\pi/180)$로 계산하라.
Step 5 : $b = (L_3^2 + L_4^2 - L_1^2 - L_2^2)/(2L_3L_4)$로 계산하라.
Step 6 : $c = L_1/L_3L_4$로 계산하라.
Step 7 : $d = L_2 \sin a$로 계산하라.
Step 8 : $e= L_2 \cos a$로 계산하라.
Step 9 : $f = \cos^{-1}(b + ce)$로 계산하라.
Step 10 : $\gamma = f(180/\pi)$로 계산하라.
Step 11 : $g = \sin f$로 계산하라.
Step 12 : $h = \cos f$로 계산하라.
Step 13 : $p = 2\tan^{-1}\{(-d + L_4g)/(-e + L_3 + L_1 - L_4h)\}$로 계산하라.
Step 14 : $\theta_3 = p(180/\pi)$로 계산하라.
Step 15 : $q = 2\tan^{-1}\{(d - L_3g)/(e + L_4 - L_1 - L_3h)\}$로 계산하라.
Step 16 : $\theta_4 = q(180/\pi)$로 계산하라.
Step 17 : $\omega_3 = \omega_2L_2 \sin(q - a)/(L_3g)$로 계산하라.
Step 18 : $\omega_4 = \omega_2L_2 \sin(p - a)/(L_4g)$로 계산하라.
Step 19 : i, γ, θ_3, ω_3, θ_4, ω_4를 프린트하라(또는 파일 안에 써라).
Step 20 : i를 증가시킨 다음에 Step 3으로 가라.

컴퓨터 프로그램에서 함수에서 사용되는 각도는 모두 라디안으로 주어져야 함에 주의해라. 그러므로 Step 4, 10, 14와 16에서 사용되는 입력 각도, 출력 각도는 모두 라디안으로 바뀌어야 한다. 이 알고리즘은 개방된 형태의 4절 기구에 대해서도 적용된다. 기구가 엇갈린 위치로 조립된다면 그 형태를 반영하도록 이 루틴은 쉽게 변경될 수 있다. 이것은 Step 13과 15에서 부호의 플러스와 마이너스를 바꾸어 주어 처리하면 된다.

〉〉〉 연습문제

문제 8-1, 8-2에서는, 크랭크 각도가 0도에서 360도 사이에서, 편심, 슬라이더-크랭크 기구의 모든 링크의 위치를 해석할 수 있는 스프레드시트를 만들어라.

8-1. 편심 = 0.5in.; 크랭크 = 1.25in.; 커플러 = 7.0in.

8-2. 편심 = 10mm; 크랭크 = 25mm; 커플러 = 140mm

문제 8-3, 8-4에서는, 크랭크 각도가 0도에서 360도 사이에서, 4절 기구의 모든 링크의 위치를 해석할 수 있는 스프레드시트를 만들어라. 모든 길이가 쉽게 바꾸어 입력되어 계산될 수 있도록 스프레드시트를 유통성이 있게 만들어라.

8-3. 프레임 = 750mm; 크랭크 = 50mm; 커플러 = 800mm; 종동링크 = 75mm

8-4. 프레임 = 14in.; 크랭크 = 1in.; 커플러 = 16in.; 종동링크 = 4.0in.

문제 8-5, 8-6에서는, 크랭크 각도가 0도에서 360도 사이에서, 슬라이더의 위치, 속도, 가속도를 해석할 수 있는 스프레드시트를 만들어라. 모든 길이가 쉽게 바꾸어 입력되어 계산될 수 있도록 스프레드시트를 유통성이 있게 만들어라. 열거된 값을 이용해서, 각 크랭크 각도에 대한 슬라이더의 속도 그래프를 그려라.

8-5. 편심 = 1.25in.; 크랭크 = 3.25in.; 커플러 = 17.5in; 크랭크 속도= 20rad/s, 크랭크 가속도= $0rad/s^2$

8-6. 편심 = 30mm; 크랭크 = 75mm; 커플러 = 420mm; 크랭크 속도 = 35rad/s, 크랭크 가속도 = $100rad/s^2$

문제 8-7, 8-8에서는, 크랭크 각도가 0도에서 360도 사이에서, 종동링크의 위치, 속도, 가속도를 해석할 수 있는 스프레드시트를 만들어라. 모든 길이가 쉽게 바꾸어 입력되어 계산될 수 있도록 스프레드시트를 유통성이 있게 만들어라. 열거된 값을 이용해서, 각 크랭크 각도에 대한 종동링크의 속도 그래프를 그려라.

8-7. 프레임 = 9in.; 크랭크 = 1in.; 커플러 = 10in.; 종동링크 = 3.5in.; 크랭크 속도= 200rad/s, 크랭크 가속도= $0rad/s^2$

8-8. 프레임 = 360mm; 크랭크 = 40mm; 커플러 = 400mm; 종동링크 = 140mm; 크랭크 속도 = 6rad/s, 크랭크 가속도= $20rad/s^2$

문제 8-9, 8-10에서는, 크랭크 각도가 0도에서 360도 사이에서, 슬라이더-크랭크의 모든 링크의 위치, 속도, 가속도를 해석할 수 있는 스프레드시트를 만들어라. 모든 길이가 쉽게 바꾸어 입력되어 계산될 수 있도록 스프레드시트를 유통성이 있게 만들어라. 열거된 값을 이용해서, 슬라이더의 최대 가속도를 내는 크랭크 각도를 결정하라.

8-9. 편심 = 3in.; 크랭크 = 7.5in.; 커플러 = 52.5in., 크랭크 속도 = 4rad/s, 크랭크 가속도= $0rad/s^2$

8-10. 편심 = 40mm; 크랭크 = 94mm; 커플러 = 525mm, 크랭크 속도 = 10rad/s, 크랭크 가속도 = $10rad/s^2$

문제 8-11, 8-12에서는, 크랭크 각도가 0도에서 360도 사이에서, 4절 기구의 모든 링크의 위치, 속도, 가속도를 해석할 수 있는 스프레드시트를 만들어라. 모든 길이가 쉽게 바꾸어 입력되어 계산될 수 있도록 스프레드시트를 유통성이 있게 만들어라. 열거된 값을 이용해서, 슬라이더의 최대 가속도를 내는 크랭크 각도를 결정하라.

8-11. 프레임 = 18in.; 크랭크 = 2in.; 커플러 = 20in.; 종동링크 = 7in.;, 크랭크 속도 = 150rad/s, 크랭크 가속도= $0rad/s^2$

8-12. 프레임 = 60mm; 크랭크 = 18mm; 커플러 = 70mm; 종동링크 = 32mm; 크랭크 속도 = 360rad/s, 크랭크 가속도 = $20rad/s^2$

〉〉〉 사례연구

8-1. 그림 C8.1에 보이는 메커니즘은 그림에 나타나 있지 않은 슬라이더 크랭크 메커니즘에서 정교한 크랭크축과 크랭크이다. 링크 *K*는 이를 연결하는 커넥팅로드이다. 메커니즘의 구성 요소들을 주의 깊게 살펴보고서 작동을 이해하기 위해서 다음 질문에 답하여라.

1. 슬라이드바 *E*가 왼쪽으로 당겨질 때, 링크 *D*는 어떻게 움직이겠는가?
2. 슬라이드바 *E*가 왼쪽으로 당겨질 때, 슬라이드블록 *I*는 어떻게 움직이겠는가?
3. 풀리 *J*는 축 *A*에 키로 조여 있다. 풀리 *J*가 회전할 때, 크랭크 핀 *C*는 어떻게 움직이겠

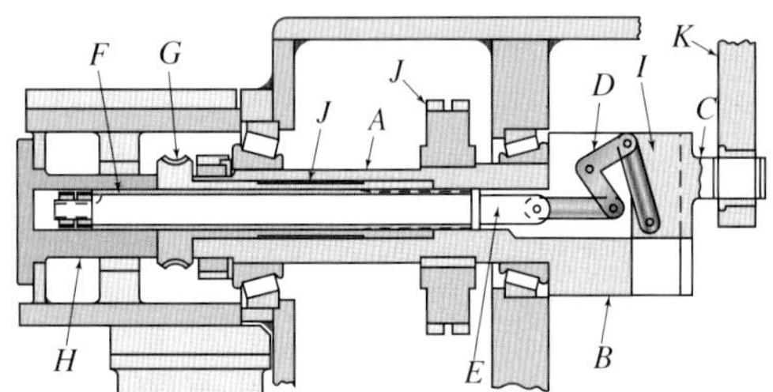

그림 C8.1 (Industrial Press에서 게재 허용)

는가?

4. 풀리 *J*가 회전할 때, 슬라이드바 *E*는 어떻게 움직이겠는가?
5. 슬라이드바 *E*가 왼쪽으로 움직일 때 크랭크 핀 *C*와 운동 중인 슬라이더-크랭크 메커니즘에 어떤 영향을 주는가?
6. 슬리브 *F*가 하우징에 키로 조여 있다. 풀리 *J*가 축 *A*를 구동하게 할 때, 슬리브 *F*는 어떻게 움직이겠는가?
7. 슬리브 *J*가 아이템 *G*에 완전히 접합되었을 때 아이템 *G*는 어떻게 움직이겠는가?
8. 슬리브 *J*는 오른쪽 끝에 안쪽 나사산(Internal Thread)이 있고 슬리브 *F*는 오른쪽 끝에 바깥쪽 나사산(External Thread)이 있다. 아이템 *G*가 회전할 때 슬리브 *F*는 어떻게 움직이겠는가?
9. 아이템 *G*가 회전할 때, 슬라이드바 *E*는 어떻게 움직이겠는가?
10. 이 메커니즘의 목적은 무엇이고 어떻게 작동하겠는가?

CHAPTER 9

캠 : 설계와 기구학적 해석

교육 목표

1. 여러 종류의 캠과 캠 종동절을 정의한다.
2. 설명된 종동절의 운동 조건으로부터 종동절의 변위선도를 그린다.
3. 다른 종동절 운동 기법의 이로운 점들을 이해한다.
4. 캠 종동절 변위선도를 구성하기 위한 식을 사용한다.
5. 캠 종동절 변위선도를 기하학적으로 구성한다.
6. 종동절의 여러 종류에 따라서 원판 캠의 형상을 도식적인 방법과 해석적인 방법으로 구성한다.
7. 원통 캠 형상을 도식적인 방법과 해석적인 방법으로 구성한다.

9.1 서론

캠은 일반적인 기구 요소이며, 짝이 되는 종동절이라는 요소를 구동한다. 기능적인 관점에서, 캠과 종동절의 배열은 이 책에서 언급하고 있는 링키지와 매우 흡사하다. 캠은 크랭크에서처럼 입력 운동을 받아들이고 종동절로 운동을 전달한다.

그림 9.1은 가장 일반적인 캠의 응용 사례 중 하나인 자동차 엔진의 밸브 열(valve train)을 설명하고 있다. 이 응용에서 타원형 캠은 축 위에 걸려 있다. 이 캠 축은 엔진에 의해 구동된다. 캠이 돌아감에 따라 로커 암(rocker arm)이 타원 표면 위에 끌리게 된다. 로커 암은 차례로 밸브 축에 선형의 왕복 운동을 전달한다. 밸브의 운동은 연소 주기의 명확한 부분 동안에 배기 경로가 닫히고, 다른 부분에는 확실히 열리도록 해야 한다. 따라서 적절한 시간과 운동이 정밀하게 연속 진행되어야 하므로 캠에 의해 그 응용이 완벽해진다.

스프링이 밸브 축 주위에 사용된 것을 주목하라. 로커 암 종동절은 요구되는 운동을 하기 위해 캠 표면에 접촉을 유지할 필요가 있다. 따라서 대부분의 캠 응용 사례에서, 종동절은 기계적인 의미에서 캠 표면을 누르고 있게 된다. 스프링은 이런 목적으로 많이 사용된다. 종동절이 수직 평면상에 있는 경우에, 종동절의 무게는 접촉을 유지할 수 있도록 충분히 무게가 나가야 한다. 중요한 점은 캠과 종동절 사이의 접촉은 반드시 유지되어야 한다는 것이다.

캠의 고유한 특성은 매우 분명한 운동을 종동절에 전달할 수 있다는 것이다. 사실상 캠은 다른 링키지로부터 얻어지는 운동과는 서로 다르고 불규칙한 운동을 얻는 데 사용된다. 캠

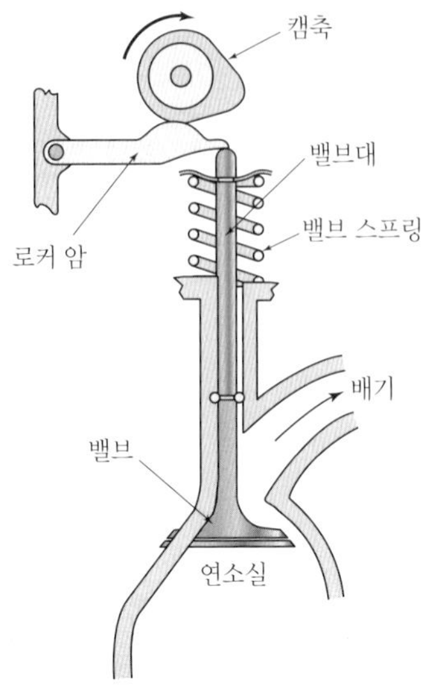

그림 9.1 엔진 밸브열

의 운동은 규정될 수 있기 때문에, 캠은 분명한 변위와 시간이 가장 중요한 응용에 적합하다. 캠은 비용을 절감하는 방법으로 변위를 반복 진행할 수 있기 때문에, 공장 자동화 장비에 자주 사용된다. 캠은 보통의 링키지보다 일반적으로 비용이 더 소요되는 정밀 기계 요소이다. 그림 9.2는 특별한 운동을 위해 주문 설계된 캠들이다. 캠의 외형을 정밀하게 가공해야 한다. 이 장에서는 캠 설계의 기초를 소개하고 있다.

9.2 캠의 종류

회사들이 설계와 제조를 달리 함으로써 이와 관련한 캠이 매우 다양하게 된다. 제조 회사는 캠들을 목록으로 분류하고, 여러 가지 다른 응용이나 형상에 따라 캠을 판매한다. 그러나 캠의 대다수는 다음과 같은 세 가지 일반적인 형상으로 분리될 수 있다.

판형 또는 원판 캠(plate or disk cam)은 가장 간단하고 일반적인 캠의 형상이다. 판형 캠이 그림 9.3a에 설명되어 있다. 이런 캠의 형상은 원판이나 판 위에 형성된다. 원판의 중심에서의 반지름 거리는 캠의 원주를 따라서 변한다. 바깥 모서리 위를 종동절이 지나가도록 하는 것은 종동절이 반지름 운동을 하게 해 준다.

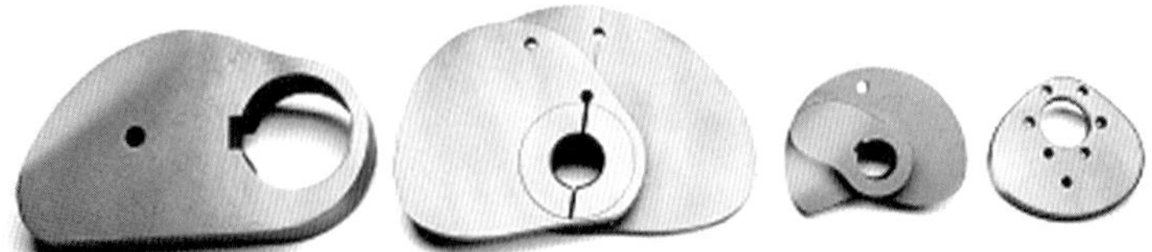

그림 9.2 다양한 캠(DE-STA-Co CAMPO Products에서 게재 허용)

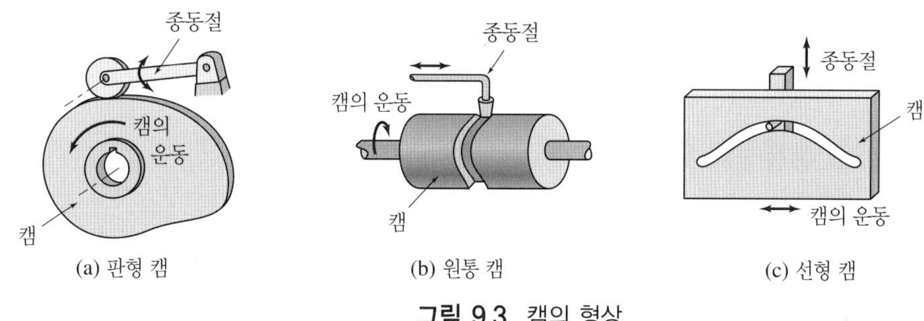

그림 9.3 캠의 형상

원통 또는 드럼 캠(cylindrical or drum cam)은 그림 9.3b에 설명되어 있다. 이러한 캠의 형상은 원통 위에 형성되어 있다. 홈이 원통 안으로 잘려 있으며, 이것은 회전 축을 따라 변한다. 홈을 지나가는 종동절을 붙이면, 종동절이 회전 축을 따라 운동하게 된다.

선형 캠(linear cam)은 그림 9.3c에 설명되어 있다. 이러한 캠의 형상은 이동 받침대 위에 형성되어 있다. 홈은 이동 평면 위에 일정 거리만큼 파여 있다. 종동절이 홈을 지나가게 하면, 종동절은 이동 평면에 수직한 운동을 하게 된다.

언급한 대로 평판 캠은 가장 보편적인 캠 형상이다. 기초 이론을 이해하면 다른 형상의 캠에 대해서도 동일하게 기초 이론을 적용할 수 있다.

9.3 종동절의 종류

종동절은 운동, 형상, 위치에 따라 분류된다. 이러한 분류의 상세한 내용은 그림 9.4에 나와 있으며 다음에서 기술하도록 한다.

9.3.1 종동절의 운동

종동절의 운동은 다음 2개의 종류로 나뉜다.

이동 종동절(translating follower)은 직선 운동으로 구속된다(그림 9.4a와 c).

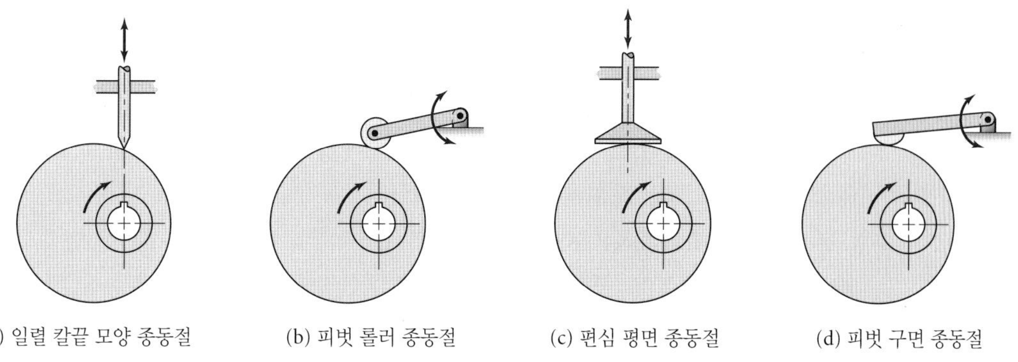

그림 9.4 종동절의 형상

회전 암 또는 피벗 종동절(swinging arm or pivoted follower)은 회전 운동으로 구속된다(그림 9.3b와 d).

9.3.2 종동절의 위치

캠의 회전 중심에 대한 종동절의 위치는 기계의 여유 공간에 의해 영향을 받게 된다. 이동 종동절의 위치는 다음 2개의 종류로 나뉜다.

일렬 종동절(in-line follower)은 이동선이 연장하면 캠의 회전 중심을 지날 수 있도록 직선 운동을 나타낸다(그림 9.4a).

편심 종동절(offset follower)은 이동선이 캠의 회전 중심과 편심이 되도록 직선 운동을 나타낸다(그림 9.4c).

피벗 종동절의 경우에, 일렬 종동절과 편심 종동절은 동일한 기구학적 운동을 나타내므로 이 둘을 구별할 필요가 없다.

9.3.3 종동절의 형상

마지막으로, 종동절의 형상은 다음 네 가지 종류로 나뉠 수 있다.

칼끝 모양 종동절(knife-edge follower)은 점으로 형성되어 캠 끝을 끌고 가는 방식으로 되어 있다. 그림 9.4a에 나온 종동절이 칼 끝 모양 종동절이다. 이것은 가장 간단한 형태이나 날카로운 끝이 높은 접촉 압력을 발생시키고 급하게 마모되어, 이러한 형태는 거의 사용되지 않는다.

롤러 종동절(roller follower)은 분리된 부품으로서 종동절 축에 핀으로 결합된 롤러를 가지고 있다. 그림 9.4b에 나온 종동절이 롤러 종동절이다. 캠이 회전함에 따라, 롤러는 캠과 접촉을 유지하면서 캠 표면을 구르게 된다. 이것은 마찰과 접촉 응력이 칼끝 모양 종동절의 경우보다 낮으므로, 가장 일반적으로 사용되는 종동절이다. 그러나 롤러 종동절은 급격한 캠의 변위가 있을 경우에 움직이지 않게 될 가능성이 있다. 종동절이 끼여서 움직이지 않게 되는 경향에 대한 상세한 논의는 뒤에 나올 것이다.

평면 종동절(flat-faced follower)은 캠과 접촉할 수 있는 커다랗고 평평한 표면으로 구성되어 있다. 그림 9.4c에 나온 종동절이 평면 종동절이다. 이러한 종동절 형상은 급격한 캠의 운동에 사용될 경우에도 종동절이 잘 움직일 수 있다. 결과적으로 이런 종동절 형상은 급한 운동이 필요한 경우에 사용된다. 또한 캠과 종동절 사이의 접촉 면적이 많기 때문에 마찰력은 롤러 종동절의 경우보다 크다.

구면 종동절(spherical-faced follower)은 캠과 접촉하는 구면으로 구성되어 있다. 그림 9.4d에 나온 종동절이 구면 종동절이다. 평면 종동절에서와 같이 구면 종동절은 정지 없이 급격한 캠 운동을 하는 데에 사용된다. 그러나 또한 마찰력은 롤러 종동절의 경우보다 크다.

이러한 종동절의 특성들은 변할 수 있다는 것을 주목하라. 즉 어떠한 종동절의 형상도 종동절의 운동과 위치를 결합할 수 있다.

9.4 규정된 종동절의 운동

이미 말한 바와 같이 캠의 고유한 특성은 매우 분명한 운동을 종동절에 전달할 수 있다는 것이다. 물론 종동절의 운동은 요구되는 임무에 달려 있으며, 정확하고 상세하게 규정될 수 있다.

예를 들면, 종동절이 종이를 다루는 기계 위에 집게 장치(pick-up fingers)를 조정하는 데 이용된다고 가정하자. 해당 종동절을 규정하는 것은 운동을 구분하여 분리하고, 각 구분 동안에 일어나야 하는 행동을 정의하는 것을 말한다. 이러한 과정을 설명하기 위해, 집게 장치가 다음을 해야 한다고 가정해 보자.

1. 0.03초 동안 닫힌 채로 있어라.
2. 0.01초 내에 닫힌 위치로부터 6.35mm 떨어진 위치로 열려야 한다.
3. 0.02초 동안 이러한 열린 위치를 유지해야 한다.
4. 0.01초 내로 닫힌 위치로 움직여야 한다.

따라서 집게 장치의 정확한 요구 사항을 열거함으로써 종동절의 운동은 규정되었다.

규정된 종동절의 운동 대 시간의 선도를 그리는 것이 편리하다. 실제로 종동절의 운동은 시간보다 캠의 각 변위의 항으로 표현될 수 있다. 그림 9.1의 엔진 밸브열과 같이 운동이 동시에 발생하는 경우에는 이런 표현법이 보다 편리하다.

위의 집게 장치에 대해, 시간 대신 캠 회전의 항으로 운동을 기술하면 다음과 같다.

1. 캠이 154.3° 회전하는 동안 닫힌 채로 있어라.
2. 캠이 51.4° 회전하기까지 닫힌 위치로부터 6.35mm 떨어진 위치로 열려야 한다.
3. 캠이 102.9° 회전하는 동안 이러한 열린 위치를 유지해야 한다.
4. 캠이 51.4° 회전하기까지 닫힌 위치로 움직여야 한다.

일단 종동절의 운동이 정해지면, 그래프 형태로 기록하는 것이 편리하다.

종동절의 변위 대 시간 또는 캠의 각 변위의 선도를 **종동절의 변위선도(follower displacement diagram)**라고 부른다. 종동절의 운동과 기구학이 캠 자체의 형상과 관계없이 조사될 수 있도록 하는데 이 선도는 없어서는 안 되는 것이다. 이 선도의 수직 축은 in 또는 mm로 표현되는 선형 종동절의 변위를 나타낸다. 수평 축은 초 또는 분으로 측정되는 시간을 나타내거나, ° (degree) 또는 회전의 분할로 측정되는 캠의 각 변위를 나타낸다. 이 선도는 대개 측정하기 위해 구성이 되고, 종동절의 기구학적 해석에 있어서 캠의 형상을 결정하는 데 매우 유용하다.

기구학 해석에서 종동절의 변위 대 시간의 곡선을 더 선호한다. 캠의 형상을 설계하는 임무를 달성하기 위해서는 종동절의 변위 대 캠의 각 곡선이 바람직하다. 캠의 회전과 시간을 관계시키는 것은 6장에서 나타난 이론을 이용하는 정석적인 과정이다. 식 6.4는 다음과 같이 주어졌다.

$$\omega_{\text{cam}} = \frac{\Delta\theta}{\Delta t} \tag{6.4}$$

대다수의 응용 사례에서와 같이 캠이 일정 속도로 회전한다고 가정할 때, 시간은 각 변위와 관계가 되거나 각 변위가 시간과 관계가 될 수 있다. 종동절 이동 간격 동안의 캠의 회전은 β로 표현된다. 하나의 간격에 걸리는 시간은 T로 표현된다. 간격 동안의 종동절의 상승 또는 하강량은 H로 표현된다. 캠 용어를 사용하여 식 6.4를 다시 쓰면 임의의 간격 i에 대한 캠 회전과 시간 사이의 관계는 다음과 같다.

$$\beta_i = (\omega_{\text{cam}})(T_i) \tag{9.1}$$

식 9.1은 한 주기 동안에 소요되는 시간을 관찰함으로써 요구되는 캠 속도를 구하는 데 사용할 수 있다.

$$\omega_{\text{cam}} = \frac{1\text{ rev}}{\sum T_i} \tag{9.2}$$

여기서 $\sum T_i$는 한 주기 동안의 전체 운동 간격에 대한 총 시간이다.

종동절의 운동이 없는 캠의 회전 구간을 **일시정지(dwell)**라고 부른다. 종동절이 올라가거나 내려가는 반복 진행 동안의 운동의 상세한 것은 달성될 필요가 있는 임무나 동적 고려 사항에 의해 주로 규정된다. 많은 힘들이 큰 가속도와 관련이 있기 때문에, 가속도를 최소화하는 것이 유익하다.

〉〉 예제 9.1

상자를 아래 이송대에서 위 이송대로 반복적으로 들어올리는 승강장에 캠이 사용된다. 이 기계는 그림 9.5에 나와 있다. 종동절 운동의 순서가 다음과 같을 때, 변위선도를 그리고 캠의 요구 속도를 구하여라.

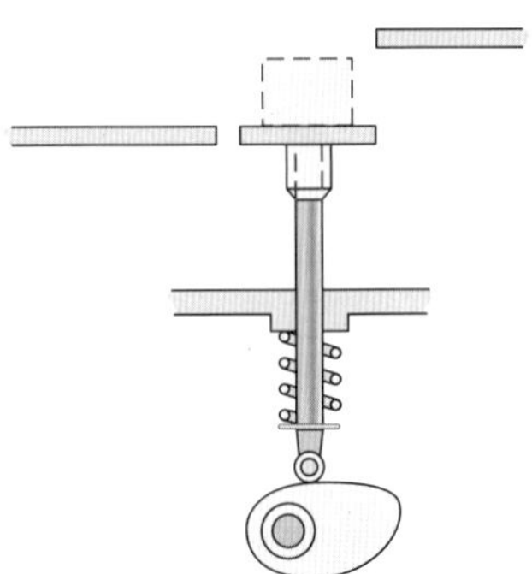

그림 9.5 예제 9.1의 캠 시스템

1. 1.2초 내로 40mm 상승한다.
2. 0.3초 동안 정지한다.
3. 0.9초 내로 20mm 하강한다.
4. 0.6초 동안 정지한다.
5. 0.9초 내로 20mm 하강한다.

풀이

1. 전체 주기를 완성하기 위한 총 시간은 캠의 요구 속도를 정하기 위해 필요하다.

$$\Sigma T_i = T_1 + T_2 + T_3 + T_4 + T_5 = (1.2 + 0.3 + 0.9 + 0.6 + 0.9)\,\text{s} = 3.9\,\text{s}$$

식 9.2로부터

$$\omega_{\text{cam}} = \frac{1\,\text{rev}}{\Sigma T_i} = \frac{1\,\text{rev}}{3.9\,\text{s}} = 0.256\,\text{rev/s}\left(\frac{60\,\text{s}}{1\,\text{min}}\right) = 15.38\,\text{rpm}$$

2. 종동절 운동 순서에 의해 소모되는 캠의 각 증분은 식 9.1에 의해 결정된다.

$$\begin{aligned}\beta_1 &= (\omega_{\text{cam}})(T_i) = (0.256\,\text{rev/s})(1.2\,\text{s}) = 0.307\,\text{rev}\\ &= (0.307\,\text{rev})(360°/1\,\text{rev}) = 110.5°\\ \beta_2 &= (0.256\,\text{rev/s})(0.3\,\text{s}) = 0.077\,\text{rev} = 27.6°\\ \beta_3 &= (0.256\,\text{rev/s})(0.9\,\text{s}) = 0.230\,\text{rev} = 82.9°\\ \beta_4 &= (0.256\,\text{rev/s})(0.6\,\text{s}) = 0.154\,\text{rev} = 55.3°\\ \beta_5 &= (0.256\,\text{rev/s})(0.9\,\text{s}) = 0.230\,\text{rev} = 82.9°\end{aligned}$$

3. 전체 변위선도가 그림 9.6에 나와 있다. 곡선의 변위 형상은 상승과 하강 순서 동안에 만들어졌다는 것을 주목하라. 동적 고려 사항은 상승과 하강 부분의 실제 형상을 규정한다.

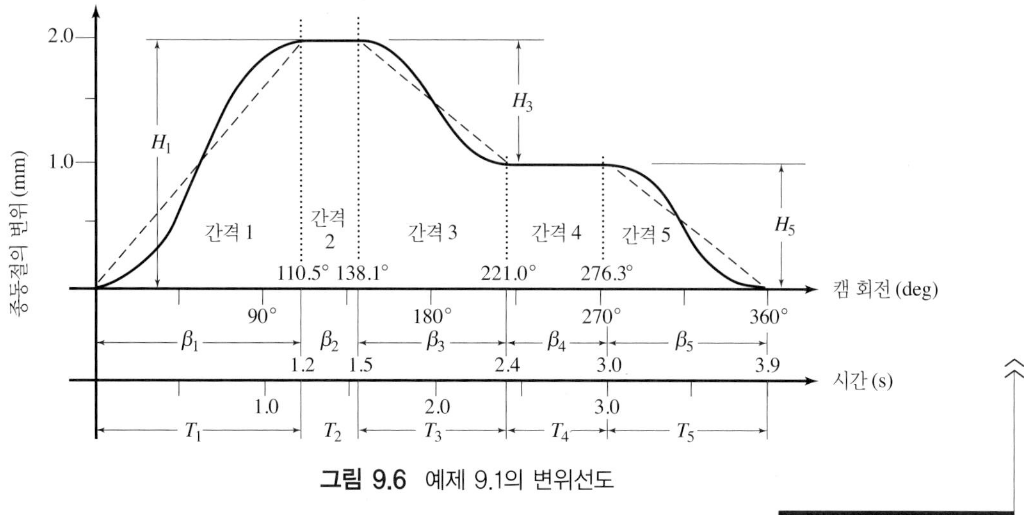

그림 9.6 예제 9.1의 변위선도

9.5 종동절의 운동 분류

캠의 설계에 있어서 그 목적은 적합한 형상을 확인하는 것이다. 이러한 과정을 통하여 주요한 관심사는 종동절이 요구되는 변위를 얻도록 보장하는 것이다. 물론 이런 변위들은 변위선도에서 요약된다. 캠의 형상은 이런 운동을 얻기 위한 수단에 불과하다.

전 장에서 토론한 바와 같이 상승과 하강 순서 동안에 종동절의 운동은 충분히 확인되지 않았다. 종동절의 동적 특성들이 중요하다고 언급한 바가 있었다. 큰 가속도는 큰 힘을 발생시키고, 결과적으로 높은 응력을 발생시킨다. 급속히 변하는 가속도는 진동과 나중에는 소음을 유발한다. 이러한 기본적인 동력학 원리들 때문에, 캠 변위선도의 상승 및 하강 부분은 매우 중요하다.

천천히 움직이는 캠에서 높은 가속도는 중요한 인자가 되지 않는다. 그러므로 캠은 특정 순간에 단지 주어진 변위를 만족할 수 있도록 설계된다. 종동절이 주어진 점에 도달하는 방식은 별로 중요하지 않다. 주어진 변위가 도달되기만 하면, 캠은 가장 편리한 방식으로 제조된다. 평판 캠은 원형 호와 직선의 결합으로 구성될 뿐이며, 이러한 원형 호나 직선은 쉽게 제조될 수 있다.

고속 응용에 있어서 특정 순간에 주어진 변위를 제공하는 것으로는 충분하지 않다. 상승과 하강 순서 동안에 종동절의 동적 특성은 힘과 진동을 최소화하도록 상세히 연구되어야 한다.

운동 분류의 넓은 다양성은 상승과 하강 순서 동안에 종동절의 운동을 정의하고자 하는 한 가지 목적으로 철저히 분석되어 왔다. 이런 분류의 목적은 완만한 가속도를 갖고 움직이도록 하는 것이다.

여러 다른 운동 분류에 대한 종동절의 동적 특성들을 연구하는 데 있어서 다음의 명칭들이 사용되었다.

H = 관심 중의 상승 및 하강 순서 동안에서 종동절의 최대 변위. 피벗 종동절의 경우에는 특정 간격 동안의 종동절 링크의 총 각변위, $\Delta\theta_L$에 해당됨.

T = 상승 또는 하강 동안의 시간 주기

t = 순간적인 종동절의 운동값을 정의하는 상승 또는 하강 간격의 시간

β = 상승 또는 하강 동안의 캠 회전각(deg)

ϕ = 순간적인 종동절의 운동값을 정의하는 상승 또는 하강 간격의 각도(deg)

ω_{cam} = 캠의 속도(deg/sec)

ΔR = 시간 t 또는 캠 회전각 β에서의 종동절의 순간 변위의 크기. 피벗 종동절의 경우에는 종동절 링크의 순간 각변위, $\Delta\theta_L$에 해당됨.

v = 종동절의 순간속도 $= dR/dt$

a = 종동절의 순간가속도 $= dv/dt$

9.5.1 일정 속도

상승 및 하강 시 가장 간단한 종동절의 운동은 일정 속도이다. 일정 속도 운동은 속도가 일정하기 때문에 직선 변위선도를 갖는 특성이 있다. 일정 속도 상승의 동적 특성들이 표 9.1에 열거되어 있다.

가속도 0의 표시가 나타나 있기는 하지만, 이 운동 분류의 마지막은 문제를 발생시킨다. 이론적으로 어떤 일정 속도 값에서 다른 일정 속도 값으로의 순간적인 도약은 무한대의 가속도

표 9.1 일정 속도 상승의 동적 특성

	상승	하강
변위	$\Delta R_i = H_0 + \dfrac{H_i t_i}{T_i} = H_0 + \dfrac{H_i \phi_i}{\beta_i}$	$\Delta R_j = H_F + H_j\left(1 - \dfrac{t_j}{T_j}\right) = H_F + H_j\left(1 - \dfrac{\phi_j}{\beta_j}\right)$
속도	$v_i = \dfrac{H_i}{T_i} = \dfrac{H_i \omega}{\beta_i}$	$v_j = \dfrac{-H_j}{T_j} = \dfrac{-H_j \omega}{\beta_j}$
가속도	$a = 0$ (∞ at transitions)	$a = 0$ (∞ at transitions)

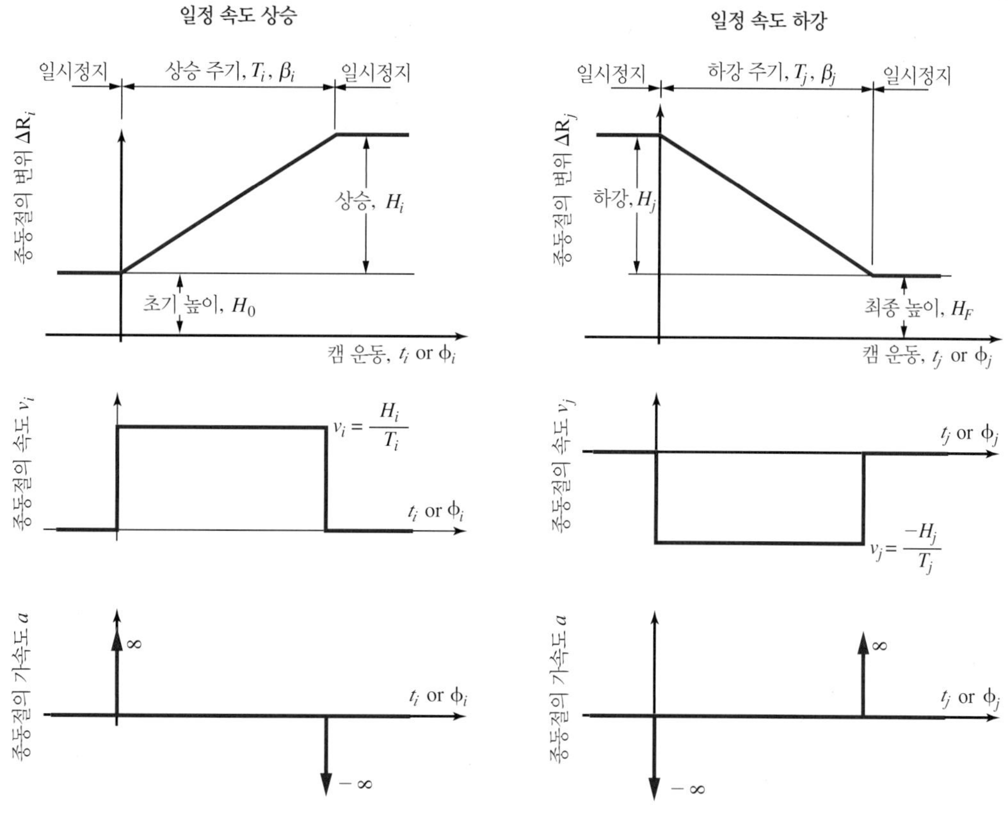

그림 9.7 일정 속도 운동곡선

를 가져온다. 질량은 기계에 항상 포함되어 있기 때문에, 이것은 이론적으로 무한대의 힘을 가져온다. 실제로 속도의 순간적인 변화는 기계 부재의 유연성 때문에 불가능하다. 그럼에도 불구하고 충격은 심각한 것이며 최소로 유지되어야 한다. 따라서 순수한 형태의 이러한 운동은 저속의 응용을 제외하고는 비현실적이다.

속도와 가속도 곡선을 갖는 일정 속도 변위선도가 그림 9.7에 나와 있다.

9.5.2 일정 가속도

상승 및 하강 순서 동안에 일정 가속도 운동은 주어진 상승에 대한 가속도와 시간 간격이 가장 작은 값을 갖게 된다. 상승 또는 하강 간격 동안의 변위선도는 일정 가속도와 일정 감속도로 절반씩 나뉜다. 변위선도의 각기 절반의 형상은 거울에 비쳤을 때 서로 반대의 상을 갖는 포물선이다. 일정 가속도 상승의 동적 특성이 표 9.2에 열거되어 있다.

포물선 운동 또는 중력 운동으로 알려진 이러한 운동의 종류는 일정한 양과 음의 가속도를 갖는다. 그러나 이 운동은 운동이 끝날 때나 가속도와 감속도의 절반 사이의 전이점에서의 급격한 가속도의 변화를 갖고 있다. 이런 급격한 변화는 대체로 상당한 진동을 발생시키는 관성력의 급격한 변화를 가져온다. 그러므로 순수한 형태의 이 운동은 저속 응용을 제외하고는 일

표 9.2 일정 가속도 운동에 대한 캠 종동절의 기구학

	상승	하강
For $0<t<T(0<\phi<0.5\beta)$:		
변위	$\Delta R_i = H_0 + 2H_i\left(\frac{t_i}{T_i}\right)^2 = H_0 + 2H_i\left(\frac{\phi_i}{\beta_i}\right)^2$	$\Delta R_i = H_F + H_j - 2H_j\left(\frac{t_j}{T_j}\right)^2 = H_F + H_j - 2H_j\left(\frac{\phi_j}{\beta_j}\right)^2$
속도	$v_i = \frac{4H_i t_i}{T_i^2} = \frac{4H_i\omega\phi_i}{\beta_i^2}$	$v_j = \frac{-4H_j t_j}{T_j^2} = \frac{-4H_j\omega\phi_j}{\beta_j^2}$
가속도	$a_i = \frac{4H_i}{T_i^2} = \frac{4H_i\omega^2}{\beta_i^2}$	$a_j = \frac{-4H_j}{T_j^2} = \frac{-4H_j\omega^2}{\beta_j^2}$
For $0.5\ T<t<T(0.5\beta<\phi<\beta)$:		
변위	$\Delta R_i = H_0 + H_i - 2H_i\left(1 - \frac{t_i}{T_i}\right)^2 = H_0 + H_i + 2H_i\left(1 - \frac{\phi_i}{\beta_i}\right)^2$	$\Delta R_j = H_F + 2H_j\left(1 - \frac{t_j}{T_j}\right)^2 = H_F + 2H_j\left(1 - \frac{\phi_j}{\beta_j}\right)^2$
속도	$v_i = \frac{4H_i}{T_i}\left(1 - \frac{t_i}{T_i}\right) = \frac{4H_i\omega}{\beta_i}\left(1 - \frac{\phi_i}{\beta_i}\right)$	$v_i = \frac{-4H_j}{T_j}\left(1 - \frac{t_j}{T_j}\right) = \frac{-4H_j\omega}{\beta_j}\left(1 - \frac{\phi_j}{\beta_j}\right)$
가속도	$a_i = \frac{-4H_i}{T_i^2} = \frac{-4H_i\omega^2}{\beta_i^2}$	$a_j = \frac{4H_j}{T_j^2} = \frac{4H_j\omega^2}{\beta_j^2}$

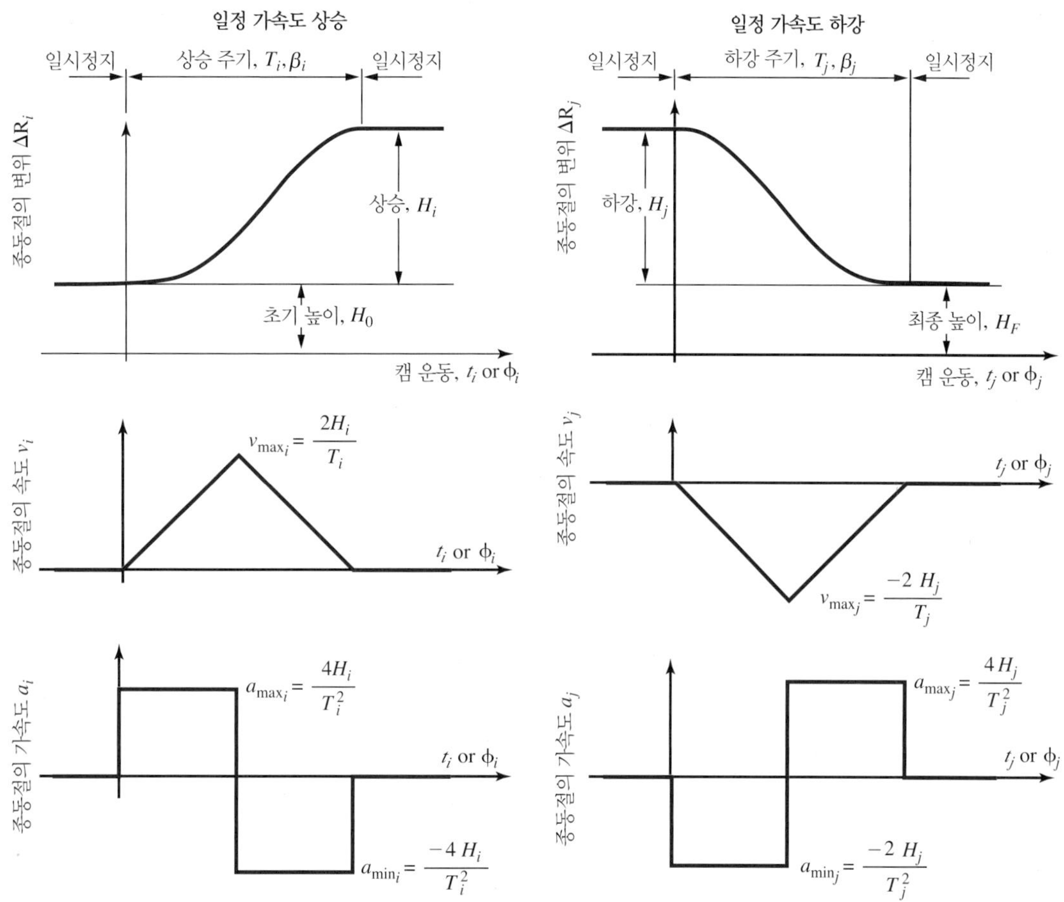

그림 9.8 일정가속도 변위곡선

반적이지 않다. 속도와 가속도 곡선을 지닌 일정 가속도 변위선도가 그림 9.8에 나와 있다.

측정된 변위선도는 실제 캠의 형상을 구성하는 데 필요하다. 앞에 나온 식들은 이 선도를 구하기 위해 전개 시트 또는 다른 식 도해 패키지와 함께 사용된다. 이 해석 방법은 정밀하긴 하지만, 일정 비율로 만들기 위해 선도를 그리는 데에는 주의가 필요하다.

변위선도의 기하학적 구성은 일정 비율로 변위선도를 만드는 또 다른 방법이다. 일정 가속도 운동을 사용한 구성은 그림 9.8을 참조하거나 다음 과정을 사용하여 이루어질 수 있다.

1. 종동절의 상승(또는 하강) 순서를 2개의 절반 부분으로 나눠라. 그림 9.8에서 AE는 시간 주기를, EF는 이 운동 종류의 첫 번째 절반 동안의 상승 값을 나타낸다.
2. 사분면 $AEFH$의 수평 및 수직 축을 동일 부분으로 나눠라.
3. 수평 분할로부터 수직선을 그어라.
4. 구석 A에서부터 수직 분할까지 직선을 그어라.
5. 수직선과 구석 A에서 그은 선들의 교점들로 매끄러운 곡선을 그려라.

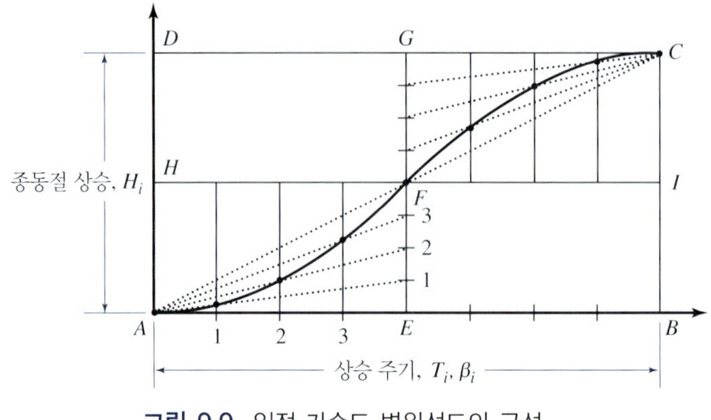

그림 9.9 일정 가속도 변위선도의 구성

6. 그림 9.8의 사분면 *FICG*에서 나타난 것과 같은 곡선의 나머지 절반에 대해 단계 2에서 단계 5까지의 과정을 반복하여라.

일정 가속도 하강은 그림 9.9의 반사 이미지에 해당한다.

9.5.3 조화 운동

위에서 기술된 여러 운동 종류에서 나타난 것과 같이, 운동 곡선의 불연속성으로 인해 원하지 않은 문제들이 발생한다. 그런 단점을 다루기 위해 조화 운동이 연구되었다. 조화 운동은 삼각함수로부터 유도된 것이다. 따라서 매우 매끄러운 운동 곡선을 나타낸다. 물리적 의미에서 조화 운동은 직선에 투영된 회전 원판 위의 한 점의 투영 운동이라고 할 수 있다. 조화 상승의 동적 특성이 표 9.3에 열거되어 있다.

표 9.3 조화 운동의 캠 종동절 기구학

	상승	하강
변위	$\Delta R_i = H_0 + \dfrac{H_i}{2}\left[1 - \cos\left(\dfrac{\pi t_i}{T_i}\right)\right]$ $= H_0 + \dfrac{H_i}{2}\left[1 - \cos\left(\dfrac{\pi \phi_i}{\beta_i}\right)\right]$	$\Delta R_j = H_F + \dfrac{H_j}{2}\left[1 + \cos\left(\dfrac{\pi t_j}{T_j}\right)\right]$ $= H_F + \dfrac{H_j}{2}\left[1 - \cos\left(\dfrac{\pi \phi_j}{\beta_j}\right)\right]$
속도	$v_i = \dfrac{\pi H_i}{2T_i}\left[\sin\left(\dfrac{\pi t_i}{T_i}\right)\right]$ $= \dfrac{\pi H_i \omega}{2\beta_i}\left[\sin\left(\dfrac{\pi \phi_i}{\beta_i}\right)\right]$	$v_j = \dfrac{-\pi H_j}{2T_j}\left[\sin\left(\dfrac{\pi t_j}{T_j}\right)\right]$ $= \dfrac{-\pi H_j \omega}{2\beta_j}\left[\sin\left(\dfrac{\pi \phi_j}{\beta_j}\right)\right]$
가속도	$a_i = \dfrac{\pi^2 H_i}{2T_i^2}\left[\cos\left(\dfrac{\pi t_i}{T_i}\right)\right]$ $= \dfrac{\pi^2 H_i \omega^2}{2\beta_i^2}\left[\cos\left(\dfrac{\pi \phi_i}{\beta_i}\right)\right]$	$a_j = \dfrac{-\pi^2 H_i}{2T_i^2}\left[\cos\left(\dfrac{\pi t_j}{T_j}\right)\right]$ $= \dfrac{-\pi^2 H_j \omega^2}{2\beta_j^2}\left[\cos\left(\dfrac{\pi \phi_j}{\beta_j}\right)\right]$

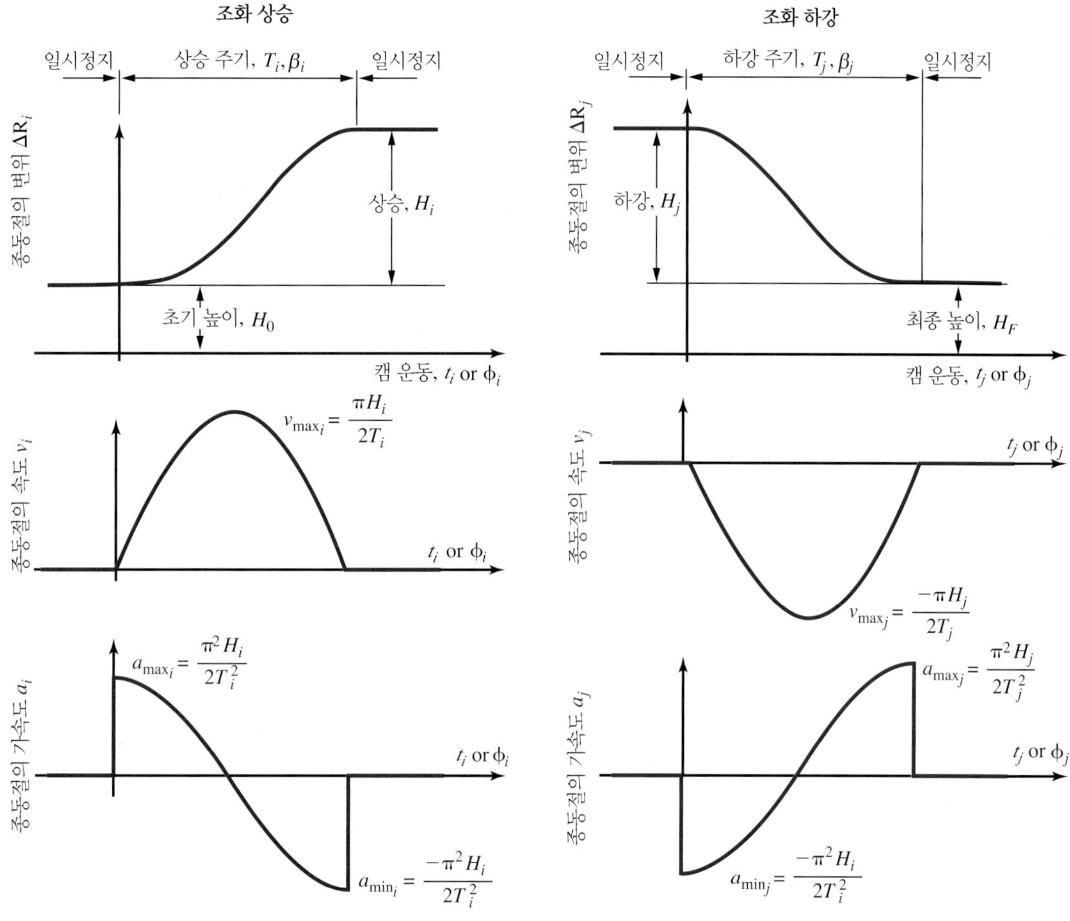

그림 9.10 조화 운동 곡선

이 운동 종류는 이전의 곡선을 확실히 개선한 것이다. 이것은 매끄럽고 연속적인 가속도를 갖는다. 그러나 운동이 끝날 때 갑작스런 가속도 변화를 가진다. 또 이런 갑작스런 변화는 고속에서 더 잘 관찰된다.

속도와 가속도 곡선을 갖는 조화 변위선도가 그림 9.10에 나와 있다.

다른 종류에서처럼, 측정된 변위선도는 실제 캠 형상을 만드는 데 필요하다. 앞에 나온 식들은 이 선도를 구하기 위해 전개 시트 또는 다른 식 도해 패키지와 함께 사용된다. 이 해석 방법은 정밀하긴 하지만, 일정 비율로 만들기 위해 선도를 그리는 데에는 주의가 필요하다.

변위선도의 기하학적 구성은 일정 비율로 변위선도를 만드는 또 다른 방법이다. 조화 운동을 사용한 구성은 그림 9.11을 참조하거나 다음 과정을 사용하여 이루어질 수 있다.

1. 요구되는 상승(또는 하강) 양만큼의 지름을 갖는 반원을 만들어라.
2. 상승 시간 주기를 증분만큼 나눠라.

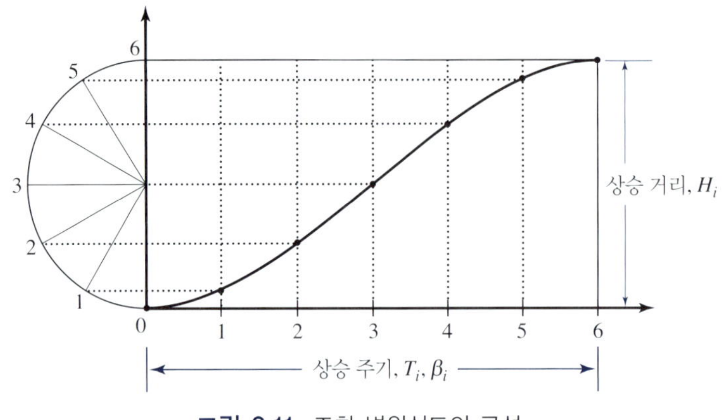

그림 9.11 조화 변위선도의 구성

3. 반원을 종동절의 상승 주기를 나눈 것과 동일한 분할 수로 나눠라.

4. 시간 축에 분할로부터 수선을 그려라.

5. 반원의 분할 점들로부터 시간 축 위에 대응하는 분할선까지를 수평선으로 그려라.

6. 전 단계에서 생긴 교차점들을 매끄러운 곡선으로 연결하여 그려라.

9.5.4 사이클로이드 운동

사이클로이드 운동은 삼각함수에서 유도된 또 다른 운동 종류이다. 이 종류는 매우 매끄러운 곡선을 나타내고, 고속에서 자주 발생하게 되는 운동 종료시의 갑작스런 가속도 변화가 생기지 않는다. 이것은 모든 기초 곡선에서 낮은 진동 마모와 응력 특성을 갖는다. 물리적 의미에서 이것은 직선 위를 구르는 원판 위의 점의 운동에 해당한다. 사이클로이드 상승의 동적 특성이 표

표 9.4 사이클로이드 운동의 캠 종동절 기구학

	상승	하강
변위	$\Delta R_i = H_0 + H_i\left[\frac{t_i}{T_i} - \frac{1}{2\pi}\sin\left(\frac{2\pi t_i}{T_i}\right)\right]$ $= H_0 + H_i\left[\frac{\phi_i}{\beta_i} - \frac{1}{2\pi}\sin\left(\frac{2\pi\phi_i}{\beta_i}\right)\right]$	$\Delta R_j = H_F + H_j\left[1 - \frac{t_j}{T_j} + \frac{1}{2\pi}\sin\left(\frac{2\pi t_j}{T_j}\right)\right]$ $= H_F + H_j\left[\frac{\phi_j}{\beta_j} - \frac{1}{2\pi}\sin\left(\frac{2\pi\phi_j}{\beta_j}\right)\right]$
속도	$v_i = \frac{H_i}{T_i}\left[1 - \cos\left(\frac{2\pi t_i}{T_i}\right)\right]$ $= \frac{H_i\omega}{\beta_i}\left[1 - \cos\left(\frac{2\pi\phi_i}{\beta_i}\right)\right]$	$v_j = \frac{-H_j}{T_i}\left[1 - \cos\left(\frac{2\pi t_i}{T_i}\right)\right]$ $= \frac{-H_j\omega}{\beta_j}\left[1 - \cos\left(\frac{2\pi\phi_j}{\beta_j}\right)\right]$
가속도	$a_i = \frac{2\pi H_i}{T_i^2}\left[\sin\left(\frac{2\pi t_i}{T_i}\right)\right]$ $= \frac{2\pi H_i\omega^2}{\beta_i^2}\left[\sin\left(\frac{2\pi\phi_i}{\beta_i}\right)\right]$	$a_j = \frac{-2\pi H_j}{T_j^2}\left[\sin\left(\frac{2\pi t_j}{T_j}\right)\right]$ $= \frac{-2\pi H_j\omega^2}{\beta_j^2}\left[\sin\left(\frac{2\pi\phi_j}{\beta_j}\right)\right]$

9.4에 열거되어 있다. 그림 9.12에 속도와 가속도 곡선과 함께 사이클로이드 변위선도에 나와 있다.

앞에서와 같이 측정된 변위선도는 실제 캠의 형상을 만드는 데 필요하다. 표 9.4의 식들은 이 선도를 구하기 위해 전개 시트 또는 다른 식 도해 패키지와 함께 사용된다. 이 해석 방법은 정밀하긴 하지만, 일정 비율로 만들기 위해 선도를 그리는 데에는 주의가 필요하다.

변위선도의 기하학적 구성은 일정 비율로 변위선도를 만드는 또 다른 방법이다. 사이클로이드 운동을 사용한 구성은 그림 9.13을 참조하거나 다음 과정을 사용하여 이루어질 수 있다.

1. 변위선도의 격자 위에 상승(또는 하강) 시작점에서부터 끝점까지 선을 그려라. 이 선은 그림 9.13의 *A*부터 *C*까지에 그려져 있다.
2. 전 단계에서 그려진 선을 연장하고, 그 선 위의 한 곳에 중심을 갖고 반지름 $r=H/2\pi$인 원을 그려라.
3. 원의 중심을 지나는 수직선을 만들어라.

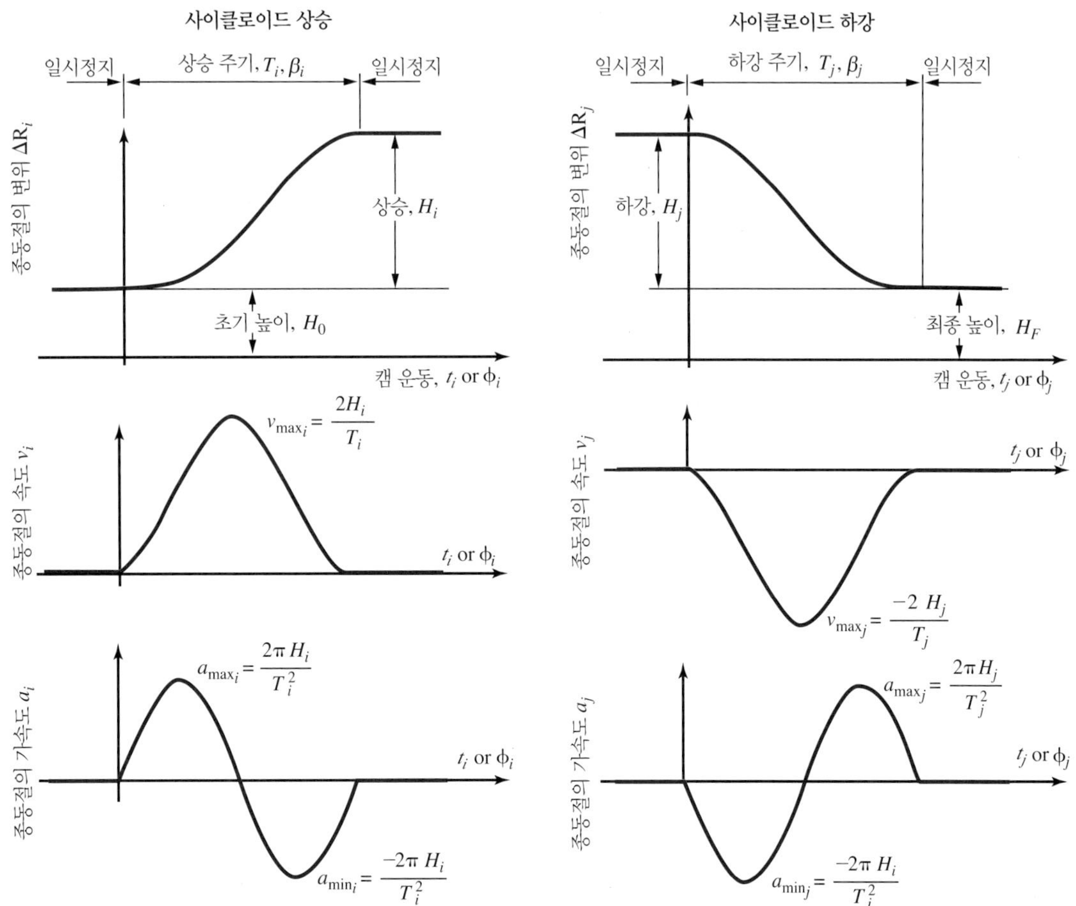

그림 9.12 사이클로이드 운동 곡선

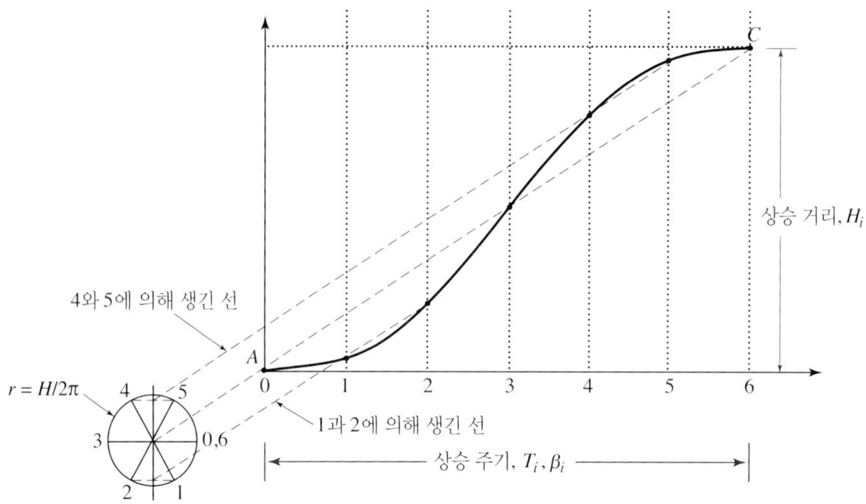

그림 9.13 사이클로이드 변위선도의 구성

4. 그 원을 동일한 수의 부분들로 나눠라.

5. 각 분할점을 경사선을 따라 단계 1에서 그려진 선에 평행하게 원 위에 투영시켜라.

6. 단계 5에서 그려진 경사선의 교차점들을 단계 3에서 그려진 수직선과 함께 표시하여라.

7. 시간 주기를 원에서와 같이 동일 부분의 수로 나눠라. 이러한 분할 점들로부터 수직선을 만들어라.

8. 선을 따라 단계 6에서 정의된 점들을 단계 1에서 만들어진 선에 평행하게 투영하여라.

9. 단계 8에서 만들어진 선들의 교차점들을 경사선에서 만들어진 원의 분할 점들에 대응하는 수직선과 함께 표시하여라.

10. 단계 9에서 정의된 점들을 따라 매끄러운 곡선을 만들어라.

사이클로이드 하강은 그림 9.13의 반사 이미지에 해당한다.

〉〉 예제 9.2

캠이 그림 9.14에 나온 바와 같이 자동 부품 적하기(automated part loader)로 설계된다. 운동 식을 사용하여, 종동절 변위 대 시간과 캠 회전을 표로 만든 도표를 만들어라. 또한 응용의 규정된 운동이 다음과 같을 때, 이 자료들을 그려라.

1. 일정 속도 운동 종류를 이용하여 1.5초 내로 50mm 상승한다.
2. 사이클로이드 운동 종류를 이용하여 2.0초 내로 돌아온다.
3. 0.75초 동안 머물러 있다.
4. 이런 순서를 반복한다.

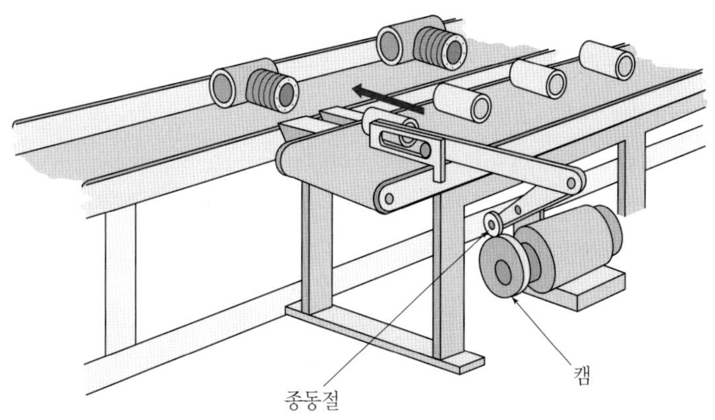

그림 9.14 예제 9.2의 부품 적하기

풀이

1. 전체 사이클을 완성하기 위한 시간을 계산하라.

전체 주기에 필요한 총 시간은 캠의 요구 속도를 결정하기 위해 필요하다.

$$\Sigma T_i = T_1 + T_2 + T_3$$
$$= 1.5 + 2.0 + 0.75 = 4.25\,\text{s}$$

2. 요구되는 캠 회전 속도를 계산하라.

식 9.2로부터 요구되는 캠 회전 속도를 구한다.

$$\omega_{\text{cam}} = \frac{1\,\text{rev}}{\Sigma T_i} = \frac{1\,\text{rev}}{4.25\,\text{s}} = 0.235\,\text{rev/s}\left(\frac{60\,\text{s}}{1\,\text{min}}\right) = 14.12\,\text{rpm}$$

3. 각 종동절 운동 간격에 대한 캠 운동을 결정하라.

각 종동절 운동 순서에 의해 소요되는 캠의 각 증분은 식 9.1에 의해 결정된다.

$$\beta_1 = (\omega_{\text{cam}})(T_1) = (0.235\,\text{rev/s})(1.5\,\text{s}) = 0.353\ \text{rev} = 127.0°$$
$$\beta_2 = (0.235\,\text{rev/s})(2.0\,\text{s}) = 0.470\,\text{rev} = 169.3°$$
$$\beta_3 = (0.235\,\text{rev/s})(0.75\,\text{s}) = 0.177\,\text{rev} = 63.7°$$

4. 각 종동절의 운동 간격 동안의 변위를 계산하라.

첫 번째 운동인 일정 속도 상승에 대해 변위 식은 다음과 같다.

$$\Delta R_1 = \frac{H_1 t_1}{T_1}$$

이 첫 번째 순서는 $H_1 = 50\text{mm}$, $T_1 = 1.5\text{sec}$를 갖는다. 두 번째 운동인 사이클로이드 하강에 대해 변위 식은 다음과 같다.

$$\Delta R_2 = H_2\left[1 - \left(\frac{t_2}{T_2}\right) + \frac{1}{2\pi}\sin\left(\frac{2\pi t_2}{T_2}\right)\right]$$

두 번째 운동 순서는 $H_2 = 50$mm, $T_2 = 2.0$sec를 갖는다. 사이클로이드 하강에 대해 변위 식은 다음과 같다.

마지막 간격은 ΔR이 일정한 일시 정지 상태이다. 이 일시 정지 상태는 귀환한 종동절 위치인 $\Delta R_3 = 0$에서 발생한다.

이러한 식들은 그림 9.15의 스프레드시트로 치환되었다. 이 자료들은 그림 9.16을 그리는 데 사용된다.

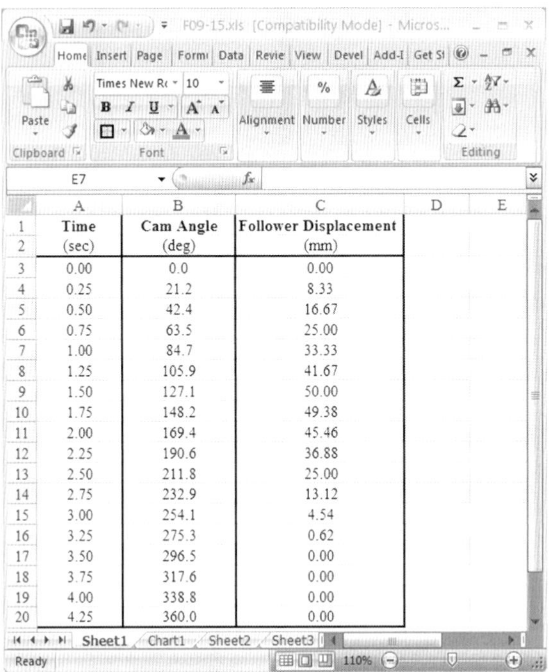

Time (sec)	Cam Angle (deg)	Follower Displacement (mm)
0.00	0.0	0.00
0.25	21.2	8.33
0.50	42.4	16.67
0.75	63.5	25.00
1.00	84.7	33.33
1.25	105.9	41.67
1.50	127.1	50.00
1.75	148.2	49.38
2.00	169.4	45.46
2.25	190.6	36.88
2.50	211.8	25.00
2.75	232.9	13.12
3.00	254.1	4.54
3.25	275.3	0.62
3.50	296.5	0.00
3.75	317.6	0.00
4.00	338.8	0.00
4.25	360.0	0.00

그림 9.15 예제 9.2의 스프레드시트

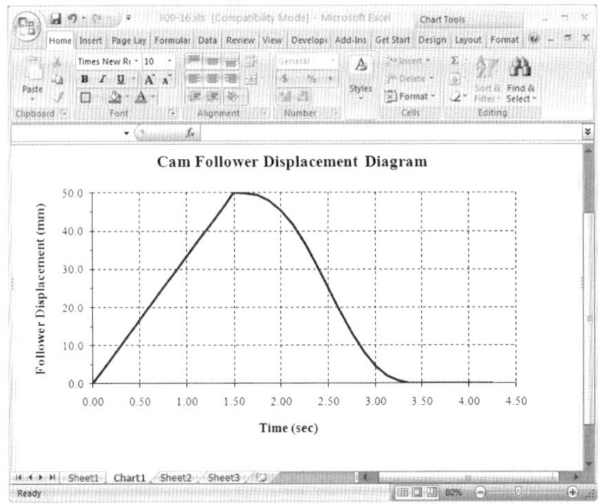

그림 9.16 예제 9.2의 종동절 변위선도

》 예제 9.3

예제 9.2의 응용에 대해, 종동절 변위선도를 도식적으로 구하라.

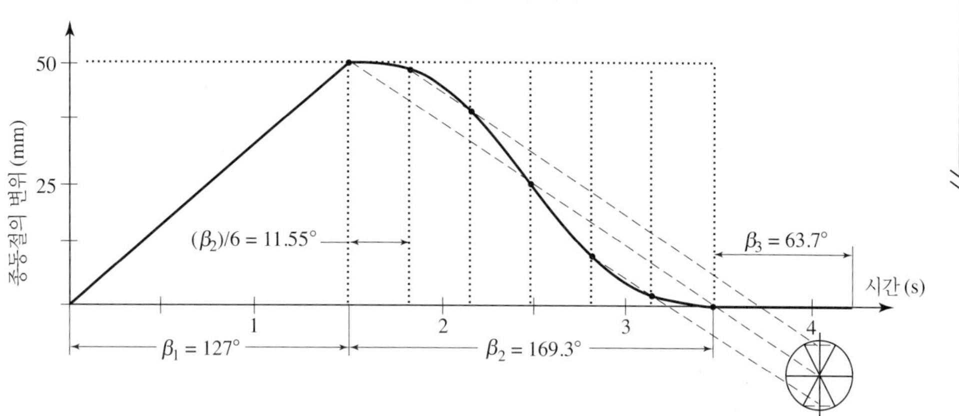

그림 9.17 예제 9.3의 종동절 변위선도

풀이 예제 9.2의 자료를 사용하면, 그림 9.17의 변위선도를 구성할 수 있다. 사이클로이드 하강을 만드는 데 사용한 원은 반지름이 다음과 같음을 주목하라.

$$r = \frac{H_1}{2\pi} = \frac{(50\,\text{mm})}{2\pi} = 7.96\,\text{mm}$$

9.5.5 조합된 운동 방법

특정 운동의 방법을 선택하는 데 있어서, 한 가지 목적은 상승이나 하강 간격 동안에 생기는 동적 힘을 최소화하는 것이다. 이렇게 하기 위해서는 종동절의 가속도 크기를 최소화하고 이를 유지하여야 한다. 종동절에 저장된 운동 에너지는 속도의 제곱에 비례한다. 따라서 최대 속도를 최소화하는 것이 운동 설계 안을 구체화할 때 고려해야 하는 또 다른 목적이다.

이런 목적들 이외에도 고속에서 응용할 때, 동적 하중의 급격한 변화를 피하기 위해 가속도를 평탄하게 유지하는 것이 바람직하다. 가속도의 시간 변화율을 **저크(jerk)**라고 부른다. 따라서 저크의 크기를 줄이고 연속적인 저크와 시간 곡선을 유지하는 것이 기계 하중에 유리하다.

일정 속도, 일정 가속도, 조화와 사이클로이드 운동 방법의 부정적인 측면은 종종 운동 특성을 향상시키는 데 맞춰져 있다. 결과로 나타나는 운동을 조합 방법이라고 한다. 일반적인 조합 방법의 보다 상세한 내용이 뒤에 기술되어 있다. 범용 캠 설계 자료는 상세한 운동 식을 얻기 위해 자문을 받아야 한다[참고문헌 5, 11, 14 참조]. Dynacam, Analytix/Cams, CamTrax와 같은 소프트웨어를 이용하여 운동 종동절의 변위선도 등을 구성할 수 있다.

사다리꼴 가속도(trapezoidal acceleration)는 그림 9.10에 나온 일정 가속도 운동을 향상시킨 방법이다. 여기서 가속도와 시간 곡선은 사각 파동 모양으로 나타난다. 사각 파동의 어려운 점은 가속도와 관성이 급격히 변한다는 것이다. 따라서 저크가 기계에 발생한다. 사다리꼴 가속도 방법은 가속도와 시간 곡선이 사다리꼴 모양으로 나타나는 전이 구간을 완화시킨다. 그러나 곡선의 모서리를 깎아서 손실된 면적은 최대 가속도를 증가시켜서 대체해야 한다.

수정 사다리꼴 가속도(modified trapezoidal acceleration)는 각속도와 시간 곡선의 경사 끝부분을 사인 파동의 일부분으로 대체하여 사다리꼴 가속도법을 개선한 것이다. 모서리를 제거하여 완만한 가속도 곡선이 만들어진다. 연속적인 경사(저크)는 동적 하중의 변화가 완만해지게 한다.

3-4-5 다항식 변위(3-4-5 polynomial displacement)는 일정 가속도 방법을 개선한 또 다른 방법이다. 일정 가속도 방법은 이차 다항식 형태여서 불연속적 가속도 곡선이 된다. 이런 불연속성을 제거하는 또 다른 방법은 고차 다항식을 사용하는 것이다. 따라서 이 방법은 3차, 4차, 5차항을 섞어서 이 방법을 공식화하였다. 이 방법은 5차항이 있기 때문에 가속도와 시간 곡선의 연속적인 경사를 갖는다. 그러나 저크와 시간 곡선은 불연속적이다.

4-5-6-7 다항식 변위(4-5-6-7 polynomial displacement)는 연속적이고 완만한 저크를 얻기 위해 3-4-5 다항식법을 확장하고 7차항을 포함한 것이다.

수정 사인 가속도(modified sinusoidal acceleration)는 다른 주파수를 가진 이차 사인 항을 섞어서 사이클로이드 방법을 개선한 것이다. 사이클로이드 운동의 완만성은 유지하고 최대값은 감소한다.

여러 가지 운동 방법에 대해 최고 속도, 최고 가속도와 최고 저크를 상승 H, 구간 시간 T의 함수로 표 9.5에 요약하였다.

표 9.5 여러 가지 운동 방법의 비교

운동 방법	최대 속도	최대 가속도	최대 저크
일정 속도	1.000 H/T	∞	∞
일정 가속도	2.000 H/T	4.000 H/T^2	∞
조화	1.571 H/T	4.945 H/T^2	∞
사이클로이드	2.000 H/T	6.283 H/T^2	40 H/T^3
사다리꼴	2.000 H/T	5.300 H/T^2	44 H/T^3
수정 사다리꼴	2.000 H/T	4.888 H/T^2	61 H/T^3
3-4-5 다항식	1.875 H/T	5.777 H/T^2	60 H/T^3
4-5-6-7 다항식	2.188 H/T	7.526 H/T^2	52 H/T^3
수정 사인 가속도	1.760 H/T	5.528 H/T^2	69 H/T^3

9.6 도식적인 원판 캠 형상 설계

일단 요구된 캠과 종동절의 운동이 변위선도를 따라 정의되었으면 캠의 실제 형상이 설계될 수 있다. 캠의 형상은 종동절의 윤곽에 따른 캠의 크기에 달려 있다.

원판 캠의 형상을 설계하기 전에 기하학적 특징들이 정해져야 한다. 다음 특징들이 그림 9.18에 설명되어 있다.

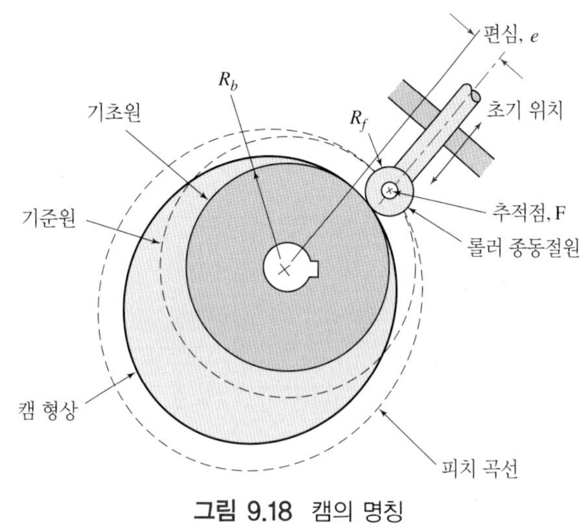

그림 9.18 캠의 명칭

기초원(basic circle)은 캠의 회전축에 중심을 둔 가장 작은 원이며, 캠 표면에 접하고 있다. 기초원의 크기는 일반적으로 응용되는 공간의 제한에 의해 규정된다. 일반적으로 커다란 기초원은 힘을 전달하는 데 있어서 문제를 적게 발생시킨다. 그러나 큰 기초원, 즉 큰 캠은 보다 작은 제품을 설계한다는 목표에 맞지 않는다.

추적점(trace point)은 종동절의 효과적인 위치를 결정하기 위한 기준의 역할을 한다. 칼끝 종동절에 있어서, 추적점은 캠과 종동절의 접촉점에 해당한다. 롤러 종동절에 있어서, 추적점은 글림대의 중심에서 선택된다. 평판 또는 구면 종동절에 있어서, 추적점은 종동절의 접촉 표면 위에서 선택된다.

캠의 **초기 위치(home position)**는 변위선도에서 0° 위치에 해당하는 방향이다.

기준원(prime circle)은 캠이 본 위치에 있는 동안에 종동절의 추적점이 그리는 원이다.

피치 곡선(pitch curve)은 종동절의 중심 경로이다.

캠의 형상을 쉽게 구성하기 위해, 캠은 정지되어 있는 것으로 가정한다. 그 대신 종동절이 캠의 회전과 반대 방향으로 회전하도록 한다. 이것은 단지 캠의 형상을 그리는 용도로 사용된다. 그러나 상대적인 운동은 동일하다. 종동절의 여러 위치에 대한 요구되는 위치에서 실제 캠 형상이 결정된다.

여러 다른 종동절 배열에 대한 특별한 절차를 다음 절에서 설명하기로 한다. 그림 9.18에 나온 일반적인 변위선도는 모든 구성들을 설명하고 있다. 특별한 변위들이 상승 및 하강 부분으로부터 정의되었다는 것을 주목하라. 이 규정된 변위들은 캠의 형상으로 변환되었다.

9.6.1 일렬 칼끝 종동절

칼끝 종동절을 가진 캠의 구성을 기술하는 데 가장 효율적인 방법은 실제 구성을 통한 방법이다. 그림 9.19의 변위선도를 사용하면, 칼끝 종동절을 가진 캠의 형상을 구성할 수 있었으며, 이것이 그림 9.20에 나와 있다.

다음의 일반적인 절차는 이러한 형상을 도식적으로 구성하는 데 사용된다.

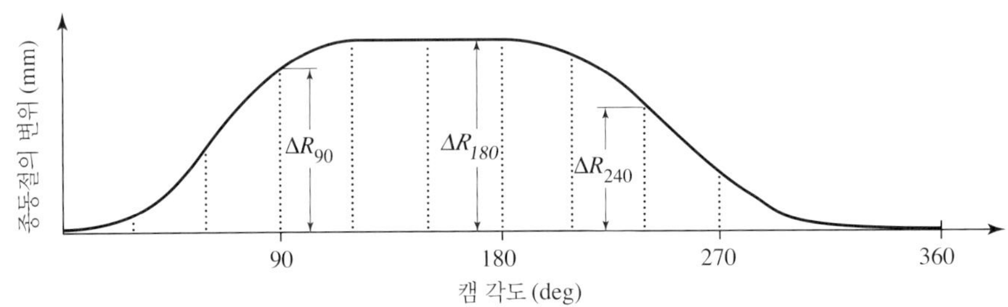

그림 9.19 일반적인 종동절 변위선도

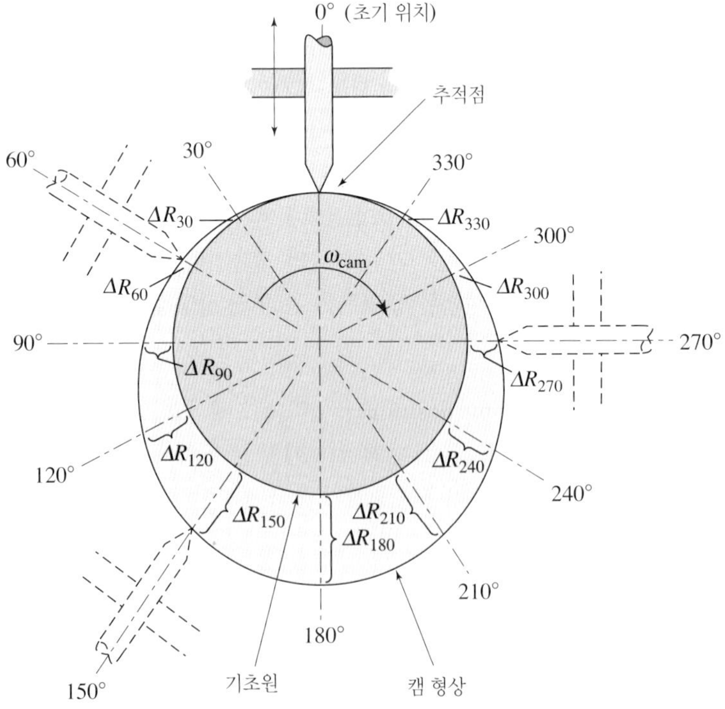

그림 9.20 캠 형상 설계–일렬 칼끝 종동절

1. 반지름 R_b인 기초원을 그려라. 기초원의 크기는 적용할 공간의 구속조건의 함수가 된다.
2. 초기 위치에서 종동절을 그려라.
3. 변위선도에서 기준 변위의 캠 각도에 상응하는, 캠 중심으로부터의 반지름 선을 그려라. 종동절이 캠 회전에 반대 방향으로 회전한다는 것을 기억하라.
4. 변위선도에서 반지름 선까지의 변위를 이동하라. 이 변위를 기초원으로부터 측정하라.
5. 이러한 규정된 변위를 지나는 매끄러운 곡선을 그려라.
6. 변위선도와 일치하는 형상을 정확히 구성하기 위해, 상승과 하강 운동으로부터 추가의 중간점들을 이동할 필요가 있다.

9.6.2 일렬 롤러 종동절

또 일렬 롤러 종동절을 가진 캠의 구성을 기술하기 위한 가장 효과적인 방법은 실제 구성을 통한 방법이다. 그림 9.18의 변위선도를 사용하면, 일렬 롤러 종동절이 사용된 캠의 형상을 구성할 수 있으며, 그림 9.20에 그 형상이 나와 있다. 다음의 일반적인 절차는 그러한 형상을 구성하는 데 사용된다.

1. 반지름 R_b인 기초원을 그려라. 기초원의 크기는 적용할 공간의 구속조건의 함수가 된다.
2. 초기 위치에서 기초원에 접하는 반경 R_f의 종동절을 그려라.
3. 변위선도에서 기준 변위의 캠 각도에 상응하는, 캠 중심으로부터의 반지름 선을 그려라. 종동절이 캠 회전에 반대 방향으로 회전한다는 것을 기억하라.
4. 초기 위치에서 추적점을 확인하여라. 롤러 종동절에서, 이것은 롤러의 중심에 있는 점이다.
5. 초기 위치에서 추적점을 지나는 기준원을 그려라.
6. 변위를 변위선도에서 반지름 선으로 이동하여라. 이 변위를 기준원으로부터 측정하여라.
7. 전 단계에서 정의된 변위에 중심을 둔, 반경 R_f인 롤러의 윤곽선을 그려라.
8. 이러한 규정된 변위에서 롤러에 접하는 매끄러운 곡선을 그려라.
9. 변위선도와 일치하는 형상을 정확히 구성하기 위해, 상승 및 하강 운동으로부터 추가적인 중간점들을 이동할 필요가 있다.

9.6.3 편심 롤러 종동절

편심 롤러 종동절을 가진 캠의 구성을 가장 효과적으로 기술하는 방법은 실제로 구성하는 방법이다. 그림 9.19로부터의 변위선도를 사용하면, 편심 롤러 종동절이 사용되는 캠의 형상이 구성되며 그림 9.22에 나와 있다. 다음과 같은 일반적인 절차가 이러한 형상을 구성하는 데 사용된다. 그 절차는 손으로 그리는 기법이나 CAD 시스템을 사용하거나 어느 경우에도 똑같다.

1. 반지름 R_b인 기초원을 그려라. 기초원의 크기는 적용할 공간의 구속조건의 함수가 된다.
2. 초기 위치에서 종동절의 중심선을 그려라.
3. 반지름이 기초와 롤러 종동절의 반경의 합 (R_b+R_f)와 같은 기준원을 그려라.

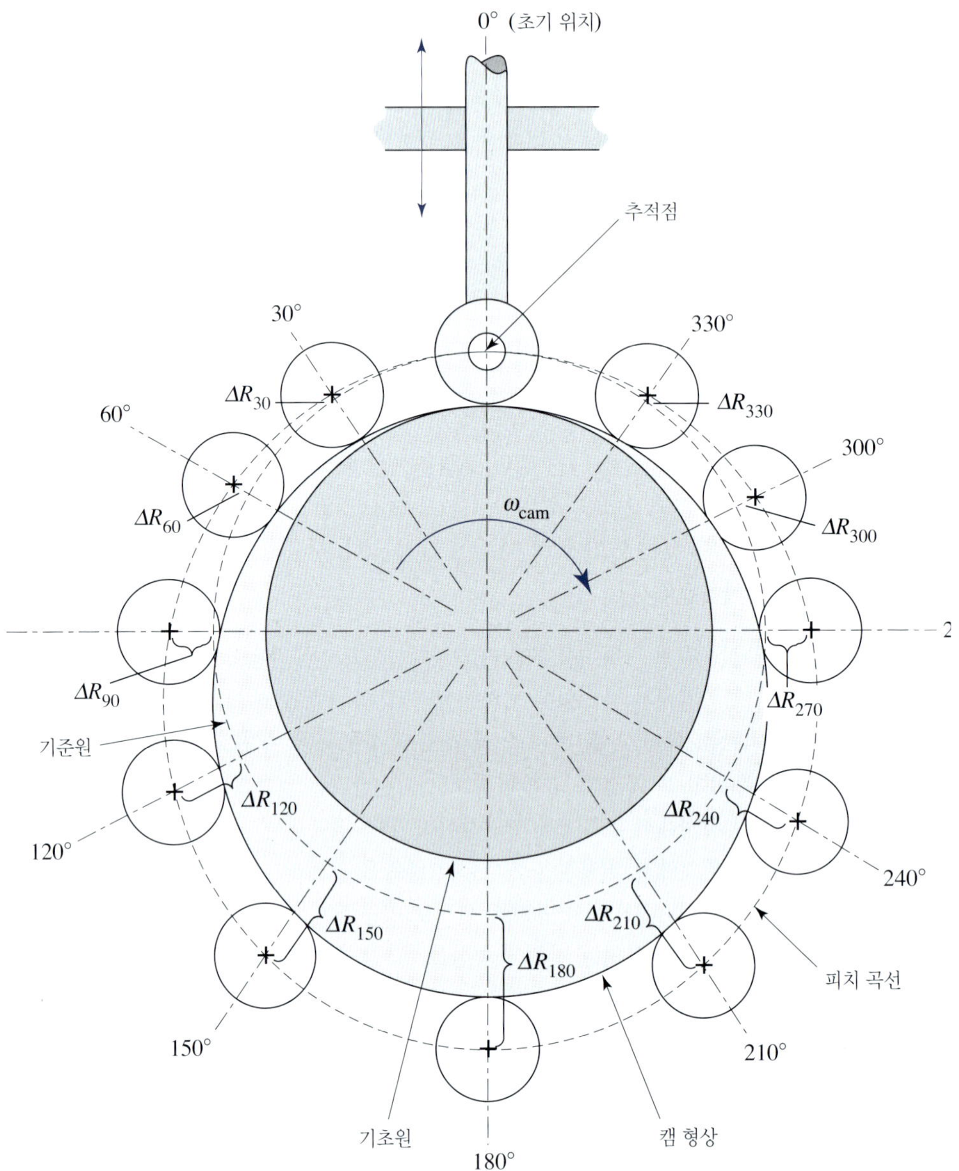

그림 9.21 캠 형상 설계–일렬 롤러 종동절

4. 종동절의 중심선과 기준원이 교차하는 곳이 중심이 되는 초기 위치에서 종동절을 그려라.
5. 초기 위치에서 추적점을 확인하라. 롤러 종동절에서 이것은 롤러의 중심에 있는 점이다.
6. 캠 회전축에 중심이 있고 반지름이 e인 편심원을 그려라. 이것은 종동절의 중심선에 접할 것이다.
7. 변위선도 위에 기준 캠 각에 상응하며, 편심원에 접하는 선을 그려라. 종동절은 캠의 회전에 반대 방향으로 회전할 것이다.

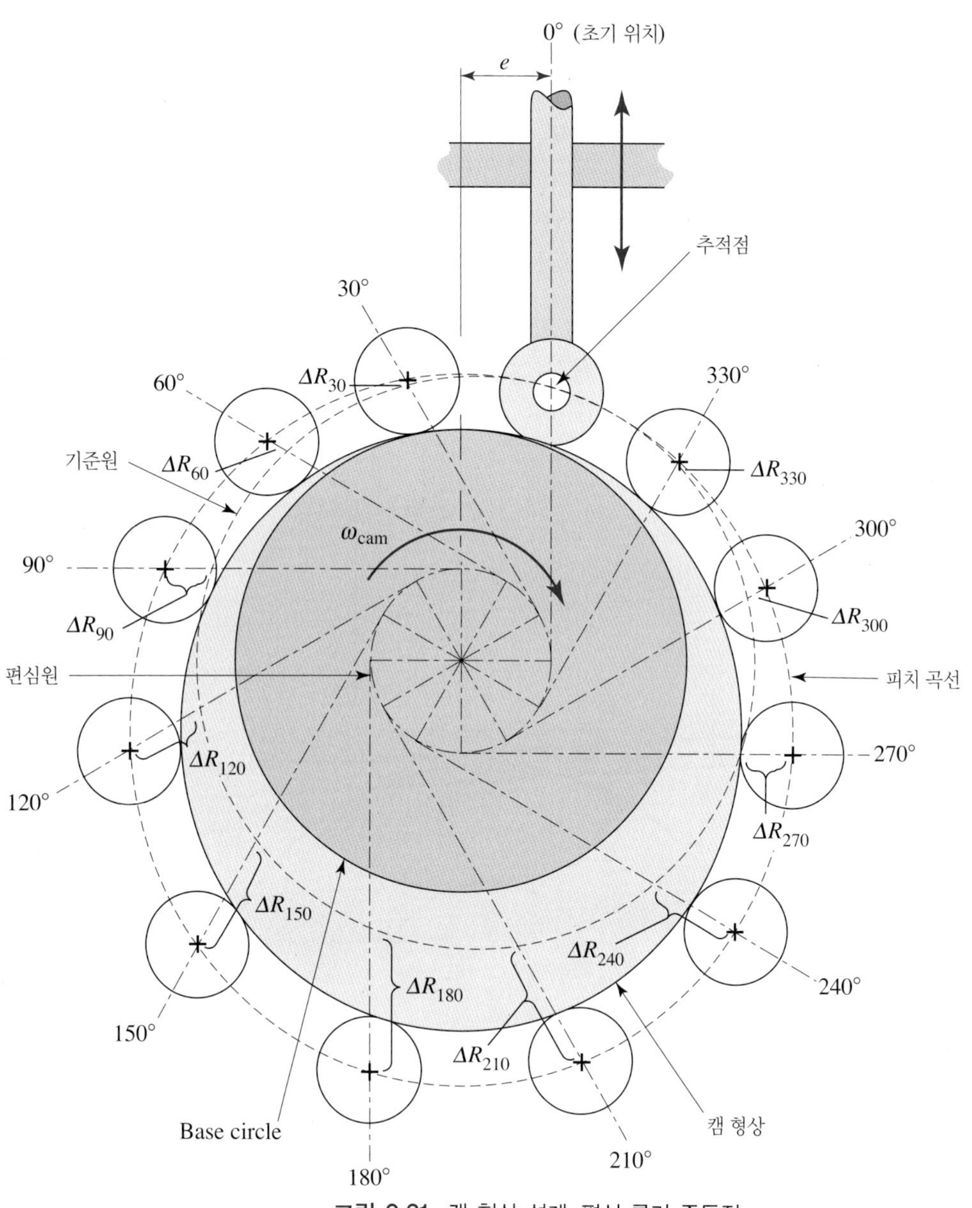

그림 9.21 캠 형상 설계–편심 롤러 종동절

8. 변위선도로부터 편심선으로 변위를 이동하여라. 기준원으로부터 이러한 변위를 측정하여라.

9. 전 단계에서 정의된 변위에 중심을 둔, 반지름 R_f인 롤러 윤곽선을 그려라.

10. 이러한 규정된 변위에서 롤러에 접하는 매끄러운 곡선을 그려라.

11. 변위선도와 일치하는 형상을 정확히 구성하기 위해, 상승 및 하강 운동으로부터 추가적인 중간점들을 이동할 필요가 있다.

9.6.4 이동 평면 종동절

평면 종동절을 가진 캠의 구성을 가장 효과적으로 기술하는 방법은 실제로 구성하는 방법이다. 그림 9.19의 변위선도를 사용하면, 이동 평면 종동절을 사용한 캠 형상이 구성되며 그림 9.23에 나와 있다.

다음의 일반적인 절차는 이러한 형상을 도식적으로 구성하는 데 사용된다. 그 절차는 손으로 그리는 기법이나 CAD 시스템을 사용하거나 어느 경우에도 똑같다.

1. 크기가 응용 공간의 제한의 함수가 되는 기초원을 그려라. 이런 종동절의 형상에 대해 기

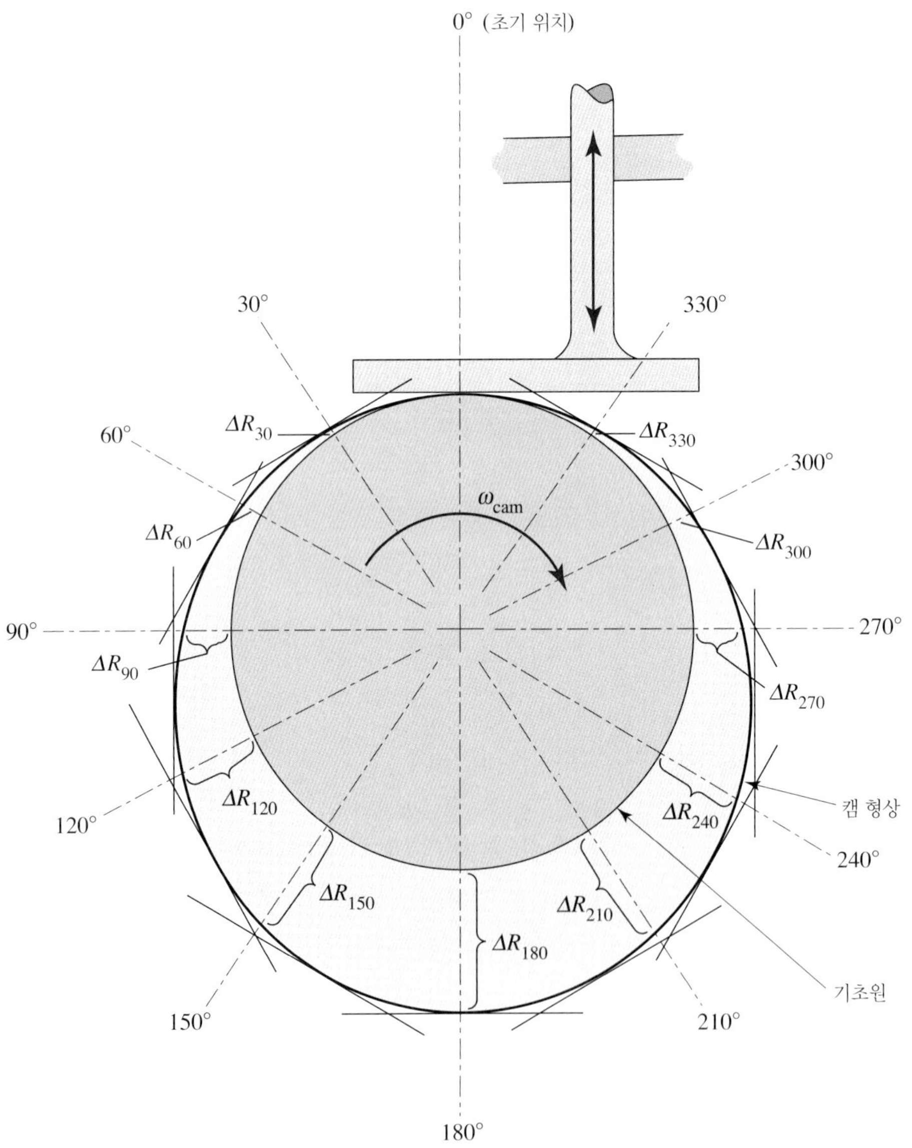

그림 9.23 캠 형상 설계–평면 종동절

초원은 또한 기준원의 역할을 한다는 것을 기억하라.

2. 초기 위치에서 기초원에 접하는 종동절을 그려라.
3. 변위선도에서 기준 변위의 캠 각도에 상응하는, 캠 중심으로부터의 반지름 선을 그려라. 종동절이 캠 회전에 반대 방향으로 회전한다는 것을 기억하라.
4. 변위를 변위선도로부터 기초원에서 측정된 반지름 선까지 이동하여라.
5. 규정된 변위에서 반지름 선에 직교하는 선을 구성함으로써 평면 윤곽선을 그려라.
6. 평면 윤곽선에 접하는 매끄러운 곡선을 그려라.
7. 변위선도와 일치하는 형상을 정확히 구성하기 위해, 상승 및 하강 운동으로부터 추가적인 중간 점들을 이동할 필요가 있다.

9.6.5 피벗 롤러 종동절

피벗 종동절은 캠과 종동절 시스템의 출력으로서 회전 운동을 나타낸다. 이동 종동절에 대해서 9.5절에 나온 식들은 종동절 중심인 F점의 순간 직선변위 ΔR_F, 속도 v_F, 가속도 a_F의 크기를 계산하는 데 사용되었다. 피벗 종동절에 대해, 9.5절에 나온 식들은 종동절 링크의 순간 회전변위 $\Delta\theta_L$, 속도 ω_L, 가속도 α_L의 크기를 계산하는 데 사용될 수 있다. 회전 운동 해석에 9.5절의 식들을 사용하기 위해서는 기술한 종동절의 변위는 직선 변위 H 대신에 각변위 $\Delta\theta_L$이어야 한다.

또한 피벗 롤러 종동절의 구성을 가장 효과적으로 기술하는 방법은 실제로 구성하는 것이다. 그림 9.19의 변위선도를 사용하면, 피벗 롤러 종동절을 사용한 캠의 형상이 구성되며 그림 9.24에 나와 있다.

다음과 같은 일반적인 절차가 이러한 형상을 도식적으로 구성하는 데 사용된다.

1. 반경이 R_b인 기초원을 그려라.
2. 반경이 기초와 롤러 종동절 반경의 합과 같은 기준원을 그려라.
3. 반경 R_p인 피벗원을 그려라.
4. 피벗의 초기 위치를 설정하여라.
5. 초기 피벗에 중심이 있고 반경이 피벗 종동절 링크의 길이, R_L과 같은 호를 그려라.
6. 단계 5에서 그린 호와 기준원이 교차하는 곳에 중심이 있는, 반경 R_f인 종동절을 본 위치에 그려라.
7. 캠 중심에서 피벗원까지 반경 방향의 선을 그려라. 종동절이 캠 회전에 반대 방향으로 회전한다는 것을 기억하라.
8. 각 피벗 점들로부터 종동절 암 길이, R_L과 같은 반지름을 가진 호를 기준원으로부터 밖으로 그려라.
9. 변위선도로부터 단계 8에서 그려진 피벗 호까지 변위를 이동시켜라. 이미 언급한 대로 피벗 종동절에 대한 변위는 각변위에 대한 식이 될 수 있다. 식 9.3은 종동절 링크의 각변위 $\Delta\theta_L$로부터 롤러 중심의 직선변위 ΔR_F로 변환할 수 있다.

$$\Delta R_F = R_L\sqrt{2(1 - \cos\Delta\theta_L)}. \tag{9.3}$$

10. 전 단계에서 정의된 변위에 중심을 둔 롤러 윤곽선을 그려라.

11. 이러한 규정된 변위에서 롤러에 접하는 매끄러운 곡선을 그려라.

12. 변위선도와 일치하는 형상을 정확히 구성하기 위해 상승 및 하강 운동으로부터 추가적인 중간 점들을 이동할 필요가 있다.

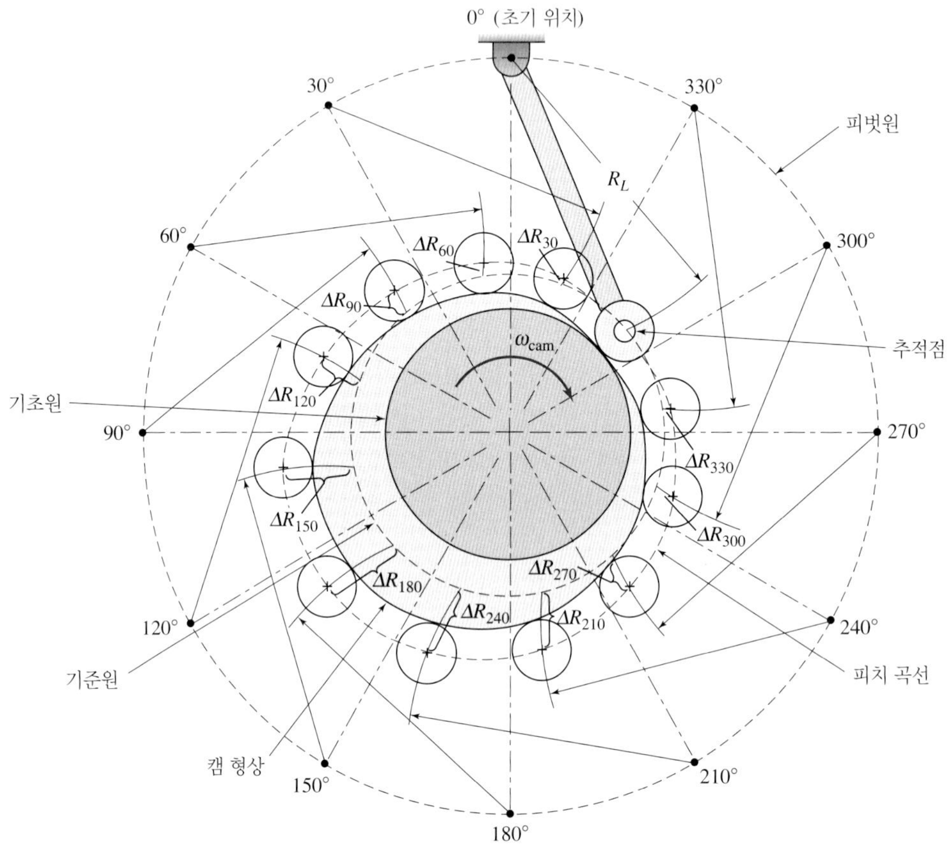

그림 9.24 캠 형상 설계–피벗 롤러 종동절

9.7 압력각

힘은 항상 접촉시 표면에 수직하게 전달되기 때문에, 캠은 그 운동 방향에서 종동절을 밀지 못한다. 앞 절에서 논의한 것과 같이 캠의 곡률은 종동절 중심선과 실제 접촉점 사이의 위치에 영향을 미친다.

종동절을 밀기 위해 필요한 힘은 캠 시스템의 응용에 달려 있다. 그러나 캠과 종동절 사이의 접촉력은 접촉점의 위치에 따라 매우 클 수 있다. 실제로 접촉력의 단 하나의 성분이 종동절

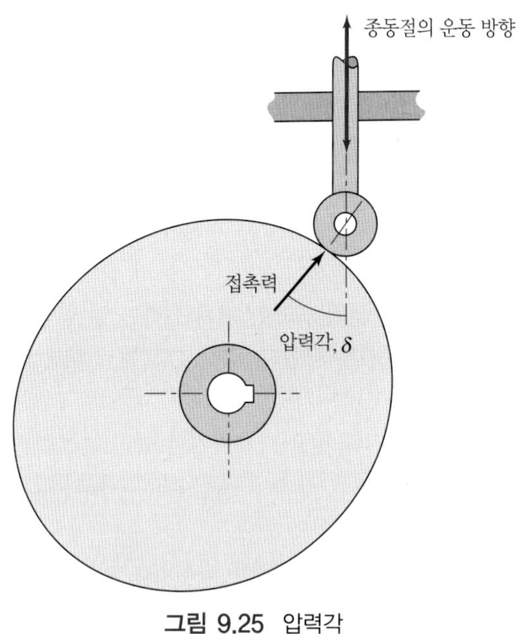

그림 9.25 압력각

운동을 만들어 낸다. 다른 접촉력 성분은 측면 추력을 발생하기 때문에 바람직하지 못하며, 종동절 베어링과 다른 성분들에 의해 흡수되어야만 한다.

압력각(pressure angle) δ는 접촉력의 두 성분 사이를 구별하는 데 사용된다. 압력각은 종동절이 이동하는 방향과 캠 접촉력의 방향 사이의 각으로 정의될 수 있다. 보다 정확히 말하면, 압력각은 종동절 운동 경로와 종동절 접촉점에서 캠 형상에 수직한 선 사이의 각이다. 캠 표면 위의 각 점은 압력각을 갖는다. 압력각이 그림 9.25에 설명되어 있다.

도식적으로 캠 형상을 구성한 후에, 압력각의 값은 종동절 중심선과 관계 있는 접촉점의 위치를 관찰함으로써 예견될 수 있다. 캠 형상이 최대 곡률을 나타내는 영역은 분리되어야 한다. 왜냐하면 이러한 위치는 커다란 압력각을 갖기 때문이다. 압력각의 근사 측정이 이런 영역에서 구해진다. 일반적으로 압력각은 가능한한 작게 유지되어야 하며 30°를 넘지 않아야 한다. 다음과 같은 방법으로 압력각을 줄일 수 있다.

1. 기초원의 크기를 크게 한다.
2. 종동절 변위값을 줄인다.
3. 종동절의 상승 또는 하강에 대해 정해진 캠 회전각을 늘린다.
4. 종동절의 편심량을 변경한다.
5. 종동절의 운동 종류를 바꾼다.

9.8 설계 제한

9.6절에서 본 바와 같이 캠 형상 설계는 먼저 종동절 형상과 위치 그리고 기초원의 크기를 정하고 나서 시작한다. 이런 결정은 대개 전달력의 크기와 캠 구동 기계의 크기 요구조건에 달려 있다.

그림 9.26은 일렬 롤러 종동절을 가진 캠이다. 캠 각 135°에서 급격한 상승과 하강이 있음을 주목하라. 또한 이 부분에서 각의 증가분이 정확도를 위해 세밀하게 되었음을 볼 수 있다. 캠 형상은 종동절 원을 설정하고 이 원에 접하는 캠 형상 그림으로써 만들어졌다. 캠이 모든 점에서 종동절과 접촉하지는 못한다. 캠각 135°에서 캠은 원하는 위치로 롤러를 밀어내지 못할 것이다.

이런 상황은 더 큰 기초원을 사용하거나 롤러 종동절의 지름을 줄임으로써 수정할 수 있다. 그러나 캠과 종동절 사이의 접촉 응력은 롤러 지름이 감소하면서 증가한다. 따라서 매우 작은 지름의 롤러를 사용하지 말아야 한다.

비슷한 상황이 평면 종동절에서도 발생할 수 있다. 그림 9.27a는 종동절이 급격히 상승하는 캠 부분을 보여 준다. 일단 평면 종동절의 위치가 설정되면, 캠 형상을 나타내는 매끄러운 곡선을 구성할 수 없다. 종동절 구성선(90°)은 인접한 종동절 구성선의 교차점 밖으로 떨어진다. 따라서 90°의 캠각에서, 캠은 원하는 위치로 평면 종동절을 밀 수 없다.

그림 9.27b는 더 큰 기초원을 가진 또 다른 캠 부분을 보여 준다. 이 캠은 그림 9.27a와 똑같은 변위 조건을 갖는다. 이 경우에는 매끄러운 캠 형상을 종동절 구성선에 접하게 구성할 수 있다. 이런 식으로 기초원의 지름을 증가하여 기능을 발휘하는 설계를 할 수 있다.

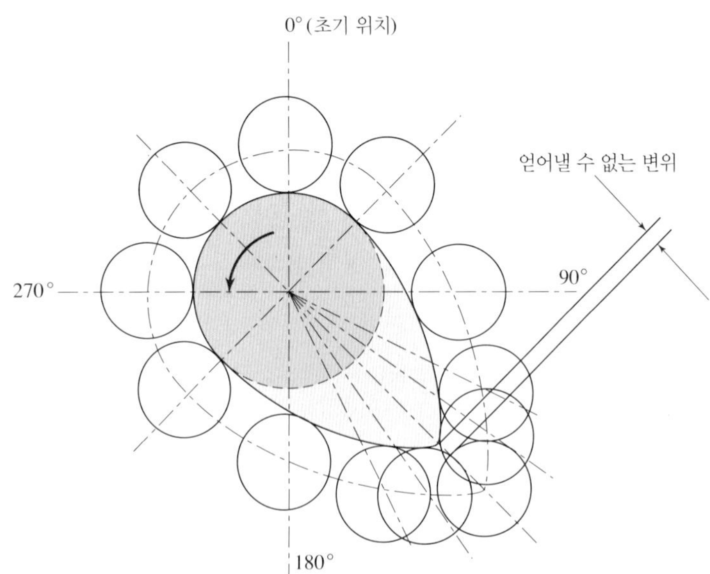

그림 9.26 롤러 종동절을 가진 비현실적인 캠

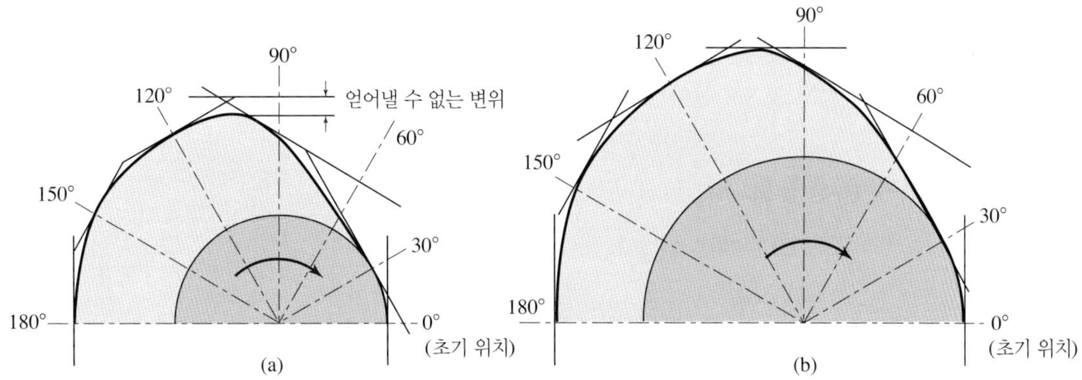

그림 9.27 평면 종동절을 가진 비현실적인 캠

9.9 해석적 캠 형상 설계

전 장은 도식적으로 캠 형상을 설계하는 방법을 설명하였다. 응용하는 데 필요한 정밀도와 관련하여, 이 방법은 정확한 형상을 충분히 만들 수 있다. 물론 그 구성이 CAD 시스템에 의해 수행되고 작은 캠 각도 증분이 사용될 때, 정확도가 증가된다.

그러나 어떤 상황에서 높은 정밀도의 캠에 대한 요구가 필요할 수 있다. 캠을 제조할 밀링 커터의 좌표뿐만 아니라 캠 표면의 좌표를 해석적으로 결정할 수 있는 것이 바람직하다. 식들이 종동절의 다른 형상의 좌표들을 구하기 위해 개발되었다. 이 장은 단지 이런 식들을 제공하며, 독자들은 유도를 위해서는 보다 상세한 원전을 참조하기 바란다. 식들을 전개 시트 또는 다른 프로그램 도구로 통합하는 것은 좌표들을 신속히 생성할 수 있게 한다.

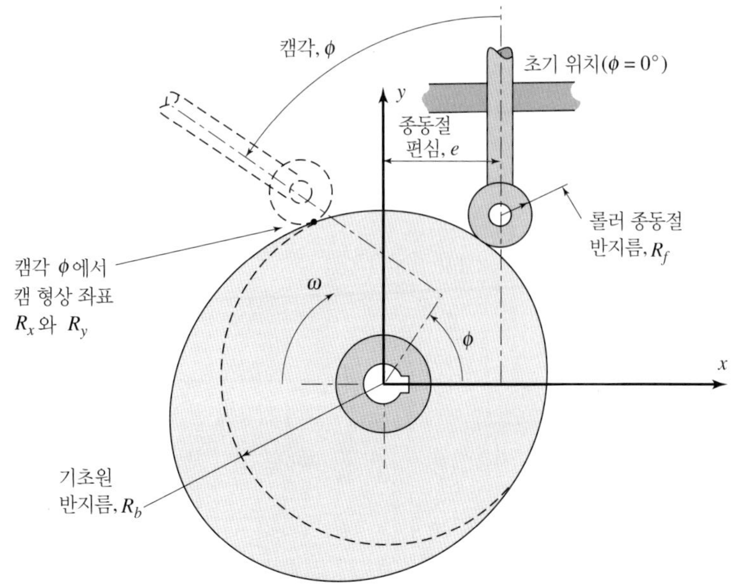

그림 9.28 캠 형상 좌표계

일반적으로, 직교 좌표계는 원점이 캠 중심이 되도록 사용된다. 양의 y 축은 본 위치에서 종동절 운동의 방향으로 반지름 방향을 따른다. 양의 x축은 오른손 좌표계와 일치하는, y축으로부터 시계 방향으로 90° 돌아간 것이다. 그림 9.28은 이 좌표계를 설명한다.

9.9.1 칼끝 종동절

캠 형상의 x, y 좌표는 다음과 같다.

$$R_x = (R_b + \Delta R)\sin\phi \tag{9.4}$$

$$R_y = (R_b + \Delta R)\cos\phi \tag{9.5}$$

여기서 다음 표시가 사용된다.

R_x = 캠 표면 형상의 x 좌표
R_y = 캠 표면 형상의 y 좌표
R_b = 기초원의 반지름
ϕ = 초기 위치에서 캠 회전의 반대 방향으로 측정된 캠 회전각
ΔR = 캠 각 ϕ에서 종동절의 변위

대부분의 캠은 컴퓨터 수치제어 밀링 머신을 이용한 절삭 작업으로 생산하다. 이 기계는 캠을 미소 회전하며 날을 수천 mm 전진시킬 수 있다. 이 방법으로 캠 형상을 정밀하게 가공할 수 있다.

밀링 커터 또는 연삭기의 중심의 x, y 좌표는 다음과 같다.

$$C_x = (R_c + R_b + \Delta R)\sin\phi \tag{9.6}$$

$$C_y = (R_c + R_b + \Delta R)\cos\phi \tag{9.7}$$

여기서 다음 표시가 사용되었다.

C_x = 커터 중심의 x 좌표
C_y = 커터 중심의 y 좌표
R_c = 밀링 커터의 반지름

〉〉 예제 9.3

예제 9.2에서 기술된 응용에 대해, 칼끝 종동절이 사용될 때 캠의 형상 좌표를 결정하여라. 기계 장치의 크기 제한으로 인해서, 기초원의 지름이 200mm인 캠이 사용되어야 한다. 캠은 반시계 방향으로 회전한다고 하자.

풀이 기초원의 반지름은 기초원의 지름의 절반이다. 따라서

$$R_b = 100\text{mm}$$

위의 값을 식 9.4와 9.5에 대입하면

$$R_x = (R_b + \Delta R)\sin\phi = [(100\,\text{mm}) + \Delta R]\sin\phi$$
$$R_y = (R_b + \Delta R)\cos\phi = [(100\,\text{mm}) + \Delta R]\cos\phi$$

이 식들을 스프레드시트에 삽입하면 그림 9.29의 결과를 얻게 된다.

스프레드시트는 형상 좌표의 그림을 쉽게 만들 수 있다. 그림 9.30에 캠 형상이 나와 있다.

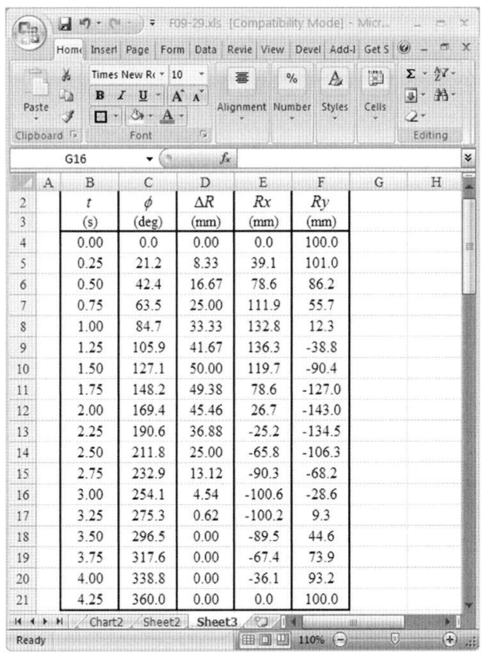

t (s)	ϕ (deg)	ΔR (mm)	Rx (mm)	Ry (mm)
0.00	0.0	0.00	0.0	100.0
0.25	21.2	8.33	39.1	101.0
0.50	42.4	16.67	78.6	86.2
0.75	63.5	25.00	111.9	55.7
1.00	84.7	33.33	132.8	12.3
1.25	105.9	41.67	136.3	-38.8
1.50	127.1	50.00	119.7	-90.4
1.75	148.2	49.38	78.6	-127.0
2.00	169.4	45.46	26.7	-143.0
2.25	190.6	36.88	-25.2	-134.5
2.50	211.8	25.00	-65.8	-106.3
2.75	232.9	13.12	-90.3	-68.2
3.00	254.1	4.54	-100.6	-28.6
3.25	275.3	0.62	-100.2	9.3
3.50	296.5	0.00	-89.5	44.6
3.75	317.6	0.00	-67.4	73.9
4.00	338.8	0.00	-36.1	93.2
4.25	360.0	0.00	0.0	100.0

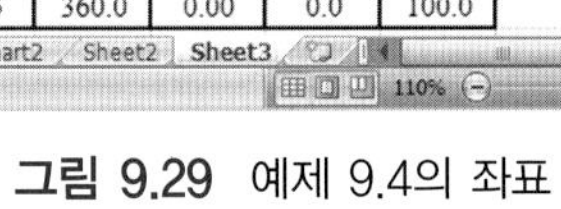

그림 9.29 예제 9.4의 좌표

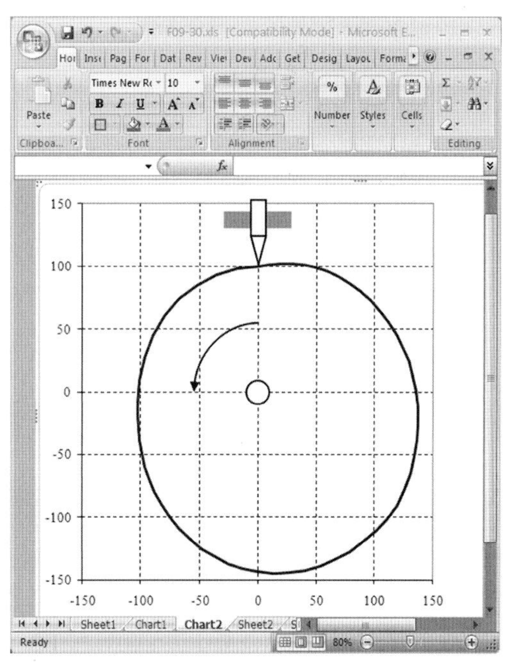

그림 9.30 예제 9.4의 캠 형상

9.9.2 일렬 롤러 종동절

일반적으로 롤러 종동절은 캠 접촉점이 롤러 중심과 일직선 상에 있지 않기 때문에 복잡하다. 종동절 중심선과 캠 접촉점 사이의 각은 캠 형상의 곡률에 따라 변한다. 순간적인 각은 다음과 같이 계산된다.

$$\alpha = \tan^{-1}\left[\frac{v}{\omega_{\text{cam}}}\frac{(R_f + R_b + \Delta R)}{(R_f + R_b + \Delta R)^2}\right] = \delta \tag{9.8}$$

일렬 롤러 종동절에 대해, 이 각은 또한 압력각이다. 9.9.1절에서 사용한 표시에 추가하여 다음 항들이 정의된다.

R_f = 롤러 종동절의 반지름

v = 캠 종동절의 순간 속도

ω_{cam} = 시간당 라디안 단위의 캠 회전 속도

(v/ω_{cam})의 항은 캠 각에 대한 종동절 변위의 변화율의 정도를 나타낸다.
그러면 캠 형상의 x, y 좌표는 다음과 같이 주어진다.

$$\frac{v}{\omega_{cam}} = \frac{dR}{d\phi} \cong \frac{\Delta R}{\Delta \phi} \tag{9.9}$$

캠 형상의 x, y 좌표는 다음과 같이 주어진다.

$$R_x = -[R_f + R_b + \Delta R]\sin\phi + R_f \sin(\phi - \alpha) \tag{9.10}$$

$$R_y = [R_f + R_b + \Delta R]\cos\phi + R_f \cos(\phi - \alpha) \tag{9.11}$$

밀링 커터의 x, y 좌표는 다음과 같이 주어진다.

$$C_x = -[R_f + R_b + \Delta R]\sin\phi + [R_c - R_f]\sin(\phi - \alpha) \tag{9.12}$$

$$C_y = [R_f + R_b + \Delta R]\cos\phi - [R_c - R_f]\cos(\phi - \alpha) \tag{9.13}$$

예제 9.5

2개의 캠이 기계 부품 취급기에 해당하는 그리퍼(gripper)로 사용된다. 2개의 캠은 그리퍼에 서로 독립적인 수평과 수직 운동을 발생한다. 이러한 기계는 비용 절감시 로봇에 같은 방식으로 부품을 이동할 수 있다. 부품 취급기가 그림 9.31에 나와 있다.

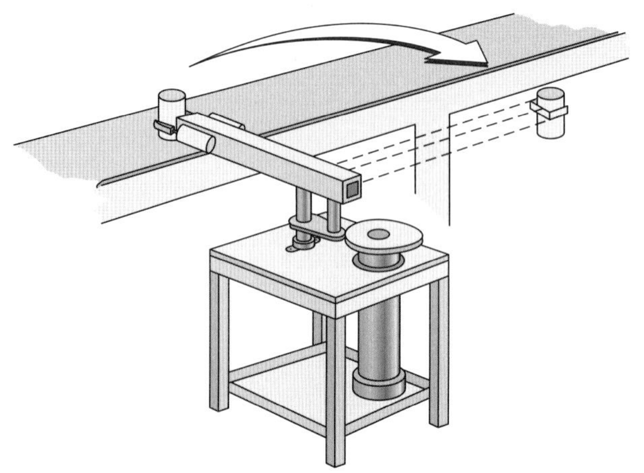

그림 9.31 예제 9.5의 부품 취급기 장치

캠 종동절 1개에 대한 규정된 운동은 다음과 같다.

1. 조화 운동으로 1.5초 내로 1.5cm 상승한다.
2. 2초 동안 머물러 있다.
3. 조화 운동으로 1.5초 내로 되돌아온다.
4. 2초 동안 일시 정지한다.
5. 순서를 반복한다.

반지름 0.5cm인 일렬 롤러 종동절이 반지름 3.5cm인 기초원을 지닌 캠 위에 사용된다. 종동절의 운동을 표로 나타내고 캠 형상의 좌표를 구하여라.

풀이 전체 주기를 완성하기 위한 총 시간은 캠의 요구 속도를 결정하기 위해 필요하다.

$$\Sigma T_i = T_1 + T_2 + T_3 + T_4$$
$$= 1.5 + 2.0 + 1.5 + 2.0 = 7.0\,s$$

식 9.2로부터

$$\omega_{cam} = \frac{1\,\text{rev}}{\Sigma T_i} = \frac{1\,\text{rev}}{7\,\text{s}} = 0.143\,\text{rev/s} = 0.899\,\text{rad/s} = 8.57\,\text{rpm}$$

각 종동절 운동 순서에 의해 소모된 캠의 각 증분은 식 9.1에 의해 결정된다.

$$\beta_1 = (\omega_{cam})(T_1) = (0.143\,\text{rev/s})(1.5\,\text{s}) = 0.214\,\text{rev} = 77.2°$$
$$\beta_2 = (0.143\,\text{rev/s})(2.0\,\text{s}) = 0.286\,\text{rev} = 102.8°$$
$$\beta_3 = (0.143\,\text{rev/s})(1.5\,\text{s}) = 0.214\,\text{rev} = 77.2°$$
$$\beta_4 = (0.143\,\text{rev/s})(2.0\,\text{s}) = 0.286\,\text{rev} = 102.8°$$

조화 상승 및 하강의 식은 표 9.3에 주어졌다. 조화 상승의 식에 대입하면 다음과 같다.

$$\Delta R_1 = \frac{H_1}{2}\left[1 - \cos\left(\frac{\pi t_1}{T_1}\right)\right] = \frac{(1.5\text{cm})}{2}\left[1 - \cos\left(\frac{\pi t_1}{1.5\,\text{s}}\right)\right]$$

$$v_1 = \frac{\pi H_1}{2T_1}\left[\sin\left(\frac{\pi t_1}{T_1}\right)\right] = \frac{\pi(1.5\text{cm})}{2(1.5\,\text{s})}\left[\sin\left(\frac{\pi t_1}{1.5\,\text{s}}\right)\right]$$

조화 하강 식에 대입하면 다음과 같다.

$$\Delta R_2 = \frac{H_2}{2}\left[1 + \cos\left(\frac{\pi t_2}{T_2}\right)\right] = \frac{(1.5\text{cm})}{2}\left[1 + \cos\left(\frac{\pi t_2}{1.5\,\text{s}}\right)\right]$$

$$v_2 = \frac{-\pi H_2}{2T_2}\left[\sin\left(\frac{\pi t_2}{T_2}\right)\right] = \frac{-\pi(1.5\text{cm})}{2(1.5\,\text{s})}\left[\sin\left(\frac{\pi t_2}{1.5\,\text{s}}\right)\right]$$

캠 형상 좌표를 계산하기 위해 식 9.8, 9.10, 9.11에 대입하면 다음과 같다.

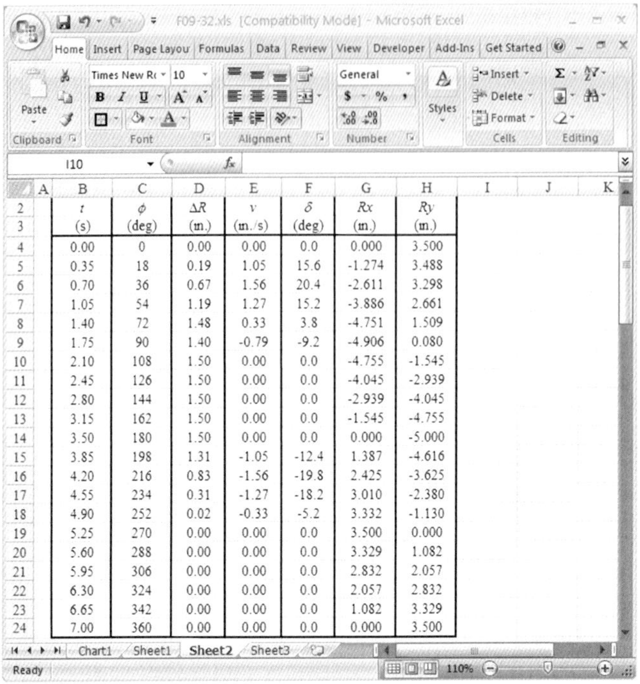

t (s)	φ (deg)	ΔR (in.)	v (in./s)	δ (deg)	Rx (in.)	Ry (in.)
0.00	0	0.00	0.00	0.0	0.000	3.500
0.35	18	0.19	1.05	15.6	-1.274	3.488
0.70	36	0.67	1.56	20.4	-2.611	3.298
1.05	54	1.19	1.27	15.2	-3.886	2.661
1.40	72	1.48	0.33	3.8	-4.751	1.509
1.75	90	1.40	-0.79	-9.2	-4.906	0.080
2.10	108	1.50	0.00	0.0	-4.755	-1.545
2.45	126	1.50	0.00	0.0	-4.045	-2.939
2.80	144	1.50	0.00	0.0	-2.939	-4.045
3.15	162	1.50	0.00	0.0	-1.545	-4.755
3.50	180	1.50	0.00	0.0	0.000	-5.000
3.85	198	1.31	-1.05	-12.4	1.387	-4.616
4.20	216	0.83	-1.56	-19.8	2.425	-3.625
4.55	234	0.31	-1.27	-18.2	3.010	-2.380
4.90	252	0.02	-0.33	-5.2	3.332	-1.130
5.25	270	0.00	0.00	0.0	3.500	0.000
5.60	288	0.00	0.00	0.0	3.329	1.082
5.95	306	0.00	0.00	0.0	2.832	2.057
6.30	324	0.00	0.00	0.0	2.057	2.832
6.65	342	0.00	0.00	0.0	1.082	3.329
7.00	360	0.00	0.00	0.0	0.000	3.500

그림 9.32 예제 9.5의 캠 형상 좌표

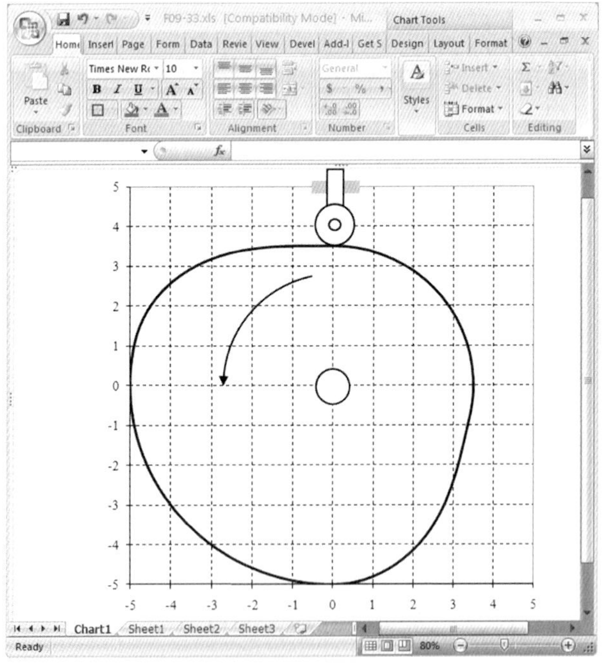

그림 9.33 예제 9.5의 캠 형상

$$\alpha = \tan^{-1}\left[\frac{v}{\omega_{cam}}\frac{[R_f + R_b + s]}{[R_f + R_b + s]^2}\right] = \tan^{-1}\left[\frac{v}{(0.899\,\text{rad/s})}\frac{[(0.5\text{cm}) + (3.5\text{cm}) + s]}{[(0.5\text{cm}) + (3.5\text{cm}) + s]^2}\right]$$

$$R_x = -[R_f + R_b + \Delta R]\sin\phi + R_f\sin(\phi - \alpha) = -[0.5 + 3.5 + \Delta R]\sin\phi + 0.5\sin(\phi - \alpha)$$

$$R_y = -[R_f + R_b + \Delta R]\cos\phi + R_f\cos(\phi - \alpha) = -[0.5 + 3.5 + \Delta R]\cos\phi - 0.5\cos(\phi - \alpha)$$

이 식들을 스프레드시트에 삽입하면 그림 9.32의 결과를 얻는다. 스프레드시트는 형상 좌표를 손쉽게 그리는 데 사용된다. 그림 9.33에 캠 형상이 그려져 있다.

9.9.3 편심 롤러 종동절

편심 롤러 종동절은 종동절 운동이 캠 접촉점과 일직선 상에 있지 않기 때문에, 다시 말해 롤러 중심과 일직선 상에 있지 않기 때문에 더 복잡하다. 따라서 형상 식은 약간 더 복잡하게 된다. 종동절 중심선과 캠 접촉점 사이의 각도는 캠 형상의 곡률에 따라 변하게 되고, 다음과 같이 계산될 수 있다.

$$\alpha = \tan^{-1}\left[\left(\frac{v}{\omega_{cam}}\right)\left(\frac{R_f + R_b + \Delta R}{e^2 + (R_f + R_b + \Delta R)^2 - e\,(v/\omega_{cam})}\right)\right] \tag{9.14}$$

식 9.8에서와 같이 (v/ω_{cam})의 항은 캠 각에 대한 종동절 변위의 변화율의 정도를 나타낸다. 그리고 압력각 d는 다음과 같이 계산된다.

$$\delta = \alpha - \tan^{-1}\left(\frac{e}{R_f + R_b + \Delta R}\right) \tag{9.15}$$

여기서 편심 거리 e는 종동절 중심선과 캠 중심 사이의 거리로 정의된다. 양의 편심 거리는 양의 x 방향의 거리를 나타낸다. 그림 9.28에 나와 있는 편심 거리는 양의 값을 나타낸다. 따라서 캠 형상의 x, y 좌표는 다음과 같다.

$$R_x = (e)\cos\phi - [R_f + R_b + \Delta R]\sin\phi + R_f\sin(\phi - \alpha) \tag{9.16}$$

$$R_y = (e)\sin\phi - [R_f + R_b + \Delta R]\cos\phi + R_f\cos(\phi - \alpha) \tag{9.17}$$

밀링 커터의 x, y 좌표는 다음과 같다.

$$C_x = (e)\cos\phi - [R_f + R_b + \Delta R]\sin\phi + [R_c - R_f]\sin(\phi - \alpha) \tag{9.18}$$

$$C_y = (e)\sin\phi - [R_f + R_b + \Delta R]\cos\phi - [R_c - R_f]\cos(\phi - \alpha) \tag{9.19}$$

9.9.4 이동 평면 종동절

이동 평면 종동절의 해석적 구성은 캠 중심선과 일직선 상에 있지 않는 접촉점을 나타낸다. 종동절 중심선과 캠 접촉점 사이의 각은 캠 형상의 곡률에 따라 변하고, 다음과 같이 계산된다.

$$\alpha = \tan^{-1}\left\{\left(\frac{v}{\omega_{cam}}\right)\frac{1}{(R_b + \Delta R)}\right\} \tag{9.20}$$

식 9.8과 9.14에서와 같이 (v/ω_{cam})의 항은 캠각에 대한 종동절 변위의 변화율의 정도를 나타낸다.

캠 형상의 x, y 좌표는 다음과 같다.

$$R_x = \left(\frac{R_b + \Delta R}{\cos\alpha}\right)\cos(\phi + \alpha) \tag{9.21}$$

$$R_y = \left(\frac{R_b + \Delta R}{\cos\alpha}\right)\sin(\phi + \alpha) \tag{9.22}$$

밀링 커터의 x, y 좌표는 다음과 같다.

$$C_x = \left[\frac{R_b + \Delta R + R_c}{\cos\gamma}\right]\cos(\phi + \gamma) \tag{9.23}$$

$$C_y = \left[\frac{R_b + \Delta R + R_c}{\cos\gamma}\right]\sin(\phi + \gamma) \tag{9.24}$$

여기에서

$$\gamma = \tan^{-1}\left[\frac{(R_b + \Delta R)\tan(\alpha)}{R_c + R_b + \Delta R}\right] \tag{9.25}$$

9.9.5 피벗 롤러 종동절

피벗 롤러 종동절의 해석적 구성은 편심 이동 종동절과 비슷하다. 그러나 기하학적 형상과 정의는 조금 다르다. 그림 9.34는 피벗 롤러 종동절과 캠에 사용하는 기호를 설명한다.

다음 표시가 사용된다.

R_L = 종동절 피벗 링크의 길이
R_P = 캠 중심과 피벗 위치 사이의 거리
$\Delta\theta_L$ = 종동절 피벗 링크의 순간적인 각 위치
ω_L = 종동절 피벗 링크의 각속도
α_L = 종동절 피벗 링크의 각가속도

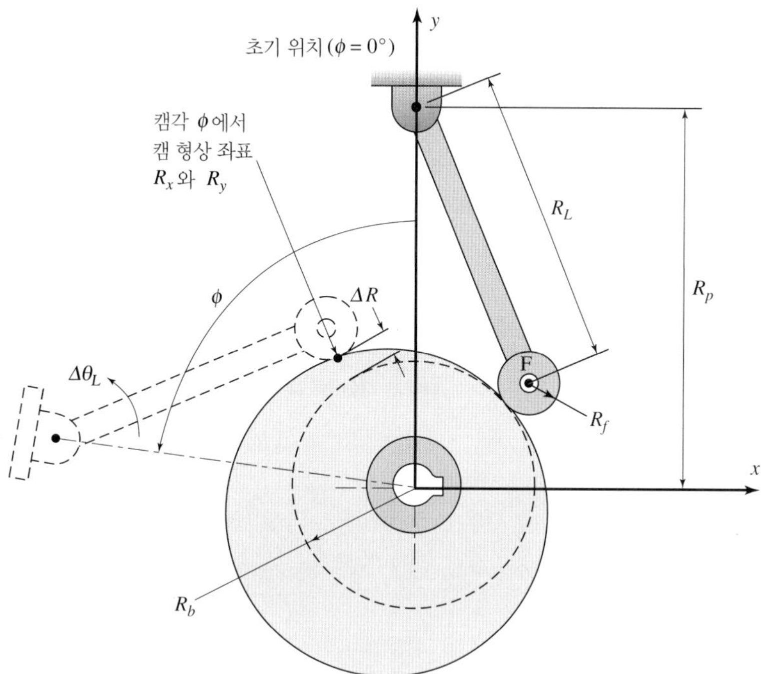

그림 9.34 피벗 종동절을 가진 캠 형상 좌표 시스템

종동절 운동이 회전한다는 것과 규정된 운동은 종동절의 각 위치 대 시간 또는 캠각이라는 것이 피벗 종동절의 주요한 차이점이다. 식 9.3은 종동절 링크의 각변위와 롤러 중심 F 점의 선형 변위 사이의 관계를 정하였다.

$$\Delta R_F = R_L \sqrt{2(1 - \cos \Delta\theta_L)} \tag{9.3}$$

종동절 중심의 속도는 다음과 같다.

$$v_F = R_L \omega_L \tag{9.26}$$

또 종동절 중심과 캠 접촉점의 연결선과 종동절 중심과 캠 중심의 연결선이 이루는 각은 캠 형상의 곡률에 따라 변하며, 다음과 같이 계산된다.

$$\alpha_L = \tan^{-1}\left[\left(\frac{v}{\omega_{\text{cam}}}\right)\left(\frac{1}{(R_f + \Delta R + R_b) - (v/\omega_{\text{cam}})\cos\gamma}\right)\right] \tag{9.27}$$

이전과 같이 (v/ω_{cam})의 항은 캠 각에 따른 종동절 변위의 변화량에 해당한다. 순간적인 종동절 속도는 쉽게 얻을 수 없지만, 변위선도의 경사는 식 9.9를 이용하여 평가할 수 있다.

내부의 각들은 다음과 같다.

$$\gamma = \cos^{-1}\left[\left(\frac{R_L^2 + (R_b + R_f + \Delta R)^2 - R_p^2}{2(R_L)(R_b + R_b + s)}\right)\right] \tag{9.28}$$

$$\phi = \cos^{-1}\left[\left(\frac{R_p^2 + (R_b + R_f + \Delta R)^2 - R_L^2}{2(R_p)(R_b + R_b + s)}\right)\right] \tag{9.29}$$

$$\beta = \frac{\pi}{2} + \phi + \alpha \tag{9.30}$$

최종적으로 캠 형상의 x, y 좌표는 다음과 같다.

$$R_x = -[R_f + R_b + \Delta R]\cos\beta - R_f \sin(\beta - \alpha) \tag{9.31}$$

$$R_y = -[R_f + R_b + \Delta R]\sin\beta - R_f \cos(\beta - \alpha) \tag{9.32}$$

압력각은 다음과 같다.

$$\delta = \gamma + \alpha - \frac{\pi}{2} \tag{9.33}$$

밀링 커터의 x, y 좌표는 다음과 같다.

$$C_x = [R_f + R_b + \Delta R]\cos\beta - [R_c - R_f]\sin(\beta - \alpha) \tag{9.34}$$

$$C_y = [R_f + R_b + \Delta R]\sin\beta - [R_c - R_f]\cos(\beta - \alpha) \tag{9.35}$$

9.10 원통 캠

원판 캠이 가장 일반적인 캠의 형상이지만, 원통 캠 또한 널리 사용된다. 9.2절에서 나타나고 그림 9.3b에서 설명된 바와 같이, 원통 캠은 원통 주위에 홈이 둘러싸여 있다. 종동절이 홈으로 제한을 받고 외부 부재가 종동절과 캠 사이의 접촉을 유지할 필요가 없다는 점에서 원통 캠은 양의 운동을 갖는 캠이다. 캠이 상승 또는 하강시 종동절을 양으로 제어하기 위해 필요한 사례는 많이 있다.

테이퍼가 있는 롤러 종동절이 그림 9.3b에서와 같이 종종 사용된다. 홈의 최고 끝단이 아래 부분보다 더 빨리 이동하기 때문에 이런 종동절이 사용된다. 따라서 테이퍼는 이런 차이점을 보상하고, 롤러의 미끄럼 작동을 방지할 수 있다. 원통 롤러가 사용되면, 롤러 면을 지나는 속도 차이를 최소화하기 위해 좁은 폭을 사용하는 것이 바람직하다.

일반적으로 계산과 배치 절차는 원판 캠의 경우와 유사하다. 다음 절에서 이동 종동절을 가진 원통 캠의 형상 생성 기법을 논할 것이다. 다른 종동절의 형상 생성도 이와 비슷하다.

9.10.1 도식적 원통 캠 형상

원통 캠 구성을 기술하는 가장 효과적인 방법은 실제로 구성하는 방법이다. 그림 9.19로부터 변위선도를 사용하면, 원통 캠 형상이 구성되고, 그림 9.35에 나와 있다. 다음의 일반적인 절차는 이러한 형상을 구성하기 위해 사용된다.

1. 원통 캠의 원주와 동일한 길이의 직선을 그려라.
2. 이 선을 변위선도 위의 기준 캠각에 상응하는 부분들로 나눠라.
3. 변위를 변위선도로부터 기준 캠각에 상응하는 선들까지 이동하여라.
4. 규정된 변위에서 롤러 종동절을 그려라.
5. 종동절 윤곽선에 접하는 매끄러운 곡선을 그려라.
6. 변위선도와 일치하는 형상을 정확히 구성하기 위해 상승 및 하강 운동으로부터 추가적인 중간점들을 이동할 필요가 있다.

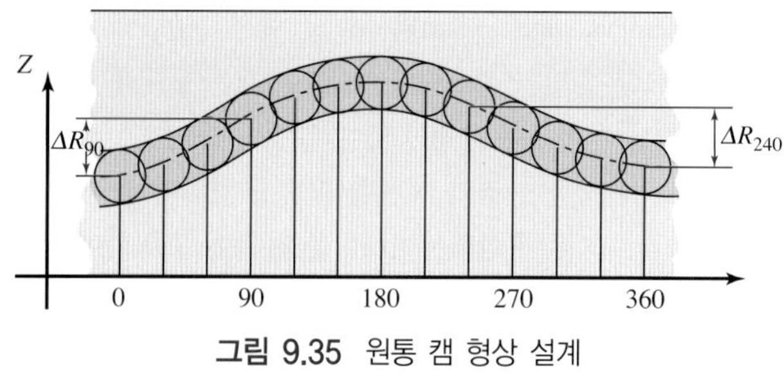

그림 9.35 원통 캠 형상 설계

9.10.2 해석적 원통 캠 형상

원통 캠은 원통 주위로 감싸있기 때문에, 원통 좌표계가 홈 형상을 정의하기 위해 사용된다. 각좌표, θ는 캠 주위의 각이며, z축은 캠 위의 축선상에 있다. 종동절의 중심선과 캠 접촉점 사이의 각은 홈 형상의 곡률에 따라 변하며, 다음과 같이 계산된다.

$$\alpha_L = \tan^{-1}\left(\frac{v_F}{\omega_{\text{cam}}}\right) \tag{9.36}$$

사용된 표기는 다음 절에서도 똑같이 사용된다. 이동 종동절에 대해, 이 각은 또한 압력각을 뜻한다. 원판 캠에서와 같이, 압력각은 최소를 유지해야 하며, 30°를 넘어서는 안 된다.

상부 홈 형상의 z 좌표는 다음과 같이 주어진다.

$$R_z = \Delta R + R_f \cos\alpha \tag{9.37}$$

$$\theta = \phi - \tan^{-1}\left(\frac{R_f \cos\alpha}{R_b}\right) \tag{9.38}$$

여기에서 R_b는 원통 캠의 지름이다.

종동절 중심이 ϕ에 위치할 때, 하부 홈 형상의 z 좌표는 다음과 같다.

$$R_z = \Delta R - R_f \cos\alpha \tag{9.39}$$

$$\theta = \phi + \tan^{-1}\left(\frac{R_f \cos\alpha}{R_b}\right) \tag{9.40}$$

밀링 커터의 좌표는 다음과 같다.

$$C_z = \Delta R \tag{9.41}$$

$$\theta = \phi \tag{9.42}$$

9.11 제네바 기구

제네바 기구(geneva mechanism)는 일정 회전 운동으로부터 반복되는 색인 운동(indexing motion)을 만드는 유일한 설계이다. 이 운동 때문에 제네바 기구는 일반적으로 캠으로 분류된다. 4회 정지 제네바 기구가 그림 9.36에 설명되어 있다.

제네바 기구는 구동 롤러와 제네바 휠로 구성되어 있다. 제네바 휠은 여러 개의 반지름 방향 홈이 있는 디스크로 구성되어 있고, 출력 축에 고정되어 있다. 구동 롤러는 암에 고정되어 있고, 암은 입력 축에 고정되어 있다. 암은 구동 롤러가 홈에 걸려 있지 않을 때 회전으로부터 휠을 막는 로킹 디스크(locking disk)에 대개 붙어 있다. 로킹 디스크는 휠 위의 도려낸 부분에 꼭 맞게 되어 있다.

제네바 기구의 운동은 휠 구멍에 들어가는 롤러, 즉 휠에 수를 매기는 롤러에 의해 특징지워진다. 롤러가 구멍을 빠져나갈 때, 휠은 롤러가 다음 구멍에 들어갈 때까지 위치를 고정한다. 그림 9.36a에서 롤러는 시계 방향으로 회전하고 막 제네바 휠로 들어가려고 하고 있다. 그림 9.36b에서 롤러는 구멍으로 들어갔고 휠을 반시계 방향으로 돌렸다. 로킹 디스크는 휠을 돌아가게 하고는 휠로부터 떨어지게 되었다는 것을 주목하라.

휠을 설계할 때 롤러가 구멍에 접하면서 들어가야 하는 것이 중요하다. 그렇지 않으면 충격하중이 발생하여, 이 기구는 고속이나 많은 하중시에 제대로 작동하지 못할 것이다. 이러한 제한 조건 때문에, 다음의 기하학적 관계가 유도되었다[참고문헌 7 참조]. 기하학적 값들을 정의하기 위해 그림 9.36을 참조하라.

$$\beta_o = \frac{360°}{n} \tag{9.43}$$

여기에서 n = 제네바 휠의 정지 수이다.

$$\gamma_o = 90° - \frac{\beta_o}{2} \tag{9.44}$$

$$a = d\sin\left(\frac{\beta_o}{2}\right) \tag{9.45}$$

$$R = d\cos\left(\frac{\beta_o}{2}\right) \tag{9.46}$$

$$S < d - a \tag{9.47}$$

제네바 휠의 기구학은 해석적으로 결정될 수 있다. 롤러 각 $\Delta\gamma$는 맞물림 시작점부터 측정되었고, 맞물림 시작점부터 측정된 휠각은 β로 정의되고 다음과 같이 계산된다.

$$\beta = \sin^{-1}\left[\left(\frac{a}{r}\right)\sin(180° - \psi)\right] \tag{9.48}$$

여기에서

$$r = \sqrt{a^2 + d^2 - 2ad\cos(180 - \psi)} \tag{9.49}$$

$$\psi = 180° - \gamma_o + \Delta\gamma \tag{9.50}$$

여기에서 $\Delta\gamma$ = 롤러가 홈에 막 들어가는 위치로부터 유도되는 회전량이다.

제네바 휠의 순간 속도 및 가속도는 다음과 같이 밝혀져 있다[참고문헌 7 참조].

$$\omega_{\text{wheel}} = \left(\frac{a}{r}\right)(\omega_{\text{input shaft}})\cos(\beta - \psi) \tag{9.51}$$

$$\alpha_{\text{wheel}} = -\left(\frac{a}{r}\right)(\omega_{\text{input shaft}})^2\sin(\beta - \psi) - \left(\frac{a}{r}\right)(\alpha_{\text{input shaft}})\cos(\beta - \psi) + \left(\frac{a}{r}\right)(\omega_{\text{input shaft}})^2\sin(2\beta - 2\psi) \tag{9.52}$$

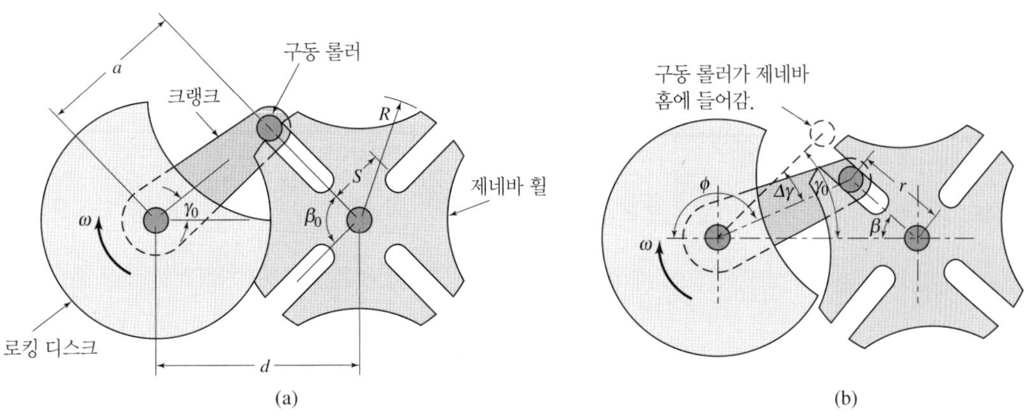

그림 9.36 4회 정지 제네바 기구

이 식들은 전형적인 각 표시 전환을 이용하여 유도되었다. 즉 ω와 α는 반시계 방향일 때 양수이고 시계 방향일 때 음수이다.

예제 9.6

제네바 기구는 그림 9.37과 같이 6개의 정지가 있게 설계되었다. 구동 및 피동축 사이의 거리는 80mm이다. 구동 암은 80rpm의 일정 속도로 시계 방향으로 회전한다. 구동 암이 롤러가 홈에 들어가는 위치에서 15° 돌아가는 순간에, 휠의 각속도와 각가속도를 구하여라.

풀이

1. 제네바 형상을 계산하라.

식 9.43에서 9.47까지는 이 제네바 기구의 기하학적 값을 계산하는 데 사용된다.

$$\beta_o = \frac{360^\circ}{n} = \frac{360^\circ}{6} = 60^\circ$$

$$\gamma_o = 90^\circ - \frac{\beta_o}{2} = 90^\circ - \frac{60}{2} = 60^\circ$$

$$a = d\sin\left(\frac{\beta_o}{2}\right) = (80\,\text{mm})\sin\left(\frac{60^\circ}{2}\right) = 40\,\text{mm}$$

$$R = d\cos\left(\frac{\beta_o}{2}\right) = (80\,\text{mm})\cos\left(\frac{60^\circ}{2}\right) = 69.3\,\text{mm}$$

$$S < d - a = 80 - 40 = 40\,\text{mm}$$

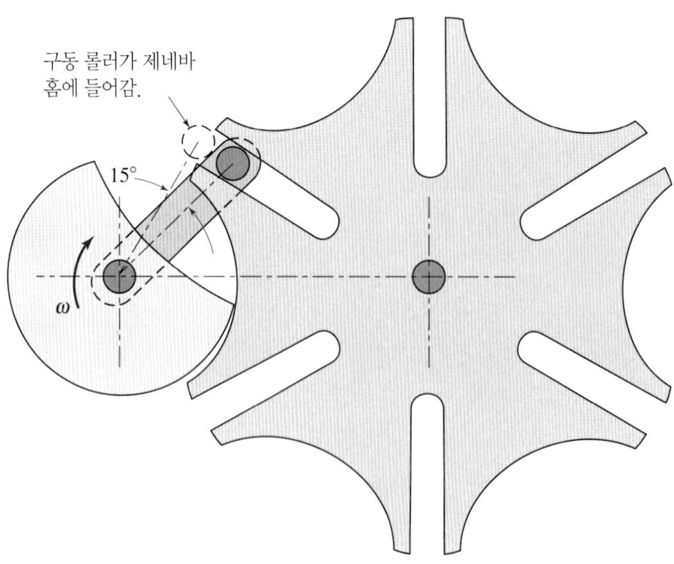

그림 9.37 예제 9.6의 제네바 기구

2. 제네바 기구학적 특성을 계산하라.

식 9.48에서 9.52는 롤러가 막 홈에 들어가는 위치에서 15° 돌아가는 순간에, 기구학적 관계를 결정하는 데 사용된다.

$$\Delta\gamma = 15°$$

$$\psi = 180° - \gamma_o + \Delta\gamma = 180° - 60° + 15° = 135°$$

$$r = \sqrt{a^2 + d^2 - 2ad\cos(180 - \psi)}$$

$$= \sqrt{(40\,\text{mm})^2 + (80\,\text{mm})^2 - 2(40\,\text{mm})(80\,\text{mm})\cos(45°)} = 58.94\,\text{mm}$$

$$\beta = \sin^{-1}\left[\frac{a}{r}\sin\psi\right] = \sin^{-1}\left[\frac{40\,\text{mm}}{58.94\,\text{mm}}\sin 45°\right] = 28.7°$$

$$\omega_{\text{input shaft}} = 80\,\text{rpm} = -8.4\,\text{rad/s},\ \text{시계 방향}$$

$$\omega_{\text{wheel}} = \left(\frac{a}{r}\right)(\omega_{\text{input shaft}})\cos(\beta - \psi) = \left(\frac{40\,\text{mm}}{58.94\,\text{mm}}\right)(-8.4\,\text{rad/s})\cos(28.7° - 135°)$$

$$= +1.6\,\text{rad/s} = 15.3\,\text{rpm},\ \text{반시계 방향}$$

$$\alpha_{\text{input shaft}} = 0(\text{constant angular velocity of input shaft})$$

$$a_{\text{wheel}} = -\left(\frac{a}{r}\right)(\omega_{\text{input shaft}})^2\sin(\beta - \alpha) - \left(\frac{a}{r}\right)(\alpha_{\text{input shaft}})\cos(\beta - \alpha)$$

$$+\left(\frac{a}{r}\right)^2(\omega_{\text{input shaft}})^2\sin(2\beta - 2\alpha)$$

$$= \left(\frac{40\,\text{mm}}{58.94\,\text{mm}}\right)^2(-8.4\,\text{rad/s})^2\sin(28.7° - 135°) - 0$$

$$+\left(\frac{40\,\text{mm}}{58.94\,\text{mm}}\right)^2(-8.4\,\text{rad/s})^2\sin[2(28.7°) - 2(135°)]$$

$$= +67.1\,\text{rad/s}^2 = +67.1\,\text{rad/s}^2,\ \text{반시계 방향}$$

〉〉〉 연습문제

도식적 풀이에 대해, 손으로 푸는 방법이 교육적일 수 있지만, CAD 시스템을 사용하는 것이 보다 바람직하다.

변위선도 문제

9-1. 캠이 자동화 이송 기구에 사용된다. 종동절이 3초 동안 일정 속도로 1cm 밖으로 상승, 0.5초 동안 일시 정지, 2초 동안 일정 속도로 하강하고, 이런 운동을 반복한다. 요구되는 캠 속도를 구하고, 종동절의 변위선도를 그려라.

9-2. 캠이 집배 로봇 팔의 왕복운동 종동절에 사용된다. 종동절이 1.4초 동안 일정 속도로 0.75cm 밖으로 상승, 2.3초 동안 일시 정지, 0.8초 동안 일정 속도로 하강, 1.9초 동안 일시 정지하고, 이런 운동을 반복한다. 요구되는 캠 속도를 구하고, 종동절의

변위선도를 그려라.

9-3. 캠이 교반기 플랫폼에 사용된다. 이 플랫폼은 포장품의 선적 신뢰성 시험에 사용된다. 종동절이 0.7초 동안 일정 가속도로 1cm 밖으로 상승, 0.2초 동안 일시 정지, 0.5초 동안 일정 가속도로 하강하고, 이런 운동을 반복한다. 요구되는 캠 속도를 구하고, 종동절의 변위선도를 그려라.

9-4. 캠 구동이 인쇄 프레스의 급지 기구에 사용된다. 종동절이 1.7초 동안 일정 가속도로 1cm 밖으로 상승, 0.8초 동안 일시 정지, 0.8초 동안 일정 가속도로 0.5cm 하강, 0.3초 동안 일지 정지, 0.8초 동안 일정 가속도로 0.5cm 하강하고, 이런 운동을 반복한다. 요구되는 캠 속도를 구하고, 종동절의 변위선도를 그려라.

9-5. 캠 구동이 복잡한 부품을 돌리는 나사 기구의 자동 슬라이드에 사용된다. 종동절이 1.2초 동안 일정 가속도로 1.5cm 밖으로 상승, 0.7초 동안 일시 정지, 0.9초 동안 일정 가속도로 0.5cm 하강, 0.5초 동안 일시 정지, 1.2초 동안 일정 가속도로 1cm 하강하고, 이런 운동을 반복한다. 요구되는 캠 속도를 구하고, 종동절의 변위선도를 그려라.

9-6. 캠 구동이 자동 조립 기계를 구동하는 기구에 사용된다. 종동절이 3초 동안 일정 속도로 13mm 밖으로 상승, 3초 동안 일시 정지, 2초 동안 일정 가속도로 5mm 하강, 3초 동안 일지 정지, 2초 동안 일정 가속도로 8mm 하강하고, 이런 운동을 반복한다. 요구되는 캠 속도를 구하고, 종동절의 변위선도를 그려라.

9-7. 캠 구동이 오븐 개폐문의 내구성 시험 기구에 사용된다. 종동절이 1초 동안 조화 운동으로 2cm 밖으로 상승, 0.5초 동안 일시 정지, 1초 동안 조화 운동으로 2cm 하강, 1초 동안 일지 정지하고, 이런 운동을 반복한다. 요구되는 캠 속도를 구하고, 종동절의 변위선도를 그려라.

9-8. 캠 구동이 자동 나사 기계 프레스의 공구 이송 기구에 사용된다. 종동절이 0.2초 동안 조화 운동으로 24mm 밖으로 상승, 0.3초 동안 일시 정지, 0.3초 동안 조화 운동으로 10mm 하강, 0.2초 동안 일시 정지, 0.2초 동안 조화 운동으로 14mm 하강하고, 이런 운동을 반복한다. 요구되는 캠 속도를 구하고, 종동절의 변위선도를 그려라.

9-9. 캠 구동이 선적 상자에 짐을 채워서 포장하는 기구에 사용된다. 종동절이 1.5초 동안 사이클로이드 운동으로 1cm 밖으로 상승, 1초 동안 사이클로이드 운동으로 1cm 하강, 0.5초 동안 일시 정지하고, 이런 운동을 반복한다. 요구되는 캠 속도를 구하고, 종동절의 변위선도를 그려라.

9-10. 캠 구동이 신발 재봉 기계의 기구에 사용된다. 종동절이 0.7초 동안 사이클로이드 운동으로 0.5cm 밖으로 상승, 0.2초 동안 일시 정지, 0.5초 동안 사이클로이드 운동으로 0.25cm 하강, 0.5초 동안 사이클로이드 운동으로 0.25cm 하강하고, 이런 운동을 반복한다. 요구되는 캠 속도를 구하고, 종동절의 변위선도를 그려라.

9-11. 캠 구동이 자동 이송 장치의 두 가지 운동을 동시에 발생시키는 데 사용된다. 캠이 90° 회전 동안 종동절이 일정 가속도로 10mm 밖으로 상승, 캠이 30° 회전 동안 일시 정지, 캠이 180° 회전 동안 일정 가속도로 10mm 하강, 캠이 60° 회전 동안 일시 정지한다. 종동절의 변위선도를 그려라.

9-12. 캠이 엔진의 배기 밸브 개폐에 사용된다. 캠이 150° 회전 동안 종동절이 조화 운동

으로 0.5cm 밖으로 상승, 캠이 30° 회전 동안 일시 정지, 캠이 180° 회전 동안 조화 운동으로 0.5cm 하강한다. 종동절의 변위 선도를 그려라.

9-13. 캠이 신문 대조 장치에 사용된다. 캠이 120° 회전 동안 종동절이 사이클로이드 운동으로 1cm 밖으로 상승, 캠이 30° 회전 동안 일시 정지, 캠이 120° 회전 동안 사이클로이드 운동으로 0.5cm 하강, 캠이 30° 회전 동안 일시 정지, 캠이 60° 회전 동안 사이클로이드 운동으로 0.5cm 하강한다. 종동절의 변위선도를 그려라.

해석적 변위선도

문제 9-14부터 9-23까지에 대해, 캠의 속도를 구하고 종동절의 변위선도를 그리기 위해 운동 식과 스트레드시트를 사용하여라. 또한 종동절의 최대 속도와 최대 가속도를 계산하여라.

9-14. 문제 9-1에 기술된 캠 종동절 운동에 대해 문제를 풀어라.

9-15. 문제 9-2에 기술된 캠 종동절 운동에 대해 문제를 풀어라.

9-16. 문제 9-3에 기술된 캠 종동절 운동에 대해 문제를 풀어라.

9-17. 문제 9-4에 기술된 캠 종동절 운동에 대해 문제를 풀어라.

9-18. 문제 9-5에 기술된 캠 종동절 운동에 대해 문제를 풀어라.

9-19. 문제 9-6에 기술된 캠 종동절 운동에 대해 문제를 풀어라.

9-20. 문제 9-7에 기술된 캠 종동절 운동에 대해 문제를 풀어라.

9-21. 문제 9-8에 기술된 캠 종동절 운동에 대해 문제를 풀어라.

9-22. 문제 9-9에 기술된 캠 종동절 운동에 대해 문제를 풀어라.

9-23. 문제 9-10에 기술된 캠 종동절 운동에 대해 문제를 풀어라.

문제 9-24부터 9-26까지에 대해, 종동절의 변위선도를 그리기 위해 운동 식과 스프레드시트를 사용하여라.

9-24. 문제 9-11에 기술된 캠 종동절 운동에 대해 문제를 풀어라.

9-25. 문제 9-12에 기술된 캠 종동절 운동에 대해 문제를 풀어라.

9-26. 문제 9-13에 기술된 캠 종동절 운동에 대해 문제를 풀어라.

해석적 운동 곡선

문제 9-27부터 9-36까지에 대해, 시간에 따른 종동절의 변위선도, 속도선도, 가속도선도를 그리기 위해 운동 식과 스프레드시트를 사용하여라.

9-27. 문제 9-1에 기술된 캠 종동절 운동에 대해 문제를 풀어라.

9-28. 문제 9-2에 기술된 캠 종동절 운동에 대해 문제를 풀어라.

9-29. 문제 9-3에 기술된 캠 종동절 운동에 대해 문제를 풀어라.

9-30. 문제 9-4에 기술된 캠 종동절 운동에 대해 문제를 풀어라.

9-31. 문제 9-5에 기술된 캠 종동절 운동에 대해 문제를 풀어라.

9-32. 문제 9-6에 기술된 캠 종동절 운동에 대해 문제를 풀어라.

9-33. 문제 9-7에 기술된 캠 종동절 운동에 대해 문제를 풀어라.

9-34. 문제 9-8에 기술된 캠 종동절 운동에 대해 문제를 풀어라.

9-35. 문제 9-9에 기술된 캠 종동절 운동에 대해 문제를 풀어라.

9-36. 문제 9-10에 기술된 캠 종동절 운동에 대해 문제를 풀어라.

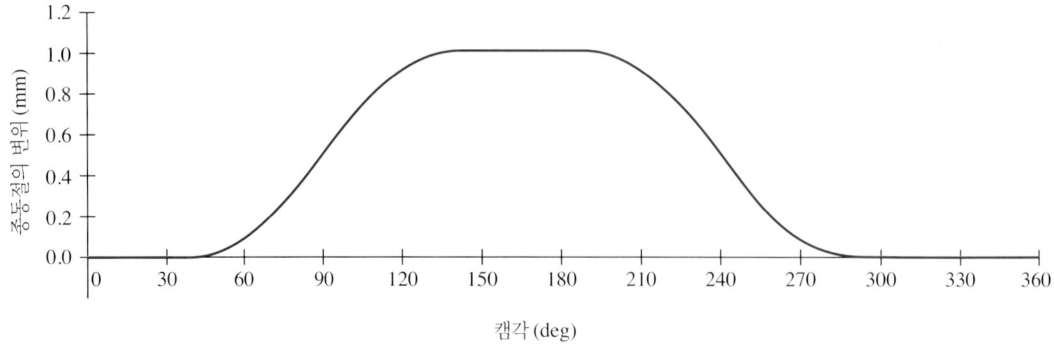

캠각 (deg)	종동절의 변위 (mm)
0	0.000
10	0.000
20	0.000
30	0.000
40	0.004
50	0.029
60	0.091
70	0.196
80	0.337
90	0.500
100	0.663
110	0.804
120	0.909

캠각 (deg)	종동절의 변위 (mm)
130	0.971
140	0.996
150	1.000
160	1.000
170	1.000
180	1.000
190	0.996
200	0.971
210	0.909
220	0.804
230	0.663
240	0.500

캠각 (deg)	종동절의 변위 (mm)
250	0.337
260	0.196
270	0.091
280	0.029
290	0.004
300	0.000
310	0.000
320	0.000
330	0.000
340	0.000
350	0.000
360	0.000

그림 P9.37 문제 37–44, 47–54

도식적 판형 캠 형상 설계

9-37. 판형 캠이 일렬 칼끝 모양 종동절과 결합되어 그림 P9.27에 나온 변위를 제공해야 한다. 캠의 기초원의 지름은 3cm이고 캠은 시계 방향으로 회전한다. 캠 형상을 도식적으로 그려라.

9-38. 판형 캠이 일렬 칼끝 모양 종동절과 결합되어 그림 P9.27에 나온 변위를 제공해야 한다. 캠의 기초원의 지름은 2cm이고 캠은 반시계 방향으로 회전한다. 캠 형상을 도식적으로 그려라.

9-39. 판형 캠이 일렬 롤러 종동절과 결합되어 그림 P9.27에 나온 변위를 제공해야 한다. 롤러 지름은 1cm이다. 캠의 기초원의 지름은 3cm이고 캠은 시계 방향으로 회전한다. 캠 형상을 도식적으로 그리고 최대 압력각을 산정하여라.

9-40. 판형 캠이 일렬 롤러 종동절과 결합되어 그림 P9.27에 나온 변위를 제공해야 한다. 롤러 지름은 0.75cm이다. 캠의 기초원의

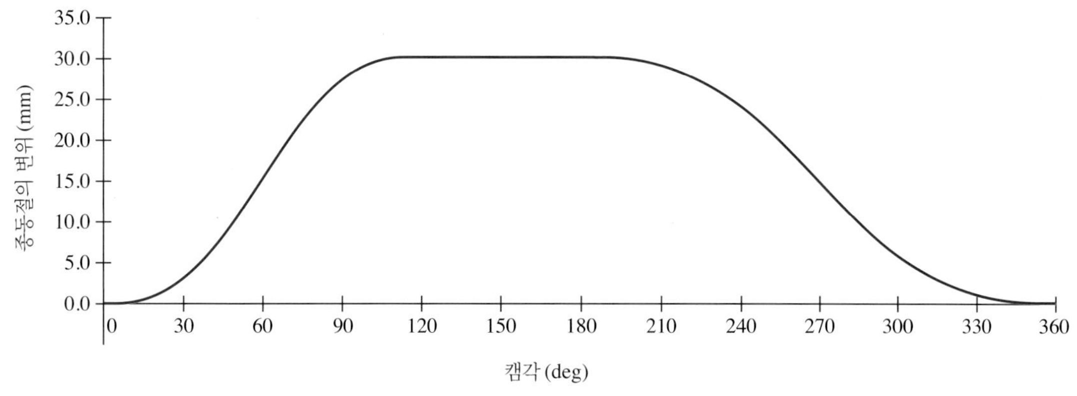

캠각 (deg)	종동절의 변위 (mm)
0	0.000
10	0.113
20	0.865
30	2.725
40	5.865
50	10.113
60	15.000
70	19.887
80	24.135
90	27.275
100	29.135
110	29.887
120	30.000

캠각 (deg)	종동절의 변위 (mm)
130	30.000
140	30.000
150	30.000
160	30.000
170	30.000
180	30.000
190	29.966
200	29.736
210	29.135
220	28.035
230	26.369
240	24.135

캠각 (deg)	종동절의 변위 (mm)
250	21.402
260	18.300
270	15.000
280	11.700
290	8.598
300	5.865
310	3.631
320	1.965
330	0.865
340	0.264
350	0.034
360	0.000

그림 P9.45 문제 45–46, 55–56

지름은 2cm이고 캠은 반시계 방향으로 회전한다. 캠 형상을 도식적으로 그리고 최대 압력각을 산정하여라.

9-41. 판형 캠이 편심 롤러 종동절과 결합되어 그림 P9.27에 나온 변위를 제공해야 한다. 종동절은 캠의 상부 끝단에 접촉하면서 수직 면에 위치해 있다. 편심 거리는 캠 중심에서 왼쪽으로 0.75cm이다. 롤러 지름은 1cm이다. 캠의 기초원의 지름은 3cm이고 캠은 시계 방향으로 회전한다. 캠 형상을 도식적으로 그리고 최대 압력각을 산정하여라.

9-42. 판형 캠이 편심 롤러 종동절과 결합되어 그림 P9.27에 나온 변위를 제공해야 한다. 종동절은 캠의 상부 끝단에 접촉하면서 수직 면에 위치해 있다. 편심 거리는 캠 중심에서 오른쪽으로 0.5cm이다. 롤러 지름은 0.75cm이다. 캠의 기초원의 지름은 2cm이고 캠은 반시계 방향으로 회전한다. 캠 형상을 도식적으로 그리고 최대 압력각을

산정하여라.

9-43. 판형 캠이 평면 종동절과 결합되어 그림 P9.27에 나온 변위를 제공해야 한다. 캠의 기초원의 지름은 5cm이고 캠은 시계 방향으로 회전한다. 캠 형상을 도식적으로 그리고 최대 압력각을 산정하여라.

9-44. 판형 캠이 평면 종동절과 결합되어 그림 P9.27에 나온 변위를 제공해야 한다. 캠의 기초원의 지름은 6cm이고 캠은 반시계 방향으로 회전한다. 캠 형상을 도식적으로 그리고 최대 압력각을 산정하여라.

9-45. 판형 캠이 피벗 롤러 종동절과 결합되어 그림 P9.27에 나온 변위를 제공해야 한다. 종동절 링크의 길이는 4cm이고 캠 회전축으로부터 5cm 떨어져서 선회한다. 롤러의 지름은 1cm이다. 캠의 기초원의 지름은 3cm이고 캠은 시계 방향으로 회전한다. 캠 형상을 도식적으로 그리고 최대 압력각을 산정하여라.

9-46. 판형 캠이 피벗 롤러 종동절과 결합되어 그림 P9.27에 나온 변위를 제공해야 한다. 종동절 링크의 길이는 3cm이고 캠 회전축으로부터 3.5cm 떨어져서 선회한다. 롤러의 지름은 0.75cm이다. 캠의 기초원의 지름은 2cm이고 캠은 반시계 방향으로 회전한다. 캠 형상을 도식적으로 그리고 최대 압력각을 산정하여라.

해석적 평판 캠 형상 설계

문제 9-47에서 9-56까지, 매 10°의 캠각에 대해 캠 형상의 그림과 좌표를 구하기 위해 캠 형상의 식과 스프레드시트를 사용하여라.

9-47. 문제 9-37에서 기술한 캠을 사용하여라.

9-48. 문제 9-38에서 기술한 캠을 사용하여라.

9-49. 문제 9-39에서 기술한 캠을 사용하여라.

9-50. 문제 9-40에서 기술한 캠을 사용하여라.

9-51. 문제 9-41에서 기술한 캠을 사용하여라.

9-52. 문제 9-42에서 기술한 캠을 사용하여라.

9-53. 문제 9-43에서 기술한 캠을 사용하여라.

9-54. 문제 9-44에서 기술한 캠을 사용하여라.

9-55. 문제 9-45에서 기술한 캠을 사용하여라.

9-56. 문제 9-46에서 기술한 캠을 사용하여라.

도식적 원통 캠 설계

9-57. 원통 캠이 롤러 종동절과 결합되어 그림 P9.37에 나온 변위를 제공해야 한다. 롤러의 지름은 1cm이다. 원통의 지름은 5cm이고 시계 방향으로 회전한다. 캠 형상을 도식적으로 그리고 최대 압력각을 산정하여라.

9-58. 원통 캠이 롤러 종동절과 결합되어 그림 P9.45에 나온 변위를 제공해야 한다. 롤러의 지름은 30mm이다. 원통의 지름은 150mm이고 시계 방향으로 회전한다. 캠 형상을 도식적으로 그리고 최대 압력각을 산정하여라.

해석적 원통 캠 설계

문제 9-59에서 9-60까지, 매 10°의 캠각에 대해 캠 형상의 그림과 좌표를 구하기 위해 원통 캠 형상의 식과 스프레드시트를 사용하여라.

9-59. 문제 9-57에서 기술한 캠을 사용하여라.

9-60. 문제 9-58에서 기술한 캠을 사용하여라.

제네바 기구 문제

9-61. 제네바 기구가 4개의 정지부를 갖고 있다. 구동과 피동 축 사이의 거리는 76.2mm이다. 구동 암은 반시계 방향으로 60rpm의 일정 속도로 회전한다. 롤러가 막 홈에 들어가는 위치에서 구동 암이 25° 회전할 때, 휠의 각속도와 각가속도를 구하여라.

9-62. 제네바 기구가 5개의 정지부를 갖고 있다.

구동과 피동 축 사이의 거리는 60mm이다. 구동 암은 시계 방향으로 70rpm의 일정 속도로 회전한다. 롤러가 막 홈에 들어가는 위치에서 구동 암이 20° 회전할 때, 휠의 각속도와 각가속도를 구하여라.

9-63. 제네바 기구가 6개의 정지부를 갖고 있다. 구동과 피동 축 사이의 거리는 101.6mm이다. 구동 암은 반시계 방향으로 90rpm의 일정 속도로 회전한다. 롤러가 막 홈에 들어가는 위치에서 구동 암이 25° 회전할 때, 휠의 각속도와 각가속도를 구하여라.

》》 사례연구

9-1. 그림 C9.1의 캠이 인쇄 프레스에 종이를 공급하는 데 이용된다. 기구의 구성 요소를 주의 깊게 조사한 후, 동작을 잘 간파할 수 있도록 다음 질문에 답하여라.

1. 축 *G*가 시계 방향으로 강제로 회전할 때, 부품 *E*의 운동을 결정하여라.
2. 부품 *E*와 *F* 사이의 연결부의 이름은 무엇인가?
3. 부품 *J* 위에 있는 종이 더미에 무엇이 발생하여 점 *B*의 기구가 종이 더미를 잡을 수 있는 수준을 유지하는가?
4. 부품 *H*의 반지름이 변하는 이유는 무엇인가?
5. 부품 *G*까지 이송되기 위해 어떤 특징이 부품 *H*의 회전을 허용하는가?
6. 컴퓨터 프린터와 복사기에 사용되는 이러한 소형 종이 더미용 캠과 동일한 기능을 하는 기구에 대해 기술하여라.

9-2. 그림 C9.2의 캠은 차례로 보이진 않지만 또 다른 기구를 구동시킨다. 링크 *A*는 기계의 프레임 끝단에서 선회한다. 기둥이 링크 *A*에서 확장되어 링크 *B* 내부의 슬롯을 통과한다. 기구의 구성 요소를 주의 깊게 조사한 후, 동작을 잘 간파할 수 있도록 다음 질문에 답하여라.

1. 캠 *D*가 시계 방향으로 회전할 때, 링크 *B*의 운동에 대해 기술하여라.

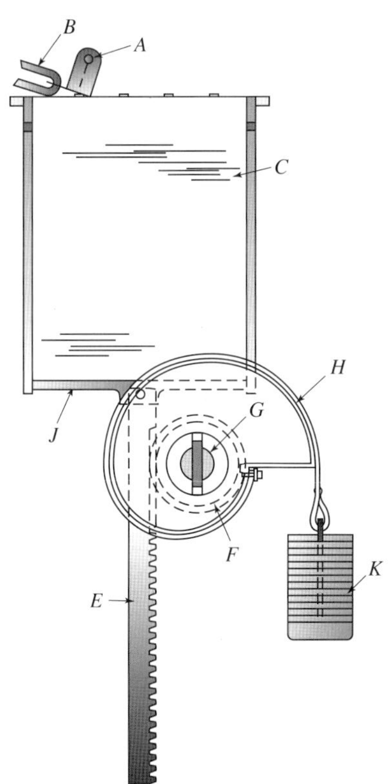

그림 C9.1 (Industrial Press에서 게재 허용)

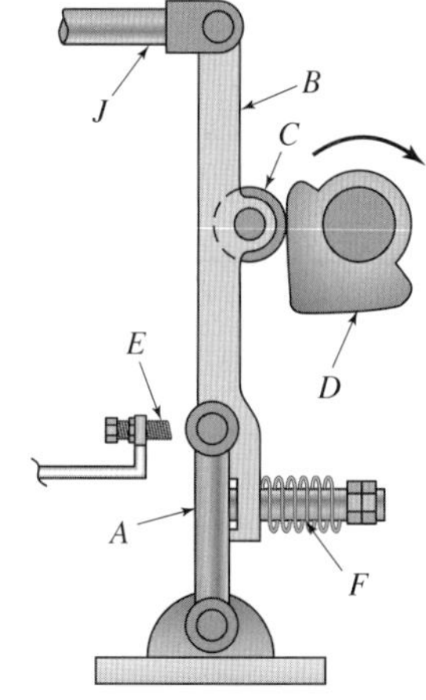

그림 C9.2 (Industrial Press에서 게재 허용)

2. *D*는 어떤 종류의 캠인가?
3. *C*는 어떤 종류의 종동절인가?
4. 부품 *E*는 어떤 종류의 기계 요소인가?
5. 부품 *F*의 작용에 대해 기술하여라.
6. 부품 *E*는 어떤 종류의 기계 요소인가?
7. 부품 *E*의 기능에 대해 기술하여라.
8. 부품 *B*의 실린더 운동에 대해 기술하여라.
9. 만약 부품 *E*가 길어지면 운동에 어떤 변화가 발생하겠는가?
10. 만약 부품 *E*가 짧아지면 운동에 어떤 변화가 발생하겠는가?

9-3. 그림 C9.3의 기계는 강 부품을 눌러서 성형한다. 기구의 구성 요소를 주의 깊게 조사한 후, 동작을 잘 간파할 수 있도록 다음 질문에 답하여라.

1. 봉 *C*가 아래로 미끄러지기 시작하면, 캠 *E*는 어떤 운동을 하는가?
2. 플런저 *H*는 어떤 운동을 하는가?
3. *W*에 죄어져 있는 금속 시트 조각에 어떤 현상이 발생하는가?

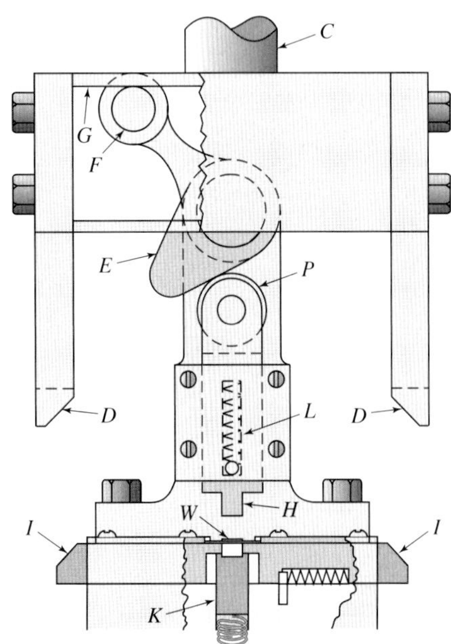

그림 C9.3 (Industrial Press에서 게재 허용)

4. 봉 *C*가 아래로 계속 미끄러질 때, 플런저는 어떤 운동을 하는가?
5. 슬라이드 *I*의 운동은 무엇인가?
6. *W*에 위치한 강 조각에는 어떤 현상이 발생하는가?
7. 봉 *C*가 위로 미끄러지기 시작하면, 플런저 *H*는 어떤 운동을 하는가?
8. 이 기구의 목적은 무엇인가?
9. 왜 스프링이 슬라이드 *I*에 접촉하고 있는가?
10. 왜 스프링이 부품 *K*를 지지하고 있는가?
11. 기구의 어떤 종류가 봉 *C*를 구동할 수 있는가?

9-4. 그림 C9.4의 기계에 대해, 기구의 구성 요소를 주의 깊게 조사한 후, 동작을 잘 간파할 수 있도록 다음 질문에 답하여라.

1. 기어 *K*가 시계 방향으로 회전할 때, 링크 *F*의 운동에 대해 기술하여라.
2. 링크 *F*의 실린더 운동의 종류에 대해 토론하여라.
3. 기어 *K*가 시계 방향으로 회전할 때, 슬라이드 *D*의 운동에 대해 기술하여라.
4. 기어 *K*가 시계 방향으로 회전할 때, 기어 *N*의 운동에 대해 기술하여라.
5. 기어 *K*가 시계 방향으로 회전할 때, 링크 *Q*의 운동에 대해 기술하여라.

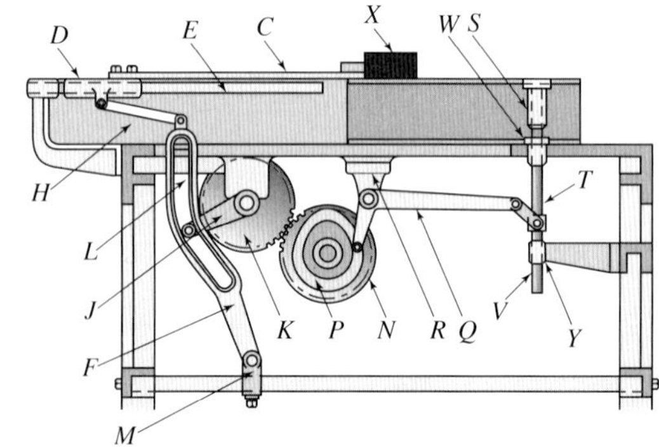

그림 C9.4 (Industrial Press에서 게재 허용)

6. 부품 *P*를 어떤 종류의 기계 요소라고 부르는가?
7. 부품 *V*가 구속되어 있는 운동에 대해 기술하여라.
8. 링크 *Q*가 부품 *V*에 부착되어 있는 방식에 대해 정확하게 토론하여라.
9. 전체 기계의 실린더 운동에 대해 토론하여라.
10. 이러한 기계의 필요성에 대해 기술하여라.

CHAPTER 10

기어 : 기어의 기구학적 해석과 선택

교육 목표

1. 여러 종류의 기어를 이해할 수 있다.
2. 표준 기어의 기하학적인 특징을 이해하고 이용할 수 있다.
3. 중심거리, 접촉비, 간섭의 한계, 백래시 변동을 계산할 수 있다.
4. 맞물리는 기어의 기구학적 특성을 정하기 위해서 속도 비를 계산하고 이용 할 수 있다.
5. 기어와 유성 기어열의 기구학적 특성을 정할 수 있다.

10.1 서론

기어(gear)는 많은 기계에서 공통적으로 사용하는 기구부품이다. 그림 10.1은 팩스기에서 종이 공급 롤러(feed roller)에 사용되는 기어구동 기구를 보여 준다. 이 응용 분야에서 전기모터(electric motor)는 작은 기어를 회전시키고 이 작은 기어가 종이 공급 롤러를 회전시키는 더 큰 기어를 구동시킨다. 이 종이 공급 롤러가 팩스기의 종이 내용 인식부 안으로 서류를 끌어들인다.

일반적인 기어기능은 한 회전축에서 다른 맞물리는 회전축으로 회전동력을 전달하는 데 사용된다. 그림 10.1의 종이 공급 기구의 경우에서 모터의 회전운동이 롤러에 연결된 회전축에 전달되어야 한다. 단순히 회전운동을 전달하는 것에 추가해서, 기어는 회전속도를 줄이거나 늘리는 데 사용되고 회전방향을 바꾸는 데 사용된다.

이 응용 분야가 요구하는 것보다 아주 더 큰 속도로 회전하는 전기모터와 엔진과 같은, 동력원의 출력이 필요한 경우도 많이 있다. 팩스기는 인식부에 인식하는 속도에 맞게 롤러가 서류(document)를 인식부 안으로 공급해야 한다. 그러나 실제적인 전기모터는 롤러에서 요구하는 것보다 더 빨리 돈다. 그러므로 모터의 속도는 롤러 회전축에 회전운동을 전달하는데, 그 회전속도가 감속되어야 한다. 또 한 위 롤러(upper feed rollers)는 아래 롤러(lower feed rollers)의 회전 방향과 반대 방향으로 회전해야 한다. 그러므로 기어의 선택은 이 응용 분야에 자연스러운 선택일 것이다.

그림 10.2a는 두 회전축에 회전운동을 전달하기 위해서 설계된 맞물린 두 평기어(spur gear)를 보여 준다. 그림 10.2b는 두 회전축에 회전운동을 전달하기 위해서 설계된, 두 마찰 롤러와 디스크

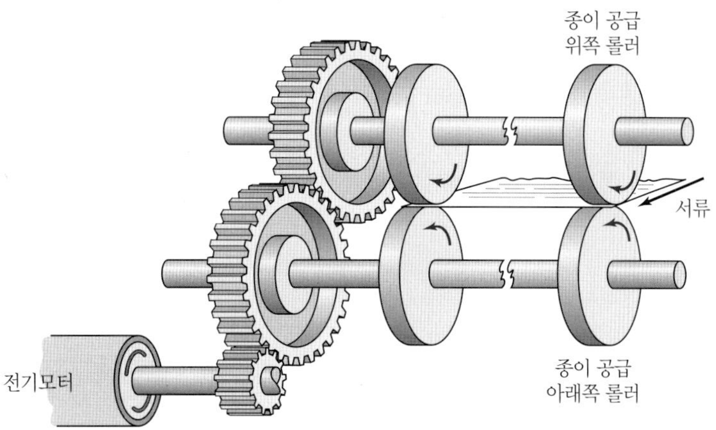

그림 10.1 스캐너의 급지 롤러

를 보여 준다. 이 디스크는 분명히 복잡한 기어에 비해서 훨씬 덜 비싸다. 그러나 디스크는 회전운동이 발생시키는 힘을 전달하기 위해서 마찰에 의존한다. 많은 응용 분야는 동력(운동과 힘) 전달을 요구하는데, 매끄러운 디스크는 충분한 마찰력을 발생시킬 수 없어서 큰 하중을 전달할 때는 디스크 사이에서 슬립, 즉 미끄러짐이 일어난다.

슬립의 가능성에 대처하기 위해 매끄러운 디스크 상에 치형이 있는 기어가 만들어졌다. 이 치형이 확실한 맞물림을 주며 슬립을 없앤다. 기구학적인 관점에서 그림 10.2a의 기어쌍이 효과 지름(effective diameter)이 똑같은 그림 10.2b의 디스크를 대체할 수 있다.

일반적인 기어의 원리와 관련된 기구학적 관계들이 이 장에서 설명되어 있다. 이 책의 요점은 기계에서 요구되는 운동을 얻는 데 필요한 기구의 해석과 설계에 관한 것이다. 이 요점에 일치하게 이 장의 요점도 기계에서 사용되는 표준 기어의 선택에 관한 것이다. 왜냐하면 평기어, 조금 복잡한 기어가 널리 사용되므로 이 장에서 주로 설명될 것이다. 독자는 기어의 형상, 제작, 품질, 강도설계의 자세한 내용과 더 복잡한 기어에 관한 것은 다른 참고자료를 참조할 수 있다[참고문헌 5 참조].

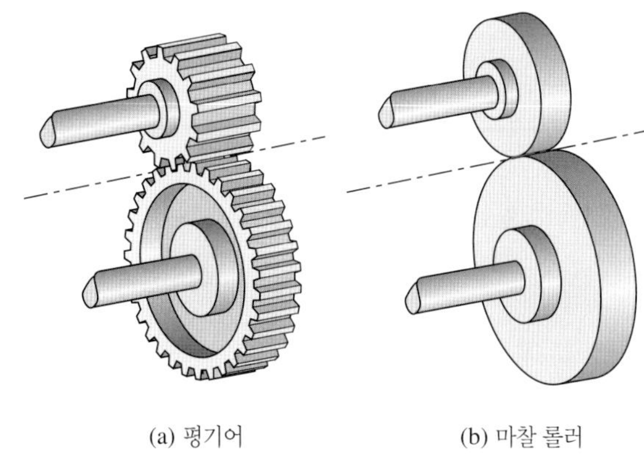

(a) 평기어 (b) 마찰 롤러

그림 10.2 기어와 롤러

10.2 기어의 종류

평기어 또는 **스퍼 기어(spur gear)**는 가장 간단하면서도 널리 쓰이는 기어이다. 평기어의 기어치는 회전축에 평행하다. 대다수의 응용 분야에서 많이 쓰이는 평행한 두 축 사이에 회전운동을 전달하는 데 사용된다. 맞물리는 기어의 쌍은 그림 10.3a에 있다.

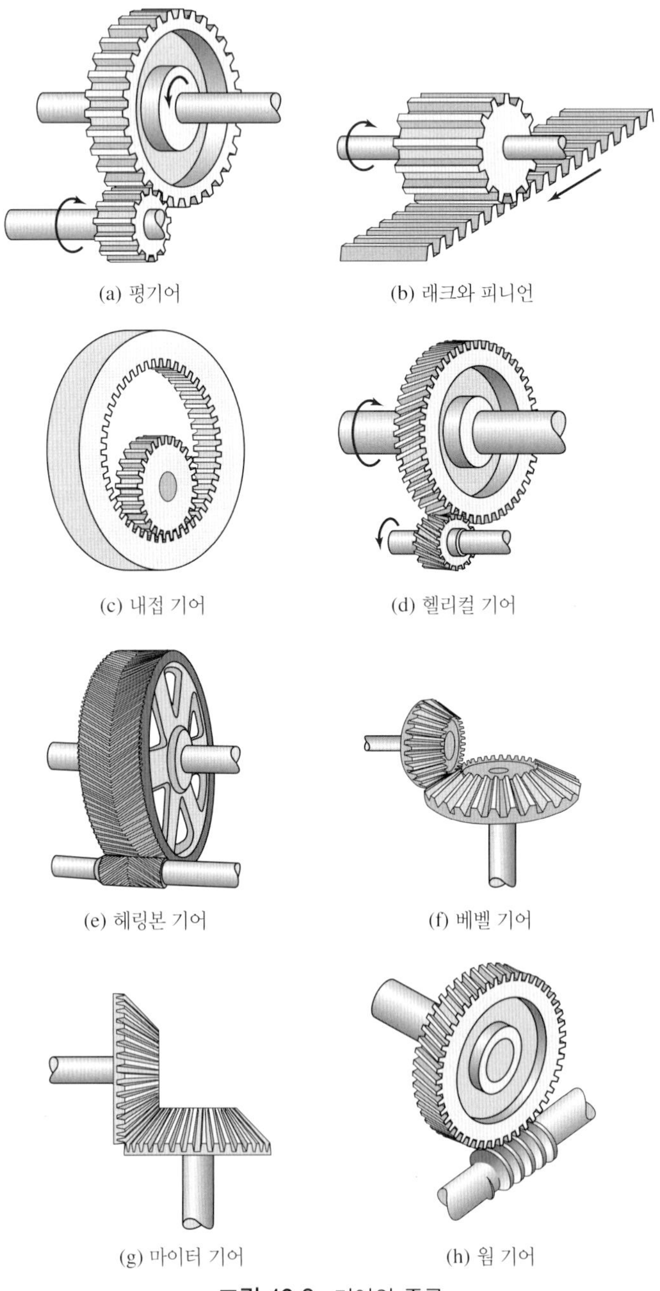

(a) 평기어 (b) 래크와 피니언

(c) 내접 기어 (d) 헬리컬 기어

(e) 헤링본 기어 (f) 베벨 기어

(g) 마이터 기어 (h) 웜 기어

그림 10.3 기어의 종류

래크(rack)는 평기어의 특수한 경우로, 래크의 기어치는 원 위가 아니라 평평한 면에 만들어져 있다. 래크는 무한대의 지름을 갖는 평기어로 이해될 수 있다. 래크가 평기어와 맞물릴 때, 직선운동을 얻을 수 있다. 맞물린 래크와 기어를 그림 10.3b에서 볼 수 있다.

내접(internal) 또는 **환형(annular)** 기어는 원의 안쪽 면에 만들어진 기어치를 가지고 있다. 평기어와 맞물릴 때 내접기어는 주어진 속도변경에 대해서 두 기어의 중심거리를 줄일 수 있는 장점이 있다. 평기어와 맞물려 있는 내접 기어는 그림 10.3c에서 볼 수 있다.

헬리컬(helical) 기어는 평기어와 같은 응용 분야에서 사용될 수 있다. 헬리컬 기어의 차이점은 회전축이 기울어져 있다는 것이다. 이 기울어진 각도를 **나선각(helix angle)** ϕ라고 한다. 이 기어가 서로 맞물리는 동안 기어 사이에 점차적인 맞물림이 일어나서 기어에 의한 동력 전달의 충격과 소음을 줄일 수 있다. 이 원활한 운동 때문에 헬리컬 기어는 고속 응용 분야에서 많이 쓰인다. 그러나 나선각이 평기어에서는 없는, 축방향의 하중과 굽힘하중을 발생시킨다. 맞물리는 헬리컬 기어는 그림 10.3d에서 볼 수 있다.

헤링본(herringbone) 기어는 평기어, 헬리컬 기어와 같은 응용 분야에서 사용될 수 있다. 또한 복식, 즉 2개의 헬리컬 기어라고 언급될 수 있다. 헤링본 기어는 방향이 반대인 2개의 헬리컬 기어이다. 이 복잡한 대칭형상이 헬리컬 기어의 축방향 하중의 반대 방향 하중끼리 상쇄되게 하여 균형을 이루도록 한다. 헤링본 기어는 그림 10.3e에서 볼 수 있다.

베벨(bevel) 기어는 원추면(conicl surface) 상에 기어치를 가지고 있는 평행이 아닌 회전축 사이에 회전운동을 전달하는 데 사용된다. 대부분의 응용 분야는 서로 수직인 회전축 사이에 회전운동을 전달하는 데 사용되지만, 회전축 사이에 각도가 90°보다 크거나 작은 경우에도 사용될 수 있다. 베벨 기어가 서로 맞물릴 때 그 원추면은 공통의 정점(apex)을 갖는다. 그러나 각 기어의 실제 원추각(cone angle)은 맞물린 기어의 기어비에 따라 결정된다. 그러므로 베벨 기어는 기어비를 바꾸기 위해서 한 기어만을 다른 것으로 교체하는 것이 불가능하다. 맞물려 있는 베벨 기어는 그림 10.3f에서 볼 수 있다.

마이터(mitter) 기어는 베벨 기어의 특수한 경우로 기어가 같은 크기이며, 축 사이의 각도는 90°이다. 맞물려 있는 마이터 기어는 그림 10.3g에서 볼 수 있다.

웜(worm)과 웜 기어는 평행이 아니거나 서로 교차하지 않는 회전축 사이에 회전운동을 전달하는 데 사용된다. 웜은 원기둥, 실린더 주위의 소용돌이, 나선형상에 한 치형이 만들어져 있다. 이 한 치형은 스크류(screw) 나사와 같이 **나삿니(thread)**로 이해될 수 있다. 헬리컬 기어와 같이 웜의 나선 피치(spiral pitch)는 축방향 하중을 발생시키며, 이 축방향 하중은 지지되어야 한다. 대부분의 응용 분야에서 웜은 큰 감속비를 얻기 위해서 웜 기어를 구동시킨다. 대부분 경우에 웜 기어가 웜을 구동할 수 없다. 맞물려 있는 웜과 웜 기어는 그림 10.3h에서 볼 수 있다.

10.3 평기어의 용어

언급했던 것처럼 평기어는 가장 많이 쓰인다. 평기어를 기술하는 데 사용되는 용어는 다른 기어에서도 사용된다. 그러므로 평기어의 형상 및 용어에 대한 자세한 설명이 필요하다.

기본적인 평기어의 기어치의 형상은 그림 10.4에 나타나 있다.

기어의 피치원(pitch circle)은 기어를 대체할 수 마찰 전동기구 롤러의 크기를 나타내는 원이다. 이 대응되는 롤러는 그림 10.2b에 그려져 있다. 두 기어가 맞물릴 때 그 피치원의 접선은 같으며, 두 기어의 중심점을 연결하는 직선 상에 접촉점이 있다. 이것은 그림 10.4에 나타나 있다.

피치점(pitch point)은 두 피치원의 접촉점이다.

기어의 피치지름(pitch diameter) d는 피치원의 지름이다. 평기어의 기구학은 대응되는 마찰 전동기구의 롤러와 같기 때문에 피치지름이 기어를 나타내는 치수로 많이 쓰인다. 그러나 피치원은 기어 치형의 중간에 위치하므로 피치지름을 기어에서 바로 측정할 수 없다.

기어의 잇수(number of teeth) N은 기어상의 치의 수이다. 분명히 이 기어의 잇수는 분수가 사용될 수 없으므로 정수이어야만 한다.

원주피치(circular pitch) p는 한 기어의 상의 한 점으로부터 그와 이웃하고 있는 기어치의 같은 점까지의 피치원주를 따라 측정한 거리이다. 원주피치는 기어의 잇수와 피치지름으로 다음처럼 계산될 수 있다.

$$p = \frac{\pi d}{N} \tag{10.1}$$

기어의 기초원(base circle)은 곡선으로 된 기어의 치형이 만들어지는 기준원이다. 곡선으로 된 기어의 치형 생성에 관한 상세한 내용은 다음 절에서 설명될 것이다.

기초 지름(base diameter) d_b는 기초원의 지름이다.

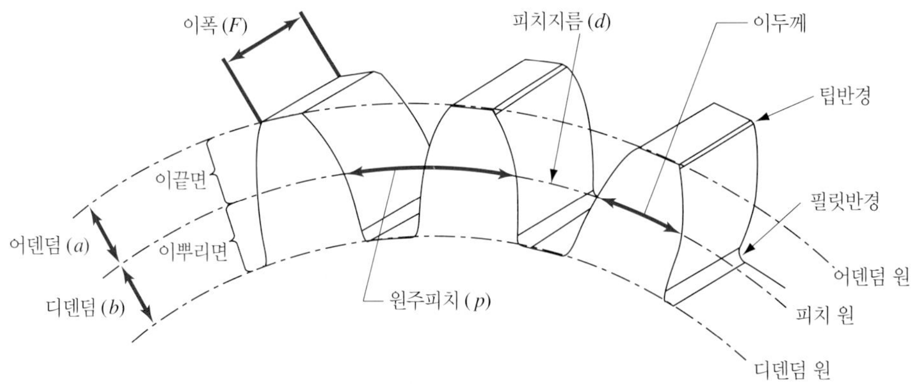

그림 10.4 평기어의 기어치의 형상

이폭(face width)은 회전축과 평행한 기어치의 길이와 폭이다.

어덴덤(addendum) a는 피치원으로부터 기어치의 꼭대기까지의 반경방향 거리이다.

디덴덤(dedendum) b는 피치원으로부터 기어치의 바닥까지의 반경방향 거리이다.

이높이(whole depth) h_T는 기어치의 높이이며, 어덴덤과 디덴덤의 합이다.

이틈새(clearance) c는 디덴덤에서 맞물리는 기어의 어덴덤을 뺀 양이다. 즉 기어의 꼭대기와 맞물리는 기어의 바닥 사이의 공간이다.

백래시(backlash)는 한쪽 기어의 치공간의 폭에서 맞물리고 있는 상대편 기어의 이두께를 뺀 피치원 상의 거리이다.

지름피치(diametral pitch) P_d 또는 단순히 피치는 기어치의 크기를 언급하며, 기어치의 표준 크기로 쓰인다. 공식적으로 지름피치는 피치지름의 1인치당 기어의 잇수를 계산된다.

$$P_d = \frac{N}{d} \tag{10.2}$$

지름피치는 미국에서 공통적으로 언급되는 기어치수이고 기어치의 상대적인 크기이다. 표준 기어의 크기와 지름피치는 그림 10.5에 나타나 있다. 맞물린 기어는 다른 지름과 기어잇수를 가질 수 있으나, 맞물린 기어는 같은 지름피치를 가져야 한다. 이 사실은 지름피치가 기어치의 크기의 한 척도라는 데서 자명하다.

지름피치는 기어에서 바로 측정할 수 없다. 아직도 그것은 공통적으로 언급되는 값이다. 상업적으로 이용가능한 평기어 생성을 위한 도구는 표 10.1에 나타난 표준화된 지름피치에 대해서 보통 준비되어 있다. 물리적인 중요성은 없지만 표준 지름은 정수로 주어져야 한다. 금속 박판 게이지(sheet metal gauge)로 표준 지름피치를 측정할 수 있다. 지름피치의 단위는 인치의 역수이며, 수치적으로 표현할 때는 단위를 표기하지 않는다.

모듈(module) m은 SI 단위계에서의 공통적으로 사용되는 기어의 치수이다.

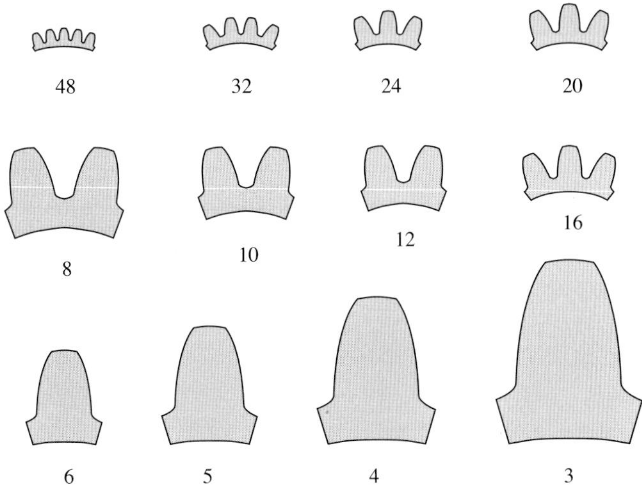

그림 10.5 표준 기어치의 크기

표 10.1 표준 지름피치

굵은 피치		미세한 피치	
2	6	20	80
2.25	8	24	96
2.5	10	32	120
3	12	40	150
3.5	16	48	200
4		64	

$$m = \frac{d}{N} \tag{10.3}$$

모듈은 또한 기어치의 크기의 상대적인 척도이며, 이론적으로 지름피치의 역수이다. 그러나 SI 단위계를 사용하므로 모듈은 밀리미터(mm)의 단위를 갖는다. 그러므로 모듈과 지름피치는 수치적으로 바로 역수인 관계는 아니다. 지름피치와 모듈은 다음과 같은 관계가 있다.

$$m = \frac{25.4}{P_d} \tag{10.4}$$

지름피치와 마찬가지로 상업적으로 이용가능한 평기어 생성을 위한 도구는 표 10.2에 나타난 표준화된 모듈에 대해서 보통 준비되어 있다. 식 10.2와 10.3을 식 10.1에 대입하면 원주피치는 다음 식으로 계산할 수 있다.

$$p = \frac{\pi d}{N} = \frac{\pi}{P_d} = \pi m \tag{10.5}$$

압력각(pressure angle) ϕ는 맞물리는 기어의 피치원의 접선과 접촉점에서의 기어 접촉면에 수직인 선 사이의 각도이다. 이 접선을 피치선이라 한다. 접촉 점에서의 기어 접촉면에 수직선을 압력선이라 한다. 그러므로 압력각은 피치선과 압력선 사이의 각도로 측정된다. 압력각은 그림 10.6에 나타나 있다.

표 10.2 표준 미터단위계 모듈

1	4	16
1.25	5	20
1.5	6	25
2	8	32
2.5	10	40
3	12	50

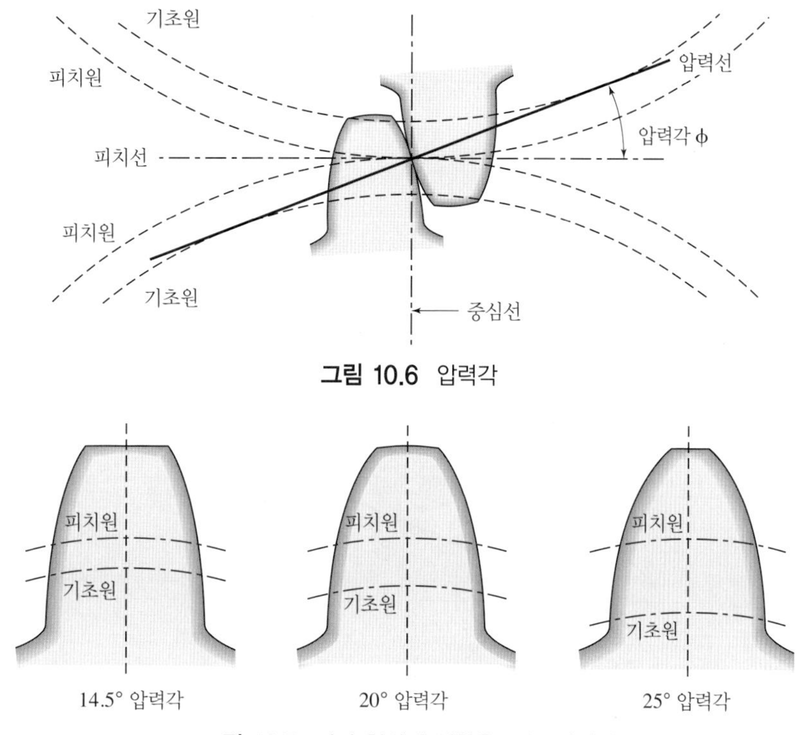

그림 10.6 압력각

그림 10.7 기어 형상에 영향을 주는 압력각

압력각은 그림 10.7에서 보는 것처럼 기어 형상에 영향을 준다. 기어는 넓은 압력각 범위에서 제작될 수도 있지만, 대부분의 기어는 20°, 25°로 표준화되어 있다. 14.5° 기어도 과거에는 사용된 적이 있으나 지금은 구시대적인 것이 되어 버렸다. 이 14.5° 기어는 과거에 사용되었던 기어의 대체용 정도로 아직 조금 제작되고 있다. 압력각이 기어 형상에 영향을 주므로 두 맞물리는 기어는 같은 압력각을 가져야 한다.

힘은 접촉면을 수직으로 전달되므로 기어치에 걸리는 힘은 압력선을 따라 걸린다. 다음 절에 설명되는 것처럼 기어가 맞물리는 동안 기어의 형상은 일정한 압력각을 유지하므로 만들어져 있다. 더 작은 압력각을 갖는 기어가 효과적으로 회전토크를 전달할 수 있는 회전축과 그 지지 베어링에 반경방향의 하중을 덜 준다. 그러나 압력각이 작을수록 기어가 맞물려감에 따라 기어치가 서로 간섭이 일어나기가 쉽다.

10.4 인벌류트 기어 치형

원활한 운동의 전달을 위해서 기어 치형은 기어가 맞물리기 시작하는 동안, 두 기어가 떨어져가는 동안의 전 과정을 통해서 종동 기어가 일정한 속도로 회전할 수 있는 형상을 가져야 한다. 더 정확하게 말하면 기어는 일정한 속도 비를 가질 필요가 있다. 기구학적인 이 조건은 기어치의 접촉점의 경로가 직선이어야 한다. 또한 이 직선은 두 기어의 피치원의 공유점을 지난다. 그

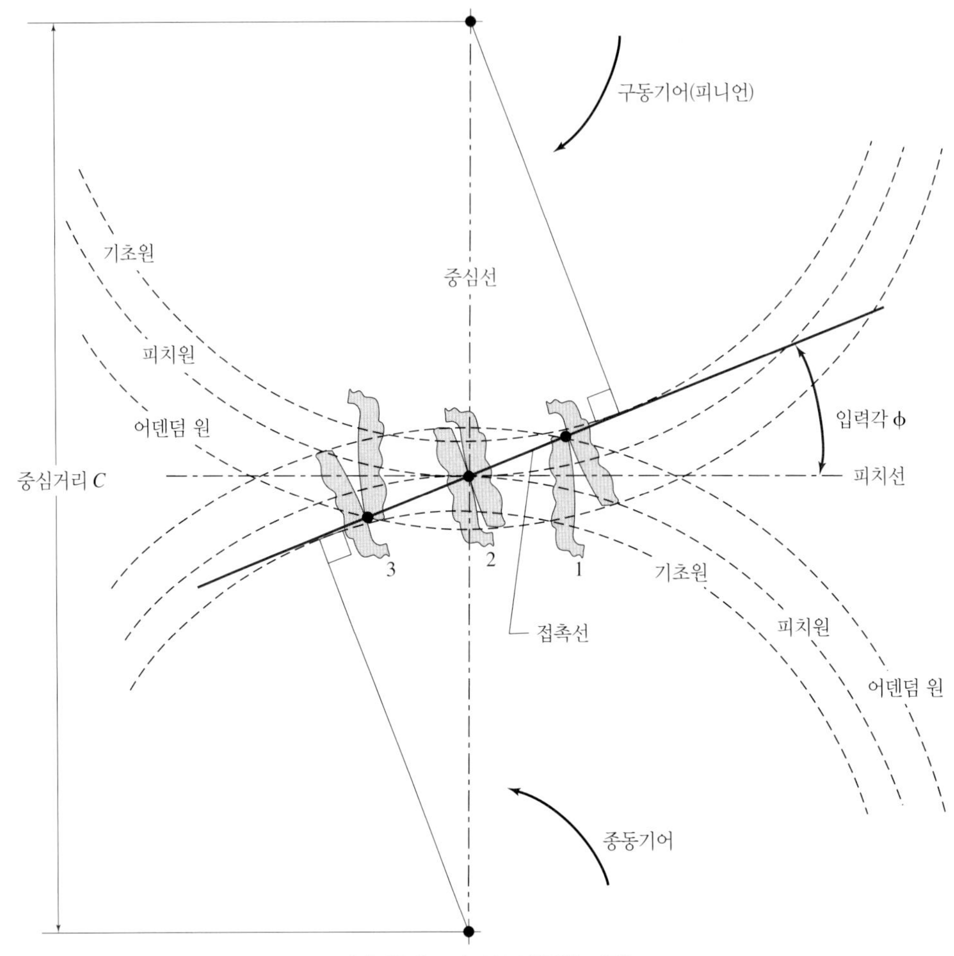

그림 10.8 기어의 맞물림 과정

림 10.8은 두 기어가 맞물리기 시작하는 동안에 3개 점에서 맞물리는 두 기어를 보여 준다. 접촉점은 **접촉선(contact line)**이라 불리우는 직선을 따라간다. 또한 이 직선은 두 피치원에 접하는 점과 교차할 때 일정한 속도 비를 유지하는 데 꼭 필요한 것이다.

이 조건을 만족하는 기어 치형을 발견하는 것은 간단한 일이 아니다. 그러나 몇 개의 형태가 적당한 후보임을 알 수 있다. 가능한 형태 중에서 한 원의 인벌류트가 대부분 기어의 표준이 되어 왔다. 인벌류트 기어는 지름이 d_b인 기초원에 감긴 팽팽한 실(taut wire)을 풀어야(unwinding) 만들어진다. 이 실의 끝점의 궤적을 **원의 인벌류트 곡선(involute curve of a circle)**이라고 한다. 인벌류트 치형이 그림 10.9a에 나타나 있다. 이 인벌류트 곡선의 일부가 기어 치형을 만드는 데 사용된다.

인벌류트 치형에서 접촉선은 앞 절에서 설명한 압력선과 같게 된다. 압력각 또는 접촉선의 기울어진 각도는 인벌류트 치형을 위해서 사용되는 인벌류트 곡선의 일부에 의해서 정해진다. 압력각은 기초원과 피치원 사이의 거리가 증가하면 같이 증가한다. 이것은 그림 10.9b에서 확

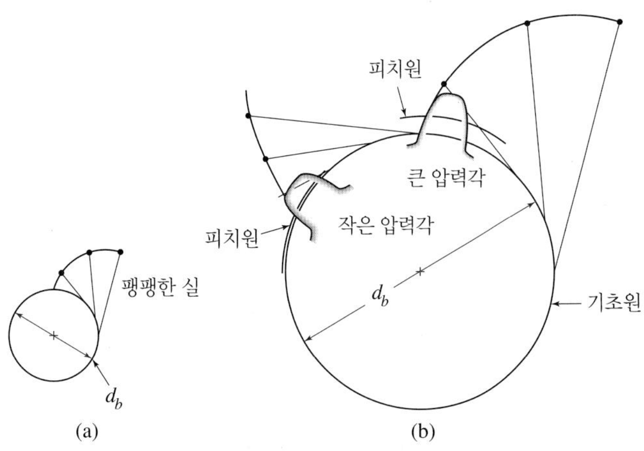

그림 10.9 기어의 맞물림 과정

인할 수 있다. 이 압력각, 피치지름과 기초원 지름과의 관계식은 다음과 같이 쓸 수 있다.

$$d_b = d\cos\phi \tag{10.6}$$

인벌류트 정의는 한 기초원에서 만들어지므로, 기초원 안쪽의 기어 치형의 일부는 인벌류트 치형이 아니다. 이 기어 치형 일부는 반경선과 디덴덤원의 필릿(fillet)에 의해 제작된다. 기초원 안의 기어 치형 일부는 맞물리는 기어와 접촉되도록 설계되지 않는다. 이런 접촉은 간섭을 일으킨다.

〉〉 예제 10.1

20° 인벌류트 평기어가 잇수 35, 지름피치가 10이다. 피치지름, 원주피치, 기초원을 정하라.

풀이 피치지름은 식 10.2를 재배열해서 계산하면 다음처럼 계산된다.

$$d = \frac{N}{P_d} = \frac{35}{10} = 3.5\,\text{in.}$$

원주피치는 식 10.5에서 다음처럼 계산된다.

$$p = \frac{\pi}{P_d} = \frac{\pi}{(10\,\text{in.}^{-1})} = 0.314\,\text{in.}$$

기초원은 식 10.6에서 바로 다음처럼 계산된다.

$$d_b = d\cos\phi = 3.5\ \cos(20°) = 3.289\,\text{in.}$$

이것은 인벌류트 형상이 만들어지는 원의 지름이다. 이것은 실제 기어를 검사할 때 분명한 특징은 아니다.

10.5 표준 기어

기어는 몇 가지 방법으로 제작될 수 있다. 금속 기어에 대해서, 공통적인 방법은 형상을 깎거나 밀링을 사용하거나, 주조, 분말금속을 이용한 방법 등이 사용된다. 플라스틱 기어는 사출성형 된다. 각 과정에 대한 좀 더 자세한 내용에 대해서는 기어 제작에 관한 자료를 참고해야 한다.

대부분의 제작 과정은 기어 크기에 따라 정교한 각각의 제작도구를 사용하기 때문에 기어의 크기를 표준화하는 것이 경제적으로 바람직하다. 카탈로그에서 상업적으로 이용가능한 기어는 표준 기어이다. 이 기어는 호환성 있게 살 수 있고 같은 지름피치와 압력각을 갖는 다른 기어와 맞물려 사용할 수 있다. 이렇게 되기 위해서 제작자는 기어 치형을 상세하게 만드는 데 표준화된 규칙을 따라야 한다.

언급한 대로, 같은 지름피치와 압력각을 갖는 임의의 두 인벌류트 기어는 맞물려 돌아갈 수 있다. 그러므로 기어 치형 지름피치와 압력각을 기본으로 해서 표준화되어 왔다. 10.2절에서 언급한 것처럼 표준 압력각은 14.5°, 20°와 25°이다. 14.5°는 퇴색되고 있고, 주로 과거 기어의 대체용 정도로 사용된다.

표 10.3 표준 평기어의 기어 치형 관계식

치형의 특성 압력각 ϕ	굵은 피치 ($P_d < 20$) 14.5° 또는 20° 또는 25°	미세한 피치 ($P_d \geqq 20$) 20°
어덴덤, a	$\frac{1.000}{P_d}$	$\frac{1.000}{P_d}$
디덴덤, b	$\frac{1.250}{P_d}$	$0.002 + \frac{1.2}{P_d}$
유효 이높이, h_k	$\frac{2.000}{P_d}$	$\frac{2.000}{P_d}$
전체 이높이, h_t	$\frac{2.250}{P_d}$	$0.002 + \frac{2.200}{P_d}$
이두께, t	$\frac{1.571}{P_d}$	$\frac{1.571}{P_d}$
필릿 반경, r_f	$\frac{0.300}{P_d}$	표준화 안됨
최소 틈새, c	$\frac{0.250}{P_d}$	$0.002 + \frac{0.200}{P_d}$
틈새, c	$\frac{0.350}{P_d}$	$0.002 + \frac{0.350}{P_d}$
최소 이폭	$\frac{0.250}{P_d}$	표준화 안됨
AGMA 표준	201.02	207.04
이폭	$\frac{12}{P_d}$	$\frac{12}{P_d}$

지름피치는 기어 크기의 척도이다. 전달되는 하중이 큰 응용 분야에서는 더 굵은 큰 기어, 즉 지름피치가 작은 기어가 요구된다. 힘을 적게 받는, 기계적인 시계로부터 엄청나게 큰 하중을 받는 큰 철강 롤러까지 넓은 응용 분야에 걸쳐 기어는 사용되고 있다. 그러므로 넓은 영역의 지름피치를 갖는 기어가 이용 가능해야 한다. 지름피치의 표준화된 값은 표 10.1에 정리되어 있다.

10.3절과 그림 10.3에 언급된 것처럼 대부분의 기어의 특성치는 지름피치와 압력각에 대해서 표준화되어 있다. 이 관계식들이 표 10.3에 정리되어 있다. 미국 기어협회(AGMA)는 이 표준화된 내용을 감독하는 주요 기술기관이다.

》 예제 10.2

예제 10.1과 같이 20° 인벌류트 평기어가 잇수 35, 지름피치가 10이다. 어덴덤원과 디덴덤원의 지름과 이틈새를 정하라.

풀이 어덴덤원은 기어의 바깥 지름이다. 어덴덤은 기어치상에서 피치원부터 치형의 꼭대기까지의 거리이다. 이 기어의 어덴덤은 표 10.3의 식으로부터 다음처럼 계산될 수 있다.

$$a = \frac{1}{P_d} = \frac{1}{10} = 0.100\,\text{in.}$$

이것은 피치원과 어덴덤원의 반경 사이의 거리임에 주의하라. 그러므로 어덴덤원의 지름은 피치원의 양쪽면 상에 편심거리 a이다. 예제 10.1에서 피치지름은 3.5in.이므로 어덴덤원의 지름은 다음처럼 계산될 수 있다.

$$d_a = d + 2a = 3.5 + 2(0.100) = 3.7\,\text{in.}$$

같은 식으로 디덴덤은 피치원과 디덴덤원의 반경 사이의 거리이다. 그러므로 디덴덤은 다음처럼 계산될 수 있다.

$$b = \frac{1.25}{P_d} = \frac{1.25}{10} = 0.125\,\text{in.}$$

그러면 디덴덤원의 지름은 다음으로 계산된다.

$$d_b = d - 2b = 3.5 - 2(0.125) = 3.25\,\text{in.}$$

이 예제에서 기초원의 지름은 3.289in.이다. 이것과 디덴덤원을 비교하는 것은 기어 치형의 작은 부분이 기초원 안에 있음을 알 수 있게 한다. 기초원 안에 있는 기어 치형의 작은 부분의 길이는 다음 식으로 계산된다.

$$\text{비인벌류트 반경 길이} = \frac{(3.289)}{2} - \frac{(3.250)}{2} = 0.019$$

인벌류트 정의는 한 기초원에서부터 생성된다. 따라서 이 기어 치형의 작은 부분인 인벌류트가 아니며, 맞물리는 기어와 접촉되어서는 안 된다.

마지막으로 틈새는 디덴덤에서 상대 기어의 어덴덤을 뺀 값이다. 즉 이것은 기어의 꼭대기면과 맞물리는 기어의 아래면 사이의 공간이다. 이 기어의 표준거리는 표 10.2의 식을 이용해서 다음처럼 계산될 수 있다.

$$c = \frac{0.25}{P_d} = \frac{0.25}{10} = 0.025\,\text{in.}$$

틈새는 기어 치형에서 인벌류트가 아닌 부분의 거리보다 크다는 것을 주의하라. 그러므로 이 부분에서 기어치 사이의 접촉은 생길 수 없다.

10.6 맞물리는 기어의 관계식

접촉하는 두 기어는 그림 10.3에서 살펴보았다. 두 기어가 맞물릴 때 작은 기어를 **피니언(pinion)**이라 하고, 큰 기어를 **수컷 기어(Bull gear)** 또는 그냥 기어라고 부른다. 두 기어가 맞물리기 위해서 그 기어는 같은 지름피치와 압력각을 가져야 한다. 이 맞물리는 두 기어의 관계식이 다음 절에 설명되어 있다.

10.6.1 중심거리

중심거리(center distance) c는 맞물리는 두 기어의 중심과 중심 간의 거리로 정의된다. 또한 기어의 회전축 사이의 거리이다. 외접 기어(그림 10.3)의 공통된 형상에 대해서, 그 거리는 다음 식으로 쓸 수 있다.

$$C_{\text{외접기어}} = r_1 + r_2 = \frac{(d_1 + d_2)}{2} \tag{10.7}$$

왜냐하면 다음이 성립되기 때문이다.

$$d = \frac{N}{P_d}$$

식 10.7은 다음처럼 다시 쓰일 수 있다.

$$C_{\text{외접기어}} = \frac{(N_1 + N_2)}{2\,P_d} \tag{10.8}$$

내접 기어(그림 10.3c)에 대해서 그 중심거리는 피치반경의 차이이며 다음 식으로 쓸 수 있다.

$$C_{\text{외접기어}} = r_2 - r_1 = \frac{(d_2 - d_1)}{2} = \frac{(N_2 - N_1)}{2\,P_d} \tag{10.9}$$

예제 10.3

피치 5, 20°의 두 기어가 조그만 건설현장의 콘크리트 혼합기에서 사용된다. 이 기어는 조그만 엔진에서 혼합기 드럼까지 회전동력을 전달한다. 이 기계가 그림 10.10에 그려져 있다. 피니언(구동 기어)은 15개, 기어(종동 기어)는 30개 기어 잇수를 갖는다. 중심거리를 정하라.

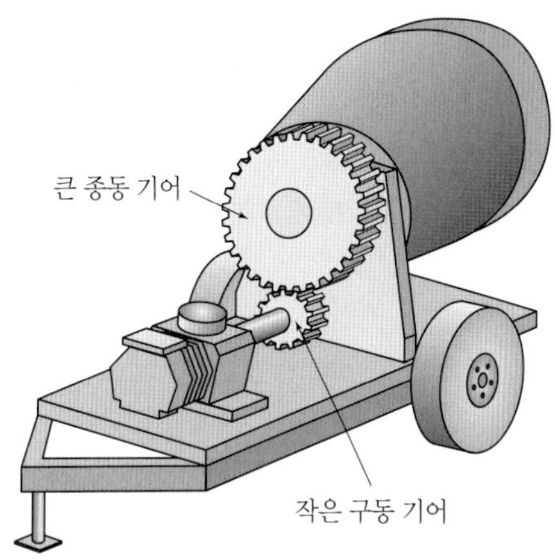

그림 10.10 예제 10.3의 콘크리트 혼합기

풀이 각 기어의 피치지름은 식 10.2에서 정할 수 있다.

$$d_1 = \frac{N_1}{P_d} = \frac{15}{5} = 3.0\,\text{in.}$$

$$d_2 = \frac{N_2}{P_d} = \frac{30}{5} = 6.0\,\text{in.}$$

기어는 외접 기어이므로 중심거리는 식 10.7에서 찾을 수 있다.

$$C = \frac{(d_1 + d_2)}{2} = \frac{(3.0\,\text{in.} + 6.0\,\text{in.})}{2} = 4.5\,\text{in.}$$

물론 주어진 정보로부터 중심거리를 직접 계산하기 위해 식 10.8을 사용할 수 있다.

$$C = \frac{(N_1 + N_2)}{2P_d} = \frac{(15 + 30)}{2(5)} = 4.5\,\text{in.}$$

10.6.2 접촉비

접촉비(contact ratio) m_p는 임의의 순간에 접촉하고 있는 기어의 평균 잇수이다. 기어 사이에 접촉이 없지 않다면 분명히 접촉비는 1 이상이어야 한다. 실제로 접촉비는 1.2보다 커야 한다. 신뢰성이 있는 설계에서는 1.4 또는 1.5의 접촉비를 가져야 한다. 이 원리를 보여 주기 위해서 접촉비 1.2는 항상 기어 한 개는 접촉해 있고, 다른 두 번째 기어 접촉의 20%는 접촉하고 있어야 한다는 것이다.

더 큰 접촉비의 값은 원활한 기어 운동 전달이 되도록 한다. 왜냐하면 다른 접촉 기어는 그 기어가 맞물리기 시작하는 동안, 떨어가는 동안에 기어 하중을 나누어 받고 있기 때문이다. 하중을 나누어 받는 기어의 수가 많을수록 더 많은 동력을 전달할 수 있다. 그러나 접촉비를 높일 수 있는 직접적인 방법은 큰 기어를 사용하는 것이다. 이것은 대부분의 콤팩트한 설계 목표에 반비례하게 된다.

수치적으로 접촉비는 접촉 경로의 길이를 기초피치 p_b로 나눈 값으로 표현될 수 있다. 여기서 기초피치는 이웃한 기어의 대응되는 점 사이의 거리를 기초원의 원주상에 측정한 거리로 정의된다. 기초피치는 다음 식으로 계산된다.

$$p_b = \frac{\pi d_1 \cos\phi}{N_1} = \frac{\pi d_2 \cos\phi}{N_2} \tag{10.10}$$

물론 접촉점의 경로는 직선이다(10.4절). 이 접촉경로의 길이는 기하학에서 다음처럼 유도될 수 있다[참고문헌 9 참조].

$$\begin{aligned} Z = &\sqrt{(r_2 + a_2)^2 - (r_2 \cos\phi)^2} - r_2 \sin\phi \\ &+ \sqrt{(r_1 + a_1)^2 - (r_1 \cos\phi)^2} - r_1 \sin\phi \end{aligned} \tag{10.11}$$

그러므로 기어 치형의 기하학으로 표현된 접촉비의 표현은 다음으로 주어진다.

$$m_p = \frac{Z}{p_b} \tag{10.12}$$

〉〉 예제 10.4

예제 10.3의 콘크리트 혼합기에 접촉비를 정하라.

풀이

두 기어의 피치반경은 피치지름으로부터 다음처럼 정할 수 있다.

$$r_1 = \frac{d_1}{2} = \frac{3.0\text{ in.}}{2} = 1.5\text{ in.}$$

$$r_2 = \frac{d_2}{2} = \frac{6.0\text{ in.}}{2} = 3.0\text{ in.}$$

표 10.3에서 20°의 어덴덤은 다음 식으로 계산된다.

$$a = \frac{1}{P_d} = \frac{1}{5} = 0.20\text{ in.}$$

기초피치는 식 10.10으로부터 다음처럼 계산된다.

$$p_b = \frac{\pi d_1 \cos\phi}{N_1} = \frac{\pi(3.0\,\text{in.})\cos(20°)}{15} = 0.6890\,\text{in.}$$

접촉선의 길이는 식 10.11로부터 다음처럼 계산된다.

$$\begin{aligned} Z &= \sqrt{(r_2 + a_2)^2 - (r_2\cos\phi)^2} - r_2\sin\phi + \sqrt{(r_1 + a_1)^2 - (r_1\cos\phi)^2} - r_1\sin\phi \\ &= \sqrt{(3.0 + 0.2)^2 - (3.0\cos 20°)^2} - 3.0\sin 20° \\ &\quad + \sqrt{(1.5 + 0.2)^2 - (1.5\cos 20°)^2} - 1.5\sin 20° \\ &= 0.9255\text{ in.} \end{aligned}$$

그러면 접촉비 길이는 식 10.12로부터 다음처럼 계산된다.

$$m_P = \frac{Z}{p_b} = \frac{0.9255\text{ in.}}{0.6890\text{ in.}} = 1.3433$$

이 접촉비가 받아들여질 만하더라도 더 큰 값(1.4 내지 1.5)을 사용하는 것이 바람직하다.

10.6.3 간섭

기어는 기초원과 어덴덤원 사이에 인벌류트 치형을 갖는다. 적은 기어 잇수와 작은 압력각을 갖는 기어가 만들어진다면 디덴덤원은 인벌류트의 기초원보다 상당히 작아진다. 그러므로 기초원과 디덴덤 사이는 인벌류트가 아니다. 만약 맞물리는 기어 치형이 그 치형의 이 부분에서 접촉했다면, 일정한 속도 비에 기본 조건이 위반될 것이다. 이 조건을 **간섭(interference)** 조건이라 하고 엄청난 소음, 진동, 마모를 발생시킬 수 있다.

간섭은 기어 설계자가 너무 적은 기어 잇수를 사용해서 기어 조립체를 콤팩트하게 만들 때 생기곤 한다. 간섭은 작은 기어가 상당히 큰 기어와 맞물릴 때 보통 발생하곤 한다. 간섭을 피하는 데 필요한 기어의 잇수를 정하기 위한 관계식이 유도되어 있다[참고문헌 9 참조]. 식 10.13이 간섭이 없는 기어의 최대 잇수를 정할 수 있게 한다. 이 관계식이 압력각과 어덴덤 크기에 따라서 맞물리는 피니언의 기어 잇수의 함수로 주어져 있다.

$$N_2 < \frac{\{N_1^2\sin^2\phi - 4k^2\}}{4k - 2N_1\sin^2\phi} \tag{10.13}$$

여기서 k는 다음 어덴덤 관계식에서 정의된다.

$$a = \frac{k}{P_d}$$

표 10.4 간섭이 확실히 없는 기어의 조합

$\phi = 14.5°$		$\phi = 20°$		$\phi = 25°$	
피니언의 잇수	기어의 최대 잇수	피니언의 잇수	기어의 최대 잇수	피니언의 잇수	기어의 최대 잇수
<23	간섭	<13	간섭	<9	간섭
23	26	13	16	9	13
24	32	14	26	10	32
25	40	15	45	11	249
26	51	16	101	12	∞
27	67	17	1309		
28	92	18	∞		
29	133				
30	219				
31	496				
32	∞				

식 10.10은 간섭을 피하는 기어의 표로 된 적당한 조합으로 사용될 수 있다. 이 조합은 표 10.4에 주어져 있다.

표 10.4에서 잇수 32개 이상의 압력각이 14.5°인 피니언은 간섭없이 임의의 큰 기어와 맞물려 사용될 수 있음을 주의하라. 그러나 잇수 23개 미만의 압력각이 14.5°인 피니언은 항상 다른 기어 크기와 관계없이 간섭이 생긴다. 이런 제약은 다른 표준 압력각의 기어에 대해서도 말할 수 있다.

표 10.4에서 25° 압력각을 갖는 인벌류트 기어는 간섭없이 더 적은 잇수를 갖는 기어를 허용한다. 결과적으로 더 콤팩트한 기어 조립체가 만들어질 수 있다. 이것이 25° 기어가 더 일반적이고, 14.5° 기어가 퇴색하는 주 이유이다.

한 피니언이 임의의 다른 기어와 맞물려 사용할 수 있는 극한 경우에 대해서, $N_2 = \infty$가 식 10.12에 대입될 수 있다. 이것은 임의의 기어와 맞물려 사용할 수 있는 피니언의 크기를 줄 수 있다. 이미 언급한 것처럼 잇수 32개의 압력각 14.5°인 피니언은 그런 성질을 가지고 있다. 일단 $N_2 = \infty$으로 대입되면 다음 관계식이 유도된다.

$$N_1 > \frac{2k}{\sin^2\phi} \tag{10.14}$$

$N_2 = \infty$는 항상 무한대의 피치반경이 주는 기어임에 주의해야만 한다. 즉 이것은 그림 10.3d에 보여진 래크 뒤의 개념이 된다. 그러므로 식 10.11은 래크와 맞물리는 기어가 간섭을 피하기 위해서 확인되어야 한다.

예제 10.5

예제 10.3의 콘크리트 혼합기의 기어에서 간섭이 일어나는지, 일어나지 않는지를 정하라.

풀이 표 10.4로부터 기어 잇수 15, 압력각이 20°인 기어치는 간섭 없이 기어 잇수 45개 이상의 기어와 맞물려 사용할 수 없음을 증명한다. 이와 같은 결과는 식 10.13에서도 얻을 수 있다. 표 10.3으로부터 필요한 어덴덤은 다음과 같다.

$$a = \frac{1}{P}$$

그러므로

$$k = 1$$

식 10.13은 간섭문제를 확인하는 데 사용할 수 있다.

$$N_2 < \frac{\{N_1^2 \sin^2 \phi - 4k^2\}}{4k - 2N_1 \sin^2 \phi}$$

$$N_2 < \frac{\{15^2 \sin^2 20° - 4(1)^2\}}{4(1) - 2(15) \sin^2 20°}$$

$$N_2 < 45.48$$

종동 기어의 잇수는 30이며, 위에서 계산된 극한값인 45.48보다 작아야 한다. 그러므로 이 경우는 간섭이 전혀 발생하지 않을 문제이다.

10.6.4 언더컷

기초원과 어덴덤원 사이의 기어치 형상에 기어의 일부를 없앰으로써 간섭을 피할 수 있다. 이 기어의 일부가 인벌류트가 아닌 부분이며, 맞물리는 기어와 간섭을 일으킬 수 있다. 언더컷(undercut) 된 기어의 치형을 그림 10.11에서 볼 수 있다.

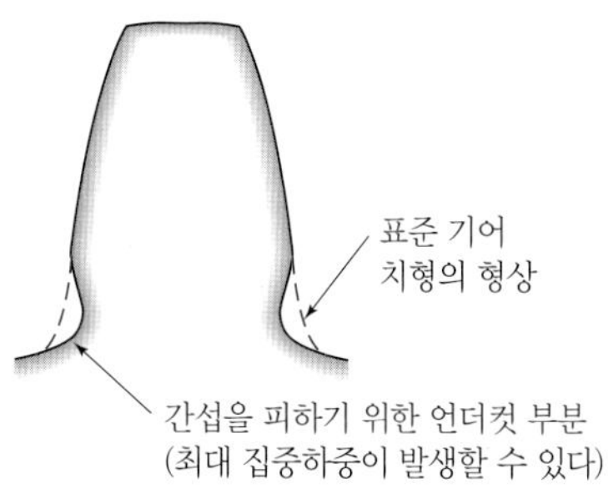

그림 10.11 언더컷 된 기어의 치형

언더컷은 분명히 기어강도를 떨어뜨리고 안전하게 동력전달할 수 있는 동력, 즉 파워를 줄인다. 추가로 접촉길이도 줄여서, 접촉비도 줄이고 더 거칠고 시끄러운 기어운동을 발생시킨다. 그러므로 언더커팅은 응용 분야가 콤팩트한 기어 세트를 확실히 요구하지 않는다면 피해야만 한다. 이 경우, 더 진보된 기구학, 강도해석 및 실험이 적당한 구동을 위해서 필요하다.

10.6.5 백래시

10.3절에서 언급한 것처럼 백래시(backlash)는 한쪽 기어의 치공간의 폭에서 맞물리고 있는 상대편 기어의 이두께를 뺀 피치원상의 거리이다. 더 실용적인 용어로 기어가 맞물리는, 상대 기어 없이 돌 수 있는 양이다. 백래시는 바람직한 것이 아닌 것으로 보이지만, 약간의 백래시는 기어의 윤활을 위해서도 필요하다. 한 방향으로만 연속적으로 도는 기어는 상당한 양의 백래시를 가질 수 있다. 자주 회전/정지, 역방향 회전하는 기어는 백래시를 빈틈없이 잘 조절해야 한다.

백래시의 공칭값은 기어 치형 안에 설계될 수 있다. 백래시의 양은 백래시가 기어 공간에 관한 기어 두께 정도이기 때문에, 기어의 두께를 정하게 된다. 추천되는 백래시의 양은 미국 기어협회에서 정해져 있다. 이 값은 다소 보수적이기 때문에 일반적인 동력전달 기어는 다음의 백래시의 양을 추천하고 있다.

$$\frac{0.05}{P_d} < B_{\text{추천되는}} < \frac{0.1}{P_d}$$

상업적으로 구하기 쉬운 기어에 대해서, 백래시의 값은 응용 분야에서 더 큰 유연성을 허용하기 위해서 상당히 더 커야 한다. 이 기어의 백래시 값은 실제적으로 다음 식으로 주어진다.

$$\frac{0.3}{P_d} < B_{\text{상업적으로 구하기 쉬운 기어}} < \frac{0.5}{P_d}$$

그러므로 자주 회전/정지, 역방향 회전하는 기어의 응용 분야에서 상업적으로 쉽게 구할 수 있는 기어를 정할 때 상당한 주의가 필요하다. 백래시 값은 기어의 중심거리의 변동에 대해서 아주 민감하게 영향을 받는다. 물론 임의의 생산환경에서 두 기어의 중심거리는 변한다. 그러나 백래시는 원하는 영역 안에서 조정하기 위해서, 그 백래시의 변동량은 공칭 중심거리가 의도적으로 설계자에 의해서 주어짐에 따라 정해진다. 백래시의 변동량은 그 중심거리의 변동량에 따라 연동되며, 근사적으로 다음 관계식에 의해서 알 수 있다.

$$\Delta B \approx 2(\Delta C)\tan\phi \qquad \textbf{(10.15)}$$

식 10.15는 식 10.7 또는 식 10.8과 같이, 백래시 값이 위의 주어진 영역에서 관리되도록 중심거리를 구하는 데 사용할 수 있다. 중심거리를 줄이는 것은 백래시를 줄이는 것이고, 이것의 역관계도 또한 성립한다.

》 예제 10.6

예제 10.3의 콘크리트 혼합기의 기어는 카탈로그에 있는 부품이며, 그 원하는 백래시는 $0.4/P_d$의 값이다. 미국 기어협회에서 추천하는 $0.1/P_d$의 값으로 그 백래시를 줄일 때, 중심거리는 얼마나 변하나?

풀이 피치가 5인 기어에 대해서 설계되는 백래시는 다음과 같다.

$$B_{설계되는} = \frac{0.4}{P_d} = \frac{0.4}{5} = 0.08\,\text{in.}$$

AGMA는 다음을 추천한다.

$$B_{추천되는} = \frac{0.1}{P_d} = \frac{0.1}{5} = 0.02\,\text{in.}$$

식 10.15를 재배열하면 다음 식이 얻어진다.

$$\Delta C \approx \frac{\Delta B}{(2\tan\phi)} = \frac{(0.02 - 0.08)}{2\tan(20°)} = 0.0824\,\text{in.}$$

예제 10.3에서 공칭 중심거리는 4.5in.로 정해졌다. 그러므로 백래시 값을 조절하기 위해서는 중심거리는 다음 값으로 줄어야만 한다.

$$C_{조절} = 4.5 - 0.0824 = 4.4176\,\text{in.}$$

중심거리를 줄이면 지나치게 정확하게 맞물리게 되어 과도한 소음, 과열과 구조적인 과부하가 발생할 수 있다는 것을 중시하여야 한다. 그러나 어떤 경우에는 최소 백래시가 요구된다. 물론 설계를 확정하기 위해 시험을 수행하여야 한다.

10.6.6 작동 압력각

앞의 여러 절에서 언급된 대로 압력각은 기어치에 가해지는 힘의 작용선으로 정의된다. 호칭되는 압력각은 깎거나 성형하는 방법으로 기어치에 만들어지게 되며 기어 치형의 실제 형상에 영향을 준다(그림 10.7).

맞물리는 두 기어의 중심거리가 공칭값에서 벗어나면, 작동 중일 때의 실제 압력각은 호칭 압력각과 달라진다. 바꿔 말해, 2개의 압력각 20°인 기어가 작동할 때는 중심거리가 공칭값보다 증가하여 실제로 더 큰 압력각을 가질 수 있다. 변동량을 결정하는 데 사용할 수 있는 관계식은 다음과 같이 유도된다.

$$\cos\phi_{작동} = \left\{\frac{C_{공칭}}{C_{작동}}\right\}\cos\phi_{공칭} \tag{10.16}$$

전달되는 실제 힘을 정확하게 계산해야 할 때는 이러한 작동 실제 압력각을 사용해야 한다. 이는 기어힘의 실제 성능을 반영한다.

예제 10.7

예제 10.3의 콘크리트 혼합기의 기어에 대해 중심거리가 예제 10.6에서와 같이 4.4176in.일 때 실제 작동 압력각을 결정하라.

풀이 예제 10.6의 값들와 식 10.16으로부터 다음과 같이 결정된다.

$$\cos\phi_{\text{작동}} = \left\{\frac{C_{\text{공칭}}}{C_{\text{작동}}}\right\}\cos\phi_{\text{공칭}} = \left\{\frac{4.5}{4.4176}\right\}\cos 20° = 0.9572$$

그리고

$$\phi_{\text{작동}} = 16.82°$$

10.7 평기어 기구학

기어의 기본 기능은 두 회전축 사이에 일정 속도 비를 제공하는 것이다. 일정한 속도를 갖는 한 쌍의 기어에서 피동 기어는 구동 기어가 등속회전을 하는 한 같은 속도를 유지한다. 이 조건은 인벌류트 지형의 전개에 적용된다.

맞물리는 한 쌍의 평기어가 그림 10.12에 나와 있다.

공식으로 **속도 비(velocity ratio)** VR은 구동 기어(기어 1)의 각속도를 종동 기어(기어 2)의 각속도로 나눈 것으로 정의된다.

$$VR = \frac{\omega_{\text{구동}}}{\omega_{\text{종동}}} = \frac{\omega_1}{\omega_2} \tag{10.17}$$

이 비율은 단위에 관계없이 유효하므로, 속도 비는 분당 회전수(rad/min) 또는 다른 편리한 회전속도는 단위들로 정의될 수 있다. 실제로 3이라는 속도 비는 3:1을 나타내며 "3대 1"이

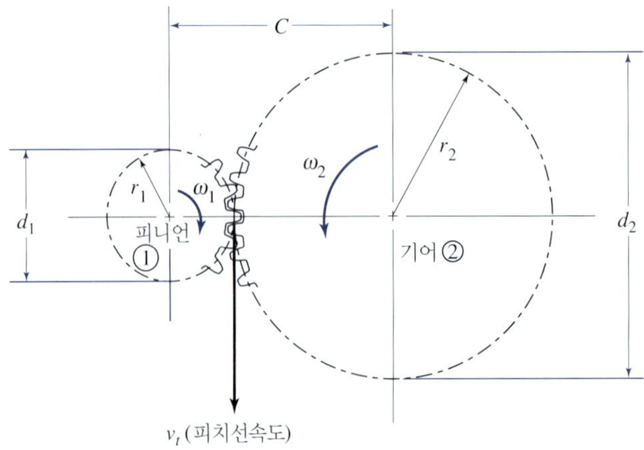

그림 10.12 맞물린 기어의 기구학

라고 읽는다. 마찬가지로, 속도 비 1/3은 1:3을 뜻하고 "1대 3"으로 읽는다.

피치선속도(pitch line velocity) v_t는 맞물리는 두 기어의 피치점의 속도로 정의된다. 이 속도는 그림 10.12에서 볼 수 있다. 한 기어의 기어치가 다른 기어의 기어치를 밀게 되므로 두 기어의 피치선속도는 동일하다. 그러므로 피치선속도는 선형이며 식 6.5를 이용하여 피치선도와 기어의 회전속도 및 피치원 지름을 관련시킬 수 있다.

$$v_t = r_1\omega_1 = r_2\omega_2 \tag{10.18}$$

6장에서와 같이, 이 식에서 각속도는 rad/min으로 나타낸다는 것을 유념해야 한다.

이 식을 정리하면 다음 식이 된다.

$$\frac{\omega_1}{\omega_2} = \frac{r_1}{r_2} = VR$$

피치원 지름을 도입하면

$$\frac{d_2}{d_1} = \frac{(2r_2)}{(2r_1)} = \frac{r_2}{r_1} = VR$$

이고 지름피치와 잇수를 도입하면 다음 식이 된다.

$$\frac{d_2}{d_1} = \frac{\dfrac{N_2}{P_d}}{\dfrac{N_1}{P_d}} = VR$$

두 기어의 지름피치는 맞물리는 기어치에 대해 서로 같아야 하므로, 앞 식에서 P_d가 소거되어 다음과 같이 된다.

$$\frac{d_2}{d_1} = \frac{N_2}{N_1} = VR$$

앞의 관계식을 정리하면 이해하기 쉬운 속도 비의 정의가 도출된다.

$$VR = \frac{\omega_1}{\omega_2} = \frac{r_2}{r_1} = \frac{d_2}{d_1} = \frac{N_2}{N_1} \tag{10.19}$$

대수적인 부호는 기어 회전의 상대적인 회전 방향을 가리킨다. 일반적인 외접(external) 기어 세트에서는 축 중심들이 피치원들의 공통 접선에서 반대편으로 놓이게 되는데, 이것은 두 기어가 서로 반대 방향으로 회전함을 뜻한다. 이를 나타내기 위해 속도 비는 음의 값으로 주어진다.

그림 10.3c에서 볼 수 있듯이 내접(internal) 기어에서는 축 중심이 피치원들의 공통 접선에서 같은 편에 놓인다. 이것은 두 기어가 같은 방향으로 회전함을 의미한다. 그러므로 속도 비는 양의 값으로 주어진다.

개요에서 살펴본 바와 같이 대부분의 기어는 동력원에서 나오는 속도를 감속해야만 하는 장치들에 사용된다. 따라서 대개의 경우 그 속도 비는 1보다 크다. 식 10.17에서 볼 수 있듯이, 이것은 구동 기어가 종동 기어보다 더 빠르게 회전한다는 것을 뜻하며 회전속도의 감속이 일어나는 경우이다.

예제 10.8

식품점 계산대의 컨베이어에는 전기모터로부터 구동축에 공급되는 속도를 줄이기 위해 기어가 사용된다(그림 10.13). 모터축에 달린 기어는 피치 10, 잇수 15, 회전속도 1,800rpm인 피니언으로서 시계 방향으로 회전한다. 이에 맞물릴 잇수 45인 기어의 회전속도를 결정하라. 또한 피치선속도를 계산하라.

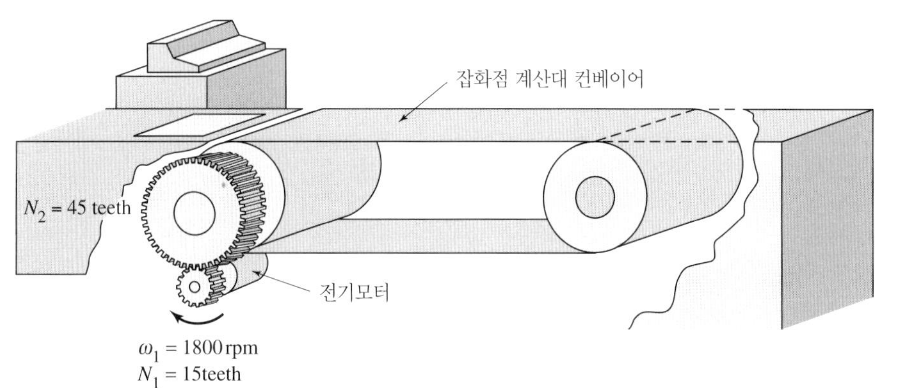

그림 10.13 예제 10.8의 계산대 컨베이어

풀이 속도 비는 식 10.19로 계산할 수 있다.

$$VR = \frac{N_2}{N_1} = \frac{45}{15} = -3$$

실제 업무에서 이 값은 기어비 3:1로 표현된다. 음의 부호는 기어가 서로 반대 방향으로 회전함을 가리킨다는 것에 주의하라. 이는 외접 기어의 경우와 같다.

종동 기어의 각속도는 식 10.17을 재정리하여 계산할 수 있다.

$$\omega_2 = \frac{\omega_1}{VR} = \frac{1800\,\text{rpm}}{(-3)} = -600\,\text{rpm} = 600\,\text{rpm}, \text{반시계 방향}$$

피치지름은 식 10.2로 계산된다.

$$d_1 = \frac{N_1}{P_d} = \frac{15}{10} = 1.5\,\text{in.}$$

$$d_2 = \frac{N_2}{P_d} = \frac{45}{10} = 4.5\,\text{in.}$$

피치선속도는 식 10.18로 계산된다.

$$v_t = r_1\omega_1$$

$$r_1 = \frac{1.5}{2} = 0.75\,\text{in.}$$

$$\omega_1 = (1800\,\text{rpm})\left[\frac{2\pi\,\text{rad}}{1\,\text{rev}}\right] = 11309.7\,\text{rad/min}$$

$$v_t = (0.75\,\text{in.})(11309.7\,\text{rad/min}) = 8482.3\,\text{in./min}$$

단위를 환산하며 다음과 같다.

$$v_t = 8482.3\,\text{in./min}\left[\frac{1\,\text{ft}}{12\,\text{in.}}\right] = 706.9\,\text{ft/min}$$

언급한 바와 같이 AGMA[표준 2000-A88]은 품질 조절 수를 등급 3에서 6까지 정의하였다. 이 수치등급은 이의 형상의 정확도, 이와 이 사이의 간격, 표면 마무리 처리를 반영하고 있다. 피치선속도 v_t는 기어의 요구 품질을 결정하는 하나의 요소이다. 표 10.5는 정밀 기계 시스템 구동을 위한 추천 기어 품질을 나타낸다.

표 10.5 추천 AGMA 기어 품질

피치 선속도(ft/min, fpm)	제안된 기어품질(AGMA 등급)
0-800	6-8
800-200	8-10
2000-4000	10-12
4000 초과	12-14

10.8 평기어의 선정

설계 작업에서 기어는 주어진 역할을 수행할 수 있도록 선정되어야 한다. 종종 이 역할이란 요구되는 속도 비를 맞추는 일이다. 사용되는 대부분 기어는 AGMA 표준을 따르므로, 설계자는 중요 매개 변수들을 정하기만 하면 된다. 이 매개 변수들이란 지름피치, 압력각, 각 기어의 잇수 등이다. 이외의 모든 기어의 특성은 앞 절에서 제시된 AGMA 표준 관계식을 사용하면 된다.

10.8.1 지름피치

일반적인 설계 문제에서 가장 먼저 결정하는 매개 변수는 지름피치이다. 지름피치는 기어 치의 상대적인 크기이므로, 기어가 전달하는 힘과 기어의 재료 특성을 고려해서 결정해야 한다. 정밀하게 결정할 수 있는 수식은 기어치의 응력과 접촉 압력의 계산을 포함한다. 계산 절차는 AGMA 표준 관계식에 간략히 서술되어 있다. 자세한 내용은 이 책에서 다루지 않는다.

표 10.6 표준 면 넓이를 갖는 20° 연강 기어에 적합한 지름피치

동력	피니언(rpm)								
hp	50	100	300	600	900	1200	1800	2400	3600
0.05	20	20	24	32	32	32	32	32	32
0.10	16	20	20	24	24	24	32	32	32
0.25	12	16	20	20	24	24	24	24	24
0.33	10	12	16	20	20	24	24	24	24
0.50	10	12	16	20	20	20	20	24	24
0.75	8	10	12	16	16	20	20	20	20
1.0	6	10	12	16	16	16	20	20	20
1.5	6	8	12	12	16	16	16	16	20
2.0	6	6	10	12	12	12	16	16	16
3.0	5	6	8	10	12	12	12	12	16
5.0	4	5	6	8	10	10	12	12	12
7.5	4	5	6	8	8	8	10	10	10
10	3	4	6	6	6	8	8	8	10
15	2	4	5	6	6	6	6	6	8
20	2	3	4	5	6	6	6	6	—
25	—	3	4	5	5	5	6	5	—
30	—	2	4	4	5	5	5	—	—
40	—	2	3	4	4	—	—	—	—
50	—	—	3	4	4	—	—	—	—

대략적인 지름피치 산정은 기어 생산자가 제공하는 것을 바로 이용할 수 있다. 생산자는 자신이 제작하는 기어의 동력 전달 능력을 결정하는 데 AGMA 표준을 사용한다. 이 자료를 이용하여 기어가 전달하는 공칭 동력, 피니언의 회전속도, 기어 재료 등에 따라 적당한 지름피치를 산정한다. 예로서, 표 10.6에 이 자료가 나와 있다. 이 표는 피니언 속도와 전달 동력에 기초하여, 표준 면 넓이를 갖는 20° 연강 기어에 적합한 지름피치들을 기재하였다. 다른 압력각과 재료에 대한 표도 존재한다. 이러한 표를 사용하는 방법을 예제로 알아보자.

〉〉 예제 10.9

예제 10.3에 나오는 콘크리트 혼합기에 사용할 한 쌍의 연강 기어를 선정하였다. 혼합기는 1,200rpm으로 회전하는 10마력 엔진으로 구동된다. 이에 맞는 지름피치를 결정하라.

풀이 연강 기어는 피니언 속도가 1,800rpm 일 때 10마력을 전달할 수 있다. 간섭 판정식에 따라서 표 10.3을 보면 잇수가 18, 압력각이 20°인 피니언은 어떠한 기어와도 물릴 수 있다. 잇수 18인 피니언을 사용할 때, 표 10.6에는 지름피치가 8로 되어 있다. 따라서 잇수 18, 지름피치 8인 연강 기어가 적당할 것이다. 신뢰성을 확보하기 위해 전반적인 강도 계산을 수행해야 한다.

10.8.2 압력각

두 번째로 결정할 매개 변수는 압력각이다. 언급했듯이, 압력각의 표준 값들은 14.5°, 20°, 25°이다. 14.5°는 기존 기계에 사용하는 다른 14.5° 기어를 대체할 경우에만 바람직하다는 것을 상기하여라. 20°인 것은 대부분의 기계에 통용된다. 25°인 것은 간섭이 없도록 작게 만들 수 있지만 동력 전달 효율은 떨어진다. 그러므로 이것은 동력이 작고 고속 회전하는 기계에 가장 적당하다.

표 10.7 상업적으로 이용 가능한 기어류의 잇수

32 지름피치								
12	16	20	28	36	48	64	80	112
14	16	24	32	40	56	72	96	128
24 지름피치								
12	18	24	30	42	54	72	96	144
15	21	27	36	48	60	84	120	
20 지름피치								
12	16	24	35	50	80	100	160	
14	18	25	40	60	84	120	180	
15	20	30	45	70	90	140	200	
16 지름피치								
12	16	24	32	48	64	96	160	
14	18	28	36	56	72	128	192	
15	20	30	40	60	80	144		
12 지름피치								
12	15	20	28	42	60	84	120	168
13	16	21	30	48	66	96	132	192
14	18	24	36	54	72	108	144	216
10 지름피치								
12	16	24	30	45	55	80	120	200
14	18	25	35	48	60	90	140	
15	20	28	40	50	70	100	160	
8 지름피치								
12	16	22	32	44	60	80	112	
14	18	24	36	48	64	88	120	
15	20	28	40	56	72	96	128	
6 지름피치								
12	16	24	33	48	66	96		
14	18	27	36	54	72	108		
15	21	30	42	60	84	120		
5 지름피치								
12	16	24	30	45	70	110	160	
14	18	25	35	50	80	120	180	
15	20	28	40	60	100	140		

10.8.3 잇수

마지막으로 잇수를 결정해야 한다. 이것은 대개 요구된 속도 비에 영향을 받는다. 일반적으로, 작은 기어는 크기, 무게, 비용을 절감할 수 있어 더 많이 사용된다. 물론 최소 크기는 간섭 판정식에 따라 결정된다. 잇수는 정수이어야 한다. 이는 당연해 보이지만 정수 해를 구하기 어려우므로 지속적인 고려가 필요하다. 게다가 기어 제작자들은 잇수를 1개씩 증가시켜 만들지 않는다. 표 10.7에는 상업적으로 사용되는 기어 목록이 나와 있다. 보스톤 기어, 브라우닝 기어, 마틴 스프로킷과 기어와 같은 특별한 목록은 표 10.7에 열거된 것 이상의 선택이 가능하므로 잇수를 결정할 때 상담을 받을 필요가 있다.

〉〉 예제 10.10

낚시 보트의 소형 견지 모터에 기어 감속기가 사용된다. 기어는 900rpm의 전기 모터로부터 320rpm의 프로펠러에 5마력을 전달한다. 이에 적합한 기어를 선정하라.

풀이 이 기계는 일반적인 기어를 사용하므로 압력각을 20°로 하면 된다. 표 10.6을 참고하여, 적당한 지름피치를 다음과 같이 계산한다.

$$P_d = 10$$

필요한 속도 비는 다음과 같다.

$$VR = \frac{\omega_{구동}}{\omega_{종동}} = \frac{900\,\text{rpm}}{320\,\text{rpm}} = 2.8125$$

식 10.19를 정리하면

$$N_{종동} = N_{구동}\left(\frac{\omega_{종동}}{\omega_{구동}}\right) = N_{구동}\left(\frac{900\,\text{rpm}}{320\,\text{rpm}}\right) = N_{구동}(2.8125)$$

작게 조립되는 것이 좋으므로 피니언(구동) 잇수의 값은 가능한 최소 피니언의 값을 대체해 간다. 잇수가 정수이어야 하므로 반복 계산이 필요하다는 것을 주의하라.

$$N_{구동} = 13, \qquad N_{종동} = 13\left(\frac{900}{320}\right) = 36.56$$

$$N_{구동} = 14, \qquad N_{종동} = 14\left(\frac{900}{320}\right) = 39.38$$

$$N_{구동} = 15, \qquad N_{종동} = 15\left(\frac{900}{320}\right) = 42.14$$

$$N_{구동} = 16, \qquad N_{종동} = 16\left(\frac{900}{320}\right) = 45$$

최소 정수의 조합은 잇수 16과 45이다. 또한 앞에서 본 바와 같이 적당한 지름피치는 10이다. 표 10.7의 기어는 상업적으로 이용 가능한 기어이다.

끝으로, 이에 따른 피치지름과 축 중심거리는 다음과 같이 결정된다.

$$d_1 = \frac{N_1}{P_d} = \frac{16}{10} = 1.6\,\text{in.}$$

$$d_2 = \frac{N_2}{P_d} = \frac{45}{10} = 4.5\,\text{in.}$$

$$C_{\text{외접기어}} = \frac{(d_1 + d_2)}{2} = \frac{(1.6 + 4.5)}{2} = 3.05\,\text{in.}$$

흔히 기어는 기계 축들 사이의 속도 비를 바꿀 수 있도록 선정되어야 한다. 또 다른 문제는 축이 어떤 제약 조건들 때문에 특정한 거리를 두어야 하는 경우에 발생한다. 이들 두 문제 모두 기어의 중심거리에 한계를 둔다. 이럴 경우에, 각 기어의 잇수는 가능한 최소값이 되지 않을 수도 있지만 두 축 사이의 거리는 충족시켜야 한다. 또한 축 사이의 거리 때문에 필요 이상으로 큰 잇수를 사용할 수도 있다. 결국 표준 기어를 지정하기 위해 목표 비율과 조금 다른 값들이 필요한 경우도 있다. 대개의 경우, 이 장에서 설명된 관계들은 어떠한 기어 세트를 지정할 때나 사용할 수 있는 것이다. 다음 예제는 몇 가지 가능한 경우를 보여 준다.

예제 10.11

한 쌍의 기어가 전기 모터의 동력을 받아서 선반 스핀들을 200rpm으로 구동하는 데 사용된다. 이 구동 시스템은 그림 10.14에 나와 있다. 1마력짜리 모터가 더 효율적이고 600rpm 정도의 더 고속인 모터로 교체된다. 모터가 바뀌므로, 200rpm인 스핀들 속도를 유지할 수 있는 새로운 기어 조합이 필요하다. 그런데 기어는 변형될 수 없는 정교한 덮개에 설치되어 있다. 그러므로 기어의 중심거리는 7.5in.로 유지되어야 한다. 여기에 사용될 기어를 선정하라.

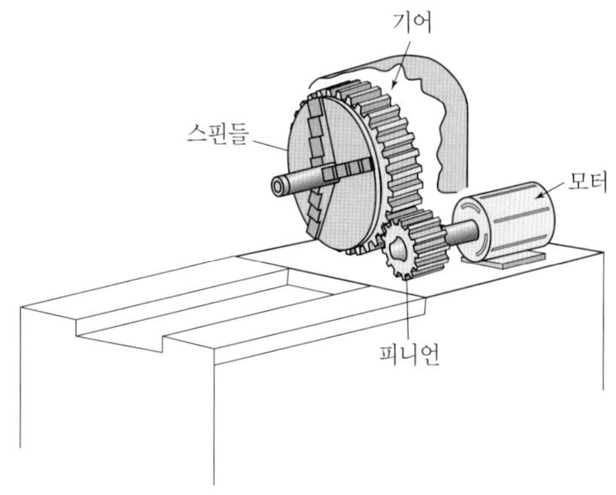

그림 10.14 예제 10.11의 선반 구동부

풀이 이 문제에서 주된 매개 변수는 속도 비와 중심거리이다. 필요한 속도 비는 다음과 같다.

$$VR = \frac{\omega_{구동}}{\omega_{종동}} = \frac{600\,\text{rpm}}{200\,\text{rpm}} = 3.0$$

그러므로

$$VR = \frac{d_2}{d_1} = 3.0$$

이것을 다시 쓰면 다음과 같다.

$$d_2 = 3d_1$$

또한 중심거리는 다음과 같다.

$$C_{외접기어} = \frac{(d_1 + d_2)}{2} = 7.5$$

이 관계식을 이용하면 적합한 피치지름은 다음과 같이 대수적으로 결정된다.

$$C_{외접기어} = \frac{d_1 + d_2}{2} = \frac{d_1 + 3d_1}{2} = \frac{4d_1}{2} = 7.5$$

이것을 풀면 다음과 같다.

$$d_1 = 3.75\text{in.}$$

그러면

$$d_2 = 3(3.75) = 11.25\text{in.}$$

이 문제는 적당한 지름피치와 잇수를 찾는 것으로 줄어들며 이로부터 피치지름을 구할 수 있게 된다. 이 기계는 일반형의 기어를 사용하므로 압력각은 20°로 정한다. 표 10.6을 참고하면, 적당한 지름피치는 14로 추정한다. 오류를 피하기 위해 $P_d \leq 14$인 숫자만을 고려한다. 피치지름, 지름피치, 잇수 등을 연관시키면 아래의 계산이 이루어진다.

$$N_{구동} = (d_1)(P_d) = 3.75\,P_d$$

$$N_{종동} = (VR)N_{구동} = 3N_{구동} = 3(3.75\,P_d) = 11.25\,P_d$$

14 이하의 지름피치를 이 두 식에 치환한다. 잇수가 정수를 갖는 풀이만이 유효하다는 것을 상기하여라. 모든 조합을 반복하면 세 가지 경우만 가능하다.

최상의 대안은 표준 기어의 가용성, 비용, 기어 세트의 무게에 따라 결정된다. 출력 속도가 정확히 200rpm이라는 것을 주목하여라. 많은 상황에서 종동부의 속도는 정확하게 얻어질 수 없다. 다음 문제는 이러한 경우를 보여 준다.

예제 10.12

기어로 구동되는 배기 송풍기와 덮개가 그림 10.15에 나와 있다. 공기 흐름을 더 원활하게 하기 위해, 송풍기의 회전속도는 460rpm으로 증가되어야 하고 가능한 한 이 속도에 가까워야 한다. 1,750rpm으로 작동하는 3마력 모터를 사용한다. 덮개는 개조할 수 없는데 여기에 중심거리가 9.5in.인 베어링 장치가 달려 있다. 이 장치에 사용할 기어를 선정하라.

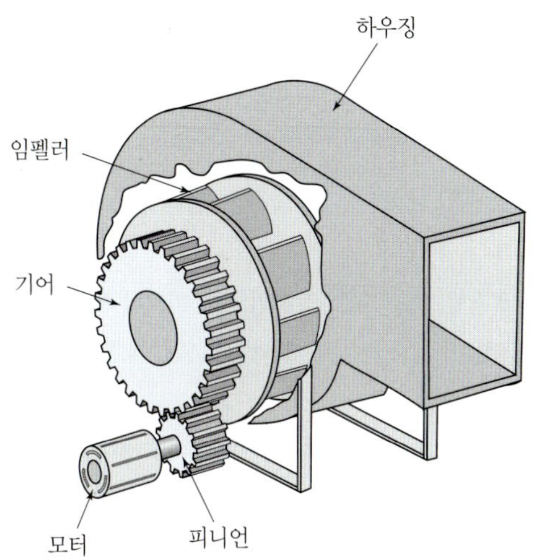

그림 10.15 예제 10.12의 배기 송풍기

풀이 예제 10.11에서 본 바와 같이, 이 문제에서의 주요 매개변수들은 속도 비와 중심거리이다. 필요한 속도 비는 다음과 같다.

$$VR = \frac{\omega_{구동}}{\omega_{종동}} = \frac{1750\,\text{rpm}}{460\,\text{rpm}} = 3.80$$

이 문제는 나누어 떨어지지 않는 속도 비 때문에 복잡해진다. 종동속도를 정확하게 460rpm으로 얻기가 불가능하다. 이 값을 나누어지는 값으로 속도 비를 근사화하면 다음과 같다.

$$VR = \left(\frac{d_2}{d_1}\right) \approx 3.75$$

이 값을 이용하여 종동속도를 구할 수 있다.

$$\omega_{종동} = \left(\frac{\omega_{구동}}{VR}\right) = \left(\frac{1750\,\text{rpm}}{3.75}\right) = 466\,\text{rpm}$$

송풍기가 이 속도로 작동한다고 가정하면

$$d_2 = 3.75\,d_1$$

중심거리는 다음과 같다.

$$C_{외접기어} = \frac{(d_1 + d_2)}{2} = 5.5\text{in.}$$

이 관계식을 이용하면 적합한 피치지름들은 다음과 같이 대수적으로 결정된다.

$$C_{외접기어} = \frac{(d_1 + 3.75d_1)}{2} = \frac{4.75d_1}{2} = 9.5\text{in.}$$

이것을 풀면 다음과 같다.

$$d_1 = 4\text{in.}$$

그리고

$$d_2 = 3.75(4) = 15\text{in.}$$

앞에서의 경우처럼, 이 문제는 적당한 지름피치와 잇수를 찾아 필요한 피치지름을 결정하는 것으로 축소된다. 언급한 대로 속도 비가 소수이기 때문에 잇수를 정수로 찾는 것이 불가능해 보인다. 반복대입하는 해결방법이 필요하다.

이 장치에는 일반형의 기어가 들어가 있으므로, 압력각이 20°인 것을 사용한다. 표 10.6을 참조하여, 적당한 지름피치를 12로 추정한다. 오류를 피하기 위해 $P_d \leq 12$인 숫자만을 고려한다. 속도, 피치지름, 지름피치, 잇수를 연관시키면 다음과 같이 계산된다.

$$N_{구동} = (d_1)(P_d) = 2P_d$$

$$N_{종동} = (VR)N_{구동} = 3.75N_{구동} = 3.75(2P_d) = 7.5P_d$$

지름피치와 12와 12 이하의 값들을 위의 두 식에 치환한다. 잇수가 정수인 해만이 유효하다는 것을 상기하라. 모든 조합들을 계산하면, 다음 세 가지 조합이 이용 가능하다.

$$P_d = 12, \quad N_1 = 45, \quad N_2 = 135$$

$$P_d = 8, \quad N_1 = 30, \quad N_2 = 90$$

$$P_d = 4, \quad N_1 = 15, \quad N_2 = 45$$

지름피치 8 이하의 값을 갖는 기어의 다른 이용 가능한 조합이 있다면, 여기에서도 가장 좋은 대체품은 표준 제품을 이용할 수 있는지의 여부, 비용, 무게 등에 좌우된다.

10.9 래크와 피니언의 운동학

기어 래크에 대해서는 10.2절에서 간략히 알아보았고, 그 모습이 그림 10.3b에 나와 있다. 이것은 피니언의 회전운동을 래크의 직선병진운동으로 변환하는 데 이용된다. 가장 주목할 만한 응용 분야는 자동차의 조향장치이다. 이 분야의 운전대에서 발생하는 회전운동이 앞바퀴의 뒷부분을 밀어서 자동차의 진행방향을 바꾼다. 이로써 운동은 회전운동에서 직선운동으로 변환된다. 래크와 피니언은 래크의 직선운동을 피니언의 회전으로 바꾸는 데에도 이용될 수 있다.

10.5.3절에서 간략히 살펴본 것처럼, 래크는 평기어의 특수한 형태이다. 기어의 지름이 매우 커지면 기어치의 국소 형상은 래크와 비슷해진다. 실제로 수학적으로 보면 래크는 무한한 피치지름을 가진 평기어로 취급될 수 있다. 그러므로 평기어에 관한 모든 기하학적 특성들은 래크에도 적용될 수 있다. 단 한 가지 차이점은 래크가 피치지름 대신에 피치선을 갖는다는 것이다.

기구학적 관점에서 피니언의 회전운동과 래크의 선형운동은 6장의 식 6.5에 제시된 개념에 따라 서로 연관될 수 있다. 래크의 변위 방정식은 다음으로 주어진다.

$$\Delta R_{\text{래크}} = r(\Delta\theta) = \frac{(d_{\text{피니언}})(\Delta\theta_{\text{피니언}})}{2} \qquad \textbf{(10.20)}$$

여기서 $\Delta\theta_{\text{피니언}}$은 라디안으로 표시되어야 한다. 래크의 선속도는 아래 식으로 주어진다.

$$v_{\text{래크}} = \omega_{\text{피니언}}\, r_{\text{피니언}} = \frac{(d_{\text{피니언}})(\omega_{\text{피니언}})}{2} \qquad \textbf{(10.21)}$$

예제 10.13

그림 10.16과 같이, 드릴 프레스에 래크와 피니언이 사용된다. 피치 16인 피니언의 잇수가 16이다. 드릴을 0.75in.를 전진시키기 위해서 핸들(과 피니언)이 회전해야 할 거리를 결정하라.

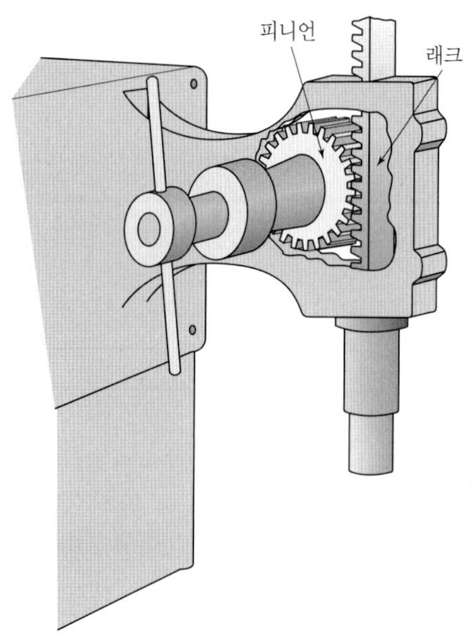

그림 10.16 래크와 피니언을 쓰는 드릴 프레스

풀이 식 10.19로부터 피니언이 회전해야 할 변위는 다음과 같다.

$$\Delta\theta_{\text{피니언}} = \frac{2\Delta R_{\text{래크}}}{d_{\text{피니언}}}$$

그러면

$$d_{\text{피니언}} = \frac{N_{\text{피니언}}}{P_d} = \frac{16}{16} = 1.0\,\text{in.}$$

$$\Delta\theta_{\text{피니언}} = \frac{2(0.75\,\text{in.})}{(1.0\,\text{in.})} = 1.5\,\text{rad}$$

각도로 환산하면 다음과 같다.

$$\Delta\theta_{\text{피니언}} = 1.5\,\text{rad}\left(\frac{180°}{\pi\,\text{rad}}\right) = 85.94°$$

〉〉 예제 10.14

예제 10.13의 드릴 프레스에서 드릴을 12in./min의 속도로 전진시키기 위해서 피니언이 회전해야 할 속도를 계산하라.

풀이 식 10.21로부터 피니언이 회전해야 할 변위는 다음과 같다.

$$\omega_{\text{피니언}} = \frac{2v_{\text{래크}}}{d_{\text{피니언}}} = \frac{2(12\,\text{in./min})}{(10\,\text{in.})} = 24\,\text{rad/min}$$

분당 회전수로 바꾸면,

$$\omega_{\text{피니언}} = 24\,\text{rad/min}\left(\frac{1\,\text{rev}}{2\pi\,\text{rad}}\right) = 3.82\,\text{rpm}$$

10.10 헬리컬 기어의 기구학

헬리컬 기어는 10.2절에서 소개되었고, 그림 10.3d에 나와 있다. 헬리컬 기어는 단이 있는 기어가 평기어보다 더 부드럽고 조용하게 작동한다는 것을 발견한 기계 제작자에 의해서 발전되었다. 단이 있는 기어는 나란히 놓인 수많은 얇은 평기어로 구성되는데, 각각의 기어는 옆의 기어보다 약간 작은 각도로 회전된 것이다. 그 결과 합쳐진 기어는 두 기어치가 접촉될 때 흔히 발생하는(예 : 일반적인 평기어) 큰 충돌을 나타내지 않는다.

헬리컬 기어는 단이 있는 기어의 단적인 예인데, 기어가 단은 없고 기어축에 대해 기울어져 있다. 평행축에 사용되면, 헬리컬 기어는 중복되는 기어치의 접촉을 일으킨다. 다시 말해 기어치의 앞쪽 끝이 접촉되어 하중을 전달받기 시작할 때 앞서의 기어치의 뒤쪽 끝도 접촉 중인 것이다. 이 때문에 기어가 하중을 차츰 넘겨 받게 되어 더 부드럽고 조용하게 작동하는 것이다. 이러한 이유로, 헬리컬 기어는 제작하기 어려워 가격이 비싼데도 선호되고 있다.

헬리컬 기어는 기울어진 기어치의 경사에 따라 오른나선형(fight-hand)이나 왼나선형(left-hand)으로 지정된다. 왼쪽 아래로 경사진 기어치를 가진 헬리컬 기어를 왼나선형 나선이라고 정한다. 반대로, 오른쪽 아래로 경사진 기어치를 가지고 있으면 오른나선형 나선이라 한다. 그림 10.3d에 나온 위쪽 헬리컬 기어는 왼나선형 기어이다.

헬리컬 기어는 평행이 아닌 축들 사이에도 고유한 기하학적 특성을 바꾸지 않고 쓸 수 있다. 이러한 현상을 **교차된 헬리컬 기어(crossed helical gear)**라고 한다. 그러나 교차 형상을 가지게 되면 기어를 구동하는 데 필요한 힘을 축의 각도에 따라 급격히 커진다. 그러므로 이 형상은 작은 동력을 전달하는 장치에 사용하도록 권장된다.

헬리컬 기어의 기하학적, 운동학적 관계들은 평기어의 경우와 매우 비슷하다. 가장 큰 차이점은 **나선각(helix angle)** ϕ의 정의인데, 이것은 기어치의 기울어진 각도이다. 이 각도는 오른나선형 헬리컬 기어를 예로 들어서 그림 10.17에 나와 있다.

기어축에 수직한 방향에서 헬리컬 기어의 단면도는 평기어의 것과 같게 보인다. 이 모습은 그림 10.17의 단면 A-A가 보여 주는데 **횡단면(transverse section)**이라고 부른다. 평기어에 대해 정의된 기어치의 기하 특성들로 나타낸다. 횡단 원형피치(transverse circular pitch), 횡단 압력각(transverse pressure), 횡단 지름피치(transverse diametral pitch)는 평기어에서의 정의와 똑같다. 횡단 원형피치가 그림 10.17에 나와 있다.

단면도로부터 기어치에 법선 방향으로 몇 가지 기하학적 특성들이 추가로 정의된다. 이 모습은 그림 10.17의 단면 B-B에서 볼 수 있는데 **수직 단면(normal section)**이라고 한다.

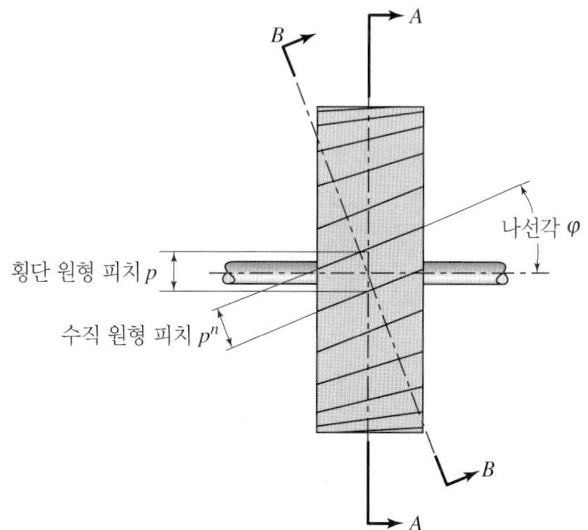

그림 10.17 헬리컬 기어 형상

수직 원형피치(normal circular pitch) p^n은 피치원에서부터 기어치에 수직으로 측정된 상응하는 점들 사이의 거리로 정의된다. 수직 원형피치도 그림 10.17에서 볼 수 있다. 수직 원형피치는 삼각함수를 이용해서 횡단 원형피치와 연관시킬 수 있다.

$$p^n = p \cos \phi \tag{10.22}$$

수직 지름피치(normal diametral pitch) P_d^n은 수직 원형피치를 이용하여 식 10.5에서와 비슷한 방식으로 정의한다.

$$P_d^n = \frac{\pi}{p^n} \tag{10.23}$$

수직 모듈(normal module) m^n은 비슷하게 다음 식처럼 정의할 수 있다.

$$m^n = \pi p^n \tag{10.24}$$

또한 삼각함수를 이용해서 다음 식과 같이 쓸 수 있다.

$$P_d = P_d^n \cos \phi \tag{10.25}$$

$$m = \frac{m^n}{\cos \phi} \tag{10.26}$$

수직 압력각(normal pressure angle) θ^n은 이 수직 관점에서 기어치의 형태로부터 정의된다. 수직 압력각도 다음 식에 의해서 횡단 압력각과 연관시킬 수 있다.

$$\tan \phi^n = \tan \phi \cos \phi \tag{10.27}$$

헬리컬 기어는 서로 교체 사용되는 경우가 드물기 때문에, 평기어와 같은 표준 시스템이 없다. 많이 쓰이는 치수들은 대체로 헬리컬 기어가 형성되는 방법에 좌우된다. 기어가 호빙작업에 의해 깎일 때, 수직 지름피치는 표 10.1에 실린 표준에 따라야 한다. 반대로 기어가 셰이퍼(shaper)에 의해 깎일 때는 횡단 지름피치가 표 10.1에 실린 표준을 준수해야 한다.

대부분 기어의 나선각은 15°와 45° 사이에서 변화한다. 기어치가 축에 대해 각을 이루고 있으므로 물리는 헬리컬 기어 사이에는 미는 힘이 발생한다. 축방향의 힘은 나선각의 접선에 대해 직접적으로 변화하므로, 나선각들이 크면 충분한 축기어(axial gear)와 축받침이 필요하게 된다.

평행축 장치들에서는 식 10.19의 속도 비를 헬리컬 기어에 응용할 수 있다. 헬리컬 기어의 적절한 맞물림을 위해서는 평기어에 대한 것 이상으로 두 가지 필요조건이 포함된다.

1. 기어는 같은 나선각을 가져야 한다.
2. 맞물리는 두 기어의 나선은 반대쪽이어야 한다. 다시 말해, 한 기어가 왼나선형이면 다른 기어는 오른나선형이어야 한다.

표 10.8 간섭을 피하기 위한 헬리컬 기어의 최소 잇수

	수직 압력각 ϕ''		
나선각	**14.5°**	**20°**	**25°**
0°(스퍼기어)	32	17	12
5°	32	17	12
10°	31	17	12
15°	29	16	11
20°	27	15	10
22.5°	25	14	10
25°	24	13	9
30°	21	12	8
35°	18	10	7
40°	15	8	6
45°	12	7	5

나선이 존재함으로써 간섭을 피하는 데도 도움이 된다. 헬리컬 기어에 대해 식 10.13과 비슷한 식이 유도되었다.

그러므로 어떤 크기의 기어와도 물릴 수 있고 간섭 고려가 필요없는 피니언의 최소 잇수는 아래 식으로 정할 수 있다.

$$N_1 > \frac{2k\cos\varphi}{\sin^2\phi} \tag{10.28}$$

이 식에서 산출된 값들은 표 10.8에 요약되어 있다.

〉〉 예제 10.15

기어 구동에서의 소음을 줄이기 위해, 피치가 12이고 잇수는 각각 20과 65인 2개의 기어를 헬리컬 기어로 바꾸려고 한다. 새로운 기어는 같은 속도 비를 가져야 한다. 같은 덮개를 사용할 것이므로, 중심거리도 그대로 유지되어야 한다. 헬리컬 기어는 홉으로 성형된다고 생각하라.

풀이 원래의 속도 비와 중심거리는 아래 식으로 계산한다.

$$VR = \frac{N_{구동}}{N_{종동}} = \frac{65}{20} = 3.25$$

$$C_{외접기어} = \frac{(N_1 + N_2)}{2P_d} = \frac{(20 + 65)}{2(12)} = 3.4\,\text{in.}$$

기어가 홉을 깎을 것이므로, 수직 지름피치는 표 10.1의 표준을 따라야 한다. 원래의 기어의 지름피

표 10.9 예제 10.15의 반복 계산

피니언 잇수 N_1	기어 잇수 N_2	수직 지름피치 P_d^n	나선각 φ	지름피치 P_d
19	61.75	12	8.27	11.88
18	58.50	12	20.36	11.25
17	55.25	12	27.70	9.62
16	52	12	33.55	9.00

치가 12였으므로, 기어치는 충분한 강도를 갖는다고 간주된다. 헬리컬 기어의 수직 지름피치는 12로 정한다.

식 10.22를 식 10.7에 대입하면 아래 계산식이 생긴다.

$$C_{외접기어} = \frac{(N_1 + N_2)}{2P_d^n cos\varphi} = \frac{(N_1 + N_2)}{2(12\,cos\varphi)} = 3.4\,\text{in.}$$

또한

$$\frac{N_2}{N_1} = 3.25$$

그러므로

$$\frac{(N_1 + 3.25N_1)}{24\cos\varphi} = 3.4$$

이것은 다음 식으로 축소된다.

$$\cos\varphi = \frac{N_1}{19.2}$$

이 식을 보면 이 장치에서 N_1이 19.2보다 작아야 한다. 계산 결과 표 10.8에 여러 조합이 고려되고 있다.

잇수들을 정수로 내주는 해를 사용한다. 잇수 16인 피니언과 잇수가 52이고, 나선각이 33.55°인 헬리컬 기어가 선택된다. 표 10.8의 간섭 판정식에 따라, 수직압력각은 20° 또는 25°로 한다.

10.11 베벨 기어의 기구학

베벨 기어는 10.2절에서 소개되었고 그림 10.3f에서 볼 수 있다. 베벨 기어는 교차하는 두 축 사이에서 운동을 전달할 때 사용된다. 베벨 기어 배치에서 가장 중요한 요인 중 하나는 **축각도(shaft angle)** Σ이다. 축각도는 받치고 있는 축의 중심선이 이루는 각도로 정의된다. 보통의 베

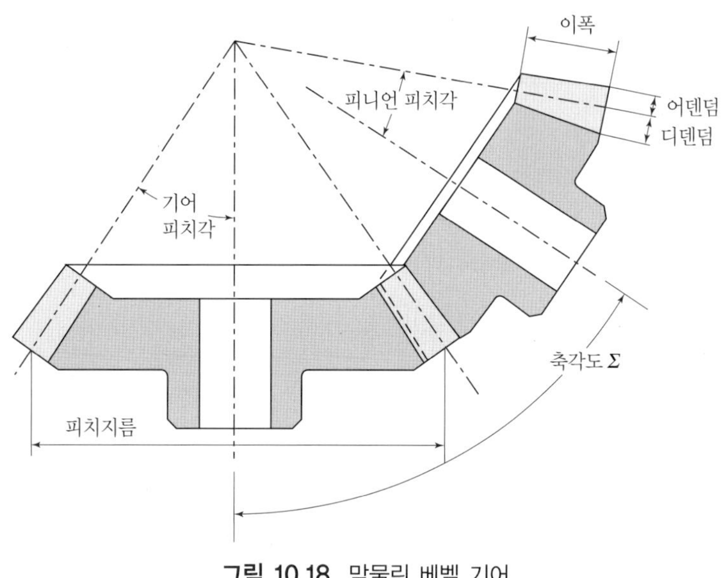

그림 10.18 맞물린 베벨 기어

벨 기어장치는 축이 직각으로 교차하거나 축각도가 90°이다.

10.1절에서 언급했고 그림 10.2에 나온 바와 같이 두 평기어는 2개의 마찰 롤러와 동일한 기구학을 보여 준다. 방식으로 베벨 기어는 2개의 마찰 원추로 대체될 수 있다. 이러한 원추 기하에 따라서 기어치의 깊이는 바깥에서 중간 방향으로 점점 얕아진다. 피치지름, 어덴덤과 같이 평기어에서 사용되었던 대부분의 기어치 특징이 베벨 기어에 적용된다. 이것은 그림 10.18에 나온 맞물리는 두 베벨 기어의 축방향 단면에서 볼 수 있다. 기어치가 가늘어지므로, 기어치 특징은 기어치의 바깥 모서리에서 측정된다.

식 10.19에 제시된 평기어의 각속도 비는 베벨 기어에도 적용될 수 있다. 원주피치와 압력각은 평기어에서의 정의와 같고, 맞물릴 베벨 기어의 것과 같아야 한다. 베벨 기어의 원주피치는 대개 표 10.1의 표준값을 따른다. 대부분의 베벨 기어는 압력각이 20°가 되도록 만들어지지만 기어치 모양(form)은 제작상의 어려움 때문에 보통 인벌류트가 아니다. 대체할 수 있는 기어의 치형이 판매자들에 의해 상표 등록되어 있고 인벌류트 치형과도 경쟁할 만한 치형으로 취급된다.

베벨 기어는 지름피치와 압력각 외에도 **피치각(pitch angle)** γ에 의해 분류된다. 피치각은 기어를 구성하는 기반이 되는 원추의 원추각이다. 그림 10.17에 나온 맞물리는 두 기어에 피치각이 표시되어 있다. 각 기어의 피치각은 속도 비의 함수인데 다음 식으로 주어진다.

$$\tan\gamma_{\text{피니언}} = \frac{\sin\Sigma}{\left\{\cos\Sigma + \left(\dfrac{N_{\text{기어}}}{N_{\text{피니언}}}\right)\right\}} \tag{10.29}$$

$$\tan\gamma_{기어} = \frac{\sin\Sigma}{\left\{\cos\Sigma + \left(\dfrac{N_{피니언}}{N_{기어}}\right)\right\}} \tag{10.30}$$

피치원추가 속도 비의 함수이므로, 평기어에서의 경우와 마찬가지로 비율을 바꾸기 위해 하나의 베벨 기어를 바꿔 넣을 수는 없다. 따라서 베벨 기어는 하나의 짝으로 판매된다.

그림 10.18을 보면, 맞물리는 두 기어의 피치각의 합은 다음 식처럼 축각도와 같음이 분명하다.

$$\Sigma = \gamma_{피니언} + \gamma_{기어} \tag{10.31}$$

그림 10.3g에서 볼 수 있는 마이터 기어는 베벨 기어의 독특한 경우인데, 축각도가 90°이고 속도 비가 1이다. 식 10.21과 식 10.22를 사용하면 두 마이터 기어의 피치각은 45°이다.

베벨 기어의 설치는 매우 중요하다. 이상적인 물림을 위해 두 기어에 대한 각각의 원추의 정점이 일치해야 한다. 조금의 편차가 있어도 엄청난 백래시나 간섭이 일어난다. 베벨 기어 고유의 기하학적 특성 때문에 외팔보 형태의 축의 한쪽 끝에는 적어도 하나의 기어가 부착되어야 한다. 이러한 형상 때문에 큰 변형이 일어나고 또 백래시에 따른 문제를 가져온다.

맞물리는 베벨 기어에 이해 발생한 축방향 힘은 맞물린 기어를 분리시키려고 한다. 이것은 축변형을 일으킬 수 있으므로 항상 고려해야 한다. 축방향 힘에 대처하기 위해서 당연히 축방향 지지 베어링이 배치되어야 한다.

〉〉 예제 10.16

잇수가 각각 18과 27인 한 쌍의 베벨 기어가 70°로 교차하는 축에 사용된다. 두 기어의 속도 비와 피치각을 결정하라.

풀이 속도 비는 식 10.17로 계산할 수 있다.

$$VR = \frac{N_{기어}}{N_{피니언}} = \frac{27\,\text{teeth}}{18\,\text{teeth}} = 1.5$$

피치각은 식 10.29와 식 10.30으로 계산된다.

$$\tan\gamma_{피니언} = \frac{\sin\Sigma}{\left[\cos\Sigma + \left(\dfrac{N_{기어}}{N_{피니언}}\right)\right]}$$

$$\gamma_{피니언} = \tan^{-1}\left[\frac{\sin(70°)}{(\cos 70°) + (27/18)}\right] = 27.02°$$

$$\tan\gamma_{기어} = \frac{\sin\Sigma}{\left[\cos\Sigma + \left(\frac{N_{피니언}}{N_{기어}}\right)\right]}$$

$$\gamma_{기어} = \tan^{-1}\left[\frac{\sin(70°)}{(\cos 70°) + (18/27)}\right] = 42.98°$$

10.12 웜 기어의 기구학

웜(worm)과 웜 기어는 10.2절에 설명되었으며, 그림 10.3h에서 볼 수 있다. 웜과 웜 기어는 평행이 아니고 교차하지도 않는 축 사이에서 운동을 전달하는 데 사용된다. 웜 기어세트로서 다소 제한된 공간에서 큰 속도 비를 얻을 수 있다. 상대적으로 작은 기어를 웜이라하고, 더 큰 기어를 **웜 기어**, **웜 휠** 또는 간단히 **기어**라고 부른다.

웜은 스크루와 비슷하고 웜의 기어치는 간혹 나사의 나선줄로 취급된다(그림 10.3h). 웜은 보통 홑겹, 2겹, 4겹으로 할 수 있다. 그러므로 **웜 기어치의 개수(나선수)** N_w는 중요한 특성이다. 하나의 웜에 얹힌 다중 나사선들의 개념이 그림 10.19에 그려져 있다.

웜 기어 기어치의 형상은 대개 인벌류트이다. 또한 기어치가 대체로 면을 가로질러 오목하게 깎이므로, 원통형 웜에 더 잘 맞는다. 이러한 기법을 **웜 기어 기어치 엔벨로프(envelop)**라고 한다. 이것은 힘이 전달되는 접촉영역(patch)을 더 넓게 하려는 의도에서 나온 것이다. 웜은 오목한 길이로 깎일 수도 있어서 둥근 웜 기어에 잘 맞는다. 두 가지 선택사항을 함께 결합한 웜 기어 세트는 **이중-엔벨로프(double-enveloping)**가 되었다고 하는데 접촉영역이 넓어지고 훨씬 큰 동력을 전달할 수 있게 된다. 이러한 형태로 구성되므로 웜과 웜 기어는 교체될 수 없어서 짝을 이루어 판매된다.

웜 기어는 사실상 기어 주위의 기어치를 둘러싸는 커다란 나선각을 가진 헬리컬 기어의 극단적인 경우이다. 그러므로 10.6절에서 제시된 헬리컬 기어의 기하학적 특성들로써 웜 기어를 묘사할 수 있다. 지름피치의 값들은 대체로 표 10.1의 표준을 따른다. 압력각들도 헬리컬 기어의 표준인 14.5°, 20°, 25°이다. 실제 문제에서 압력각은 웜 리드각(lead angle)에 기초하여 선정되기도 하는데 뒤에 논의할 것이다.

웜은 위에서 언급한 대로 나선줄의 수, **웜 피치지름(worm pitch diameter)** d_w, 피치 p_w, 리드각 λ로 기술된다. 웜 피치지름은 평기어의 경우와 비슷하게, 웜 기어의 피치지름에 접하여 존재하는 원의 지름으로 결정된다. 웜 피치도 평기어에 대한 정의와 비슷한데, 인접한 기어치

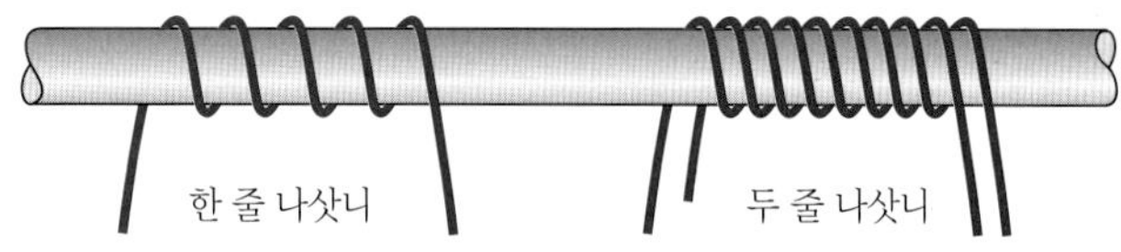

그림 10.19 다중 나사선 개념

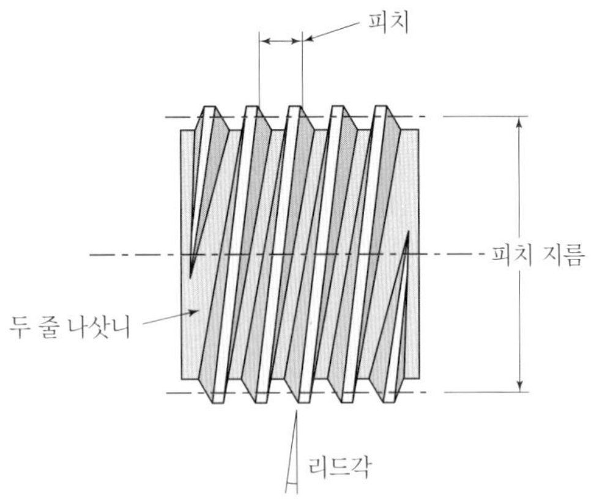

그림 10.20 웜 형상

(나선) 위의 상응하는 점들 사이의 거리이다. 웜의 이와 같은 기하학적 특성은 그림 10.20에서 볼 수 있다.

또한 그림 10.20에 나오는 리드각은 기어치(나선)의 경사가 이루는 각도이다. 이것은 웜의 다른 특징들에 대한 삼각함수를 이용해서 계산될 수 있다.

$$\tan\lambda = \frac{N_w p_w}{\pi d_w} \tag{10.32}$$

맞물리는 웜 기어 세트에서 웜의 피치는 웜 기어의 피치와 같아야 한다. 따라서 식 10.1로부터 다음 식이 유도된다.

$$p_w = p_{기어} = \frac{\pi}{P_d} \tag{10.33}$$

축은 대개의 경우 90°로 교차하는데, 웜의 리드각은 웜 기어의 나선각과 같아야 한다.

웜 기어 세트의 속도 비는 웜 기어의 잇수를 웜의 나선수로 나누어 계산한다.

$$VR = \frac{N_{기어}}{N_w} \tag{10.34}$$

이것도 평기어를 사용하는 경우와 동일하다.

대부분의 기어 세트에서 웜은 구동축이어서 기어 세트가 감속기로써 작동하게 한다. 거의 모든 기어 세트는 역회전이 불가능한데, 기어치 사이에서 발생하는 근본적인 마찰력 때문에 웜이 기어를 회전시킬 수 없기 때문이다. 비역회전 구동은 **자동 멈춤(self-locking)**이라고도 한다. 웜이 맞물리는 웜 기어를 구동할 수 있기 위해서는 약 10°보다 큰 리드각을 가져야 한다. 이럴 경우 **역회전이 가능한 기어 세트**가 되지만 이렇게 되는 일은 거의 드물다.

비역회전성은 바람직하지 않은 것처럼 들리지만 확실한 장점들이 있다. 예를 들어, 물체를 들어 올리는 장비는 동력이 끊어져 모터가 꺼지더라도 물체를 높은 곳에서 지탱해야 한다. 웜은 웜 기어를 회전시킬 수 없으므로, 물체는 그 위치에서 멈춘 상태가 된다. 이러한 제동현상은 감아 올리는 장치(hoist), 기중기(jack), 승강기(lifting platform)와 같은 여러 장치들에 이용된다. 이런 사례에서는 안전을 위해 기어치 강도, 마찰예측 가능성 등이 반드시 분석되어야 한다.

》 예제 10.17

전기모터의 속도를 1,800rpm에서 50rpm으로 줄이기 위해 웜 기어 세트가 필요하다. 강도를 고려하였더니 피치가 12인 기어가 요구되며, 자동 멈춤도 가능해야 한다. 이에 알맞은 기어 세트를 선정하라.

풀이 속도 비는 식 10.17로 계산할 수 있다.

$$VR = \frac{\omega_{웜}}{\omega_{기어}} = \frac{1800\,\text{rpm}}{50\,\text{rpm}} = 36$$

단일나선 웜을 선택한다면 웜 기어의 잇수는 다음과 같다.

$$N_{기어} = \frac{VR}{N_w} = \frac{(36)}{(1)} = 36\,\text{teeth}$$

지름피치를 12로 하면 식 10.33으로부터 웜의 피치가 아래와 같이 결정된다.

$$p_w = \frac{\pi}{P_d} = \frac{\pi}{12} = 0.2618\,\text{in.}$$

자동 멈춤이 되어야 하므로 리드각은 대략 5°로 한다. 식 10.32를 사용하여 다음 식을 얻는다.

$$\tan\lambda = \frac{N_w p_w}{\pi d_w}$$

$$\tan 5° = \frac{(1)(0.2618)}{\pi d_w}$$

이를 풀면 다음과 같다.

$$d_w = 1.0499\,\text{in.}$$

웜 기어의 피치지름들은 다음과 같다.

$$d_{기어} = \frac{N_{기어}}{P_d} = \frac{36\,\text{teeth}}{12} = 3.0\,\text{in.}$$

결국 중심거리는 다음과 같이 계산된다.

$$C = \frac{(d_{웜} + d_{기어})}{2} = \frac{(1.0499 + 3.0)}{2} = 2.0250\,\text{in.}$$

10.13 기어열

기어열(gear trains)은 맞물리는 기어 세트의 연속이다. 기어열은 커다른 속도 감속을 얻기 위해 흔히 사용된다. 엔진, 터빈, 전기모터와 같은 여러 기계적 동력원은 고속(1,800~10,000rpm)에서 효율성 있게 작동한다. 차고 개폐기, 자동차 구동바퀴, 천정 송풍기와 같이 이러한 동력을 사용하는 장치는 낮은 속도(10~100rpm)를 요구한다. 그러므로 높은 속도 감소 비를 얻기 위해 기어열을 많이 이용한다.

예를 들어, 축의 회전속도를 1,800rpm에서 10rpm으로 줄여야 할 때도 있을 것이다. 그러면 감속비는 180:1이 필요하다. 이러한 감속을 하나의 기어 세트만으로 이루려 한다면, 식 10.19는 종동 기어가 구동 기어보다 180배나 커야 된다는 것을 보여 준다. 분명히 종동 기어는 엄청나게 거대하고 무겁고 비쌀 것이다.

그 다음으로, 더 필연적인 선택 이유는 연속된 기어쌍들을 사용하여 속도를 단계적으로 줄이기 위해서이다. 이 방법은 회전속도를 원하는 출력속도까지 계단식으로 떨어뜨린다. 이것이 바로 기어열의 원리이다.

다중 기어쌍이 연속으로 사용될 때, 전체 속도 비를 **기어열의 속도 비(train value)** *TV*라고 한다. 기어열의 속도 비는 기어열에 들어가는 입력속도를 나오는 출력속도로 나눈 값으로 정의된다. 이것은 속도 비의 정의와 일관성을 갖는다. 기어열의 속도 비는 기어열을 구성하고 있는 맞물리는 각각의 기어쌍의 속도 비를 곱한 값이다. 수식의 형태로는 다음과 같이 쓸 수 있다.

$$TV = \frac{\omega_{\text{입력축}}}{\omega_{\text{출력축}}} = (VR_1)(VR_2)(VR_3)\ \cdots \qquad \textbf{(10.35)}$$

각각의 속도 비를 곱해서 나오는 대수적인 부호는 입력축과 출력축의 상대적인 회전 방향을 결정한다. 양의 값은 입력축과 출력축이 같은 방향으로 회전함을 나타내고, 음의 값은 반대 방향으로 회전함을 나타낸다.

》 예제 10.18

그림 10.21에 기어열이 나와 있다. 기어는 다음과 같은 특성을 가지고 있다.

기어 2 : $N_2 = 12$개의 잇수, $P_d = 12$
기어 3 : $D_3 = 2.5\text{in}$
기어 4 : $N_4 = 15$개의 잇수
기어 5 : $D_5 = 3.0\text{in}$, $P_d = 10$
기어 6 : $D_6 = 1.5\text{in}$, $P_d = 8$
기어 7 : $N_7 = 32$개의 잇수

기어 2가 1,800rpm으로 반시계 방향 회전을 할 때 기어 7의 회전속도를 결정하라. 또 기어 2와 기어 7의 축 사이 거리를 결정하라.

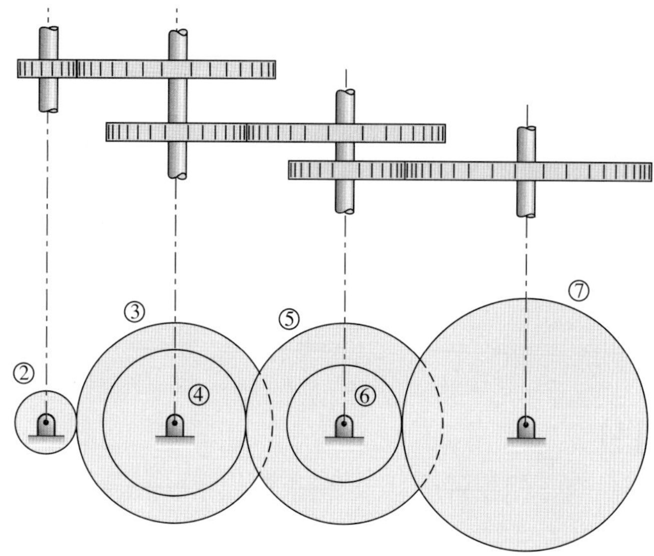

그림 10.21 예제 10.18의 기어열

풀이 기어열의 속도 비를 계산하기 위해서 기어의 연관된 특성이 결정되어야 한다. 이 문제에서는 기어의 피치지름을 사용해서 계산해야 한다.

$$d_2 = \frac{N_2}{P_d} = \frac{12}{12} = 1\text{in.}$$

기어 4는 기어 5와 물리는 데 같은 지름피치를 가져야 한다.

$$d_4 = \frac{N_4}{P_d} = \frac{15}{10} = 1.5\text{in.}$$

마찬가지로, 기어 7은 기어 6과 맞물리며 똑같은 지름피치를 갖는다.

$$d_7 = \frac{N_7}{P_d} = \frac{32}{8} = 4\text{in.}$$

기어열의 속도 비가 아래와 같이 계산될 수 있다.

$$TV = (VR_{2-3})(VR_{4-5})(VR_{6-7}) = \left(-\frac{d_3}{d_2}\right)\left(-\frac{d_5}{d_4}\right)\left(-\frac{d_7}{d_6}\right)$$

$$= \left(-\frac{2.5\text{in.}}{1\text{in.}}\right)\left(-\frac{3\text{in.}}{1.5\text{in.}}\right)\left(-\frac{4\text{in.}}{1.5\text{in.}}\right) = -13.33$$

기어 7의 속도가 이 기어열의 속도 비에 따라 결정된다.

$$\frac{\omega_2}{\omega_7} = TV$$

$$\omega_7 = \frac{\omega_2}{TV} = \frac{1800\,\text{rpm}}{(-13.33)} = -135\,\text{rpm} = 135\,\text{rpm},\ \text{시계 방향}$$

기어 2와 기어 7의 중심거리는 기어 2와 7 사이에 있는 모든 기어의 피치반지름을 합하여 결정할 수 있다. 이것은 그림 10.21에서 볼 수 있다.

$$C = r_2 + r_3 + r_4 + r_5 + r_6 + r_7$$

$$= \left(\frac{1\text{in.}}{2}\right) + \left(\frac{2.5\text{in.}}{2}\right) + \left(\frac{1.5\text{in.}}{2}\right) + \left(\frac{3\text{in.}}{2}\right) + \left(\frac{1.5\text{in.}}{2}\right) + \left(\frac{4\text{in.}}{2}\right) = 6.75\,\text{in.}$$

›› 예제 10.19

+300:1의 기어열의 속도 비를 내는 기어열을 설계하라. 간섭 판정식에 따르면, 크기 제한 때문에 기어의 잇수가 15보다 작고 75보다 커서는 안 된다.

풀이 이 기어열에 대한 크기 제한에 따라 각각의 속도 비의 최대값은 아래 식으로 결정된다.

$$VR_{\max} = \frac{N_2}{N_1} = \frac{75}{15} = 5$$

모든 설계문제에서처럼 가능한 해가 하나 이상 존재한다. 기어열의 속도 비는 각각의 속도 비의 곱이므로, 기어열의 속도 비를 각각의 최대 속도 비보다 크지 않은 값들로 인수분해해서 하나의 해를 얻을 수 있다. 이 문제에서, 어떤 인수도 5보다 크면 안 된다.

$$TV = 300 = (-5)(-60) = (-5)(-5)(12) = (-5)(-5)(-4)(-3)$$

그러므로 속도 비가 -5, -5, -4, -3인 기어쌍들로 이루어진 기어열이 300의 기어열의 속도 비를 내게 된다. 더 많이 사용되는 외접 기어를 사용하는 것이 바람직하므로 각각의 속도 비로 음의 값이 사용된다.

$VR_{1-2} = -5$, 외접기어를 사용 $N_1 = 15$, $N_2 = 75$

$VR_{3-4} = -5$, 외접기어를 사용 $N_3 = 15$, $N_4 = 75$

$VR_{5-6} = -4$, 외접기어를 사용 $N_5 = 15$, $N_6 = 60$

$VR_{7-8} = -3$, 외접기어를 사용 $N_7 = 15$, $N_8 = 45$

일반적으로 반대의 회전 방향을 만드는 외접기어를 사용할 때는 양의 기어열의 속도 비를 내기 위해 짝수 개의 기어쌍을 써야 한다. 위 예제의 답은 4개의 기어쌍을 가지므로, 출력회전은 입력회전과 같은 방향으로 일어난다.

10.14 아이들러 기어

그림 10.22의 기어열에 대해서 생각해 보자. 중간 기어가 작은 기어와 물려서 첫 번째 속도 비율을 형성한다. 중간 기어는 또 큰 기어와 물려서 두 번째 속도 비율을 이룬다. 항상 기어열의 속도 비는 이 속도 비의 곱으로 계산된다.

$$TV = (VR_{2-3})(VR_{3-4}) = \left(-\frac{d_3}{d_2}\right)\left(-\frac{d_4}{d_3}\right)$$

$$TV = \left(-\frac{6}{2}\right)\left(-\frac{8}{6}\right) = +\frac{8}{2} = +4$$

d_3가 분자와 분모 양쪽에 나타난다는 것에 주의하라. 이 경우에, 중간 기어의 영향은 효력이 없어진다. 이러한 기어 배치는 다음과 같은 기어열의 속도 비를 만들어 낸다.

$$TV = \left(-\frac{d_3}{d_2}\right)\left(-\frac{d_4}{d_3}\right) = +\frac{d_4}{d_2}$$

그러므로 기어열의 속도 비는 첫 번째 기어와 두 번째 기어의 크기에만 의존한다. 중간 기어의 지름 또는 잇수는 기어열의 속도 비에 영향을 미치지 않는다. 중간 기어를 **아이들러 기어(idler gear)**라고 한다. 이것의 기능은 운동의 크기에는 영향을 주지 않으면서 출력운동의 방향을 바꾸는 것이다. 이 기능을 살펴보기 위해, 기어 2가 직접 기어 4에 물리는 배치를 생각해 보자. 결과적으로 나오는 기어열의 속도 비는 다음과 같다.

$$TV = (-VR_{2-4}) = -\frac{d_4}{d_2}$$

따라서 아이들러 기어는 출력의 방향을 거꾸로 돌리는 역할만 한다. 이미 언급한 대로, 아이들러 기어의 크기는 기어열의 기구학적 특성에 영향을 주지 않는다. 실제로 입력 기어와 출력 기어의 중심을 원하는 위치에 맞출 때 아이들러 기어의 치수를 그에 맞게 정해서 이용할 수 있다. 물론 3개의 기어가 함께 맞물리므로 모두가 같은 지름피치와 압력각을 가져야 한다.

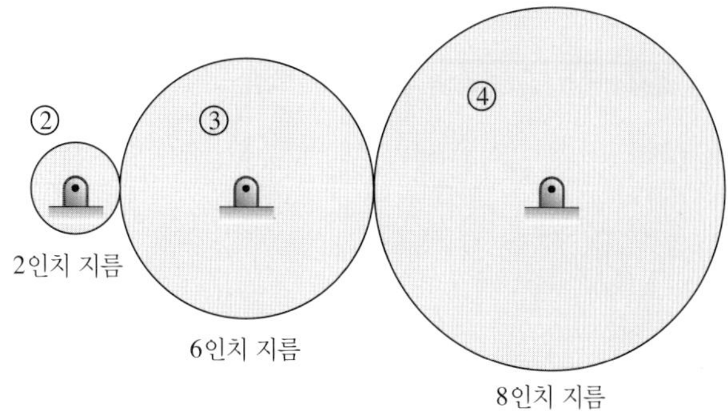

그림 10.22 아이들러 기어가 있는 기어열

10.15 유성 기어열

앞 절에서 소개된 기어열의 중심들 모두가 고정된 본체에 붙어 있었다. 유성 기어열에서는 이러한 제한이 없어진다. 이 기어열에서, 기어의 중심을 지탱하는 링크는 이동할 수 있도록 허용된다. 에피사이클릭 기어열(epicyclic train)이라고 부르는 유성 기어열이 그림 10.23에 나와 있다.

유성 기어열은 재래식 기어열보다 더 협소한 공간에서 높은 속도를 감속해야 할 때 사용될 수 있다. 하지만 더 큰 장점은 기어열의 속도 비를 쉽게 바꿀 수 있다는 것이다. 모든 링크들이 이동 가능하므로 하나의 링크가 다른 기어나 캐리어(carrier)를 지탱함으로써 기어열의 속도 비를 바꿀 수 있다. 실제로, 제동 장치나 클러치 기구를 이용하여 한 링크를 풀고 다른 링크를 고정함으로써 고정되는 링크를 바꾼다. 이 때문에 유성 기어열은 자동차의 변속 장치에 아주 흔하게 사용된다.

이러한 움직임이 우리의 태양계에서 태양 주위를 도는 행성들의 운동과 비슷하기 때문에 **유성 기어열(planetary gear trains)**이라는 이름이 붙게 되었다. 이 비교에서 더 나아가서 중심 기어를 **태양(sun)** 기어라고 부른다. 선 기어 주위를 선회하는 기어는 **유성(planet)** 기어라고 한다. 마지막으로, 외곽 내접기어를 **링(ring)** 기어라고 부르는 내부 기어에 둘러싸인다. 그림 10.23에 이 기어의 이름이 구별되어 있다.

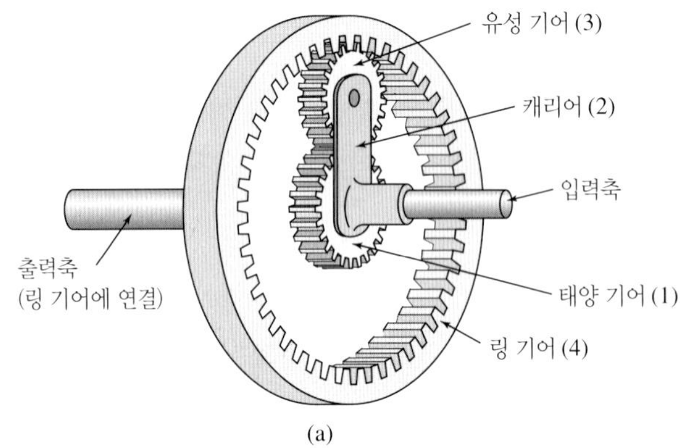

(a)

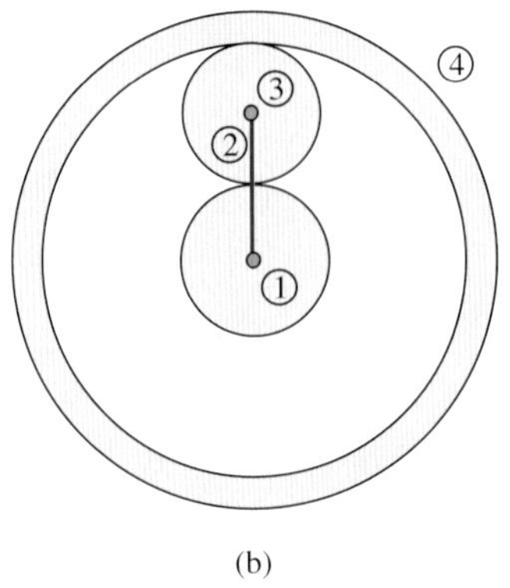

(b)

그림 10.23 유성 기어열

10.15.1 중첩법에 의한 유성 기어 해석

중심이 고정된 기어열의 경우와 달리 유성 기어열의 운동을 언제든지 직관적으로 파악할 수 있는 것은 아니다. 기어와 캐리어들이 회전하므로 운동이 다소 복잡해 보인다. 유성 기어열의 운동을 해석하기 위해 기어 동작을 단계별로 파악할 수 있도록 중첩법을 쓸 수 있다.

중첩법은 다음 내용으로 구성된다.

1단계

첫 번째 단계는 고정된 링크에 가해진 제약 조건을 풀어준 뒤, 캐리어가 고정되어 있다고 임시로 가정하는 것이다. 앞서의 고정되었던 기어를 한 바퀴 회전시키고 나서 이 회전이 전체 기어열에 미치는 영향을 계산한다.

2단계

두 번째 단계는 모든 제약 조건들을 풀고 1단계에서의 회전과는 반대 방향으로 한 바퀴 회전하는 각 링크들의 동작을 기록한다. 이 동작이 1단계에서의 운동과 병합되면 고정된 기어의 겹쳐진 운동은 0이 된다.

3단계

그 외의 다른 모든 링크들의 운동도 앞의 두 단계에서의 회전들을 병합하여 결정할 수 있다. 결국 속도들은 회전 운동들에 비례한다.

식으로 보면 이 방법은 복잡해 보인다. 하지만 꽤 쉽다. 이 방법은 예제에서 아주 잘 설명되어 있다.

》 예제 10.20

유성 기어열이 그림 10.24에 나와 있다. 캐리어(링크 2)는 기어열에 입력으로 작용한다. 태양 기어(기어 1)가 고정된 기어이며 잇수는 30이다. 유성 기어(기어 3)는 잇수가 35이다. 링 기어는 기어열의 출력으로 작용하는데 잇수가 100이다. 입력 축이 1,200rpm으로 시계 방향 회전을 할 때 모든 구성부의 회전 속도를 결정하라.

풀이 첫 단계는 케리어를 임시로 고정하고 나서, 앞서 고정되었던 기어가 한 바퀴 회전할 때 다른 모든 기어의 운동을 계산하는 것이다. 그러면 아래의 항이 결정된다.

기어 1이 한 바퀴 돈다.

$$\Delta\theta_1 = 11\text{rev}$$

기어 3은 기어 1만큼 (VR_{1-3}) 비에 따라 회전한다.

$$\Delta\theta_3 = (VR_{1-3})(\Delta\theta_1) = \left(-\frac{30}{35}\right)(+1\,\text{rev}) = -0.857\,\text{rev}$$

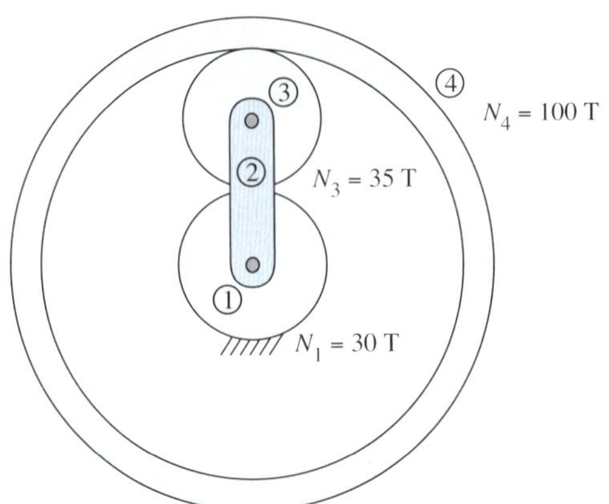

그림 10.24 예제 10.20의 유성 기어열

표 10.10 예제 10.20의 유성 기어 해석 표

링크	태양 기어	유성 기어	링 기어	캐리어
1단계 고정 캐리어를 돌려라	+1	−0.857	−0.3	0
2단계 모든 링크를 돌려라	−1	−1	−1	−1
3단계 전체 회전	0	−1.857	−1.3	−1

기어 4는 기어 3만큼 (VR_{3-4}) 비에 따라 회전한다.

$$\Delta\theta_4 = (VR_{3-4})(\Delta\theta_3) = (VR_{3-4})(V_{1-3})(\Delta\theta_1) = \left(\frac{+35}{100}\right)\left(-\frac{30}{35}\right)(+1\,\text{rev}) = -0.3\,\text{rev}$$

둘째 단계는 모든 링크들을 −1 회전시키는 것이다. 이렇게 하면 태양 기어는 원래의 위치로 되돌려지므로 전체 회전운동은 0이 된다.

중첩법을 써서 두 운동을 병합하면 유성 기어열의 실제 운동을 알 수 있다.

따라서 두 단계에서의 회전들은 대수적으로 합산된다. 두 단계가 표 10.9에 요약되었다.

속도들은 회전의 비율을 써서 계산할 수 있다.

$$\omega_{\text{태양 기어}} = \left(\frac{\Delta\theta_{\text{태양 기어}}}{\Delta\theta_{\text{캐리어}}}\right)\omega_{\text{캐리어}} = \left(\frac{0}{-1}\right)(1200\,\text{rpm}) = 0\,\text{rpm}$$

$$\omega_{\text{유성 기어}} = \left(\frac{-1.857}{-1}\right)\omega_{\text{캐리어}} = (+1.857)(1200\,\text{rpm}) = +2228\,\text{rpm} = 2228\,\text{rpm},\ \text{시계 방향}$$

$$\omega_{\text{링 기어}} = \left(\frac{-1.3}{-1}\right)\omega_{\text{캐리어}} = (+1.3)(1200\,\text{rpm}) = +1560\,\text{rpm} = 1560\,\text{rpm},\ \text{시계 방향}$$

예제 10.21

유성 기어열이 그림 10.25에 나와 있다. 캐리어(링크 2)는 기어열에 입력으로 작용한다. 링 기어(기어 1)는 고정 기어이며 잇수가 120이다. 유성 기어(기어 4)는 잇수가 40이다. 태양 기어(기어 3)는 기어열에서의 출력으로 작용하며 잇수가 30이다. 입력 축이 1,200rpm으로 시계 방향 회전을 할 때 모든 구성부의 회전 속도를 결정하라.

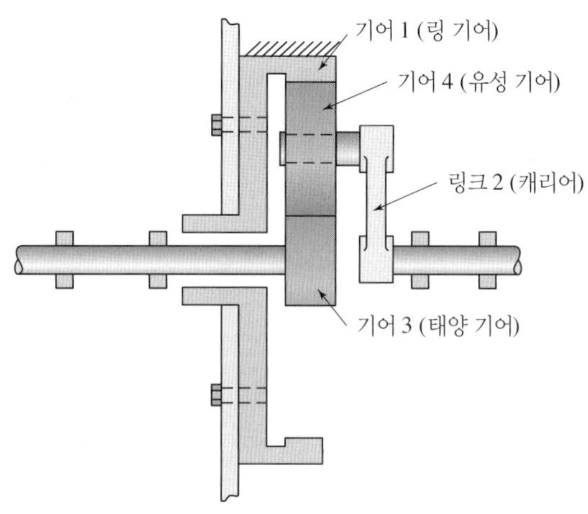

그림 10.25 예제 10.21의 유성 기어열

풀이 첫 번째 단계는 캐리어를 임시로 고정하는 것이다. 그 다음에 앞서의 고정 기어가 한 바퀴 회전할 때 모든 기어의 운동을 계산한다.

두 번째 단계에서는 모든 링크들을 −1 회전시킨다. 그러면 링 기어는 원래 위치로 되돌아가게 되고 전체 회전운동은 0이 된다. 두 단계가 표 10.11에 요약되었다.

속도들은 각 변위들의 비율을 사용하여 결정한다.

$$\omega_{\text{링 기어}} = \left(\frac{\Delta\theta_{\text{링기어}}}{\Delta\theta_{\text{캐리어}}}\right)\omega_{\text{캐리어}} = \left(\frac{0}{-1}\right)(0\,\text{rpm}) = 0\,\text{rpm}$$

표 10.11 예제 10.21의 해석 단계

링크	태양 기어 (기어 3)	유성 기어 (기어 4)	링 기어 (기어 1)	캐리어 (기어 2)
1단계 고정 캐리어를 돌려라	$\left(\frac{120}{40}\right)\left(\frac{-40}{30}\right) = -4.0$	$\left(\frac{120}{40}\right) = 3.0$	+1	0
2단계 모든 링크를 돌려라	−1	−1	−1	−1
3단계 전체 회전	−5.0	+2.0	0	−1

$$\omega_{캐리어} = 1200\,\text{rpm},\ \text{시계 방향}$$

$$\omega_{유성\ 기어} = \left(\frac{+2.0}{-1}\right)\omega_{캐리어} = (-2.0)(1200\,\text{rpm}) = -2400\,\text{rpm} = 2400\,\text{rpm},\ \text{반시계 방향}$$

$$\omega_{태양\ 기어} = \left(\frac{-5.0}{-1}\right)\omega_{캐리어} = (+5.0)(1200\,\text{rpm}) = +6000\,\text{rpm} = 6000\,\text{rpm},\ \text{시계 방향}$$

10.15.2 식에 의한 유성 기어 해석

표에 의해 계산한 방법에 따라 유성 기어열의 운동은 상대 각속도로부터 유도된 식에 의해 해석될 수 있다. 공식에 의한 방법을 만들기 위해, 캐리어에 대해 짝이 되는 기어의 운동을 조사한다. 따라서 만약 캐리어가 고정되어 있다면, 기어열을 조사하기 위해 기구 반전을 이용한다. 기어열의 끝단에 있는 기어를 첫 번째 기어라고 부른다. 기어열의 반대편에 있는 기어를 마지막 기어라고 부른다.

기어열은 구동 기어와 피동 기어로 이루어져서 맞물려 있는 기어 쌍으로 구성되어 있다. 첫 번째 기어를 구동 기어라고 부르고 마지막 기어를 피동 기어라고 부른다. 중간 기어들은 구동하는냐 또는 구동되느냐에 따라 이름이 정해진다. 각 쌍에 대한 기어비를 계산할 때, 맞물린 외접 기어의 기어비는 음수, 내접 기어의 기어비는 양수가 된다.

절대 속도에 대해 살펴보면, 첫 번째 기어의 각속도를 ω_F, 마지막 기어의 각속도를 ω_L라고 부른다. 캐리어의 각속도는 $\omega_{캐리어}$이다. 기어열에서 각속도와 잇수 사이의 관계는 다음과 같다.

$$\frac{\omega_{L/캐리어}}{\omega_{F/캐리어}} = \pm\frac{\text{구동 기어들의 잇수의 곱}}{\text{피동 기어들의 잇수의 곱}} = \frac{\omega_L - \omega_{캐리어}}{\omega_F - \omega_{캐리어}} \tag{10.36}$$

식 10.36은 다른 두 개를 알고 있을 때 각속도의 항에 대해 풀 수 있다. 종종 첫 번째와 마지막 기어 또는 캐리어 중 하나가 고정되고 이때 해당 항에 0의 값이 치환된다. 표로 계산하는 방법보다 덜 복잡하지만 이 공식은 맞물린 기어의 경로가 첫 번째 기어와 마지막 기어를 연결하는 경우로 제한된다. 다음 예제에서 그 방법을 설명하고 있다.

〉〉 예제 10.22

유성 기어열이 그림 10.25에 나와 있었다. 캐리어(링크 2)는 기어열에 입력으로 작용한다. 링 기어(기어 1)는 고정 기어이며 잇수가 30이다. 유성 기어(기어 3)는 잇수가 35이다. 링 기어는 기어열에서 출력으로 작용하며 잇수가 100이다. 예제 10.20에서 입력 축이 1,200rpm, 시계 방향으로 회전할 때, 링 기어의 회전 속도는 1,560rpm, 시계 방향으로 정해졌다. 이 결과를 증명하기 위해 유성 기어열의 공식을 사용하여라.

풀이

1. **첫 번째 기어와 마지막 기어를 분류하라.**

   태양 기어(기어 1)를 첫 번째 기어라고 부른다. 링 기어(기어 4)는 기어열의 반대편에 있으므로 마지막 기어라고 부른다.

2. **유성 기어열의 공식에 기어비를 치환한다.**

   기어 1(첫 번째 기어)은 기어 3과 짝을 이루고, 교대로 기어 4(마지막 기어)와 짝을 이룬다. 식 10.36에 대입하여 정리하면 다음과 같다.

$$\left(-\frac{N_1}{N_3}\right)\left(+\frac{N_3}{N_4}\right) = \frac{\omega_L - \omega_{\text{캐리어}}}{\omega_F - \omega_{\text{캐리어}}}$$

3. **각속도 항을 결정하라.**

   태양 기어는 고정되어 있으므로, $\omega_F = 0$이다. 캐리어는 시계 방향으로 1,200rpm의 속도로 회전한다. 시계 방향을 음수로 정하면, $\omega_{\text{캐리어}} = -1{,}200\text{rpm}$이다. 링 기어의 각속도를 구해야 한다.

4. **유성 기어열의 식에 정해진 값을 넣고 식을 풀어라.**

   식 10.36에 정해진 값을 넣으면 다음과 같다.

$$\left(-\frac{30}{35}\right)\left(+\frac{35}{100}\right) = \frac{\omega_L - (-1200)}{0 - (-1200)}$$

이 식을 풀면 다음과 같다.

$$\omega_L = 1200\left(-\frac{30}{35}\right)\left(+\frac{35}{100}\right) - 1200 = -1560 = 1560\,\text{rpm},\ \text{시계 방향}$$

예제 10.23

유성 기어열이 그림 10.25에 나와 있었다. 캐리어(링크 2)는 기어열에 입력으로 작용한다. 링 기어(기어 1)는 고정 기어이며 잇수가 120이다. 유성 기어(기어 4)는 잇수가 40이다. 태양 기어(기어 3)는 기어열에서 출력으로 작용하며 잇수가 30이다. 예제 10.21에서 입력 축이 1,200rpm 시계 방향으로 회전할 때, 태양 기어의 회전 속도는 6,000rpm, 시계 방향으로 정해졌다. 이 결과를 증명하기 위해 유성 기어열의 공식을 사용하여라.

풀이

1. **첫 번째 기어와 마지막 기어를 분류하라.**

   태양 기어(기어 3)를 첫 번째 기어라고 부른다. 링 기어(기어 1)는 기어열의 반대편에 있으므로 마지막 기어라고 부른다.

2. **유성 기어열의 공식에 기어비를 치환한다.**

   기어 2(첫 번째 기어)는 기어 4와 짝을 이루고, 교대로 기어 1(마지막 기어)과 짝을 이룬다. 식 10.36에 대입하여 정리하면 다음과 같다.

$$\left(-\frac{N_3}{N_4}\right)\left(+\frac{N_4}{N_1}\right) = \frac{\omega_L - \omega_{캐리어}}{\omega_F - \omega_{캐리어}}$$

3. 각속도 항을 결정하라.

링 기어는 고정되어 있으므로 $\omega_L = 0$이다. 캐리어는 시계 방향으로 1,200rpm의 속도로 회전한다. 시계 방향을 음수로 정하면, $\omega_{캐리어} = -1{,}200$rpm이다. 태양 기어의 각속도를 구해야 한다.

4. 유성 기어열의 식에 정해진 값을 넣고 식을 풀어라.

식 10.36에 정해진 값을 넣으면 다음과 같다.

$$\left(-\frac{30}{40}\right)\left(+\frac{40}{120}\right) = \frac{0-(-1200)}{\omega_F-(-1200)}$$

이 식을 풀면 다음과 같다.

$$\omega_F = 1200\left(-\frac{40}{30}\right)\left(+\frac{120}{40}\right) - 1200 = -6000 = 6000\,\text{rpm},\ 시계\ 방향$$

〉〉〉 연습문제

평기어의 형상

10-1부터 10-4까지의 문제에서 다음을 구하라.

1. 피치원의 지름
2. 기초원의 기름
3. 어덴덤원의 지름
4. 디덴덤원의 지름
5. 원형피치

10-1. 잇수가 18이고 지름피치가 12인 20° 인벌류트 평기어

10-2. 잇수가 48이고 지름피치가 8인 20° 인벌류트 평기어

10-3. 잇수가 40이고 지름피치가 16인 14.5° 인벌류트 평기어. 위의 5항목을 구하라.

10-4. 잇수가 21이고 미터 단위계에서의 모듈이 4인 25° 평기어의 피치원 지름을 구하라.

10-5부터 10-8까지의 문제에 대해서 다음을 구하시오.

1. 중심거리
2. 접촉비
3. 간섭이 일어날 것인가?
4. 백래시가 $0.4/P_d$인 상태로 판매되었는데 이를 AGMA가 추천한 값인 $0.1/P_d$로 줄일 수 있는 중심거리

10-5. 피치 12이고 20° 압력각을 가진 2개의 인벌류트 평기어가 벌목에 쓰이는 산업용 둥근 톱에 사용되었다. 피니언과 기어의 잇수는 각각 18과 42이다.

10-6. 피치 4이고 20° 압력각을 가진 2개의 인벌류트 평기어가 강철을 누르는 기계 부품의 조각을 없애는 데에 쓰이는 회전 연마기에 사용되었다. 피니언과 기어의 잇수는 각각 12와 28이다.

10-7. 피치 48이고 25° 압력각을 가진 2개의 인벌류트 평기어가 전기면도기에 사용되었다. 피니언과 기어의 잇수는 각각 18과 42이다.

10-8. 피치 16이고 14.5° 압력각을 가진 2개의 인벌류트 평기어가 기계공장의 선반에 사

용되었다. 피니언과 기어의 잇수는 각각 16과 72이다.

10-9부터 10-14까지의 문제에서 다음을 구하라.

1. 피치지름
2. 중심거리

10-9. 피치가 12인 맞물리는 두 기어가 각각 18개의 외접 기어잇수와 48개의 내접 기어 잇수를 가지고 있다.

10-10. 피치가 20인 맞물리는 두 기어가 각각 15개의 외접 기어잇수와 60개의 재버 기어 잇수를 가지고 있다.

10-11. 맞물리는 두 기어의 잇수가 각각 18과 48이고, 중심거리는 4.125이다.

10-12. 맞물리는 두 기어의 잇수가 각각 20과 45이고, 중심거리는 3.25이다.

10-13. 피치 8, 잇수 18인 피니언이 잇수 64인 내접 기어와 맞물린다.

10-14. 피치 12, 잇수 24인 피니언이 잇수 108인 내접 기어와 맞물린다.

기어의 기구학

10-15부터 10-18까지의 문제에서 아래 사항을 결정하시오.

1. 기어의 속도
2. 피치선속도

10-15. 피치 8, 잇수 18인 피니언이 1,150rpm의 시계 방향 회전을 하면서 잇수 64인 기어와 맞물린다.

10-16. 피치 20, 잇수 15인 피니언이 1,725rpm의 시계 방향 회전을 하면서 잇수 60인 기어와 맞물린다.

10-17. 피치 6, 잇수 21인 피니언이 850rpm의 시계 방향 회전을 하면서 잇수 42인 기어와 맞물린다.

10-18. 피치 24, 잇수 24인 피니언이 1,725rpm의 시계 방향 회전을 하면서 잇수 144인 기어와 맞물린다.

정해진 중심거리가 있는 경우의 기어 선정

10-19. 피치 10인 두 기어가 서로 12in. 격리된 위치에 속도 비 5:1을 가지도록 설치된다. 두 기어의 피치지름과 잇수를 찾아라.

10-20. 피치 16인 두 기어가 서로 3.75in. 격리된 위치에 속도 비 4:1을 가지도록 설치된다. 두 기어의 피치지름과 잇수를 찾아라.

특정 중심거리를 가진 기어의 선정

10-21. 피치 32인 두 기어가 서로 2.25in. 격리된 위치에 속도 비 8:1을 가지도록 설치된다. 두 기어의 피치지름과 잇수를 찾아라.

10-22. 두 기어가 서로 5in. 격리된 위치에 속도 비 4:1을 가지도록 설치된다. 두 기어에 적합한 피치지름, 지름피치, 잇수를 찾아라.

10-23. 두 기어가 서로 3.5in. 격리된 위치에 속도 비 6:1을 가지도록 설치된다. 두 기어에 적합한 피치지름, 지름피치, 잇수를 찾아라.

10-24. 두 기어가 서로 10in. 격리된 위치에 속도 비 3:1을 가지도록 설치된다. 두 기어에 적합한 피치지름, 지름피치, 잇수를 찾아라.

카탈로그 기어 선정

10-25. 압력각이 20°인 한 쌍의 연강 기어가 어떤 장치에서 5마력을 전달해야 할 부분에 사용된다. 피니언은 1,800rpm으로 회전한다. 두 기어의 지름피치를 결정하라.

10-26. 압력각이 20°인 한 쌍의 연강 기어가 어떤 장치에서 2.5마력을 전달해야 할 부분에 사용된다. 피니언은 1,500rpm으로 회전한다. 두 기어의 지름피치를 결정하라.

10-27. 압력각이 20°인 한 쌍의 연강 기어가 어떤

장치에서 8마력을 전달해야 할 부분에 사용된다. 피니언이 1,500rpm으로 회전하는데 기어는 가능한 한 200rpm에 가깝게 회전해야 한다. 이 장치에 알맞은 기어의 조합을 결정하라.

10-28. 압력각이 20°인 한 쌍의 연강 기어가 어떤 장치에서 10마력을 전달해야 할 부분에 사용된다. 피니언이 800rpm으로 회전하는데 기어는 가능한 한 180rpm에 가깝게 회전해야 한다. 이 장치에 알맞은 기어의 조합을 결정하라.

10-29. 압력각이 20°인 한 쌍의 연강 기어가 어떤 장치에서 1마력을 전달해야 할 부분에 사용된다. 피니언이 1,725rpm으로 회전하는데 기어는 가능한 한 560rpm에 가깝게 회전해야 한다. 이 장치에 알맞은 기어의 조합을 결정하라.

10-31. 압력각이 20°인 한 쌍의 연강 기어가 어떤 장치에서 10마력을 전달해야 할 부분에 사용된다. 기어는 중심거리가 8in.인 덮개에 맞게 설치해야 한다. 피니언이 1,175 rpm으로 회전하는데 기어는 가능한 한 170rpm에 가깝게 회전해야 한다. 이 장치에 알맞은 기어의 조합을 결정하라.

10-32. 압력각이 20°인 한 쌍의 연강 기어가 어떤 장치에서 3마력을 전달해야 할 부분에 사용된다. 기어는 중심거리가 14in.인 덮개에 맞게 설치해야 한다. 피니언이 1,750rpm 으로 회전하는데 기어는 가능한 한 290 rpm에 가깝게 회전해야 한다. 이 장치에 알맞은 기어의 조합을 결정하라.

10-33. 압력각이 20°인 한 쌍의 연강 기어가 어떤 장치에서 20마력을 전달해야 할 부분에 사용된다. 기어는 중심거리가 20in.인 덮개에 맞게 설치해야 한다. 피니언이 825 rpm으로 회전하는데 기어는 가능한 한 205rpm에 가깝게 회전해야 한다. 이 장치에 알맞은 기어의 조합을 결정하라.

래크와 피니언

10-34. 래크와 피니언이 사진기 받침대의 높이 조절장치에 사용된다. 피치가 24인 피니언의 잇수는 18이다. 사진기를 5in. 올리기 위해 손잡이(피니언과 똑같이 회전)가 회전해야 할 각도를 결정하라.

10-35. 래크와 피니언이 드릴 프레스의 드릴을 낮추는 데 사용된다. 피치가 16인 피니언의 잇수는 20이다. 드릴을 3in. 올리기 위해 손잡이(피니언과 똑같이 회전)가 회전해야 할 각도를 결정하라.

10-36. 피치 8, 잇수 18인 피니언이 래크를 구동하는 데 사용된다. 피니언이 3회전할 때 래크가 움직이는 거리를 결정하라.

10-37. 피치 12, 잇수 24인 피니언이 래크를 구동하는 데 사용된다. 피니언이 5회전할 때 래크가 움직이는 거리를 결정하라.

10-38. 래크와 피니언이 조향장치에 사용된다. 피치 12인 피니언의 잇수가 18이다. 래크가 50in/min으로 구동되어야 할 때 피니언이 가져야 할 속도를 결정하라.

10-39. 래크와 피니언이 조향장치에 사용된다. 피치 10인 피니언의 잇수가 20이다. 피니언이 80rpm으로 회전할 때 래크가 가져야 할 속도를 결정하라.

헬리컬 기어

문제 10-40부터 10-41까지 문제에서 다음 사항을 구하여라.

1. 피치지름
2. 수직 지름피치
3. 수직 원형피치
4. 간섭이 일어날 것인가?

10-40. 압력각 20°, 나선각 45°, 지름피치 8인 한 쌍의 헬리컬 기어가 있다. 피니언과 기어의 잇수는 각각 16과 32이다.

10-41. 압력각 14.5°, 나선각 30°, 지름피치 12인 한 쌍의 헬리컬 기어가 있다. 피니언과 기어의 잇수는 각각 16과 48이다.

10-42. 기어가 구동될 때의 소음을 줄이기 위해서 피치 8이고, 잇수가 각각 20과 40인 두 평기어를 헬리컬 기어로 교체하려 한다. 새로운 기어도 똑같은 속도 비와 중심거리를 가져야 한다. 이에 맞는 헬리컬 기어가 홉으로 깎일 때, 기어의 특성을 결정하라.

10-43. 기어가 구동될 때의 소음을 줄이기 위해서 피치 12이고, 잇수가 각각 18과 54인 두 평기어를 헬리컬 기어로 교체하려 한다. 새로운 기어도 똑같은 속도 비와 중심거리를 가져야 한다. 이에 맞는 헬리컬 기어가 홉으로 깎일 때, 기어의 특성을 결정하라.

베벨 기어

10-44. 잇수가 각각 20과 75인 베벨 기어가 90°로 교차하는 축에 사용된다. 두 기어의 속도비와 피치각을 결정하라.

10-45. 잇수가 각각 20과 75인 베벨 기어가 60°로 교차하는 축에 사용된다. 두 기어의 속도비와 피치각을 결정하라.

10-46. 잇수가 각각 18과 90인 베벨 기어가 75°로 교차하는 축에 사용된다. 두 기어의 속도비와 피치각을 결정하라.

웜 기어

10-47. 웜 기어 세트가 전기모터의 속도를 3,600 rpm에서 60rpm으로 감속하는 데 사용된다. 강도를 고려할 때 피치가 16인 기어가 필요하고, 자동멈춤이 되어야 한다. 이에 맞는 기어의 특성들을 결정하라.

10-48. 웜 기어 세트가 전기모터의 속도를 1800 rpm에서 18rpm으로 감속하는 데 사용된다. 강도를 고려할 때 피치가 12인 기어가 필요하고, 자동멈춤이 되어야 한다. 이에 맞는 기어의 특성들을 결정하라.

10-49. 웜 기어 세트가 전기모터의 속도를 3600 rpm에서 40rpm으로 감속하는 데 사용된다. 강도를 고려할 때 피치가 20인 기어가 필요하고, 자동멈춤이 되어야 한다. 이에 맞는 기어의 특성들을 결정하라.

기어열

10-50. 어떤 기어열이 그림 P10.50에 나와 있다. 이 기어의 특성은 다음과 같다. $N_2 = 18$ 잇수; $N_3 = 72$잇수이고, $P_d = 10$; $N_4 = 16$잇수이고, $P_d = 8$; $N_5 = 48$잇수이다. 기어 2가 1,200rpm으로 시계 방향 회전할 때 기어 5의 속도를 계산하라. 또 기어 2와 5의 중심거리도 결정하라.

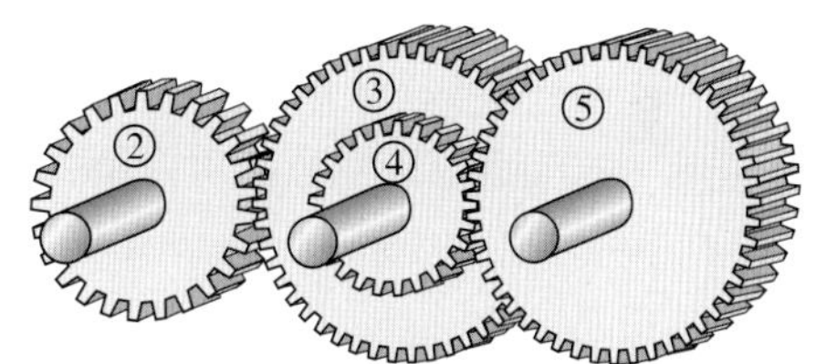

그림 P10.50 문제 50, 51

10-51. 어떤 기어열이 그림 P10.50에 나와 있다. 이 기어의 특성은 다음과 같다. $N_2 = 20$ 잇수이고, $P_d = 10$; $N_3 = 6$잇수; $d_4 = 2$in.이고, $P_d = 8$; $N_5 = 48$잇수이다. 기어 2가 1,800rpm으로 반시계 방향 회전할 때 기어 5의 속도를 계산하라. 또 기어 2와 5의 중심거리도 결정하라.

10-52. 어떤 기어열이 그림 P10.52에 나와 있다. 이 기어의 특성은 다음과 같다. $N_2 = 15$ 잇수; $N_3 = 90$잇수이고, $P_d = 16$; $N_4 =$

15잇수; N_5 = 75잇수; N_6 = 75잇수이고, P_d = 12; N_7 = 15잇수; N_8 = 60잇수이고, P_d = 8이다. 기어 2가 3600rpm으로 시계 방향 회전할 때 기어 8의 속도를 계산하라. 또 기어 2와 8의 중심거리도 결정하라.

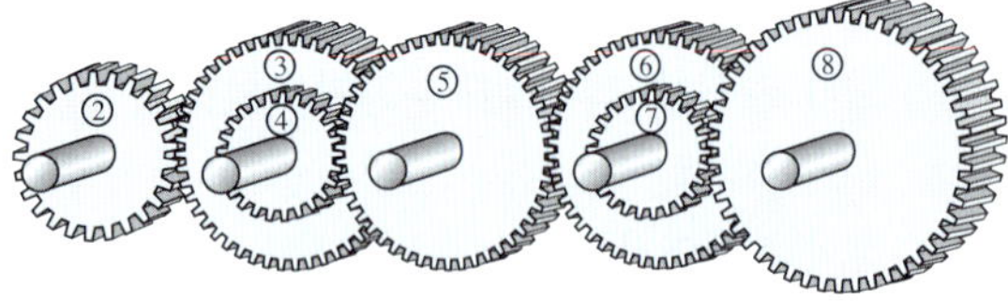

그림 P10.52 문제 52, 53

10-53. 어떤 기어열이 그림 P10.52에 나와 있다. 이 기어의 특성은 다음과 같다. N_2 = 16잇수이고, P_d = 16; d_3 = 8 in.; d_4 = 1.5 in.; N_5 = 50잇수이고, P_d = 10; d_6 = 5.5 in.; d_7 = 1.5 in.이고, P_d = 8; N_8 = 56잇수이다. 기어 2가 1,200rpm으로 반시계 방향 회전할 때 기어 8의 속도를 계산하라. 또 기어 2와 8의 중심거리도 결정하라.

10-54. 어떤 기어열이 그림 P10.54에 나와 있다. 이 기어의 특성은 다음과 같다. N_1 = 20잇수이고, P_d = 16; d_2 = 8in.; d_3 = 1.5in.이고, P_d = 10이다. 기어가 1회전 할 때마다 래크가 움직이는 거리를 계산하라. 또 기어 1과 3의 중심거리도 결정하라.

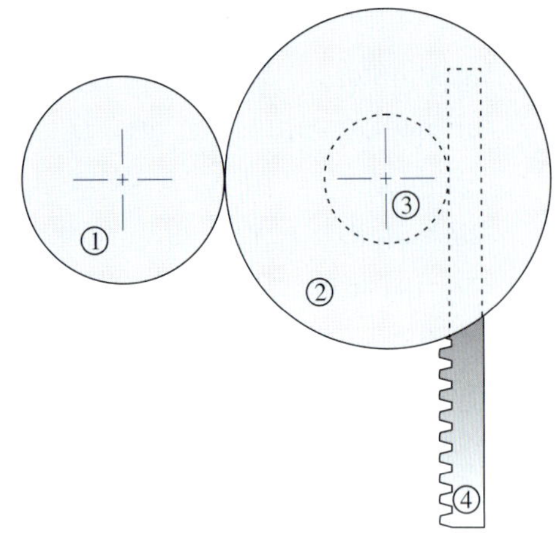

그림 P10.54 문제 54–56

10-55. 어떤 기어열이 그림 P10.54에 나와 있다. 이 기어의 특성은 다음과 같다. N_1 = 18잇수이고, P_d = 20; d_2 = 5.5in.; d_3 = 2.5in.이고, P_d = 8이다. 래크를 50in./min으로 움직이기 위한 기어 1의 속도를 결정하라.

10-56. 그림 P10.54에 나와 있는 기어의 특성은 다음과 같다. d_1 = 2.5in.; N_2 = 75잇수이고, P_d = 10; N_3 = 24잇수이다. 기어 1이 1회전 할 때 래크는 0.5in. 움직이도록 하려면, 래크가 가져야 할 지름피치를 결정하라.

10-57. 어떤 기어열이 그림 P10.57에 나와 있다. 이 기어의 특성은 다음과 같다. N_1 = 16잇수이고, P_d = 16; d_2 = 8in.; N_3 = 20잇수; N_4 = 50잇수이다. 기어 1이 1,800rpm으로 움직일 때 기어 4의 속도를 결정하라.

10-58. 그림 P10.57에 나와 있는 기어의 특성은 다음과 같다. N_1 = 17잇수이고, P_d = 20; d_2 = 4in.; N_3 = 18잇수; N_4 = 36잇수이다. 기어 4가 380rpm으로 움직이려 할 때 기어 1이 가져야 할 속도를 결정하라.

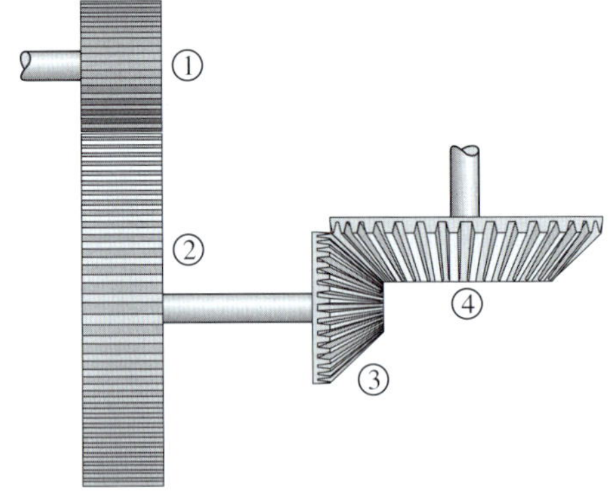

그림 P10.57 문제 57, 58

10-59. 어떤 기어열이 그림 P10.59에 나와 있다. 이 기어의 특성은 다음과 같다. $N_{웜\ 기어}$ = 1나선; N_2 = 45잇수; N_3 = 18잇수이고,

$P_d = 16$; $d_4 = 6$in.; $N_5 = 80$잇수이다. 기어 1이 1,800rpm으로 움직일 때 기어 5의 속도를 결정하라. 또 기어 2와 5 사이의 중심거리도 결정하라.

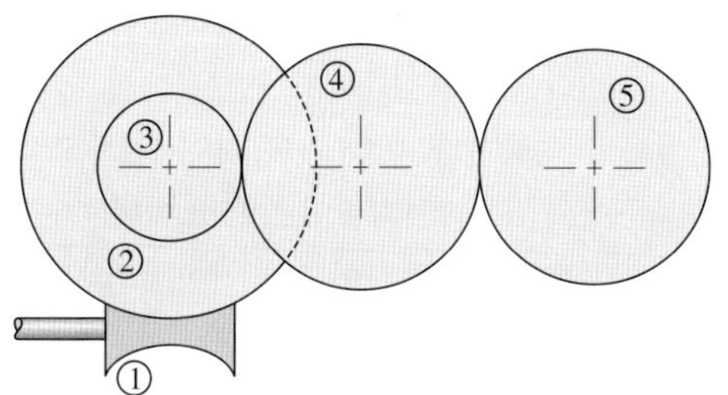

그림 P10.59 문제 59, 60

10-60. 그림 P10.59에 나와 있는 기어의 특성은 다음과 같다. $N_{웜\ 기어} = 2$나선; $N_2 = 60$잇수; $N_3 = 18$잇수이고, $P_d = 12$; $d_4 = 6$ in.; $N_5 = 54$잇수이다. 기어 5가 28rpm으로 움직이려 할 때 기어 1(웜)이 가져야 할 속도를 결정하라. 또 기어 2와 5 사이의 중심거리도 결정하라.

기어열 설계

10-61. 기어열의 속도 비가 400:1인 기어열을 설계하라. 각각의 기어의 잇수를 정하라. 간섭 판정식에 의하면 어떤 기어의 잇수도 17보다 작아서는 안 된다. 크기 제한에 따라 어떤 기어도 75보다 큰 잇수를 가져서는 안 된다. 또 설계한 기계열을 간략히 그려라.

10-62. 기어열의 속도 비가 −200:1인 기어열을 설계하라. 각각의 기어의 잇수를 정하라. 간섭 판정식에 의하면 어떤 기어의 잇수도 17보다 작아서는 안 된다. 크기 제한에 따라 어떤 기어도 75보다 큰 잇수를 가져서는 안 된다. 또 설계한 기계열을 간략히 그려라.

10-63. 기어열의 속도 비가 −900:1인 기어열을 설계하라. 각각의 기어의 잇수를 정하라. 간섭 판정식에 의하면 어떤 기어의 잇수도 17보다 작아서는 안 된다. 크기 제한에 따라 어떤 기어도 75보다 큰 잇수를 가져서는 안 된다. 또 설계한 기계열을 간략히 그려라.

기어로 구동되는 기구

10-64. 여닫이 창문의 개폐기구가 그림 P10.64에 나와 있다. 기어의 특성은 다음과 같다. $d_1 = 1$in.; $N_2 = 30$잇수이고 $P_d = 20$; $N_3 = 18$잇수이고, $P_d = 18$; $d_4 = 4$in. 그림의 형상에서 $\beta = 20°$라면 크랭크가 1회전 할 때 창은 얼마나 회전할지를 도식적으로(손으로 그리든지 CAD를 이용해서) 결정하라.

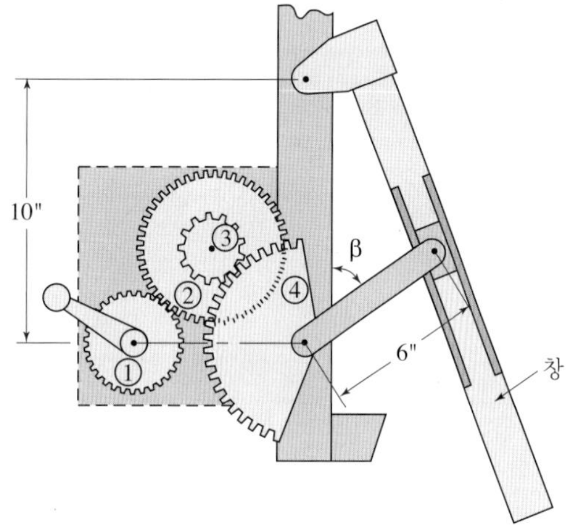

그림 P10.64 문제 64-67

10-65. 그림 P10.64에 나온 여닫이 창에서 크랭크가 1회전 할 때 창이 얼마나 회전할지를 해석적으로 결정하라(β=20°).

10-66. 그림 P10.64에 나와 있는 여닫이 창의 기구에서 기어의 특성은 다음과 같다. $d_1 =$ 0.75in.; $N_2 = 48$잇수이고, $P_d = 32$; $N_3 = 16$잇수이고, $P_d = 32$; $d_4 = 4$in. 그림

의 형상에서(β = 20°) 크랭크가 20rpm으로 일정한 속도로 회전할 때 창은 어떤 속도로 회전할지를 도식적으로(손으로 그리든지 CAD를 이용해서) 결정하라.

10-67. 문제 10-66에서, 그림에서 보아(β = 20°) 크랭크가 20rpm으로 일정한 속도로 회전할 때 창이 열리는 회전속도를 해석적으로 결정하라.

유성 기어열

10-68. 유성 기어열이 그림 P10.68에 나와 있다. 캐리어(링크 2)는 기어열에 대한 입력으로 작용한다. 태양 기어(기어 1)는 고정되어 있고, 잇수가 16이며 지름피치는 16이다. 유성 기어(기어 3)의 피치지름은 2인치이다. 링은 기어열의 출력으로 작용하는데 피치지름이 5in.이다. 입력축이 1,800 rpm으로 시계방향 회전할 때 모든 기어의 회전속도를 계산하라.

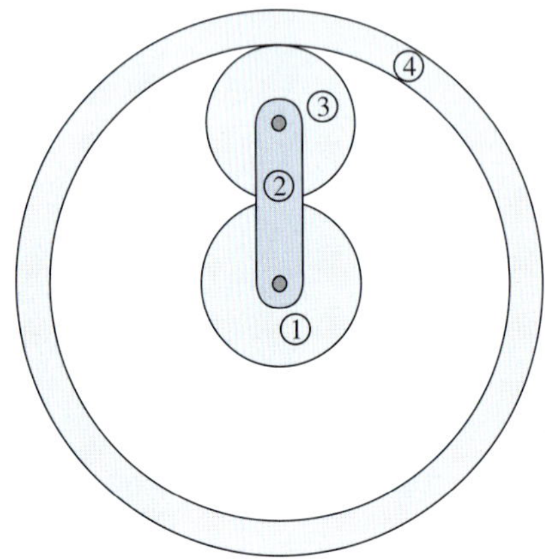

그림 P10.68 문제 68, 69

10-69. 그림 P10.68에 나온 유성 기어열에서 캐리어(링크 2)는 기어열에 대한 입력으로 작용한다. 태양 기어(기어 1)는 출력으로 작용하는데 잇수가 18이고, 지름피치는 12이다. 유성 기어(기어 3)의 피치지름은 2.5in.이다. 링 기어는 고정되어 있고 피치지름이 6.5in.이다. 입력축이 800rpm으로 반시계 방향 회전할 때 모든 기어의 회전속도를 계산하라.

10-70. 유성 기어열이 그림 P10.70에 나와 있다. 캐리어(링크 2)는 기어열에 대한 입력으로 작용한다. 태양 기어(기어 1)는 고정되어 있고, 피치지름이 1.25in.이며, 지름피치는 16이다. 기어 3과 기어 4의 잇수는 각각 42와 21이다. 기어 5는 잇수가 32인데, 기어 4와 같은 축에 붙어 있다. 기어 5는 링 기어(기어 6)와 맞물리는데, 링 기어는 출력으로 작용하며 잇수가 144이다. 입력축이 680rpm으로 시계 방향 회전할 때 모든 기어의 회전속도를 계산하라.

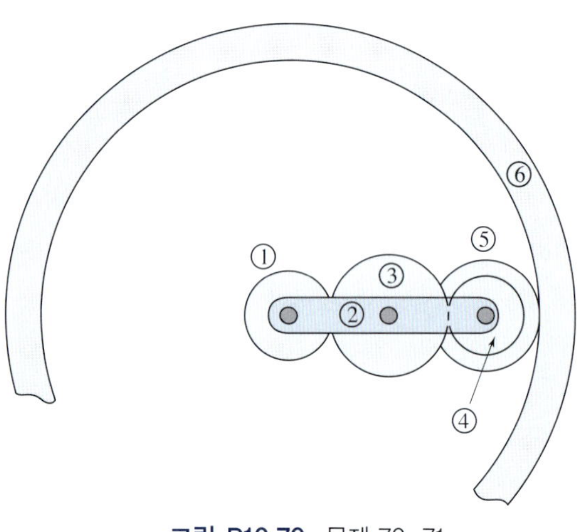

그림 P10.70 문제 70, 71

10-71. 유성 기어열이 그림 P10.70에 나와 있다. 캐리어(링크 2)는 기어열에 대한 입력을 제공한다. 태양 기어(기어 1)는 출력으로 작용하는데, 피치지름이 1.0in.이고 지름피치는 20이다. 기어 3과 기어 4의 잇수는 각각 45와 20이다. 기어 5는 잇수가 30인데 기어 4와 같은 축에 붙어 있다. 기어

5는 링 기어(기어 6)와 맞물리는데, 링 기어는 고정되어 있고 잇수가 150이다. 입력축이 1,125rpm으로 반시계 방향 회전할 때 모든 기어의 회전속도를 계산하라.

10-72. 유성 기어열이 그림 P10.72에 나와 있다. 캐리어(링크 2)는 기어열에 대한 입력으로 작용한다. 기어 2는 기어열에 대한 입력으로 작용한다. 기어 2는 고정되어 있는데 잇수가 48, 지름피치는 12이다. 기어 1의 잇수는 24, 기어 3의 피치지름은 2.5인치이며 기어 4는 잇수가 35이고 지름피치가 10이다. 입력축이 900rpm으로 시계 방향 회전할 때 모든 기어의 회전속도를 계산하라.

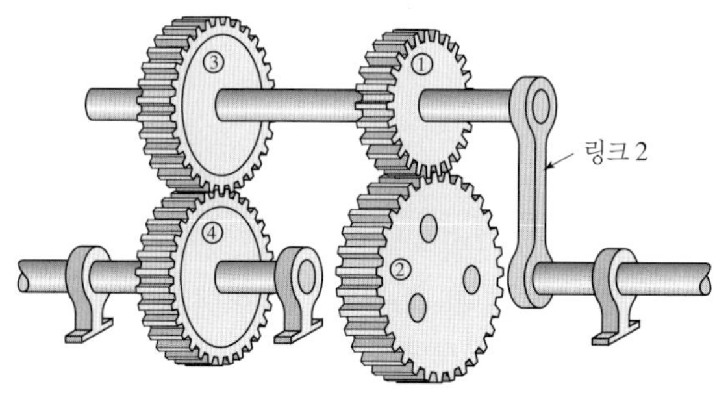

그림 P10.72 문제 72, 73

10-73. 유성 기어열이 그림 P10.72에 나와 있다. 캐리어(링크 2)는 기어열에 대한 입력으로 작용한다. 기어 2는 고정되어 있는데, 피치지름이 4.0in., 지름피치는 10이다. 기어 1의 잇수는 25, 기어 3의 피치지름은 2.5in.이며, 기어 4는 잇수가 32이고 지름피치가 8이다. 출력축이 210rpm으로 시계 방향 회전할 때 모든 기어의 회전속도를 계산하라.

〉〉〉 사례연구

10-1. 2개의 평기어와 래크를 사용하는 기구가 그림 C10.1에 나와 있다. 기구의 구성 요소를 주의 깊게 조사한 후, 동작을 잘 간파할 수 있도록 다음 질문에 답하여라.

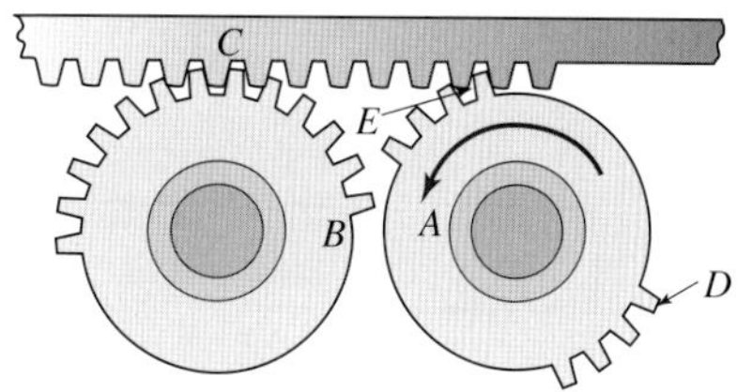

그림 C10.1 (Industrial Press에서 게재 허용)

1. 기어 A가 현재 그려진 위치에서 반시계 방향으로 회전할 때, 래크 C는 어떤 운동을 하는가?
2. 기어 A가 현재 그려진 위치에서 반시계 방향으로 회전할 때, 기어 B는 어떤 운동을 하는가?
3. 기어의 이 E가 래크 C와 떨어질 때까지 기어 A가 회전할 때, 기어 B에는 어떤 운동이 나타나는가?
4. 기어 B의 전체 운동 범위는 무엇인가?
5. 래크 C의 전체 운동 범위는 무엇인가?
6. 이 기구의 목적은 무엇인가?
7. 이 기구로 작동 가능한 문제는 무엇인가?

10-2. 권선 성형 기계의 일부 장치가 그림 C10.2에 나와 있다. 링크 B와 평기어 C는 동일 축에 연결되어 있다. 같은 방식으로 링크 E와 평기어 D가 동일 축에 연결되어 있다. 기구의 구성 요소를 주의 깊게 조사한 후, 동작을 잘 간파할 수 있도록 다음 질문에 답하여라.

1. 링크 A가 왼쪽으로 움직이면, 링크 B는 어떤 운동을 하는가?

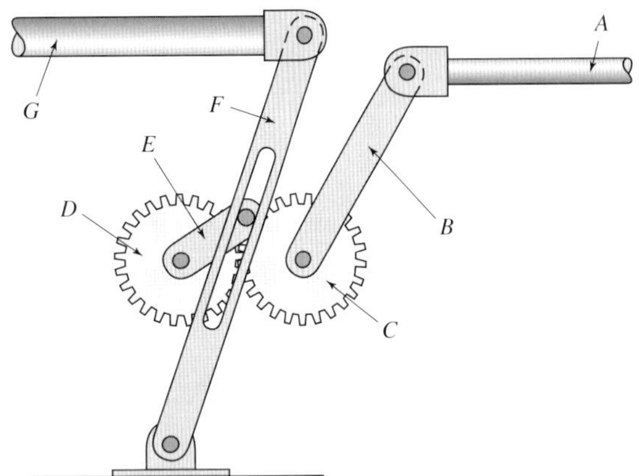

그림 C10.2 (Industrial Press에서 게재 허용)

2. 링크 *A*가 왼쪽으로 움직이면, 기어 *C*는 어떤 운동을 하는가?
3. 링크 *A*가 왼쪽으로 움직이면, 기어 *D*는 어떤 운동을 하는가?
4. 링크 *A*가 왼쪽으로 움직이면, 링크 *E*는 어떤 운동을 하는가?
5. 링크 *A*가 왼쪽으로 움직이면, 링크 *F*는 어떤 운동을 하는가?
6. 링크 *A*가 왼쪽으로 움직이면, 링크 *G*는 어떤 운동을 하는가?
7. 링크 *A*가 전후로 왕복 운동을 할 때, *G*에 부가되는 운동에 대해 상세히 기술하여라.
8. 만약 링크 *E*가 반시계 방향으로 90° 회전하고 다른 모든 조건은 동일한 기구로 조립되었다면, 링크 *G*의 운동이 어떻게 바뀌겠는가?

10-3. 기어 *D*에 부착된 기어의 운동을 조절하는 장치가 그림 C10.3에 나와 있다. 기구의 구성 요소를 주의 깊게 조사한 후, 동작을 잘 간파할 수 있도록 다음 질문에 답하여라.

1. 기어 *A*가 시계 방향으로 회전할 때, 기어

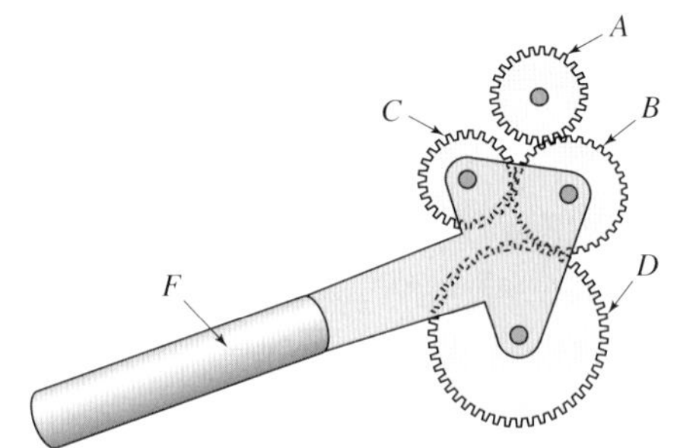

그림 C10.3 (Industrial Press에서 게재 허용)

*B*는 어떤 운동을 하는가?

2. 기어 *A*가 시계 방향으로 회전할 때, 기어 *C*는 어떤 운동을 하는가?
3. 기어 *A*가 시계 방향으로 회전할 때, 기어 *D*는 어떤 운동을 하는가?
4. 손잡이 *F*가 위로 올라갈 때, 맞물린 기어들에 어떤 현상이 발생하는가?
5. 기어 *A*가 시계 방향으로 회전할 때, 기어 *B*, *C*, *D*는 어떤 운동을 하는가?
6. 이 기구의 목적은 무엇인가?
7. 이 기구를 작동시킬 때, 어떤 문제가 발생할 수 있는가?

10-4. 피스톤 *G*를 구동하는 장치가 그림 C10.4에 나와 있다. 기구의 구성 요소를 주의 깊게 조사한 후, 동작을 잘 간파할 수 있도록 다음 질문에 답하여라.

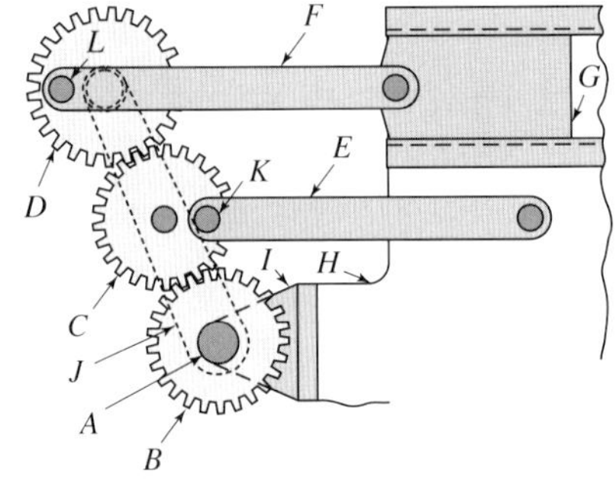

그림 C10.4 (Industrial Press에서 게재 허용)

1. 기어 *B*가 시계 방향으로 회전할 때, 기어

*C*는 어떤 운동을 하는가?

2. 기어 *B*가 시계 방향으로 회전할 때, 기어 *D*는 어떤 운동을 하는가?
3. 링크 *J*가 *A*점에서 힌지되어 있지만 기어 *B*에는 부착되지 않았다면, 링크 *J*에 어떤 현상이 나타날 것이며, 이 운동을 발생시키는 원인은 무엇인가?
4. 기어 *D*의 중심은 어떤 운동을 하는가?
5. 피스톤 *G*는 어떤 운동을 하는가?
6. 이 기구의 목적은 무엇인가?

10-5. 그림 C10.5에 한 기구가 나와 있다. 축 *C*는 기어 *H*와 *J*를 지나 자유롭게 움직일 수 있도록 맞춰져 있지만, 부품 *K*는 이 축에 핀으로 부착되어 있다. 기구의 구성 요소를 주의 깊게 조사한 후, 동작을 잘 간파할 수 있도록 다음 질문에 답하여라.

1. 기어 *G*가 그림과 같이 회전할 때, 기어 *H*는 어떤 방향으로 회전하는가?

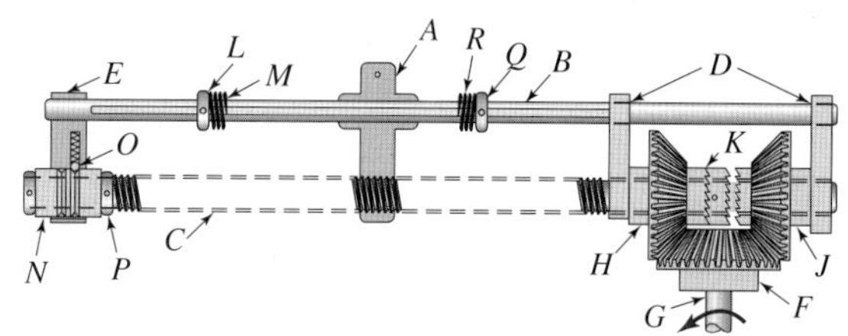

그림 C10.5 (Industrial Press에서 게재 허용)

2. 기어 *F*, *J*와 *H*는 어떤 종류의 기어인가?
3. 축 *G*가 그림과 같이 회전할 때, 부품 *A*는 어떤 운동을 하는가?
4. 부품 *A*가 이음고리 *L*과 접촉할 때, 이 기구의 운동에 어떤 변화가 발생하는가?
5. 부품 *O*의 목적은 무엇인가?
6. 이음고리 *L*과 *Q* 위에 나사를 설치한 이유는 무엇인가?
7. 이 기구의 목적은 무엇인가?

CHAPTER 11

벨트와 체인 구동 기구

교육 목표

1. 벨트 구동의 장점을 기술할 수 있다.
2. 여러 종류의 벨트 설계를 이해할 수 있다.
3. 벨트 구동의 기하학적인 관계식을 정할 수 있다.
4. 벨트 구동으로 연결된 두 축간의 기하학적인 관계식을 해석할 수 있다.
5. 체인 구동의 장점을 기술할 수 있다.
6. 여러 종류의 체인 설계를 이해할 수 있다.
7. 체인 구동의 기하학적인 관계식을 정할 수 있다.
8. 체인 구동으로 연결된 두 축 간의 기하학적인 관계식을 해석할 수 있다.

11.1 서 론

벨트와 체인 구동 방식의 주 기능은 기어 구동 방식과 같다. 이 3개의 구동 방식은 회전하는 두 축 사이에 동력을 전달하는 데 사용된다. 그러나 두 축 간의 거리가 꽤 떨어져 있을 때 기어의 사용은 비실용적이다.

자전거의 체인을 고려해 보자. 체인은 자전거의 뒷축에 페달을 회전시키는 힘과 동력을 전달하는 데 사용된다. 이 두 회전하는 부품 간의 거리는 꽤 떨어져 있어서 기어 구동 방식은 부적절하다. 또한 체인 구동의 변속 비는 몇 개의 스프로킷(sprocket)의 단으로 옮기면 바로 바꿀 수 있다. 그러므로 페달의 회전 속도가 느릴수록, 자전거 축의 같은 회전을 유지하는 데 더 큰 힘이 든다. 벨트 구동 방식도 간단하게 속도 비를 바꿀 수 있다. 그러나 자동차의 자동 변속기에서처럼 기어 구동 방식에서 속도 비를 바꾸는 것은 상당히 복잡한 과정이다.

벨트와 체인 구동 방식은 공통적으로 유연성이 있는 연결 기구로 언급된다. 이 두 기구는 그 기구학적인 관계가 똑같기 때문에 하나로 묶어서 얘기될 수 있다. 이 장의 목적은 벨트와 체인 구동 기구의 기구학적 관계 및 힘을 결정하는 것이다. 샤프트, 축의 주요 운동은 순수 회전만이므로 그래픽 방법은 어떤 통찰력을 주지 못한다. 그러므로 단지 해석적인 방법이 실용적이며 이 장에서 소개될 것이다.

11.2 벨트

벨트 구동의 방식의 기능은 한 회전축에서 다른 회전축으로, 회전

운동 및 회전 토크(torque)를 원활하고 조용하고 싸게 전달하는 것이다. 벨트 구동은 설계 변경 유연성, 낮은 가격, 낮은 유지비용, 쉬운 조립과 설치 공간 절약면에서 최선의 결합체이다.

다른 동력 전달방식과 비교해서, 벨트 구동은 다음의 장점을 가지고 있다:

- 기어나 체인 구동 방식에 비교해서 덜 비싼 방법이다.
- 기어 구동 방식의 제약 요소인, 두 회전축 간의 중심거리가 변경되는 경우에도 사용될 수 있다.
- 원활하게 동력을 전달하고 고속에서도 소음이 적다.
- 구동 기계에 과부하가 걸렸을 때는 미끄러짐이 일어나서 과부하를 방지하도록 설계될 수 있다.
- 체인과 기어는 윤활을 요구하지만 벨트 구동 방식은 윤활을 요구하지 않는다.
- 한 평면상이 아닌 다른 여러 평면에서의 구동 기구에 대해서도 사용할 수 있다.
- 조립, 설치하기가 쉽고 유연성 있게 설계 허용치(flexible tolerance)를 가질 수 있다.
- 유지하는 데 비용이 적게 든다.
- 쇼크, 급속한 힘의 변동을 흡수하는 데 유리하다.

벨트는 실제로 여러 가지로 만들어진다. 여러 재료로는 고무를 입힌 섬유, 고무를 입힌 끈, 합성 플라스틱, 가축, 섬유(면 섬유 또는 합성 섬유) 등이다. 또한 여러 개의 벨트 형상의 제품을 상업적으로 구하기가 용이하다.

1. **평벨트(flat belt)**는 그림 11.1a에 그려져 있고 가장 단순한 형태이고 낮은 회전 토크가 사용되는 분야에 사용된다. 왜냐하면 전달되는 힘은 벨트와 풀리 사이의 순수 마찰에 의해서 제한되기 때문이다. 즉 높은 회전 토크에서는 벨트와 풀리 사이에 미끄럼이 일어나 제대로 회전 구동력을 전달할 수 없다.

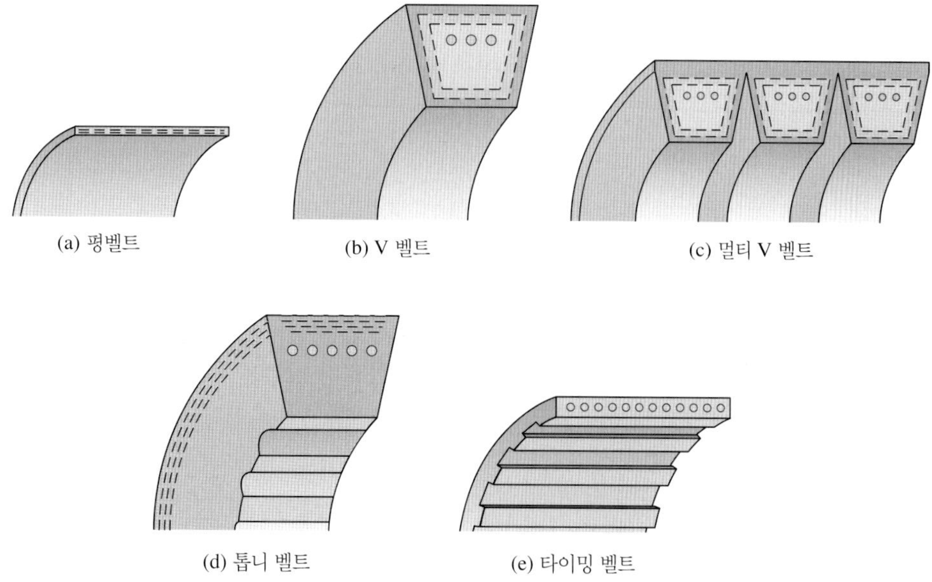

그림 11.1 벨트의 종류 및 모양

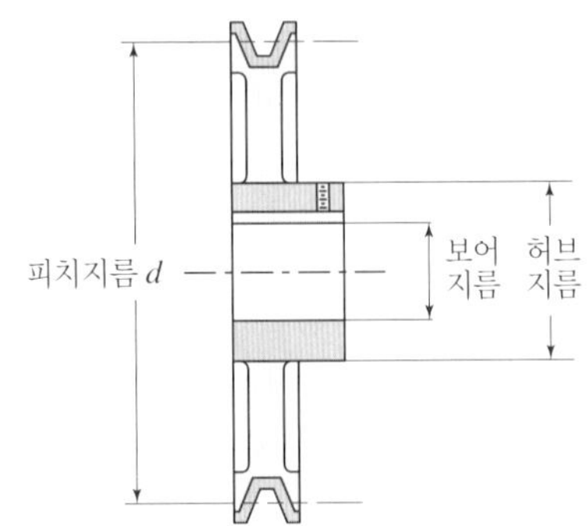

그림 11.2 하나의 홈이 있는 V 벨트용 풀리

2. **V 벨트(V-belt)**는 그림 11.1b에 그려져 있고 가장 널리 쓰이는 형태이고, 특히 자동차, 산업용 기계에 많이 사용된다. V 모양이 벨트가 풀리 안에 쐐기 형태로 타이트하게 접촉되게 하여 마찰력을 증가시키고 높은 회전 토크를 전달할 수 있다.
3. **멀티 V 벨트(multi-V-belt)**는 그림 11.1c에 그려져 있고 옆으로 몇 개의 V 벨트가 놓여진 형태와 같다. 그러나 전체적으로 옆으로 붙어 있다. 그래서 전달할 수 있는 동력, 힘의 크기가 더 크게 된다.
4. **톱니 벨트(cog belt)**는 그림 11.1d에 그려져 있다. V 벨트와 유사하지만 벨트 접촉면에 그루브(groove), 즉 홈이 빠져 있다. 이 특징이 벨트의 유연성을 높이고 더 작은 반경의 풀리에 대해서도 벨트가 사용될 수 있도록 한다. 그러므로 구동 기구의 전체 크기는 줄이면서도 더 작은 풀리를 사용할 수 있다.
5. **타이밍 벨트(timing belt)**는 그림 11.1e에 그려져 있다. 풀리의 이빨 형상과 맞물릴 수 있도록 기어처럼 벨트 접촉면이 이빨 형상으로 되어 있다. 이 구조는 기어의 확실한 맞물림과 벨트의 유연성을 결합한 것이다. 이 벨트는 회전동력이 전달되는 두 축 사이에 회전축과 접촉 대응되는 서로의 위치가 정확해야 하는 응용 분야에서 널리 사용된다.

풀리(pulley)는 도르래, 활차로도 불릴 수 있는데, 회전 축에 연결된 차 바퀴 모양의 기계 요소이다. 풀리는 그 바깥면을 따라서 홈이 빠져 있으며 벨트와 맞물릴 수 있는 모양으로 되어 있다. V 벨트용 풀리는 그림 11.2에 있다.

산업용 풀리는 지름에 따라서 일반 금속강, 단조강을 재료로 만들어질 수 있다.

좀 가벼운 동력 전달용의 풀리 재료로는 알루미늄, 플라스틱, 다이캐스트 아연 등이 있다. 만들어진 형태는 그 크기에 따라서 중간에 빈 공간이 없는 통자형과 중간에 빈 공간이 있는, 즉 자전거 바퀴에서 바퀴와 회전 축을 연결하는 바퀴살(spoke)형이 있다.

큰 풀리는 바퀴살형의 단조강으로 만들어진다.

풀리는 피치지름(pitch diameter)으로 분류된다. 이 피치지름은 벨트 중심 위치와 관련된 홈의 중간 사이의 지름이다. 상업적으로 구하기 쉬운, 바퀴살형 풀리는 공통적으로 지름의 인치 크기로 팔린다. 표 11.1은 이용 가능한 풀리의 지름을 보여 주고 있다.

표 11.1 상업용으로 이용 가능한 풀리

풀리의 피치지름(in.)

3V 벨트		5V 벨트		8V 벨트
2.2	5.3	4.3	8.4	12.3
2.3	5.6	4.5	8.9	13.0
2.5	6.0	4.8	9.2	13.8
2.6	6.5	4.9	9.7	14.8
2.8	6.9	5.1	10.2	15.8
3.0	8.0	5.4	11.1	16.8
3.1	10.6	5.5	12.5	17.8
3.3	14.0	5.8	13.9	18.8
3.6	19.0	5.9	15.5	19.8
4.1	25.0	6.2	16.1	21.0
4.5	33.5	6.3	18.5	22.2
4.7		6.6	20.1	29.8
5.0		6.7	23.5	39.8
		7.0	25.1	47.8
		7.1	27.9	52.8
		7.5		57.8
		8.1		63.8

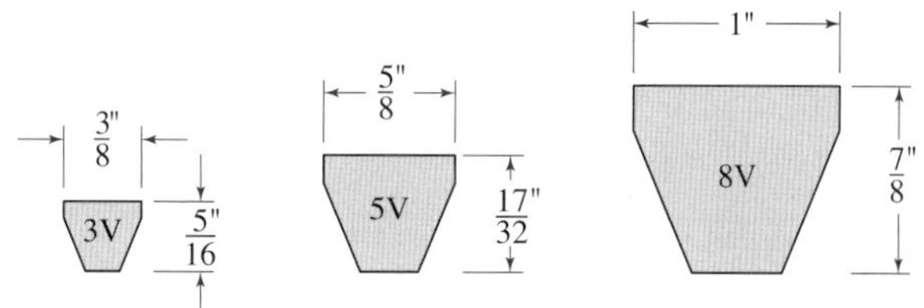

그림 11.3 좁은 단면 산업용 V 벨트

벨트는 시간이 지남에 따라 늘어날 수 있다. 벨트 구동 방식을 사용하는 기기는 벨트의 늘어남을 위치 조정이 가능한 모터 지지대, 중간 풀리 등과 같은 것을 이용해서 보완할 수 있다. 중간 풀리는 벨트에 일정한 장력을 주는 데 사용된다. 그것이 벨트의 처지는 면(slack side)에 항상 놓여지며 스프링에 의해서 미리 하중이 걸려 있어서 벨트를 타이트하게, 처지지 않게 한다.

언급한 것처럼 V 벨트는 가장 많이 사용되는 벨트의 종류이다. 상업적으로 구하기 쉬운 V 벨트는 그림 11.3에서 나온 단면도의 표준 사이즈의 하나이다. 물론 더 큰 단면을 갖는 V 벨트가 더 큰 동력을 전달할 수 있다. 더 많은 동력을 전달하기 위해서 여러 개의 홈이 있는 풀리 상

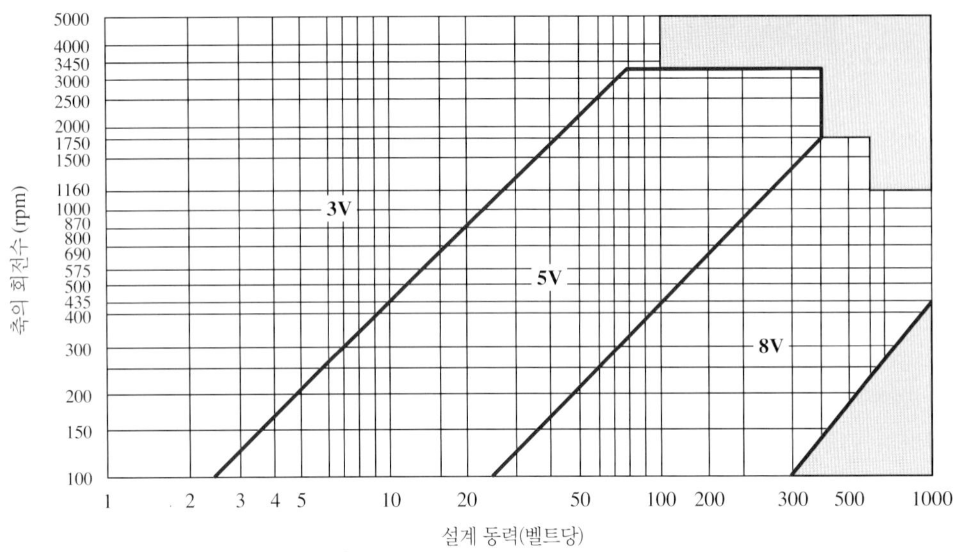

그림 11.4 산업용 V 벨트 단면 도표

에서 여러 개의 벨트가 사용되기도 한다. V 벨트의 선택 방법은 그림 11.4에 주어져 있다. 전달 동력(HP)은 벨트 당(per belt)으로 열거되어 있다. 만약 3개의 홈이 있는 벨트를 사용해서 동력 6 HP를 전달하는 벨트 구동 방식을 사용하려면 6을 3으로 나누어, 3개의 홈의 벨트가 각각 동력 2 HP를 전달할 수 있어야 한다.

그림 11.4는 단지 적절한 벨트 크기를 선택하기 위한 V 벨트의 대략적인 선택 방법만 줄 뿐이다. 응용에 관한 상세한 연구와 동력 전달 요구 조건을 함께 고려해서 가장 적당한 벨트 구동을 선택하는 것이 중요하다. 상세한 선택 방법은 벨트 제조업체의 카탈로그에 주어져 있다.

11.3 벨트 구동의 기하학적 관계

벨트 구동 방식은 벨트로 연결되는 두 회전축 사이에 일정한 속도 비율로 동력을 전달한다. 기본적인 기하학적인 관계를 설명하는 그림이 그림 11.5에 있다.

앞에서 언급한 것처럼 풀리의 피치지름 d는 벨트 중심이 놓인 홈 안의 점에 대해서 측정된다. 풀리의 바깥 지름보다 약간 작다. 그림 11.2와 그림 11.5에서의 풀리의 지름은 모두 피치지름이다.

중심거리 C는 구동 풀리와 종동 풀리의 중심 간의 거리이다. 물론 이 중심거리는 벨트로 연결된 두 회전축 간의 거리이기도 하다. 작은 중심거리는 벨트가 작은 풀리로 들어가는 데에서 최대 하중이 반복적으로 걸려서 벨트에 피로 현상이 발생할 수 있다. 또한 큰 중심거리는 벨트의 갑작스러운 흔들림(whip)과 진동을 발생시킨다. 그러므로 정상적인 중심거리는 다음 범위 안에 있어야 한다.

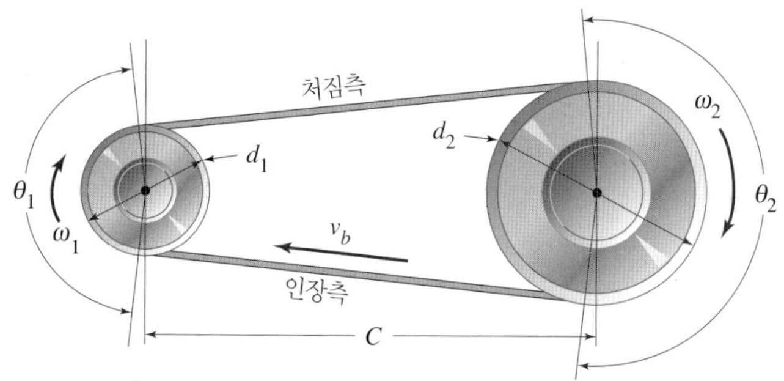

그림 11.5 벨트 구동의 기하학

$$d_2 < C < 3(d_1 + d_2)$$

벨트의 길이 L은 벨트 전체 길이이다. 특히 벨트의 바깥 전체 길이가 항상 벨트의 전체 길이로 사용된다. 이것은 설치된 벨트의 바깥면을 따라서 테이프를 감아서 얻어진 치수이다. 벨트는 특정 길이에 대해서는 바로 상업적으로 구해서 사용할 수 있다.

표 11.2는 산업용 V 벨트의 가용 길이를 보여 주고 있다. 중심거리와 피치지름은 수학적으로 다음처럼 연관될 수 있다[참고문헌 2 참조].

$$L = 2C + \frac{\pi}{2}(d_2 + d_1) + \frac{(d_2 - d_1)^2}{4C} \tag{11.1}$$

$$C = \frac{B + \sqrt{B^2 - 32(d_2 - d_1)^2}}{16} \tag{11.2}$$

$$B = 4L - 2\pi(d_2 + d_1) \tag{11.3}$$

접촉각(angle of contact) θ는 벨트가 각도상으로 각각의 풀리에 잠긴 정도이다. 이 접촉각은 각 풀리에 대해서 다음 식으로 계산된다.

$$\theta_1 = 180° - 2\sin^{-1}\left\{\frac{d_2 - d_1}{2C}\right\} \tag{11.4}$$

$$\theta_2 = 180° + 2\sin^{-1}\left\{\frac{d_2 - d_1}{2C}\right\} \tag{11.5}$$

상업적으로 이용 가능한 벨트의 동력은 그림 11.4에 나온 것처럼 같은 크기의 구동 풀리와 종동 풀리에 대한 것이다. 그러므로 접촉각이 180°이다. 더 작은 접촉각은 풀리 주변에서의 마찰력이 줄어들어 벨트가 전달할 수 있는 동력도 줄어든다. 표 11.3은 접촉각이 180°보다 작은 벨트에 의해서 전달될 수 있는 실제 동력 전달 능력을 보여 준다. 벨트 제작 회사는 가능하다면 벨트 접촉각을 120°보다 크게 할 것을 제안한다.

표 11.2 상업용 V 벨트 길이(in.)

3V 벨트 길이			
25.0	40.0	63.0	100.0
26.5	42.5	67.0	106.0
28.0	45.0	71.0	112.0
30.0	47.5	75.0	118.0
31.5	50.0	80.0	125.0
33.5	53.0	85.0	132.0
35.5	56.0	90.0	140.0
37.5	60.0	95.0	
5V 벨트 길이			
50.0	90.0	160.0	280.0
53.0	95.0	170.0	300.0
56.0	100.0	180.0	315.0
60.0	106.0	190.0	335.0
63.0	112.0	200.0	355.0
67.0	118.0	212.0	
71.0	125.0	224.0	
75.0	132.0	236.0	
80.0	140.0	250.0	
85.0	150.0	265.0	
8V 벨트 길이			
100.0	160.0	236.0	355.0
112.0	170.0	250.0	400.0
118.0	180.0	265.0	450.0
125.0	190.0	280.0	
132.0	200.0	300.0	
140.0	212.0	315.0	
150.0	224.0	335.0	

표 11.3 접촉각에 의해서 감소되는 동력 전달 능력

접촉각 θ	180°	160°	140°	120°	100°	80°
실제 전달 능력(%)	100	95	89	82	74	63

11.4 벨트 구동 방식의 기구학적 관계

기어 구동 방식과 같이, 속도 비 *VR*은 구동 풀리(풀리 1)의 회전 각속도를 종동 풀리(풀리 2)의 회전 각속도로 나눈 값이다.

$$VR = \frac{\omega_{구동}}{\omega_{종동}} = \frac{\omega_1}{\omega_2} \tag{11.6}$$

이 비는 단위에 관계 없기 때문에 속도 비는 분당 회전 수(rpm), 시간당 회전각의 라디안, 회전속도를 나타내는 다른 단위로도 정의될 수 있다. 식 10.19의 유도와 같은 논리는 다음 식을 유도해낸다.

$$\frac{\omega_1}{\omega_2} = \frac{r_2}{r_1} = VR$$

피치지름을 대입해서 다음 식으로 다시 쓸 수 있다.

$$\frac{d_2}{d_1} = \frac{2r_2}{2r_1} = \frac{r_2}{r_1} = VR$$

그러므로 속도 비의 정의는 다음으로 정리된다.

$$VR = \frac{\omega_1}{\omega_2} = \frac{r_2}{r_1} = \frac{d_2}{d_1} \tag{11.7}$$

그림 11.5에서 보는 것과 같은 실제 배치된 벨트 구동 시스템에서는 풀리들이 같은 방향으로 회전한다. 그러나 그림 11.6에서 보는 교차 구동 (a)와 굴곡형 구동 (b)는 각 풀리의 회전 방향을 바꾸는 데 사용될 수 있다.

많은 산업용 응용 분야는 동력 구동원의 속도비를 감속시키는 데 벨트를 사용하기를 요구한다. 그러므로 속도비는 1보다 커야 한다. 식 11.6에서 알 수 있듯이, 이 경우는 감속하는 경우가 구동 풀리가 종동 풀리보다 더 빨리 도는 경우이다.

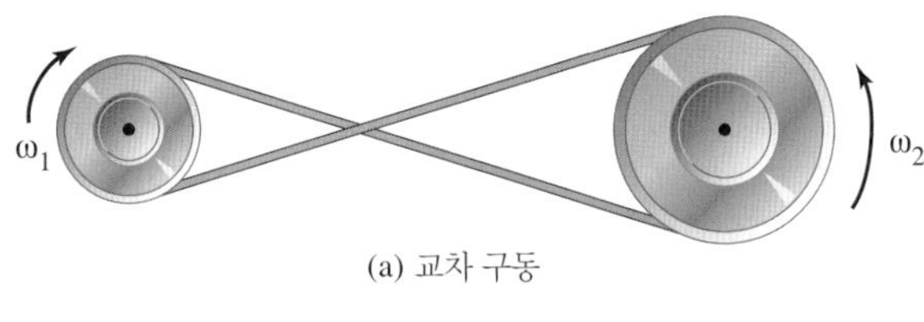

(a) 교차 구동

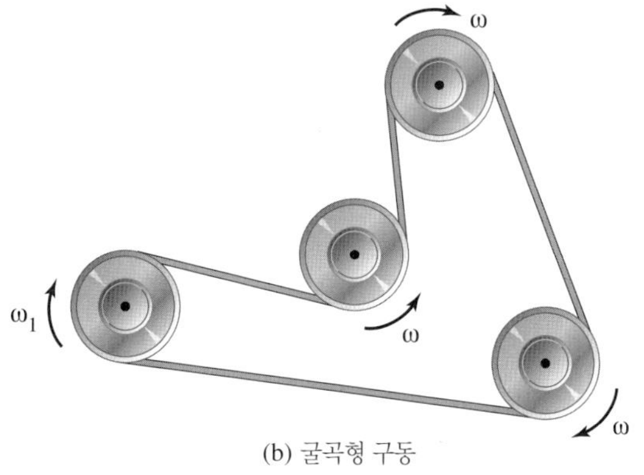

(b) 굴곡형 구동

그림 11.6 여러 가지 벨트 구동 방식

벨트 속도(belt speed) v_b는 벨트의 선속도로 정의된다. 이 크기는 각 풀리의 피치지름 상의 한 점의 직선 운동 속도의 크기이다. 그러므로 벨트의 속도는 식 6.5에 의해서 풀리의 회전 속도와 피치 반경의 곱이 된다.

$$v_b = r_1\omega_2 = \frac{d_1}{2}\omega_1 = r_2\omega = \frac{d_2}{2}\omega_2 \tag{11.8}$$

6장에서처럼, 이 식의 각속도는 시간당 회전한 각도의 라디안 단위로 주어져야 한다.

벨트는 4,000~5,000fpm(ft/min), 즉 약 1,219~1,524(m/min) 정도의 속도에서 최대 동력을 전달한다. 그러므로 이 범위에서 벨트 구동 시스템을 설계하는 것이 최적이다. 산업용으로 큰 풀리는 단조강으로 만들어지고 실제로 6,500fpm, 즉 약 1,981(m/min)의 최대 벨트 속도로 제한되어 사용된다. 이것은 법선 방향, 즉 반경 방향의 가속도에 의한 관성력이 과대해지기 때문이다. 5,000fpm, 즉 약 1,524(m/min)의 벨트 속도를 초과하는 경우는 원심력에 의한 진동 때문에 특별한 밸런싱이 필요하다. 마지막으로 체인 구동 방식은 실제적으로 1,000fpm, 즉 304.8(m/min) 이하의 속도에서 사용하는 것이 바람직하다.

예제 11.1

벨트 구동 방식이 냉장차의 모터에서 컴프레서(압축기)까지 동력을 전달하는 데 사용된다. 냉장차가 서 있을 때 엔진이 돌지 않고 컴프레서는 돌고 있어야 할 경우의 설계를 해 보자. 3,550rpm에서 10hp의 전기 모터가 사용되고 모터 풀리의 지름은 5in.이고 컴프레서 풀리의 지름은 7.5in.이다. 적당한 산업용 벨트 크기, 컴프레서의 회전 속도와 벨트 속도를 정하라.

풀이

1. **적절한 벨트 크기를 선정하라.**
   3,550rpm에서 10hp에 대해서 그림 11.4는 3 V 벨트를 제안한다.
2. **구동 풀리의 속도를 계산하라.**
   식 11.7에서 속도는 다음 식으로 계산된다.

$$VR = \frac{d_2}{d_1} = \frac{7.5\text{ in.}}{5\text{ in.}} = 1.5$$

컴프레서의 속도는 식 11.8에서 다음 식으로 계산될 수 있다.

$$\omega_2 = \frac{d_1\omega_1}{d_2} = \frac{(5\text{in.})(3550\,\text{rpm})}{(7.5\text{in.})} = 2367\,\text{rpm}$$

모터 회전축의 회전 속도 단위는 시간당 회전 각도의 라디안으로 다음 식으로 바뀐다.

$$\omega_1 = 3550\,\text{rev/min}\left(\frac{2\pi\,\text{rad}}{1\,\text{rev}}\right) = 22{,}305\,\text{rad/min}$$

3. 벨트속도를 계산하라.

식 11.8에서 벨트 속도는 다음으로 계산된다.

$$v_b = \left(\frac{d_1}{2}\right)\omega_1 = \frac{5\text{in.}}{2}(22{,}305\,\text{rad/min}) = 55{,}762\,\text{in./min} = 4647\text{fpm}$$

예제 11.2

벨트 구동 방식이 그림 11.7의 연삭 기계에서 전기 모터의 속도를 감속시키는 데 사용된다. 전기 모터의 회전 속도는 1,725rpm이고 연삭 기계의 연삭 숫돌의 회전 속도는 약 600rpm이 요구된다. 표 11.1에 열거된 풀리에서 적당한 풀리 지름을 정해라. 또한 적당한 벨트 길이와 중심거리를 정하라.

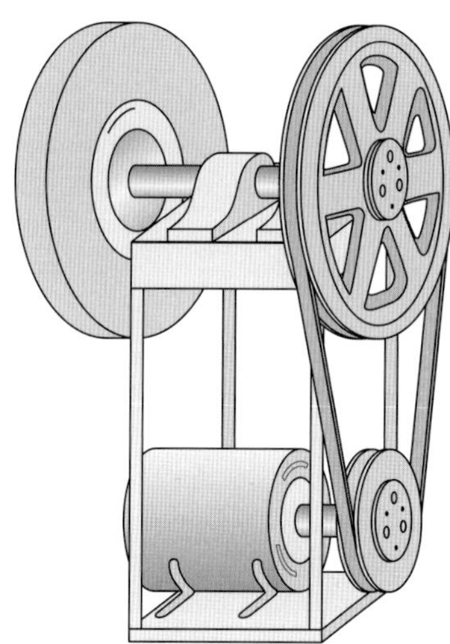

그림 11.7 예제 11.2의 연삭 기계

풀이

1. 적절한 벨트 크기를 정하라.

1,725rpm으로 구동되는 50hp 모터이므로, 그림 11.4에서 5V 벨트를 선정한다.

2. 구동풀리의 이상적인 지름을 정하라.

각 회전 축의 회전 각속도는 다음과 같다.

$$\omega_1 = 1725\text{ rev/min}\left(\frac{2\pi\text{ rad}}{1\text{ rev}}\right) = 10{,}838\text{ rev/min}$$

$$\omega_2 = 600\text{ rev/min}\left(\frac{2\pi\text{ rad}}{1\text{ rev}}\right) = 3770\text{ rev/min}$$

벨트 속도는 4,000~5,000fpm이 최적이므로, 식 11.7은 다음처럼 다시 쓰여질 수 있다.

$$d_1 = 2\left(\frac{v_b}{\omega_1}\right) = 2\left(\frac{4500\text{ ft/min}}{10{,}838\text{ rad/min}}\right) = 0.83\text{ft} = 9.96\text{in.}$$

3. 가용 풀리를 선정하라.

표 11.1에서 구동풀리를 10.20in.로 선택하면 벨트 속도는 다음과 같이 된다.

$$v_b = \frac{d_1}{2}\omega_1 = \frac{10.20\,\text{in.}}{2}(10{,}838\,\text{rad/min}) = 55{,}274\,\text{in./min} = 4606\,\text{fpm}$$

4. 가용 종동 풀리를 선정하라.

식 11.8에서, 원하는 속도 비는 다음으로 결정된다.

$$VR = \frac{\omega_1}{\omega_2} = \frac{10{,}838\,\text{rad/min}}{3770\,\text{rad/min}} = 2.87$$

결정되는 종동 풀리의 지름은 다음 식으로 계산된다.

$$d_2 = (VR)(d_1) = 2.87(10.2\,\text{in.}) = 29.3\,\text{in.}$$

가장 가까운 풀리로는 29in.가 선택된다. 식 11.8을 다시 쓰면 실제 연삭 숫돌의 회전 각속도는 다음과 같다.

$$\omega_2 = \frac{\omega_1 d_1}{d_2} = \frac{(1725\,\text{rpm})(10.2\,\text{in.})}{27.9\,\text{in.}} = 630\,\text{rpm}$$

5. 가용 벨트를 정하라.

제안된 중심거리의 범위는 다음과 같다.

$$d_2 < C < 3(d_1 + d_2)$$

이 응용 분야에 그 값을 집어 넣으면 다음과 같이 된다.

$$27.9\,\text{in.} < C < 114.3\,\text{in.}$$

중간값 72in.가 잠정적으로 선택하고 식 11.1에 넣으면 다음 식이 얻어진다.

$$L = 2C + \frac{\pi}{2}(d_2 + d_1) + \frac{(d_2 - d_1)^2}{4C}$$

$$= 2(72\,\text{in.}) + \frac{\pi}{2}(27.9 + 10.2) + \frac{(27.9 - 10.2)^2}{4(72)} = 204.9\,\text{in.}$$

표준 벨트 길이가 요구되기 때문에 212in.의 벨트가 사용될 것이다. 이것은 실제 중심거리로 다음을 요구한다.

$$C = \frac{B + \sqrt{B^2 - 32(d_2 - d_1)^2}}{16}$$

$$= \frac{580.2 + \sqrt{(580.2)^2 - 32(27.9 - 10.2)^2}}{16} = 71.98\,\text{in.}$$

여기에서

$$B = 4L - 2\pi(d_2 + d_1)$$

$$= 4(204.9) - 2\pi(27.9 + 10.2) = 580.2\text{in.}$$

11.5 체인

벨트에서처럼, 체인 구동 방식의 기능은 한 회전축에서 다른 회전축으로, 회전 운동 및 회전 토크를 원활하고 조용하고 싸게 전달하는 것이다. 체인 구동은 벨트 구동의 유연성과 기어 구동의 정확한 맞물림 특징을 준다. 그러므로 체인 구동 방식은 두 회전축에서 사이가 넓고, 느린 회전과 높은 토크가 요구되는 분야에 적당하다.

다른 동력 전달 방식과 비교해서, 체인 구동은 다음의 장점을 가지고 있다.

- 기어 구동 방식에 비교해서 덜 비싼 방법이다.
- 벨트 구동 방식에서와 같은 미끄러짐이 없고 더 효율적으로 동력을 전달한다.
- 기어 구동 방식의 제약 요소인, 두 회전축 간의 중심거리가 변경되는 경우에도 사용될 수 있다.
- 벨트 구동 방식보다 낮은 속도에서 더 효과적인 구동 방식이다.
- 초기 인장력이 벨트에서처럼 요구되지 않기 때문에 샤프트 베어링 하중이 작다.
- 더 긴 수명을 가지며 벨트에서처럼 열, 오일, 시간이 지남에 그 기능이 열화되지 않는다.
- 벨트는 종종 조정을 필요로 하는데, 조정이 필요한 경우가 더 적다.

11.5.1 체인의 종류

체인은 중간에 연결된 링크의 연속체로 만들어진다. 체인의 많은 종류가 상업적으로 구하기가 용이하며 다음과 같은 종류가 있다.

1. **롤러 체인(roller chain)**은 그림 11.8a에 그려져 있고 가장 흔한 형태이다. 큰 롤러 체인은 600hp 이상에서 사용된다. 롤러 체인 방식은 조용하고 효과적인 동작을 하지만 윤활이 요구된다.
2. **다줄 롤러 체인(multi-stand roller chain)**은 그림 11.8b에 그려져 있고 여러 개의 표준 롤러 체인이 평행하게 여러 줄을 이루고 있다. 이 구조는 체인 구동의 동작 전달 능력, 한계를 증가시켜 준다.
3. **오프셋 사이드바 롤러 체인(offset sidebar roller chain)**은 그림 11.8c에 그려져 있고 롤러 체인보다 덜 비싸지만 동력 전달 능력, 한계가 좀 적다. 이것은 체인을 마모시킬 수 있는 먼지나 오염물이 낄 수 있는 구조를 가지고 있다. 이 체인은 건설 장비에 종종 사용된다.
4. **역 치형(inverted tooth), 사일런트 체인(silent chain)**은 그림 11.7d에 그려져 있다. 이

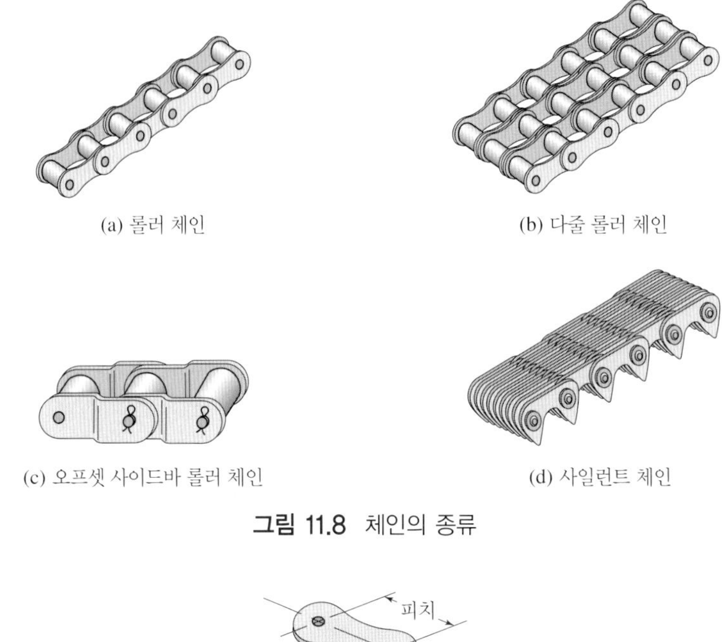

(a) 롤러 체인

(b) 다줄 롤러 체인

(c) 오프셋 사이드바 롤러 체인

(d) 사일런트 체인

그림 11.8 체인의 종류

그림 11.9 체인의 피치

체인은 만들기가 가장 비싼 체인이다. 이 체인은 고속에서 원활하고 조용한 동력 전달을 요구하는 응용 분야에서 효과적으로 사용된다. 윤활이 신뢰성 높은 작동을 위해서 요구된다. 이 체인은 기계 도구, 펌프, 동력 전달 장치에 흔하게 사용된다.

11.5.2 체인 피치

기술 전문 기구에서는 상호 호환성을 위해 동력 변속기 체인의 설계와 치수를 위한 표준(예를 들면 ANSI 표준 B29-1)을 유지하고 있다. 롤러 체인은 바로 연결되는 링크의 핀 사이의 거리인 **피치(pitch)** p로 분류된다. 이 피치는 그림 11.9에 그려져 있다. 롤러 체인은 25~240 사이의 크기 호칭을 가지고 있다. 이 호칭은 1/8in.의 피치를 기본으로 한다. 즉 120체인은 12/80, 약분하면 1.5in.의 피치를 갖는다.

큰 체인은 더 큰 동력 전달 능력, 한계를 갖는다. 롤러 체인 피치의 선정은 시스템의 전달 동력과 속력에 따라 달라진다. 적절한 롤러 체인 피치를 선정하기 위한 일반적인 지침이 그림 11.10에 주어져 있다. 적용과 동력 변속기의 요구 사항에 대한 상세한 연구에 기초하여 가장 적절한 체인 구동을 선택하기 위한 상세한 절차는 제조 회사의 카탈로그에 나와 있다.

11.5.3 다줄 체인

벨트와 유사하게 다줄 체인이 구동 체인에 의해서 전달되는 동력의 크기를 크게 할 수 있다. 그

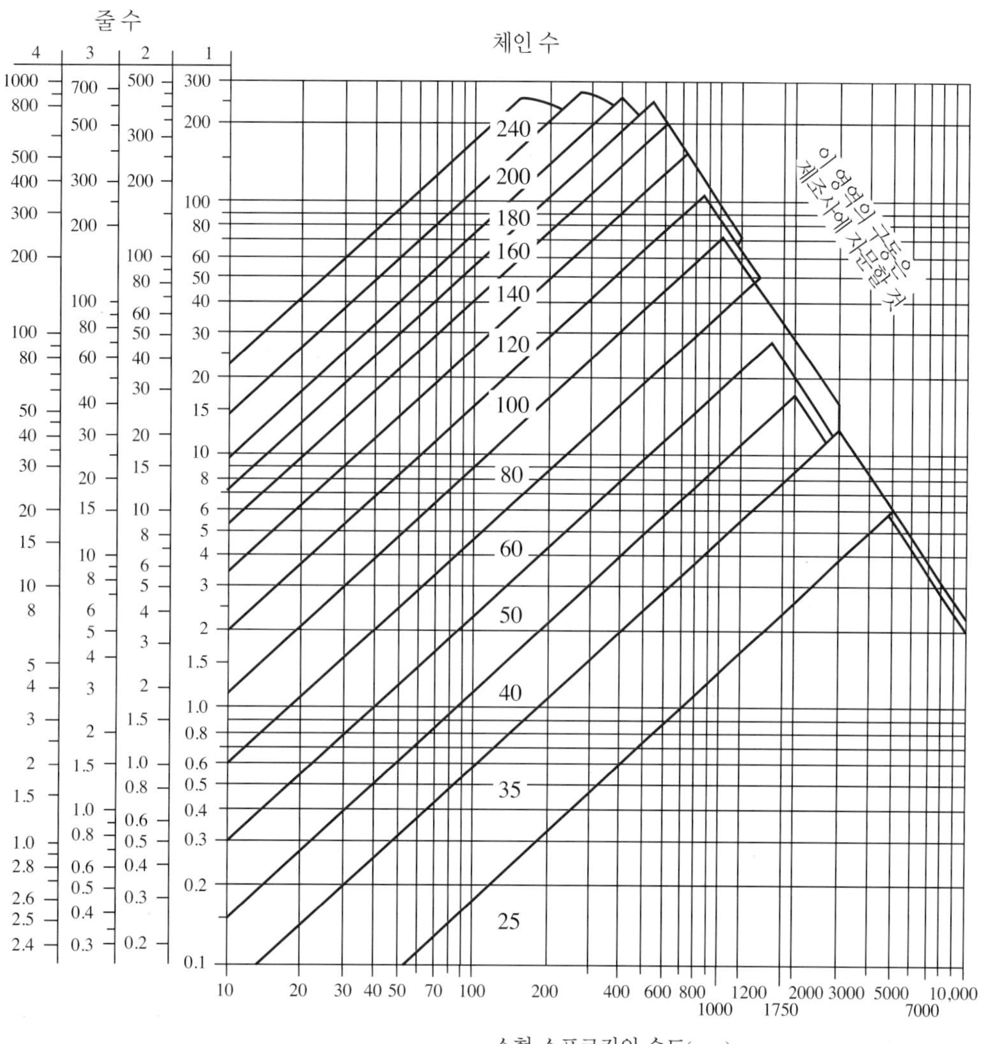

그림 11.10 체인 피치의 선택 도표

표 11.4 다줄 인자

롤러 체인 줄의 수	2	3	4	5	6	8	10
다줄 인자	1.7	2.5	3.3	3.9	4.6	6.2	7.5

러나 다줄 체인이 직접적으로 한 줄 체인의 배수만큼의 동력 전달 크기를 주지는 않는다. 체인 구동에서 다줄 체인이 필요할 때, 식 11.9가 각 체인을 통해서 전달되는 동력을 계산하는 데 사용된다. 체인 줄을 몇 개로 하는지에 대한 다줄 인자는 실험적으로 결정되고 표 11.4에 나와 있다.

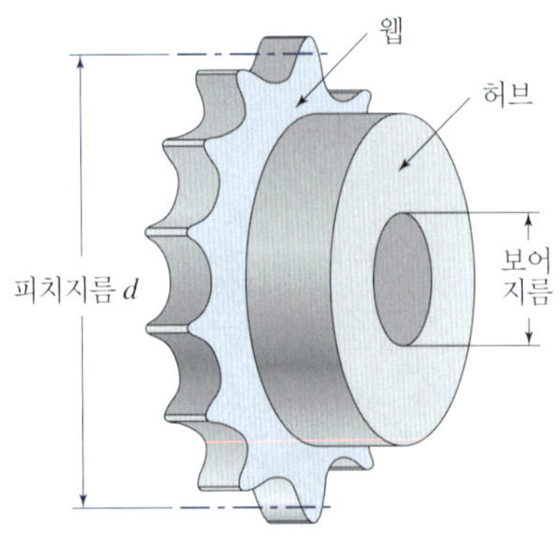

그림 11.11 롤러 체인의 스프로킷

$$\text{체인당 동력} = \frac{\text{전달되는 전체 동력}}{\text{다줄 인자}} \tag{11.9}$$

그림 11.10의 수직 축은 여러 줄 수에 대한 동력 용량을 나타낸다. 식 11.9는 이미 그림 11.10의 조건을 충족하고 있다.

11.5.4 스프로킷

스프로킷(sprocket)은 회전축과 연결된 치형이 있는 바퀴 모양의 기계 요소이다. 스프로킷의 치형은 체인 링크와 맞물릴 수 있는 기하학적인 형상을 가지고 있다. 이 정확한 맞물림이 미끄럼을 방지한다. 스프로킷은 피치지름에 따라 분류된다. 피치지름은 체인 중심과 일치되게, 치형이 있는 바퀴 모양의 기계 요소의 중앙 지름이다. 구할 수 있는 스프로킷은 정수 개의 이빨 수에 대해서 실제로 구할 수 있다. 롤러 체인과 맞물리도록 설계된 스프로킷이 그림 11.11에

표 11.5

체인 크기	스프로킷 잇수의 수
25	8 through 30, 32, 34, 35, 36, 40, 42, 45, 48, 54, 60, 64, 65, 70, 72, 76, 80, 84, 90, 95, 96, 102, 112, 120
35	4 through 45, 48, 52, 54, 60, 64, 65, 68, 70, 72, 76, 80, 84, 90, 95, 96, 102, 112, 120
40	8 through 60, 64, 65, 68, 70, 72, 76, 80, 84, 90, 95, 96, 102, 112, 120
50	8 through 60, 64, 65, 68, 70, 72, 76, 80, 84, 90, 95, 96, 102, 112, 120
60	8 through 60, 62, 63, 64, 65, 66, 67, 68, 70, 72, 76, 80, 84, 90, 95, 96, 102, 112, 120
80	8 through 60, 64, 65, 68, 70, 72, 76, 78, 80, 84, 90, 95, 96, 102, 112, 120
100	8 through 60, 64, 65, 67, 68, 70, 72, 74, 76, 80, 84, 90, 95, 96, 102, 112, 120
120	9 through 45, 46, 48, 50, 52, 54, 55, 57, 60, 64, 65, 67, 68, 70, 72, 76, 80, 84, 90, 96, 102, 112, 120
140	9 through 28, 30, 31, 32, 33, 34, 35, 36, 37, 39, 40, 42, 43, 45, 48, 54, 60, 64, 65, 68, 70, 72, 76, 80, 84, 96
160	8 through 30, 32 through 36, 38, 40, 45, 46, 50, 52, 53, 54, 56, 57, 60, 62, 63, 64, 65, 66, 68, 70, 72, 73, 80, 84, 96
180	13 through 25, 28, 35, 39, 40, 45, 54, 60
200	9 through 30, 32, 33, 35, 36, 39, 40, 42, 44, 45, 48, 50, 51, 54, 56, 58, 59, 60, 63, 64, 65, 68, 70, 72
240	9 through 30, 32, 35, 36, 40, 44, 45, 48, 52, 54, 60

그려져 있다.

스프로킷은 일반적으로 맞물리는 체인 크기와 잇수로 분류된다. 상업용 스프로킷이 표 11.5에 나와 있다. 기어와 풀리가 있기 때문에 피치지름은 중요한 기구학적 성분값이다. 피치지름은 스프로킷 이의 중심을 지나는 지름이며, 이 지름은 체인의 중심선과도 일치한다. 다음 장에서 나올 것이지만, 피치지름은 체인의 크기와 잇수로부터 정해질 수 있다.

11.6 체인 구동의 기하학적인 관계

체인 구동의 기본적인 기하학은 그림 11.12에서 보듯이, 결국 벨트 구동 방식과 똑같다.

잇수 N은 항상 언급되는 성질이다. 100rpm 이하의 매우 낮은 속도에서 작동되는 경우가 아니라면 스프로킷의 잇수는 적어도 17개 이상이 되는 것을 추천한다. 물론 이가 많을수록 더 큰 스프로킷이 필요하다. 큰 스프로킷도 잇수가 보통 120개 이하여야 한다.

앞에서 말한 바와 같이, 스프로킷의 피치지름 d는 체인의 중심이 놓여진 스프로킷의 이 위의 점에 대해서 측정된다. 이 피치지름은 스프로킷의 바깥 지름보다 약간 작다. 그림 11.11에서의 스프로킷의 지름이 피치지름이다. 피치가 p인 체인의 N개의 잇수가 있는 스프로킷의 피치지름은 다음 식으로 정해진다.

$$d = \frac{p}{\sin(180°/N)} \tag{11.10}$$

중심거리 C는 구동 스프로킷과 종동 스프로킷의 중심 간의 거리이다. 물론 이 중심거리는 체인으로 연결된 두 회전축 간의 거리이기도 하다. 실제 응용에서 중심거리는 다음 범위 안에 있어야 한다.

$$30p < C < 50p$$

체인의 길이 L은 체인 전체 길이이다. 체인은 중간의 연결된 링크들로 구성된 연속체이므로 체인의 길이는 여러 피치의 합이 된다. 구동 스프로킷의 잇수는 홀수(17, 19, …)가 바람직하고 특별한 링크가 안 되기 위해 체인의 피치(링크) 수는 짝수가 바람직하다. 링크 수 또는 피치로 표현되는 체인 길이는 다음 식으로 계산된다.

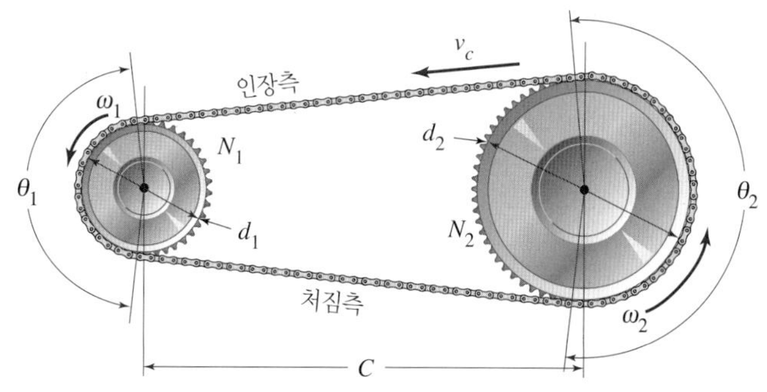

그림 11.12 체인 구동의 기하학

$$L = \frac{2C}{p} + \frac{(N_2 + N_1)}{2} + \left\{ \frac{p(N_2 - N_1)^2}{4\pi^2 C} \right\} \tag{11.11}$$

주어진 체인 길이에 대한, 피치로 표현되는 중심거리는 다음 식으로 계산된다.

$$C = \frac{p}{4}\left[L - \frac{(N_2 + N_1)}{2} + \sqrt{\left\{L - \frac{(N_2 + N_1)}{2}\right\}^2 - \frac{8(N_2 - N_1)^2}{4\pi^2}}\right] \tag{11.12}$$

식 11.12의 체인 길이 L은 링크 수를 포함한 식이라는 점을 다시 언급할 필요가 있다.

접촉각(angle of contact) θ는 각각의 스프로킷 위에 체인이 맞물려 감긴 각에 해당된다. 이 접촉각은 다음 식으로 계산된다.

$$\theta_1 = 180° - 2\sin^{-1}\left\{ \frac{p(N_2 - N_1)}{2C} \right\} \tag{11.13}$$

$$\theta_2 = 180° + 2\sin^{-1}\left\{ \frac{p(N_2 - N_1)}{2C} \right\} \tag{11.14}$$

체인 제작 회사는 가능하다면 체인의 접촉각을 120°보다 크게 할 것을 제안한다.

마지막으로 체인은 작동 중에 인장(tight)측과 처짐(slack)측이 있다. 대부분의 응용 분야에서 체인 구동이 처진 측이 아래 또는 낮은 쪽에 있도록 설계된다. 축의 회전 방향과 구동, 종동 회전 축의 상대적인 위치 때문에 그림 11.12에서의 배치는 아래 측이 체인의 처짐측이 되도록 하고 있다.

11.7 체인 구동 방식의 기구학적 관계

속도 비 VR은 구동 스프로킷(스프로킷 1)의 회전 각속도를 종동 스프로킷(스프로킷 2)의 회전 각속도로 나눈 값이다.

$$VR = \frac{\omega_{구동}}{\omega_{종동}} = \frac{\omega_1}{\omega_2} = \frac{d_2}{d_1} = \frac{N_2}{N_1} \tag{11.15}$$

이 비는 단위에 관계 없기 때문에 속도비는 분당 회전 수(rpm), 시간당 회전각의 라디안, 회전 속도를 나타내는 다른 단위로도 정의될 수 있다.

많은 산업용 응용 분야는 동력 구동원의 속도 비를 감속시키는 데 체인을 사용하기를 요구한다. 그러므로 속도 비는 1보다 커야 한다. 식 11.15에서 알 수 있듯이, 이 경우는 감속하는 경우가 구동 스프로킷이 종동 스프로킷보다 더 빨리 도는 경우이다.

벨트에 대해서와 마찬가지로, 체인 속도 v_c는 벨트의 선 속도로 정의된다. 이 크기는 각 스프로킷의 피치지름 상의 한 점의 직선 운동 속도의 크기이다. 벨트의 속도와 마찬가지로 체인의 속도는 다음과 같이 계산된다.

$$v_c = \frac{d_1}{2}\omega_1 = \frac{d_2}{2}\omega_2 \tag{11.16}$$

식 11.16에서의 회전 각속도는 시간당 회전한 각도의 라디안 단위로 주어져야 한다. 체인의 윤활이 체인 구동의 수명을 오래 유지하는 데 중요하다. 추천되는 윤활 방법은 주로 체인 속도에 의해서 정해진다. 추천되는 윤활 방법은 다음과 같다.

- 낮은 속도($v_c <$ 650fpm) : 오일을 주기적으로 체인의 링크들에 주는 수동 윤활
- 보통 속도(650 $< v_c <$ 1500fpm) : 체인의 아래 부분을 오일에 담그는 액체 윤활
- 높은 속도(1500fpm $< v_c$) : 펌프로 체인에 연속적으로 오일을 뿜어 주는 기체 오일 윤활

〉〉 예제 11.3

한줄 체인 구동 방식을 이용해서 10hp 엔진 동력을 잔디 절단기에 전달한다. 엔진이 1,200rpm으로 돌 때, 절단 이(tooth)는 240rpm으로 돌아야 한다. 구동 스프로킷의 잇수는 18개이다. 적절한 체인의 피치, 종동 스프로킷의 잇수, 두 스프로킷의 피치지름과 체인 속도를 정하라. 또한 적절한 체인의 링크 수를 나타내고 필요한 중심거리를 정하라.

풀이

1. 적절한 체인 피치를 선택하라.

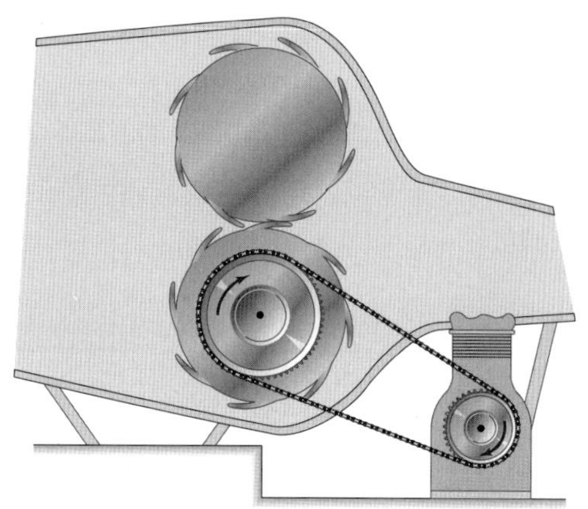

그림 11.13 예제 11.3의 절단기

1,200rpm으로 회전하는 10hp 엔진 동력에 대해서, 그림 11.10은 40피치 체인이 적당하다고 알려 준다.

2. 종동 스프로킷의 잇수를 정하라.

식 11.15에서 종동 스프로킷에 필요한 잇수는 다음과 같이 계산된다.

$$N_2 = N_1\left(\frac{\omega_1}{\omega_2}\right) = 18\left\{\frac{1200\text{rpm}}{240\text{rpm}}\right\} = 90\text{teeth}$$

3. **스프로킷의 피치지름을 정하라.**

번호 40의 롤러 체인은 다음의 피치를 갖는다.

$$p = \frac{40}{80} = 0.5\,\text{in.}$$

식 11.10에서 각 스프로킷의 피치지름은 다음과 같다.

$$d_1 = \frac{p}{\sin\left(\dfrac{180°}{N_1}\right)} = \frac{0.5\,\text{in.}}{\sin\left(\dfrac{180°}{18\,\text{teeth}}\right)} = 2.88\,\text{in.}$$

$$d_2 = \frac{p}{\sin\left(\dfrac{180°}{N_2}\right)} = \frac{0.5\,\text{in.}}{\sin\left(\dfrac{180°}{90\,\text{teeth}}\right)} = 14.33\,\text{in.}$$

4. **체인 속도를 계산하라.**

체인 속도는 식 11.16에서 다음처럼 계산될 수 있다.

$$\omega_1 = 1200\,\text{rev/min}\left(\frac{2\pi\,\text{rad}}{1\,\text{rev}}\right) = 10{,}838\,\text{rad/min}$$

$$v_c = \left(\frac{d_1}{2}\right)\omega_1 = \left(\frac{2.88\,\text{in.}}{2}\right)10{,}833\,\text{rad/min} = 15{,}603\,\text{in./min} = 1300\,\text{fpm}$$

1,300fpm(ft/min)의 체인 속도에 대해서는 오일에 담그는 액체 윤활 방법이 바람직하다.

5. **적절한 중심거리를 정하라.**

체인 구동을 위한 중심거리로 제안되는 중심거리는 다음과 같다.

$$30p < C < 50p$$

$$15\,\text{in.} < C < 25\,\text{in.}$$

중심거리의 범위 중 중간값인 20in.를 잠정적으로 선택하여 식 11.11에 대입하면 다음과 같다.

$$L = \frac{2C}{P} + \frac{(N_2 + N_1)}{2} + \left\{\frac{p(N_2 - N_1)^2}{4\pi^2 C}\right\}$$

$$= \frac{2(20\,\text{in.})}{(0.5\,\text{in.})} + \frac{(90 + 18)}{2} + \left\{\frac{0.5\,\text{in.}(90 - 18)^2}{4\pi^2(20\,\text{in.})}\right\} = 137.28\,\text{링크}$$

짝수인 138링크로 정하고, 이에 대한 실제 중심거리를 식 11.12로부터 계산한다.

$$C = \frac{p}{4}\left[L - \frac{(N_2 + N_1)}{2} + \sqrt{\left\{L - \frac{(N_2 + N_1)}{2}\right\}^2 - \frac{8(N_2 - N_1)^2}{4\pi^2}}\right]$$

$$= \frac{(0.5\,\text{in.})}{4}\left[(138) - \frac{(90 + 18)}{2} + \sqrt{\left\{(138) - \frac{(90 + 18)}{2}\right\}^2 - \frac{8(90 - 18)^2}{4\pi^2}}\right] = 20.187\,\text{in.}$$

연습문제

벨트의 기구학

11-1. 시계 방향으로 1,725rpm으로 회전하는 모터가 산업용 바느질 기계의 크랭크를 돌리기 위해서 벨트 구동부와 연결되어 있다. 모터 풀리의 지름은 3.5in., 바느질 기계 크랭크 위의 풀리 지름은 8in.이다. 종동 풀리의 속도와 벨트 속도를 결정하여라.

11-2. 시계 방향으로 1,150rpm으로 회전하는 모터가 산업용 배기 송풍기를 돌리기 위해서 벨트 구동부와 연결되어 있다. 모터 풀리의 지름은 5in., 송풍기의 풀리 지름은 12in.이다. 종동 풀리의 속도와 벨트 속도를 결정하여라.

11-3. 엔진이 공기 압축기를 돌리기 위해서 벨트 구동부와 연결되어 있고, 이 엔진은 시계방향으로 1,200rpm 속도로 작동해야 한다. 엔진 풀리의 지름은 4in., 압축기 위의 풀리 지름은 10in.이다. 필요한 엔진 풀리의 속도와 벨트 속도를 결정하여라.

11-4. 반시계 방향으로 1,125rpm으로 회전하는 모터가 드릴 프레스를 돌리기 위해서 벨트 구동부와 연결되어 있다. 모터 풀리의 지름은 2.5in., 드릴 스핀들 위의 풀리 지름은 9in.이다. 종동 풀리의 속도와 벨트 속도를 결정하여라.

11-5. 반시계 방향으로 1,750rpm으로 회전하는 모터가 용광로 송풍기를 돌리기 위해서 벨트 구동부와 연결되어 있다. 모터 풀리의 지름은 5in., 풀리 지름은 10.5in.이다. 종동 풀리의 속도와 벨트 속도를 결정하여라.

11-6. 엔진이 발전기를 돌리기 위해서 벨트 구동부와 연결되어 있고, 이 엔진은 반시계 방향으로 1,800rpm 속도로 회전해야 한다. 엔진 풀리의 지름은 6in., 발전기 위의 풀리 지름은 9in.이다. 필요한 엔진 풀리의 속도와 벨트 속도를 결정하여라.

벨트 구동 형상

11-7. 두 풀리의 지름이 각각 3.5in.와 8in.이고, 중심거리는 23in.이다. 이상적인 범위의 중심거리와 비교하고 연관된 벨트 길이를 정하여라. 또한 작은 쪽 풀리에 대한 접촉각을 정하여라.

11-8. 두 풀리의 지름이 각각 5in.와 12in.이다. 72in. 벨트를 사용하는 구동의 중심거리를 정하고, 이상적인 범위의 중심거리와 비교하여라. 또한 작은 쪽 풀리에 대한 접촉각을 정하여라.

11-9. 두 풀리의 지름이 각각 8in.와 12in.이다. 88in. 벨트를 사용하는 구동의 중심거리를 정하고, 이상적인 범위의 중심거리와 비교하여라. 또한 작은 쪽 풀리에 대한 접촉각을 정하여라.

11-10. 두 풀리의 지름이 각각 8in.와 24in.이다. 104in. 벨트를 사용하는 구동의 중심거리를 정하고, 이상적인 범위의 중심거리와 비교하여라. 또한 작은 쪽 풀리에 대한 접촉각을 정하여라.

벨트 구동 선택

11-11. 옥수수 시럽 제조에서 모터를 혼합기와 연결하기 위해 벨트 구동이 필요하다. 10hp 전기 모터가 3,550rpm으로 회전하고, 혼합기는 가능하면 900rpm에 가깝게 작동해야 한다. 적절한 벨트 크기, 상업용 풀리, 적용할 벨트를 선택하여라. 또한 실제 벨트 속도와 중심거리를 계산하여라.

11-12. 옥수수 시럽 제조에서 모터를 혼합기와 연결하기 위해 벨트 구동이 필요하다.

25hp 전기 모터가 950rpm으로 회전하고, 혼합기는 가능하면 250rpm에 가깝게 작동해야 한다. 적절한 벨트 크기, 상업용 풀리, 적용할 벨트를 선택하여라. 또한 실제 벨트 속도와 중심거리를 계산하여라.

11-13. 모터를 컨베이어와 연결하기 위해 벨트 구동이 필요하다. 5hp 전기 모터가 1,150rpm으로 회전하고, 컨베이어 구동축은 가능하면 250rpm에 가깝게 작동해야 한다. 적절한 벨트 크기, 상업용 풀리, 적용할 벨트를 선택하여라. 또한 실제 벨트 속도와 중심거리를 계산하여라.

11-14. 엔진을 상용 잔디 깎기의 날 축과 연결하기 위해 벨트 구동이 필요하다. 10hp 엔진이 2,000rpm으로 작동하고, 날 축은 가능하면 540rpm에 가깝게 작동해야 한다. 적절한 벨트 크기, 상업용 풀리, 적용할 벨트를 선택하여라. 또한 실제 벨트 속도와 중심거리를 계산하여라.

11-15. 엔진을 설상차의 구동 시스템과 연결하기 위해 벨트 구동이 필요하다. 70hp 엔진이 3,000rpm으로 작동하고, 구동축은 가능하면 750rpm에 가깝게 작동해야 한다. 적절한 벨트 크기, 상업용 풀리, 적용할 벨트를 선택하여라. 또한 실제 벨트 속도와 중심거리를 계산하여라.

11-16. 전기 모터를 권양기의 스풀과 연결하기 위해 벨트 구동이 필요하다. 2hp 모터가 200rpm으로 작동하고, 스풀은 가능하면 60rpm에 가깝게 작동해야 한다. 적절한 벨트 크기, 상업용 풀리, 적용할 벨트를 선택하여라. 또한 실제 벨트 속도와 중심거리를 계산하여라.

체인 기구학

11-17. 변속기 축이 60번 체인 구동으로 연결되고, 시계 방향으로 180rpm으로 콘크리트 혼합기를 회전시킨다. 구동 스프로킷은 19개의 이가, 혼합기의 스프로킷은 84개의 이가 있다. 구동 스프로킷의 속도, 체인 속도, 추천할 만한 윤활 방법을 정하여라.

11-18. 시계 방향으로 220rpm으로 작동하는 기어모터가 액체 교반기에 40번 체인 구동으로 연결된다. 구동 스프로킷은 19개의 이가, 교반기의 스프로킷은 50개의 이가 있다. 구동 스프로킷의 속도, 체인 속도, 추천할 만한 윤활 방법을 정하여라.

11-19. 시계 방향으로 180rpm으로 작동하는 기어모터가 에스컬레이터에 80번 체인 구동으로 연결된다. 구동 스프로킷은 27개의 이가, 에스컬레이터의 스프로킷은 68개의 이가 있다. 구동 스프로킷의 속도, 체인 속도, 추천할 만한 윤활 방법을 정하여라.

11-20. 변속기 축이 100번 체인 구동으로 연결되고, 제지공장에서 펄프 스크린의 구동축을 회전시킨다. 스크린 구동축이 시계 방향으로 250rpm으로 회전한다. 구동 스프로킷은 25개의 이가, 혼합기의 스프로킷은 76개의 이가 있다. 구동 스프로킷의 속도, 체인 속도, 추천할 만한 윤활 방법을 정하여라.

체인 구동 형상

11-21. 60번 체인의 두 스프로킷이 각각 17개와 56개의 이가 있다. 체인은 120개의 링크를 가지고 있다. 각 스프로킷의 피치지름, 중심거리, 작은 쪽 스프로킷의 접촉각을 정하여라. 또한 이상적인 범위의 중심거리와 비교하여라.

11-22. 80번 체인의 두 스프로킷이 각각 19개와

64개의 이가 있다. 체인은 140개의 링크를 가지고 있다. 각 스프로킷의 피치지름, 중심거리, 작은 쪽 스프로킷의 접촉각을 정하여라. 또한 이상적인 범위의 중심거리와 비교하여라.

11-23. 40번 체인의 두 스프로킷이 각각 21개와 84개의 이가 있다. 체인은 200개의 링크를 가지고 있다. 각 스프로킷의 피치지름, 중심거리, 작은 쪽 스프로킷의 접촉각을 정하여라. 또한 이상적인 범위의 중심거리와 비교하여라.

11-24. 120번 체인의 두 스프로킷이 각각 25개와 72개의 이가 있다. 체인은 150개의 링크를 가지고 있다. 각 스프로킷의 피치지름, 중심거리, 작은 쪽 스프로킷의 접촉각을 정하여라. 또한 이상적인 범위의 중심거리와 비교하여라.

체인 구동 선택

11-25. 발전기를 버킷 엘리베이터와 연결하기 위해 체인 구동이 필요하다. 40hp 기어모터가 350rpm에서 작동하고 엘리베이터 구동축은 가능하면 60rpm에 가깝게 작동해야 한다. 적절한 체인 크기, 상용 스프로킷, 체인의 링크 수를 선택하여라. 또한 실제 체인 속도와 중심거리를 계산하여라.

11-26. 유압 모터를 구동축에 연결하기 위해 옥수수 수확기 위에 체인 구동이 필요하다. 30hp 모터가 550rpm에서 작동하고 구동축은 가능하면 100rpm에 가깝게 작동해야 한다. 적절한 체인 크기, 상용 스프로킷, 체인의 링크 수를 선택하여라. 또한 실제 체인 속도와 중심거리를 계산하여라.

11-27. 엔진과 변속기를 사륜 오토바이의 구동바퀴에 연결하기 위해 체인 구동이 필요하다. 130hp 엔진/변속기가 600rpm에서 작동하고 구동축은 가능하면 140rpm에 가깝게 작동해야 한다. 적절한 체인 크기, 상용 스프로킷, 체인의 링크 수를 선택하여라. 또한 실제 체인 속도와 중심거리를 계산하여라.

11-28. 기어모터를 프레스의 스크류 드라이브에 연결하기 위해 체인 구동이 필요하다. 50hp 발전기가 600rpm에서 작동하고 스크류 드라이브는 가능하면 100rpm에 가깝게 작동해야 한다. 적절한 체인 크기, 상용 스프로킷, 체인의 링크 수를 선택하여라. 또한 실제 체인 속도와 중심거리를 계산하여라.

11-29. 엔진과 변속기를 분사식 제설기 위의 나선부에 연결하기 위해 체인 구동이 필요하다. 8hp 엔진/변속기가 300rpm에서 작동하고 나선부는 가능하면 40rpm에 가깝게 작동해야 한다. 적절한 체인 크기, 상용 스프로킷, 체인의 링크 수를 선택하여라. 또한 실제 체인 속도와 중심거리를 계산하여라.

11-30. 기어모터를 수하물 컨베이어 벨트부에 연결하기 위해 체인 구동이 필요하다. 10hp 발전기가 425rpm에서 작동하고 컨베이어 벨트부 축은 가능하면 75rpm에 가깝게 작동해야 한다. 적절한 체인 크기, 상용 스프로킷, 체인의 링크 수를 선택하여라. 또한 실제 체인 속도와 중심거리를 계산하여라.

》》 사례연구

11-1. 그림 C11.1의 장치는 각각의 음료수 병들을 12개들이 상자에 모으는 자동 이송 장치를 구동한다. 핀 *C*는 체인의 한 링크에

단단히 고정되어 있다. 이음쇠(yoke) *D*는 (보이지 않는) 이송 장치로 연장되는 봉 *E*에 단단히 용접되어 있다. 기구의 구성 요소를 주의 깊게 조사한 후, 동작을 잘 간파할 수 있도록 다음 질문에 답하여라.

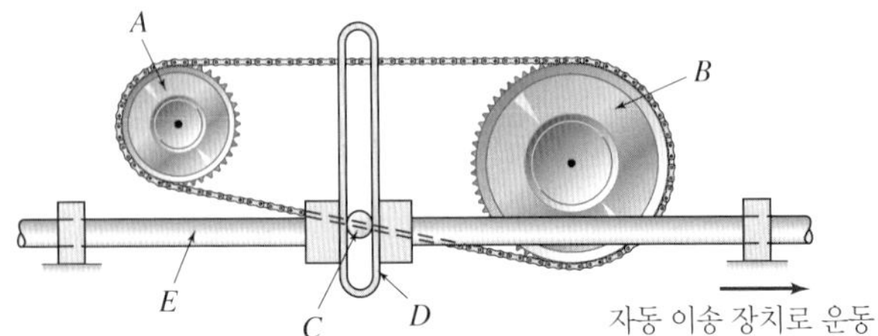

그림 C11.1 (Industrial Press에서 게재 허용)

1. 스프로킷 *A*가 시계 방향으로 구동할 때, 스프로킷 *B*의 운동을 구하여라.
2. 스프로킷 *A*가 시계 방향으로 구동할 때, 핀 *C*의 순간 운동에 대해 기술하여라.
3. 스프로킷 *A*가 시계 방향으로 구동할 때, 이음쇠 *D*의 순간 운동에 대해 기술하여라.
4. 핀 *C*를 스프로킷 위로 이동하기 위해 스프로킷 *A*가 얼마나 빨리 회전해야 하는가?
5. 핀이 스프로킷 위로 움직일 때 봉 *E*의 운동에 어떤 일이 발생하는가?
6. 핀 *C*가 체인 구동의 꼭대기 부분에 위치할 때 봉 *E*에 어떤 일이 발생하는가?
7. 봉 *E*의 전반적인 운동 특성에 대해 토론하여라.

11-2. 그림 C11.2의 도르래는 축 *A*를 구동하고, 이 축은 (보이진 않지만) 통나무 분쇄기를 구동한다. 도르래는 절반으로 나눠서 *B*와 *C*로 부르기로 한다. 나뉜 두 부분은 *D*에서 나사 결합된다. 기구의 구성 요소를 주의 깊게 조사한 후, 동작을 잘 간파할 수 있도록 다음 질문에 답하여라.

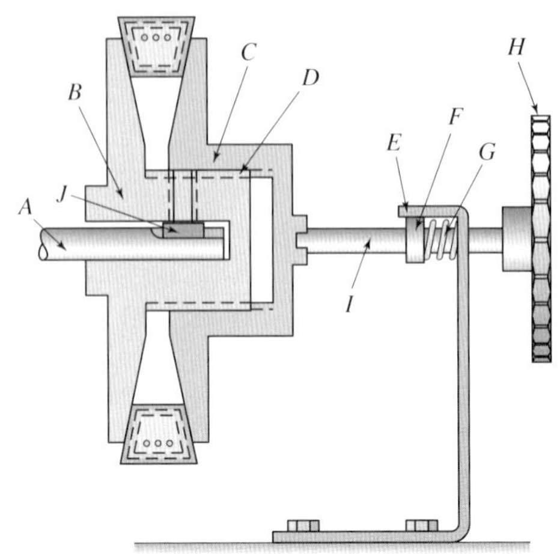

그림 C11.2 (Industrial Press에서 게재 허용)

1. 손잡이 *H*가 회전할 때, 축 *I*는 어떤 운동을 하는가?
2. 손잡이 *H*가 회전할 때, 도르래의 오른쪽 절반인 *C*는 어떤 운동을 하는가?
3. 손잡이 *H*를 회전함으로써 도르래에 결과적으로 미치는 효과는 무엇인가?
4. 부품 *J*는 무엇이고 그 기능은 무엇인가?
5. 부품 *F*의 목적은 무엇이고 무엇이 부품 *F*가 부품 *E*와 계속 접촉하게 하는가?
6. 부품 *G*는 무엇이고 그 기능은 무엇인가?
7. 이러한 장치를 무엇이라고 부르는가?

11-3. 그림 C11.3의 도르래는 (보이진 않지만) 페인트 통을 섞는 기계에 들어가는 기구를 구동한다. 이 기계는 구매 시점에 페인트를 완전히 혼합하는 데 사용되며 대부분의 페인트 소매점에 흔히 있다. 기구의 구성 요소를 주의 깊게 조사한 후, 동작을 잘 간파할 수 있도록 다음 질문에 답하여라.

1. 탭 *B*가 레버 *C*를 위로 올릴 때, 부품 *D*의 운동을 구하여라.
2. 탭 *B*가 레버 *C*를 위로 올릴 때, 도르래 *G*의 결과적인 동작을 구하여라.

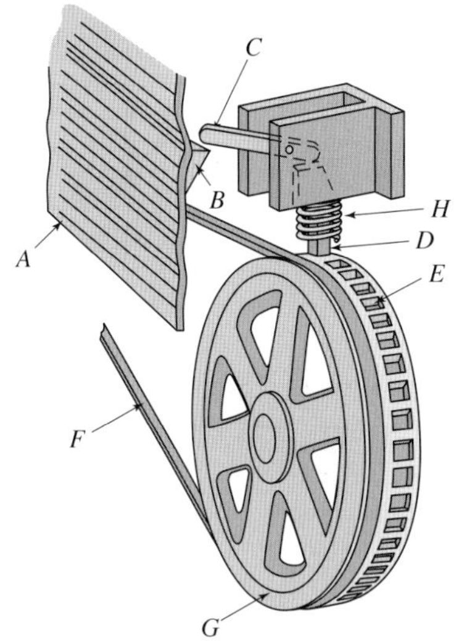

그림 C11.3 사례연구 11.3의 기구

3. 탭 B가 레버 C를 위로 올릴 때, 페인트 혼합 기구의 결과적인 동작을 구하여라.
4. 부품 A는 페인트 혼합실의 문이다. 기구의 목적에 대해 토론하여라.
5. 도르래 G에 많은 노치(notch)가 있는 이유에 대해 토론하여라.
6. 스프링 H의 목적에 대해 토론하여라.
7. 이러한 장치를 무엇이라고 부르는가?

CHAPTER 12

나사 기구

교육 목표

1. 나사 기구의 작동을 기술한다.
2. 나삿니의 특징과 표준 나사의 형태를 숙지한다.
3. 볼 나사의 기능을 이해한다.
4. 나사가 자동으로 잠기는지를 결정한다.
5. 나사를 돌리는 데 필요한 토크와 나사 조인트의 효율을 계산한다.
6. 일반적인 나사 기구의 기구학적 관계를 계산한다.
7. 여러 나사의 작동을 이해하고 기구학적 관계를 계산한다.
8. 나사 송곳의 작동을 이해하고 기구학적 관계를 계산한다.

12.1 서론

일반적으로 나사 기구는 회전 운동을 선형 운동으로 바꾸기 위해 설계된다. "자유로이 쓸 수 있는(disposable)" 나사 기구의 개념은 자동차의 잭(jack), 차고 문 개폐 장치, 자동차 좌석 조정 기구 그리고 밀링 기계의 테이블에서 일반적으로 사용된다.

나사 기구에서의 기구학과 힘을 결정하는 것이 이 장의 목적이다. 나사의 너트(nut) 운동은 매우 선형적이기 때문에, 도해적 풀이로는 간파하기 어렵다. 그러므로 해석적 기법만이 실제적이며 이 장에서는 이런 기법을 소개한다.

12.2 나사의 특징

나사가 기능을 발휘하기 위해, 내부 나삿니를 가진 부분과 외부 나삿니를 가진 다른 한 부분의 2개의 짝을 이루는 부품이 있어야 한다. 외부 나삿니는 볼트나 나사와 같이 축이나 스터드(stud) 표면 위에서 돌아간다. 내부 나삿니는 주조 하우징처럼 또는 그보다 더 너트 내부로 테이퍼가 생길 수 있다. 가능하다면 나삿니의 선택은 유지 보수가 용이하도록 표준 사양을 사용해야 한다. 내부나 외부 나삿니는 다음 특징들로 분류될 수 있다.

나사의 두 가지 가장 일반적인 특징은 피치(pitch)와 피치지름이다. 피치 p는 나사의 한 점에서 인접한 나사의 대응점까지 축과 평행하게 측정된 거리이다. 피치지름 d는 나삿니 형상의 끝과 뿌리 사이의 중간점에서 측정된 지름이다. 그림 12.1에서 이러한 값들을 설명하고 있다.

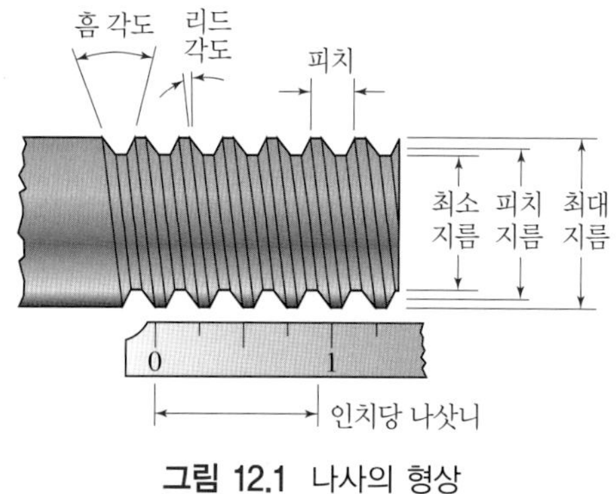

그림 12.1 나사의 형상

나사의 나삿니(그림 12.1)의 다른 관련 특징들은 **최대 지름(major diameter)**, **최소 지름(minor diameter)**, **리드**(lead : 1회전에 대한 진행거리) **각도**와 **홈 각도(included angle)**를 포함한다. U.S. 상용 규격에서는 나사 길이를 따라서 있는 **인치당 나삿니(thread per inch)**의 수, n이 피치보다 일반적으로 사용된다. 인치당 나삿니의 값은 다음 식과 같이 피치와 관계가 있다.

$$n = \frac{1}{p} \tag{12.1}$$

12.3 나사의 형태

나사의 형태는 나사의 모습을 정의한다. 앞 장에서 설명된 특징들, 즉 나사의 특징들은 유니파이 나사(unified thread) 형태로 설명되었다. 이러한 정의들은 모든 나사 형태에도 적용된다. 가장 일반적인 나사는 유니파이, 미터, 사각, ACME 나사로 구성된다.

12.3.1 유니파이 나사

유니파이 나사(unified threads)는 죄는 금속구나 소형 기구에 사용된다. 또한 일반적으로 위치를 잡는 기구로 사용된다. 그림 12.2a에 그 형상이 나와 있으며, 날카로운 삼각 이빨로 그려져 있다. 유니파이 나사의 치수는 표준화되어 표 12.1에 주어져 있다. 유니파이 나사는 거친 피치(UNC) 또는 세밀한 피치(UNF)로 나눠서 불린다. 표준 유니파이 나사는 크기, 인치당 나삿니 그리고 거친 피치냐 세밀한 피치냐에 따라 분류된다. 표준 나사의 명칭은 다음과 같다.

10-32 UNF

1/2-13 UNF

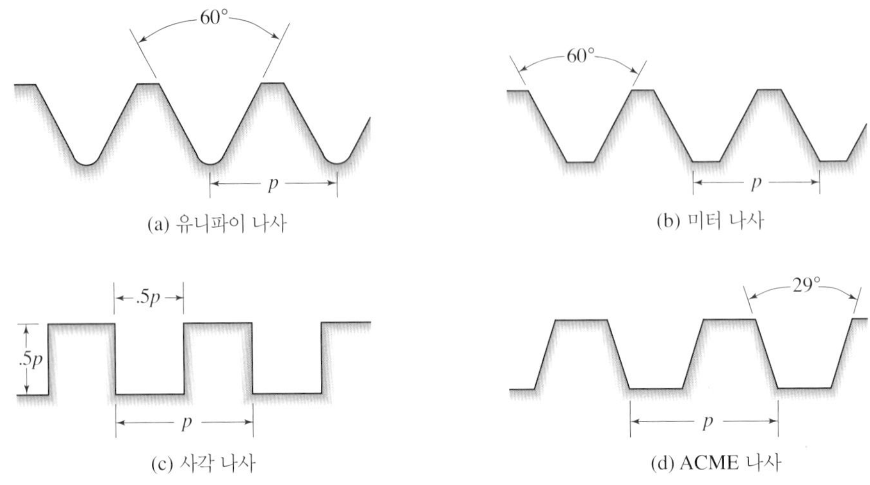

그림 12.2 나사의 형태

12.3.2 미터 나사

미터 나사(metric threads)도 날카로운 삼각 형태이나 뿌리 부분은 평평하다. 그러나 표준 치수는 ISO(International Organization for Standardization) 규격을 따른다. 나사의 형태가 그림 12.2b에 나와 있다. 표준 미터 나사의 치수는 표 12.2에 주어져 있다.

표준 미터 나사는 "M" 미터 표시, 공칭 최대 지름과 피치로 분류된다. 표준 나사의 명칭은 다음과 같다.

M10 × 1.5

12.3.3 사각 나사

사각 나사(square threads)는 이름 그대로 사각의 평평한 끝을 가진 나사이다. 이것들은 강력하며, 원래 강한 힘을 전달하기 위해 설계되었다. 사각 나사의 형태는 그림 12.2c에 나와 있다. 이것들은 튼 힘을 전달하지만, 직각면으로 가공하기가 어렵다. 사각 나사는 일반적으로 ACME 나사로 대치되었다.

12.3.4 ACME 나사

ACME 나사(ACME threads)는 사각 나사와 비슷하지만 경사면을 갖는다. 이것들은 빠른 이동이 요구되거나 큰 힘이 전달될 때, 일반적으로 사용된다. ACME 나사 형태는 그림 12.2d에 나와 있다. 표준 ACME 나사 치수는 표 12.3에 주어져 있다. 이 나사는 산업 기계의 나사 기구에서 가장 보편적으로 사용되고 있다. 이점은 낮은 가격과 용이한 제조성이다. 단점은 뒤에서 언급되겠지만 효율이 낮고, 사용 주기를 예측하는 것이 어렵다는 것이다.

표 12.1 표준 유니파이 나사의 치수

		거친 나삿니			미세한 나삿니		
크기	최대 공칭지름 (in.)	인치당 나삿니 n	피치(in.) $p=\frac{1}{n}$	최대 피치지름 (in.)	인치당 나삿니 n	피치(in.) $p=\frac{1}{n}$	최대 공칭지름 (in.)
0	0.0600	—	—	—	80	0.0125	0.0519
1	0.0730	64	0.0156	0.0629	72	0.0139	0.0640
2	0.0860	56	0.0179	0.0744	64	0.0156	0.0759
3	0.0990	48	0.0208	0.0855	56	0.0179	0.0874
4	0.1120	40	0.0250	0.0958	48	0.0208	0.0985
5	0.1250	40	0.0250	0.1088	44	0.0227	0.1102
6	0.1380	32	0.0313	0.1177	40	0.0250	0.1218
8	0.1640	32	0.0313	0.1437	36	0.0278	0.1460
10	0.1900	24	0.0417	0.1629	32	0.0313	0.1697
12	0.2160	24	0.0417	0.1889	28	0.0357	0.1928
1/4	0.2500	20	0.0500	0.2175	28	0.0357	0.2268
5/16	0.3125	18	0.0556	0.2764	24	0.0417	0.2854
3/8	0.3750	16	0.0625	0.3344	24	0.0417	0.3479
7/16	0.4375	14	0.0714	0.3911	20	0.0500	0.4050
1/2	0.5000	13	0.0769	0.4500	20	0.0500	0.4675
9/16	0.5625	12	0.0833	0.5084	18	0.0556	0.5264
5/8	0.6250	11	0.0909	0.5660	18	0.0556	0.5889
3/4	0.7500	10	0.1000	0.6850	16	0.0625	0.7094
7/8	0.8750	9	0.1111	0.8028	14	0.0714	0.8286
1	1.0000	8	0.1250	0.9188	12	0.0833	0.9459
1 1/4	1.2500	7	0.1429	1.1572	12	0.0833	1.1959
1 1/2	1.5000	6	0.1667	1.3917	12	0.0833	1.4459
1 3/4	1.7500	5	0.2000	1.6201	—	—	—
2	2.0000	4 1/2	0.2222	1.8557	—	—	—

12.4 볼 나사

볼 나사는 나사나 너트의 회전 운동을 나사 축을 따라서 상대적으로 느린 짝 부재의 선형 운동으로 바꾸기 위해 설계되었다. 그러나 볼 나사는 전통적인 나사 형상보다 매우 적은 마찰을 갖는다. 나사와 너트 사이의 미끄럼 접촉은 나사를 따라 있는 홈 내부의 볼의 구름 접촉으로 바뀌게 된다. 따라서 볼 나사는 하중을 구동하는 데 동력이 적게 든다. 볼 나사가 그림 12.3에 나와 있다.

일반적인 나사와 너트의 마찰에 의한 "미끄럼-고착(slip-stick)" 운동을 구름 볼이 제거하기 때문에, 볼 나사의 작동은 부드럽다. 그러나 볼 나사의 낮은 마찰 때문에, 제동이 하중을 붙들기 위해 사용되어야 한다.

표 12.2 표준 미터 나사의 치수

	거친 나삿니		미세한 나삿니	
최대 공칭지름 (mm)	피치(mn) $p = \frac{1}{n}$	최소 공칭지름 (mn)	피치(mn) $p = \frac{1}{n}$	최소 공칭지름 (mn)
1	0.25	0.84	—	—
1.6	0.35	1.37	0.20	1.47
2	0.40	1.74	0.25	1.84
2.5	0.45	2.20	0.35	2.27
3	0.50	2.67	0.35	2.77
4	0.70	3.54	0.50	3.67
5	0.80	4.47	0.50	4.67
6	1.00	5.34	0.75	5.51
8	1.25	7.18	1.00	7.34
10	1.50	9.01	1.25	9.18
12	1.75	10.85	1.25	11.18
16	2.00	14.68	1.50	15.01
20	2.50	18.35	1.50	19.01
24	3.00	22.02	2.00	22.68
30	3.50	27.69	2.00	28.68
36	4.00	33.36	3.00	34.02
42	4.50	39.03	—	—
48	5.00	44.70	—	—

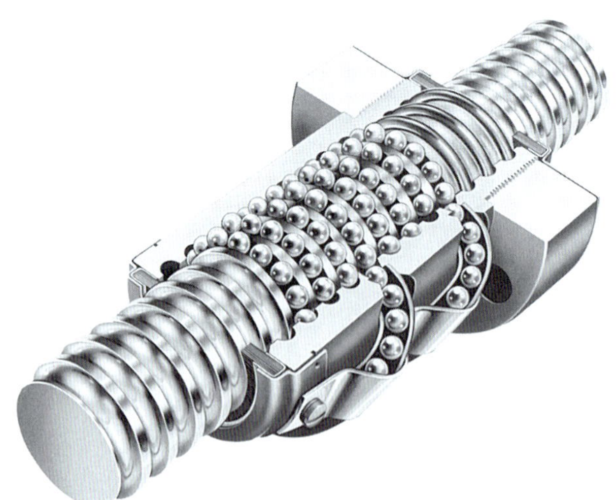

그림 12.3 볼 나사(Warner Electric에서 게재 허용)

볼 나사의 기구학은 일반적인 나사의 기구학과는 다르게 유일하다. 따라서 기구학 해석을 수행할 때, 구별이 필요하지 않다. 다음 절에 나오는 개념이 전통적인 볼 나사에 적용된다.

표 12.3 표준 ACME 나사의 치수

최대 공칭지름 (in.)	인치당 나삿니 n	피치(in.) $p = \frac{1}{n}$	최소 공칭지름 (in.)
1/4	16	0.0625	0.2043
5/16	14	0.0714	0.2614
3/8	12	0.0833	0.3161
7/16	12	0.0833	0.3783
1/2	10	0.1000	0.4306
5/8	8	0.125	0.5408
3/4	6	0.1667	0.6424
7/8	6	0.1667	0.7663
1	5	0.2000	0.8726
1 1/8	5	0.2000	0.9967
1 1/4	5	0.2000	1.1210
1 3/8	4	0.2500	1.2188
1 1/2	4	0.2500	1.3429
1 3/4	4	0.2500	1.5916
2	4	0.2500	1.8402
2 1/4	3	0.3333	2.0450
2 1/2	3	0.3333	2.2939
2 3/4	3	0.3333	2.5427
3	2	0.5000	2.7044
3 1/2	2	0.5000	3.2026
4	2	0.5000	3.7008
4 1/2	2	0.5000	4.1991
5	2	0.5000	4.6973

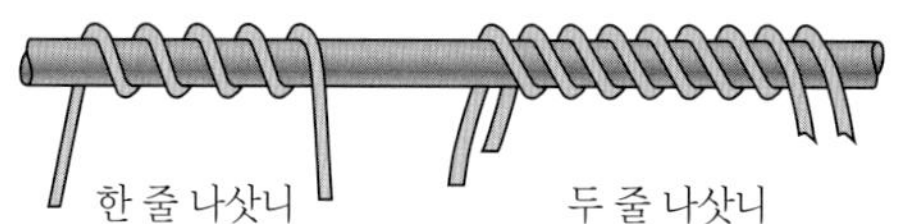

그림 12.4 다중 나삿니 개념

12.5 리드

나사 기구의 운동을 정하는 데 있어서, 나사의 리드는 중요한 요소이며, 반드시 이해해야 할 내용이다. **리드(lead)** L은 나사가 1회전할 때 너트가 이동하는 나사 축선 상의 거리이다. 대부분의 나사에 대해 리드는 피치와 동일하다. 그러나 나사는 한 줄 또는 두 줄 나삿니를 사용할 수 있다. 따라서 나사 위에 얹어지는 **나삿니의 수(number of threads)** N_t는 매우 중요한 값이다. 하나의 나사 위에 얹어지는 다중 나삿니의 개념이 그림 12.4에 나와 있다.

리드는 다음과 같이 계산된다.

$$L = N_t p \tag{12.2}$$

리드 각(lead angle) λ는 나삿니의 경사각으로 정의될 수 있다. 이것은 다른 나사의 특징과의 삼각 관계에서 계산된다.

$$\tan\lambda = \frac{N_t p}{\pi d} = \frac{L}{\pi d} \tag{12.3}$$

나사의 나삿니가 매우 가파르고 큰 리드 각을 가지면, 나사를 따라 하중을 밀기 위한 토크가 커지게 된다. 전형적인 나사는 약 2°에서 6° 범위의 리드 각을 갖는다.

또한 작은 리드 각은 중력에 위한 "나사 아래로의 미끄럼(slide down a screw)"에 대한 하중을 방해한다. 이 마찰력과 좁은 나삿니 기울기가 결합하여 적소에서 하중을 막는다. 이것이 자체 잠김(self-locking)이라는 것이며 들어 올리는 기구에서는 바람직한 작용이다. 예로, 자동차 잭은 힘의 원천이 제거되더라도 하중이 위로의 위치를 유지하도록 해야 한다. 나삿니가 자체 잠김 작용을 할 때, 하중은 똑바른 위치에서 잠기게 된다. 이런 제동 작용은 여러 기계 장치에서 사용되나, 나삿니의 강도, 마찰의 예측성은 안전을 보장하기 위해 분석되어야 한다.

수학적으로, 자체 잠김을 충족해야 하는 조건은 다음과 같다.

$$\mu > \tan\lambda \tag{12.4}$$

식 12.4에서 μ는 너트와 나삿니 사이의 마찰계수이다. 전통적 나삿니에 대해 마찰 계수의 일반적인 값은 다음과 같다.

$\mu = 0.10$, 매우 매끄럽고 윤활이 잘된 표면에서
$\mu = 0.15$, 잘 윤활된 표면의 일반적인 기계 가공 나사에서
$\mu = 0.20$, 일반 표면의 일반 기계 가공 나사에서

특수한 표면 처리와 코팅은 마찰 계수를 적어도 반으로 줄일 수 있다. 본래부터 마찰이 적은 볼 나사는 사실상 거의 자체 잠김을 하지 않는다.

12.6 나사 기구학

기구학적 관점에서 나사 조인트는 두 물체를 연결하고, 2자유도의 짝을 연결한다. 일반적으로 조인트는 한 물체가 다른 물체로부터의 회전 입력을 전달하는 형상을 갖는다. 두 물체의 제한 조건에 따라 다음의 상대 운동이 가능하다.

경우 I. 나사가 돌 때 너트의 이동은 나사가 이동하지 못하고 너트가 회전할 수 없을 때 발생한다.

경우 II. 너트가 돌 때 나사의 이동은 너트가 이동하지 못하고 나사가 회전할 수 없을 때 발생한다.

경우 III. 나사가 돌면서 이동하는 것은 너트가 어떤 운동에도 완전히 제한되어 있을 때 발생한다.

경우 IV. 너트가 돌면서 이동하는 것은 나사가 어떤 운동에도 완전히 제한되어 있을 때 발생한다.

실제 시스템 형상과 관계 없이 상대 운동은 동일하다. 주어진 회전은 결과적인 이동을 발생시킨다. 따라서 식은 상대 운동을 기술하기 위해 개발되며, 절대 운동은 실제 시스템 형상을 조사할 때 결정될 수 있다. 사용되는 명칭은 다음과 같다.

A는 회전이 허용되는 부분이다.
B는 나사 조인트에 의해 결합된 다른 부분이다.

앞에서 정의한 대로, 나사의 리드는 나사 1회전 시 너트가 이동하는 나사 축 선상의 거리이다. 따라서 A에 대한 B의 상대 거리는 다음과 같이 계산된다.

$$\Delta R_{B/A} = L\Delta\theta_A \tag{12.5}$$

속도와 가속도에 대한 식으로 미분하면,

$$v_{B/A} = L\omega_A \tag{12.6}$$

$$a_{B/A} = L\alpha_A \tag{12.7}$$

리드 L은 회전당 상대 거리로 정의된다는 것을 유념하라. 그러므로 이 순간에 각 운동은 회전으로 명기되어야 한다. 따라서 ω_A는 분(또는 초)당 회전으로 명기되고, α_A는 분의 제곱(또는 시간의 제곱)당 회전으로 명기되어야 한다.

상대 운동의 방향은 나삿니의 방향에 달려 있다. 나사와 짝이 되는 너트는 오른쪽 또는 왼쪽으로 분류가 된다. 오른쪽 나삿니가 가장 일반적이다. 이 나삿니 조인트에 대해, 너트가 시계 방향으로 돌아갈 때, 나사는 너트를 전진시킨다. 오른쪽 나삿니는 축이 수평일 때, 외부 나삿니 위에서 왼쪽으로 기울어져 있다. 반대 경우인 왼쪽 형상일 때는 반대 운동이 나타난다.

다음 예제는 나사 기구의 결정을 설명한다.

예제 12.1

그림 12.5에 나온 나사 구동 슬라이드는 탕구 밖으로 나온 주물을 절단하는 톱날을 이동시키는 제조 기계에 사용된다. 한 줄 나삿니 형태의 3/4- 6 ACME 나사 축이 슬라이드를 이동시킨다. 나사는 80rpm으로 회전면서 슬라이드를 오른쪽으로 이동시킨다. 슬라이드의 속도를 구하여라. 또한 슬라이드를 3.5in. 이동시키기 위한 회전 수를 구하여라.

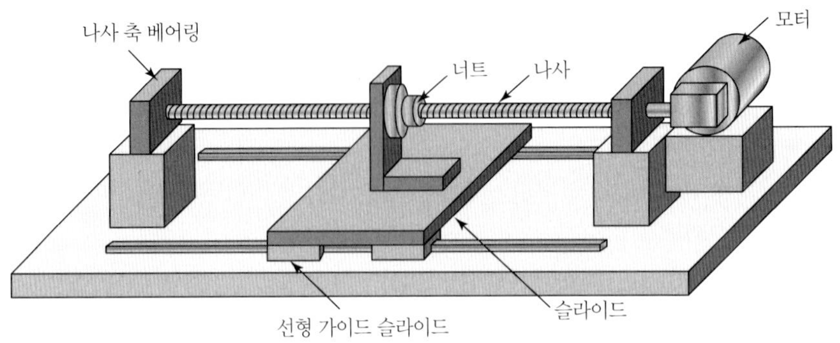

그림 12.5 예제 12.1의 슬라이드

풀이

1. **상대운동을 결정하라.**

이 형상에서 모터는 베어링 안에서 나사를 회전시키지만, 축 위의 견부는 나사의 이동을 방해한다. 나사가 회전은 막으면서 선형 가이드를 따라 이동하도록 하고 있다. 이것은 전술한 바와 같이 경우 I에 해당한다. 그러므로 다음의 표기를 사용한다.

부품 A는 나사이다.

부품 B는 너트이다.

2. **나사 형상을 계산하라.**

한 줄 나삿니, 3/4- 6 ACME 나사는 다음의 값을 갖는다.

나삿니의 수 : $N_t = 1\text{thread/rev}$

인치당 나삿니의 수 : $n = 6$

피치 : $p = \frac{1}{n} = \frac{1}{6} = 0.167\text{in./thread}$

리드 : $L = N_t p = 0.167\text{in./rev}$

3. **나사 변위를 구하여라.**

너트와 슬라이드의 직선변위 3.5in.를 발생시키는 나사의 각변위는 식 12.5를 재배열하여 다음과 같이 구한다.

$$\Delta\theta_A = \frac{\Delta R_{B/A}}{L} = \frac{3.5\text{ in.}}{0.167\text{ in./rev}} = 20.96\text{ rev}$$

더 이상의 정보가 없으면, 이 나사는 표준 오른손 나사로 가정한다. 따라서 나사는 너트가 오른쪽으로 이동하기 위해서는 오른쪽 끝에서 볼 때 반시계 방향으로 회전해야 한다.

4. **너트 속도를 구하여라.**

너트의 선속도는 식 12.6으로부터 구해진다.

$$\mathbf{V}_{B/A} = L\omega_A = (0.167\text{ in./rev})(80\text{ rev/min}) = 13.36\text{ in./min} \rightarrow$$

나사는 이동에 대해 구속되기 때문에 구해진 속도는 너트의 절대속도이다.

예제 12.2

나사 작동 프레스(screw-operated press)가 그림 12.6에 나와 있다. 나사는 한 줄 1/2 × 10 ACME 나삿니를 갖고, 그림과 같이 오른쪽과 왼쪽 방향 나삿니가 있다. 손잡이는 압력판을 아래로 구동시키기 위해 45rpm으로 반시계 방향으로 회전한다. 그림과 같이 $\beta = 25°$인 위치에서 압력판의 속도를 구하여라.

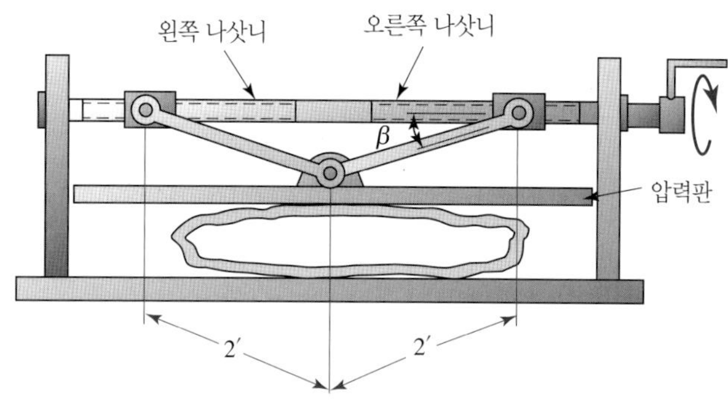

그림 12.6 예제 12.2의 프레스

풀이

한 줄 나삿니, 1/2 × 10 ACME 나사는 다음 값을 갖는다.

인치 당 잇수 : $n = 10$

피치 : $p = \dfrac{1}{n} = \dfrac{1}{10} = 0.10\text{in.}$

나삿니의 수 : $N_t = 1$

리드 : $L = N_t\, p = 0.10\text{in./rev}$

이 기구의 기구학적 도해는 그림 12.7에 나와 있다. 이 기구의 이동성을 계산함으로써 5링크가 정의된다. 또한 4개의 핀 조인트가 있다. 따라서

$$n = 5,\ j_p = 5(3\text{핀과 }2\text{미끄럼 조인트}),\ j_b = 0$$

그리고

$$M = 3(n - 1) - 2j_p - j_b = 3(5 - 1) - 2(5) - 0 = 12 - 10 = 2$$

2개의 자유도를 가지고, 양 너트는 구동되어야 한다. 그림 12.6에 나온 나사 형상은 양 너트를 구동한다.

그림 12.6으로부터 나사는 자유롭게 회전하지만, 축 변위에 대해서는 고정되어 있다. 반대쪽 나삿니를 가진 2개의 너트는 반대 방향으로 움직인다. 그러므로 나사에 대한 너트의 상대 속도(식 12.6)는

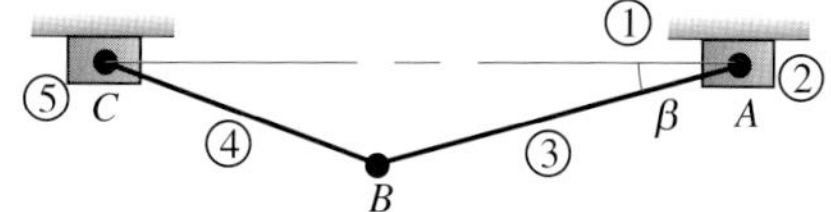

그림 12.7 예제 12.2의 기구 해석도

각 전진 너트의 절대 속도이다. 나사가 45rpm으로 회전함에 따라 너트는 다음의 속도로 전진한다.

$$v_{\text{너트/나사}} = L\omega_{\text{나사}} = (0.10\text{in./rev})(45\text{rev/min}) = 4.5\text{in./min}$$

따라서

$$\mathbf{V}_A = 4.5\text{in./min} \leftarrow \text{ 그리고 } \mathbf{V}_C = 4.5\text{in./min} \rightarrow$$

속도 식은 다음과 같다.

$$\mathbf{V}_B = \mathbf{V}_A +> \mathbf{V}_{B/A} = \mathbf{V}_C +> \mathbf{V}_{B/C}$$

속도 도해는 양 속도 식들로부터 얻어진다. 대칭성 때문에 B의 변위와 속도는 수직이다(그림 12.8).

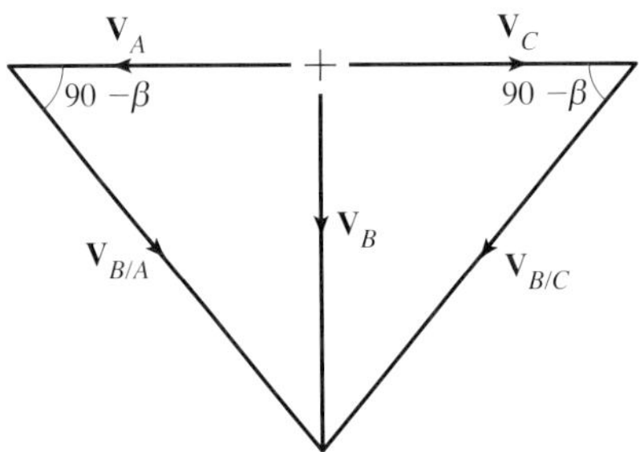

그림 12.8 예제 12.2의 속도 선도

삼각법을 이용하면, 다음 관계가 쓰여질 수 있다.

$$\tan(90 - \beta) = \frac{v_B}{v_A}$$

이 경우에

$$\beta = 25°$$

$$\mathbf{V}_B = v_A \tan(90 - \beta) = (4.5\text{in./min})\tan(90° - 20°) = 12.4\text{in./min} \downarrow$$

12.7 나사 힘과 토크

나사와 너트 조립품에 작용하는 토크와 힘이 그림 12.9에 나와 있다.

힘과 토크의 관계가 유도되었으며[참고문헌 2 참조] 이 관계는 나삿니와 너트 사이의 마찰계수 μ의 강한 함수이다. 마찰은 12.5절에서 이미 다루었다. 에너지의 상당한 양은 나삿니 기구를 사용할 때 마찰로 손실될 수 있다.

공부하고자 하는 첫 번째 경우는 너트의 운동이 이에 작용하는 힘과 반대 방향으로 발생하

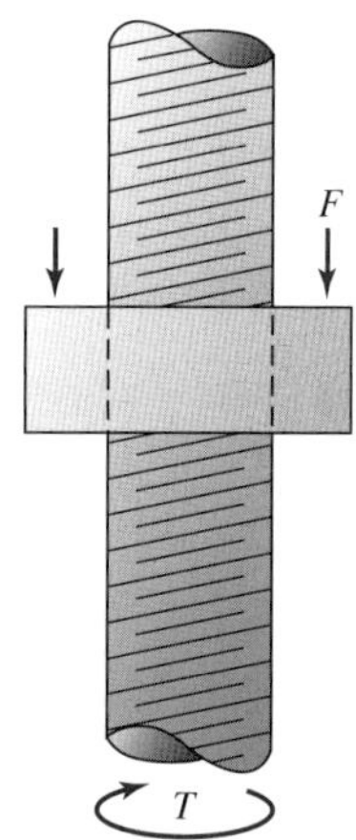

그림 12.9 나사에 작용하는 힘과 토크

는 경우이다. 이것은 하중을 들어올리거나 미는 경우에 해당한다. 이런 운동을 하기 위해 필요한 토크는 다음과 같이 계산된다.

$$T = \left(\frac{Fd}{2}\right)\left[\frac{(L + \pi\mu d)}{(\pi d - \mu L)}\right] \tag{12.8}$$

여기에서

F = 너트 위의 작용 힘

D = 나삿니의 피치 지름

L = 나삿니의 리드

μ = 너트와 나삿니 사이의 마찰 계수

두 번째 경우는 너트의 운동이 너트에 작용하는 힘과 같은 방향일 때이다. 본래 하중은 너트의 운동을 돕는다. 이것은 일반적으로 하중을 낮추는 경우를 말한다. 이 운동을 하기 위해 필요한 토크는 다음과 같다.

$$T = \left(\frac{Fd}{2}\right)\left[\frac{(\pi\mu d - L)}{(\pi d + \mu L)}\right] \tag{12.9}$$

효율(efficiency) e는 나삿니를 통해 너트에 전달되는 동력의 백분율로 정의된다. 이것은 마찰이 없을 때 하중을 올리는 데 필요한 토크 대 마찰이 있는 경우 하중을 올리는 데 필요한 토크의 비율이다. 다시 폐쇄 형태의 식이 효율을 위해 유도되었다.

$$e = \left(\frac{L}{\pi d}\right)\left[\frac{(\pi d\cos\alpha - \mu L)}{(\pi\mu d + L\cos\alpha)}\right] \tag{12.10}$$

앞에서 정의된 양 이외에 나삿니 **협각(included thread angle)** α이 사용되었다. 이 각도는

그림 12.2에서 설명되었다. 표준값은 다음의 값들을 포함한다.

유니파이 나사 : $\alpha = 30°$
미터 나사 : $\alpha = 30°$
사각 나사 : $\alpha = 0°$
ACME 나사 : $\alpha = 14.5°$

나삿니 나사는 전형적으로 20 내지 50%의 효율을 갖는다. 따라서 에너지의 상당한 양은 마찰로 손실된다. 나삿니 나사와 반대로, 볼 나사는 효율이 90%가 넘는다. 볼 나사에서, 작용 토크의 식은 다음과 같이 평가될 수 있다.

$$T = 0.177\,FL\text{(짐을 들어 올릴 경우)} \tag{12.11}$$

$$T = 0.143\,FL\text{(짐을 내릴 경우)} \tag{12.12}$$

〉〉 예제 12.3

나사 잭 기구가 그림 12.10에 나와 있다. 벨트/도르래는 너트를 회전하기 위해 사용된다. 이 너트는 잭을 들어 올리기 위해 한 줄 나삿니, 1 × 5 ACME 나사와 짝을 이루고 있다. 나사가 회전하는 것을 막기 위해 나사 위의 홈에 핀이 사용된 것을 주목하라. 너트는 300rpm으로 회전한다. 잭이 올라가는 속도와 필요 토크, 잭의 효율을 구하여라.

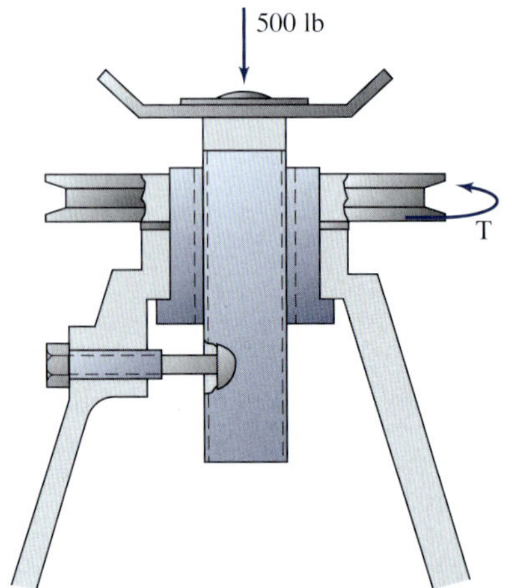

그림 12.10 예제 12.3의 잭

풀이 한 줄 나삿니, 1 × 5 ACME 나사는 다음 값을 갖는다.

인치당 이빨 수 : $n = 5$

피치 : $p = \dfrac{1}{n} = \dfrac{1}{5} = 0.20\text{in.}$

나삿니의 수 : $N_t = 1$

리드 : $L = N_t p = 0.20\text{in./rev}$

그림 12.10에서 너트는 이동을 못하게 되어 있다. 그러므로 식 13.6으로 계산된 속도는 전진 나사의 속도이다. 너트가 300rpm으로 회전하면 나사는 다음의 속도로 너트를 따라 전진한다.

$$\mathbf{V}_{\text{나사}} = L\omega_{\text{너트}} = (0.20\,\text{in./rev})(300\,\text{rev/min}) = 60\,\text{in./min}\uparrow$$

하중을 들어 올리기 위해 필요한 토크는 나삿니와 너트 사이의 평가된 마찰 계수에 달려 있다. 이 잭의 형상은 표준 산업 사양이기 때문에 마찰 계수를 0.2로 가정한다. 표 12.3에서 1 × 5 ACME 나삿니의 공칭 피치 지름은 0.8726in.이다. 또한 모든 ACME 나삿니에 대해 협각은 29°이다. 그러므로 토크는 식 12.8로부터 계산될 수 있다.

$$T = \left(\frac{Fd}{2}\right)\frac{(L + \pi\mu d)}{(\pi d - \mu L)}$$

$$= \frac{(500\,\text{lb})(0.8726\,\text{in.})}{2}\left\{\frac{[(0.20 + \pi(0.2)(0.8726)]}{[\pi(0.8726) - (0.2)(0.2)]}\right\} = 60.4\,\text{in.-lb}$$

결론적으로, 효율은 식 12.10에서 계산된다.

$$e = \left(\frac{L}{\pi d}\right)\left[\frac{(\pi d\cos\alpha - \mu L)}{(\pi\mu d + L\cos\alpha)}\right]$$

$$= \frac{(0.2)}{\pi(0.8726)}\left\{\frac{[\pi(0.8726)\cos(29) - (0.2)(0.2)]}{[\pi(0.2)(0.8726) + (0.2)(\cos 29°)]}\right\} = 0.24$$

0.24의 효율은 너트에 전달된 동력의 24%만이 중량을 들어 올리는 데 전달되었다는 것을 말해 준다. 나머지 76%는 마찰로 손실된다. 이 값이 받아들여지지 않는다면, 볼 나사가 ACME 나삿니를 대신할 수 있을 것이다. 볼 나사는 효율이 거의 90%이나, 매우 비용이 높다. 그러나 볼 나사는 자체 잠김이 없으며, 어느 수준 이상으로는 하중을 유지할 수 없다는 것을 상기하기 바란다.

12.8 차동 나사

차동 나사(differential screws)는 매우 세밀한 운동을 제공하기 위해 고안된 기구이다. 이 나사는 여러 형태로 만들어지지만, 한 가지 일반적인 형태가 그림 12.11에 나와 있다. 이러한 인기 있는 차동 기어의 형상은 동일 축 위와 하나의 미끄럼 조인트 위의 두 가지 다른 나삿니로

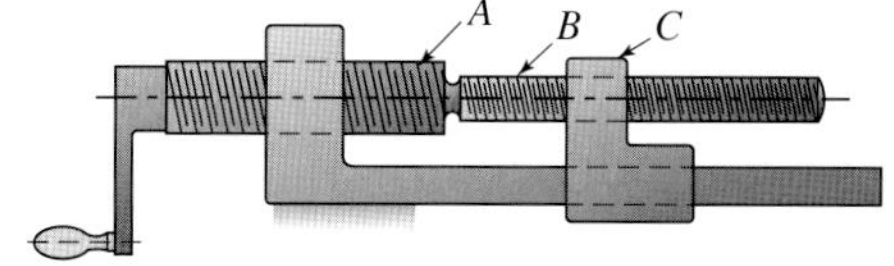

그림 12.11 차동 나사

구성된다.

그림 12.11에서 손잡이가 한 바퀴 돌면, 나삿니 A는 한 바퀴 돌면서 나삿니 A의 리드와 같은 거리만큼 전진한다. 물론 나삿니 B의 운동은 A와 같은 축 위에서 가공되었기 때문에 나삿니 A와 동일하다. 따라서 나삿니 B 또한 한 바퀴 돌면서 나삿니 A의 리드와 같은 거리만큼 전진한다. 나삿니 B가 한 바퀴 돌면, 너트 C는 회전할 수 있기 때문에 뒤로 끌려 들어간다. 특히 나삿니 B가 한 바퀴 돌면, 너트 C는 나삿니 B의 리드와 동일한 거리만큼 뒤로 끌려 들어간다. 그러나 나삿니 B는 이미 한 바퀴 전진하기 때문에 너트 C의 총 운동은 나삿니 A와 B의 리드 사이의 차이이다. 따라서 다른 리드를 가진 이러한 나사 배열을 차동 나사라고 부른다.

$$\Delta R_{너트} = (L_A - L_B)\Delta\theta_{나사} \quad \textbf{(12.13)}$$

$$v_{너트} = (L_A - L_B)\omega_{나사} \quad \textbf{(12.14)}$$

$$a_{너트} = (L_A - L_B)\alpha_{나사} \quad \textbf{(12.15)}$$

또 리드 L은 회전 당 너트의 변위로 규정된다는 것을 주의하라. 그러므로 이런 드문 예에서 각 운동은 회전으로 명기되어야 한다.

2개의 나삿니의 리드가 근접할 때, 너트의 작은 운동이 생길 수 있다. 이런 형상은 상대적으로 낮은 비용에서 정밀 기구를 세밀하게 맞추는 데 보편적으로 사용된다.

》 예제 12.4

부품의 길이를 측정하는 장치가 그림 12.12에 나와 있다. 손잡이 A의 회전이 부품 E에 대해 꽉 누를 때까지 너트 D를 미끄러지도록 차동 나사를 이용하는 것이 그 개념이다. 너트 D는 또한 부품 E의 길이를 정하는 데 사용될 수 있는 지시봉을 가지고 있다. 그 목적은 손잡이 A의 1회전으로 너트 D가 1mm 선회하도록 시스템을 형상화하는 것이다. 이러한 요구 조건을 완수하도록 나삿니 B와 C를 선택하여라.

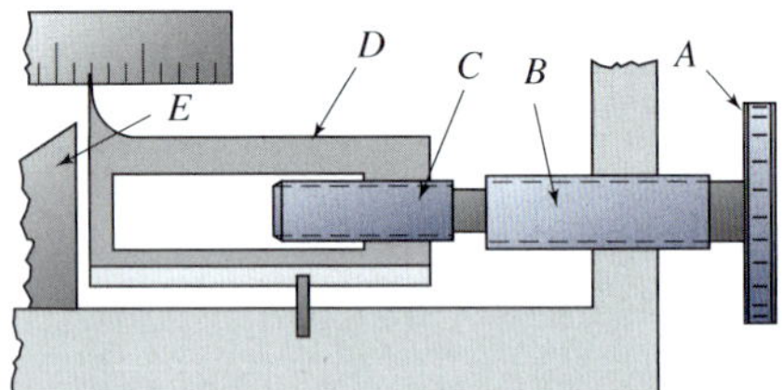

그림 12.12 예제 12.4의 측정 장치

풀이 다음 차동 나사의 기구학 식을 이용하여라.

$$\Delta R_{너트} = (L_B - L_C)\Delta\theta_{나사}$$

$$0.1\text{mm} = (L_B - L_C)(1\text{rev})$$

$$(L_B - L_C) = 0.1\text{mm/rev}$$

여러 배열들이 가능하다. 표 12.2에 열거된 표준 나삿니들이 사용된다. 이것들은 리드와 피치가 같도록 1개의 나삿니를 가지고 있다. 그러면 2개의 나삿니는 0.1mm 피치의 차이가 있도록 선택될 필요가 있다. 이러한 기준에 따라 표 12.2에서 다음과 같은 거친 피치 나삿니를 선택한다.

나삿니 B에 대해 : M5 × 0.8
나삿니 C에 대해 : M4 × 0.7

12.9 송곳 나사

수세기 전, 아르키메데스는 나사 기구를 물을 들어올리는 데 응용하였다. 이것은 지금 "아르키메데스 나사"라고 알려져 있다(그림 12.13). 나사가 회전하면 나사의 각 나삿니가 물을 일정 양만큼 이송시킨다.

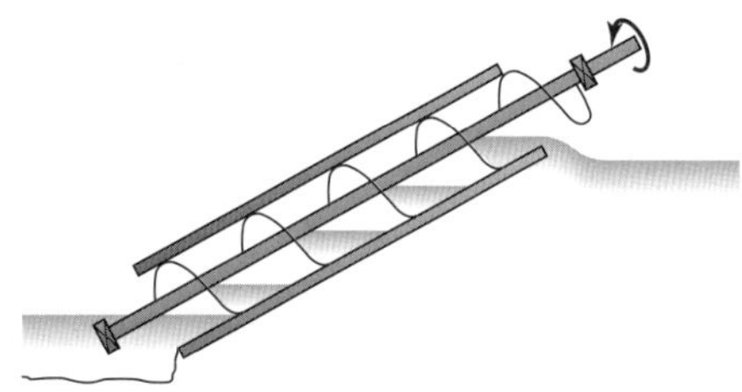

그림 12.13 아르키메데스 나사

이 나사 기구를 가지고, 짝이 되는 너트는 실제로 이송되는 유체이다. 이 형태는 재질이 다른 형태를 이송하는 데 오늘날까지 이용되고 있다. 일반적인 응용은 금형 내로 이송하는 주조 플라스틱을 포함한다.

식 12.16, 12.17와 12.18에 나타난 기구학 식들은 재질이 이송되고 있는 운동을 결정하는 데 사용될 수 있다. 표준 나사와 일치하는 송곳날의 피치나 리드가 정의된다. 부피 전송률은 송곳날 사이의 간극의 함수이다. 이것은 이송되는 재질을 내쏜다. 이것은 수학적으로 다음과 같이 쓰여질 수 있다.

송곳을 통한 부피
$$= (\text{송곳날 사이에 내쏘는 부피})(L_{\text{송곳}})\Delta\theta_{\text{나사}} \tag{12.16}$$

송곳을 통한 부피 유출량
$$= (\text{송곳날 사이에 내쏘는 부피})(L_{\text{송곳}})\omega_{\text{나사}} \tag{12.17}$$

송곳을 통한 부피 가속도
$$= (\text{송곳날 사이에 내쏘는 부피})(L_{\text{송곳}})a_{\text{나사}} \tag{12.18}$$

〉〉〉 연습문제

나사 나삿니 기하 문제

12-1. 1/4-20 UNC 나삿니에 대해 리드, 리드 각을 계산하여라. 또한 나삿니가 일반적으로 기계 가공된 수준일 때, 이것이 자체 잠김인지 여부를 결정하여라.

12-2. 1/4-28 UNC 나삿니에 대해 리드, 리드 각을 계산하여라. 또한 나삿니가 일반적으로 기계 가공된 수준일 때, 이것이 자체 잠김인지 여부를 결정하여라.

12-3. M16×0.2 나삿니에 대해 리드, 리드 각을 계산하여라. 또한 나삿니가 일반적으로 기계 가공된 수준일 때, 이것이 자체 잠김인지 여부를 결정하여라.

12-4. 1-1/8−5 ACME 나삿니에 대해 리드, 리드 각을 계산하여라. 또한 나삿니가 일반적으로 기계 가공된 수준일 때, 이것이 자체 잠김인지 여부를 결정하여라.

나사 구동 변위

12-5. 고형 방취제 패키지는 방취제를 전진시키거나 후퇴시키기 위해 나사를 사용한다. 엄지 휠은 표준 1/4-20 나삿니를 회전시키고, 이 나삿니는 너트와 방취제 고형제를 이동시킨다. 엄지 휠이 3회전할 때, 이 고형제가 전진하는 거리를 구하여라.

12-6. 인장 시험기가 그림 P12.6에 나와 있다. 한 줄 나삿니, 2-4 ACME 나사는 너트를 이동시킨다. 나사가 10회전할 때, 상승 램의 변위를 구하여라.

12-7. 차고 문 계폐기가 그림 P12.7에 나와 있다. 한 줄 나삿니, 1-5 ACME 나사가 너트를 이동시킨다. 나사가 10회전할 때, 하강 문의 바닥부의 변위를 구하여라.

12-8. 조정 작업대 기구가 그림 P12.8에 나와 있다. 입력 축은 베벨 기어 세트를 거쳐서 너트에 연결된다. 너트는 나사를 위아래로 밀면서 회전하다. 베벨 기어는 5:1의 속도 비를 갖고 있다. 나사는 1/2-13 UNC 나삿니를 갖고 있다. 입력축이 10회전할 때 상승 작업대의 변위를 구하여라.

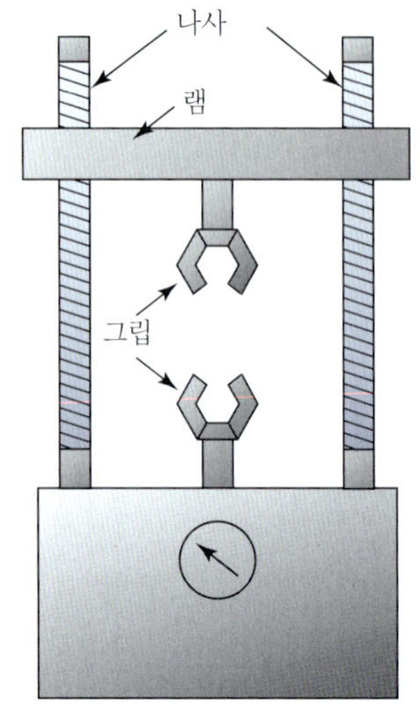

그림 P12.6 문제 6, 18, 25

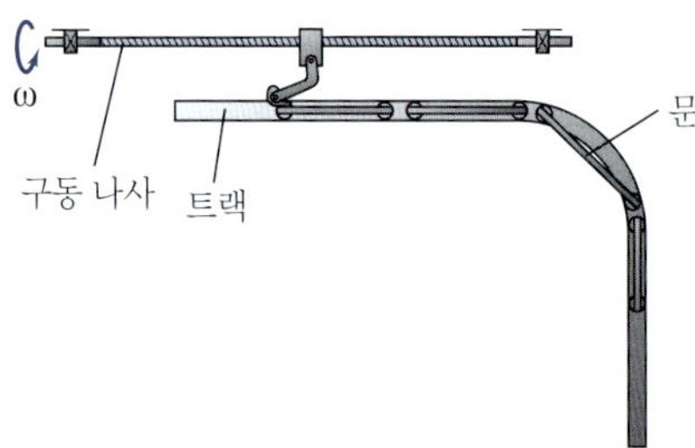

그림 P12.7 문제 7, 19, 26

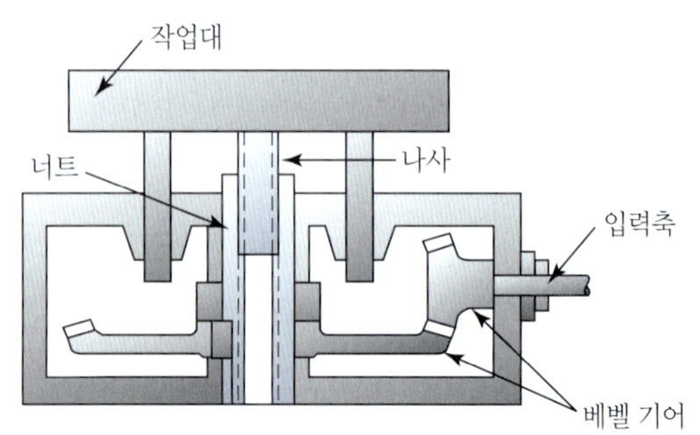

그림 P12.8 문제 8, 20, 27

12-9. 나사 작동 프레스가 그림 P12.9에 나와 있다. 나사는 그림에 나타난 것과 같이 오른쪽과 왼쪽 방향으로 한 줄 1/2-10 ACME 나삿니를 갖고 있다. 프레스는 초기에 $\beta = 25°$인 상태이다. 크랭크가 20회전 할 때 하강 압력판의 변위를 도식적으로 구하여라.

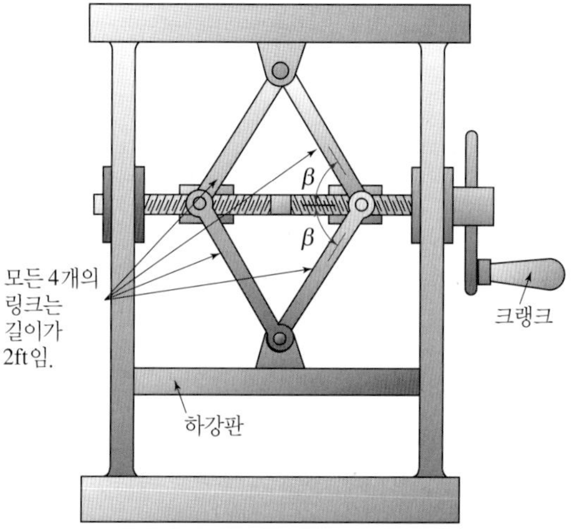

그림 P12.9 문제 9–11, 21

12-10. 문제 12-9의 프레스는 $\beta = 45°$인 상태이다. 크랭크가 15회전할 때 하강 압력판의 변위를 도식적으로 구하여라.

12-11. 문제 12-9의 프레스는 $\beta = 65°$인 상태이다. 크랭크가 30회전할 때 하강 압력판의 변위를 도식적으로 구하여라.

12-12. 3/4-10 UNC 나사 봉이 그림 P12.12와 같이 플랫폼을 구동한다. 크랭크가 12회전할 때 하강 플랫폼의 변위를 도식적으로 구하여라.

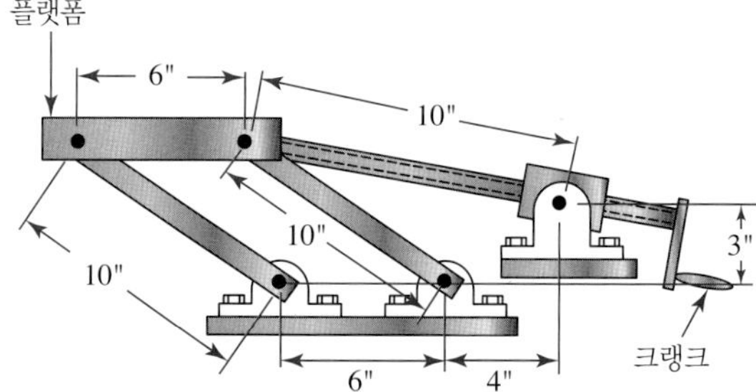

그림 P12.12 문제 12, 13, 22

12-13. 문제 12-12의 플랫폼에서, 크랭크가 8회전할 때 상승 플랫폼의 변위를 도식적으로 구하여라.

12-14. 그림 P12.14의 모터는 상자를 뒤집는 데 사용되는 플랫폼을 기울이기 위해 3/4-10 UNC 나사 봉을 회전시킨다. 모터가 25회전할 때 상승 작업대의 각변위와 상부 끝단의 선변위를 도식적으로 구하여라.

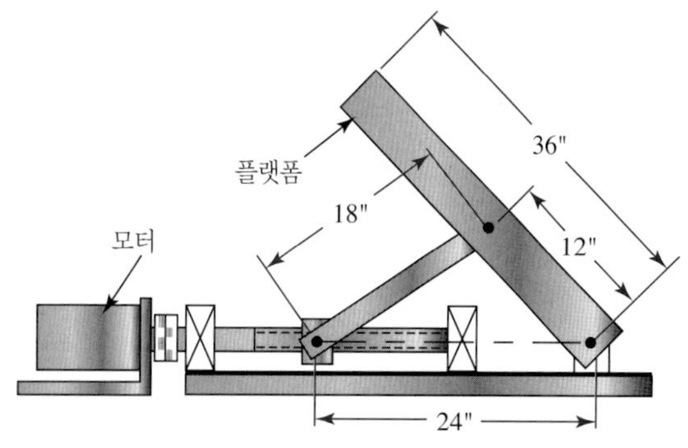

그림 P12.14 문제 14, 15, 23, 28

12-15. 문제 12-14의 플랫폼에서, 모터가 15회전할 때 하강 작업대의 각변위와 상부 끝단의 선변위를 도식적으로 구하여라.

12-16. 그림 P12.16의 제도판의 높이와 각도는 크랭크의 회전에 의해 조절된다. 크랭크가 나사를 회전시키면서, 너트를 이동시키고 거리 L을 조절하게 된다. 나사는 7/8-14 UNF 나삿니를 갖고 있다. 작업대의 초기 위치는 $L = 9$in.이다. 크랭크가 5회전할 때 상승 작업대의 상단과 하단 끝의 변위를 도식적으로 구하여라.

12-17. 그림 P12.16의 제도판에서 작업대의 초기 위치는 $L = 8$in.이다. 나사는 7/8-14 UNF 나삿니를 갖고 있다. 크랭크가 30회전할 때 하강 작업대의 상단과 하단 끝의 변위를 도식적으로 구하여라.

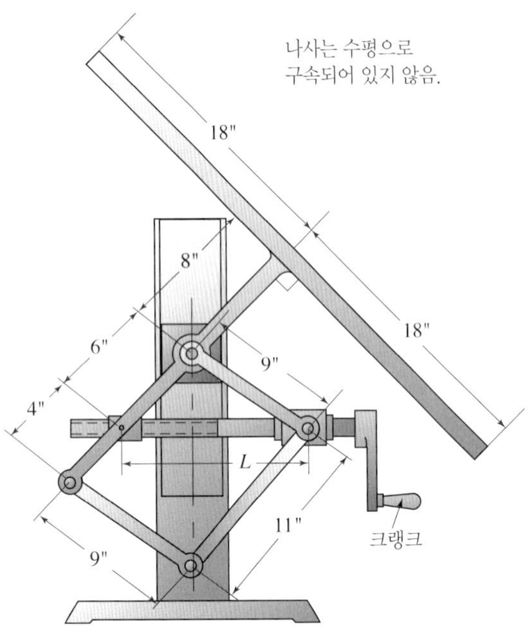

그림 P12.16 문제 16, 17, 24

나사 구동 속도

12-18. 문제 12-6의 인장시험기의 나사가 40rpm으로 회전하면서 램이 하강한다. 램의 선속도를 구하여라.

12-19. 문제 12-7의 차고 문 개폐기의 나사가 1,200rpm으로 회전하면서 문을 열 때, 문의 바닥부의 선속도를 구하여라.

12-20. 문제 12-8의 작업대의 입력축이 600rpm으로 회전하면서 작업대가 상승할 때, 작업대의 선속도를 구하여라.

12-21. 문제 12-8의 프레스의 나사가 45rpm으로 회전하면서 압력판이 하강한다. 프레스는 $\beta = 25°$인 상태이다. 압력판의 선속도를 구하여라.

12-22. 문제 12-12의 플랫폼의 크랭크가 30rpm으로 회전하면서 플랫폼이 상승한다. 플랫폼의 선속도를 구하여라.

12-23. 문제 12-14의 경사 플랫폼 기구의 모터가 1,800rpm으로 회전하면서 플랫폼이 상승한다. 플랫폼의 각선속도를 구하여라.

12-24. 문제 12-16의 제도판의 크랭크가 20rpm으로 회전하면서 작업대가 하강한다. 플랫폼의 선속도를 구하여라. 작업대의 위치는 $L = 9$in.이다. 작업대의 상단과 하단 끝의 속도를 구하여라.

나사 구동 가속도

12-25. 문제 12-6의 인장시험기의 나사가 40rpm으로 회전하면서 램이 하강한다. 모터가 완전히 멈추는 데 1.7초가 걸린다. 모터 중단 시간 동안 램의 선가속도를 구하여라.

12-26. 문제 12-7의 차고 문 개폐기는 문을 열기 위해 작동된다. 1,200rpm의 정상 작동 속도에 도달하는 데 0.7초가 걸린다. 작동 순산에 문 하단부의 선가속도를 구하여라.

12-27. 문제 12-8의 작업대의 모터는 작업대를 상승시키기 위해 작동한다. 입력축이 1,200rpm의 정상 작동속도에 도달하는 데 20회전이 소요된다. 작업대의 선가속도를 구하여라.

12-28. 문제 12-14의 경사 플랫폼 기구의 모터는 900rpm으로 회전하면서 플랫폼을 상승시키다가 작동이 멈춘다. 모터가 완전히 멈추는 데 4회전이 소요된다. 플랫폼의 각속도와 각가속도를 구하여라.

나사 힘과 토크

12-29. 0.5in. 표준 ACME 나사가 C 클램프에 사용된다. 이 나삿니는 최소의 윤활로 일반 기계 가공된다. 이 클램프에 대해 함께 물리게 되는 재료 위에 500lb의 힘을 가하기 위해 필요한 토크를 구하여라.

12-30. 문제 12-29의 C 클램프의 효율을 평가하여라.

12-31. 잭이 최대 지름 25mm와 피치 5mm인

두 줄 ACME 나사를 사용한다. 잭은 4,000N을 들어 올리도록 설계된다. 다음을 구하여라.

- 리드 각
- 잭이 자체 잠김을 하는지 여부
- 짐을 올리기 위한 토크
- 짐을 내리기 위한 토크
- 잭의 효율

12-32. 잭이 두 줄 1-5 ACME 나사를 사용한다. 잭은 2,000lb을 들어 올리도록 설계된다. 다음을 구하여라.

- 리드 각
- 잭이 자체 잠김을 하는지 여부
- 짐을 올리기 위한 토크
- 짐을 내리기 위한 토크
- 잭의 효율

12-33. 문제 12-8의 작업대에 대해, 나삿니는 최소 윤활로 일반 기계 가공된다. 작업대는 75lb를 지탱한다. 너트를 이송하기 위해 필요한 토크를 구하여라.

12-34. 문제 12-16에서 기술한 작업대에 사용되는 나사의 효율을 평가하여라.

차동 나사

12-35. 문제 12.4에서 기술된 것과 비슷한 측정 장치에 차동 나사가 사용된다. 손잡이가 1회전 하면 너트가 0.5mm 가로질러 가도록 2개의 표준 나삿니를 선택하여라.

12-36. 문제 12.4에서 기술된 것과 비슷한 측정 장치에 차동 나사가 사용된다. 손잡이가 1회전 하면 너트가 0.25in. 가로질러 가도록 2개의 표준 나삿니를 선택하여라.

12-37. 문제 12.4에서 기술된 것과 비슷한 측정 장치에 차동 나사가 사용된다. 손잡이가 1회전 하면 너트가 0.05in. 가로질러 가도록 2개의 표준 나삿니를 선택하여라.

››› 사례연구

12-1. 그림 C12.1의 장치는 나사 기구를 사용한다. 이 기구의 구성 요소를 주의 깊게 조사하고, 작동을 잘 간파할 수 있도록 다음 질문에 답하여라.

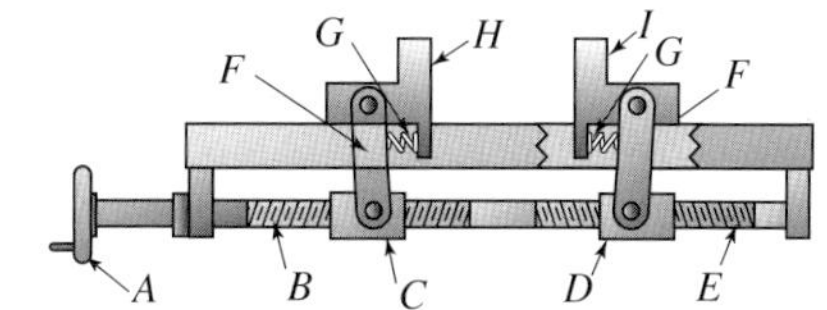

그림 C12.1 (Industrial Press에서 게재 허용)

1. 나삿니 B의 명칭은 무엇인가?
2. 나삿니 E의 명칭은 무엇인가?
3. 손잡이 A가 반시계 방향으로 회전할 때, 너트 C는 어떤 운동을 하는가?
4. 손잡이 A가 반시계 방향으로 회전할 때, 너트 H는 어떤 운동을 하는가?
5. 손잡이 A가 반시계 방향으로 회전할 때, 너트 D는 어떤 운동을 하는가?
6. 손잡이 A가 반시계 방향으로 회전할 때, 슬라이드 I는 어떤 운동을 하는가?
7. 두 개의 링크 F는 어떤 기능을 하는가?
8. 요소 G는 무엇이고, 어떤 기능을 하는가?
9. 이 장치는 어떤 기능을 하며, 이러한 장치를 무엇이라고 하는가?

12-2. 그림 C12.2의 장치는 나사 기구를 사용한다. 이 기구의 구성 요소를 주의 깊게 조

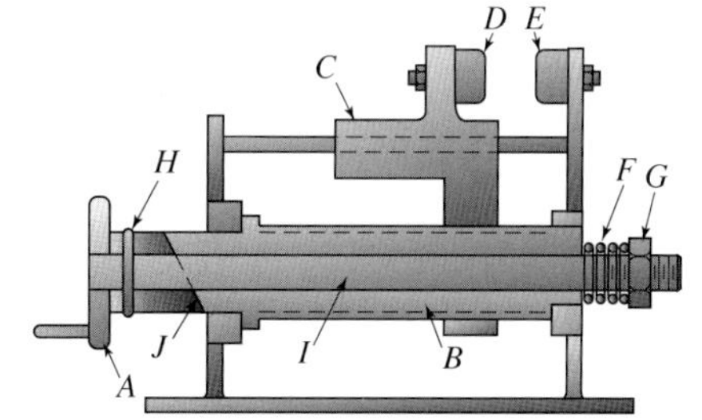

그림 C12.2 (Industrial Press에서 게재 허용)

사하고, 작동을 잘 간파할 수 있도록 다음 질문에 답하여라.

1. 핸들바퀴 *A*가 반시계 방향으로 회전할 때, 축 *I*는 어떤 운동을 하는가?
2. 핀 *H*의 기능은 무엇인가?
3. 핸들바퀴 *A*가 반시계 방향으로 회전할 때, 나사 슬리브 *B*는 어떤 운동을 하는가?
4. 축 *I*와 나사 슬리브 *B*의 운동을 실제로 연결하고 있는 것은 무엇인가?
5. 나사 슬리브 *B*는 오른손 나사이다. 핸들바퀴 *A*가 반시계 방향으로 회전할 때, 너트 *C*는 어떤 운동을 하는가?
6. 패드 *D*와 *E*가 접촉할 때 이 장치에 무슨 일이 발생하는가?
7. 요소 *E*는 무엇이고 그 기능은 무엇인가?
8. 이 장치의 기능은 무엇인가?
9. 너트 *G*를 조이면 무슨 일이 발생하는가?
10. 간극 *J*가 보다 수직 경사로 설계되었다면 이 장치에 무슨 일이 발생하겠는가?

CHAPTER

13

정적 힘의 해석

교육 목표

1. 힘을 정의하고 구한다.
2. 힘의 모멘트를 계산한다.
3. 질량과 중량의 차이점을 이해한다.
4. 뉴턴의 세 가지 운동 법칙을 이해하고 적용한다.
5. 일반적인 기계 요소에 대해 자유 물체도를 만든다.
6. 2개의 힘이 작용하는 부재의 평형 조건을 정의하고 사용할 수 있도록 한다.
7. 미끄럼 마찰력을 계산하고, 그 방향을 정한다.
8. 기구에 작용하는 힘을 결정한다.

13.1 서론

기계의 일반적인 기능은 주어진 임무를 수행하기 위해 동력원으로부터 운동과 힘을 전달하는 것이다. 많은 건물에서 사용되는 승강기를 생각해보자. 전원은 모터로 공급되고, 모터는 층을 이동하고 정지하는 기계 장치를 움직인다. 그 임무는 사람들을 건물 위아래로 안전하고 효과적으로 이동하게 하는 것이다.

이러한 관점에서 이 책의 초점은 기계의 운동에 관한 것이었다. 이 장에서는 기계의 힘에 대한 서론을 기술하고 있다. 기계를 설계하는 데 있어서 중요한 임무는 링크와 결합부의 강도가 작용하는 힘을 충분히 지탱하도록 안전하게 하는 것이다. 7장에서 언급한 바와 같이, 가속도에 의한 관성력은 결합 장치에서 나타난다. 이 장에서는 가속도가 없거나 무시할 수 있을 정도인 기구에서의 힘의 해석을 다룬다. 이러한 조건을 **정적 평형(static equilibrium)**이라고 한다. 정적 평형은 클램프, 지지 링키지, 플라이어나 커터와 같은 수동 도구 등 운동이 상대적으로 느린 많은 기계에 적용할 수 있다.

다음 장에서는 충분한 가속도가 있는 기구에서의 힘의 해석을 다룰 것이다. 많은 고속 기계 장치에서 기계의 운동에 의해 생기는 관성력은 원하는 임무를 수행하기 위해 필요한 힘을 초과한다. 이러한 조건을 **동적 평형(dynamic eqwilibrium)**이라고 한다. 동적 평형의 해석은 정적 해석의 많은 개념을 사용하고 있다. 따라서 정적 평형을 동적 평형보다 앞서 설명하기로 한다.

13.2 힘

힘(force) F는 어떤 부분을 밀거나 당기는 행위를 나타내는 벡터양

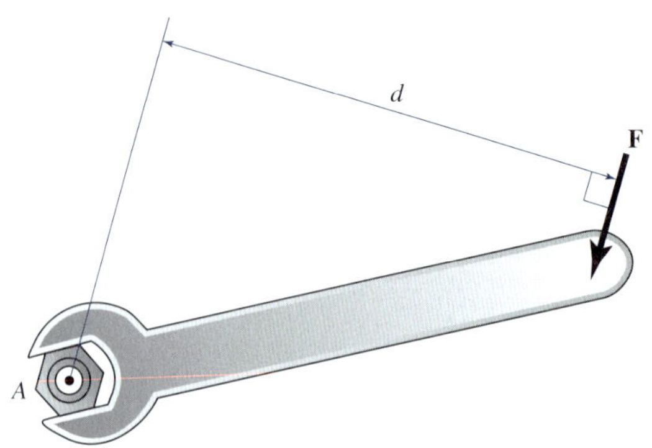

그림 13.1 모멘트 또는 토크의 정의

이다. 유모차에 있는 아이를 잡아당기는 것은 힘이 유모차의 손잡이에 작용하는 것을 뜻한다. 힘의 단위로서 SI(International System) 단위에서는 Newton(또는 N)을 사용하고, U.S.(United States) 상용 단위에서는 파운드(lb)를 사용한다.

가장 보편적인 작업으로 여러 힘에 대한 총 효과를 구한다. 한 부분에 작용하는 2개 또는 그 이상의 힘은 힘의 총 효과를 정하기 위해 합해질 수 있다. 합력(resultant)을 구하기 위해 힘을 합하는 것은 변위, 속도, 가속도 벡터를 더하는 것과 똑같다. 역으로 하나의 힘을 직교 축을 따라 2개의 요소로 분할할 수 있다.

13.3 모멘트와 토크

토크 또는 모멘트는 힘에 의해 생겨난 비트는 작용을 말한다. 너트를 죄는 기구의 손잡이를 미는 것은 볼트 위의 너트를 돌아가도록 하는 작용을 유발한다. 따라서 힘은 볼트의 중앙에 비틀림 작용을 하게 한다. 이러한 결과를 가져오는 작용을 **모멘트(moment)** 또는 **토크(torque)**라고 부른다. 그림 13.1에서는 비틀림 작용을 발생시키는 힘을 설명한다.

모멘트는 기준점(또는 3차원에서는 기준 축)과 관련되는 값이며 벡터이다. 그 방향은 시계 방향이나 반시계 방향으로 표시된다. 모멘트의 방향은 기준 점 주위의 힘의 비트는 방향과 일치한다. 그림 13.1에서 설명한 너트에 대한 비트는 작용은 시계 방향의 모멘트이다.

힘에 의해 생기는 모멘트는 다음과 같이 계산된다.

$$M_A = (F)(d) \tag{13.1}$$

여기서 F는 힘의 크기이고, d는 힘과 기준점 A 사이의 수직 거리이다. 모멘트는 힘의 단위에 거리를 곱한 것으로 표시된다. SI 단위에서는 Nmm 또는 Nm를 사용하며, U.S. 상용 단위에서는 lb-in 또는 lb-ft를 사용한다.

》 예제 13.1

자동문의 기구는 그림 13.2에서와 같은 문에 37N의 힘이 가해진다. 문의 피벗에 대하여 이 힘에 의해 생기는 모멘트를 구하여라.

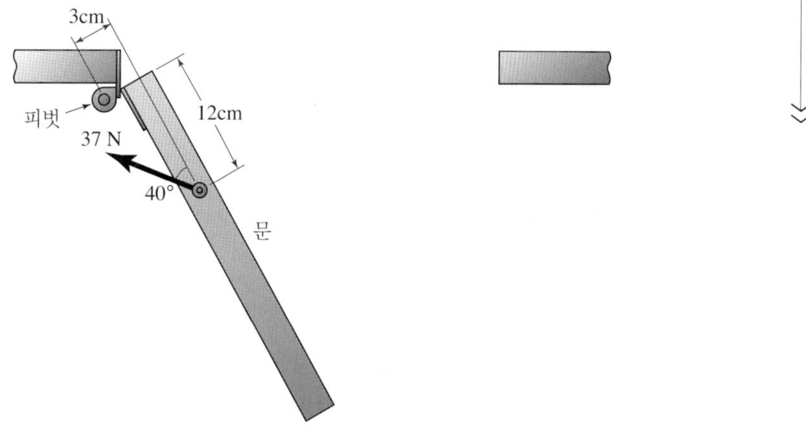

그림 13.2 예제 13.1의 문

풀이 모멘트는 식 13.1에서 계산할 수 있다. 힘은 문제에서 주어지지만, 눈의 기하학적인 형상은 수직 거리 d를 구하기 위해 살펴보아야 한다. 기하학적 형상은 그림 13.3에서 2개의 삼각형으로 분리되었다.

2개의 물체가 직각 삼각형이라는 점을 주의하라. 두 삼각형의 공통 선에 c라고 이름을 붙였고, 이 공통 선은 위쪽 삼각형의 값들에서 정해진다. 피타고라스 정리로부터

$$c = \sqrt{(12\text{cm})^2 + (3\text{cm})^2} = 12.37\text{cm}$$

내부의 각 β는 삼각법에 의해 구해진다.

$$\beta = \tan^{-1}\left(\frac{3\text{cm}}{12\text{cm}}\right) = 14.0°$$

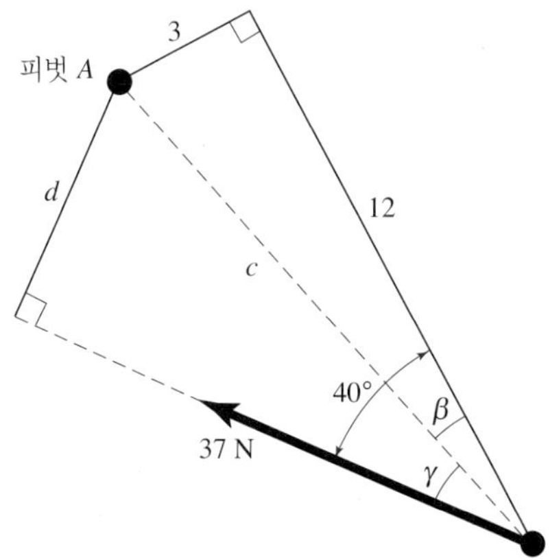

그림 13.3 예제 13.1의 문의 기하학적 형상

아래쪽 삼각형에서 내부각 γ는 전체 각도가 40°이므로 다음과 같이 구해진다.

$$\gamma = 40° - \beta = 26°$$

마지막으로 수직 거리는 삼각법에서 정해진다.

$$d = c\sin(\gamma) = (12.37\text{cm})\sin(26°) = 5.42\text{cm}$$

모멘트는 피벗 A에 대하여 식 13.1로부터 계산된다. 모멘트의 방향은 피벗 A에 대한 힘의 비트는 방향과 일치한다. 이 경우에는 시계 방향이다.

$$M_A = F(d) = 37\text{N}\ (5.42\text{cm}) = 200.5\text{Ncm} = 2005\text{Nmm},\ \text{시계 방향}$$

별해 앞의 풀이에서 직교 거리의 계산은 조금 복잡하였다. 다른 풀이로 힘의 성분 분해법을 해보기로 한다. 이러한 성분은 그림 13.4와 같이 $\mathbf{F}^1$과 $\mathbf{F}^2$로 주어진다.

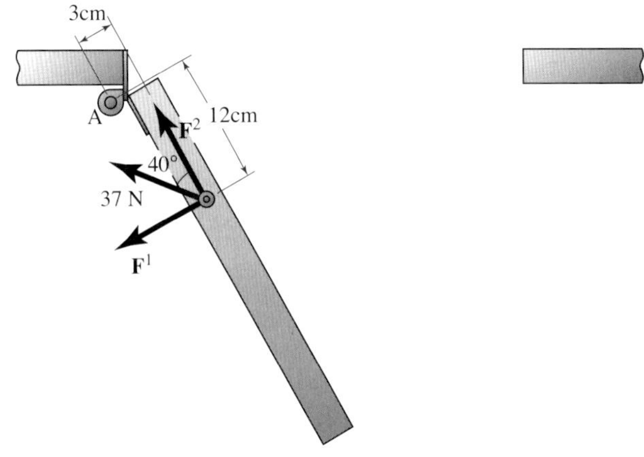

그림 13.4 예제 13.1의 힘

힘 성분 $\mathbf{F}^1$과 $\mathbf{F}^2$는 다음과 같이 계산된다.

$$\mathbf{F}^1 = (37\text{N})\sin 40° = 23.8\text{N}$$
$$\mathbf{F}^2 = (37\text{N})\cos 40° = 28.3\text{N}$$

이 성분들은 점 A에 대해 모멘트를 발생시킨다.
점 A에 대한 모멘트를 계산해 보자.

$$\begin{aligned} M_A &= -\mathbf{F}^1(12\text{cm}) + \mathbf{F}^2(3\text{cm}) \\ &= -[(23.8\text{N})(12\text{cm})] + [(28.3\text{N})(3\text{cm})] \\ &= -200.5\text{Ncm} \\ &= 2005\text{Nmm},\ \text{시계 방향} \end{aligned}$$

13.4 운동의 법칙

아이작 뉴턴 경은 모든 힘의 해석의 기본이 되는 세 가지 운동 법칙을 발견했다. 이들 법칙들은 다음과 같다.

제1법칙. 모든 물체는 불균형한 힘이 작용하지 않는다면, 정지 상태로 있거나 일정 속도로 움직인다.

제2법칙. 불균형한 힘을 갖는 물체는 다음과 같은 것을 갖게 된다.

1. 힘에 비례하는 가속도
2. 힘의 방향과 같은 방향의 가속도
3. 물체의 질량에 역비례하는 가속도

제3법칙. 모든 작용에 대해 동일한 값이고 반대 방향인 반작용이 존재한다.

이러한 법칙들은 기구를 공부하는 데 사용된다. 그러나 정적 힘의 해석에서는 첫 번째와 세 번째 법칙만을 적용한다. 다음 장에서는 해석에서 사용되는 제2법칙을 설명한다.

13.5 자유 물체도

기계의 안전성을 충분히 이해하기 위해 링크에 작용하는 모든 힘들은 잘 조사되어야 한다. 이러한 힘들을 추적하기 위한 가장 좋은 방법은 자유 물체도를 구성하는 것이라고 널리 여겨지고 있다. **자유 물체도(free-body diagram)**는 부품이 자유롭게 떠다니는 것과 같이 분리된 부품의 그림을 말한다. 모든 지점(support)과 접촉(contact)이 제거되기 때문에 부품은 떠 있는 것처럼 보인다. 이러한 지점과 접촉은 동일한 힘들로 대치된다. 따라서 자유 물체도는 그 부품에 작용하는 모든 힘들을 나타낸다.

13.5.1 자유 물체도 그리기

그림 13.5는 고립된 링크의 자유 물체도를 나타낸다. 이 부품이 링크 3으로 지정된 것을 주목하기 바란다. 작용되는 링크 번호와 같고 작용을 유도하는 링크 번호와 같도록 힘에 번호를 표기하는 것이 편리하다. 따라서 $\mathbf{F}_{34}$와 같이 표기된 힘은 링크 4의 접촉으로부터 링크 3에 작용하는 힘이 된다.

벡터인 힘을 결정하기 위해서는 힘의 크기와 방향에 대해 알아야 한다. 힘의 방향을 알면, 그림 13.5의 $\mathbf{F}_{34}$와 같이 자유 물체도에 표시한다. 힘의 방향을 모를 때, 그림 13.5의 $\mathbf{F}_{32}$와 같이 모르는 힘의 2개의 직교 성분을 그리는 것이 일반적이다.

다음은 자유 물체도를 그리는 단계이다.

1. 연구할 요소를 격리시켜라.
2. 그 요소가 다른 대상과 연결되어 있는 모든 보이는 지지부나 물리적 접촉들을 제거하

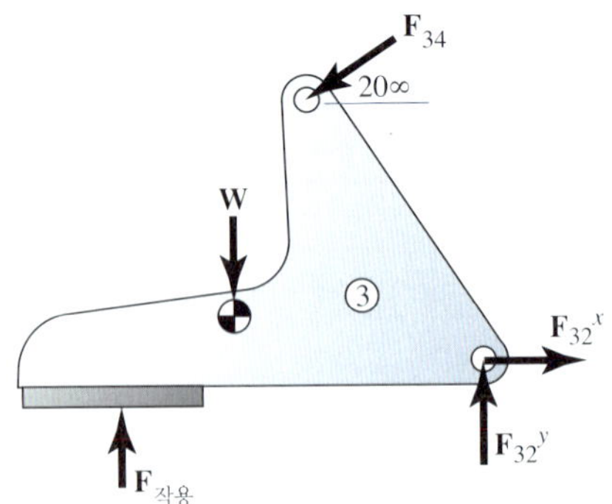

그림 13.5 자유 물체도

여, 공간 상에 자유롭게 떠 있는 것처럼 그려라.

3. 지지부, 물리적 접촉이 지지부와 똑같은 효과를 갖도록 적절한 힘이나 모멘트를 가진 지지부, 물리적 접촉을 재배치하라.

13.5.2 접촉력 설정

지지력을 설정하는 것은 주의가 필요하다. 일반적으로 접촉 상태가 운동을 방해한다면, 그 방향으로 지지력이 있어야 한다. 반작용의 형태는 물리적인 접촉의 형태에 따라 세 가지로 나누어 진다.

1. **반작용의 방향을 알고 있다.** 롤러, 슬라이더, 핀, 케이블 등의 요소가 해당된다. 이런 것들의 지지부는 한 방향만으로 운동을 방해할 수 있다. 이런 요소에서의 반작용은 반력의 방향은 알 수 있으나 크기는 알 수 없다. 그림 13.6a는 이런 형태의 접촉을 보여 주고 있다.
2. **반작용의 방향을 모른다.** 마찰이 없는 핀, 힌지, 거친 면 위의 슬라이더 등이 해당된다. 이런 것들의 지지부는 평면상의 이동을 방해할 수 있다. 이런 요소에서의 반작용은 2개의 미지수, 즉 반력의 x와 y 성분으로 표현되는 미지수를 갖는다. 그림 13.6b는 이런 형태의 접촉을 보여 주고 있다.
3. **반작용이 회전을 못하게 한다.** 고정부, 액추에이터(모터나 엔진)의 핀 조인트가 해당된다. 이런 것들의 지지부는 평면 방향의 이동과 회전을 방해한다. 이 경우 반작용은 3개의 미지수, 즉 반력의 x와 y 성분과 반작용 모멘트로 표현되는 미지수를 갖는다. 그림 13.6c는 이런 형태의 접촉을 보여 주고 있다.

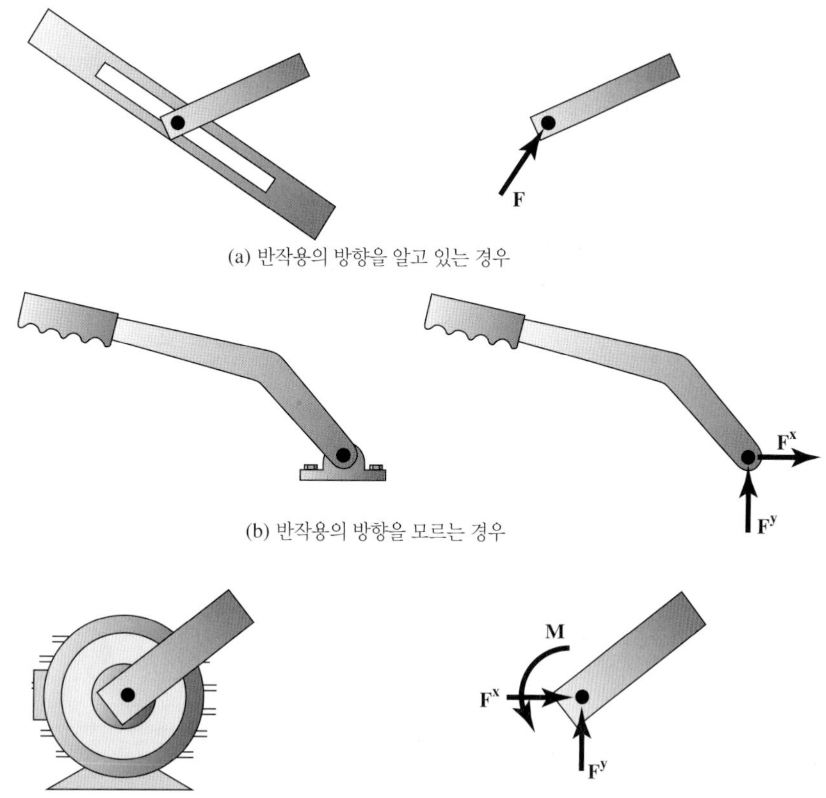

그림 13.6 반력

예제 13.2

엔진 호이스트가 그림 13.7에 나와 있다. 들어 올리는 엔진 무게에 의해 250N이 작용하고 있다. 엔진 호이스트의 자유 물체도를 그려라.

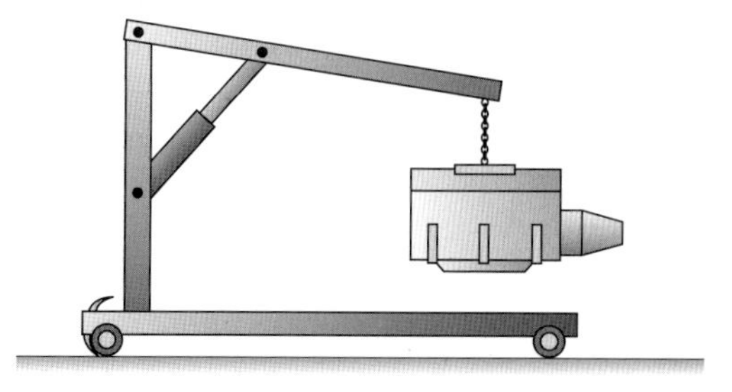

그림 13.7 예제 13.2의 엔진

풀이 엔진 호이스트의 자유 물체도를 구성하기 위해 공간 상에 떠 있는 것처럼 분리하여 그려야 한다. 바닥을 제거하고 엔진을 제거한다.

일단 엔진과 바닥을 제거한 호이스트를 그리고 나서, 반력을 제거한 대상의 접촉점에 그린다. 첫 번째로 엔진 하중이 250N이므로, 크기와 방향을 알고 있는 힘이 엔진 효과를 대체한다.

둘째로 바닥의 작용을 모사해야 한다. 전면의 롤러에 대한 반력의 방향을 알고 있으며, 이때의 롤러의 반작용을 $\mathbf{F}_{21A}^{y}$로 나타내었다.

후면의 롤러는 브레이크 장치가 있다. 수직 반력 이외에 바퀴와 브레이크는 바닥을 따라 수평 방향의 이동을 방해한다. 따라서 후면 롤러의 반작용은 x와 y 성분을 갖게 되며, 각각 $\mathbf{F}_{21B}^{x}$와 $\mathbf{F}_{21B}^{y}$로 나타내었다. 완성된 자유 물체도가 그림 13.8에 나와 있다.

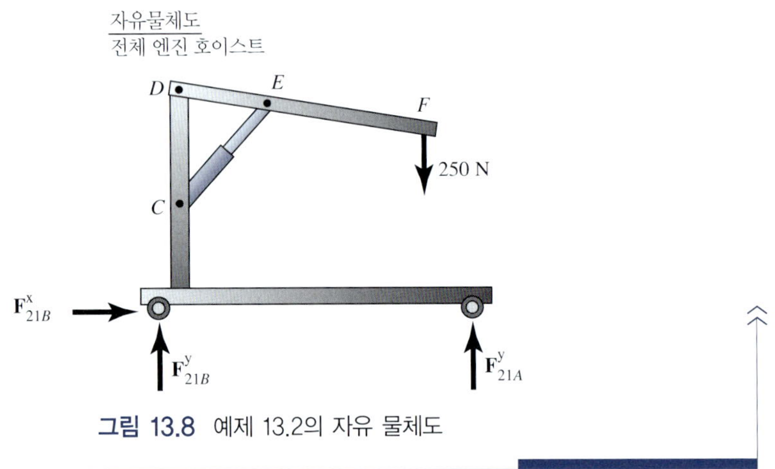

그림 13.8 예제 13.2의 자유 물체도

13.6 정적 평형

뉴턴의 제1법칙은 정지해 있거나 등속도로 움직이는 모든 링크에 적용된다. 따라서 이 조건은 정적 평형 상태라고 부르기도 한다. 정적 평형 상태에 있는 물체에 대해, 다음의 두 가지 필요충분 조건을 만족해야 한다.

조건 I

물체에 작용하는 모든 외력의 조합 또는 합력은 0이며 물체를 이동시키지 않아야 한다. 수학적으로 제1법칙을 요약하면 다음과 같다.

$$\sum \mathbf{F} = 0 \tag{13.2}$$

이 조건은 물체에 작용하는 모든 외력이 균형을 이루고 있다는 것을 뜻한다. 기호 $\sum$는 자유물체도에 작용하는 모든 힘들의 합을 뜻한다. 3장에서 소개한 바와 같이, 힘은 벡터이고 식 13.2는 다음과 같이 쓰여질 수 있다.

$$\mathbf{F}_1 +> \mathbf{F}_2 +> \mathbf{F}_3 +> \cdots +> \mathbf{F}_N = 0$$

제3장에서 소개된 바 있는 벡터의 연산 방법은 미지의 힘을 구하기 위해 벡터 식을 푸는 데

사용될 수 있다. 도식적이나 해석적 방법을 사용할 수 있으나, 힘 해석은 대개 해석적 방법이 더 적합하다. 그러므로 정적 평형 상태의 첫 번째 조건은 다음 두 식으로 성분별로 나눠서 표현할 수 있다.

$$\sum \mathbf{F}^x = 0 \quad (13.3)$$

$$\sum \mathbf{F}^y = 0 \quad (13.4)$$

조건 II

외력에 의한 모멘트는 물체에 작용하는 다른 힘에 의한 모멘트에 의해 상쇄되어 어떤 점에 대해서도 회전을 하지 않게 된다. 정적 평형 상태의 두 번째 조건은 수학적으로 다음과 같이 요약될 수 있다.

$$\sum M_A = 0 \quad (13.5)$$

이 조건은 물체에 작용하는 모든 모멘트가 균형을 이루고 있음을 나타낸다. 점 A의 위치는 임의로 정해진다.

13.7 2개 힘 부재의 해석

평형 상태의 특별한 예로 2개의 힘만이 부재에 작용하는 경우를 살펴본다. 이런 부재의 형태를 **2개 힘 부재(two-torce member)**라고 부른다. 많은 메커니즘 링크, 특히 커플러와 연결 봉은 그림 13.9에 나온 것과 같은 2개 힘 부재이다.

2개의 힘만이 작용할 때, 평형 상태에 있는 임의의 물체에 대해, 이러한 2개의 힘은 다음과 같아야 한다.

1. 똑같은 크기를 가져야 한다.
2. 똑같은 선을 따라 작용하여야 한다.
3. 반대 방향이어야 한다.

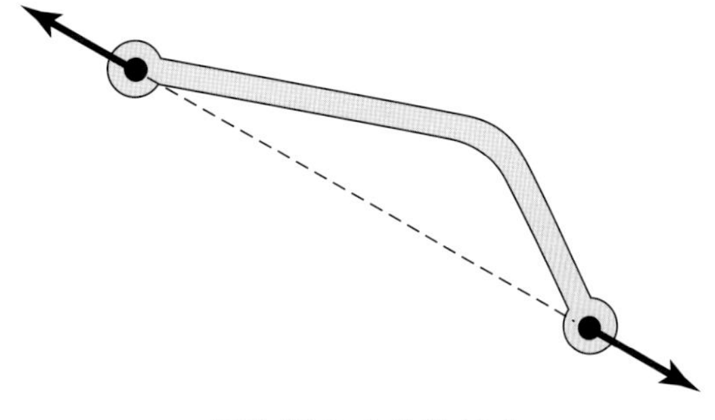

그림 13.9 2개 힘 부재

2개의 힘이 같은 선을 따라 작용해야 하므로, 이러한 구속조건을 만족할 수 있는 유일한 선은 힘이 작용하는 점들 사이의 연장선이다. 따라서 2개의 힘이 작용하는 링크는 인장 또는 압축만이 존재한다.

이런 사실은 힘의 해석에 매우 잘 사용될 수 있다. 힘의 위치를 알 경우에, 힘의 방향이 정의된다. 1개의 힘의 크기와 의미를 알고 있을 때, 다른 하나의 힘의 크기와 의미는 바로 결정된다. 따라서 2개 힘의 부재는 간단하다.

예제 13.3

새로운 호두 쪼개는 기구가 그림 13.10에 나와 있다. 5N의 힘이 표시된 바와 같이 위쪽 손잡이에 작용하고, 이 기구는 움직이지 않을 때(정적일 때), 각 링크의 자유 물체도를 그리고, 각 링크에 작용하는 힘을 구하여라. 해석에 있어서 각 링크의 무게는 무시할 수 있다고 가정한다.

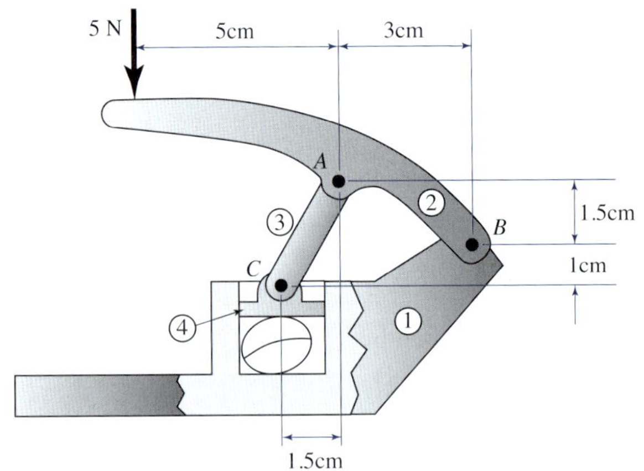

그림 13.10 예제 13.3의 호두 쪼개는 기구

풀이

1. **메커니즘 링크의 자유 물체도를 그려라.**

링크 3(AC)이 2개의 핀 조인트를 가진 간단한 링크라는 것을 주목하라. 또한 다른 힘들은 이 링크에 작용하지 않는다. 따라서 이것은 2개 힘 부재이며, 링크에 작용하는 힘들은 똑같고 2개 핀을 연결하는 선상에 있어야 한다. 링크 3의 자유 물체도는 그림 13.11a에 나와 있다. 앞에서 말한 대로, $\mathbf{F}_{32}$는 링크 2로부터 접촉한 결과로서 링크 3에 작용하는 힘이다.

2개 힘 부재이므로, 2개 힘인 $\mathbf{F}_{34}$와 $\mathbf{F}_{32}$의 방향은 2개의 핀을 연결한 선을 따라 작용한다. 이 선의 경사각 θ는 다음과 같이 정해진다.

$$\theta = \tan^{-1}\left(\frac{2.5}{1.5}\right) = 59.0°$$

링크 2는 또한 간단한 링크이며, 이것은 2개의 핀 조인트만을 가지고 있다. 그러나 추가적인 힘이 손잡이에 작용한다. 따라서 이 링크는 3개 힘 부재이며, 모든 3개 힘의 작용선은 동일점에서 만

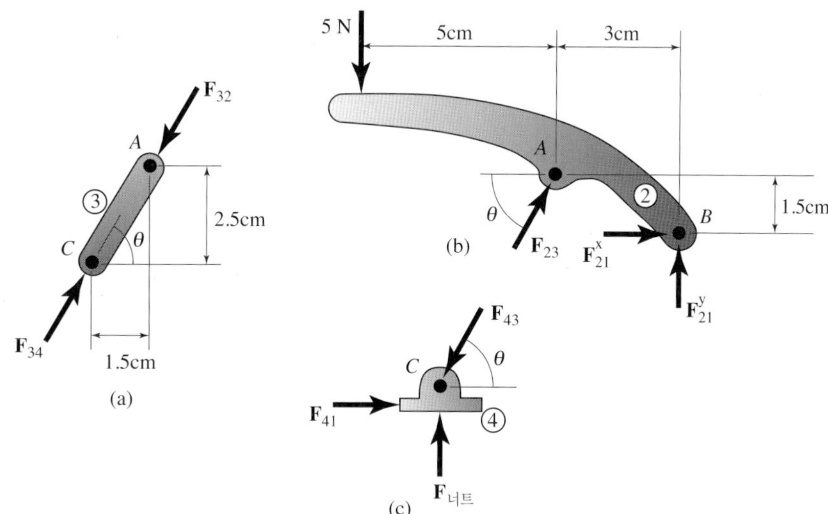

그림 13.11 예제 13.3의 자유 물체도

나야 한다. 뉴턴의 제3법칙은 A에 작용하는 힘이 $\mathbf{F}_{32}$와 크기는 같고 방향은 반대라는 것을 규정한다. 따라서 F_{23}의 방향은 그림 13.11a의 결과로서 알 수 있다. 작용하는 힘의 방향이 알려져 있기 때문에, 동일점은 링크 1로부터 힘의 방향을 결정하는 데 사용될 수 있다. 링크 2의 자유 물체도는 그림 13.11b에 나와 있다.

링크 4는 링크 1과 미끄럼 접촉을 이루고 있다. 마찰을 무시하면 이 접촉력은 접촉면에 수직하게 작용한다. 호두로부터의 접촉력은 짝을 이루는 표면에 수직하게 작용한다. 또한 뉴턴의 제3법칙은 B에 작용하는 힘이 $\mathbf{F}_{43}$과 크기는 같고 반대 방향이라는 것을 규정한다. 링크 4의 자유 물체도는 그림 13.11c에 나와 있다.

2. **링크 2의 평형 식을 풀어라.**

링크 2에 외력이 작용하고 있으므로 링크 2를 먼저 살펴본다. 3개의 미지의 하중이 작용하는 링크 2 (그림 13.11b)는 다음의 3개의 평형 조건식을 사용하여 푼다.

$\overset{+}{\rightarrow}\ \Sigma \mathbf{F}^x = 0:$

$$\mathbf{F}_{23}\cos 59.0° + \mathbf{F}_{21}^x = 0$$

$+\uparrow\ \Sigma \mathbf{F}^y = 0:$

$$\mathbf{F}_{23}\sin 59.0° + \mathbf{F}_{21}^y - 5\text{N} = 0$$

$+\circlearrowleft\ \Sigma M_B = 0:$

$$(5\text{N})(8\text{cm}) - (\mathbf{F}_{23}\cos 59.0°)(1.5\text{cm}) - (\mathbf{F}_{23}\sin 59.0°)(3\text{cm}) = 0$$

위의 세 식을 풀면 다음과 같다.

$$\mathbf{F}_{23} = +11.96\text{N} = 11.96\text{N} \ \angle 59°$$

$$\mathbf{F}_{21}^{x} = -6.16\text{N} = 6.16\text{N} \ \leftarrow$$

$$\mathbf{F}_{21}^{y} = -5.25\text{N} = 5.25\text{N} \ \downarrow$$

3. 링크 3의 평형 식을 풀어라.

링크 3은 2개 힘 부재이므로(그림 13.11a), 평형 식에 의해 2개의 힘은 같은 선을 따라 반대 방향이고 같은 크기를 갖는다. 뉴턴의 제3법칙에 따라 $\mathbf{F}_{32} = \mathbf{F}_{23}$이므로, 링크 3에 작용하는 힘은 다음과 같다.

$$\mathbf{F}_{32} = 11.96\ \text{N} \ \ 59°\swarrow$$

$$\mathbf{F}_{34} = 11.96\ \text{N} \ \angle 59°$$

4. 링크 4의 평형 식을 풀어라.

링크 4의 자유 물체도(그림 13.11c)는 너트에 작용하는 힘을 나타낸다. 뉴턴의 제3법칙에 따라 $\mathbf{F}_{34} = \mathbf{F}_{43}$이다. 이 링크에 작용하는 2개의 미지의 힘은 다음 2개의 성분별 평형 식을 사용하여 푼다.

$\overset{+}{\rightarrow}\ \Sigma \mathbf{F}^{x} = 0:$

$$\mathbf{F}_{41} - \mathbf{F}_{43}\cos 59.0° = 0$$

$+\uparrow\ \Sigma \mathbf{F}^{y} = 0:$

$$\mathbf{F}_{\text{너트}} - \mathbf{F}_{43}\sin 59.0° = 0$$

위의 두 식을 풀면 다음과 같다.

$$\mathbf{F}_{41} = +\ 6.16\ \text{N} = 6.16\text{N} \rightarrow$$

$$\mathbf{F}_{\text{너트}} = +\ 10.25\ \text{N} = 10.25\text{N} \uparrow$$

예제 13.4

그림 13.12는 암석 분쇄 기구를 나타낸다. 이 기구는 매우 천천히 움직여서 관성력을 무시할 수 있다. 그림의 위치에서 60mm 링크를 구동하여 암석을 분쇄하는 데 필요한 토크를 구하여라.

풀이

1. 기구 링크에 대한 자유 물체도를 그려라.

삼각함수를 사용하여 예제의 4절 기구의 내각을 구하는 것이 필요하다. CAD를 이용하여 기구 해석도를 그리고, 내각을 측정한 결과가 그림 13.13에 나와 있다. 링크 3(*BC*)은 단순 링크이고, 2개의 핀 조인트를 포함하고 있으며, 이 링크에는 힘이 작용하고 있지 않다. 따라서 이것은 2개 힘 부

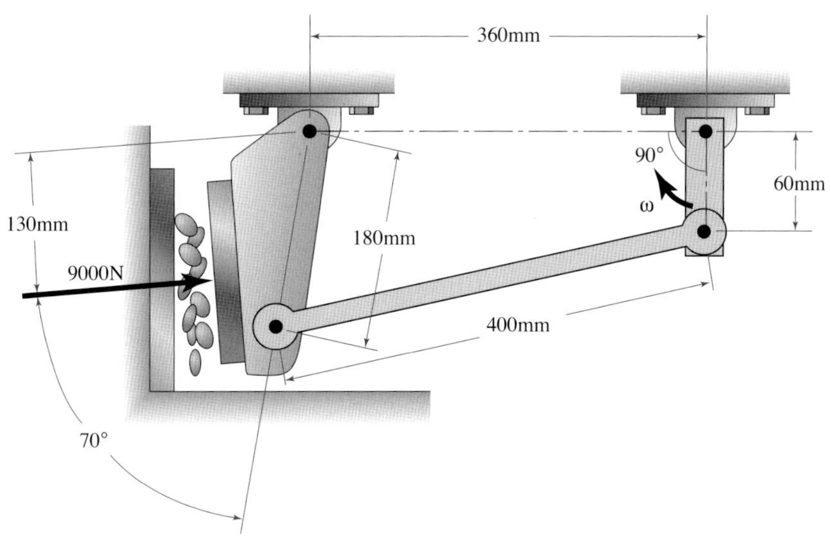

그림 13.12 예제 13.4의 암석 분쇄기

재이며, 링크 상에 작용하는 힘은 2개의 핀을 연결한 선상에 같은 크기로 작용한다. 링크 3의 자유 물체도가 그림 13.14a에 나와 있다. 전술한 바와 같이 $\mathbf{F}_{32}$는 링크 2와 접촉의 결과로서 링크 3에 작용하는 힘을 의미한다.

링크 2는 두 개의 핀 조인트를 포함한 단순 링크이다. 그러나 구동 토크가 축(점 A)에 있는 링크에 작용한다. 따라서 이 링크는 2개 힘 부재가 아니다. 뉴턴의 제3법칙에 따라 점 B의 링크 2에 작용하는 힘은 $\mathbf{F}_{32}$와 같은 크기이고 반대 방향이라고 규정한다. 따라서 $\mathbf{F}_{23}$의 방향은 그림 13.4c와 같이 알려져 있다. 점 A의 일반적인 핀 조인트는 2개의 반력이 작용할 것이라는 것을 말해 준다. 링크 2의 자유 물체도가 그림 13.14b에 나와 있다.

링크 4 또한 2개의 핀 조인트를 포함하고 있으나 2개 힘 부재는 아니다. 암석 분쇄력은 링크 상의 세 번째 점에 작용한다. 수평선에서부터 이 분쇄력의 각은 그림 13.13에 나온 각으로부터 계산할 수 있다. 수평으로 정렬된 각은 다음과 같다.

$$180° - 87.0° - 70° = 13.0°$$

또한 뉴턴의 제3법칙에 따라 점 C의 링크 4에 작용하는 힘은 $\mathbf{F}_{34}$와 같은 크기이고 반대 방향이라고 규정한다. 점 D의 일반적인 핀 조인트는 2개의 반력이 작용할 것이라는 것을 말해 준다. 링크 4의 자유 물체도가 그림 13.14a에 나와 있다.

2. 링크 4에 대해 평형 식을 풀어라.

링크 4에 외력이 작용하고 있으므로 링크 4를 먼저 살펴본다. 3개의 미지의 하중이 작용하는 링크 4(그림 13.14a)는 다음의 3개의 평형 조건식을 사용하여 푼다.

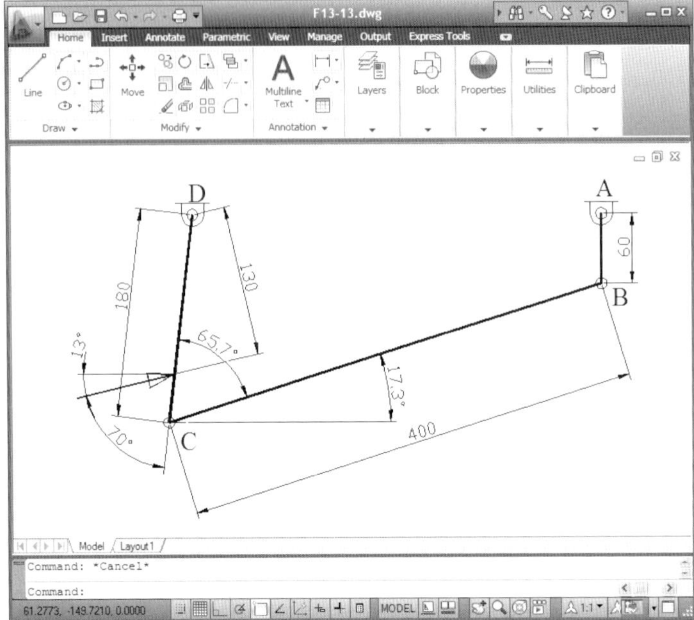

그림 13.13 예제 13.4의 CAD 그림

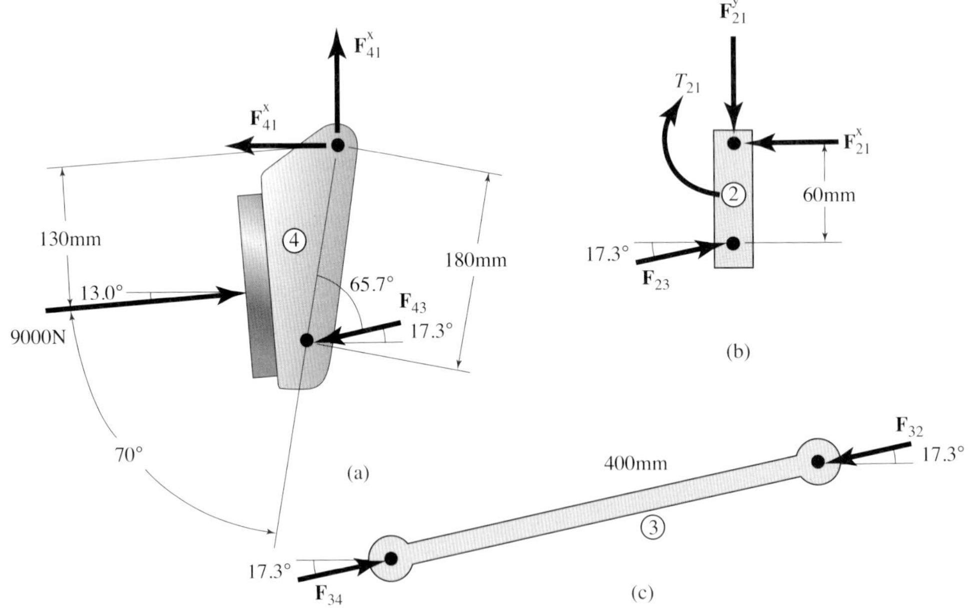

그림 13.14 예제 13.4의 자유 물체도

$\overset{+}{\rightarrow}$ $\Sigma F^{x} = 0:$

$$(9000\,\mathrm{N})\cos 13.0° - F_{43}\cos 17.3° - F_{41}^{x} = 0$$

$+\uparrow$ $\Sigma F^{y} = 0:$

$$(9000\,\mathrm{N})\sin 13.0° - \mathbf{F}_{43}\sin 17.3° + \mathbf{F}_{41}^{y} = 0$$

$+\circlearrowleft$ $\Sigma M_D = 0:$

$$(9000\,\mathrm{N})(130\,\mathrm{mm}) - (\mathbf{F}_{43}\sin 65.7°)(180\,\mathrm{mm}) = 0$$

위의 세 식을 풀면 다음과 같다.

$$\mathbf{F}_{43} = +7132\,\mathbf{N} = 7132\,\mathbf{N}\ \ \overline{17.3°}\swarrow$$

$$\mathbf{F}_{41}^{x} = +1960\,\mathbf{N} = 1960\,\mathbf{N}\leftarrow$$

$$\mathbf{F}_{41}^{y} = +96.3\ \mathrm{N} = 96.3\ \mathrm{N}\uparrow$$

3. 링크 3에 대해 평형 식을 풀어라.

링크 3은 2개 힘 부재이므로(그림 13.14c), 평형 식에 의해 2개의 힘은 같은 선을 따라 반대 방향이고 같은 크기를 갖는다. 뉴턴의 제3법칙에 따라 $\mathbf{F}_{34} = \mathbf{F}_{43}$이므로, 링크 3에 작용하는 힘은 다음과 같다.

$$\mathbf{F}_{34} = 7132\ \mathbf{N}\ \ \nearrow\underline{17.3°}$$

$$\mathbf{F}_{32} = 7132\ \mathbf{N}\ \ \overline{17.3°}\swarrow$$

4. 링크 4에 대해 평형 식을 풀어라.

링크 4의 자유 물체도(그림 13.14b)는 이 장치를 작동하는 데 필요한 순간적인 토크를 나타낸다. 뉴턴의 제3법칙에 따라 $\mathbf{F}_{23} = \mathbf{F}_{32}$이다.

$\overset{+}{\rightarrow}$ $\Sigma F^{x} = 0:$

$$-\mathbf{F}_{21}^{x} + \mathbf{F}_{23}\cos 17.3° = 0$$

$+\uparrow$ $\Sigma F^{y} = 0:$

$$-\mathbf{F}_{21}^{y} + \mathbf{F}_{23}\sin 17.3° = 0$$

$+\circlearrowleft$ $\Sigma M^{A} = 0:$

$$-T_{21} + (\mathbf{F}_{23}\cos 17.3°)(60\ \mathrm{mm}) = 0$$

위의 세 식을 풀면 다음과 같다.

$$F_{21}^{x} = +6809\mathbf{N} = 6809\mathbf{N} \leftarrow$$

$$F_{21}^{y} = +2121\mathbf{N} = 212\,\mathbf{N}\downarrow$$

$$T_{21} = +408{,}561\text{Nmm} = 409\text{Nm},\ \text{시계 방향}$$

토크를 구해야 하므로, 모멘트 식을 푸는 것이 필요하였다.

13.8 미끄럼 마찰력

13.5절에서 언급한 접촉력은 미끄럼 조인트의 결과로서, 항상 접촉면에 수직으로 작용한다. 따라서 이 접촉력은 수직력 N과 관계가 있다.

기계 해석에서 마찰을 무시할 수 없을 때, **마찰력(friction force)** F_f를 고려한다. 마찰은 항상 운동을 방해하도록 작용한다. 그러므로 마찰력은 운동의 반대 방향으로 수직력에 미끄럼 링크에 작용한다.

정지한 물체에 대해 마찰은 최대 마찰에 도달할 때까지 운동을 막는다. 이런 최대값은 **마찰계수(coefficient of friction)** μ의 함수이다. 마찰계수는 실험에 의해 구해지며 재료와 접촉면의 조건에 따라 다르다. 일반 재료의 평균 마찰계수값이 표 13.1에 주어져 있다. 마찰력은 다음과 같이 계산된다.

표 13.1 미끄럼 마찰계수

물체의 재료	접촉면의 재료	건조상태	윤활상태
경강	경강	0.45	0.08
	배빗합금	0.35	0.15
연강	연강	0.60	0.12
	청동	0.34	0.17
	황동	0.44	—
	구리납	0.36	0.15
	주철	0.23	0.13
	납	0.95	0.30
	알루미늄	0.50	—
	적층 플라스틱	0.35	0.05
	테플론(합성수지)	—	0.04
주철	주철	0.15	0.07
	청동	0.22	0.07
	황동	0.30	—
	구리	0.29	—
	아연	0.21	—
알루미늄	알루미늄	1.40	—

$$\mathbf{F}_f = \mu \mathrm{N} \tag{13.6}$$

마찰력은 움직이는 물체에 대해 미끄럼 운동의 반대 방향으로 작용한다.

〉〉 예제 13.5

그림 13.15의 스카치 요크 기구는 밸브 액추에이터를 사용한다. 유체를 실린더로 주입하기 위해 가압하여 기구를 구동하고 출력축에 토크를 가한다. 이 토크가 밸브를 작동시키는 데(열고 닫는 데) 사용된다. 그림에 나타난 상태에서 피스톤에 가해지는 하중은 300N이다. 출력축에 발생하는 토크를 구하여라. 종동 핀과 홈 사이의 마찰계수는 0.15이다.

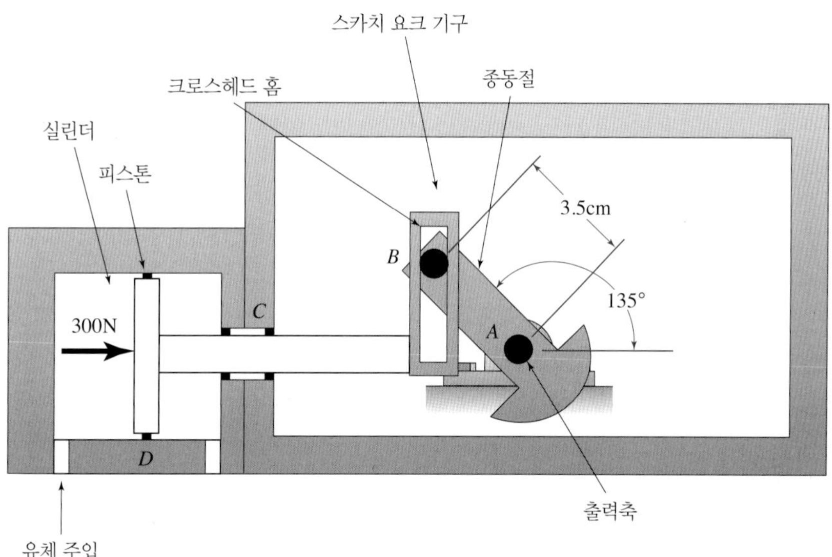

그림 13.15 예제 13.5의 밸브 액추에이터

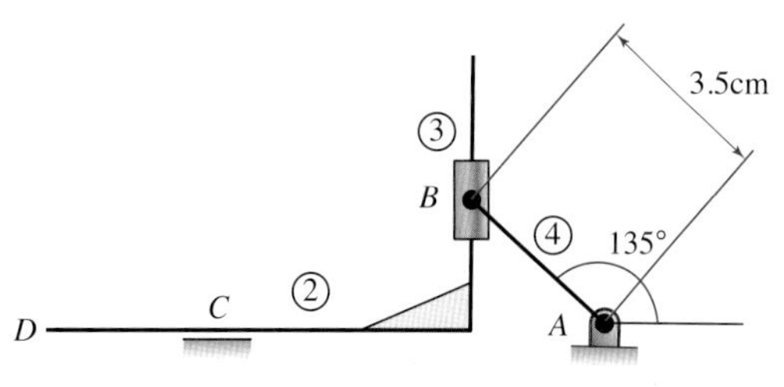

그림 13.16 예제 13.5의 기구 해석도

풀이 스카치 요크 기구의 기구 해석도가 그림 13.16에 나와 있다.

링크 2는 피스톤, 봉 조립품, 홈을 나타낸다. 링크 4는 종동절이다. 링크 3은 실제의 링크는 아니며, 종동절의 회전 조인트와 홈의 미끄럼 조인트를 분리하기 위해 기구 시뮬레이션에서 사용한 것이다. 따라서 기구는 모두 저차 조인트들로 모델화되었다. 기구 해석도는 4개의 링크, 2개의 핀 조인트, 2개의

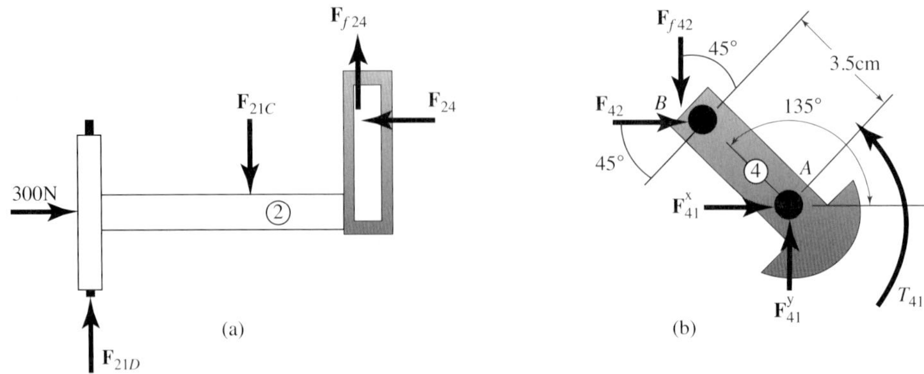

그림 13.17 예제 13.5의 자유 물체도

미끄럼 조인트로 되어 있고, 자유도는 1이다. 이 기구의 구동부는 실린더로 유입되는 유체의 이동이다. 링크 2와 링크 4의 자유 물체도가 그림 13.17에 있다. 링크 3은 힘 해석에 필요하지 않다. 마찰력은 운동의 반대 방향으로 나타난다.

링크 4(그림 13.17b)를 살펴보자. 핀은 홈에 대해 위로 이동한다. 따라서 마찰은 아래로 작용함으로써 핀 운동을 방해하도록 작용할 것이다. 링크 2(그림 13.17a)를 살펴보자. 홈은 핀에 대해 아래로 움직인다(상대 운동의 정의를 상기하도록 한다). 그러므로 마찰은 위로 작용하여 이 운동을 방해하도록 작용할 것이다.

링크 2(그림 13.17a)에 외력이 작용하므로 먼저 살펴본다. 해석에는 x 성분의 평형 식만이 필요하다.

$\overset{+}{\rightarrow}\ \Sigma \mathbf{F}^x = 0:$

$$\mathbf{F}_{24} = 300\,\mathrm{N} \leftarrow$$

링크 4의 자유 물체도(그림 13.17b)는 출력축의 토크를 보여 주고 있다. 뉴턴의 제1법칙에 따라 $\mathbf{F}_{42} = \mathbf{F}_{24}$이다.

$$\mathbf{F}_{f42} = \mu \mathbf{F}_{42} = (0.15)(300\,\mathrm{N}) = 45\,\mathrm{N}$$

토크는 모멘트 평형 식에서 구해진다.

$+\circlearrowleft\ \Sigma M_A = 0:$

$$-(\mathbf{F}_{42}\cos 45°)(3.5\,\mathrm{cm}) + (\mu \mathbf{F}_{42}\cos 45°)(3.5\,\mathrm{cm}) + T_{41} = 0$$

$$-[(300\,\mathrm{N})\cos 45°](3.5\,\mathrm{cm}) + [(45\,\mathrm{N})\cos 45°(3.5\,\mathrm{cm})] + T_{41} = 0$$

결국 출력축에 작용하는 토크는 다음과 같다.

$$T_{41} = +631\,\mathrm{Ncm} = 631\,\mathrm{Nmm},\ \text{반시계 방향}$$

연습문제

13-1. 그림 P13.1에서 $\beta = 25°$일 때 합력을 구하라.

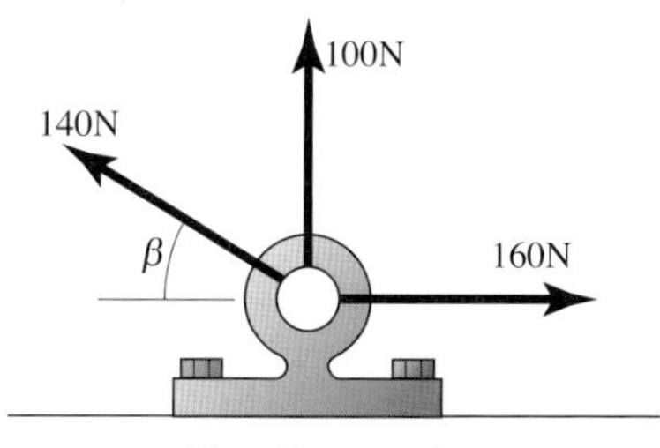

그림 P13.1 문제 1–3

13-2. 그림 P13.1에서 $\beta = 65°$일 때 합력을 구하라.

13-3. 그림 P13.1에서 $\beta = 105°$일 때 합력을 구하라.

13-4. 상자 렌치에 작용하는 힘이 그림 P13.4에서 $\beta = 90°$일 때 너트의 중심에 대한 모멘트를 구하라.

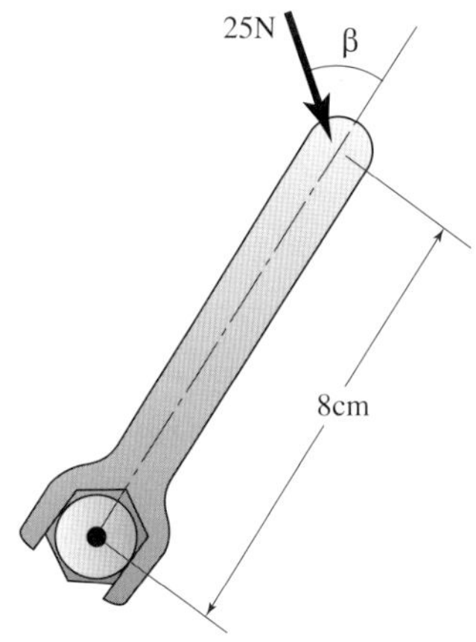

그림 P13.4 문제 4–6

13-5. 상자 렌치에 작용하는 힘이 그림 P13.4에서 $\beta = 75°$일 때 너트의 중심에 대한 모멘트를 구하라.

13-6. 상자 렌치에 작용하는 힘이 그림 P13.4에서 $\beta = 110°$일 때 너트의 중심에 대한 모멘트를 구하라.

13-7. 조절 레버에 작용하는 힘이 그림 P13.7에 나와 있다. $\beta = 0°$일 때 피벗 블록에 대한 모멘트를 구하라.

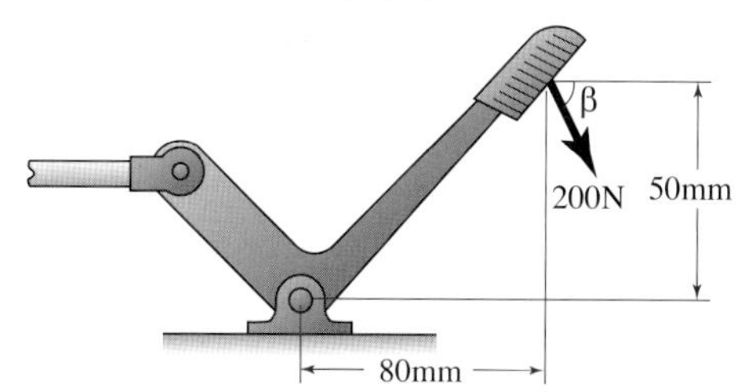

그림 P13.7 문제 7–9

13-8. 조절 레버에 작용하는 힘이 그림 P13.7에 나와 있다. $\beta = 60°$일 때 피벗 블록에 대한 모멘트를 구하라.

13-9. 조절 레버에 작용하는 힘이 그림 P13.7에 나와 있다. $\beta = 130°$일 때 피벗 블록에 대한 모멘트를 구하라.

정적 힘의 문제

13-10. 그림 P13.10은 고가 승강 장치를 나타낸다. 600N의 힘이 꼭대기 팔로부터 걸려 있고, 기구는 정지 상태일 때, 실린더에 필요한 힘을 구하라. 꼭대기 팔은 질량이 80kg이며, 실린더의 무게는 무시한다.

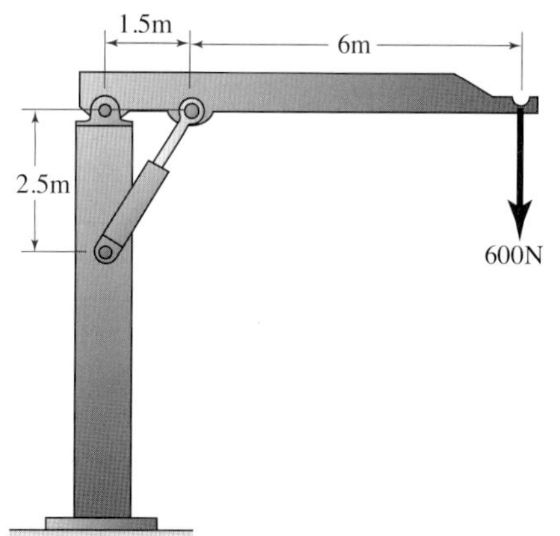

그림 P13.10 문제 10

13-11. 그림 P13.11은 이송 기구에서 짐을 올리

는 기구를 나타낸다. 100N의 짐이 수평 링크 위에 있고, 이 기구가 정지 상태일 때, 모터로부터 필요한 토크를 구하라. 링크의 무게는 무시한다.

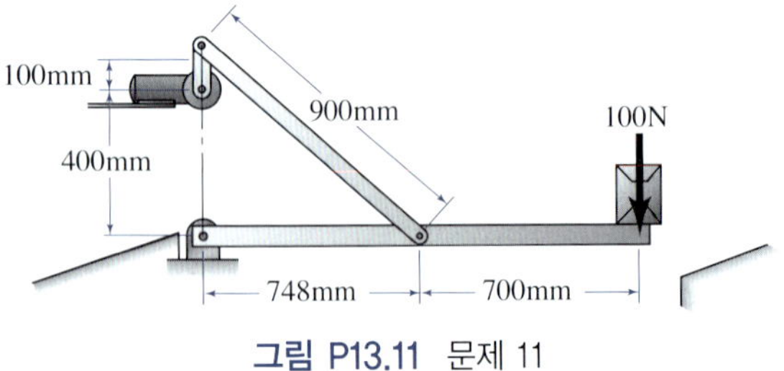

그림 P13.11 문제 11

13-12. 그림 P13.12는 얇은 표준 금속판을 자르는 데 사용하는 기구를 나타낸다. 200N의 힘이 그림과 같이 작용할 때, 얇은 판에 작용하는 힘을 구하라. 링크의 무게는 무시한다.

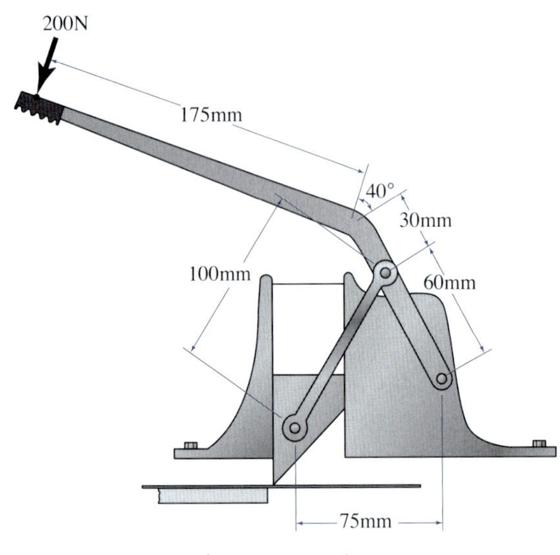

그림 P13.12 문제 12

13-13. 그림 P13.13은 화물 트럭에 짐을 싣고 내리는 조정 플랫폼을 나타낸다. 지금 그림과 같이 1,200kg의 상자가 있다. 각 링크의 자유 물체도를 그려라. 이 플랫폼의 질량은 400kg이며, 다른 모든 링크의 질량은 무시한다.

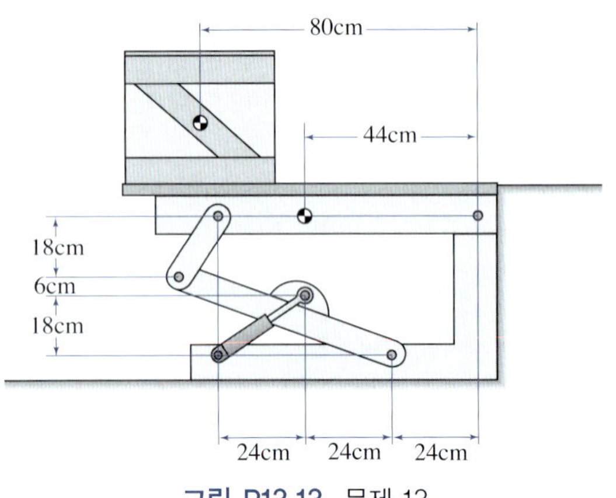

그림 P13.13 문제 13

13-14. 그림 P13.14의 클램프에 1500N의 하중이 걸려 있다. 나사 봉 *AB*에 발생한 압축력을 구하라.

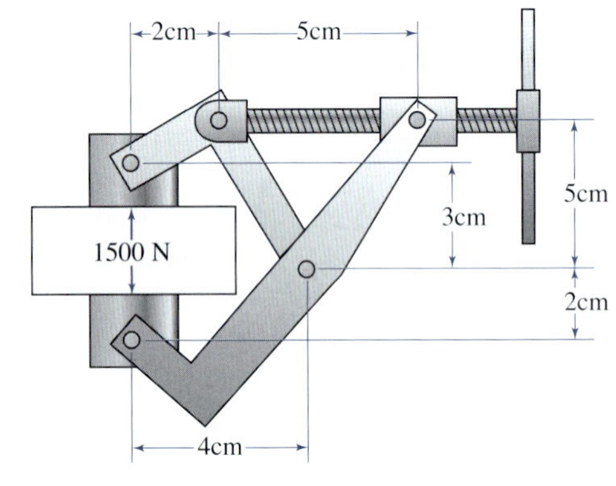

그림 P13.14 문제 14

13-15. 실용 승강 차량이 그림 P13.15에 나와 있다. 버킷(두레박)의 위치를 유지하기 위해서 유압실린더에 의해 필요한 힘을 구하라.

13-16. 프런트 로더가 그림 P13.16에 나와 있다. 삽 위치를 유지하기 위해서 양쪽 유압실린더들로부터 필요한 힘을 구하라.

13-17. 질량 500kg의 상자가 승강기 테이블 위에 그림 P13.17과 같이 지지되고 있다. 그림과 같은 위치에서 플랫폼을 유지하기

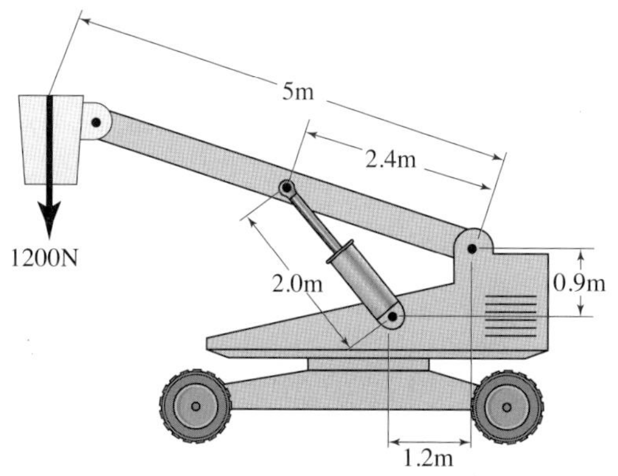

그림 P13.15 문제 15

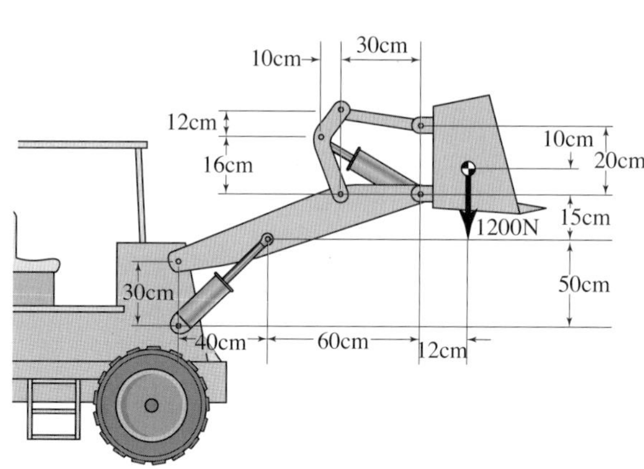

그림 P13.16 문제 16

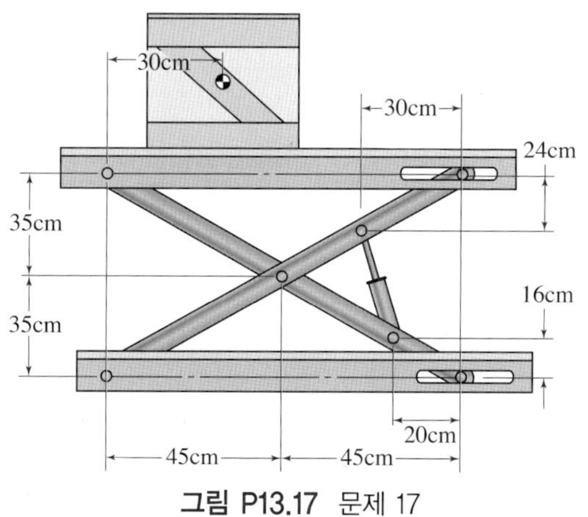

그림 P13.17 문제 17

위해서 유압실린더에 필요한 힘을 구하라.

13-18. 그림 P13.18은 그림과 같이 낮은 위치에서 올라가서 돌아간 위치로 쓰레기 수납기를 이동할 수 있는 폐기물 처리 트럭을 나타내고 있다. 중력에 의해 수납기 내의 쓰레기가 트럭 박스로 들어간다. 쓰레기 수납기의 중량은 2,400N이고 2개의 전면 갈퀴에 의해 동일하게 분배되어 있다. 유압실린더에 필요한 힘을 구하라.

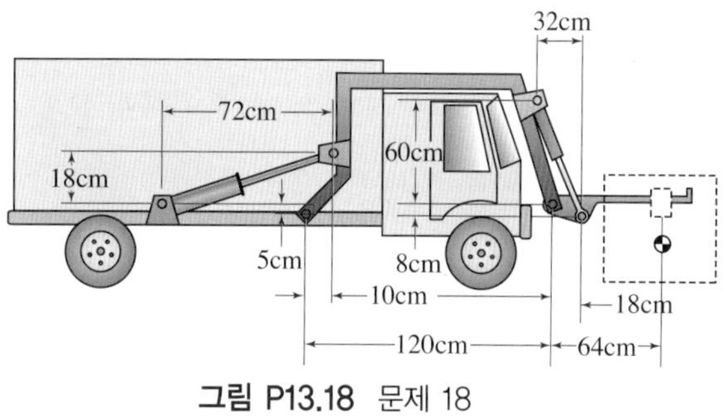

그림 P13.18 문제 18

13-19. 그림 P13.19는 카운터를 따라 8kg의 짐을 미끄러지게 하는 소재 취급 기구를 나타낸다. 짐과 카운터 사이의 운동 마찰계수는 0.25이다. 이음고리와 봉 사이의 운동 마찰계수는 0.10이다. 이 기구를 작동하기 위해 필요한 순간 토크를 구하라. 이것은 내력을 무시할 수 있을 정도로 낮은 속도로 작동한다.

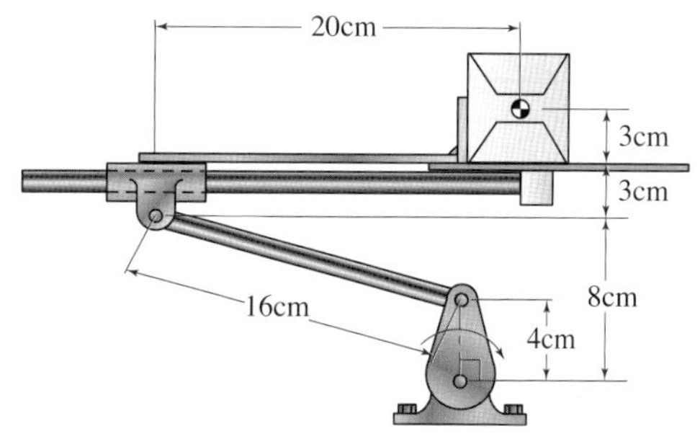

그림 P13.19 문제 19

〉〉〉 사례연구

13-1. 그림 C13.1은 플런저(plunger) *J*에 운동을 주는 기구이다. 기구의 구성요소를 주의 깊게 조사하고, 동작을 잘 간파할 수 있도록 다음 질문에 답하여라.

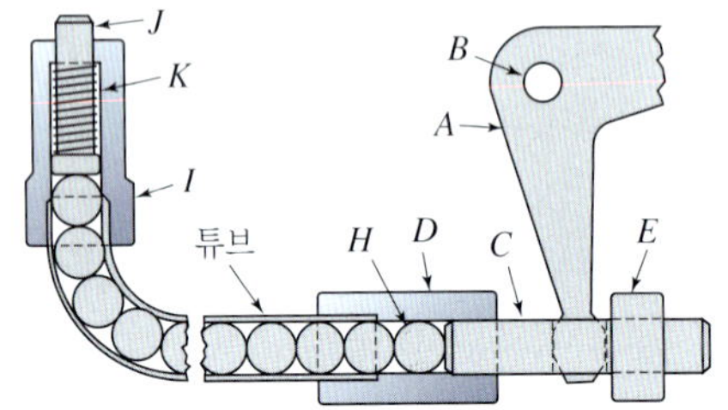

그림 C13.1 (Industrial Press에서 게재 허용)

1. 레버 *A*가 회전할 때, 품목 *C*는 어떤 종류의 운동을 나타내는가?
2. 품목 *A*와 *C*는 어떤 종류의 연결을 갖고 있는가?
3. 볼 *H*는 어떤 종류의 운동을 나타내는가?
4. 플런저 *J*는 어떤 종류의 운동을 나타내는가?
5. 스프링 *K*의 용도는 무엇인가?
6. 품목 *E*의 용도는 무엇인가?
7. 이 기구의 용도는 무엇인가?
8. 이 기구를 같은 목적의 다른 기구 개념과 비교하여라.

CHAPTER
14
동적 힘의 해석

교육 목표

1. 질량과 중량의 차이점을 이해한다.
2. 기본 형상의 유사성을 가정하거나 회전 반지름으로부터 물체의 질량 관성 모멘트를 계산한다.
3. 질량 관성 모멘트를 다른 축으로 변환한다.
4. 관성력과 토크를 계산한다.
5. 기구에 작용하는 힘과 관성력을 구한다.

14.1 서론

기계 설계에서 작동 힘을 결정하는 것은 중요하다. 가속도가 있는 기계에 대해 동적 힘을 해석할 필요가 있다. 앞 장에서는 가속도가 없는 힘의 해석을 다루었다. 이 장에서는 가속도가 있는 기계에서의 힘의 해석을 다룬다. 이 조건을 **동적 평형(dynamic equilibrium)**이라고 부른다. 동적 평형 해석은 정적 평형의 개념과 많은 점이 유사하다. 따라서 앞 장에서 나온 주제를 이해하는 것이 이 장을 공부하는 데 우선적으로 필요하다.

14.2 질량과 중량

질량(mass) m은 물체에서 재료의 양을 측정한 것이다. 질량은 가속도에 대한 물체의 저항이라고 말할 수도 있다. 질량이 큰 물체의 '속도를 높이는 것' 이 더 어렵다.

어떤 물체의 중량(weight) **W**는 그 물체에 작용하는 중력의 잡아당기는 힘의 값이다. 따라서 중량은 지구 중심으로 향하는 힘이다. **중력가속도(acceleration of gravity)** g는 중력이 작용하는 위치에 따라 변한다. 따라서 어떤 물체의 중량은 장소에 따라 변할 것이다. 반면에 질량은 중력이 잡아당기는 것에 따라 변하지 않는 양이다. 어떤 부분의 재료의 양을 기술하는 데 앞에서 언급한 것과 같이 중량과 질량이 사용된다. 중량과 질량은 뉴턴의 중력의 법칙과 관계가 있다.

$$\mathbf{W} = m\,g \qquad \textbf{(14.1)}$$

지구상의 대부분의 해석에서, 중력가속도는 다음의 값을 갖는다고 가정한다.

$$g = 32.3\text{ft/s}^2 = 386.4\text{in./s}^2 = 9.81\text{m/s}^2 = 9810\text{mm/s}^2$$

이러한 가정은 이 책에서 기술하는 모든 기계와 기구에 적용된다. 물론 우주 공간에서 사용하는 기계의 설계에 있어서는 다른 중력값이 존재할 것이다.

질량과 중량은 U.S. 상용 단위에서 종종 혼동될 수 있다. 질량에 대해 유도된 단위는 slug를 사용하는 것이 편리하다. 이 단위는 곧바로 식 14.1을 사용에서 생겨난 것이다.

$$\text{slug} = [\text{lb/ft/s}^2] = \text{lb s}^2/\text{ft}$$

때때로 파운드-질량(lb_m) 단위가 질량의 측정 단위로 사용된다. 이것은 지구 표면에서 1파운드의 무게가 나가는 질량이다. 중력의 표준값이 작용한다고 가정하면, 파운드-질량은 다음과 같이 환산될 수 있다.

$$1\text{slug} = 32.2\ \text{lb}_m$$

일반적으로 U.S. 상용 단위에서의 계산에서는 질량에 대해 slug 단위를 사용한다.

SI 단위에서는 질량에 대해 공영 단위로 kilogram(kg = N s^2/m)을 사용한다.

14.3 무게 중심

물체의 **무게 중심(center of gravity)** cg는 그 물체의 균형점이다. 물체의 무게가 유지되고 모든 방향에서 균형을 이루는 하나의 점이 바로 무게 중심이다. 실린더와 같은 많은 간단한 부품에서 기하학적 중심은 분명하다. 무게 중심을 선정하는 것은 이것이 중력 또는 무게의 위치이기 때문에 힘 해석에서 매우 중요하다. 동적 힘의 해석에서 부품의 가속도에 의한 관성 효과는 이런 점에서도 작용할 것이다.

복잡한 부품에서 무게 중심의 위치는 불분명하다. 무게 중심을 정하는 일반적인 방법은 각각의 무게 중심이 분명하도록 복잡한 부품을 단순한 형상으로 나누는 것이다. 복합 무게 중심은 각각의 무게 중심의 좌표들의 가중 평균값으로부터 구할 수 있다. 예로 복합 형상의 무게 중심의 x 성분은 다음 식에서 구할 수 있다.

$$x_{cg\ 전체} = \frac{m_{부품\ 1}\, x_{cg\ 부품\ 1} + m_{부품\ 2}\, x_{cg\ 부품\ 2} + m_{부품\ 3}\, x_{cg\ 부품\ 3} + \cdots}{m_{부품\ 1} + m_{부품\ 2} + m_{부품\ 3} + \cdots} \tag{14.2}$$

중력 가속도는 전체 물체에 대해 똑같기 때문에, 무게는 식 14.2의 질량으로 치환될 수 있다. 물론 똑같은 방식의 식이 무게 중심의 y 좌표, z 좌표에 대해 사용될 수 있다.

》 예제 14.1

그림 14.1의 부품은 밀도가 $7.83g/cm^3$인 강(steel)으로 만들어져 있다. 무게 중심의 좌표를 구하여라.

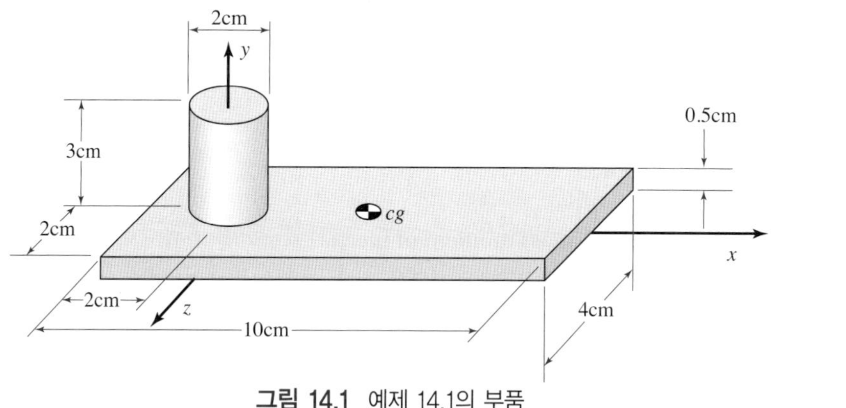

그림 14.1 예제 14.1의 부품

풀이 이 부품은 2개의 요소로 나눌 수 있다. 아래의 판을 요소 1이라고 하고, 위의 축을 요소 2라고 한다. 부품의 질량은 부피를 계산한 후에 강의 밀도를 곱하여 구한다.

$$m_1 = (7.83g/cm^3)\ [(10cm)(4cm)(0.5cm)] = 156.6g$$

$$m_1 = (7.83g/cm^3) \left[\frac{\pi}{4} (2cm)^2 (3cm) \right] = 73.8g$$

표 14.1에는 위의 질량과 무게 중심의 좌표가 나와 있다.

식 14.2를 사용하면 무게 중심의 좌표는 다음과 같다.

$$x_{cg\ 전체} = \frac{W_{부품\ 1}\, x_{cg\ 부품\ 1} + W_{부품\ 2}\, x_{cg\ 부품\ 2}}{W_{부품\ 1} + W_{부품\ 2}}$$

$$= \frac{(156.6g)(3cm) + (73.8g)(0cm)}{(156.6 + 73.8)g} = 2.039cm$$

$$y_{cg\ 전체} = \frac{W_{부품\ 1}\, y_{cg\ 부품\ 1} + W_{부품\ 2}\, y_{cg\ 부품\ 2}}{W_{부품\ 1} + W_{부품\ 2}}$$

$$= \frac{(156.6g)(0.25cm) + (73.8g)(2cm)}{(156.6 + 73.8)g} = 0.811cm$$

표 14.1 예제 14.1의 기본 형상 자료

요소	질량(g)	x_{cg} (cm)	y_{cg} (cm)	z_{cg} (cm)
1	156.6	3(=10/2−2)	0.25(=0.5/2)	0
2	73.8	0	2.0(=3/2+0.5)	0

두 부품의 무게 중심은 z 축 위에 놓인다. 따라서 복합(전체) 부품의 무게 중심도 역시 z 축 위에 있다. 그러므로

$$z_{cg\ 전체} = 0$$

14.4 질량 관성 모멘트

질량 관성 모멘트(mass moment of inertia) I는 회전 가속도와 관련한 저항의 척도라고 할 수 있다. 즉 커다란 관성 질량 모멘트를 가진 회전체의 "속도를 높이는 것"은 보다 어렵다. 질량 관성 모멘트 또는 간단히 관성 모멘트는 그 물체의 형상과 크기에 따른 물체의 질량과 관련이 있다. 또한 관성은 기준점(또는 3차원에서는 기준축)에 대해 기술되는 값이다. 이 기준점은 일반적으로 해당 물체의 무게 중심이 된다.

그림 14.2는 일반적인 고체를 나타낸다. 표시된 작은 요소의 질량 관성 모멘트는 질량, dm에 기준축 z까지의 거리 r을 곱하여 구한다. 이 거리는 축에서 임의의 요소 dm까지의 수직 거리이다.

전체 물체의 질량 관성 모멘트는 물체를 형성하는 모든 입자들의 합이다. 관성 모멘트는 수학적으로 다음과 같이 표현된다.

$$I_z = \int r^2 dm \tag{14.3}$$

정의에 r이 포함되어 있으므로, 질량 관성 모멘크는 각 축에 대해 다르다. 예로 얇은 봉을 생각해 보자. r이 봉의 각 요소에 대해 작으므로, 긴 축에 대한 관성 질량 모멘트는 작을 것이다. 봉 길이에 수직인 축에 대해서는 r이 가장 바깥의 요소에 대해 크므로, 질량 관성 모멘트도 클 것이다.

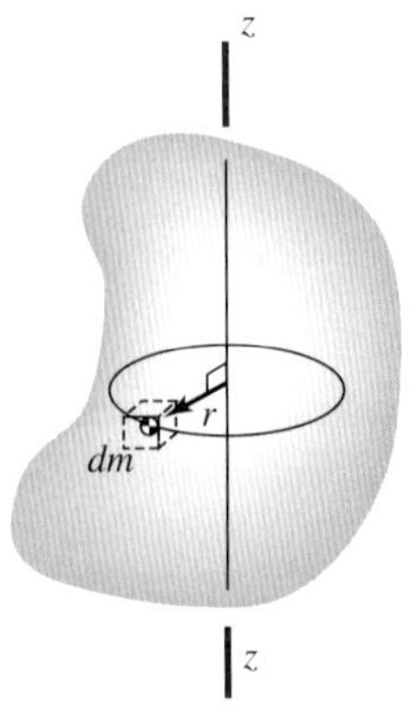

그림 14.2 일반적인 고체

질량 관성 모멘트는 질량 곱하기 길이의 제곱 단위로 표현된다. U.S. 상용 단위에서의 일반적인 단위는 slug ft^2이며, 이것은 lb ft s^2로 치환되기도 한다. SI 단위에서는 kg m^2 단위가 사용된다.

14.4.1 기본 형상의 질량 관성 모멘트

식 14.2는 주요 형상들의 식들을 유도하는 데 사용되었다. 표 14.2는 균일한 밀도분포의 일반적인 고체 형상에 대한 질량 관성 모멘트를 계산하는 데 필요한 식들을 제공하고 있다.

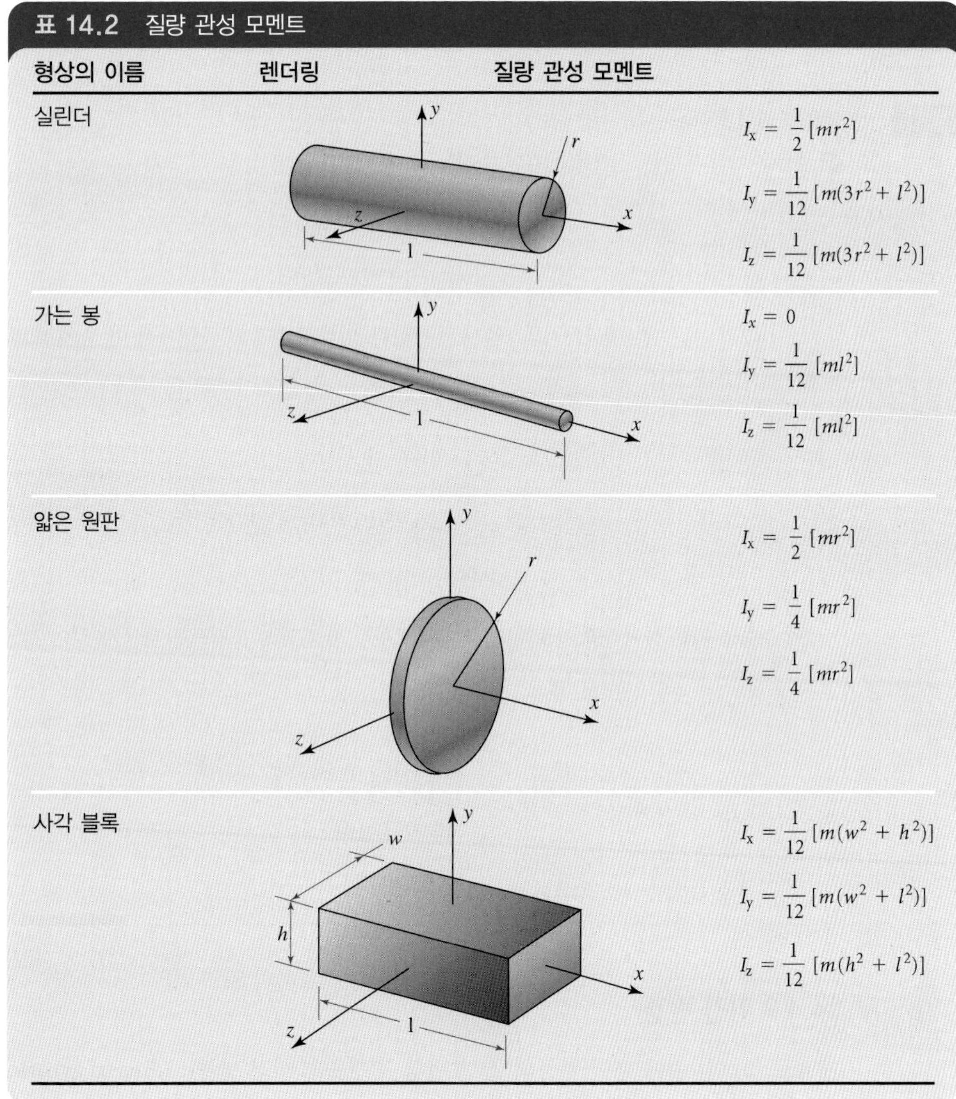

표 14.2 질량 관성 모멘트

형상의 이름	렌더링	질량 관성 모멘트
실린더		$I_x = \frac{1}{2}[mr^2]$ $I_y = \frac{1}{12}[m(3r^2 + l^2)]$ $I_z = \frac{1}{12}[m(3r^2 + l^2)]$
가는 봉		$I_x = 0$ $I_y = \frac{1}{12}[ml^2]$ $I_z = \frac{1}{12}[ml^2]$
얇은 원판		$I_x = \frac{1}{2}[mr^2]$ $I_y = \frac{1}{4}[mr^2]$ $I_z = \frac{1}{4}[mr^2]$
사각 블록		$I_x = \frac{1}{12}[m(w^2 + h^2)]$ $I_y = \frac{1}{12}[m(w^2 + l^2)]$ $I_z = \frac{1}{12}[m(h^2 + l^2)]$

〉〉 예제 14.2

그림 14.3의 부품의 질량은 3kg이다. 이 부품의 중심에서 x축에 대한 질량 관성 모멘트를 구하여라.

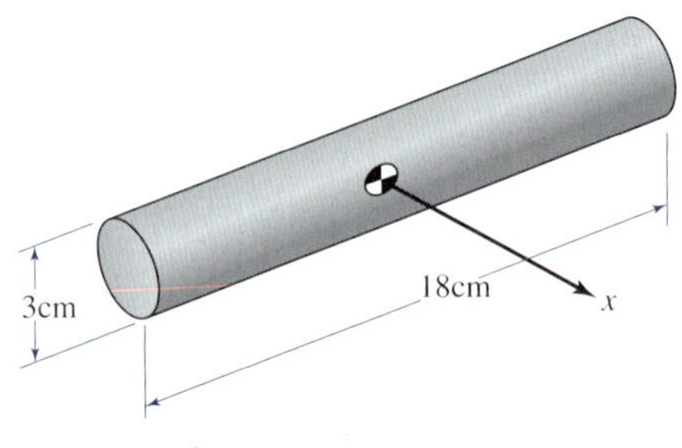

그림 14.3 예제 14.2의 부품

풀이 부품의 질량은 3kg이다.

이 부품은 다음과 같은 반지름과 길이를 갖는 고체 실린더이다.

$$r = 3\text{cm} = 0.03\text{m}$$
$$l = 18\text{cm} = 0.18\text{m}$$

표 14.2의 z축은 본 예제에서의 x축에 해당한다. 따라서 부품의 중심에서 이 축에 대한 질량 관성 모멘트는 다음과 같다.

$$\begin{aligned} I_x &= \frac{1}{12}[m(3r^2 + l^2)] \\ &= \frac{1}{12}[3\text{kg}\,(3(0.03\text{m})^2 + (0.18\text{m})^2) \\ &= 0.008775\text{kg m}^2 \end{aligned}$$

이 부품을 가는 봉이라고 가정하면, 표 14.2로부터 질량 관성 모멘트는 다음과 같이 계산된다.

$$\begin{aligned} I_x &= \frac{1}{12}[m(l)^2] \\ &= \frac{1}{12}[3\text{kg}\,(0.18\text{m})^2] \\ &= 0.0081\text{kg m}^2 \end{aligned}$$

이 부품은 분명히 가는 봉으로 근사화할 수 있다.

14.4.2 회전 반경

때때로 특정한 축에 대한 부품의 질량 관성 모멘트가 **회전 반경(radius of gyration)** k를 사용하여 핸드북에 나와 있다. 회전 반경은 무게 중심으로부터, 전체 질량이 집중되어서 동일한 질량 관성 모멘트를 갖는 지점까지의 거리를 뜻한다.

회전 반경은 다음과 같이 질량 관성 모멘트를 계산하는 데 사용된다.

$$I = mk^2 \tag{14.4}$$

회전 반경은 길이의 단위로 표현되며, m, mm, ft 또는 inch를 사용한다.

14.4.3 평행축 정리

질량 관성 모멘트는 축에 대해 기술된다. 때때로 질량 관성 모멘트를 또다른 평행축에 대해 기술하기도 한다. 평행축 이동식이 이런 일을 하기 위해 유도되었다.[Ref 11] 질량 관성 모멘트를 x축에서 평행한 x' 축으로 이동하기 위해 다음과 같은 이동식을 사용한다.

$$I_{x'} = I_x \pm md^2 \tag{14.5}$$

식 14.5의 d 값은 두 축 사이의 수직 거리이다. 식 14.5의 두 번째 항은 더해지거나 빼질 수 있다는 것을 주목하라. 기준 축이 기본 형상의 무게 중심에서 멀어질 때, 이 항이 더해진다. 반대로 무게 중심 쪽으로 이동하면 이 항은 빼진다.

예제 14.3

그림 14.3의 부품에 대해 부품 끝의 x 축에 대한 부품의 질량 관성 모멘트를 구하여라.

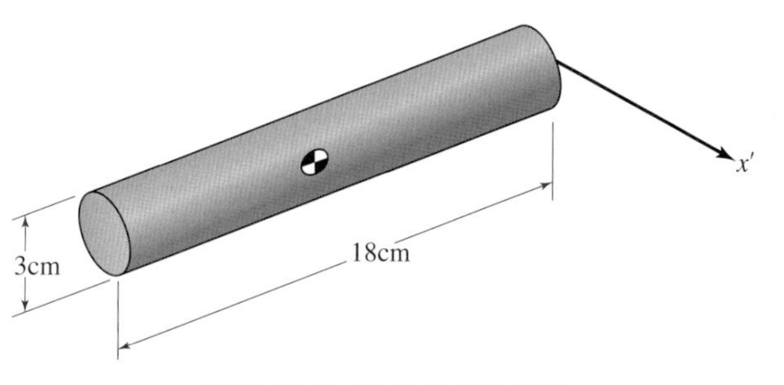

그림 14.4 예제 14.3의 부품

풀이 부품의 중심에서의 질량 관성 모멘트는 예제 14.2에서 다음과 같이 구하였다.

$$I_x = 0.008775\text{kg m}^2$$

중심에서 부품 끝까지의 이동 거리는 다음과 같다.

$$d = 9\text{cm} = 0.09\text{m}$$

식 14.5는 기준 축을 부품 끝으로 이동하는 데 사용된다. 무게 중심에서 멀어지므로 식의 두 번째 항이 더해진다.

$$I_x' = I_x + md^2 = 0.008775\text{ kg } m^2 + (3\text{kg})(0.09\text{m})^2$$
$$= 0.033075\text{ kg m}^2$$

14.4.4 복합 물체

실제로 부품들은 항상 표 14.2의 기본 형상처럼 단순하게 간략화될 수 없다. 그러나 더 복잡한 부품에 대해, 복잡한 부품을 표 14.2의 여러 기본 형상으로 나누어서 질량 관성 모멘트를 구할 수 있다. 각 기본 형상의 질량 관성 모멘트를 전체 부품의 중심을 지나는 축에 대해 계산한 후, 각각의 형상으로부터의 값들을 결합하여 전체 질량 관성 모멘트를 구한다.

예제 14.4

그림 14.5의 부품은 밀도가 7.83g/cm^{3}인 강으로 만든 것이다. 부품의 중심의 y 축에 대한 질량 관성 모멘트를 구하여라.

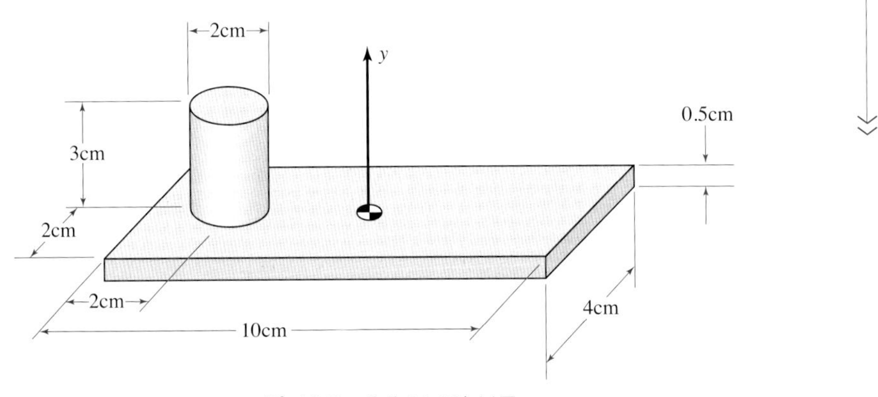

그림 14.5 예제 14.4의 부품

풀이 부품은 예제 14.1에서와 같이 두 요소 형상으로 나눌 수 있으며, 예제 14.1에서 구한 질량은 각각 다음과 같다.

$$m_1 = (7.83\text{g/cm}^3)\ [(10\text{cm})(4\text{cm})(0.5\text{cm}) = 156.6\text{g}$$
$$m_2 = (7.83\text{g/cm}^3)\ [\ \pi/4\ (2\text{cm})^2\ (3\text{cm})] = 73.8\text{g}$$

요소 1은 사각 블록이고, 요소 2는 실린더이다. 표 14.2를 사용하여 각 부품의 질량 관성 모멘트를 각각의 무게 중심에 대해 구한다.

요소 1:

$$I_y = \frac{1}{12}\ [\text{m}(w^2+l^2)]$$
$$= \frac{1}{12}\ [156.6\text{ g}\ [(4\text{cm})^2+(10\text{cm})^2]$$
$$= 1513.8\text{g cm}^2 = 0.00015138\text{kg m}^2$$

요소 2:

$$I_y = \frac{1}{12}[m(r^2)]$$
$$= \frac{1}{12}[73.8g\,(1\text{ cm})^2]$$
$$= 6.15g\text{ cm}^2 = 0.000000615kg\text{ m}^2$$

예제 14.1에서 구한 무게 중심을 이용하여 각 요소의 무게 중심을 복합 물체의 무게 중심에 대해 구할 것이다. 이를 위해 평행 축 정리를 사용한다. 이때 y축 사이의 수직 거리는 x축을 따라 있다는 것을 주목하라.

요소 1 :

$$d_1 = (3.0 - 0.811)\text{ cm} = 2.189\text{cm}$$
$$I_{y'(\text{요소 }1)} = I_{y(\text{요소 }1)} + m_1 d_1^2$$
$$= 1513.8g\text{ cm}^2 + 156.6g\,(2.189\text{cm})^2$$
$$= 2264.2g\text{ cm}^2 = 0.00022642kg\text{ m}^2$$

요소 2 :

$$d_2 = (0.811 - 0)\text{ cm} = 0.811\text{cm}$$
$$I_{y'(\text{요소 }2)} = I_{y(\text{요소 }2)} + m_2 d_2^2$$
$$= 6.15g\text{ cm}^2 + 73.8g\,(0.811\text{cm})^2$$
$$= 54.7g\text{ cm}^2 = 0.00000547kg\text{ m}^2$$

복합 물체의 질량 관성 모멘트를 계산하면 다음과 같다.

$$I_{y'} = I_{y'(\text{요소 }1)} + I_{y'(\text{요소 }2)}$$
$$= 0.00022642kg\text{ m}^2 + 0.00000547kg\text{ m}^2$$
$$= 0.00023189kg\text{ m}^2$$

14.4.5 질량 관성 모멘트 : 실험적 결정

부품의 질량 관성 모멘트를 구하는 보편적인 실험적 방법의 하나는 진자처럼 부품을 흔드는 것이다. 이 방법은 그림 14.6에 그려져 있다.

만약 부품을 약간의 각으로 이동시킨 후 놓으면 이 부품은 진동한다. 관성 모멘트는 한 번

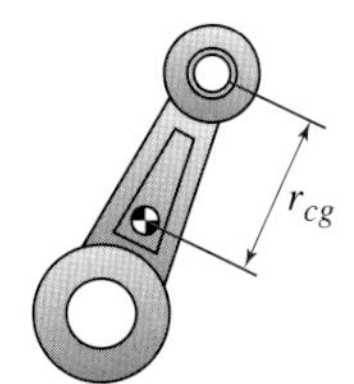

그림 14.6 질관 관성 모멘트 실험

진동하는 시간, Δt를 측정하여 구할 수 있다. 무게 중심 축에 대한 부품의 질량 관성 모멘트는 다음과 같이 유도되었다[참고문헌 11 참조].

$$I_{cg} = mr_{cg}\left[\left(\frac{\Delta t}{2\pi}\right)^2 g - r_{cg}\right] \quad \textbf{(14.6)}$$

14.5 관성력

13.4절에서 메커니즘에 대한 뉴턴의 세 가지 법칙을 나열하였다. 뉴턴의 제2법칙은 가속도를 갖는 모든 부품에 대해 중요하다.

제2법칙에 따라 불균형한 힘을 갖는 물체는 다음과 같은 것을 갖게 된다.

1. 힘에 비례하는 가속도
2. 힘의 방향과 같은 방향의 가속도
3. 물체의 질량에 역비례하는 가속도

선형 운동에 대해, 이 법칙은 중력의 링크 중심 가속도, A_g의 항으로 기술될 수 있다. 따라서

$$\Sigma \mathbf{F} = m\mathbf{A}_g \quad \textbf{(14.7)}$$

식 14.7은 다음과 같이 다시 쓰여질 수 있다.

$$\Sigma \mathbf{F} -> m\mathbf{A}_g = 0 \quad \textbf{(14.8)}$$

힘과 가속도는 벡터이므로 빼기 부호(−>)가 사용된 점을 주목하라.

식 14.8의 두 번째 항은 물체의 관성을 나타낸다. 이 항은 관성력(inertial force) $\mathbf{F}_g^i$로 정의된다.

$$\mathbf{F}_g^i = -> m\mathbf{A}_g \quad \textbf{(14.9)}$$

음수 표시는 관성력이 가속도와 반대 방향이라는 것을 나타낸다(즉 가속도의 반대 방향으로 관성력이 작용한다). 관성은 수동적인 값이며, 반대의 가속도가 없으면 물체에 어떤 작용도 할 수 없다.

이러한 사실은 종종 관찰된다. 자동차를 급격히 가속하려고, 자동차의 페달을 밟는 것을 상상해보자. 이것은 자동차의 가속도와 반대 방향으로 작용하는 관성력이다. 갑작스런 쏠림의 정도는 가속도의 크기에 비례한다. 이와 비슷하게 자동차의 브레이크를 힘껏 밟아서 감속할 때, 자동차의 가속도와 반대 방향으로 머리가 앞으로 쏠린다. 이것이 실제에서의 뉴턴의 제2법칙이다.

식 14.8은 다음과 같이 다시 쓸 수 있다.

$$\Sigma \mathbf{F} +> \mathbf{F}_g^i = 0 \quad \textbf{(14.10)}$$

식 14.7을 식 14.8의 형태로 다시 쓰는 개념은 d' Alembert의 정리로 알려져 있다. 힘의 해석에서 d' Alembert의 정리를 사용하는 것을 동적 평형의 관성력 방법(inertia-force method of dynamic equilibriem)이라고 부른다. 정역학 해석에서 사용된 것과 똑같은 방법으로 가속을 하는 링크의 해석에 대해서도 이러한 방법이 적용된다.

예제 14.5

그림 14.7의 압축기 기구는 DC 전기 모터에 의해 600rpm의 일정 속도로 시계 방향으로 구동된다. 그림에 나온 위치에서 실린더의 압력은 450kPa(450kN/m^2)이다. 피스톤의 질량은 0.5kg이며, 피스톤과 압축기 실린더 사이의 마찰계수는 0.1이다. 다른 모든 링크의 무게는 무시한다. 그림에 보여진 순간에서 압축기를 작동하기 위해 모터로부터 필요한 토크를 구하여라.

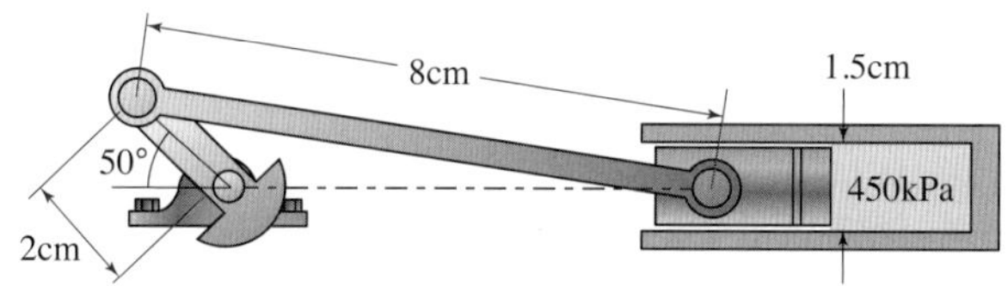

그림 14.7 예제 14.5의 기구

풀이

1. **기구 해석도를 그리고 자유도를 확인하라.**

이것은 일반적인 일렬 슬라이더-크랭크 기구이며 1의 자유도를 갖는다. 치수가 있는 기구 해석도가 그림 14.8a에 그려져 있다.

2. **필요한 모터 토크를 구하기 위한 방법을 결정하라.**

피스톤이 무게를 무시할 수 없는 유일한 요소이므로, 이 요소의 관성력과 가속도를 정해야 한다. 피스톤(링크 4)의 가속도는 순전히 이동 성분만 있으므로 점 C의 운동과 일치한다. 이러한 가속도 해석은 7장에서 상세히 다루었다.

일단 피스톤의 가속도를 구하면, 이에 따른 관성력을 계산할 수 있다. 마지막으로 자유 물체도와 해당 식이 요구 토크를 구하는 데 사용된다.

3. **점 B와 C의 속도를 구하여라.**

이런 형태의 해석은 이 책의 이전 장에서 상세히 다루었다. 2cm의 크랭크가 600rpm으로 회전하고 있을 때, 점 B의 속도는 다음과 같다.

$$\omega_2 = \frac{\pi}{30}(600\,\text{rev/min}) = 62.8\ \text{rad/s},\ \text{시계 방향}$$

$$\mathbf{V}_B = \omega_2 r_{AB} = (62.8\,\text{rad/s})(2\text{cm}) = 125.6\,\text{cm/s} \quad \angle 40^\circ$$

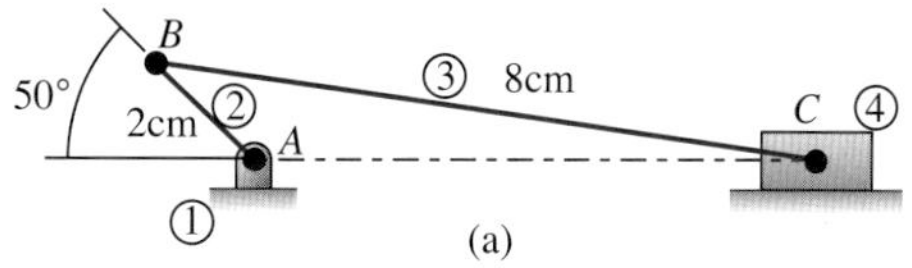

B ③ 8cm 50° 2cm ② A C ④ ①

(a)

그림 14.8 예제 14.5의 기구 해석도

(b)

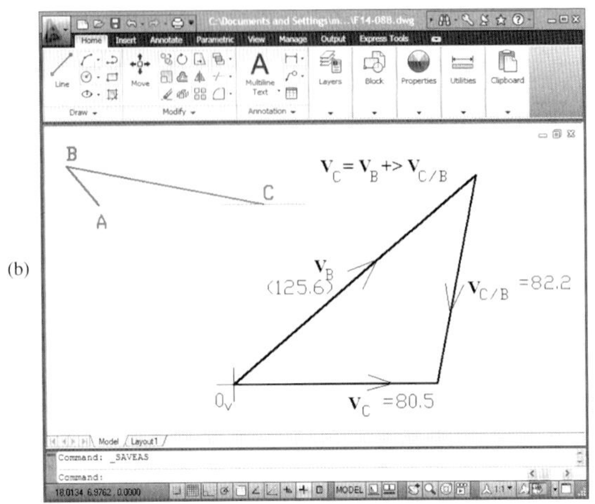

그림 14.8 (계속)

$\mathbf{V}_B$의 방향은 링크 2에 직교하고 ω_2의 방향과 일치하는 좌상 방향이다. 이 속도를 나타내기 위해, CAD를 사용하여 속도 선도의 시작점으로부터 벡터를 치수대로 그릴 수 있다. 점 *B*와 *C*의 상대 속도 식은 다음과 같다.

$$\mathbf{V}_C = \mathbf{V}_B +> \mathbf{V}_{C/B}$$

그림 14.8b에 완성된 속도 선도가 나와 있다. 이 선도에서 벡터의 크기를 측정하여 구하면 다음과 같다.

$$\mathbf{V}_C = 80.5\text{cm/s} \rightarrow$$

$$\mathbf{V}_{C/B} = 82.2\text{cm/s} \ \overline{79°}\swarrow$$

4. 가속도 성분을 계산하여라.

다음 단계는 점 *B*와 *C*를 포함하는 가속도 선도를 구성하는 것이다. 알려진 가속도의 값을 계산하면 다음과 같다.

$$\mathbf{A}_B^n = \frac{(\mathbf{V}_B)^2}{\mathbf{r}_{AB}} = \frac{(125.6\,\text{cm/s})^2}{2.0\,\text{cm}} = 7888\text{cm/s}^2 \ \overline{50°}$$

(회전 중심인 점 *A*쪽으로 향함)

$a_B^t = 0$ (2cm 크랭크의 각가속도는 없음)

$$A_{C/B}^n = \frac{(A_{C/B}^n)^2}{r_{BC}} = \frac{(82.2\text{cm/s})^2}{8.0\text{cm}} = 8.44\text{cm/s}^2 \ \underline{11°}$$

(CAD에서 측정한 점 *C*에서 *B*로 향함)

점 *A*는 운동이 순전히 이동 방향이므로 법선 가속도가 없다.

(c)

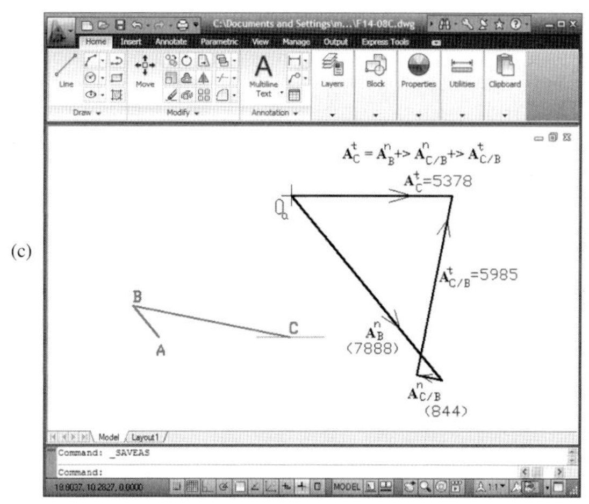

그림 14.8 (계속)

5. 가속도 선도를 구성하여라.

점 B와 C에 대한 상대 가속도 식은 다음과 같다.

$$\mathbf{A}_C^n +> \mathbf{A}_C^t = \mathbf{A}_B^n +> \mathbf{A}_B^t +> \mathbf{A}_{C/B}^n +> \mathbf{A}_{C/B}^t$$

완성된 가속도 선도가 그림 14.8c에 나와 있다.

6. 피스톤의 가속도를 측정하라.

선도로부터 벡터의 크기를 측정하면,

$$\mathbf{A}_{C/B}^{\mathbf{t}} = 5985\ \text{cm/s}^2 \ \angle 79^\circ$$

$$\mathbf{A}_C^t = 5378\ \text{cm/s}^2 \ \rightarrow$$

점 B의 접선 가속도는 속도와 같은 방향이므로, 피스톤은 가속하며(속도가 상승하며) 감속하지 않는다.

7. 관성력을 계산하여라.

피스톤은 무게를 고려하는 유일한 링크이므로, 피스톤의 관성력은 식 14.9와 14.1을 결합한 식에서 계산된다.

$$\begin{aligned}\mathbf{F}_{g4}{}^i &= -> m_4 a_{g4} \\ &= (0.5\ \text{kg})\ (5378\ \text{cm/s}^2) = (0.5\ \text{kg})\ (53.78\ \text{m/s}^2) \\ &= 26.89\ \text{N} \leftarrow\end{aligned}$$

피스톤은 회전 가속도가 발생하지 않으므로 관성 토크는 없다.

8. 기구 링크의 자유 물체도를 그려라.

링크 3(BC)은 2개의 핀 조인트만을 포함한 단순 링크라는 것을 주목하라. 더욱이 이 링크에는 어떤 힘도 작용하지 않는다. 따라서 이것은 2개 힘 부재이며, 이 링크 양끝에 작용하는 힘은 동일하고

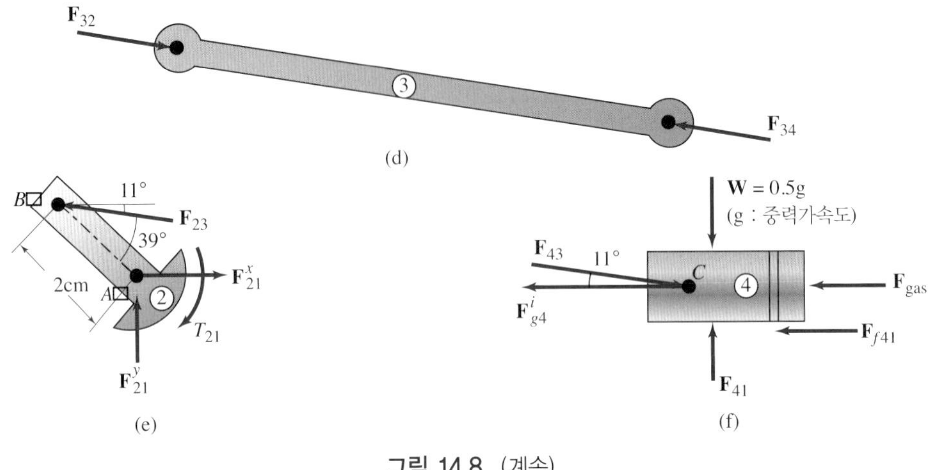

그림 14.8 (계속)

2개 핀의 연결선 상에 있어야 한다. 링크 3의 자유 물체도가 그림 14.8d에 나와 있다. $\mathbf{F}_{32}$는 링크 3에 작용하고 링크 2와의 접촉의 결과인 힘을 나타낸다.

링크 2도 단순 링크이다. 이것은 2개의 핀만을 포함하고 있다. 그러나 모멘트(토크)가 이 크랭크에 작용하고 있다. 따라서 이것은 단순한 2개 힘 부재가 아니다. 뉴턴의 제3법칙은 점 B에 작용하는 힘이 동일하고 $\mathbf{F}_{32}$와 반대 방향이라는 것을 규정하고 있다. 따라서 $\mathbf{F}_{23}$의 방향은 그림 14.8d의 결과로 알려져 있다. 링크 2와 링크 3 사이의 각은 CAD 모델에서 측정하였다. 점 A에서 일반적인 핀 조인트에서는 2개의 반력이 존재할 것이다. 링크 2의 자유 물체도가 그림 14.8e에 나와 있다.

링크 4는 링크 1과 미끄럼 접촉을 한다. 이 접촉력은 접촉면에 수직으로 작용할 것이다. 압축 가스로부터의 힘은 마찬가지로 피스톤 표면에 수직으로 작용할 것이다. 마찰력은 링크 4의 운동(속도)과 반대가 될 것이다. 또한 뉴턴의 제3법칙은 C에 작용하는 힘이 동일하고 $\mathbf{F}_{34}$와 반대 방향이라는 것을 규정하고 있다. 따라서 $\mathbf{F}_{34}$의 방향은 그림 14.8d의 결과로 알려져 있다. 링크 4의 자유 물체도가 그림 14.8f에 나와 있다.

9. 링크 4의 동적 평형 식을 풀어라.

링크 4는 작용하는 힘을 포함하고 있으므로 제일 먼저 조사된다. 가스의 힘은 다음과 같이 계산된다.

$$\mathbf{F}_{가스} = p_{가스} A_{피스톤} = p_{가스}\left[\frac{\pi(d_{피스톤})^2}{4}\right] = 450000\ \mathrm{N/m^2}\left[\frac{\pi(1.5)^2}{4}\right]$$

$$= 45\ \mathrm{N/cm^2}\left[\frac{\pi(1.5)^2}{4}\right] = 79.5\ \mathrm{N} \leftarrow$$

마찰력은 다음과 같다.

$$\mathbf{F}_f = \mu\mathbf{F}_{41} = 0.1\,\mathbf{F}_{41}$$

이 링크에 작용하는 2개의 미지의 힘들(그림 14.8f)은 다음의 평형 식들을 사용하여 풀 수 있다.

$\overset{+}{\rightarrow}$ $\Sigma \mathbf{F}^x + > \mathbf{F}^i = 0:$

$$\mathbf{F}_{43} \cos 11.0° - \mathbf{F}_{가스} - \mathbf{F}^i_{g4} - \mathbf{F}_f = 0$$

위의 식에 해당 값을 넣고 다시 쓰면

$$\mathbf{F}_{43} \cos 11.0° - 79.5 \text{ N} - 26.89 \text{ N} - 0.1\, \mathbf{F}_{41} = 0$$

$+\uparrow$ $\Sigma \mathbf{F}^y = 0:$

$$\mathbf{F}_{43} \sin 11.0° - \mathbf{F}_{41} - \text{W} = 0$$

위의 식에 해당 값을 넣고 다시 쓰면

$$\mathbf{F}_{43} \sin 11.0° - \mathbf{F}_{41} - (0.5 \text{ kg})(9.81 \text{ m/s}^2) = 0$$

이 식들을 풀면 다음과 같다.

$$\mathbf{F}_{43} = 110.0 \text{ N} \;\; 11°$$

$$\mathbf{F}_{41} = 16.1 \text{ N} \uparrow$$

10. 링크 3의 평형을 풀어라.

링크 3은 2개 힘 부재이므로(그림 14.8d), 평형 식들은 이 힘들이 같은 크기이고 같은 선을 따라 반대 방향으로 작용한다는 것을 규정한다. 물론 뉴턴의 제3법칙에 따라 $\mathbf{F}_{32} = \mathbf{F}_{23}$이다. 따라서 링크 3에 작용하는 힘들은 다음과 같다.

$$\mathbf{F}_{34} = 110.0 \text{ N} \;\; 11°$$

$$\mathbf{F}_{32} = 110.0 \text{ N} \;\; 11°$$

11. 링크 2의 평형을 풀어라.

링크 2의 자유 물체도(그림 14.8e)는 요구 모터 토크를 밝혀줄 것이다. 물론 뉴턴의 제3법칙에 따라 $\mathbf{F}_{32} = \mathbf{F}_{23}$이다. 이 링크에 작용하는 미지의 힘과 모멘트는 다음의 평형 식들을 사용하여 푼다.

$\overset{+}{\rightarrow}$ $\Sigma \mathbf{F}^x = 0:$

$$\mathbf{F}^x_{21} - \mathbf{F}_{23} \cos 11° = 0$$

$+\uparrow$ $\Sigma \mathbf{F}^y = 0:$

$$\mathbf{F}^y_{21} + \mathbf{F}_{23} \sin 11° = 0$$

$+\circlearrowleft$ $\Sigma M_A = 0:$

$$-T_{21} + (\mathbf{F}_{23} \sin 39°)(2 \text{ cm}) = 0$$

앞의 세 식들을 풀면 다음과 같다.

$$\mathbf{F}_{21}^{x} = +108.0\ \mathrm{N} = 108.0\ \mathrm{N} \rightarrow$$
$$\mathbf{F}_{21}^{y} = -21.0\ \mathrm{N} = 21.0\ \mathrm{N} \downarrow$$
$$T_{21} = +138.5\ \mathrm{N\ cm} = 1.385\mathrm{N\ m},\ \text{시계 방향}$$

이 토크가 요구되는 값이므로, 단지 모멘트 식을 푸는 것만이 필요하다.

14.6 관성 토크

식 14.7에 기술된 것과 같이 관성력의 개념은 선형 운동에 대한 뉴턴의 제2법칙의 확장이다. 회전 운동에 대해 제2법칙은 무게 중심축에 대한 회전 가속도와 관성 모멘트의 항으로 요약될 수 있다.

$$\Sigma M_g = I_g \alpha \tag{14.11}$$

아래 첨자 "g"는 링크의 무게 중심에서의 기준점을 나타낸다.

선형 운동과 마찬가지로 식 14.11은 다음과 같이 다시 쓸 수 있다.

$$\Sigma M_g -> T_g^i = 0 \tag{14.12}$$

모멘트와 각가속도의 방향이 고려되어야 하므로, 빼기 부호(−>)가 사용된 점을 주목하라. 식 14.12의 두 번째 항은 물체의 각 관성을 나타낸다. 이 항은 **관성 토크(inertial torque)** T_g^i를 정의하는 데 사용된다.

$$T_g^i = -> I_g \alpha \tag{14.13}$$

음수 표시는 관성 토크가 각가속도와 반대 방향이라는 것을 나타낸다.

식 14.12는 다음과 같이 다시 쓸 수 있다.

$$\Sigma M +> T_g^i = 0 \tag{14.14}$$

식 14.14는 동적 평형의 모멘트 식이다. 이것은 14.4절에서 기술한 d' Alembert의 정리의 회전 평형이다. 정역학 해석에서 사용된 것과 똑같은 방법으로 가속을 하는 링크의 해석에 대해서도 이러한 방법이 적용된다.

다음의 예제는 이 장에서 나온 동적 힘 해석의 여러 가지 개념을 결합한 것이다.

》 예제 14.6

그림 14.9에 나온 기구는 소형 비행기에서 착륙 기어를 내리거나 끌어들이는 데 사용된다. 바퀴 조립 부품의 링크의 질량은 3.106kg이며, 그림과 같은 중력 중심을 갖는다. 무게 중심에 대한 조립품의 회전 반지름은 실험적으로 1.2m로 결정되었다. 모터 링크는 3rad/s의 속도로 반시계 방향으로 회전하면서 10rad/s^{2}로 가속을 한다. 모터 크랭크는 0.466kg의 질량을 갖으며, 길이 2m, 폭 1m, 두께 0.25m이다. 연결 링크는 0.621kg이며, 3.5m의 얇은 봉으로 간주한다. 모든 링크의 조인트에 작용하는 힘을 구하고, 모터 링크를 구동하기 위해 필요한 토크를 계산하여라.

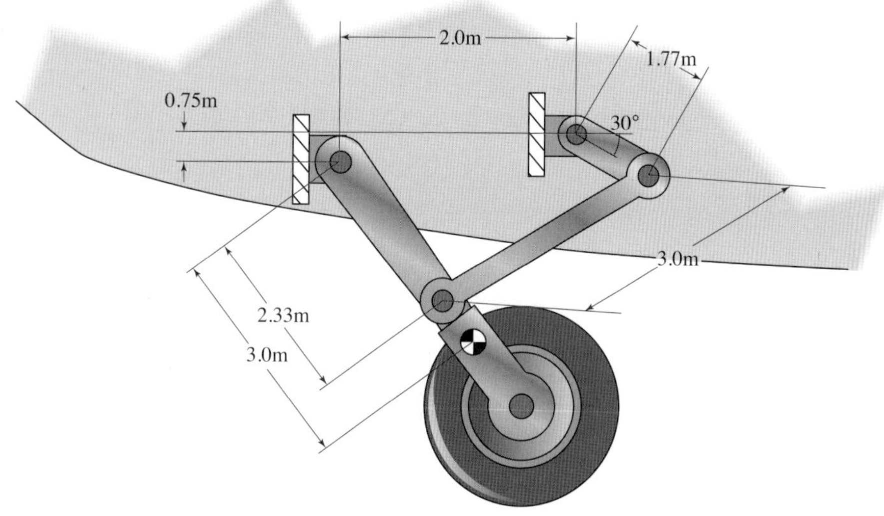

그림 14.9 예제 14.6의 착륙 기어

풀이

1. **기구 해석도를 그리고 자유도를 정의하여라.**

이 기구는 일반적인 4절 링키지이며, 1의 자유도를 갖는다. 기구 해석도가 그림 14.10a에 주어져 있다.

2. **요구 모터 토크를 구하기 위한 방법을 정하여라.**

모든 링크들이 무게가 있으므로, 모든 링크들의 무게 중심의 가속도를 정해야 한다. 이러한 가속도 해석은 7장에서 광범위하게 다루었다. 일단 가속도가 구해지면, 이에 따른 관성력과 토크를 계산한다. 마지막으로 자유 물체도와 이에 해당하는 식들이 필요 토크를 구하는 데 사용될 수 있다.

3. **점 *B*와 *C*의 속도를 구하여라.**

이러한 형태의 해석은 이전 장에서 상세히 다루었다. 1.77m의 크랭크가 3rad/s의 각속도로 회전하므로 점 *B*의 속도는 다음과 같다.

$$\mathbf{V}_B = \omega_2 r_{AB} = (3\text{ rad/s})(1.77\text{m}) = 5.31\text{m/s} \quad \angle 60^\circ$$

$\mathbf{V}_B$의 방향은 링크 2에 직교하고, ω_2의 방향과 일치하는 좌상 방향이다. CAD를 사용하여, 이 속도를 나타내기 위해 속도 선도의 원점으로부터 측정하기 위한 벡터를 그릴 수 있다.

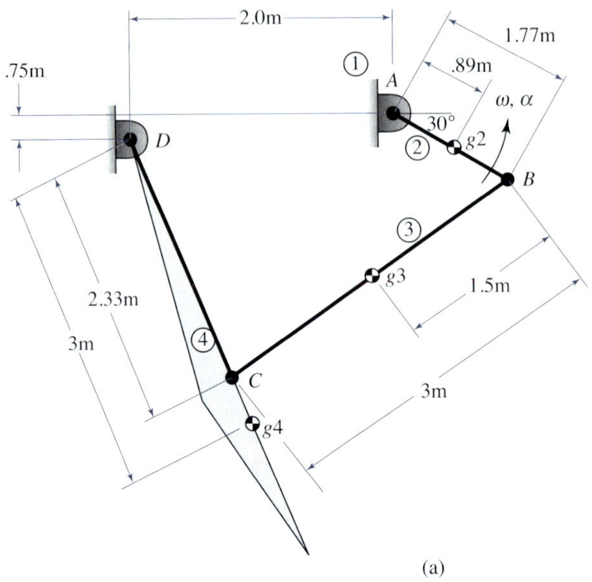

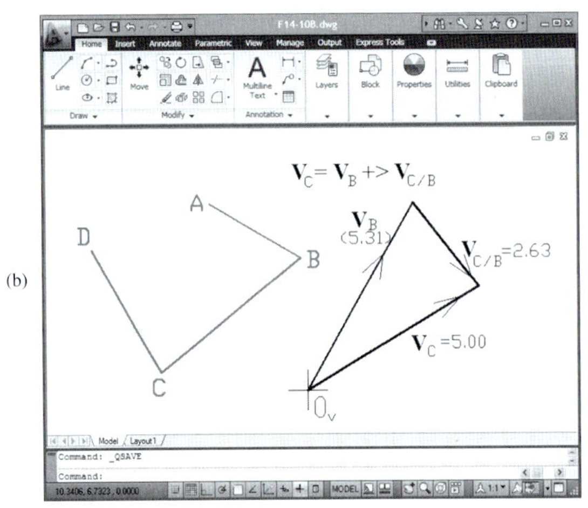

그림 14.10 예제 14.6의 기구 해석도, 속도 선도, 가속도 선도

점 B와 C의 상대 속도 식은 다음과 같다.

$$\mathbf{V}_C = \mathbf{V}_B + > \mathbf{V}_{C/B}$$

속도 선도가 그림 14.10b에 그려져 있다. 선도로부터 벡터의 크기를 측정하면 다음과 같다.

$$\mathbf{V}_C = 5.00\,\text{m/s} \quad \angle 30.7^\circ$$

$$\mathbf{V}_{C/B} = 2.63\,\text{m/s} \quad \searrow 51.4^\circ$$

(c)

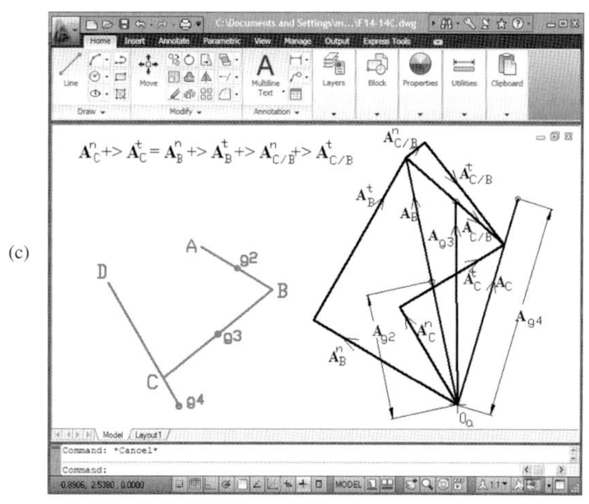

그림 14.10 (계속)

4. 가속도 성분을 계산하라.

다음 단계는 점 *B*와 *C*를 포함한 가속도 선도를 그리는 것이다. 알려진 가속도의 값을 계산한다.

$$\mathbf{A}_B^n = \frac{(\mathbf{V}_B)^2}{r_{AB}} = \frac{(5.31\,\text{m/s})^2}{1.77\,\text{m}} = 15.93\,\text{m/s}^2 \quad 30^\circ$$

(회전 중심, 점 *A*쪽으로 향함)

$$\mathbf{A}_B^t = \alpha_2\, r_{AB} = (10\,\text{rad/s}^2)(1.77\,\text{m}) = 17.70\,\text{m/s}^2 \quad 60^\circ$$

(링크 2에 수직이고, α_2와 일치함)

$$\mathbf{A}_{C/B}^n = \frac{(\mathbf{V}_{C/B})^2}{r_{BC}} = \frac{(2.63\,\text{m/s})^2}{3.0\,\text{m}} = 2.30\,\text{m/s}^2 \quad 38.6^\circ$$

(CAD로부터 측정되며, *C*에서 *B*로 향함)

$$\mathbf{A}_C^n = \frac{(\mathbf{V}_C)^2}{r_{CD}} = \frac{(500\,\text{m/s}^2)}{2.33\,\text{m}} = 10.72\,\text{m/s}^2 \quad 59.3^\circ$$

(CAD로부터 측정되며, *C*에서 *D*로 향함)

5. 가속도 선도를 그려라.

점 *B*와 *C*에 대한 상대 가속도 식은 다음과 같이 쓸 수 있다.

$$\mathbf{A}_C^n +> \mathbf{A}_C^t = \mathbf{A}_B^n +> \mathbf{A}_B^t +> \mathbf{A}_{C/B}^n +> \mathbf{A}_{C/B}^t$$

가속도 다각형이 그림 14.10c에 그려져 있다. 가속도 사상의 개념은 7.10절에 나온 바와 같이, 3개의 이동 링크의 무게 중심의 가속도를 구하는 데 사용되었다.

6. 모든 링크의 무게 중심의 가속도를 측정하라.

선도로부터 벡터의 크기를 측정하면 다음과 같다.

$\mathbf{A}^t_{C/B} = 12.28\text{m/s}^2$ 51.4°　　$\mathbf{A}^t_C = 11.60\text{m/s}^2$ 30.6°

$\mathbf{A}_{g2} = 11.91\text{m/s}^2$ 78.0°　　$\mathbf{A}_{g3} = 19.21\text{m/s}^2$ 89.4°

$\mathbf{A}_{g4} = 20.32\text{m/s}^2$ 73.4°

링크들의 각가속도는 다음과 같이 구해진다.

$$\alpha_3 = \frac{a^t_{C/B}}{r_{BC}} = \frac{12.8\text{m/s}^2}{3.0\text{m}} = 4.1\text{rad/s}^2,\ \text{반시계 방향}$$

$$\alpha_4 = \frac{a^t_C}{r_{CD}} = \frac{11.60\text{m/s}^2}{2.33\text{m}} = 5.0\text{rad/s}^2,\ \text{반시계 방향}$$

7. 질량 관성 모멘트를 계산하라.

모터 크랭크는 사각 블록으로 간주할 수 있다. 표 14.2로부터 이 링크의 넓은 면에 수직인 축에 대한 질량 중심에서의 질량 관성 모멘트는 다음과 같다.

$$I_{g2} = \frac{1}{12}\,[m(w^2 + l^2)] = \frac{1}{12}(0.466\text{kg})\,[(2\text{m})^2 + (1\text{m})^2] = 0.194\text{kg m}^2$$

연결 암은 가는 봉으로 간주할 수 있다. 표 14.2로부터, 이 링크의 길이에 수직인 축에 대한 질량 중심에서의 질량 관성 모멘트는 다음과 같다.

$$I_{g3} = \frac{1}{12}\,[ml^2] = \frac{1}{12}(0.621\text{kg})\,(3.5\text{m})^2 = 0.634\text{kg m}^2$$

바퀴 조립품의 회전 반지름은 실험적으로 결정되었다. 식 14.4로부터, 이 조립품의 길이에 수직인 축에 대한 질량 중심에서의 질량 관성 모멘트는 다음과 같다.

$$I_{g4} = ml^2 = (3.106\text{kg})\,(1.2\text{m})^2 = 4.472\text{kg m}^2$$

8. 관성력을 계산하라.

3개의 이동 링크에 대해 관성력은 식 14.9와 14.1을 결합하여 계산한다.

$$F^i_{g2} = -> m_2\text{A}_{g2}$$
$$= (0.466\text{kg})\,(11.91\text{m/s})^2 = 5.55\text{N}\ \ 78.0°$$

$$F^i_{g3} = -> m_3\text{A}_{g3}$$
$$= (0.621\text{kg})\,(19.21\text{m/s})^2 = 11.93\text{N}\ \ 89.4°$$

$$F^i_{g4} = -> m_4\text{A}_{g4}$$
$$= (3.106\text{kg})\,(20.32\text{m/s})^2 = 63.11\text{N}\ \ 73.4°$$

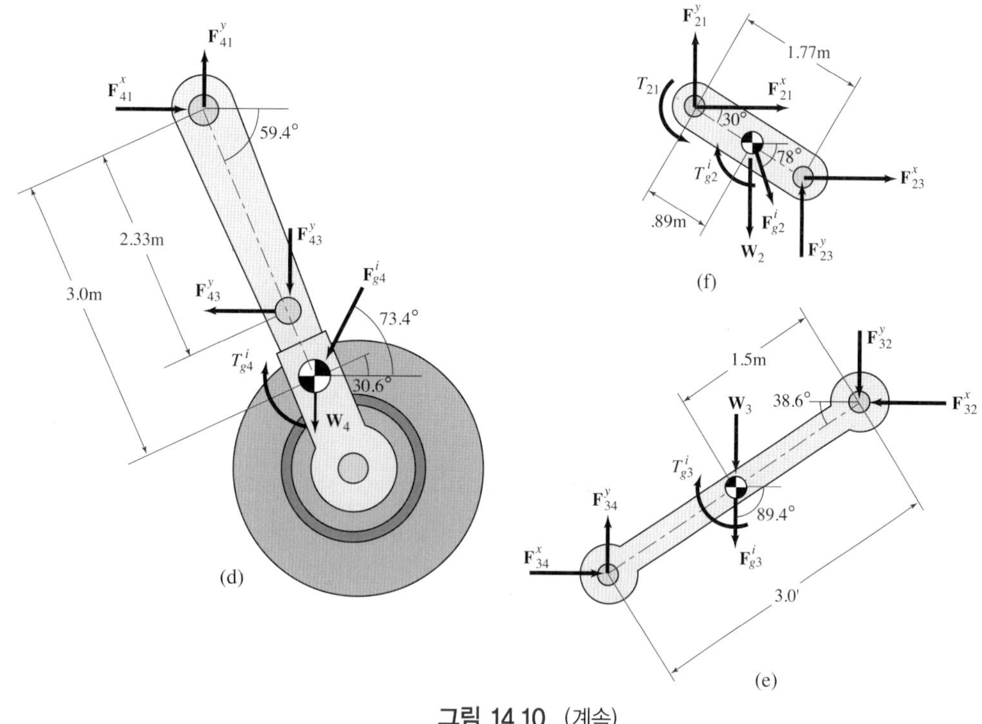

그림 14.10 (계속)

9. 관성 토크를 계산하라.

3개의 이동 링크에 대해 관성 토크는 식 14.13에 대해 계산한다.

$$T^i_{g2} = -> I_{g2}\alpha_2 = (0.194\text{kg m}^2)(10\text{rad/s}^2) = 1.94\text{N m}, \text{ 시계 방향}$$
$$T^i_{g3} = -> I_{g3}\alpha_3 = (0.634\text{kg m}^2)(4.1\text{rad/s}^2) = 2.60\text{N m}, \text{ 시계 방향}$$
$$T^i_{g4} = -> I_{g4}\alpha_4 = (4.472\text{kg m}^2)(5\text{rad/s}^2) = 22.36\text{N m}, \text{ 시계 방향}$$

10. 기구 링크의 자유 물체도를 그려라.

모든 링크의 무게가 해석에서 포함되므로, 2개 힘 부재가 아니다. 따라서 조인트에서의 모든 접촉력은 일반적이며, 직교 성분으로 표시된다. 링크 4의 자유 물체도가 그림 14.10d에 그려져 있다. 링크 3의 자유 물체도는 그림 14.10e에 나와 있다. 물론 뉴턴의 제3법칙에 따라 $\mathbf{F}_{34}$와 $\mathbf{F}_{43}$은 같은 크기를 갖고 반대 방향으로 작용한다. 마지막으로 링크 2의 자유 물체도가 그림 14.10f에 나와 있다. 각 링크는 3개 힘 부재가 아니므로, 모든 링크로부터의 평형 식들을 동시에 풀어야 할 것이다.

11. 링크 4의 평형 식을 만들어라.

다음의 동적 평형 식들이 링크 4의 자유 물체도(그림 14.10d)로부터 만들어진다.

$$\overset{+}{\rightarrow} \quad \Sigma\mathbf{F}^x + > \mathbf{F}^i_g = 0:$$

$$\mathbf{F}^x_{41} - \mathbf{F}^x_{43} - \mathbf{F}^i_{g4}\cos 73.4° = 0$$

$$\mathbf{F}_{41}^{x} - \mathbf{F}_{43}^{x} - 18.03\text{N} = 0$$

$+\uparrow \quad \Sigma \mathbf{F}^{y} + > \mathbf{F}_{g}^{i} = 0:$

$$\mathbf{F}_{41}^{y} - \mathbf{F}_{43}^{y} - \mathbf{W}_{4} - \mathbf{F}_{g4}^{i} \sin 73.4° = 0$$

$$\mathbf{F}_{41}^{y} - \mathbf{F}_{43}^{y} - (3.106\text{kg})(9.81\text{m/s}^2) - 63.11\text{N} \sin 73.4° = 0$$

$$\mathbf{F}_{41}^{y} - \mathbf{F}_{43}^{y} - 90.95\text{N} = 0$$

$\circlearrowleft\!+ \quad \Sigma \boldsymbol{M}_{D} + > \boldsymbol{T}_{g}^{i} = 0:$

$$- \mathbf{F}_{43}^{x}[2.33\,\text{m}(\sin 59.4°)] - \mathbf{F}_{43}^{y}[2.33\,\text{m}(\cos 59.4°)] - \mathbf{W}_{4}[3.0\,\text{m}(\cos 59.4°)]$$

$$- \mathbf{F}_{g4}^{i}\,[\cos(73.4° - 30.6°)]\,[3.0\,\text{m}] - T_{g4}^{i} = 0$$

해당 값들을 치환하여 정리하면

$$-2.006\,\mathbf{F}_{43}^{x} - 1.186\,\mathbf{F}_{43}^{y} - 207.81\text{N m} = 0$$

12. 링크 3에 대한 평형 식을 만들어라.

다음의 동적 평형 식들은 링크 3의 자유 물체도(그림 14.10e)로부터 만들어진다.

$\xrightarrow{+} \quad \Sigma \mathbf{F}^{x} + > \mathbf{F}_{g}^{i} = 0:$

$$\mathbf{F}_{34}^{x} - \mathbf{F}_{32}^{x} + \mathbf{F}_{g3}^{i} \cos 89.4° = 0$$

$$\mathbf{F}_{34}^{x} - \mathbf{F}_{32}^{x} + 0.12\text{N} = 0$$

$+\uparrow \quad \Sigma \mathbf{F}^{y} + > \mathbf{F}_{g}^{i} = 0:$

$$\mathbf{F}_{34}^{y} - \mathbf{F}_{32}^{y} - \mathbf{W}_{3} - \mathbf{F}_{g3}^{i} \sin 89.4° = 0$$

$$\mathbf{F}_{34}^{y} - \mathbf{F}_{32}^{y} - (0.621\text{kg})(9.81\text{m/s}^2) - 11.93\text{N} \sin 89.4° = 0$$

$$\mathbf{F}_{34}^{y} - \mathbf{F}_{32}^{y} - 18.02\text{N} = 0$$

$\circlearrowleft\!+ \quad \Sigma M_{B} + > T_{g}^{i} = 0:$

$$\mathbf{F}_{34}^{x}\,[3.0\text{m}(\sin 38.6°)] - \mathbf{F}_{34}^{y}\,[3.0\text{m}(\cos 38.6°)] + \mathbf{W}_{3}\,[1.5\text{m}\,(\cos 38.6°)]$$

$$+ \mathbf{F}_{g3}^{i}\,[(\cos(38.6° - 0.6°)](1.5\text{ m}) - T_{g3}^{i} = 0$$

해당 값들을 치환하여 정리하면

$$1.872\,\mathbf{F}_{34}^{x} - 2.344\,\mathbf{F}_{34}^{y} + 18.64\text{N m} = 0$$

13. 링크 2의 평형 식을 만들어라.

다음의 동적 평형 식들은 링크 2의 자유 물체도(그림 14.10f)로부터 만들어진다.

$\xrightarrow{+} \quad \Sigma \mathbf{F}^{x} + > \mathbf{F}_{g}^{i} = 0:$

$$\mathbf{F}_{23}^{x} + \mathbf{F}_{21}^{x} + \mathbf{F}_{g2}^{i}\cos 78° = 0$$
$$\mathbf{F}_{23}^{x} + \mathbf{F}_{21}^{x} + 1.15\text{N} = 0$$

$+\uparrow \quad \Sigma\mathbf{F}^{y} + > \mathbf{F}_{g}^{i} = 0:$

$$\mathbf{F}_{23}^{y} + \mathbf{F}_{21}^{y} - \mathbf{W}_{2} - \mathbf{F}_{g2}^{i}\sin 78° = 0$$
$$\mathbf{F}_{23}^{y} + \mathbf{F}_{21}^{y} - (0.466\text{kg})(9.81\text{m/s}^2) - 5.55\text{N}\sin 78° = 0$$
$$\mathbf{F}_{23}^{y} + \mathbf{F}_{21}^{y} - 10.0\text{N} = 0$$

$+\circlearrowleft \quad \Sigma M_{A} + > T_{g}^{i} = 0:$

$$\mathbf{T}_{21} + \mathbf{F}_{23}^{x}[1.77\text{m}(\sin 30°)] + \mathbf{F}_{23}^{x}[1.77\text{m}(\cos 30°)] - \mathbf{W}_{2}[0.89\text{m}(\cos 30°)]$$
$$- \mathbf{F}_{g2}^{i}[\sin(78° - 30°)][0.89\text{m}] - T_{g2}^{i} = 0$$

해당 값들을 치환하여 정리하면

$$T_{21} + 0.885\,\mathbf{F}_{23}^{x} + 1.533\,\mathbf{F}_{23}^{y} - 9.57\text{N m} = 0$$

14. 평형 식을 풀어라.

모두 9개의 평형 식이 만들어졌다. 앞에서 언급한 바와 같이, 뉴턴의 제3법칙에 따라 다음 힘들의 크기들이 서로 동일하다.

$$\mathbf{F}_{43}^{x} = \mathbf{F}_{34}^{x} \qquad \mathbf{F}_{43}^{y} = \mathbf{F}_{34}^{y}$$
$$\mathbf{F}_{23}^{x} = \mathbf{F}_{32}^{x} \qquad \mathbf{F}_{23}^{y} = \mathbf{F}_{23}^{y}$$

따라서 9개의 미지수가 남는다. 9개의 평형 식을 동시에 풀면 다음과 같다.

$\mathbf{F}_{41}^{x} = -49.14\text{N} = 49.14\text{N} \leftarrow$

$\mathbf{F}_{41}^{y} = +29.35\text{N} = 29.35\text{N} \uparrow$

$\mathbf{F}_{43}^{x} = -67.17\text{N} = 67.17\text{N} \rightarrow$ 그리고 $\mathbf{F}_{34}^{x} = 67.17\text{N} \leftarrow$

$\mathbf{F}_{43}^{y} = -61.60\text{N} = 61.60\text{N} \uparrow$ 그리고 $\mathbf{F}_{34}^{y} = 61.60\text{N} \downarrow$

$\mathbf{F}_{32}^{x} = +67.29\text{N} = 67.29\text{N} \leftarrow$ 그리고 $\mathbf{F}_{23}^{x} = 67.29\text{N} \rightarrow$

$\mathbf{F}_{32}^{y} = +43.58\text{N} = 43.58\text{N} \downarrow$ 그리고 $\mathbf{F}_{23}^{y} = 43.58\text{N} \uparrow$

$\mathbf{F}_{21}^{x} = +66.14\text{N} = 66.14\text{N} \rightarrow$

$\mathbf{F}_{21}^{y} = +53.58\text{N} = 53.58\text{N} \uparrow$

$T_{21} = +135.93\text{N m} = 135.93\text{N m}$, 시계 방향

연습문제

질량과 질량 관성 모멘트 문제

14-1. 내연 기관의 연결 봉의 질량이 2.3kg으로 정해졌다. 이 봉의 중량을 계산하여라.

14-2. 로보트 그리퍼의 중량은 9.81N이었다. 이 그리퍼의 질량을 구하여라.

14-3. 로보트 그리퍼의 질량은 4.5kg이고, 중력 중심의 축에 대한 회전 반지름은 0.15m이다. 이 축에 대한 부품의 질량 관성 모멘트를 구하여라.

14-4. 6kg의 기구 링크가 중력 중심에서 어떤 축에 대한 회전 반지름이 150mm이다. 이 축에 대한 부품의 질량 관성 모멘트를 구하여라.

14-5. 그림 P14.5에 나온 부품에 대해 중심 길이 방향의 축(x축)에 대한 질량 관성 모멘트와 회전 반지름을 계산하여라. 이 부품은 길이가 14cm, 질량 5kg, 지름 0.625cm의 축이다.

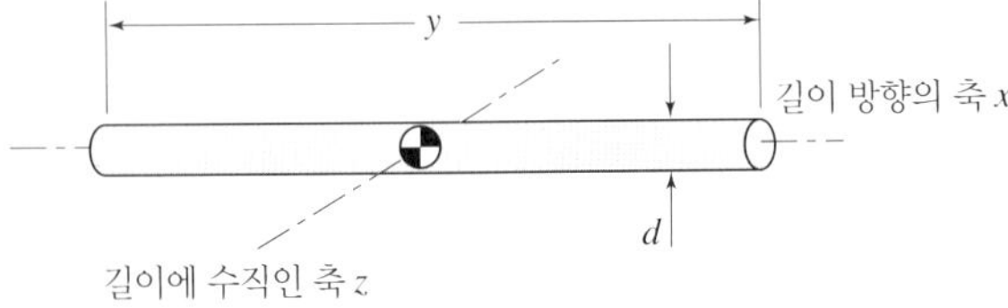

그림 P14.5 문제 5-8

14-6. 그림 P14.5에 나온 부품에 대해, 중심 길이 방향의 축(x축)에 대한 질량 관성 모멘트와 회전 반지름을 계산하여라. 이 부품은 길이가 1,200mm, 질량 100kg, 지름 50mm의 축이다.

14-7. 그림 P14.5에 나온 부품은 지름 2m, 길이 3m, 질량 48kg인 고체 실린더이다. y축에 대한 질량 관성 모멘트를 구하여라.

14-8. 그림 P14.5에 나온 부품은 지름 2m, 길이 3m, 질량 48kg인 고체 실린더이다. z축에 대한 질량 관성 모멘트를 구하여라.

14-9. 그림 P14.9의 부품은 길이 14cm이고 무게 중심에서 3cm 떨어져서 길이 방향에 수직인 축에 대해 회전하고 있는 가는 봉이다. 봉의 질량은 2kg이고, 지름은 1.25cm라고 할 때, 이 회전축에 대한 질량 관성 모멘트를 구하여라.

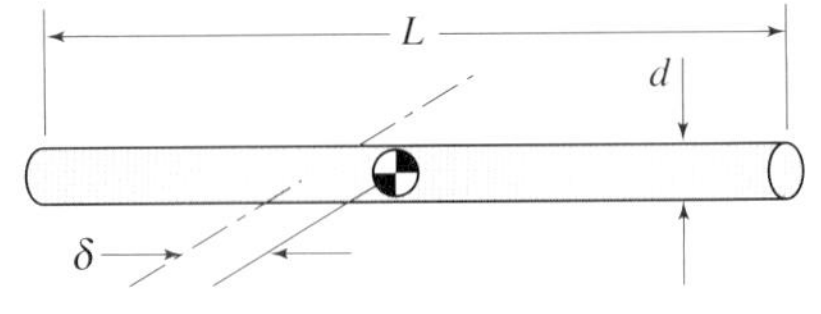

그림 P14.9 문제 9, 10

14-10. 그림 P14.9의 부품은 길이 0.4m이고 무게 중심에서 0.12m 떨어져서 길이 방향에 수직인 축에 대해 회전하고 있는 가는 봉이다. 봉의 질량은 6kg이라고 할 때, 이 회전축에 대한 질량 관성 모멘트를 구하여라.

14-11. 그림 P14.11에 그려진 밀도가 7.83g/cm^{3}인 강(steel)에 대해 y축에 대한 질량 관성 모멘트를 구하여라.

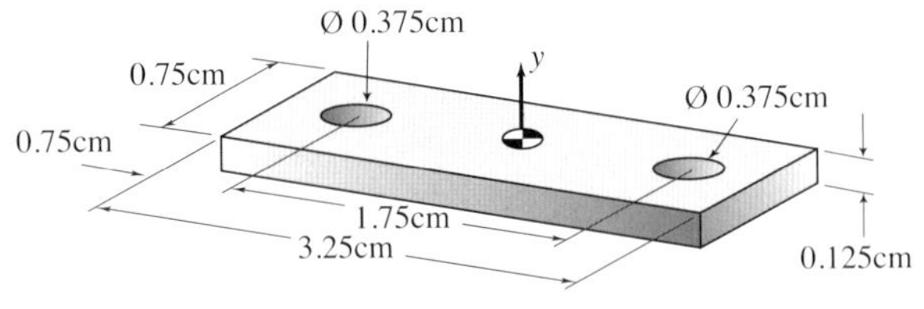

그림 P14.11 문제 11

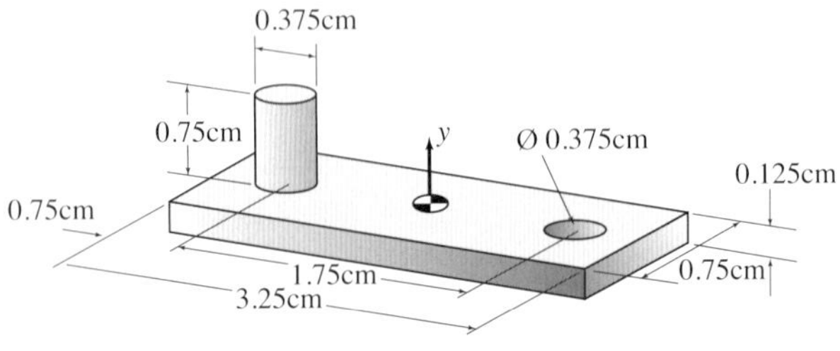

그림 P14.12 문제 12

14-12. 그림 P14.12에 그려진 밀도가 7.83g/cm^3 인 강(steel)에 대해 y축에 대한 질량 관성 모멘트를 구하여라.

관성력의 문제

14-13. 그림 P14.13의 압축 기구가 800rpm의 일정 속도로 DC 전기 모터에 의해 시계 방향으로 구동되고 있다. 그려진 위치에서, 실린더 압력은 70kPa, 피스톤의 질량은 0.75kg이며, 피스톤과 압축기 실린더 사이의 마찰계수는 0.1이다. 다른 모든 링크의 무게는 무시할 때, 그려진 순간에서 압축기를 작동하기 위해 모터에서 필요한 토크를 구하여라.

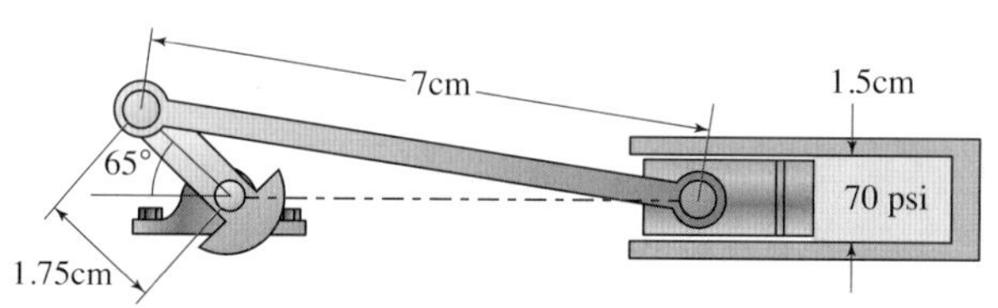

그림 P14.13 문제 13-15

14-14. 연습문제 14-13에서 기술한 압축 기구에 대해, 모터가 5,000rad/s^{2}로 가속한다고 할 때, 모터의 필요 토크를 구하여라.

14-15. 연습문제 14-13에서 기술한 압축 기구에 대해 모터가 5,000rad/s^{2}로 감속한다고 할 때, 모터의 필요 토크를 구하여라.

14-16. 그림 P14.16에 나온 재료 취급 기구는 카운터를 따라 4kg의 포장 상품을 미끄러지게 한다. 이 기계는 120rpm의 일정 속도로 반시계 방향으로 회전하는 크랭크에 의해 작동된다. 포장 상품과 카운터 사이의 마찰 계수는 0.15이다. 모든 기구의 링크의 무게는 무시할 때, 이 기구를 작동하기 위한 모터의 필요 토크를 구하여라.

14-17. 연습문제 14-16의 재료 취급 기구에 대해, 모터가 100rad/s^{2}로 가속한다고 할 때, 모터의 필요 토크를 구하여라.

14-18. 연습문제 14-16의 재료 취급 기구에 대해, 모터가 100rad/s^{2}로 감속한다고 할 때, 모터의 필요 토크를 구하여라.

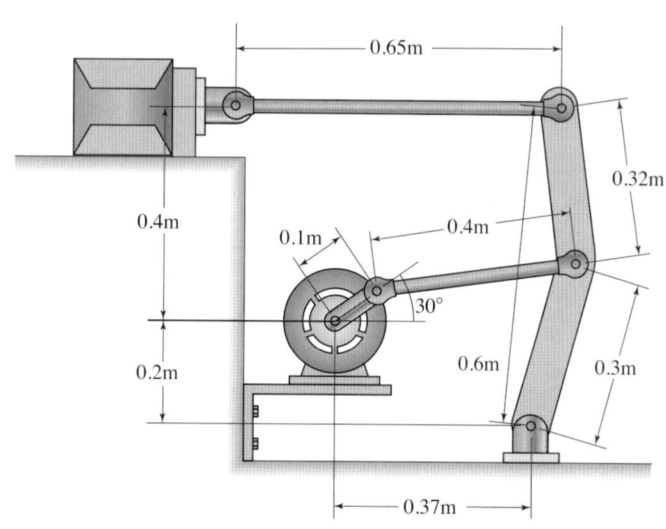

그림 P14.16 문제 16-18

관성 토크

그림 P14.19는 질량이 4kg이고 시계 방향으로 20rad/s 속도로 회전하는 링크를 나타낸다. 연습문제 14-19와 14-20에 대해 무게 중심에서의 관성력과 관성 토크의 값을 구하여라.

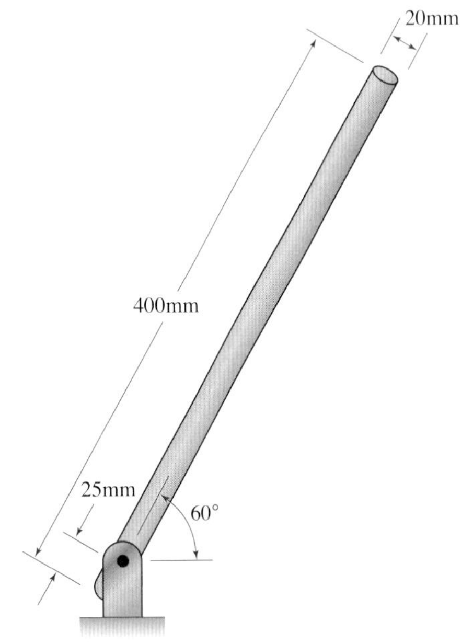

그림 P14.19 문제 19, 20

14-19. 링크가 600rad/s^2로 가속하고 있다.

14-20. 링크가 600rad/s^2로 감속한다.

그림 P14.21은 반시계 방향으로 15rad/s로 회전하는 무게 10kg의 링크를 나타낸다. 연습문제 14-21과 14-22에 대해 무게 중심에서의 관성력과 관성 토크의 값을 구하여라.

14-21. 링크가 400rad/s^2로 가속한다.

14-22. 링크가 400rad/s^2로 감속한다.

14-23. 그림 P14.23은 슬라이더-크랭크 기구를 나타낸다. 링크 2는 일정한 200rad/s로 시계 방향으로 회전한다. 링크 2의 질량은 무시하고, 링크 3은 3kg, 링크 4는 2kg의 질량이 나간다. 중력 중심에 대한 링크 3의 회전 반지름은 3cm이다. $\beta = 45°$에 대해 다음을 구하여라.

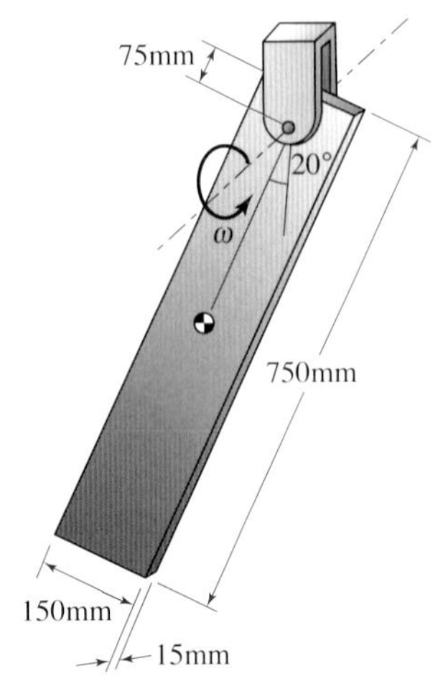

그림 P14.21 문제 21, 22

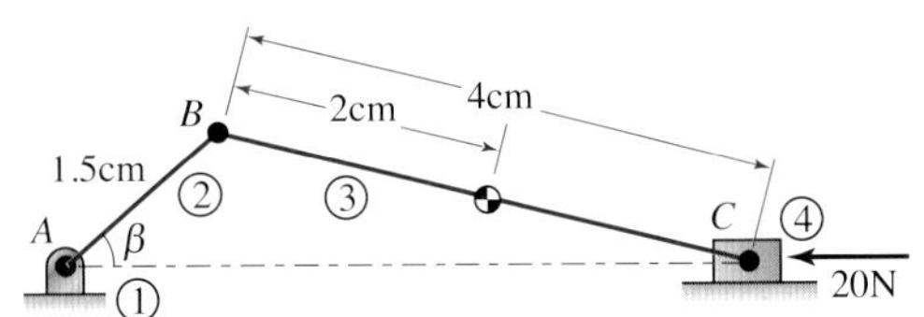

그림 P14.23 문제 23, 24

1. 링크 4의 선형 가속도와 링크 3의 중력 중심
2. 링크 3의 각가속도
3. 연결 링크의 관성력과 관성 토크
4. B와 C에서 핀 힘
5. 이 위치에서 기구를 구동하기 위한 토크

14-24. $\beta = 120°$인 경우에 대해, 연습문제 14-23을 다시 풀어라.

14-25. 그림 P14.25는 4절 기구를 나타낸다. 링크 2는 10rad/s의 일정 속도로 반시계 방향으로 회전한다. 링크 2와 3의 질량은 무시하고, 링크 4의 질량은 17kg이다. 중력 중심에 대한 링크 4의 회전 반지름은 45mm이다. $\beta = 45°$에 대해 다음을 구하여라.

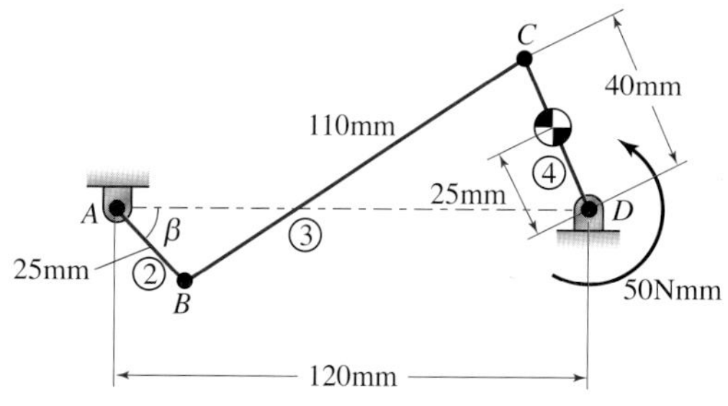

그림 P14.25 문제 25, 26

1. 링크 4의 중력 중심의 선형 가속도
2. 링크 4의 각가속도
3. 링크 4의 관성력과 관성 토크
4. B와 C에서 핀 힘
5. 이 위치에서 기구를 구동하기 위한 토크

14-26. $\beta = 90°$인 경우에 대해, 연습문제 14-24를 다시 풀어라.

14-27. 그림 P14.27은 소형 유압 잭을 나타낸다. 이 순간에 10N의 힘이 손잡이에 작용한다. 이것은 5rad/s의 일정 속도로 시계 방향으로 3.5cm 길이의 링크를 회전시킨다. 링크 2와 3의 질량은 무시하고, 링크 4의 질량은 1.5kg이다. 다음을 구하여라.

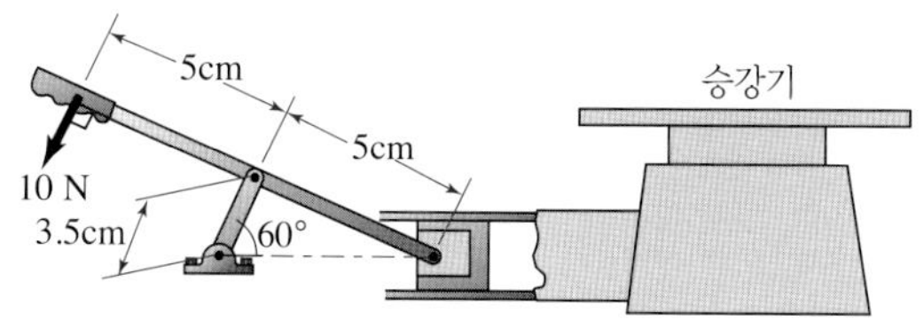

그림 P14.27 문제 27

1. 피스톤의 선형 가속도
2. 링크 4의 관성력
3. 핀 힘
4. 유압 유체에 의한, 피스톤에 작용하는 힘

14-28. 그림 P14.28은 이송 컨베이어 기구를 나타낸다. 구동 링크는 25rpm의 일정 속도로 시계 방향으로 회전한다. 상자의 질량은 그림과 같이 50kg이다. 구동 링크와 연결 장치의 질량은 무시한다. 컨베이어 링크의 질량은 28N이며, 중력 중심은 링크의 중간 거리이다. 무게 중심에 대한 컨베이어 링크의 회전 반지름은 26cm이다. $\beta = 30°$에 대해, 다음을 구하여라.

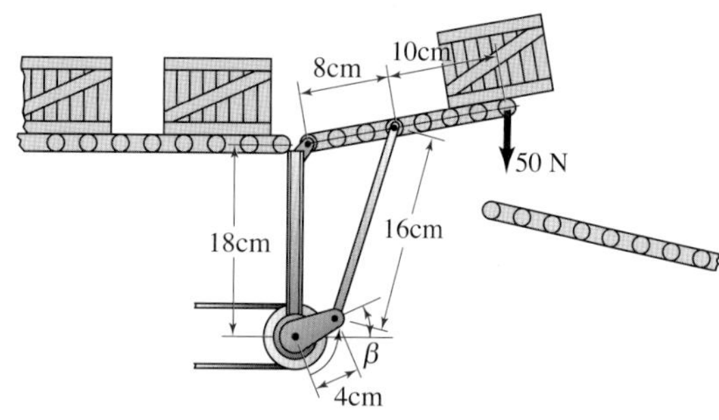

그림 P14.28 문제 28, 29

1. 컨베이어 링크의 중력 중심의 선형 가속도
2. 컨베이어 링크의 회전 가속도
3. 컨베이어 링크의 관성력과 관성 토크
4. 핀 힘
5. 해당 기구를 구동하기 위한 토크

14-29. $\beta = 100°$인 경우에 대해 문제 14-28을 다시 풀어라.

〉〉〉 사례연구

C14-1. 그림 C14.1은 C와 D를 미끄러지게 하는 운동을 하는 기구로 전선탈피기계에 사용된다. 기구의 구성 요소를 주의 깊게 조사하고, 동작을 잘 간파할 수 있도록 다음 질문에 답하여라.

1. 기어 A가 시계 방향으로 회전할 때 기어 B의 운동을 기술하여라.
2. 기어 A가 시계 방향으로 회전할 때 슬라이드 C의 순간 운동은 무엇인가?

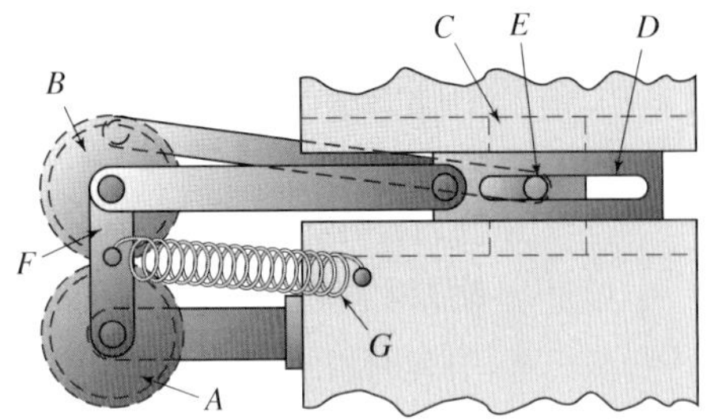

그림 C14.1 (Industrial Press에서 게재 허용)

3. 핀 E가 슬롯 끝에 도달할 때 발생하는 작용에 대해 토론하여라.
4. 슬라이드 C와 E의 연속 운동을 정확하게 기술하여라.
5. 전선탈피기계에 이런 운동이 어떻게 사용 가능한지에 대해 토론하여라.
6. 스프링 G의 용도는 무엇인가?
7. 더 강인한 스프링이 설치되었다면 기구가 어떻게 변하겠는가?

발췌된 짝수번호 문제 해답

Chapter 1

1–26. $n = 4, j_p = 4, j_h = 0, M = 1$
1–28. $n = 4, j_p = 4, j_h = 0, M = 1$
1–30. $n = 4, j_p = 4, j_h = 0, M = 1$
1–32. $n = 6, j_p = 7, j_h = 0, M = 1$
1–34. $n = 4, j_p = 4, j_h = 0, M = 1$
1–36. $n = 4, j_p = 4, j_h = 0, M = 1$
1–38. $n = 6, j_p = 7, j_h = 0, M = 1$
1–40. $n = 6, j_p = 7, j_h = 0, M = 1$
1–42. $n = 6, j_p = 7, j_h = 0, M = 1$
1–44. $n = 9, j_p = 11, j_h = 0, M = 2$
1–46. $n = 4, j_p = 4, j_h = 0, M = 1$
1–48. $n = 8, j_p = 10, j_h = 0, M = 1$
1–50. $n = 6, j_p = 7, j_h = 0, M = 1$
1–52. Crank-rocker
1–54. Crank-rocker

Chapter 3

3–2. $A = 17.3$ in.
3–4. $R = 12$ in.
3–6. $s = 156.6$ mm
3–8. $x = 11.5$ in. $y = 16.4$ in.
3–10. $s = 175$ mm
3–12. $L = 8$ ft, 8 in.
3–14. $h = 11.3$ ft
3–16. $y = 11.7$ ft
3–18. $h = 83.1$ in.
3–20. **R** = 24.18 18.1°
3–22. **R** = 212.13 25.0°
3–24. **R** = 221.20 13.5°
3–26. **R** = 24.18 18.1°
3–28. **R** = 212.13 25.0°
3–30. **R** = 221.2 13.4°
3–32. **J** = 8.074 68.3°
3–34. **J** = 5.587 13.76°
3–36. **J** = 212.13 65.0°
3–38. **J** = 8.074 68.3°
3–40. **J** = 5.587 13.8°
3–42. **J** = 212.13 65.0°
3–44. **J** = 26.094 11.4°
3–46. **J** = 109.76 24.1°
3–48. **J** = 101.68 18.3°
3–52. **J** = 26.10 11.4°
3–54. **J** = 109.8 24.1°
3–56. **J** = 101.68 18.3°
3–58. **C** = 19.22 **E** = 17.52
3–60. **B** = 8.81 **C** = 117.7
3–62. **D** = 38.12 **F** = 238.9

Chapter 4

4–2. $\Delta x = 2.189$ in. →
4–4. $\Delta R_P = 8.420$ in. 27.5°
4–6. $\Delta R_{piston} = 47.10$ mm ←
4–8. $\Delta\theta_{crank} = 23.0°$, ccw
4–10. $\Delta R_{end} = 2.029$ in. 55.1°
4–12. $\Delta\theta_{handle} = 22.2°$, ccw
4–14. $\Delta\theta_{ram} = 17.6°$, ccw
4–16. $\Delta R_{end} = 22.644$ in. 44.9°
4–18. $\Delta\theta_{handle} = 34.4°$, ccw
4–20. $\Delta\theta_{wheel} = 16.3°$, cw
4–22. $\Delta R_{end} = 203.4$ 73.9°
4–24. $\Delta R_{carrier} = 249.7$ mm 45.5°
4–26. $\Delta R_{box} = 0.579$ m↓
4–28. $\Delta L_{cylinder} = 1.566$ in.
4–30. $\Delta R_{claw} = 29.62$ mm 85.2°
4–32. $\Delta L_{spring} = 1.118$ in., shorter
4–34. $\Delta\theta_{ram} = 3.03°$, cw
4–36. $\Delta\theta_{bed} = 14.0°$, ccw
4–38. $\Delta R_P = 7.247$ 10.0°
4–40. $\Delta R_{piston} = 66.82$ mm ←
4–42. $\Delta R_{stamp} = 1.570$ in.↓
4–44. $\Delta\theta_{ram} = 14.4°$, cw
4–46. $\Delta\theta_{top\ handle} = 16.8°$, cw
4–48. $\Delta L_{cylinder} = 68.1$ mm, shorter
4–50. $\Delta R_{box} = 0.362$ m↓
4–52. $\Delta R_{claw} = 30.87$ mm 86.52°

4–54. $\Delta\theta_{ram} = 5.5°$, cw
4–56. $(\Delta R_{piston})_{max} = 90.0$ mm
4–58. $(\Delta\theta_{ram})_{max} = 46.3°$
4–60. $(\Delta\theta_{wheel\ assy})_{max} = 57.6°$
4–62. $(\Delta\theta_{ram})_{max} = 29.5°$
4–64. $(\Delta R_{blade})_{max} = 1.513$ in.
4–66. $(\Delta\theta_{wiper\ arm})_{max} = 72.8°$
4–68. $(\Delta R_{slide\ pin})_{max} = 44.50$ mm

Chapter 5

5–2. $\beta = 49.1°, \omega = 109$ rpm
5–4. $t_1 = 0.188$s, $t_2 = 0.142$ s
5–6. $t_1 = 0.067$ s, $t_2 = 0.53$ s
5–8. $Q = 1.714, \omega = 63.2$ rpm
5–10. $Q = 2.083, \omega = 162.2$ rpm
5–12. $L_2 = 4$ mm, $\omega = 750$ rpm
5–14. $\beta = 20°, \omega = 100$ rpm
5–16. $\beta = 12.6°, \omega = 4286$ rpm
5–18. $\beta = 8.6°, \omega = 1818$ rpm
5–20. $\beta = 0°, \omega = 17.14$ rpm
5–22. $\beta = 19.3°, \omega = 33.3$ rpm
5–24. $\beta = 16.36°, \omega = 200$ rpm
5–26. $\beta = 8.57°, \omega = 300$ rpm
5–28. $\beta = 6.92°, \omega = 40$ rpm
5–30. $\beta = 49.09°, \omega = 17.6$ rpm
5–32. $\beta = 51.43°, \omega = 240$ rpm

Chapter 6

6–2. $\Delta t = 37.5$ s
6–4. $v = 22.37$ min/hr
6–6. $\omega_{min} = .0167$ rpm
6–8. $\Delta R_{total} = 72$ in.
6–10. $\Delta R_{total} = 7.5$ in.
6–12. $\mathbf{V} = 125.66$ ft/min
6–14. $\mathbf{V}_B = 90$ ft/s 20°
6–16. $\mathbf{V}_{B/A} = 5.94$ ft/s 59.4°
6–18. $\mathbf{V}_{A/B} = 15.72$ ft/s 25.9°
6–20. $\mathbf{V}_{piston} = 272.55$ in./s ←
6–22. $\mathbf{V}_{blade} = 59.63$ in./s ←
6–24. $\mathbf{V}_{blade} = 5.94$ in./s ↓
6–26. $\omega_{wiper\ blade} = 2.50$ rad/s, ccw
6–28. $\omega_{bath} = 0.85$ rad/s, cw
6–30. $\omega_{segment\ gear} = 2.232$ rad/s, ccw
6–32. $\mathbf{V}_{blade} = 112.91$ mm/s ↑
6–34. $\mathbf{V}_{cylinder} = 4.39$ in./s, compressing
6–36. $\mathbf{V}_{right\ piston} = 150.68$ in./s 45°
6–38. $\mathbf{V}_{package} = 775$ mm/s →
6–40. $\mathbf{V}_{platform} = 15.99$ ft/min 12.9°
6–42. $\mathbf{V}_{blade} = 112.64$ in./s →
6–44. $\omega_{wiper\ arm} = 1.88$ rad/s, cw
6–46. $\omega_{segment\ gear} = 3.827$ rad/s, cw
6–48. $\mathbf{V}_{cylinder} = 4.39$ in./s, compressing
6–50. $\mathbf{V}_{package} = 953$ mm/s →
6–74. $\mathbf{V}_{piston} = 230.3$ in./s ←
6–76. $\mathbf{V}_{blade} = 4.82$ in./s ↓
6–78. $\omega_{bath} = 1.245$ rad/s, cw
6–80. $\omega_{blade} = 0.071$ rad/s, ccw
6–82. $\mathbf{V}_{right\ piston} = 288.3$ in./s 45°
6–84. $\mathbf{V}_{platform} = 12.79$ ft/min 12.9°
6–86. $\mathbf{V}_{blade} = 91.11$ in./s →
6–88. $\omega_{wiper\ arm} = 31.46$ rad/s, cw
6–90. $\omega_{segment\ gear} = 5.421$ rad/s, cw
6–92. $\mathbf{V}_{Cylinder} = 2.64$ in./s, compressing
6–94. V−2. $\mathbf{A}_{vehicle} = 10.60$ ft/s^2

Chapter 7

7–4. $\Delta\mathbf{R}_A = 40$ mm ↑
7–6. $\alpha_{cam} = 9.82$ rad/s^2, cw
7–8. $\alpha_{shaft} = 7.85$ rad/s^2, cw
7–10. $\Delta\mathbf{R}_{actuator} = 85$ in.
7–12. $\Delta\mathbf{R}_{linear\ motor} = 15$ in. ↓
7–14. $\Delta\mathbf{R}_{actuator} = 10$ in.
7–16. $\mathbf{A}_B^n = 17{,}770$ in/s^2 70°
7–18. $\mathbf{A}_B = 22{,}872$ in./s^2 71.0°
7–20. $\mathbf{A}_A = 5158$ in./s^2 6.9°
7–22. $\mathbf{A}_{A/B} = 25.46$ mm/s^2 11.3°
7–24. $\mathbf{A}_{C/B} = 1.35$ ft/s^2 42.3°
7–26. $\mathbf{A}_{piston} = 31{,}341$ in./s^2 →
7–28. $\mathbf{A}_{piston} = 37{,}194$ in./s^2 →
7–30. $\mathbf{A}_{needle} = 29{,}271$ mm/s^2 ↑
7–32. $\mathbf{A}_{blade} = 58.97$ in./s^2 ←
7–34. $\mathbf{A}_{blade} = 103.73$ in./s^2 ←
7–36. $\alpha_{horse} = 5.22$ rad/s^2, cw
7–38. $\alpha_{nozzle} = 9.80$ rad/s^2, ccw
7–40. $\alpha_{nozzle} = 78.55$ rad/s^2, cw

7–42. $\alpha_{\text{wheel assy}} = 2.08 \text{ rad/s}^2$, cw
7–44. $\mathbf{A}_{\text{piston}} = 93{,}195 \text{ in./s}^2 \rightarrow$
7–60. $\mathbf{A}^c_{B3/B2} = 900 \text{ mm/s}^2$ ∠30°
7–62. $\mathbf{A}^c_{B3/B2} = 900 \text{ mm/s}^2$ 60°

Chapter 8

(spreadsheet/program results at shown at 120° crank

8–2. $\Delta\mathbf{R}_4 = 123.9$ mm at $\theta_2 = 120°$
8–4. $\theta_4 = 16.6°$ at $\theta_2 = 120°$
8–6. $\mathbf{V}_4 = -2577$ mm/s at $\theta_2 = 120°$
8–8. $\omega_4 = 3.27$ rad/s at $\theta_2 = 120°$
8–10. $\mathbf{A}_4 = 2349 \text{ mm/s}^2$ at $\theta_2 = 120°$
8–12. $\omega_4 = 204.4$ rad/s at $\theta_2 = 120°$

Chapter 9

9–14. $\omega_{\text{cam}} = 10.9$ rpm, $\mathbf{V}_{\max} = 0.5$ cm/s
9–16. $\omega_{\text{cam}} = 42.9$ rpm, $\mathbf{V}_{\max} = 4.0$ cm/s
9–18. $\omega_{\text{cam}} = 13.3$ rpm, $\mathbf{V}_{\max} = 2.5$ cm/s
9–20. $\omega_{\text{cam}} = 17.1$ rpm, $\mathbf{V}_{\max} = 3.1$ cm/s
9–22. $\omega_{\text{cam}} = 20$ rpm, $\mathbf{V}_{\max} = 2.0$ cm/s
9–28. $\omega_{\text{cam}} = 9.4$ rpm, $\mathbf{V}_{\max} = 0.94$ cm/s
9–30. $\mathbf{V}_{\max} = 1.25$ cm/s, $\mathbf{A}_{\max} = 3.13 \text{ cm/s}^2$
9–32. $\mathbf{V}_{\max} = 8.0$ mm/s, $\mathbf{A}_{\max} = 8.0 \text{ mm/s}^2$
9–34. $\mathbf{V}_{\max} = 189$ mm/s, $\mathbf{A}_{\max} = 2961 \text{ mm/s}^2$
9–36. $\mathbf{V}_{\max} = 1.43$ cm/s, $\mathbf{A}_{\max} = 6.41 \text{ cm/s}^2$
9–62. $\omega_{\text{out}} = 7.46$ rad/s, $\alpha_{\text{out}} = 123 \text{ rad/s}^2$

Chapter 10

10–2. $p = 0.393$ in.
10–4. $D = 84$ mm
10–6. $m_p = 1.53$
10–8. $m_p = 1.47$
10–10. $C = 1.125$ in.
10–12. $D_1 = 2$ in., $D_2 = 4.5$ in.
10–14. $C = 3.5$ in.
10–16. $\mathbf{V}_t = 67.7$ in./s
10–18. $\mathbf{V}_t = 90.3$ in./s
10–20. $N_1 = 24$ teeth, $N_2 = 96$ teeth
10–22. $P_d = 8$, $N_1 = 16$, $N_2 = 64$
10–24. $P_d = 4$, $N_1 = 20$, $N_2 = 60$
10–26. $P_d = 12$
10–28. $D_1 = 3.0$ in., $D_2 = 13.33$ in.
10–30. $D_1 = 2.0$ in., $D_2 = 10.25$ in.
10–32. $P_d = 12$, $D_1 = 4.0$ in., $D_2 = 24.0$ in.
10–34. $\Delta\theta = 2.12$ rev
10–36. $\Delta s = 42.4$ in.
10–38. $\omega = 10.6$ rpm
10–40. $p^n = 0.28$ in.
10–42. $P_d = 7.6$, $N_1 = 19$, $N_2 = 38$
10–44. $\gamma_p = 14.9°$, $\gamma_g = 75.1°$
10–46. $\gamma_p = 10.4°$, $\gamma_g = 64.6°$
10–48. $P_d = 12$, $N_w = 2$, $N_g = 50$, $\lambda = 5°$
10–50. $\omega_5 = 100$ rpm, cw; $c = 8.5$ in.
10–52. $\omega_8 = 30$ rpm, cw; $C = 17.97$ in.
10–54. $s_4 = 0.74$ in., $c = 4.625$ in.
10–56. $P_d = 8$
10–58. $\omega_1 = 3576$ rpm
10–60. $\omega_1 = 2520$ rpm, $C = 9$ in.
10–62. $N = 17-68, 17-68, 18-45, 18-45, 17-34$
10–64. $\Delta\theta_{\text{window}} = 8°$ccw
10–66. $\Delta\theta_{\text{window}} = 10.8°$ccw
10–68. $\omega_4 = 2160$ rpm, cw
10–70. $\omega_6 = 536$ rpm, cw
10–72. $\omega_8 = 378$ rpm, ccw

Chapter 11

11–2. $\omega_{\text{out}} = 479$ rpm, cw
11–4. $\omega_{\text{out}} = 313$ rpm, ccw
11–6. $\omega_{\text{in}} = 2700$ rpm, ccw
11–8. $c = 22.375$ in., $T = 162°$
11–10. $c = 25.618$ in., $\theta = 144°$
11–12. 5V belt
11–14. 3V belt
11–16. 3V belt
11–18. $\omega_{\text{out}} = 84$ rpm, cw
11–20. $\omega_{\text{in.}} = 760$ rpm, cw
11–22. $c = 48.724$ in., $\theta = 125°$
11–24. $c = 52.424$ in., $\theta = 96°$
11–26. No. 80 Chain
11–28. No. 100 Chain

Chapter 12

12–2. $p = .0357$ in., $\lambda = 2.87°$

12–4. $p = .020$ in., $\lambda = 3.65°$

12–6. $\Delta\mathbf{R}_{ram} = 2.5$ in.↑

12–8. $\Delta\mathbf{R}_{table} = 0.154$ in.↑

12–10. $\Delta\mathbf{R}_{plate} = 2.756$ in.↓

12–12. $\Delta\mathbf{R}_{platform} = 2.564$ in. 29.7°

12–14. $\Delta\mathbf{R}_{end} = 6.445$ in. 28.3°

12–16. $\Delta\mathbf{R}_{front\ end} = 0.921$ in. 86.7°

12–18. $\mathbf{V}_{nut} = 0.167$ in./s↓

12–20. $\mathbf{V}_{table} = 0.154$ in./s↑

12–22. $\mathbf{V}_{platform} = 7.236$ in./s 32.8°

12–34. $e = 26\%$

12–36. $e = 47.2\%$

12–38. $e = 24.5\%$

12–40. M10 × 1.50 and M8 × 1.25

Chapter 13

13–2. $R = 248$ N 66°

13–4. $M = 200$ N cm, cw

13–6. $M = 188$ N cm, cw

13–8. $M = 18.9$ Nm, cw

13–10. $\mathbf{F}_{cyl} = 3733$ N (C)

13–12. $\mathbf{F}_{metal} = 868$ N↓

13–14. $\mathbf{F}_{screw} = 1200$ N (C)

13–16. Front cyl = 2137 N (C)
Rear cyl = 7182 N (C)

13–18. Front cyl = 5000 N (T)
Rear cyl = 11,110 N (C)

Chapter 14

14–2. $m = 1$ kg

14–4. $I = 0.135$ kg m^2

14–6. $I_x = 31.25$ kg m^2

14–8. $I_z = 48$ kg m^2

14–10. $I_z = 0.166$ kg m^2

14–12. $I_{y\,cg} = 0.00626$ lb in. s^2

14–14. $T_{motor} = 199.49$ in. lbs, cw

14–16. $T_{motor} = 14.04$ Nm, ccw

14–18. $T_{motor} = 10.22$ Nm, ccw

14–20. $\mathbf{F}^i_{cg} = 52.25$ lbs 3.7°
$T^i_{cg} = 132.5$ in. lbs, cw

14–22. $\mathbf{F}^i_{cg} = 1377$ N 49.4°
$T^i_{cg} = 19.5$ Nm, ccw

참고문헌

1. Barton, Lyndon, *Mechanism Analysis: Simplified Graphical and Analytical Techniques,* 2nd ed., Marcel Dekker Inc., New York, 1993.
2. Baumeister, Theodore III, Avallone, Eugene, and Sadegh, Ali, *Mark's Standard Handbook for Mechanical Engineers*, 11th ed., McGraw-Hill Book Company, New York, 2006.
3. Chironis, Nicholas and Sclater, Neil, *Mechanisms and Mechanical Dri es Sourcebook*, 4th ed., McGraw-Hill Book Company, New York, 2007.
4. Erdman, Aurthur, Sandor, George, and Kota, Sridhar, *Mechanism Design, Vol 1: Analysis and Synthesis*, 4th ed., Prentice Hall, Upper Saddle River, NJ, 2001.
5. Kepler, Harold, *Basic Graphical Kinematics*, 2nd ed., McGraw-Hill Book Company, New York, 1973.
6. Jensen, Preben, *Cam Design and Manufacture*, 2nd ed., Marcel Dekker, New York, 1987.
7. Jensen, Preben, *Classical Modern Mechanisms for Engineers and In entors*, Marcel Dekker, Inc., New York, 1991.
8. Jones, Franklin, Holbrook, Horton, and Newell, John, *Ingenious Mechanisms for Designers and In entors, Vols. I–IV*, Industrial Press Inc, New York, 1930.
9. Mabie, Hamilton and Reinholtz, Charles, *Mechanisms and Dynamics of Machinery*, 4th ed., John Wiley and Sons Inc., New York, 1987.
10. Martin, George, *Kinematics and Dynamics of Machines*, 2nd ed., Waveland Press Inc., Long Groove, IL, 2002.
11. Norton, Robert, *Design of Machinery*, 4th ed., McGraw-Hill Book Company, New York, 2008.
12. Uicker, John, Pennock, Gordon, and Shigley, Joseph, *Theory of Machines and Mechanisms*, 4th ed., Oxford University Press, New York, 2010.
13. Townsend, Dennis and Dudley, Darle, *Dudley's Gear Hand-book*, 2nd ed., McGraw-Hill Book Company, New York, 1991.
14. Waldron, Kenneth and Kinzel, Gary, *Kinematics, Dynamics, and Design of Machinery*, 2nd ed., John Wiley and Sons Inc., Hoboken, NJ, 2004.
15. Wilson, Charles and Sadler, Peter, *Kinematics and Dynamics of Machinery*, 3rd ed., Pearson Education, Upper Saddle River, NJ, 2003.
16. *Working Model Demonstration Guide*, Knowledge Revolution Inc., San Mateo, CA, 1995.

찾아보기

ㄱ

가속도(acceleration) 57
가속도곡선 269
가속도 사상(acceleration image) 261
가속도의 코리올리 성분(Coriolis component of acceleration) 262
가속도 해석 227
각가속도(angular acceleration) 232
각 변위(angular displacement) 97
각도 위치(angular position) 96
각속도 168
간섭 367
개회로(open-chain) 5
개회로 형태의 구성(open-loop kinematic chain) 11
고정 기구(locked mechanism) 11
고차 조인트(higher-order joint) 5
공간 기구(spatial mechanism) 3
공압 혹은 유압 모터 15
공압 혹은 유압실린더 16
공 자유도(idle degrees of freedom) 23
과잉(redundant) 23
관성 토크 496
관심점(point of interest) 5
교차된 헬리컬 기어 385
구면 종동절 302
구속 경로(contrained path) 100
구조(structure) 11
그래스호프 정리(Grashof's theorem) 24
그루블러 방정식(Gruebler's equation) 10
급속 이송 기구(quick-return mechanisms) 29
기계적 효율(mechanical advantage) 123
기구 구성(configuration of mechanism) 98
기구 반전(kinematic inversion) 10
기구 역전(kinematic inversion) 190
기구학(Kinematics) 3
기구 합성(kinematics synthesis) 2, 143
기구 해석(kinematic analysis) 2
기구 해석도(kinematic diagram) 6
기본 조인트(primary joint) 4
기어 352
기어열 394
기어열의 속도 비 394
기어 조인트 7
기저(frame) 3, 10
기준원 319
기초원 319, 356
기초 지름 356
기초피치 366
기하 반전(geometric inversion) 99

ㄴ

나삿니 355
나삿니의 수 443
나선각 355, 385
내접 355

ㄷ

다른 구성(alternate configuration) 102
다줄 롤러 체인 425
단순 링크(simple link) 5, 6
도식적 미분 209, 211, 269
도식적 벡터 더하기 66
도식적 벡터 빼기 75
도식적 속도 해석 174
동적 평형 459, 481
두 점 합성(two-point synthesis) 157
드래그 링크 기구(drag link mechanism) 26
드럼 캠 301
디덴덤 357

ㄹ

래크 355
렌더링 40
로커-로커 26
로커 암(rocker arm) 5
롤러 종동절 302
롤러 체인 425
리드 443
리드 각 439, 444
링 398
링키지(linkage : 연쇄) 3

ㅁ

마이터 기어 355
마찰계수 474
마찰력 474
멀티 V 벨트 416
면외(out-of-plane) 회전운동 19
모듈 357
모멘트 460
무게 중심 482
미끄럼 조인트 7
미터 나사 440

ㅂ

반 조인트(half joint) 5
백래시 357, 370
밸런싱 기구 150
법선가속도(normal acceleration) 231, 234
베벨 기어 355
벡터(vector) 57, 65
벡터 방정식 80
벡터양 57
벡터의 분해 70
벨 크랭크(bell crank) 5
벨트 구동 414
변위(displacement) 57, 97, 143
변위 극점(displacement pole) 157
변위선도 206
변위 해석 98
복합 링크(complex link) 5, 7
부유 링크(floating link) 133
분기 결함(branch defect) 160
불평형 각(imbalance angle) 116
비주얼 BASIC 294
비주얼 C11 294

ㅅ

사각 나사 440
사이클로이드 운동 312
사이클 해석(cycle analysis) 125
사인 법칙(law of sines) 62
사일런트 체인 425
사점(dead point) 99
삼각함수법(trigonometry) 59
삼각형법 68
삼중 로커(triple rocker) 26
상당 링키지(equivalent linkage) 268
상대가속도(relative acceleration) 237
상대속도(relative velocity) 171, 237
상대운동(relative motion) 10, 171, 237
서보 모터 15
선가속도(linear acceleration) 227
선속도(linear velocity) 164
선형 캠 301
세 점 합성(three-point synthesis) 158
속도(velocity) 57
속도곡선(velocity curve) 206, 211, 269
속도 비 372
속도 사상(Velocity Image) 183
속도선도(velocity profile) 166
솔리드 모델링 40
수동 기구 16
수직 단면 385
수직 모듈 386
수직 압력각 386
수직 원형피치 386
수직 지름피치 386
수치적 미분 271
수컷 기어 364

순간 가속도 230
순간 중심 191
순간 중심 도식도 194
순간 중심법 200
스로우(throw) 116
스카치 요크 기구(scotch yoke mechanism) 30
스칼라(scalar) 57
스칼라양 65
스크류 액추에이터 16
스크류 조인트(screw joint) 18
스퍼 기어(spur gear) 354
스프레드시트 286
스프로킷 428
슬라이더-크랭크 기구 28, 50, 149, 189, 254, 294
시간비(time ratio) 144

ㅇ

아이들러 기어 397
압력각 327, 358
액추에이터(actuator) 5
어덴덤 357
언더컷 369
엑셀(Excel) 286
엔진 15, 17
압축기(compressor) 17
역 치형 425
연결봉(connecting arm) 24
오프셋 사이드바 롤러 체인 425
오프셋 슬라이더-크랭크 기구(offset slider-crank mechanism) 109, 111
완전 사이클(full cycle) 125
완전 조인트(full joint) 4
요동각(throw angle) 154, 155
운동 동기화(motion synchronization) 145
운동학적으로 균형 잡힌 기구(kinematically balanced mechanisms) 144
원의 인벌류트 곡선 360
원주피치 356
원통 캠 301
원판 캠 300
웜 355
웜 기어 355, 391
웜 기어 기어치 엔벨로프 391
웜 기어치의 개수 391
웜 피치지름 391
웜 휠 391
위상(phase) 125
위치 벡터(position vector) 96
위치 해석(position analysis) 95
유니파이 나사 439
유동 링크 178, 256
유성 398
유성 기어열 398
유형 합성(type synthesis) 143
이높이 357
이동성(mobility) 10
이동 종동절 301
이중 로커(double rocker) 26
이중-엔벨로프 391
이중 크랭크(double crank) 25
이틈새 357
이폭 357
인간 요소(human factor) 95
인라인 슬라이더-크랭크 108, 150
인벌류트 기어 359
인치당 나삿니 439
일렬 종동절 302
일반적인 삼각형(oblique triangle) 62
일시정지(dwell) 304
입력 링크(input link) 24
잇수 356

ㅈ

자동 멈춤 392
자유도(degree of freedom) 10
자유 물체도 463
자체 잠김 444
저크(jerk) 317
전기 모터(교류, AC) 15
전기 모터(직류, DC) 15

전달각(transmission angle) 123, 155
전환점(change point) 기구 26
절대속도 171
절대운동(absolute motion) 10, 171
점의 자취(trace of a point) 132
접선가속도(tangential acceleration) 231, 234
접선 방향의 속도(tangential velocity) 169
접촉각 430
접촉비 365
접촉선 360
정적 평형 459, 466
제도 척도(drawing scale) 58
조립 회로(assembly circuit) 159
조인트(joint) 4
조화 운동 310
종동 링크(follower) 24
주기 304
중량 481
중력가속도 481
중심거리 364
중첩 조인트(common pin joint) 21
지름피치 357
직각 삼각형(right triangle) 59
직선 기구(straight-line mechanisms) 28
직선 등가속도 운동 228
직선 변위(linear displacement) 97
질량 481
질량 관성 모멘트 484
집결 진로(assembly circuit) 116

ㅊ

차동 나사 451
체인 구동 425
체인 속도 430
체인 피치 426
초기 위치 319
총가속도(total accel-eration) 235
최대 지름 439
최소 지름 439
최적 힘 전달(optimal force transmission) 124
최초 위상(original phase) 125
추적점 319
축각도 388
출력 링크(output link) 24
측정(measurement) 58
치수 합성(dimensional synthesis) 143

ㅋ

칼끝 모양 종동절 302
캠 299
캠 조인트 7
캠-롤러 종동절(cam with a roller follower) 23
커넥팅 암(connecting arm) 150, 151
커플러(coupler) 24, 116
커플러 곡선(coupler curve) 132
케네디의 정리(Kennedy's theorem) 193
코리올리 가속도 262
코사인 법칙(law of cosines) 62
크랭크-로커(crank-rocker) 26, 116, 153
크랭크-샤퍼(crank-sharper) 링키지 29
크랭크-쉐이퍼 기구 156
크랭크-크랭크 25
크랭크 피벗(crank-pivot) 150

ㅌ

타이밍 벨트 416
타이밍 차트(timing chart) 145
토글 구성(toggle configuration) 160
토크 449, 460
톱니 벨트 416
특이 구성(singularity configuration) 26

ㅍ

판형 캠 300
편심 종동절 302
편심 크랭크(eccentric crank) 18
편심(offset) 슬라이더-크랭크 기구 151
평기어 354
평면 기구(planar mechanism) 3

평면 종동절 302
평벨트 415
평행사변형 기구(parallelogram mechanisms) 29
평행축 정리 487
폐회로(close-chain) 5
포셀리에-립킨 링키지(Peaucellier-Lipkin linkage) 28
풀리 416
프로토타입(prototype) 39
피니언 364
피벗 종동절 302
피스톤 핀 150
피치각 389
피치 곡선 319
피치선속도 373
피치원 356
피치점 356
피치지름 356
핀-슬롯 조인트(pin-in-a-slot joint) 18
핀 조인트 7

ㅎ

한계 위치(limiting position) 116
합성(resultant) 66
합성 벡터 70
해석적 방법(analytical analysis) 106
해석적 벡터 더하기 72
해석적 벡터 빼기 77
해석적 속도 해석 184
행정(stroke) 29, 116, 149
헤링본 기어 355
헬리컬 기어 355
협각 449
홈 각도 439
환형 355
회로 결함(circuit defect) 159
회전 각속도(angular velocity) 168
회전 반경 486
회전 순간 중심(instantataeous center) 190
회전 암 302
회전 조인트(revolute joint) 4
횡단면 385
효율 449
힘(force) 57, 459

기타

1차 순간 중심(Primary Center) 191
2개 힘 부재 467
4절 기구 23, 41, 115, 116, 189, 255, 291
ACME 나사 440
ADAMS® 32, 40
Analytix® 40
AutoCAD 31
Autodesk Inventor® 40
C 언어 32
CAD 소프트웨어 30
DAFUL® 40
Dynamic Designer® 32, 40
FORTRAN 294
Inventor 31
LMS Virtual.Lab 40
Mass® 40
MATHCAD 294
Mathematica 32
Matlab 32, 294
ProEngineer 31
RecurDyn® 40
Richardson법 211, 271
Solidworks 31
tip-to-tail 방법 68
V 벨트 416
VisualBasic 32
Working Model® 32, 40